Impressum

Herausgeber:
Peter Südbeck, Staatliche Vogelschutzwarte,
Niedersächsischer Landesbetrieb für Wasserwirtschaft, Küsten- und Naturschutz,
Göttinger Straße 14, D-30449 Hannover
Peter.suedbeck@nlwkn-h.niedersachsen.de

Hartmut Andretzke, BIOS,
Gartenstraße 33, D-26548 Norderney
Bios.norderney@t-online.de

Stefan Fischer, Dachverband Deutscher Avifaunisten e. V. (DDA),
Zerbster Straße 7, D-39264 Steckby
fischer@dda-web.de

Dr. Kai Gedeon, Landesamt für Umweltschutz Sachsen-Anhalt,
FG Tierartenschutz und Staatliche Vogelschutzwarte,
Reideburger Straße 47, D-06116 Halle (Saale)
gedeon@lau.mlu.lsa-net.de

Karsten Schröder & Tasso Schikore, BIOS,
Lindenstraße 40, D-27711 Osterholz-Scharmbeck
k.schroeder@bios-ohz.de; t.schikore@bios-ohz.de

Dr. Christoph Sudfeldt, Dachverband Deutscher Avifaunisten e. V. (DDA),
Am Diekamp 12, D-48157 Münster
sudfeldt@dda-web.de

Titelgestaltung und Layout:
Mirage Fotografie - Frank Brüning,
Rablinghauser Landstraße 23, D-28197 Bremen
info@mirage-fotografie.de

Fotos der Umschlagseiten: Frank Brüning (Tageskarte, Kartierer, Küste, Agrarlandschaft, Siedlungen, Wiedehopf), Karl Uhlenhaut (Buchenwald), Stefan Ellermann (Binnengewässer), Stefanie Hirch (alpine Hochlagen), Bernhard Volmer (Mittelspecht)

Zeichnungen: Friedhelm Weick mit freundlicher Genehmigung des AULA-Verlages, Wiebelsheim

Methodenstandards zur Erfassung der Brutvögel Deutschlands

Herausgegeben von

Peter Südbeck, Hartmut Andretzke, Stefan Fischer, Kai Gedeon,
Tasso Schikore, Karsten Schröder & Christoph Sudfeldt

im Auftrag der Länderarbeitsgemeinschaft der Vogelschutzwarten
und des Dachverbandes Deutscher Avifaunisten e. V. (DDA)

mit Unterstützung des Deutschen Rates für Vogelschutz e. V.
und des Bundesamtes für Naturschutz

Druck: Mugler Druck-Service GmbH,
Gewerbering 8, D-09337 Hohenstein-Ernstthal
verlag@muglerdruck.de

Papier: Bavaria matt 70g/m², umweltschonend aus Durchforstungsholz

Auflage: 5.000

Erscheinungsjahr: 2005

Erscheinungsort: Radolfzell.

Die Deutsche Bibliothek – CIP-Einheitsaufnahme

Methodenstandards zur Erfassung der Brutvögel Deutschlands /
Hrsg.: Peter Südbeck ... – Radolfzell. 2005. ISBN 3-00-015261-X

Zitiervorschläge:

SÜDBECK, P., H. ANDRETZKE, S. FISCHER, K. GEDEON, T. SCHIKORE, K. SCHRÖDER & C. SUDFELDT (Hrsg.; 2005): Methodenstandards zur Erfassung der Brutvögel Deutschlands. Radolfzell.

Bei Verwendung einzelner Kapitel:

BAUER, H.-G. (2005): Feldornithologische Erfassungsmethoden - eine Übersicht. In: SÜDBECK, P. et al. (Hrsg.): Methodenstandards zur Erfassung der Brutvögel Deutschlands. S. 26 – 39. Radolfzell.

Bei Verwendung Art bezogener Angaben:

ANDRETZKE, H., T. SCHIKORE & K. SCHRÖDER (2005): Artsteckbriefe. In: SÜDBECK, P. et al. (Hrsg.): Methodenstandards zur Erfassung der Brutvögel Deutschlands. S. 135 – 695. Radolfzell.

Im Sinne leichterer Lesbarkeit wird in diesem Buch meist nur die männliche Bezeichnung für Mitarbeiterinnen und Mitarbeiter etc. verwendet, wobei ausdrücklich immer auch die weibliche mitverstanden werden soll.

Inhaltsverzeichnis

Geleitwort des Bundesamtes für Naturschutz

Aktuelle Informationen über Zustand und Veränderungen von Natur und Landschaft sind bedeutsam für eine effektive Naturschutzpolitik und eine angemessene Information der Öffentlichkeit.
Um gezielt Naturschutz zu betreiben und andere Nutzungsbereiche hinsichtlich der Erhaltung der biologischen Vielfalt nachhaltig zu gestalten, müssen die Auswirkungen der ergriffenen politischen Maßnahmen bekannt sein. Damit lassen sich auch Erfolge und Misserfolge beim Schutz der Natur darstellen.

Damit für den Naturschutz auf Bundesebene belastbare Informationen zur Verfügung gestellt werden können, müssen nachvollziehbare und standardisierte Methoden zur Anwendung kommen. Erst so werden die Ergebnisse wissenschaftlich abgesichert. Mit der Anwendung von Mindeststandards können darüber hinaus die erhobenen Daten für verschiedenste Zwecke (z. B. Planung – Erfolgskontrolle – Monitoring) genutzt werden.
Außerdem hat sich gezeigt, dass die Arbeit von Ehrenamtlichen gestärkt und intensiviert wird, wenn Methodenstandards in moderner Form und auf dem neuesten Stand der Wissenschaft für die Geländearbeit komprimiert zur Verfügung stehen. Der Feldornithologie in Deutschland wünschen wir mit dieser Publikation daher einen kräftigen Aufwind.

Für die Zukunft des bundesweiten Monitorings von Vogelarten ist es von erheblicher Bedeutung, dass die Methoden bundesweit abgestimmt sind. Das Monitoring von Vogelarten wird derzeit vom Bundesamt für Naturschutz mit Mitteln des Bundesministeriums für Umwelt, Naturschutz und Reaktorsicherheit gefördert.
Der Dachverband Deutscher Avifaunisten (DDA) führt dieses Forschungs- und Entwicklungsvorhaben in enger Kooperation mit der Deutschen Ornithologen-Gesellschaft und dem Naturschutzbund Deutschland durch. Ein dauerhafter Erfolg kann dem Monitoring nur beschieden sein, wenn die Beobachtungen standardisiert sind und die Koordination der Erhebungen gesichert ist. Zu diesem Vorhaben wünscht das Bundesamt für Naturschutz dem DDA viel Erfolg.

Ein solches Standardwerk kann nur durch Unterstützung von vielen Seiten zu Stande kommen – wir danken für ihr Engagement den Länderfachbehörden und den Staatlichen Vogelschutzwarten, den beteiligten Verbänden, Ehrenamtlichen und dem Büro BIOS.
Für die Akzeptanz und Anwendung der Methoden ist diese breite Basis von großer Bedeutung. Den Kartiererinnen und Kartierern danken wir für ihre bisherige exzellente Tätigkeit und hoffen, dass dieses Buch ihre weitere Arbeit unterstützen wird.

Bundesamt für Naturschutz

BfN
Bundesamt für Naturschutz

Alle Vögel sind schon da, alle Vögel, alle!
Welch ein Singen, Musiziern,
Pfeifen, Zwitschern, Tirilier‘n!
Frühling will nun einmarschier‘n,
Kommt mit Sang und Schalle.

Wie sie alle lustig sind,
Flink und froh sich regen!
Amsel, Drossel, Fink und Star
Und die ganze Vogelschar
Wünschet dir ein frohes Jahr,
Lauter Heil und Segen!

Was sie uns verkündet nun
Nehmen wir zu Herzen:
Wir auch wollen lustig sein,
Lustig wie die Vögelein,
Hier und dort, Feld aus, Feld ein,
Singen, springen, scherzen!

Vorwort der Herausgeber

Die allbekannte Volksweise, die Heinrich Hoffmann von Fallersleben zu einer eingängigen Melodie aus dem 18. Jahrhundert verfasste, könnte das musikalische Credo eines jeden Avifaunisten sein: Amsel, Drossel, Fink und Star, die wir anhand ihrer auffälligsten Verhaltensweisen, dem Pfeifen, Zwitschern, Tirilier‘n erkennen, zählen und erfassen, haben uns etwas mitzuteilen, das wir uns zu Herzen nehmen sollen. Genau das ist der Grundgedanke der systematischen Überwachung unserer Vogelbestände, die gegenwärtig Einzug in die Naturschutzpolitik hält. Denn die Vögel haben uns weitaus mehr zu verkünden, als den nahenden Frühling!

Als Indikatoren eignen sie sich vor allem für zwei Fragestellungen: einerseits für die Beurteilung der ökologischen Wertigkeit von Gebieten, andererseits für die Beobachtung von Veränderungen in Ökosystemen, die durch natürliche Prozesse, die vielfältige Nutzung der Landschaft durch den Menschen, aber auch durch konkrete Pflegemaßnahmen des Naturschutzes hervorgerufen werden können. Aufgrund ihrer vergleichsweise leichten Erfassbarkeit sind vor allem die Vogelarten mit komplexen Umweltansprüchen wichtige Indikatorarten, insbesondere dann, wenn die Informationen auf großer Fläche, z. B. auf naturräumlicher oder administrativer Ebene, gesammelt werden.

Nach Schätzungen des Dachverbandes Deutscher Avifaunisten erheben allein in Deutschland mehr als 5.000 ehrenamtlich aktive Vogelbeobachter, Naturfreunde und Ornithologen, aber auch hauptberuflich tätige Biologen und Landschaftsökologen, Daten zum Bestand der Vogelwelt. Die Zahl der aktiven Vogelschützer ist sicher um ein Vielfaches größer. Dank ihres Engagements wissen wir heute über keine andere Organismengruppe so gut Bescheid wie über die Vögel, durch ihren Einsatz ist der Vogelschutz Triebfeder und Motor moderner Naturschutzpolitik geworden. Damit unterstützen sie Bund und Länder bei der Erfüllung ihrer hoheitlichen Naturschutzaufgaben in vielfältiger Hinsicht und stellen diese auf eine wissenschaftlich belastbare Grundlage.

Viele moderne naturschutzfachliche Fragestellungen können jedoch nur dann differenziert beantwortet werden, wenn die Untersuchungs- und Auswertungsmethoden hinreichend fein justiert sind. So ist für die Erfassung von Vogelbeständen bedeutsam, wie repräsentativ und übertragbar die gewonnenen Ergebnisse sind. Studien zu solchen Fragen haben gezeigt:

(1) Die Struktur von Vogelpopulationen ist vielfältig, dynamisch und artspezifisch, es gibt kein einheitliches und statisches Schema;

(2) eine vollständige Bestandserfassung ist praktisch unmöglich, jede Methode liefert nur einen Näherungswert;

(3) um vergleichbare quantitative Angaben zu erhalten, ist eine Standardisierung der Methoden erforderlich.

Mit den vorliegenden „Methodenstandards zur Erfassung der Brutvögel Deutschlands“ wollen wir allen Interessierten, Fachleuten und Laien, eine Anleitung zum Kartieren von Brutvögeln an die Hand geben, die uns dabei helfen wird, die Aussagekraft unserer Monitoringprogramme zu verbessern. Weil wir den hohen Ansprüchen des modernen Vogelmonitorings genügen wollen, aber auch Laien den Einstieg in die fachlich seriöse Avifaunistik erleichtern möchten, ist das vorliegende Werk auf ein beträchtliches Maß angewachsen.

Wir hoffen, dass uns damit die Erstellung weithin gültiger und akzeptierter Normen zur Vereinheitlichung der Methoden zur Erfassung der heimischen Vogelwelt gelungen ist. Wir wünschen uns, dass ihre konsequente Anwendung Einzug in die deutsche Avifaunistik halten wird.

Das Buchprojekt reiht sich damit in die aktuellen Entwicklungen im Vogelmonitoring ein. Erinnert sei an dieser Stelle an die „Steckbyer Grundsätze und Ziele zum Vogelmonitoring in Deutschland“, die anlässlich einer gemeinsamen Tagung der **Länderarbeitsgemeinschaft der Vogelschutzwarten** und des **Dachverbandes Deutscher Avifaunisten** schon 2002 formuliert wurden (vgl. GEDEON et al. 2003):

1. Ein bundesweites Monitoring von Vogelarten ist wichtig und notwendig.
2. Bund, Länder und Verbände arbeiten zusammen.
3. Gesetzliche Verpflichtung, Begeisterung und bürgerliches Engagement: Die Vielfalt der Motive wird akzeptiert.
4. Die Ziele, die Methoden und die Leistungsfähigkeit eines bundesweit abgestimmten Vogelmonitorings sollen in den Blickpunkt der Öffentlichkeit gerückt werden.
5. Methodische Standards sollen einheitlich gelten und die vorhandenen Basisprogramme integriert werden.
6. Wissenschaftliches Niveau und Langfristigkeit eines Vogelmonitorings in Deutschland sollen durch eine unabhängige Institution gesichert werden.

In all diesen Punkten sind wir inzwischen ein beträchtliches Stück weiter gekommen. Die Notwendigkeit eines bundesweiten Monitorings wird uneingeschränkt akzeptiert. Der klassischen „Feldornithologie“ wurde mit dem Thema Monitoring ein spannendes und anspruchsvolles Arbeitsfeld zugeordnet, das den Avifaunisten und den Forscher gleichermaßen begeistern kann. Die aktuellen Entwicklungen hin zu einem bundesweit abgestimmten Monitoring sind sehr ermutigend - und mit dem vorliegenden Handbuch sind wir nunmehr für die weitere Arbeit auch methodisch gut gerüstet.

Die Herausgeber

stellvertretend für die

Länderarbeitsgemeinschaft der Vogelschutzwarten
und den
Dachverband Deutscher Avifaunisten e. V.

DDA

1. Avifaunistische Datenerfassung - von der Bestandszahl zum Nachhaltigkeitsindikator

Peter Südbeck, Stefan Fischer und Christoph Sudfeldt

Kaum eine andere Tiergruppe erfreut sich einer solch großen Beliebtheit unter der Bevölkerung wie die Vögel. Vögel sind im Alltagsleben präsent, sie dienen als Motive in Kunst und Kultur, sind Frühlingsboten, und „die Störche bringen die Kinder“. Vogelkunde, Avifaunistik und Vogelschutz erfahren Unterstützung in allen Gesellschaftskreisen, und die Zahl der Ornithologen, die aus Freude in die Natur hinausgehen, um Vögel zu beobachten, zu erfassen und zu schützen, ist groß. Ornithologie und Avifaunistik gehören zu den ganz wenigen Fachgebieten, die bis zum heutigen Tag zu einem großen Teil von Ehrenamtlichen getragen und weiterentwickelt werden. Die Zahl der „klassischen Amateure“ dieser *scientia amabilis* ist so hoch wie in kaum einer anderen wissenschaftlichen Disziplin (Hötker et al. 2001).

Stand zunächst eher die Sammlung biologischer Grundlagendaten im Zentrum ornithologischer Forschung (z. B. zur Brutbiologie einzelner Arten), so haben sich im Laufe der Zeit die Fragestellungen erheblich ausgeweitet. Insbesondere das Szenario eines „stummen Frühlings“ durch Carson (1962) hatte auf die immer bedrohlicher werdende Situation der Vogelwelt in den industrialisierten Staaten aufmerksam und Gegenstrategien des Vogel- und Naturschutzes erforderlich gemacht. Zunächst benötigte man jedoch erst einmal harte Fakten, um zumindest die wesentlichen Kernfragen zu beantworten: Welche Vogelarten sind überhaupt betroffen, in welchem Maße nehmen sie in ihrem Bestand ab? Neben der qualitativen Frage nach dem Vorkommen der einzelnen Arten wuchs deshalb der Bedarf an quantitativen Informationen: Wie viele Weißstörche brüten in Norddeutschland? Wie entwickelt sich der Bestand der Rohrdommel in Bayern oder Sachsen-Anhalt? Unterscheidet sich der Bestandstrend der Uferschnepfe in Nordrhein-Westfalen von dem in den benachbarten Niederlanden? Nehmen die Bestände der Feldlerche in der intensiv genutzten Ackerflur schneller ab als auf den extensiv bewirtschafteten Flächen des Ökolandbaus?

Mit der anhaltenden Gefährdung der Vogelartenvielfalt, wie sie in den Roten Listen dokumentiert ist (zuletzt Bauer et al. 2002), begannen auch Politik und Verwaltung – nach Wissenschaft und Naturschutz – sich für die systematische Vogelerfassung zu interessieren: Gefragt waren jetzt detaillierte Informationen zu Häufigkeit, Verbreitung, Arealveränderung und Bestandsentwicklung der einzelnen Vogelarten, um gezielte Maßnahmen des Arten- und Naturschutzes auf großer Fläche wie auch in Schutzgebieten einleiten zu können.

In den 1990er Jahren wurde dann das Spektrum fachwissenschaftlicher Anforderungen an die quantitative Avifaunistik erneut erweitert: Welchen aktuellen Status hat unsere heimische Biodiversität, und können wir unseren Beitrag zum Erhalt der weltweiten Artenvielfalt überhaupt leisten? Welche Arten sind prioritär zu schützen? Welche Arten und welche Bestandsparameter eignen sich als Frühwarnsystem für Veränderungen in unserer Landschaft? Können wir mit einem Indikator, der auf den Bestandsentwicklungen ausgewählter Vogelarten basiert, den Zustand unserer „Normallandschaft" beschreiben? Und welche Arten und welche populationsbiologischen Informationen sind als prägnante Indikatoren brauchbar, um die Themen „Artenvielfalt" und „Nachhaltigkeit" für die breite Öffentlichkeit und für die Entscheidungsträger in Politik und Verwaltung anschaulich werden zu lassen (vgl. SCHLUMPRECHT & SÜDBECK 2002, 2003)?

Solche Fragen zielen auf die Entwicklung der Vogelbestände und ihre Erhaltungssituation insgesamt ab und können mit Hilfe von Bestandserfassungen sowie weitergehenden Untersuchungen an Vögeln, die den Bruterfolg, Mortalitätsraten oder die Populationsdynamik ermitteln, beantwortet werden (Vogelmonitoring im weiteren Sinne; s. a. STICKROTH et al. 2003).

Zielsetzung

Ziel dieses Buches ist es, zur erforderlichen Methodenstandardisierung feldornithologisch-avifaunistischer Erfassungen in Deutschland beizutragen. Die Ergebnisse feldornithologischer Untersuchungen, Gutachten und Expertisen sowie bundes- und länderweiter Programme des Vogelmonitorings sollen noch besser als bisher den gestiegenen Anforderungen an avifaunistische Fachdaten gerecht werden.

Ziel dieses Gemeinschaftswerkes, an dem mehr als 200 ehren- wie hauptamtliche Avifaunisten mitgewirkt haben, ist es, erstmalig bundesweit einheitliche Methodenstandards sowohl für die Methoden zur quantitativen Ermittlung von Vogelgemeinschaften als auch für die artspezifische Erfassung aller regelmäßig in Deutschland vorkommenden Brutvogelarten zu setzen.

Das Handbuch richtet sich an alle, die systematische, quantitative Erfassungen von Vogelbeständen in Deutschland (und darüber hinaus) durchführen, planen, beauftragen oder analysieren. Es wendet sich vor allem an die große Zahl ehrenamtlich Aktiver in den Fachverbänden des DDA, aber auch an die Mitarbeiter der Staatlichen Vogelschutzwarten und die Auftraggeber und -nehmer avifaunistischer Fachgutachten bei Naturschutzplanungen oder Umweltverträglichkeitsstudien.

Das Buch soll leicht verständlich und prägnant sein. Auf die wissenschaftliche Herleitung der einzelnen Erfassungsmethoden wird daher zu Gunsten einer leichteren Lesbarkeit weitgehend verzichtet. Das Hauptaugenmerk liegt vielmehr auf der Vermittlung praktischer Geländeerfahrungen und -erkenntnisse von vielen Mitarbeiterinnen und Mitarbeitern. Das Buch soll praktikable und umsetzbare Antworten auf Fragen geben wie:

- Wie wende ich die Standardmethoden zur Ermittlung des Vogelbestandes eines Gebietes an?
- Welche Methode verwende ich zur Ermittlung von langfristigen Bestandstrends einzelner Arten?
- Wie und wo kartiere ich den Brutbestand einzelner Vogelarten, z. B. den des Schilfrohrsängers in einem brandenburgischen Luch-Gebiet?
- Welchen Aufwand erfordert die Kartierung von Rote-Liste-Arten, z. B. in einem pfälzischen Laubwaldgebiet?
- Wann muss ich zur Ermittlung des Bestandes der Ringdrossel die potenziellen Brutgebiete aufsuchen?

Das Buch liefert dagegen keine Anleitung für die Durchführung brutökologischer Detailstudien, etwa von Bekassine oder Ringeltaube, für die Ermittlung von Habitatparametern, z. B. im bevorzugten Lebensraum des Waldlaubsängers, und es erklärt auch nicht, welches Fernglas für Vogelbeobachtungen zu nutzen ist oder wie man den Zilpzalp vom Fitis unterscheidet. Grundlegende Kenntnisse zu Aussehen, Lautäußerungen und Verhaltensweisen der Arten werden vorausgesetzt.
Grundlage für solide Aussagen über Vogelbestände sind praktische Kartierungen der Vögel im Gelände. Ziel der Erfassungen sind die konkreten Vorkommen und Reviere einzelner Arten in ihren Lebensräumen. Hypothetische Abschätzungen über das Artenpotenzial eines Gebietes anhand der Lebensraumausstattung (Welche Arten könnten dort vorkommen? Mit welchen Häufigkeiten wäre statistisch zu rechnen?) sind Auswertungs- und Analysemethoden, die hier ebenfalls nicht behandelt werden und die eine Erfassung im Gelände nicht ersetzen können.

Vergleichbare feldornithologische Methodenhandbücher sind in mehreren europäischen Ländern seit langem auf dem Markt. Im Nachbarland Niederlande war für die dortigen Mitarbeiterinnen und Mitarbeiter an den Monitoring-Programmen bereits 1989 ein Handbuch mit einem umfangreichen Teil Art bezogener Erfassungsmethoden herausgegeben worden (Hustings et al. 1989). Auch in anderen Ländern gibt es vergleichbare Werke mit jeweils etwas unterschiedlicher Schwerpunktsetzung (z. B. Bibby et al. 1992, 2000 und Gilbert et al. 1998 in Großbritannien; Koskimies & Väisänen 1991 in Finnland). In Deutschland liegen – abgesehen von der „Praktischen Vogelkunde" (Berthold et al. 1974), die deutlich andere Schwerpunkte setzt – bislang nur die Ausführungen von Gnielka (1990) und die übersetzte und an deutsche Bedingungen angepasste Fassung des britischen Methodenhandbuches (Bibby et al. 1995, bearbeitet von H.-G. Bauer) vor. Daneben gibt es für einzelne Artengruppen Spezialempfehlungen (z. B. für Küstenvögel: Hälterlein et al. 1995, Wasservögel in Nordrhein-Westfalen, Sudmann et al. 2002). Daher war zum jetzigen Zeitpunkt auch eine Zusammenführung des spezifischen Sachverstandes aus Deutschland und für die deutschen Programme angebracht und wurde vielfach gewünscht.

Wichtige Einsatzfelder für Bestandserfassungen im Naturschutz

Berichtspflichten für internationale Konventionen und Richtlinien: Mit der Umsetzung europäischer Naturschutzrichtlinien, -konventionen und internationaler Abkommen sind Berichtspflichten verbunden, die helfen sollen, die Wirkung naturschutzpolitischer Instrumente großräumig beurteilen zu können. Aus dem Blickwinkel des Vogelschutzes sind hier die Europäische Vogelschutzrichtlinie (79/409/EWG), die RAMSAR-Konvention und das Abkommen zur Erhaltung der afrikanisch-eurasischen wandernden Wasservögel (AEWA) als Regionalabkommen unter der Bonner Konvention zum Schutz wandernder Arten hervorzuheben. Die Bundesländer haben regelmäßig den Erhaltungszustand der jeweiligen Schutzgüter, hier der Vogelarten, zu überprüfen, der sich an populationsbiologischen Kriterien und denen des besiedelten Lebensraumes bemisst. Internationale Gremien erwarten turnusmäßig detaillierte Berichte über die eingeleiteten Maßnahmen und ihre Wirkung auf die Zielarten. Für beides wird eine solide quantitative Datengrundlage gefordert bzw. benötigt.

Wissenschaft und Forschung: Bestandserfassungen sind auch das Fundament sowohl für wissenschaftliche Studien als auch für ein integriertes Populationsmonitoring (vgl. Bairlein 2001). Beinahe jede wissenschaftliche Freilandforschung mit naturschutzbiologischer Fragestellung erfordert Bestandsdaten zur Flora und Fauna als Grundlage.

Im Rahmen der internationalen Berichtspflichten erfolgen regelmäßige Erfassungen der Arten des Anhangs I der Europäischen Vogelschutzrichtlinie in Europäischen Vogelschutzgebieten. Solitäreichen im Vogelschutzgebiet Colbitz-Letzlinger Heide (Sachsen-Anhalt), Lebensraum von Ziegenmelker und Wiedehopf sowie ehemaliges Brutgebiet der Blauracke (Foto: R. Schönbrodt).

Gerade Vögel sind dabei eine herausgehobene Artengruppe. Untersuchungen an Vögeln haben für viele wissenschaftliche Fragestellungen zu Ergebnissen geführt, die für die gesamte Biologie Relevanz erlangt haben (Bairlein & Prinzinger 2001).

Eingriffsregelung und Umweltverträglichkeit: Schließlich werden exakte Bestandsdaten für die Abarbeitung der naturschutzrechtlichen Eingriffsregelung, der Durchführung von Umweltverträglichkeitsprüfungen (UVP) oder Verträglichkeitsprüfungen nach der Fauna-Flora-Habitat-Richtlinie der Europäischen Union (FFH-Richtlinie) benötigt. Auch für andere Fachplanungen und -prüfungen (z. B. Strategische Umweltprüfung SUP) sind konkrete Informationen erforderlich, die es erlauben, eine Prognose über die Folgen eines Bauvorhabens, eines Flächennutzungsplans oder einer Windkraftanlage auf den Vogelbestand eines Gebietes abgeben zu können. Dies ist eine wesentliche Voraussetzung dafür, zielgerichtete und effiziente Ausgleichs- und Ersatzmaßnahmen konzipieren und ergreifen zu können. Insbesondere für avifaunistische Gutachten im Rahmen der Eingriffsregelung und von (Umwelt-)Verträglichkeitsprüfungen sind die Anforderungen an die Datenqualität erheblich gestiegen, nicht zuletzt durch die immer wieder vorgenommene gerichtliche Überprüfung der einzelnen Sachverhalte (s. Projektgruppe „Ornithologie und Landschaftsplanung“ der Deutschen Ornithologen-Gesellschaft 1995). Avifaunistische Fachdaten können ihre Wirkung im Natur- und Vogelschutz nur dann entfalten, wenn sie überprüfbar erhoben werden.

Effizienzkontrollen: Schließlich verlangen Natur- und Vogelschutzmaßnahmen Wirkungskontrollen, mit denen überprüft und belegt werden soll, ob bzw. dass die getroffenen Maßnahmen tatsächlich zu dem beabsichtigten Ziel geführt haben. Untersuchungen dieser Art sind Grundlage für die Optimierung von Schutzprogrammen und -konzepten.

Die Anforderungen an avifaunistische Fachdaten lassen sich plakativ umschreiben. Die Daten müssen:

- qualitativ hochwertig sein,
- quantitativ sein,
- standardisiert erhoben werden und damit
- überprüfbar und nachvollziehbar sein.

Ein kurzer Blick zurück

Die sich in den vergangenen Jahrzehnten erheblich gewandelten Anforderungen haben starke Veränderungen in der quantitativen Avifaunistik nach sich gezogen.

Pioniere dieser Arbeit in Deutschland waren Schiermann (1930) und Steinbacher (1942), die erstmals versuchten, die Siedlungsdichte der Vogelgemeinschaft in ihren Untersuchungsgebieten nach einem methodisch systematischen Vorgehen zu erfassen. Mit den so erhobenen „harten" Zahlen lösten sie die davor üblichen Angaben wie „häufig", „selten", „verbreitet" oder „gemein" ab.

Für die Bestandserhebung ausgewählter Arten in großen Gebieten reichen derartige Aktivitäten noch weiter zurück. So erfassten etwa Wüstnei und Clodius (1902) den Bestand des Weißstorches großflächig in Mecklenburg, und Schulz (1947) dokumentierte die Brutbestände vieler typischer Küstenvögel in den Seevogelfreistätten an Nord- und Ostsee, teilweise zurück bis zum Jahr 1900.
Aber erst in den Jahren nach 1960, als das Beobachten und Zählen von Vögeln ein weit verbreitetes Hobby wurde, erschienen auch methodische Anleitungen zur standardisierten Erfassung der Siedlungsdichte mittels der Revierkartierung (vgl. Dornbusch et al. 1968, Erz et al. 1968, Oelke 1974), und es begannen intensive Diskussionen über diese Methode, ihre Chancen und Risiken, Anwendungsmöglichkeiten und Qualität (u. a. Berthold 1976, Gnielka 1990, Flade 1994, Scherner 1977, 1989; s. a. Kap. 2.3.1). Derartige Erörterungen führten vielen Ornithologen vielfach erst vor Augen, was alles beim Erheben quantitativer avifaunistischer Daten zu berücksichtigen ist, wie unterschiedlich die tages- und jahreszeitliche Erfassbarkeit einzelner Arten ist und welche Fehlerquellen auftreten können (z. B. Scherner 1981, 1983). Sie trugen erheblich zur Entwicklung stärker standardisierter Verfahren und Methoden bei. Vor dem Hintergrund differenzierter Fragestellungen stand insbesondere auch das Verhältnis von Aufwand zum Erfolg, d. h. dem Ziel orientierten Ergebnis, im Zentrum der Diskussionen, welche Methode für welche Aufgabenstellung besonders geeignet ist (vgl. Kap. 2.2).

Eine systematische Standardisierung von Methoden ist ein notwendiges Vorgehen in jeder wissenschaftlichen Disziplin und natürlich auch in angewandten Bereichen. Dieser Aspekt ist bisher vor allem in Labortechniken selbstverständlich (niemand würde die Sinnhaftigkeit aufwändiger Messverfahren zur Ermittlung der Strahlenbelastung in Zweifel ziehen).

Eine vergleichbare Tradition der Methodendiskussion hat sich aber in der Avifaunistik in Deutschland bislang nicht etabliert. Methoden-Standardisierung, Methodensicherheit in der Anwendung im Gelände und Methodenüberprüfung sollten aber auch in der Feldornithologie selbstverständlich sein bzw. werden.

Akteure des Vogelmonitorings in Deutschland

Vogelerfassung und Vogelmonitoring in Deutschland kennen viele Akteure, die grob in drei Gruppen untergliedert werden (FISCHER 2003, SÜDBECK 2003):

- Ehrenamtliche Mitarbeiterinnen und Mitarbeiter an Monitoringprogrammen der avifaunistischen Fachverbände in Deutschland: Hierzu zählen vor allem die klassischen Amateure, die mit ihrem immensen Einsatz und Engagement Langzeitprojekte überhaupt erst möglich machen (z. B. DDA-Monitoringprogramm häufiger Vögel; FLADE & SCHWARZ 2003). Der Dachverband Deutscher Avifaunisten ist die organisatorische Klammer für diesen Mitarbeiterkreis. Er koordiniert und organisiert gemeinsam mit seinen Mitgliedsverbänden auf Länder- und regionaler Ebene die wichtigsten, deutschlandweit durchgeführten Programme des ehrenamtlichen Vogelmonitorings. Die Durchführung der Langzeitprogramme soll künftig durch die am 16.08.2003 in Chemnitz gegründete „Stiftung Vogelmonitoring Deutschland" gefördert werden, in der neben vielen Fachverbänden auch wissenschaftliche Institutionen (z. B. Deutsche Ornithologen-Gesellschaft, Vogelwarte Radolfzell) bzw. Naturschutzverbände mit den Schwerpunkten Ornithologie und Vogelschutz Stifter sind. Insbesondere der Naturschutzbund Deutschland (NABU) führt in seinen regionalen und lokalen Gruppen ebenfalls avifaunistische Erfassungen weitgehend ehrenamtlich durch.
- Die Staatlichen Vogelschutzwarten und Fachbehörden der Bundesländer und – für die bundesweit übergreifenden Fragen - das Bundesamt für Naturschutz: Sie tragen Verantwortung für die fachliche Umsetzung des Vogelschutzes und die Bereithaltung der dafür erforderlichen Fachdaten. Die „Länderarbeitsgemeinschaft der Vogelschutzwarten" ist ein Forum, in dem für diese staatlichen Aufgaben an einer Harmonisierung und bundesweiten Abstimmung gearbeitet wird. Insbesondere die fachliche Umsetzung europäischer Richtlinien, vor allem der Vogelschutzrichtlinie, ist gerade in den letzten 10 Jahren zu einem

bedeutsamen Arbeitsschwerpunkt geworden. Dafür müssen avifaunistische Fachdaten standardisiert erfasst und bewertet werden. Die Datenerhebung selbst erfolgt oft in enger Kooperation mit den Landesfachverbänden oder auch durch Beauftragung Dritter.

- Schließlich führen private Planungsbüros und Institute avifaunistische Erfassungen in großem Umfang kommerziell durch. Kartiert wird dann im Rahmen naturschutzfachlicher Planungen, für die Abarbeitung der Eingriffsregelung sowie von Umweltverträglichkeitsprüfungen (UVP) oder als Teil der Fachplanungen anderer Verwaltungen (z. B. Agrarstrukturverwaltung). Auftraggeber sind dabei neben staatlichen Stellen Projektträger und Investoren der Eingriffsvorhaben.

Darüber hinaus werden in vielfacher Hinsicht quantitative Fachdaten durch Universitäten, Museen usw. erhoben, dies jedoch nicht in vergleichbarem Umfang wie durch die drei o. g. Gruppen.

Zur Entstehungsgeschichte: Wer steht hinter diesem Buch?

Der Dachverband Deutscher Avifaunisten koordiniert die deutschlandweiten Programme zum Vogelmonitoring. Daher bestand insbesondere hier seit langem der Bedarf nach einer übergreifenden Anleitung zur Vogelerfassung.
Besonders deutlich machte sich das Fehlen einheitlicher Standards bei der Identifizierung der sogenannten Important Bird Areas (IBA) bemerkbar, die auf der Grundlage eines von BirdLife International entwickelten Kriterienschemas bestimmt werden (SUDFELDT et al. 2002, DOER et al. 2002).
Ähnlich stellte sich die Situation für die Staatlichen Vogelschutzwarten dar, die auf Ebene der Bundesländer die Erfassungsprogramme umsetzen oder vergleichbare Projekte koordinieren. Insbesondere die Ende der 1990er Jahre verstärkt einsetzende Identifizierung von Europäischen Vogelschutzgebieten (Special Protection Areas, SPA) erforderte detaillierte Kenntnisse über das Vorkommen, die Verbreitung und Bestände aller Vogelarten, vor allem aber der Arten des Anhang I der Richtlinie und der regelmäßig auftretenden Zugvogelarten.

Diese Projekte haben den Wunsch befördert, einheitliche Erfassungsstandards zu formulieren. Die Umsetzung der Vogelschutzrichtlinie erforderte somit insbesondere einen artspezifischen Ansatz, für dessen Umsetzung einheitliche Erfassungsstandards benötigt wurden.

Auf Initiative der Staatlichen Vogelschutzwarte Niedersachsen wurden zunächst 64 Artsteckbriefe erarbeitet, denen weitere 43 im Jahr 2003 folgten (BIOS 2003; Bearbeiter H. ANDRETZKE, T. SCHIKORE, K. SCHRÖDER). Diesen Grundstock ergänzte die Staatliche Vogelschutzwarte Sachsen-Anhalt um 109 Brutvogelarten, Brutgäste und Neozoen (Bearbeiter W. OTTO, T. TÖPFER; OTTO 2003). Die Staatliche Vogelschutzwarte Bayern erstellte die Steckbrief-Entwürfe für die Alpenvögel (Bearbeiter H. SCHÖPF), H. ANDRETZKE und B. HÄLTERLEIN diejenigen für die Küstenvögel und H. SCHIELZETH und einzelne weitere Bearbeiter komplettierten sie für Neozoen und seltene Arten (s. Kap. 5.3).
Parallel und unabhängig davon hatten die Nordrhein-Westfälische Ornithologengesellschaft (NWO) und die Staatliche Vogelschutzwarte in der Landesanstalt für Ökologie, Bodenordnung und Forsten Nordrhein-Westfalen (LÖBF) zudem eine Methodenanleitung zur Erfassung von Brutbeständen bei Wasservögeln in Nordrhein-Westfalen mit 37 Artsteckbriefen erarbeitet (SUDMANN et al. 2002).

Im Rahmen des seit 2003 laufenden Forschungs- und Entwicklungsvorhabens des Bundes „Monitoring von Vogelarten in Deutschland", welches der DDA in Kooperation mit der Deutschen Ornithologen-Gesellschaft (DO-G) und dem NABU - Naturschutzbund Deutschland durchführt (vgl. SUDFELDT et al. 2003), erfolgte dann die deutschlandweite Abstimmung der Artsteckbriefe. Dazu wurden die Steckbrief-Entwürfe in einem sog. „Grünbuch" zusammengestellt und an alle Landesverbände des DDA und des NABU, alle Staatlichen Vogelschutzwarten, die DO-G und an eine Vielzahl von Experten für einzelne Arten oder Artengruppen gesandt, mit der Bitte um Überprüfung der Vorschläge, Benennung regionaler Besonderheiten, phänologischer Abweichungen und der Ausarbeitung von Alternativvorschlägen. Die Resonanz war überaus positiv und die Mitarbeit war so umfangreich, dass wir mit Recht behaupten können, den aktuellen Fachverstand der deutschen Avifaunisten in den hier vorgelegten Methodenvorschlägen gesammelt zu haben. Die Koordination dieses Verfahrens und die Überarbeitung der Steckbrief-Entwürfe nach Eingang der Kommentare sowie die Fertigstellung noch fehlender Steckbriefe übernahmen H. ANDRETZKE, T. SCHIKORE und K. SCHRÖDER (BIOS, Osterholz-Scharmbeck; vgl. Kap.5). Parallel entstanden unter Federführung des DDA die Beschreibungen der allgemeinen Erfassungsmethoden (vgl. Kap. 2).

Die hier vorgeschlagenen Standards sind somit ein Gemeinschaftswerk der ornithologischen Fachverbände in Deutschland (DDA und dessen Mitgliedsverbände), der Staatlichen Vogelschutzwarten der Länder, des

Bundesamtes für Naturschutz sowie vieler ehrenamtlicher Artspezialisten. Die breite Unterstützung bei der Erarbeitung des Handbuches lässt darauf hoffen, dass die Methodenstandards schon bald zum etablierten Handwerkszeug eines jeden Avifaunisten in Deutschland gehören werden. Dennoch werden die in diesem Buch dargelegten Erfassungs- und Auswertungsmethoden nicht für jeden eintretenden Fall eine geeignete Vorgabe sein können, z. B. für die Anwendung im Bergland und vor allem im Hochgebirge. Künftige Erkenntnisse werden Anlass zu weiteren Verbesserungen und Anpassungen der Methoden liefern. Da dies den Herausgebern bewusst ist, soll dieses Handbuch auch dazu beitragen, dass sich möglichst viele Bearbeiter mit den empfohlenen Vorgaben auseinandersetzen, erforderliche Abweichungen bei Methode und Interpretation begründen und notwendige Veränderungen für eine Fortschreibung der Methodenstandards an die Herausgeber herantragen. Es sei ausdrücklich dazu aufgerufen, Erfahrungen mit der Anwendung dieser Methoden bei den einzelnen Arten zu veröffentlichen, z. B. bezüglich der Effizienz des Einsatzes von Klangattrappen, auch um die methodenkritische Diskussion zu intensivieren.

Für die Erstellung des gesamten Buches stand ein Motto im Vordergrund: Schutz hat Vorrang vor Erfassung! Das bedeutet: Mit den Methodenstandards soll die avifaunistische Datenlage verbessert werden, die ihrerseits Grundlage für einen verbesserten Schutz der Arten und Lebensräume ist. Es versteht sich deshalb von selbst, dass Erfassungen nicht um ihrer selbst willen oder gar auf Kosten der zu schützenden Arten, z. B. durch Störungen, durchgeführt werden!

1.1 Danksagung

Es war von Anfang an geplant, das Wissen und die Erfahrungen möglichst vieler Avifaunisten aus Deutschland und z. T. aus den angrenzenden Ländern bei der Erstellung dieses Buches zusammenzubringen.

Wir danken daher all denen, die an diesem Gemeinschaftswerk mitgewirkt haben, sei es durch die kritische Kommentierung der Steckbrief-Entwürfe, durch die Weitergabe eigener Erfahrungen und erfassungsmethodischer Details, durch das Zusenden von Veröffentlichungen oder Hinweise auf Literaturstellen, aber auch durch aufmunternden Zuspruch, den wir immer wieder erfahren haben. Ohne diese intensive und deutschlandweite Zuarbeit hätte dieses Buch nicht herausgebracht und die hier beschriebenen und vorgeschlagenen Methoden hätten nicht formuliert werden können. Allen Mitarbeiterinnen und Mitarbeitern sei daher an dieser Stelle herzlich gedankt! In den Dank eingeschlossen sind die Kolleginnen und Kollegen, die bei der Manuskriptdurchsicht, der redaktionellen Bearbeitung oder der Bereitstellung von Fotos und Abbildungen geholfen haben.

Friedrich ALKEMEIER (Markt Erlbach), Frank ALLMER (Lüneburg), Reinhard ALTENKAMP (Berlin), Uwe ANDREAS (Drochtersen-Assel), Ulrich AUGST (Sebnitz), Ralf AUMÜLLER (Bremen), Peter H. BARTHEL (Einbeck-Drüber), Hans-Valentin BASTIAN (Kerzenheim), Sabine BAUMANN (Wardenburg), Walther BAUMEISTER (†, Norddeutsches Vogelmuseum Osterholz-Scharmbeck), Joachim BECKER (Frankfurt/Oder), Jörg BECKER (Köln), Peter BECKER (Barienrode), Siegfried BEICHE (Lutherstadt Wittenberg), Jochen BELLEBAUM (Bölkendorf), Wilhelm BERGERHAUSEN (Heimbach), Felix BERGMANN (Freiburg), Hans-Heiner BERGMANN (Bad Arolsen), Rolf K. BERNDT (Kiel), Ronald BESCHOW (Spremberg), Fabian BINDRICH (Göttingen), Birgit BLOCK (Garlitz), Volker BLÜML (Osnabrück), Roman BÖKER (Osterholz-Scharmbeck), Stefan BOSCH (Mönsheim), Martin BOSCHERT (Bühl), Thomas BRANDT (Winzlar), Stefan BREHME (Berlin), Erwin BRIESEMEISTER (Magdeburg), Jens BRUNE (Marl), Holger A. BRUNS (Bohmstedt), Andreas BUCHHEIM (Datteln), Martin BUCHMANN (Waldböckelheim), Eckehard BÜHRING (Celle), Bernd von BÜLOW (Haltern-Lippramsdorf), Margret BUNZEL-DRÜKE (Soest), Günther BUSCHE (Heide), Winfried D. DAUNICHT (Börm), Axel DEGEN (Osnabrück), Hans-Joachim DEPPE (Berlin), Markus DEUTSCH (Göttingen), Katharina DIETRICH (Wilhelmshaven), Christian DIETZEN (Mannheim), Arend-Jan van DIJK (Beek-Ubbergen/NL), Hartmut DITTBERNER (Bergen/Rügen), Winfried DITTBERNER (Schwedt), Daniel DOER (Münster), Ulrich DORKA (Tübingen), Wolfgang DORNBERGER (Niederstetten), Gunthard DORNBUSCH (Steckby), Lutz DRÖSCHER (Hamburg), Tobias

DÜRR (Buckow), Werner EICHSTÄDT (Meiersberg), Werner EIKHORST (Bremen), Jost EINSTEIN (Bad Buchau), Ortwin ELLE (Trier), Helmut ENGLER (Köln), Stephan ERNST (Klingenthal), Klaus Dieter FEIGE (Matzlow-Garwitz), Hans-Peter FELTEN (Daun), Hubert FENSKE (Ahlhorn), Heiner FLINKS (Borken), Bernd-Olaf FLORE (Osnabrück), Jürgen FRÄDRICH (Berlin), Siegfried FRANKE (Iserlohn), Dieter FRANZ (Rodach-Heldritt), Burkhard FREITAG (Wismar), Hans-Joachim FÜNFSTÜCK (Garmisch-Partenkirchen), Horst FURRINGTON (Heilbronn), Karsten GÄRTNER (Dassendorf), Ingrid GEIERSBERGER (Murnau am Staffelsee), Hans-Hermann GEISSLER (Hamburg), Olaf GEITER (Rostock), Klaus GEORGE (Badeborn), Dieter GLANDT (Ochtrup), Reinhard GNIELKA (Halle/Saale), Siegfried GONSCHOREK (Bad Brambach), Peter GÖRKE (Winsen), Martin GOTTSCHLING (Herne), Bodo GRAJETZKY (Steinberg), Gert GRAUMANN (Dreschvitz/Rügen), Herbert GRIMM (Seehausen), Thomas GRÜNKORN (Schleswig), Jörg GRÜTZMANN (Oldenburg), Egbert GÜNTHER (Halberstadt), Bernd HÄLTERLEIN (Tönning), Franz HAFNER (Wien/A.), Thomas HALLFARTH (Oelsnitz), Claudia HAMANN (Itzehoe), Siegfried HAMSCH (Berlin), Klaus HANDKE (Ganderkesee), Peter HAUFF (Neu Wandrum), Hartmut HAUPT (Beeskow), Gudrun HECKEMEIER (Gotha), Matthias HECKROTH (Varel-Dangast), Klaus HEIN (Kiel), Adolf HEITZ (Hohberg-Hofweier), Michael HELLMANN (Halberstadt), Tim HELMS (Delmenhorst), Veit HENNIG (Hamburg), Bernd HERMENAU (Braunschweig), Kati HIELSCHER (Neuruppin), Manfred HÖLKER (Bad Sassendorf), Reinhard HOLLÄNDER (Osnabrück), Rüdiger HOLZ (Halberstadt), Jochen HÖLZINGER (Remseck), Susanne HOMMA (Kavelstorf), Kerstin HÖNTSCH (Kelkheim), Norbert HÖSER (Windischleuba), Hermann HÖTKER (Husum), Ommo HÜPPOP (Helgoland), Kathrin HÜPPOP (Helgoland), Dietmar IKEMEYER (Vreden), Wilhelm IRSCH (Rehlingen/Siersburg), Gunnar JACOBS (Arholzen), Ekkehard JÄHME (Schwanewede), Michael JÖBGES (Lüdinghausen), Georg KAATZ (Wesseln), Lothar KACZMARECK (Hildesheim), Angelika KAHL-DUNKEL (Köln), Günter KEHL (Potsdam), Verena KELLER (Sempach/CH), Hans-Jürgen KELM (Langendorf), Dieter KLAEHN (Stade), Siegfried KLAUS (Jena), Gert KLEINSTÄUBER (Freiberg), Sverre KLEMP (Hamburg), Henrich KLUGKIST (Bremen), Peter KNEIS (Nünchritz), Wilfried KNIEF (Kiel), Hermann KNÜWER (Wadersloh), Kees KOFFIJBERG (Leer), Peter KÖHLER (Ismaning), Ursula KÖHLER (Ismaning), Karl-Heinz KOLB (Oberelsbach-Weisbach), Manfred KOLBE (Groß Behnitz), Bernd KOOP (Lebrade), Ulrich KÖPPEN (Stralsund), Mathias KORN (Linden), Frank KÖRNER (Hüde), Achim KOSTRZEWA (Zülpich), Christine KOWALLIK (Leer), Siegfried KRAATZ (Greifswald), Josef KREUZINGER (Zwingenberg), Irmtraut KREUTZKAMP (Hamburg), Helmut KRUCKENBERG (Verden), Heinz KRÜGER (Jena), Siegfried KRÜGER (Hoyerswerda), Thorsten KRÜGER (Hannover),

Antonius Kunz (Nister), Thomas Kuppel (Bremen), Udo Kwetschlich (Bremen), Heinrich Lamprecht (Hannover), Henry Lange (Neuruppin), Torsten Langgemach (Buckow), Volker Laske (Goslar), Roland Lehmann (Berlin), Franz Leibl (Hilpoltstein), Henry Lemke (Rollwitz), Peter Lepom (Berlin), Ralf Liebelt (Höxter), Eckhart Liebl (Westerstede), Manfred Lieser (Radolfzell), Heinz Litzbarski (Buckow), Ingo Ludwichowski (Preetz), Jürgen Ludwig (Hechthausen), Manfred Lütkepohl (Dierberg), Ulrich Mäck (Leipheim), Wolfgang Mädlow (Potsdam), Ulrich Mahler (Neulußheim), Siegfried Makedanz (Schwanewede), Ubbo Mammen (Halle/Saale), Kerstin Mammen (Halle/Saale), Hans Dieter Martens (Neuwittenbek), Sönke Martens (Itzehoe), Ulrike Marxmeier (Hüde), Dirk Peter Meckel (Schenefeld), Johannes Melter (Belm), Wolfgang Mewes (Malchin), Dietrich Meyer (Elmshorn), Claus Miera (Wilmersdorf), Alexander Mitschke (Hamburg), Reinhard Möckel (Spremberg), Bernhard Möller (Hildesheim), Reiner Mönig (Wuppertal), Johan Hendrik Mooij (Wesel), Volker Moritz (Oldenburg, auch Manuskriptdurchsicht), Franz Müller (Gerfeld), Ronald Mulsow (Hamburg), Johannes Naacke (Brandenburg), Winfried Nachtigall (Neschwitz), Wolfgang Neubauer (Krakow am See), Frank Neuschulz (Gorleben), Bernd Nicolai (Halberstadt), Franz Niederwolfsgruber (Innsbruck/A), Friedhelm Niemeyer (Wagenfeld), Markus Nipkow (Bonn), Günther Nitsche (München), Thomas Noah (Schlepzig), Alfred Nottorf (Stemmen), Susanne Oehlschläger (Potsdam), Peter Pechacek (Berchtesgaden), Stefan Pfützke (Bremen), Stefanie Pleines (Nettetal), Johannes Prüter (Radegast), Andreas Pschorn (Steckby), Christoph Randler (Bietigheim-Bissingen), Jörg Rathgeber (Karlsruhe), Ueli Rehsteiner (Sempach/CH), Matten Reuter (Norden), Claudia Reuther (Bolanden), Paul Richter (Osterholz-Scharmbeck), Markus Richter (Hüde), Detlef Robel (Cottbus), Uwe Robitzky (Nindorf), Carsten Rohde (Jördenstorf-Klein Markow), Uwe Röhrs (Hannover), Kerstin Rommel (Bremen), Fred Rost (Meuselbach), Jürgen Rupp (Rheinhausen), Torsten Ryslavy (Buckow), Arnulf Ryssel (Merseburg), Sabine Salinger (Berlin), Knut Sandkühler (Hillerse), Thomas Schaefer (Radolfzell), Norbert Schäffer (Sandy Bedfordshire/GB), Michael Scheidl (Garmisch-Partenkirchen), Wolfgang Scheller (Teterow), Hans Georg Schemmann (Gifhorn), Wolfgang Scherzinger (St. Oswald), Holger Schielzeth (Starnberg), Frank Schlotmann (Harxheim), Daniel Schmidt (Mössingen), Matthias Schmidt (Freiburg/Br.), Manfred Schönfeld (Wittenberg), Johannes Schwarz (Berlin), Udo Schwarz (Merseburg), Eckart Schwarze (Rosslau), Philipp Schwemmer (Büsum), Ortwin Schwerdtfeger (Osterode/Harz), Gernot Segelbacher (Radolfzell), Joachim Seitz (Bremen), Andreas Skibbe (Köln),

Paul SÖMMER (Himmelpfort), Marco SOMMERFELD (Münster), Gerrit SPEEK (Heteren/NL), Gero SPEER (Kerpen), Wolfgang STAUBER (Gingen/Fils), Helmut STEIN (Magdeburg), Klemens STEIOF (Berlin), Jens STÖDTER (Tangstedt), Rolf-Rüdiger STRACHE (Groß Woltersdorf), Bernd STRUWE-JUHL (Kiel), Michael STUBBE (Halle/Saale), Stefan STÜBING (Darmstadt), Stefan R. SUDMANN (Kranenburg-Nütterden), Roland TITTEL (Seebergen), Ingolf TODTE (Aken), Dirk TOLKMITT (Halle/Saale), Manfred TROBITZ (Bremen), Karl UHLENHAUT (Magdeburg), Joachim ULBRICHT (Neschwitz), Jan J. VLUG, (Aalkmar/NL), Frank VÖKLER (Börgerende), Klaus-Jürgen VOWINKEL (Rottenburg/Neckar), Martin WADEWITZ (Halberstadt), Ralf WASSMANN (Salzgitter), Matthias WEBER (Halle/Saale), Peter WEGNER (Leverkusen-Wiesdorf), Rolf WEISSGERBER (Zeitz), Lars WELLMANN (Uelzen), Dieter WENDT (Laatzen), Jochen WIESNER (Jena-Winzerla), Wolfgang WINKEL (Cremlingen-Weddel), Klaus WITT (Berlin), Lothar WÖLFEL (Güstrow), Jann WÜBBENHORST (Schneverdingen), Beatrix WUNTKE (Schenkenberg), Herwig ZANG (Goslar), Joachim ZAUMSEIL (Naumburg), Niklaus ZBINDEN (Sempach/CH), Uwe ZIEGELER (Osterholz-Scharmbeck), Fridtjof ZIESEMER (Bauersdorf), Olaf ZIMBALL (Bad Sassendorf-Lohne), Marco ZIMMERMANN (Trier), Herbert ZUCCHI (Hasbergen).

Bildnachweis:

Folgende Personen haben dankenswerter Weise spontan, schnell, kostenlos und unkompliziert Fotos zur Verfügung gestellt:

Frank BRÜNING (Bremen, 11)
Stefan ELLERMANN (Halle, 6)
Stefanie HIRCH (Hamburg, 3)
Bernhard VOLMER (Osnabrück, 3)
Bernd HÄLTERLEIN (Tönning, 2)
Stefan FISCHER (2)
Karsten SCHRÖDER (2)
Karl UHLENHAUT (Magdeburg, 2, inkl. Titelbild Buchenwald)
Hartmut ANDRETZKE (1)
Ekkehard JÄHME (Schwanewede, 1)
Tasso SCHIKORE (1)
Hans-Gerhard KULP (Worpswede, 1)
Gunnar SIEDENSCHNUR (Lilienthal, 1)
Robert SCHÖNBRODT (Halle, 1)
Klaus-Jürgen HOFER (†, 1)
Günter BLUTKE (Berlin, 1)
Mathias SCHÄF (Grünstadt, 1)
Martin STOCK (Tönning, 1)

2. Quantitative Erfassungsmethoden von Brutvogelbeständen

2.1 Feldornithologische Erfassungsmethoden - eine Übersicht

Hans-Günther Bauer

Vogelpopulationen verändern sich häufig sehr schnell in Raum und Zeit. Aus diesem Grund kann - entgegen der landläufig oft vorherrschenden Meinung - keine der unterschiedlichen Erfassungsmethoden, die in den letzten Jahrzehnten entwickelt worden sind, den „wahren Bestand“ einer Vogelart oder aller Arten eines Lebensraumes sicher ermitteln. Manche Methoden werden diesem Wert bei einzelnen Arten nahe kommen, andere weniger. Die meisten Methoden sollen aber eine - möglichst genaue - Vorstellung von Bestand und Veränderung vermitteln, oder sie sind als Relativmethoden grundsätzlich dahingehend ausgerichtet, Bestandsveränderungen (-trends) methodisch korrekt wieder zu geben. Sind im Vorfeld eines Erfassungs- oder Monitoringprogrammes die grundsätzlichen Entscheidungen über Zielsetzung und erforderlicher Datenqualität getroffen, beginnt die eigentliche Wahl der Methode. Hier sind zuerst einige grundlegende Faktoren im Vorfeld zu klären.

(1) Wie viele Mitarbeiter werden benötigt, wie viele stehen für die Untersuchung zur Verfügung, welche Fähigkeiten bringen die Mitarbeiter mit?

Am Anfang der Planung muss die Größe und Beschaffenheit des Bearbeitungsgebietes oder die Anzahl und Größe der Probeflächen sowie die (davon abhängige) Zahl der benötigten Mitarbeiter - sowohl bei der Feldarbeit als auch bei der Auswertung - ermittelt werden, wobei auch die eventuellen Kosten der Arbeit eine Rolle spielen können. Manche Methoden wären für bestimmte Fragestellungen zwar am besten geeignet, sind aber wegen eines nicht zu bewältigenden Feldaufwandes im vorgesehenen Zeitrahmen eventuell nicht anwendbar. Zudem stellen einige Methoden hohe Anforderungen an die Mitarbeiter hinsichtlich der ornithologischen Kenntnisse, der akustischen/visuellen Erfassung von Arten, der Übertragung von Daten in Karten sowie des methodisch genauen Arbeitens, die oft nur von einer eingeschränkten Anzahl von Mitarbeitern erfüllt werden.

(2) Welche Fehlerquellen können auftreten?

Dies ist eine der wichtigsten Fragen bei einer größer angelegten Studie (s.u.). Zu selten ist bei Erfassungsprogrammen der Fehlerbereich bekannt oder genauer untersucht worden. Es bieten sich zur Überprüfung der Methode mehrere Möglichkeiten an: Testläufe im Vorfeld; Doppelerfassungen derselben Probeflächen bzw. Arten; die exakte Aufnahme aller möglicherweise beeinflussenden Umweltfaktoren, um in Rechenverfahren deren Einwirkung zu ermitteln. Generell ist bei aufwändigeren Methoden ein gutes Training der Mitarbeiter im Vorfeld unabdingbar.

(3) Welche Aussagen sind anhand der gewählten Methode zulässig, welche sind es nicht?

Für Planungen von Untersuchungen ist es entscheidend, die Stärken und Schwächen der verschiedenen Methoden gegeneinander abzuwägen. Denn jeder der nachfolgend aufgeführten methodischen Ansätze unterliegt hinsichtlich seiner Aussagekraft einer ganzen Anzahl von Einschränkungen, die bei der Wahl der Feldmethode sowie dem Auswertemodus bekannt sein müssen.

(4) Wieviel ist über das Untersuchungsgebiet schon bekannt?

Wenn keinerlei Vorkenntnisse über ein Gebiet vorliegen, mögen für eine erste Untersuchung vielleicht schon einfachere Methoden genügen. Nicht immer ist es nötig, einer Fragestellung mit einem Maximum an möglichem Feldaufwand zu begegnen.

(5) Welche Form der Datenablage und des Auswertungsmodus ist gewünscht?

Schon im Vorfeld sollte geklärt sein, welche Daten auf den/die Auswertenden zukommen. Entsprechende Vorgaben an die Mitarbeiter müssen erarbeitet sein, vielleicht auch Formblätter erstellt oder eine Software entwickelt und an die Mitarbeiter verteilt werden.

Die wichtigsten Erfassungsmethoden

Es gibt eine Vielzahl von Möglichkeiten, Vogelbestände zu erfassen, von denen in diesem Buch nur die wichtigsten und gängigsten Methoden ausführlich abgehandelt werden können. Es können mehrere Stufen der Komplexität von Vogelerfassungen unterschieden werden:

A. Bei den einfachsten Methoden wird nur das Vorkommen (Fehlen) einzelner Arten oder Gemeinschaften untersucht, wofür oft eine simple Artenliste für ein Gebiet/eine Flächeneinheit genügt [z. B. für Gitterfeldkartierungen („Rasterkartierungen“) ohne Häufigkeitsangaben, qualitative Atlasarbeiten ohne Häufigkeitsschätzung]. Aussagekräftiger, aber aufwändiger, sind

Artenlisten mit groben Häufigkeitsangaben. Basieren diese Angaben z. B. auf Erfahrungswerten oder auf einfachen Schätzungen (nach vorheriger Begehung), ist nur eine unzureichende Standardisierung möglich; dagegen sind Bestandszahlen mit Zeitbezug, Flächenbezug oder anderen Relationen besser zu vergleichen und interpretieren (s. u.).

B. Ein aufwändigerer methodischer Ansatz besteht darin, Vogelarten spezifisch zu erfassen. Hierfür gibt es eine ganze Reihe von Möglichkeiten, die in den Artsteckbriefen (Kap. 5.3) aufgeführt sind.

(1) Absolutzählungen. Bei einer Reihe von Arten ist die Erfassung des Gesamtbestandes eines Gebietes möglich, sei es aufgrund der Auffälligkeit der Arten, aufgrund der Bevorzugung ganz bestimmter Lebensräume oder stark geklumpter Vorkommen.
(2) Nestersuche/Nestkataster. Diese Methode bietet sich bei großflächigen Untersuchungen vor allem bei Großvögeln an, deren Nester von Experten rasch gefunden werden können. Es hat sich gezeigt, dass bei großflächigen Programmen auch mehrere methodische Vorgaben erforderlich sein können, um die Erfassung zu standardisieren (vgl. auch Kap. 2.4.5).
(3) Zählung von Familien bzw. Junge führenden Weibchen. Wird vor allem bei Wasservogelarten verwendet, die sehr versteckt brüten und sich dadurch einer Erfassung während der Balz- oder Bebrütungsphase häufig weitgehend entziehen (vgl. dazu auch kritische Anmerkungen in Sudmann et al. 2002).
(4) Zählungen in Vogelkolonien. Die Erfassung in Kolonien ist erheblich komplexer als dies auf den ersten Blick erscheinen mag. Um Doppelzählungen oder andere Zählfehler zu vermeiden oder Störeinflüsse möglichst gering zu halten, wurde eine Reihe von speziellen Vorgaben für Kolonieerfassungen entwickelt (z. B. Hälterlein et al. 1995, Bibby et al. 1995, 2000, Kap. 2.4.2).
(5) Erfassung mittels Klangattrappen. Der Bestand einiger Arten (z. B. Rallen, manche Spechte) wird bei akustischer Erfassung ohne weitere Hilfsmittel erheblich unterschätzt, hier kann das Provozieren mit Klangattrappen zielführend sein (s. Kap. 2.4.3).
(6) Aufnahme und Analyse von Reviergesängen/individuellen Lautäußerungen. Diese sehr aufwändige Methode ist bei heimlich lebenden (auch nachtaktiven) Arten zu empfehlen (z. B. Rohrdommel, auch Wachtelkönig), deren Bestände bei rein akustischer Erfassung häufig falsch eingeschätzt werden, z. B. weil unauffällige Ortswechsel eine größere Zahl von Individuen vortäuschen können oder wenig ausgeprägter Reviergesang einen kleineren Bestand suggeriert (s. McGregor & Byle 1992, Terry et al. 2001).

C. Für viele Ziele der Bestandserfassung sind die neuerdings auch oft im Vordergrund stehenden streng standardisierten Relativmethoden am besten geeignet. Sie stellen weniger bei der Feldarbeit als vielmehr bei der Auswertung hohe Anforderungen (z. T. an die Koordinatoren). Für die Zwecke großräumiger Erfassungen eines größeren Artenspektrums haben sich eine ganze Reihe von Methoden durchgesetzt, die sich für verschiedene Fragestellungen und Zielsetzungen unterschiedlich gut eignen.
In sehr artenreichen Lebensräumen mag u. U. die Erfassung von seltenen Arten in einem Gebiet oder einfach eine erste Übersicht der dort vorkommenden Arten im Vordergrund stehen. Es gibt verschiedene Möglichkeiten, dabei (relative) Häufigkeiten zu berechnen:
(1) X-Arten-Listen. Dabei legt ein Bearbeiter einfache Artenlisten an; jede Liste wird nach einer vorher festgelegten Zahl von Arten, z. B. 20, abgeschlossen und eine neue wird begonnen. Ein Satz von z. B. 15 solcher Listen ermöglicht die Berechnung von relativen Häufigkeiten einzelner Arten (aus der Anzahl der Registrierungen dividiert durch die Anzahl der Listen) in einem völlig unbekannten Gebiet.
(2) Ein streng standardisierter Ansatz besteht darin, die Arten mit einer exakten Zeitvorgabe zu erfassen, also Artenlisten pro Stunde oder – bei großflächigen Untersuchungen – pro Tag zu erstellen.
(3) Eine wichtige Relativmethode ist die Punkt-Stopp-Zählung (PS; vgl. Kap. 2.3.2). Hier sind die Beobachtungsdaten auf eine vorher genau festgelegte Erfassungszeit bezogen (durch eine Ausweitung und erhebliche Komplizierung der PS-Methode wäre auch die Berücksichtigung von Erfassungsbereichen möglich; dies wird hier aber nicht empfohlen).
(4) Schließlich wird bei der Linientaxierung (LT) ähnlich wie bei der PS die relative Häufigkeit von Arten eines Gebietes erfasst, jedoch in Bezug auf eine genau festgelegte Bearbeitungsfläche (Streckenlänge/Erfassungsbereich) - und nicht Erfassungszeit.

PS und LT sind Relativmethoden, bei denen ein zwischenartlicher Vergleich der reinen Erfassungszahlen nicht erlaubt ist, da ihnen unterschiedliche Entdeckbarkeiten zugrunde liegen. Da beide Methoden aber ein hohes Maß an Standardisierung erlauben und relativ geringen Feldaufwand voraussetzen, werden sie weltweit in sehr vielen Langzeitprojekten mit großer Mitarbeiterzahl eingesetzt. Zur besseren „Ausnutzung" von Kapazitäten und unter Nutzung der spezifischen Vorteile und der unterschiedlichen Bezugsgrößen der beiden Methoden können PS und LT auch kombiniert werden. Dies kann mit dem Ziel geschehen, Daten für beide Methoden aus denselben ausgewählten Flächen zu erhalten oder um einen Methodenvergleich auf Basis weitgehend konstanter äußerer Bedingungen und identischer Kartierer zu ermöglichen.

D. Am komplexesten und mit vergleichsweise sehr hohem zeitlichen Feldaufwand verbunden sind schließlich quantitative Erfassungsmethoden mit genauem Landschaftsbezug, die eine große Zahl von Arten oder die gesamte Lebensgemeinschaft eines Gebietes umfassen. Hierzu zählen z. B. die (1) Linientaxierung mit mehreren Hörbereichen, mit der sich recht genaue Dichtewerte für die erfassten Vogelarten berechnen lassen (sie ist aber methodisch sehr anspruchsvoll und wohl nur in Spezialprojekten sinnvoll) sowie die
(2a) Linienkartierung (vgl. Kap. 2.3.3) bzw. (2b) Vereinfachte Revierkartierung, die bei Einhaltung der Standardisierungsvorgaben besonders für großräumige, langfristige Projekte sehr gut geeignet sind und deutlich weniger Kartierungsgänge vorsehen als die genauere, aber keineswegs 100% exakte
(3) Revierkartierung (RK, vgl. Kap. 2.3.1). Die RK eignet sich dann besonders gut, wenn auf „überschaubaren" Flächengrößen ein direkter Habitatbezug hergestellt werden soll, um z. B. Eingriffsauswirkungen oder andere Einflussfaktoren beurteilen zu können. Sie wird auch verwendet, um flächenbezogene Bestands- oder Siedlungsdichten zu erheben. Für die Datenbeschaffung im Rahmen großräumiger Langzeitprojekte ist ein solch hoher Zeitaufwand im Freiland und am Schreibtisch dagegen nur selten erforderlich.

E. Einen Sonderfall unter den wichtigen Erfassungsmethoden stellt schließlich die Fang-/Wiederfang-Methode (F/WF) dar, da sie zusätzliche Spezialkenntnisse und -fähigkeiten erfordert (Voraussetzungen sind ein Lehrgang, eine Fangberechtigung und Erfahrung in der Vogelberingung). Die Methode ist für Arten sinnvoll einsetzbar, die sich mit Japannetzen relativ gut fangen lassen, und in Lebensraumtypen, in denen entsprechende Fangmethoden erfolgversprechend sind, z. B. Hecken, Niederwald, Gebüsche und Röhrichte. Die F/WF-Methode erweist sich für solche Arten und Lebensräume zunehmend als wichtige Ergänzung der anderen Feldmethoden, da sie die Bestimmung der Nachwuchsraten, der Sterblichkeit von Individuen und der Ein- bzw. Abwanderungsraten von Individuen eines Gebietes ermöglicht. Im Rahmen von Integrierten Monitoringprogrammen (vgl. Kap. 2.4.6) schafft diese sehr aufwändige Methode (für eine Reihe von Arten und unter Einsatz entsprechend dafür entwickelter statistischer Analysemodelle) wichtige Grundlagen für langfristige Bestandsprognosen, die mit den o. g. „reinen Zählmethoden" nicht möglich sind, diese aber gut ergänzen können.

Fehlerquellen und Erfassungsprobleme

Wie erwähnt, ist der exakte, also ‚wahre' Bestand einer Vogelpopulation mit vertretbarem Aufwand in der Regel nicht ermittelbar (Bibby et al. 2000). Zudem müsste er als „maximaler Tagesbestand", „Saisonbestand" o. ä. viel genauer definiert werden (Scherner 1983, Gnielka 1990, Flade 1994). Der Unterschied zwischen dem wahren Bestand und dem Erfassungswert kann auch als „Fehler" bezeichnet werden. Es gibt zwei Quellen für einen solchen „Fehler", zum einen die natürliche Variation (darin enthalten auch Faktoren wie geschlechts- oder altersspezifische Unterschiede in der Häufigkeit von Vogelindividuen), zum anderen methodische bzw. systematische Fehler (englisch: ‚bias').

Nachfolgend sollen die wichtigsten Faktoren aufgeführt werden, die den Datensatz bei Erfassungen beeinflussen und bei ihrer Nicht-Berücksichtigung die Genauigkeit der Aussagen beeinträchtigen können.

1. Abhängigkeit der Erfassungsgenauigkeit von der Stichprobengröße und -auswahl

Eine einzelne Probefläche ist in den seltensten Fällen für einen großen Bezugsraum wirklich repräsentativ. Je größer dagegen die Stichprobenzahl und je mehr geographische und habitatspezifische Faktoren bei der Wahl von Probeflächen berücksichtigt werden (vgl. dazu Kap. 2.3.3), desto eher ist der Datensatz für die gesamte Region bzw. die gesamte Population einer Art aussagekräftig (Abb. 1 und 2).

Ein wichtiger Aspekt ist dabei die auftretende Variabilität der ermittelten Daten: je gleichmäßiger die Vögel im Raum verteilt sind, desto präziser die Aussage. Daher sollte die Variabilität der Daten bei Untersuchungen unbedingt ermittelt werden. Zudem besteht eine Abhängigkeit zwischen der Variabilität (also eigentlich der Erfassungsgenauigkeit) und der Stichprobengröße; ist die Variabilität bekannt, lässt sich mit mathematischen Modellen die notwendige Zahl der zu bearbeitenden Probeflächen sogar vorausberechnen; ganz allgemein ist es zur Verdopplung der Präzision einer Aussage notwendig, die Zahl der Stichproben entsprechend zu vervierfachen. Allerdings ist die Erhöhung der Stichprobenzahl nur dann sinnvoll, wenn zusätzliche unabhängige Daten gewonnen werden können und nicht, z. B. durch Überlappung von Erfassungsbereichen, Doppelzählungen auftreten.

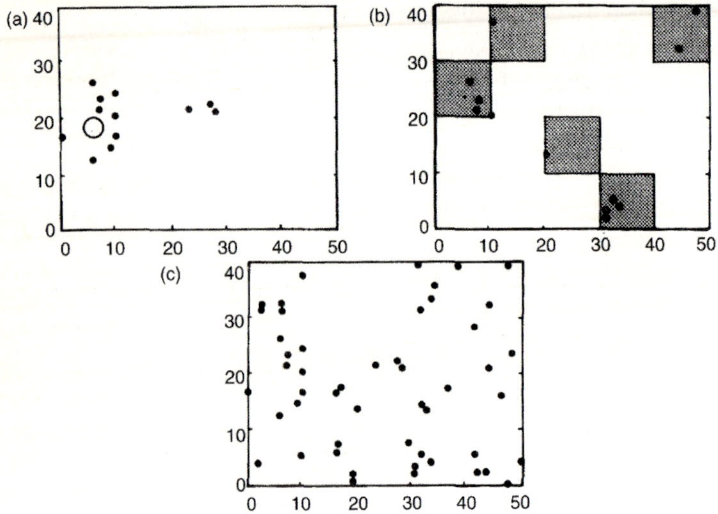

Abb. 1: Drei verschiedene Möglichkeiten, den Bestand der Elster in einem Gebiet zu bestimmen. (a) Karte aller zufälligen Nestfunde der letzten 5 Jahre (Summe: 12): Anschließend Schätzung des Gesamtbestandes anhand von Erfahrungswerten. (b) Probeflächen-Erfassung: In 5 Zufallsstichproben (aus 20 Quadraten) werden 12 Nester entdeckt, dies ergibt hochgerechnet 12 x 20/5 = 48 BP. (c) Vollständige Erfassung: Ergab genau 50 BP (unter der Annahme, dass die Methode genau war, entspricht diese Zahl dem ‚wahren' Bestand).
Interpretation. Für die Stichprobenerfassung (b) wurde nur ein Viertel der Zeit der vollständigen Erfassung (c) benötigt, dennoch ergibt sich ein sehr gutes Abbild des Gesamtbestandes. Es kann viel Zeit für andere Monitoringaktivitäten eingespart werden. Nachteil: ein Flächenbezug kann nur für einen Teil der Neststandorte hergestellt werden (dies ist bei der Zielvorgabe zu berücksichtigen!, s. Text). Methode (a) ist dagegen für eine Hochrechnung weniger geeignet, denn hier werden die Beobachtungen u. a. durch den Standort der Beringergruppe (weißer Kreis) stark beeinflusst (aus Bibby et al. 2000).

2. Problem methodischer Abweichungen

Es gilt die einfache Faustregel: je genauer die Vorgaben für die Mitarbeiter, desto bessere, weil einheitlichere Daten werden erhoben. In anderen Worten, je mehr Spielraum und Interpretationsmöglichkeiten den Mitarbeitern bei der Methode gelassen werden, desto heterogener wird das Datenmaterial und desto ungenauer dessen Interpretation. Für die langfristigen Monitoringprogramme und Wiederholungskartierungen ist daher die genaue Einhaltung der methodischen Vorgaben eine Grundvoraussetzung für die Reproduzierbarkeit und daher für die Interpretierbarkeit der Ergebnisse.

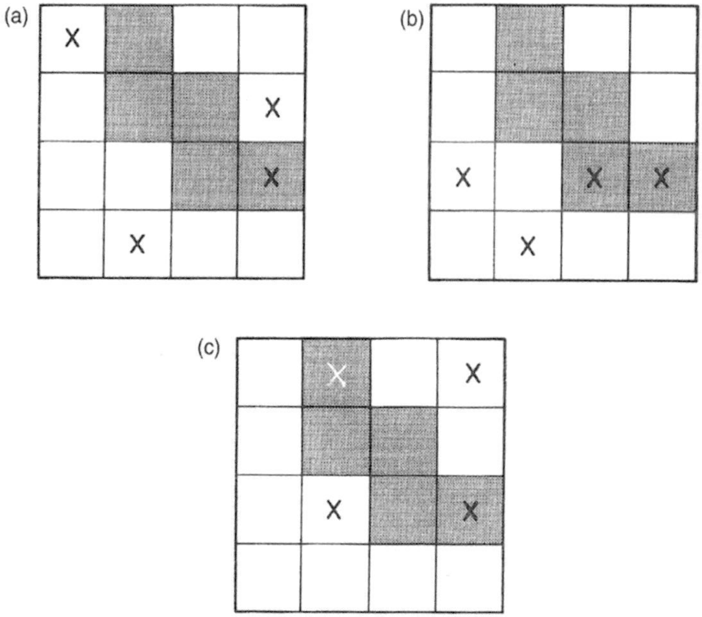

Abb. 2: Die 3 gängigsten Methoden der Stichprobenauswahl. (a) Zufallsstichprobe. Dabei fallen zufällig 3 Stichproben in Habitat weiß, eine in Habitat grau. (b) Geschichtete Probeflächenwahl. Die Stichproben werden 2 Habitattypen zugeordnet; in jedem Habitattyp werden 2 Probeflächen zufallsmäßig bestimmt. (c) Systematische Probeflächenwahl. Ausgehend von einer zufallsmäßigen Stichprobe (weißes Kreuz) werden nun Stichproben so bestimmt, dass sie jeweils ein Quadrat nach rechts bzw. unten überspringen.
Interpretation. Für die Stichprobenwahl stehen verschiedene Möglichkeiten zur Verfügung, eine Repräsentanz zu gewährleisten. Bei Methode (b) besteht die Möglichkeit, auch kleinflächige Habitate in den Auswahlmodus zu integrieren (in kleineren Lebensräumen konnten z. B. weniger Probeflächen ausgewiesen werden). Bei den anderen Methoden können diese Habitate dagegen (zufallsgemäß) aus der Auswahl fallen (aus Bibby et al. 2000).

Ein großes Problem bei methodischen Abweichungen besteht darin, dass sie den Koordinatoren in manchen Fällen gar nicht bewusst sind (z. B. weil sie nicht gemeldet bzw. dokumentiert werden müssen). Bei der Beschreibung solcher Methoden müssen eventuelle „Freiräume" daher weitgehend eingeschränkt sein, oder Abweichungen werden genau notiert und stehen den Koordinatoren bei nachfolgenden Analysen zur Verfügung. Ein systematischer Fehler kann generell nicht durch eine große Stichprobenzahl ausgeglichen werden, was bei der Interpretation der Daten unbedingt zu berücksichtigen ist (Abb. 3).

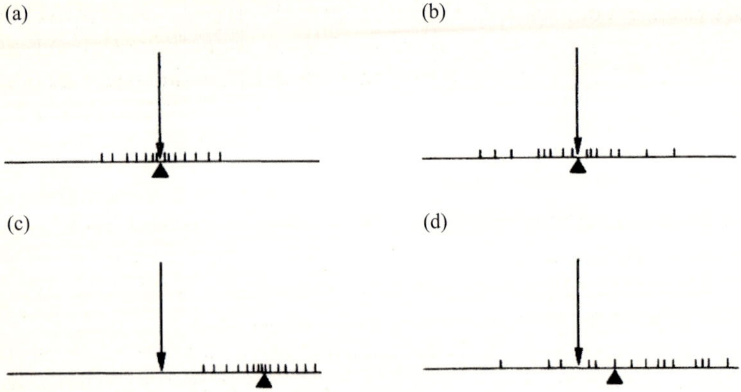

Abb. 3: Genauigkeit der Erfassungsmethoden. Dargestellt sind die Ergebnisse aus 15 Bestandserfassungen. (a) Idealzustand: der ‚wahre' Wert (Pfeil von oben) und der ermittelte Dichtewert der 15 Erfassungen (schwarzes Dreieck) fallen zusammen. Die Bestandserfassung ist genau, die Methode sehr präzise (geringe Varianz der Daten). (b) Wünschenswert: ‚wahrer' Bestand und Erfassungswert fallen zusammen. Die Bestandserfassung ist genau, die Methode allerdings wenig präzise (hohe Varianz). (c) Ungünstig: die Methode ist zwar präzise (geringe Varianz), weicht aber vom ‚wahren' Wert (der meist nicht bekannt ist) deutlich ab. (d) Unbrauchbar: die Methode ist unpräzise (hohe Varianz), der ermittelte Bestand weicht zudem vom ‚wahren' Wert deutlich ab.
Interpretation. Ergebnisse wie in Fall (d) entstehen z. B. wenn Bestände fortwährend unter ungünstigen Bedingungen (oder zu ungeeigneten Zeitpunkten) erfasst werden. Ein dadurch entstehender systematischer Fehler kann nicht durch eine große Stichprobenzahl eliminiert werden (aus Bibby et al. 2000)!

3. Komplexität bzw. Standardisierbarkeit von Feldmethoden

Zur zielsicheren Interpretation von Veränderungen in der Natur ist es unabdingbar, den Anteil systematischer/methodischer Fehler so gering wie möglich zu halten und die Feldmethode in hohem Maße zu standardisieren. Dabei sind manche Freilandmethoden besser standardisierbar als andere; einige der neueren Methoden wurden sogar aus Gründen hoher Standardisierbarkeit spezifisch entwickelt, z. B. die methodisch einfacheren Punkt-Stopp-Zählungen oder Linienkartierungen moderner Prägung. Für „traditionsbewusste" Feldornithologen ist z. T. schwer nachvollziehbar, dass solche einfachen Methoden besser über langfristige Bestandstrends auf großer Fläche Auskunft geben können, als dies bei komplexeren Feldmethoden, wie z. B. Revierkartierungen, der Fall ist. Ermöglicht wird dies dadurch, dass eine Vielzahl von Einflussfaktoren und Fehlerquellen ausgeschaltet oder zumindest quantifiziert und bei der Dateninterpretation berücksichtigt werden kann. Generell müssen systematische Fehler schon bei der Entstehung erkannt und minimiert werden (u. a. durch strenge Standardisierung verschiedener Faktoren).

4. Fähigkeiten sowie Motivation der Mitarbeiter

Eine wichtige Fehlerquelle ist dadurch gegeben, dass sich Mitarbeiter in ihren Fähigkeiten deutlich unterscheiden. Insbesondere, wenn bei streng standardisierten Methoden beispielsweise nicht auf den Einfluss unterschiedlicher Erfassungsbereiche geachtet wird, können sich Qualitätsunterschiede zwischen Bearbeitern deutlich bemerkbar machen. Um den Einfluss dieses Fehlers zu eliminieren, müssten mehrere Mitarbeiter dieselben Probeflächen bearbeiten, um durch Vergleich der Ergebnisse einen Einblick in Unterschiede der Mitarbeiter-Qualität zu bekommen. GNIELKA und KRATZSCH (2004) unterscheiden verschiedene Typen von Bearbeitern, z. B. den „Sucher", der viel mehr seltene Arten findet als andere, oder den „Statistiker", der die Zahlenverhältnisse der Arten untereinander realistisch erfasst. Bekannt ist das Phänomen, dass stärker akustisch ausgerichtete Feldornithologen beim morgendlichen Vogelkonzert viel mehr Vögel registrieren als optisch ausgerichtete Kartierer.

Nicht selten macht es sich in den Daten bemerkbar, wenn ein Bearbeiter Vorkenntnisse aus einem Gebiet mitbringt, ein anderer nicht. Bei Kartierungen werden oft in völlig neu bearbeiteten Gebieten wesentlich geringere Artenzahlen ermittelt als in bekannten Arealen, in denen die Mitarbeiter oft geneigt sind, Standorte seltener Brutvogelarten gezielt aufzusuchen - wenn dies durch methodische Vorgaben nicht gezielt eingeschränkt wird. Aber auch bei völlig gleichem Feldaufwand wird nicht selten ein solcher Effekt, basierend auf unterschiedlichen Vorkenntnissen (oder Erwartungshaltungen), festgestellt.

Durch Reife- und Alterungsprozesse entstehen ebenfalls systematische Fehler. Mit zunehmender Tätigkeit im Freiland verbessert sich in der Regel die Kenntnis des Mitarbeiters erheblich, und er wird sowohl mehr Arten als auch – in vielen Fällen – mehr Individuen einzelner Arten entdecken; andererseits nimmt die Fähigkeit insbesondere der akustischen Wahrnehmung von Vogelarten mit höherem Alter rasch ab. Wie groß diese beiden Einflüsse auf die Bestandszahlen oder das Artenspektrum in langen Zeitreihen sind, lässt sich zwar kaum quantifizieren, sie dürfte aber bei solchen Arbeitsgruppen besonders gravierend sein, in denen alle Mitarbeiter derselben Altersstufe angehören, also keine regelmäßige Verjüngung erfolgt.

Sicherlich spielt bei der Bearbeitung neben den Fähigkeiten der Mitarbeiter auch deren Motivation eine entscheidende Rolle. Bei fehlendem Spaß an der Arbeit oder mangelnder Einsicht in deren Sinnhaftigkeit, aber auch aufgrund von Übermüdung oder Überforderung (z. B. durch unangenehme Witterungseinflüsse), können die Daten mancher Probeflächen erheblich von der Norm abweichen und die Interpretation von Unterschieden zwischen einzelnen Flächen oder verschiedenen Habitattypen erschweren.

5. Arbeitsaufwand, Bearbeitungsgeschwindigkeit

Bei vielen in den letzten Jahren diskutierten Erfassungsmethoden fand eine sehr intensive Auseinandersetzung mit dem Problem des unterschiedlichen Arbeitsaufwandes statt; nur solche Flächen bzw. solche Nachfolgekartierungen sind wirklich vergleichbar, auf denen der individuelle Kartierer auch eine einheitliche Bearbeitungsintensität (und -geschwindigkeit) einhält. Wird die Einheitlichkeit der Bearbeitung aber nicht schon im Vorfeld festgelegt, wird es im Nachgang sehr schwer sein zu verstehen, ob Unterschiede bei den erhobenen Daten durch unterschiedlichen Aufwand oder durch natürliche Variation entstanden sind. Werden bei größeren Kartierungsvorhaben keine Vorgaben hinsichtlich des Arbeitsaufwandes gemacht, können die Daten auch dahingehend einem systematischen Fehler unterliegen, dass ehrgeizige und fleißige Mitarbeiter deutlich ‚bessere' Ergebnisse liefern als andere und dadurch Gebiets- oder Lebensraumvergleiche beeinträchtigen können.

Aber auch die Methoden selbst verlangen zur Aufnahme der benötigten Datenmenge einen sehr unterschiedlichen Arbeitsaufwand. Erfahrungswerte für die vom DDA empfohlenen Methoden (Revierkartierung, Punkt-Stopp-Zählung, Linienkartierung) sind in Tab. 1 aufgeführt, wobei solche Werte immer nur grobe Näherungswerte sein können, die je nach Gebietsstruktur und Artengemeinschaft zu modifizieren sind. Zu beachten gilt, dass die verschiedenen Methoden auch unterschiedliche (unabhängige) Datenmengen liefern. Dabei weist die Linienkartierung das günstigste Verhältnis zwischen Zeitaufwand und Erfassungsergebnis auf (s. dazu auch Tab. 3).

Tab. 1: Zeitaufwand pro Begehung bei verschiedenen Feldmethoden (RK = Revierkartierung: flächendeckende Bearbeitung von 100 ha; PS = Punkt-Stopp-Zählung: Route mit 20 Stopps; LK = Linienkartierung: 3 Kilometer lange Route innerhalb einer 100 ha großen Probefläche). Quelle: Erfahrungswerte von Mitarbeitern an Kartierungsprojekten und Monitoring-Programmen in Deutschland (s. Danksagung).

	Wald	Siedlung	Grünland	Acker	Heide, Moor
RK [alle Arten]	8,0 Std. (2-20 Std.)	7,0 Std. (2-10 Std.)	3,5 Std. (2-6 Std.)	2,5 Std. (1-5 Std.)	3,5 Std. (3-7 Std.)
RK [Artenauswahl]	3,0-6,0 Std.	4,5-5,0 Std.	1,0-3,0 Std.	2,0 Std.	3,0 Std.
PS	2,5-3,5 Std.	2,5-3,5 Std.	2,5-3,5 Std.	2,5-3,5 Std.	2,5-3,5 Std.
LK	3,0-4,0 Std.	3,0-3,5 Std.	2,0-2,5 Std.	1,5-2,5 Std.	2,0-2,5 Std.

6. Weitere wichtige Einflüsse

Eine Vielzahl weiterer Faktoren kann die Qualität der Erfassungsdaten beeinflussen, die wichtigsten seien nachfolgend kurz beschrieben:

- ***Lebensraum***: Vogelarten lassen sich in verschiedenen Habitatstrukturen unterschiedlich gut erfassen. Weit Gereisten wird geläufig sein, wie schwierig es z. B. in manchen tropischen Wäldern ist, Vögel überhaupt visuell zu erfassen; in ähnlicher Weise ist es in unserem Raum erheblich schwieriger, Vögel in Großstädten oder entlang von großen Straßen wahrzunehmen als in offener ländlicher Gegend. Ein direkter Vergleich verschiedener Lebensräume muss solchen Unterschieden Rechnung tragen. Bei der Feststellung des Brutbestandes durch Aufsuchen der Brutstandorte sind z. B. Brutvorkommen in Nistkästen viel leichter festzustellen als Neststandorte in Naturhöhlen (entsprechend gebäudebrütende Mauersegler gegenüber baumbrütenden usw.); bei Erfassungen festgestelltc Unterschiede in der relativen Häufigkeit könnten entsprechend beobachtungsbedingt und nicht natürlich sein.

- ***Gesangsaktivität***: Vogelarten zeigen in sehr vielen Fällen ein jahreszeitliches und tageszeitliches Gesangsmuster, das der Bearbeiter kennen sollte, wenn er der ‚wahren' Revierzahl bei Erfassungen nahe kommen will. Manche Arten haben nur sehr kurze Erfassungszeiträume, in denen die Männchen überhaupt singen (z. B. Klappergrasmücke, Sumpfmeise, vgl. Artsteckbriefe); bei anderen singen einige Revierinhaber fast gar nicht und sind kaum als Brutvögel anzusprechen.

Auch bei einer Vielzahl von Begehungen kann somit nicht gewährleistet werden, dass ein Brutbestand vollständig erfasst wird (z. B. Kernbeißer, Singdrossel, Teichrohrsänger), und die Aufnahme weiterer Informationen kann nötig sein.

- *Tageszeit*: Am effizientesten sind die meisten Bestandserfassungen in den frühen Morgenstunden ab Sonnenaufgang. Manche der streng standardisierten Methoden sind sogar generell auf diesen Zeitraum zu beschränken, da die wenigen Daten, die danach erhoben werden, zu gering und ungenau für Auswertungen sein können. Generell muss man bei größeren Projekten auf eine strenge Einheitlichkeit bei der Erfassungszeit achten, um systematische Fehler zu vermeiden.

- ***Jahreszeit***: (s. auch Gesangsaktivität). Für die meisten Vogelarten besteht ein ‚Erfassungszeitraum', d. h. ein Zeitraum, bei dem Vertreter der Art, die der Brutpopulation des Erfassungsgebietes zuzurechnen sind und keine durchziehenden Individuen repräsentieren, besonders gut zu erfassen sind. Außerhalb dieses Fensters mag es z. T. sehr schwierig sein, die Art überhaupt oder den Anforderungen der Zielvorgabe genügend festzustellen. Vorschläge für artspezifische Erfassungszeiträume finden sich in den Artsteckbriefen (Kap. 5.3).

- ***Witterung***: Vogelarten lassen sich von Witterungsbedingungen in erheblichem Maße beeinflussen, daher ist es unabdingbar, Einschränkungen hinsichtlich der Witterungsbedingungen bei Bestandserfassungen zu machen, um systematische Fehler zu vermeiden. Stärkerer Regen oder Wind sind generell ungünstig für Bestandserfassungen und ergeben meist sehr geringe Bestandszahlen, da die Aktivität der Vögel und ihre Wahrnehmbarkeit oft drastisch herabgesetzt ist. Außerdem sollten die Witterungsbedingungen genau notiert und bei den Auswertungen entsprechend berücksichtigt werden.

- ***Vogelart(en)***: Einige Vogelarten sind mit den gängigen Kartierungsmethoden nur sehr unzureichend oder gar nicht erfassbar. Für nachtaktive, versteckt lebende, nicht territoriale und andere schwer zu erfassende Arten sind daher gesonderte Methoden zu verwenden (s. Artsteckbriefe). Ein großes Problem stellen bei manchen Arten aber auch die Nichtbrüter innerhalb der Population dar, die oft unzureichend, gar nicht oder aber in Teilgebieten unterschiedlich vollständig erfasst werden, wodurch die Daten ungenau werden. Eine erhebliche Schwierigkeit ist schließlich die Abgrenzung der Durchzügler von Reviervögeln (Vorschläge zum Vorgehen s. Kap. 5.3).

- ***Vogeldichte***: Einen gewissen Einfluss auf die Bearbeitungsqualität hat auch die Vogeldichte in einem Gebiet. Bei sehr hoher Dichte besteht die Möglichkeit, dass ein Bearbeiter überfordert ist; dies kann z. B. auch kurz vor Sonnenaufgang vorkommen, wenn viele Vogelarten gleichzeitig mit ihrer Gesangsaktivität einsetzen. Dann bietet es sich an, etwas später mit den Erfassungen zu beginnen. Dies kann dann allerdings den Nachteil haben, dass sehr zeitig singende Arten, wie z. B. Drosseln und Hausrotschwanz, in zu geringer Dichte erfasst werden. Andererseits kann eine sehr niedrige Vogeldichte für eine Unterforderung oder gar Langeweile beim Bearbeiter sorgen und die Datenqualität dadurch beeinträchtigen.

- ***Ablenkung***: Die gleichzeitige Beschäftigung mit anderen (interessanten) Tätigkeiten wie Pflanzenbestimmung, Fotografieren, das Mitführen von Hunden, die Unterhaltung mit Begleitern, ferner die Benutzung technischer Geräte sowie jedwede Störung kann in erheblichem Maße die Aufmerksamkeit herabsetzen und das Ergebnis von Kartierungen beeinflussen.

Fazit

Keine der in diesem Kapitel aufgeführten bzw. der drei nachfolgend ausführlicher besprochenen Methoden (Kap. 2.3.1-2.3.3) ist eine Ideal- oder Allzweckmethode. Alle weisen Probleme auf, alle sind für manche Fragestellungen besser, für andere weniger gut geeignet. In diesem Buch wird der artspezifischen Herangehensweise ein breiter Raum eingeräumt.
Bei der Planung von Bestandserfassungen sollte man sich daher sehr intensiv mit den o. g. Faktoren auseinandersetzen, um die bestmögliche und am wenigsten aufwändige Methode für die gewünschten Daten zu wählen. Für die Zukunft muss zudem gelten, die bei allen Methoden auftretenden Fehlerquellen zu erkennen, zu quantifizieren und, wenn irgend möglich, einzugrenzen. Nur durch eine intensive Auseinandersetzung mit den entsprechenden Einflussfaktoren werden die gewonnenen Daten den gestiegenen wissenschaftlichen Anforderungen gerecht. Dabei ist hervorzuheben, dass die kritische Überprüfung dieser Feldmethoden in Deutschland bisher nicht oder nur kaum etabliert ist. Blew (2003) hat dazu erste Ansätze aus dem „Joint Monitoring Program of Breeding Birds in the Wadden Sea“ vorgelegt. Diese gilt es konsequent weiterzuentwickeln und auf andere Programme auszudehnen.

2.2 Welche Methode zu welchem Zweck?

Peter Südbeck und Stefan Fischer

Die Vielzahl an Anforderungen, die heute an avifaunistische Erfassungen gestellt werden, macht eine spezifische Auswahl der im Einzelfall anzuwendenden Methode erforderlich. Nicht jede der in den Kapiteln 2.1 und 2.3 dargestellten Methoden liefert die für die jeweilige konkrete Anwendung geeigneten Daten: Vor dem Hintergrund der oftmals begrenzten finanziellen Ressourcen gilt es, die Untersuchungen so zu planen, dass die erforderliche Ergebnisschärfe und -tiefe bei einem vertretbaren (und ggf. finanzierbaren) Erfassungs- und Auswertungsaufwand erreicht werden kann. Auch deshalb ist vor Beginn jeder Felduntersuchung die Wahl der für die zu bearbeitende Fragestellung geeignetsten Methode von entscheidender Bedeutung für die dann folgende Untersuchung. Die folgenden Anmerkungen sollen Hilfestellungen bei der Auswahl der geeignetsten Methode geben, sie können jedoch aus der fast unüberschaubaren Fülle verschiedener Projekte und Erfassungsanlässe nur einige Beispiele grob umreißen.

Vor der Auswahl der geeignetesten Methode sollte man die Ziele der Untersuchung klar abgesteckt haben. Dazu müssen zunächst grundsätzliche Fragen beantwortet werden, z. B.:

1. Benötige ich punktgenaue Daten über die Revierzentren aller Vogelarten im gesamten Untersuchungsgebiet?
2. Genügt die punktgenaue Revierkartierung einer Auswahl von wertbestimmenden Arten oder Indikatorarten (z. B. Arten des Anhanges I der EU-Vogelschutzrichtlinie, Rote-Liste-Arten, Leitarten) im Gesamtgebiet?
3. Genügt die Erfassung aller oder ausgewählter Arten auf Teilflächen mit dem Ziel der Hochrechnung auf das Gesamtgebiet?
4. Ist die Fragestellung auch mit Relativwerten (z. B. beim Vergleich von Vogelbeständen unterschiedlicher Gebiete oder Lebensräume, Bestandsentwicklung von Arten über mehrere Jahre) zufriedenstellend zu beantworten?
5. Reichen für die Beantwortung meiner Fragen qualitative Angaben (kommen die Arten vor oder nicht)?

Im Folgenden sollen anhand einiger typischer Aufgabenstellungen aus der feldornithologischen Forschungs- und Naturschutzpraxis konkrete Anforderungen an die Datenerfassung skizziert werden. Daraus abgeleitet wird eine tabellarische Übersicht über die Beziehung „Fragestellung – Untersuchungsmethode“ (s. Tab. 2).

Ein Vergleich der wichtigsten Erfassungsmethoden (Revierkartierung, Punkt-Stopp-Zählung, Linienkartierung) wird in Tab. 3 gegeben.

- Erfassungen des vollständigen Vogelbestands eines Gebietes

  Viele Avifaunisten sind daran interessiert, den Vogelbestand eines Gebietes möglichst vollständig zu erfassen, um die Bedeutung dieser Flächen für den Vogelschutz zu dokumentieren, zu beurteilen, einen Vergleich mit vorherigen Untersuchungen zu ziehen oder um synökologische Betrachtungen anzustellen.

  → *Dann ist die Methode der Wahl die Revierkartierung gem. Kap. 2.3.1. - Ergebnis sind eine Tabelle mit den Revierbeständen aller Brutvogelarten sowie eine oder mehrere Karte(n) mit der Verteilung ihrer Revierzentren im Gebiet. Diese Methode liefert die vollständigsten und genauesten Daten, die jedoch nur mit einem vergleichsweise hohen Erfassungs- und Auswertungsaufwand erzielt werden können.*

- Grundlagen für Schutzgebietsausweisung und -management

  Viele Schutzgebietsplanungen und -verfahren konzentrieren sich in ihrem Schutzzweck auf die dauerhafte Erhaltung und den Schutz von Vogelgemeinschaften oder einzelnen Vogelarten. Mit Hilfe der EU-Vogelschutzrichtlinie soll ein europaweites Netz von Schutzgebieten geknüpft werden, in denen die europäische Vogelwelt und insbesondere die im Anhang I der Richtlinie aufgeführten Arten nachhaltig zu schützen sind. Für eine fachlich solide Gebietsauswahl, für eine nachvollziehbare Begründung der entsprechenden Verordnungen, die räumlich konkrete Abgrenzung der Gebiete und auch für eine zielgerichtete Festlegung von Schutzinhalten (z. B. Ver- und Gebote, Freistellungen) sind flächenscharfe avifaunistische Fachdaten auf Artebene erforderlich. Auch für die Aufstellung von Managementplänen, die konkrete Ziele und Maßnahmen für einzelne Flächen und Arten umfassen (z. B. Verordnung später Mahdtermine auf Flächen mit Wachtelkönigvorkommen, Lenkung und Vermeidung wassergebundener Freizeitaktivitäten im Bereich von Trauerseeschwalbenkolonien), werden flächendeckende, punktgenaue Revierangaben der wertbestimmenden Arten (z. B. auch Arten der Roten Liste, Leit-, Indikator- und Zielarten einzelner Lebensraumtypen) benötigt.

  → *Im Rahmen der Schutzgebietsausweisung und des Schutzgebietsmanagements sind daher flächendeckende Revierkartierungen mindestens der wertbestimmenden Arten durchzuführen.*

Hierbei sind die methodischen Hinweise aus Kap. 2.3.1 und die Hinweise der Artsteckbriefe (Kap. 5.3) zu berücksichtigen. Die konkrete Artenauswahl sollte sich an den zu schützenden (wertbestimmenden) Arten orientieren.

- Erfassungen im Rahmen internationaler Berichtspflichten

Brutvogelerfassungen, die im Rahmen der Berichtspflichten für die EU-Vogelschutzrichtlinie durchgeführt werden (vgl. Südbeck 2001), umfassen sowohl die Arten des Anhanges I der Richtlinie, die regelmäßig vorkommenden Zugvogelarten, aber auch die Standvogelarten. Dem Ziel der Vogelschutzrichtlinie entsprechend, alle europäischen Vogelarten dauerhaft zu schützen, müssen auch im Rahmen des Berichtswesens grundsätzlich alle Arten berücksichtigt werden. Neben Angaben zum Vorkommen der Arten in einzelnen Vogelschutzgebieten sowie im gesamten Bundesland sind auch Aussagen zum Erhaltungszustand der Populationen zu treffen, die sich aus Daten zur Bestands- und Arealentwicklung, Populationsdynamik und Habitatqualität ableiten lassen. Die Datengrundlage für die Berichtspflichten ist dabei immer auch die Basis für die Einleitung zu treffender Schutzmaßnahmen und deren Erfolgskontrolle.

Für die Berichtspflichten an die EU ist somit eine Beschreibung der Verteilung der Arten innerhalb eines Europäischen Vogelschutzgebietes nicht zwingend erforderlich. Dafür sind die Entwicklung der Bestände der wertbestimmenden Vogelarten im Berichtszeitraum sowie eine Beurteilung des Zustandes des Arteninventars relevant. Zur Abschätzung von Gefährdungspotenzialen ist jedoch die exakte Kenntnis der Lage der Reviere der wertgebenden Arten nötig, um ggf. vorbeugende Maßnahmen einleiten zu können.

Da mehrere Arten des Anhanges I der Vogelschutzrichtlinie innerhalb der Gebietskulisse noch recht häufig und zum Teil weit verbreitet sind (z. B. Neuntöter, Schwarzspecht) sowie einzelne Vogelschutzgebiete eine enorme Größe aufweisen, ist eine vollständige Erfassung dieser Arten oft nicht möglich. Für die Ermittlung des Erhaltungszustandes der Population sind dann relative Daten zur Abschätzung der Bestandsentwicklung heranzuziehen bzw. es sollten Teilerfassungen mit dem Ziel der Bestandshochrechnung durchgeführt werden.

→ Im Rahmen der Berichtspflichten sind folglich für die wertbestimmenden Arten flächendeckend punktgenaue Revierkartierungen nach den Empfehlungen in den Artsteckbriefen durchzuführen. Die häufigeren Anhang I-Arten (z. B. Neuntöter), die flächendeckend in großen Schutzgebieten nicht effizient zu bearbeiten sind, sollten

auf repräsentativen Teilflächen ihres Habitats erfasst werden. Diese Probeflächen sollten mindestens 10 % der Gesamtfläche des geeigneten Lebensraumes umfassen. Hierin wird durch Revierkartierung der Bestand ermittelt und auf die Gesamtfläche des Habitats (z. B. GIS-gestützt) hochgerechnet, um daraus eine Bestandsschätzung für das Gesamtgebiet vornehmen zu können. Die Bestandsentwicklung häufiger Arten innerhalb der Schutzgebiete sollte auf repräsentativen Probeflächen mittels Linienkartierung (Kap. 2.3.3) erfasst werden.

- Avifaunistische Erfassungen im Rahmen von Umweltverträglichkeitsstudien oder zur Abarbeitung der naturschutzrechtlichen Eingriffsregelung

Bei der Durchführung von Umweltverträglichkeitsstudien und vergleichbaren Arbeiten ist die Kenntnis der exakten Lage von Brutvorkommen (v. a. der wertbestimmenden Arten) notwendig, um Aussagen über die am konkreten Ort zu erwartenden Auswirkungen von Vorhaben und Planungen auf die Arten abschätzen und für diese Arten relevante Ausgleichs- und Ersatzmaßnahmen herleiten zu können.

→ *Zur Bearbeitung von Umweltverträglichkeitsprüfungen und bei Erfassungen mit vergleichbarer Zielsetzung ist die Anwendung flächendeckender Revierkartierungen mit punktgenauen Ergebnisdarstellungen erforderlich. In Einzelfällen lässt sich das zu bearbeitende Arteninventar vorhabenbezogen einschränken.*

- Vergleich der Artengemeinschaften und Häufigkeiten in verschiedenen Lebensräumen oder Teilgebieten

Um einen Vergleich von Artengemeinschaften und Dominanzverhältnissen zwischen verschiedenen Gebieten (z. B. Vergleich der Vogelbesiedlung unterschiedlich alter Buchenwälder; strukturreiche vs. strukturarme Agrarlandschaft) vornehmen zu können, sind relative Vogelbestandsdaten ausreichend. Die Ermittlung absoluter Revierzahlen und Dichteangaben ist für solche Fragestellungen nicht erforderlich. Im Interesse einer schnellen Bearbeitung einer großen Zahl von - hinsichtlich des Lebensraums gut definierbaren - Vergleichsflächen werden hier die am wenigsten zeitaufwändigen Relativ-Methoden empfohlen.

→ *Im Rahmen solcher Untersuchungen können Punkt-Stopp-Zählungen (Kap. 2.3.2) oder Linientaxierungen (s. Kap. 2.1) Verwendung finden, da sie einerseits die Erhebung einer hohen Zahl stark standardisierter Stichproben ermöglichen, andererseits auch eine exakte Lebensraumbeschreibung am einzelnen Stopp bzw. für einzelne Streckenabschnitte als Grundlage für Habitatvergleiche erlauben.*

- Ermittlung großräumiger Langzeittrends (Monitoring)

Bei der Ermittlung von Langzeittrends der Bestandsentwicklung einzelner Vogelarten auf Länder-, Bundes- oder europäischer Ebene ist nur ein Probeflächenansatz erfolgversprechend. Dabei ist eine Standardisierung der Datenaufnahme, des Vorgehens im Gelände und bei der Auswertung unerlässlich. Von großer Bedeutung ist die Bearbeitung einer ausreichenden Anzahl von Probeflächen, welche die Vogelwelt des zu betrachtenden Raumes repräsentativ beschreiben. Die Probeflächenauswahl sollte daher nach einem statistischen Verfahren zufallsmäßig (oder geschichtet) erfolgen, und es müssen die verschiedenen Regionen des Betrachtungsraumes und dessen unterschiedliche Lebensraumtypen adäquat berücksichtigt werden (vgl. Kap. 2.3.3). Nur so lassen sich sicher repräsentative Trends für den Betrachtungsraum ermitteln. Entscheidend sind gerade im Rahmen der Monitoringprogramme die strenge Standardisierung der Methoden und damit die Minimierung von individuellen Fehlern.

→ *Aufgrund des sehr hohen Erfassungs- und Auswertungsaufwandes, die den langfristigen Einsatz von ehrenamtlich tätigen Kartierern nahezu ausschließen, ist die Revierkartierung als Standard für Monitoringprogramme, die sich auf eine große Stichprobe stützen, ungeeignet. In Deutschland wird seit 2004 die Linienkartierung als Standard für diese Fragestellung empfohlen. Diese hat gegenüber der bislang hauptsächlich im Rahmen des DDA-Monitoring angewandten Punkt-Stopp-Methode Vorteile (s. auch Tab. 3). Fachverbände und -behörden haben deshalb festgelegt, mittelfristig ausschließlich die Linienkartierung als Methode im Monitoring häufiger Vogelarten einzusetzen. Die zur Zeit laufenden Punkt-Stopp-Routen und Revierkartierungsflächen sollen jedoch bis mindestens 2008 weiter bearbeitet werden, um mit Hilfe von statistischen Eichverfahren die Integration des vorhanden Datenmaterials für künftige Bilanzierungen abzusichern.*

- großräumige (landesweite) Arterfassungen

Im Rahmen der internationalen Berichtspflichten sind neben detaillierten Angaben zum Vorkommen wertgebender Arten in den EU-Vogelschutzgebieten auch Aussagen zum Gesamtbestand der entsprechenden Arten und zur Bestandsentwicklung auf Ebene der Bundesländer zu erbringen. Gesamtbestände sind ferner für die Erstellung Roter Listen und vielfältige weitere Projekte relevant. Großräumige Arterfassungen können in der Regel auf vorhandenem Wissen zur Verbreitung und zu den Lebensraumansprüchen der Arten aufbauen und lassen sich dann auf die besiedelbaren Regionen und potenziellen Bruthabitate beschränken.

→ *Zur großflächigen Erfassung von ausgewählten (selteneren) Arten wird empfohlen, die von der Art besiedelbaren Lebensräume nach den in den Artsteckbriefen gemachten Vorschlägen zu bearbeiten und die Reviervorkommen oder Kolonien auf Karten festzuhalten.*

Tab. 2: Übersicht über die Standard-Erfassungsmethoden und deren Anwendbarkeit bei verschiedenen Fragestellungen unter Berücksichtigung von Erfassungsaufwand und -effizienz. X = geeignet; (X) = eingeschränkt geeignet; – = ungeeignet.

	Erfassung des vollständigen Vogelbestandes	Schutzgebietsausweisung und -management	Berichtspflichten	Umweltverträglichkeitsprüfung, Eingriffsregelung	Vergleich von Artengemeinschaften und -häufigkeiten	Langzeit-Monitoring	Großräumige Arterfassungen
Revierkartierung flächendeckend	X	(X)	(X)	X	X	(X)	-
Revierkartierung mit eingeschränktem Artenspektrum	-	X	X	X	X	(X)	X
Revierkartierung auf Teilflächen	-	X	X	(X)	X	(X)	-
Punkt-Stopp-Zählung	-	-	(X)	-	X	X	-
Linienkartierung	-	(X)	X	-	X	X	-
Artsteckbriefe	X	X	X	X	(X)	X	X

Tab. 3: Methodenvergleich von Revierkartierung, Punkt-Stopp-Zählung und Linienkartierung

	Revierkartierung (Kap. 2.3.1)	Punkt-Stopp-Zählung (Kap. 2.3.2)	Linienkartierung (Kap. 2.3.3)
Einsatzbereich	Bestandstrends	Bestandstrends	Bestandstrends
	Dichtewerte		(Dichtewerte)
	Habitatwahl	Habitatwahl	Habitatwahl
	Atlasarbeit		Atlasarbeit
Aufzeichnungsform	Karteneinträge	Strichliste	Karteneinträge
Erfasste Parameter	Reviere/Jahr	Exemplare/Zählung	Reviere/Jahr
Ergebnis	1 Bestand/ Saison	max. 5 Zählergebnisse/Saison	1 Bestand/ Saison
Artenspektrum	Brutvögel	Brut- und Gastvögel, Durchzügler	Brutvögel
Zeitaufwand	6-10 Termine (inkl. Nachttermine)	max. 5 Termine	4 Termine
	2,5-8 Std./Termin (100 ha)	2,5-3,5 Std./Termin (20 Stopps)	2-4 Std./Termin (3 km)
	keine Zeitvorgabe	stark standardisiert (exakt 5 min/Stopp)	keine Zeitvorgabe
Abgedecktes Gebiet	max. 100 - 150 ha	20 Stopps, Abstand 300 m > 6 Km	3-4 km
Auswertung	„Papierreviere“	Auflistung Rohdaten	„Papierreviere“
Zeitbedarf	10-15 Std.	2 Std.	8-12 Std.
Vorteile	genaueste Erfassung der Fläche	reduzierter Zeitaufwand gegenüber RK	reduzierter Zeitaufwand gegenüber RK
	gute Erfassung auch seltener bzw. unauffälliger Arten	starke Standardisierung und vorhersehbarer Zeitaufwand	effektivere Erfassung gegenüber PS (keine Zählpausen)
		einfache Auswertung, geringe Fehlermöglichkeiten	
Nachteile	hoher Zeitaufwand	Brut- und Gastvögel nicht immer trennbar	Dichtewerte ungenauer
	hoher Anspruch an Qualifikation der Bearbeiter bei der Auswertung (=weniger Mitarbeiter)	im Ergebnis Relativwerte ohne Flächenbezug, „ungenutzte“ Zeit zwischen den Stopps	seltene bzw. unauffällige Arten leichter übersehbar

2.3 Standard-Erfassungsmethoden

2.3.1 Revierkartierung

Stefan Fischer, Martin Flade und Johannes Schwarz

Anwendung: kleinere Flächen (max. 100 ha je Kartierungsgang, in einförmigen Landschaften auch bis zu 150 ha); Schutzgebietsausweisungen; Umweltverträglichkeitsprüfungen; Habitatvergleiche; Erfassung von Brutvogelgemeinschaften; Brutvogel-Bestandsmonitoring; Monitoring des Erhaltungszustandes von (Schutz-)Gebieten

Erhaltene Daten: Revier- und Dichteangaben (absolute Bestandszahlen)

Zeitaufwand: hoch; (5-) 6-10 Begehungen (vgl. Tab. 1)

Anforderungen an die Qualifikation der Kartierer: hoch; neben sehr guter Kenntnis von Feldkennzeichen und Stimme aller zu erwartenden Brutvogelarten ist Wissen über Verhalten, Reviergrößen, Aktivitätsrhythmus der Arten usw. nötig

Wichtige Literatur: Dornbusch et al. (1968), Oelke (1968, 1974), Berthold (1976), Flade (1994)

Allgemeines

Die Revierkartierungsmethode wurde erstmals (kombiniert mit intensiver Nestersuche) von Schiermann (1930, 1934, 1943) angewendet. Nach der Veröffentlichung allgemein anwendbarer Methodenbeschreibungen und Empfehlungen (Oelke 1968, Dornbusch et al. 1968) nahm sie in Deutschland einen immensen Aufschwung. Für verschiedene, schwer zu erfassende Arten (z. B. Oelke 1975, Gnielka 1990) und bestimmte Lebensräume (z. B. Siedlungsraum, Lenz 1971) wurden besondere Erfassungshinweise und Modifikationen der Revierkartierungsmethode entwickelt und propagiert.

Berthold (1976) kritisierte die Methode heftig und stellte methodische Schwachstellen dar, ohne aber einen Ausweg aus dem Dilemma der Nichterfassbarkeit „des wahren Bestandes” zu weisen. Die von ihm propagierte „Nestersuche“ ist allerdings methodisch noch schwieriger und für viele Arten und in vielen Lebensräumen überhaupt nicht durchführbar; und auch sie führt bei weitem nicht zu fehlerfreien Ergebnissen (Gnielka 1992, Flade 1994).

Der Rückgang der Revierkartierungs-Untersuchungen ab Ende der 1970er wird jedoch von vielen Avifaunisten mit der Wirkung der Publikation von Berthold (1976) in Zusammenhang gebracht.
Flade (1994) und Hahnke (1991) verwendeten Ergebnisse von Revierkartierungen, um einerseits Leitartengruppen und typische Dichten für verschiedene Lebensraumtypen zu ermitteln, andererseits um Hochrechnungen von Gesamtbeständen für Deutschland vorzunehmen.
Seit 1989 wird die Revierkartierung auch im Rahmen des Monitorings häufiger Vogelarten des DDA als eine der beiden Standardmethoden angewendet (u. a. Flade & Schwarz 1996, 2004, Schwarz & Flade 2000).

Arbeitsweise

Auswahl der Kontrollfläche

Entscheidend für die Aussagekraft von Revierkartierungen ist die *Flächenauswahl*. Sie ist abhängig von der Fragestellung. Für Schutzgebietsausweisungen oder Verträglichkeitsprüfungen muss das gesamte betroffene Gebiet kartiert werden oder es erfolgt eine Kartierung repräsentativer Teilflächen, die eine Hochrechnung auf das Gesamtgebiet ermöglicht. Im Rahmen des Monitorings oder für lebensraumbezogene Untersuchungen (Habitatvergleiche, Brutvogelgemeinschaften) sollte die Untersuchungsfläche möglichst homogen sein, Randeffekte (Grenzlinien zu benachbarten Lebensraumtypen) sollten weitgehend vermieden werden. Die *Größe der in einem Kartierungsgang bearbeiteten Fläche* sollte in reich strukturierten Landschaften (Wälder, Siedlungsbereich, Verlandungszonen) bis 30 ha liegen, in offenen Landschaften wird eine Flächengröße zwischen 50 und 100 ha empfohlen (für halboffene, parkartige Landschaften 30-60 ha). In einförmigen Landschaften (Intensivgrünland, Acker) können Probeflächen auch bis zu 150 ha groß sein. Dabei sollte dann darauf geachtet werden, dass sich die Kartierungszeit nicht bis in die Mittagsstunden erstreckt.
Um die Länge der äußeren Grenzlinien zu minimieren, sollte die Kontrollfläche eine möglichst kompakte Form haben (z. B. rechteckig, im Optimalfall quadratisch).

Kartierungsvorbereitungen

Als Kartierungsgrundlagen werden topographische Karten im Maßstab von mind. 1:10.000 (offene Agrarlandschaft), in reicher strukturierten Landschaften (Wälder, Siedlungen) 1:5.000 bis

1:2.000 benötigt. Günstig ist es, anhand von aktuellen Luftbildern und vorheriger Geländebegehung zusätzliche Lebensraumstrukturen und wichtige Markierungspunkte in die Karten einzutragen.
Für jeden Kartierungsgang ist eine *Tageskarte* erforderlich. Für die Auswertung werden die Daten der einzelnen Begehungen zeitnah in *Artkarten* übertragen.
Vor Beginn der Kartierungen müssen gegebenenfalls bei Flächeneigentümern und (bei Kartierungen in Naturschutzgebieten) bei den zuständigen Naturschutzbehörden Betretungsgenehmigungen eingeholt werden.

Arbeit im Gelände

Begehungen: (5-) 6-10, verteilt auf die Monate März (0-1), April (2-3), Mai (2-3), Juni (2-3) und Juli (0-2).
Beginnend um die Morgendämmerung, spätestens bei Sonnenaufgang, im Mai/Juni nicht länger als max. 10 Uhr; je nach erwartetem Artenspektrum 1-3 Dämmerungs-/Nachtbegehungen zur Kartierung von Rallen, Eulen und anderen dämmerungs- und nachtaktiven Arten (s. Artsteckbriefe).
Die jahreszeitliche Verteilung richtet sich nach dem Landschaftstyp und ggf. auch nach regional- oder lokalklimatischen Besonderheiten (z. B. im Hochgebirge später als im Tiefland). In Wäldern und baumreichen Habitaten (z. B. Parks, Friedhöfe) ist eine Kontrolle in der zweiten Märzhälfte unbedingt erforderlich (z. B. zur Erfassung der Spechte), in Offenlandschaften und Röhrichten dagegen in der Regel verzichtbar. Für Gebiete, in denen spät brütende Arten (z. B. Neuntöter, Schlagschwirl, Sumpfrohrsänger, Gelbspötter, Pirol) eine Bedeutung haben, sind späte Kontrollen bis Anfang Juli wichtig, weil sonst der Bestand unterschätzt wird (vgl. Vorschlag zur jahreszeitlichen Verteilung der Kartiertermine in Tab. 7; Kap. 5.2).
Die Kartierungen sollten grundsätzlich nur bei gutem Wetter (kein starker Wind, kein Regen) durchgeführt werden.
Die einzelnen Begehungen sollten jeweils an unterschiedlichen Startpunkten beginnen, damit möglichst viele Teilbereiche des Gebietes auch zu Zeiten der höchsten Gesangsaktivität begangen werden.
Auf den Kartierungsgängen wird die Kontrollfläche in Streifen abgegangen, deren Breite beidseitig der Route 50 m in reich strukturierten und 100 m (maximal 150 m) in offenen Landschaften nicht überschreiten sollte.

Während der Begehungen werden alle akustisch oder optisch wahrnehmbaren, an die Fläche gebundenen Vögel punktgenau unter Verwendung standardisierter Symbole in die Tageskarte eingetragen. Das Hauptinteresse liegt auf der Erfassung *Revier anzeigender Merkmale* (Tab. 4).

Tab. 4: Revier anzeigende Merkmale.

Revier anzeigende Merkmale
• Singende/balzrufende Männchen • Paare • Revierauseinandersetzungen • Nistmaterial tragende Altvögel • Nester, vermutliche Neststandorte • Warnende, verleitende Altvögel • Kotballen/Eischalen austragende Altvögel • Futter tragende Altvögel • Bettelnde oder eben flügge Junge

In die Tageskarten werden die Kürzel für die Arten und Symbole für die entsprechenden Verhaltensweisen eingetragen (s. Index 9.1, Abb. 4). Besonderer Wert ist auf die gleichzeitige Registrierung benachbarter Reviere zu legen, da dies die Abgrenzung der Papierreviere (s. u.) erheblich erleichtert.

Bei verschiedenen Arten wird der Einsatz von Klangattrappen dringend empfohlen, da nur so brauchbare Revierzahlen ermittelt werden können (s. Artsteckbriefe). Wenn jedoch eine Klangattrappe einmal eingesetzt wird, muss dies aus Gründen der Vergleichbarkeit (Vergleich zwischen verschiedenen Gebieten, Zeitreihen = Monitoring) dort auch bei Folgeuntersuchungen stets in derselben Art und Weise und mit der gleichen Intensität erfolgen!

Bei Arten mit langer Brutperiode (z. B. Amsel, Feldlerche) sollte die Bestandsschätzung auf der Basis der Registrierungen während der Hauptaktivitätszeit (Kontrolle mit maximaler Anzahl Revier anzeigender Vögel) erfolgen; bei der Auswertung ist zu berücksichtigen, dass nach Brutaufgaben oder bei Zweitbruten Umsiedlungen möglich sind, die zu Bestandsüberschätzungen führen können.

Auswertung

Nach jeder Begehung werden die Daten von der Tageskarte mit Symbolen für die einzelnen Begehungen auf Artkarten übertragen. Besonderer Wert ist auf die Kennzeichnung gleichzeitig nachgewiesener, benachbarter Reviere zu legen. Es wird empfohlen, die Daten möglichst vor der folgenden Begehung auf die Artkarten zu übertragen.

Nach Abschluss der Kartierungen werden anhand der sich abzeichnenden gruppierten Registrierungen sog. Papierreviere gebildet (Abb. 5). Die Anzahl der für die Abgrenzung eines Papierreviers nötigen Registrierungen ist abhängig von der Anzahl und der jahreszeitlichen Verteilung der Begehungen sowie von der Ankunftszeit, der Gesangsaktivität und der Auffälligkeit der betreffenden Art.

OELKE (1974) hielt als Minimum für ein Papierrevier bei 5 bis 7 „gültigen" Kontrollen - also Erfassungsterminen, in der die Vogelart saisonal zu erwarten war - zwei Registrierungen für notwendig. Bei 8 bis 10 Begehungen sollten zur Abgrenzungen eines Papierreviers für die meisten Arten mindestens drei revieranzeigende Registrierungen vorliegen.

Die Praxis zeigt, dass durch die Wahl optimaler Termine die tatsächlichen Revierverhältnisse am besten erfasst werden. Durch die Einführung von artspezifischen Wertungsgrenzen, den günstigsten Erfassungsterminen und weiteren terminlichen Einschränkungen bei der Auswertung kann die Aussagekraft einzelner Registrierungen erhöht werden (vgl. Kap. 5.1).

So können bei spät ankommenden, relativ unauffälligen Arten (z. B. Neuntöter) zwei Registrierungen zur Abgrenzung eines Papierreviers genügen, sofern zumindest eine Registrierung außerhalb der üblichen Zugzeit liegt.

Die Summe der Papierreviere ergibt den Brutbestand. Randsiedler (angeschnittene Reviere an der Untersuchungsgebietsgrenze) und Teilsiedler (Reviere von Arten, deren Nahrungsflächen größtenteils außerhalb der Kontrollfläche liegen) werden in der Literatur teilweise als halbe Reviere gewertet, teilweise vollständig in die Gesamtrevierzahl einbezogen. Dies muss jeweils angegeben und bei Vergleichen in derselben Art und Weise gehandhabt werden. Im Rahmen des Monitorings häufiger Arten sollen diese Reviere voll mitgerechnet werden (s. Auswertungsbeispiele in Abb. 5).

Modifikationen

Nicht immer ist bei Revierkartierungen die Ermittlung des gesamten Artenspektrums nötig. Vielfach genügt im Rahmen planungsrelevanter Erhebungen die Kartierung wertgebender (Rote Liste, Anhang I der EU-Vogelschutzrichtlinie) oder lebensraumtypischer (Leitarten nach FLADE 1994) Arten. Diese Beschränkung auf ausgewählte Arten erspart vor allem

Arbeit am Schreibtisch (Abgrenzung der Papierreviere, s. o.), nur zum Teil können dadurch auch Begehungen eingespart werden, da auch in der Gruppe der ausgewählten Arten in der Regel zeitig (z. B. Heidelerche) und spät (z. B. Neuntöter) im Jahr erfassbare Arten vorhanden sind. Bezüglich des kartierten Lebensraumtyps und des zu erwartenden Artenspektrums sollte dann die Zahl und zeitliche Verteilung der Begehungen entsprechend der Angaben in den Artsteckbriefen optimiert werden (Kap. 5.2, 5.3).
Im Rahmen des Monitorings häufiger Vogelarten des DDA sind keine Modifikationen möglich!

Fehlerquellen

Fehlerquellen sind ausführlich bei Berthold (1976), Scherner (1983), Gnielka (1990) und Flade (1994) diskutiert worden (vgl. Kap. 2.1). Sie sind an dieser Stelle nur stichwortartig zusammengestellt:

- Der „Brutbestand" ist keine fest definierte Größe. Neben den über einen gewissen Teil der Brutzeit ständig anwesenden Paaren treten lose Verbindungen, Polygamie, unverpaarte Männchen und nur kurzzeitig ansiedlungswillige Tiere auf. Zumindest bei Kleinvögeln sind solche Phänomene i. d. R. ohne individuelle Markierung nicht erkennbar. Polyterritoriale und unverpaarte Männchen werden meist als Reviere registriert.
- Bei vielen Arten lässt die Gesangsaktivität nach der Verpaarung in der Regel deutlich nach. Besonders versteckt lebende Arten sind dann nur noch schwer zu erfassen. Andererseits sind Bestandsauffüllung und Abnahme der Gesangsaktivität der schon länger im Brutgebiet anwesenden Vögel oft gegenläufige Prozesse. Dies kann dazu führen, dass Vogel A während der Revierbesetzung registriert wird, später nach Verpaarung aber nicht mehr. Siedelt sich in der Nähe ein weiterer Vogel B an, wird er möglicherweise dem Revier A zugeordnet. Dies kann nur durch gründliche Beobachtung und Notierung aller Registrierungen (auch der nicht explizit Revier anzeigenden) teilweise aufgefangen werden.
- Da Durchzügler regelmäßig bei der Rast singen, können sie Reviervögel vortäuschen. Fehlinterpretationen können i. d. R. weitgehend durch die zu erbringenden Wiederholungsregistrierungen und die Berücksichtigung der in den Artsteckbriefen genannten Termine vermieden werden.

Neben diesen objektiven, verhaltens- und populationsökologisch begründeten Fehlerquellen kann eine Vielzahl individueller, persönlicher

Fehlerquellen auftreten (u. a. Artenkenntnis, Hörvermögen, Konzentration, Orientierungsfähigkeit im Gelände; vgl. Kap. 2.1). Diese individuellen Fehlerquellen müssen im Rahmen überregionaler Programme weitgehend durch Mitarbeiterschulungen und Methodentraining minimiert werden. Die Revierkartierung eignet sich besonders für langjährig erfahrene Feldornithologen.

Selbst bei bestmöglicher Reduktion des persönlichen Fehlers und weitgehender Standardisierung der Erfassungsmethode wird es nicht möglich sein, den „wahren Bestand" einer Kontrollfläche mit der Revierkartierungsmethode zu ermitteln. Dies kann nur durch eine intensive populationsökologische Untersuchung (inklusive Nestersuche und möglichst vollständiger Beringung der Vogelindividuen) erreicht werden. Die Revierkartierung liefert bei Minimierung aller Fehlerquellen die beste Annäherung an den „wahren Bestand".

Im Rahmen des Monitoringprogramms häufiger Vogelarten des DDA ist die Ermittlung des „wahren Bestandes" nicht nötig, da hier lediglich relative Bestandsveränderungen über die Jahre analysiert werden. Dabei ist vor allem die starke Standardisierung der Methode wichtig. Deshalb sind alle relevanten Parameter (Anzahl sowie jahres- und tageszeitliche Verteilung der Begehungen, Kartierer und dessen ornithologische Kenntnisse sowie physische und psychische Leistungsfähigkeit, Witterungsbedingungen zum Kartierzeitpunkt) möglichst langfristig konstant zu halten.

Verhaltenssymbole

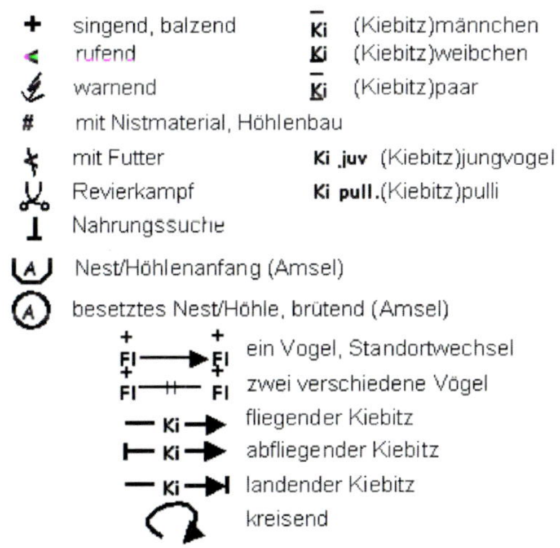

Abb. 4: Symbole für Verhaltensweisen von Vögeln, die in die Feldkarten bei der Revierkartierung und Linienkartierung (Kap. 2.3.1, 2.3.3) eingetragen werden.

2.3.2 Punkt-Stopp-Zählung

Stefan Fischer, Martin Flade und Johannes Schwarz

Anwendung: Untersuchung von Bestandstrends (Monitoring) und Analyse von Habitatpräferenzen

Erhaltene Daten: Individuenzahlen, durch Jahresvergleich Trendindizes

Zeitaufwand: gering; 5 Begehungen mit je ca. 3 h; Schreibtischarbeit insgesamt ca. 3 h (vgl. Tab. 1)

Anforderungen an die Qualifikation der Kartierer: hoch; sehr gute Arten-, besonders Stimmenkenntnis erforderlich, da sofortige Ansprache der Vögel nötig

Wichtige Literatur: FLADE 1994, FLADE & SCHWARZ 1996, SCHWARZ & FLADE 2000

Allgemeines

Die Punkt-Stopp-Methode ist eine methodisch vergleichsweise einfache und wenig zeitintensive Erfassungsmethode, die wenig Schreibtischarbeit erfordert. Sie liefert allerdings nur Relativdaten, die für Vergleichszwecke (z. B. zeitliche Veränderungen, Gebiets- oder Habitatvergleiche) Verwendung finden können. Absolute Brutbestandszahlen bzw. -dichten lassen sich anhand der Punkt-Stopp-Daten nicht ermitteln, da alle Vogelindividuen erfasst werden, unabhängig davon, ob es sich um Brutvögel, Durchzügler oder Nahrungsgäste handelt, und die wahrgenommenen Vögel lediglich gezählt und nicht kartiert werden; es können also keine Papierreviere gebildet werden; zudem ist kein definierter Erfassungsradius vorgegeben.

Grundlage der Methode ist eine weitestgehende Standardisierung. Alle Parameter, die Einfluss auf die Aktivität und/oder die Erfassbarkeit der Vögel haben können, müssen über die Jahre so weit wie möglich konstant bleiben bzw. möglichst identisch sein (Begehungszeit, -richtung, Transportmittel, Wetter während der Kartierung, Hörfähigkeit und Artenkenntnis des Kartierers).

Die Punkt-Stopp-Methode wird aufgrund ihrer Einfachheit und der Möglichkeit, viele Daten aus einem großen Raum zu erhalten, in vielen Ländern zu Monitoringzwecken genutzt, z. B. in Finnland, Schweden, Dänemark, Tschechien sowie seit 1989 auch in Deutschland im Rahmen des Monitorings häufiger Brutvogelarten des DDA.

Die zentrale Auswertung der Daten erfolgt mit dem TRIM-Programm (TRends and Indices for Monitoring Data; van Strien et al. 2001). Auswertungsbeispiele aus dem deutschen Monitoringprogramm häufiger Vogelarten sind u. a. von Flade & Schwarz (1996, 2004) und Schwarz & Flade (2000) publiziert worden.
Im Rahmen des Monitorings ist es nötig, die einmal gewählte Punkt-Stopp-Route mindestens 2 Jahre lang, möglichst länger zu bearbeiten. Durch die Verwendung des TRIM-Programms können auch Datenreihen mit Datenlücken verwendet werden. Es kann – sollte aber nicht! - in einzelnen Jahren also mit der Zählung ausgesetzt werden.

Arbeitsweise

Auswahl der Kontrollfläche

Die Zählroute mit (10-)20 Stopps sollte so gelegt werden, dass sie die betreffende Landschaft mit ihren Lebensräumen möglichst gut repräsentiert. Wie Ergebnisse des Monitorings des British Trust for Ornithology (BTO) in Großbritannien zeigen, sind die ermittelten Bestandstrends bei einer ausreichend großen Zahl von Probeflächen unabhängig davon, ob die Probeflächen frei wählbar waren oder ob sie zufallsverteilt bzw. geschichtet repräsentativ ausgewählt worden sind (Greenwood & Carter 2003).
Die Stopps sollten einerseits so gelegen sein, dass sie in einem angemessenen Zeitraum (max. 4 Stunden) zu Fuß, per Fahrrad oder Auto (oder auch per Rollschuh oder Boot) erreichbar sind. Andererseits ist anzustreben, dass die Umgebung jedes einzelnen Stopps möglichst zu mindestens 80 % einem von 20 innerhalb des Programms definierten Lebensraumtypen zuzuordnen ist. Dadurch sind die Daten besser lebensraumbezogen auswertbar. Da Grenzlinien (Waldränder, Siedlungsränder, Uferzonen) aber durchaus typische Elemente der reich strukturierten mitteleuropäischen Kulturlandschaft sind und einige Vogelarten solche Lebensräume ganz bevorzugt besiedeln (z. B. Goldammer, Baumpieper), sollte ein Anteil der Stopps auch in den Bereich von Lebensraumgrenzen gelegt werden.
Die Stopps müssen vom Beobachter eindeutig in der Landschaft wieder auffindbar sein. Sie müssen mindestens 300 m voneinander entfernt liegen, um Mehrfacherfassungen derselben Individuen weitestgehend zu vermeiden. Im Offenland empfehlen sich noch deutlich größere Abstände von mindestens 500 m.

Kartierungsvorbereitungen

Die Route und die einzelnen Stopps sollten vor Beginn der eigentlichen Kartierung festgelegt und in einer Karte (1:25.000 oder 1:10.000) mit ausreichender Genauigkeit eingetragen werden. Kartierer, die über ein GPS-Gerät verfügen, können die Koordinaten der einzelnen Stopps erfassen und im Erfassungsbogen notieren.

Die Stopps müssen einfach und sicher im Gelände auffindbar sein. Sie sollten auch permanent begehbar sein und nicht durch äußere Widrigkeiten (z. B. Überflutung oder freilaufende Bullen) unzugänglich werden können.

An jedem Stopp wird die Lebensraumzusammensetzung in Prozentanteilen (auf 5 % genau) in dem Radius erfasst, in dem auch die meisten Vogelindividuen zu beobachten sind (Wald: ca. 100 m, Offenland: ca. 300 m). Eine Begrenzung des Erfassungsradius´ wird nicht vorgegeben.

In Folgejahren werden jeweils nur deutliche Lebensraumveränderungen (Umwandlung von Acker in Grünland, Bebauung, Wiederherstellung von Feuchtbiotopen etc.) im Zählbogen eingetragen.

Arbeit im Gelände

Begehungen: Die ausgewählte Route wird möglichst fünfmal in den vorgegebenen Zählperioden begangen, um sowohl zeitig im Jahr gesangs- und rufaktive Arten (Spechte, Baumläufer) als auch spät ankommende Zugvögel (Gelbspötter, Pirol) repräsentativ zu erfassen. Weniger als 5 Begehungen sollten die Ausnahme sein. Am ehesten kann auf die März-Zählung verzichtet werden.

Zählperioden:	**I:**	**16.-31. März;**
	II:	**16.-30. April;**
	III:	**1.-15. Mai;**
	IV:	**16.-31. Mai;**
	V:	**1.-15. Juni.**

Die Termine sind unbedingt einzuhalten. Vor allem dürfen in einer Zählperiode nicht zwei Zählungen stattfinden. Im Bergland können die Zählperioden um zwei Wochen nach hinten verschoben werden. Dies muss dann aber einheitlich in allen Erfassungsjahren erfolgen.

Bei schlechtem Wetter (starker Regen, starker Wind) werden die Punkt-Stopp-Routen nicht begangen. Muss aufgrund plötzlicher Wetteränderung oder anderer unvorhersehbarer Gründe die Zählung abgebrochen werden, kann sie vom entsprechenden Stopp zur selben Uhrzeit am nächsten Tag weitergeführt werden.

Die Begehungen sind grundsätzlich in den frühen Morgenstunden (möglichst ab Sonnenaufgang) durchzuführen und sollten möglichst stets in gleichem Abstand zum Sonnenaufgang beginnen. Die Stopps sind stets in derselben Reihenfolge zu begehen, um immer dieselben Stopps zeitig am Morgen bzw. später zum Ende der Zählung zu untersuchen.
An den Stopps werden – unabhängig von der Entfernung vom Beobachter und vom Verhalten der Vögel – alle akustisch und/oder optisch wahrnehmbaren Vogelindividuen für exakt 5 Minuten gezählt. Hierzu ist eine Stoppuhr oder eine andere Uhr mit Sekundenzeiger zu verwenden. Selbst die interessantesten Beobachtungen außerhalb der exakten Zählzeit dürfen nicht „großzügig" mitgezählt werden.
Die Registrierung der Vögel erfolgt per Strichliste, wobei das vorherige Auflisten der am häufigsten zu erwartenden Arten im Notizbuch Schreibarbeit im Gelände und damit Ablenkung vom Beobachten erspart. Durch die Nutzung von Artkürzeln (vgl. Index 9.1) geht aber auch das Notieren im Gelände ausreichend schnell. Auch die Anwendung von Diktiergeräten hat sich bewährt (Ersatzbatterien mitführen!). Die einmal gewählte Registriermethode muss stets beibehalten werden, da auch hierdurch Abweichungen zu erwarten sind (beeinträchtigte akustische Wahrnehmung durch das Auf-Das-Band-Sprechen; beeinträchtigte optische Wahrnehmung beim Notieren).
Doppelzählungen an einem Stopp sind auszuschließen. Es ist stets die *Mindestzahl* gleichzeitig am Stopp wahrnehmbarer Vögel zu werten. Z. B. ist ein erst in die eine, dann in die Gegenrichtung fliegender Vogel nur einmal zu werten, wenn es theoretisch derselbe Vogel gewesen sein *könnte*; bei mehreren singenden Männchen einer Art ist nur die Zahl *gleichzeitig* singender Vögel zu werten.
Die Anwendung von Klangattrappen oder anderen Lockmitteln (z. B. „Spischen", vgl. Bauer 1989) ist wegen der kaum möglichen Standardisierung nicht zugelassen.

Auswertung

Die durch den Beobachter durchzuführende Auswertung beschränkt sich auf die Eintragung der an den Stopps nachgewiesenen Vogelindividuen sowie die Bildung der Individuensummen (pro Art und insgesamt) und der Artenzahl. Diese Summen dienen als Kontrolle bei der Dateneingabe. Daneben sind die Angaben zur Zählung gründlich im Zählbogen einzutragen. Eine Auswertung auf regionaler Basis oder hinsichtlich spezifischer Fragestellungen ist grundsätzlich möglich, jedoch bei zu geringer Stichprobengröße nicht über die Bildung von TRIM-Indizes.

Probeauswertungen haben gezeigt, dass bereits zwei Werte sinnvoll verwertbar sind, um lokale Bestandsänderungen darzustellen: Die Anzahl Stopps mit Registrierungen einer bestimmten Art pro Jahr (bei selteneren Arten völlig ausreichend) oder die Summe der Maxima einer Art pro Stopp (d. h. für jeden Stopp die Höchstzahl aus den 5 Begehungen, und diese Höchstwerte dann für alle Stopps addiert); solche Auswertungen können bereits ab 20 Stopps aufschlussreich sein, ideal sind 60-100 Stopps (3-5 Routen).

Modifikationen

Werden Punkt-Stopp-Zählungen zum Zwecke von Gebiets- oder Habitatvergleichen einzelner Arten durchgeführt (z. B. Vorkommen und Häufigkeit von Meisenarten in verschiedenen Waldtypen), kann das Artenspektrum natürlich auf die zu untersuchenden Arten reduziert werden. Entsprechend der günstigsten Erfassungsperiode der relevanten Arten (s. Artsteckbriefe, vgl. Jedicke 1994) kann dann auch die Anzahl der Kartierungsgänge minimiert werden.
Im Rahmen des Monitorings häufiger Vogelarten des DDA sind keine Modifikationen möglich!

Fehlerquellen

Wie bei der Revierkartierung kann eine Vielzahl potenzieller Zählfehler auftreten (s. Kap. 2.1, 2.3.1). Grundsätzlich sind im Rahmen des Monitorings häufiger Vogelarten alle Parameter, die veränderte Zählergebnisse liefern können (Personen, Kartierzeit, Begehungsreihenfolge der Stopps, Anzahl von Mitkartierern, Witterung etc.), über die Jahre hinweg konstant zu halten. Die Punkt-Stopp-Methode stellt besonders an die Artenkenntnis hohe Anforderungen, da ein sofortiges Ansprechen der Arten nötig ist. Wenn während der Erfassungszeit (d. h. über die Jahre) noch ein deutlicher Lerneffekt hinsichtlich der Artenkenntnis eintritt, hat dies u. U. schwerwiegenden Einfluss auf die Ergebnisse (scheinbare Zunahme von Arten, die der Kartierer lediglich besser kennen gelernt hat!). Solche Effekte müssen gewissenhaft vermieden werden. Reicht die Artenkenntnis evtl. anfangs nicht aus, sollten 1-2 „Übungsjahre“ eingelegt werden, in denen die Daten noch nicht für die zentrale Auswertung gemeldet werden.

2.3.3 Linienkartierung

Hans-Günther Bauer und Alexander Mitschke

Anwendung: Erfassung größerer Flächen; Monitoringprogramme; Atlasarbeiten; biotopbezogene Auswertungen

Erhaltene Daten: Revier- und Dichteangaben

Zeitaufwand: mittel; 4 Begehungen (vgl. Tab. 1)

Anforderungen an die Qualifikation der Kartierer: hoch; neben guter Artenkenntnis Wissen über Verhalten, Reviergrößen, Aktivitätsrhythmus der Arten usw. nötig

Wichtige Literatur: Bibby et al. (1995, 2000), Schmid et al. (1998), Schweizerische Vogelwarte (1999)

Allgemeines

Es gibt verschiedene Ansätze, Vögel entlang einer vorgegebenen Linie zu erfassen (z. B. Bibby et al. 1995, 2000, Schmid et al. 1998). Für die Auswertung lebensraumbezogener Abundanzen eignet sich die Methodenvariante der punktgenauen Erfassung der Vögel auf mitgeführten topographischen Karten, die sich methodisch an die Revierkartierung anlehnt. Nachfolgend wird nur die Methode dieser **Linienkartierung** beschrieben: Wer sich über die etwas weniger aufwändigen Linientaxierungen informieren möchte, sei auf einschlägige Literatur verwiesen (z. B. Ornithologische Arbeitsgemeinschaft Bodensee 1983, Bauer & Heine 1992, Kaiser & Bauer 1994). Wie in Kap. 2.1 ausführlich dargestellt, genügt es zur Ermittlung von Gesamtbeständen, der Bestandsdynamik oder der Artendiversität eines Landschaftsraumes, eine repräsentative Stichprobe zu erarbeiten, anstatt eine vollständige Erfassung anzustreben. Ein wichtiges Ziel ist, Daten zu häufigen und verbreiteten Vogelarten in Ausschnitten der „Normallandschaft" zu erheben, um Aussagen über langfristige Bestandsveränderungen zu erhalten oder eventuelle Gefährdungen dieser Arten zeitnah zu erkennen. Das erste Ziel einer großräumigen Studie ist, die Teilflächen des Gesamtraumes zu ermitteln, die eine repräsentative Hochrechnung auf den Gesamtraum erlauben. Diese Teilflächen sind stellvertretend für den Gesamtraum zu kartieren (vgl. Dreesmann 1996).

Linienkartierungen im Rahmen des bundesweiten Monitorings in der Normallandschaft finden auf vorgegebenen Stichprobenflächen statt; es handelt sich dabei um Quadrate von 1 km Kantenlänge, entsprechend einer Gesamtfläche von 1 km^2 (= 100 ha). Die Probeflächen wurden durch das Statistische Bundesamt auf Basis einer geschichteten Zufallsstichprobe gezogen. Die Schichtung sorgt dafür, dass eine ausreichende Anzahl von Probeflächen in allen naturräumlichen Regionen und in den wichtigsten Lebensräumen liegt. Sie wurde nach den Kriterien „Standorttyp" („Naturraum"; 21 Typen auf Basis von Geologie, Höhenlage, klimatischen Faktoren etc.) und „Lebensraum" (6 Typen: Ackerland, Grünland, Wald, Siedlung, Sonderbiotope wie Heiden und Moore, Sonderkulturen wie Weinberge oder Baumschulen) durchgeführt. Innerhalb der theoretisch 6 x 21 = 126 Schichten wurden die Probeflächen per Computer nach dem Zufallsprinzip ermittelt; für das Bundesmonitoring waren 1000 solcher Probeflächen erforderlich. Um darüber hinaus den Bundesländern eigenständige Monitoringvorhaben mit derselben Methode zu ermöglichen, wurden mit derselben Vorgehensweise weitere Probeflächen ermittelt. Die Gesamtzahl aller gezogenen Probeflächen liegt deutschlandweit bei 2637 (sowie zusätzlicher Ersatzflächen, s. u.).
Bei der endgültigen Festlegung der Flächen spielen Erreichbarkeit und Begehbarkeit der Probeflächen eine Rolle, was im Vorfeld jeder Feldarbeit erkundet werden muss. Die Zahl der Stichproben, die für die Gesamtheit aussagekräftig sein soll, kann/muss vorher von den Koordinatoren bestimmt werden. Eine Bevorzugung besonders vogelreicher oder Meidung stark gestörter Lebensräume ist dabei weder möglich noch erwünscht, da die Probeflächen ja die Realität widerspiegeln sollen, eben um repräsentative Aussagen über gesamtdeutsche Bestandsentwicklungen zu erhalten. Diese Methode ist sowohl für Atlasarbeiten als auch für langfristige Brutvogel-Monitoringprogramme sehr gut geeignet.

Erhaltene Daten

Bei der Linienkartierung werden auf den Probeflächen festgelegter Größe mit einer vereinfachten, streng standardisierten und wenig aufwändigen Feldmethode möglichst viele Brutvögel erfasst. Die leicht reproduzierbaren Bestandserfassungen auf Teilflächen des Untersuchungsraumes haben bei der hier gewählten Linienkartierung einen direkten Flächenbezug (vgl. Punkt-Stopp-Zählungen mit Zeitbezug, Kap. 2.3.2), da die Registrierungen der Brutvögel in mitgeführte topographische Karten (empfohlener Maßstab 1:5.000) eingetragen werden.
In jedem Probeflächen-Quadrat wird durch die Koordinatoren eine Strecke von annähernd 3 km Länge im Vorfeld der Kartierungen vorgeschlagen, die

durch den Bearbeiter nach einer ersten Gebietsbegehung angepasst werden kann und dann bei allen nachfolgenden Kartierungsgängen unverändert beizubehalten ist. Es ist dabei zwar erstrebenswert, die verschiedenen Lebensräume des Quadrates in die Route einzubeziehen, doch von primärer Bedeutung ist die Einheitlichkeit des Bearbeitungsaufwandes, daher sollte sich der „Rundgang“ auf etwa 3 km Länge beschränken. Aus den an die Koordinatoren nach der Saison zurückgeschickten Feldkarten mit den Eintragungen registrierter Brutvögel lässt sich eine flächenbezogene Anzahl Brutvögel ermitteln.
Wie in Kap. 2.1 dargestellt, liefert die Linienkartierung unter allen Kartierungsmethoden das günstigste Verhältnis zwischen der Zahl unabhängiger Vogeldaten und dem dafür benötigten Feldaufwand (vgl. BIBBY et al. 2000).

Zeitaufwand

Bei der Linienkartierung des DDA werden 4 Begehungen innerhalb des o. g. Quadrates in einer Brutsaison durchgeführt. Die Begehungen sind so über die Brutsaison verteilt, dass alle auftretenden Brutvogelarten adäquat - d. h. im Zeitraum ihres Gesangs-/Aktivitätsmaximums – erfasst werden können. Das Zeitfenster für die Begehungen wird von den Koordinatoren im Vorfeld genau festgelegt; bei außergewöhnlichen Witterungsbedingungen (und in Hochlagen) können in manchen Jahren allerdings Verschiebungen erforderlich werden. Der Gesamtaufwand im Feld ergibt sich aus der Anzahl Begehungen multipliziert mit der ungefähren Bearbeitungszeit. Beim geforderten langsamen Abschreiten der Route benötigt man in nicht zu schwierigem Gelände etwa 1 Std./km; geringere Erfassungszeiten dürften zu einer deutlichen Unterschätzung der Paarzahlen bzw. des Artenspektrums führen; andererseits sollten auch in bergigen Gebieten 5 Stunden Kartierungszeit nicht überschritten werden, schon allein deshalb, weil die Gesangsaktivität vieler Vogelarten mit voranschreitender Tageszeit abnimmt. Vorschläge für Begehungsdauern in den Hauptlebensraumtypen sind Tab. 1 (Kap. 2.1) zu entnehmen.
Der Zeitaufwand für die Auswertung am Schreibtisch hängt davon ab, ob im Rahmen einer aufwändigeren Variante durch die einzelnen Mitarbeiter Artkarten erstellt werden, aus denen sich unter Verwendung standardisierter Vorgaben Revierpaare ermitteln lassen (Zeitaufwand etwa 8-12 Std.), oder ob die Bearbeiter ohne Erstellung von Artkarten Maximalwerte übermitteln oder aus den Felddaten Revierbestände überschlägig abschätzen (Zeitaufwand 1-3 Std.). Im DDA-Programm wurde die Auswertungs-Variante 1 gewählt, der Aufwand am Schreibtisch entspricht daher weitgehend dem im Feld.

Arbeitsweise

Für alle Probeflächen existiert eine bundesweit einheitliche Habitat-„Kartierung“ als Luftbildauswertung. Diese Angaben sollen durch die Kartierer im ersten Jahr überprüft und gegebenenfalls korrigiert werden. In den Folgejahren sind größere Lebensraumveränderungen kartografisch zu dokumentieren.

Ins Feld mitzuführen sind – falls vorhanden – neben der Original-Farbkarte (am besten in Folie vor Witterungseinflüssen geschützt), mindestens eine S/W-Kopie des Kilometerquadrates, ein Fernglas sowie Notizpapier und Bleistift oder anderes wasserfestes Schreibzeug, ferner die Kartierungsanleitung sowie ein Ausweis und ggf. die Begehungserlaubnis bei privatem oder gesperrtem Gelände.

Die vier Erfassungen werden in den frühen Morgenstunden, am besten eine halbe Stunde nach Sonnenaufgang, begonnen. Bei langsamem Abschreiten der vorher festgelegten Route werden alle optisch und/oder akustisch registrierten potenziellen Brutvögel auf der mitgeführten Kopie des Kilometerquadrates flächengetreu mit den Namenskürzeln der Vogelarten (s. Index 9.1) eingetragen. Neben der Artabkürzung soll ein Symbol die Verhaltensweisen des beobachteten Vogels kennzeichnen (meist Gesang, Überflieger-Status mit Pfeil verdeutlichen, Hervorheben gleichzeitig nachgewiesener, benachbarter Reviervögel für spätere Auswertung oft hilfreich; vgl. Tab. 4, Abb. 4). Aus der mitgeführten Original-Farbkarte des Kilometerquadrates werden manche topographischen Besonderheiten sehr viel deutlicher erkennbar als bei S/W-Kopien. Bei den Begehungen sollte man mehrfach seinen Standort anhand der Karte überprüfen, um nicht Fehleintragungen in die Karte zu riskieren. In die Feldkarten werden Datum, Beginn und Dauer der Begehung sowie Wetterdaten notiert. Die einzelnen ausgefüllten Feldkarten werden am Ende der Brutsaison kopiert, die Originale dann an die Koordinatoren übermittelt (leserliche Kopien einbehalten!).

Auswertung

Der Beobachter erstellt aus seinen Feldkarten Artkarten, die alle Beobachtungen einer oder mehrerer Arten enthalten, wobei diese den einzelnen Begehungsterminen zugeordnet bleiben müssen (Verwendung unterschiedlicher Farben bzw. Ziffern pro Kontrolltermin; vgl. Abb. 5). Unter Berücksichtigung definierter Zeiträume, in denen auch Einzelbeobachtungen Revieren entsprechen, und der eigenen Kenntnis von Lebensräumen und Beobachtungsumständen bestimmt der Bearbeiter selbst den wahrscheinlichen Brutpaarbestand. Dabei orientieren sich die vorgegebenen Wertungstermine für Einzelbeobachtungen an den Vorgaben der Artsteckbriefe (s. Kap. 5.3) unter Berücksichtigung des reduzierten Feldaufwandes.

Zudem werden die Brutreviere den einzelnen durchlaufenen Lebensraumtypen entlang der Route zugeordnet und in die entsprechenden Ergebnisspalten des Meldebogens eingetragen. Durch die Abgabe der Feldkarten bzw. von Kopien der Artkarten gemeinsam mit dem Meldebogen muss gewährleistet werden, dass bei den Koordinatoren eine Plausibilitätsprüfung möglich bleibt.
Die Abgabe der Feldkarten ist auch deshalb notwendig, weil aus diesen später im Zuge einer weiteren Datenverarbeitung artspezifische Erfassungsbereiche berechnet werden können, die als Basis für eine Hochrechnung der Bestände auf den gesamten Quadratkilometer dienen können.

Fehlerquellen

Zur Gewährleistung der Linienkartierung als standardisierte Monitoringmethode müssen die methodischen Vorgaben genau eingehalten werden, u. a. ist es daher nicht möglich,

- Brutvögel mit Hilfsmitteln gezielt anzulocken (z. B. durch Einsatz von Klangattrappen, Lockrufen, Spischen usw.).
- die Begehungsroute, -geschwindigkeit oder -zeit auf derselben Probefläche bei späteren Kartierungen zu verändern oder sich durch einen anderen Beobachter vertreten zu lassen.
- Brutvogelbeobachtungen außerhalb der regulären Kartierungszeiträume oder außerhalb der Kartierungsfläche in den Datensatz zu integrieren.
- Generell werden bei stärkerem Dauerregen, heftigen Schauern, Schneefall, Nebel oder bei Windstärken größer 4 Beaufort keine Begehungen durchgeführt, da dies die Ergebnisse erheblich beeinträchtigen (verfälschen) würde.
- Unterbrechungen von Kartierungen sollten vermieden werden, da eine Beendigung des kompletten Kartiergangs in den Vormittagsstunden (vor 11.00 Uhr MESZ) erforderlich ist.

Bestehen Unklarheiten beim methodischen Vorgehen, sind Probegänge sowie Fragen an die Koordinatoren unerlässlich. Jede Feldsaison muss im Vorfeld gut geplant werden, da die 4 Kartierungen so innerhalb der vorgegebenen Perioden einzupassen sind, dass sie dem vorhandenen Artenspektrum des Lebensraumes und der jeweiligen Höhenstufe gerecht werden.
Jegliche stärkeren Habitatveränderungen sind den Koordinatoren unbedingt rasch mitzuteilen, damit keine Fehlinterpretationen bei den Trendberechnungen entstehen. Nur in seltenen Ausnahmefällen sollten aber Flächen, deren Struktur sich verändert hat, als Monitoringflächen ausfallen. Dies ist im Vorfeld immer mit den Koordinatoren abzuklären.

Abb. 5: Auswertungsbeispiel „Von der Tageskarte zur Artkarte zum Kartierergebnis".

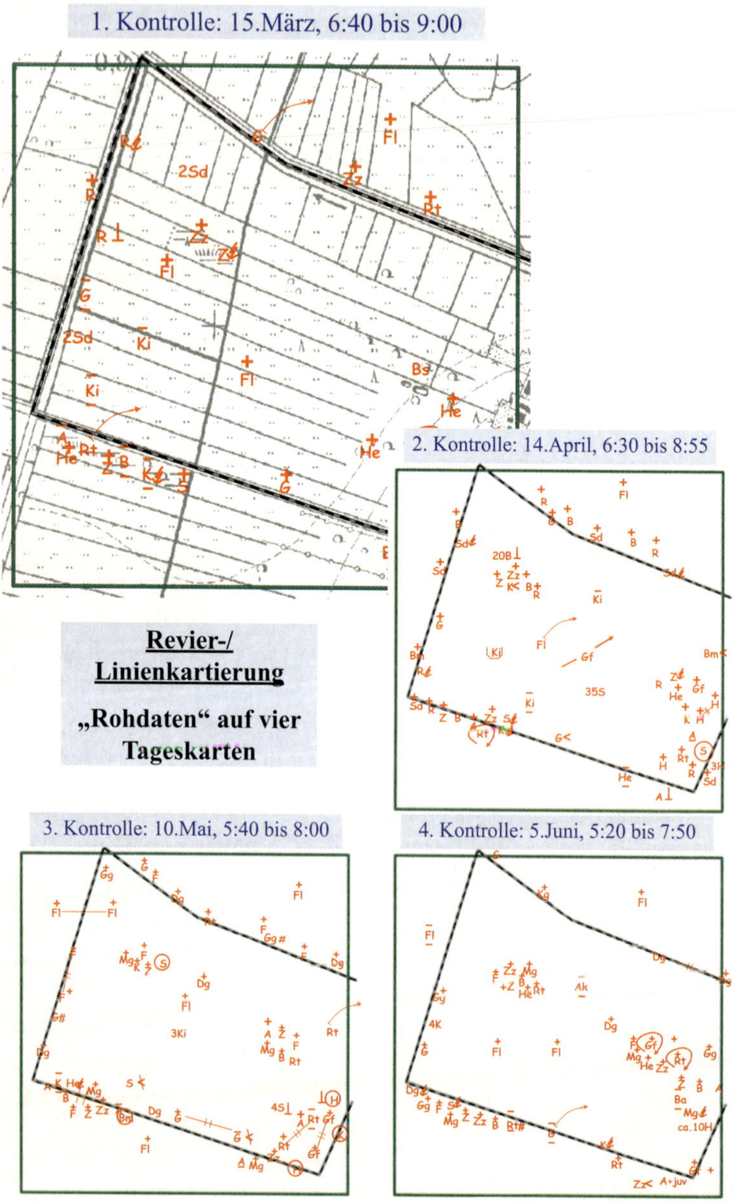

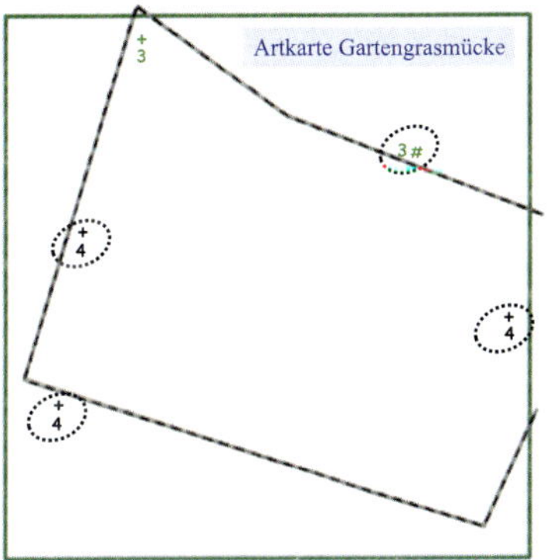

Einzelsänger Periode 3 = nicht gewertet
Einzelsänger Periode 4 = gewertet
Brutverdacht (Nestbau) Periode 3 = gewertet

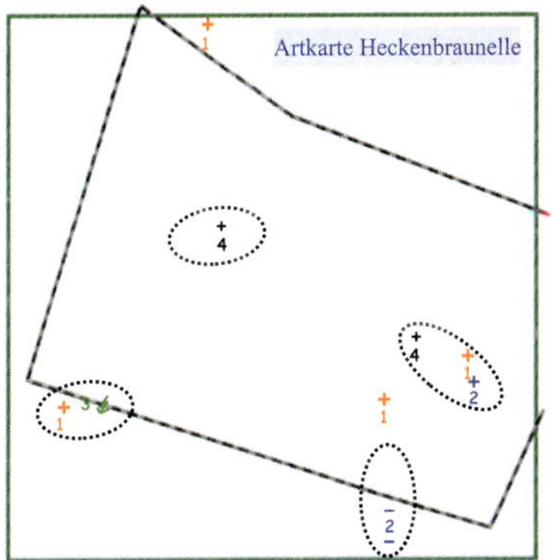

Einzelnachweise aus dem April und Juni als Revier gewertet, aus dem März aber nicht

Verhaltenssymbole

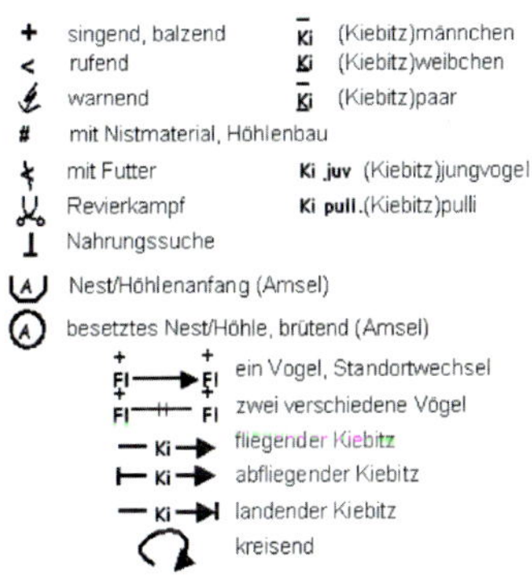

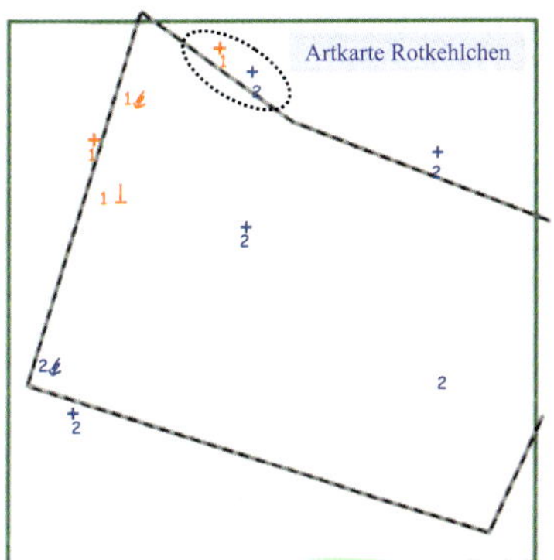

Auch zwei gruppierte Nachweise vor der Kernbrutzeit werden gewertet

Übertragung aller Beobachtungen aus Tageskarten in eine Artkarte (Zahl bzw. Farbe = Begehungstermin, dazu Aktivitätssymbole) - Reviere durch Umkreisen gekennzeichnet

Revier-/ Linienkartierung

Beispiele für Artkarten I

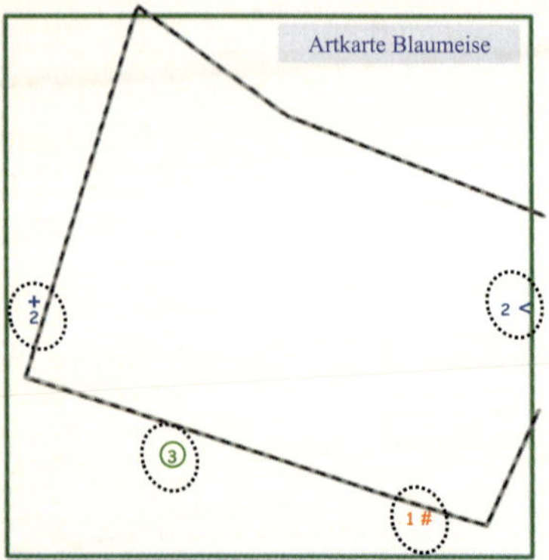

Teilweise können Reviere nach Beginn der Brutzeit kaum bestätigt werden; alle Einzelvorkommen in Periode 1 bis 3 werden gewertet

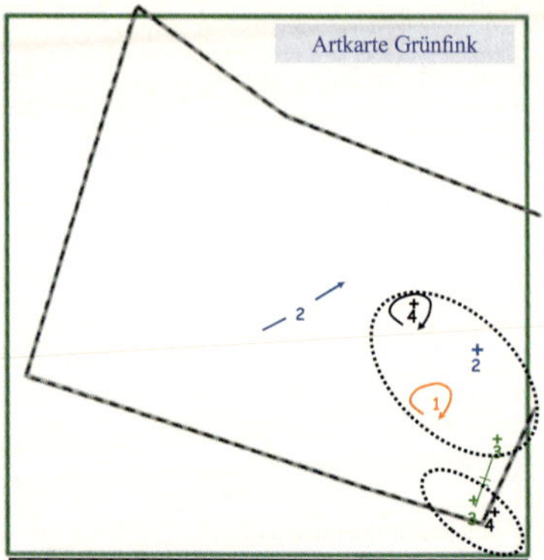

Einige Arten haben große Reviere bzw. streifen weit umher - als gleichzeitig gekennzeichnete Beobachtungen erleichtern die Auswertung

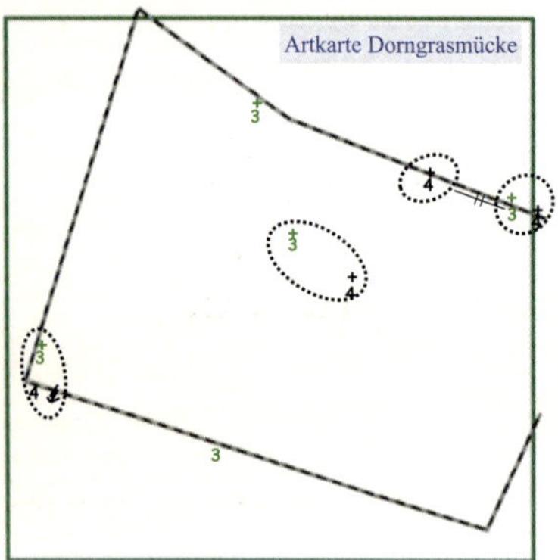

Ein Nachweis innerhalb der Fläche reicht, um ein Randrevier zu werten - Kennzeichnung gleichzeitig gehörter Vögel vorteilhaft

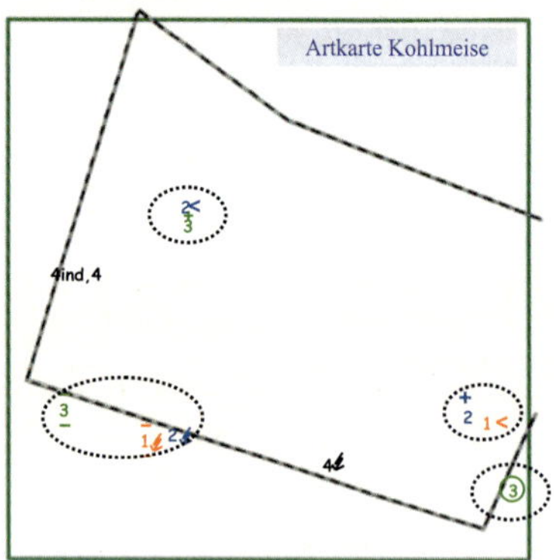

Nach der Brutzeit umherstreifende, früh brütende Vögel werden nicht gewertet

Revier-/ Linienkartierung

Beispiele für Artkarten II

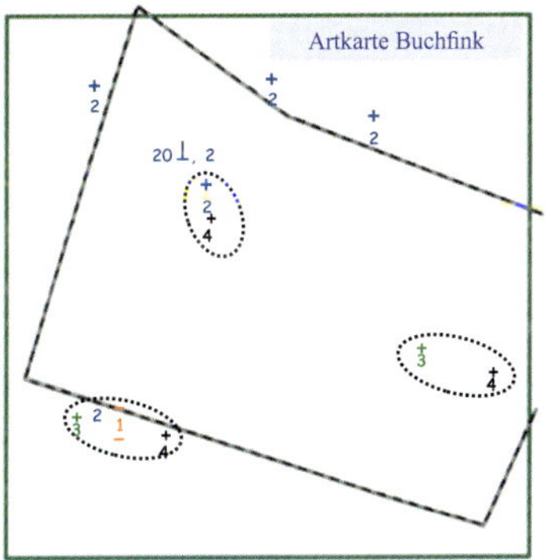

Typisch für Rotkehlchen, Buchfink, Singdrossel u.a.: starker Durchzug im März/April

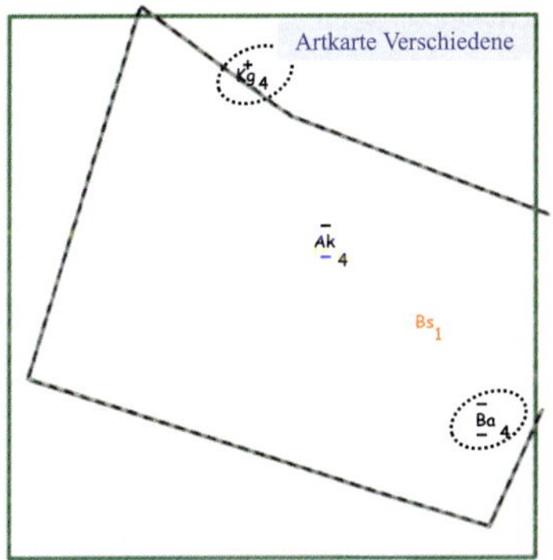

Mehrere seltene Arten können in einer Artkarte kombiniert werden

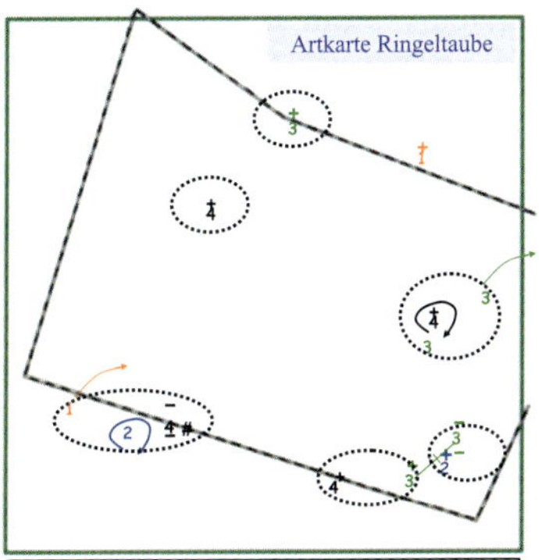

Die Entscheidung, welche Beobachtungen zu einem Revier zusammengefasst werden können, ist nicht immer einfach (vgl. Einzeldaten aus Begehung 3 bzw. 4)

Revier-/ Linienkartierung

Beispiele für Artkarten III

Übertrag der Revierpaarzahlen in den Meldebogen, differenziert in die Lebensräume Grünland und Dorf (Auszug)

	Lebensraum:		GL	DG			
Art	**Abk**	**Termin**	**Bp.**	**Bp.**	**Bp.**	**Bp.**	**Bp.**
Bachstelze	Ba	3-4	0	1			
Wasseramsel	Wa	1-2-3-4					
Zaunkönig	Z	2-3-4	2	1			
Heckenbraunelle	He	2-3-4	2	2			
Rotkehlchen	R	3-4	1	0			
Sprosser	Spr	4					
Nachtigall	N	3-4					
Blaukehlchen	Blk	2-3-4					
Hausrotschwanz	Hr	3-4					
Gartenrotschwanz	Gr	3-4					
Braunkehlchen	Bk	4					
Schwarzkehlchen	Swk	3-4					
Steinschmätzer	Sts	4					
Amsel	A	1-2-3	3	3			
Wacholderdrossel	Wd	3-4					
Singdrossel	Sd	2-3-4	0	2			

Voraussetzungen

Zum Eintragen der festgestellten Brutvögel in Kartenausschnitte ist die Fähigkeit zum Kartenlesen und -interpretieren Voraussetzung; ggf. sollte dies vorher in Methodenseminaren geübt werden. Eine gute Kenntnis der Stimmen (und Feldkennzeichen) aller wichtigen Brutvogelarten des Gebietes ist notwendig.

Jeder Teilnehmer an einem entsprechenden Monitoringprogramm sollte sich darüber im Klaren sein, dass nur eine mindestens zweijährige Kartierungstätigkeit ermöglicht, die Daten der jeweiligen Probefläche für die Gesamtauswertung zu verwenden.

Fallbeispiel

Im Rahmen eines landesweiten Monitoringprogramms wurde 2003 in Niedersachsen die Linienkartierung eingeführt. Zum Einsatz kam dabei die oben vorgestellte, sich am Schweizer Modell orientierende Methode (Mitschke & Ludwig 2004). Für das erste Erfassungsjahr konnten innerhalb weniger Monate ca. 100 Routen an rund 90 Mitarbeiter vergeben werden. Um für Niedersachsen repräsentative Aussagen aus den Stichprobenzählungen ableiten zu können, wurden die Bearbeiter für vorher als geschichtete Zufallsstichprobe gezogene Untersuchungsflächen gezielt gesucht. In enger Zusammenarbeit der Staatlichen Vogelschutzwarte mit der Niedersächsischen Ornithologischen Vereinigung e. V. - also von behördlichem und verbandlichem Vogelschutz - gelang ein erfolgreicher Programmstart. Nach Rücklauf der Ergebnisse der ersten Saison zeigen die Auswertungen, dass die auf den Stichprobenflächen erfassten Brutvogelbestände die reellen Verhältnisse gut widerspiegeln. Der geplante Ausbau des Probeflächennetzes wird die Bedürfnisse bundesweiter Monitoringprojekte berücksichtigen und dafür sorgen, dass der Stichprobenumfang der Hauptlebensraumtypen vergleichbar wird. Besonders optimistisch stimmt das äußerst positive Echo der ehrenamtlichen Kartierer auf das Projekt mit seiner wenig zeitintensiven Feldmethode sowie die Bereitschaft der Mitarbeiter, für das Gelingen dieses Gemeinschaftsprojektes auch vom Wohnort weiter entfernte und nicht immer attraktive Lebensräume zu untersuchen.

2.4 Weitere Methoden und Programme

2.4.1 Atlaskartierung – Atlas deutscher Brutvogelarten

Alexander Mitschke und Kai Gedeon

Besonderheit von Atlaskartierungen

Die bisher vorgestellten Methoden (Kap. 2.3) dienen der Erfassung und Dokumentation von Bestandsgrößen und deren Veränderungen. Sofern die einzelnen Erhebungen getrennt nach Habitaten und Landschaftseinheiten erfolgen, sind auch entsprechend differenzierte, lebensraumbezogene Auswertungen möglich. Diese Daten liefern jedoch keine vollständigen Informationen über die weiträumige Verbreitung von Arten und über mögliche Arealänderungen im Laufe der Zeit. Kenntnisse über Areal- und Häufigkeitsmuster der einzelnen Arten in ganz Deutschland sind aber unverzichtbare Grundlagen für die Aufstellung von Roten Listen gefährdeter Brutvogelarten, für die Einordnung von Ergebnissen aus dem Brutvogelmonitoring in der Normallandschaft oder auch die Prioritätensetzung im Vogelschutz. Angaben hierüber können nur durch spezielle flächendeckende Erhebungen, d. h. durch Atlaskartierungen gewonnen werden, wie sie in verschiedenen Nachbarländern in jüngster Zeit vorbildlich vorgestellt wurden (vgl. Großbritannien: Gibbons et al. 1993, Schweiz: Schmid et al. 1998, Niederlande: SOVON 2002). Meist werden zu diesem Zweck die Untersuchungsgebiete in Rastereinheiten gegliedert. Diese Raster können je nach Ausdehnung des Gebietes und der geforderten Aussageschärfe unterschiedlich groß sein. Regionale Erfassungen nutzen vielfach 1x1-km Raster (z. B. Schönbrodt & Spretke 1989), landesweite Erhebungen meist Quadranten der **T**opografischen **K**arte 1:25.000 (TK25; z. B. Berndt et al. 2003, Heckenroth & Laske 1997) und die bundesweite Darstellung von Rheinwald (1993) verwendete das UTM-Gitternetz (**U**niversal **T**ransverse **M**ercator Grid System) mit einer Rasterweite von 25x25 km.

In frühen Atlaswerken wurde meist nur die Anwesenheit der einzelnen Brutvogelarten registriert. Man unterschied in der Regel drei Kategorien: Art zur Brutzeit anwesend/Brut möglich, Brut wahrscheinlich, Brut sicher (z. B. Nicolai 1993). Neuere Atlanten widmen sich jedoch verstärkt der Aufgabe, auch die Bestandsgrößen je Rastereinheit zu erfassen und darzustellen. Die methodischen Anforderungen an derartige Atlasvorhaben sind ungleich höher als bei rein qualitativen Erhebungen. Doch selbst mit sehr hohem Zeitaufwand ist es unmöglich, den Gesamtbestand aller Arten vollständig zu erfassen. Um dennoch vergleichbare Daten zu erhalten, ist die Vorgabe klarer Kartieranweisungen unerlässlich.

Nur so kann sichergestellt werden, dass die Atlasergebnisse belastbar und für wissenschaftlich fundierte Hochrechnungen und Auswertungen nutzbar sind. In Deutschland wurde bisher nach unterschiedlichen methodischen Vorgaben gearbeitet. Erst im Rahmen des bundesweiten Projektes „Atlas deutscher Brutvogelarten“, das im Jahr 2005 gestartet wurde, konnten sich die Vertreter der ornithologischen Landesverbände sowie der Staatlichen Vogelschutzwarten und Fachbehörden auf ein einheitliches Vorgehen einigen. Die ausführliche Kartieranleitung (Gedeon et al. 2004a, b) wird nachfolgend in einer Kurzfassung dargestellt.

Methodik im Rahmen des „Atlas deutscher Brutvogelarten “

Die bundesweite Brutvogelkartierung verwendet das Netz der TK25. Jede TK hat eine mittlere Größe von 126 km² und wird von einem Bearbeiter federführend bearbeitet. Dafür stehen ein oder zwei Kartierjahre zur Verfügung. Die Bearbeitung einer TK25 kann auch von mehreren Mitarbeitern oder einer Arbeitsgruppe übernommen werden, die sich die Gesamtfläche oder die zu erfassenden Arten untereinander aufteilen. In vielen Bundesländern wird weiterhin an der Bearbeitung auf der Basis von Quadranten der TK25 festgehalten (TK25/4) – auch um dadurch Vergleichsmöglichkeiten für zuvor erschienene Atlanten bereithalten zu können (z. B. Heckenroth 1985, Heckenroth & Laske 1997 für Niedersachsen). Dann ist am Ende der Kartierperiode eine Aggregation der Daten auf dem Messtischblatt erforderlich.

Je nach Häufigkeit der Vogelarten führen unterschiedliche Erfassungsmethoden zum besten Ergebnis. Das Artenspektrum wird dazu am sinnvollsten in die drei folgenden Gruppen aufgeteilt, eine artspezifische Zuordnung findet sich in den Kartierunterlagen des Atlas-Projektes (s. Gedeon et al. 2004a, b).

➊ *Allgemein verbreitete und häufige Brutvögel (z. B. Kohlmeise, Feldlerche, Goldammer)*

Bei der flächendeckenden Bearbeitung einer TK 25 (oder TK25/4) – also der eigentlichen Atlasarbeit – reicht für jede dieser häufigen Arten der Hinweis, dass sie als Brutvogel vorkommt, also eine rein qualitative Angabe. Liegen vor Ort genauere Informationen zur Bestandsgröße vor, beispielsweise wenn eine anderswo häufige Art lebensraumbedingt in einer TK25 nur sehr selten vorkommt, sollen die Bestände im Meldebogen möglichst exakt angegeben werden. Die Bestandsschätzungen für diese häufigen Arten werden dann in der Regel auf Basis von Hochrechnungen erstellt. Diese Hochrechnungen basieren auf mittleren Dichtewerten pro Lebensraum und Region, die aus der Bearbeitung von 100 ha großen Probeflächen mittels Linienkartierung (s. Kap. 2.3.3) stammen. Dazu werden die im Rahmen des „Monitorings in der Normallandschaft" erhobenen Daten verwendet. Für den Atlas ist es erforderlich, zusätzliche aus der Zufallsziehung stammende, bisher unbearbeitete Kilometerquadrate wenigstens einjährig zu bearbeiten, um die Datendichte für die häufigen Arten zu erhöhen.

❷ *Seltene Arten, viele Koloniebrüter (z. B. Kormoran, Seeadler)*
Für eine Reihe von Arten liegen im Rahmen von speziellen Arterfassungen, Landesprojekten und bundesweiten Programmen (z. B. DDA-Monitoring seltener Arten) flächendeckende Informationen zu Verbreitung und Häufigkeit vor. Diese werden in das Atlaswerk integriert. Auch wenn keine zusätzliche Zeit in die flächige Erfassung dieser Arten auf der TK25 investiert werden muss, sollten alle Nachweise, die im Rahmen der Atlaskartierung gefunden werden, im Meldebogen dokumentiert werden.

Seit Anfang der 1990er Jahre brüten Singschwäne in wenigen Brutpaaren in Deutschland. Familienverband auf einem Teich im Spreewald (Foto: G. Blutke).

❸ *Mittelhäufige Arten, Arten mit großen Revieren und punktuell konzentriertem Vorkommen (z. B. Habicht, Schwarzspecht, Ortolan)*
Die Erfassung der mittelhäufigen Arten mit in der Regel spezialisierten Lebensraumansprüchen und/oder großem Raumbedarf macht die eigentliche Atlasarbeit aus. Die Bearbeitung einer TK25 (bzw. TK25/4) beginnt mit der Planungsphase.

Zuerst wird man sich mit der Verteilung und Ausdehnung der Lebensraumtypen vertraut machen. Die Kartierung erfolgt dann räumlich und zeitlich gestaffelt in den unterschiedlichen Lebensräumen. Die begangenen Wege während der Kartierung sollen in einer Kartenkopie der TK dokumentiert werden, um den Überblick über den Stand der Bearbeitung und zu schließende Lücken zu behalten. Wichtig ist es, sich nicht mit der genauen Bearbeitung eines attraktiven Gebietes „zu verzetteln“, sondern möglichst viele Eindrücke von allen Landschaftsbestandteilen der TK25 mit den dabei feststellbaren Arten zu sammeln. Genauere Zählungen finden dann in den besonders artenreichen Lebensräumen statt. Dazu werden Routen in Wäldern (Schwerpunkt in Laub-Altholzbeständen), Siedlungen (v. a. Stadtkern, Gewerbegebiete, Häfen, Industriebrachen, Parks, Friedhöfe, Kleingärten, landwirtschaftlich geprägte Dörfer, Stadtgewässer), Grünland (feuchte Niederungen), Mooren und Heiden gewählt. Alle Stillgewässer und Sonderstandorte wie Kiesgruben werden annähernd vollständig kontrolliert.

Wann und mit welchem Stundenaufwand wird kartiert?

Die Erfassungen erfolgen über einen Zeitraum von 4 Jahren von 2005-2008. Die Bearbeitung einer TK25 sollte sich innerhalb dieses Zeitraumes nicht länger als über zwei Jahre erstrecken. Die Kartierperiode beginnt jährlich im März und endet im Juni. Für die Erfassung einzelner Arten können ergänzende Kontrollen ab Februar (Eulen) bzw. bis in den Juli (Baumfalke, Wespenbussard, Sperber u. a.) bedeutsam sein. Es empfiehlt sich, einen Jahresplan zur Begehung der einzelnen Lebensräume zu erstellen.
In einer durchschnittlichen TK25 sollte man eine Gesamtbearbeitungszeit von 60 bis 80 Stunden (verteilt auf ein oder zwei Jahre) zuzüglich Auswertung einplanen.

Auswertung

Nach Abschluss der Kartierung wird zuerst die qualitative Auswertung durchgeführt und alle auf der TK festgestellten Brutvogelarten im Meldebogen werden angekreuzt. Als Bedingung für den Brutvogel-Status gelten artspezifisch vier verschiedene, im Meldebogen erläuterte Kriterien. Diese sind den Artsteckbriefen unter Berücksichtigung des reduzierten Feldaufwandes entlehnt. Anschließend wird die Zahl der tatsächlich festgestellten Reviere für die seltenen Arten (❷) und mittelhäufigen Arten (❸) eingetragen. Für die häufigen Arten (❶) sind Eintragungen nicht zwingend erforderlich, aber möglich. Aus anderen Quellen (z. B. artspezifische Kartierungen oder Daten aus Umweltverträglichkeitsuntersuchungen) bekannt gewordene, weitere Vorkommen werden in die „Recherchespalte“ eingetragen. Zuletzt erfolgt für alle mittelhäufigen Arten eine Abschätzung der Bestandsgrößen für die gesamte TK25 in folgenden Klassen: 1 BP, 2-3 BP, 4-7 BP, 8-20 BP, 21-50 BP, 51-150 BP, 151-400 BP, 401-1.000 BP, 1.001-3.000 BP, 3.001-8.000 BP, > 8.000 BP. Ein Kreuz an entsprechender Stelle genügt. Abgegeben werden neben dem Meldebogen eine Karte, die die begangenen Routen dokumentiert sowie eine Aufstellung des in den einzelnen Jahren geleisteten Zeitaufwands. Abgabetermin ist der 31. August des letzten Bearbeitungsjahres der jeweiligen TK.

2.4.2 Erfassung von Koloniebrütern

Martin Boschert und Stefan Fischer

Die Erfassung von Koloniebrütern stellt besonders hohe Anforderungen an die Kartierer, da sich einige zusätzliche Probleme zur „normalen" Kartierung ergeben, z. B. hohe Paarzahlen auf engem Raum, oft unzugängliche oder nur sehr schwer einsehbare Koloniestandorte sowie ein schwer abschätzbarer Anteil von Nichtbrütern oder sich auf Nahrungssuche befindlicher Vögel (Bibby et al. 1995). Die Kartierer müssen in der Lage sein, mögliche Störungen und Gefährdungen am Koloniestandort, die durch die Bestandsaufnahme auftreten könnten, einzuschätzen, da der Schutz der Vögel Vorrang vor einer genauen Erfassung hat!

Voraussetzungen

Unter einer Kolonie verstehen wir hier eine Ansammlung brütender Vögel auf engem Raum. Der Begriff Koloniebrüter ist jedoch schwer zu fassen. Vielfach sind die Übergänge zwischen einzeln oder in Kolonien brütenden Arten fließend. Klassische Einzelbrüter, z. B. Haubentaucher, Höckerschwan oder Turmfalke können durchaus kolonieartig brüten. Klassische Koloniebrüter wie Graureiher, Lachmöwe oder Bienenfresser brüten auch einzeln.

Zur Dokumentation gehört eine genaue Beschreibung der Lage des Koloniestandortes als Kartenkopie. Für genauere Untersuchungen sind auch eine fotografische Dokumentation mit Aufnahmedatum und Lageplan sowie eine Beschreibung der Lebensraumtypen hilfreich. Von Bedeutung sind ferner Angaben über tatsächliche oder potenzielle Störungen und Gefährdungen.

Für die verschiedenen in Kolonien brütenden Arten stehen unterschiedliche Methoden der Erfassung zur Verfügung (s. Kap. 5.3). Die Auswahl der Methode wird neben der Vogelart wesentlich durch die örtlichen Gegebenheiten und die Zielsetzung der Erfassung (z. B. langjähriges Monitoring oder nur Einmalerfassung) bestimmt. Entscheidend ist, dass je Art und Kolonie Erfassungsmethoden und -zeiten über die Jahre beibehalten werden, um Vergleiche zu ermöglichen. Angaben zum Erfassungsdatum, zur Methode und den Erfassungsbedingungen müssen dokumentiert werden. Die Datenaufzeichnung sollte standardisiert erfolgen (s. Hälterlein et al. 1995).

Erfassungsmethoden, bei denen ein Betreten der Brutkolonien erforderlich ist, sind Störungen im Sinne der naturschutzrechtlichen Vorgaben und deshalb genehmigungspflichtig. Sie dürfen nicht bei extremen Witterungsbedingungen eingesetzt werden: Bei sehr heißer Witterung kann es zu einer Überhitzung der Eier kommen. Schon eine Erhöhung um 5°C gegenüber der Bebrütungstemperatur kann zum Absterben von Embryonen führen. Bei nasskalter oder sehr stürmischer Witterung kann es zur Unterkühlung der Eier und damit zur verzögerten Embryonalentwicklung kommen. Noch gravierender kann sich das Betreten der Kolonien zur Nestlingszeit auswirken, da die Altvögel durch die Störung am Hudern ihrer Dunenjungen gehindert werden können, was zur Durchnässung des Gefieders und/oder Unterkühlung der Küken führen kann. Deshalb sollten Kolonien – falls erforderlich – auch erst am späteren Vormittag begangen werden, wenn die Vegetation abgetrocknet ist. Am Nachmittag sollten die Kontrollen deutlich vor Sonnenuntergang beendet werden, da ansonsten Altvögel nicht mehr zu ihren Nestern bzw. Jungvögeln zurückkehren könnten und das Prädationsrisiko erhöht wird.

Erfassungsmethoden

Bei der Erfassung von Koloniebrütern gelten grundsätzlich die in den Artsteckbriefen gegebenen Empfehlungen. Koloniebrüter lassen sich anhand ihrer Nistökologie grob in vier Gruppen (Kolonien in Bäumen, Kolonien am Boden, Kolonien in Steilwänden, Kolonien auf Felsen) einordnen, von denen für die ersten beiden hier beispielhaft die Erfassungsmethoden vertiefend vorgestellt werden, um Wiederholungen in den Artsteckbriefen zu vermeiden.

Kolonien in Bäumen – Kormoran, Graureiher, Saatkrähe

Kormoran-Nester sind meist gut aus der Ferne zu zählen (Foto: K.-J. Hofer).

Nesterzählung von außerhalb der Kolonie

Die Zählung besetzter Nester kann bei relativ einzeln stehenden, weitgehend unbelaubten Brutbäumen aus der Ferne mit dem Fernrohr erfolgen. Wichtig ist die Zählung aus verschiedenen Perspektiven, um auch durch Äste oder andere Nester verdeckte Nester entdecken zu können. Bei größeren Kolonien erweist sich die Skizzierung der Nistbäume und Einzeichnung der Nester als hilfreich. Bei mehrfacher Kontrolle ist die Maximalzahl der als besetzt gewerteten Nester festzuhalten.

Nesterzählung durch Begehen der Kolonie

Kolonien in geschlosseneren, unübersichtlichen Waldbeständen müssen durch Begehung der Kolonie gezählt werden, wobei man sich aus Schutzgründen auf einen Kartiergang beschränken sollte. Dabei werden die besetzten Nester Baum für Baum gezählt. Zur Erkennung der bereits erfassten Bäume sollten diese markiert werden, z. B. mit Kreide, Farbe oder Nummerntäfelchen. In regelmäßig kontrollierten, größeren Kolonien ist die dauerhafte Nummerierung der Brutbäume eine wesentliche Arbeitserleichterung und verhindert Zählfehler, die durch Doppelzählung oder Auslassen von Bäumen entstehen könnten.

Als besetzte Nester gelten solche, in denen Jung- oder Brutvögel zu erkennen sind, die stark verkotet oder bei denen auf dem Boden unter dem Nest deutliche Spuren von Kot, Gewöllen, Eischalen und/oder tote Jungvögel zu sehen sind. Auch offensichtlich im Erfassungsjahr frisch aufgebaute Nester werden berücksichtigt. Neu entstandene Nester sind daran zu erkennen, dass das Astmaterial relativ locker und das Nistmaterial noch nicht zusammengesackt ist. Aufgrund asynchronen Brütens werden unfertige frische Nester mitgezählt.

In Koniferenbeständen sind Nester des Graureihers oft auf die Kronen aufgesetzt und vom Boden aus kaum sichtbar. Dann ist die Erfassung frischer Kot- und Gewöllspuren besonders wichtig. In solchen Kolonien kann die Zählung vom Flugzeug aus exaktere Ergebnisse liefern (Kilian et al. 1993).

Kolonien am Boden – Möwen und Seeschwalben

Die Erfassung der Möwen- und Seeschwalbenbestände kann je nach Einsehbarkeit, Erreichbarkeit und Größe der Kolonie nach unterschiedlichen Methoden erfolgen (vgl. Hälterlein et al. 1995).

Paarzählung von außerhalb der Kolonie

Gut einsehbare, übersichtliche Kolonien können ohne Störung des Brutgeschehens in der Kolonie mit Fernrohr oder Fernglas aus größerem Abstand erfasst werden. Bei der Erfassung werden neben den brütenden Vögeln auch die in der Kolonie stehenden und fliegenden Vögel gezählt und, wenn möglich, brütenden Partnern zugeordnet. Da sich der Legebeginn innerhalb einer Kolonie über einen größeren Zeitraum erstrecken kann, würde der Bestand durch alleinige Zählung der brütenden Vögel unterschätzt werden. Als Paare werden deshalb gewertet (Abb.6, vgl. Hälterlein et al. 1995):

- ein brütender Vogel und ein in der Nähe befindlicher Partner,
- ein brütender Vogel ohne erkennbaren Partner,
- zwei zusammen stehende, sitzende oder fliegende Vögel,
- alle Vögel in lockeren Kleingruppen von bis zu sechs Individuen (drei oder vier Individuen = zwei Paare, fünf oder sechs Individuen = drei Paare).

Die Zählungen sollten pro Kontrolltag dreimal durchgeführt werden, wobei das höchste Zählergebnis gewertet wird.

Zählung auffliegender Altvögel in nicht einsehbaren Kolonien

In nicht einsehbaren Kolonien sollte die Erfassung durch Zählung der auffliegenden Altvögel durchgeführt werden. In gemischten Möwenkolonien mit Seeschwalben sollte diese Erfassungsmethode aus Schutzgründen unterbleiben. Der Zähler begibt sich an einen Ort in Kolonienähe, der einen guten Überblick bietet. Eine zweite (bei großen Kolonien ggf. auch weitere) Person nähert sich langsam der Kolonie bis möglichst alle Altvögel auffliegen. Beide Personen zählen nun die auffliegenden Vögel. Zur späteren Kontrolle der Zählergebnisse, die erfahrungsgemäß bei einer großen Zahl durcheinander fliegender Vögel fehlerhaft sein können, sollten möglichst Fotos des auffliegenden Schwarms gemacht werden, die dann ausgezählt werden können.

Je nach Größe und Einsehbarkeit sind Möwenkolonien mit unterschiedlichen Methoden erfassbar. Kolonie von Silber- und Heringsmöwen auf Amrum (Foto: B. Hälterlein).

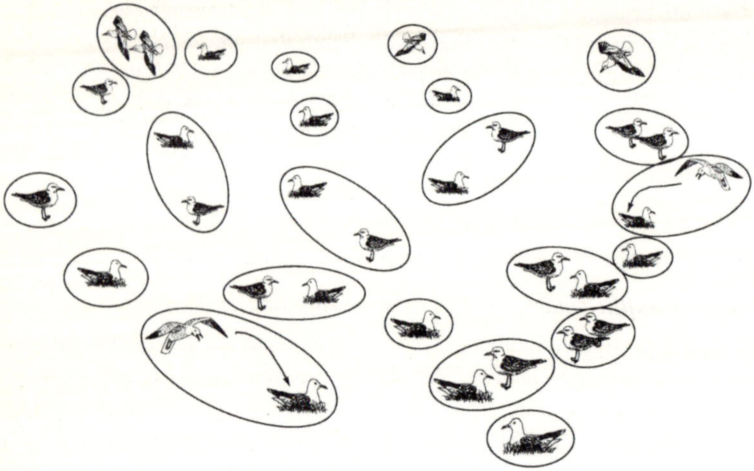

Abb. 6: Paarzählung in einsehbaren Kolonien: Auswertungsbeispiel (34 Exemplare -16 brütend, 12 stehend, 6 fliegend entsprechen 23 Paaren; HÄLTERLEIN et al. 1995).

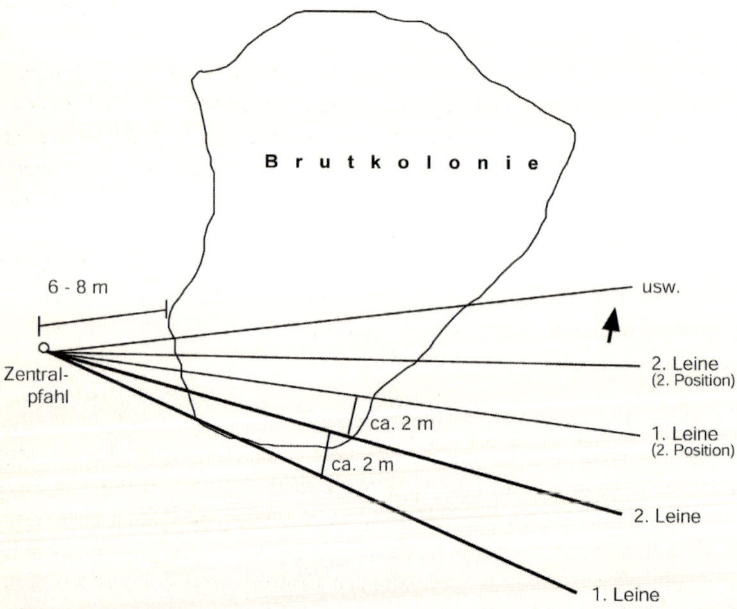

Abb. 7: „Leinen-Methode" zur Nesterzählung in Kolonien (HÄLTERLEIN et al. 1995).

Da brütende Möwen und Seeschwalben regelmäßig auch durch Prädatoren oder andere Störungen zum Auffliegen veranlasst werden und insbesondere Seeschwalben auch spontan auffliegen (s. FLORE 1997 für die Zwergseeschwalbe), kann oft auf die gezielte Störung zum Zwecke des Zählens verzichtet werden. Da nie alle Altvögel in einer Kolonie gleichzeitig anwesend sind, wird zur Ermittlung der Koloniegröße ein Korrekturfaktor eingeführt, der nach den Erfahrungen aus dem Wattenmeer bei 0,7 liegt (HÄLTERLEIN et al. 1995). Mit diesem Wert wird die Zahl der gezählten Individuen multipliziert, um die Paarzahl zu bestimmen.

Nesterzählung durch Begehen der Kolonie

In reinen Möwenkolonien, die mit den vorher genannten Methoden nicht erfassbar sind, sollte eine Zählung der Nester erfolgen, die kurz vor Schlupfbeginn durchzuführen ist. Die Bearbeitung sollte möglichst zügig erfolgen und der Aufenthalt so kurz wie nötig sein. Nach HÄLTERLEIN et al. (1995) hat es sich als günstig erwiesen, an die Erfasser eine abgezählte Anzahl von Muscheln oder ähnlichen Gegenständen zu verteilen. Jedes gefundene Nest wird durch eine Muschel markiert, um Doppelerfassungen zu vermeiden. Generell gilt: Leere Nester sind mitzuzählen. Die Nesterzahl ermittelt sich aus der Differenz der ausgegebenen und der übrig gebliebenen Gegenstände.

Um in großen Kolonien den Überblick zu behalten, kann der Koloniebereich mit Leinen in einzelne Segmente aufgeteilt werden (HÄLTERLEIN et al. 1995), in denen dann nacheinander gezählt wird (Abb. 7). Auch können zwei Zähler, die durch eine Leine miteinander verbunden sind, im Abstand von 5-6 Metern durch die Kolonie gehen und die Nester zählen. Die genaue Positionierung erfolgt dann durch ein GPS-Gerät.

Spezielle Erfassungsmethoden in Großmöwenkolonien mit mehreren tausend Brutpaaren mittels Probeflächen, die als Grundlage für eine Hochrechnung des Gesamtbestandes herangezogen werden, liefern BECKER & NAGEL (1983) sowie EXO et al. (1994).

Flugzeug-/Luftbildzählung in Großkolonien

Im Rahmen spezieller Monitoringvorhaben erweist sich die Auswertung von Luftbildern individuenstarker Großmöwenkolonien (> 1.000 Brutpaare) als vorteilhaft, da sie sehr genaue Ergebnisse liefert und die Erfassung mit den geringsten Störungen verbunden ist (z. B. GRÜNKORN 1998). Lach- und Sturmmöwen sowie Seeschwalben sind mit dieser Methode v. a. in wenig strukturiertem Gelände zu erfassen, aber nicht nach Arten trennbar.

Da das Befliegen von Kolonien Experten vorbehalten bleiben wird, wird hier auf eine detaillierte Beschreibung dieser Erfassungsmethode verzichtet (vgl. BRANDL et al. 1982, GRÜNKORN 1998, HÄLTERLEIN et al. 1995).

2.4.3 Einsatz von Klangattrappen

Martin Boschert, Johannes Schwarz und Peter Südbeck

Ziele des Klangattrappen-Einsatzes

Beim Einsatz von Klangattrappen werden Lautäußerungen einer Vogelart in einem möglichen Revier der entsprechenden Art vorgespielt. Klangattrappen täuschen einen Artgenossen als potenziellen Revierkonkurrenten bzw. Paarpartner vor. Ein Revierinhaber soll dadurch zu einer (akustischen Verhaltens-)Reaktion veranlasst werden. Der Klangattrappeneinsatz nutzt damit das artspezifische Verhaltensrepertoire gegenüber Artgenossen zu Erfassungszwecken aus.

Vorteile des Klangattrappen-Einsatzes

Der Einsatz von Klangattrappen ist seit Jahren als Erfassungsmethode anerkannt (z. B. MacLure 1945 zit. in Berthold 1976, Falls 1981, Parker 1991), wird für verschiedene Artengruppen empfohlen (z. B. Rallen, Eulen und Spechte bei Oelke 1975) und bringt folgende Vorteile mit sich (siehe z. B. Johnson et al. 1981, Marion et al. 1981):

- für viele Arten präzisere Ergebnisse,
- Reduktion des Erfassungsaufwandes bei artspezifischen Kontrollen, damit erhöhte Flächenleistung möglich (gesteigerte Effizienz, Zeitersparnis),
- leichterer Nachweis von isoliert brütenden Paaren und
- genauere Daten in Gebieten mit geringer Bestands- und Siedlungsdichte und dadurch bedingter geringer Gesangsaktitivät.

Voraussetzungen für einen Klangattrappen-Einsatz

Auswahl der Attrappe: Beim Einsatz von Klangattrappen werden Lautäußerungen mit Funktion der Revierabgrenzung oder Partnerwerbung (in der Regel Gesang, z. T. Rufe oder Trommelsignale, aber auch Warnrufe oder Kontaktlaute) durch Abspielen von einem Tonträger (z. B. Cassetten- oder CD-Geräte, MP3-Player) genutzt. Empfohlen werden Aufnahmen handelsüblicher Vogelstimmen aus dem mitteleuropäischen Raum. Bei Arten mit starker Dialektbildung sollte die Aufnahme dem jeweiligen Dialektgebiet entsprechen, jedoch nicht aus dem Untersuchungsgebiet stammen, damit die Reaktion nicht durch individuelles Kennen der Attrappen-Stimme beeinflusst wird.

Nachpfeifen, Flöten, Vogelpfeifen oder Attrappen mit Stöcken sind zum Teil geeignet, technische Geräte zu ersetzen. So werden z. B. Trommelstöcke bei Spechten oder Lockpfeifen beim Haselhuhn (Bergmann et al. 1996) eingesetzt. Allerdings ist zu berücksichtigen, dass beim Nachpfeifen die Geschicklichkeit des Bearbeiters das Ergebnis unterschiedlich stark beeinflussen kann, weshalb in der Regel elektronische Klangattrappen zu empfehlen sind.
Vorbereitung der Attrappe: Auf das entsprechende Vorspielmedium wird der jeweilige Gesang bzw. Ruf mehrfach hintereinander aufgenommen. Um standardisiert vorgehen zu können, empfiehlt es sich, Vorspielsequenzen mehrfach hintereinander zu kopieren, z. B. drei Quäk-Reihen des Mittelspechts als Block oder eine Mischung von Gesang und/oder arttypischen Rufen in festgelegter Reihenfolge (z. B. Waldkauz: fünf- bis zehnmal Gesangsstrophe gefolgt von einigen Wiederholungen des Stimmfühlungslautes; Schuster 1971, s. a. Exo & Hennes 1978 für den Steinkauz). Die Reaktionen auf das Vorspielen verschiedener Lautäußerungen können zu unterschiedlichen Ergebnissen führen (z. B. Quäk- und Rufreihe beim Mittelspecht; Müller 1982, Conrads & Conrads 1992).

Vorbereitung der Geländearbeit und Anforderungen an den Kartierer

Eine gründliche Vorbereitung der Geländearbeit ist notwendig, um ein systematisches Vorgehen zu ermöglichen, den Einsatz von Klangattrappen so effizient wie möglich zu gestalten und die Störwirkung so gering wie möglich zu halten. Dazu gehört es auch, Informationen über die Reaktionen der jeweiligen mit der Klangattrappe zu kartierenden Art zusammenzutragen (s. Artsteckbriefe Kap 5.3; Wasserralle in Wonneberger & Lomme 2001):

- Verhalten beim Abspielen einer Klangattrappe,
- Reaktionsbereitschaft der Art,
- Vertrautmachen mit dem zu kartierenden Gelände und der Habitateignung einzelner Teilbereiche, um den Klangattrappeneinsatz räumlich planen zu können,
- Abschätzung von Fehlermöglichkeiten (z. B. Echos),
- Einholen von Ratschlägen von im Umgang mit Klangattrappen erfahrenen Kartierern.

Nicht alle Arten können mit der Klangattrappe kartiert werden bzw. reagieren gleich gut auf das Vorspielen der arteigenen Lautäußerungen. Neben Tages- und Jahreszeit ist die Witterung zu berücksichtigen. Der Mittelspecht reagiert beispielsweise sehr gut auf das Vorspielen von Lautäußerungen (90 % erfolgreiche Reaktionen, Spitznagel 1993; vgl. auch Campolattano

& Höntsch 2002 für den Kleinspecht). Tab. 5 gibt eine Übersicht, welche Arten mit der Klangattrappe erfasst werden sollten bzw. für welche Arten ihr Einsatz in den Artsteckbriefen empfohlen wird.

Vorgehensweise

Systematisch vergleichende Erfassungen mit oder ohne Klangattrappe, z. T. mit vergleichender Nest-/Höhlensuche, sind nur ausnahmsweise publiziert (für den Mittelspecht z. B. bei Liesen 1996). Eine beispielhafte Anleitung für einen Klangattrappeneinsatz geben Exo und Hennes (1978) für den Steinkauz (vgl. auch Vergara & Schlatter 2004).

Besonders gut untersucht ist das Verhalten beim Einsatz von Klangattrappen bei Mittel- und Kleinspecht (siehe Diskussionen z. B. in Müller 1982, Flade & Miech 1986, Spitznagel 1993, Südbeck & Gall 1993, Randler 2000, Campolattano & Höntsch 2002).

Aufbauend auf den wenigen vorliegenden Erfahrungen können folgende Verhaltensregeln vorgeschlagen werden:

- Für die Kartierung mit Klangattrappen gelten dieselben Vorgaben bezüglich Tages- und Jahreszeit sowie Witterung (auch für nachtaktive Arten wie Eulen) wie für eine Revierkartierung ohne Klangattrappeneinsatz.
- Die Lautstärke beim Vorspielen muss der jeweiligen Art und deren Lautäußerungen angepasst werden. Vögel hören in der Regel weitaus besser als Menschen. Viele Arten reagieren auf zu lautes Vorspielen mit Flucht bzw. reagieren nicht oder zeigen durch den Störreiz sichtliche Verhaltensänderungen (z. B. aufgeregtes Umherflattern bei der Heidelerche, von Eisengrein 1995).
- Die Tonsequenz wird an einem Ort je nach Art ein bis wenige Male hintereinander abgespielt. Nach dem Abspielen ist eine (mehrminütige) Pause erforderlich, da viele Arten nicht spontan, sondern erst nach einer bestimmten Latenzphase reagieren (siehe unten).

Durch den systematischen Einsatz von Klangattrappen konnte in den vergangenen Jahren in vielen Gebieten in Deutschland der Mittelspechtbestand sehr viel besser erfasst werden (Foto: B. Volmer).

• Reagiert auch nach einer ausreichend langen, mehrminütigen Pause kein Vogel, wird die Kartierung fortgesetzt und die Klangattrappe erst wieder am nächsten Abspielort angestellt. Es soll keine dauerhafte Beschallung erfolgen, aber der gesamte potenziell geeignete Lebensraum von den Abspielorten aus erreicht werden können.

• Um das Gesamthabitat durch den Klangattrappeneinsatz abdecken zu können, empfiehlt sich ein (artabhängiger) Abstand zwischen den Abspielorten von bis zu 1.000 Metern (z. B. Steinkauz: minimaler Abstand 300 - 400 m, bei hoher Siedlungsdichte 100 - 200 m, Exo & Hennes 1978; Wasserralle 40 - 200 m, Wonneberger & Lomme 2001). Für viele Arten lassen sich jedoch keine Werte angeben, da die Reaktion von unterschiedlichen Faktoren beeinflusst wird. Bei punktuell verteilten potenziellen Bruthabitaten, z. B. Waldlichtungen mit möglichen Ziegenmelker-Vorkommen, wird jedes Mosaikstück aufgesucht.

Reaktionen der Vögel

Reaktionen sind artspezifisch und individuell sehr unterschiedlich. Das Verhalten variiert in Abhängigkeit von Geschlecht, Tages- und Jahreszeit, Witterung, Verpaarungszustand, Geländebeschaffenheit, Lage im Revier und Entfernung zur Schallquelle, Bestands- und Siedlungsdichte oder Fremdgeräuschen und beeinflusst das weitere Vorgehen bei der Kartierungsarbeit.

• Die Reaktionszeit zwischen dem Klangattrappeneinsatz und einer Reaktion variiert stark, z. B. beim Mittelspecht zwischen 10 Sekunden und 10 Minuten. Einige Arten reagieren spontan ohne Zeitverzögerung, wenn arteigene Lautäußerungen in der optimalen Erfassungszeit (Jahres- und Tageszeit) vorgespielt werden. Hier reicht das einmalige Abspielen, oft genügen bereits die Anfangsabschnitte einer Sequenz.

• Viele Arten reagieren mit Antwortgesang oder Rufen, die oft aggressiv getönt sind, da der potenzielle Revierkonkurrent vertrieben werden soll. Andere Individuen, oftmals Vögel des anderen Geschlechts, reagieren mit stummem oder auch aggressivem Annähern. Oft fliegen bei verpaarten Vögeln beide Partner an, dann ruft in der Regel nur ein Individuum. Bei anderen Arten antworten beide Partner mit Rufen oder Gesang, auch an unterschiedlichen Stellen des Revieres. Die Art der Reaktion kann wichtige Hinweise auf den Status der Reviervögel liefern. So können ggf. unverpaarte Vögel, die ebenfalls mit Reviergesang reagieren können, von Vögeln, die nach ihrer Verpaarung nur noch eine verminderte Reaktion zeigen, unterschieden werden (s. Artsteckbriefe).

• In einigen Fällen reagieren nahe verwandte Arten bzw. Arten mit ähnlichen Rufen, z. B. Waldlaubsänger auf das Vorspielen des Erregungsrufes bzw. den Gesang des Berglaubsängers oder Grünspechte auf den Gesang des Grauspechtes und anderer Spechtarten.

• Reagiert ein Vogel/Paar auf die Klangattrappe, ist der Einsatz sofort zu beenden. Bei anfliegenden Vögeln ist die Herkunft festzuhalten. Bei positiver Reaktion ist es notwendig, ggf. rufende oder singende Reviernachbarn auch genau zu lokalisieren (synchron singende Reviernachbarn analog dem Vorgehen bei der Revierkartierung), um Doppelzählungen zu vermeiden. Viele Revierinhaber fliegen beim Einsatz der Klangattrappe bis an ihre Reviergrenze, wo es zu Auseinandersetzungen mit ihren Reviernachbarn kommen kann. Andere Arten oder Individuen fliegen über größere Strecken auf die Lautquelle zu (bis zu 1,5 km beim Steinkauz, regelmäßig über 1 km beim Großen Brachvogel) und verlassen dabei ihre Territorien.

• Ein Mitziehen der Vögel durch zu häufigen Einsatz der Klangattrappe ist zu vermeiden.

Tab. 5: Vogelarten, die mit Hilfe von Klangattrappen erfasst werden können bzw. sollen.

+ = Einsatz von Klangattrappen sinnvoll bzw. notwendig,

(+) = Einsatz von Klangattrappen unter bestimmten Umständen (v. a. bei isolierten Vorkommen) sinnvoll bzw. notwendig (s. Artsteckbriefe)

Einsatz von Klangattrappen sinnvoll: Die Erfassung der betreffenden Art kann auch ohne Klangattrappe durchgeführt werden, allerdings werden mit akustischen Hilfsmitteln genauere Ergebnisse erzielt.

Einsatz von Klangattrappen notwendig: Eine Erfassung der betreffenden Art ohne Klangattrappe führt in der Regel zur Bestandsunterschätzung. Daher sollte die Erfassung immer mit Hilfe der Klangattrappe erfolgen.

Art	Einsatz sinnvoll	Einsatz notwendig
Zwergtaucher		(+)
Rothalstaucher	+	
Rohrdommel		+
Zwergdommel		+
Haselhuhn		+
Steinhuhn	+	
Wasserralle		+
Kleines Sumpfhuhn	+	(+)
Wachtelkönig	(+)	

Art	Einsatz sinnvoll	Einsatz notwendig
Teichhuhn	(+)	
Bekassine	(+)	
Großer Brachvogel	(+)	
Waldwasserläufer	+	
Zwergohreule	(+)	
Uhu	+	
Sperlingskauz		+
Steinkauz		+
Waldkauz	+	
Waldohreule	+	
Raufußkauz		(+)
Ziegenmelker	+	
Eisvogel	(+)	
Wendehals		(+)
Grauspecht		+
Grünspecht	+	
Schwarzspecht	(+)	
Mittelspecht		+
Weißrückenspecht	+	
Dreizehenspecht	+	
Kleinspecht	+	
Heidelerche	+	
Brachpieper		(+)
Sprosser	+	
Blaukehlchen	(+)	
Schlagschwirl	+	
Rohrschwirl	+	
Drosselrohrsänger	(+)	
Sperbergrasmücke		(+)
Berglaubsänger	+	
Bartmeise	(+)	
Waldbaumläufer	(+)	
Pirol	(+)	
Tannenhäher		+
Karmingimpel	(+)	
Zaunammer		(+)
Zippammer		(+)

Offene Fragen

Bislang sind nur sehr wenige konkrete Daten und Erfahrungen über den Einsatz von Klangattrappen publiziert. So liegen kaum Informationen über den „Erfolg“, das Verhalten (Heidelerche, von Eisengrein 1995) oder über die Reaktion auf Gesang oder Rufe vor.

Es wird daher angeregt, die genaue Vorgehensweise, z. B. Häufigkeit des Vorspiels von Gesang oder Rufen bzw. deren Abfolge, und die jeweiligen Reaktionen der Art zu protokollieren und in Abhängigkeit der verschiedenen Einflüsse zu analysieren.

In Gebieten mit geringer Siedlungsdichte und nach der zeitigen Hauptgesangsperiode ist auch für die Erfassung der Heidelerche der Einsatz einer Klangattrappe sinnvoll (Foto: K. Uhlenhaut).

Dadurch lässt sich die Effizienz dieser Methode steigern und der Einsatz hinsichtlich der Anzahl der Begehungen, der Lautstärke und der Frequenz des Vorspielens optimieren. Ferner wäre es wichtig, einen Vergleich der Erfassung von Kartierungen mit und ohne Klangattrappe bei verschiedenen Arten durchzuführen.

Rechtliche Aspekte beim Einsatz von Klangattrappen

Der Einsatz einer Klangattrappe führt - wie oben beschrieben - nicht nur zu einer Antwort des Revier besitzenden Vogels, sondern er nähert sich der Geräuschquelle oft auch an, wird also angelockt. Daher stellt sich die Frage, ob der Anwendung von Klangattrappen das im § 12 der Bundesartenschutzverordnung (BArtSchV) formulierte Verbot entgegensteht, Tieren der besonders geschützen Arten mit bestimmten Methoden „nachzustellen, sie *anzulocken*, zu fangen oder zu töten“. Zu den verbotenen Methoden zählt nämlich auch der Einsatz „akustischer, elektrischer und elektronischer Geräte“. In den Bundesländern gibt es dazu bislang keine einheitliche Rechtsauffassung.

Gegenwärtig wird die Rechtslage ganz überwiegend so ausgelegt, dass das Anlocken mit elektroakustischen Geräten nur dann als verboten anzusehen ist, wenn tatsächlich beabsichtigt ist, Vögel zu fangen. Dies lässt sich z. B. aus dem Artikel 8 der EU-Vogelschutzrichtlinie (VSchRL) in Verbindung mit Anhang IV Buchstabe a ableiten. Demnach sollen die Mitgliedsstaaten den Einsatz bestimmter Methoden - darunter das Tonband - zum *Fang oder Töten* von Vögeln untersagen. Im § 19 Abs. 1 Nr. 5a Bundesjagdgesetz (BJagdG) wird die in der Vogelschutzrichtlinie (VSchRL) aufgeführte Liste der verbotenen Methoden zum Fang oder zur Tötung „von Wild aller Art" - also auch „Federwild" - fast wörtlich aufgegriffen. Auch die BArtSchV setzt die Vorgaben der VSchRL in nationales Recht um. Für das „*Anlocken*" sollte gelten, was für den Begriff „*Nachstellen*" im § 42 Abs. 1 Bundesnaturschutzgesetz (BNatSchG) anerkannte Rechtsauffassung ist, nämlich dass es eine das Fangen oder Töten vorbereitende Handlung darstellt und nur in diesem Zusammenhang verboten ist.

Insofern ist unseres Erachtens für den Einsatz von Klangattrappen im Rahmen wissenschaftlicher Bestandserfassungen keine naturschutzrechtliche Ausnahmegenehmigung erforderlich, da im Rahmen der in diesem Methodenhandbuch vorgestellten Vogelerfassungsprogramme keine Fang-Absicht besteht. Diese Auffassung vertreten auch mehrere der zuständigen Landesministerien. Eine Rücksprache mit der für das Untersuchungsgebiet zuständigen Naturschutzbehörde wird jedoch empfohlen.

Um sich bei der Durchführung einer Untersuchung mit Klangattrappen rechtskonform zu verhalten, ist auch das im § 42 Abs. 3 BNatSchG enthaltene Störungsverbot für europäische Vogelarten zu beachten. Wörtlich lautet die Bestimmung: „Es ist verboten ....wild lebende Tiere der streng geschützten Arten und der europäischen Vogelarten an ihren Nist-, Brut-, Wohn- oder Zufluchtsstätten durch Aufsuchen, Fotografieren, Filmen oder ähnliche Handlungen zu stören". Solange man die Vögel bei der Untersuchung nicht gezielt oder fahrlässig an ihren Neststandorten aufsucht und die Klangattrappe fachgerecht (s. o.) einsetzt, wird dieses Verbot nicht verletzt.

2.4.4 Küstenvogelerfassung

Peter Südbeck und Bernd Hälterlein

Die Erfassung der Brutbestände vieler typischer See- und Küstenvogelarten hat eine lange Tradition. Insbesondere die großen Möwen- und Seeschwalbenkolonien sind bereits seit Beginn des 20. Jahrhunderts systematisch untersucht worden. Im Zuge nationaler und internationaler Schutzbemühungen wurden diese Aktivitäten ab 1990 zusammengeführt und weitgehend standardisiert.

Mitte der 1990er Jahre wurde eine gemeinsame „Anleitung zur Brutbestandserfassung von Küstenvögeln“ (Hälterlein et al. 1995) erarbeitet, die sowohl im trilateralen Wattenmeer von Dänemark bis in die Niederlande als auch an der deutschen Ostseeküste Anwendung findet. In Deutschland werden diese Aktivitäten durch die „Arbeitsgemeinschaft Seevogelschutz“ koordiniert, in der alle Naturschutzverbände, -institutionen und -behörden vertreten sind, die an den deutschen Küsten im Seevogelschutz und -monitoring arbeiten.

Dadurch liegen für den deutschen Küstenbereich langjährig erhobene Bestandsdaten vor, die nach weitgehend einheitlicher Methodik erarbeitet wurden. Wesentliche Ergebnisse finden sich bei Rasmussen et al. (2000), Hälterlein et al. (2000), Köppen (2001).

Im „Joint Monitoring Program for Breeding Birds in the Wadden Sea“, welches zwischen den drei Wattenmeeranrainerstaaten Niederlande, Deutschland und Dänemark seit 1990 harmonisiert durchgeführt wird, wird im Abstand von derzeit 5 Jahren in allen typischen Wattenmeerhabitaten (Salzwiesen, Dünen etc.) eine vollständige Brutvogelbestandserfassung durchgeführt. Für eine Reihe von Arten, darunter v. a. die in Kolonien brütenden, werden darüber hinaus jährliche flächendeckende Zählungen durchgeführt. Für die flächenhaft vorkommenden Arten (z. B. Austernfischer, Rotschenkel) werden zusätzlich jährlich in Probeflächen (*census areas*), die repräsentativ über Teilregionen und Habitate verteilt sind, Bestandskartierungen durchgeführt. Die Verteilung der Probeflächen, die zunächst regional unterschiedlich und besonders nach dem Erfassungsgrad ausgewählt worden waren, wurden im Zuge einer Repräsentativitätsanalyse modifiziert und z. T. neu ausgewählt (van Turnhout 1999). Heute werden so für alle relevanten See- und Küstenvogelarten repräsentative, zuverlässige Erfassungen zur Überwachung des Erhaltungszustandes und zur Optimierung von Schutzmaßnahmen vorgenommen.

Die Feldmethoden basieren – wie die Artsteckbriefe im vorliegenden Methodenhandbuch auch – auf einer weitgehenden Standardisierung:

Artspezifisch wurde festgelegt, in welchem Zeitfenster (Jahreszeit), zu

welchem Tidepunkt (Hoch- oder Niedrigwasser), nach welcher Methode und bezüglich welchen Verhaltens erfasst werden soll. Gerade bei den in Kolonien brütenden Vogelarten (s. Kap. 2.4.2) wurde dabei festgelegt, dass die einzelnen Kolonien möglichst Jahr für Jahr mit derselben Methode bearbeitet werden (Zählungen vom Flugzeug aus, Gelegezählungen, Zählungen von Individuen in einsehbaren Kolonien). Dabei wurde den Örtlichkeiten der einzelnen Kolonien besonders Rechnung getragen (Einsehbarkeit, Größe der Kolonie, Artenzusammensetzung etc.).
Bei den flächenhaft, aber in z. T. sehr hoher Dichte vorkommenden Limikolenarten (v. a. Austernfischer und Rotschenkel), können häufig nur Anzahlen von Individuen der einzelnen Arten in einem Erfassungsgebiet ermittelt werden. Die Brutpaarzahl ergibt sich dann aus dieser Zahl multipliziert mit dem Faktor 0,7, der dem mittleren Anwesenheitsgrad der Altvögel im Brutgebiet entspricht. Die methodischen Details sind in den Artsteckbriefen übernommen worden bzw. in Kap. 2.4.2 beschrieben.

Koloniebrüter Küstenseeschwalbe (Foto: F. Brüning).

Wenige Tage alter Jungvogel des Austernfischers; Nestflüchter noch im Dunenkleid (Foto: B. Hälterlein).

Die in den Artsteckbriefen für die Küstenvögel beschriebenen Methoden orientieren sich weitestgehend an den im trilateralen Wattenmeer-Monitoring erprobten Standards (Hälterlein et al. 1995). Im Detail wurde bei einigen Arten (Löffler, Eiderente, Alpenstrandläufer und Mantelmöwe) aufgrund neuerer Erkenntnisse von den dort beschriebenen Erfassungsmethoden in einzelnen Punkten abgewichen. Für Arten, die nicht nur an der Küste vorkommen, erfolgte in der Regel eine Ergänzung der Methodik mit Blick auf die Verhältnisse im Binnenland (z. B. Rotschenkel, Lachmöwe und Flussseeschwalbe).

Daneben wurde auch eine trilateral abgestimmte Methodik zur Bestimmung des Bruterfolges einiger bedeutsamer Küstenvogelarten entwickelt und erprobt (Exo et al. 1996, Thyen et al. 1998, 2000).
Zur trilateralen Methodenharmonisierung dienen annähernd jährlich durchgeführte Treffen in verschiedenen Regionen des Wattenmeeres, die neben dem Erfahrungsaustausch vor allem auch eine systematische und zunehmend standardisierte Methodenevaluierung durch Vergleichszählungen umfassen. Dabei werden Vorschläge für eine detaillierte Methodenkontrolle erarbeitet und umgesetzt (Blew 2003).

Insgesamt hat die Methodenharmonisierung zu einer deutlich verbesserten Daten- und Wissensbasis über die Vögel an den deutschen Küsten beigetragen und Grundlagen für Schutzkonzepte gelegt. So resultierten z. B. die gebietsspezifischen Erhaltungsmaßnahmen der in Strandlebensräumen brütenden Vogelarten Zwergseeschwalbe und Seeregenpfeifer (Potel et al. 1998) aus diesen Erkenntnissen. Die wichtigsten Ergebnisse des Brutvogelmonitorings im Wattenmeer werden regelmäßig publiziert, in die Umweltberichterstattung über das internationale Wattenmeer eingespeist und somit den politischen Gremien als Grundlage für Natur- und Umweltschutz handlungsorientiert zur Verfügung gestellt.
Die intensiven Vogelbestandsaufnahmen auf großer Fläche im Wattenmeer und an der deutschen Ostseeküste werden vor allem durch gebietsbetreuende Naturschutzverbände, Zivildienstleistende, Mitarbeiterinnen im Freiwilligen Ökologischen Jahr, Werkvertragsnehmer, ehrenamtliche und hauptamtliche Naturschutzmitarbeiter durchgeführt. Die Koordination liegt bei der Arbeitsgemeinschaft Küstenvogelschutz Mecklenburg-Vorpommern, den Staatliche Vogelschutzwarten Schleswig-Holstein und Niedersachsen sowie dem Nationalparkamt „Schleswig-Holsteinisches Wattenmeer".

Kontakt: s. Web-Adressen im Anhang A

2.4.5 Monitoring Greifvögel und Eulen

Ubbo Mammen

Greifvögel und Eulen standen schon immer im Fokus des ornithologischen Interesses. 1988 wurde deshalb das „Monitoring Greifvögel und Eulen“ ins Leben gerufen, um die zahlreichen lokalen oder regionalen Einzelaktivitäten zu bündeln und so wesentliche Aufschlüsse über die Situation und den Populationstrend dieser Arten auf nationaler und europäischer Ebene zu erhalten (MAMMEN & STUBBE 2003). Darüber hinaus war die Ermittlung von reproduktionsbiologischen Parametern – auch unter Zuhilfenahme der Beringung – von Beginn an Bestandteil des Programms.

Deutschland hat für den Bestand des Rotmilans besondere Bedeutung. Langzeit-Datenreihen zu Bestandsentwicklung und Reproduktion sind deshalb von besonderem Wert (Foto: M. Schäf).

Untersuchungsumfang

Vorrangiges Ziel ist die Erfassung des Brutbestandes einer oder mehrerer Greifvogel- und/oder Eulenarten auf einer vom Bearbeiter frei gewählten Kontrollfläche. Die Untersuchungen sollen über mehrere Jahre

Waldohreule am Schlafplatz Anfang März. Balzgeschehen und Schlafplatzgesellschaften können sich im Spätwinter zeitlich überlagern. Beobachtungen am Schlafplatz im Zeitraum Februar bis April dürfen - obwohl sie innerhalb der Wertungsgrenzen liegen - nicht für die Brutbestandskartierung gewertet werden; ab Juni bis Mitte August dagegen deuten sie auf eine erfolgreiche Brut in der Nähe hin (Foto: G. Siedenschnur).

(mindestens zwei) durchgeführt werden; dabei darf die Methode nicht geändert werden und die Bearbeitungsintensität muss konstant sein. Die Methoden der Bestandserfassung sind sehr unterschiedlich: So ist im Rahmen dieses Programms für die exakte Kartierung baumbrütender Greifvögel eine Nestsuche unabdingbare Voraussetzung (womit sie über die Anforderungen aus den Erfassungsstandards in den Artsteckbriefen (s. Kap. 5.3) hinaus geht); bei Waldkäuzen hingegen ist eine Revierkartierung mittels Klangattrappe sinnvoll. Die gewählte Erfassungsmethode muss dokumentiert werden.

Im Programm sollen neben Daten zum Bestand nach Möglichkeit auch Angaben zur Reproduktion erbracht werden (Bruterfolg ja/nein, Anzahl der ausgeflogenen Jungvögel). Angegeben werden muss, ob die Jungenanzahl bei der Beringung oder durch das Zählen von Ästlingen ermittelt wurde.

Artenauswahl

Eine Vorgabe zur Artenauswahl gibt es nicht. Die meisten Mitarbeiter untersuchen nur eine oder wenige Arten, was zum Teil auch aus Methodik und Aufwand der Erfassungen resultiert. Im Rahmen dieses Programms ist es vorteilhafter, eine Art gründlicher, als alle Arten halbquantitativ zu kartieren.

Kontrollflächenauswahl

Die Bearbeiter können die Kontrollflächen in Form und Größe frei wählen. Die Größe der Kontrollfläche hängt von der Landschaftsstruktur, den zu bearbeitenden Arten und der den Bearbeitern zur Verfügung stehenden Zeit ab.
Die Fläche sollte so groß sein, dass sie mit konstantem Aufwand über mehrere Jahre bearbeitet werden kann. Wünschenswert sind Flächengrößen von mindestens 25 km².
Die Grenzen sollen nicht so gewählt werden, dass in der Fläche möglichst viele Reviere sind, sondern vielmehr typische Landschaftsausschnitte die Region repräsentieren. Eine einmal festgelegte Fläche darf in ihren Grenzen nicht mehr verändert werden.
Bewährt hat sich die Bearbeitung von Messtischblättern bzw. Messtischblatt-Quadranten, da diese – im Gegensatz zu administrativen Grenzen – unabhängig von Gebietsreformen sind.

Datenübermittlung

Für jede Fläche muss einmalig ein Datenblatt zur Gebietscharakterisierung ausgefüllt werden. Jährlich wird je Fläche ein Jahresbogen mit den Brutbestands- und Bruterfolgsdaten abgegeben. Die Bögen können an die Koordinatoren per Post oder auf elektronischem Wege übermittelt werden.
In der Projektzentrale wird nach Einspeisung in eine Datenbank aus allen Angaben der „Jahresbericht zum Monitoring Greifvögel und Eulen Europas“ erstellt (z. B. Mammen & Stubbe 2002).

Mitarbeit

An der Mitarbeit Interessierte sollten vor dem Einstieg in das Programm Kontakt zum Koordinator aufnehmen, um Einzelheiten zur Kontrollflächenauswahl und zu den Arten abzustimmen. Es ist ein Handbuch in Vorbereitung, welches die in diesem Programm in Frage kommenden Methoden beschreibt. Darüber hinaus wird dazu aufgerufen, die Ergebnisse schon vorliegender, auch bereits publizierter oder abgeschlossener Untersuchungen in die Datenbank des Projektes zu integrieren.

Kontakt: s. Web-Adresse im Anhang A

2.4.6 Integriertes Monitoring von Singvogelpopulationen (IMS)

Franz Bairlein, Wolfgang Fiedler und Ulrich Köppen

Die Größe natürlicher Brutvogelpopulationen bestimmt sich durch die Zahl ihrer Mitglieder (z. B. Brutpaare), die Fortpflanzungs- und Sterblichkeits- sowie Zu- und Abwanderungsraten. Bestände sind nur dann längerfristig stabil, wenn genügend Individuen vorhanden sind und wenn Zugänge (Geburten und Zuwanderer) und Abgänge (Todesfälle und Abwanderer) im Gleichgewicht stehen.

Zur Aufdeckung von Gefährdungsfaktoren ist ein integriertes Erfassen (Monitoring) dieser grundlegenden populationsdynamischen Kennwerte unverzichtbar. Während für See- und Küstenvögel (Thyen et al. 2000) und Greifvögel und Eulen (s. Kap. 2.4.5) derartige Monitoring-Programme bereits existieren, fehlt ein solches Vorhaben für die Vielzahl unserer Kleinvögel.

Deshalb haben die drei deutschen Vogelwarten (Institut für Vogelforschung „Vogelwarte Helgoland", Wilhelmshaven; Ernst-Moritz-Arndt-Universität Greifswald, Vogelwarte Hiddensee, Kloster/Hiddensee, und Beringungszentrale Hiddensee in Stralsund; Max-Planck-Institut für Ornithologie, Vogelwarte Radolfzell, Radolfzell) das gemeinsame Vorhaben „Integriertes Monitoring von Singvogelpopulationen" begonnen mit dem Ziel, jährliche Fortpflanzungs- und Überlebensraten von Kleinvögeln durch standardisierten Netzfang mit konstantem Aufwand (constant effort) systematisch zu erfassen (s. auch Bairlein et al. 2000, Köppen 2003).

Die Beringung von Vögeln ist die einzige Methode, die Überlebens- und Wanderungsverhältnisse zu untersuchen. Doch können mit ihr auch die Populationsgröße und der Fortpflanzungserfolg bestimmt werden. Für das Verständnis vieler Ursachen von Bestandsveränderungen von Vogelarten ist die Beringung deshalb unverzichtbar. Mit Einsatz eines strikt standardisierten Netzfangs mit konstantem Aufwand zur Brutzeit können detaillierte Angaben zu jährlichen Bestandsveränderungen der Brutvögel über einen großen geografischen Raum gemacht werden. Die Anzahl gefangener Jungvögel beschreibt den Bruterfolg. Wiederfänge von beringten Vögeln in verschiedenen Jahren liefern Daten zur jährlichen Überlebensrate und lassen die Populationsgröße abschätzen.

Der Netzfang erfolgt nach einer weitgehend standardisierten Methode, die sich an dem sehr bewährten ‚Constant-Effort-Site'-Verfahren (CES) des British Trust for Ornithology (BTO) in Großbritannien orientiert (Greenwood & Carter 2003) und in ein europaweites CES-Netzwerk eingebunden ist (http://www.euring.org/research/CES_in_europe).

Eine ausführliche Arbeitsanleitung steht bei den Vogelwarten (s. Anhang A) auf Anfrage zur Verfügung.

Auswahl der Untersuchungsfläche

Aus praktischen Gründen werden Gebüschbiotope und andere Flächen mit vergleichsweise niedriger Vegetation, z. B. Röhrichte, untersucht, da in diesen Lebensräumen der standardisierte Netzfang effizient durchführbar ist. Eine Probefläche sollte so gewählt werden, dass der Netzfang mit konstantem Aufwand konsequent und längerfristig durchgeführt werden kann. Voraussetzung für den Erfolg eines solchen Monitorings ist nämlich, dass eine Probefläche mit gleicher Intensität kontinuierlich für mehrere (mindestens fünf) Jahre untersucht wird. Flächen, auf denen ganz erhebliche Veränderungen zu erwarten sind, sind als Untersuchungsflächen ungeeignet. Probeflächen dürfen nicht zu klein sein. Um Daten zur jährlichen Überlebensrate sinnvoll ermitteln zu können, ist es wichtig, dass eine ausreichende Anzahl an Vögeln gefangen werden kann: Ein Gebiet ist geeignet, wenn dort von mehr als drei Vogelarten mehr als 20 Altvögel pro Jahr oder mehr als 100 Altvögel aller Singvogelarten zusammen oder einzelne, sonst weniger häufige Arten mit insgesamt mehr als 40 Altvögeln pro Jahr gefangen werden können.
Nach Möglichkeit sollten auf den Fangflächen zusätzlich Revierkartierungen nach der in Kap. 2.3.1 beschriebenen Methode durchgeführt werden.

Auswahl der Netzstandorte

Vor dem ersten Fang werden Netzstandorte und die Netzlänge je Standort festgelegt. Die Standorte dürfen nachher weder innerhalb einer Saison noch zwischen Jahren geändert werden. Diese Standortbestimmung erfolgt nach persönlichem Ermessen entsprechend der Habitatstruktur und der Gelände-Eigenschaften.

Fangroutine

An immer den gleichen Stellen und mit immer derselben Netzlänge und demselben Netztyp wird von Anfang Mai bis Ende August jeweils einmal pro Dekade (10-Tage-Intervall) für jeweils 6 Stunden ab Morgendämmerung gefangen, insgesamt also an 12 Fangtagen. Zwischen zwei Fangtagen müssen mindestens 5 Tage Abstand liegen.
Unverzichtbar für die spätere vergleichende Auswertung der Daten ist, dass in jedem Fall mindestens die ersten 6 Fangeinsätze in den Monaten Mai und Juni durchgeführt werden.

Die meisten fortpflanzungsbiologischen Informationen erhält man aber erst in den Monaten Juli und August, wenn die Mehrzahl der Jungvögel flügge geworden ist. Es wird deshalb ausdrücklich empfohlen, auch im Juli und August zu fangen, also möglichst alle 12 Fangtermine wahrzunehmen.

Der Erfolg eines solchen integrierten Populationsmonitorings hängt entscheidend davon ab, dass sich viele ehrenamtliche Mitarbeiter einbringen und dass so ein großer geografischer Raum abgedeckt werden kann. Wer Interesse daran hat, kann sich mit einer der drei Beringungszentralen in Verbindung setzen. Fang und Beringung dürfen nur von autorisierten ehrenamtlichen Mitarbeitern, die mit den erforderlichen Kennzeichnungserlaubnissen und arten-/naturschutzrechtlichen Genehmigungen ausgestattet sind, durchgeführt werden.

Kontakt: s. Web-Adressen im Anhang A

Neuntöter sind in reich gegliederten, halboffenen Landschaften charakteristische Brutvögel (Foto: F. Brüning).

3. Technische und methodische Neuerungen in der Avifaunistik

Hans-Günther Bauer

Trotz jahrzehntelanger feldornithologischer Tradition und etablierter Feldmethoden gibt es gerade auch in diesem Bereich der Ornithologie eine Vielzahl methodischer, statistischer und technischer Neuentwicklungen, die in die Überlegungen der Koordinatoren und Avifaunisten bei weiterführenden Konzepten und künftigen Studien einfließen sollten. Programmatische Änderungen in Deutschland, wie die Entwicklung und Organisation eines neuen nationalen Brutvogelmonitoring-Programmes (vgl. Kap. 2.3.3) und eines Atlaswerkes mit einheitlicher Methode in allen Bundesländern Deutschlands (vgl. Kap. 2.4.1), wurden bereits erwähnt. Ziel des vorliegenden Kapitels ist eine kurze Darstellung einiger, v. a. technischer, Neuerungen und Hinweise auf die damit verbundenen Anforderungen.

Datenübermittlung

Von besonderer Bedeutung erscheint in Zukunft die Vereinfachung und einheitliche Übermittlung erhobener Daten der ehrenamtlichen Mitarbeiter an die Koordinatoren (bisher v. a. von Hand geschriebene Meldebögen oder Listen, Excel-Dateien oder eine Vielzahl von „selbstgestrickten" Programmen). Erhebliche Fortschritte wurden bei der Entwicklung von spezieller Eingabe-Software erreicht, die es erlaubt, langwierige Eingabeprozeduren abzukürzen, Eingabefehler weitgehend auszuschließen und geographische Zuordnungen rasch und fehlerfrei zu bewerkstelligen. Leicht zu bedienende Eingabeprogramme, die einer einheitlichen Melde-Tätigkeit auf nationaler Ebene dienen können, wurden z. B. von der schweizerischen Vogelwarte Sempach (IDEXT-Programm), der Ornithologischen Arbeitsgemeinschaft Bodensee (Programme MINIAVI und ODIN), in Hessen (NATIS) oder in Sachsen-Anhalt (WINART) entwickelt. In MINIAVI sind z. B. die Topographischen Landeskarten, die Höhenstrukturen sowie eine ausführliche Auswertungssoftware integriert. Generell erscheint es wünschenswert, dass die besten zwei oder drei Programme eine allgemeine Anwendung in Deutschland finden und Wege gefunden werden, diese miteinander kompatibel zu machen.

Internet-basierter Datenaustausch

Im Laufe der letzten Jahre entstanden mehrere größere Online-Projekte, bei denen die avifaunistischen Daten direkt über die Homepage der Koordinatoren in große Datenpools eingespeist werden können. Derzeit laufen in verschiedenen Ländern Europas, z. B. Dänemark, Norwegen oder

Großbritannien, Testläufe, Erfassungsprogramme oder gar vollständige Atlasprojekte, die weitgehend oder vollständig über das Internet abgewickelt werden. Mittels komplexer Auswerteprozeduren ist in einigen Online-Programmen eine sehr rasche Auswertung und ein sofortiges Feedback an die Mitarbeiter integriert. So können sich die Melder von Zugvogeldaten z. B. rasch Übersichten über die Ankunftsdaten der Zugvögel in verschiedenen Regionen, Verbreitungskarten mit Durchzugsmustern beim Frühjahrszug oder Phänologiekarten herunterladen. Für Verbreitungsatlanten in dünn besiedelten Regionen wird es so zudem möglich werden, das durch die jeweiligen Daten eines Beobachters veränderte Verbreitungsmuster einzelner Arten sofort zu erkennen. So könnten sich dann in Zukunft auch die ehrenamtlichen Mitarbeiter - unter gewissen Zugangsbeschränkungen - gewünschte Datensätze aus dem Datenpool herunterladen und für eigene Zwecke verwenden.

Citizen Science-Projekte

In Anbetracht der immer knapper werdenden finanziellen Ressourcen und der Notwendigkeit, eine Vielzahl weiterer Mitarbeiterinnen und Mitarbeiter für Erfassungsprogramme zu gewinnen, wurde in jüngster Zeit intensiv daran gearbeitet, auch Zufallsbeobachtungen und Daten aus sehr einfachen Erfassungsprogrammen für die Zwecke von Monitoring-Programmen zu nutzen oder sie für die Erstellung von Verbreitungskarten in Brutvogelatlanten oder anderen Auswertungsformen zu verwenden (räumliche Brutvogelmonitoring-Modelle). Die zukünftige Anbindung auch ornithologisch weniger versierter Mitarbeiter in größeren Programmen ist eine der Herausforderungen, denen sich „Citizen Science Projekte“ (Studien mit Bürgerbeteiligung) in der Zukunft stellen werden.

Datenerfassung und Auswertung

Einen großen Sprung machte die Feldornithologie auf dem Sektor der statistischen Auswertungsmethoden. Der Trend zur strengeren Standardisierung bei gleichzeitiger Vereinfachung der Feldmethoden (und Verringerung des Aufwandes) wurde schon in vorhergehenden Kapiteln angesprochen (vgl. etwa Kap. 2.3.3). Besonders auf dem Gebiet der Methodenüberprüfung, der systematischen Kontrolle von Kartierungsergebnissen und der Qualitätssicherung avifaunistischer Methoden steht inzwischen eine größere Zahl neuerer Methoden zur Verfügung (z. B. Helbig & Flade 1999, Szép et al. 2003). Zunehmende Bedeutung, z. B. als Basis für die Berechnung von Gesamtbeständen, erhielt inzwischen die Berechnung von flächenbezogenen Abundanzen aus Daten von Linienkartierungen oder Punkt-Stopp-Erfassungen. Um solche Dichtewerte berechnen zu können, muss jeweils die genaue Distanz der erfassten Vögel zum Beobachter notiert werden (sog. „Distance Sampling"). Aufgrund der unterschiedlichen Entdeckbarkeiten der einzelnen Vögel, die diesen Daten zugrunde liegen, werden neuerdings mehrere Berechnungsmethoden erprobt, die z. T. aus der Fang-/Wiederfang-Statistik entwickelt wurden (Kéry & Schmid 2004, Royle 2004).

Nutzung von Geographischen Informations-Systemen GIS

Bemerkenswert ist die starke Ausweitung GIS-gestützter Monitoring- und Auswertungsprogramme. Manche Software-Programme erlauben es inzwischen, auf integrierte Kartenausschnitte direkt zuzugreifen und durch Anklicken einer Lokalität automatisch die geographischen Koordinaten der avifaunistischen Daten zu generieren, ohne dass die bisher oft mühsame Konsultierung von Topographischen Karten notwendig ist. Entsprechende Erleichterungen dürften auch die Zukunft der Datenmeldungen revolutionieren. So wurden verschiedentlich Erweiterungen in ArcView™ programmiert, die direkte Verknüpfungen zwischen Datenbank und Geographischem Informationssystem erlauben (z. B. Ludwig 2004). Auch hinsichtlich der oben angesprochenen Auswertungsprogramme liefern GIS-gestützte Programme eine Vielzahl zusätzlicher Möglichkeiten. Schließlich ist es neuerdings mit Hilfe von GIS möglich, die Bestimmung von „Papierrevieren" im Rahmen von Revierkartierungen (s. Kap. 2.3.1) zu automatisieren. An der Schweizerischen Vogelwarte wurde hierzu das Programm „TerriMap" entwickelt, das Papierreviere aus bis zu acht Kartierungsgängen automatisch erstellen kann (download mit Kennwort unter www.vogelwarte.ch/id)

Hand-Computer zur mobilen Datenerfassung

In einigen Arbeitsgruppen werden derzeit Hand-Computer getestet, die ins Feld mitgeführt werden und künftig Einträge in Kartenkopien unnötig machen sollen. Die in den Hand-Computern vorhandenen Kartenausschnitte sind einem Schreibfeld unterlegt, in dem einzelne Punkte angeklickt und durch Zeichen oder Kürzel bestimmten Arten oder anderen Informationen zugeordnet werden können. In der Testphase befindliche Hand-Computer existieren u. a. schon in Niedersachsen und am Bodensee. Der am Bodensee entwickelte GPS-gestützte (global positioning system: satellitengestütztes Navigationssystem) Hand-Computer geht demnächst in Serie (Fa. März, Villingen-Schwenningen) und enthält neben den o. g. Eigenschaften einen elektronischen Kompass, mit dessen Hilfe man die Koordinaten des Kartierers von denen der Beobachtungsobjekte trennen kann. Durch Entfernungsangabe zum Objekt wird dessen richtige Position automatisch berechnet und in der Software mit Datum, geographischem Standort, Höhenlage und weiteren Grunddaten abgespeichert. Die Daten aus dem integrierten Speicher können ohne zusätzliche Bearbeitung an die Koordinationsstelle übermittelt werden, Übertragungsfehler werden damit vermieden. Mit MINIAVI (s. o.) steht dem Beobachter zusätzlich eine leicht zu bedienende Software zur Verfügung, mit deren Hilfe die GPS-gestützten Daten umfangreich ausgewertet werden können. Ob die Bedienung der Hand-Computer im Vergleich zur herkömmlichen Papieraufzeichnung eine stärkere Beanspruchung der Mitarbeiter im Gelände und dadurch eine Beeinträchtigung der Datenqualität bedeutet, bleibt abzuwarten.

Automatische Registrierung von Tierstimmen

Aus der Erfahrung heraus, dass gerade bei avifaunistischen Kartierungen die Registrierung der Lautäußerungen der Vögel von höchster Bedeutung ist, arbeiten verschiedene Forschungsgruppen an Methoden, Tierstimmen automatisch aufzuzeichnen (z. B. Tierstimmenarchiv der Humboldt-Universität Berlin: zu den aufnahmetechnischen Voraussetzungen und zur Software s. dort; K.-H. FROMMOLT pers. Mitt.). Während die automatische akustische Registrierung an Einzelstandorten vielleicht vergleichbar ist mit einer Punkt-Stopp-Zählung per Computer, scheint ihr Potenzial besonders hoch zu sein für nachts ziehende Vögel an Konzentrationspunkten und für weit tragende Lautäußerungen schwer erfassbarer Arten (wie beispielsweise auch von Walen).

Systematik und Taxonomie

Dieser Abschnitt beschäftigt sich zwar nicht direkt mit den Erhebungen im Freiland oder der Datenauswertung, wird aber dennoch eine hohe Relevanz für alle Mitarbeiter haben (u. a. bei der Datenübermittlung, aber auch bei Publikationen). Die in jüngster Zeit gewonnenen Erkenntnisse in Systematik und Taxonomie, basierend auf neuen Ergebnissen aus Genetik, Ökologie, Anatomie und Bioakustik, führen zu einer sehr weitreichenden Änderung in der Reihenfolge, dem Artstatus und einigen Namen von Vogelarten, auch in unserem Raum. Mit der neuen Artenliste der Vögel Deutschlands (BARTHEL & HELBIG 2005) und der Neufassung des Kompendiums der Vögel Mitteleuropas (BAUER et al. 2005) werden die neuen Verwandtschaftsverhältnisse und taxonomischen Zuordnungen auch in unserem Raum offiziell eingeführt. Einen ersten, groben Eindruck, mit welchen Änderungen wir uns in Zukunft auseinander zu setzen haben, mögen die Artenliste Sachsen-Anhalts (DORNBUSCH 2001), basierend auf der Checkliste von MONROE & SIBLEY (1993), oder die neue Avifauna der Niederlande (VAN DEN BERG & BOSMAN 1999) vermitteln.

4. Rechtliche Aspekte für die ornithologische Freilandarbeit

Johannes Schwarz

Wer als Ornithologe im Freiland Vogelbestände kartiert oder sonstige wissenschaftliche Arbeiten durchführt – beispielsweise Beringungen oder telemetrische Untersuchungen vornimmt – sollte über die rechtlichen Rahmenbedingungen im Bilde sein.

Naturschutzrechtliche Bestimmungen

Nach bundesweit einheitlichen Bestimmungen sind *alle europäischen Vogelarten* (mit Ausnahme der Straßentaube als domestizierte Form) *besonders geschützt*, eine Reihe von Arten ist darüber hinaus *streng geschützt*. Dies ergibt sich aus § 10 Abs. 2 Nrn. 10 und 11 des Bundesnaturschutzgesetzes (BNatSchG). Die streng geschützten Arten sind entweder im Anhang A der EG-Artenschutzverordnung aufgeführt (z. B. Greifvögel und Eulen) oder in der Anlage 1 der Bundesartenschutzverordnung (BArtSchV) in Spalte 3 mit einem „+" gekennzeichnet.
Daneben unterliegt eine Reihe von Arten zusätzlich dem Jagdrecht, z. B. Greifvögel und viele Wasservögel (s. § 2 Bundesjagdgesetz (BJagdG), Bundeswildschutzverordnung (BWildSchV) Anl. 1).
Für die geschützten Arten sind im § 42 des BNatSchG die unmittelbar geltenden Verbotsbestimmungen formuliert. Der Abs. 1 Nr. 1 enthält die sogenannten Zugriffsverbote, denen zufolge Tieren der besonders geschützten Arten nicht nachgestellt werden darf, sie nicht gefangen, verletzt oder getötet werden und ihre Entwicklungsformen (Eier!) oder ihre Nist-, Brut-, Wohn- und Zufluchtstätten (= Lebensstätten) nicht der Natur entnommen, beschädigt oder zerstört werden dürfen. Ferner gilt für europäische Vogelarten das Störungsverbot des Abs. 1 Nr. 3. Danach dürfen sie an ihren Lebensstätten nicht „durch Aufsuchen, Fotografieren, Filmen oder ähnliche Handlungen" gestört werden. Für die jagdbaren Arten enthält § 19a BJagdG ein vergleichbares Verbot.
Bei Vögeln sind die Schutzbestimmungen für besonders geschützte und streng geschützte Arten identisch. Ein Unterschied besteht allerdings darin, dass Verstöße bei den streng geschützten Arten ggf. als Straftat geahndet werden können, während sie bei den besonders geschützten Arten i. d. R. Ordnungswidrigkeiten darstellen (s. §§ 65 und 66 BNatSchG).
In jedem Fall bedürfen alle Handlungen, bei denen Vögel gefangen oder sie an ihren Nestern aufgesucht werden, einer behördlichen Ausnahmegenehmigung von den Verbotsbestimmungen des § 42 BNatSchG und ggf. auch von den verbotenen Methoden gemäß § 12 BArtSchV.

Dies betrifft auch die Beringung. Deshalb sollte rechtzeitig vor anstehenden Feldarbeiten der Kontakt zu der im betreffenden Bundesland zuständigen Naturschutzbehörde aufgenommen werden. Zweckmäßigerweise wird das Projekt zuvor mit der zuständigen Vogelwarte abgestimmt, die in einigen Fällen auch selbst die behördliche Ausnahmegenehmigung einholt. Falls Arten betroffen sind, die dem Jagdrecht unterliegen, muss zusätzlich bei der jeweiligen Jagdbehörde eine Zulassung beantragt werden – sofern die Behörden nicht untereinander direkt in Verbindung treten, wie es in einigen Bundesländern der Fall ist.

[Zu den rechtlichen Aspekten beim Einsatz von Klangattrappen siehe Kap. 2.4.3]

Wichtige Gesetzestexte und ihre Quellen

Gesetz über Naturschutz und Landschaftspflege (Bundesnaturschutzgesetz - BNatSchG) in der Fassung des Gesetzes zur Neuregelung des Rechts des Naturschutzes und der Landschaftspflege und zu Anpassung anderer Rechtsvorschriften (BNatSchGNeuregG) vom 25. März 2002 (BGBl. I S. 1193)

Verordnung (EG) Nr. 338/97 des Rates vom 9. Dezember 1996 über den Schutz von Exemplaren wildlebender Tier- und Pflanzenarten durch Überwachung des Handels (ABl. EG Nr. L 61 S. 1 vom 3.3.1997), zuletzt geändert durch VO EG Nr. 1497/2003 vom 18. August 2003 (ABl. EG Nr. L 215 S. 3)

Verordnung zum Schutz wildlebender Tier- und Pflanzenarten (Bundesartenschutzverordnung) vom 14. Oktober 1999 (BGBl. I S. 1955, ber. BGBl. I S. 2073), zuletzt geändert durch Art. 3 Abs. 8 G v. 25. März 2002 (BGBl. I 1193)

Bundesjagdgesetz in der Fassung der Bekanntmachung vom 29. September 1976 (BGBOL. I S 2849), zuletzt geändert durch Artikel 168 der Achten Zuständigkeitsanpassungsverordnung vom 25. November 2003 (BGBl. I S. 2304)

Verordnung über den Schutz von Wild (Bundeswildschutzverordnung – BWildSchV) vom 25. Oktober 1985 (BGBl. I S. 2040), geändert durch Artikel 3 der Verordnung vom 14. Oktober 1999 (BGBl. I S. 1955)

Gesetz zur Erhaltung des Waldes und zur Förderung der Forstwirtschaft vom 2. Mai 1975 (BGBl. I S. 1037) zuletzt geändert durch Art. 204 V v. 29. Oktober 2001 (BGBl. I S. 2785)

Regelungen zum Betreten der Landschaft

Rechtzeitig vor Beginn von avifaunistischen Untersuchungen, die abseits öffentlicher Wege durchgeführt werden, sollte geprüft werden, inwieweit diese in **Schutzgebieten** stattfinden und ob ggf. in der betreffenden Schutzgebietsverordnung (oder auch im Nationalparkgesetz) ein

Betretungsverbot oder Wegegebot enthalten ist und deshalb eine Befreiung von den Verbotsbestimmungen erforderlich ist. Im Zweifelsfall sollte dies bei der zuständigen Naturschutzbehörde geklärt werden.
Sofern keine speziellen Regelungen vorliegen, ist nach der rahmenrechtlichen Bestimmung des § 56 BNatSchG das Betreten der Flur auf Wegen, Straßen und ungenutzten Flächen erlaubt. Eine entsprechende Bestimmung im § 14 des Bundeswaldgesetzes (BWaldG) eröffnet ein allgemeines Betretungsrecht für die Wälder. In den Umsetzungen durch die Landesnaturschutz- bzw. Landeswaldgesetze gilt das Betretungsrecht fast immer zum Zwecke der Erholung. Verschiedentlich wird das Betretungsrecht der Flur nicht auf Straßen und Wege beschränkt, so dass spezielle Restriktionen für landwirtschaftliche und forstliche Kulturen formuliert sind (z. B. Betretung nur außerhalb der „Nutzzeit“, in Sonderkulturen wie Obst-, Garten- und Weinbau nur auf Wegen).
Schon aus dem Grund, dass ornithologische Untersuchungen oft nicht als „Erholung“ angesehen werden, ist es empfehlenswert, sich mit dem Grundeigentümer über das Vorhaben zu verständigen und ggf. eine privatrechtliche Erlaubnis einzuholen.
Wenn bei den Untersuchungen Kraftfahrzeuge außerhalb des öffentlichen Straßennetzes eingesetzt werden sollen, ist im Regelfall ebenfalls das Einverständnis des Grundeigentümers erforderlich. Zum Befahren von Straßen und Wegen, die nach der Straßenverkehrsordnung gesperrt sind, bedarf es einer öffentlich rechtlichen Ausnahmegenehmigung durch die zuständige Straßenverkehrsbehörde.
Sind Markierungen von Flächen oder Bäumen nötig, sollte grundsätzlich eine privatrechtliche Genehmigung beim Flächeneigentümer eingeholt werden.

5. Art bezogene Erfassungshinweise

5.1. Anleitung zur Benutzung der Artsteckbriefe

Hartmut Andretzke, Karsten Schröder und Tasso Schikore

In vielen Untersuchungen steht eine möglichst genaue Erfassung der Brutbestände ausgewählter Vogelarten im Vordergrund des Interesses. So ist z. B. bei Studien, die im Rahmen der Umsetzung der EU-Vogelschutzrichtlinie durchgeführt werden, das Vorkommen und der Erhaltungszustand von Arten besonders relevant, für die diese Gebiete gemeldet wurden. Für alle Arten einheitlich angewendete Standardmethoden, wie die Revierkartierung, berücksichtigen die teilweise beträchtlichen brutbiologischen und phänologischen Unterschiede der einzelnen Vogelarten jedoch nicht in ausreichendem Maße. So ist diese Methode beispielsweise zur Bestandsermittlung von Arten, die sich nicht oder nur eingeschränkt territorial verhalten (z. B. Koloniebrüter wie Seeschwalben oder Saatkrähen), weitgehend ungeeignet. Aber auch bei territorialen Singvögeln, wo sie bei einer Vielzahl von Arten zu soliden, nachvollziehbaren Ergebnissen führt, kann bei anderen Arten durch die Miterfassung von Durchzüglern das Ergebnis verfälscht werden. Deshalb bedarf die methodische Vorgehensweise einer Anpassung auf Artniveau. Ergänzend wird in Anlehnung an van Dijk (1996), van Dijk & Hustings (1996) sowie Sudmann et al. (2002) über die Einführung von Wertungsgrenzen und Erfassungszeiträumen mit optimalen Erfassungsterminen für 281 Brutvogelarten die Genauigkeit der Methoden verbessert und im Hinblick auf Vergleichbarkeit und Folgeuntersuchungen standardisiert.

Die Grundlage für die Auswahl der Arten war die Liste der Brutvögel Deutschlands (Bauer et al. 2002). Für alle regelmäßig in Deutschland brütenden Vogelarten (Kategorie I in Bauer et al. 2002), für einen großen Teil der unregelmäßig brütenden Arten (Kategorie II) sowie für viele Neozoen (Kategorie III) werden die Besonderheiten der Erfassungsmethoden beschrieben. Zusätzlich werden drei weitere Arten behandelt, von denen Bruten in nächster Zeit erwartet werden können. Ergebnis sind artspezifische Methoden, die deutschlandweit angewandt werden können und einheitliche sowie vergleichbare Erfassungsergebnisse liefern.

Die Namensgebung folgt der neuen Artenliste der Vögel Deutschlands (Barthel & Helbig 2005). Die Reihenfolge der Arten richtet sich in diesem Methodenhandbuch nach den Euring-Codes (Speek et al. 2001) bzw. bei neu vergebenen Euring-Nummern nach ihren Verwandschaftsbeziehungen (s. Flamingos, Schwäne, Papageien), auch um eine parallele Nutzung der gängigen Bestimmungsbücher zu ermöglichen.

Die Erfassungsmethoden für die einzelnen Arten sind in Form von übersichtlichen Steckbriefen dargelegt. Diese Artsteckbriefe enthalten neben den methodischen Empfehlungen auch allgemeine Angaben zu Lebensraum, Brutbiologie und Phänologie. Insbesondere die Daten zur Brutbiologie und Phänologie beruhen nicht nur auf der Auswertung von Standardliteratur und Landesavifaunen (s. Kap. 7.1), sondern basieren auch ganz wesentlich auf Hinweisen von Fachleuten aus allen Teilen Deutschlands. In die Bearbeitung floss eine Vielzahl unpublizierter Einzeldaten ein, so dass die Steckbriefe eine weitgehende Aktualität, z. B. hinsichtlich klimatisch bedingter Veränderungen aufweisen. Auch die beschriebenen Erfassungsmethoden sind wesentlich aus den aktuellen Erfahrungen deutscher Avifaunisten entstanden und berücksichtigen Feldstudien aus allen Teilen Deutschlands. Die Darstellung der Brutbiologie und Phänologie ermöglicht darüber hinaus eine schnelle Kontrolle und Regionalisierung der Erfassungstermine. Die Angaben sollen zur Schnellorientierung dienen, können aber keine Literaturrecherche ersetzen.

Erfassungsmethoden

Die Grundlage zur Entwicklung der artspezifischen Erfassungsmethoden bildet im Wesentlichen die Feststellung Revier anzeigender oder brutverdächtiger Vögel. Dies gilt nicht nur für die klassische Anwendung bei den Singvögeln, sondern auch für die meisten Nicht-Singvögel. Allerdings wird die Kartierung bei einigen Artengruppen durch zusätzliche Erfassungsschritte erweitert. So empfiehlt es sich beispielsweise, die Methode bei vielen Greifvögeln durch winterliche oder nachbrutzeitliche Nestkontrollen zu ergänzen.

Nur in Fällen, in denen die Revierkartierung nicht anwendbar ist, wie bei Koloniebrütern oder schwer erfassbaren Arten, muss eine andere Vorgehensweise zu Grunde gelegt werden. Für Bestandsermittlungen von Koloniebrütern eignen sich am besten Zählungen von besetzten Nestern bzw. Höhlen oder von Paaren bzw. Individuen. In wenigen Ausnahmefällen, wenn Bestandsgrößen auf der Basis von Revieren nicht sicher ermittelt werden können, wird gänzlich auf die Erhebung quantitativer Daten verzichtet und eine Methodik vorgeschlagen, die wenigstens Daten zur Verbreitung der Art erbringt (z. B. bei der Waldschnepfe).

Die Methoden sind nach dem Grundsatz „Vermeidung von Störungen und Beeinträchtigungen vor Erfassungsgenauigkeit" entwickelt worden. Deshalb wird eine gezielte Nestersuche nur in Ausnahmefällen, z. B. bei Koloniebrütern, deren Koloniestandorte nicht einsehbar sind, empfohlen. Die Bestandserfassungen sollten grundsätzlich so geplant und durchgeführt werden, dass die untersuchten Vogellebensräume möglichst nicht oder nur geringfügig gestört werden. Alle natur- und artenschutzrechtlichen Vorschriften sind selbstverständlich einzuhalten (s. Kap. 4)!

Erfassungszeitraum

Eine wesentliche Ergänzung der Standardmethoden ist die Nennung von artspezifischen Erfassungszeiträumen. Diese beziehen sich immer auf die Erstbrut. Folgebruten bleiben dabei unberücksichtigt, um Doppelzählungen durch Umsiedlungen nach dem Ende der Erstbrut weitgehend ausschließen zu können.
Je Art werden in einem definierten Zeitfenster meist 3-4, für die Erfassung von Koloniebrütern 1-2 Kontrolltermine empfohlen. Die angegebenen Termine sind so gewählt, dass sie im Zeitraum der optimalen Erfassbarkeit der Arten liegen (Optimaltermine). Das Zeitfenster eines Optimaltermins kann sich über eine, aber auch über mehrere Dekaden erstrecken. Der Erfassungszeitraum umfasst die Zeitspanne vom Beginn des ersten Optimaltermins bis zum Ende des letzten Optimaltermins zur Erfassung einer Art.
Am besten lassen sich die meisten Arten während der Phase ihrer Hauptbalzaktivität erfassen. Bei Zugvögeln überschneidet sich allerdings oft die Zeit der Hauptbalzaktivität mit der Heimzugperiode von weiter nördlich und östlich siedelnden Durchzüglern. Viele Arten balzen auch in ihren Durchzugsgebieten. Wenn Erfassungstermine während des Heimzuges liegen, ergibt sich das Problem, dass balzende bzw. singende Durchzügler als potenzielle Brutvögel gewertet werden. Würde man die Termine in die Zeit nach der Hauptdurchzugsphase legen, bestünde aufgrund der nun nachlassenden Balz- bzw. Gesangsaktivität jedoch die Gefahr einer systematischen Bestandsunterschätzung, da nur geringere Teile des örtlichen Brutbestandes erfasst werden können als zu Zeiten höchster Balzaktivität. Die Kartierung führt dann zu einer systematischen Bestandsunterschätzung.
Daher wurden die Termine möglichst so gelegt, dass mindestens zwei der drei Termine nach der artspezifischen Hauptdurchzugsperiode, aber dennoch während der Zeit der höchsten Balz- und Gesangsaktivität durchgeführt werden können. Bei einigen Arten (z. B. Wiesenpieper, Rotkehlchen) überlappen sich jedoch Durchzugs- und Balzperiode so weit, dass zwei von drei Terminen in die Zeit des Hauptdurchzuges fallen mussten (s. u. Auswertung Brutverdacht).
Termine am Ende des Erfassungszeitraumes wurden so gelegt, dass Junge führende Altvögel mit großer Wahrscheinlichkeit angetroffen oder bettelrufende Junge gehört werden können. Artspezifisch können z. B. für Greifvögel oder Hühnervögel weitere, aus Phänologie und Verhalten abgeleitete Kriterien die Erfassungstermine bestimmt haben.

Für Paar- oder Individuenzählungen von Koloniebrütern ist der Erfassungszeitraum sehr eng gefasst, um u. a. die Möglichkeit der Doppelzählung durch Umsiedlung auszuschließen.
Viele Vogelarten verhalten sich während der Bebrütung der Gelege sehr unauffällig und sind dann nur mit erhöhtem Aufwand zu beobachten (z. B. Hänfling). Dieser Tatsache wird dadurch Rechnung getragen, dass die betreffenden Arten nicht in der Zeit der Bebrütung der Gelege, sondern vor der Eiablage und nach der Schlupfperiode der Jungvögel erfasst werden sollen.
Die Termine sind als Richtwerte zu verstehen. Die geografische Lage und Höhe, die Exposition sowie die Art des Lebensraumes (z. B. natürliche oder anthropogen geprägte Habitate) können zu beträchtlichen phänologischen Unterschieden führen. Außerdem beeinflusst insbesondere die Frühjahrswitterung die jahresperiodischen Verhaltensmuster (u. a. Heimzug, Ankunft am Brutplatz, Balz und Beginn der Eiablage). Diese Faktoren wurden zwar schon bei der Regionalisierung (s. u.) berücksichtigt, müssen aber auch bei der Planung von Brutbestandsuntersuchungen ergänzend beachtet werden. Allerdings sollten die empfohlenen Termine so weit wie möglich eingehalten werden. Der Zeitrahmen bietet im Regelfall eine ausreichende Spanne für witterungsbedingte Verschiebungen.

Regionalisierung

Entsprechend der klimageografischen und naturräumlichen Gliederung Deutschlands muss die Erfassungsmethodik insbesondere bei der Festlegung von Terminen regionale Unterschiede berücksichtigen und darstellen. Für die zeitlichen Verschiebungen sind dabei neben Klimaeinflüssen die Lage eines Gebietes mit zunehmender Höhe im Bergland und vor allem in alpinen Hochlagen von Bedeutung. Eine weitere Besonderheit stellt der Küstenraum mit seiner Tidenrhythmik und Hochwasserdynamik dar.
Um regionalisierte Erfassungstermine vorschlagen zu können, wurde im Rahmen der Bearbeitung dieses Methodenhandbuches eine breit angelegte Auswertung von Durchzugsmustern und brutphänologischen Parametern aus deutschen Regionalavifaunen und Handbüchern vorgenommen. Darüber hinaus erfolgte eine bundesweite Befragung von Expertinnen und Experten zur Ermittlung regionalspezifischer Unterschiede. Dabei hat sich gezeigt, dass nur für einen Teil des Artenspektrums regionalisierte Erfassungs- und Auswertungsrahmen erforderlich sind. Die phänologischen Abläufe variieren zwar oft auf sehr kleinem Raum oder in Abhängigkeit der Witterung, ähneln sich aber überregional weit mehr als zu vermuten war. Auffällig ist, dass sich die phänologischen Unterschiede im Wesentlichen auf die Ankunft im Brutgebiet beschränken.

Mit der Revierbesetzung, Paarfindung und schließlich dem Beginn der Eiablage lösen sich diese Verschiebungen bei vielen Arten wieder so weit auf, dass eine Regionalisierung der Erfassungstermine nicht mehr oder nur noch für den ersten Kartiergang erforderlich ist. Insbesondere für die alpinen Hochlagen können jedoch nur ungefähre Zeitfenster angegeben werden, die je nach Witterung jahrweise angepasst werden müssen.
Bei Arten, für die sich die Nennung von regionalisierten Erfassungsterminen als notwendig herausstellte, beziehen sich die Angaben auf drei Regionen Deutschlands:
1. Nordwesten (Schleswig-Holstein, Niedersachsen, Bremen, Hamburg, Nordrhein-Westfalen, Nordhessen), 2. Osten (Mecklenburg-Vorpommern, Sachsen-Anhalt, Brandenburg, Berlin, Sachsen, Thüringen), 3. Süden (Saarland, Rheinland-Pfalz, Südhessen, Baden-Württemberg, Bayern). Für Arten, in deren Steckbriefen keine regionalisierten Erfassungszeiträume angegeben sind, gelten die Erfassungszeiträume deutschlandweit.

Einsatz von Klangattrappen

Der Einsatz von Klangattrappen soll nur bei Arten erfolgen, für die es in den Steckbriefen ausdrücklich empfohlen wird (s. Tab. 5). Es handelt sich meist um Arten, die sonst aufgrund ihrer versteckten Lebensweise nur unzureichend erfasst werden können. Durch den Einsatz von Klangattrappen lässt sich eine erhebliche Verbesserung der Erfassungsergebnisse bei gleichzeitig verringertem Aufwand erreichen. Zwei Angaben zum Einsatz der Klangattrappe werden verwendet (s. Tab. 5):

- Einsatz von Klangattrappe notwendig: Eine Erfassung der betreffenden Art ohne Klangattrappe führt in der Regel zur Bestandsunterschätzung. Daher sollte die Erfassung immer mit Hilfe der Klangattrappe erfolgen.
- Einsatz von Klangattrappe sinnvoll: Die Erfassung der betreffenden Art soll in der Regel ohne akustische Hilfsmittel erfolgen. Unter bestimmten Bedingungen, z. B. in sehr unübersichtlichen Lebensräumen oder zur Erfassung isolierter Vorkommen einzelner Brutpaare, kann eine Klangattrappe verwendet werden. Hierbei ist zu berücksichtigen, dass dann auch während Folgeuntersuchungen eine Klangattrappe eingesetzt werden muss, um die Vergleichbarkeit der ermittelten Daten zu gewährleisten.

Um Störungen der Vögel oder Verfälschungen der Ergebnisse zu vermeiden, müssen die Hinweise zur Benutzung von Klangattrappen eingehalten werden (s. Kap. 2.4.3).

Auswertung

Abweichend von der bisherigen Praxis, alle vorliegenden Daten für die Auswertung zu berücksichtigen, werden zusätzlich einschränkende Kriterien für die Abgrenzung von Revieren bzw. die Wertung eines Brutverdachtes eingeführt. Eine wesentliche Ergänzung ist die Definition von Wertungsgrenzen (vgl. VAN DIJK 1996). So dürfen nur Beobachtungen, die innerhalb eines definierten Zeitfensters (Wertungsgrenzen) erbracht werden, in die Auswertung (z. B. zur Abgrenzung von Revieren bzw. Revierpaaren oder zur Wertung als Brutverdacht) einfließen. Daten zu Folgebruten sowie Umsiedlungen sollen damit ausgeschlossen werden, da sie das Ergebnis der Auswertung stark beeinflussen können.

Für jede Art wurden in den Steckbriefen artspezifische Wertungsgrenzen festgelegt. Die Wertungsgrenzen umfassen i. d. R. den Zeitraum zwischen der Hauptbalzperiode vor der ersten Eiablage bis zu dem Zeitpunkt, an dem die Jungen der Erstbrut flügge werden bzw. die Arten mit der Zweitbrut beginnen. Bei einigen Arten, insbesondere den Koloniebrütern, können die Wertungsgrenzen auf den Erfassungszeitraum beschränkt sein.

Die Auswertung orientiert sich an den EOAC-Kriterien (European Ornithological Atlas Committee, s. HAGEMEIJER & BLAIR 1997; Tab. 6) der Kategorien „wahrscheinliches Brüten" und „gesichertes Brüten". Die Kategorie „wahrscheinliches Brüten" wird dem Begriff Brutverdacht und die Kategorie „gesichertes Brüten" dem Begriff Brutnachweis zugeordnet. Daten, die zu den EOAC-Kriterien der Kategorie „mögliches Brüten" (Brutzeitfeststellung) führen, werden nicht zum Brutbestand gezählt.

Grundsätzliches Ziel der Erfassungsmethoden ist es, die Anzahl der Paare/Reviere einer Art in einem Gebiet zu ermitteln (in Ausnahmefällen Anzahl von ♀ oder ♂, z. B. Kampfläufer), für deren Ermittlung mindestens die Kriterien eines Brutverdachtes zu Grunde gelegt werden müssen. In diesem Zusammenhang wird auch von Bestand oder Brutbestand gesprochen.

Nest- oder Höhlenbau (hier: Kleinspecht) lassen auf Brutverdacht schließen (Foto: B. Volmer).

Tab. 6: EOAC-Brutvogelstatus-Kriterien (nach Hagemeijer & Blair 1997).

A: Mögliches Brüten / Brutzeitfeststellung	
1	Art während der Brutzeit im möglichen Bruthabitat festgestellt
2	Singende (s) ♂ zur Brutzeit im möglichen Bruthabitat anwesend
B: Wahrscheinliches Brüten / Brutverdacht	
3	Ein Paar zur Brutzeit in geeignetem Bruthabitat beobachtet
4	Revierverhalten (Gesang etc.) an mindestens zwei Tagen im Abstand von mindestens sieben Tagen am gleichen Platz lässt ein dauerhaft besetztes Revier vermuten
5	Balzverhalten
6	Aufsuchen eines möglichen Neststandortes/Nistplatzes
7	Erregtes Verhalten bzw. Warnrufe von Altvögeln
8	Brutfleck bei Altvögeln, die in der Hand untersucht wurden
9	Nest- oder Höhlenbau, Anlage einer Nistmulde u. ä.
C: Gesichertes Brüten / Brutnachweis	
10	Ablenkungsverhalten oder Verleiten (Flügellahmstellen)
11	Benutztes Nest oder Eischalen gefunden (von geschlüpften Jungen oder solchen, die in der aktuellen Brutperiode gelegt worden waren)
12	Eben flügge Junge (Nesthocker) oder Dunenjunge (Nestflüchter) festgestellt
13	Altvögel, die einen Brutplatz unter Umständen aufsuchen oder verlassen, die auf ein besetztes Nest hinweisen (einschließlich hoch gelegener Nester oder unzugänglicher Nisthöhlen)
14	Altvögel, die Kot oder Futter tragen
15	Nest mit Eiern
16	Junge im Nest gesehen oder gehört

Brutverdacht

Die einmalige Feststellung der Verhaltensweisen „Nest- oder Höhlenbau“, „intensives Warnverhalten“ sowie „Aufsuchen eines potenziellen Nistplatzes“ reicht für einen Brutverdacht aus. Andere Verhaltensweisen (z. B. Gesang) müssen bei vielen Arten durch eine weitere Feststellung bestätigt werden, um als Brutverdacht gewertet zu werden. Hier sind die EOAC-Kriterien der jeweiligen Brutbiologie der Arten angepasst. Dies betrifft die Paarbindung sowie das Balzverhalten von Vogelarten, die sich in Winterquartieren oder in Rastgebieten verpaaren und gleichzeitig in potenziellen Brutgebieten balzend angetroffen werden können

(z. B. Rothalstaucher, Braunkehlchen). So kann etwa die einmalige Beobachtung eines Löffelentenpaares während des Heimzuges in einem Grünland-Graben-Komplex nicht mit einem Brutverdacht gleichgesetzt werden, auch wenn dies dem formalen EOAC-Kriterium B 3 (wahrscheinliches Brüten) entspricht, da Löffelenten diesen Lebensraum als Durchzugs- und Bruthabitat nutzen. Bei Standvögeln reicht hingegen in der Regel die einmalige Feststellung eines Paares als Brutverdacht aus (z. B. Rebhuhn).

Für die Wertung zum Brutverdacht gilt folgende Bedingung:

- **Mindestens eine Beobachtung muss innerhalb des Erfassungszeitraumes liegen. Zusätzlich können weitere Beobachtungen innerhalb der Wertungsgrenzen berücksichtigt werden.**

Für die Wertung zum Brutverdacht gelten insbesondere bei Zugvögeln, deren Hauptbalz- und Heimzugsphase sich stark überlappen, weitere zeitliche Einschränkungen. Bei diesen Arten ist das Zeitfenster der zu wertenden Daten im Bereich der Hauptdurchzugsphase verkürzt. In der Regel muss dann mindestens eine (bestätigende) Beobachtung aus einem späteren Zeitraum der Brutperiode vorliegen.

Bei der Datenauswertung von Koloniebrüterbeständen sollten möglichst nur Zählergebnisse in der Auswertung Berücksichtigung finden, die während der Optimaltermine erhoben wurden. Nur in berechtigten Ausnahmefällen, wenn z. B. aufgrund ungünstiger Witterungsbedingungen die zeitliche Verschiebung der Erfassung nötig ist, können auch Daten außerhalb der Optimaltermine gewertet werden.

Der Nachweis eines singenden Vogelmännchens (hier: Blaukehlchen) wird bei Bestätigung und weitgehendem Ausschluss singender Durchzügler als Indiz für Brutverdacht gewertet (Foto: F. Brüning).

Sie müssen allerdings innerhalb der in den Steckbriefen definierten Wertungsgrenzen erhoben worden sein.
Ausnahmsweise können auch einmalige Gesangsfeststellungen, die allerdings nach Abschluss des Heimzuges liegen müssen, für einen Brutverdacht ausreichen. Dies trifft für wenige Arten zu, deren Erfassung auf großen Untersuchungsflächen einen sehr hohen methodischen oder personellen Aufwand erfordert (z. B. Ziegenmelker).

Brutnachweis

Für den Brutnachweis gelten ausnahmslos die EOAC-Kriterien (s. Tab. 6) innerhalb der Wertungsgrenzen (Erstbrut). Aufgeführt sind in den Artsteckbriefen aber nur jeweils diejenigen Brutnachweiskriterien, für die eine hohe Beobachtungswahrscheinlichkeit besteht. So bleiben beispielsweise Gelegefunde von Höhlenbrütern, die man nur bei speziellen Untersuchungen erbringen kann, in den Steckbriefen unerwähnt.

Beobachtungen fütternder oder kottragender Altvögel (hier Grauammer) sind als Brutnachweise zu werten (Foto: S. Fischer).

Besondere Hinweise

Dieser Abschnitt weist auf Verhaltensweisen während der Balz-, Brut- und Aufzuchtperiode hin, die von besonderer Bedeutung für die Erfassung der Arten sowie für die Bestimmung ihres Status sind. Interpretationshilfen für die Auswertung der Daten werden gegeben sowie mögliche Fehlerquellen genannt. Des Weiteren werden Verhaltensanforderungen zur Minimierung von Störungen formuliert.

Literatur

Die aufgeführte Literatur bezieht sich auf Veröffentlichungen, die weiterführende Aussagen zur Erfassungsmethode der betreffenden Art beinhalten. Außerdem werden Quellen zitiert, deren Angaben zu Lebensraum, Brutbiologie und Phänologie über die Informationen von Standardwerken hinausgehen. Die Auswahl kann an dieser Stelle nicht vollständig sein. Bei allen Artbeschreibungen flossen Informationen aus Standardwerken wie beispielsweise Handbüchern, Kompendien oder Landesavifaunen ein. Diese Werke werden in einem eigenen Teil des Literaturverzeichnisses (Kap. 7.1) aufgeführt.

Abkürzungen

A = Anfang eines Monats (1. - 10. Tag),
M = Mitte eines Monats (11. - 20. Tag),
E = Ende eines Monats (21. - letzter Tag)
KJ = Kalenderjahr
Die Monate Januar bis Dezember werden mit den Zahlen 1-12 abgekürzt. In Kombination mit den Dekadenabkürzungen (A, M, E) wird ein genauer Zeitraum definiert (z. B. E 4 = Ende April: 21. - 30.4.).
NW = Nordwesten
O = Osten
S = Süden
SA = Sonnenaufgang
SU = Sonnenuntergang
RL = Rote Liste Status (vgl. BAUER et al. 2002)
EU-V = Art des Anhanges I der Europäischen Vogelschutzrichtlinie
SPEC = Species of European Conservation Concern (vgl. BIRDLIFE INTERNATIONAL 2004)

Um das Auffinden der Arten zu erleichtern, wird für die Steckbriefe je Art eine Doppelseite genutzt, so dass der einzelne Steckbrief jeweils auf der linken Seite beginnt. Da die Steckbriefe im Umfang unterschiedlich sind, was sich aus dem jeweiligen Kenntnisstand sowie den sehr verschiedenen Methodendetails zu den Arten direkt ergibt, kommt es zu einem unterschiedlich großen Freiraum im unteren Seitenteil, der für individuelle Notizen zu nutzen ist, um die Fortschreibung der Steckbriefe zu erleichtern.

5.2 Hinweise auf Lebensraum bezogene Erfassungen

Karsten Schröder, Tasso Schikore und Hartmut Andretzke

Bestandserfassungen von Brutvogelgemeinschaften werden in mehr oder weniger großen, komplex aus verschiedenen Lebensraumtypen zusammengesetzten Landschaften durchgeführt. Diese Landschaften werden hier in sechs übergreifende Haupteinheiten zusammengefasst. In Abstimmung mit laufenden und zukünftigen Ausrichtungen von Monitoringaufgaben wurden folgende Einheiten gebildet:

- Küstenlebensräume
- Binnengewässer und Feuchtgebiete
- Wälder und Heiden
- Agrarlandschaft
- Siedlungen
- alpine Hochlagen

Diese Haupteinheiten entsprechen so auch der Gliederung der Gesamtlandschaft der Bundesrepublik Deutschland, nach der zukünftig die Nachhaltigkeit der Umweltpolitik anhand der Entwicklung von ausgewählten Indikatorarten überprüft und dokumentiert werden soll (vgl. ACHTZIGER et al. 2004).

Für eine anwendungsbezogene, nachvollziehbare Zuordnung der verschiedenen Brutvogellebensräume werden nachfolgend die in den Haupteinheiten zusammengefassten Vogellebensräume aufgelistet und inhaltlich kurz definiert. Grundlage für eine entsprechende Zusammenstellung und Untergliederung von Brutvogellebensräumen war die Bearbeitung von FLADE (1994) für Mittel- und Norddeutschland, die nach POTT & HÜPPE (1991) um Hude- und Triftlandschaften ergänzt wurde. Darüber hinaus erfolgte eine Erweiterung auf die ost- und süddeutschen Lebensräume weitgehend durch einen Abgleich mit den FFH-Lebensraumtypen nach SSYMANK et al. (1998) bzw. nach Angaben in den Länderavifaunen (v. a. ABBO 2001, HÖLZINGER 1997, 1999, HÖLZINGER & BOSCHERT 2001, HÖLZINGER & MAHLER 2001).

Die Zuordnung der Brutvogellebensräume zu den sechs Hauptlebensräumen erfolgt in der Auflistung am Ende des Kapitels.

Entsprechend der Lebensraumausstattung sowie der naturräumlichen Lage und Höhe ergeben sich für diese Haupteinheiten typische Artenzusammensetzungen und entsprechende Zeitmuster der Brutphänologie. Daraus können zeitliche Schwerpunkte und entsprechende Einteilungen von Feldarbeiten abgeleitet werden.

Verteilung von Standard-Begehungen in sechs Hauptlebensräumen

Zur Standardisierung der Methodik zur Bestandserfassung von Brutvögeln sollte aus den Terminempfehlungen in den Artsteckbriefen auch der Mindestaufwand für die Feldarbeiten abgeleitet werden. Bisher erstrecken sich die Empfehlungen der Fachbehörden und Angaben in der Literatur uneinheitlich über eine Spannbreite von 6 bis 15 Begehungen. Unterschiede ergeben sich aus der jeweiligen Aufgabenstellung oder durch den Bezug auf einen bestimmten Lebensraum. So halten EIKHORST & HANDKE (1996) für eine vollständige, d. h. alle Arten umfassende, Revierkartierung im weithin offenen Grünland 12 bis 15 Begehungen der Untersuchungsfläche für erforderlich. Standardempfehlungen für Grundlagenerhebungen in geplanten Windparkflächen geben SINNING & THEILEN (1999) mit mindestens 8 bis 10 Begehungen an. HÄLTERLEIN et al. (1995) halten 6 bis 8 Kontrollen zur Brutbestandserfassung von Küstenvögeln im Wattenmeerbereich für erforderlich. In einem unveröffentlichten Diskussionspapier des NIEDERSÄCHSISCHEN LANDESAMTES FÜR ÖKOLOGIE aus 1994 zum Aufbau eines Naturschutzmonitoringsystems in Niedersachsen wird für die quantitative Erfassung ausgewählter Brutvogelarten ein Aufwand von 7 Begehungen als ausreichend angesehen.

Salzwiesen sind Lebensraum für die typische Limikolen-Brutgemeinschaft von Nord- und Ostsee. Für die Hauptlebensraumtypen werden spezifische Begehungstermine empfohlen (s. Tab. 7). Salzwiese im Schleswig-Holsteinischen Wattenmeer bei Westerhever (Foto: M. Stock).

Vor diesem Hintergrund ist es erforderlich, aus den methodischen Vorgaben der Artsteckbriefe im Zusammenhang mit den allgemeinen Kapiteln Mindeststandards vorzugeben, die zu einer möglichst effizienten und damit Kosten sparenden Erfüllung der fachlichen Anforderungen führen.

Bei dieser Ermittlung von Mindestbegehungszahlen sind wir von einer Revierkartierung des gesamten Artenspektrums einer Untersuchungsfläche ausgegangen. Entsprechend den Vorgaben der EOAC-Kriterien muss für eine Bestandswertung (Revierpaar) die Bestätigung der Feststellung Revier anzeigender Verhaltensweisen nach mindestens sieben Tagen erfolgen.

Bezogen auf die Erfassungstermine in den Artsteckbriefen definiert sich der Mindestaufwand so, dass alle in einem Hauptlebensraum zu erfassenden Arten mindestens zweimal innerhalb der zeitlichen Spanne der drei Standard-Erfassungstermine registriert werden können. Unter diesen Rahmenbedingungen lässt sich die Anzahl der Begehungen auf sechs festlegen. Dabei werden Erfassungen nachtaktiver Vogelarten nicht berücksichtigt. Diese müssen ergänzend, jedoch in der Regel nur in Teilflächen und mit geringerem zeitlichem Aufwand, durchgeführt werden.
Je nach zu erwartendem Artenspektrum sind somit zwei weitere Begehungen im Frühjahr, z. B. zur Erfassung der Eulen, und zwei Begehungen im Sommer, zur Erfassung der Rallen oder anderer nachtaktiver Vogelarten, erforderlich.
Vorschläge für die zeitliche Verteilung dieser sechs Begehungen zur Erfassung des Brutbestandes je Hauptlebensraumtyp zeigt Tab. 7. Termine für Nachtkontrollen sind zusätzlich gekennzeichnet.
Für Bestandserhebungen, die das gesamte potenzielle Artenspektrum einer Fläche der genannten Hauptlebensraumtypen umfassen sollen, ist demnach der Aufwand von 6 Begehungen für tagaktive Arten und 8 bis 10 Begehungen einschließlich der nachtaktiven Arten als Mindestanforderung anzusehen (vgl. Kap. 2.3.1).
Die in Tab. 7 angegebene zeitliche Verteilung der Kontrolltermine ist als Hilfestellung oder Grundgerüst für eigene Planungen anzusehen. Bei der Berücksichtigung regionaler und habitatspezifischer Unterschiede und Besonderheiten können Verschiebungen oder Ergänzungen der Termine notwendig werden. Schon bei der Überschneidung eines Untersuchungsgebietes mit zwei Hauptlebensräumen wie z. B. bei Binnengewässer und Agrarlandschaft kann sich die Anzahl der Standard-Begehungen weiter erhöhen.

Tab. 7: Verteilung der sechs Standard-Begehungen (blaue Markierung) und weiterer Nachtkontrollen (N) in den verschiedenen Hauptlebensräumen.

Lebensraumtyp	März			April			Mai			Juni			Juli		
	1	2	3	1	2	3	1	2	3	1	2	3	1	2	3
1. Küstenlebensräume						N			N		N				
2. Binnengewässer und Feuchtgebiete					N		N				N				
3. Wälder und Heiden		N			N						N				
4. Agrarlandschaft			N		N					N		N			
5. Siedlungen		N			N										
6. Alpine Hochlagen			N		N										

1. Küstenlebensräume

Lebensraum Felsküste: Die Buntsandsteinfelsen der Insel Helgoland, das vorgelagerte Felswatt und die Nordsee - brutzeitlicher Lebensraum für typische Hochseevögel wie Basstölpel, Dreizehenmöwe und Trottellumme sowie Tordalk und Eissturmvogel (Fotos: S. Hirch, F. Brüning).

- **Ästuare:** Flussmündungsbereiche als Komplexe aus Uferhochstauden, meist großflächigen von Seitengewässern strukturierten (Brackwasser-) Röhrichten, Salzgrünland, Tideauwald
- **Strandseen (Lagunen) und Speicherköge** mit Röhrichten, Sandstränden/-platen
- **Steilküsten und Geröllstrände:** (Sandstein-)Felssockel Helgoland; Kreidefelsküsten, Abtragungen von Geest oder Moränen
- **Nordsee-/Ostsee-Salzwiesen** mit ungenutzten oder beweideten Festland-Salzwiesen, Salzwiesen der Inseln
- **Sandinseln mit Dünen-Komplexen** mit Sandstränden, Primärdünen, Weißdünen, Graudünen, Dünenweidengebüschen und Vorwäldern, Seen und Vermoorungen in Dünentälern
- **Küstendünen** mit Heiden, Gebüsch- und angrenzenden (krattartigen) Waldformationen, Seen und Vermoorungen in Dünentälern

Dünentäler der Nordseeinseln bieten Brut- und Nahrungshabitate für Sumpfohreule, Kornweihe und Steinschmätzer. Dünental auf Spiekeroog (Foto: F. Brüning).

2. Binnengewässer und Feuchtgebiete

Lebensraum Tideröhricht: Großflächige, tidebeeinflusste, von Prielen durchzogene und mit Weidengebüsch durchsetzte Schilfröhrichte am rechten Nebenarm der Weser entlang der Flussinsel Harrier Sand. Im Hintergrund Marschgrünland, Äcker und Teiche. Lebensraum u. a. von Teich-, Sumpf- und Schilfrohrsänger, Rohrammer, Blaukehlchen, Bartmeise, Feld- und Rohrschwirl, Beutelmeise, Rohrweihe und Kuckuck im Hochsommeraspekt (Foto: E. Jähme).

Fließgewässer, Seen und andere Stillgewässer:

- **Fließgewässer** von der Ebene bis ins Bergland mit Uferstaudenfluren und Röhrichten, Steilufern, Sand-/Kiesbänken, Flussdünen, flussnahen Abbaugebieten und Sandaufspülungen; Teilabschnitte als Stauseen, Staustufen
- **Klarseen:** kalkreich-mesotrophe bis oligotrophe (in Moränenlandschaften) von Röhrichten gesäumte (waldumstandene) Stillgewässer des Flach- und Hügellandes; kalkreiche sommerkalte Seen des Berglandes
- **natürliche nährstoffreiche Seen:** Seenlandschaften mit Röhrichten und Verlandungszonen; Feldsölle
- **Heide- und Moorseen/-kolke:** saure, klare oder humos bräunliche Gewässer, auch eingestaute (gepolderte) Torfabbauflächen
- **Flachseen** einschließlich Altwässer und sich selbst überlassenen Abgrabungsgewässern
- **Fischteichgebiete**
- **Rieselfelder, feuchte Spülfelder**

Fließgewässer im Gebirgs- und Mittelgebirgsraum sind Lebensraum von Wasseramsel und Gebirgsstelze. Bode bei Thale, Sachsen-Anhalt (Foto: S. Ellermann).

Moore:

- **Hoch- und Übergangsmoore:** geschädigte vorentwässerte, teilabgetorfte oder wiedervernässte Hochmoore, mit Moorgebüschen, nährstoffarmen Groß- und Kleinseggenrieden, Schwingrasen
- **(nährstoffreiche) Sümpfe und Niedermoore:** geschädigte vorentwässerte, teilabgetorfte oder wiedervernässte Niedermoore, Flusstalmoore, Überflutungs- und Durchströmungsmoore, Großseggenriede
- **Wald- und Kesselmoore** in Kiefern-, Kiefern-Eichen- oder Buchenwäldern eingelagert
- **Feuchtheiden,** großflächige Ausprägungen auf nassen bis wechselnassen Torfen oder bodensauren Sanden
- **halboffene Hochmoordegenerations-Komplexe**

Großflächig wiedervernässte Torfabbauflächen mit Schlammbänken und Vegetationsinseln: Sekundärlebensraum und Brutplatz für Kiebitz, Rotschenkel, Sandregenpfeifer, Trauerseeschwalbe, Kranich, Graugans, Schafstelze und Wiesenpieper sowie ausnahmsweise Säbelschnäbler oder Stelzenläufer in Pionierstadien der Renaturierung, NSG Huvenhoopsmoor, Niedersachsen (Foto: H.G. Kulp).

Hochmoor am Rand von Kiefernwald: Wiedervernässtes und entkusseltes Hochmoor im Geestbereich mit erneutem Aufwuchs von jungen Birken und Kiefern. Lebensraum insbesondere von Baumpieper, Fitis, Braun- und Schwarzkehlchen, Gold- und Rohrammer sowie Ziegenmelker. Großräumig nutzen auch Kranich, Schwarzspecht, Baumfalke, Waldschnepfe, Kolkrabe und neuerdings Raufußkauz das Moor, NSG Heilsmoor, Niedersachsen (Foto: T. Schikore).

3. Wälder und Heiden

Laubwälder/-mischwälder:

- **Auwälder:** Weidenaue; Hartholzauwälder; Bach-Erlen-Eschenwälder; Eichen-Ulmen-Eschenauwälder
- **Buchenwälder und Eichen-Hainbuchenwälder,** auch sommertrockene lichte Wälder
- **Schlucht- und Hangmischwälder** des Berglandes mit Kalktrocken- und Pionierrasen
- **Eichenwälder** vorwiegend im Flachland auf Sandebenen
- **Erlen-/Birken-/Kiefernbruchwälder** auf Torfböden
- **Moorwälder:** Sekundärentwicklungen auf Hochmoortorf im Flachland (Birken-Moorwald); Fichten-Spirken-Moorwald, Waldkiefern-Moorwald und Latschen-Moorwald im Bergland
- **Bergwälder** der kollinen bis montanen Stufe mit Silikat-, Kalkschutthalden, natürlichen Felsen und Steinbrüchen
- **Laubforste,** auch Pappelforste; junge Aufforstungen; Kahlschläge

Eichenwälder werden aufgrund der rauen Rindenstruktur der Eiche vom Mittelspecht als Lebensraum bevorzugt. Eichenwald nördlich von Haldensleben, Sachsen-Anhalt (Foto: S. Ellermann).

Montane Fichtenwälder sind Lebensraum von Raufuß- und Sperlingskauz. Fichtenwald im Hochharz, Sachsen-Anhalt (Foto: S. Ellermann).

Nadelwälder:

- **montane bis subalpine Nadelwälder**
- **Nadelforste,** v. a. reine Kiefern- und Fichtenforste sowie laubholzreiche Kiefern- und Fichtenforste; junge Aufforstungen; Kahlschläge

Hude-, Trift- und Heidelandschaften, trockene Abbauflächen:

- **Waldhude:** Mosaiklandschaft aus Restwäldern, bebuschten, lockeren Baumbeständen, Zwergstrauchheiden und offenen grasreichen Triften
- **(Sand-)Trockenheiden und Bergheiden:** v. a. anthropogene Heiden, Binnendünen, Steppenheiden, Lösshänge; großflächig baumarm/-frei mit Gebüschen
- **Sandgruben** und andere (trockene) Tagebaubereiche und deren Folgelandschaften (frühe Sukzessionsstadien)

Sandheiden finden sich heute oft im Bereich von Truppenübungsplätzen: Lebensraum von Ziegenmelker, Heidelerche und Brachpieper. Woltersdorfer Heide, Sachsen-Anhalt (Foto: S. Ellermann).

Lebensraum Marsch: weitläufiges beetartiges Grünland mit wassergefüllten Grüppen und Blänken, verschilfte Gräben und ehemalige Flussarme. Bruthabitat für Kiebitz, Rotschenkel, Uferschnepfe, Feldlerche, Blaukehlchen, Rohrammer, Knäkente, Löffelente, Schafstelze und Wiesenpieper. Frühplate und Rönnebecker Sand, Wesermarsch (Fotos: K. Schröder).

- **See- und Flussmarschen:** großflächig offene Grünland-Graben-Areale der Marschen vorwiegend in Weidenutzung, geringerer Anteil Wiesen; tiefgründig entwässerte Acker-Grünland-Komplexe
- **binnenländisches Feuchtgrünland:** großflächig offene Grünland-Graben-Areale der Moore überwiegend in Wiesennutzung; wechselfeuchte bis wechselnasse Auenwiesen der Stromtäler, extensiv genutzte sommertrockene (Pfeifengras-)Mähwiesen; Moor-Magerweiden
- **Frischwiesen/-weiden, Acker-Grünland-Komplexe:** offene Landschaften überwiegend tiefgründig entwässerter oder grundwasserferner Standorte, (Glatthafer-)Mähwiesen, Sand-Magerweiden

Vielgestaltige Auenlandschaft mit Grünländern, Altwässern und Auwaldresten. Flussseeschwalbenlebensraum Havelniederung im Bereich des Stremel, Sachsen-Anhalt (Foto: S. Ellermann).

- **halboffene Niedermoore und Auen:** überwiegend als Feuchtgrünland genutzte, vielfältige Mosaiklandschaften teilentwässerter Niedermoore und Auen mit (Feucht-)Brachen, Röhrichten, Hochstaudensäumen, Streuwiesen, Kleingewässern, (Wall-) Hecken/Knicks, Dammkulturen, Feldgehölzen
- **offene Feldflur:** großflächige strukturarme Ackerlandschaften sehr großer Schlageinteilung und intensiver Bewirtschaftung
- **halboffene Feldflur:** mehr oder weniger kleingliedrige strukturreiche Acker-Komplexe mit Hecken, Baumreihen und Feldgehölzen
- **industrielle Obst- und Weinanbaugebiete sowie Sonderkulturen:** großflächige Obstmarschen mit engmaschigem Grabennetz und Beetstruktur; großflächige intensiv genutzte Weinanbaugebiete; Hopfenanbau und andere Sonderkulturen

Ackerlandschaften bieten einer Vielzahl von Offenlandarten einen Lebensraum. Europaweit sind die Bestände von Feldlerche, Grauammer und Rebhuhn rückläufig (Foto: S. Fischer).

5. Siedlungen

- **(bäuerlich geprägte) Dörfer**
- **Kleingärten, Baumschulen**
- **Streuobstwiesen:** extensiv genutzt, in Tal- und Hanglagen der Mittelgebirge und des Alpenvorlandes mit Hecken und Gehölzen
- **Rebkulturen:** extensiv genutzt, mit vielfältigen Wildkrautfluren, im Bergland mit Felsrasen, alten Trockenmauern und Steinhaufen
- **Gartenstädte, Villenviertel**
- **Parks, Sportanlagen, Friedhöfe**

Innerhalb von Großstädten finden Arten wie Amsel, Haussperling, Hausrotschwanz, Mauersegler, Türken- und Straßentaube geeignete Brutplätze (Foto: H. Andretzke).

- **City, Altbau-Wohnblockzone; Neubau-Wohnblockzone**
- **Industriegebiete, Häfen, Bahnanlagen, (Müll-)Kippen, Halden**

6. Alpine Hochlagen

- **(baumfreie) Felsmassive, Gletscher**
- **(hochmontane) Silikat-, Kalk- und Kalkschieferschutthalden:** im Kontakt zu alpinen Rasen, Krummholz und Rändern der Bergmischwälder und Fichten-Tannenwälder
- **alpine Lärchen-Arvenwälder**
- **Bergkiefern- (Spirken-)Wälder**
- **alpine und boreale Heiden**
- **alpine Fließgewässer:** mit Schotter- und Geröllflächen
- **alpine Hoch- und Übergangsmoore**
- **Berg-Mähwiesen:** im Komplex mit Kalkrasen, beweideten Matten, Hutungen, Triften

Hochspezialisierte Vogelarten bewohnen die alpinen Hochlagen: Alpendohle am Gipfel des Krottenkopfes im Estergebirge (Bayerische Voralpen, 2.089 m ü. NN). Der Bestand dieser Art ist sehr schwer zu erfassen (Foto: S. Hirch).

Tabelle 8: Artbezogene Empfehlungen für Erfassungstermine und Wertungsgrenzen für die Bestandsermittlung bei Brutvögeln

Euring	Artname	*wissenschaftlicher Artname*	Februar			März			April			Mai			Juni			Juli			August			RL D	EU-V	SPEC	NHI	Lebensräume					
Nr.		(nach BARTHEL & HELBIG 2005)	A	M	E	A	M	E	A	M	E	A	M	E	A	M	E	A	M	E	A	M	E		An. I			K	B	W	A	S	H
00070	Zwergtaucher	*Tachybaptus ruficollis*								1.	2.		3.			4.								V		-	Bx	K	B				
00090	Haubentaucher	*Podiceps cristatus*							1.			2.			3.			4.								-	Bx	K	B				
00100	Rothalstaucher	*Podiceps grisegena*										1.	2.				3.							V		-		K	B				
00110	Ohrentaucher	*Podiceps auritus*										1.		2.		3.								R	x	3			B				
00120	Schwarzhalstaucher	*Podiceps nigricollis*									1.		2.			3.								V		-		K	B				
00220	Eissturmvogel	*Fulmarus glacialis*														1.								R		-		K					
00710	Basstölpel	*Sula bassana*											1.											R		-		K					
00720	Kormoran	*Phalacrocorax carbo*									1.			2.										V		-		K	B				
00950	Rohrdommel	*Botaurus stellaris*							1.		2.		3.											1	x	3	Bx	K	B				
00980	Zwergdommel	*Ixobrychus minutus*												1.		2.		3.		4.				1	x	3			B				
01040	Nachtreiher	*Nycticorax nycticorax*										1.		2.			3.							2	x	3			B				
01190	Seidenreiher	*Egretta garzetta*										1.		2.		3.									x	-			B				
01210	Silberreiher	*Casmerodius albus*									1.		2.		3.										x	-			B				
01220	Graureiher	*Ardea cinerea*								1.																-			B	W			
01240	Purpurreiher	*Ardea purpurea*										1.		2.			3.							2	x	3			B				
01310	Schwarzstorch	*Ciconia nigra*							1.		2.					3.								3	x	2	Wx			W			
01340	Weißstorch	*Ciconia ciconia*							1.		2.			3.										3	x	2			B			S	
01440	Löffler	*Platalea leucorodia*							1.			2.					3.								x	2		K					
01470	Rosaflamingo	*Phoenicopterus roseus*						1.					2.				3.								x	3			B				
20230	Chileflamingo	*Phoenicopterus chilensis*						1.					2.				3.									-			B				
01520	Höckerschwan	*Cygnus olor*						1.		2.				3.												-		K	B				
01540	Singschwan	*Cygnus cygnus*						1.		2.					3.									R	x	-			B				
20800	Schwarzschwan	*Cygnus atratus*	s. Text, keine Angabe möglich																							-			B				
01570	Saatgans	*Anser fabalis*										1.		2.		3.										-		K					
01590	Blässgans	*Anser albifrons*										1.		2.		3.										-		K	B				
01610	Graugans	*Anser anser*			1.					2.			3.													-		K	B				
01620	Streifengans	*Anser indicus*								1.				2.												-			B				
01660	Kanadagans	*Branta canadensis*						1.			2.					3.										-			B				
01670	Weißwangengans	*Branta leucopsis*								1.			2.		3.									R	x	-		K					
01700	Nilgans	*Alopochen aegyptiaca*					1.		2.			3.														-		K	B				

Euring Nr.	Artname	wissenschaftlicher Artname (nach Barthel & Helbig 2005)	Februar A	Februar M	Februar E	März A	März M	März E	April A	April M	April E	Mai A	Mai M	Mai E	Juni A	Juni M	Juni E	Juli A	Juli M	Juli E	August A	August M	August E	RL D	EU-V An. I	SPEC	NHI	Lebensräume K	B	W	A	S	H
01710	Rostgans	*Tadorna ferruginea*								1.			2.		3.										x	3			B				
01730	Brandgans	*Tadorna tadorna*	Küste									2 - 3x														-		K					
01730	Brandgans	*Tadorna tadorna*	Binnenland							1.	2.	3.			4.											-		K					
01770	Brautente	*Aix sponsa*						1.		2.					3.											-			B				
01780	Mandarinente	*Aix galericulata*						1.		2.					3.											-			B				
01790	Pfeifente	*Anas penelope*										1.		2.	3.		4.							R		-		K					
01820	Schnatterente	*Anas strepera*									1.	2.	3.		4.											3		K	B				
01840	Krickente	*Anas crecca*									1.		2.	3.	4.											-		K	B				
01860	Stockente	*Anas platyrhynchos*						1.	2.	3.		4.														-		K	B		A		
01890	Spießente	*Anas acuta*									1.	2.	3.		4.									2		3		K	B				
01910	Knäkente	*Anas querquedula*									1.	2.	3.		4.									2		3		K	B		A		
01940	Löffelente	*Anas clypeata*									1.		2.	3.		4.										3		K	B		A		
01960	Kolbenente	*Netta rufina*								1.		2.		3.		4.								2		-	Bx	K	B				
01980	Tafelente	*Aythya ferina*										1.		2.	3.		4.									2		K	B				
02020	Moorente	*Aythya nyroca*											1.	2.	3.		4.							1	x	1			B				
02030	Reiherente	*Aythya fuligula*												1.	2.	3.		4.								3		K	B		A		
02040	Bergente	*Aythya marila*											1.		2.	3.	4.							R		3W		K					
02060	Eiderente	*Somateria mollissima*									1.	2.	3.	4.										V		-	Kx	K					
02180	Schellente	*Bucephala clangula*							1.		2.	3.	4.													-			B	W			
02210	Mittelsäger	*Mergus serrator*									1.			2.		3.		4.						2		-	Kx	K	B				
02230	Gänsesäger	*Mergus merganser*							1.	2.			3.		4.									3		-		K	B	W			
02250	Schwarzkopf-Ruderente	*Oxyura jamaicensis*										1.		2.		3.	4.									-			B				
02310	Wespenbussard	*Pernis apivorus*											1.				2.		3.						x	-				W			
02380	Schwarzmilan	*Milvus migrans*							1.		2.					3.									x	3				W			
02390	Rotmilan	*Milvus milvus*					1.		2.						3.									V	x	2	Ax			W	A		
02430	Seeadler *	*Haliaeetus albicilla*	1.			2.									3.									2	x	1	Bx	K	B	W			
02560	Schlangenadler	*Circaetus gallicus*							1.		2.				3.									0	x	3				W			
02600	Rohrweihe	*Circus aeruginosus*								1.		2.			3.			4.							x	-	Bx	K	B		A		
02610	Kornweihe	*Circus cyaneus*								1.		2.		3.				4.						1	x	3	Kx	K	B		A		
02630	Wiesenweihe	*Circus pygargus*										1.			2.		3.		4.					2	x	-		?	B		A		
02670	Habicht	*Accipiter gentilis*				1.		2.						3.												-				W			
02690	Sperber	*Accipiter nisus*					1.			2.						3.										-				W		S	

Euring	Artname	wissenschaftlicher Artname	Februar			März			April			Mai			Juni			Juli			August			RL D	EU-V	SPEC	NHI	Lebensräume					
Nr.		(nach BARTHEL & HELBIG 2005)	A	M	E	A	M	E	A	M	E	A	M	E	A	M	E	A	M	E	A	M	E		An. I			K	B	W	A	S	H
02870	Mäusebussard	*Buteo buteo*				1.		2.							3.											-				W	A		
02920	Schreiadler	*Aquila pomarina*								1.						2.				3.				2	x	2	Wx			W			
02960	Steinadler	*Aquila chrysaetos*		1.		2.			3.															2	x	3							H
02980	Zwergadler	*Aquila pennata*								1.		2.						3.							x	3				W			
03010	Fischadler	*Pandion haliaetus*							1.		2.					3.								3	x	3			B	W			
03040	Turmfalke	*Falco tinnunculus*					1.			2.					3.											3					A	S	H
03070	Rotfußfalke	*Falco vespertinus*										1.		2.			3.									3				W			
03100	Baumfalke	*Falco subbuteo*									1.				2.					3.				3		-				W	A		
03160	Würgfalke	*Falco cherrug*		1.		2						3.			4.											1				W			
03200	Wanderfalke*	*Falco peregrinus*	1.		2.							3.			4.									3	x	-		K		W			H
03260	Haselhuhn	*Bonasa bonasia*					1.			2.						3.								2	x	-				W			
03300	Alpenschneehuhn	*Lagopus muta*										1.		2.		3.		4.						R	x	-							H
03320	Birkhuhn	*Tetrao tetrix*	Flachland						1.								2.							1	x	3				W			
03320	Birkhuhn	*Tetrao tetrix*	Gebirge								1.								2.					1	x	3							H
03350	Auerhuhn	*Tetrao urogallus*							1.		2.		3.											1	x	-				W			
03570	Steinhuhn	*Alectoris graeca*								1.				2.		3.								0	x	2							H
03670	Rebhuhn	*Perdix perdix*				1.		2.								3.								2		3					A		
03700	Wachtel	*Coturnix coturnix*													1.	2.		3.	4.							3					A		
03940	Jagdfasan	*Phasianus colchicus*							1.	2.	3.															-					A		
04070	Wasserralle	*Rallus aquaticus*							1.		2.	3.														-	Bx	K	B				
04080	Tüpfelsumpfhuhn	*Porzana porzana*								1.	2.		3.		4.									1	x	-			B				
04100	Kleines Sumpfhuhn	*Porzana parva*										1.	2.	3.	4.									1	x	-			B				
04210	Wachtelkönig	*Crex crex*											1.		2.	3.	4.							2	x	1		K	B		A		
04240	Teichhuhn	*Gallinula chloropus*						1.		2.			3.											V		-			B		A	S	
04290	Blässhuhn	*Fulica atra*								1.		2.		3.												-		K	B				
04330	Kranich	*Grus grus*					1.		2.			3.													x	2			B	W	A		
04460	Großtrappe	*Otis tarda*					1.							2.										1	x	1					A		
04500	Austernfischer	*Haematopus ostralegus*	Küste										2 - 3x													-	Kx	K	B				
04500	Austernfischer	*Haematopus ostralegus*	Binnenland							1.	2.	3.														-	Kx	K	B				
04550	Stelzenläufer	*Himantopus himantopus*											1.		2.		3.								x	-		K	B				
04560	Säbelschnäbler	*Recurvirostra avosetta*	Küste									1.	2.												x	-		K					
04560	Säbelschnäbler	*Recurvirostra avosetta*	Binnenland									1.	2.		3.										x	-		K					

Euring	Artname	wissenschaftlicher Artname	Februar			März			April			Mai			Juni			Juli			August			RL D	EU-V	SPEC	NHI	Lebensräume					
Nr.		(nach BARTHEL & HELBIG 2005)	A	M	E	A	M	E	A	M	E	A	M	E	A	M	E	A	M	E	A	M	E		An. I			K	B	W	A	S	H
04690	Flussregenpfeifer	*Charadrius dubius*										1.		2.	3.											-			B		A		
04700	Sandregenpfeifer	*Charadrius hiaticula*	Küste									2 - 3x												2		-	Kx	K					
04700	Sandregenpfeifer	*Charadrius hiaticula*	Binnenland									1.		2.	3.									2		-	Kx	K					
04770	Seeregenpfeifer	*Charadrius alexandrinus*												1.	2.									1		3		K					
04850	Goldregenpfeifer	*Pluvialis apricaria*								1.		2.			3.									1	x	-							
04930	Kiebitz	*Vanellus vanellus*	Küste							1.	2.													2		2		K					
04930	Kiebitz	*Vanellus vanellus*	Binnenland					1.	2.	3.	4.													2		2	Ax				A		
05120	Alpenstrandläufer	*Calidris alpina schinzii*								1.		2.		3.										1		3		K					
05170	Kampfläufer	*Philomachus pugnax*	Weibchen										1.	2.	3.	4.								1	x	2		K					
05170	Kampfläufer	*Philomachus pugnax*	Männchen (Küste)										1.	2.	3.									1	x	2		K					
05170	Kampfläufer	*Philomachus pugnax*	Männchen (Binnenland)							1.		2.	3.											1	x	2		K					
05180	Zwergschnepfe	*Lymnocryptes minimus*									1.		2.		3.											3			B				
05190	Bekassine	*Gallinago gallinago*								1.		2.	3.	4.										1		3		K	B		A		
05200	Doppelschnepfe	*Gallinago media*											1.	2.	3.									0	x	1			B				
05290	Waldschnepfe	*Scolopax rusticola*										1.		2.		3.										3				W			
05320	Uferschnepfe	*Limosa limosa*	Binnenland						1.		2.	3.												1		2	Ax	K	B		A		
05320	Uferschnepfe	*Limosa limosa*	Nordseeküste							1.		2.												1		2	Ax	K	B		A		
05410	Großer Brachvogel	*Numenius arquata*						1.		2.	3.													2		2		K	B		A		
05460	Rotschenkel	*Tringa totanus*	Küste								1.	2.												2		2	Kx	K					
05460	Rotschenkel	*Tringa totanus*	Binnenland							1.	2.	3.														2	Kx	K	B				
05480	Grünschenkel	*Tringa nebularia*													1.	2.	3.									-			B				
05530	Waldwasserläufer	*Tringa ochropus*							1.		2.			3.												-			B	W			
05540	Bruchwasserläufer	*Tringa glareola*										1.		2.		3.								0	x	3			B				
05560	Flussuferläufer	*Tringa hypoleucos*											1.		2.	3.		4.						1		3	Bx	K	B				
05610	Steinwälzer	*Arenaria interpres*											1.		2.									R		-		K					
05750	Schwarzkopfmöwe	*Larus melanocephalus*										1.	2.	3.										R	x	-		K	B				
05780	Zwergmöwe	*Hydrocoloeus minutus*											1.		2.	3.								R		3		K					
05820	Lachmöwe	*Larus ridibundus*	Küste										2 - 3x													-		K	B				
05820	Lachmöwe	*Larus ridibundus*	Binnenland									1.		2.												-		K	B				
05900	Sturmmöwe	*Larus canus*	Küste											2 - 3x												2		K	B				
05900	Sturmmöwe	*Larus canus*	Binnenland									1.	2.	3.												2		K	B				
05910	Heringsmöwe	*Larus fuscus*												2 - 3x												-		K					

Euring	Artname	wissenschaftlicher Artname	Februar			März			April			Mai			Juni			Juli			August			RL D	EU-V	SPEC	NHI	Lebensräume					
Nr.		(nach BARTHEL & HELBIG 2005)	A	M	E	A	M	E	A	M	E	A	M	E	A	M	E	A	M	E	A	M	E		An. I			K	B	W	A	S	H
05920	Silbermöwe	*Larus argentatus*	Küste											2 - 3x												-		K					
05920	Silbermöwe	*Larus argentatus*	Binnenland									1.	2.	3.												-							
05926	Mittelmeermöwe	*Larus michahellis*										1.	2.		3.									R		-							
05927	Steppenmöwe	*Larus cachinnans*									1.	2.		3.												-			B				
06000	Mantelmöwe	*Larus marinus*												2 - 3x										R		-		K					
06020	Dreizehenmöwe	*Rissa tridactyla*													1.									R		-		K					
06050	Lachseeschwalbe	*Sterna nilotica*											1.	2.	3.									2	x	3		K					
06060	Raubseeschwalbe	*Sterna caspia*										1.	2.		3.									1	x	3		K					
06110	Brandseeschwalbe	*Sterna sandvicensis*												2x										V	x	2		K					
06150	Flussseeschwalbe	*Sterna hirundo*	Küste											2 - 3x										V	x	-	Kx	K					
06150	Flussseeschwalbe	*Sterna hirundo*	Binnenland									1.		2.										V	x	-	Kx	K					
06160	Küstenseeschwalbe	*Sterna paradisaea*												2 - 3x											x	-	Kx	K					
06240	Zwergseeschwalbe	*Sterna albifrons*	Küste											2 - 3x										2	x	3	Kx	K					
06240	Zwergseeschwalbe	*Sterna albifrons*	Binnenland										1.	2.	3.									2	x	3	Kx	K					
06260	Weißbart-Seeschwalbe	*Chlidonias hybridus*													1.		2.								x	3			B				
06270	Trauerseeschwalbe	*Chlidonias niger*												1.		2.								1	x	3			B		A		
06280	Weißflügel-Seeschwalbe	*Chlidonias leucopterus*													1.		2.									-			B				
06340	Trottellumme	*Uria aalge*												1.										R		-	Kx	K					
06360	Tordalk	*Alca torda*												1.										R		-		K					
06650	Straßentaube	*Columba livia f. domestica*							1.		2.	3.														-						S	
06680	Hohltaube	*Columba oenas*				1.	2.			3.																-		K		W			
06700	Ringeltaube	*Columba palumbus*				1.		2.		3.																-				W	A	S	
06840	Türkentaube	*Streptopelia decaocto*							1.		2.	3.												V		-						S	
06870	Turteltaube	*Streptopelia turtur*										1.			2.			3.						V		3				W	A		
07120	Halsbandsittich	*Psittacula krameri*	1.								2.			3.												-						S	
26610	Alexandersittich	*Psittacula eupatria*	1.								2.			3.												-						S	
07240	Kuckuck	*Cuculus canorus*										1.		2.		3.								V		-		K	B	W	A		
07350	Schleiereule	*Tyto alba*						1.		2.		3.														3					A	S	
07390	Zwergohreule	*Otus scops*												1.		2.		3.								2				W		S	
07440	Uhu *	*Bubo bubo*		1.		2.				3.														3	x	3				W			H
07510	Sperlingskauz	*Glaucidium passerinum*					1.		2.		3.					4.									x	-				W			H
07570	Steinkauz	*Athene noctua*			1.		2.		3.					4.										2		3	Ax				A	S	

Euring	Artname	wissenschaftlicher Artname	Februar			März			April			Mai			Juni			Juli			August			RL D	EU-V	SPEC	NHI	Lebensräume					
Nr.		(nach Barthel & Helbig 2005)	A	M	E	A	M	E	A	M	E	A	M	E	A	M	E	A	M	E	A	M	E		An. I			K	B	W	A	S	H
07610	Waldkauz *	*Strix aluco*		1.		2.								3.												-				W		S	
07650	Habichtskauz *	*Strix uralensis*		1.			2.					3.												R		-							
07670	Waldohreule	*Asio otus*			1.		2.							3.												-					A	S	
07680	Sumpfohreule	*Asio flammeus*								1.		2.	3.		4.									1	x	3		K	B				
07700	Raufußkauz	*Aegolius funereus*			1.		2.		3.					4.											x	-				W			H
07780	Ziegenmelker	*Caprimulgus europaeus*												1.		2.	3.							2	x	2				W			
07950	Mauersegler	*Apus apus*											1.	2.	3.									V		-	Sx			W		S	
07980	Alpensegler	*Apus melba*										1.			2.				3.					R		-						S	
08310	Eisvogel	*Alcedo atthis*						1.		2.			3.											V	x	3	Bx		B				
08400	Bienenfresser	*Merops apiaster*												1.	2.		3.							R		3			B				
08410	Blauracke	*Coracias garrulus*											1.		2.		3.							1	x	2				W			
08460	Wiedehopf	*Upupa epops*								1.			2.			3.								1		3				W	A		
08480	Wendehals	*Jynx torquilla*										1.		2.		3.								3		3	Sx			W		S	
08550	Grauspecht	*Picus canus*				1.		2.		3.														V	x	3	Wx			W			
08560	Grünspecht	*Picus viridis*				1.		2.		3.														V		2	Sx			W		S	
08630	Schwarzspecht	*Dryocopus martius*				1.		2.		3.															x	-	Wx			W			
08760	Buntspecht	*Dendrocopos major*				1.		2.		3.																-				W		S	
08830	Mittelspecht	*Dendrocopos medius*				1.		2.		3.														V	x	-	Wx			W			
08840	Weißrückenspecht	*Dendrocopos leucotos*					1.		2.	3.			4.											R		-							
08870	Kleinspecht	*Dryobates minor*				1.		2.		3.																-	Wx			W		S	
08980	Dreizehenspecht	*Picoides tridactylus*					1.		2.		3.				4.									R		3							H
09720	Haubenlerche	*Galerida cristata*						1.		2.	3.													2		3					A	S	
09740	Heidelerche	*Lullula arborea*					1.		2.	3.														3	x	2	Ax			W	A		
09760	Feldlerche	*Alauda arvensis*							1.		2.	3.			G.				G.					V		3	Ax	K			A		H
09810	Uferschwalbe	*Riparia riparia*															1a.			1b.				V		3		K	B				
09910	Felsenschwalbe	*Hirundo rupestris*												1.		2.								R		-							H
09920	Rauchschwalbe	*Hirundo rustica*										1.	2.		3.											3	Sx					S	
10010	Mehlschwalbe	*Delichon urbicum*														1.								V		3	Sx	K				S	
10050	Brachpieper	*Anthus campestris*											1.	2.	3.									2	x	3				W			
10090	Baumpieper	*Anthus trivialis*									1.		2.	3.										V		-				W	A		
10110	Wiesenpieper	*Anthus pratensis*							1.		2.	3.	4.													-		K	B		A		
10141	Bergpieper	*Anthus spinoletta*										1.		2.		3.		4.								-							H

Euring	Artname	wissenschaftlicher Artname	Februar			März			April			Mai			Juni			Juli			August			RL D	EU-V	SPEC	NHI	Lebensräume					
Nr.		(nach BARTHEL & HELBIG 2005)	A	M	E	A	M	E	A	M	E	A	M	E	A	M	E	A	M	E	A	M	E		An. I			K	B	W	A	S	H
10142	Strandpieper	*Anthus petrosus*								1.		2.		3.												-		K					
10170	Schafstelze	*Motacilla flava*									1.		2.	3.	4.									V		-		K	B		A		
10180	Zitronenstelze	*Motacilla citreola*										1.		2.		3.										-			B				
10190	Gebirgsstelze	*Motacilla cinerea*					1.		2.		3.		4.													-			B				H
10200	Bachstelze	*Motacilla alba*								1.	2.		3.													-		K	B		A	S	H
10500	Wasseramsel	*Cinclus cinclus*			1.		2.		3.		4.			G.		G.										-			B				H
10660	Zaunkönig	*Troglodytes troglodytes*							1.		2.	3.			G.					G.						-				W	A	S	H
10840	Heckenbraunelle	*Prunella modularis*						1.		2.	3.				G.					G.						-				W	A	S	H
10940	Alpenbraunelle	*Prunella collaris*									1.		2.				3.			4.				R		-							H
10990	Rotkehlchen	*Erithacus rubecula*							1.		2.	3.			G.					G.						-				W	A	S	H
11030	Sprosser	*Luscinia luscinia*											1.	2.	3.									V		-			B	W			
11040	Nachtigall	*Luscinia megarhynchos*									1.		2.	3.												-	Wx		B	W	A	S	
11060	Blaukehlchen	*Luscinia svecica*								1.	2.	3.					G.					G.			x	-		K	B		A		H
11210	Hausrotschwanz	*Phoenicurus ochruros*								1.	2.	3.					G.				G.					-	Sx					S	H
11220	Gartenrotschwanz	*Phoenicurus phoenicurus*										1.	2.	3.										V		2	Sx			W		S	
11370	Braunkehlchen	*Saxicola rubetra*											1.	2.	3.									3		-	Ax	K	B		A		
11390	Schwarzkehlchen	*Saxicola rubicola*							1.		2.	3.														-			B		A		
11460	Steinschmätzer	*Oenanthe oenanthe*	Nordwest+Ost-D										1.	2.	3.									2		3		K		W		S	
11460	Steinschmätzer	*Oenanthe oenanthe*	Süd-D							1.		2.	3.					G.			G.			2		3							H
11620	Steinrötel	*Monticola saxatilis*											1.		2.		3.		x.		x.			0		3							H
11860	Ringdrossel	*Turdus torquatus*								1.		2.		3.		4.				G.		G.				-				W			H
11870	Amsel	*Turdus merula*						1.		2.	3.															-				W	A	S	
11980	Wacholderdrossel	*Turdus pilaris*								1.		2.	3.					G.		G.						-				W	A		H
12000	Singdrossel	*Turdus philomelos*						1.		2.	3.															-				W		S	
12010	Rotdrossel	*Turdus iliacus*										1.		2.		3.										-							
12020	Misteldrossel	*Turdus viscivorus*				1.		2.		3.																-				W	A	S	
12200	Seidensänger	*Cettia cetti*										1.		2.		3.										-			B				
12260	Zistensänger	*Cisticola juncidis*									1.		2.		3.											-			B				
12360	Feldschwirl	*Locustella naevia*											1.		2.	3.										-		K	B		A		
12370	Schlagschwirl	*Locustella fluviatilis*												1.		2.	3.									-			B	W			
12380	Rohrschwirl	*Locustella luscinioides*									1.		2.	3.										V		-		K	B				
12410	Mariskenrohrsänger	*Acrocephalus melanopogon*										1.		2.		3.									x	-			B				

Euring	Artname	*wissenschaftlicher Artname*	Februar			März			April			Mai			Juni			Juli			August			RL D	EU-V	SPEC	NHI	Lebensräume					
Nr.		(nach Barthel & Helbig 2005)	A	M	E	A	M	E	A	M	E	A	M	E	A	M	E	A	M	E	A	M	E		An. I			K	B	W	A	S	H
12420	Seggenrohrsänger	*Acrocephalus paludicola*											1.		2		3.							1	x	1			B				
12430	Schilfrohrsänger	*Acrocephalus schoenobaenus*										1.	2.	3.										2		-		K	B		A		
12500	Sumpfrohrsänger	*Acrocephalus palustris*												1.	2.	3.										-			B	W	A		
12510	Teichrohrsänger	*Acrocephalus scirpaceus*												1.	2.	3.										-	Bx	K	B		A		
12530	Drosselrohrsänger	*Acrocephalus arundinaceus*											1.		2.	3.								2		-		K	B				
12590	Gelbspötter	*Hippolais icterina*											1.	2.	3.											-				W	A	S	
12600	Orpheusspötter	*Hippolais polyglotta*											1.	2.	3.									R		-				W	A		
12720	Westliche Orpheusgrasmücke	*Sylvia hortensis*										1.		2.		3.										3				W			
12730	Sperbergrasmücke	*Sylvia nisoria*											1.	2.	3.										x	-				W	A		
12740	Klappergrasmücke	*Sylvia curruca*										1.		2.	3.				G.	G.						-				W	A	S	H
12750	Dorngrasmücke	*Sylvia communis*										1.		2.	3.											-					A		
12760	Gartengrasmücke	*Sylvia borin*										1.		2.	3.				G.	G.						-				W		S	H
12770	Mönchsgrasmücke	*Sylvia atricapilla*								1.		2.	3.													-				W		S	
12930	Grünlaubsänger	*Phylloscopus trochiloides*												1.	2.		3.							R		-				W			
13070	Berglaubsänger	*Phylloscopus bonelli*										1.		2.	3.											2				W			H
13080	Waldlaubsänger	*Phylloscopus sibilatrix*										1.	2.	3.												2	Wx			W			
13110	Zilpzalp	*Phylloscopus collybita*									1.	2.	3.					G.		G.						-				W	A	S	H
13120	Fitis	*Phylloscopus trochilus*									1.		2.	3.												-				W			
13140	Wintergoldhähnchen	*Regulus regulus*								1.		2.		3.			G.			G.						-				W		S	H
13150	Sommergoldhähnchen	*Regulus ignicapilla*								1.		2.		3.												-				W		S	
13350	Grauschnäpper	*Muscicapa striata*											1.		2.	3.										3				W		S	
13430	Zwergschnäpper	*Ficedula parva*										1.		2.	3.										x	-				W			
13480	Halsbandschnäpper	*Ficedula albicollis*									1.		2.	3.										1	x	-				W			
13490	Trauerschnäpper	*Ficedula hypoleuca*									1.		2.	3.												-				W		S	
13640	Bartmeise	*Panurus biarmicus*						1.		2.		3.												V		-		K	B				
14370	Schwanzmeise	*Aegithalos caudatus*				1.		2.		3.																-				W		S	
14400	Sumpfmeise	*Parus palustris*				1.		2.	3.																	3	Wx			W		S	
14420	Weidenmeise	*Parus montanus*					1.		2.	3.						G.				G.						-	Wx			W			H
14540	Haubenmeise	*Parus cristatus*					1.		2.		3.					G.				G.						2				W			H
14610	Tannenmeise	*Parus ater*						1.		2.	3.						G.			G.						-	Wx			W			H
14620	Blaumeise	*Parus caeruleus*					1.		2.		3.															-				W		S	
14640	Kohlmeise	*Parus major*					1.		2.	3.																-				W		S	

Euring	Artname	wissenschaftlicher Artname	Februar			März			April			Mai			Juni			Juli			August			RL D	EU-V	SPEC	NHI	Lebensräume					
Nr.		(nach Barthel & Helbig 2005)	A	M	E	A	M	E	A	M	E	A	M	E	A	M	E	A	M	E	A	M	E		An. I			K	B	W	A	S	H
14790	Kleiber	*Sitta europaea*				1.		2.	3.				4.													-	Wx			W		S	
14820	Mauerläufer	*Tichodroma muraria*								1.		2.		x.		3.			4.					R		-							H
14860	Waldbaumläufer	*Certhia familiaris*					1.		2.		3.				G.					G.						-				W			H
14870	Gartenbaumläufer	*Certhia brachydactyla*					1.		2.		3.															-				W		S	
14900	Beutelmeise	*Remiz pendulinus*								1.		2.			3.											-			B	W	A		
15080	Pirol	*Oriolus oriolus*										1.		2.	3.		4.							V		-				W			
15150	Neuntöter	*Lanius collurio*												1.	2.	3.									x	3	Ax			W	A		
15200	Raubwürger	*Lanius excubitor*							1.		2.		3.											1		3				W	A		
15230	Rotkopfwürger	*Lanius senator*											1.	2.		3.								1		2				W	A		
15390	Eichelhäher	*Garrulus glandarius*					1.		2.				3.													-				W		S	
15490	Elster	*Pica pica*					1.		2.		3.															-	Ax				A	S	
15570	Tannenhäher	*Nucifraga caryocatactes*					1.					2.			3.											-				W			H
15580	Alpendohle	*Pyrrhocorax graculus*										1.		2.			3.									-							H
15600	Dohle	*Corvus monedula*	Wald		1.				2.				3.													-	Sx			W		S	
15600	Dohle	*Corvus monedula*	Siedlung				1.		2.				3.													-							
15630	Saatkrähe	*Corvus frugilegus*							1.	2.																-					A	S	
15670	Rabenkrähe / Nebelkrähe	*Corvus corone / C. cornix*						1.		2.	3.															-				W	A	S	
15720	Kolkrabe *	*Corvus corax*	1.		2.						3.			4.												-				W			H
15820	Star	*Sturnus vulgaris*							1.		2.	3.														3				W		S	
15910	Haussperling	*Passer domesticus*							1.	2.		3.		4.										V		3	Sx					S	
15980	Feldsperling	*Passer montanus*								1.	2.		3.											V		3				W	A	S	
16110	Schneesperling	*Montifringilla nivalis*										1.			2.			3.						R		-							H
16360	Buchfink	*Fringilla coelebs*							1.		2.	3.				G.				G.						-				W		S	H
16380	Bergfink	*Fringilla montifringilla*											1.		2.	3.										-				W			
16400	Girlitz	*Serinus serinus*								1.		2.		3.												-	Sx				A	S	
16440	Zitronengirlitz	*Serinus citrinella*					1.		2.		3.			4.												-							H
16490	Grünfink	*Carduelis chloris*							1.	2.		3.														-					A	S	
16530	Stieglitz	*Carduelis carduelis*								1.		2.		3.												-					A	S	
16540	Erlenzeisig	*Carduelis spinus*					1.		2.		3.															-				W		S	
16600	Bluthänfling	*Carduelis cannabina*									1.	2.	3.	4.										V		2		K			A		
16630	Alpenbirkenzeisig	*Carduelis cabaret*									1.	2.		3.	4.			G.		G.						-		K		W		S	H
16650	Bindenkreuzschnabel	*Loxia bifasciata*	s. Text, keine Angabe möglich																							-				W		S	

Euring	Artname	wissenschaftlicher Artname	Februar			März			April			Mai			Juni			Juli			August			RL D	EU-V	SPEC	NHI	Lebensräume					
Nr.		(nach Barthel & Helbig 2005)	A	M	E	A	M	E	A	M	E	A	M	E	A	M	E	A	M	E	A	M	E		An. I			K	B	W	A	S	H
16660	Fichtenkreuzschnabel *	*Loxia curvirostra*	2.			3.			4.																	-				W			H
16680	Kiefernkreuzschnabel	*Loxia pytyopsittacus*	s. Text, keine Angabe möglich																							-				W			
16790	Karmingimpel	*Carpodacus erythrinus*												1.	2.	3.		4.						R		-		K	B	W			
17100	Gimpel	*Pyrrhula pyrrhula*							1.		2.			3.												-				W		S	
17170	Kernbeißer	*Coccothraustes coccothraustes*						1.		2.		3.														-				W		S	
18570	Goldammer	*Emberiza citrinella*								1.	2.	3.														-	Ax	K		W	A		
18580	Zaunammer	*Emberiza cirlus*						1.		2.		3.												2		-				W	A		
18600	Zippammer	*Emberiza cia*						1.		2.		3.												1		3					A		
18660	Ortolan	*Emberiza hortulana*										1.		2.	3.		4.							2	x	2				W	A		
18770	Rohrammer	*Emberiza schoeniclus*								1.		2.		3.												-		K	B		A		
18820	Grauammer	*Emberiza calandra*								1.		2.	3.											2		2	Ax	K			A		

Legende:

1.	= Empfehlung für Erfassungstermine 1. bis 4.; erstrecken sich z. T. über mehrere Monatsdekaden
	= Zeitraum zwischen empfohlenen Erfassungsdekaden; erstreckt sich z. T. über mehrere Monatsdekaden
	[Ein Befund muss innerhalb der Spanne 1. bis 4. Termin erbracht werden, weitere Einschränkung ist möglich. s. Steckbrief]
	= erweiterter Erfassungszeitraum vor bzw. nach empfohlenen Erfassungsterminen
	[z. B. darf eine von den meist zwei geforderten Feststellungen (Revierkartierung) aus diesem Zeitraum stammen]
	Die Spanne über alle drei Zeiträume bildet die Wertungsgrenze für die jeweilige Art.
	[Befunde außerhalb dieser Zeitspanne dürfen nicht gewertet werden]
A	= Anfang des jeweiligen Monats, erste Monatsdekade (1. bis 10. Tag)
M	= Mitte des jeweiligen Monats, zweite Monatsdekade (11. bis 20. Tag)
E	= Ende des jeweiligen Monats, dritte Monatsdekade (21. bis letzter Tag)
*	= zu dieser Art gibt es auch Terminempfehlungen für Januar (siehe Text)
G. G.	= erweiterte Spanne der Erfassung bei Singvögeln im Hochgebirge (nicht bei allen Arten angegeben) gilt im wesentlichen für Bereich ab der Waldgrenze (Krummholzzone)
x.	= Terminverschiebung in höheren Lagen (bzw. bei günstigeren Bedingungen)

RL D	Rote Liste Deutschlands (Bauer et al. 2002)
0	Bestand erloschen bzw. verschollen
1	Bestand vom Erlöschen bedroht
2	Bestand stark gefährdet
3	Bestand gefährdet
V	Arten der Vorwarnliste
R	Arten mit geographischer Restriktion in Deutschland

	Lebensräume
K	Küstenlebensräume
B	Binnengewässer und Feuchtgebiete
W	Wälder und Heiden
A	Agrarlandschaft
S	Siedlungen
H	Alpine Hochlagen

EU-V	EU-Vogelschutzrichtlinie
An. I	Anhang I
NHI	Nachhaltigkeitsindex (s. Achtziger et al. 2004) (erstes Kürzel, s. Lebensräume)

SPEC = **Spe**cies of **E**uropean **C**onservation Concern (BirdLife International 2004)

SPEC 1 = Europäische Art von globalem Naturschutzbelang

SPEC 2 = Weltbestand oder Verbreitungsgebiet konzentriert auf Europa bei gleichzeitig ungünstigem Erhaltungszustand

SPEC 3 = sonstige Art mit ungünstigem Erhaltungszustand

w = Kategorie gilt bezogen auf die Winterpopulation

5.3 Artsteckbriefe

Hartmut ANDRETZKE (62/101), Tasso SCHIKORE (31/110) und Karsten SCHRÖDER (25/69)*

unter Mitarbeit (Steckbrief-Entwürfe) von:
Winfried OTTO (81), Till TÖPFER (28), Holger SCHIELZETH (15), Heiner SCHÖPF (11), Bernd HÄLTERLEIN (6), Stefan R. SUDMANN (6), Volker DIERSCHKE (5), Martin BOSCHERT (4), Dagmar STIEFEL (1), Ulrich AUGST (1), Wolfgang SCHERZINGER (1), Ulrich KÖPPEN (1), Hans-Günther BAUER (1), Peter SÜDBECK (1) sowie Christoph GRÜNEBERG (Recherche zu phänologischen Angaben) und Ekkehard JÄHME (Mitarbeit an Termintabelle, Literaturliste und Manuskriptdurchsicht).
Die Bearbeitung der Steckbriefe war nur möglich durch umfangreiche Zuarbeit zahlreicher, in der Danksagung genannter Vogelkundler und Vogelkundlerinnen aus vielen Regionen Deutschlands und dem benachbarten Ausland.

* (die Zahlenangaben in der Klammer entsprechen der Anzahl an erstellten Steckbrief-Entwürfen/Steckbrief-Überarbeitungen; n = je 280)

Zwergtaucher

–

Grauammer

00070 Zwergtaucher
Tachybaptus ruficollis

RLD	V
EUV	---
SPEC	---

Lebensraum

Niederungen; Moore und Ästuare mit kleinen, flachen Stillgewässern (ab 100 m^2) oder deckungsreiche Buchten von Seen mit ausgeprägter Verlandungsvegetation (Röhrichte, Seggen, Schwaden) und Schwimmblattvegetation (z.B. Laichkrautteppiche) oder mit Gebüsch bestandenen Ufern; Tümpel, Teiche, Abgrabungsgewässer, breite Gräben, Altwasser, Sölle, überstaute Wiesen- und Ackersenken sowie wiedervernässte Torfstiche; terrestrisches Umfeld der Gewässer unterschiedlich (Offenland, Wald, Siedlungen).

Brutbiologie

Schwimmnest; offen auf der Wasserfläche oder in Verlandungsvegetation versteckt, an Pflanzen verankert, vor dem Nestbau 1-3 Begattungsplattformen; Einzelbrüter; saisonale Monogamie; 1-2(3) Bruten jährlich (oft auch Schachtelbruten), oftmals Nachgelege; Gelege: (4)5-6(7-9) Eier, Brutdauer: 20-21 Tage; mit 44-48 Tagen flügge; ♂ und ♀ brüten, führen und füttern; Umsiedlungen häufig.

Phänologie

Jahresperiodik: Teilzieher, Kurzstreckenzieher; Ankunft im Brutgebiet ab E 2, meist ab A 3 bis E 3; Heimzug A 2 bis A 5, Hauptdurchzug E 3 bis E 4; Balz von A 3, i.d.R. ab A 4 bis Juli/August; Legeperiode von A 4 bis A 9, Hauptlegezeit A 5 bis A 6; Jungvögel ab E 4; Abzug von den Brutplätzen schon ab E 6/A 7, bei Zweit- und Drittbrut ab E 6 bis A 9; Herbstdurchzug ab August.

Tagesperiodik: tag- und nachtaktiv.

Erfassung

Hauptsächlich akustische Erfassung: Balztriller bzw. Duettgesang (März bis Juni); Erfassung der Neststandorte durch Beobachtung der Altvögel, Zählung Junge führender Paare, Bettelrufe der Jungvögel (Mai bis September); optische Erfassung oft schwierig; Einsatz von Klangattrappen an großen oder unübersichtlichen Gewässern mit ausgedehnten Verlandungsbereichen notwendig.

Termine: 1. M 4 (Balz, ggf. Nestbau bzw. Bau von Begattungsplattformen); 2. E 4 bis A 5 (Balz, Zählung von Paaren sowie einzelner ortstreuer Individuen); 3. M 5 bis E 5 (Zählung von Paaren sowie einzelner ortstreuer Individuen, Junge führender Paare); 4. M 6 (Zählung Junge führender Paare).

Günstige Tageszeit: frühe Morgenstunden und in der Abenddämmerung.

Auswertung

Wertungsgrenzen: A 4 bis A 7.

Brutverdacht: • Nestbau; • zweimalige Feststellung eines (balzenden) Paares oder eines ortstreuen Individuums im potenziellen Brutgebiet im Abstand von mindestens 7 Tagen, eine Feststellung von E 4 bis M 6; • zweimalige Feststellung von Balztriller oder Duettgesang im Abstand von mindestens 7 Tagen, eine Feststellung von E 4 bis M 6.

Brutnachweis: insbesondere • Junge führender Altvogel; • Futter tragender Altvogel.

Besondere Hinweise: An großen oder unübersichtlichen Gewässern mit ausgedehnten Verlandungsbereichen Erfassung nur vom Boot aus möglich; bei Einsatz von Klangattrappe nicht die optische Erfassung vernachlässigen (Gefahr der Bestandsunterschätzung!); in der Zeit der Bebrütung des Geleges sowie während der Führung von Küken sehr heimlich. Regelmäßig erfolgen Umzüge und Neuansiedlungen nach der Erstbrut (z.B. bei im Juni austrocknenden Gewässern). An manchen Gewässern ist der Brutbestand im Spätsommer größer als im Frühjahr. Bei Gewässern, die einer starken Freizeitnutzung unterliegen, Kontrolle am besten in den frühen Morgenstunden.

Literatur: Sudmann et al. (2002)

Wertungsgrenzen und Erfassungszeitraum

Februar			März			April			Mai			Juni			Juli			August		
A	M	E	A	M	E	A	M	E	A	M	E	A	M	E	A	M	E	A	M	E
							1.	2.		3.			4.							

00090 Haubentaucher
Podiceps cristatus

RLD	---
EUV	---
SPEC	---

Lebensraum

Fischreiche Stillgewässer (Seen, Weiher, Teiche, Talsperren, Baggerseen) ab 1 ha, oft jedoch > 5 ha; Boddengewässer der Ostsee, Altarme und langsam fließende Gewässer sowie Überschwemmungsgrünland; meist mit Strukturen für die Befestigung des Schwimmnestes, wie Röhrichte (Schilf, Binsen, Kalmus, Rohrkolben), ins Wasser ragende Bäume und Büsche, See- und Teichrosenbestände; offene Gewässerfläche ist wichtig zum Nahrungserwerb; mitunter auf (künstlichen) Gewässern ohne Ufervegetation; seltener auch auf nährstoffarmen Heideseen.

Brutbiologie

Schwimmnest; +/- in Verlandungsvegetation versteckt, an Pflanzen verankert, selten frei oder auf die Wasseroberfläche überragenden Steinen; Einzelbrüter, auch kolonieartiges Brüten; saisonale Monogamie; meist 1, selten 2 Jahresbrut(en), Drittbrut fraglich, oft Nachgelege, dies bisweilen jedoch an anderem Gewässer; Gelege: (2)3-4(6) Eier, Brutdauer: (22)25-29 Tage; Familienauflösung nach 10-11 Wochen; ♂ und ♀ balzen, bauen Nest, brüten, füttern, führen (oft je einen Teil der Jungen).

Phänologie

Jahresperiodik: Teilzieher, wenn Zug, dann Kurzstreckenzieher; Heimzug selten ab E 1, sonst ab M 2 bis A/M 5, Hauptdurchzug im Süden von E 3 bis A 4, sonst E 3 bis A 5; Revierbesetzung (z.T. bereits verpaart) ab M 2, meist im März; Balz ab M 2 bis E 7, lange Brutperiode von M 3 bis A 8; Legebeginn Erstbrut überwiegend ab A 4 bis A 6, Schwerpunkt A 5 bis A 6, Herbst- und Winterbruten möglich; Jungvögel ab E 4 möglich, meist ab A 5; Abzug aus Brutgebieten ab A 8.

Tagesperiodik: Nahrungssuche überwiegend tagsüber (v.a. früher Morgen und nachmittags); Balz tagsüber und bis in die Nacht hinein; zieht überwiegend nachts.

Erfassung

Zählung territorialer, balzender, Nest bauender, brütender und führender Altvögel.

Termine: 1. A 4 bis M 4 (Balz, Nestbau, brütende Vögel); 2. A 5 bis M 5 (Balz, Nestbau, brütende Vögel, Familienverbände); 3. A 6 bis M 6 (brütende Vögel, Familienverbände); 4. A 7 bis M 7 ggf. weitere Erfassung zur Ermittlung des Bruterfolgs (flügge bzw. nahezu flügge Jungvögel/Brutpaar).

Günstige Tageszeit: ab SA bis früher Vormittag, Familienverbände ganztags.

Auswertung

Wertungsgrenzen: A 3 bis E 7.

Brutverdacht: • zweimalig Paar/Altvogel balzend im Abstand von mindestens 7 Tagen, davon eine Feststellung ab A 4; • einmalig Paar/Altvogel balzend und eine weitere Beobachtung eines Altvogels/Paares im Abstand von mindestens 7 Tagen, davon eine Feststellung ab A 4; • Beobachtung eines in Ufervegetation hineinschwimmenden bzw. aus ihr herausschwimmenden Altvogels (Partner kann versteckt brüten).

Brutnachweis: insbesondere • brütende, Futter tragende bzw. Junge führende Altvögel.

Besondere Hinweise: Veränderungen des Gesamtbestandes nur belegbar bei Berücksichtigung von definitiven Brutpaaren und solchen Paaren, die nicht oder nicht erfolgreich gebrütet haben; Unterscheidung Brüter/Nichtbrüter mitunter schwierig, da Nest- und Jungenverluste schnell eintreten können. Wegen möglicher Aufteilung bei der Führung der Jungen können zwei räumlich getrennt führende Altvögel nicht zwei Brutpaaren gleichgesetzt werden; bestätigte territoriale/balzende Einzelvögel werden dem Brutbestand zugerechnet, da Partner versteckt brüten kann; regional große Unterschiede im Brutbeginn sind möglich (z.T. durch Umsiedlungen bedingte spätere Bruten); auch lokale Umsiedlungen v.a. bei Teichkomplexen sind möglich, auch Balz und Brut an verschiedenen Gewässern; Junge können bis 20. Tag im Rückengefieder der Altvögel versteckt sein. Auch Durchzügler können (paarweise) balzen, v.a. noch im April. In Kolonien wird meist nur Nestnähe gegen Artgenossen verteidigt. Aufgrund Störempfindlichkeit nicht nach versteckten Nestern suchen. Auf unübersichtlichen bzw. großen Gewässern ist Erfassung vom Boot aus sinnvoll (bessere Übersicht, geringere Beeinträchtigung der Ufervegetation). In Gruppen zusammen schwimmende Altvögel (v.a. auf größeren Seen und außerhalb der Brutreviere) sind als Nichtbrüter zu werten. Nahrungsflüge von (ggf. weniger fischreichen) Brutgewässern zu Küstengewässern (inkl. Flüsse/Flussmündungen) kommen vor, dann Zuordnung zum Brutgebiet beachten.

Literatur: Marxmeier (2001); Sudmann et al. (2002)

Wertungsgrenzen und Erfassungszeitraum

Februar			März			April			Mai			Juni			Juli			August		
A	M	E	A	M	E	A	M	E	A	M	E	A	M	E	A	M	E	A	M	E
						1.			2.			3.			4.					

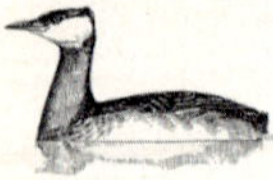

00100 Rothalstaucher
Podiceps grisegena

RLD	V
EUV	---
SPEC	---

Lebensraum

Vornehmlich kleine, aber auch größere flache Stillgewässer mit ausgeprägter Verlandungsvegetation (Röhrichte, Unterwasser- und/oder Schwimmblattvegetation) ab 0,1 ha Größe, die auch im Wald liegen können; vornehmlich Fischteiche, aber auch Strandseen, Weiher, Feldsölle, Sümpfe, überstautes Grünland, Altarme und flache Buchten von Seen. Die Art besiedelt gerne neu entstandene Flachgewässer.

Brutbiologie

Schwimmnest; offen auf der Wasserfläche oder +/- in Verlandungsvegetation versteckt, an Pflanzen verankert, vor dem Nestbau 1-3 Paarungsplattformen; Einzelbrüter, aber auch in kleinen, lockeren Kolonien und/oder in Kolonien anderer Arten (Hauben- und Schwarzhalstaucher, Blässhuhn, Lachmöwe, Trauerseeschwalbe); saisonale Monogamie; eine Brut jährlich, selten 2 Bruten (auch Schachtelbruten), oft Nachgelege; Gelege: (1)3-4(7) Eier, Brutdauer: 20-27 Tage; Familienauflösung nach 8-10 Wochen; ♂ und ♀ brüten und führen.

Phänologie

Jahresperiodik: Kurz- bis Mittelstreckenzieher, Mauserzug; Ankunft im Brutgebiet ab E 2, meist im März, Paare kehren z.T. verpaart zurück; Heimzug bis M 5, Hauptdurchzug E 3 bis M 4; Balz hauptsächlich M 4 bis M 5; Legeperiode ab E 3 bis M 7, Hauptlegezeit E 4 bis E 5, Nachgelege bis M 7; Jungvögel ausnahmsweise ab M 4 bis M 8, zumeist ab E 5; Abzug aus den Brutgebieten M 6 bis M 8, Herbstdurchzug ab August.

Tagesperiodik: tag- und nachtaktiv.

Erfassung

Vornehmlich optische, aber auch akustische Erfassung, in der Balzzeit auch nachts kontrollieren (nicht zwingend erforderlich), Kontrolle mit Klangattrappe sinnvoll, insbesondere an vegetationsreichen bzw. unzugänglichen Gewässern.

Termine: 1. A 5 (Balz, Nestbau bzw. Bau von Begattungsplattformen); 2. M 5 (Nestbau, Kopulation, brütende Individuen); 3. E 6 bis A 7 (Zählung Junge führender Paare, brütende Individuen).

Günstige Tageszeit: frühe Morgenstunden und in der Abenddämmerung.

Auswertung

Wertungsgrenzen: A 4 bis A 8.

Brutverdacht: • Nestbau; • einmalige Feststellung eines Paares sowie eine weitere Beobachtung im Abstand von mindestens 7 Tagen, davon eine M 5 bis A 7; • einmalig Balzrufe eines Altvogels sowie eine weitere Feststellung im Abstand von mindestens 7 Tagen, davon eine M 5 bis A 7; • zweimalige Feststellung von ♀ und ♂ im Abstand von mindestens 7 Tagen, davon eine M 5 bis A 7.

Brutnachweis: insbesondere • Junge führender Altvogel.

Besondere Hinweise: Spätansiedlungen bis E 5 möglich; Balzrufe weit hörbar; Altvögel an geeigneten Gewässern von M 4 bis M 7 sind in der Regel (potenzielle) Brutvögel, da „Nichtbrüter" abseits der Brutgebiete übersommern. In der Zeit der Bebrütung des Geleges sowie während der Führung von wenigen Tage alten Küken sehr heimlich. Brutbestandsangaben, die nur auf Gelegefunden und auf Familienbeobachtungen basieren, sind lediglich Mindestzahlen des Brutbestands, da sich die Nester oft gut versteckt in der Vegetation befinden, so dass man sie deshalb nicht findet, und viele Paare ihre Gelege oder Jungen verlieren. Unübersichtliche Gewässer von geeigneten Beobachtungsstellen längere Zeit kontrollieren.

Literatur: Fiedler & Freitag (1989); Vlug (2000, 2002)

Wertungsgrenzen und Erfassungszeitraum

Februar			März			April			Mai			Juni			Juli			August		
A	M	E	A	M	E	A	M	E	A	M	E	A	M	E	A	M	E	A	M	E
									1.	2.				3.						

00110 Ohrentaucher
Podiceps auritus

RLD	R
EUV	X
SPEC	3

Lebensraum

Flache, kleine bis mittelgroße Gewässer mit ausgedehnter Verlandungsvegetation (Binsen-, Seggen-, Schachtelhalmbestände); Hochmoorseen, sowie Waldseen; in Deutschland teilweise auf Fischteichen mit gering ausgeprägter Röhrichtvegetation sowie an vegetationsreichen Seen mit ausgeprägten Schilfbeständen im Bereich von Lachmöwenkolonien; Brutgewässer oft nur mit sehr kleiner offener Wasserfläche. Deutschland liegt am Südrand des Verbreitungsgebietes; seltener, inzwischen regelmäßiger Brutvogel in Schleswig-Holstein, Brutzeitfeststellungen auch in anderen Gebieten.

Brutbiologie

Schwimm- oder Bodennester; Nest meist gut in der Vegetation versteckt, manchmal aber auch frei schwimmend, beide Altvögel beteiligen sich am Nestbau; Einzelpaare oder Koloniebrüter (teilweise im Bereich von Möwenkolonien oder Vergesellschaftung mit Schwarzhalstaucher); monogame Saisonehe; 1(2) Jahresbrut(en), Nachgelege, Gelege: (1)3-6(7) Eier, Brutdauer: 22-25 Tage, Jungvögel nach 50-60 Tagen flügge, oft aber schon 10 Tage früher unabhängig; ♂ und ♀ brüten und führen die Jungvögel.

Phänologie

Jahresperiodik: überwiegend Kurzstreckenzieher; Heimzug A 2 bis M 5, Hauptdurchzug M 3 bis E 4, gelegentlich Übersommerungen, Vögel bei Ankunft im Brutgebiet oft bereits verpaart; Legeperiode von A/M 5 bis M/E 6, Nachgelege bis Juli/August; flügge Junge ab E 7; Wegzug ab E 8.

Tagesperiodik: tag- und nachtaktiv.

Erfassung

Zählung ortstreuer Paare/Individuen, balzender Paare, brütender und Futter tragender Altvögel sowie Zählung von Familienverbänden mit nicht flüggen Jungvögeln.

Termine: 1. A 5 bis M 5 (Balz, Nestbau); 2. E 5 bis A 6 (Balz, Nestbau, brütende Altvögel); 3. M 6 bis A 7 (brütende Altvögel, Junge führende Altvögel).

Günstige Tageszeit: tagsüber.

Auswertung

Wertungsgrenzen: A 5 bis A 8.

Brutverdacht: • zweimalige Feststellung eines balzenden Paares von A 5 bis E 6 im potenziellen Bruthabitat im Abstand von mindestens 7 Tagen; • Nest bauende Altvögel.

Brutnachweis: insbesondere • Futter tragende Altvögel; • Altvögel mit nicht flüggen Jungvögeln.

Besondere Hinweise: Nach Möglichkeit Brutnachweise erbringen (vorsichtige Beobachtung, keine Störung).

Wertungsgrenzen und Erfassungszeitraum

Februar			März			April			Mai			Juni			Juli			August		
A	M	E	A	M	E	A	M	E	A	M	E	A	M	E	A	M	E	A	M	E
									1.		2.		3.							

00120 Schwarzhalstaucher
Podiceps nigricollis

RLD	V
EUV	---
SPEC	---

Lebensraum

Eutrophe Stillgewässer, meist größere Seen mit ausgeprägtem Uferbewuchs; in jüngster Vergangenheit werden zunehmend kleinere Gewässer anthropogenen Ursprungs (Klär- und Fischteiche, Baggerseen, Wiedervernässungspolder in Hochmooren) besiedelt, die teilweise eine geringe Deckung der Ufervegetation aufweisen (mit kleinen inselartigen Röhrichten).

Brutbiologie

Schwimmnest; durch submerse Pflanzen verankert oder in Flachwasserzonen auf dem Gewässerboden, +/- in Verlandungsvegetation versteckt, meistens am Rand der Verlandungszone (Schilf, Binsen), manchmal auch offen auf der Wasserfläche, Errichtung von Paarungsplattformen; Einzel- und Koloniebrüter, häufig mit anderen Arten vergesellschaftet (Lach- und Sturmmöwe, Trauer- und Flussseeschwalbe); saisonale Monogamie; i.d.R. 1-2 Jahresbrut(en) (auch Schachtelbruten); Gelege: (2)3-4(8) Eier, Brutdauer: 20-21 Tage, nach 4-6 Wochen sind Junge selbständig; ♂ und ♀ führen einzeln, nach zwei Wochen trennt sich die Familie häufig.

Phänologie

Jahresperiodik: Kurzstreckenzieher; Ankunft im Brutgebiet ab M 3 bis A 4, Heimzug bis E 5, Hauptdurchzug A 4 bis A 5; Balz M 4 bis A 5; Legeperiode E 4 bis E 6, Hauptlegezeit M 5 bis E 6; Jungvögel ab E 5; Abzug von den Brutplätzen bereits im Juli; Herbstdurchzug ab August/September.

Tagesperiodik: tag- und nachtaktiv.

Erfassung

Zählung ortstreuer Paare/Individuen, balzender Paare, brütender und Futter tragender Altvögel sowie Zählung von Familienverbänden mit nicht flüggen Jungvögeln.

Termine: 1. E 4 bis A 5 (Balz, Nestbau); 2. M 5 (Balz, ggf. Nestbau, brütende Individuen); 3. M 6 bis A 7 (brütende Individuen, Zählung Junge führender Paare).

Günstige Tageszeit: Morgenstunden.

Auswertung

Wertungsgrenzen: M 4 bis E 8.

Brutverdacht: • Nestbau; • einmalige Feststellung eines balzenden Paares im potenziellen Brutgebiet und eine weitere Feststellung eines einzelnen Altvogels im Abstand von mindestens 7 Tagen, davon eine M 5 bis A 7; • zweimalige Feststellung eines Paares im Abstand von mindestens 7 Tagen, davon eine M 5 bis A 7.

Brutnachweis: insbesondere • Junge führender Altvogel.

Besondere Hinweise: Altvögel mit sehr kleinen, im Gefieder versteckten Küken fallen dadurch auf, dass die weißen Armschwingen durch die leicht aufgestellten Flügel sichtbar sind. Paare an Gewässern ohne Möwenkolonien sind nur dann als Brutvögel zu werten, wenn zwei Feststellungen von M 5 bis M 6 im Abstand von mindestens 7 Tagen vorliegen.

Wertungsgrenzen und Erfassungszeitraum

Februar			März			April			Mai			Juni			Juli			August		
A	M	E	A	M	E	A	M	E	A	M	E	A	M	E	A	M	E	A	M	E
								1.		2.			3.							

00220 Eissturmvogel
Fulmarus glacialis

RLD	R
EUV	---
SPEC	---

Lebensraum

Meeresvogel, zur Fortpflanzungs- und Aufzuchtszeit an Land, Brutplätze Felsinseln oder Felsküsten, meist steile Felsklippen mit schmalen Felsbändern oder Vorsprüngen; in Deutschland ausschließlich in den Klippen der Insel Helgoland brütend; als Nahrungssuchgebiet gehört das umliegende Seegebiet, möglicherweise bis an die britische Ostküste, zum brutzeitlichen Lebensraum; außerhalb der Brutzeit Hochseevogel.

Brutbiologie

Felsbrüter ohne Nestbau, z.T. in Halbhöhlen und in lockeren Kolonien; erste Brut mit 6-12 Jahren; hohe Brutorts- und Partnertreue; monogame Dauerehe; 1 Jahresbrut, Gelege: 1 Ei, Brutdauer 41-57 Tage, 'Nestlingsdauer': 41-51 Tage; ♂ und ♀ brüten und füttern.

Phänologie

Jahresperiodik: ganzjährig im weiteren Umkreis der Kolonie; Brutplatzbesuche mit Balz ab November/Dezember; Legebeginn nach etwa zweiwöchiger Abwesenheit („prelaying exodus") ab M 5; letzte Jungvögel A 9 flügge.

Tagesperiodik: tag- und nachtaktiv.

Erfassung

Zählung brütender Altvögel bzw. besetzter Brutplätze.

<u>Termin</u>: 1. M 6 bis E 6 (während der Bebrütungsphase; Zählung brütender Altvögel bzw. besetzter Brutplätze).

<u>Günstige Tageszeit</u>: tagsüber bei ruhigem Wetter.

Auswertung

Wertungsgrenzen: M 6 bis A 7, jedoch einmaligen Zähltermin M/E 6 möglichst einhalten.

<u>Brutverdacht</u>: • Altvogel in Bruthaltung an geeignetem Brutplatz sitzend; • lautstarke Revierstreitigkeiten; • Altvogel verschwindet in (Halb-)Höhle.

<u>Brutnachweis</u>: insbesondere • brütender Altvogel; • Jungvogel am Brutplatz; • fütternder Altvogel.

Bestandsangabe: Anzahl „besetzter Brutplätze“.

Besondere Hinweise: Potenzielle Brutplätze werden z.T. mehrere Jahre vor der ersten Brut besetzt. Da Nichtbrüter von Brutvögeln nicht unterscheidbar sind, werden „besetzte Brutplätze“ als Einheit für die Bestandsangabe verwendet. Eine Erfassung ab M 6 schließt Nichtbrüter wohl weitgehend aus.

Literatur: Lloyd et al. (1991)

Wertungsgrenzen und Erfassungszeitraum

Februar			März			April			Mai			Juni			Juli			August		
A	M	E	A	M	E	A	M	E	A	M	E	A	M	E	A	M	E	A	M	E
													1.							

00710 Basstölpel
Sula bassana

RLD	R
EUV	---
SPEC	---

Lebensraum

Meeresvogel, Brutplätze auf Felsinseln in Küstennähe oder an Steilküsten, wichtig sind Windexposition und günstige Lage zu Nahrungsgründen, vor allem in Bereichen des Kontinentalschelfs (weniger der Hochsee); in Deutschland ausschließlich in den Klippen der Insel Helgoland brütend; als Nahrungssuchgebiet gehört das umliegende Seegebiet zum brutzeitlichen Lebensraum.

Brutbiologie

Felsbrüter mit Nestbau, Koloniebrüter; Brutreife ab 4., meist ab 5./6. Lebensjahr, einzelne schon ab 3. Lebensjahr an Kolonie; hohe Brutorts- und Partnertreue, monogame Saison(Dauer-)ehe; 1 Jahresbrut, Nachgelege bei frühem Brutverlust möglich; Gelege: 1 Ei, Brutdauer: 42-45 Tage, Nestlingsdauer: 84-97 Tage; Brut und Aufzucht durch ♂ und ♀.

Phänologie

Jahresperiodik: Teilzieher; Besetzung der Brutplätze und Balz ab Januar/ Februar, Balz und Paarbildung teilweise schon vor Brutreife; Eiablage ab April bis Mai; Ausfliegen der Jungvögel von A 8 bis A 10.

Tagesperiodik: überwiegend tagaktiv.

Erfassung

Zählung brütender Altvögel bzw. besetzter Nester; in großen Kolonien Auswertung von Fotos.

Termin: 1. M 5 bis E 5 (Zählung brütender Altvögel bzw. besetzter Nester).

Günstige Tageszeit: aufgrund der Lichtbedingungen auf Helgoland nachmittags (kein Schatten im Brutbereich) bei möglichst ruhigem Wetter.

Auswertung

Wertungsgrenzen: A 5 bis A 6, jedoch Zeitraum für einmaligen Zähltermin möglichst einhalten.

Brutverdacht: • Altvogel sitzt an oder steht auf Nest.

Brutnachweis: insbesondere • brütender Altvogel; • Ei im Nest oder Jungvogel im Nest bzw. am Brutplatz; • fütternder Altvogel.

Bestandsangabe: Anzahl besetzter Nester / Nistplätze.

Besondere Hinweise: In schlecht einsehbaren Kolonien (auch Helgoland) kann nicht für alle Nester ein Brutnachweis erbracht werden. Als Einheit für Bestandsangaben werden deshalb „besetzte Nester" verwendet. Auf Helgoland ist die Erfassung nur von See her (möglichst vom Boot aus) möglich, da der größte Teil der Kolonie sonst nicht einsehbar ist. Brutvogel auf Helgoland seit 1990 (1 Paar), seither alljährlich brütend, Brutbestand zeitweise auf über 100 Paare angewachsen.

Literatur: Lloyd et al. (1991)

Wertungsgrenzen und Erfassungszeitraum

Februar			März			April			Mai			Juni			Juli			August		
A	M	E	A	M	E	A	M	E	A	M	E	A	M	E	A	M	E	A	M	E
										1.										

00720 Kormoran
Phalacrocorax carbo

RLD	V
EUV	---
SPEC	---

Lebensraum

Nahrungshabitate sind Binnen- und Küstengewässer (Seen, Teiche, Flüsse, Wattenmeer, Boddengewässer); Brutplätze meist nahe gelegene Laubbäume, bevorzugt auf Inseln, (gelegentlich in Graureiherkolonien), an Küste auch Bodenbruten auf baumlosen Inseln; Küstengewässer werden auch aus 30 km entfernten Binnenlandkolonien angeflogen.

Brutbiologie

Nest meist auf Bäumen, an Küste auch auf Leuchttürmen, Plattformen, Wracks bzw. auch am Boden, auf Strommasten?; Nistmaterial hauptsächlich Äste, auch von benachbarten Nestern und Balzplattformen; Koloniebrüter (Neugründungen meist wenige Nester, Großkolonien bis > 1.000 Nester); Brutreife ab 3. Lebensjahr; 1 Jahresbrut, Nachgelege; Gelege: 3-4(6) Eier, Brutdauer: 23-30 Tage, Nestlingszeit ca. 50 Tage, meist stark asynchrones Brüten.

Phänologie

Jahresperiodik: Teilzieher, i.d.R. Kurz- und Mittelstreckenzieher; Heimzug E 2 bis M 4; Brutplatzbesetzung und Paarbildung ab E 2, überwiegend März, ab April folgen Immature; Legeperiode ab A 3, meist E 4 bis Juni; bis Juni Nichtbrüteranteil in den Kolonien möglich; flügge Junge frühestens E 5, meist ab E 6, dann teils umherstreifend, Schlafplatz i.d.R. weiterhin in Kolonie, aber auch Wechsel zu nachbrutzeitlichen Schlafplätzen; Wegzug ab A 9, v.a. A 10 bis E 11.

Tagesperiodik: tagaktiv; regelmäßige Flüge zu und von Schlafplätzen in Dämmerungsphasen.

Erfassung

Zählung besetzter Nester und am Nest anwesender Altvögel; (bei Bodenbrüter-Kolonien auch Luftbild-Erfassung möglich), 2 Termine während der Haupt-Bebrütungsphase im Abstand von mindestens 2 Wochen (ständige Neuansiedlungen möglich).

Termine: 1. E 4 bis A 5 und 2. E 5 bis A 6 (jeweils Zählung der als besetzt gewerteten Nester).

Günstige Tageszeit: tagsüber bei ruhigem Wetter.

Auswertung

Wertungsgrenzen: M 4 bis M 6.

<u>Brutverdacht</u>: • frisch angelegte Nester; • aktuell ausgebaute ältere Nester; • Nestbau.

<u>Brutnachweis</u>: insbesondere • brütende, hudernde, fütternde Altvögel; • bettelnde Jungvögel; • auf oder neben Nest stehende Jungvögel.

Bestandsangabe = Maximalzahl der als besetzt gewerteten Nester.

Besondere Hinweise: In einsehbaren Kolonien (häufig durch Kot abgestorbene Bäume) sollte aus Distanz mit Spektiv, ggf. von verschiedenen Standorten aus erfasst werden. Bei Belaubung können in Kolonie einfliegende Kormorane zur Lokalisation der Nester herangezogen werden. Bei größeren Kolonien ist es für späteren Abgleich nützlich, jeweils Nester Baum für Baum auszuzählen ggf. Fotos oder Skizzen anzufertigen. Begehungen der Kolonie wegen Störung möglichst vermeiden, da ältere Junge frühzeitig Nest verlassen können. Nicht von außen einsehbare Kolonien müssen begangen werden, hier reicht ein Zähltermin. Aufgrund stark asynchronen Brütens werden unfertige Nester, die von einem Paar/Vogel besetzt sind, mitgezählt. Weitere Kontrolle kann nach Brutzeit erfolgen, Nistmaterial unbewachter Nester kann von anderen Kormoranen nahezu komplett abgetragen werden. Bei Bodenkolonien müssen Kotkränze der Jungen auch ohne erkennbare Nestanlage gezählt werden. Von in aktueller Brutperiode als besetzt eingestuften Nestern ist die Maximalzahl anzugeben. Auf Mischkolonie mit Graureiher achten, Kormoran benutzt gröberes Astmaterial zum Nestbau. Bodenbrütende Kormorane bilden auch Vergesellschaftungen mit (Silber-)Möwen. Neuansiedlungen in 1980er und 1990er Jahren häufig nach vorhergehender Schlafplatznutzung; heute wieder Brutvogel in fast allen Bundesländern; oft langjährige Kolonietreue, doch auch Bestandsverlagerungen aufgrund Verfolgung und gezielter Störungen durch Menschen bzw. zunehmenden Prädationsdruck, (z.B. Seeadler); in Deutschland brütet ausschließlich die Unterart *P. c. sinensis.*

Literatur: Hälterlein et al. (1995, 2000); Kieckbusch & Koop (1996); Kortlandt (1995); Sudmann et al. (2002)

Wertungsgrenzen und Erfassungszeitraum

Februar			März			April			Mai			Juni			Juli			August		
A	M	E	A	M	E	A	M	E	A	M	E	A	M	E	A	M	E	A	M	E
								1.			2.									

00950 Rohrdommel
Botaurus stellaris

RLD	1
EUV	X
SPEC	3

Lebensraum

Ausgedehnte, störungsarme Bereiche stehender Gewässer, die wasserdurchflutete, strukturreiche Röhrichte (Altschilf, Schilf-Rohrkolben- oder Großseggenbestände) sowie Flachwasserzonen aufweisen müssen; seltener an Flussufern und in Niederungsmooren; bei entsprechender Strukturierung auch Fisch- und Klärteiche bzw. Spülflächen, die oft Bestandteil von größeren Gewässerkomplexen sind, dann auch kleinere Röhrichtbestände ab 4 ha, dabei Ruf- bzw. Brutplätze auch in weniger als 1 ha zusammenhängender Röhrichtfläche; Nahrungsflüge ggf. auch in trocknere Bereiche z.B. für Nahrungsquelle Heuschrecken.

Brutbiologie

Nest bodennah versteckt im Röhricht; Polygynie nachgewiesen (1 ♂ verpaart mit bis zu 5 ♀); 1 Jahresbrut, ggf. Nachgelege (in England Zweitbruten nachgewiesen); Gelege: 5-6 Eier, Brutdauer: 25-26 Tage; Nestlingsdauer: 4-5 Wochen, ab 3. Woche bereits im Röhricht außerhalb des Nestes anzutreffen; Bebrütung und Aufzucht durch ♀ (einjährige ♀ können erfolgreich brüten).

Phänologie

Jahresperiodik: Teilzieher mit Tendenz zum Kurzstreckenzug v.a. bei Frost (Kälteflucht); Heimzug im Süden ab M 2, sonst eher ab E 2/A 3 bis M 5 (E 5), Hauptdurchzug M 3 bis M 4 (A 5); Rufperiode M 2 bis A 6 (A 7); Legebeginn ab (E 3) A 4, überwiegend M 4 bis A 5, bei Nachgelegen bis A 6; Abzug ab Juli (Jungvögel), Altvögel ab September bis November, sofern nicht überwinternd.

Tagesperiodik: tag- und dämmerungsaktiv (Nahrungssuche); Rufaktivität tags und nachts, hohe Intensität jeweils ca. 1 Std. vor und nach SA bzw. SU.

Erfassung

Kartierung rufender ♂; Einsatz von Klangattrappe (Balzruf) notwendig, vor allem in kaum untersuchten Gebieten; Abfolge: möglichst von erhöhtem Standpunkt, 30 Sek. abspielen, 3 Min. warten; 1 Min. abspielen, 5 Min. warten; Abbruch bei Reaktion. Keine Nestersuche.

Termine: 1. A 4 bis M 4 (rufende ♂); 2. E 4 bis A 5 (rufende ♂); 3. M 5 bis E 5 (rufende ♂, ggf. Nahrungsflüge).

Günstige Tageszeit: ab 1 Std. vor bis 3 Std. nach SA; 1 Std. vor bis 2 Std. nach SU.

Auswertung

Wertungsgrenzen: A 3 bis E 7.

Brutverdacht: • zweimalige Feststellung von balzrufenden ♂ im Abstand von mindestens 7 Tagen, eine davon A 4 bis E 5; • einmalig rufendes ♂ und eine weitere Feststellung im Abstand von mindestens 7 Tagen, eine davon A 4 bis E 5; • einmalige Feststellung eines Paares mit Balz; • Nestbau.

Brutnachweis: insbesondere; • fütternde Altvögel; • eben flügge Junge; (auch ohne vorherige Balzfeststellung).

Besondere Hinweise: Wegen Polygamie ist i.d.R. eine Angabe des Bestandes bestenfalls über rufende ♂, nicht aber über Brut- bzw. Revierpaare möglich. Auf gleichzeitig rufende Vögel achten. ♂ können Rufplatz wechseln bzw. am selben Rufplatz können an verschiedenen Terminen unterschiedliche ♂ rufen. Größere zusammenhängende Gebiete an einem Tag kartieren. Lokalisation eines Rufers ist bei großer Entfernung schwierig. Oft sind es unverpaarte ♂, die noch bis Juni intensiv rufen, doch ist ein Zusammenhang zwischen langanhaltender Rufperiode und Verpaarungsstatus ist nicht immer gegeben. Grundsätzlich tagsüber auf Futterflüge achten. Altvögel und flügge Junge sind nicht sicher zu unterscheiden. Flügge Jungvögel können Geburtsort bereits früh verlassen und große Strecken zurücklegen. Bei Erfassung möglichst Windstille ausnutzen, bei Klangattrappeneinsatz große Lautsprecher verwenden, um tiefe Frequenzen nicht zu verzerren. Zur Lokalisation von mehreren Rufern in ausgedehnten Röhrichten ist ggf. eine Kreuzpeilung mit Kompass ratsam. Erkennung von verschiedenen Individuen anhand der Rufe ist nur durch Auswertung im Bioakustiklabor möglich.

Literatur: Dvorak et al. (1997)

Wertungsgrenzen und Erfassungszeitraum

Februar			März			April			Mai			Juni			Juli			August		
A	M	E	A	M	E	A	M	E	A	M	E	A	M	E	A	M	E	A	M	E
						1.		2.		3.										

00980 Zwergdommel
Ixobrychus minutus

RLD	1
EUV	X
SPEC	3

Lebensraum

Versumpfte Niederungen, Altwässer, Brüche und Verlandungszonen mit Anteilen an Schwimmblattgesellschaften, Altschilf, Rohrkolben und Gebüsch (v.a. Weiden/Pappeln), wichtig sind Röhrichte, die seicht von stehendem oder träge fließendem Wasser durchflutet werden und eine Knickschicht aufweisen, die für den Nestbau nahezu unverzichtbar ist; dann auch (z.T. kleine) Fisch-, Klär- oder Industrieteiche, Feldpfuhle, Badeseen u.ä. Gewässer (Mindestgröße ca. 0,3 ha), die teilweise auch nur einen sehr schmalen Schilfsaum aufweisen.

Brutbiologie

Nest in Wurzelstöcken von Schilf oder Knickschicht des Röhrichts bzw. im Gebüsch, Nistplatzwahl durch ♂, Nestbau von ♂ und ♀; lockere „Brutkolonien" möglich; monogame Saisonehe; 1 Jahresbrut, ggf. Nachgelege, Zweitbrut als Schachtelbrut fraglich; Gelege: (4)5-7(9) Eier, Brutdauer: 16-21 Tage; bis Flugfähigkeit (ca. 25 Tage) in Nestnähe, Junge sind kletterfähig; Brut und Aufzucht von ♂ und ♀.

Phänologie

Jahresperiodik: Langstreckenzieher; Heimzug ausnahmsweise A/M 4, meist ab E 4 bis A 6, Ankunft im Brutgebiet überwiegend A/M5; Vorjährige treffen meist später ein; „Hauptdurchzug" (wenige Vögel) A 5 bis E 5; Legebeginn ab A 5, meist ab M 5 bis A 7 (dann noch Balzrufe); Junge v.a. Juli bis August (Bettelrufphase); Abzug ab Juli, meist im September; im Sommer öfter einzelne umherstreifende Vögel.

Tagesperiodik: tag- und nachtaktiv, vorwiegend dämmerungsaktiv; Balzrufe tags wie nachts, besonders am Vormittag, späten Nachmittag und Abend.

Erfassung

Feststellung von Balzrufen des ♂ (bis ca. 50 m, selten 200-300 m hörbar), Nahrungsflügen in der Brutzeit und Junge fütternden Altvögeln; Einsatz von Klangattrappe (Balzruf) ist notwendig (Abfolge vgl. Rohrdommel); keine Nestersuche.

Termine: 1. E 5 bis A 6 (abends; Balzrufe); 2. M 6 bis E 6 (Balzrufe, Nahrungsflüge); 3. A 7 bis M 7 (morgens; Balzrufe, Jungenrufe); 4. ggf. weitere Kontrolle E 7 bis A 8.

Günstige Tageszeit: ab SA bis 4 Std. nach SA und später Nachmittag (ca. 18.00 Uhr bis 2 Std. nach SU); mindestens je eine Kontrolle morgens und abends; nur bei günstigen Bedingungen (sonnig bzw. klar; warm bzw. mild; möglichst windstill).

Auswertung

Wertungsgrenzen: A 5 bis A 8.

Brutverdacht: • zweimalige Feststellung von Balz im Abstand von mindestens 7 Tagen, davon eine E 5 bis M 7; • einmalige Feststellung von Balz und eine weitere Feststellung im Abstand von mindestens 7 Tagen, davon eine E 5 bis M 7; • einmalige Feststellung eines Paares mit Balz; • Nestbau.

Brutnachweis: insbesondere • Fütterungsaktivitäten; • Feststellung von nicht flüggen Jungen bzw. Bettelrufen; von flüggen Jungen nur, wenn vorher bereits Altvögel festgestellt wurden.

Besondere Hinweise: Bettelrufe der Jungen v.a. von Juli bis August beachten (ca. 50 m hörbar); flügge Junge machen z.T. erhebliche Ortsveränderungen, daher kann ihr Auftreten ohne vorherige Feststellungen von Altvögeln nicht als Brutverdacht gewertet werden; umherstreifende Nichtbrüter beachten. Art wird bei wenigen Kontrollen oft übersehen (geringe Balzaktivität, leicht zu überhören). Nestersuche muss i.d.R. aus Schutzgründen unterbleiben; spezielle Untersuchungen nur in Absprache mit Genehmigungs- und Fachbehörden; ggf. ist der Einsatz weiterer Personen zur Absicherung der Befunde notwendig.

Literatur: Cempulik (1994); Dvorak et al. (1997); Sabathy (1998)

Wertungsgrenzen und Erfassungszeitraum

Februar			März			April			Mai			Juni			Juli			August		
A	M	E	A	M	E	A	M	E	A	M	E	A	M	E	A	M	E	A	M	E
											1.		2.		3.		4.			

01040 Nachtreiher
Nycticorax nycticorax

RLD	2
EUV	X
SPEC	3

Lebensraum

Flussbegleitende, in der Regel überflutete Weichholzauen; Busch- und Baumgruppen in der Verlandungszone von Seen oder in Bruchgebieten; Brutstandort häufig direkt über Wasser oder zumindest von Wasser umgeben; außerhalb Deutschlands Brutvorkommen auch in hohem Altschilf; Brutvorkommen in Deutschland vor allem in Bayern, selten auch Sachsen-Anhalt, ehemals auch in Hessen (1975 bis 1980); aktuell noch Brutvogel in den Niederlanden, von wo aus eine Ausbreitung nach Norddeutschland erwartet werden kann; Brutzeitfeststellungen in Baden-Württemberg, Hessen, Niedersachsen, Rheinland-Pfalz.

Brutbiologie

Nest vorwiegend in Baum- und Buschweiden; Koloniebrüter, teils vergesellschaftet mit anderen Reihern; monogame Saisonehe; 1 Jahresbrut, Nachgelege möglich; Gelege: 5(6) Eier, Brutdauer: 21-22 Tage; Nestlingsdauer: 20-25 Tage, danach stehen Junge als Ästlinge neben den Nestern, mit 40-50 Tagen flügge; ♂ und ♀ brüten und füttern.

Phänologie

Jahresperiodik: zumeist Langstreckenzieher; Heimzug ab (M 3), meist ab A 4 bis E 6, überwiegend M 4 bis A 5, dann auch Balz und Beginn Nestbau, Legebeginn ab E 4, überwiegend ab A 5, bei Nachgelege bis A 7; flügge Junge ab M 7.

Tagesperiodik: dämmerungs- und nachtaktiv; steht tagsüber in der Deckung von hohen Büschen oder Bäumen bzw. auch im Schilf; Balz findet sowohl tags als auch nachts statt; Nahrungssuche zur Brutzeit auch tagsüber.

Erfassung

Kontrolle bekannter Brutplätze (alte Kolonien werden wieder bezogen) bzw. zur Ansiedlung geeigneter Lebensräume; Zählung derjenigen Nester, die sicher dieser Art zugeordnet werden können; Registrierung aller Beobachtungen v.a. Ab- und Anflüge zu potenziellen Neststandorten.

Termine: 1. A 5 bis M 5 (Beobachtung von Altvögeln, Nestbauaktivitäten); 2. E 5 bis A 6 (Zählung besetzter Nester, Beobachtung von Altvögeln); 3. E 6 bis M 7 (Beobachtung von Altvögeln, Zählung brütender, hudernder oder fütternder Altvögel bzw. der in Nestern oder deren Nähe stehenden Jungvögel).

Günstige Tageszeit: vor allem in den Dämmerungsphasen.

Auswertung

Wertungsgrenzen: M 4 bis E 7.

Brutverdacht: • zweimalige Beobachtung von Altvögeln, die einen potenziellen Brutplatz aufsuchen oder verlassen, im Abstand von mindestens 7 Tagen, davon eine E 5 bis M 7; • Nestbau.

Brutnachweis: insbesondere • brütende, hudernde, fütternde Altvögel; • auf oder nahe dem Nest stehende Jungvögel.

Bestandsangabe = Anzahl der als besetzt gewerteten Nester.

Besondere Hinweise: Am Tage rufen gedeckt stehende Vögel mit lauter Stimme, gleichfalls abends während des Fluges; das Rufrepertoire dieser Art muss für die Erfassung unbedingt bekannt sein. Wenn Brutplatz nicht einsehbar ist, lässt sich seine Besetzung durch das Hören verschiedenartiger Rufe erkennen. Hochwasserereignisse und dadurch bedingte Nestzerstörungen können zu jahreszeitlich späten Neuansiedlungen führen. Juli- und frühe Augustbeobachtungen von Altvögeln und unausgefärbten Vögeln im geeigneten Lebensraum lassen auf Brutansiedlung schließen und sollten Anlass von Nachkontrollen bzw. verstärkter Kontrollen im nachfolgenden Jahr sein. Jungvögel können sich bereits bald nach dem Ausfliegen weit außerhalb desjenigen Gebietes aufhalten, in dem sie erbrütet wurden. Bruten sind auch in Graureihernestern möglich. Noch um 1780 (als "Nachtrabe" bezeichnet) und wieder 1863 als Brutvogel für das heutige Niedersachsen beschrieben.

Literatur: LEIBL (2001); LEIBL & VIDAL (1991); VAN DIJK & HUSTINGS (1996)

Wertungsgrenzen und Erfassungszeitraum

Februar			März			April			Mai			Juni			Juli			August		
A	M	E	A	M	E	A	M	E	A	M	E	A	M	E	A	M	E	A	M	E
									1.		2.			3.						

01190 Seidenreiher
Egretta garzetta

RLD	---
EUV	X
SPEC	---

Lebensraum

Offene Seichtgewässer (flache Seen, Teiche, Flussmündungen, Salinen, Küstenlagunen), schilfreiche Sümpfe mit Büschen und Bäumen, Verlandungszonen von Gewässern, naturnahe Überschwemmungsbereiche, feuchte Dünentäler; zur Anlage der Nester werden Gebüsche (z.B. Weiden) und Laub- oder Nadelbäume, seltener Röhrichte, benötigt. In Deutschland bisher wenige und unregelmäßige Brutvorkommen, ausschließlich in Niederungsgebieten Bayerns; in jüngster Zeit erfolgte Besiedlung der niederländischen Wattenmeerinseln.

Brutbiologie

Baum- oder Gebüschbrüter, seltener in Schilf bzw. am Boden; häufig mit anderen Reiherarten vergesellschaftet; Kolonien meist nahe am Wasser, können z.T. aber auch weit davon entfernt sein, Nestbau durch ♂ und ♀; monogame Saisonehe; 1 Jahresbrut; Gelege: 3-5(8) Eier, Brutdauer: 21-22 (25) Tage; Nestlingsdauer: 30 Tage, Junge mit 40-45 Tagen flügge; beide Partner füttern.

Phänologie

Jahresperiodik: Lang- bis Mittelstreckenzieher, überwintert im tropischen äquatorialen Afrika, seltener im Mittelmeerraum; Ankunft im Brutgebiet M 3 bis M 5; Brutperiode M 5 bis E 7; Jungvögel zeigen vor dem Wegzug Zwischenzug (Juni bis September); Wegzug ab E 8 bis A 9.

Tagesperiodik: tagaktiv, fliegt zur Dämmerung an Gemeinschaftsschlafplätzen ein.

Erfassung

Kontrolle bekannter Reiherkolonien (z.B. Graureiher, da Seidenreiher oft erst in Vergesellschaftung mit anderen Reiherarten zur Brut schreitet) bzw. Kontrolle zur Ansiedlung geeigneter Lebensräume; Zählung derjenigen Nester, die sicher dieser Art zugeordnet werden können; Registrierung aller Beobachtungen v.a. Ab- und Anflüge zu potenziellen Neststandorten, jedoch keine Nestersuche in Schilfgebieten.

Termine: 1. A 5 bis M 5 (Beobachtung von Altvögeln, Verpaarung, Nestbauaktivitäten); 2. E 5 bis A 6 (Zählung besetzter Nester, Beobachtung von Altvögeln); 3. M 6 bis E 6 (Beobachtung von Altvögeln, Zählung hudernder oder fütternder Altvögel bzw. der in Nestern oder deren Nähe stehenden Jungvögel).

Günstige Tageszeit: tagsüber.

Auswertung

Wertungsgrenzen: M 4 bis E 7.

Brutverdacht: • zweimalige Beobachtung von Altvögeln, die einen potenziellen Brutplatz aufsuchen oder verlassen, im Abstand von mindestens 7 Tagen, davon eine E 5 bis E 6; • Nestbau.

Brutnachweis: insbesondere • brütende, hudernde, fütternde Altvögel; • auf oder nahe dem Nest stehende Jungvögel.

Bestandsangabe = Anzahl der als besetzt gewerteten Nester.

Besondere Hinweise: Kann weite Strecken (> 20 km) zwischen Brutplatz und Nahrungsgebieten zurücklegen. Ausbreitung seit 1950er Jahre begünstigt durch Anpassung an oft anthropogen entstandene Bruthabitate, daher auch künstliche Gewässer kontrollieren. Erster Brutnachweis in Deutschland 1992 in Bayern (Straubing/Donau). Brutbestand in den Niederlanden im Jahre 2002 insgesamt 37 Paare, davon 5 auf Wattenmeerinseln, insofern kann eine weitere Ausbreitung von hier aus zunächst nach Ostfriesland (dort v.a. in Löfflerkolonien) erwartet werden. Vorgehen bei Bildung von Kolonien in Auwäldern s. Methode Graureiher.

Literatur: van Dijk & Hustings (1996)

Wertungsgrenzen und Erfassungszeitraum

Februar			März			April			Mai			Juni			Juli			August		
A	M	E	A	M	E	A	M	E	A	M	E	A	M	E	A	M	E	A	M	E
									1.		2.		3.							

01210 Silberreiher
Casmerodius albus

RLD	---
EUV	X
SPEC	---

Lebensraum

Ausgedehnte, ungestörte Schilfbestände von Seeuferzonen und Strömen, Altwässern und Flussmündungen, Flachwasserzonen und Überschwemmungsflächen. Noch kein gesicherter Brutnachweis in Deutschland, aber Zunahme der Brutzeitfeststellungen besonders in Bayern und Baden-Württemberg; in jüngster Zeit erfolgte Bestandszunahme in den Niederlanden.

Brutbiologie

Schilfbrüter (gewöhnlich inmitten hohem und dichtem Altschilf), nur ausnahmsweise auf höheren Bäumen; Einzel- oder Koloniebrüter, oft mit anderen Reihern vergesellschaftet; zumeist im 2. oder 3. Kalenderjahr brutreif; monogame Saisonehe; 1 Jahresbrut; Gelege: 3-5(6) Eier, Brutdauer: 25-26 Tage; Nestlingsdauer: ca. 45 Tage, nicht flügge Junge können in der Kolonie umherlaufen; beide Partner bauen am Nest, brüten und füttern.

Phänologie

Jahresperiodik: Kurzstreckenzieher; Ankunft im Brutgebiet E 2 bis E 4; Legebeginn E 4 bis E 6; flügge Junge ab E 6; ungerichteter Zwischenzug der Jungvögel; Wegzugsmaximum M 10 bis E 10.

Tagesperiodik: tagaktiv.

Erfassung

Kontrolle zur Ansiedlung geeigneter Lebensräume; Registrierung aller Beobachtungen v.a. Ab- und Anflüge zu potenziellen Neststandorten; ggf. Zählung derjenigen Nester, die sicher dieser Art zugeordnet werden können, jedoch keine Nestersuche in Schilfgebieten.

Termine: 1. E 4 bis A 5 (Beobachtung von Altvögeln, Verpaarung, Nestbauaktivitäten); 2. M 5 bis E 5 (Beobachtung von Altvögeln; Zählung besetzter Nester); 3. A 6 bis E 6 (Beobachtung von Altvögeln, Zählung hudernder oder fütternder Altvögel bzw. der in Nestern oder deren Nähe stehenden Jungvögel).

Günstige Tageszeit: tagsüber.

Auswertung

Wertungsgrenzen: A 4 bis E 7.

Brutverdacht: • zweimalige Beobachtung von Altvögeln, die einen potenziellen Brutplatz aufsuchen oder verlassen, im Abstand von mindestens 7 Tagen, davon eine M 5 bis E 6; • Nestbau.

Brutnachweis: insbesondere • brütende, hudernde, fütternde Altvögel; • auf, neben oder nahe dem Nest stehende Jungvögel.

Bestandsangabe = Anzahl der als besetzt gewerteten Nester.

Besondere Hinweise: Erfassung wegen schwer einsehbarer Nester und stillen Verhaltens am Brutplatz schwierig. Wegen Vergesellschaftung zur Brutzeit Kontrolle bekannter Reiher- bzw. Löfflerkolonien angebracht. Verwechslungen der Jungenbettelrufe mit anderen Reiherarten ausschließen, vor allem ältere Jungvögel verhalten sich ziemlich schweigsam. Die Feststellung der Nestzugehörigkeit in Kolonien kann bei größeren Jungen (> 20 Tage) durch Umherklettern auch in andere Nester erschwert sein. Hybridisierung mit Graureihern kommt vor, daher auf Mischbruten achten (in Niederlanden bei Schilf- und Baumbruten bekannt); Eier sind nicht unterscheidbar, ggf. intermediäre Färbung der Jungvögel beachten. In Kolonien können sich gegen Ende der Brutzeit breitgetretene Nester plattformartig verbinden. Eine Ausbreitung kann von den Niederlanden aus erwartet werden, dort aktuell Bestandszunahme (2002: 47 Brutpaare).

Literatur: Baumanis (1998); van Dijk & Hustings (1996)

Wertungsgrenzen und Erfassungszeitraum

Februar			März			April			Mai			Juni			Juli			August		
A	M	E	A	M	E	A	M	E	A	M	E	A	M	E	A	M	E	A	M	E
								1.		2.		3.								

01220 Graureiher
Ardea cinerea

RLD	---
EUV	---
SPEC	---

Lebensraum

Lebensraumkomplex bestehend aus größeren Fließ- und Stillgewässern mit Flachwasserbereichen vorwiegend als Nahrungshabitat und älteren Laubwäldern bzw. Nadelbaumbeständen als Nisthabitat; meist Auenlandschaften, Teichkomplexe, küstennahes Hinterland; wichtige Nahrungshabitate sind auch als Grünland genutzte, von Gräben durchzogene Niederungen; Großkolonien meist in oder in Nähe von Flussniederungen; Kolonien können bis 30 km vom nächsten Gewässer entfernt liegen; vereinzelt kommt es zu Bodenbruten im Röhricht; Kolonien werden über viele Jahre (Jahrzehnte) besiedelt. Regional ist eine Tendenz zur Verstädterung zu beobachten (Bruten in Parks bzw. Zoologischen Gärten).

Brutbiologie

Nest meist hoch auf Laub- und Nadelbäumen (gern Eiche, Buche, Weide, Erle, Fichte bzw. Kiefer), gelegentlich in Schilfzone oder Weidengebüsch nahe am Gewässer; Koloniebrüter, auch Einzelbruten; monogame Saisonehe; 1 Jahresbrut, Nachgelege; Gelege: (3)4-5(8) Eier, Brutdauer: 25-28 Tage; mit 42-55 Tagen flügge; ♂ und ♀ brüten und füttern.

Phänologie

Jahresperiodik: Teilzieher, wenn Zug, dann Kurzstreckenzieher; Heimzug E 1 bis A 5, Besetzung der Brutplätze ab E 1/A 2, meist E 2 bis M 3, Neuansiedler bis A 5; Hauptdurchzug A 3 bis E 3; Legebeginn selten ab A 2, meist A/M 3 bis A 4, vor allem Nachgelege bis A 5; Schlupf ab A 3, meist ab A 4; Verlassen der Kolonien nach Flüggewerden, in milden nahrungsreichen Jahren einzelne bereits ab M 4 bis E 4, meist jedoch ab M 5; Abzug aus Brutgebiet ab A 6.

Tagesperiodik: tag- und dämmerungsaktiv; mitunter auch nachts auf Jagd.

Erfassung

Einmalige Zählung von Nestern, die in aktueller Brutperiode benutzt werden bzw. benutzt worden sind (auch wenn bei Zählung einem Nest kein Altvogel zuzuordnen ist).

Termin: 1. M 4 bis A 5 Zählung der als besetzt zu wertenden Nester vor dem Laubaustrieb (abhängig von Witterung und Nistbaumart).

Günstige Tageszeit: tagsüber, nicht bei Regen, Kälte oder starker Sonneneinstrahlung.

Auswertung

Wertungsgrenzen: A 4 bis E 5.

Brutverdacht: • Rufe aus nicht einsehbaren, möglichen Nistplätzen; • frisch angelegte Nester; • aktuell ausgebaute ältere Nester; • Nestbau.

Brutnachweis: insbesondere • brütende, hudernde, fütternde Altvögel; • bettelnde Jungvögel; • auf oder neben dem Nest stehende Jungvögel, heruntergefallene Junge, Eischalen am Boden in Nestnähe.

Bestandsangabe = Anzahl der als besetzt gewerteten Nester.

Besondere Hinweise: Um auch erfolglose Paare zu erfassen, auch Nester werten, denen bei Zählung kein Altvogel zuzuordnen ist. Um Störung möglichst gering zu halten, reicht eine Zählung zur fortgeschrittenen Brutzeit vor Laubaustrieb, möglichst von außerhalb (mit Fernrohr), aber auch innerhalb einer Kolonie; Vorsicht vor ätzenden Kotspritzern. Kennzeichen für zu wertende Nester: solche, in denen sich Alt- oder Jungvögel befinden; unter denen türkisblaue Eischalen oder abgestürzte Jungvögel liegen, wobei Zuordnung bei mehreren Nestern in einem Baum oft schwierig ist (dann andere Kennzeichen in Kombination verwenden); neu angelegte Nester; alte Nester mit neu aufgeschichteten Zweigen; Nester, die Kotspuren am Rand bzw. unterhalb am Erdboden aufweisen (weiße „Bekalkung"); dies gilt v.a. in dichtem Nadelgehölz, wo Nester von unten kaum oder gar nicht einsehbar sind, dann zusätzlich verstärkt auf Rufe achten (Altvögel bei Fütterung, bettelnde Junge). Unbenutzte alte Nester wirken oft in sich zusammengesackt, platt, ohne frische Zweige, oft schief im Baum (nach Sturm auch aktuell benutzte/neue Nester schief). Kolonien meist 30-60, jedoch bis >400 Nester; bei Großkolonien ist Zählung mit zwei Personen Baum für Baum (möglichst anhand von Kolonie-Skizze mit Kürzeln für Baumart und Anzahl Nester) sinnvoll. Erfassung per Flugzeug (Zählung besetzter Nester nach Fotos) kann wegen Störung, Aufwand und Kosten nicht generell empfohlen werden, bringt bei Kolonien in dichtem Nadelholz jedoch genauere Ergebnisse; Abgleich mit vorhandenen Luftbildern ist möglich. Auf Einzelpaare, Kleinkolonien (Neugründungen) achten, die noch spät im Mai erfolgen können; v.a. neue Standorte lassen sich gut von (A)E 2 bis E 3 durch Verfolgen fliegender, ggf. Nistmaterial tragender Reiher finden. Zählung der Nester nach Laubfall im Herbst ist aufgrund der bis dahin verwischten Spuren nicht zu empfehlen. Auf Mischkolonie v.a. mit Kormoran achten, dessen Nester mit gröberem Astmaterial.

Literatur: Jöbges et al. (1998); Knief (1986); Sudmann et al. (2002)

Wertungsgrenzen und Erfassungszeitraum

Februar			März			April			Mai			Juni			Juli			August		
A	M	E	A	M	E	A	M	E	A	M	E	A	M	E	A	M	E	A	M	E
							1.													

01240 Purpurreiher
Ardea purpurea

RLD	2
EUV	X
SPEC	3

Lebensraum

Im Verbreitungszentrum Bewohner ausgedehnter Schilfröhrichte, die zumindest teilweise wasserdurchflutet sein müssen; abweichend von diesem Bruthabitat kann eine Besiedlung auch in Mischbeständen von Schilf mit Erlen- oder Weidengebüsch erfolgen. Lokal Brutvogel in Rheinland-Pfalz, Bayern, Baden-Württemberg sowie im Grenzbereich zu Hessen.

Brutbiologie

Schilfbrüter, ausnahmsweise Nester auf Weidenbüschen und Bäumen; in der Regel Koloniebrüter, in Deutschland am Rande des Verbreitungsgebietes wiederholt Einzelbruten; monogame Saisonehe; 1 Jahresbrut, Nachgelege; Gelege: (2)4-5(8) Eier; Brutdauer: 25-30 Tage; Nestlingsdauer: ca. 20 Tage, Junge verlassen frühzeitig das Nest und klettern im Schilf umher, flügge mit 45-50 Tagen; ♀ brütet etwas mehr als ♂, ♂ und ♀ füttern.

Phänologie

Jahresperiodik: überwiegend Langstreckenzieher; Ankunft im Brutgebiet im April; Legebeginn E 4 bis A 5, Neuansiedler (Umsiedler) jedoch bis E 6/A 7; insgesamt sehr starke Streuung der brutphänologischen Daten an den deutschen Brutplätzen.

Tagesperiodik: tag- und nachtaktiv; Fütterungsfrequenz morgens und abends am höchsten.

Erfassung

Kontrolle zur Ansiedlung geeigneter Lebensräume; Registrierung aller Beobachtungen v.a. Ab- und Anflug zu möglichem Neststandort; ggf. Zählung derjenigen Nester, die sicher dieser Art zugeordnet werden können; jedoch keine Nestersuche in Schilfgebieten.

Termine: 1. A 5 bis M 5 (Beobachtung von Altvögeln, Verpaarung, Nestbauaktivitäten); 2. E 5 bis M 6 (Beobachtung von Altvögeln, ggf. Zählung besetzter Nester); 3. E 6 bis M 7 (Beobachtung von Altvögeln, Zählung hudernder oder fütternder Altvögel bzw. der in Nestern oder deren Nähe stehenden Jungvögel).

Günstige Tageszeit: tagsüber, zur Fütterungszeit auch morgens und abends.

Auswertung

Wertungsgrenzen: E 4 bis E 7.

Brutverdacht: • zweimalige Beobachtung von Altvögeln, die einen potenziellen Brutplatz aufsuchen oder verlassen, im Abstand von mindestens 7 Tagen, davon eine E 5 bis M 7; • Nestbau.

Brutnachweis: insbesondere • fütternde Altvögel; • auf oder nahe dem Nest stehende Jungvögel bzw. eben flügge Junge.

Bestandsangabe = Anzahl der als besetzt gewerteten Nester.

Besondere Hinweise: Bei frühsommerlichem Auftreten in geeigneten Brutgebieten ist an eine mögliche Ansiedlung zu denken, vielfach streifen aber auch Nichtbrüter umher. In der Regel sind viele Beobachtungsstunden nötig, um überhaupt Sichtnachweise am möglichen (neuen) Brutplatz zu erbringen; Art ist am Brutplatz sehr störempfindlich. Einzelbruten mitunter im Umfeld von Brutkolonien anderer Reiherarten. Altvögel fliegen in Schilfgebieten nicht direkt zum Nest, sondern fallen etwas abseits ein und legen das letzte Stück zu Fuß zurück; dabei oft charakteristisches Verhalten: vor Landung Hängenlassen der Beine, Aufstellen von Kopf- und Nackenfedern, Rufen; auf Beobachtung dieses Verhaltens sollte bei Ermittlung der Anzahl der meist nicht einsehbaren Nester besonders geachtet werden.

Literatur: van Dijk (1996)

Wertungsgrenzen und Erfassungszeitraum

Februar			März			April			Mai			Juni			Juli			August		
A	M	E	A	M	E	A	M	E	A	M	E	A	M	E	A	M	E	A	M	E
									1.		2.			3.						

01310 Schwarzstorch
Ciconia nigra

RLD	3
EUV	X
SPEC	2

Lebensraum

Großflächig zusammenhängende, störungsarme Komplexe naturnaher Laub- und Mischwälder mit fischreichen Fließgewässern und Stillgewässern, Waldwiesen und Sümpfen; Neststandort in strukturreichen, z.T. aufgelockerten Altholzbeständen; bevorzugt ungestörte Neststandorte in der Nähe günstiger, unmittelbar benachbarter Nahrungshabitate; Nahrungssuche i.d.R. im Umkreis von 3 km, regelmäßig jedoch auch 5-12 (bis zu 16 km) vom Nest entfernt.

Brutbiologie

Baum- und Felsbrüter; Nest in Abhängigkeit der Baumart (Wuchsform) vornehmlich halbhoch (10-18 m) angelegt, oft in der Nähe von Lichtungen (z. B. Bachlauf), in Mittelgebirgen Nest in sw-exponierter Lage v.a. im Bereich von deutlich sichtbaren Erhebungen, Ausnahmen bilden in Deutschland Felsbruten z.B. in Mittelgebirgslagen; saisonale Monogamie; 1 Jahresbrut; Gelege: (2)3-5(6) Eier, Brutdauer: 32-38 Tage: Nestlingsdauer: (61)64-70(73) Tage, nach dem ersten Ausfliegen noch bis zu 14 Tage Rückkehr zum Nest zur Fütterung und Übernachtung, Führungszeit 1-4 Wochen; ♂ und ♀ balzen, bauen am Nest, brüten, füttern und führen.

Phänologie

Jahresperiodik: i.d.R. Langstreckenzieher (Überwinterungen in Europa nehmen zu); Ankunft im Brutgebiet bis A 4 (im Osten vereinzelt erst M 4), Heimzug (A)M 3 bis E 5, Hauptdurchzug im April; Eiablage ab E 3, allgemein von A 4 bis A 5 (M 5 bei Neuansiedlungen, Nachgelegen); Jungvögel ab A 5, regelmäßig M 5 bis A 6 (E 6/A 7 bei Neuansiedlungen, Nachgelegen); flügge Junge ab A 7, einzelne noch E 8 im Brutrevier; Abzug aus den Brutrevieren ab M/E 7.

Tagesperiodik: Nahrungssuche tagsüber (allerdings Dämmerungsaktivitäten noch vor SA und nach SU beachten.

Erfassung

Neben der Nestsuche im Winterhalbjahr hauptsächlich Beobachtung der auffälligen Flugbalz (Synchronflug, Flöten) von einem exponierten Platz außerhalb des vermuteten Reviers, außerdem Nahrungsflüge in der fortgeschrittenen Brutperiode (Flugrichtung in Karte übertragen); ergänzende Befragung von Förstern und Jägern.

Termine: 1. A 4 bis M 4 (Flugbalz); 2. E 4 bis A 5 (Flugbalz, Nestbau); 3. M 6 bis E 6 (häufige Nahrungsflüge); fakultativ weitere Kontrolle im Zeitraum A 4 bis M 4.

Günstige Tageszeit: Flugbalz 10-11.30 Uhr und 12.30-16 Uhr bei günstigen Wetter- und Thermikverhältnissen, morgendliche Abflüge vor 6.30 Uhr, abendliche Einflüge nach 20 Uhr (alle Zeitangaben MESZ).

Auswertung

Wertungsgrenzen: E 3 bis E 7.

Brutverdacht: • zweimalige Beobachtung von Flugbalz oder „flaggenden" Einzelstörchen über einem begrenzten Waldgebiet im Abstand von mindestens 7 Tagen, davon eine A 4 bis E 6; • zweimalige Beobachtung von An- und Abflügen im Bereich potenziell geeigneter Waldgebiete im Abstand von mindestens 7 Tagen, davon eine A 4 bis E 6; • einmalige Beobachtung von Drohgebärden gegenüber Fremdstörchen oder aggressive Luftangriffe z.B. auf See- und Steinadler; • Altstorch mit Nistmaterial; • verpaarte Altvögel.

Brutnachweis: insbesondere • im Spätsommer aufgefundenes Nest mit starker Bekalkung und Federresten.

Besondere Hinweise: Besonders störempfindlich während der Revierbesetzungsphase; im Nestbereich sind grundsätzlich Störungen zu unterlassen. Schwarzstorchreviere haben Betreuer, die im Falle von Brutzeitfeststellungen oder bei Brutverdacht über die Landesumweltämter oder Staatlichen Vogelschutzwarten zu kontaktieren sind. In nahrungsreichen Gebieten ist zu beachten, dass die Störche hier sehr dicht brüten können (< 1,5 km), was eine räumliche Zuordnung der Beobachtungen erschwert. Insbesondere ab E 4 können auch Nichtbrüter die Reviere frequentieren.

Literatur: Janssen et al. (2004); Projektgruppe DO-G (1995); Sackl (1993); Sudmann et al. (2002)

Wertungsgrenzen und Erfassungszeitraum

Februar			März			April			Mai			Juni			Juli			August		
A	M	E	A	M	E	A	M	E	A	M	E	A	M	E	A	M	E	A	M	E
						1.		2.						3.						

01340 Weißstorch
Ciconia ciconia

RLD	3
EUV	X
SPEC	2

Lebensraum

Ursprünglich Baumruinenbrüter am Rand breiter Flussauen, heute in Deutschland ausschließlich Siedlungsbewohner; Nahrungshabitate in vielfältig strukturierten, bäuerlich genutzten, natürlich nährstoffreichen Niederungslandschaften mit hoch anstehendem Grundwasser und Nistmöglichkeiten oder bereitgestellten Nistplatzangeboten; höchste Dichten in stark vom Grundwasser beeinflussten Fluss- und Küstenmarschen; wesentliche Strukturen und Qualitäten sind naturnahe, nur wenig eingeschränkte Überschwemmungsperiodik, ein sommerlicher Wasserwechselbereich, biologisch "flachgründige" Böden durch anhaltende Staunässe, offene vegetationsreiche Flach- und Seichtwasserbereiche (z.B. eingestaute Flutmulden), kurzlebige und überdauernde Gewässer. Frei fliegende Störche aus Freiland-/Gehegehaltung oder Wiedereinbürgerungsprojekten (sog. Projektvögel) brüten u.U. in Gebieten, die sonst nicht besiedelt werden.

Brutbiologie

Freibrüter; Nest hoch auf Gebäuden v.a. Schornsteinen, Kirchtürmen, Nisthilfen (meist Dachreiter, Masten) und auf Laubbäumen (im Osten und Süden Baumnester häufiger), selbst auf niedrigen Haufen und Holzstöcken oder am Boden; Einzel- und Koloniebrüter; saisonale Monogamie; 1 Jahresbrut; Gelege: (1)3-5(7) Eier, Brutdauer: 33-34 Tage; Nestlingsdauer: 55-60 Tage, unabhängig nach weiteren 7-20 Tagen; ♂ und ♀ balzen, bauen am Nest, brüten, füttern und führen.

Phänologie

<u>*Jahresperiodik*</u>: Langstreckenzieher, aber auch Überwinterung in Südwesteuropa; Heimzug (im Süden und Westen schon im Februar) von A/M 3 bis E 5, Hauptdurchzug E 3 bis E 4; Eiablage ab (selten E 3) A/M 4 bis M 5 (selten bis A/M 6, Nachgelege, Neuansiedler), Hauptlegezeit April; Jungvögel ab M 4, im Osten ab A 5; flügge Junge ab M 6, im Osten ab A 7, späte bis A 8; Wegzug ab M 8 bis A 9.

<u>*Tagesperiodik*</u>: tagaktiv.

Erfassung

Hauptsächlich Kontrolle traditionell besetzter Nester und potenzieller Brutmöglichkeiten, daneben auch Kartierung von Aufenthalten in zugehörigen Nahrungsrevieren.

Termine: 1. A 4 bis M 4 (Balz, Kopula, ggf. Nestbau); 2. E 4 bis M 5 (Nestbau, Nestbindung, Kopula, brütende und Junge fütternde Altvögel, Aufenthalte einzelner oder verpaarter Altvögel in Nahrungsrevieren); 3. E 5 bis M 6 (Nestbindung, brütende Altvögel, Junge im Nest, Aufenthalte einzelner oder verpaarter Altvögel in Nahrungsrevieren).

Günstige Tageszeit: thermikabhängig vormittags und nachmittags, Kontrolle Nestbindung 1 Std. vor SU bis SU.

Auswertung

Wertungsgrenzen: M 3 bis M 7.

Nestpaare/Brutverdacht: • Nestbindung über mindestens 4 Wochen von M 4 bis M 6; • zweimalige Beobachtung von verpaarten Störchen in potenziellen Nahrungsrevieren in der Kernbrutzeit von M 5 bis M 6 im Abstand von mindestens 7 Tagen.

Brutpaare/Brutnachweis: insbesondere • brütender oder Futter eintragender Altvogel, • Junge im Nest.

Besondere Hinweise: Anwohner nach Neststandort und Nestbesetzung befragen; einzelne und verpaarte Altvögel mit Nestbindung (s.u.) halten sich meistens nur zum Schlafen auf den Nestern auf und können deshalb leicht übersehen werden; soweit möglich „Projektvögel" (s.o.) von Wildvögeln unterscheiden.Nach den Vorgaben der Arbeitsgemeinschaft der Weißstorch-Betreuer werden bei der Erfassung von Weißstörchen unterschieden:
- Nestpaare allgemein (Npa/Hpa, Paare mit mindestens vier Wochen Nestbindung in der Zeit zwischen dem 11. April und dem 20. Juni),
- Nestpaare mit ausfliegenden Jungen (NPm/HPm);
- Nestpaare ohne ausfliegende Junge (Npo/HPo);
- Einzelstörche (NE/HE, mit mindestens 4 Wochen Nestbindung zwischen 11. April. und 20. Juni).

Literatur: Sudmann et al. (2002); Thomsen et al. (2001)

Wertungsgrenzen und Erfassungszeitraum

Februar			März			April			Mai			Juni			Juli			August		
A	M	E	A	M	E	A	M	E	A	M	E	A	M	E	A	M	E	A	M	E
						1.		2.			3.									

01440 Löffler
Platalea leucorodia

RLD	---
EUV	X
SPEC	2

Lebensraum

Verlandungszonen großer Feuchtgebiete; Brutgebiete stets in der Nähe größerer Flachwasserzonen; in Deutschland aktuell nur an der Nordseeküste in hoch- und niedrigwüchsigen Salzwiesen, bisher ausschließlich auf den Inseln/Halligen, häufig im Bereich von Großmöwenkolonien; Nahrungsgebiete im Watt und an Seen der Inseln, aber auch in Speicherkögen und Poldern am Festland (Seen, Teiche, Tiefs) in > 5 km Entfernung vom Brutplatz.

Brutbiologie

Bodenbrüter; in Deutschland Nester in höher gelegenen Salzwiesen; beide Altvögel bauen Nest; Koloniebrüter; Brutreife mit 3-4 Jahren; monogame Saisonehe; 1 Jahresbrut, Nachgelege möglich, Gelege: 3-5(7) Eier, Brutdauer: 21-25 Tage, Nestlingszeit 45-50 Tage, Jungvögel verlassen aber schon vorher den engeren Nestbereich; ♂ und ♀ brüten und füttern die Jungvögel; Jungvögel werden noch etwa 4 Wochen lang betreut.

Phänologie

Jahresperiodik: Mittel- bis Langstreckenzieher; Heimzug und Ankunft an den Brutplätzen E 3 bis Mai, selten schon E 2; Nichtbrüter übersommern in der Nähe der Brutgebiete; Hauptlegeperiode von E 4 bis M 5, noch bis Juni möglich; flügge Jungvögel ab E 5; Abwanderung der Alt- und Jungvögel ab M 6.

Tagesperiodik: tag- und dämmerungsaktiv; Nahrungssuche an der Küste auch tideabhängig (vor allem bei Niedrigwasser).

Erfassung

Einsehbare Kolonien: Zählung balzender Altvögel (Paare) am Koloniestandort, Zählung Nest bauender und brütender Altvögel; Erfassung aus größerem Abstand, möglichst von erhöhtem Standort (mit Spektiv); Zählung der Nester nach Ende der Brutperiode bzw. nach Abzug der Altvögel vom Koloniestandort.

Nicht einsehbare Kolonien: einmalige Begehung der Kolonie - Nesterzählung; Begehungen von Kolonien zur Nesterzählung müssen mit den zuständigen Naturschutzbehörden abgestimmt werden.

Termine: einsehbare Kolonien: 1. A 4 bis M 4 und 2. A 5 bis M 5 (Zählung balzender, Nest bauender und brütender Individuen, Zählung verpaarter Individuen); 3. ab E 6 bis E 7 (Zählung leerer Nester möglichst zeitnah nach Abzug der Altvögel);

nicht einsehbare Kolonien: 1. M 5 bis E 5 (Begehung der Kolonie: Nesterzählung).

Günstige Tageszeit: Nesterzählung bevorzugt vormittags.

Auswertung

Wertungsgrenzen: A 4 bis E 5.

Brutverdacht: • balzende Altvögel; • Nestbau; • Verteidigung eines Nestbereiches (innerartliches Territorialverhalten).

Brutnachweis: insbesondere • Nester mit Eiern oder Jungvögeln; • nicht flügge Jungvögel in der Nähe von Brutkolonien.

Brutbestand bei Paarzählung = maximal festgestellte Anzahl von Paaren.

Besondere Hinweise: Altvögel verlassen bei Annäherung von Menschen sehr früh das Nest sowie den Nestbereich, deshalb Paarzählungen aus großer Distanz vornehmen; Brutbestandserfassungen durch Beobachtung von außerhalb der Kolonie (ohne Begehung des Koloniestandortes) führen i.d.R. trotz gründlicher Beobachtung zu Bestandsunterschätzungen; trotz ihrer Größe, ihrer Färbung und ihres Verhaltens sind Altvögel in höherer Vegetation meist aus größerer Entfernung schwer bzw. gar nicht zu sehen – Neuansiedlungen können deshalb leicht übersehen werden; genauere Daten zu Koloniegrößen können durch Nesterzählung ermittelt werden; Nesterzählung nicht bei Hitze oder nasskaltem Wetter, weitgehend genaue Bestandsangaben können auch Luftbildauswertungen erbringen. Ab- bzw. Anflugrichtungen können Hinweise auf mögliche Koloniestandorte geben; Altvögel können große Distanzen zurücklegen, um zu günstigen Nahrungshabitaten zu gelangen. Sie pendeln beispielsweise zwischen Brutkolonien auf den Inseln und Nahrungsgebieten am Festland. Während der Brutzeit anwesende Individuen müssen nicht unbedingt Brutvögel sein, da an der Nordseeküste auch größere Nichtbrüterbestände auftreten; Beobachtungen von flüggen Jungvögeln ab M 6 müssen nicht auf eine Brut in der Umgebung hindeuten, da sie bereits weit umherwandern können.

Literatur: Hälterlein et al. (1995, 2000); van Dijk (1996)

Wertungsgrenzen und Erfassungszeitraum

Februar			März			April			Mai			Juni			Juli			August		
A	M	E	A	M	E	A	M	E	A	M	E	A	M	E	A	M	E	A	M	E
						1.			2.					3.						

01470 Rosaflamingo
Phoenicopterus roseus

RLD	---
EUV	X
SPEC	3

Lebensraum

Flache Meeresküsten oder Binnenland an Süß- und Brackgewässern (Seen, Lagunen, Flussmündungen) mit Inselchen oder Sandbänken, auch in offenen Sümpfen ohne oder mit wenig Vegetation; europäischer Brutschwerpunkt westlicher Mittelmeerraum; in Deutschland überwiegend Gefangenschaftsflüchtling, Hinweise auf Einwanderung einzelner Individuen. Derzeit einziges Brutgebiet im Westen Nordrhein-Westfalens; wiedervernässtes, nahezu vollständig abgetorftes Übergangsmoor; eutrophierter, im Sommer teilweise auf Schlammflächen abtrocknender, Flachwassersee mit Vegetationsinseln.

Brutbiologie

Bodenbrüter; Nest im seichten Wasser oder direkt am Ufer, Nestflüchter; Koloniebrüter; monogame Saisonehe, Gruppenbalz; 1 Jahresbrut; Gelege: 1(2) Eier, Brutdauer: 27-32 Tage; Junge mit 65-90 Tagen flügge; beide Partner sind am Nestbau und an der Jungenführung beteiligt, beide Partner brüten.

Phänologie

Jahresperiodik: Teilzieher; Ankunft im Brutgebiet M 3 bis A 4; Eiablage A 4 bis A 5 (innerhalb einer Kolonie oft simultan); Wegzug A 8 bis M 9, in Jahren ohne Bruterfolg schon A 7.

Tagesperiodik: tag- und nachtaktiv.

Erfassung

In der Hauptsache Balzbeobachtung, daneben Erfassung nicht flügger Jungvögel.
Termine: 1. E 3 bis A 4 (Balz, Nestbau), 2. M 5 (Altvögel zählen, Paarbindung feststellen), fakultativ 3. E 6 bis A 7 (Junge auszählen).
Günstige Tageszeit: tagsüber, nicht bei starker Hitze.

Auswertung

Wertungsgrenzen: M 3 bis A 7.
Brutverdacht: • Gruppenbalz; • Nestbauaktivität.
Brutnachweis: insbesondere • Verteidigung des Nestbereiches; • nicht flügge Junge.
Brutbestand (Paare) bei Paarzählung = maximal festgestellte Anzahl von Paaren.

Besondere Hinweise: Seit 1993 unregelmäßiger Brutvogel in Nordrhein-Westfalen (Zwillbrocker Venn); brütet dort auch mit dem Kubaflamingo (*P. ruber*) und dem kleineren Chileflamingo zusammen (*P. chilensis*), auf korrekte Zuordnung der Neststandorte und eventuelle Hybridisierung achten! Brutkolonien aufgrund kegelförmiger Schlammnester unverkennbar; die auffällige Gruppenbalz ist eine Abfolge von ruckartigen Kopfdrehungen der gestreckten Hälse, Rufen, Flügelöffnen und Beinstrecken. Die Vögel verteidigen nur während der Nistplatzbelegung und zum Jungenschlupfzeitpunkt ausschließlich den engeren Nestbereich. Bruterfolg ist relativ leicht feststellbar, da meist nur ein Junges aufgezogen wird. Die Feststellung der Paarbindung am Nest erfolgt durch längere Beobachtung der Kolonie mit dem Spektiv in Deckung aus sicherer Entfernung; keine Nestersuche. Bruten außerhalb des Zwillbrocker Venns sollen der Deutschen Seltenheitenkommission mit Dokumentation gemeldet werden.

Literatur: Treeb (1995)

Wertungsgrenzen und Erfassungszeitraum

Februar			März			April			Mai			Juni			Juli			August		
A	M	E	A	M	E	A	M	E	A	M	E	A	M	E	A	M	E	A	M	E
					1.					2.				3.						

20230 Chileflamingo
Phoenicopterus chilensis

RLD	---
EUV	---
SPEC	---

Lebensraum

Flache Süß- und Brackgewässer im Binnenland oder an der Küste (schlammige Überschwemmungsbereiche, Lagunen); häufig an Seen ohne Fischbesatz, da Nahrung aus aquatischen Kleinstlebewesen besteht; in Europa brütende Vögel entstammen wohl Gefangenschaftsflüchtlingen, ursprüngliche Heimat Südamerika. Derzeit einziges Brutgebiet im Westen Nordrhein-Westfalens; wiedervernässtes, nahezu vollständig abgetorftes Übergangsmoor; eutrophierter, im Sommer teilweise auf Schlammflächen abtrocknender, Flachwassersee mit Vegetationsinseln.

Brutbiologie

Bodenbrüter; Nester in seichtem Wasser oder auf Schlamminseln, -bänken und Kiesinselchen; Nestflüchter; Koloniebrüter; Saisonehe; 1 Jahresbrut; Gelege: 1 Ei, Brutdauer: 27-31 Tage; Junge mit 70-80 Tagen flügge; beide Partner sind am Nestbau und an der Jungenführung beteiligt.

Phänologie

Jahresperiodik: Kurzstreckenzieher; Ankunft im Brutgebiet E 3 bis A 4; Eiablage A 4 bis A 5; Wegzug A 8 bis M 9, in Jahren ohne Bruterfolg schon A 7.

Tagesperiodik: tag- und nachtaktiv.

Erfassung

In der Hauptsache Balzbeobachtung, daneben Erfassung nicht flügger Jungvögel. *Termine*: 1. E 3 bis A 4 (Balz, Nestbau), 2. M 5 (Altvögel zählen, Paarbindung feststellen), fakultativ 3. E 6 bis A 7 (Junge auszählen).

Günstige Tageszeit: tagsüber, nicht bei starker Hitze.

Auswertung

Wertungsgrenzen: M 3 bis A 7.

Brutverdacht: • Gruppenbalz; • Nestbauaktivität.

Brutnachweis: insbesondere • Verteidigung des Nestbereiches; • nicht flügge Junge.

Brutbestand (Paare) bei Paarzählung = maximal festgestellte Anzahl von Paaren.

Besondere Hinweise: Seit 1983 ± regelmäßiger Brutvogel in Nordrhein-Westfalen (Zwillbrocker Venn); brütet dort auch mit dem Kubaflamingo (*P. ruber*) und dem Rosaflamingo (*P. roseus*) zusammen; auf korrekte Zuordnung der Neststandorte und gelegentlich vorkommende Hybridisierungen achten! Bruterfolg ist relativ leicht feststellbar, da meist nur ein Junges aufgezogen wird. Die Feststellung der Paarbindung am Nest erfolgt durch längere Beobachtung der Kolonie mit dem Spektiv in Deckung aus sicherer Entfernung; keine Nestersuche! Bruten außerhalb des Zwillbrocker Venns sollen der Deutschen Seltenheitenkommission mit Dokumentation gemeldet werden.

Literatur: Ikemeyer (2004); Treeb (1995)

Wertungsgrenzen und Erfassungszeitraum

Februar			März			April			Mai			Juni			Juli			August		
A	M	E	A	M	E	A	M	E	A	M	E	A	M	E	A	M	E	A	M	E
					1.					2.				3.						

01520 Höckerschwan
Cygnus olor

RLD	---
EUV	---
SPEC	---

Lebensraum

Überwiegend nährstoffreiche stehende oder langsam fließende Gewässer z.B. Binnenseen, Teiche, Altwässer, Bodden- und Haffküstengewässer, Tieflandflüsse, Grabensysteme in grundwassernahen Grünlandgebieten der Fluss- und Seemarschen, aber auch Dorf- und Parkteiche und andere künstliche Gewässer, auch Erlenbrüche und Wiedervernässungspolder in Hochmooren; wichtig sind zumeist vegetationsreiche Randzonen und Röhricht zur Nestanlage sowie Weidemöglichkeiten in Ufernähe.

Brutbiologie

Bodenbrüter; Nest am Ufer oder auf kleinen Inseln in Vegetation oder im Röhricht auf trockenem, erhöhtem Untergrund, manchmal auch völlig frei; meist Einzelbrüter (Reviere mitunter bis 1 km^2), gelegentlich kolonieartig (z.B. auf Inseln); saisonale Monogamie bzw. Dauerehe; 1 Jahresbrut, Nachgelege möglich; Gelege: (4)5-8(11) Eier, Brutdauer: 35-38(41) Tage; Nestflüchter ab 1 Tag nach Schlupf, Familienverband bis Winter; nur ♀ brütet, ♂ hält Wache.

Phänologie

Jahresperiodik: Teilzieher, dann Kurzstreckenzieher; Heimzug A 2 bis A 4, Revierbesetzung erfolgt im Spätwinter oder zeitigem Frühjahr, abhängig von Eislage, meist im März; Hauptdurchzug A 3 bis E 3 (Vorjährige verlassen Wintergebiete später, meist bis E 5); Eiablage selten ab A/M 3, meist ab E 3 bis M 4 und bis E 6; Jungvögel ab A 4, aber noch Pulli A 8 möglich; Verlassen der Brutgewässer i.d.R. ab September.

Tagesperiodik: tag- und nachtaktiv, v.a. im Winterhalbjahr Schlafplatzflüge von Wintergästen.

Erfassung

Beobachtungen: Balz- und Territorialverhalten, Nestbau, wachendes ♂, brütendes ♀, Junge führende Altvögel (Paar/Einzelvogel).

Termine: 1. E 3 bis A 4 (Territorialverhalten, Nestbau, brütende Individuen); 2. M 4 bis E 4 (Nestbau, brütendes ♀, Familienverbände); 3. E 5 bis M 6 (brütendes ♀, Familienverbände).

Günstige Tageszeit: ganztags.

Auswertung

Wertungsgrenzen: A 3 bis E 8.

Brutverdacht: • zweimalige Beobachtung eines territorialen Paares im Abstand von mindestens 7 Tagen, davon eine E 3 bis M 6; • territoriales oder wachendes ♂ in Nähe eines potenziellen Neststandortes nur bei weiterer Beobachtung eines Paares im Abstand von mindestens 7 Tagen, davon eine Feststellung E 3 bis M 6; • Nestbau.

Brutnachweis: insbesondere • brütendes ♀; • Nest mit Eiern, Eischalenresten; • Familienverband mit Pulli.

Besondere Hinweise: Geschlechtsreife in der Regel erst im 3. Lebensjahr, wobei die Paarbildung oft bereits ein Jahr früher erfolgt. Veränderungen des Gesamtbestandes nur belegbar bei Berücksichtigung von definitiven Brutpaaren und solchen Paaren, die nicht oder nicht erfolgreich gebrütet haben. Nichtbrütende, aber territoriale Revierpaare, deren Anteil im Einzelfall bis zu 70 % aller Revierpaare betragen kann, müssen in Auswertung als solche gekennzeichnet werden, werden jedoch zum Brutbestand gerechnet. Diese sind im Spätwinter dadurch gut von Wintergästen/Nichtbrüteransammlungen zu unterscheiden, dass sie sich meist deutlich abseits (in ihrem Revier) von diesen aufhalten. Wintergäste wechseln oft zwischen Nahrungshabitat und Schlafgewässer, welche auch tagsüber zum Komfortverhalten aufgesucht werden. Gelegentlich besetzen und verteidigen auch nicht verpaarte ♂ Reviere, diese werden nicht zum Brutbestand gerechnet. Umsiedlungen verpaarter Höckerschwäne während der Brutzeit sind ungewöhnlich, im Allgemeinen hohe Brutplatztradition; da Junge bis mehrere km vom Nest weggeführt werden können, stellt die alleinige Beobachtung eines Familienverbandes nicht unbedingt einen Nachweis für eine Brut an betreffendem Gewässer dar. Nichtbrüter-Ansammlungen (nicht geschlechtsreife Vögel) sind zu beachten.

Literatur: SUDMANN et al. (2002); ZIEGLER (1993)

Wertungsgrenzen und Erfassungszeitraum

Februar			März			April			Mai			Juni			Juli			August		
A	M	E	A	M	E	A	M	E	A	M	E	A	M	E	A	M	E	A	M	E
					1.		2.				3.									

01540 Singschwan
Cygnus cygnus

RLD	R
EUV	X
SPEC	---

Lebensraum

Meist ungestörte, ausgedehnte, naturnahe Verlandungs- und Röhrichtzonen von Still- und Fließgewässern, nasse Erlenbruchwälder, Fischteichgebiete mit Inseln. Brutvorkommen wahrscheinlicher Wildvögel in Brandenburg und Sachsen, weitere Bruten („Volierenvögel"?) in Hamburg und Schleswig-Holstein; Überwinterungsgebiete von in Deutschland brütenden Vögeln liegen am Bodensee, im Ostseeraum und in Flussniederungen Norddeutschlands.

Brutbiologie

Bodenbrüter; Nest große Anhäufung von Pflanzenmaterial; monogame Dauerehe; 1 Jahresbrut, Gelege: 4-7(9) Eier, Brutdauer: 31-42 Tage; im Mittel nach 87 Tagen flügge; Familienverband bis zum nächsten Frühjahr, Auflösung spätestens nach Rückkehr zum Brutplatz; nur ♀ brütet, in Brutpausen ♂ auf Gelege, ♂ und ♀ führen Junge und verteidigen Brut.

Phänologie

Jahresperiodik: Brutvögel in Deutschland Kurzstreckenzieher, teilweise auch überwinternd; daneben überwiegend Wintergäste; Heimzug von M 1 bis A 4, Ankunft im Brutrevier A 2 bis E 3, Hauptdurchzug E 1 bis A 3; Legebeginn A 4 bis A 5, erfahrene Paare brüten früher; Schlupf A 5 bis A 6.
Tagesperiodik: tag- und nachtaktiv.

Erfassung

Beobachtungen von Balz- und Territorialverhalten, Nestbau, wachender ♂, brütender ♀, Junge führende Altvögel (Paar/Einzelvogel).

<u>*Termine*</u>: 1. E 3 bis A 4 (Balz-, Territorialverhalten, Nestbau); 2. M 4 bis A 5 (Territorialverhalten, brütendes ♀); 3. A 6 bis A 7 (Territorialverhalten, Junge führende Altvögel).

<u>*Günstige Tageszeit*</u>: ganztags.

Auswertung

Wertungsgrenzen: A 3 bis E 7.

<u>*Brutverdacht*</u>: • zweimalige Beobachtung eines territorialen Paares im Abstand von mindestens 7 Tagen, davon eine E 3 bis A 7; • territoriales oder wachendes ♂ in Nähe eines potenziellen Neststandortes nur bei weiterer Beobachtung eines Paares im Abstand von mindestens 7 Tagen, davon eine Feststellung E 3 bis A 7; • Nestbau.

<u>*Brutnachweis*</u>: insbesondere • brütendes ♀; • Nest mit Eiern, Eischalenresten (Unterscheidung zum Höckerschwan ?); • Familienverband mit Pulli.

Besondere Hinweise: Übersommerungen von Paaren sollten Anlass zu genaueren Kontrollen im Folgejahr sein, da erste Paarbildung mit 2, erste Brut im Allgemeinen mit 4 Jahren. Veränderungen des Gesamtbestandes nur belegbar bei Berücksichtigung von definitiven Brutpaaren und solchen Paaren, die nicht oder nicht erfolgreich gebrütet haben. Nichtbrütende, aber territoriale Revierpaare müssen in Auswertung als solche gekennzeichnet werden, werden jedoch zum Brutbestand gerechnet. Unverpaarte, nicht geschlechtsreife Jungvögel verlassen die Brutgebiete und unternehmen einen Mauserzug in nordöstlicher Richtung. Brutvogel in Deutschland seit Anfang der 1990er Jahre, ca. 8 Revierpaare und 2003 drei brütende Paare. Auf mögliche Ansiedlungen in wiedervernässten Hochmooren sollte geachtet werden.

Literatur: Deutschmann (1997); Rutschke (1992); Saga & Kear (1990); Synatschke & Synatschke (1999)

Wertungsgrenzen und Erfassungszeitraum

Februar			März			April			Mai			Juni			Juli			August		
A	M	E	A	M	E	A	M	E	A	M	E	A	M	E	A	M	E	A	M	E
					1.		2.					3.								

20800 Schwarzschwan
Cygnus atratus

RLD	---
EUV	---
SPEC	---

Lebensraum

Ursprüngliche Heimat Australien und Tasmanien; in Europa punktuell etabliertes Neozoon; seit 1970 mit unregelmäßigen Brutansiedlungen in vielen Bundesländern; in Europa hauptsächlich siedlungsnahe Vorkommen (v.a. Parkanlagen), sonst an Binnenseen und Lagunen mit flachem Süß- oder Brackwasser, in Überschwemmungsgebieten, an Flüssen und in Küstenbereichen.

Brutbiologie

Bodenbrüter; auf Grasinseln oder direkt auf dem Boden, z.T. im Schutz von Bäumen oder Sträuchern; Nestflüchter; ursprünglich Koloniebrüter, in Europa hauptsächlich Einzelbruten; wohl 1(2) Jahresbrut(en); Gelege: (1)5-6(14) Eier, Brutdauer: 35-38 (48) Tage; Junge mit 150-170 Tagen flügge; zur Brutzeit territorial, beide Partner brüten und führen die Jungen.

Phänologie

Jahresperiodik: Teilzieher, im Winter gelegentlich vergesellschaftet mit ziehenden Singschwänen und in Ansammlungen überwinternder Höckerschwäne; Bruten sind ganzjährig möglich, durch Herkunft von der Südhalbkugel sind Herbst- und Winterbruten nicht selten.

Tagesperiodik: hauptsächlich tagaktiv.

Erfassung

Beobachtungen von verpaarten, wachenden, brütenden oder Junge führenden Altvögeln.

Termine: Termine zur Erfassung sind nicht anzugeben, bei Erstfeststellung müssen weitere Kontrollen im Abstand von mindestens 2 Wochen erfolgen.
Günstige Tageszeit: ganztags, möglichst nicht im Dunkeln.

Auswertung

Wertungsgrenzen: ganzjährig.

Brutverdacht: • zweimalige Beobachtung eines territorialen Paares im Abstand von mindestens 7 Tagen; • territoriales oder wachendes ♂ in Nähe eines potenziellen Neststandortes nur bei weiterer Beobachtung eines Paares im Abstand von mindestens 7 Tagen; • Nestbau.

Brutnachweis: insbesondere • brütender Altvogel; • Familienverband mit Pulli.

Besondere Hinweise: Anpassung von Südhalbkugel zu Nordhalbkugelrhythmus gelingt bei den einzelnen Paaren unterschiedlich gut, je länger die Generationenfolge hier ansässig ist, desto besser. Es empfehlen sich mehrere Kontrollen, bei denen zunächst die dauerhafte Ansiedlung überprüft werden sollte. Hybride (mit Höckerschwan) in Freiheit sind eine absolute Rarität. Noch nicht ausgefärbte ältere Jungvögel werden aufgrund ihrer etwas helleren Färbung (teilweise fast olivfarben) fälschlich als Hybride bestimmt. Hybridisierung in Gefangenschaft mit Höckerschwan und Anser-Arten nicht selten, im Freiland auf Mischbruten achten. Durch jahreszeitlich spätes Brüten gehen viele Jungvögel zugrunde. Dispersionsverhalten ist nur bei Jungvögeln hoch, Brutpaare bleiben in der Regel dem Brutgebiet treu.

Literatur: Geiter et al. (2002); Pannach (1999, 2000 a ,b, 2001 a, b, 2002)

Wertungsgrenzen und Erfassungszeitraum

Keine Angaben möglich.

01570 Saatgans
Anser fabalis (rossicus)

RLD	---
EUV	---
SPEC	---

Lebensraum

Offene Landschaften, gern in Gewässernähe; in baumloser (Strauch-)Tundra, nie weit von Flüssen oder Seen. Unregelmäßiges Brutvorkommen in Niedersachsen.

Brutbiologie

Bodenbrüter; Nest meist auf kleiner trockener Erhöhung, in Deutschland; Einzelbrüter, ♀ baut, Nestflüchter; wohl monogame Dauerehe; 1 Jahresbrut; Gelege: (3)4-6(8) Eier, Brutdauer: (25) 27-29 (30) Tage; Jungen mit 1,5 Monaten flugfähig; nur ♀ brütet, der Familienverband bleibt meist bis zur nächsten Brutperiode zusammen.

Phänologie

Jahresperiodik: Mittel- und Langstreckenzieher; Wintergäste vor allem im Osten, Heimzug M 1 bis A 4, Hauptdurchzug E 1 bis E 2; Legebeginn in Deutschland ?, Datenlage zur Phänologie von Brutvögeln in Deutschland unzureichend.

Tagesperiodik: tag- und dämmerungsaktiv (Schlafplatzflüge), gelegentlich nachtaktiv.

Erfassung

Beobachtungen von verpaarten, wachenden, brütenden oder Junge führenden Altvögeln.

Termine: 1. A 5 bis M 5 (verpaarte Vögel); 2. E 5 bis A 6 (Nestbau, Legeperiode); 3. M 6 bis E 6 (brütende ♀, Familien).

Günstige Tageszeit: möglichst in den frühen Morgenstunden.

Auswertung

Wertungsgrenzen: E 4 bis E 7.

Brutverdacht: • bestätigte Paarbindung (z.B. ♂ begleitet ♀ zur Nahrungssuche „mate guarding") im Abstand von mindestens 7 Tagen, davon eine Feststellung ab A 5; • territoriales oder wachendes ♂ in Nähe eines potenziellen Neststandortes, nur bei weiterer Beobachtung eines Paares im Abstand von mindestens 7 Tagen, davon eine Feststellung ab A 5; • Kopulation.

Brutnachweis: insbesondere • brütendes ♀; • Junge führende Altvögel.

Besondere Hinweise: In Deutschland übersommern regelmäßig geschwächte oder verletzte (oft angeschossene, zugunfähige Vögel) Einzelvögel oder Paare, die in den seltensten Fällen brüten. Im Falle von Übersommerungen sollten verpaarte Individuen bei dieser (auf Deutschland bezogen) unregelmäßigen Brutvogelart, anders als bei Graugans, nicht zum Brutbestand gezählt werden; hierfür muss mindestens Nestbauaktivität/Paarung festgestellt werden. Übersommerer sollten jedoch gezielt beobachtet werden, ob nicht doch ein Brutversuch unternommen wird. Familien zeigen starken Zusammenhalt, die Erfassung Junge führender Altvögel ist daher einfacher als die Suche nach den versteckten Nestern bzw. den selten zu beobachtenden anderen Verhaltensweisen. Dies ist für die wenigen und unregelmäßigen Bruten innerhalb Deutschlands (außerhalb von Parks) die einzige sichere (und sinnvolle) Methode, einen Brutbestand zu ermitteln. Für ortsbezogene Brutnachweise zur Schlupfzeit möglichst mehrmals Erfassungsgänge durchführen (kleine Pulli), da Familien mit schon älteren Jungen schwimmend größere Strecken zurücklegen können. Adoptionen sind auch in Arktis selten, daher in Deutschland aufgrund des geringen Bestandes höchst unwahrscheinlich. Während Brutzeit verlässt ♀ nur für 0,5-1 Stunde/Tag das Nest und ist dann zeitweilig mit ♂ zusammen. Nest(aus-)bau findet weitgehend während der Bebrütung statt.

Wertungsgrenzen und Erfassungszeitraum

Februar			März			April			Mai			Juni			Juli			August		
A	M	E	A	M	E	A	M	E	A	M	E	A	M	E	A	M	E	A	M	E
									1.		2.		3.							

01590 Blässgans
Anser albifrons

RLD	---
EUV	---
SPEC	---

Lebensraum

Offene, baumarme Landschaften mit +/- ausgeprägtem Strauchanteil; in Tundra, hohe Flussufer und Talhänge; wichtig sind günstige Weideplätze (feuchte/frische Wiesen, Viehweiden) und offene, störungsarme Gewässer mit Flachwasserbereichen als Schlafplatz; im Winter vornehmlich in großflächigen offenen Agrarlandschaften. Unregelmäßiges Brutvorkommen in Schleswig-Holstein; bislang ein Nachweis aus Koog an der Nordseeküste; allerdings kommen auch Bruten in Parkanlagen vor.

Brutbiologie

Bodenbrüter; Neststandort häufig auf Grashorst oder kleiner Geländeerhebung, oft nahe am Wasser; Einzelbrüter, an geeigneten Stellen in kolonieartigen Ansammlungen (nicht in Deutschland!); monogame Dauerehe, Paarbildung im zweiten Lebensjahr, meist aber erst im vierten Jahr Junge führend; 1 Jahresbrut; Gelege: (3)5-6(7) Eier, Brutdauer: 26-28 Tage, nur ♀ brütet, Jungen mit 40-43 Tagen flügge; beide Partner führen die Jungen, Familienzusammenhalt bis zur nächsten Brutzeit, teilweise auch zwei Jahre.

Phänologie

Jahresperiodik: Mittel- und Langstreckenzieher; Wintergäste, vor allem im Nordwesten, Heimzug M 1 bis E 4, Hauptdurchzug A 3 bis E 3; Legebeginn in Deutschland bisher M 5 bis A 6; Datenlage zur Phänologie von Brutvögeln in Deutschland unzureichend.

Tagesperiodik: hauptsächlich tag- und dämmerungsaktiv (Schlafplatzflüge).

Erfassung

Beobachtungen von verpaarten, wachenden, brütenden oder Junge führenden Altvögeln.

Termine: 1. A 5 bis M 5 (verpaarte Vögel); 2. E 5 bis A 6 (Nestbau, Legephase); 3. M 6 bis E 6 (brütende ♀, Familien).

Günstige Tageszeit: möglichst in frühen Morgenstunden.

Auswertung

Wertungsgrenzen: E 4 bis E 7.

Brutverdacht: • bestätigte Paarbindung (z.B. ♂ begleitet ♀ zur Nahrungssuche „mate guarding") im Abstand von mindestens 7 Tagen, davon eine Feststellung ab A 5; • territoriales oder wachendes ♂ in Nähe eines potenziellen Neststandortes, nur bei weiterer Beobachtung eines Paares im Abstand von mindestens 7 Tagen, davon eine Feststellung ab A 5; • Kopulation.

Brutnachweis: insbesondere • brütendes ♀; • Junge führende Altvögel.

Besondere Hinweise: In Deutschland übersommern regelmäßig geschwächte oder verletzte (oft angeschossene, zugunfähige Vögel) Einzelvögel oder Paare, die in den seltensten Fällen brüten. Im Falle von Übersommerungen sollten verpaarte Individuen bei dieser (auf Deutschland bezogen) unregelmäßigen Brutvogelart, anders als bei Graugans, nicht zum Brutbestand gezählt werden; hierfür muss mindestens Nestbauaktivität/Paarung festgestellt werden. Übersommerer sollten jedoch gezielt beobachtet werden, ob nicht doch ein Brutversuch unternommen wird. Familien zeigen starken Zusammenhalt, die Erfassung Junge führender Altvögel ist daher einfacher als die Suche nach den versteckten Nestern bzw. den selten zu beobachtenden anderen Verhaltensweisen. Dies ist für die wenigen und unregelmäßigen Bruten innerhalb Deutschlands (außerhalb von Parks) die einzige sichere (und sinnvolle) Methode, einen Brutbestand zu ermitteln. Für ortsbezogene Brutnachweise zur Schlupfzeit möglichst mehrmals Erfassungsgänge durchführen (kleine Pulli), da Familien mit schon älteren Jungen schwimmend größere Strecken zurücklegen können. Adoptionen sind auch in Arktis selten, daher in Deutschland aufgrund des geringen Bestandes höchst unwahrscheinlich. Während Brutzeit verlässt ♀ nur für 0,5-1 Stunde/Tag das Nest und ist dann zeitweilig mit ♂ zusammen. Nest(aus-)bau findet weitgehend während der Bebrütung statt.

Wertungsgrenzen und Erfassungszeitraum

Februar			März			April			Mai			Juni			Juli			August		
A	M	E	A	M	E	A	M	E	A	M	E	A	M	E	A	M	E	A	M	E
									1.		2.		3.							

01610 Graugans
Anser anser

RLD	---
EUV	---
SPEC	---

Lebensraum

Überwiegend flache Bereiche natürlicher und künstlicher Binnengewässer jeder Größe (Seen, buchtenreiche Flussniederungen, Altarme, Niedermoore, Sümpfe, Auwälder, Erlenbrüche, Kleingewässer, Gräben) mit reich strukturierter Vegetation (Nestdeckung aus Schilf, Binsen, Seggen, Gebüsch) und benachbarten Weideflächen; auch in Hochmooren, Küsten- und Boddengewässern mit entsprechender Ausstattung; Nahrungs- und Schlafplätze flugfähiger Graugänse können mehrere Kilometer auseinander liegen; in Städten vielfach Parkvogel.

Brutbiologie

Meist Bodenbrüter, Brutplätze gern auf Inseln, Bruten auf Baumstümpfen und in Großvogelnestern möglich; Junge Nestflüchter (schlafen anfangs noch im Nest); Einzel- und Koloniebrüter; monogame Dauerehe (Um- bzw. Neuverpaarungen kommen v.a. bei Partnerverlust vor); 1 Jahresbrut, Nachgelege; Gelege: 4-9(12) Eier, Brutdauer: 27-29 Tage, nur ♀ brütet, ♂ wacht in der Nähe; Junge werden von Eltern gemeinsam geführt, mit 45-60 Tagen flugfähig; Familienzusammenhalt bis Winter.

Phänologie

Jahresperiodik: Teilzieher, Kurz- bzw. Mittelstreckenzieher (Durchzügler); Ankunft im Brutgebiet ab Januar, meist A 2 bis A 3; Heimzug bis M 4, Hauptdurchzug M 2 bis A 3; Legeperiode von E 2 bis M 4, meist A 3 bis A 4, Nachgelege bis M 5; Jungenaufzucht ab A 4 bis Juli (ggf. Mauserzug von Nichtbrütern v.a. M 5 bis M 6); bei Übersommerung von Familienverbänden sind zeitweilig großräumige Verlagerungen möglich; Abzug ab Herbst, Eintreffen von Zuzüglern ab A 9.

Tagesperiodik: tag- und nachtaktiv; Schlafplatzflüge in Dämmerungsphasen.

Erfassung

Kombination einer Zählung von Paaren vor Bebrütungsphase, Nest bauenden Vögeln, wachenden ♂ (in Nähe eines möglichen Nistplatzes) sowie brütenden ♀, mit Zählung Junge führender Paare/Einzeltiere (inkl. jeweiliger Zählung, Altersschätzung und Zuordnung der Jungen).

Termine: 1. E 2 bis A 3 (Zählung Paare vor Bebrütung); 2. M 4 bis E 4 (Zählung Junge führender Paare/Altvögel, ggf. noch brütender ♀, Paare ohne Junge); 3. M 5 bis E 5 (Zählung Junge führender Paare/Altvögel und Paare ohne Junge).
Günstige Tageszeit: möglichst in frühen Morgenstunden.

Auswertung

Wertungsgrenzen: M 2 bis E 6.

Brutverdacht: • Paarbindung (z.B. ♂ begleitet ♀ zur Nahrungssuche „mate guarding"); • wachendes ♂ in Nähe eines potenziellen Neststandortes; • Nestbau.

Brutnachweis: insbesondere • brütendes ♀; • Junge führende Paare/Einzeltiere.

Besondere Hinweise: Brut- bzw. Revierbestand schwer kartierbar, Paare und Nester leicht zu übersehen, meist Nachweise über Junge führende Altvögel, diese Angabe immer gesondert aufführen. Zuordnung der Jungen z.T. schwierig wegen Adoptionen bzw. Verlust; Brutplatz und Ort des Jungeführens können weit auseinander liegen (Distanz wird meist schwimmend überwunden). Nesterzählung in unübersichtlichen Gebieten ist u.a. wegen Störung des Brut- und Rastgeschehens auch anderer Arten nicht vertretbar. Zählt man nur Nester oder vermutete Nester (wachende ♂), erhält man zu geringen Bestand, bei Zählungen Junge führender Altvögel erfasst man nur erfolgreiche Paare, also i.d.R. eine noch geringere Anzahl, mitunter sind >50 % der Bruten erfolglos. Veränderungen des Gesamtbestandes nur belegbar bei Berücksichtigung von definitiven Brutpaaren und solchen Paaren, die nicht oder nicht erfolgreich gebrütet haben. Paare erfasst man am besten kurz bevor sie anfangen zu brüten und noch "sichtbar" sind (1. Termin) und in Brutpausen. Ganztägig sichtbare Paare meist solche, die aufgrund mangelnder Kondition oder ungünstiger Bedingungen (Trockenheit) mit Brüten aussetzen; diese und nach Mauserabzug (ab M 5) auftretende Paare ohne Junge (haben i.d.R. gebrütet und Junge verloren) zählen somit auch zum Brutbestand; in Mausergebieten Zuzug beachten! Nicht geschlechtsreife Nichtbrüter (meist in Trupps) fliegen oft früh zu Nahrungsflächen und halten sich weiter entfernt von Brutplätzen der Artgenossen auf, werden nicht zum Brutbestand gerechnet. In Gebieten mit großen Brutbeständen und –dichten bzw. bei Koloniebildung ist Einsatz von mehreren Personen gleichzeitig (und bei Seen ggf. eine Erfassung vom Boot aus) erforderlich. Bei kolonieartigem Brüten (auf Inseln) können durch Zusammenlegen Großgelege entstehen, aus denen oft kein Bruterfolg hervorgeht.

Literatur: Bruns (1989); Hauff & Illmann (1999); Sudmann et al. (2002); Voslamber et al. (2000)

Wertungsgrenzen und Erfassungszeitraum

Februar			März			April			Mai			Juni			Juli			August		
A	M	E	A	M	E	A	M	E	A	M	E	A	M	E	A	M	E	A	M	E
		1.					2.			3.										

01620 Streifengans
Anser indicus

RLD	---
EUV	---
SPEC	---

Lebensraum

Ursprüngliche Heimat Zentralasien; in Deutschland regional etabliertes Neozoon; besiedelt Feuchtgebiete des Tieflands, Flussniederungen, Sümpfe, Marschland sowie Seen und Teiche in Parks; häufig siedlungsnahe Vorkommen. Brutnachweise v.a. aus Bayern, Hessen, Niedersachsen und Schleswig-Holstein.

Brutbiologie

Überwiegend Bodenbrüter; variable Nistplatzwahl: Grasinseln in Seen, Röhrichte, Sümpfe, feuchte Brachflächen, selten in alten Großvogelnestern; Nestflüchter; brütet einzeln oder in lockeren Kolonien; 1 Jahresbrut; Gelege: (2)4-6(8) Eier, Brutdauer: 27-30 Tage; Junge mit 55-60 Tagen flügge.

Phänologie

Jahresperiodik: im Ursprungsgebiet Zugvogel, in Europa überwiegend Standvogel, jedoch auch einzelne Langstreckenflüge (Streifzüge) belegt, oft mit anderen Gänsearten vergesellschaftet; Legeperiode E 4 bis M 5; an einem Mauserplatz bei Kiel flugunfähige Gänse ab E 6/A 7 anwesend.

Tagesperiodik: hauptsächlich tagaktiv.

Erfassung

Kombination der Zählung von Paaren vor der Bebrütungsphase, Nest bauenden Vögeln, wachenden ♂ (in Nähe eines möglichen Neststandortes) sowie brütenden ♀, mit Zählung Junge führender Paare/Einzeltiere (inkl. jeweiliger Zählung, Altersschätzung und Zuordnung der Jungen).

Termine: 1. M 4 bis A 5 (Zählung der Paare vor Bebrütung bzw. bereits brütender ♀). 2. E 5 bis E 6 (Zählung Junge führender Paare/Altvögel, ggf. noch brütender ♀, Paare ohne Junge).

Günstige Tageszeit: möglichst in frühen Morgenstunden.

Auswertung

Wertungsgrenzen: A 4 bis E 7.

Brutverdacht: • bestätigte Paarbindung (z.B. ♂ begleitet ♀ zur Nahrungssuche „mate guarding") im Abstand von mindestens 7 Tagen, davon eine Feststellung von M 4 bis E 6; • wachendes ♂ in Nähe eines potenziellen Neststandortes, nur bei weiterer Beobachtung eines Paares im Abstand von mindestens 7 Tagen, davon eine Feststellung von M 4 bis E 6; • Nestbau oder Paarung.

Brutnachweis: insbesondere • brütendes ♀; • Junge führende Paare/Einzeltiere.

Besondere Hinweise: Meist Nachweise über Junge führende Altvögel, diese Angabe immer gesondert aufführen. Bei Zählungen Junge führender Altvögel erfasst man nur erfolgreiche Paare. Im Siedlungsbereich (v.a. Parkteiche) sind Nestnachweise relativ störungsarm möglich, Wache haltende ♂ sind ein guter Hinweis auf mögliche Bruten. Für ortsbezogene Brutnachweise zur Schlupfzeit sind mehrere Erfassungsgänge (wg. kleiner Pulli) empfehlenswert. Hybridisierung mit Grau-, Schnee- und Kanadagans ist möglich, auf Mischbruten achten. Bei Übersommerern sollte gezielt beobachtet werden, ob nicht doch ein Brutversuch unternommen wird.

Literatur: Geiter et. al. (2002); Homma & Geiter (2004)

Wertungsgrenzen und Erfassungszeitraum

Februar			März			April			Mai			Juni			Juli			August		
A	M	E	A	M	E	A	M	E	A	M	E	A	M	E	A	M	E	A	M	E
							1.				2.									

01660 Kanadagans
Branta canadensis

RLD	---
EUV	---
SPEC	---

Lebensraum

Eingebürgert, ursprüngliche Heimat Nordamerika; inzwischen etablierter Brutvogel sowohl in städtischen Bereichen (Parkanlagen mit Gewässern) als auch in offenen Landschaften; bevorzugt Stillgewässer des Binnenlandes: Seen, Kleingewässer, Kiesgruben und Fischteiche; wiedervernässte Hochmoore (diese auch in Waldgebieten), von Gräben durchzogene Grünlandareale; wichtig sind geeignete Weideflächen zumindest im näheren Umfeld der Brutplätze.

Brutbiologie

Bodenbrüter; Nest in Wiesen- oder Sumpfvegetation von Flachwasserzonen oder auf bewachsenen Inseln in Teichen oder Seen, Nistplatzwahl durch ♀; Nestflüchter; brutreif ab 3. Lebensjahr; monogame Dauerehe; 1 Jahresbrut; Gelege: (2)4-6(11) Eier, Brutdauer: 28-30 Tage, nur ♀ brütet; Junge mit 40-50 Tagen flügge, Familienverband besteht mindestens bis zur nächsten Brutperiode.

Phänologie

Jahresperiodik: im Binnenland oft Standvogel (Parkvogel); auch Kurz- bzw. Mittelstreckenzieher (nordische Wintergäste); Ankunft im Brutgebiet ab Januar, meist A 2 bis A 3, Heimzug bis E 3, Hauptdurchzug M 2 bis M 3; Eiablage selten ab E 3, sonst ab A 4 bis A 6; Schlupf der Jungen ab E 4, meist ab A 5 bis M 6; Mauserperiode (Angabe aus Schleswig-Holstein) ab M 6 bis M 7, v.a. E 6/A 7, Zugbewegungen vor/nach Mauserzeit kommen vor.

Tagesperiodik: tag- und nachtaktiv; Schlafplatzflüge in Dämmerungsphasen.

Erfassung

Kombination der Zählung von territorialen Paaren vor der Bebrütungsphase, Nest bauenden Vögeln, wachenden ♂ (in Nähe eines möglichen Neststandortes) sowie brütenden ♀, mit Zählung Junge führender Paare/Einzeltiere (inkl. jeweiliger Zählung, Altersschätzung und Zuordnung der Jungen).

Termine: 1. E 3 bis A 4 (Zählung Paare vor Bebrütung); 2. E 4 bis A 5 (Zählung territorialer Paare, Nestbau, Zählung brütender ♀ und Junge führender Paare/Altvögel); 3. M 6 bis M 7 (Zählung Junge führender Paare/Altvögel und Paare ohne Jungen).

Günstige Tageszeit: möglichst in frühen Morgenstunden.

Auswertung

Wertungsgrenzen: A 3 bis E 7.

Brutverdacht: • Paarbindung (z.B. ♂ begleitet ♀ zur Nahrungssuche „mate guarding"); • wachendes ♂ in Nähe eines potenziellen Neststandortes nur bei weiterer Beobachtung eines Paares im Abstand von mindestens 7 Tagen, davon eine Feststellung ab E 3; • Nestbau.

Brutnachweis: insbesondere • brütendes ♀; • Junge führende Paare/Einzeltiere.

Besondere Hinweise: Brut- bzw. Revierbestand schwer kartierbar, meist Nachweise über Junge führende Altvögel, diese Angabe immer gesondert aufführen. Zuordnung der Jungen z.T. schwierig wegen Adoptionen bzw. Verlust; Brutplatz und Ort des Jungeführens können weit (bis 10 km) auseinander liegen (Distanz wird zu Fuß oder meist schwimmend überwunden). Nesterzählung in unübersichtlichen Gebieten ist u.a. wegen Störung des Brut- und Rastgeschehens auch anderer Arten nicht vertretbar. Zählt man nur Junge führende Altvögel erfasst man nur erfolgreiche Paare, mitunter sind >60 % der Bruten erfolglos. Paare erfasst man am besten kurz bevor sie anfangen zu brüten und noch "sichtbar" sind (1. Termin) und in Brutpausen. Ganztägig sichtbare Paare sind oft solche, die aufgrund mangelnder Kondition oder ungünstiger Bedingungen (Trockenheit) mit Brüten aussetzen. Nicht geschlechtsreife Nichtbrüter (meist in Trupps) fliegen oft frühmorgens zu Nahrungsflächen oder halten sich weiter entfernt von Brutplätzen der Artgenossen auf; diese werden nicht zum Brutbestand gerechnet. Im Siedlungsbereich sind Nestnachweise (Nester oft im Schutz von Sträuchern und Stauden) meist ohne Störungen zu verursachen möglich. Besonders ♂ verhalten sich zur Brutzeit streng territorial und verteidigen das Revier. Hybridisierung mit Graugans möglich, Hybriden sind steril. Auf Ringmarkierungen achten.

Literatur: Geiter et. al. (2002); Homma & Geiter (2004); Sudmann et al. (2002)

Wertungsgrenzen und Erfassungszeitraum

Februar			März			April			Mai			Juni			Juli			August		
A	M	E	A	M	E	A	M	E	A	M	E	A	M	E	A	M	E	A	M	E
					1.			2.					3.							

01670 Weißwangengans
Branta leucopsis

RLD	R
EUV	X
SPEC	---

Lebensraum

Ursprünglicher Lebensraum in der Tundra mit offener, baumfreier Landschaft; mittlerweile auch an Küsten und Binnengewässern im Einzugsbereich des Überwinterungsgebiets bzw. Durchzugsraums; an der Küste in Speicherkögen und auf vegetationsfreien Sandstränden; im Binnenland Seen und Teiche mit Inseln; wichtig sind Nahrungsgebiete (feuchte/frische Wiesen, Viehweiden) in der Nähe der Brutplätze und große offene Gewässer als Schlafplätze. Brutansiedlungen in Schleswig-Holstein, Niedersachsen (seit 1994 Elbmündung, seit 2002 Ems) und Nordrhein-Westfalen (Niederrhein); große Brutpopulation in den Niederlanden (2.000-2.500 BP).

Brutbiologie

Bodenbrüter, Nest oft nahe am Wasser, gern in dichter Vorlandvegetation, auch in Treibselansammlungen an Spülsäumen, meist auf Inseln und in flachen Küstenbereichen bzw. in Seevogelkolonien; Einzelbrüter selten, meist in Kolonien; monogame Dauerehe; 1 Jahresbrut, Gelege: (2)4-5(9) Eier, Brutdauer: 24-25 (28) Tage, nur ♀ brütet; Junge mit 40-45 Tagen flügge.

Phänologie

Jahresperiodik: Langstreckenzieher, überwintert in Europa vor allem entlang der Nordseeküste (Brutvögel aus Deutschland vermutlich Kurzstreckenzieher); Ankunft am Brutplatz in Deutschland ab M 3 bis E 4, Heimzug der arktischen Population ab E 2 bis A 4, Hauptdurchzug im März; Legebeginn M/E 4, Schlupf ab M/E 5 bis A 7, flügge Junge ab E 6/A 7; Wegzug ab M 7; relativ synchroner Brutbeginn innerhalb eines Monats.

Tagesperiodik: hauptsächlich tagaktiv, an geeigneten Stellen jedoch häufig auch nachtaktiv, Schlafplatzflüge in der Dämmerung.

Erfassung

Kombination der Zählung von Paaren vor der Bebrütungsphase, Nest bauenden Vögeln, wachenden ♂ (in Nähe eines möglichen Neststandortes) sowie brütenden ♀, mit Zählung Junge führender Paare/Einzeltiere (inkl. jeweiliger Zählung, Altersschätzung und Zuordnung der Jungen).

<u>Termine</u>: 1. M 4 bis E 4 (Zählung Paare vor Bebrütung); 2. M 5 bis E 5 (Nestbau, Zählung brütender ♀); 3. A6 bis M 7 (Zählung Junge führender Paare/Altvögel).

<u>Günstige Tageszeit</u>: möglichst in frühen Morgenstunden.

Auswertung

Wertungsgrenzen: A 4 bis E 7.

<u>Brutverdacht</u>: • bestätigte Paarbindung (z.B. ♂ begleitet ♀ zur Nahrungssuche „mate guarding") im Abstand von mindestens 7 Tagen; • wachendes ♂ in Nähe eines potenziellen Neststandortes, nur bei weiterer Beobachtung eines Paares im Abstand von mindestens 7 Tagen; • Paarung.

<u>Brutnachweis</u>: insbesondere • brütendes ♀; • Junge führende Paare/Einzeltiere.

Besondere Hinweise: Ggf. lassen sich Nester auf Inseln gut vom Ufer aus erfassen. Nichtbrüter beteiligen sich regelmäßig an Warn- und Abwehrverhalten (am Nistort ruffreudig, umfliegen Personen in Nestnähe). Oft über Jahre in potenziellen Brutgebieten anwesend, ohne dass gebrütet wird. In Deutschland übersommern regelmäßig geschwächte oder verletzte (oft angeschossene, zugunfähige Vögel) Einzelvögel oder Paare, die in den seltensten Fällen brüten. Übersommerer sollten gezielt beobachtet werden, ob nicht doch ein Brutversuch unternommen wird. Für ortsbezogene Brutnachweise möglichst mehrmals Erfassungen durchführen, da Familien mit schon älteren Jungen schwimmend größere Strecken zurücklegen können, um günstigere Weidegebiete zu erreichen. Hybridisierung mit anderen Gänsearten möglich. Nest(aus-)bau findet weitgehend während der Bebrütung statt.

Literatur: Berndt et al. (2002); Homma & Geiter (2004); Hüppeler et al. (1998); Kruckenberg & Hasse (2004); Ludwichowski & Bräger (2003); Ouweneel (2001)

Wertungsgrenzen und Erfassungszeitraum

Februar			März			April			Mai			Juni			Juli			August		
A	M	E	A	M	E	A	M	E	A	M	E	A	M	E	A	M	E	A	M	E
							1.			2.		3.								

01700 Nilgans
Alopochen aegyptiaca

RLD	---
EUV	---
SPEC	---

Lebensraum

Ursprüngliche Heimat Afrika südlich Sahara und Niltal; Brutvögel in Mitteleuropa sind Nachkommen von Gefangenschaftsflüchtlingen; Ausbreitung von Niederlanden über NW-Deutschland (dort bereits etabliertes Neozoon, Bruten seit 1986) nach Osten und Süden; reich strukturierte Lebensräume mit Still- und Fließgewässern aller Art, auch Kiesgruben, Parkgewässer, Grabensysteme im Grünland; wenig anspruchsvoll und winterhart; Nester können auch bis 1 km vom nächsten Gewässer entfernt sein.

Brutbiologie

Boden-, Frei- oder Höhlenbrüter; flexible Nistplatzwahl: Nester in Vegetation (Gras, Röhricht, Gebüsch), auf Kopfbäumen, in Baumhöhlen und in Nestern anderer Großvögel (bis 20 m hoch, auch aufgestellte Storchennester) sowie auf Bauwerken (Masten, Brücken), Nestbau durch ♀; Nestflüchter; Einzelbrüter; geschlechtsreif im 2. bis 3. Jahr; monogame Dauerehe; 1 Jahresbrut; Gelege: (5)6-9(12) Eier, Brutdauer: 28-30 Tage, ♂ wacht in Nestnähe; Junge mit 65-70 Tagen flügge, Familienzusammenhalt kürzer als bei “echten” Gänsen; am Brutplatz sehr wachsam, Junge werden energisch verteidigt.

Phänologie

Jahresperiodik: in Afrika Standvogel, im Winter zwischen Temporärgewässern nomadisierend; in Deutschland möglicherweise ungerichtete winterliche Streifzüge, noch wenig untersucht; lang gezogene Brutzeit, hauptsächlich A 3 bis E 5, gelegentlich Früh- oder Spätbruten (E 1/A 10).

Tagesperiodik: hauptsächlich tagaktiv, Nahrungsflüge auch in Dämmerung oder nachts.

Erfassung

Wiederholte Kontrolle von Gewässern, an denen Nilgänse festgestellt werden, ggf. Nesterzählung, Feststellung von warnenden bzw. führenden Altvögeln.

Termine: Termine zur Erfassung sind nicht optimal anzugeben, bei Erstfeststellung (im Rahmen von Kartierungen der übrigen Arten, i.d.R. Februar bis Mai) müssen weitere Kontrollen im Abstand von mindestens 7 Tagen erfolgen; Vorschlag: 1. M 3 bis E 3; 2. A 4 bis E 4; 3. A 5 bis E 5 (dann bereits oft Nachweise über geführte Junge).

Günstige Tageszeit: tagsüber.

Auswertung

Wertungsgrenzen: A 3 bis E 6.

Brutverdacht: • mindestens einmalige Feststellung von ♂ und ♀ mit Paarbindung bei insgesamt zweimaliger Feststellung der Art im Abstand von mindestens 7 Tagen, davon eine Feststellung mit territorialem Verhalten; • wachendes ♂ in Nähe eines potenziellen Neststandortes, nur bei weiterer Beobachtung eines Paares im Abstand von mindestens 7 Tagen; • Nestbau; • warnende Altvögel bzw. Abwehrverhalten.

Brutnachweis: insbesondere • brütendes ♀; • Junge führende Altvögel.

Besondere Hinweise: Art gilt als relativ winterhart, auch schon die Jungen bei Winterbruten. Bei Erfassung eventuelle Verdrängungen anderer Arten und nach Möglichkeit den Bruterfolg (Anzahl flügger Junge) dokumentieren. Im Falle von Bruten fliegt territoriales ♂ bei Störung auffällig warnend (rufend) in Nistplatznähe umher oder hält sich dort auf, mitunter verlässt dann auch ♀ das Nest, fliegt zum ♂ und Paar landet in gewisser Entfernung (meist auf Wasser) zum Störenfried.

Literatur: Geiter et al. (2002); Homma & Geiter (2004); Mooij (1998); Sudmann et al. (2002)

Wertungsgrenzen und Erfassungszeitraum

Februar			März			April			Mai			Juni			Juli			August		
A	M	E	A	M	E	A	M	E	A	M	E	A	M	E	A	M	E	A	M	E
				1.		2.			3.											

01710 Rostgans
Tadorna ferruginea

RLD	---
EUV	X
SPEC	3

Lebensraum

Ursprüngliche Heimat Südosteuropa, Nordafrika und Asien; in Deutschland Neozoon mit lokalen Brutvorkommen; besiedelt offene Landschaften, auch schütter bewaldete Gegenden, gern küstennahe Brackwasserlagunen, Seen und Sümpfe mit offenen Wasserflächen (nicht komplett verschilft oder ohne Ufervegetation), Flussmündungen mit Sandbänken, wiedervernässte offene Moore sowie Parkanlagen mit Gewässern.

Brutbiologie

Überwiegend Höhlenbrüterin; Nest in Baumhöhlen, Felsspalten/ -höhlen, Nistkästen, Erdhöhlen (z.T. selbst gegraben, in Kaninchenbauten?), seltener in Großvogelnestern und unter dichtem Gebüsch, in leer stehenden Gebäuden; Nestflüchter; Einzelbruten oder in losen Gruppen; brutreif im 2. Lebensjahr; monogame Dauerehe, Umpaarungen nicht selten; 1 Jahresbrut; Gelege: (6)8-9(13) Eier, Brutdauer: 28-30 Tage, nur ♀ brütet, ♂ bewacht Nest; Junge mit ca. 55 Tage flügge, beide Partner führen und verteidigen energisch die Jungen.

Phänologie

Jahresperiodik: Teilzieher, nomadisiert, z.T. invasionsartig weit außerhalb des Brutgebietes; Ankunft im Brutgebiet A 4 bis M 4; Eiablage E 4 bis A 6; Wegzug A 8 bis A 9.

Tagesperiodik: hauptsächlich tagaktiv, gelegentlich nächtliche Futtersuche, zieht nachts.

Erfassung

Kontrolle von geeigneten Bruthabitaten, an denen Rostgänse gesichtet werden, Beobachtungen, Balz (Hetzen), Nesterzählung, (v.a. Altvögel mit Jungen).

<u>*Termine*</u>: Termine zur Erfassung sind nicht optimal anzugeben, bei Erstfeststellung (im Rahmen von Kartierungen der übrigen Arten, i.d.R. April bis Juni) müssen weitere Kontrollen im Abstand von mindestens 2 Wochen erfolgen. Vorschlag: 1. M 4 bis E 4; 2. M 5 bis E 5; 3. A 6 bis E 6.

<u>*Günstige Tageszeit*</u>: tagsüber.

Auswertung

Wertungsgrenzen: A 4 bis A 7.

<u>*Brutverdacht*</u>: • mindestens einmalige Feststellung von ♂ und ♀ mit Paarbindung bei insgesamt zweimaliger Feststellung der Art im Abstand von mindestens 7 Tagen, davon eine Feststellung mit territorialem Verhalten; • wachendes ♂ in Nähe eines potenziellen Neststandortes, nur bei weiterer Beobachtung eines Paares im Abstand von mindestens 7 Tagen; • Nestbau; • warnende Altvögel bzw. Abwehrverhalten.

<u>*Brutnachweis*</u>: insbesondere • brütendes ♀; • Junge führende Altvögel.

Besondere Hinweise: Opportunistisch und winterhart, oft ganzjährig in Siedlungsnähe. Bruten können wegen vereinzelten Brütens und häufig nur kurzfristiger Brutansiedlungen übersehen werden. Hinweis auf einen Brutplatz kann ein Wache haltendes ♂ geben, welches oft auf einer exponierten Warte steht; ♀ sucht den Nistplatz heimlich und auf Umwegen auf. Verwechslungsgefahr und (seltene) Hybridisation mit Graukopfkasarka (*Casarca cana*) möglich. Bruten und Brutzeitbeobachtungen sind seit Mitte der 1970er Jahren fast aus ganz Deutschland belegt.

Literatur: Geiter et. al. (2002); Homma & Geiter (2004); Sudmann et al. (2002)

Wertungsgrenzen und Erfassungszeitraum

Februar			März			April			Mai			Juni			Juli			August		
A	M	E	A	M	E	A	M	E	A	M	E	A	M	E	A	M	E	A	M	E
							1.			2.		3.								

01730 Brandgans
Tadorna tadorna

RLD	---
EUV	---
SPEC	---

Lebensraum

Nord- und Ostseeküste, höchste Dichten auf Inseln mit Dünen- und Geestgebieten; Marschen und Salzwiesen sind ebenfalls weitgehend flächendeckend besiedelt; ab 20 km Entfernung von der Küste deutlich geringere Dichten; im Binnenland entlang der größeren Flüsse, Brutplätze auf Flussinseln, an flussbegleitenden Seitengewässern (u.a. Folgegewässer des Sand-, Kies- und Torfabbaus); im norddeutschen Flachland einzelne Bruten auch in größerer Entfernung zu den großen Flüssen; Nahrungsgewässer, zu denen auch die Jungen nach dem Schlupf geführt werden, können weit entfernt vom Brutplatz liegen, i.d.R. bis 3 km (ausnahmsweise bis zu 20 km).

Brutbiologie

Meist Höhlenbrüter (Erdhöhlen, z.B. Kaninchenbauten), aber auch halboffene Nistplätze in hoher Vegetation mit oft meterlang angelegten Gängen, unter Holzstapeln, Steinen, Sträuchern (auf Inseln und Halligen in Kunsthöhlen); teils gesellig brütend; Gruppenbalz; monogame Saisonehe; 1 Jahresbrut, Gelege: (3)8–10(12) Eier, Brutdauer: 29-31 Tage, flügge mit 45-50 Tagen; nur ♀ brütet, „Kindergarten"-Bildung (1 Altvogel mit >100 Küken).

Phänologie

Jahresperiodik: Teilzieher, Kurzstreckenzieher (Überwinterung Wattenmeer bis franz. Atlantikküste); Paarbildung im Winter; Balz und Revierbesetzung im März, Heimzug A 2 bis M 4; Legebeginn A 4 bis E 6 (im Binnenland oft 10 Tage früher als an der Küste), Hauptlegeperiode von E 4 bis E 5; Schlupf meist E 5 bis A 7; flügge Jungvögel und Mauserzug (aus ganz Europa) zum Wattenmeer/Elbmündung ab M 6, Mausergipfel dort E 7/ A 8.

Tagesperiodik: tagaktiv, an der Nordsee tideabhängiger Aktivitätsrhythmus (auch nächtliche Nahrungssuche), Gruppenbalz besonders intensiv in den frühen Morgenstunden.

Erfassung

Küste: Zählung balzender Paare und von balzenden Paargruppen in der Nähe der möglichen Neststandorte.

Binnenland: Zählung von isolierten, ortstreuen Paaren und ortstreu sichernder ♂, Zählung von Altvögeln.

Termine: Küste: zwei- bis dreimalige Erfassung von A 5 bis M 5 (Zählung balzender Paare/Paargruppen).

Binnenland: 1. M 4 (Zählung isolierter oder balzender Paare); 2. E 4 (Zählung isolierter oder balzender Paare und/oder einzelner ortstreu sichernder ♂); 3. A 5 bis M 5 (Zählung isolierter oder balzender Paare und/oder einzelner ortstreu sichernder ♂); 4. A 6 bis A 7 (Zählung Junge führender Altvögel).

<u>*Günstige Tageszeit*</u>: frühe Morgenstunden.

Auswertung

Wertungsgrenzen: Küste: A 5 bis M 5, Binnenland: A 4 bis M 7.

<u>*Brutverdacht*</u>: Küste: • einmalig Balz von A 5 bis M 5; Binnenland: • einmalige Feststellung eines balzenden Paares und darauf eine Beobachtung eines einzelnen ortstreu sichernden ♂ von M 4 bis M 6 im Abstand von mindestens 7 Tagen; • zweimalige Feststellung eines Paares von M 4 bis M 6 im Abstand von mindestens 7 Tagen; • einmalig Höhlenanflug.

<u>*Brutnachweis*</u>: insbesondere • Altvögel mit nicht flüggen Jungvögeln. Küste: Brutbestand = Maximalzahl festgestellter Paare.

Besondere Hinweise: Bei Erfassung Geschlechtertrennung vornehmen; Balzplätze werden gelegentlich gewechselt, um Doppelzählungen zu vermeiden, Zählungen großflächig durchführen; im Küstenbereich durch hohen Anteil von Nichtbrütern an den Balzplätzen (Anteil am Brutzeitbestand bis zu 50 %, im Laufe der Brutzeit zunehmend) Überschätzungen der Bestände wahrscheinlich; tatsächliche Zahl der Brutpaare großflächig nur mit hohem Aufwand zu ermitteln; bei Möglichkeit zu genaueren Untersuchungen sollten M 5 bis E 5 (A 6) Anflüge der Paare zur Bruthöhle erfasst werden (brütende ♀ verlassen mind. zweimal täglich die Bruthöhle, um zur Nahrungssuche zu fliegen und werden dann bei der Rückkehr vom ♂ begleitet, das ansonsten im Revier wartet). Zusätzliche Kükenzählungen können weitere Informationen liefern, dokumentieren aber bestenfalls die Mindestzahl erfolgreich geschlüpfter Bruten (hohe Verluste in den ersten Tagen) und nicht den gesamten Brutbestand; die beschriebene Erfassungsmethode/Küste findet seit 1995 an der Nordseeküste in einem trilateral abgestimmten Monitoring Anwendung. An der Ostsee kann sich nach strengen, lang anhaltenden Wintern (Vereisung von ruhigen Buchten und Boddengewässern) der Brutbeginn erheblich verschieben (mindestens zwei, aber auch bis zu vier Wochen später).

Literatur: Bergmann et al. (1999); Gloe (1988); Hälterlein et al. (1995, 2000); Koch & Bergmann (1997); Sudmann et al. (2002); Wilkens (1999)

Wertungsgrenzen und Erfassungszeitraum

	Februar			März			April			Mai			Juni			Juli			August		
	A	M	E	A	M	E	A	M	E	A	M	E	A	M	E	A	M	E	A	M	E
Küste										2 - 3x											
Binnenland								1.	2.	3.			4.								

01770 Brautente
Aix sponsa

RLD	---
EUV	---
SPEC	---

Lebensraum

Bewaldete Abschnitte langsam fließender Flüsse, von alten Bäumen gesäumte Seen, Altwässer, Tümpel und Sumpfniederungen; häufig siedlungsnah in Parks mit höhlenreichem Altholzbestand und dichter Ufervegetation; in Europa eingebürgert, ursprüngliche Heimat Nordamerika. In Deutschland verstreute Einzelbrutnachweise meist in Parks (Nordrhein-Westfalen, Hessen, Bayern, Sachsen-Anhalt, Sachsen).

Brutbiologie

Höhlenbrüter; in Baumhöhlen und Nistkästen in 6-15 m Höhe, z.T. ausgeprägte Brutplatztreue; Einzelbrüter; v.a. saisonale Monogamie; 1(2) Jahresbrut(en), Gelege: 9-15 Eier (gelegentlich legen mehrere ♀ in ein Nest), Brutdauer: 28-32 Tage, das ♀ brütet; Junge springen 24 Std. nach dem Schlupf aus der Höhle zu Boden und werden dann vor allem vom ♀ geführt (selten von ♀ und ♂), Junge mit 60-70 Tagen flügge.

Phänologie

Jahresperiodik: Teilzieher, im Gegensatz zur ursprünglichen Heimat in Europa Standvogel, witterungsbedingte winterliche Abwanderungen aus dem Brutgebiet (Zufrieren der Gewässer); Paarbildung oft schon im Herbst, Herbst- und Frühjahrsbalz; Eiablage A/M 4 bis M 6; Jungvögel frühestens ab M 5.

Tagesperiodik: tag- und dämmerungsaktiv.

Erfassung

Zählung von isolierten, ortstreuen Paaren (Flucht schwimmend bzw. nach Flucht Rückkehr an das Gewässer bzw. den Gewässerabschnitt); Beobachtung ortstreuer ♀, Zählung Junge führender ♀, Anflug potenzieller Bruthöhlen.

<u>Termine</u>: 1. E 3 bis A 4 (Zählung von isolierten Paaren, Balzverhalten); 2. M 4 bis E 4 (Zählung von isolierten Paaren, Zählung einzelner ortstreuer ♀); 3. A 6 bis E 6 (Junge führende Altvögel).

<u>Günstige Tagezeit</u>: tagsüber, zur Erfassung Junge führender ♀ Abendstunden.

Auswertung

Wertungsgrenzen: M 3 bis E 8.

<u>Brutverdacht</u>: • Anflug potenzieller Nisthöhlen; • einmalige Beobachtung eines Paares und darauf eine Beobachtung eines einzelnen, ortstreuen ♀ im Abstand von mindestens 7 Tagen; • zweimalige Beobachtung eines Paares im Abstand von mindestens 7 Tagen von E 3 bis E 6; • zweimalige Beobachtung eines ortstreuen ♀ im Abstand von mindestens 7 Tagen, beide Beobachtungen von A 4 bis E 6.

<u>Brutnachweis</u>: insbesondere • Junge führende Altvögel.

Besondere Hinweise: ♀ der Brautente können mit ♀ der Mandarinenten (*A. galericulata*) verwechselt werden; Ähnlichkeit besonders bei der Erfassung Junge führender ♀ berücksichtigen. Brautenten der europäischen Brutpopulation sind meist viel kleiner als die der Mandarinente. Populationen bleiben oft klein und halten sich selten über längere Zeiträume. Im Siedlungsbereich gehaltene flugfähige Vögel fallen durch regelmäßige Überflüge (Ortswechsel zwischen Gewässern) auf, die vorzugsweise in der Dämmerung stattfinden; dabei werden v.a. in Nähe des Zielgewässers arttypische Rufe geäußert. Hybriden mit der Stockente kommen vor.

Wertungsgrenzen und Erfassungszeitraum

Februar			März			April			Mai			Juni			Juli			August		
A	M	E	A	M	E	A	M	E	A	M	E	A	M	E	A	M	E	A	M	E
					1.		2.					3.								

01780 Mandarinente
Aix galericulata

RLD	---
EUV	---
SPEC	---

Lebensraum

Gewässer mit deckungsreicher Randvegetation (überhängende Äste, Sträucher, Gräser), Laubwälder in Gewässernähe, Flüsse, Seen und Teiche, häufig in Parks mit höhlenreichen Altholzbeständen; seit dem 18. Jahrhundert in Europa eingebürgert, ursprünglich in Südostasien heimisch; inzwischen in Deutschland etabliertes Neozoon. Vorkommensschwerpunkt im Raum Berlin-Potsdam, weitere bedeutende Vorkommen in Brandenburg, Sachsen, Nordrhein-Westfalen und Niedersachsen.

Brutbiologie

Höhlenbrüter; in Laubbäumen (Astlöcher, hohle Stämme, Schwarzspechthöhlen) und Nistkästen in 3-20 m Höhe; Einzelbrüter; monogame Dauerehe; Balzverhalten: ♂ sträubt Schopf und posiert (Halsstrecken; Schwanzwedeln) und ruft dabei, oft heftige Rivalenkämpfe, ♀ häufig von mehreren ♂ bedrängt und gehetzt; Gruppenbalz der ♂; 1 Jahresbrut, Gelege: (5)8-12(15) Eier, Brutdauer: 28-31 Tage, ♀ brütet, ♂ bleibt während der Bebrütung des Geleges in Höhlennähe; Junge springen 24 Std. nach dem Schlupf aus der Höhle zu Boden und werden vor allem vom ♀ geführt (selten ♀ und ♂) und sind mit 60 Tagen flügge.

Phänologie

Jahresperiodik: in der ursprünglichen Heimat Zugvogel, in Europa zumeist Standvogel, witterungsbedingte winterliche Abwanderungen aus dem Brutgebiet (Zufrieren der Gewässer), einzelne Vögel können sich weit vom Brutgebiet entfernen; Wintertrupps lösen sich A/M 3 bis M 4 auf; Hauptbalzzeit E 2 bis A 4; Legeperiode von E 3 bis A 7, Hauptlegezeit M 4 bis M 5; Junge frühestens ab M 5, meist ab A/M 6.

Tagesperiodik: tag- und dämmerungsaktiv.

Erfassung

Zählung von balzenden Individuen und isolierten, ortstreuen Paaren (Flucht schwimmend bzw. nach Flucht Rückkehr an das Gewässer bzw. den Gewässerabschnitt); Beobachtung ortstreuer ♀, Zählung Junge führender ♀, Anflug potenzieller Bruthöhlen.

Termine: 1. E 3 bis A 4 (Zählung von isolierten Paaren, Balzverhalten); 2. M 4 bis E 4 (Zählung von isolierten Paaren, Zählung einzelner, ortstreuer ♀; Zählung einzelner ortstreuer ♂); 3. A 6 bis E 6 (Junge führende Altvögel).

Günstige Tagezeit: tagsüber, zur Erfassung Junge führender ♀ Morgen- und Abendstunden.

Auswertung

Wertungsgrenzen: A 2 bis E 8.

Brutverdacht: • Anflug potenzieller Nisthöhlen; • einmalige Beobachtung eines Paares in ummittelbarer Nähe einer potenziellen Nisthöhle auf einem Baum sitzend; • einmalige Beobachtung eines Paares und darauf eine Beobachtung eines einzelnen, ortstreuen ♀ im Abstand von mindestens 7 Tagen, davon eine E 3 bis E 6; • zweimalige Beobachtung eines Paares, davon eine E 3 bis E 6; • zweimalige Beobachtung eines ortstreuen ♀ im Abstand von mindestens 7 Tagen, Beobachtungen von E 3 bis E 6.

Brutnachweis: insbesondere • Junge führende Altvögel.

Besondere Hinweise: Manchmal legen mehrere ♀ in ein Nest (dann bis zu 30 Eier), so dass große Schofe entstehen können. Ähnlichkeit der ♀ mit Brautentenweibchen beachten. Paarbildung mit Stockenten nicht selten, aber ohne Nachkommen. ♀ können die Jungen zeitweise verlassen. Jungvögel suchen dann selbstständig nach Nahrung.

Literatur: Lever (1990); Töpfer & Katzer (2003); Witt (2003)

Wertungsgrenzen und Erfassungszeitraum

Februar			März			April			Mai			Juni			Juli			August		
A	M	E	A	M	E	A	M	E	A	M	E	A	M	E	A	M	E	A	M	E
					1.	2.						3.								

01790 Pfeifente
Anas penelope

RLD	R
EUV	---
SPEC	---

Lebensraum

Offene Feuchtgebiete, Ästuare und vegetationsreiche Seen, Altwässer und Polder; wichtige Habitatkomponenten sind flache Gewässer und kurzrasige Vegetation (Nahrungshabitate) in Kombination mit höherer Grasvegetation (Bruthabitate); Deutschland liegt am Südrand des Verbreitungsgebietes; seltener und unregelmäßiger Brutvogel im Küstenbereich der Nord- und Ostsee, eine Brut in Bayern.

Brutbiologie

Bodenbrüter; Nest in Vegetation versteckt, oft unter Sträuchern oder jungen Bäumen, selten auch offen, meist in Wassernähe (max. 250 m entfernt); Nestbau durch ♀; monogame Saisonehe; 1 Jahresbrut, Nachgelege; Gelege: (6)7-9(12) Eier, Brutdauer: 23-25 Tage, Jungvögel mit 40-45 Tagen flügge; ♀ brütet und führt Junge allein.

Phänologie

Jahresperiodik: Kurzstreckenzieher; Paarbildung im Winterquartier; Heimzug Februar bis A 5, Hauptdurchzug E 2 bis M 3; Hauptlegeperiode A/M 5 bis M/E 6, Nachgelege bis Juli; ♂ meist bis M 6 am Brutplatz, Territorialverhalten bis E 5/A 6; flügge Jungvögel ab M 7; Wegzug im August.

Tagesperiodik: tag- und nachtaktiv.

Erfassung

Zählung von isolierten, ortstreuen Paaren und ortstreu sichernder ♂ bzw. ortstreuer, scheuer ♀, Zählung verleitender bzw. Junge führender ♀.

Termine: 1. A 5 bis M 5 (Zählung isolierter Paare); 2. E 5 (Zählung von Paaren und/oder einzelner ortstreu sichernder ♂); 3. A 6 bis M 6 (Zählung von Paaren und/oder einzelner ortstreu sichernder ♂, Zählung Junge führender ♀ oder verleitender ♀); 4. E 6 bis M 7 (Zählung Junge führender ♀ oder verleitender ♀).

Günstige Tageszeit: Paarzählung tagsüber, ♀ mit Jungen insbesondere in der Abenddämmerung und in den frühen Morgenstunden.

Auswertung

Wertungsgrenzen: A 5 bis E 7.

Brutverdacht: • einmalige Beobachtung eines Paares und darauf eine Beobachtung eines einzelnen ortstreu sichernden ♂ oder eines scheuen ♀ von A 5 bis E 6 im Abstand von mindestens 7 Tagen; • zweimalige Feststellung eines territorialen Paares oder eines ♀ von A 5 bis E 6 im Abstand von mindestens 7 Tagen.

Brutnachweis: insbesondere • Junge führendes, verleitendes oder warnendes ♀.

Besondere Hinweise: Brut schwierig nachzuweisen; oft treten geschwächte und verletzte/ angeschossene Vögel auf, die sich heimlich verhalten, halb untergetaucht zu entkommen versuchen oder „warnen"; nicht jede flügellahme Pfeifente ist ein verleitender Brutvogel; Bruten von Gefangenschaftsflüchtlingen bzw. entwichenen Lockvögeln aus Entenkojen möglich. Verpaarte Vögel unterscheiden sich im Verhalten auffallend von unverpaarten Tieren. Sie sind öfter, länger und dichter zusammen als unverpaarte Vögel eines Trupps. Auch halten sie die andere Altvögel, wenn nötig mit Drohen und Beißen, in einem gewissen Abstand und sondern sich zuweilen ganz ab. Ortstreue Paare bzw. ♀ zeigen typische Fluchtreaktionen: Flucht schwimmend bzw. nach der Flucht Rückkehr zum selben Gewässer bzw. Gewässerabschnitt. Die Beobachtung von „mate guarding" (♀ wird vom ♂ bewacht, wenn es das Nest verlässt – am besten abends zu beobachten) kann als Hinweis auf ein Paar gelten. In küstennahen Feuchtgebieten treten in den Sommermonaten alljährlich Einzelvögel und Gruppen auf, die länger verweilen können und (teilweise) mausern.

Wertungsgrenzen und Erfassungszeitraum

Februar			März			April			Mai			Juni			Juli			August		
A	M	E	A	M	E	A	M	E	A	M	E	A	M	E	A	M	E	A	M	E
									1.		2.	3.		4.						

01820 Schnatterente

Anas strepera

RLD	---
EUV	---
SPEC	3

Lebensraum

Meso- bis eutrophe, meist flache Stillgewässer, i.d.R. Seen und Teiche, aber auch langsam strömende Gewässer sowie an Gräben (Grünlandgebiete); oft Fischteiche oder Spülflächen und Altarme in Flussauen; von besonderer Bedeutung ausgeprägte Ufervegetation auf Inseln und im Uferbereich sowie Laichkrautvorkommen (Kükenaufzucht).

Brutbiologie

Bodenbrüter; Nest meist auf trockenem Untergrund, häufig in Hochstaudenbeständen, i.d.R. in unmittelbarer Gewässernähe; Einzelbrüter, aber Dichtekonzentrationen im Bereich von Möwen- und Seeschwalbenkolonien; saisonale Monogamie, Tendenz zur Partnertreue; 1 Jahresbrut, Nachgelege möglich; Gelege: (6)8-12(13) Eier, Brutdauer: 24-26 Tage; Junge mit 45-50 Tagen flügge; ♀ brütet und führt die Jungen.

Phänologie

Jahresperiodik: Kurzstreckenzieher; Paarbildung Spätsommer bis Herbst, Verfolgungsflüge und Schwimmbalz von August bis Mai (teilweise im Winterquartier); Ankunft der Paare im Brutgebiet und Besetzung der Brutreviere ab A 3 bis A 4, Heimzug von E 2 bis M 5, Hauptdurchzug E 3 bis E 4; Eiablage E 4 bis M 7, Hauptlegezeit A 5 bis A 6; Junge ab A 5; ♂ verlässt das ♀ ungefähr in der Mitte der Brutzeit.

Tagesperiodik: tag- und nachtaktiv, zur Brutzeit besonders aktiv in der Dämmerung.

Erfassung

Zählung von isolierten, ortstreuen Paaren/Individuen, Zählung ortstreuer, sichernder ♂ bzw. ortstreuer ♀, Zählung Junge führender oder verleitender ♀.

Termine: 1. E 4 (Zählung von Paaren/Individuen); 2. A 5 (Zählung von Paaren sowie einzelner ortstreu sichernder ♂ bzw. ♀); 3. M 5 bis E 5 (Zählung von Paaren sowie einzelnen ortstreu sichernden ♂ bzw. ♀); optional 4. ab A 6 bis E 6 (Zählung Junge führender bzw. verleitender ♀).

Günstige Tageszeit: Paarzählung tagsüber, ♀ mit Jungen insbesondere in der Abenddämmerung, aber auch in den frühen Morgenstunden.

Auswertung

Wertungsgrenzen: M 4 bis E 7.

Brutverdacht: • einmalige Beobachtung eines Paares und darauf eine Beobachtung eines einzelnen ortstreuen ♂ oder ♀ im Abstand von mindestens 7 Tagen, davon eine Beobachtung A 5 bis E 5; • zweimalige Beobachtung eines Paares im Abstand von mindestens 7 Tagen, davon eine Beobachtung A 5 bis E 5.

Brutnachweis: insbesondere • Junge führende, verleitende oder warnende ♀ (Umfliegen eines potenziellen Feindes).

Besondere Hinweise: Verpaarte Vögel unterscheiden sich im Verhalten auffallend von unverpaarten Vögeln. Sie sind öfter, länger und dichter zusammen als unverpaarte Vögel eines Trupps. Auch halten sie die anderen, wenn nötig mit Drohen und Beißen, in einem gewissen Abstand und sondern sich zuweilen ganz ab. Ortstreue Paare bzw. ♀ zeigen typische Fluchtreaktionen: Flucht schwimmend bzw. nach der Flucht Rückkehr zum selben Gewässer bzw. Gewässerabschnitt. Die Beobachtung von „mate guarding" (♀ wird vom ♂ bewacht, wenn es das Nest verlässt – am besten abends zu beobachten) kann als Hinweis auf ein Paar gelten. An großen oder unzugänglichen Gewässern mit ausgedehnten Verlandungsbereichen wird der Einsatz eines Bootes empfohlen.

Literatur: Köhler et al. (1995); Sudmann et al. (2002)

Wertungsgrenzen und Erfassungszeitraum

Februar			März			April			Mai			Juni			Juli			August		
A	M	E	A	M	E	A	M	E	A	M	E	A	M	E	A	M	E	A	M	E
								1.	2.	3.		4.								

01840 Krickente
Anas crecca

RLD	---
EUV	---
SPEC	---

Lebensraum

Flache Binnengewässer, meistens mit dichter Ufer- und Verlandungsvegetation (Röhrichte, Seggenriede, Schwimmblattbestände); Altarme in Flussauen, Sümpfe, Moore und Moorreste, Moorgräben, Torfstiche, auch oligotrophe und dystrophe Heide- und Moorseen, die von Wald umgeben sein können sowie Waldsölle; im Grünland an stark bewachsenen Gräben; auch Teichgebiete (Fisch- und Klärteiche) und Seen; freiliegenden Schlickinseln bzw. -flächen sind wichtige Komponenten des Bruthabitats (Nahrungssuche).

Brutbiologie

Bodenbrüter; Nest meist in dichter Ufervegetation oder unter Büschen (Röhrichte, Seggenriede, Pfeifengrasbestände); i.d.R. in unmittelbarer Gewässernähe, aber auf trockenem Untergrund mitunter weit entfernt vom Wasser, im küstennahen Grünland auch auf extensiv genutzten Weiden (in Grasbulten); Einzelbrüter; saisonale Monogamie; 1 Jahresbrut; Gelege: (5)8-11(12) Eier, Brutdauer: 25-30 Tage; Junge mit 25-30 Tagen flügge, ♀ baut das Nest, brütet und führt.

Phänologie

Jahresperiodik: Kurzstreckenzieher; Ankunft der Paare im Brutgebiet/Besetzung der Brutreviere ab A 3 bis A 4; Gemeinschaftsbalz teilweise nach der Ankunft im Brutgebiet, Paarbildung im Spätwinter, Balz von September bis Juni; Heimzug von M/E 2 bis M 5, Hauptdurchzug A 3 bis M 4; Eiablage von M/E 4 bis M 7, Hauptlegezeit Mai; Jungvögel ab M 5; ♂ verlässt das ♀ ungefähr eine Woche nach Brutbeginn.

Tagesperiodik: tag- und nachtaktiv.

Erfassung

Zählung von isolierten, ortstreuen Paaren/Individuen und ortstreu sichernder ♂ bzw. ortstreuer ♀, Zählung verleitender bzw. Junge führender ♀.

Termine: 1. E 4 bis A 5 (Zählung von Paaren); 2. M 5 (Zählung von Paaren und/oder einzelner ortstreu sichernder ♂); 3. E 5 (Zählung von Paaren, Zählung einzelner ortstreu sichernder ♂ und scheuer ♀); optional 4. A 6 bis M 7 (Zählung einzelner ortstreuer, scheuer ♀, Junge führender ♀ oder verleitender ♀ - Umfliegen eines potenziellen Feindes).

Günstige Tageszeit: Paarzählung tagsüber, Balz Morgen- und Abenddämmerung, ♀ mit Jungen insbesondere in der Abenddämmerung.

Auswertung

Wertungsgrenzen: E 4 bis M 8.

Brutverdacht: • einmalige Beobachtung eines Paares und darauf eine Feststellung eines einzelnen ♂ oder ♀ im Abstand von mindestens 7 Tagen, davon eine Feststellung von M 5 bis A 6; • zweimalige Beobachtung eines Paares im Abstand von mindestens 7 Tagen, davon eine Beobachtung M 5 bis A 6.

Brutnachweis: insbesondere • Junge führende, verleitende oder warnende ♀ (Umfliegen eines potenziellen Feindes).

Besondere Hinweise: Verpaarte Vögel unterscheiden sich im Verhalten auffallend von unverpaarten Vögeln. Sie sind öfter, länger und dichter zusammen als unverpaarte Vögel eines Trupps. Auch halten sie die anderen, wenn nötig mit Drohen und Beißen, in einem gewissen Abstand und sondern sich zuweilen ganz ab. Ortstreue Paare bzw. ♀ zeigen typische Fluchtreaktionen: Flucht schwimmend bzw. nach der Flucht Rückkehr zum selben Gewässer bzw. Gewässerabschnitt. Die Beobachtung von „mate guarding" (♀ wird vom ♂ bewacht, wenn es das Nest verlässt – am besten abends zu beobachten) kann als Hinweis auf ein Paar gelten. Nichtbrüter nur mit erhöhtem Erfassungsaufwand von Brutvögeln zu trennen. In unzugänglichen Feuchtgebieten (z.B. vegetationsreiche Teichgebiete oder Seen) ist der Brutbestand schwer erfassbar. Dort mindestens 4 Beobachtungstermine zwischen E 4 und E 6. An großen oder schwer zugänglichen Gewässern mit ausgedehnten Verlandungsbereichen wird der Einsatz eines Bootes empfohlen. In Hochmooren halten die Vögel sich nach der Ankunft im Brutgebiet in kleinen Trupps von 10-20 Individuen auf. Dann findet noch häufig Gemeinschaftsbalz statt. Zum Brutbeginn verteilen sich die Paare dann auf kleine Gewässer (meist vernässte Handtorfstiche). Dort Brutbeginn oft erst E 5.

Literatur: SUDMANN et al. (2002)

Wertungsgrenzen und Erfassungszeitraum

Februar			März			April			Mai			Juni			Juli			August		
A	M	E	A	M	E	A	M	E	A	M	E	A	M	E	A	M	E	A	M	E
								1.		2.	3.	4.								

01860 Stockente
Anas platyrhynchos

RLD	---
EUV	---
SPEC	---

Lebensraum

In fast allen Landschaften an stehenden und langsam fließenden Gewässern jeder Ausprägung soweit sie nicht durchgehend von Steilufern umgeben oder völlig vegetationslos sind; Binnenseen, große und kleine Teiche, Altwasser und Sumpfgebiete, kleine Tümpel, Grünland-Grabensysteme, Flüsse, Bäche und auch städtische Gewässer, wie Teiche in Park- und Grünanlagen (hier meist domestiziert).

Brutbiologie

Meist Bodenbrüter; Neststandort sehr unterschiedlich z.B. in Röhrichten, Seggenrieden, Ufergebüschen, Hecken, Feldgehölzen, Wäldern, Wiesen, Äckern und mitunter auf Bäumen, in Nisthilfen oder in Gebäuden; bevorzugt in Gewässernähe, aber u. U. bis zu 3 km von Gewässern entfernt; Einzelbrüter; saisonale Monogamie (auch Dauerehe); 1 Jahresbrut, Gelege: (5)7-11(18) Eier, Brutdauer: 24-32 Tage, Junge mit 50-60 Tagen flügge; verpaarte ♂ begatten auch fremde ♀, Nistplatzwahl durch ♂ und ♀, ♀ baut das Nest, brütet und führt die Jungen.

Phänologie

Jahresperiodik: Kurzstreckenzieher bzw. Standvogel; bei Zugvögeln Ankunft der Paare im Brutgebiet bzw. Besetzung der Brutreviere ab E 1, Balz und Paarbildung schon im Spätherbst; Heimzug von bis E 4, Hauptdurchzug A 3 bis E 3; Eiablage von E 2 bis E 7 (in Ausnahmefällen bis August), Hauptlegezeit April; Jungvögel ab E 3; ♂ verlässt das ♀ ungefähr eine Woche nach Brutbeginn. Tagesperiodik: tag- und nachtaktiv.

Erfassung

Zählung von isolierten, ortstreuen Paaren/Individuen und ortstreu sichernder ♂, Zählung verleitender bzw. Junge führender ♀.

Termine: 1. E 3 (Zählung von Paaren/Individuen); 2. A 4 (Zählung von Paaren, Zählung einzelner ortstreu sichernder ♂ und scheuer ♀); 3. M 4 bis E 4 (Zählung einzelner ortstreu sichernder ♂ und scheuer ♀, Zählung Junge führender ♀ oder verleitender ♀); optional 4. A 5 bis E 5 (Zählung Junge führender ♀ oder verleitender ♀).

Günstige Tageszeit: Paarzählung tagsüber, ♀ mit Jungen insbesondere in der Abenddämmerung.

Auswertung

Wertungsgrenzen: M 3 bis A 7.

Brutverdacht: • einmalige Beobachtung eines Paares und darauf eine Beobachtung eines einzelnen sichernden ♂ oder eines einzelnen ♀ im Abstand von mindestens 7 Tagen, davon eine Beobachtung E 3 bis E 4; • zweimalige Beobachtung eines Paares im Abstand von mindestens 7 Tagen, davon eine Beobachtung E 3 bis E 4. Auf großen Gewässern und in großräumigen Grünland-Graben-Arealen wird die Maximalzahl aller Paare und isolierter ♂ einer Kontrolle im April oder Mai als Brutbestand gewertet.

Brutnachweis: insbesondere • Junge führende, verleitende oder warnende ♀.

Besondere Hinweise: Verpaarte Vögel unterscheiden sich im Verhalten auffallend von unverpaarten Vögeln. Sie sind öfter, länger und dichter zusammen als unverpaarte Vögel eines Trupps. Auch halten sie die anderen, wenn nötig mit Drohen und Beißen, in einem gewissen Abstand und sondern sich zuweilen ganz ab. Ortstreue Paare bzw. ♀ zeigen typische Fluchtreaktionen: Flucht schwimmend bzw. nach der Flucht Rückkehr zum selben Gewässer bzw. Gewässerabschnitt. Die Beobachtung von „mate guarding" (♀ wird vom ♂ bewacht, wenn es das Nest verlässt – am besten abends zu beobachten) kann als Hinweis auf ein Paar gelten. Nichtbrüter nur mit erhöhtem Erfassungsaufwand von Brutvögeln zu trennen. In Gebieten mit hohen Brutdichten (vor allem küstennahe Grünland-Grabensysteme, aber auch vegetationsreiche Teichgebiete oder Seen) ist der Brutbestand oft nur mit hohem Aufwand erfassbar. An großen oder unzugänglichen Gewässern mit ausgedehnten Verlandungsbereichen wird der Einsatz eines Bootes empfohlen.

Literatur: Sudmann et al. (2002)

Wertungsgrenzen und Erfassungszeitraum

Februar			März			April			Mai			Juni			Juli			August		
A	M	E	A	M	E	A	M	E	A	M	E	A	M	E	A	M	E	A	M	E
					1.	2.	3.		4.											

01890 Spießente
Anas acuta

RLD	2
EUV	---
SPEC	3

Lebensraum

Aktuell hauptsächlich in Küstenlebensräumen – Strandseen, Groden, prieldurchzogene Deichvorländereien und an verschilften Seitengewässern der Ästuare; im Binnenland offene, häufig überschwemmte Niederungslandschaften, u.a. Altwasser von Flüssen, Seen mit ausgedehnten Verlandungszonen, Moore mit bäuerlichen Torfstichen, Heideweiher, Gewässer innerhalb von Grünlandgebieten sowie Klärteichgebiete; von Bedeutung für die Ansiedlung sind breite Röhrichtzonen.

Brutbiologie

Bodenbrüter, Nest meist auf trockenem Untergrund gut in Vegetation versteckt, i.d.R. in Gewässernähe, aber auch weit davon entfernt z.B. auf Wiesen, gern in der Nähe von Seevogelkolonien, im küstennahen Grünland auch auf extensiv genutzten Weiden (in Grasbulten); Einzelbrüter; saisonale Monogamie; 1 Jahresbrut; Gelege: (5)7-11(12) Eier, Brutdauer: 22-24 Tage; Junge mit 40-45 Tagen flügge; verpaarte ♂ begatten auch andere ♀, ♀ baut das Nest, brütet und führt die Jungen.

Phänologie

Jahresperiodik: Mittel- und Kurzstreckenzieher; Balz und Paarbildung im Winterquartier; Ankunft der Paare im Brutgebiet/Besetzung der Brutreviere ab E 2 bis A 4, Heimzug von M 2 bis M 5, Hauptdurchzug M 3 bis E 4; Eiablage i.d.R. M/E 4 bis M 6, Hauptlegezeit Mai; Jungvögel ab M 5; ♂ verlässt das ♀ bei oder ungefähr eine Woche nach Brutbeginn.

Tagesperiodik: tag- und nachtaktiv, Nahrungssuche überwiegend nachts.

Erfassung

Zählung der Paare und ortstreu sichernder ♂ bzw. scheuer, ortstreuer ♀, Zählung verleitender bzw. Junge führender ♀.

Termine: 1. E 4 (Zählung von Paaren/Individuen); 2. A 5 (Zählung von Paaren sowie einzelner ortstreu sichernder ♂ oder scheuer ♀); 3. M 5 bis E 5 (Zählung einzelner ortstreu sichernder ♂ und scheuer ♀); optional 4. A 6 bis E 6 (Zählung Junge führender oder verleitender ♀).

Günstige Tageszeit: Paarzählung tagsüber, ♀ mit Jungen insbesondere in der Abenddämmerung, aber auch in den frühen Morgenstunden.

Auswertung

Wertungsgrenzen: M 4 bis A 8.

Brutverdacht: • einmalige Beobachtung eines Paares und darauf eine Beobachtung eines einzelnen ortstreu sichernden ♂ oder eines scheuen ♀ im Abstand von mindestens 7 Tagen, davon eine Beobachtung E 4 und E 5; • zweimalige Beobachtung eines Paares ♀ im Abstand von mindestens 7 Tagen, davon eine Beobachtung E 4 bis E 5.

Brutnachweis: insbesondere • Junge führende, verleitende oder warnende ♀.

Besondere Hinweise: Verpaarte Vögel unterscheiden sich im Verhalten auffallend von unverpaarten Vögeln. Sie sind öfter, länger und dichter zusammen als unverpaarte Vögel eines Trupps. Auch halten sie die anderen, wenn nötig mit Drohen und Beißen, in einem gewissen Abstand und sondern sich zuweilen ganz ab. Ortstreue Paare bzw. ♀ zeigen typische Fluchtreaktionen: Flucht schwimmend bzw. nach der Flucht Rückkehr zum selben Gewässer bzw. Gewässerabschnitt. Die Beobachtung von „mate guarding" (♀ wird vom ♂ bewacht, wenn es das Nest verlässt – am besten abends zu beobachten) kann als Hinweis auf ein Paar gelten.

Literatur: SUDMANN et al. (2002)

Wertungsgrenzen und Erfassungszeitraum

Februar			März			April			Mai			Juni			Juli			August		
A	M	E	A	M	E	A	M	E	A	M	E	A	M	E	A	M	E	A	M	E
								1.	2.	3.		4.								

01910 Knäkente
Anas querquedula

RLD	2
EUV	---
SPEC	3

Lebensraum

Eutrophe, flache Gewässer mit ausgeprägtem Verlandungsgürtel (Röhrichte und Seggenbestände) in offenen Niederungslandschaften, z.B. Flachseen, Altarme und temporäre Gewässer (Flutmulden), aber auch anthropogen entstandene Gewässer wie Fisch- und Klärteiche sowie Spülflächen; im Feuchtgrünland an Gräben sowie im Bereich von Überschwemmungswiesen, ausnahmsweise auch nährstoffarme Hochmoortümpel oder wiedervernässte Torfstiche.

Brutbiologie

Bodenbrüter; Nest meist auf trockenem Untergrund gut in Ufer- bzw. in Wiesenvegetation versteckt, i.d.R. in Gewässernähe, aber auch weit davon entfernt z.B. auf Wiesen; saisonale Monogamie; 1 Jahresbrut; Gelege: (6)8-11(13) Eier, Brutdauer: 21-23 Tage; Junge mit 35-40 Tagen flügge, ♀ brütet und führt die Jungen.

Phänologie

Jahresperiodik: Langstreckenzieher; Paarbildung und Balz im Winterquartier, von Herbst bis Spätfrühling; Ankunft der Paare im Brutgebiet/Besetzung der Brut"reviere" ab M 3 bis A 4; Heimzug von A 3 bis M 5, im Süden ab A 2, Hauptdurchzug von E 3 bis M 4; Eiablage i.d.R. ab M 4 bis E 6, Hauptlegezeit Mai; Jungvögel ab M 5; ♂ verlässt das ♀ ungefähr 1-2 Wochen nach Brutbeginn.

Tagesperiodik: tag- und nachtaktiv, Nahrungssuche überwiegend nachts.

Erfassung

Zählung von isolierten, ortstreuen Paaren/Individuen und ortstreu sichernder ♂ bzw. scheuer, ortstreuer ♀, Zählung verleitender bzw. Junge führender ♀.

<u>Termine</u>: 1. E 4 (Zählung von Paaren/Individuen bzw. rufenden ♂); 2. A 5 (Zählung von Paaren sowie einzelnen ortstreu sichernden ♂ oder scheuen ♀); 3. M 5 bis E 5 (Zählung von Paaren sowie einzelnen ortstreu sichernden ♂ und scheuen ♀); optional 4. A 6 bis E 6 (Zählung Junge führender oder verleitender ♀).

<u>Günstige Tageszeit</u>: Paarzählung tagsüber, Balz in der Morgen- und Abenddämmerung, ♀ mit Jungen insbesondere in der Abenddämmerung.

Auswertung

Wertungsgrenzen: M 4 bis A 8.

<u>Brutverdacht</u>: • einmalige Beobachtung eines Paares und darauf eine Feststellung eines einzelnen ortstreu sichernden ♂ oder eines scheuen ♀ im Abstand von mindestens 7 Tagen, davon eine Feststellung E 4 bis E 5; • zweimalige Beobachtung eines Paares oder eines ♀ im Abstand von mindestens 7 Tagen, davon eine Beobachtung E 4 bis E 5.

<u>Brutnachweis</u>: insbesondere • Junge führende, verleitende oder warnende ♀.

Besondere Hinweise: Verpaarte Vögel unterscheiden sich im Verhalten auffallend von unverpaarten Vögeln. Sie sind öfter, länger und dichter zusammen als unverpaarte Vögel eines Trupps. Auch halten sie die anderen, wenn nötig mit Drohen und Beißen, in einem gewissen Abstand und sondern sich zuweilen ganz ab. Ortstreue Paare bzw. ♀ zeigen typische Fluchtreaktionen: Flucht schwimmend bzw. nach der Flucht spätere Rückkehr zum selben Gewässer bzw. Gewässerabschnitt. Die Beobachtung von „mate guarding" (♀ wird vom ♂ bewacht, wenn es das Nest verlässt – am besten abends zu beobachten) kann als Hinweis auf ein Paar gelten. Bei hoher Siedlungsdichte im küstennahen Feuchtgrünland schwer zu erfassen, da dann häufig viele unverpaarte ♂ anwesend (Verfolgungsflüge: mehrere ♂ verfolgen ein ♀). Wichtige Zusatzinformationen kann man während Nachtexkursionen zur Erfassung von Rallen und anderen Arten bekommen, da Knäkenten nachts sehr ruffreudig sind. Stimme ist mit der des Zwergsumpfhuhnes (*Porzana pusilla*) zu verwechseln.

Literatur: SUDMANN et al. (2002)

Wertungsgrenzen und Erfassungszeitraum

Februar			März			April			Mai			Juni			Juli			August		
A	M	E	A	M	E	A	M	E	A	M	E	A	M	E	A	M	E	A	M	E
								1.	2.	3.		4.								

01940 Löffelente
Anas clypeata

RLD	---
EUV	---
SPEC	3

Lebensraum

Eutrophe, flache Gewässer mit ausgeprägtem Verlandungsgürtel (Röhrichte und Seggenbestände) in offenen Niederungslandschaften, z.B. Flachseen, Altarme und temporäre Gewässer (Flutmulden); Sumpfgebiete mit kleinen, offenen Wasserflächen (u.a. auch von dichten Gehölzen umgeben), ebenfalls anthropogen entstandene Gewässer wie Fisch- und Klärteiche, Pütten (Deichbaugewässer) und Spülflächen; im Feuchtgrünland an Gräben sowie im Bereich von Überschwemmungswiesen; auch in wiedervernässten Hochmooren.

Brutbiologie

Bodenbrüter; Nest meist in der Verlandungszone direkt am Wasser oder in Bulten von allen Seiten mit Wasser umgeben, aber auch weit vom Wasser entfernt (z.B. auf Wiesen), seltener auf Büschen oder Kopfweiden; saisonale Monogamie; 1 Jahresbrut; Gelege: (6)8-12(14) Eier, Brutdauer: 21-25 Tage; Junge mit 40-45 Tagen flügge, ♀ baut das Nest, brütet und führt die Jungen.

Phänologie

<u>*Jahresperiodik*</u>: Langstreckenzieher; Balz von Mittwinter bis zum Frühjahr, Paarbildung im Winterquartier, aber auch im Brutgewässer; Ankunft der Paare im Brutgebiet/Besetzung der Brutreviere ab A 3/E 3; Heimzug bis A 5; Hauptdurchzug E 3 bis M 4; Eiablage ab A 4 bis E 6, Hauptlegezeit A 5 bis A 6; Jungvögel ab E 5; ♂ verlässt das ♀ ungefähr 1-2 Wochen nach Brutbeginn.

<u>*Tagesperiodik*</u>: tag- und nachtaktiv, Nahrungssuche überwiegend nachts.

Erfassung

Zählung von isolierten, ortstreuen Paaren/Individuen und ortstreu sichernder ♂ bzw. scheuer, ortstreuer ♀, Zählung verleitender bzw. Junge führender ♀ (Umfliegen einer Störquelle).

<u>*Termine*</u>: 1. E 4 (Zählung der Paare); 2. M 5 (Zählung der Paare, Zählung einzelner ortstreu sichernder ♂); 3. E 5 bis A 6 (Zählung einzelner ortstreu sichernder ♂ und scheuer ♀, Zählung Junge führender ♀ oder verleitender ♀); optional 4. M 6 bis A 7 (Zählung Junge führender oder verleitender ♀).

<u>*Günstige Tageszeit*</u>: Paarzählung tagsüber, ♀ mit Jungen insbesondere in der Abenddämmerung und in den frühen Morgenstunden.

Auswertung

Wertungsgrenzen: A 4 bis A 8.

<u>*Brutverdacht*</u>: • einmalige Beobachtung eines Paares und darauf eine Beobachtung eines einzelnen ortstreu sichernden ♂ oder eines scheuen ♀ im Abstand von mindestens 7 Tagen, davon eine Beobachtung E 4 bis A 6; • zweimalige Beobachtung eines Paares oder eines ♀ im Abstand von mindestens 7 Tagen, davon eine E 4 bis A 6.

<u>*Brutnachweis*</u>: insbesondere • Junge führendes, verleitendes oder warnendes ♀.

Besondere Hinweise: Verpaarte Vögel unterscheiden sich im Verhalten auffallend von unverpaarten Vögeln. Sie sind öfter, länger und dichter zusammen als unverpaarte Vögel eines Trupps. Auch halten sie die anderen, wenn nötig mit Drohen und Beißen, in einem gewissen Abstand und sondern sich zuweilen ganz ab. Ortstreue Paare bzw. ♀ zeigen typische Fluchtreaktionen: Flucht schwimmend bzw. nach der Flucht Rückkehr zum selben Gewässer bzw. Gewässerabschnitt. Die Beobachtung von „mate guarding“ (♀ wird vom ♂ bewacht, wenn es das Nest verlässt – am besten abends zu beobachten) kann als Hinweis auf ein Paar gelten. In Überschwemmungslandschaften bzw. –poldern sollten Wertungen zum Brutverdacht erst nach Ablauf der Überschwemmungen erfolgen, was im Einzelfall erst ab A 5 möglich ist.

Literatur: Sudmann et al. (2002)

Wertungsgrenzen und Erfassungszeitraum

Februar			März			April			Mai			Juni			Juli			August		
A	M	E	A	M	E	A	M	E	A	M	E	A	M	E	A	M	E	A	M	E
								1.		2.	3.		4.							

01960 Kolbenente
Netta rufina

RLD	2
EUV	---
SPEC	---

Lebensraum

Größere Gewässer mit reicher Unterwasser- und Ufervegetation, auch Fischteichgebiete; Vorkommen häufig an Möwenkolonien gebunden; am Bodensee große Schilfgebiete mit Inseln oder Halbinseln.

Brutbiologie

Bodenbrüter; Nest in Schilf, Hochstauden oder Gebüsch in Wassernähe, saisonale Monogamie; 1 Jahresbrut, Nachgelege kommen vor; Gelege: (6)8-11(12) Eier, mehrere ♀ können Eier in einem Nest ablegen, Brutdauer: 26-28 Tage; flügge mit 50-65 Tagen, ♀ brütet und führt die Jungen ca. 45-58 Tage.

Phänologie

Jahresperiodik: Mittelstreckenzieher bzw. Teilzieher; Gruppenbalz vom Herbst bis in den Mai; Ankunft im Brutgebiet ab M 3 bis E 4 (Süden: ab M 2 bis E 3), Heimzug bis E 5 (im Süden bis E 4), Hauptdurchzug E 3 bis E 4; Eiablage ab M 4 bis M 6, Hauptlegezeit A 5 bis A 6; Höhepunkt der Schlupfperiode M 6 bis M 7; erste Junge im August flügge.

Tagesperiodik: tag- und nachtaktiv.

Erfassung

Zählung von isolierten, ortstreuen Paaren/Individuen und ortstreu sichernder ♂ bzw. scheuer, ortstreuer ♀, Zählung verleitender bzw. Junge führender ♀.

Termine: 1. M 4 bis E 4 (Zählung von Paaren/Individuen); 2. A 5 bis M 5 (Zählung von Paaren sowie einzelner ortstreu sichernder ♂ oder scheuer, ortstreuer ♀); 3. E 5 bis A 6 (Zählung von Paaren sowie einzelner ortstreu sichernder ♂ oder scheuer, ortstreuer ♀); optional 4. M 6 bis E 6 (Zählung Junge führender oder verleitender ♀).

Günstige Tageszeit: Paarzählung tagsüber, Balz in der Morgen- und Abenddämmerung, ♀ mit Jungen insbesondere in der Abenddämmerung.

Auswertung

Wertungsgrenzen: E 3 bis M 8.

Brutverdacht: • einmalige Beobachtung eines Paares und darauf eine Beobachtung eines einzelnen ortstreu sichernden ♂ oder eines scheuen ortstreuen ♀ im Abstand von mindestens 7 Tagen, davon eine Beobachtung M 4 bis A 6; • zweimalige Beobachtung eines Paares im Abstand von mindestens 7 Tagen, davon eine M 4 bis A 6; • zweimalige Beobachtung eines scheuen ortstreuen ♀ und/oder eines einzelnen ortstreu sichernden ♂ im Abstand von mindestens 7 Tagen, davon eine M 4 bis A 6.

Brutnachweis: insbesondere • Junge führende oder verleitende ♀.

Besondere Hinweise: Zeigt kaum territoriales Verhalten. Bei Paaren kommt „Balzfüttern" vor. ♂ wacht in Nestnähe und auch bei dem in Brutpausen Nahrung suchenden ♀. Durchzügler halten sich am Tage meistens weithin sichtbar auf Wasserflächen auf, während sich Brutvögel in der Zeit der Bebrütung des Geleges sowie während der Führung von wenige Tage alten Küken sehr heimlich verhalten. Wegen des häufigen Zusammenlegens sollten Schofe mit >12 Jungen zwei ♀ zugerechnet werden. Wenn junge Kolbenenten in Bruten von Stock-, Tafel- und Reiherenten geführt werden, aber sonst keine reinen Schofe der Kolbenente nachweisbar sind, kann das als Brutnachweis gelten.

Wertungsgrenzen und Erfassungszeitraum

Februar			März			April			Mai			Juni			Juli			August		
A	M	E	A	M	E	A	M	E	A	M	E	A	M	E	A	M	E	A	M	E
							1.		2.		3.		4.							

01980 Tafelente
Aythya ferina

RLD	---
EUV	---
SPEC	2

Lebensraum

Eutrophe, flache Stillgewässer mit einer Wassertiefe von 1 bis 2 m im Binnenland und an der Küste (Brackwasserbereich), z.B. Flachseen, Weiher und Altwasser mit ausgeprägter Ufervegetation; bevorzugt größere Gewässer (ab 5 ha), aber auch an kleinflächigen Teichen (ca. 1 ha) mit dichtem Uferbewuchs; die Mehrzahl der Bruten heute an künstlichen Gewässern, z.B. Fisch- und Klärteiche, Spülflächen; höchste Brutpaardichte in Fischteichgebieten.

Brutbiologie

Bodenbrüter; Nest meist auf trockenem Untergrund, aber auch an feuchten bis nassen Standorten im Uferbereich und auf kleinen Inseln, zuweilen Schwimmnest, wobei mitunter alte Nistplattformen von anderen Arten verwendet werden; Einzelbrüter, aber Nester teilweise nahe nebeneinander; saisonale Monogamie; 1 Jahresbrut, Nachgelege; Gelege: (4)5-12(14) Eier, Brutdauer: 27-28 Tage; Junge mit 50-55 Tagen flügge, ♀ baut das Nest, brütet und führt die Jungen; während der Brutzeit hält sich das ♂ auf freien Wasserflächen auf und begleitet das ♀ in den Brutpausen.

Phänologie

Jahresperiodik: Kurzstreckenzieher; Gruppenbalz ab Mittwinter bis Juni, feste Paarbildung meist erst April/Mai; Ankunft im Brutgebiet E 2 bis M 5, Hauptdurchzug A 3 bis M 4; Eiablage M 4 bis M 7, Hauptlegezeit E 5 bis A 6; Jungvögel ab M 5, meist ab M 6; ♂ bleibt während der Brutzeit in der Nähe des Neststandortes.

Tagesperiodik: tag- und nachtaktiv.

Erfassung

Zählung von isolierten, ortstreuen Paaren/Individuen und ortstreu sichernder ♂ bzw. scheuer, ortstreuer ♀, Zählung von ♀, die nach dem Auffliegen wieder an dieselbe Stelle zurückkehren, Zählung verleitender bzw. Junge führender ♀.

Termine: 1. A 5 bis M 5 (Zählung von isolierten Paaren/Individuen); 2. E 5 (Zählung von isolierten Paaren sowie einzelner ortstreu sichernder ♂ oder scheuer ♀); 3. A 6 bis M 6 (Zählung von isolierten Paaren sowie einzelner ortstreu sichernder ♂ und scheuer ♀); optional 4. E 6 bis M 7 (Zählung Junge führender ♀ oder verleitender ♀).

Günstige Tageszeit: tagsüber.

Auswertung

Wertungsgrenzen: A 4 bis E 8.

Brutverdacht: • einmalige Beobachtung eines Paares und darauf eine Beobachtung eines einzelnen ortstreu sichernden ♂ oder eines scheuen ♀ im Abstand von mindestens 7 Tagen, davon eine Beobachtung A 5 bis M 6; • zweimalige Beobachtung eines Paares oder eines ♀ im Abstand von mindestens 7 Tagen, davon eine A 5 bis M 6.

Brutnachweis: insbesondere • Junge führendes oder verleitendes ♀.

Besondere Hinweise: Tafelenten bilden auch in der Zeit vor der Eiablage noch größere Trupps, wobei die Paarbildungen nicht immer eindeutig zuzuordnen sind. Da diese Individuen nicht von durchziehenden bzw. übersommernden Vögeln, getrennt werden können, dürfen diese Beobachtungen nicht zur Ermittlung von Brutbeständen herangezogen werden.

Literatur: SUDMANN et al. (2002)

Wertungsgrenzen und Erfassungszeitraum

Februar			März			April			Mai			Juni			Juli			August		
A	M	E	A	M	E	A	M	E	A	M	E	A	M	E	A	M	E	A	M	E
									1.		2.	3.		4.						

02020 Moorente
Aythya nyroca

RLD	1
EUV	X
SPEC	1

Lebensraum

Mittelgroße bis kleine Stillgewässer mit ausgedehnten üppigen Verlandungszonen; für die Ansiedlung von Bedeutung ist das Vorhandensein einer mosaik- bis flächenhaft ausgeprägten, aber nicht dicht schließenden Tauch- bzw. Schwimmblattvegetation (Nahrungssuche bzw. Schutz der Küken) im engen räumlichen Kontakt mit Ufer- bzw. Inselstrukturen, die landseitig durch Röhrichte oder Strauchvegetation (Schlaf- und Nistplatz) bewachsen sind. Innerhalb größerer bewirtschafteter Teichgebiete werden bevorzugt kleine, verkrautete Teiche als Brutgewässer genutzt. Derzeit nur noch in Brandenburg und Baden-Württemberg alljährliche Bruten einzelner Paare.

Brutbiologie

Bodenbrüter; Nest am Wasser oder dessen Nähe gut versteckt in dichter Vegetation, mitunter in Lachmöwenkolonien; saisonale Monogamie; 1 Jahresbrut, Nachgelege bei zeitigem Verlust möglich; Gelege (3)7-11(14) Eier, Mischgelege kommen vor (bis zu 20 Eier von 2 und mehr ♀), Brutdauer: 23-27 Tage; Junge mit 55-60 Tagen flügge, ♀ brütet und führt die Jungen.

Phänologie

Jahresperiodik: Mittel- und Langstreckenzieher, einzelne Überwinterungen; Ankunft im Brutgebiet M 2 bis M 4; Heimzug A 3 bis A 5, Hauptdurchzug A 4 bis E 4; Balz ab Januar bis E 5; Legebeginn A 5 bis M 7, Hauptlegezeit E 5 bis E 6; Dunenjunge frühestens ab A 6; Junge führende ♀ vor allem im Juli; flügge Junge ab M 7.

Tagesperiodik: tag- und nachtaktiv, besonders von SA bis 3 Std. nach SA und in der Abenddämmerung.

Erfassung

Zählung von isolierten, ortstreuen Paaren/Individuen und ortstreu sichernder ♂ bzw. scheuer, ortstreuer ♀, Zählung verleitender bzw. Junge führender ♀.

Termine: 1. M 5 (Zählung von Paaren/Individuen); 2. E 5 (Zählung von Paaren sowie einzelner ortstreu sichernder ♂ oder scheuer ortstreuer ♀); 3. A 6 bis M 6. (Zählung von Paaren sowie einzelner ortstreu sichernder ♂ oder scheuer ortstreuer ♀); optional 4. E 6 bis E 7 (Zählung Junge führender oder verleitender ♀).

Günstige Tageszeit: Morgenstunden (SA bis 3 Std. nach SA) nachmittags bis Dämmerung.

Auswertung

Wertungsgrenzen: E 4 bis E 8.

Brutverdacht: • einmalige Beobachtung eines Paares und darauf eine Beobachtung eines einzelnen ortstreu sichernden ♂ oder eines scheuen ortstreuen ♀ im Abstand von mindestens 7 Tagen, davon eine Beobachtung M 5 bis M 6; • zweimalige Beobachtung eines Paares oder eines scheuen ortstreuen ♀ im Abstand von mindestens 7 Tagen, davon eine M 5 bis M 6.

Brutnachweis: insbesondere • Junge führende, verleitende oder warnende ♀.

Besondere Hinweise: Junge führende ♀ verhalten sich sehr unauffällig und flüchten bei Störungen sofort ins Röhricht. Die Beobachtungswahrscheinlichkeit von Junge führenden ♀ ist in den Abendstunden am größten. Ab E 6 können nicht brütende Vögel während des Mauserzug in den Brutgebieten auftreten.

Literatur: Dvorak et al. (1997); Habermeier (1997)

Wertungsgrenzen und Erfassungszeitraum

Februar			März			April			Mai			Juni			Juli			August		
A	M	E	A	M	E	A	M	E	A	M	E	A	M	E	A	M	E	A	M	E
										1.	2.	3.		4.						

02030 Reiherente
Aythya fuligula

RLD	---
EUV	---
SPEC	3

Lebensraum

Meso- bis polytrophe Stillgewässer mit einer Wassertiefe von 1 bis 3 m im Binnenland und an der Küste (Brackwasserbereich), z.B. Seen, Weiher und Altwasser mit ausgeprägter Ufervegetation; bevorzugt größere Gewässer (ab 5 ha), auch Stillgewässer mit großer Tiefe (aber mit Flachwasserbereichen); die Mehrzahl der Bruten heute an künstlichen Gewässern, z.B. Stauseen, Fisch- und Klärteiche, Rieselfelder, Abgrabungsgewässer, breite Gräben und Kanäle; zunehmend kulturfolgend – Brutvorkommen an Gewässern innerhalb von Parks und städtischen Grünanlagen.

Brutbiologie

Bodenbrüter; Nest offen auf kleinen Inseln oder auf festem trockenen Untergrund, gut in der Vegetation versteckt, ausnahmsweise auch an feuchten Stellen, dann hohe Nester; Einzelbrüter, aber Nester teilweise nahe nebeneinander, häufig in Möwenkolonien; saisonale Monogamie, auch Polygamie, Mischgelege häufig; 1 Jahresbrut; Gelege: (3)6-11(14) Eier, Brutdauer: 23-28 Tage; Junge mit 45-50 Tagen flügge; ♀ baut das Nest, brütet und führt die Jungen.

Phänologie

Jahresperiodik: Kurzstreckenzieher; Gruppenbalz ab Mittwinter bis April; Ankunft der Paare im Brutgebiet A 3 bis E 4; Paarbildung im April abgeschlossen; Heimzug bis E 5, Hauptdurchzug A 3 bis A 4; Eiablage E 4 bis E 7, Hauptlegezeit A 6 bis E 6, Jungvögel ab A 6, vor allem M 7 bis A 8; ♂ verlässt das ♀ i.d.R. 2 Wochen nach Brutbeginn, kann aber noch mit kleinen Jungen gesehen werden.
Tagesperiodik: tag- und nachtaktiv.

Erfassung

Zählung von isolierten, ortstreuen Paaren/Individuen und ortstreu sichernder ♂ bzw. scheuer, ortstreuer ♀, Zählung von ♀, die nach dem Auffliegen wieder an dieselbe Stelle zurückkehren, Zählung verleitender bzw. Junge führender ♀.

Termine: 1. E 5 (Zählung von Paaren/Individuen); 2. A 6 (Zählung von Paaren sowie einzelner ortstreu sichernder ♂ oder scheuer ♀); 3. M 6 bis E 6 (Zählung von Paaren sowie einzelner ortstreu sichernder ♂ und scheuer ♀); optional 4. A 7 bis A 8, in Mittelgebirgslagen M 8 (Zählung Junge führender ♀ oder verleitender ♀).

Günstige Tageszeit: tagsüber.

Auswertung

Wertungsgrenzen: M 4 bis E 8.

Brutverdacht: • einmalige Beobachtung eines Paares und darauf eine Beobachtung eines einzelnen ortstreu sichernden ♂ oder eines scheuen ♀ im Abstand von mindestens 7 Tagen, davon eine Beobachtung E 5 bis E 6; • zweimalige Beobachtung eines Paares oder eines ♀ im Abstand von mindestens 7 Tagen, davon eine E 5 bis E 6.

Brutnachweis: insbesondere • Junge führendes, verleitendes oder warnendes ♀.

Besondere Hinweise: Reiherenten bilden auch in der Zeit vor der Eiablage noch größere Trupps, wobei die Paarbildungen nicht immer eindeutig zuzuordnen sind. Da diese Individuen nicht von durchziehenden bzw. übersommernden Vögeln getrennt werden können, dürfen diese Beobachtungen nicht zur Ermittlung von Brutbeständen herangezogen werden. Im Mai können sich auch Durchzügler wie territoriale Paare verhalten. Die Beobachtungswahrscheinlichkeit von Junge führenden ♀ ist in den Nachmittag- bzw. frühen Abendstunden am größten. ♀ können mit ihren Jungen Wanderungen bis zu 2,5 km Entfernung vom Brutgewässer unternehmen. An großen oder unzugänglichen Gewässern mit ausgedehnten Verlandungsbereichen wird der Einsatz eines Bootes empfohlen.

Literatur: Sudmann et al. (2002)

Wertungsgrenzen und Erfassungszeitraum

Februar			März			April			Mai			Juni			Juli			August		
A	M	E	A	M	E	A	M	E	A	M	E	A	M	E	A	M	E	A	M	E
											1.	2.	3.		4.					

02040 Bergente
Aythya marila

RLD	R
EUV	---
SPEC	3W

Lebensraum

Seen, Teiche und breitere Gräben in weitgehend offenen Küstenlandschaften; wichtig scheint eine größere offene Wasserfläche zu sein; fehlt an flachen Gewässern mit ausgeprägtem Schilfgürtel; Brutplätze oft in der Nähe von Möwen- und Seeschwalbenkolonien. Deutschland liegt am Südrand des Verbreitungsgebietes; seltener, aber regelmäßiger Brutvogel in Schleswig-Holstein.

Brutbiologie

Bodenbrüter; Nest an trockenen Stellen, geschützt von Vegetation, meist in Gewässernähe, oft auf Inseln; Einzelbrüter, Nester aber unter Umständen nah beieinander; monogame Saisonehe; 1 Jahresbrut, Nachgelege möglich, Gelege: 6-9 (12) Eier, bei Zusammenlegen auch mehr, Brutdauer: 26-28 Tage, Jungvögel nach 40-45 Tagen flügge; ♀ brütet und führt Jungvögel allein; ♂ bleibt jedoch recht lange beim brütenden ♀.

Phänologie

Jahresperiodik: Kurzstreckenzieher; Heimzug M 3 bis E 4 (M 5), Hauptdurchzug A/M 4; Paarbildung im Winterquartier, Ankunft im Brutgebiet überwiegend im Mai, Balz nach Ankunft im Brutgebiet; Übersommerungen abseits der Brutgebiete kommen vor; Eiablage Mai/Juni; Jungvögel ab A 7; Mauserzug ab Juni/Juli; Abzug aus den Brutgebieten ab M 8.

Tagesperiodik: tag- und nachtaktiv.

Erfassung

Zählung von isolierten, ortstreuen sowie balzenden Paaren/Individuen und ortstreu sichernden ♂ bzw. scheuen, ortstreuen ♀, Zählung verleitender bzw. Junge führender ♀.

Termine: 1. M 5 bis E 5 (Zählung von Paaren/Individuen, Balz); 2. A 6 (Zählung von Paaren sowie einzelner ortstreu sichernder ♂ oder scheuer ♀); 3. M 6 (Zählung von Paaren sowie einzelner ortstreu sichernder ♂ und scheuer ♀); 4. E 6 bis M 7 (Zählung Junge führender ♀ oder verleitender ♀).

Günstige Tageszeit: tagsüber

Auswertung

Wertungsgrenzen: A 5 bis A 8.

Brutverdacht: • einmalige Beobachtung eines Paares und darauf eine Beobachtung eines einzelnen ortstreu sichernden ♂ oder eines scheuen ♀ im Abstand von mindestens 7 Tagen (M 5 bis E 6); • zweimalige Feststellung eines Paares oder eines ♀ von M 5 bis E 6 im Abstand von mindestens 7 Tagen.

Brutnachweis: insbesondere • Junge führendes, verleitendes oder warnendes ♀.

Besondere Hinweise: Die Artbestimmung, insbesondere der Junge führenden Weibchen, ist gegenüber der ähnlichen Reiherente zweifelsfrei abzusichern. Mischgelege mit anderen Tauch- und Meeresenten kommen vor.

Wertungsgrenzen und Erfassungszeitraum

Februar			März			April			Mai			Juni			Juli			August		
A	M	E	A	M	E	A	M	E	A	M	E	A	M	E	A	M	E	A	M	E
										1.		2.	3.	4.						

02060 Eiderente
Somateria mollissima

RLD	V
EUV	---
SPEC	---

Lebensraum

Dünengebiete und Salzwiesen an Nord- und Ostseeküste, aber auch Aufforstungen und landwirtschaftliche Nutzflächen von Wattenmeerinseln; an der Nordseeküste Hauptbrutvorkommen auf Inseln; häufig in oder am Rande von Silber-/Heringsmöwenkolonien; an der Ostsee auf Inseln vor der Küste und in Bodden; Nahrungsgebiete im Watt bzw. in flachen Meeresbuchten.

Brutbiologie

Bodenbrüter; Nest auf trockenem Untergrund, Neststand offen (in Spülsäumen) bis geschützt zwischen Grasbulten, unter Gebüschen, in Bodensenken oder hinter Bodenerhebungen; meist monogame Saisonehe, nicht selten Nistplatztreue; bei hoher Dichte "koloniеartiges" Brüten möglich; 1 Jahresbrut, Gelege: (1)4-6(8) Eier, Brutdauer: 25-28 Tage, flügge mit 65-75 Tagen, Junge können jedoch ab 50 Tagen selbstständig sein; ♀ wählt Nistplatz, baut das Nest, brütet und führt.

Phänologie

Jahresperiodik: Standvogel und Kurzstreckenzieher; Heimzug ab M 2 bis A 5, winterliche Balz auf offener See, im Frühjahr in Küstennähe, Höhepunkt M 4 bis A 5; Nestbau ab A 4, meist ab E 4, Legebeginn A 4 bis M 6, Hauptlegeperiode E 4 bis M 5; Jungvögel ab A 5, meist ab E 5; Aufbruch der ♂ zu den Mauserquartieren ab E 6/A 7, ♀ ab E 7.

Tagesperiodik: tag- und nachtaktiv, Nahrungssuche meist tagsüber, tideabhängig.

Erfassung

Zählung von isolierten Paaren, von Nistplatz suchenden Paaren; Zählung von ♀, die vom Nistplatz zum Nahrungshabitat und zurück fliegen oder gehen, Zählung Junge führender ♀.

Termine: 1. E 4 (Zählung isolierter Paare oder Nistplatz suchender Paare/♀); 2. A 5 (Zählung isolierter Paare oder Nistplatz suchender Paare/♀; Zählung brutverdächtiger ♀); 3. M 5 (Zählung isolierter Paare oder Nistplatz suchender Paare/♀; Zählung brutverdächtiger ♀); ergänzend 4. E 5 bis M 6 (Zählung von Familienverbänden).

Günstige Tageszeit: Paarzählung tagsüber, ♀ mit Jungen - im Wattenmeer bei Hochwasser, an der Ostsee insbesondere in der Abenddämmerung und in den frühen Morgenstunden.

Auswertung

Wertungsgrenzen: E 4 bis E 6.

Brutverdacht: • einmalige Beobachtung eines Paares und darauf eine Beobachtung eines ♀ im Abstand von mindestens 7 Tagen (E 4 bis M 5); • einmalige Beobachtung eines Nistplatz suchenden Paares/♀ und darauf eine Beobachtung eines ♀ am potenziellen Nistplatz im Abstand von mindestens 7 Tagen (E 4 bis M 5); • einmalige Beobachtung eines brutverdächtigen ♀.

Brutnachweis: insbesondere • brütendes ♀; • Junge führendes, verleitendes oder warnendes ♀.

Besondere Hinweise: Für die Nistplatzwahl fliegen oder gehen die Altvögel von den küstennahen Wasserflächen paarweise zu ihren potenziellen Bruthabitaten (Dünen, Salzwiesen etc.). Dort gehen die Paare suchend umher, meist folgt das ♂ dem ♀. Häufig trennt sich das ♀ vom ♂, um den Nistplatz allein zu wählen; dann bleibt ♂ sichernd stehen oder fliegt zurück zum Nahrungsgewässer. Ist die Nistplatzwahl getroffen, trennt sich das Paar endgültig und das ♀ baut das Nest und beginnt mit der Eiablage. Brütende ♀ verhalten sich unauffällig (geringe Fluchtdistanz). Zu Anfang der Bebrütungsphase verlässt das ♀ das Nest zu Fuß, um Nahrungshabitate zu erreichen. Bei fortgeschrittener Brut legen die ♀ die Distanz auch fliegend zurück (die letzten Meter zum Nest werden immer zu Fuß zurückgelegt). Die ♀ fliegen immer niedrig und nie geradlinig zur Küstenlinie, sondern im weiten Bogen, um zu den Nahrungshabitaten zu gelangen. Vielfach kommt es nach dem Schlupf der Küken zur Schofzusammenlegung und sogenannter Kindergartenbildung unter Obhut mehrerer Weibchen. In einzelnen Brutgebieten sind größere Nichtbrüterbestände anwesend, deren Anzahl ein Vielfaches der Brutpopulationen betragen kann. In Brutgebieten mit hoher Dichte (z.B. Amrum) sollten zusätzliche Kükenzählungen durchgeführt werden (Zählung zweimalig E 5 und A 6 bis M 6). Aus der maximalen Kükenzahl kann der Mindest-Brutbestand ermittelt werden (durchschnittlich 4,7 Eier pro Gelege). An der Ostsee kann sich nach strengen, lang anhaltenden Wintern (Vereisung von ruhigen Buchten und Boddengewässern) der Brutbeginn erheblich verschieben (mindestens zwei, aber auch bis zu vier Wochen später).

Literatur: Eikhorst (1988); Hälterlein et al. (1995, 2000); Quedens (1983); Wegge (1992)

Wertungsgrenzen und Erfassungszeitraum

Februar			März			April			Mai			Juni			Juli			August		
A	M	E	A	M	E	A	M	E	A	M	E	A	M	E	A	M	E	A	M	E
								1.	2.	3.	4.									

02180 Schellente *Bucephala clangula*

RLD	---
EUV	---
SPEC	---

Lebensraum

Seen unterschiedlicher Größe und Flussabschnitte mit langsamer Strömung, meist von alten Baumbeständen umgeben; auch Fischteiche, Torfstiche, Restgewässer in Braunkohlen-, Kies-, Tonabbaugruben; da selbst Kleinstgewässer (<0,1 ha) besiedelt werden, Brutvorkommen an vielen Orten innerhalb des Verbreitungsgebietes; durch Anbringen von Nistkästen ist das Spektrum besiedelbarer Gewässer heute lokal erweitert worden.

Brutbiologie

Höhlenbrüter; Bruthöhle meist in alten Laubbäumen (natürliche Höhlen, Astlöcher, Schwarzspechthöhlen, aber auch Nistkästen), vielfacht direkt am Wasser, aber auch bis zu 1(3) km vom nächsten Gewässer entfernt; Partnertreue; 1 Jahresbrut, Nachgelege; Gelege (5)6-11(14) Eier, Brutdauer: 29-32 Tage; Junge mit ca. 50 Tagen selbständig und mit 57-66 Tagen flügge; ♀ wählt Nistplatz, brütet und führt die Jungen, zu Brutbeginn ♂ in engem Kontakt zum ♀ während der Brutpausen, ♂ verlässt aber noch 10-14 Tage vor dem Schlupf der Jungen das Brutgebiet, ♀ führt die Jungen mindestens 4 Wochen.

Phänologie

Jahresperiodik: überwiegend Kurzstreckenzieher, teilweise Standvogel; Höhepunkt der Balz und Paarbildung Februar/März, Heimzug E 2 bis A 5, Hauptdurchzug A 3 bis E 3; Legeperiode E 3 bis M 5, Hauptlegezeit E 4 bis A 5; Schlupf der Jungen ab E 4, meist M/E 5, ausnahmsweise noch A 8; bereits ab A 5 sammeln sich verstärkt ♀ auf einzelnen Gewässern, mitunter auch fast reine ♂-Trupps wohl vor dem Abzug in die Mausergebiete (E 5/A 6).

Tagesperiodik: vorwiegend tagaktiv.

Erfassung

Zählung von isolierten, ortstreuen Paaren/Individuen und ortstreu sichernder ♂ bzw. scheuer, ortstreuer ♀, Zählung verleitender bzw. Junge führender ♀.

Termine: 1. A 4 bis M 4 (Zählung von ortstreuen Paaren/Individuen); 2. E 4 (Zählung von ortstreuen Paaren/Individuen); 3. A 5 (Zählung von Paaren sowie einzelner ortstreu sichernder ♂ oder scheuer ortstreuer ♀, Junge führende ♀); optional 4. M 5 bis E 6 (Zählung Junge führender oder verleitender ♀).

Günstige Tageszeit: tagsüber.

Auswertung

Wertungsgrenzen: E 3 bis A 8.

Brutverdacht: • ♀ an potenzieller Nisthöhle; • einmalige Beobachtung eines Paares und darauf eine Beobachtung eines einzelnen ortstreu sichernden ♂ oder eines scheuen ortstreuen ♀ im Abstand von mindestens 7 Tagen, davon eine A 4 bis A 5; • zweimalige Beobachtung eines Paares oder eines scheuen ortstreuen ♀ im Abstand von mindestens 7 Tagen, davon eine A 4 bis A 5.

Brutnachweis: insbesondere • Junge führendes, verleitendes oder warnendes ♀.

Besondere Hinweise: Der Beginn der Eiablage ist witterungsabhängig. In milden Wintern kann mit einem frühen Brutbeginn gerechnet werden. Da sich die Bruthöhlen teilweise weitab vom Gewässer im Wald befinden können, erscheinen Junge führende ♀ nach einer z.T. kilometerlangen Wanderung mitunter auf Gewässern, auf denen die Art vorher nicht beobachtet wurde, d.h. Nahrungsgewässer der Altvögel (hier Brutverdacht) und Aufzuchtgewässer der Jungen (Brutnachweis) können verschieden sein. Während der Jungenaufzucht können die ♀ mehrere Gewässer nutzen (Achtung Bestandsüberschätzung!). Schofe mit > 14 Jungen sind mindestens zwei ♀ oder Brutpaaren zuzurechnen. In (großen) Schofen Junge kritisch auf Alter prüfen. Mischgelege möglich. Das ♀ kann die Jungen – zeitweise – verlassen (auch bei wenige Tage alten Küken). Es kehrt aber in der Regel, nachdem es an anderen Orten Nahrung aufgenommen hat, wieder zu seinen Jungen zurück. Während der Brutzeit in Trupps auftretende Individuen meist Nichtbrüter.

Literatur: Blümel & Krause (1990); Kraus & Krauss (1999)

Wertungsgrenzen und Erfassungszeitraum

Februar			März			April			Mai			Juni			Juli			August		
A	M	E	A	M	E	A	M	E	A	M	E	A	M	E	A	M	E	A	M	E
						1.		2.	3.	4.										

02210 Mittelsäger
Mergus serrator

RLD	2
EUV	---
SPEC	---

Lebensraum

Brütet an Stillgewässern in der Nähe von schnell fließenden, schmalen Flüssen des Harzvorlandes mit stellenweise größeren Wassertiefen; Fließgewässer mit sandigem Grund werden bevorzugt; an der Ostseeküste in Flachwasserzonen von Flussmündungen und Buchten gelegene störungsarme Inseln; im Wattenmeer kleine Düneninseln und störungsfreie Dünen (Vogelschutzgebiete).

Brutbiologie

Bodenbrüter; Nest auf festem trockenen Untergrund, z.B. in dichter Vegetation, zwischen Steinen oder Wurzelwerk von Bäumen, in Erdhöhlen; meist in unmittelbarer Nähe zum Wasser, Sichtschutz von oben wichtig, bei günstiger Lebensraumausprägung geringer Nestabstand; Einzelbrüter; saisonale Monogamie, auch Polygynie bzw. Polyandrie; 1 Jahresbrut, Nachgelege häufig; Gelege: (5)6-12(15) Eier, Brutdauer: 29-35 Tage; Junge mit 60-65 Tagen flügge, ♀ sucht den Neststandort vor der Eiablage aus, brütet und führt die Jungen; ♀ wird von ♂ anfänglich in Brutpausen begleitet.

Phänologie

Jahresperiodik: Kurzstreckenzieher, teils Standvogel; Paarbildung ab Spätwinter und/oder auf dem Heimzug; Gruppenbalz ab Mittwinter, aber meist erst nach Ankunft im Brutgebiet; Ankunft der Paare im Brutgebiet ab Februar, meist A 4 bis E 4; Heimzug von E 2 bis M 5, Hauptdurchzug E 3 bis A 4; Legeperiode E 4 bis M 7, Hauptlegezeit E 5 bis M 6, Jungvögel ab A 7; ♂ verlassen die ♀ i.d.R. 2 Wochen nach Brutbeginn.

Tagesperiodik: tagaktiv.

Erfassung

Zählung von Paaren und ortstreuer ♂ und ♀ sowie Zählung Junge führender ♀.

Termine: 1. E 4 bis A 5 (Zählung von Paaren/Nistplatz suchenden ♀, Spätnachmittag!); 2. E 5 (Zählung von Paaren/ einzelnen ortstreuen ♂); 3. M 6 (Zählung von Paaren/ einzelnen ortstreuen ♂, Zählung Junge führender ♀); 4. Küste: A 7 bis E 7 (Zählung Junge führender ♀), Mittelgebirgs-Population: A 7 (Zählung Junge führender ♀ an Stillgewässern!).

Günstige Tageszeit: tagsüber.

Auswertung

Wertungsgrenzen: M 4 bis M 8.

Brutverdacht: • einmalige Beobachtung eines Paares und darauf eine Beobachtung eines einzelnen ortstreu sichernden ♂ im Abstand von mindestens 7 Tagen, davon eine E 4 bis M 6; • zweimalige Beobachtung eines Paares im Abstand von mindestens 7 Tagen, davon eine E 4 bis M 6.

Brutnachweis: insbesondere • Junge führende ♀.

Besondere Hinweise: Die ♀ der Mittelgebirgspopulation (Harz) führen ihre Jungen nur wenige Tage auf dem Brutgewässer. Danach werden die Jungen zum Fließgewässer geleitet, wo sich die Familienverbände bis zum September aufhalten. Die ♀ leben während der ersten Lebenswochen der Jungen sehr versteckt (intensive, aber vorsichtige Suche). 2–3 Wochen nach dem Schlüpfen der ersten Jungen können Mischschofe (♀ mit Jungen aus verschiedenen Bruten) entstehen; daraus kann bei hoher Populationsdichte eine Unterschätzung des Bestandes resultieren.

Literatur: Hälterlein et al. (1995, 2000)

Wertungsgrenzen und Erfassungszeitraum

Februar			März			April			Mai			Juni			Juli			August		
A	M	E	A	M	E	A	M	E	A	M	E	A	M	E	A	M	E	A	M	E
								1.			2.		3.		4.					

02230 Gänsesäger
Mergus merganser

RLD	3
EUV	---
SPEC	---

Lebensraum

Breites Spektrum der besiedelten Gewässer in räumlich getrennten deutschen Vorkommensgebieten; Ostseeraum: größere Seen, Weiher, Flüsse und größere Bäche, mit Bäumen bestandene Steilküsten; Aufzucht der Küken häufig in flachen Küstengewässern mit Sandbänken, im Wasser liegenden Steinen oder Salzwiesen; norddeutsches Binnenland: oligotrophe bis schwach eutrophe Seen, häufiger an großen Flüssen (Oder, Elbe) mit ihren Altarmen und Gräben in den Auen; Alpenvorland: schnell strömende Gebirgsflüsse; Voraussetzung für Ansiedlung sind geeignete Höhlen in Altbaumbeständen in Gewässernähe; gebietsweise zunehmend durch künstliche Nisthilfen.

Brutbiologie

Höhlenbrüter; bevorzugte Brutbäume sind Eichen, Rotbuchen (Schwarzspechthöhlen), Kopfweiden, Pappeln, brütet mitunter in Felsnischen, Mauerwerk oder Gebäuden, auch in künstlichen Nisthilfen, ♀ sucht durch Umherfliegen nach geeigneter Bruthöhle; saisonale Monogamie; 1 Jahresbrut, Nachgelege kommen vor, Mehrfachgelege in einer Höhle möglich; Gelege (6)8-12(15) Eier, Brutdauer: 30-32 Tage; mit 60-70 Tagen flügge, ♂ verlässt Brut-(Rast-)gewässer vor dem Schlupf der Jungen, ♀ brütet und führt Junge.

Phänologie

Jahresperiodik: Kurzstreckenzieher; Ankunft im Brutgebiet A 3 bis A 4; Heimzug A 2 bis E 4, Hauptdurchzug A 3 bis A 4; Legeperiode (witterungsabhängig) M 3 bis A 6; Hauptlegezeit: A 4 bis E 4; früheste Junge außerhalb Bruthöhle E 4; flügge Junge ab E 6.

Tagesperiodik: überwiegend tagaktiv, Nahrungserwerb besonders frühmorgens und abends.

Erfassung

Zählung von Paaren sowie ortstreuer ♂ und ♀ (Brutpausen im Mittel 45 Min.) und/oder der kontrollierten Gelege (Nistkästen) bzw. der Junge führenden ♀.

Termine: 1. A 4 (Zählung von Paaren, Bruthöhlensuche der ♀); 2. M 4 bis E 4 (Zählung von Paaren und ortstreuen ♂); 3. M 5 bis E 5 (Zählung von Paaren, ortstreuen ♂, Junge führenden ♀); optional 4. A 6 bis M 6 (Zählung Junge führender ♀).

Günstige Tageszeit: tagsüber.

Auswertung

Wertungsgrenzen: M 3 bis E 8.

Brutverdacht: • Bruthöhlensuche des ♀ im März/April; • ♀ an Bruthöhle; • einmalige Beobachtung eines Paares und eine Beobachtung eines einzelnen ortstreuen ♂ oder ♀ im Abstand von mindestens 7 Tagen, davon eine Beobachtung A 4 bis E 5; • zweimalige Beobachtung eines Paares im Abstand von mindestens 7 Tagen, davon eine Beobachtung A 4 bis E 5.

Brutnachweis: insbesondere • Junge führende ♀.

Besondere Hinweise: Wegen der hohen Mobilität der Familienverbände auf Flüssen sind gesicherte Brutbestandserhebungen nur durch Synchronzählungen realisierbar. Doppelzählungen können teilweise durch Altersschätzung der Küken und Ermittlung der Schofgröße vermieden werden. Brut- und Aufzuchtgewässer können besonders an der Küste mehrere Kilometer voneinander entfernt sein. Nordostdeutsche Population: In der Regel verlässt das ♂ A 5 bis A 6 die ♀ und sammeln sich in ruhigen Küstenabschnitten. Junge führende ♀ können sich auch in der Nähe von Badestränden aufhalten (sogar zwischen badenden Menschen). Gezielte Nistkastenkontrollen ergeben größere Anzahl von Brutnachweisen als Erfassung von Familien, dann aber Doppelzählungen von Gelegefunden und der später Junge führenden ♀ vermeiden (Achtung: Abwanderung der Familien aus dem Brutbereich).

Literatur: Bauer & Zintl (1995); Keller & Gremaud (2003); Mizera et al. (1994)

Wertungsgrenzen und Erfassungszeitraum

Februar			März			April			Mai			Juni			Juli			August		
A	M	E	A	M	E	A	M	E	A	M	E	A	M	E	A	M	E	A	M	E
						1.	2.			3.		4.								

02250 Schwarzkopf-Ruderente
Oxyura jamaicensis

RLD	---
EUV	---
SPEC	---

Lebensraum

Kleine und mittelgroße Flachgewässer mit dichter Unterwasser- und Ufervegetation, selten auch an langsam fließenden Gewässern; ursprünglich Brutvogel Nord- und Mittelamerikas; fest etablierte Population auf den Britischen Inseln; Ansiedlung und Ausbreitung auf dem europäischen Kontinent seit 2001; nach Brutnachweisen in Niedersachsen sind Ansiedlungen auch in anderen Bundesländern zu erwarten, insbesondere im Nordwesten.

Brutbiologie

Bodenbrüter; Nest in Gewässernähe, gut versteckt in der Ufervegetation oder über Flachwasser, Nest ohne Dunenauspolsterung; Nestflüchter; Einzelbrüter; wohl monogame Saisonehe; 1-2 Jahresbrut(en), Gelege: 5-10(15) Eier, übergroße Gelege von mehreren ♀ nicht selten, Brutdauer: (23)25-26 Tage; ♀ brütet allein, ♀ und ♂ führen Jungvögel z.T. gemeinsam.

Phänologie

Jahresperiodik: Standvogel bzw. umherstreifend, z.T. Wanderungen über größere Entfernungen, vor allem in kalten Wintern; Brutzeit April/Mai bis Juli/August.

Tagesperiodik: tagaktiv.

Erfassung

Optische Erfassung isolierter Paare und ortstreu sichernder ♂ sowie scheuer ortstreuer ♀ und von ♀, die nach dem Auffliegen wieder an dieselbe Stelle zurückkehren; Zählung verleitender und Junge führender Altvögel.

Termine: 1. A 5 bis M 5 (Zählung Paare und isolierte Altvögel); 2. E 5 bis A 6 (Zählung Paare sowie einzelne, ortstreu sichernde ♂ und scheue ♀); 3. M 6 (Zählung Paare sowie einzelne, ortstreu sichernde ♂ und scheue ♀); 4. E 6 bis A 7 (Junge führende und verleitende ♀).

Günstige Tageszeit: tagsüber.

Auswertung

Wertungsgrenzen: E 4 bis E 7.

Brutverdacht: • einmalige Beobachtung eines Paares und Beobachtung eines einzelnen, ortstreu sichernden ♂ oder eines scheuen ♀ in mindestens einwöchigem Abstand, davon eine Beobachtung zwischen A 5 und A 7; • zweimalige Beobachtung eines Paares in mindestens einwöchigem Abstand, davon eine Beobachtung zwischen A 5 und A 7.

Brutnachweis: insbesondere • Junge führendes, verleitendes oder warnendes ♀.

Besondere Hinweise: Bei der Artbestimmung ist auf das mögliche Auftreten von Hybriden mit der Weißkopf-Ruderente (*O. leucocephala*) zu achten. Aufgrund der Hybridisierungsgefahr für die europäischen Populationen der Weißkopf-Ruderente sollten alle Ansiedlungen dokumentiert und den zuständigen avifaunistischen Kommissionen gemeldet werden. Bisher Brutnachweise in Niedersachsen in den Jahren 2001 und 2003.

Literatur: BAUER (1993 a, b); NIEHAUS (2001)

Wertungsgrenzen und Erfassungszeitraum

Februar			März			April			Mai			Juni			Juli			August		
A	M	E	A	M	E	A	M	E	A	M	E	A	M	E	A	M	E	A	M	E
									1.		2.		3.	4.						

02310 Wespenbussard
Pernis apivorus

RLD	---
EUV	X
SPEC	---

Lebensraum

Abwechslungsreich strukturierte Landschaften mit (Laub-)Altholzbeständen (Brutstandorte) und meist mosaikartiger Zusammensetzung von Waldlichtungen, Sümpfen, Brachen, Magerrasen, Heiden und Wiesen als Nahrungshabitat, auch in Bergwäldern bis an die Waldgrenze; gern in Bach- und Flussniederungen mit Auwaldkomplexen; Nahrungshabitate liegen in bis zu 6 km Entfernung zum Nest.

Brutbiologie

Freibrüter; überwiegend in Altholzbeständen, sowohl in Laub- als auch in Nadelbäumen (Buche, Fichte, Eiche, Esche, Lärche, Erle und Kiefer), Nest am Stamm, aber auch in Krone möglich, ♂ und ♀ bauen; Paarbildung erst im Brutgebiet, bis zu 30-minütige Balzflüge; 1 Jahresbrut, Nachgelege möglich; Gelege: (1)2(3) Eier, ♂ und ♀ brüten, Brutdauer: 30 bis 35 Tage, Nestlingsdauer: 35 bis 40 Tage; Ästlingsstadium: knapp 1 Woche, Familienzusammenhalt nach dem Flüggewerden nur sehr kurz (wenige Tage).

Phänologie

Jahresperiodik: Langstreckenzieher, Zug oft in großen Gruppen; Ankunft im Brutgebiet im Süden und Südosten ab A/M 4, sonst ab E 4 möglich, meistens im Mai, Hauptdurchzug bis A 6; Balzflüge M 5 bis A 7; Hauptlegezeit E 5 bis M 6; flügge Jungvögel ab A 8; Abzug in Mitteleuropa bereits ab M 8, Höhepunkt in der 1. Septemberhälfte, ist bis auf einzelne Nachzügler E 9 beendet.
Tagesperiodik: tagaktiv; Flugbeobachtungen v.a. um die Mittagszeit an sonnigen Tagen (Thermik).

Erfassung

Beobachtungen, insbesondere balzfliegender, Nahrung suchender, Beute eintragender Altvögel (Flugrichtungen in Karten übertragen); Registrierung von Lautäußerungen; Nestersuche im potenziellen Bruthabitat im Winter.

Termine: 1. M 5 bis A 6 (Balz, Nahrungsflüge), 2. E 6 bis A 7 (Balz, Nahrungsflüge), 3. M 7 bis A 8 vorsichtige Kontrolle (aus größerer Entfernung mit Fernglas oder Spektiv) aller bekannten (auch von anderen Arten vorher besetzten) Nester eines möglichen Brutgebietes und Feststellung von auffälligen Flügen über dem Revier inklusive des Lahnens.

Günstige Tageszeit: für Sichtkontrollen ab 10 Uhr mit der Bildung der ersten Thermik und noch einmal nach dem Mittag bis 15 Uhr (MESZ); Beuteflüge bis in die Abenddämmerung.

Auswertung

Wertungsgrenzen: E 4 bis A 8.

Brutverdacht: • einmalige Feststellung von Balz oder Paarbindung; • Nestbauaktivität; • zweimalige Beobachtung von An- oder Abflügen im Bereich potenzieller Brutgehölze im Abstand von mindestens 7 Tagen, davon eine M 5 bis A 7.

Brutnachweis: insbesondere • gerichtete Beuteflüge von Altvögeln (zum potenziellen Neststandort); • Nestlinge; • Fund von Waben (z.B. von Wespennestern) unter dem Nest.

Besondere Hinweise: Schwer zu erfassende heimliche Art; zur Vorbereitung ist eine Nestersuche im Winter im potenziellen Brutrevier erforderlich, allerdings hohe Rate des Nest-Neubaus; besetzte Nester sind meist auffällig mit belaubten Zweigen ausgelegt, (i.d.R. auch vom Boden aus zu sehen); neue Nester können recht klein sein und auch im Kronenbereich angelegt werden; nach dem Laubfall sind Nester der Brutsaison noch zu erkennen (welkes Laub an den Zweigen); im Gegensatz zu Mäusebussard keine auffälligen Kotspuren unter Nestern mit großen Jungvögeln; Balzflug wellenförmig oder schleifenartig; Balz i.d.R. nicht beim Zug; Beobachtungen stark wetterabhängig, bei Kälte und Regen geringe Aktivität; für Wiedererkennung bzw. Feststellung von Paarzusammenhalt sind individuelle Farbmuster (Unterseite) zu beachten; M 7 sind oft bettelnde Jungvögel vom Nest zu hören.

Literatur: Bijlsma (1997); Gedeon & Stubbe (1991); Heinze (2004); Kostrzewa (1985); Scheller et al. (2001)

Wertungsgrenzen und Erfassungszeitraum

Februar			März			April			Mai			Juni			Juli			August		
A	M	E	A	M	E	A	M	E	A	M	E	A	M	E	A	M	E	A	M	E
										1.				2.		3.				

02380 Schwarzmilan
Milvus migrans

RLD	---
EUV	X
SPEC	3

Lebensraum

Halboffene Waldlandschaften oder landwirtschaftlich genutzte Gebiete mit Waldanteilen in Flussniederungen und anderen grundwassernahen Gebieten, oft in der Nähe von Flüssen, Seen oder Teichgebieten, z.B. Auwälder, Eichenmischwälder oder Buchen- sowie Nadelmischwälder; manchmal in oder in der Umgebung von Graureiherkolonien; Nahrungssuche an Gewässern, im Feuchtgrünland und auf Äckern, aber auch auf Mülldeponien.

Brutbiologie

Baumbrüter; Nest oft in Waldrandnähe oder an Überständern (freier Anflug), aber auch Feldgehölze, Baumreihen an Gewässerufern, vereinzelt auf Gittermasten; saisonale Monogamie; 1 Jahresbrut; Gelege: (1)2-3(4) Eier, Brutdauer: (26)31-32(38) Tage, Nestlingsdauer: 42-45 Tage; beide Altvögel bauen Nest, Bebrütung des Geleges hauptsächlich durch das ♀, Versorgung und Führung der Jungen durch ♀ und ♂.

Phänologie

Jahresperiodik: Langstreckenzieher; Ankunft im Brutgebiet M 3 bis M 4 (Süden: E 2 bis A 4), Heimzug (E 2) A 3 bis A 5, Hauptdurchzug E 3 bis M 4; Paarbildung teilweise erst nach Ankunft im Brutgebiet, Balzflüge sofort nach der Ankunft (bis M 6); Nestbau ab A 4; Legeperiode ab A 4 bis E 5, Hauptlegezeit von M 4 bis A 5, Jungvögel ab M 5.

Tagesperiodik: tagaktiv, zur Zeit der Jungenaufzucht fliegen die ♂ teilweise vor SA in die Nahrungsgebiete, Aktivitätsgipfel 9.00-12.00 Uhr und 16.00 Uhr bis SU.

Erfassung

Beobachtung von Anflügen potenzieller Neststandorte (Flüge aus dem Jagd- in den Nestbereich), Beobachtung von Balzflügen (Girlandenflüge, „wiehernde" Balzrufe), Nestmaterial und Nahrung tragenden Altvögeln sowie von Territorialverhalten; nach Möglichkeit in den Wintermonaten Suche nach bestehenden Nestern.

Termine: 1. A 4 bis M 4 (Balzflüge, Nestbau); 2. E 4 bis A 5 (Balzflüge, Nestbau); 3. M 6 bis E 6 (Beute eintragende Altvögel).

Günstige Tageszeit: 9.00 bis 12.00 Uhr und nachmittags ab 16.00 Uhr.

Auswertung

Wertungsgrenzen: E 3 bis M 7.

Brutverdacht: • einmalige Feststellung eines balzenden Paares (z.B. Girlandenflug, auch Kopulation) oder eines Individuums mit Territorialverhalten im potenziellen Brutgebiet sowie eine weitere Beobachtung im Abstand von mindestens 7 Tagen, davon eine von E 4 bis M 7; • Transport von Nistmaterial oder Nestbau; • intensive Warnrufe; • bettelfliegende Jungvögel im Juli (wenn vorher bereits Altvögel festgestellt wurden).

Brutnachweis: insbesondere • Beute eintragende Altvögel; • gerade ausgeflogene Junge (geringe Flugfertigkeit, bettelnd, Schwanz noch nicht vollständig ausgewachsen).

Besondere Hinweise: In Gebieten mit hohem Waldanteil (>20 %) ist eine Erfassung von Beobachtungspunkten mit günstiger Geländeübersicht sinnvoll (Verweildauer 20-30 Min., Entfernung der Beobachtungspunkte zueinander je nach Geländeverhältnissen ca. 2 km); Nistmaterial sammeln die Vögel meist in Nestnähe; ♂ zeigen auch noch Balzflüge während der Bebrütung des Geleges bis M 6; Nester häufig recht klein (ältere Nester größer) und manchmal mit Müll ausgekleidet. Erfassung nur an Tagen mit günstigen thermischen Verhältnissen durchführen. In Gebieten mit sehr hohen Dichten (nahezu kolonieartigem Vorkommen) ist die aufwändige Erfassung von Nestern vor der Brutzeit und Kontrollen während der Brutzeit notwendig. Termine: 1. A 4 bis M 4 (Nestsuche, Registrierung von Brutverhalten), 2. A 5 bis M 5 (Kontrolle Nestbesetzung, Registrierung von Brutverhalten), 3. A 6 bis E 6 (Jungvögel).

Literatur: Bijlsma (1997); Brandt & Schäfer (2004); Heinze (2004); Zettl (2002)

Wertungsgrenzen und Erfassungszeitraum

Februar			März			April			Mai			Juni			Juli			August		
A	M	E	A	M	E	A	M	E	A	M	E	A	M	E	A	M	E	A	M	E
						1.		2.					3.							

02390 Rotmilan
Milvus milvus

RLD	V
EUV	X
SPEC	2

Lebensraum

Vielfältig strukturierte Landschaften, die durch einen häufigen Wechsel von bewaldeten und offenen Biotopen charakterisiert sind; selten größere, geschlossene Waldgebiete; die Nähe von Gewässern spielt im Gegensatz zum Schwarzmilan eine untergeordnete Rolle; zur Nahrungssuche in offenen Feldfluren, Grünland- und Ackergebieten und im Bereich von Gewässern; auch an Straßen, Müllplätzen und in bzw. am Rande von Ortschaften; höchste Siedlungsdichten in großflächigen Ackerbaugebieten Ostdeutschlands mit vergleichsweise geringer Strukturvielfalt (Börden).

Brutbiologie

Baumbrüter; Nest in Waldrändern lichter Altholzbestände (meist Laubwälder), im Bereich von großräumigen Ackergebieten auch in Feldgehölzen, Baumreihen und Gittermasten; saisonale Monogamie und Dauerehen; 1 Jahresbrut, Nachgelege möglich; Gelege: (1)2-3(4) Eier, Brutdauer: 31-38 Tage, Nestlingsdauer: 45-50 Tage; i.d.R. an günstigen Standorten alljährliche Benutzung desselben Nestes, beide Altvögel bauen oder bessern Nest aus, beide Partner brüten (♀ mit deutlich höherem Anteil), ♀ hudert in den ersten 14 Tagen, Versorgung der Jungen durch ♀ und ♂.

Phänologie

Jahresperiodik: Kurzstreckenzieher; regelmäßig auch Überwinterung südwestlich der Elbe (Harzvorland), Ankunft im Brutgebiet ab E 2, i.d.R. A 3 bis M 3, Heimzug bis E 4; Paarbildung meist erst nach Ankunft im Brutgebiet, Balzflüge sofort nach der Ankunft; Nestbau ab M 3; Legeperiode ab E 3 bis A 5, Hauptlegezeit A/M 4.

Tagesperiodik: tagaktiv, Aktivitätsgipfel 10.00-12.00 Uhr und 16.00 Uhr bis SU.

Erfassung

Beobachtung von Anflügen potenzieller Neststandorte (Flüge aus dem Jagd- in den Nestbereich), Beobachtung von Balzflügen (Balzrufe), territorialem Verhalten in Nestnähe (exponiertem Sitzen im Nestbereich, Schweben von Paaren und Einzelvögeln über dem Nestbereich), Nestbau und Nahrung eintragenden Altvögeln; nach Möglichkeit Suche nach bestehenden (potenziellen) Nestern vor der Brutzeit.

Termine: 1. M 3 bis E 3 (Balz, Nestbau, Territorialverhalten); 2. A 4 bis M 4 (Balz, Territorialverhalten); 3. A 6 bis A 7 (Beute eintragende Altvögel, flügge Jungvögel in Nestnähe bzw. im Brutrevier).

Günstige Tageszeit: 2-3 Std. nach SA bis Mittagstunden, nachmittags bis 1,5 Std. vor SU.

Auswertung

Wertungsgrenzen: M 3 bis M 7.

Brutverdacht: • einmalige Feststellung eines balzenden Paares oder eines Individuums mit Territorialverhalten im potenziellen Brutgebiet sowie eine weitere Beobachtung im Abstand von mindestens 7 Tagen, davon eine A 4 bis M 7; • Nestbau; • Warnrufe; • bettelfliegende Jungvögel im Juli (wenn vorher bereits Altvögel festgestellt wurden).

Brutnachweis: insbesondere • Beute eintragende Altvögel.

Besondere Hinweise: In Gebieten mit hohem Waldanteil (>20%) ist eine Erfassung von Beobachtungspunkten mit günstiger Geländeübersicht sinnvoll (Verweildauer 20-30 Min., Entfernung der Beobachtungspunkte zueinander je nach Geländeverhältnissen ca. 2 km); ausgeprägtes Territorialverhalten im Nestbereich beachten (ca. 50-100 m), Attackierung von Artgenossen und anderen Arten – z.B. Mäusebussard, Kolkrabe; Nester oft klein und mit Plastik- und Stofffetzen versehen, werden im Gegensatz zu Mäusebussard und Habicht nicht im April/Mai mit grünen Zweigen belegt; die zur Brut genutzten Nester werden im April/Mai „aufgebaut" und unterscheiden sich deutlich von Nestern, die nicht wieder angenommen werden. Schwanz ragt beim brütenden Vogel über den Rand kleiner Nester (je nach Sitzposition nicht immer sichtbar). 3-5 Ausweichnester, die bei Störungen als Brutplatz genutzt werden können (Umsiedlung). In Gebieten mit sehr hohen Dichten (nahezu kolonieartigem Vorkommen) ist die aufwändige Erfassung von Nestern vor der Brutzeit und Kontrollen während der Brutzeit notwendig. Termine: 1. A 3 bis E 3 (Nestsuche, Registrierung von Brutverhalten), 2. M 4 bis M 5 (Kontrolle Nestbesetzung, Registrierung von Brutverhalten), 3. A 6 bis A 7 (Jungvögel).

Literatur: Bijlsma (1997); Gedeon (1994); Gilbert et al. (1998); Heinze (2004); Nicolai & Kostrzewa (2001); Norgall (1995); Stubbe et al. (1996)

Wertungsgrenzen und Erfassungszeitraum

Februar			März			April			Mai			Juni			Juli			August		
A	M	E	A	M	E	A	M	E	A	M	E	A	M	E	A	M	E	A	M	E
				1.		2.						3.								

02430 Seeadler
Haliaeetus albicilla

RLD	2
EUV	X
SPEC	1

Lebensraum

Ausgedehnte, wenig durch Straßen und Siedlungen zerschnittene Waldgebiete in gewässerreichen Landschaften des Flach- und Hügellandes; Nähe von Gewässern (Seen, Küsten-, Fluss-, Teichlandschaften) begünstigt Ansiedlung, aber auch Nestplätze in > 6 km Entfernung von Gewässern; neuerdings Brutplätze in kleinen Gehölzgruppen oder einzeln stehenden Bäumen, Ansiedlungsentfernung zu Straßen und Siedlungen zunehmend geringer (minimal < 300 m); Aktionsraum 19-115 (im Mittel 61) km^2.

Brutbiologie

Baumbrüter; Baumartenwahl nach Angebot: Kronenaufbau muss genug Halt für voluminöses und schweres Nest sowie Raum für freien An- und Abflug bieten, Neststand auf Wipfeln, in Kronen oder Stammgabeln; ohne Störungen dem Nestplatz treu; monogam, Partnerwechsel nach Nestkämpfen; ♂ und ♀ bauen und brüten; 1 Jahresbrut, Nachgelege selten; Gelege: 1-2(3) Eier, Brutdauer: 38-42 Tage; ♂ und ♀ bringen Nahrung, überwiegend füttert ♀; Nestlingsdauer: bis zum Ästlingsstadium 80-90 Tage, davon Ästlingsstadium etwa 8. bis 12. Woche.

Phänologie

Jahresperiodik: verpaarte Altvögel sind Standvögel; Balz ab A 1, Höhepunkt bei gutem Wetter ab E 1 bis M 3; Legebeginn M 2 bis E 3; erste flügge Jungvögel E 6 bis A 7, danach Bettelflugperiode; Herbstbalz mit Nestausbessern ab September v.a. im Oktober und November.

Tagesperiodik: tag- und dämmerungsaktiv.

Erfassung

Neben der Nestsuche im Winterhalbjahr insbesondere Beobachtungen der Balzflüge und der Aufenthalte abseits der Nahrungsreviere im Bereich potenzieller Nestreviere, Beute- und Jagdflüge, Nestbau sowie Registrierungen von Rufduetten im potenziellen Nestrevier.

Termine: 1. A 2 bis M 2 (Balz, Paarflüge, Rufduette, Paarsitzen); 2. A 3 bis M 3 (Balz, Paarflüge, Rufduette, Paarsitzen); 3. A 6 bis M 6 (häufige Nahrungsflüge, aggressives Verhalten gegenüber Artgenossen).

Günstige Tageszeit: bettelfliegende Junge ganztägig durch laute Bettelrufe im Wald zu hören; während der Aufzucht erste Beuteflüge in der frühen Morgendämmerung; Jagdflüge bis zur Abenddämmerung; Balzflüge vorzugsweise an warmen Tagen (Oktober bis März).

Auswertung

Wertungsgrenzen: E 1 bis E 7.

Brutverdacht: • einmalige Beobachtung von Balz, Paarflügen, Rufduetten, Revierkämpfen; • Nestbauaktivität; • frisch aufgebautes bzw. neu errichtetes Nest.

Brutnachweis: insbesondere • gerichtete Beuteflüge von Altvögeln (zum potenziellen Neststandort); • Nest mit deutlichen Kotspuren an den Ästen, am Nestrand und am Boden; • flügger Jungvogel in Nestnähe.

Besondere Hinweise: Neuansiedlungen beginnen mit der Übersommerung von einem, dann aber von zwei Adlern, beide Vögel werden häufig zusammen gesehen, fliegen auffallend oft in gleiche Richtung (Schlafbaum, Nest), verpaarte Vögel sitzen regelmäßig eng beieinander: auf demselben Ast, an selber Beute, manchmal bettelt ♀ das ♂ an. Wechselnester eines Paares können auf verschiedenen Baumarten errichtet werden; neuerdings Nester sogar auf relativ jungen Bäumen; Nester werden i.d.R. nach einem Partnerwechsel oder beim Verschieben von Reviergrenzen neu erbaut; im Mittel sind 2 Nester je Brutrevier vorhanden; Wechselnester können mehrere km voneinander entfernt liegen, oftmals auch in Sichtweite. Seeadlerreviere haben in allen Bundesländern lokale Betreuer, die bei Brutzeitfeststellungen oder bei Brutverdacht über die Landesumweltämter, Staatlichen Vogelschutzwarten und zuständigen Forstverwaltungen zu informieren sind, insbesondere bei Neuansiedlungen.

Literatur: Hauff (1991, 1998, 2000); Heinze (2004); Kollmann et al. (2002); Langgemach & Sömmer (1996); Struwe-Juhl (2000)

Wertungsgrenzen und Erfassungszeitraum

Februar			März			April			Mai			Juni			Juli			August		
A	M	E	A	M	E	A	M	E	A	M	E	A	M	E	A	M	E	A	M	E
1.			2.									3.								

02560 Schlangenadler
Circaetus gallicus

RLD	0
EUV	X
SPEC	3

Lebensraum

Ruhige, lückige oder stufige Laub- oder Kiefernwälder, offene trockene Sandgebiete mit Heiden und Mooren, Flusstäler, parkähnliche Gehölzbestände, buschbestandene Steilhänge und Felsen; Jagdgebiete bevorzugt in offenen Landschaften mit günstigen Thermikbedingungen und reichem Reptilienangebot. In den letzten 30 Jahren keine sicheren Brutnachweise; Brutzeitvorkommen u.a. in Baden-Württemberg, Rheinland-Pfalz, Niedersachsen, Berlin-Brandenburg.

Brutbiologie

Baumbrüter; Nest (mit freiem Anflug) in 6-10 (32) m Höhe in Baumwipfeln oder –kronen (oft in Kiefern und Eichen), in Felsen v.a. auf Büschen oder verkrüppelten Bäumen, selten direkt am Fels; übernimmt auch alte Greifvogel- und Krähennester; wohl monogame Saisonehe; ausgeprägte Balzflüge; 1 Jahresbrut; Gelege: 1 Ei, Brutdauer: 42-45(47) Tage, v.a. ♀ brütet; Nestlingsdauer: 70-75 Tage, Ästlingszeit etwa 1 Woche.

Phänologie

Jahresperiodik: überwiegend Langstreckenzieher; Ankunft im Brutgebiet E 3 bis M 4; Eiablage M 4 bis A 5; flügge Junge ab A 8; Wegzug E 8 bis M 10.

Tagesperiodik: tagaktiv.

Erfassung

In der Hauptsache optische und akustische Erfassung von Balzflügen und –rufen; daneben Nestbauaktivität, Beute- und Jagdflüge, aggressives Verhalten im potenziellen Nestrevier, bettelnde Jungvögel; Nestersuche im potenziellen Bruthabitat im Winter.

Termine: 1. A 4 bis M 4 (Balzflüge, Nestbau); 2. E 4 bis A 5 (Balzflüge, Nestbau); 3. A 6 bis A 8 (Balzflüge, gerichtete Beuteflüge von Altvögeln, Bettelrufe von Nestlingen).

Günstige Tageszeit: tagsüber, Balzflüge werden thermikbedingt oft erst relativ spät am Tag gezeigt.

Auswertung

Wertungsgrenzen: E 3 bis M 8.

Brutverdacht: • einmalige Beobachtung von Balzflügen oder Paarbindung; • Nestbauaktivität; • ausgeprägtes Territorialverhalten (Vertreibung von Artgenossen oder anderen Vögeln).

Brutnachweis: insbesondere • gerichtete Beuteflüge von Altvögeln (zum potenziellen Neststandort); • bettelnde Jungvögel oder Ästlinge.

Besondere Hinweise: Zur Vorbereitung ist eine Nestersuche im Winter im potenziellen Brutrevier erforderlich; Balzflüge als wellenförmiger „Girlandenflug" mit minutenlangem flötenden oder trillernden „Gesang"; Balzflüge können bis August gezeigt werden; Verteidigung von Territorien mit 2-km-Radius; sehr ruffreudig, v.a. am Nest; Nestbauzeit dauert bis der Ästling das Nest verlässt an. Bruten sollen der Deutschen Seltenheitenkommission mit Dokumentation gemeldet werden.

Literatur: Heinze (2004)

Wertungsgrenzen und Erfassungszeitraum

Februar			März			April			Mai			Juni			Juli			August		
A	M	E	A	M	E	A	M	E	A	M	E	A	M	E	A	M	E	A	M	E
						1.		2.				3.								

02600 Rohrweihe
Circus aeruginosus

RLD	---
EUV	X
SPEC	---

Lebensraum

Seenlandschaften, Ästuare und Flussauen mit Verlandungszonen (insbesondere großflächige Schilfröhrichte, oft mit Gebüsch) und schilfbestandenen Altarmen, Dünentäler, Grünland- und Ackerbaugebiete mit Gräben oder Söllen, Teichgebiete (auch im Waldbereich), Bodenabbaugebiete; Neststandort meist Altschilf (oft wasserdurchflutet) oder Schilf-Rohrkolbenbestände, zuweilen in schmalen Schilfstreifen (< 2m), in Weidengebüsch, Sümpfen, Hochgraswiesen, gebietsweise verstärkt in Getreide- bzw. Rapsfeldern.

Brutbiologie

Nest meist in Schilf, selten in (Weiden-)Gebüsch (bis 1,5 m Höhe), monogame Saisonehe, Bigynie möglich aber selten; 1 Jahresbrut, Nachgelege möglich, z.B. bei Verlust durch Hochwasser; Gelege: (2)3-7(8) Eier, Brutdauer: (nur ♀) 31-36 Tage; Versorgung der Jungen bis 14 Tage durch ♂, dann durch ♂ und ♀; ab dem 26. Tag können Junge in Vertikalstrukturen klettern, Flugversuche ab 30. Tag, erste Flüge ab 38-39. Tag; Bettelflugphase bis zu 3 Wochen.

Phänologie

<u>*Jahresperiodik*</u>: Kurz- und Langstreckenzieher; Heimzug selten ab M/E 2/ A 3, sonst M 3 bis E 5 (A 6), Ankunft im Brutgebiet überwiegend E 3 bis A 4; Hauptdurchzug E 3 bis M 4; Legebeginn ab A/M 4, meist E 4 bis A 5, doch bis A 6, spätere bis A 7 sicher Nachgelege; Jungenaufzucht i.d.R. bis Juli bei späten Gelegen bis September; Abzug vom Brutplatz ab E 7, meist ab M 8; Durchzügler noch regelmäßig bis Oktober.

<u>*Tagesperiodik*</u>: tagaktiv, in Ausnahmefällen Beuteflüge vor Sonnenaufgang, Hauptaktivität in den Morgen- und Abendstunden.

Erfassung

Feststellung der Balzflüge und Rufe von ♂ und ♀ (auch in großer Höhe), weitere Beobachtungen wie Verfolgungsflüge, Abwehr von Krähenvögeln, Nestbau, Jagdflüge, Beuteübergaben (♂ an ♀), Fütterungen, bettelfliegende Jungvögel.

Termine: 1. M 4 bis E 4 (Balzflüge, Nestbau); 2. A 5 bis M 5 (Balz, ggf. noch Nestbau, Beuteübergaben); 3. A 6 bis M 6 (Beuteübergaben, Fütterung der Jungen); ggf. 4. A 7 bis M 7 (Bettelflugphase der Jungen).

Günstige Zeit: ab SA bis 3 Std. nach SA und ab 2 Std. vor SU bis SU.

Auswertung

Wertungsgrenzen: E 3 bis E 7.

Brutverdacht: • zweimalige Feststellung von balzendem Altvogel im Abstand von mindestens 7 Tagen, davon eine M 4 bis M 7; • einmalige Feststellung von balzendem Altvogel und weitere Beobachtung eines Altvogels im Abstand von mindestens 7 Tagen, davon eine Feststellung von M 4 bis M 7; • einmalig Paar mit Balz; • Nestbau oder Beuteübergabe (jedoch Umsiedlungen/Nachgelege beachten).

Brutnachweis: insbesondere • Beobachtungen von wiederholten Beuteübergaben des ♂ an das brütende bzw. fütternde ♀; • bettelfliegende Jungvögel (Altvögel sollten dann bereits vorher festgestellt worden sein).

Besondere Hinweise: Auf Bäumen oder Büschen stehende Altvögel können Hinweis auf nahen Brutplatz geben. ♂ zeigen auch noch Balzflüge nach Legebeginn, selbst unausgefärbte, noch nicht geschlechtsreife Vögel können an Balz beteiligt sein, daher Altersbestimmung wichtig. Bei Nestzerstörung z.B. durch Hochwasser kommen Umsiedlungen vor. In Bettelflugphase kann es in dicht besiedelten Gebieten zu schwer einschätzbaren Situationen kommen, insofern sollte die Bestandsermittlung möglichst vor der Bettelflugphase abgeschlossen sein. Beuteflüge führen über z.T. große Entfernungen, was eine Lokalisierung des Brutplatzes erschwert. Schlafplatzgemeinschaften deuten auf Anwesenheit von Nichtbrütern hin (evtl. erfolglose Brutvögel aus anderen Gebieten). Auch bei Nichtbrütern kann es zu Beuteübergaben kommen; wechselnde Abflugorte des ♀ können auch durch weitere Plattformen in Nestnähe bedingt sein, auf denen z.B. Nahrungstiere für Fütterung zerlegt werden. Keine direkte Nestersuche!

Literatur: Dvorak et al. (1997); Heinze (2004)

Wertungsgrenzen und Erfassungszeitraum

Februar			März			April			Mai			Juni			Juli			August		
A	M	E	A	M	E	A	M	E	A	M	E	A	M	E	A	M	E	A	M	E
							1.		2.			3.			4.					

02610 Kornweihe
Circus cyaneus

RLD	1
EUV	X
SPEC	3

Lebensraum

Großräumige, offene bis halboffene und wenig gestörte Niederungslandschaften; mit Gebüsch durchsetzte Großseggenriede und Schilfröhrichte, lichte Erlenbruchwälder, Brachen und Feuchtwiesen in Niedermooren, Hoch- und Übergangsmoore, Marschen, selten auch ackerbaulich geprägte Flussauen (Wintergetreide, Raps); im Küstenbereich feuchte Dünentäler und Heiden.

Brutbiologie

Bodenbrüter, selten Buschbrüter; Nest auf trockenem bis feuchten Untergrund, meist in höherer Vegetation (z.B. Schilf, Heide, Kriechweiden, Ruderalvegetation), Nestbau hauptsächlich ♀, Unterstützung durch ♂; Einzelbrüter; saisonale Monogamie, doch nicht selten Polygynie bei älteren ♂ (1 ♂ mit bis zu 6 ♀) oder Polyandrie (1 ♀ mit 2 ♂); 1 Jahresbrut, Ersatzgelege; Gelege: (3)4-6(7) Eier, Brutdauer: 29-31 Tage; Nestlingsdauer: 32-42 Tage; nachdem die Jungen das Nest verlassen haben, bleibt Familie noch wochenlang zusammen; ♀ brütet und wird vom ♂ mit Nahrung versorgt.

Phänologie

Jahresperiodik: Teilzieher, Kurzstreckenzieher; Ankunft im Brutgebiet ab E 3/A 4, Heimzug bis M 5, Hauptdurchzug A 4 bis E 4; balzende ♂ ab E 3/A 4 bis Juni, Paarbildung nach Ankunft am Brutplatz; ♂ wählt das Territorium, ♀ den Brutplatz; Legeperiode von A 4 bis M 6, meist M 5; Jungvögel ab A 5, meist M 6; Abzug von den Brutplätzen ab M 8.

Tagesperiodik: tagaktiv, im Allgemeinen keine Beuteflüge vor SA und nach SU; Hauptaktivität von SA bis zum späten Vormittag (Maximum der Fütterungsfrequenz) und in den Abendstunden.

Erfassung

Beobachtung von Balzflügen (auffällige Flugrufe, während der Balz der ♂ sitzen die ♀ auf einer Warte), Nestbau, im Nestbereich exponiert sitzenden ♂, Beuteübergaben, potenziellen Neststandort anfliegenden ♀, Beute tragenden Altvögeln, Verfolgung von Krähen oder Greifen; bei Beständen von mehr als einem Paar ist der Einsatz mehrerer Pesonen sinnvoll (Funkkontakt hilfreich); Erfassung von erhöhten Standorten.

Termine: 1. M 4 bis E 4 (Balzflüge, Nestbau); 2. A 5 (Balz, Nestbau, Beuteübergaben der ♂ an das brütende ♀, wachende ♂); 3. E 5 (Beuteübergaben, Fütterung der Jungen, wachende ♂); 4. A 7 bis M 7 (Bettelflugphase der Jungen).

Günstige Tageszeit: SA bis 5 Stunden nach SA und ab 2 Stunden vor SU bis SU.

Auswertung

Wertungsgrenzen: A 4 bis A 8.

Brutverdacht: • einmalige Beobachtung von ♀ und ♂ mit Balz bzw. Beuteübergabe im potenziellen Brutgebiet von M 4 bis E 6; • einmalige Beobachtung Nistmaterial eintragender Altvögel; • eine Beobachtung eines Paares und bettelfliegende Jungvögel; • Beobachtungen eines Individuums und eines Paares im Abstand von mindestens 7 Tagen, davon eine M 4 bis E 6.

Brutnachweis: insbesondere • Beuteübergabe des ♂ an das brütende ♀; • Beute eintragende Vögel und Beuteübergaben in Nestnähe von Mai bis Juli.

Besondere Hinweise: Balzflüge können in großer Höhe stattfinden (auf Rufe achten!); Brutgebiete während eines Kontrollganges komplett erfassen! Altvögel unternehmen weite Beuteflüge (über 5 km vom Brutplatz entfernt – z.B. von den Ostfriesischen Inseln zum Festland); in manchen Jahren haben sich bei der Ankunft im Brutgebiet Schlafplatzgemeinschaften nordischer Wintergäste noch nicht aufgelöst, wodurch die Zuordnung zum Brutbestand erschwert wird; Durchzug von Vögeln nordischer Populationen bis M 5. Nichtbrüter können Balzverhalten und Beuteübergaben zeigen. Die ♀ fliegen dann aber nicht mit der Beute zum potenziellen Brutplatz. Kornweihen sind ortstreu und besetzten i.d.R. alljährlich dasselbe Territorium. Getreidebruten zur Einleitung von Schutzmaßnahmen an zuständige Naturschutzbehörde melden.

Literatur: Gilbert et al. (1998); Heinze (2004)

Wertungsgrenzen und Erfassungszeitraum

Februar			März			April			Mai			Juni			Juli			August		
A	M	E	A	M	E	A	M	E	A	M	E	A	M	E	A	M	E	A	M	E
							1.		2.		3.				4.					

02630 Wiesenweihe
Circus pygargus

RLD	2
EUV	X
SPEC	---

Lebensraum

Großräumige, offene bis halboffene Niederungslandschaften; Feuchtwiesen, Brachen, Niedermoore, Hoch- und Übergangsmoore (v.a. Nahrungshabitat), Marschen, Dünentäler im Küstenbereich; heute in Deutschland überwiegend in ackerbaulich geprägten Flussauen und Börden; Neststandort in landseitig degenerierenden Röhrichten, Riedern und Hochstauden, auch in hohem Gras von Feuchtwiesen und zunehmend, bereichsweise ausschließlich in Getreide- und Rapsäckern; i.d.R. offene Jagdgebiete, Bruterfolg bis zu 7 km vom Brutplatz entfernt.

Brutbiologie

Bodenbrüter; Nest in früh aufwachsender, Deckung bietender Vegetation; Einzelbrüter, aber auch Konzentration mehrerer Nester auf engem Raum (Abstand nur 10 m); Geschlechtsreife meistens erst im 2. Jahr, Brutreife teilweise erst im 3. Jahr; saisonale Monogamie, aber auch Bigamie; auffällige Balzflüge in Nestnähe; 1 Jahresbrut, Nachgelege kommen vor; Gelege: (2)3-5(6) Eier, Bebrütung des Geleges hauptsächlich durch das ♀, Brutdauer: 27 bis 30 Tage/ Ei, Brutbeginn mit dem 1. oder 2. Ei; Nestlingsdauer: (28)35-40 Tage, Junge können mit 3 Wochen selbstständig Deckung und Schutz bietende Vegetation der Nestumgebung aufsuchen.

Phänologie

<u>*Jahresperiodik*</u>: Langstreckenzieher, Ankunft im Brutgebiet M/E 4, Heimzug bis E 5, Hauptdurchzug: E 4 bis M 5; Balz A 5 bis M 5; Eiablage M 5 bis M 6, selten ein späteres Nachgelege; flügge Jungvögel ab E 6, meist M 7, doch bis A 8; Brutgebiete werden E 7 bis M 8 verlassen; Herbstdurchzug im September bis A 10.

<u>*Tagesperiodik*</u>: tagaktiv, in Ausnahmefällen Beuteflüge vor Sonnenaufgang, Hauptaktivität in den Morgen- und Abendstunden.

Erfassung

Beobachtung balzender, Nahrung suchender, Beute eintragender Altvögel, Registrierung von Lautäußerungen; bei Beständen von mehr als einem Paar ist der Einsatz mehrerer Pesonen empfehlenswert (Funk- bzw. Handykontakt hilfreich), um Revierpaare sicher abgrenzen zu können; großräumiges Abfahren von potenziellen Brutgebieten.

Termine: 1. Kontrolle des aus Vorjahren bekannten/des potenziellen Brutgebietes A 5 bis M 5 (Balzflüge, ggfs. Nestbau); 2. A 6 (Beuteübergaben der ♂ an das brütende ♀); 3. E 6 (Beuteübergaben, Fütterung der Jungen); fakultativ 4. M 7 bis E 7, Beobachtungen zum Bruterfolg möglich (flügge Junge, die oft noch gefüttert werden).

Günstige Tageszeit: Beuteflüge von SA bis 2 Std. danach und ab 2 Std. vor SU bis SU; Balzflüge 10.00-12.30 Uhr (MESZ).

Auswertung

Wertungsgrenzen: M 4 bis A 8.

Brutverdacht: • einmalige Beobachtung eines Paares ab A 5; • zweimalige Beobachtung eines balzenden ♂ im Abstand von mindestens 7 Tagen, davon eine Feststellung ab A 5; • einmalige Beobachtung eines balzenden ♂ und weitere Beobachtung eines Altvogels im Abstand von mindestens 7 Tagen, davon eine ab A 5; • einmalige Beobachtung von Balzflug oder Beuteübergabe eines Paares; • einmalige Feststellung von Nestbau.

Brutnachweis: insbesondere • Beute eintragende Vögel und Beuteübergaben in Nestnähe; • bettelfliegende Jungvögel (Altvögel sollten bereits vorher festgestellt worden sein).

Besondere Hinweise: nur wenige Beuteflüge des ♂ zur Versorgung des brütenden ♀, ♂ sitzt dann über längere Zeit in Nestnähe; Ersterfassungen potenzieller Brutgebiete sollten zusätzliche Kontrollen im Mai, Juni und Juli umfassen; Balzflüge im Mai von ♀ und ♂ oft auch in großer Höhe, ♂ zeigen auch noch Balzflüge nach Legebeginn; auch bei Nichtbrütern Beuteübergaben (Paarbindung, aber kein Nestbezug, wechselnde Abflugsorte des ♀), Schlafplatzgemeinschaften deuten auf Anwesenheit von Nichtbrütern hin; keine direkte Nestersuche.

Literatur: Heinze (2004); Moritz (1997)

Wertungsgrenzen und Erfassungszeitraum

Februar			März			April			Mai			Juni			Juli			August		
A	M	E	A	M	E	A	M	E	A	M	E	A	M	E	A	M	E	A	M	E
									1.			2.		3.		4.				

02670 Habicht
Accipiter gentilis

RLD	---
EUV	---
SPEC	---

Lebensraum

Altholzbestände in Nadel-, Laub- oder Mischwäldern bilden Bruthabitat, auch in Bergwäldern bis an die Waldgrenze; Nestbaum gelegentlich in großer Entfernung vom Waldrand; auch in jungen (50-jährigen) Moorbirkenwäldern, Feldgehölzen und kleinen Waldstücken in nahrungsreichen Revieren; lebt neuerdings in oder im Umfeld von städtischen Habitaten wie großen Parks mit Altbaumbestand oder Friedhöfen (Vorkommen in einigen europäischen Großstädten trotz hohem Störpotential).

Brutbiologie

Baumbrüter; regional sehr unterschiedliche Auswahl der Baumarten zum Nestbau je nach Angebot; monogam, hohe Revier- und wohl auch Partnertreue; ♂ und ♀ bauen; 1 Jahresbrut, selten Nachgelege; Gelege: (1)2-4(5) Eier, ♀ brütet überwiegend allein; Brutdauer: 37-39 Tage; ♂ versorgt ♀ und Junge mit Beute; Nestlingsdauer: ca. 44 Tage, Bettelflugphase 4-6 Wochen.

Phänologie

Jahresperiodik: Standvogel; Besetzung des Nistplatzes A 2 bis März, Hauptdurchzug im März, v.a. M 3; Legebeginn M 3 bis E 4; erste flügge Jungvögel ab ca. A 6; Abwanderung der Jungvögel ab M 7.

Tagesperiodik: tagaktiv.

Erfassung

Neben Nestersuche in geeignet erscheinenden Gehölzen im Winterhalbjahr insbesondere optische und akustische Erfassung von Balzverhalten im vermuteten Revier, von Nestbau, Jagd- und Beuteflügen sowie Warnrufen; Nachkontrollen der Nester am Ende der Brutperiode.

Termine: 1. A 3 bis M 3 (Balzverhalten, Nestbau); 2. E 3 bis A 4 (Balzverhalten, Nestbau); 3. E 5 bis A 6 (Jagd- und Beuteflüge, Warnrufe der Altvögel, Bettelrufe der Jungen); fakultativ zusätzliche Nestkontrolle nach Ende der Brutperiode ab E 7 (Kotspuren, Dunenfedern, Bautätigkeit).

Günstige Tageszeit: Balzrufe häufig in den frühen Morgenstunden.

Auswertung

Wertungsgrenzen: E 2 bis A 7.

Brutverdacht: • einmalige Beobachtung von Paarbindung, Balzverhalten oder Rufreihen; • zweimalige Beobachtung von An- oder Abflügen im Bereich potenzieller Brutgehölze im Abstand von mindestens 7 Tagen, davon eine E 3 bis A 6; • Nestbauaktivität; • Warnrufe von Altvögeln.

Brutnachweis: insbesondere • gerichtete Beuteflüge von Altvögeln (zum potenziellen Neststandort); • flügge bettelnde Jungvögel im vorher festgestellten Revier; • Nest mit Mauserfedern und deutlichen Kotspuren an den Ästen am Nestrand im bekannten Revier.

Besondere Hinweise: Besetzte Reviere sind meist gekennzeichnet durch die Anwesenheit rufender Altvögel sowie durch frische Beutereste und Kotspuren auf dem Boden in Nestnähe; auffallendes Balzverhalten („Gickern“) im Brutrevier; in vielen, insbesondere ländlichen Gebieten (Verfolgung) am Nest extrem heimlich; besetzte Nester weisen i.d.R. eine starke Begrünung auf; vermauserte Dunen des ♀ bedecken den Nestrand.

Literatur: Altenkamp (2002); Gedeon (1983); Heinze (2004); Zettl (2002)

Wertungsgrenzen und Erfassungszeitraum

Februar			März			April			Mai			Juni			Juli			August		
A	M	E	A	M	E	A	M	E	A	M	E	A	M	E	A	M	E	A	M	E
			1.		2.						3.									

02690 Sperber
Accipiter nisus

RLD	---
EUV	---
SPEC	---

Lebensraum

Busch und gehölzreiche, Deckung bietende Landschaften mit ausreichendem Kleinvogelangebot und Brutmöglichkeiten; Brutplätze meist in Wäldern v.a. in Nadelstangengehölzen mit Anflugmöglichkeiten innerhalb des Bestandes, in Stangengehölzen Besiedlung nach erstmaliger Durchforstung, ältere offene Bestände werden seltener genutzt; Brut in Laubstangengehölzen kommt vor, insbesondere bei Fehlen von Nadelwald; reine Laubwälder in Mitteleuropa kaum besiedelt; zunehmend Bruten außerhalb des Waldes auf Friedhöfen, in Parks, Gärten und Straßenbegleitgrün.

Brutbiologie

Baumbrüter; Neststand insbesondere in Bäumen mit horizontaler Ausbildung der Seitenäste als Nestträger wie Fichte, Lärche, Douglasie, aber auch in anderen Nadel- und Laubbäumen, mitunter in Gebüschen (z.B. Weißdorn); monogame Saisonehe, Partnertreue nachgewiesen; Brutplatztreue, aber fast alljährlich neues Nest, überwiegend vom ♀ gebaut; 1 Jahresbrut, bei frühem Verlust mitunter Nachgelege; Gelege: (3)4-6(8) Eier, Brutdauer: 37-40 Tage, ♀ brütet allein; Nahrungsbeschaffung zuerst allein durch ♂, ♀ beteiligt sich erst während Nestlingszeit zunehmend am Beuteerwerb; Nestlingsdauer: 25-30 Tage, Bettelflugphase 20-30 Tage.

Phänologie

Jahresperiodik: Teilzieher; Besetzung der Brutreviere M 3 bis A 4, einjährige Brutvögel meist 1-2 Wochen später, Hauptdurchzug im Süden Schwerpunkt im März, im Norden v.a. im April bis M 5; Legebeginn M 4 bis M(E) 5; Ausfliegezeit etwa E 6 bis E 7; Familienauflösung E 7 bis M 8, zu dieser Zeit oft Bettelrufe der Jungen.

Tagesperiodik: tagaktiv.

Erfassung

Neben Nestersuche in geeignet erscheinenden Gehölzen im Winterhalbjahr insbesondere optische und akustische Erfassung von Balzverhalten im vermuteten Revier, von Nestbau, Jagd- und Beuteflügen sowie Warnrufen; Nachkontrollen der Nester am Ende der Brutperiode.

Termine: 1. M 3 bis A 4 (Balzverhalten, Nestbau); 2. M 4 bis E 4 (Balzverhalten, Nestbau); 3. M 6 bis A 7 (Jagd- und Beuteflüge, Warnrufe der Altvögel, Bettelrufe der Jungen); fakultativ zusätzliche Nestkontrolle nach Ende der Brutperiode ab E 7 (Kotspuren, Dunenfedern, Bautätigkeit).

Günstige Tageszeit: Balzrufe häufig in den frühen Morgenstunden.

Auswertung

Wertungsgrenzen: A 3 bis E 7.

Brutverdacht: • einmalige Beobachtung von Paarbindung, Balzverhalten oder Rufreihen; • zweimalige Beobachtung von An- oder Abflügen im Bereich potenzieller Brutgehölze im Abstand von mindestens 7 Tagen, davon eine M 4 bis A 7; • Nestbauaktivität; • Warnrufe von Altvögeln; • Rupfplatzfund im potenziellen Nestrevier.

Brutnachweis: insbesondere • gerichtete Beuteflüge von Altvögeln (zum potenziellen Neststandort); • flügge bettelnde Jungvögel in einem vorher festgestellten Revier; • Nest mit Mauserfedern und deutlichen Kotspuren an den Ästen, am Nestrand.

Besondere Hinweise: In schon früher besetzten Revieren finden sich i.d.R. alte Nester; bei neuen Nestern kein Eintrag von begrünten Zweigen; zaghafte Lockrufe des ♂ öfter im Brutrevier wahrnehmbar; Rufreihen („Gickern") bei Beuteübergabe besonders zu Beginn der Brutzeit; aktuell besetzte Reviere sind gekennzeichnet durch die Anwesenheit rufender (gickernder) Altvögel, Mauserfedern sowie durch zahlreiche, an bestimmten Plätzen angehäufte Rupfungen und Kotspuren auf dem Boden und auf Baumstubben meist im Umkreis von maximal 50 m.

Literatur: Franke & Franke (2001); Gedeon & Meyer (1986); Heinze (2004); Ortlieb (1987)

Wertungsgrenzen und Erfassungszeitraum

Februar			März			April			Mai			Juni			Juli			August		
A	M	E	A	M	E	A	M	E	A	M	E	A	M	E	A	M	E	A	M	E
				1.			2.						3.							

02870 Mäusebussard
Buteo buteo

RLD	---
EUV	---
SPEC	---

Lebensraum

Wälder und Gehölze aller Art (Nisthabitat) im Wechsel mit offener Landschaft (Nahrungshabitat); auch im Inneren geschlossener großflächiger Wälder, in Forsten beim Vorhandensein von Lichtungen und Kahlschlägen; in der reinen Agrarlandschaft reichen Einzelbäume, Baumgruppen, kleine Feldgehölze, Alleebäume, mitunter ein Hochspannungsmast zur Ansiedlung aus; brütet im Randbereich von Siedlungen sowie vereinzelt in innerstädtischen Parks und auf Friedhöfen.

Brutbiologie

Baumbrüter, Bodenbruten nachgewiesen; Baumarten zum Nestbau meist nach Angebot; monogame Saisonehe, infolge hoher Reviertreue auch Dauerehe möglich; 1 Jahresbrut, Nachgelege; Gelege: (1)2-3(5) Eier, Brutdauer: 33-35 Tage, ♀ brütet überwiegend; Nestlingsdauer: 6-7 Wochen, Nahrungseintrag erst nur durch ♂, ♀ beteiligt sich erst im weiteren Verlauf der Nestlingszeit zunehmend am Beuteerwerb; Junge sind 6-8 Wochen nach dem Ausfliegen selbstständig.

Phänologie

Jahresperiodik: Teilzieher, Kurzstreckenzieher; Ankunft im Brutgebiet Februar/März, auch frühe Nestbauaktivitäten (lange vor Legebeginn), Hauptdurchzug E 3 bis M 4; ausgeprägte Balz- und Territorialflüge besonders häufig im März-April; Legebeginn ab E 3, Hauptlegezeit A/M 4, jährlich und regional große Schwankungsbreite des Anteils von Brutpaaren und des Legebeginns; erste flügge Junge i.d.R. ab M 6, Auflösen der Familienverbände im August, gleichzeitig Dismigration der Jungen.

Tagesperiodik: tagaktiv; Balz- und Territorialflüge von Thermik abhängig.

Erfassung

Neben Nestersuche in geeignet erscheinenden Gehölzen im Winterhalbjahr insbesondere Erfassung von einzelnen oder paarweise kreisenden und rufenden (balzenden) sowie im „Girlandenflug" Revier abgrenzenden Altvögeln, von Nestbau und Beuteflügen sowie rufenden Ästlingen; Nachkontrollen der Nester am Ende der Brutperiode.

Termine: 1. A 3 bis M 3 (Balz-, Territorialflüge, Nestbau); 2. E 3 bis A 4 (Balz-, Territorialflüge, Nestbau); 3. A 6 bis E 6 (Beute eintragende Altvögel, Bettelrufe der Ästlinge); fakultativ zusätzliche Nestkontrolle nach Ende der Brutperiode ab E 7 (Kotspuren, Bautätigkeit).

Günstige Tageszeit: Balz- und Territorialflüge thermikabhängig zwischen 10 und 16 Uhr, im Juni bis 18 Uhr (MESZ).

Auswertung

Wertungsgrenzen: E 2 bis E 7.

Brutverdacht: • einmalige Beobachtung von Balzverhalten oder Rufreihen; • zweimalige Beobachtung von An- oder Abflügen im Bereich potenzieller Brutgehölze im Abstand von mindestens 7 Tagen, davon eine E 3 bis E 6; • Nestbauaktivität; • ausgeprägtes Territorialverhalten (Vertreibung von Artgenossen oder anderen Vögeln).

Brutnachweis: insbesondere • gerichtete Beuteflüge von Altvögeln (zum potenziellen Neststandort); • flügge bettelnde Jungvögel in einem vorher festgestellten Revier; • Nest mit deutlichen Kotspuren an den Ästen, am Nestrand im bekannten Revier.

Besondere Hinweise: Nestsuche im Winter zeigt potenzielle Reviere an. Auf dem besetzten Nest sind grüne Fichten- oder Lärchenzweige sichtbar. Bei Nahrungsmangel (z.B. nach Zusammenbruch von Feldmauspopulationen) brütet ein großer Teil der Population nicht, einige Paare bleiben territorial. Jahrweise unterschiedliche Anteile von Brutvögeln und Nichtbrütern täuschen Schwankungen des Gesamtbestandes vor. Territorialflüge fallen zeitlich mit Flugbewegungen auf dem Hauptdurchzug zusammen; ziehende Individuen steigen in Thermiksäulen auf, um danach in gerichtetem Flug weiter zu fliegen, Brutvögel bleiben im Revier.

Literatur: Grünkorn & Looft (2000); Heinze (2004)

Wertungsgrenzen und Erfassungszeitraum

Februar			März			April			Mai			Juni			Juli			August		
A	M	E	A	M	E	A	M	E	A	M	E	A	M	E	A	M	E	A	M	E
			1.		2.							3.								

02920 Schreiadler
Aquila pomarina

RLD	2
EUV	X
SPEC	2

Lebensraum

Im nordostdeutschen Verbreitungsgebiet v.a. grundwassernahe, >100 ha große Wälder mit hohem, artenreichen Laubholzanteil und gut ausgebildeten, langen Randlinien zum angrenzenden Offenland mit hoher Strukturvielfalt und einem Mindestanteil an Grünland; ausnahmsweise im isolierten, naturnahen Laubwald, umgeben von ausgedehnten Ackerflächen; innerhalb eines 3 km-Radius um das Nest wird Hauptbedarf an Beute gedeckt.

Brutbiologie

Baumbrüter; häufige Nestbaumarten: Eiche, Rotbuche, Schwarzerle; monogam (Dauerehe?); 1 Jahresbrut, Nachgelege selten; Gelege: (1)2 Eier, Brutdauer: 38-41 Tage/Ei; ♀ brütet allein; 2. (jüngerer) Nestling geht infolge des arteigenen Kainismus i.d.R. nach 2-5 Tagen ein; Nestlingsdauer gut 8 Wochen; ♂ versorgt innerhalb 10-12 Wochen zuerst das ♀ und dann noch den Jungvogel; ♀ hudert ca. 14 Tage, dann ab A 7 am Beuteerwerb beteiligt.

Phänologie

Jahresperiodik: Langstreckenzieher; Ankunft im Brutgebiet v.a. M/E 4, kann 7-10 Tage nach Ankunft zur Brut schreiten, Heimzug A 4 bis E 5; Legebeginn von E 4 bis A 5 (M 5); flügge Junge ab E 7; Abzug M 9.

Tagesperiodik: tagaktiv.

Erfassung

Neben Nestersuche in geeignet erscheinenden Gehölzen im Winter, hauptsächlich Beobachtungen auffallender Balzflüge (Girlandenflug, Flügelwinken), Flugbewegungen von Altvögeln, Nestbau, Beute eintragenden Altvögeln sowie Bettelflug oder Rufen des Jungvogels.

Termine: 1. M 4 bis A 5 (Registrierung von Balzflügen); 2. M 6 bis A 7 (Flugbewegungen mit Beute zum Nistplatz); 3. E 7 bis E 8 (Flugbewegungen mit Beute im Schnabel, Bettelflug oder Rufe des Jungvogels); fakultativ zusätzliche Nestkontrolle nach Ende der Brutperiode ab A 9 (Kotspuren, Nest mit Laub, Dunen und Mauserfedern).

Günstige Tageszeit: bis in den frühen Vormittag kann Ansitzjagd dominieren, danach der Suchflug.

Auswertung

Wertungsgrenzen: A 4 bis E 8.

Brutverdacht: • einmalige Beobachtung von Paarbindung, Balzflug oder Reviermarkierungsflug und weitere Beobachtung eines Altvogels im Abstand von mindestens 7 Tagen in der Zeit von M 4 bis E 8.

Brutnachweis: insbesondere • Altvogel fliegt mit Beute in möglichen Brutwald; • Bettelflug oder Jungvogel im Nestbereich oder Brutwald; • späterer Nestfund (nach der Brutzeit) mit Laub, Dunen und Mauserfedern.

Besondere Hinweise: Reviermarkierungsflüge erfolgen in unmittelbarer Umgebung des Brutwaldes bis ca. 2 km vom Nest. Besetzte Reviere können vorgetäuscht sein, da Paare nach Brutverlust ihr Revier verlassen können und sich längere Zeit an ganz anderen Orten aufhalten. Weiterhin kommen Übersommerungen von Nichtbrütern in suboptimalen Biotopen vor, die bisher noch nie Brutvorkommen aufwiesen. Grundsätzlich sind Neuansiedlungen innerhalb und außerhalb des engeren Verbreitungsgebietes aber nicht auszuschließen, sollten aber zumindest nach der Brutzeit durch Nestsuche bestätigt werden. Im Nahrungs- und Nestgebiet hat der plötzlich auftretende sichtbare Mensch eine große Störwirkung. Alle Brutzeitbeobachtungen sorgfältig dokumentieren und – falls Brutnachweise fehlen - gegebenenfalls von Artkennern absichern lassen.

Literatur: Gedeon & Stubbe (1991); Heinze (2004); Langgemach (2001)

Wertungsgrenzen und Erfassungszeitraum

Februar			März			April			Mai			Juni			Juli			August		
A	M	E	A	M	E	A	M	E	A	M	E	A	M	E	A	M	E	A	M	E
							1.						2.				3.			

02960 Steinadler
Aquila chrysaetos

RLD	2
EUV	X
SPEC	3

Lebensraum

Hochgebirgsregion; Jagdgebiete meist im Bereich der Waldgrenze und darüber; außerhalb der Brutzeit auch darunter, z.T. bis in die Täler; Brutplätze überwiegend Felswände unterhalb der Waldgrenze, seltener in Bäumen; in Deutschland bislang nur in den Alpen; außerhalb Deutschlands in offenen und halboffenen Gebieten mit nicht zu großem Waldanteil.

Brutbiologie

Meist Felsbrüter, selten Baumbrüter; Nestbau durch ♂ und ♀, Geschlechtsreife ab 4. KJ, Partnerbindung ab 2. KJ; Hauptbalz mit Girlandenflug im Februar und März; 1 Jahresbrut; Gelege: 1-2(3) Eier, Brutdauer: 43-54 Tage, Nestlingsdauer: 65-80 Tage; nur ♀ brütet, füttert und hudert Junge ca. 14 Tage, ♂ wärmt und schützt Nest in Brutpausen des ♀, ♂ trägt Beute ein, nach 3 Wochen auch ♀; Flugübungen der Jungvögel ab 6. Woche, Junge werden ab Spätherbst/Winteranfang von Altvögeln aus Revier vertrieben, erreichen vollständige Jagdfähigkeit nach 2-3 Jahren, vorher fast ausschließlich Aasfresser.

Phänologie

Jahresperiodik: Standvogel, Zerstreuungswanderungen vor allem bei Jungvögeln, weitester Ringfund eines alpinen Jungvogels ca. 500 km (Karwendeltal - Südfrankreich), z.T. Kurzstreckenzieher; Nestbau in den Alpen ab Februar; Reviermarkierungsflüge zu allen Jahreszeiten, v.a. Winter bis Mai; Legeperiode von E 2 bis A 5, in der Regel M 3 bis M 4; flügge Jungvögel ab M 7.

Tagesperiodik: tagaktiv, meist Gleit- oder Segelflug, selten aktiver Schlagflug; Aktivität abhängig von Wind/Thermik.

Erfassung

Kartierung von Revierpaaren von zugänglichen, leicht erreichbaren Standorten aus (mittlere Größe der Reviere ca. 50 km^2; individuelle Kennung der Reviervögel wichtig, s.u.); Kennzeichen für Reviervögel: Balz mit Girlandenflug, Paarfliegen, Flug mit Nistmaterial und Bautätigkeit, gegenseitige Gefiederpflege, Kopulation, Attacke gegen Artgenossen; Kontrolle der Nester zu Brutbeginn und fortgeschrittener Brutzeit (Bruterfolgskontrolle).

Termine: 1. M 2 bis E 2 und 2. A 3 bis E 3 (Feststellung von Revierpaaren); 3. A 4 bis A 5 (Reviermarkierungsflüge, Beobachtung von brütendem ♀ oder „Brutablösung", dann ♂ auf Nest in Brutpause); Bruterfolgskontrolle: nach Feststellung von Bebrütung: i.d.R. bis M 7/A 8 (Feststellung von Schlupf und Aufzucht durch wöchentliche Beobachtung des Nestes).

Günstige Tageszeit: für Balz (Flugbeobachtungen) ab ca. 11.00 bis 15.00 Uhr; für Beobachtung von Bebrütung und Aufzucht die Morgen- bzw. Abendstunden.

Auswertung

Wertungsgrenzen: A 2 bis E 8.

Brutverdacht: • Beobachtung von Nestbau (an neuem) oder Nestausbau (an altem Standort); • zweimalige Feststellung von Paarbindung und/oder Balz.

Brutnachweis: insbesondere • Beobachtung von brütendem ♀ bzw. Nest wärmendem ♂ („Brutwechsel"); • Junge im Nest bzw. fütternde Altvögel.

Besondere Hinweise: Durch frühe Partnerbindung können auch nicht geschlechtsreife Individuen ein Revier halten. Flug mit Nistmaterial und der Eintrag des Materials dient auch der Paarfestigung; im Revier können mehrere Wechselnester vorhanden sein. In Bayern wechselnd hoher Anteil von Revierpaaren, die nicht zur Eiablage kommen. Jagd im niedrigen Suchflug (Überraschungsjagd) oder von einer Warte (Ansitzjagd); vor allem zur Balzzeit Girlandenflug, auch zur Reviermarkierung. Auf Mauser- und sonstige Lücken im Großgefieder bzw. charakteristische Färbungen und/oder Ausdehnung der hellen Flügelfelder ist besonders zu achten, um individuelle Zuordnung zu ermöglichen und Doppelzählungen zu vermeiden; bei Überflug über Schneeflächen können Flügelfelder viel heller und größer erscheinen. Derzeit sind wohl in Deutschland alle potenziellen Steinadlerreviere belegt; Kennzeichen für Reviervogel s.o., grundsätzlich (bzw. möglichst) zwischen Revier-, Fremd- und unbestimmten Adlern unterscheiden; ein Fremdadler gehört nicht zum Revierpaar, auch Jungvogel der letzten Brutsaison ist im 2. KJ ein Fremdadler; Unterscheidung der Geschlechter nur schwer möglich. Grundsätzlich sollte zumindest bis zur Eiablage eine Zwei-Personen-Gruppe die Kartierung durchführen. Keine Annäherung unter 500 m an Nest, daher lichtstarke Optik mit starker Vergrößerung nötig. Mögliches Auftreten von Bartgeier (*Gypaetus barbatus*) und Gänsegeier (*Gyps fulvus*) beachten und solche Beobachtungen melden.

Literatur: Bezzel (1994); Schöpf (1989)

Wertungsgrenzen und Erfassungszeitraum

Februar			März			April			Mai			Juni			Juli			August		
A	M	E	A	M	E	A	M	E	A	M	E	A	M	E	A	M	E	A	M	E
	1.		2.			3.														

02980 Zwergadler
Aquila pennata

RLD	---
EUV	X
SPEC	3

Lebensraum

Altholzreiche Waldlandschaften in reich strukturierten Niederungs- und Berggebieten; in lichten bis lückigen Hochwäldern, mit denen sich Buschlandschaften und offenes Gelände abwechseln, bevorzugt warme und trockene Eichenwälder, aber auch in Nadelwäldern. Brutzeitvorkommen bisher nur in Norddeutscher Tiefebene, z.B. Einzelbruten bzw. Brutzeitnachweise in Sachsen-Anhalt und Niedersachsen.

Brutbiologie

Baumbrüter; meist in alten Nestern anderer Arten (Greif- und Rabenvögel, Schwarzstorch, Reiher), 9-12(20) m hoch, oft sichtgeschützt am Rande hochstämmiger Bestände, Felsnester selten; wohl monogame Saisonehe; 1 Jahresbrut; Gelege: (1)2 Eier, Brutdauer: 36-39 Tage, Nestlingsdauer: 50-55 Tage; trotz erheblichen Größenunterschieds werden nicht selten beide Jungvögel flügge.

Phänologie

Jahresperiodik: Langstreckenzieher, überwintert ausnahmsweise in Südeuropa oder im Mittelmeerraum; Ankunft im Brutgebiet A 4 bis E 4; Eiablage M 5 bis E 5; flügge Junge ab A 8; Wegzug E 8 bis E 9.

Tagesperiodik: tagaktiv, fliegt aber erst gegen Einbruch der Dunkelheit Schlafplatz an.

Erfassung

Neben Nestersuche in geeignet erscheinenden Gehölzen im Winter, hauptsächlich optische und akustische Erfassung auffälliger Balzflüge (s.u.), Flugbewegungen von Altvögeln, Nestbau, Beute eintragenden Altvögeln sowie von bettelnden Jungvögeln.

Termine: 1. M 4 bis E 4 (Balzflüge, Rufe, Nestbau); 2. A 5 (Balzflüge, Rufe, Nestbau); 3. A 7 bis M 8 (Beute tragende Altvögel, bettelnde Jungvögel); fakultativ zusätzliche Nestkontrolle nach Ende der Brutperiode ab M 8 (Kotspuren, frisches Nistmaterial).

Günstige Tageszeit: ausgeprägter Thermikflieger, zunehmende Flugaktivität ab 10 Uhr (MESZ) bis zum frühen Nachmittag.

Auswertung

Wertungsgrenzen: A 4 bis M 8.

Brutverdacht: • einmalige Beobachtung von Paarbindung oder Balzflügen/-rufen; • zweimalige Beobachtung von An- oder Abflügen im Bereich potenzieller Brutgehölze im Abstand von mindestens 7 Tagen, davon eine M 4 bis M 8; • Nestbauaktivität.

Brutnachweis: insbesondere • gerichtete Beuteflüge von Altvögeln (zum potenziellen Neststandort); • bettelnde Jungvögel; • späterer Nestfund (nach der Brutzeit) mit Kotspuren oder frischem Nistmaterial.

Besondere Hinweise: Sehr ruffreudig, besitzt großes Lautinventar mit charakteristischen Rufreihen. Balzflüge als von intensivem Rufen begleitete Spiralflüge mit Sturzflügen und Loopings. Die Flugspiele werden z.T. bis August gezeigt, dann auch unter Beteiligung der Jungen. Selbstgebaute Nester sind relativ klein (Größe von Kolkrabennest). Während der gesamten Brutzeit wird das Nest mit grünen Zweigen versehen (Laubhölzer, Kiefer, Misteln, Blätter). Die Jungen sind nach dem Verlassen des Nestes noch einige Zeit in der näheren Nestumgebung zu beobachten, halten dabei rufend Kontakt zu den Altvögeln.

Literatur: HEINZE (2004); STUBBE et al. (1996)

Wertungsgrenzen und Erfassungszeitraum

Februar			März			April			Mai			Juni			Juli			August		
A	M	E	A	M	E	A	M	E	A	M	E	A	M	E	A	M	E	A	M	E
							1.		2.						3.					

03010 Fischadler
Pandion haliaetus

RLD	3
EUV	X
SPEC	3

Lebensraum

Landschaften mit fischreichen Gewässern und Angebot störungsarmer, exponierter vertikaler Strukturen zum Nestbau; Neststandort entweder direkt am Ufer oder bis zu mehreren km vom Nahrungsgewässer entfernt auf Bäumen oder Masten von Stromleitungen; Baumnester auf mächtigen Überhältern; Nestbäume in lichten Altbaumbeständen, an Waldrändern oder frei in der offenen Feldflur; geringster Nestabstand häufig identisch mit dem Abstand benachbarter Masten von Hochspannungsleitungen.

Brutbiologie

Freibrüter; Nester auf Bäumen (i.d.R. Kiefern, auch abgestorbene) immer auf, nie innerhalb der Krone und auf Masten von Mittel- und Hochspannungsleitungen, meist auf, selten in den Traversen; Nest wird, vom Boden aus nicht erkennbar, sehr selten und kaum begrünt; monogame Saisonehe, aber Partnerwechsel während der Brutzeit möglich; 1 Jahresbrut, Nachgelege möglich; Gelege: (1)3(4) Eier, Brutdauer: 37-40 Tage, ♂ und ♀ brüten, überwiegend ♂ schafft Beute herbei; Nestlingsdauer: 50-60 Tage; Nestbau auch während der Jungenaufzucht.

Phänologie

Jahresperiodik: Mittel-, Langstreckenzieher; Ankunft im Brutgebiet M/E 3, Höhepunkt A/M 4; Hauptdurchzug im April; Legebeginn A/M 4, selten bis E 5; flügge Junge frühestens ab E 6, meist A/M 7; Abzug vom Brutplatz ab A 8.

Tagesperiodik: tagaktiv; Beginn z.B. der Rufaktivität am Nest schon vor der Morgendämmerung.

Erfassung

Neben Nestersuche in geeignet erscheinenden Gehölzen im Winter, hauptsächlich Erfassung anhaltender Balzflüge/-rufe, daneben Flugbewegungen von Altvögeln, Nestbau, Beute eintragenden Altvögeln sowie von bettelnden Jungvögeln.

Termine: 1. A 4 bis M 4 (Balz, Nestbau); 2. E 4 bis A 5 (Balz, Nestbau); 3. M 6 bis M 7 (Beute tragende Altvögel, bettelnde Junge); fakultativ zusätzliche Nestkontrolle nach Ende der Brutperiode ab A 8 (Kotspuren, frisches Nistmaterial).

Günstige Tageszeit: Nestbau in den Vormittagstunden am intensivsten.

Auswertung

Wertungsgrenzen: E 3 bis E 7.

Brutverdacht: • einmalige Beobachtung von Paarbindung, Balzflügen/-rufen; • Nestbauaktivität.

Brutnachweis: insbesondere • Nest mit deutlichen Kotspuren am Nestrand (am Boden) und wachender oder warnender, kreisender Altvogel; • brütender Altvogel; • bettelrufende Junge oder Nest mit Jungen.

Besondere Hinweise: Aktivität während Jungenaufzucht nicht sehr groß; ♂ kann stundenlang im Kröpfbaum oder auf einem Mast sitzen. Tragen von Nestbaumaterial auch während der Jungenaufzucht. Jungvögel vor und nach dem Ausfliegen mit unüberhörbar langen Bettelruf-Reihen, Beuteübergabe danach fast immer am Nest; Altvögel füttern auch fremde Jungvögel, die von weiter her zugeflogen sein können; Beobachtungen nur in sicherer Entfernung zum Neststandort mit dem Fernglas oder Spektiv, um Störungen zu vermeiden. Fischadlerreviere haben in allen Bundesländern lokale Betreuer, die bei Brutzeitfeststellungen oder bei Brutverdacht über die Landesumweltämter, Staatlichen Vogelschutzwarten und zuständigen Forstverwaltungen zu informieren sind, insbesondere bei Neuansiedlungen.

Literatur: Heinze (2004); Langgemach & Sömmer (1996); Lohmann & Schmidt (2000); Müller & Schmidt (1998); Schmidt et al. (im Druck); Schmidt & Wahl (2001)

Wertungsgrenzen und Erfassungszeitraum

Februar			März			April			Mai			Juni			Juli			August		
A	M	E	A	M	E	A	M	E	A	M	E	A	M	E	A	M	E	A	M	E
						1.		2.					3.							

03040 Turmfalke
Falco tinnunculus

RLD	---
EUV	---
SPEC	3

Lebensraum

Halboffene und offene Landschaften aller Art mit Angebot von Nistplätzen in Feldgehölzen, Baumgruppen, auf Einzelbäumen, im Randbereich angrenzender Wälder; im Siedlungsbereich überwiegend an hohen Gebäuden (Kirchen, Hochhäuser, Industrieanlagen, Schornsteine, große Brückenbauwerke, Gittermasten); an den verschiedensten Strukturen angebrachte Nistkästen werden regelmäßig angenommen; gebietsweise in Felswänden, Steinbrüchen sowie Wänden von Sand- und Kiesgruben.

Brutbiologie

Gebäude-, Baum-(Gittermast-), und Felsenbrüter, brütet auch in Halbhöhlen und mehr oder weniger geschlossenen Nistkästen (z.B. für Schleiereulen); Nachnutzer vor allem von Krähen- und Elsternnestern; bei entsprechendem Nistplatz- und Nahrungsangebot auch in “lockeren Kolonien”; monogame Saisonehe; 1 Jahresbrut, Nachgelege; Gelege: (3)4-6(7) Eier; Brutdauer: 27-32 Tage, ♀ brütet, Aufzucht überwiegend durch ♂; Nestlingsdauer: 27-32 Tage.

Phänologie

Jahresperiodik: Mittel- und Kurzstreckenzieher, ein Teil der Population überwintert im Brutgebiet; Besetzung der Brutreviere März/April, junge Paare später, Hauptdurchzug im März; Legeperiode ab E 3 bis M 5, hauptsächlich M/E 4, große Streuung der Daten; erste flügge Junge im Mittel E 6; Bettelflugphase mindestens 4 Wochen.

Tagesperiodik: tagaktiv, auch Jagd in später Dämmerung.

Erfassung

Hauptsächlich Beobachtungen balzender Altvögel (z.B. Flugjagden zwischen ♂ und ♀, Balzfütterungen des ♀) sowie von Beuteflügen zum Nistplatz (Richtung notieren), Rufreihen oder verschiedenen Lautäußerungen der Altvögel am Brutplatz insbesondere Warnrufe und lauter Bettelrufe fast flügger oder gerade ausgeflogener Jungvögel.

Termine: 1. M 3 bis A 4 (Balzverhalten); 2. M 4 bis A 5 (Balzverhalten); 3. A 6 bis E 6 (Warnrufe, Beute eintragende Altvögel, bettelnde Jungvögel).

Günstige Tageszeit: frühmorgens und abends.

Auswertung

Wertungsgrenzen: A 3 bis E 7.

Brutverdacht: • einmalige Beobachtung von Paarbindung oder Balzflügen/-rufen/-füttern; • Warnrufe, Revierverteidigung von Altvögeln.

Brutnachweis: insbesondere • bettelnde Jungvögel; • Junge vor Brutnische (Nistkasten); • Beute eintragende Altvögel (nach der Balzperiode ab E 5).

Besondere Hinweise: Beobachtungen Beute eintragender ♂ zur Brutzeit mit anschließender Übergabe an das brütende ♀ nur 3- bis 5-mal am Tage, d.h. die Besetzung nicht einsehbarer Nester oder Nistkästen lässt sich i.d.R. nicht schnell klären. Im Siedlungsbereich kann Befragung von Anwohnern oder anderen Personen im Bereich eines vermuteten Nistplatzes zu den entsprechenden Informationen führen.

Literatur: Hasenclever et al. (1989); Kostrzewa (1985, 1988); Kostrzewa & Kostrzewa (1993, 1997); Piechocki (1991)

Wertungsgrenzen und Erfassungszeitraum

Februar			März			April			Mai			Juni			Juli			August		
A	M	E	A	M	E	A	M	E	A	M	E	A	M	E	A	M	E	A	M	E
				1.			2.					3.								

03070 Rotfußfalke
Falco vespertinus

RLD	---
EUV	---
SPEC	3

Lebensraum

Offene Landschaften mit kleinen Baumgruppen oder Wiesen- und Feldgehölzen, Flusstäler, lichte Auwälder, Moore, Weiden, Riedwiesen sowie Kahlschlag-, Brand- und Rodungsflächen, außerdem in Alleen, Obstgärten und Parks; brütet selten in Gebieten oberhalb NN + 500 m. Kein regelmäßiges Brutvorkommen in Deutschland; Einzelbrüter in verschiedenen Regionen, zuletzt Berlin-Brandenburg und Sachsen-Anhalt.

Brutbiologie

Baumbrüter; bevorzugt in kleinen Baumgruppen, selten auf Solitärbäumen, oft siedlungsnah und nie tief im Wald, nutzt verlassene Elstern- und Krähennester, manchmal Greifvogelnester; Eigenbau nicht belegt; eigentlich Koloniebrüter, an nördlicher Verbreitungsgrenze meist Einzelbrüter; monogame Saisonehe; 1 Jahresbrut; Gelege: (2)3-5(6) Eier, Brutdauer: 22-23(25) Tage, beide Partner brüten; Nestlingsdauer: 26-28 Tage; Jungvögel bleiben noch 5-10 Tage in Nestnähe.

Phänologie

Jahresperiodik: Langstreckenzieher; Ankunft im Brutgebiet E 4 bis E 5; Durchzugsmaximum E 5 bis A 6; Hauptlegeperiode M 5 bis A 6; flügge Junge ab M 7; Wegzug M 8 bis M 10.

Tagesperiodik: tagaktiv, nutzt Abenddämmerung für Jagd, Balzflüge und Flugspiele.

Erfassung

Hauptsächlich Beobachtungen balzender Altvögel sowie von Beuteflügen zum Nistplatz (Richtung notieren), Rufreihen oder verschiedene Lautäußerungen der Altvögel am Brutplatz insbesondere von Warnrufen und lauten Bettelrufen fast flügger oder gerade ausgeflogener Jungvögel.

<u>*Termine*</u>: 1. A 5 bis M 5 (Nistplatzbezug und Balzflüge); 2. E 5 bis A 6 (Beute tragendes ♂, Beuteübergabe an exponierter Stelle in Brutplatznähe bzw. später im Brutverlauf im Nest); 3. E 6 bis M 7 (fütternde Altvögel, Warnrufe, bettelnde Jungvögel).

<u>*Günstige Tageszeit*</u>: insbesondere am Abend bis in die Dämmerung.

Auswertung

Wertungsgrenzen: E 4 bis A 8.

<u>*Brutverdacht*</u>: • einmalige Beobachtung von Paarbindung oder Balzflügen/-rufen/-füttern; • Warnrufe, Revierverteidigung von Altvögeln.

<u>*Brutnachweis*</u>: insbesondere • laut bettelnde Jungvögel; • gerade flügge Jungvögel in Nestumgebung; • Beute eintragende Altvögel (nach der Balzperiode).

Besondere Hinweise: Balzflüge und Flugspiele beinhalten ruckartige Flügelschläge mit wechselnd schräg gehaltener Körperachse, die von Gleitphasen abgewechselt werden. Einzelbrüter können sehr still sein, ♀ bewacht das Nest aber fast ständig; präferiert das höchste Nest eines Baumes, wenn er zwischen verschiedenen wählen kann; aufgrund der Seltenheit bzw. des lokal begrenzten Vorkommens sind Brutverdacht bzw. Brutnachweis besonders zu dokumentieren.

Wertungsgrenzen und Erfassungszeitraum

Februar			März			April			Mai			Juni			Juli			August		
A	M	E	A	M	E	A	M	E	A	M	E	A	M	E	A	M	E	A	M	E
									1.		2.			3.						

03100 Baumfalke
Falco subbuteo

RLD	3
EUV	---
SPEC	---

Lebensraum

Halboffene bis offene (oft gewässerreiche) Landschaften; bevorzugt als Brutplatz lichte, mindestens 80-100jährige Kiefernwälder, dort häufig im Randbereich und an Lichtungen oder als Hangwälder mit angrenzendem Offenland; Nistplatz jedoch auch in Feldgehölzen, Baumgruppen oder -reihen und regional zunehmend sogar in Einzelbäumen und Hochspannungsmasten; bedeutende Nahrungshabitate z.T. in größerer Entfernung zum Brutplatz (bis zu 6,5 km nachgewiesen); Jagd über Mooren, Gewässern, Heidewäldern, Trockenrasen, an Waldrändern und in Waldlichtungen, auch in Parkanlagen, in Dörfern und auf Friedhöfen (Schwalbenjagd), selbst im Stadtbereich (Mauerseglerjagd).

Brutbiologie

Baumbrüter; kein Nestbau, Brut in alten Nestern von Krähen, Kolkraben, anderen Greifvögeln; Geschlechtsreife im 1. Jahr, Brutreife oft erst im 2. Jahr; monogame Saisonehe, infolge Brutplatztreue längerer Zusammenhalt einzelner Paare, Flugspiele und Balzflüge am Nest, Beuteübergabe an sitzendes ♀; 1 Jahresbrut, Nachgelege nur bei frühen Verlusten; Gelege: (1)2-4 Eier, Brutdauer: 28-34 Tage, ♀ brütet überwiegend; Nestlingsdauer: 35-40 Tage.

Phänologie

Jahresperiodik: Langstreckenzieher; Ankunft im Brutgebiet ab (A)M 4 bis E 5, Hauptdurchzug E 4 bis M 5; Paarbildung während des Zuges oder im Brutgebiet; Balz gleich nach Ankunft im Brutgebiet, andauernd bis E 5; Legeperiode von M 5 bis E 6, hauptsächlich E 5 bis A 6; flügge Jungvögel ab E 7 bis E 8, aus späten Bruten auch noch im September; Abzug in Mitteleuropa bereits ab M 8, Höhepunkt im September, Abzug Anfang Oktober beendet.

Tagesperiodik: tagaktiv, auch Dämmerungsjäger; im Nahrungshabitat stark geprägt von Flugzeiten der Libellen.

Erfassung

In der Hauptsache Erfassung balzender, jagender, Beute eintragender Altvögel (Flugrichtungen in Karten übertragen), daneben Registrierung von Warnrufen und bettelnden Jungvögeln.

Termine: 1. E 4 bis M 5 (Feststellung von Balz, Nahrungsflügen); 2. A 6 bis E 6 (Nahrungsflüge, Beuteeintrag); 3. E 7 bis M 8 (Kontrolle während der Bettelflugphase, in der die Jungen laut und anhaltend betteln).

Günstige Tageszeit: ab SA bis 20 Min. nach SU, erste Fütterungen zwischen 6.30 bis 9.00 Uhr (MESZ).

Auswertung

Wertungsgrenzen: M 4 bis E 8.

Brutverdacht: • einmalige Beobachtung von Paarbindung oder Balzflügen/ -rufen; • Warnrufe, Revierverteidigung von Altvögeln.

Brutnachweis: insbesondere • gerichtete Beuteflüge von Altvögeln (zum potenziellen Neststandort); • Nestlinge oder bettelfliegende Jungvögel in Nestnähe (s.u.).

Besondere Hinweise: Brutvögel im Nestrevier nach der Balz sehr heimlich, in Nestnähe Altvogel oft wachend an exponierter Stelle (abgestorbene Äste); bei gutem Wetter ausgedehntes gemeinsames Lahnen während der Balz; gemeinsam zur Hochbrutzeit (A 7 bis M 7) jagende Partner sind Nichtbrüter, die auch feste Reviere besetzen; bettelfliegende Jungvögel nur dann als Brutnachweis werten, wenn bereits Beobachtungen dieser Saison aus dem Revier vorliegen; verstreute aufgefundene Schwalbenrupfungen deuten auf Revier hin; unter dem Nest findet man kaum Kotflecken; aggressives Verhalten am Brutplatz auch gegenüber Menschen; in potenziellen Brutrevieren sind ohne Kenntnis älterer Nistplätze weitere 1 bis 2 Kontrollen empfehlenswert; Nestkontrolle aus größerer Entfernung mit dem Fernglas.

Literatur: Fabrizio et al. (2001); Meinecke (1997); Möller (2001)

Wertungsgrenzen und Erfassungszeitraum

Februar			März			April			Mai			Juni			Juli			August		
A	M	E	A	M	E	A	M	E	A	M	E	A	M	E	A	M	E	A	M	E
								1.				2.					3.			

03160 Würgfalke
Falco cherrug

RLD	---
EUV	---
SPEC	1

Lebensraum

Ursprungsheimat im Osten Steppen- und Halbwüsten, z.T. in Hochlagen; im Westen stark aufgelockerte Wald- oder extensiv genutzte Kulturlandschaften; steil aufragende Felsen und Felsformationen, oft in Flusstälern; Reviere von Baumbrütern v.a. in Auwäldern, Feldgehölzen und an Waldrändern. Bisher bekannte Brutansiedlung nur eines Paares in Deutschland im Elbsandsteingebirge.

Brutbiologie

Fels- und Baumbrüter, auch auf Hochspannungsmasten, immer Nachnutzer bereits vorhandener Nester anderer Arten bzw. Kunstnester; monogame Saisonehe, auch Dauerehe; Nistplatztreue; aber auch Brutplatzwechsel bei vorhandenen Ausweichplätzen; 1 Jahresbrut, mitunter Nachgelege; Gelege: 2-5 Eier; Brutdauer: 36-38 Tage/Ei, ♂ und ♀ brüten; Nestlingsdauer: 48-50 Tage, Beuteerwerb anfangs durch ♂, ab ca. 20. Nestlingstag auch durch ♀; Bettelflugphase 4-8 Wochen.

Phänologie

Jahresperiodik: Standvogel; Nistplatzbesetzung in Mitteleuropa meist ganzjährig; Balz E 1 bis E 3; Legebeginn M 3 bis A 4, Spätgelege bis M 5; früheste flügge Jungvögel ab E 5 bis A 6; Auflösung des Familienverbandes E 7 bis M 8.

Tagesperiodik: tagaktiv.

Erfassung

Kontrollen traditionell besetzter, aber auch potenzieller Brutreviere; Erfassung von Balzflügen und Balzrufen, exponiertem Sitzen auf Warten, Beute tragenden Altvögeln (Richtung bestimmen), Warn- und Bettelrufen, Flugübungen der Jungvögel.

Termine: 1. M 2 bis E 2 (Balzverhalten); 2. A 3 bis M 3 (Balzverhalten); 3. A 5 bis E 5 (mit Beute fliegendes ♂, wachendes ♀); fakultativ 4. A 6 bis E 6 (Warnrufe, bettelnde Jungvögel).

Günstige Tageszeit: morgens mit der ersten Thermik (später aktiv als Wanderfalke) und nachmittags ab ca. 15 Uhr (MESZ).

Auswertung

Wertungsgrenzen: A 2 bis E 7.

Brutverdacht: • zweimalige Beobachtung balzender Altvögel; • einmalige Beobachtung balzender Altvögel und eine weitere Beobachtung einzelner oder verpaarter Altvögel im Abstand von mindestens 7 Tagen; • Warnrufe von Altvögeln.

Brutnachweis: insbesondere • gerichtete Beuteflüge von Altvögeln (zum potenziellen Neststandort); • Jungvögel in der Bettelflugphase mit nachträglichem Nestfund.

Besondere Hinweise: Paare jagen oft gemeinsam; unbedingt auf mögliche Hybridfalken aus Verpaarungen mit Wanderfalken achten. Aufgrund der Seltenheit bzw. des lokal begrenzten Vorkommens sind Brutverdacht bzw. Brutnachweis besonders zu dokumentieren und der Deutschen Seltenheitenkommission zu melden.

Literatur: AUGST (1998, 2000, 2001); BAUMGART (1991)

Wertungsgrenzen und Erfassungszeitraum

Februar			März			April			Mai			Juni			Juli			August		
A	M	E	A	M	E	A	M	E	A	M	E	A	M	E	A	M	E	A	M	E
	1.		2.						3.			4.								

03200 Wanderfalke
Falco peregrinus

RLD	3
EUV	X
SPEC	---

Lebensraum

Natur- und Kulturlandschaften, auch Städte mit (möglichst ganzjährig) hohem Nahrungsangebot (Vogelbeute im freien Luftraum) und geeigneten Nistmöglichkeiten; vorzugsweise steil aufragende Felsen und Felsformationen, außerhalb des Felsbrüterareals v.a. in lichtem Altholz (vorwiegend Kiefern) größerer Waldgebiete am Rande von Gewässern (insbesondere größere Stromtäler, Seen) oder an Verjüngungsflächen, in Abhängigkeit von Brutmöglichkeiten auch in Küstenlandschaften; Nistplätze: **Felsbrüter**: in hohen Steilhängen mit Felsklippen von >10 m mit freiem Anflug zu Brutplätzen, auch Steinbruchswände; **Baumbrüter**: hier Nachnutzer von Nestern anderer Großvögel; **Gebäudebrüter**: an hohen, meist isoliert stehenden Bauwerken wie Kirchen, Großbrücken, Industrieanlagen aller Art wie Schornsteine, Kühltürme, Seezeichen/Leuchttürme, auch Funk- und Sendetürme, Gittermasten, hier meist in Nisthilfen; **Bodenbrüter**: auf unbewohnten Nordseeinseln mit bis zu kniehoher Vegetation und auf Sänden, auch auf schwer zugänglichen Trockenrasen von Felskuppen und Bergrücken.

Brutbiologie

Überwiegend Freibrüter, jedoch auch in Nischen, Spalten, Halbhöhlen und Höhlen; Neststand s.o.; monogame Saisonehe, bei isolierten Vorkommen auch Dauerehe, bei Partnermangel auch Polygynie der ♂; ausgeprägte Nistplatztreue, Wechsel des Brutplatzes im selben Revier wenn möglich; 1 Jahresbrut, mitunter Nachgelege; Gelege: (1)2-4(5) Eier, Brutdauer: 32-33(38, bei ungünstiger Witterung) Tage/Ei, ♂ und ♀ brüten; Nestlingsdauer: 5-7 Wochen; ab Balzzeit Beuteerwerb durch ♂, ab (8.)12.(18.) Nestlingstag auch durch ♀; Bettelflugphase 4-8 Wochen.

Phänologie

Jahresperiodik: Standvogel, in Nord-/Ostdeutschland im 1. Jahr Zugvogel, Ausdehnung der Streifgebiete, wenn bevorzugte Beutetiere abziehen; Nistplatzbesetzung meistens ganzjährig, Hauptdurchzug im April; Balz M 1 bis E 4, bei etablierten Paaren Herbstbalz von September bis November; Legebeginn ab E 2, hauptsächlich M 3 bis E 4, Spät-/Nachgelege bis M 5; flügge Junge frühestens ab A 5 sonst E 5/A 6; Auflösung des Familienverbandes E 7 bis A 8.

Tagesperiodik: tagaktiv, jagt über Lichtquellen (z.B. Industrieanlagen, Leuchttürme) auch nachts; höchste Aktivität morgens und abends, zum Mittag abnehmend; Balzflüge bei sonnigem Wetter.

Erfassung

In der Hauptsache Kartierung von anwesenden Wanderfalken an/in/über möglichen Bruthabitaten (Balzflüge, -rufe, Kopulationen, Beuteübergaben, brutrelevantes Verhalten, Beute tragende Altvögel, Bettelrufe und Flugübungen der Jungvögel), daneben Kartierung von Kotstreifen an Felsen, Bauwerken und -klecksen unter Bäumen, Häufung von Rupfungen (oft von Tauben, an der Küste auch von Limikolen, Enten und Möwen).

Termine: 1. A 2 bis M 2 (Balzverhalten); 2. E 2 bis A 3 (Balzverhalten); 3. A 5 bis E 5 (anwartende Altvögel, mit Beute fliegendes ♂, wachendes ♀, Warnrufe); fakultativ 4. A 6 bis E 6 (Bettelflug).

Günstige Tageszeit: frühmorgens ab Ende der Dämmerungsphase, später Nachmittag.

Auswertung

Wertungsgrenzen: M 1 bis E 7.

Brutverdacht: • Balz im Nestbereich; • zweimalige Beobachtung von Balzflügen im Abstand von mindestens 7 Tagen im potenziellen Bruthabitat; • einmalige Beobachtung einzelner wachender/im Luftraum anwartender Altvögel; • Paar- und Warnrufe von Altvögeln.

Brutnachweis: insbesondere • Beuteflüge, vor allem des ♂ in der Brut- und frühen Nestlingszeit; • Bettelrufe und Bettelflüge der Jungvögel.

Besondere Hinweise: Nordische Wanderfalken sind noch bis E 4 auf dem Durchzug oder bei uns im Winterrevier; Winterreviere v.a. an der Nordseeküste und den sich anschließenden Niederungen und Flussläufen, daneben an der Ostseeküste (Buchten, Bodden, küstennahe Seen) und an Binnengewässern; Wanderfalkenreviere haben in allen Bundesländern lokale Betreuer, die bei Neuansiedlungen oder deren Verdacht über die Landesumweltämter, Staatlichen Vogelschutzwarten und zuständigen Forstverwaltungen zu informieren sind, insbesondere bei Neuansiedlungen.

Literatur: Hepp et al. (1995); Kleinstäuber (1987); Langgemach et al. (1997); Lanz (2002); Rockenbauch (1998, 2002); Wegner (1994)

Wertungsgrenzen und Erfassungszeitraum

Februar			März			April			Mai			Juni			Juli			August		
A	M	E	A	M	E	A	M	E	A	M	E	A	M	E	A	M	E	A	M	E
1.		2.							3.			4.								

03260 Haselhuhn
Bonasa bonasia

RLD	2
EUV	X
SPEC	---

Lebensraum

Pionierstadien des Waldes nach Zusammenbruch von Altbeständen, Wind- und Schneebruch oder Brand bzw. Insektenkalamität; im Naturwald in flächigen, buschartigen (bis zu 20 Jahre alten) Pionierwäldern mit hohem Anteil an Weichlaubhölzern; in Wirtschaftswäldern (z.B. lichten Nieder- und Mittelwäldern); ausgeprägter jahreszeitlicher Wechsel in der Habitatwahl wegen der Ausnutzung verschiedener Nahrungsquellen und Deckungsmöglichkeiten; im Frühsommer in jüngeren Laubholzbeständen (z.B. Birke, Haselnuss) mit gut entwickelter Kraut- und Strauchschicht sowie Laubholzdickungen und -stangengehölzen aus Buche, Esche und Bergahorn, im Winter benötigen sie Koniferen; Meidung des starkholzreichen Plenter- und Altersklassenwaldes.

Brutbiologie

Bodenbrüter; Nest flache Mulde im Erdboden; monogame Saisonehe, Besetzung eines Reviers; 1 Jahresbrut, Nachgelege möglich; Gelege: (4)8-10(14) Eier, Brutdauer: 22-25 Tage, ♀ brütet und führt; Nestflüchter, mit 14 Tagen voll flugfähig, mit 30-40 Tagen weitgehend selbständig, im Familienverband 2-3 Monate.

Phänologie

Jahresperiodik: Standvogel; Paarbildung im Herbst (September bis Oktober), im Frühjahr ausgeprägte Territorialität von M 3 bis M 5; Legeperiode April bis Mai; Schlupftermin E 5 bis M 6; Familienauflösung E 8 bis September.

Tagesperiodik: tagaktiv; Schwerpunkt morgens und nachmittags.

Erfassung

In der Hauptsache Zählung singender ♂, daneben Feststellung Junge führender, verleitender ♀, von Sandbadestellen, Mauserfedern und Losung unter Schlafbäumen; Einsatz von Lockpfeife, Klangattrappe notwendig (s.u.).

Termine: 1. M 3 bis E 3 (singende ♂); 2. M 4 bis E 4 (singende ♂); 3. M 6 bis E 7 (Junge führende ♀).

Günstige Tageszeit: SA bis 4 Std. nach SA und wieder 15.00 bis 18.00 Uhr (MESZ).

Auswertung

Wertungsgrenzen: M 3 bis E 8.

Brutverdacht: • zweimalige Feststellung eines singenden ♂ oder einzelner Altvögel im Abstand von mindestens 7 Tagen; • Fund einer frischen Sandbadestelle oder von Mauserfedern und weitere Feststellung eines Altvogels im Abstand von mindestens 7 Tagen; • einmalige Beobachtung verpaarter Altvögel.

Brutnachweis: insbesondere • Junge führendes oder verleitendes ♀.

Besondere Hinweise: Indirekte Nachweise, wie Spuren (im Schnee oder auf feuchtem Boden), Losung (unter Schlafbäumen, im Frühjahr an Waldwegen, Brutlosung des ♀ in Nestnähe), Federfunde (meistens zur Mauserzeit Mai bis Juli), Sandbadestellen (am ehesten an sandigen Wegrändern oder -böschungen); Beobachtungen und Nachweise des Gesangs („Spissen“) gelingen im Frühjahr am häufigsten, Antwort auf Klangattrappe (Lockpfeife) das ganze Jahr über, Reaktion aber von vielen Faktoren abhängig; vor Abspielen der Rufe 10 Min. in Deckung verharren, nach der Gesangsimitation sind unterschiedliche Reaktionen möglich: Revierflug mit „burrendem“ Geräusch, Antwort mit Gesangsstrophe, Flattersprung, Umkreisen der Lautquelle (dabei auch Flattersprung oder Gesang); lässt sich in künstlich hergestellten Badestellen, die regelmäßig bei Kontrollen zu säubern und aufzulockern sind „hineinlocken“ und damit nachweisen. Aufgrund der Seltenheit bzw. des lokal begrenzten Vorkommens sind Beobachtungen in Gebieten fernab bestehender Vorkommen, ausreichend durch Fotobelege, Feder- oder Kotfund zu dokumentieren.

Literatur: Asch & Müller (1989); Bergmann et al. (1982, 1996); Huboux et al. (1994); Pakkala et al. (1983)

Wertungsgrenzen und Erfassungszeitraum

Februar			März			April			Mai			Juni			Juli			August		
A	M	E	A	M	E	A	M	E	A	M	E	A	M	E	A	M	E	A	M	E
				1.			2.						3.							

03300 Alpenschneehuhn
Lagopus muta

RLD	R
EUV	X
SPEC	---

Lebensraum

Hochgebirge in der alpinen und subnivalen Stufe; entscheidend sind Bereiche mit stark wechselnden Hangneigungen und Expositionen; notwendige „Klein"-Strukturen sind Grate, Sattel, Südhänge, Rippen und Blockhalden; das „bewegte Relief" ist vor allem im Winter wegen der ständig wechselnden Schnee- und Windverhältnisse wichtig, zur Brutzeit wegen der kleinklimatischen Wechselbedingungen und der Vielfalt der Vegetation (Nahrungsgrundlage) notwendig.

Brutbiologie

Bodenbrüter, Nest in selbstgescharrter Mulde, meist in Hängen zwischen niedriger Vegetation und Steinen (gute Deckung bei gleichzeitiger Übersicht) ohne auffällige Auspolsterung, Nestflüchter (spätestens nach 30 Std.); monogame Saisonehe; 1 Jahresbrut, Nachgelege?; Gelege: (5)6-10 Eier, Brutdauer 20-23 Tage, Junge mit 8-10 Tagen flugfähig über mehrere Meter, ab 14. Tag über mehrere hundert Meter, mit 70-90 Tagen selbständig; ♀ brütet allein, ♂ wacht in Nähe.

Phänologie

Jahresperiodik: Standvogel mit geringen Vertikalwanderungen oberhalb der Baumgrenze; Revierbildung ab März (Herbstbalz im September/Oktober kommt vor); Legebeginn E 5 bis M 6; flügge Jungvögel ab A 7.

Tagesperiodik: dämmerungs- und tagaktiv, oft abhängig von Störereignissen z.B. durch Tourismus.

Erfassung

Optische und akustische Erfassung rufender ♂ bzw. ♂ mit Balzflug durch Synchronzählung aus Versteck mit guter Rundumsicht; Erfassung bis 1,5 km Entfernung möglich; 2 bis 4 Erfassungen mit 2-3 Personen/km^2; Beobachtungen in Karten eintragen und abgleichen (Doppelzählungen vermeiden).

Termine: abhängig von Schnee- und Höhenlage bzw. Lawinengefahr, Termine sind aufgrund der kaum vorherzusagenden Bedingungen als Orientierung zu sehen und jeweils entsprechend anzupassen: 1. A 5 bis M 5; 2. E 5 bis A 6; (jeweils balzende ♂, ggf. einzelne ♀); 3. M 6 bis E 6 ; (balzende ♂, ggf. bereits führende Altvögel); 4. A 7 bis M 7 (führende Altvögel).

Günstige Tageszeit: Bezug der Beobachtungsplätze vor der Morgendämmerung, Abbruch ab etwa 8.00 Uhr; Funk- bzw. Handtelefonkontakt vorteilhaft.

Auswertung

Wertungsgrenzen: A 4 bis E 8.

Brutverdacht: • Beobachtung einzelner ♀ • zweimalige Feststellung balzender ♂, davon eine ab A 5.

Brutnachweis: insbesondere • Beobachtung von Junge führenden Altvögeln bzw. Federnfunde der Jugendmauser.

Brutbestand: Anzahl ♂ und ♀ angeben.

Besondere Hinweise: Einzelne ♀ werden bei Erfassung am ehesten in der Nähe der Balzplätze gesehen. Ab A 5 ist die einmalige Beobachtung eines ♀ bereits als Brutverdacht zu werten. Quantitative Erfassung sehr zeitaufwendig, da Gebiete oft schwer zugänglich und Hennen nur selten zu sehen. Vielfach wird für ein bestimmtes Gebiet nur die qualitative Angabe („Art kommt als Brutvogel vor") möglich sein. Bestandsangabe oft nur über Maximalzahl rufender ♂ möglich. Störempfindlichkeit der Vögel muss bei allen Erhebungen berücksichtigt werden.

Literatur: Bossert (1977, 1990); Wöss & Zohmann (2004)

Wertungsgrenzen und Erfassungszeitraum

Februar			März			April			Mai			Juni			Juli			August		
A	M	E	A	M	E	A	M	E	A	M	E	A	M	E	A	M	E	A	M	E
									1.		2.		3.		4.					

03320 Birkhuhn
Tetrao tetrix

RLD	1
EUV	X
SPEC	3

Lebensraum

Im Tiefland komplexe Moor- und (Sand-)Heidegebiete, aber Niedermoore und Luchgebiete weitgehend durch Melioration zerstört, Restvorkommen daher überwiegend in Heidelandschaften, in von Mooren durchsetzten lichten Kiefernheiden, in Sukzessionsstadien des Waldes nach Großkahlschlägen, Waldbränden sowie auf Truppenübungsplätzen; wichtige Habitatelemente sind neben Zwergstrauchgesellschaften in Moor-Heide-Biotopen auch lichte Birkenbestände und feuchtes extensiv genutztes Grünland; in den oberen Lagen der Mittelgebirge in reich strukturiertem offenen bis halboffenen Grünland mit entsprechendem Bracheanteil, in Hochmooren und ihren Randgebieten, Brachflächen, lückigen Fichtenpflanzungen mit Ebereschenbeimischungen, auch Kahlschlägen und Windwurfflächen; im Hochgebirge im Bereich der Wald- und Baumgrenze mit Zwergstrauchheiden und offenen Matten sowie auf Lawinenbahnen.

Brutbiologie

Bodenbrüter; kein eigentlicher Nestbau; Arenabalz, ♂ über die gesamte Balz- und Brutsaison an Balzplätzen, wenn Nahrungshabitate benachbart; 1 Jahresbrut, Nachgelege möglich; Gelege: (3)7-10(14) Eier, Brutdauer: 26-27 Tage; Nestflüchter, ♀ brütet und führt Junge allein; erste Flüge mit 10-14 Tagen, nach ca. 4 Wochen weitgehend selbstständig, werden jedoch noch weitere 2 Monate bis E 9 von der Henne geführt.

Phänologie

Jahresperiodik: Standvogel; Balz im Flachland ab E 3, Höhepunkt der Balzaktivität A 4 bis M 5; frühester Legebeginn E 4/A 5; frühester Schlupftermin E 5; im Familienverband bis E 9.

Tagesperiodik: tagaktiv, besonders in den Morgen- und Abendstunden; Balz beginnt 1 Std. vor SA.

Erfassung

Wiederholte Synchronzählung an Balzplätzen, Zähleinheit sind ♂ und ♀, darüber hinaus Kartierung von Balzrufen, Spuren, Exkrementen, Federfunden, Staubbadeplätzen, durch Exkremente markierten Nächtigungs- und Ruheplätzen, prasselnden (laut polternden) Abflügen einzelner Altvögel.

Termine: 1. Flachland A 4 bis M 4; Bergland E 4 bis A 5 (Synchronzählung v.a. der ♂ am Balzplatz); 2. im Flachland E 6 bis A 8; Bergland M 7 bis E 8 (Junge führende Hennen); fakultativ synchrone Herbstzählung E 8 bis E 10 v.a. zur Einschätzung der Reproduktion; bei Wiederholungszählungen der Frühjahrsbalz zur genaueren Erfassung des ♀-Bestandes Zeitfenster für 1. Kontrolle beachten.

Günstige Tageszeit: für Synchronzählung am Balzplatz im April 2 Std. vor SA bis 2 Std. nach SA.

Auswertung

Wertungsgrenzen: E 3 bis E 8.

Brutverdacht: • zweimalige Feststellung einzelner Altvögel im Nahrungshabitat im Abstand von mindestens 7 Tagen; • besetzter Balzplatz; • Kopulationen am Balzplatz.

Brutnachweis: insbesondere • Junge führendes, auch verleitendes ♀; • Nest mit Eischalen, Brutexkremente.

Besondere Hinweise: Bei Synchronzählung wird das jeweilige Verbreitungsgebiet der Lokal-Population mit Zählern besetzt; i.d.R. reicht ein Zähltermin während der Frühjahrsbalz. Zur Erfassung von Balzplätzen geeignete Gebiete kontrollieren, Hinweisen von Lokalkennern und Jägern nachgehen; Balzplätze sind auch aus 1-3 km Entfernung wahrnehmbar („Kullern" und „Zischen" der ♂ und Gackern der ♀); zur Zählung müssen Beobachter vor Aktivitätsbeginn am Balzplatz eintreffen, um Störungen zu vermeiden; aus den Maximalzahlen von ♂ und ♀ auf Größe der Brutpopulation schließen; genauere Bestandszahlen der ♀ durch möglichst frühe Zähltermine (Hennen noch in Trupps vergesellschaftet) und mehrfache Zählungen an Balzplätzen möglich; bei geringer Siedlungsdichte kommen außerhalb von Gemeinschaftsbalzplätzen in geeigneten Habitaten der Umgebung verstärkt einzelne balzende ♂ vor.

Literatur: Klaus et al. (1990)

Wertungsgrenzen und Erfassungszeitraum

Februar			März			April			Mai			Juni			Juli			August		
A	M	E	A	M	E	A	M	E	A	M	E	A	M	E	A	M	E	A	M	E
Flachland						1.								2.						
Gebirge								1.								2.				

03350 Auerhuhn
Tetrao urogallus

RLD	1
EUV	X
SPEC	---

Lebensraum

Großflächig lichte, mehrschichtige Nadel- und Mischwälder; im Mittel- und Hochgebirge Fichten- und laubholzreicher Mischwald (Buche-Tanne, Buche-Eiche mit Kiefern und Lärchen) mit Kahlflächen verschiedener Größe, im Flachland lichte Kiefernalthölzer oder Traubeneichen-Kiefern-Mischwälder; gut entwickelte vielfältige Bodenvegetation insbesondere Beersträucher; wichtig sind Grenzlinien, d.h. häufiger Wechsel von dichten und lichten Waldbeständen; Nutzung starker, waagerecht abstehender Äste an Kiefern als Balz- oder Schlafplatz.

Brutbiologie

Bodenbrüter; ausgescharrte Mulde mit wenig Nistmaterial als Nest; Arenabalz; 1 Jahresbrut, Nachgelege; Gelege: (5)7-11(15) Eier, Brutdauer: 24-26 Tage, ♀ brütet und führt Junge; Küken verlassen nach Trockenwerden das Nest, erste Flüge mit 2-3 Wochen, ab ca. 3 Monate selbstständig.

Phänologie

Jahresperiodik: Standvogel; Balz höhen- und witterungsabhängig frühestens ab M 3, hauptsächlich von A 4 bis E 5; Legebeginn M/E 4, meist erst Mai (Juni); Hauptschlupfzeit Juni; Auflösung der Familienverbände spätestens September, kurze Herbstbalz.

Tagesperiodik: tagaktiv; Balzbeginn 1 Std. vor SA, zweiter Gipfel in der Abenddämmerung.

Erfassung

In der Hauptsache Zählung balzender ♂ und Junge führender ♀, darüber hinaus Kartierung von Balzrufen, Spuren, Exkrementen, Federfunden, Staubbadeplätzen, durch Exkremente markierten Nächtigungs- und Ruheplätzen, prasselnden (laut polternden) Abflügen einzelner Altvögel.

Termine: 1. A 4 bis M 4 (Zählung balzender ♂); 2. E 4 bis A 5 (Zählung balzender ♂); 3. M 5 bis E 5 (Zählung balzender ♂); fakultativ synchrone Herbstzählung E 9 bis E 10 (A 12) v.a. zur Einschätzung der Reproduktion.

Günstige Tageszeit: für Zählungen an Balzarenen im Frühjahr 2 Std. vor SA bis 2 Std. nach SA.

Auswertung

Wertungsgrenzen: M 3 bis E 8.

Brutverdacht: • zweimalige Feststellung einzelner Altvögel im Nahrungshabitat im Abstand von mindestens 7 Tagen; • besetzter Balzplatz; • Kopulationen am Balzplatz.

Brutnachweis: insbesondere • Junge führendes auch verleitendes ♀; • Brutexkremente (in Nestnähe); • Fund von Kükenmauserfedern.

Besondere Hinweise: Indirekte Nachweise, wie Spuren im Schnee oder Schlamm (unterschiedliche Größe des Trittsiegels bei ♂ und ♀), Exkremente, Federfunde, Sandbadestellen, durch Exkremente markierte Nächtigungs- und Ruheplätze sind Beleg für Anwesenheit ebenso wie das Verhören von polternd abfliegenden Individuen; Beobachtungen gelingen am ehesten morgens und abends auf Forstwegen und Lichtungen; direkte Erfassung auf das Verhören der balzenden ♂ beschränken; Beobachtungen nur aus getarntem Versteck heraus.

Literatur: Kilzer (2001); Klaus et al. (1989); Marcström et al. (1981)

Wertungsgrenzen und Erfassungszeitraum

Februar			März			April			Mai			Juni			Juli			August		
A	M	E	A	M	E	A	M	E	A	M	E	A	M	E	A	M	E	A	M	E
						1.		2.		3.										

03570 Steinhuhn
Alectoris graeca

RLD	0
EUV	X
SPEC	2

Lebensraum

Steilhänge der alpinen und subalpinen Stufe von etwa 900 m bis 2700 m, bevorzugt trockene und sonnige Standorte: unübersichtliche, steinige oder felsige Hänge (kurze Fluchtwege) mit Mosaik aus trockenen Bodenaufschlüssen, Rasen-Strauch-Gesellschaften, außerdem in lichten Baumbeständen (geschlossener Wald wird gemieden), Geröllhalden, Trockenhängen und Rebbergen. Vorkommen in Deutschland nur in Alpenregionen Bayerns ohne aktuelle Brutnachweise.

Brutbiologie

Bodenbrüter; Nest am Fuße eines Baumes oder Felsens, unter Zwergsträuchern und Stauden, z.T. sichtgeschützt durch überhängende Vegetation oder Felsstücke; Nestflüchter; Saison- und oft Dauerehe, i.A. monogam; 1 Jahresbrut; Gelege: (6)9-14(18) Eier, gemeinschaftliches Legen in ein Nest kommt selten vor; Brutdauer: 24-26 Tage, ♀ brütet und führt Junge; Junge mit 20 Tagen mäßig flugfähig, mit 50-60 Tagen erwachsen, Familie bleibt noch längere Zeit zusammen.

Phänologie

Jahresperiodik: Standvogel, schneeabhängige saisonale Vertikalwanderungen (Wintergebiete können bis zu 9 km vom Brutgebiet entfernt sein), auch Horizontalwanderungen bis 10 km, Streifgebiete der ♂ können sich über 10-15 km erstrecken, sind bei den meisten ♂ jedoch bedeutend kleiner; Balz ab E 3 hauptsächlich April bis Juni; Eiablage von E 5 bis E 6; Schlupftermine in den Alpen A 7 bis M 7; ♀ führt die Jungen oft bis weit über die Baumgrenze; flügge Junge ab M 7.

Tagesperiodik: dämmerungs- und tagaktiv, bis Vormittag intensiv rufend, am Nachmittag wieder Erhöhung der Rufintensität.

Erfassung

In der Hauptsache Zählung balzender ♂ und Junge führender ♀, darüber hinaus Erfassung von Rufreihen, Spuren, Exkrementen, Federfunden; der Einsatz einer Klangattrappe ist zum Nachweis der Art sinnvoll (s.u.).

Termine: 1. M 4 bis A 5 (Balzbeobachtungen, Rufreihen); 2. E 5 bis A 6 (Balzbeobachtungen, Paare, Rufreihen), 3. M 6 bis E 6 (Balzbeobachtungen, Paare, Rufreihen).

Günstige Tageszeit: in der Dämmerung insbesondere 1 Std. vor SA bis 2 Std. nach SA sowie 2 Std. vor SU bis 1 Std. nach SU.

Auswertung

Wertungsgrenzen: E 3 bis E 7.

Brutverdacht: • zweimalige Feststellung einzelner Altvögel im Abstand von mindestens 7 Tagen, davon eine Feststellung von M 4 bis E 6; • einmalige Beobachtung verpaarter Altvögel in der Zeit von M 4 bis E 7; • Territorialverteidigung der ♂; • leere Nester oder Nestreste.

Brutnachweis: insbesondere • Beobachtung von Jungvögeln/Familien; • Nestfunde mit Eischalenresten.

Besondere Hinweise: Herbst-/Wintergruppen lösen sich im Frühjahr auf, ab April/Mai meist paarweise; im Mai und Juni starke Paarbindung; morgens und abends sehr ruffreudig und flugaktiv (ansonsten hauptsächlich laufende Fortbewegung). Nachweise der Art sind durch den Einsatz von Klangattrappen ganzjährig möglich; am besten reagiert das Steinhuhn in der Zeit von M 9 bis zum ersten Schneefall M 10; günstige Zeit im Frühjahr M 4, Reaktion der ♂ aber geringer, insbesondere bei dünner Besiedlung; Kontrolle am besten in der Morgen- und Abenddämmerung, unbedingt aus guter Deckung (F. Hafner mdl.); Bruten sollen der Deutschen Seltenheitenkommission mit Dokumentation gemeldet werden.

Literatur: Bernard-Laurent (1994); Bernard-Laurent & Laurent (1984); Brendel (1998); Hafner (1994); Stephan et al. (1995)

Wertungsgrenzen und Erfassungszeitraum

Februar			März			April			Mai			Juni			Juli			August		
A	M	E	A	M	E	A	M	E	A	M	E	A	M	E	A	M	E	A	M	E
							1.				2.		3.							

03670 Rebhuhn
Perdix perdix

RLD	2
EUV	---
SPEC	3

Lebensraum

Offene Lebensräume, in Mitteleuropa werden hauptsächlich Sekundärbiotope in Agrarlandschaften besiedelt (häufig im Übergangsbereich zwischen Geest-, Moor- und Flussniederungen), extensiv genutzte Ackergebiete sowie Grünland mit kleinflächiger Gliederung durch breite Weg- und Feldsäume, Hecken, Feldgehölze, Gebüschgruppen und Brachen; außerdem in Sand- und Moorheiden, Trockenrasen, Abbaugebieten und Industriebrachen; hohe Dichten sind auch in „ausgeräumten" Ackergebieten, die sich durch hohe Bodenwertzahlen auszeichnen und in wärmebegünstigten Regionen zu finden. Acker- und Grünlandbrachen gehören in intensiv genutzten landwirtschaftlichen Gebieten zu den wichtigsten Neststandorten.

Brutbiologie

Bodenbrüter; Nest gut versteckt in Feldrainen, Weg- und Grabenrändern, Hecken, Gehölz- und Waldrändern; Einzelbrüter, Nestflüchter, ♂ führt den zuerst geschlüpften Teil der Brut weg; monogame Dauerehe; 1 Jahresbrut, Nachgelege; Gelege: (4)10-20(29) Eier, Brutdauer: 23-25 Tage; Junge mit ca. 14 Tagen flügge und 5 Wochen nach dem Schlupf selbstständig; ♀ brütet und ♂ hält in Nestnähe Wache, ♂ und ♀ führen zusammen, bis Spätwinter im Familienverband, im Winter Zusammenschluss mehrerer Familien.

Phänologie

Jahresperiodik: Standvogel; Revierbesetzung und Auflösung der Trupps bzw. Familienverbände im Februar/März, höchste Rufaktivität zwischen A 3 bis A 4; Nistplatzwahl ab A 4 meist E 4/A 5; Eiablage ab M 4 bis E 8 (Süden: selten schon E 3), Hauptlegezeit Mai; Jungvögel meist ab E 5 bis A 6.

Tagesperiodik: tag- und dämmerungsaktiv; Balz in der Morgen- (kaum) und Abenddämmerung.

Erfassung

Zählung balzender ♂, Registrierung von Altvögeln entlang von Weg- und Feldrainen, sichernden Altvögeln, Registrierung von Familienverbänden.

Termine: 1. A 3 bis M 3 (Zählung rufender ♂ sowie von Altvögeln); im Süden in Abhängigkeit vom Witterungsverlauf E 2 bis M 3; 2. E 3 bis A 4 (Zählung rufender ♂ sowie von Altvögeln); 3. M 6 bis A 7 (Zählung von Familienverbänden).

Günstige Tageszeit: Balzrufe der ♂ in der Abenddämmerung von SU bis zur völligen Dunkelheit (bis ca. 1 Std. nach SU), auch eine Std. vor SA bis SA (weniger geeignet).

Auswertung

Wertungsgrenzen: E 2 bis M 7.

Brutverdacht: • zweimalige Feststellung balzender ♂ im Abstand von mindestens 7 Tagen, davon eine Feststellung A 3 bis A 7; • zweimalige Feststellung eines Altvogels im Abstand von mindestens 7 Tagen, davon eine A 3 bis A 7; • einmalige Feststellung eines Paares.

Brutnachweis: insbesondere • Junge führende Altvögel; • verleitender Altvogel.

Besondere Hinweise: Regen, starker Wind oder kalte Witterung wirken hemmend auf die Rufaktivität; für die Erfassung der Balz möglichst warme bzw. windstille Abende wählen. Nach Regenfällen sind Rebhühner leichter zu beobachten, da sie Bereiche mit schütterer bzw. kurzer Vegetation aufsuchen. In Gebieten mit unruhigem Bodenrelief, einer hohen Hecken- bzw. einer geringen Wegdichte können nichtrufende Altvögel leicht übersehen werden. ♂ reagieren bei Annäherung eines Menschen häufig mit Rufen; deshalb möglichst alle vorhandenen Wege benutzen. In großen Untersuchungsgebieten kann der Bestand an balzenden ♂ nur durch Synchronzählungen erfolgen (pro km² 1-2 Personen). Daten des Winterbestandes berücksichtigen: Winterbestand entspricht dem maximal möglichen Brutbestand (Gesamtzahl der Individuen aller Trupps : 2). Diese Zahl eignet sich zur Überprüfung der mit oben beschriebener Methode ermittelten Bestandsangabe. Die Zahl der Revierpaare sollte die des Winterbestandes nicht übersteigen. (Achtung – im Winterhalbjahr u.U. Zuwanderung z.B. aus angrenzenden überschwemmten Auen oder gepflügten landwirtschaftlichen Flächen).

Literatur: Hennes (1990)

Wertungsgrenzen und Erfassungszeitraum

Februar			März			April			Mai			Juni			Juli			August		
A	M	E	A	M	E	A	M	E	A	M	E	A	M	E	A	M	E	A	M	E
			1.		2.								3.							

03700 Wachtel
Coturnix coturnix

RLD	---
EUV	---
SPEC	3

Lebensraum

Offene Lebensräume, in Mitteleuropa werden fast ausschließlich Agrarlandschaften besiedelt, möglichst busch- und baumfreie Ackergebiete (insbesondere Sommergetreide - außer Hafer, aber auch Winterweizen, Klee, Luzerne, Erbsen und Ackerfrüchte) sowie Grünland, außerdem in Ruderalfluren; bevorzugt warme und dabei frische Sand-, Moor- oder tiefgründige Löß- und Schwarzerdeböden; in höheren Lagen auch auf einzelnen Wiesen mitten im Wald.

Brutbiologie

Bodenbrüter; Nest immer durch höhere Kraut- und Grasvegetation gedeckt; Polyandrie; wahrscheinlich 1 Jahresbrut, Zweitbrut aber möglich; Gelege: 7-14(18) Eier, Brutdauer: 18-20 Tage; Nestflüchter, Junge mit ca. 19 Tagen flügge und 4-7 Wochen nach Schlupf löst sich der Familienverband auf; ♀ wählt den Nistplatz, baut das Nest, brütet und führt die Jungen allein.

Phänologie

Jahresperiodik: Lang- bzw. Kurzstreckenzieher; Ankunft im Brutgebiet i.d.R. zwischen M 5 oder A 6 (ausnahmsweise A/M 4); Reviergründung und Paarbildung gleich nach Ankunft, höchste Rufaktivität zwischen M 5 und A 7; Eiablage ab M/E 5 bis E 8, Hauptlegezeit A 6 bis E 6; Jungvögel ab M 6.

Tagesperiodik: tag- und nachtaktiv; ruft zu allen Tag- und Nachtzeiten, dann tagsüber geringere Rufaktivität, Zeit der höchsten Rufaktivität in den Stunden nach SU und in der Morgendämmerung, in warmen Mittagsstunden i.d.R. kein Reviergesang.

Erfassung

Fast ausschließlich akustische Bestandserhebung, Erfassung rufender ♂.

Termine: 1. A 6 (Zählung rufender ♂); 2. M 6 (Zählung rufender ♂); 3. A 7 (Zählung rufender ♂); 4. M 7 (Zählung rufender ♂) – Erfassung in zweiwöchigem Abstand!

Günstige Tageszeit: insbesondere in der Stunde nach SU und in der Morgendämmerung.

Auswertung

Wertungsgrenzen: M 5 bis E 7.

Brutverdacht: • zweimalige Feststellung rufender ♂ oder ♀ („*chrau*"-Ruf) im Abstand von mindestens 7 Tagen, beide Feststellungen von E 5 bis E 7.

Brutnachweis: insbesondere • Junge führende ♀ (Zufallsbeobachtungen).

Besondere Hinweise: Regen oder kalte Witterung wirken hemmend auf die Rufaktivität, für die Erfassung des Reviergesanges warme Abende wählen. Erfassung auch in der Morgendämmerung, z.B. nach nächtlicher Wachtelkönigerfassung im selben Gebiet. Durch landwirtschaftliche Nutzung (z.B. Mahd), aber auch durch den Witterungsverlauf (Trockenheit) kann es zu nicht unerheblichen Revierverlagerungen kommen. Zwischen der Anzahl rufender ♂ und stattfindenden Bruten besteht kein direkter Zusammenhang. Während der Legezeit kann es zu häufigen Umpaarungen des ♀ (bis zu viermal) kommen. Sind die ♂ mit einem ♀ verpaart, stellen sie ihre Rufaktivität ein. Nach Brutbeginn löst sich die Partnerschaft zwischen ♂ und ♀. Die ♂ werden dann vom Brutort vertrieben und beginnen an anderer Stelle wieder erneut mit dem Reviergesang. In großen Untersuchungsgebieten sollten Bestandserfassung durch Simultanzählungen erfolgen (pro km² 1-2 Personen). Die Wachtel ist eine Invasionsvogelart, so dass es zu sehr starken jährlichen Bestandsschwankungen kommen kann.

Literatur: George (1999 b, 2001); Gnielka (1990); Hoff & Koffijberg (1990)

Wertungsgrenzen und Erfassungszeitraum

Februar			März			April			Mai			Juni			Juli			August		
A	M	E	A	M	E	A	M	E	A	M	E	A	M	E	A	M	E	A	M	E
												1.	2.		3.	4.				

03940 Jagdfasan
Phasianus colchicus

RLD	---
EUV	---
SPEC	---

Lebensraum

Halboffene strukturreiche Agrarlandschaft mit Büschen, Hecken, Brachen, Feldgehölzen; an lockeren Waldrändern besonders von Auwäldern, in Mooren, leicht verschilften Wiesen, Röhrichten, Rieselfeldern, Ruderal- und Ödlandflächen, Anpflanzungen in Rekultivierungsgebieten; wegen des deckungsreichen Bewuchses häufig in Gewässernähe (strukturreiche Verlandungszonen); Aussetzung von Jungvögeln aus jagdlichen Gründen auch in anderen Habitaten.

Brutbiologie

Bodenbrüter, Nest gedeckt durch Gras, Kräuter, Hochstauden, ♀ baut Nest; Harempolygynie; 1 Jahresbrut, hohe Bereitschaft zu Nachgelegen; Gelege: (6)8-12(16) Eier, Brutdauer: 23-26 Tage; ♀ brütet und führt Junge; Nestflüchter, die mit ca. 12 Tagen etwas fliegen, mit 3-4 Wochen aufbaumen und mit 10-12 Wochen selbstständig sind.

Phänologie

Jahresperiodik: Standvogel; nach Auflösung von Wintertrupps Territorialverhalten der ♂ (Revierruf und Flügelwirbeln) ab (Februar) A 3 bis A 6, Hauptaktivität April; Legebeginn E 3 bis E 6, in Einzelfällen bis M 8, Hauptlegezeit M 4 bis A 5; Jungvögel ab E 4.

Tagesperiodik: tagaktiv, höchste Aktivität in den Morgen- und Abendstunden.

Erfassung

Zählung balzender ♂, (Zählung verleitender bzw. Junge führender ♀).

Termine: 1. A 4 (Zählung rufender ♂); 2. M 4 (Zählung rufender ♂); 3. E 4 bis A 5 (Zählung rufender ♂).

Günstige Tageszeit: Von 1 Std. vor SA bis 1,5 Std. nach SA, sowie in den Nachmittag- und Abendstunden.

Auswertung

Wertungsgrenzen: M 3 bis A 6.

Brutverdacht: • zweimalige Feststellung eines rufenden ♂ im Abstand von mindestens 7 Tagen von M 3 bis E 5.

Brutnachweis: insbesondere • Junge führende ♀ und verleitende ♀.

Besondere Hinweise: Innerhalb seines Territoriums hat ein ♂ mehrere Rufplätze. Ermittelte ♂-Reviere geben nur bedingt die Größe der Brutpopulation an, da es bei großen Dichten auch nicht territoriale ♂ gibt. Die ♀ lassen sich nur bei Beobachtungen zählen, am ehesten noch beim Anfliegen eines Gemeinschaftsschlafplatzes außerhalb der Brutsaison. Der Bestand lässt sich wegen des spezifischen Paarungssystems nicht in Brutpaaren angeben. Eingebürgerte Bestände von geringer Dichte können ausgeglichenes Geschlechterverhältnis haben. In Brutpopulationen mit geringem ♀-Überschuss (kein selektiver Abschuss von ♂) kann ♂ an der Führung der Brut beteiligt sein. In den meisten Regionen sind die Bestandsgrößen stark von jagdlichen Aktivitäten (Aussetzen von Individuen, Bejagung) abhängig.

Wertungsgrenzen und Erfassungszeitraum

Februar			März			April			Mai			Juni			Juli			August		
A	M	E	A	M	E	A	M	E	A	M	E	A	M	E	A	M	E	A	M	E
						1.	2.	3.												

04070 Wasserralle
Rallus aquaticus

RLD	---
EUV	---
SPEC	---

Lebensraum

Verlandungszonen von Seen, Altwassern und Teichen; Röhrichte (insbesondere Schilf), Seggenriede sowie Rohrkolbenbestände im Bereich von Flachwasserzonen (Wassertiefe 5-20 cm), auch in Weiden- und Erlenbrüchen mit entsprechenden Wasserständen und dichtem Unterwuchs; offene Wasserflächen sind nicht Bedingung für Besiedlung; Gewässergröße von untergeordneter Bedeutung – auch an Gräben und Kleingewässern mit schmalen Schilfröhrichtbeständen (mindestens 4-6 m Breite, Mindestgröße 200-300 m²).

Brutbiologie

Bodenbrüter; Nest gut versteckt, im Röhricht zwischen Halmen befestigt oder auf einer Unterlage von schwimmenden Schilfhalmen, in Seggenbulten an kleinen offenen Wasserflächen, aber selten in weiter Entfernung von verhältnismäßig trockenem Land; Reviergründung und Nistplatzwahl durch das ♂; ♂ und ♀ lassen kennzeichnende Balzstrophen hören; Einzelbrüter, saisonale Monogamie; 1-2 Jahresbrut(en), Nachgelege häufig; Gelege: (4)6-11(12) Eier, Brutdauer: 19-22 Tage, ♀ und ♂ brüten; Junge mit 49-56 Tagen flügge, werden 20-30 Tage nach Schlupf von den Eltern verlassen.

Phänologie

Jahresperiodik: Kurzstrecken- bzw. Teilzieher, auch Standvogel; Ankunft im Brutgebiet ab E 2, i.d.R. zwischen M/E 3; Heimzug M 2 bis A 5, Hauptdurchzug A 3 bis E 4; Balz und Paarbildung nach Ankunft im Brutgebiet, höchste Rufaktivität A 4 bis M/E 5; Eiablage ab A 4 bis Juli, Hauptlegezeit E 4 bis E 6; Jungvögel ab E 4.

Tagesperiodik: vorwiegend tagaktiv; Balz nachts, unverpaarte Vögel rufen während der ganzen Nacht, höchste Rufaktivität im April/Mai während und nach der Abenddämmerung.

Erfassung

Hauptsächlich akustische Erfassung, Zählung rufender ♂ und ♀ (simultanes Vortragen der Erregungsrufe, Revierrufe = Duette) – Einsatz von Klangattrappen notwendig, Registrierung von Warnrufen, Führungs-, Lock- und Bettelrufen.

Termine: 1. A 4 bis M 4 (Zählung rufender Paare - Duette); 2. E 4 (Zählung rufender Individuen); 3. A 5 bis M 5 (Zählung rufender Individuen, Registrierung von Nestanzeige-, Führungs- sowie Lockrufen).

Günstige Tageszeit: Dämmerung bis ca. 23 Uhr.

Auswertung

Wertungsgrenzen: A 4 bis A 6.

Brutverdacht: • zweimalige Feststellung rufender Altvögel (simultanes Vortragen der Erregungsrufe oder/und Revierrufe/Duette) im Abstand von mindestens 7 Tagen, beide Feststellungen von A 4 bis E 5; • einmalige Feststellung rufender Altvögel (simultanes Vortragen der Erregungsrufe oder/und Revierrufe/Duette) und eine weitere Feststellung eines Individuums (z.B. Warnruf, Beobachtung), beide Feststellungen von A 4 bis E 5.

Brutnachweis: insbesondere • Junge führende Altvögel (auch Führungsrufe); • nicht flügge Jungvögel.

Besondere Hinweise: Die Erfassung von größeren Populationen sollte mit mehreren Personen durchgeführt werden. Alle Lautäußerungen (Rufart) sollten mit genauer Rufzeit notiert werden. Der Rufort der Individuen ist durch Kreuzpeilung zu bestimmen. Einsatz der Klangattrappe: mehrmaliges Abspielen mit fünfminütiger Wartezeit, bzw. im Abstand von ca. 50-100 m Wiederholungen; bei benachbarten Revieren, nur bei gleichzeitiger Reaktion der benachbarten Paare als besetzt werten. Beobachtungen von Junge führenden Altvögeln oder nicht flüggen Jungvögeln können nur als Brutnachweis gelten und nicht zur Revierabgrenzung herangezogen werden, weil die territoriale Bindung nach dem Schlupf aufgehoben ist. Das Ausbleiben von Rufen als Reaktion auf eine Klangattrappe kann nicht als Negativ-Nachweis gewertet werden, da trotzdem Brutpaare vorhanden sein können.

Literatur: Andreas (2000); Frädrich (1992); Sudmann et al. (2002); Wonneberger & Lomme (2001)

Wertungsgrenzen und Erfassungszeitraum

Februar			März			April			Mai			Juni			Juli			August		
A	M	E	A	M	E	A	M	E	A	M	E	A	M	E	A	M	E	A	M	E
						1.		2.	3.											

04080 Tüpfelsumpfhuhn
Porzana porzana

RLD	1
EUV	X
SPEC	---

Lebensraum

Verlandungszonen mit lockerer bis dichter Vegetation in Feuchtniederungen; Röhrichte (Wasserschwaden, Schilf, Rohrkolben) sowie Seggenriede im Bereich von Flachwasserzonen (Wassertiefe 5-10 cm), kleinflächige, offene Wasser- oder Schlammflächen günstig; häufig im landseitigen Teil von Verlandungsformationen größerer Gewässer (Übergangsbereich zwischen Röhrichten und Großseggenrieden, Seewiesen), auch in nachhaltig überfluteten Nasswiesen von Flussniederungen.

Brutbiologie

Bodenbrüter; Nest gut versteckt, meist auf sehr nassem Boden oder im Seichtwasserbereich auf einer Plattform aus Halmen oder in Seggenbulten; Reviergründung und Nistplatzwahl durch das ♂, ♂ und ♀ lassen Balzrufe hören; Einzelbrüter; saisonale Monogamie, 1-2 Jahresbrut(en), Nachgelege häufig; Gelege: (6)8-12(14) Eier, Brutdauer: 18-19 Tage, ♀ und ♂ brüten; Junge mit 35-42 Tagen flügge.

Phänologie

Jahresperiodik: Langstreckenzieher; Ankunft im Brutgebiet von M/E 3 bis M 7, in der Regel A 4 bis E 4; Balz ab A 4 bis E 7, höchste Rufaktivität im E 4 bis E 6, nach sommerlichen Überschwemmungen auch von A 6 bis A 7; Eiablage ab M 4 bis E 7, Hauptlegezeit Mai; Jungvögel frühestens A/M 5.

Tagesperiodik: tag- und dämmerungs- bzw. nachtaktiv; Balz nachts, unverpaarte Individuen rufen während der ganzen Nacht (meist zwei Aktivitätsgipfel 21.00-22.00 Uhr sowie 5.00-6.00 Uhr).

Erfassung

Hauptsächlich akustische Erfassung, Zählung balzender Individuen (Peitschenschlag) – Einsatz von Klangattrappen nicht notwendig.

Termine: 1. M 4 (Zählung balzender Individuen); 2. E 4 (Zählung balzender Individuen); 3. M 5 (Zählung balzender Individuen); 4. A 6 (Zählung balzender Individuen).

Günstige Tageszeit: Dämmerung, nach SU und vor SA, in der Ansiedlungsphase während der ganzen Nacht.

Auswertung

Wertungsgrenzen: A 4 bis M 7.

Brutverdacht: • da Tüpfelsumpfhühner nach der Verpaarung nicht mehr rufen, wird ein einmaliges Rufen eines Individuums als besetztes Revier gewertet; wenn später bei (dauerhaft) günstigem Wasserstand an anderen Stellen Rufer festgestellt werden, sind diese als weitere Reviere zu werten; durchziehende Individuen sind vom lokalen Brutbestand nur mit aufwändiger Erfassungsmethodik zu trennen.

Brutnachweis: insbesondere • Junge führende Altvögel oder nicht flügge Jungvögel (Brutnachweis selten).

Besondere Hinweise: Die Ansiedlung von Tüpfelsumpfhühnern ist wasserstandsabhängig. So können Gebiete, die im April/Mai niedrige Wasserstände aufweisen, durch längere Regenperioden im späteren Frühjahr attraktive Lebensräume für Tüpfelsumpfhühner werden. Auch Trockenfallen von Brutgebieten zwingt Tüpfelsumpfhühner häufig zu einem Ortswechsel. So kann es im Juni und Juli noch zur Besiedlung von geeigneten Habitaten kommen. Die Rufaktivität unverpaarter Vögel ist in windstillen, kühlen Nächten am höchsten. In Einzeljahren im Juli hohe Dichten von Rufern, die auf den Rückzug aus anderen Brutgebieten zurückzuführen sein können.

Literatur: Eikhorst (2004); Schäffer (1999); Sudmann et al. (2002)

Wertungsgrenzen und Erfassungszeitraum

Februar			März			April			Mai			Juni			Juli			August		
A	M	E	A	M	E	A	M	E	A	M	E	A	M	E	A	M	E	A	M	E
							1.	2.		3.		4.								

04100 Kleines Sumpfhuhn
Porzana parva

RLD	1
EUV	X
SPEC	---

Lebensraum

Verlandungszonen mit lockerer bis dichter Vegetation in Feuchtniederungen; Röhrichte (Strandbinsen, Schilf, Pfeilkraut, Rohrkolben) und Großseggenriede, wobei dichte Bestände vom Schmalblättrigen Rohrkolben, Rohrkolben/Schilf- sowie Seggen/Schilf-Mischbestände, an die auch Weidenbestände grenzen, bevorzugt werden; besiedelt nur Flachwasserzonen mit größerer Wassertiefe (> 20 cm); genutzte Schilfbestände werden gemieden; offene Wasser- oder Schlammflächen sowie eine ausgeprägte Knickschilfschicht sind wichtige Habitatkomponenten.

Brutbiologie

Bodenbrüter; Neststand sehr variabel, bis zu 20 cm Höhe; z.B. auf bewachsenen Bülten, auf dicht bewachsenen Wurzelstöcken, auf zusammengeschwemmten Halmen, in schnee- oder sturmgeknickten alten Schilf- oder Rohrkolbenbüscheln sowie Seggenbülten; Reviergründung und Nistplatzwahl durch das ♂; unverpaarte ♂ und ♀ lassen kennzeichnende Balzstrophen hören; Einzelbrüter, aber auch bei hohen Dichten kolonieartige Vorkommen; saisonale Monogamie; wahrscheinlich 2 Jahresbruten; Gelege: 4-8(11) Eier, Brutdauer: 21-23 Tage, ♀ und ♂ brüten; Junge mit 45-50 Tagen flügge.

Phänologie

Jahresperiodik: Langstreckenzieher; Ankunft im Brutgebiet ab E 3 (Süden: M 2), in der Regel zwischen M/E 4 bis M 6, Heimzug E 3 (Süden: E 2) bis A 6; Reviergründung und Paarbildung gleich nach Ankunft, höchste Rufaktivität A 5 bis M 6; Eiablage ab A 5 bis E 7, Jungvögel ab E 5.

Tagesperiodik: überwiegend tagaktiv; Balz ganztags, besonders in den Morgenstunden sowie in der Dämmerung, solange die Vögel unverpaart sind, können sie während der ganzen Nacht rufen.

Erfassung

Hauptsächlich akustische Erfassung, Zählung balzender ♂ und ♀; Einsatz von Klangattrappen in großflächigen Feuchtgebieten sinnvoll, bei isolierten Einzelvorkommen am Rande des Verbreitungsgebietes notwendig; Registrierung von Alarmrufen, Führungs- und Lockrufen (Nestnähe) sowie Lautäußerungen der Küken.

Termine: 1. A 5 (Zählung balzender Individuen); 2. M 5 (Zählung balzender Individuen); 3. E 5 (Zählung balzender Individuen); 4. A 6 bis M 6 (Zählung balzender Individuen, Alarmrufe, Registrierung von Lautäußerungen der Küken).

Günstige Tageszeit: Dämmerung, in der Ansiedlungsphase während der ganzen Nacht.

Auswertung

Wertungsgrenzen: E 4 bis E 6.

Brutverdacht: • einmalige Feststellung eines balzenden Paares und einmalige Feststellung eines balzenden ♂ im Abstand von mindestens 7 Tagen, davon eine A 5 bis M 6; • zweimalige Feststellung eines balzenden Paares im Abstand von mindestens 7 Tagen, davon eine A 5 bis M 6.

Brutnachweis: insbesondere • Junge führende Altvögel (Brutnachweis sehr selten); • Lautäußerungen der Küken.

Besondere Hinweise: Regen oder kalte Witterung wirken hemmend auf die Rufaktivität. Bei geringer Siedlungsdichte werden territoriale Konflikte ausgeschaltet, so dass ♂ nach der Verpaarung nur noch sehr sporadisch und unregelmäßig rufen. Fest brütende Paare rufen nicht mehr. Das Kleine Sumpfhuhn klettert gern in oberen Schichten von Altschilfbeständen (Alter mindestens 5-6 Jahre, hoher Anteil Knickschilf). Über Wochen balzrufende ♂ sind mit hoher Wahrscheinlichkeit unverpaart. An großen oder unzugänglichen Gewässern mit ausgedehnten Verlandungsbereichen wird der Einsatz eines Bootes bzw. einer Wathose empfohlen.

Literatur: Dittberner & Dittberner (1990)

Wertungsgrenzen und Erfassungszeitraum

Februar			März			April			Mai			Juni			Juli			August		
A	M	E	A	M	E	A	M	E	A	M	E	A	M	E	A	M	E	A	M	E
									1.	2.	3.	4.								

04210 Wachtelkönig
Crex crex

RLD	2
EUV	X
SPEC	1

Lebensraum

Großräumige, offene bis halboffene Niederungslandschaften; Niedermoore, Marschen, auch ackerbaulich geprägte Flussauen und Talauen des Berglandes; Feuchtwiesen mit hochwüchsigen Seggen-, Wasserschwaden- oder Rohrglanzgrasbeständen, in landseitigen, lockeren Schilfröhrichten größerer Gewässer im Übergang zu Riedwiesen; ebenso in randlichen Zonen von Niederungen in der Wechselzone von feuchten zu trockeneren oder in anmoorigen Standorten, dort auf Wiesen mit hochwüchsigen Grasbeständen oder in Brachen (sehr selten Gewerbebrachen); seltener auf Äckern (in Norddeutschland gebietsweise häufig v.a. Luzerne, Winterweizen und -gerste), im Bereich von Klärteichen und Regenwasserrückhaltebecken. In Mittelgebirgen werden Getreide- und Rapsäcker auf trockenen Kalkhängen sowie Bergwiesen besiedelt.

Brutbiologie

Bodenbrüter; Neststand bei ausreichender Vegetationshöhe mitten in Wiesen oder Feldern, bei unzureichender Deckung an deren Rand im Bereich von niedrigen Gebüschen, Feldhecken oder einzelnen Bäumen; Reviergründung und Nistplatzwahl durch das ♂; Einzelbrüter, sukzessive Polygamie, 1-2 Jahresbrut(en), Nachgelege; Gelege: (6)7-12(14) Eier, Brutdauer: 16-19 Tage; Junge mit 34-38 Tagen flügge; ♀ brüten und führen.

Phänologie

Jahresperiodik: Langstreckenzieher; Ankunft im Brutgebiet ab M 4 (Süden: M/E 3), in der Regel A 5 bis M 6; Heimzug ab M 4 bis M 6 (Süden: M/E 3 bis A 6); Reviergründung und Paarbildung gleich nach Ankunft, höchste Rufaktivität zwischen M 5 und E 6; Eiablage ab M 5 bis A 7 (Juli, August, teilweise auch später), Zweitgelege bis A 8; Jungvögel ab M 6.

Tagesperiodik: tag- und nachtaktiv; Rufaktivität teilweise ununterbrochen während der ganzen Nacht (unverpaarte ♂), Hauptrufaktivität in der ersten Nachthälfte, gelegentlich tagsüber (verpaarte ♂ und während der Reviergründungsphase).

Erfassung

Zählung rufender Altvögel – Einsatz von Klangattrappen nur in Gebieten sinnvoll, in denen ein Vorkommen vermutet wird und noch kein Nachweis vorliegt.

Termine: 1. M 5 bis E 5 – in warmen Frühjahren/im Süden M 5 (Zählung rufender ♂); 2. A 6 (Zählung rufender ♂); 3. M 6 (Zählung rufender ♂); 4. E 6 bis A 7 Nachkontrolle von Neuansiedlungen (Zählung rufender Altvögel).

Günstige Tageszeit: 23.00–3.00 Uhr und bei windstiller Witterung während der ganzen Nacht sowie in den frühen Morgenstunden (verpaarte ♂).

Auswertung

Wertungsgrenzen: A 5 bis M 7.

Brutverdacht: • zweimalige Feststellung rufender ♂ im Abstand von mindestens 7 Tagen; • an mehreren aufeinander folgenden Tagen tagsüber balzende (rufende) ♂.

Brutnachweis: insbesondere • Junge führende Altvögel - Lockrufe, Rufe der Jungvögel (Nachweis sehr selten).

Besondere Hinweise: Große Populationen in Flussniederungen sollten mit mehreren Personen synchron erfasst werden. Wind sowie Regen wirken hemmend auf die Rufaktivität. Kontrollpunkte sollten nicht weiter als 500 m auseinanderliegen, mindestens 5 Min. an jedem Kontrollpunkt warten; durch den Einsatz von Klangattrappen werden Rufer angelockt. Klangattrappen sofort nach der ersten Rufreaktion abschalten! Rufende Altvögel sind teilweise über 1 km weit zu hören und v.a. bei Wind schwer zu lokalisieren. Der Rufort sollte mittels Kreuzpeilung bestimmt werden. Vorsicht bei Rufern in Waldnähe. Das Echo täuscht leicht einen zweiten Rufer vor. ♂ können im Laufe der Brutsaison ihre Rufplätze wechseln und sich mehrfach verpaaren. Die Bestände können in Abhängigkeit vom Wasserstand starke jährliche Schwankungen aufweisen. Balz-, Nistrevier und Aufzuchtrevier nicht immer identisch; Familienverbände können größere Strecken zurücklegen (500 m/Tag). Im Juni beginnt die Rufaktivität häufig erst spät in der Nacht (ab 23.00 Uhr - MESZ). Brutnachweise anhand der Registrierung von Lockrufen (Nestnähe) sowie Lautäußerungen der zunächst rein schwarzen Jungen (sehr leise – max. 30 m hörbar) möglich.

Literatur: Dittberner (2001); Koffijberg (2003); Koffijberg & Nienhuis (2003); Mammen et al. (in Vorber.); Müller & Illner (2001); Schäffer (1994, 1995, 1999); Schäffer & Lanz (1997); Schröder et al. (in Vorber.); Sudmann et al. (2002)

Wertungsgrenzen und Erfassungszeitraum

Februar			März			April			Mai			Juni			Juli			August		
A	M	E	A	M	E	A	M	E	A	M	E	A	M	E	A	M	E	A	M	E
										1.		2.	3.	4.						

04240 Teichhuhn
Gallinula chloropus

RLD	V
EUV	---
SPEC	---

Lebensraum

Strukturreiche Verlandungszonen und Uferpartien (z.B. Seggensümpfe) von stehenden und langsam fließenden nährstoffreichen Gewässern des Tieflandes (z.B. stark verlandende Flussaltwasser), denen möglichst Schwimmblattgesellschaften vorgelagert sind, in Seeufern und feuchten Erlenbrüchen sowie an kleinen Stillgewässern mit Deckung bietendem Röhricht (Schilf, Rohrglanzgras, Seggen) oder Ufer-(Weiden-)gebüsch; in der Kulturlandschaft und im Siedlungsbereich werden überflutete Wiesen, vegetationsreiche Gräben, Kanäle, Dorfteiche bis zu kleinen Wasserlöchern (20 bis 30 m^2), Parkgewässer, Klärteiche, Lehm- und Kiesgruben besiedelt; Nahrungssuche auch im Landröhricht und in der Uferböschung bzw. auf angrenzenden Grünland- oder Rasenflächen.

Brutbiologie

Freibrüter; Nest meist im Röhricht, in Büschen oder sogar Bäumen am oder über dem Wasser, gelegentlich auch freistehend; vor dem Brutnest werden vom ♂ Balzplattformen angelegt, ♂ fängt mit Scheinnisten an, Nestbau ♂, ♀ schafft Material im Schnabel herbei, später kleidet es die Nestmulde aus; Einzelbrüter, Nestflüchter; monogame Saisonehe, in Standvogelpopulationen auch mehrjährige Verpaarung, mitunter auch Polygynie und Polyandrie; 2 (selten 3-4) Jahresbruten, dazu Ersatzgelege; Gelege: (2)5-11(12) Eier, bis 26 Eier von mehreren ♀, Brutdauer: (17)19-22(24) Tage; Fütterung 3 bis 4 Wochen, mit 49 Tagen flügge; Schachtelbruten, Fütterung der Erstbrut durch ♂, später helfen ältere Junge der Erstbrut mitunter bei Füttern der Zweitbrut.

Phänologie

<u>*Jahresperiodik*</u>: Fakultativer Kurzstreckenzieher, Zugneigung der Jungvögel größer, Kälteflucht noch im Mittwinter; Ankunft im Brutgebiet ab A 3, wenig ausgeprägter Heimzug bis E 4; Balzrufe ab E 3 bis April; Eiablage ab März, Hauptlegezeit M 4 bis A 7, Zweitbruten ab M 5 möglich; flügge Junge ab M 6; Wegzug früher Bruten ab Juli, Hauptwegzug ab September.

<u>*Tagesperiodik*</u>: vorwiegend tagaktiv; während der Abenddämmerung größte Rufaktivität, zur Balzzeit beide Partner nachts rufaktiv.

Erfassung

In der Hauptsache Beobachtung balzender, verpaarter, fütternder Altvögel und von Revierkämpfen, daneben Erfassung von (selten zu hörenden) Balzrufen („beck-beck", gellend "rräi" oder gequetscht „wäh-wäh-wäh") und ganzjährig wahrnehmbaren Achtungs- und Revierrufen („kürrck"), Transport von Nistmaterial sowie nicht flüggen, bettelrufenden Jungvögeln. Einsatz einer Klangattrappe an großen oder unübersichtlichen Gewässern mit ausgedehnter Verlandungszone sinnvoll.

Termine: 1. E 3 bis A 4 (reviergebundene ♂/Paare, Balz); 2. M 4 bis E 4 (reviergebundene ♂/Paare, Balz); 3. M 5 bis A 6 (Junge führende Altvögel).

Günstige Tageszeit: frühmorgens und abends von SA bis 4 Std. nach SA und 2 Std. vor SU bis 1 Std. nach SU; Balzrufe in der Abenddämmerung.

Auswertung

Wertungsgrenzen: A 3 bis M 6.

Brutverdacht: • zweimalige Feststellung von einzelnen Altvögeln oder Achtungs- und Revierrufen im Abstand von mindestens 7 Tagen; • einmalige Feststellung balzender ♂ oder verpaarter Individuen; • Nestbauaktivität.

Brutnachweis: insbesondere • brütender Altvogel, • Beobachtung nicht flügger Jungvögel nach vorausgegangener Beobachtung eines Altvogels oder eines balzenden ♂ im selben Gewässer(-abschnitt; kleine Reviere beachten; s.u.).

Besondere Hinweise: Uferränder (Wasser- und Landbereich) eines potenziellen Bruthabitates intensiv absuchen; in naturbelassenen Habitaten in der Brutzeit heimlich und Ortswechsel stets unter Ausnutzung bester Deckung; Bruten im Grabensystem leicht zu übersehen, deshalb zusätzliche nächtliche Kontrolle rufender Teichhühner E 5 bis A 6 sinnvoll; Familie kann Brutrevier verlassen und Junge in ein benachbartes Aufzuchtrevier führen, hier dann Schlafnester.

Literatur: ENGLER (2000); GNIELKA (1990); SUDMANN et al. (2002)

Wertungsgrenzen und Erfassungszeitraum

Februar			März			April			Mai			Juni			Juli			August		
A	M	E	A	M	E	A	M	E	A	M	E	A	M	E	A	M	E	A	M	E
					1.		2.			3.										

04290 Blässhuhn
Fulica atra

RLD	---
EUV	---
SPEC	---

Lebensraum

In fast allen Landschaften an stehenden und langsam fließenden Gewässern unterschiedlicher Ausprägung; Binnenseen, große und kleine Teiche, Altwasser und Sumpfgebiete, kleine Tümpel, Feldsölle, Torfstiche, Flüsse und breite Gräben, auch künstliche Stillgewässer wie beispielsweise Kiesgruben und städtische Gewässer, Teiche in Park- und Grünanlagen; Voraussetzung für die Ansiedlung sind Flachufer und Ufervegetation, gemieden werden nährstoffarme sowie rasch fließende Gewässer.

Brutbiologie

Meist Schwimmnest, das durch Äste bzw. im Röhricht verankert wird; aber auch Nester auf dem Boden im Uferbereich, vereinzelt auch auf Büschen und niedrigen Bäumen oder auch offen in flachen Gewässern; Einzelbrüter; saisonale Monogamie; 1-2 Jahresbrut(en); Gelege: (3)5-10(14) Eier, Brutdauer: 21-25 Tage; Junge mit ca. 56 Tagen flügge; ♀ und ♂ bauen das Nest, brüten und führen die Jungen.

Phänologie

Jahresperiodik: Standvogel, Teil- bzw. Kurzstreckenzieher; Ankunft im Brutgebiet/Besiedlung der Brutgewässer ab A 2 bis A 3; Heimzug bis E 4, Hauptdurchzug A 3 bis E 3; Eiablage M 3 bis M 6 (mitunter bis August), Hauptlegezeit E 4 bis E 5; Jungvögel ab E 4; flügge Junge ab E 6.

Tagesperiodik: hauptsächlich tag- und dämmerungsaktiv.

Erfassung

Zählung von isolierten Paaren/Individuen und von ortstreu sichernden ♂, Zählung Junge führender Altvögel, Revierkämpfe benachbarter Paare.

Termine: 1. M 4 bis E 4 (Zählung territorialer Paare/Individuen, brütende Altvögel); 2. A 5 bis M 5 (Zählung territorialer Paare/Individuen, brütender Altvögel, Junge führender Altvögel); 3. E 5 bis A 6 (Zählung territorialer Paare/Individuen, brütender Altvögel, Junge führende Altvögel).

Günstige Tageszeit: tagsüber.

Auswertung

Wertungsgrenzen: A 3 bis M 7.

Brutverdacht: • einmalige Feststellung eines Paares und darauf eine Feststellung eines einzelnen territorialen Individuums im Abstand von mindestens 7 Tagen, davon eine M 4 bis A 6; • zweimalige Feststellung eines Paares, davon eine A 5 bis A 6.

Brutnachweis: insbesondere • brütender Altvogel; • Junge führender oder warnender Altvogel.

Besondere Hinweise: Der Zeitpunkt der Besetzung der Brutreviere ist witterungsabhängig. ♀ und ♂ teilen sich die Jungen oft auf und können getrennt voneinander an verschiedenen Stellen des Reviers beobachtet werden (Achtung Bestandsüberschätzung). Die Unterscheidung der Geschlechter ist anhand von Erregungsrufen möglich. An großen oder unzugänglichen Gewässern mit ausgedehnten Verlandungsbereichen wird der Einsatz eines Bootes bzw. einer Wathose empfohlen. Nichtbrüter halten sich in der Regel in Trupps auf, die sich außerhalb der Reviere befinden.

Literatur: BERGMANN & HELB (1982); SUDMANN et al. (2002)

Wertungsgrenzen und Erfassungszeitraum

Februar			März			April			Mai			Juni			Juli			August		
A	M	E	A	M	E	A	M	E	A	M	E	A	M	E	A	M	E	A	M	E
							1.		2.		3.									

04330 Kranich
Grus grus

RLD	---
EUV	X
SPEC	2

Lebensraum

Waldkomplexe mit strukturreichen Feuchtgebieten, bevorzugt in lichten Birken- und Erlensümpfen; Bruthabitate auch in Moor- und Heidegebieten (Dünenheiden), verlandenden Seen sowie in breiten Verlandungszonen von Fließgewässern; große Variabilität in der Brutplatzwahl, feuchte Bereiche in Wäldern, kleine Feuchtstellen (z.B. Sölle) in Kulturlandschaften, Nassbrachen, überstaute Wiesen, wiedervernässte, aufgelassene Torftagebaue mit Feuchtstellen und Wasserflächen; verlandende Mühlen- und Fischteiche, künstlich angelegte Nistteiche mit Inseln; in der Kulturlandschaft große Flächenanteile der Nahrungsreviere in Grünland- und Ackerkomplexen.

Brutbiologie

Freibrüter, Bodenbrüter; teilweise umfangreiche Bodennester in knietiefem Wasser aus dem Pflanzenmaterial der Nestumgebung auf Schwingrasen der Verlandungs-/Moorvegetation oder auf Inseln im Flachwasser, möglichst in Deckung, aber auch offen; Einzelbrüter; monogame Dauerehe; 1 Jahresbrut, Nachgelege bei frühem Verlust bis Mai; Gelege: (1)2(3) Eier; Brutdauer: 30 Tage; Jungvögel verlassen Nest nach 24 Std. und folgen den Altvögeln auch schwimmend, mit 9 Wochen über kurze Strecken flugfähig; Nestbau, Brut, Führen und Hudern durch ♂ und ♀.

Phänologie

Jahresperiodik: Kurz- und Mittelstreckenzieher, insbesondere auf dem Heimzug in schmaler Front, zunehmender Anteil von Standvögeln; Ankunft ziehender Individuen der Brutpopulation (A)M 2 bis M 3, durchziehende skandinavische Populationen bis April, meist jedoch A 3 bis E 3; Balz und Paarung nach Eintreffen im Brutgebiet ab A 3, Hauptbalzzeit M 3; Legebeginn M 3 bis M 4; Jungvögel ab M 4, meist A 5; flügge Junge ab E 7; Wegzug ab A 10.

Tagesperiodik: überwiegend tagaktiv.

Erfassung

Ortung von trompetenartigen Balzrufen (Duettrufen); Beobachtung territorialer, balzender oder gemeinsam Nahrung suchender Paare; sichernder einzelner Altvögel im potenziellen Bruthabitat sowie Junge führender Altvögel.

Termine: 1. M 3 bis E 3 (balzende Paare, sichernde oder Nahrung suchende Altvögel), 2. A 4 bis M 4 (balzende Paare, sichernde oder in Brutplatznähe Nahrung suchende Altvögel), 3. A 5 bis E 5 (Junge führende Altvögel - in den frühen Morgenstunden räumliche Zuordnung des Nistplatzes meist möglich).

Günstige Tageszeit: von 1 Std. vor SA bis 2 Std. nach SA.

Auswertung

Wertungsgrenzen: A 3 bis E 7.

Brutverdacht: • zweimalige Feststellung balzender oder verpaarter Altvögel (Paarbindung); • einmalige Beobachtung einzelner (sehr aufmerksamer) Altvögel bei der Nahrungssuche in der Kernbrutzeit von A 4 bis E 5; • einmalige Beobachtung in Deckung sichernder Altvögel insbesondere in der Aufzuchtperiode von A 5 bis E 7 (in dieser Zeit sehr heimlich).

Brutnachweis: insbesondere • brütender Altvogel • führende Altvögel mit nicht flüggen Jungen.

Besondere Hinweise: Altvögel mit nicht flüggen Jungvögeln nutzen zum Schlafen den (ungestörten) Nistplatz; bei Bruten im Waldinneren kann es zusätzliche „Schlafnester" am Waldrand geben; Schlafplätze von Brutpaaren mit flüggen Jungvögeln auch in benachbarten Gewässern; während der Bebrütung und des Führens der Jungvögel sehr scheu, bewegen sich häufig sichernd, möglichst in Deckung bleibend, langsam voran; teilweise wandern Paare früh mit ihren (ab 1 Woche alten) Jungen 1 km und weiter vom Brutplatz weg; Doppelrufe der Paare weisen auf Störungen hin; nach M 4 laut und anhaltend trompetende Paare sind meist Nichtbrüter; potenzielle Bruthabitate während der besonders störungsempfindlichen Zeit der Paarbildung, Balz, Eiablage und Aufzucht nur aus großer Entfernung oder aus sicherer Deckung kontrollieren; Zusammenarbeit und Abstimmung mit Regionalbetreuern suchen.

Literatur: Mewes (1996, 1999)

Wertungsgrenzen und Erfassungszeitraum

Februar			März			April			Mai			Juni			Juli			August		
A	M	E	A	M	E	A	M	E	A	M	E	A	M	E	A	M	E	A	M	E
				1.		2.			3.											

04460 Großtrappe
Otis tarda

RLD	1
EUV	X
SPEC	1

Lebensraum

Einstandsgebiete sind offene, weiträumige, störungsarme Agrarlandschaften mit Feldern und Grünländern; Einzelbäume sowie Gehölzgruppen werden toleriert, wenn sie die Sicht nicht behindern; Gebiete mit dichten Hecken- und Baumreihen werden dagegen gemieden; Fortpflanzungsareale einzelner Bestandsgruppen liegen bei 30-80 km^2. Nur noch drei Vorkommen in Brandenburg und Sachsen-Anhalt, die unter Kontrolle des Naturschutzes stehen.

Brutbiologie

Bodenbrüter; Nest flache Mulde mit geringer Nistmaterialausstattung, in Heide-, Öd- und Brachfläche, heute vornehmlich auf Äckern und im Grünland; keine Partnerbindung, Balzplätze; 1 Jahresbrut, Nachgelege; Gelege: 1-2(3) Eier, Brutdauer: ca. 25 Tage, ♀ wählt Nistplatz und brütet, mitunter 25-50 km vom Balzplatz entfernt; ♀ hält den Pulli das Futter vor, nach 12-14 Tagen zunehmend selbständige Nahrungsaufnahme; Junge mit ca. 5 Wochen flügge, Junge drücken sich jedoch trotz ihrer Flugfähigkeit bei Störungen bis zum Alter von 8-10 Wochen (z.B. Getreideernte).

Phänologie

Jahresperiodik: Standvogel, Winterflucht möglich; Balz A/M 3 bis M 6, erreicht M 4 bis A 5 den Höhepunkt; Eiablage E 4 bis A 6, Hauptlegezeit A 5; Schlupftermine zumeist E 5 bis A 6, bedingt durch viele Nachgelege aber auch bis August; Nachwuchs bleibt i.d.R. bis zum Ende des ersten Kalenderjahres beim ♀.

Tagesperiodik: tag- und dämmerungsaktiv; zur Balzzeit vor allem in den Morgen- und Abendstunden aktiv, dazwischen meist nicht sichtbar an Ruheplätzen in Deckung.

Erfassung

Zählung von Altvögeln an Balzplätzen (Zahl beteiligter ♀) bzw. in Bruteinstandsgebieten.

Termine: 1. M 3 (Zählung von balzenden ♂ und ♀ an Balzplätzen); 2. E 5 bis E 6 (Zählung Junge führender ♀).

Günstige Tageszeit: Dämmerung bis 3 Std. nach SA und 2 Std. vor SU bis zur Dämmerung.

Auswertung

Wertungsgrenzen: A 3 bis M 8.

Brutverdacht: • einmalige Beobachtung von Balzverhalten von A 3 bis M 6; • imponierendes adultes ♂ abseits von den Balzplätzen • Umherlaufen und kurzzeitigen Hinsetzen eines ♀ im potenziellen Bruthabitat; • zweimalige Beobachtung eines ortstreuen ♀ im Abstand von mindestens 7 Tagen von A 5 bis E 6.

Brutnachweis: insbesondere • Junge führendes ♀.

Besondere Hinweise: Fortpflanzungsgemeinschaften ab A 4 nicht immer vollzählig an den Balzplätzen, da ♀ zeitweise ihre künftigen Brutflächen inspizieren. Adulte ♂ folgen ab Mai den ♀ dorthin. Intensive Kontrolle von Flächen mit adulten ♂ außerhalb des Balzgebietes erbringt i.d.R. den Nachweis von mindestens einem brütenden ♀ auf der jeweiligen Fläche. Der Nachweis von Junge führenden ♀ erfordert sehr hohen Zeitaufwand. Bis M 3 Nistplatz bevorzugt in Getreideäckern, spätere Bruten sowie Nachgelege fast ausschließlich im Grünland. Brutzeitfeststellungen sind zu dokumentieren und zeitnah an Landesfachbehörden zu melden.

Literatur: LITZBARSKI & LITZBARSKI (1999)

Wertungsgrenzen und Erfassungszeitraum

Februar			März			April			Mai			Juni			Juli			August		
A	M	E	A	M	E	A	M	E	A	M	E	A	M	E	A	M	E	A	M	E
				1.							2.									

04500 Austernfischer
Haematopus ostralegus

RLD	---
EUV	---
SPEC	---

Lebensraum

Küstengebiete an Nord- und Ostsee; Salzwiesen (hier höchste Dichten >100 Paare/10 ha), Dünengebiete und Seemarschen; ab ca. 5-10 km Entfernung von der Küste deutlich geringere Dichten; zunehmende Besiedlung des Binnenlandes entlang der großen landwirtschaftlich genutzten Flussmarschen; im norddeutschen Flachland überall Einzelbruten auf Äckern und Wiesen möglich, südlich bis Nordrhein-Westfalen bzw. Sachsen; auch in Städten (Kies-Flachdächer) und in Hafen- bzw. Industriegebieten (Spülflächen, Großbaustellen etc.).

Brutbiologie

Bodenbrüter; spärlich ausgekleidete Nestmulde in niedriger Vegetation, auf Sand, Kies, auch auf flachen Hausdächern; Nestflüchter (i.d.R. nach 3-6 Tagen Wechsel in ein Nahrungsrevier), Jungvögel werden von den Altvögeln gefüttert; monogame Dauerehe, partnertreu, extreme Nistplatztreue; 1 Jahresbrut, Gelege: (1) 3-4 Eier, Brutdauer: 24-27 Tage, flügge mit 32-35 Tagen.

Phänologie

Jahresperiodik: Teilzieher, Kurzstreckenzieher (Teile der heimischen Population überwintern im Wattenmeer); Revierbesetzung ab E 2, dauerhafter ab E 4 (im Binnenland A 4), Heimzug E 2 bis M 5, Hauptdurchzug M 3 bis E 4; Legebeginn ab M 4, außendeichs ab A 5, Hauptlegeperiode M 5 bis A 6 (Binnenland meist E 4), Junge ab E 5 meist M 6; im Wattenmeer Zuzug skandinavischer Brutvögel ab M 7.

Tagesperiodik: tag- und nachtaktiv, an der Nordsee tideabhängiger Aktivitätsrhythmus.

Erfassung

Küste: Zählung aller Altvögel (Paare, einzelne Vögel oder Gruppen bis zu 6 Individuen) im potenziellen Bruthabitat, Spektiveinsatz; schwer einsehbare Gebiete, insbesondere tiefe, unbeweidete Salzwiesen müssen kleinräumig begangen werden.
Binnenland: Zählung ortstreuer, balzender, warnender bzw. brütender Altvögel; Zählung von Familienverbänden.
Termine: Küste/Vorland: zwei- bis dreimalig von A 5 bis A 6 (Zählung von Paaren, einzelnen Individuen und Gruppen bis zu 6 Individuen). Binnenland: 1. M 4 (Kartierung territorialer, verpaarter, balzender oder brütender Altvögel); 2. E 4 (Kartierung territorialer, verpaarter, balzender oder brütender Altvögel); 3. A 5 bis M 5 (Kartierung territorialer bzw. warnender Altvögel oder von Familienverbänden).
Günstige Tageszeit: Nordseeküste von 3 Std. vor bis 3 Std. nach Niedrigwasser; Binnenland Morgenstunden.

Auswertung

Wertungsgrenzen: Küste: A 5 bis A 6, Binnenland: A 4 bis A 6.

<u>*Brutverdacht*</u>: Küste: • Anwesenheit von Altvögeln im potenziellen Bruthabitat von A 5 bis A 6 (Gruppen mit mehr als 6 Individuen werden nicht gewertet);

Binnenland: • zweimalige Feststellung eines Paares im Abstand von mindestens 7 Tagen (eine Beobachtung nach M 4); • Feststellung eines Paares und weitere Beobachtung eines Altvogels im Abstand von mindestens 7 Tagen (eine Beobachtung nach M 4); • Feststellung eines geduckt vom potenziellen Neststandort fortlaufenden Altvogels; • Beobachtung intensiv warnender Altvögel.

<u>*Brutnachweis*</u>: insbesondere • brütende Altvögel; • Nest mit Gelege; • Jungvögel; • fütternde Altvögel.

Nordseeküste/Vorland: Brutbestand (Paare) = Maximalzahl festgestellter Paar, einzelner Individuen und Gruppen bis zu 6 Individuen, oder bei hohen Dichten, wo eine Revierzuordnung nicht möglich ist: Brutbestand = Maximalzahl festgestellter Individuen und Multiplikation mit Faktor 0,7.

Besondere Hinweise: In vielen Brutgebieten der Küste größere Nichtbrütertrupps anwesend (insbesondere bei Hochwasser); Nichtbrüter sind von den Brutvögeln daran zu unterscheiden, dass sie in größeren Gruppen (>6 Individuen) eng zusammenstehen. Bei der Paarzählung wird der Bestand aus der Summe verpaarter und einzelner Vögel ermittelt. Zusätzlich werden Gruppen bis zu 6 Vögeln wie 3 Paare (oder entsprechend weniger) gezählt (z.B. 3 oder 4 Vögel = 2 Paare, 5 oder 6 Vögel = 3 Paare). Nichtbrüter bleiben bei der Erfassung unberücksichtigt; Revierverhalten der Brutvögel überwiegend unauffällig (90 % der Zeit erfolgt die Besetzung des Reviers lediglich durch die Anwesenheit der Altvögel); Altvögel sitzen häufig so, als ob sie brüten würden. Die Siedlungsdichte im Küstenvorland kann so hoch sein, dass eine Revierkartierung nicht möglich ist; in Bereichen mit sehr dichter Besiedlung werden alle Individuen (balzende, warnende, Nahrung suchende und fliegende Vögel) gezählt und das Zählergebnis mit dem Faktor 0,7 multipliziert (i.d.R. 20-30 % der Altvögel außerhalb des Brutgebietes auf Nahrungssuche). Die realen Bestandszahlen liegen wahrscheinlich wesentlich höher als der so ermittelte Ergebniswert; die Methode findet seit 1995 an der Nordseeküste in einem trilateral abgestimmten Monitoring Anwendung. An der Ostsee kann sich nach strengen, lang anhaltenden Wintern (Vereisung von ruhigen Buchten und Boddengewässern) der Brutbeginn erheblich verschieben (mindestens zwei, aber auch bis zu vier Wochen später).

Literatur: Hälterlein et al. (1995, 2000); Scheiffarth (1989); Siefke (1980); Sudmann et al. (2002); Wilkens (1999)

Wertungsgrenzen und Erfassungszeitraum

	Februar			März			April			Mai			Juni			Juli			August		
	A	M	E	A	M	E	A	M	E	A	M	E	A	M	E	A	M	E	A	M	E
Küste											2 -	3 x									
Binnenland								1.	2.	3.											

04550 Stelzenläufer
Himantopus himantopus

RLD	---
EUV	X
SPEC	---

Lebensraum

Offene Landschaften der Küsten und des Binnenlandes, an flachen (natürlichen oder künstlichen) Süß- und Brackgewässern mit vegetationsreichen Abschnitten, Schlamm- oder Sandbänken: Seichtwasserzonen aller Art, Verlandungszonen flacher Seen, Überschwemmungszonen von Flussmündungen, Küstenlagunen, Sümpfe, mit Binsen und Torfmoosen bewachsene, meist wiedervernässte Polder in Hochmooren (auch in aktuellen Abtorfgebieten), Klär- und Fischteiche, Staupolder, Spülflächen, Bereiche von größeren Baustellen/Bahnanlagen mit Pfützen. In Deutschland vielerorts sporadische Brutvorkommen ohne regelmäßige Ansiedlung; Paarungsort und Brutplatz können offenbar auch weit auseinander liegen (s.u.).

Brutbiologie

Bodenbrüter; Nest umgeben von oder nahe seichtem Wasser, in dichter Vegetation, gern auf Inselchen, in Binsen oder Horstgräsern bzw. auf schwimmenden Wasserpflanzen oder flutenden Algenmatten, verborgen in Büschen oder unter abgestorbenen Bäumen; brutreif im 3. Kalenderjahr; lockere Brutkolonien oder Einzelbruten; wohl monogame Saisonehe; Bodenbalztanz mit Luftsprüngen; 1 Jahresbrut; Gelege: 3-4(5) Eier, Brutdauer: (21)22-24 Tage; mit 28-32 Tagen flugfähig; Nestflüchter; beide Partner brüten und führen die Jungen; Jungenaufzucht oft heimlich in dichter Vegetation. Familienzusammenhalt nach dem Flüggewerden auch noch außerhalb der Brutgebiete auf dem Wegzug.

Phänologie

Jahresperiodik: Mittel- bis Langstreckenzieher; "Heimzug" im Süden ab (A 4)M4, sonst E 4 bis A 6; Legebeginn in Deutschland wohl M 5 bis M 6; Pulli ab (M 6)E6 bis A7(M7), flügge Junge ab M7(E 7) bis A 8; Abzug vom Brutplatz ab E 7 (bei Gelege- und Jungenverlust auch unmittelbar danach, also bereits ab E 5); Verweilen an weiteren Aufenthaltsorten bis E 9 möglich. Im Einflugjahr 1999 in Deutschland Beobachtungen von A 4 bis E 9 mit Schwerpunkt A 5 bis A 6; Beobachtungen aus den Brutgebieten dann von M 5 bis E 7.

Tagesperiodik: tagaktiv, gern auch in Abenddämmerung, zieht tags und nachts.

Erfassung

Beobachtung von Einzelvögeln, Paaren, Balz, Kopulation, Nestbau, auffälliges Warnen (Rufe/Verhalten), Junge führen.

Termine: 1. M 5 bis E 5 (Kontrolle auf Anwesenheit, Balz, Nestbau, Brüten); 2. A 6 bis M 6 (Kontrolle auf Anwesenheit, Balz, Warnen, Nestbau, Brüten); 3. E 6 bis A 7 (Warnen, Führen von Jungen).

Günstige Tageszeit: ab SA bis späten Vormittag und später Nachmittag bis Abenddämmerung.

Auswertung

Wertungsgrenzen: A 5 bis E 7.

Brutverdacht: • zweimalige Feststellung von Balz im Abstand von mindestens 7 Tagen, davon eine ab A 6; • einmalige Feststellung von Balz und weitere Beobachtung eines Paares im Abstand von mindestens 7 Tagen, davon eine Feststellung ab A 6; • Beobachtung von Paarung nur, wenn spätere Beobachtung eines Altvogels/Paares im Abstand von mindestens 7 Tagen vorliegt (s.u.).

Brutnachweis: insbesondere • intensiv warnende Altvögel; • Abwehrverhalten oder Verleiten; • brütender Altvogel, dann auch meist wachender/warnender Partner; • führende Altvögel mit nicht flüggen Jungen (s.u.).

Besondere Hinweise: Einzelvögel und Gruppen vagabundieren vielfach. Brutperiode stark abhängig von Wasserstandsverhältnissen im Habitat, kann daher regional deutlich variieren. Einzelbrüter verhalten sich relativ still, am Brutplatz aber nervös und häufig warnend; Abwehrverhalten: Altvögel fliegen dem Beobachter entgegen und bleiben mit schnellem Flügelschlag und hängendem Beinen über ihm in der Luft stehen; Verleiten durch Flügellahmstellen oder Umherspringen. Einflüge nach Mitteleuropa (Dürrefluchten?) führten zu vermehrten Brutnachweisen, kurzfristige Umsiedlungen häufig; unterschiedliche Orte von Paarung und Brutplatz möglich; im Bremer Raum deuten Paar-Beobachtungen aus 1999 auf Paarungsplatz (M 5), weiteren Aufenthaltsort in 30 km Entfernung (E 5), einen von da 9 km entfernten Brutplatz im Teufelsmoor (ab A 6) sowie ab E 7 auf Rückkehr mit flüggen Jungen zum Paarungsplatz (vom Brutplatz 25 km entfernt) und Verweilen dort bis E 9. Keine Nestersuche und Eierkontrolle zu Dokumentationszwecken. DSK erbittet weiterhin Meldungen, auch ohne ausführliche Artbeschreibung.

Literatur: Deutsche Seltenheitenkommission (2005); Lambert (2001)

Wertungsgrenzen und Erfassungszeitraum

Februar			März			April			Mai			Juni			Juli			August		
A	M	E	A	M	E	A	M	E	A	M	E	A	M	E	A	M	E	A	M	E
										1.		2.		3.						

04560 Säbelschnäbler
Recurvirostra avosetta

RLD	---
EUV	X
SPEC	---

Lebensraum

Küstengebiete und Ästuare an Nord- und Ostsee; Brutplätze an der Wattenmeerküste vornehmlich Salzwiesen in der Nähe größerer Schlickwattflächen, "Naturschutzköge" und abgedeichte Flussmündungen; binnendeichs am Rande von Gewässern (Pütten) und Speicherseen (bevorzugt auf darin liegenden Inseln) oder auf deichnahen Feldern (Kohl, Rüben, Getreide, Raps); an der Ostseeküste neben Salzwiesen auch im Bereich von Strandseen, Nehrungshaken und Boddeninseln; im küstennahen Binnenland Sekundärlebensräume (Spülflächen, wiedervernässte Torfabbauflächen).

Brutbiologie

Bodenbrüter; Nest meist offen auf Sand, Schlick, Torf oder Gras, bloße oder mit Material aus der Umgebung ausgelegte Mulde; monogame Saisonehe, Koloniebrüter (auch Einzelbruten), häufig mit anderen Laro-Limikolen vergesellschaftet; 1 Jahresbrut, Gelege: (2)4(5) Eier, Brutdauer: 23-25 Tage, flügge mit 35-42 Tagen; ♂ und ♀ brüten und führen, nach dem Schlupf Wechsel in Nahrungsreviere.

Phänologie

Jahresperiodik: Teilzieher, Kurz- bis Langstreckenzieher; Ankunft im Brutgebiet (M 2)M 3 bis E 4, Heimzug E 2 bis E 4, Hauptdurchzug E 3 bis M 4; Legebeginn ab M 4 bis M 5, Hauptlegeperiode E 4 bis M 5, Junge ab M 5, meist A/M 6; Abzug aus den Brutgebieten ab Juli.

Tagesperiodik: tag- und nachtaktiv, an der Nordsee tideabhängiger Aktivitätsrhythmus, in Windwatten der Ostsee wasserstandsabhängiger Aktivitätsrhythmus.

Erfassung

Einsehbare Kolonien: Paarzählung (Zählung balzender, Nest bauender, kopulierender, brütender, warnender Altvögel, auch einzelne Individuen); Zählung von erhöhtem Standort.

Nicht einsehbare Kolonien: Individuenzählung (auffliegende Altvögel) während einmalig kurzer Begehung der Kolonie bzw. nach auftretenden Störungen; Zählung während des Auffliegens der Vögel dreimal wiederholen, dabei möglichst Zählung der Individuen durch eine zusätzliche Person außerhalb der Kolonie (Fotos hilfreich).

Termine: 1. A 5 (möglichst 6.-10.Mai - Kartierung territorialer, verpaarter, balzender oder brütender Altvögel); 2. M 5 bis E 5 (bis 25. Mai - Kartierung territorialer, verpaarter, balzender, brütender oder warnender Altvögel);

3. nur Binnenland A 6 (Kartierung territorialer, verpaarter, balzender, brütender oder warnender Altvögel).

Günstige Tageszeit: Nordseeküste 1,5 Std. vor bis 1,5 Std. nach Hochwasser, sonst tagsüber.

Auswertung

Wertungsgrenzen: Küste: A 5 bis E 5 (6.-25. Mai), Binnenland: E 4 bis E 6.

Brutverdacht: • einmalige Feststellung eines intensiv warnenden Paares oder Individuums im potenziellen Brutgebiet; • einmalige Beobachtung eines balzenden Paares und eine weitere Beobachtung eines Individuums; • in eindeutigen Kolonien: einmalige Feststellung ohne Warnverhalten.

Brutnachweis: insbesondere • brütende Altvögel; • verleitende Altvögel; • Junge führende Altvögel.

Brutbestand (Paare) bei Paarzählung = maximal festgestellte Anzahl von Paaren. Brutbestand (Paare) bei Individuenzählungen = maximal festgestellte Individuenzahl und Multiplikation mit Faktor 0,7 (i.d.R. 30 % der Altvögel außerhalb des Brutgebietes auf Nahrungssuche).

Besondere Hinweise: Die Art brütet nicht synchron. Mitte Mai haben die meisten Brutpaare Gelege, und die Jungen sind noch nicht geschlüpft. Deshalb soll der Erfassungszeitraum (6.5 bis zum 25.5.) genau eingehalten werden (auch nach Überflutungen). Während der Brutzeit kommt es häufig noch zu Umsiedlungen (Gefahr der Doppelzählung). Brutareale mit mehreren benachbarten Kolonien sind an einem Tag zu erfassen. In Raps- und Getreideäckern sollte Zählung schon in ersten Maitagen erfolgen, da die Vegetation später schon zu hoch aufgewachsen sein kann. In Kolonien sind alle anwesenden Altvögel zur Ermittlung der Paarzahl heranzuziehen, der Nichtbrüteranteil ist zu vernachlässigen. Da Säbelschnäbler in der Regel exponiert brüten, können bei großen Kolonien auch Fotos zur Bestandsermittlung hilfreich sein. Die Methoden finden seit 1995 an der Nordseeküste in einem trilateral abgestimmten Monitoring Anwendung. Jungvögel können unmittelbar nach dem Schlüpfen Wanderungen von mehr als 5 km durchführen, um zu geeigneten Nahrungshabitaten zu gelangen. Größere Gewässer (z.B. breite Priele) sind dabei kein Hindernis, denn die Jungen können sofort nach dem Schlupf schwimmen. Aufzuchthabitate sind Seichtwasserzonen schlammiger Ufer von breiten Gräben, Prielen und schlammigen Wattflächen. An der Ostsee kann sich nach strengen, lang anhaltenden Wintern (Vereisung von ruhigen Buchten und Boddengewässern) der Brutbeginn erheblich verschieben (mindestens zwei, aber auch bis zu vier Wochen später).

Literatur: Hälterlein et al. (1995, 2000)

Wertungsgrenzen und Erfassungszeitraum

	Februar			März			April			Mai			Juni			Juli			August		
	A	M	E	A	M	E	A	M	E	A	M	E	A	M	E	A	M	E	A	M	E
Küste										1.	2.										
Binnenland										1.	2.		3.								

04690 Flussregenpfeifer
Charadrius dubius

RLD	---
EUV	---
SPEC	---

Lebensraum

Ursprüngliche Bruthabitate sind unbewachsene Schotter-, Kies- und Sandufer sowie kahle oder spärlich bewachsene abtrocknende, schlammige Uferstreifen von Flüssen im Bergvorland sowie von Strömen des Flachlandes, als auch Sandufer großer Seen; heute fast ausschließlich in künstlichen Lebensräumen wie Kies- und Sandgruben, Spülfeldern, Schlammdeponien, Klärteichen, Rieselfeldern und Torfflächen in Hochmooren; gelegentlich auch auf Äckern und Kahlschlägen, wobei schon kleine, bodenoffene Areale (20-50 m^2) als Brutplatz ausreichen können; in städtischen Lebensräumen auf (Groß-)Baustellen, Baumschulgeländen und kiesbedeckten Flachdächern.

Brutbiologie

Bodenbrüter; Nest auf kahler, übersichtlicher Fläche mit kiesigem bzw. schottrigem Untergrund, auf Sandflächen werden Stellen mit Kies oder Muscheln bevorzugt; ♂ drehen mehrere Scheinmulden, durch die Ablage des ersten Eies wird die Mulde zum Nest; Einzelbrüter, aber z.T. in hoher Dichte (Nestabstand < 10 m); saisonale Monogamie; 1 Jahresbrut, Zweitbrut und Schachtelbruten möglich; Gelege: (2)3-4(5), Brutdauer: 22-28 Tage; mit 24-29 Tagen flügge; ♂ und ♀ brüten und führen.

Phänologie

Jahresperiodik: Langstreckenzieher; Ankunft im Brutgebiet ab A/M 3; Heimzug E 3 bis E 5, Hauptdurchzug M 4 bis M 5; Balz ab E 3 bis Juni; Eiablage im Mittel 35 Tage nach Ankunft am Brutplatz, A 4 bis A 7, ausnahmsweise bis August, Hauptlegezeit von E 4 bis E 5; Jungvögel ab A/M 5; Abzug von den Brutplätzen ab E 6, Durchzug ab A 7.

Tagesperiodik: überwiegend tagaktiv, höchste Balzaktivität in den ersten zwei Stunden nach SA, und 1 Std. nach SU, Balzflüge mitunter in hellen Nächten.

Erfassung

Zählung balzender, kopulierender, brütender, warnender bzw. verleitender Altvögel, Zählung Nistmulden drehender Altvögel, Zählung von Familienverbänden.

Termine: 1. A 5 bis M 5 (Zählung balzender bzw. Nistmulden drehender Individuen, brütender bzw. warnender Vögel); 2. E 5 (Zählung balzender bzw. Nistmulden drehender Individuen, brütender bzw. warnender Altvögel); 3. A 6 bis M 6 (Zählung brütender bzw. warnender Altvögel und von Familienverbänden).

Günstige Tageszeit: SA bis 5 Std. nach SA und SU bis 1 Std. nach SU.

Auswertung

Wertungsgrenzen: A 4 bis E 7.

Brutverdacht: • einmalige Feststellung warnender Altvögel; • zweimalige Feststellung eines Paares im Abstand von mindestens 7 Tagen, davon eine A 5 bis M 6; • zweimalige Feststellung eines balzenden ♂ im Abstand von mindestens 7 Tagen davon eine A 5 bis M 6.

Brutnachweis: insbesondere • brütende Altvögel; • verleitende Altvögel; • Junge führende Altvögel.

Besondere Hinweise: Bei Zählung der Altvögel möglichst Geschlechtertrennung vornehmen; Durchzug bis Mitte Mai; in günstigen Nahrungsgebieten können sich von Mai bis Juli Nichtbrütertrupps oder einzelne Individuen aufhalten. Singflug erfolgt oft auch im abgelegenen Nahrungsrevier und kann eine Doppelerfassung bewirken; Scheinnisten kann Brut vortäuschen! Das Verhalten der Altvögel ist während der Bebrütungsphase unauffällig. Kurz vor dem Schlüpfen und beim Führen wenige Tage alter Jungvögel wird meist verleitet. Bei dichten Beständen bzw. größeren Populationen nur Daten von Junge führenden Altvögeln verwenden, deren Jungvögel nur wenige Tage alt sind (Bestandsüberschätzung/ Doppelzählung aufgrund hoher Mobilität der Jungvögel!). Familien verlassen das Brutgebiet nach Flüggewerden der Jungen und können in anderen potenziellen Bruthabitaten auftreten, was zu Bestandsüberschätzungen führen kann. Beobachtungen von flugfähigen Jungvögeln können nicht als Brutnachweise für das jeweilige Untersuchungsgebiet zählen.

Literatur: Gilbert et al. (1998); Gnielka (1990); Hein & Reiser (2000); Sudmann et al. (2002)

Wertungsgrenzen und Erfassungszeitraum

Februar			März			April			Mai			Juni			Juli			August		
A	M	E	A	M	E	A	M	E	A	M	E	A	M	E	A	M	E	A	M	E
									1.		2.	3.								

04700 Sandregenpfeifer
Charadrius hiaticula

RLD	2
EUV	---
SPEC	---

Lebensraum

Strandlebensräume mit hoher Dynamik an Nord- und Ostseeküste – Primärdünengebiete, Strandwälle, Nehrungen – und Abbruchkantenbereiche der Salzwiesen, aber auch wenig bewachsene, trockene Dünentäler; an der Nordseeküste auch im Bereich von Großeindeichungen (Kögen); an der Ostseeküste auf Boddeninseln; Binnenlandvorkommen insbesondere in Schleswig-Holstein, Mecklenburg-Vorpommern und Niedersachsen, dort meist entlang von großen Flussauen oder an großen Binnenseen (mit vegetationsarmen Ufern), aber auch auf Küstenschutzbauwerken, Spülflächen, Großbaustellen, in Gewerbegebieten, in Kiesgruben, auf Äckern in Gewässernähe, abgelassenen Fischteichen sowie frühen Sukzessionsstadien wiedervernässter Torfabbauflächen.

Brutbiologie

Bodenbrüter; Nest flache Mulde, meist ohne oder nur wenig Auskleidung, vor allem auf vegetationsarmen Muschelschill-, Sand- oder Kiesflächen, mitunter auch auf kurzrasigen Wiesen, Nest häufig im Schutz von Pflanzen oder Steinen; Einzelbrüter, häufig mit Seeschwalben bzw. Seeregenpfeifern vergesellschaftet; monogame Saisonehe; 1-2 Jahresbrut(en), Gelege: (2)3-4 Eier, Brutdauer: 21-28 Tage, Junge flügge mit etwa 24 Tagen; ♀ und ♂ brüten und führen.

Phänologie

Jahresperiodik: Kurz- und Langstreckenzieher; Heimzug Küste: A 2 bis M 4, (arktische Unterart tundrae M 5 bis M 6), Binnenland: E 2 bis M 4; Hauptdurchzug Küste: M 3 bis A 5 (tundrae M 5 bis M 6), Binnenland E 3 bis A 4; Legeperiode von M 3 bis E 5, Maximum Küste M 4 bis A 5, Binnenland M 5 bis E 5; Jungvögel Küste ab M 4, Binnenland ab E 5, Abzug aus den Brutgebieten ab Juli.

Tagesperiodik: tag- und nachtaktiv, Singflüge bis tief in die Dämmerung.

Erfassung

Zählung balzender, kopulierender, brütender, warnender bzw. verleitender Altvögel, Zählung Nistmulden drehender Altvögel, Zählung von Familienverbänden.

Termine: Küste: zwei- bis dreimalige Erfassung von E 4 bis E 5 (Zählung balzender, kopulierender, brütender bzw. warnender Altvögel oder Paarzählung); Binnenland: 1. A 5 bis M 5 (Zählung balzender bzw. Nistmulden drehender Individuen, brütender bzw. warnender Vögel); 2. E 5 (Zählung balzender bzw. Nistmulden drehender Individuen, brütender bzw. warnender Altvögel); 3. A 6 bis M 6 (Zählung brütender bzw. warnender Altvögel und von Familienverbänden).

Günstige Tageszeit: tagsüber.

Auswertung

Wertungsgrenzen: Küste: E 4 bis M 7, Binnenland: M 4 bis E 7.

Brutverdacht: • einmalige Feststellung warnender Altvögel; • zweimalige Feststellung eines Paares im Abstand von mindestens 7 Tagen; • zweimalige Feststellung eines balzenden ♂ im Abstand von mindestens 7 Tagen.

Brutnachweis: insbesondere • brütende Altvögel; • Nestmulde mit Gelege; • verleitende Altvögel; • Junge führende Altvögel.

Besondere Hinweise: In der zweiten Maihälfte liegt das Durchzugsmaximum der arktischen Sandregenpfeifer (*C. h. tundrae*). Die Tiere können an der Küste in lockeren Trupps nahrungssuchend auf den Vorländereien auftreten. Deshalb sollten Gruppen von mehr als 2 Individuen nur Berücksichtigung bei der Erfassung finden, wenn diese deutliches Warnverhalten zeigen. Küste: Beobachtungen von Familienverbänden mit nicht flüggen Jungvögeln, die außerhalb der Wertungsgrenzen liegen, können bei isolierten Einzelvorkommen gewertet werden. Brutvögel verlassen den Nestbereich, indem sie geduckt laufen. Erst in größerer Nestentfernung gehen sie wieder in normaler Haltung. An der Ostsee kann sich nach strengen, lang anhaltenden Wintern (Vereisung von ruhigen Buchten und Boddengewässern) der Brutbeginn erheblich verschieben (mindestens zwei, aber auch bis zu vier Wochen später).

Literatur: Hälterlein et al. (1995, 2000)

Wertungsgrenzen und Erfassungszeitraum

Februar			März			April			Mai			Juni			Juli			August		
A	M	E	A	M	E	A	M	E	A	M	E	A	M	E	A	M	E	A	M	E
Küste									2 - 3x											
Binnenland									1.		2.	3.								

04770 Seeregenpfeifer
Charadrius alexandrinus

RLD	1
EUV	---
SPEC	3

Lebensraum

Strandlebensräume mit hoher Dynamik an der Nordseeküste – Primärdünengebiete, Strandwälle, Nehrungen, Dünendurchbrüche sowie äußere Abbruchkantenbereiche von Vorländereien - vor allem Sand- und Muschelschillflächen mit einer Vegetationsdeckung von 30-50 % (lückig bewachsene oder von Gänsen sehr kurz gefressene Salzwiesen), völlig strukturlose Flächen werden gemieden; Hauptvorkommen im nordfriesischen Wattenmeer; dort auch zeitlich begrenzte Vorkommen in neu eingedeichten Speicherkögen, wo die Art kurzgrasiges, im Frühjahr überschwemmtes oder sehr nasses Grünland z.T. mit vegetationsfreien Stellen als Bruthabitat nutzt. Sporadische Brutvorkommen auch an der Ostsee.

Brutbiologie

Bodenbrüter; Nest offen in flacher Mulde, häufig in der Nähe von kleinen, einzeln stehenden Vegetationsbüscheln oder Treibgut; meist Einzelbrüter, aber auch sehr dichtes, kolonieartiges Brüten möglich, häufig mit Zwergseeschwalben vergesellschaftet; monogame Saisonehe; 1 Jahresbrut, Gelege: 3 Eier, Brutdauer: 23-29 Tage, Junge mit 27-31 Tagen flügge; ♂ und ♀ brüten und führen.

Phänologie

Jahresperiodik: Mittel- bis Langstreckenzieher; Heimzug von E 3 bis A 6; Hauptdurchzug A 4 bis E 4, Ankunft im Brutgebiet meist E 3 bis M 4, Eiablage ab M 4 bis A 6, Hauptlegeperiode A 5 bis M 5; Jungvögel ab M 5; Abzug aus den Brutgebieten ab E 6, Mausergruppen im Juni/Juli.

Tagesperiodik: tag- und z.T. nachtaktiv.

Erfassung

Einzelbruten: Zählung balzender, kopulierender, brütender, warnender bzw. verleitender Altvögel, Zählung Nistmulden drehender Altvögel, Zählung von Familienverbänden.

Kolonieartiges Vorkommen: Paarzählung (Zählung von Altvögeln, Geschlechtertrennung); nach Möglichkeit von erhöhtem Standort.

Termine: 1. E 5 (Zählung balzender, kopulierender, brütender bzw. warnender Altvögel oder Paarzählung), 2. A 6 (Zählung balzender, kopulierender, brütender, warnender bzw. verleitender Altvögel oder Paarzählung).

Günstige Tageszeit: tagsüber.

Auswertung

Wertungsgrenzen: E 5 bis E 6.

Brutverdacht: • einmalige Feststellung eines intensiv warnenden Paares oder Individuums; • einmalige Beobachtung eines balzenden Paares (Balzflüge, -rufe, Kopulation); • Feststellung eines Paares und eine weitere Beobachtung eines Individuums oder Paares im Abstand von mindestens 7 Tagen.

Brutnachweis: insbesondere • brütende Altvögel; • verleitende Altvögel; • Junge führende Altvögel.

Brutbestand (Paare) bei Paarzählung = maximal festgestellte Anzahl von Paaren.

Besondere Hinweise: Nach Möglichkeit Erfassung aus größerem Abstand mit Hilfe eines Spektives vornehmen. In der Regel ist aber aufgrund der Unübersichtlichkeit der Brutareale eine Bestandsermittlung nur durch Begehung (möglichst kurze Zeitspanne) bei gleichzeitig sorgfältiger Beobachtung der Altvögel durchzuführen. Bei Zählung der Altvögel Geschlechtertrennung beachten. In größeren Kolonien bzw. bei hoher Siedlungsdichte (bis zu ca. 20 Paare/ha, Abstand der Gelege nur wenige Meter) ist unter Umständen eine Geschlechtertrennung nicht durchführbar. Dann ist die Maximalzahl der festgestellten Individuen unter Berücksichtigung eines Korrekturfaktors (Multiplikation des Zählergebnisses mit 0,7) für die Ermittlung des Brutbestandes heranzuziehen. Vorgelagerte Wattflächen von Vorländereien mit Abbruchkanten kontrollieren. Neu entstandene Bruthabitate werden schnell besiedelt, was Verlagerungen erheblicher Anteile von Brutpopulationen zur Folge haben kann.

Literatur: Flore (1997); Hälterlein et al. (1995, 2000)

Wertungsgrenzen und Erfassungszeitraum

Februar			März			April			Mai			Juni			Juli			August		
A	M	E	A	M	E	A	M	E	A	M	E	A	M	E	A	M	E	A	M	E
											1.	2.								

04850 Goldregenpfeifer
Pluvialis apricaria

RLD	1
EUV	X
SPEC	---

Lebensraum

Ursprünglich Hochmoore mit kleinräumigem Mosaik von nassen Torfmoosrasen, Wollgrasbulten und Moorheiden sowie vegetationsarme Standorte wie Brandflächen; aktuell auf offenen, weitläufigen industriellen Abtorfungsflächen; von Bedeutung für Habitatwahl ist anscheinend vor allem Vegetationsstruktur, die ungehindertes Laufen und guten Überblick gewähren muss; einzelne kleine Bulten werden als Nestdeckung oder Sitzwarte genutzt, Vegetation muss lückig und kurz (< 5 cm) sein; als Nahrungshabitate dienen teilweise > 5 km vom Brutplatz entfernte kurzgrasige Hochmoor-Grünlandflächen; zum Führen der Jungen werden vegetationsreichere und feuchte Bereiche in oder am Rande der Abtorfungsflächen (z. B. Grabenränder, Wiedervernässungsflächen) genutzt.

Brutbiologie

Bodenbrüter; Neststandort gewöhnlich an trockener, spärlich bewachsener Stelle, Nestmulde ohne Deckung; Einzelbrüter; i.d.R. saisonale Monogamie; 1 Jahresbrut, mehrere Nachgelege mit Standortwechsel möglich; Gelege: 3-5 Eier, Brutdauer: 27-29 Tage; Junge je nach Produktivität der Nahrungshabitate mit 25-37 Tagen flügge, ♂ und ♀ führen; Nistrevier und Aufzuchtrevier in Abtorfungsgebieten nicht immer identisch.

Phänologie

Jahresperiodik: Kurzstreckenzieher; Heimzug im Norden verstärkt ab A 2 bis M 5, Ankunft im Brutgebiet ab M 3, Hauptdurchzug (nordischer Durchzügler) M 3 bis A 4; Reviergründung direkt nach Ankunft, größte Balzaktivität von E 3 bis M 5; Eiablage ausnahmsweise ab E 3 überwiegend ab M/E 4, Nachgelege v.a. M 5 bis A 6; Jungvögel ab E 5 bis A 7; Abzug vom Brutplatz wohl bald nach Flüggewerden der Jungen.

Tagesperiodik: überwiegend tagaktiv; Nachtaktivität nicht geklärt; ♂ brütet meist tagsüber, ♀ nachts.

Erfassung

Optische und akustische Erfassung territorialer, balzender, kopulierender, brütender, warnender bzw. verleitender und Junge führender Altvögel.

Termine: 1. M 4 (territoriale, balzende, brütende Vögel); 2. A 5 bis M 5 (territoriale, balzende, brütende bzw. warnende Vögel); 3. A 6 bis M 6 (territoriale, balzende, brütende, warnende bzw. Junge führende Vögel).

Günstige Tageszeit: Morgen- und Abenddämmerung (Brutablösung).

Auswertung

Wertungsgrenzen: E 3 bis A 7.

Brutverdacht: • zweimalige Feststellung eines Paares im Abstand von mindestens 7 Tagen, eine davon M 4 bis M 6; • zweimalige Feststellung eines balzenden ♂ im Abstand von mindestens 7 Tagen, eine davon M 4 bis M 6; • einmalige Feststellung eines balzenden ♂ und eine Feststellung eines Paares im Abstand von mindestens 7 Tagen, eine davon M 4 bis M 6; • einmalige Feststellung eines balzenden bzw. kopulierenden Paares; • intensiv warnende Altvögel.

Brutnachweis: insbesondere • brütende, verleitende oder Junge führende Altvögel.

Besondere Hinweise: Auf Balzflug und Rufe achten; Funde von Nestmulden (wenn diese aufgrund von Gebiets- und guter Artkenntnis erkannt werden) geben wichtigen Hinweis auf Bruten. In Deutschland als Brutvogel derzeit nur noch in wenigen Moorgebieten im westlichen Niedersachsen (ca. 22 Paare). Wegen der geringen Anzahl von Goldregenpfeifern in Deutschland zur Brutzeit sind alle Beobachtungen (auch Nahrung suchender Vögel während der Brutzeit) wertvoll. Bei Brutverdacht (Kriterium Balz) sollte durch intensives Beobachten zumindest Verpaarung, Nestbauverhalten, möglichst auch ein Brutnachweis dokumentiert werden. Balzrufe können noch von Durchzüglern geäußert werden.

Literatur: HECKENROTH & ZANG (1995); KRÜGER (2004)

Wertungsgrenzen und Erfassungszeitraum

Februar			März			April			Mai			Juni			Juli			August		
A	M	E	A	M	E	A	M	E	A	M	E	A	M	E	A	M	E	A	M	E
							1.		2.			3.								

04930 Kiebitz
Vanellus vanellus

RLD	2
EUV	---
SPEC	2

Lebensraum

Weitgehend offene Landschaften; besiedelt unterschiedliche Biotope: Salzwiesen, Grünland (nasse bis trockene Wiesen und Weiden), Äcker, Hochmoore, Heideflächen, aber u.a. auch Spülflächen, Flugplätze, Schotter- und Ruderalplätze sowie abgelassene Teiche; von Bedeutung für die Ansiedlung sind weitgehend gehölzarme, offene Flächen mit lückiger und sehr kurzer Vegetation bzw. teilweise offenen, grundwassernahen Böden; auch für die Aufzucht der Jungen ist eine geringe Vegetationshöhe und –dichte Voraussetzung.

Brutbiologie

Bodenbrüter; Neststandort gewöhnlich an einer geringfügig erhöhten, kahlen bis spärlich bewachsenen, trockenen Stelle, Nestmulde ohne Deckung, mit trockenem Material ausgelegt; brütet in lockeren Kolonien, aber auch Einzelbruten, gemeinschaftliche Verteidigung der Brut; i.d.R. saisonale Monogamie, aber auch Polygamie; 1-2 Jahresbrut(en), mehrere Nachgelege mit Standort- und Habitatwechsel möglich; Gelege: (3)4 Eier, Brutdauer: 26-29 Tage; Junge mit 35-40 Tagen flügge; ♂ und ♀ brüten und führen; Nistrevier mit Aufzuchtrevier nicht immer identisch.

Phänologie

<u>Jahresperiodik</u>: Kurzstreckenzieher; Ankunft im Brutgebiet i.d.R. zwischen A 2 und A 3; Heimzug bis M 4, Hauptdurchzug A 3 bis E 3; Reviergründung und Paarbildung nach Ankunft, größte Balzaktivität von März bis M 4; Eiablage ab M 3 bis Juni, Hauptlegezeit der Erstbrut: A 4 bis M 4, Jungvögel ab E 4; Brutzeit an der Nordseeküste (außendeichs) mind. 3 Wochen später, Abzug aus den Brutgebieten ab A 6 (erfolglose Paare auch früher).

<u>Tagesperiodik</u>: überwiegend tagaktiv.

Erfassung

Zählung territorialer, balzender, kopulierender, brütender, warnender bzw. verleitender und Junge führender Altvögel, Zählung von Familienverbänden.

<u>Termine</u>: Binnenland: 1. E 3 (Zählung territorialer und balzender Paare/Individuen, brütender Vögel); 2. A 4 (Zählung territorialer und balzender Paare/Individuen, brütender bzw. warnender Altvögel); 3. M 4 (Zählung territorialer und balzender Paare/Individuen, brütender bzw. warnender Altvögel und von Familienverbänden); in großflächigen Ackergebieten ein weiterer Termin: 4. E 4 bis A 5 (Zählung territorialer und balzender Paare/Individuen, brütender Vögel, Zählung von Familienverbänden).

Nordseeküste/Vorland: 1. M 4 (Zählung von Paaren, bei hohen Dichten: Zählung aller Individuen); 2. E 4 (Zählung von Paaren, bei hohen Dichten: Zählung aller Individuen).

Günstige Tageszeit: vormittags und später Nachmittag.

Auswertung

Wertungsgrenzen: M 3 bis A 6.

Brutverdacht: • zweimalige Feststellung eines Paares im Abstand von mindestens 7 Tagen, davon eine E 3 bis A 5, • zweimalige Feststellung eines balzenden ♂ im Abstand von mindestens 7 Tagen, davon eine E 3 bis A 5, • einmalige Feststellung eines balzenden und kopulierenden Paares; • einmalige Feststellung intensiv warnender Altvögel.

Brutnachweis: insbesondere • brütende Altvögel; • verleitende Altvögel; • Junge führende Altvögel.

Nordseeküste/Vorland: Brutbestand (Paare) = Maximalzahl festgestellter Paare oder bei hohen Dichten = Maximalzahl festgestellter Individuen und Multiplikation mit Faktor 0,7.

Besondere Hinweise: Nach Möglichkeit den Bestand anhand von brütenden Altvögeln ermitteln; bei Zählung der Altvögel Geschlechtertrennung vornehmen; Junge führende Altvögel: nur Daten von Paaren verwenden, die frisch geschlüpfte Junge führen (Bestandsüberschätzung/Doppelzählung aufgrund hoher Mobilität der Jungvögel). Altvögel können mit ihren Jungen vom Brutplatz zu Nahrungshabitaten größere Strecken zurücklegen (über 500 m). Auf Nachgelege und auf Zuzug aus anderen Gebieten ab A 5 achten, insbesondere in Ackergebieten! Verlässliche Bestandsangaben für größere Gebiete erfordern synchrone Erfassungen. Erfassung von Kiebitzbeständen in Küstenvorländereien sollte vom Deich aus erfolgen.

Literatur: BARRET & BARRET (1984); FULLER (1981); HÄLTERLEIN et al. (1995, 2000); KOOIKER (2000); SUDMANN et al. (2002)

Wertungsgrenzen und Erfassungszeitraum

Februar			März			April			Mai			Juni			Juli			August		
A	M	E	A	M	E	A	M	E	A	M	E	A	M	E	A	M	E	A	M	E
Küste							1.	2.												
Binnenland					1.	2.	3.	4.												

05120 Alpenstrandläufer
Calidris alpina (schinzii)

RLD	1
EUV	---
SPEC	3

Lebensraum

Offene bis halboffene Niederungsgebiete in Küstennähe und im Binnenland; Küstensalzwiesen, feuchte bis nasse, extensiv genutzte Weiden, Wiesen und Moore; Bruthabitat gekennzeichnet durch sehr niedrige, von Bülten, Gras- und Krautbüscheln mosaikartig durchsetzte Vegetation mit offenen schlammigen Bodenstellen in Gewässernähe. In Deutschland derzeit ausschließlich an der Nord- und Ostseeküste, im Binnenland sind aktuell alle Brutplätze verwaist.

Brutbiologie

Bodenbrüter; Nest in feuchtem, mit Blänken durchsetztem Gelände, Nest in niedrigem Gras mit höheren Vegetationsbereichen (Bülten, Grasbüscheln), durch Zusammenziehen von Pflanzenteilen getarnt; Paarbildung im Brutgebiet meist im Territorium des ♂, das durch Imponierflüge mit Trillerrufen markiert wird; Anlage von Spielnestern durch ♂, ♀ wählt eines als Brutnest aus; hohe Ortstreue; Einzelbrüter; 1 Jahresbrut, Zweitbruten nur ausnahmsweise; 2-3 Ersatzgelege bei frühem Verlust; Gelege: 4 Eier, Brutdauer: 21-23 Tage; Junge mit 19–21 Tagen flügge; beide Geschlechter brüten, tags die ♂, nachts die ♀; ♀ verlässt das Gebiet 2 Tage vor bis 7 Tage nach dem Schlupf der Jungvögel; ♂ zieht ab, wenn Jungvögel sicher fliegen können (Alter 20-25 Tage).

Phänologie

Jahresperiodik: Mittel- bis Langstreckenzieher; Ankunft im Brutgebiet E 3 bis M 4 (♂ treffen vor den ♀ ein) meist noch im Ruhekleid; Heimzug bis A 6, Durchzug und Rast der ssp. *C. a. alpina* M/E 5; größte Balzaktivität M 4 bis A 5; Eiablage von M 4 bis A 6 (Nachgelege), Hauptlegezeit A 5; Jungvögel ab A/M 5; Wegzug des hiesigen Brutbestandes ab A 7.

Tagesperiodik: überwiegend tagaktiv.

Erfassung

Zählung balzrufender ♂, besonders von M 4 bis A 5 sind die Reviermarkierungsflüge durch das Trillern auffällig; Zählung von Paaren; Zählung warnender bzw. Junge führender Altvögel

Termine: 1. M 4 bis E 4 (Zählung balzfliegender ♂ und Zählung von Paaren); 2. A 5 bis M 5 (Zählung balzfliegender ♂, Zählung von Paaren bzw. warnender Altvögel), 3. E 5 bis M 6 (Zählung von warnender bzw. Junge führender Altvögel sowie von Altvögeln mit gerade flüggen Jungvögeln am Rande der Reviere; feuchte Nahrungs- und Ruheflächen an windgeschützten Stellen).

Günstige Tageszeit: vormittags, bei bewölktem Himmel ganztägig

Auswertung

Wertungsgrenzen: A 4 bis E 6.

Brutverdacht: • einmalig intensiv warnende Altvögel im Bruthabitat; • zweimalige Feststellung eines balzenden ♂ (Balztriller) im Abstand von mindestens 7 Tagen, beide Feststellungen von M 4 bis E 5; • zweimalige Feststellung eines Paares im Abstand von mindestens 7 Tagen, davon eine M 4 bis E 5.

Brutnachweis: insbesondere • Junge führende oder warnende Altvögel.

Besondere Hinweise: Von M 5 bis E 6 ist für Junge führende Alpenstrandläufer ein leiser Erregungsruf „wurrd, wurrd, wurrd" bezeichnend; diese Rufe nur auf kurze Entfernung i.d.R. während der ersten 3 Tage nach dem Schlupf bei kühlem Wetter zu hören. Es treten während der gesamten Brutzeit auch Trupps von rastenden Individuen auf, die erst E 5 bis A 6 abziehen. Bei Bruthinweisen muss eine genaue Dokumentation aller Umstände erfolgen.

Literatur: Hälterlein et al. (1995, 2000); Stiefel & Scheufler (1989)

Wertungsgrenzen und Erfassungszeitraum

Februar			März			April			Mai			Juni			Juli			August		
A	M	E	A	M	E	A	M	E	A	M	E	A	M	E	A	M	E	A	M	E
							1.		2.		3.									

05170 Kampfläufer
Philomachus pugnax

RLD	1
EUV	X
SPEC	2

Lebensraum

Großräumige, offene bis halboffene Niederungslandschaften in Küstennähe und im Binnenland; aktuell sind fast alle Brutplätze im Binnenland verwaist; im Bereich der Watten und Marschen, Dauergrünland mit vereinzelten, inselartigen höheren Vegetationsstrukturen, auch in ungenutzten Küstenvorländereien; im Binnenland auf extensiv genutzten, nassen Feuchtwiesen möglichst mit vegetationsfreien, schlammigen Blänken oder in teilabgetorften und wiedervernässten Hochmooren in unmittelbarer Nähe von nassem Grünland.

Brutbiologie

Bodenbrüter; in der Nähe von Überschwemmungsflächen (Blänken) gewöhnlich gut gedeckt in dichter Vegetation; bis zu 50 ♂ versammeln sich auf traditionellen Balzarenen zur Balz (meist auf leicht erhöhten, trockenen Standorten); Einzelbrüter; keine Partnerbindung, 1 Jahresbrut, Nachgelege bei frühem Verlust; Gelege: 4 Eier, Brutdauer: 20-23 Tage; Junge mit 25-27 Tagen flügge; ♀ bauen Nest, brüten und führen die Jungen allein; Nistrevier mit Aufzuchtrevier nicht immer identisch.

Phänologie

Jahresperiodik: Langstreckenzieher; Ankunft im Brutgebiet i.d.R. ab E 3 bis E 4 (erst ♂, zwei Wochen später ♀), Heimzug E 2 bis A 6, Hauptdurchzug M 4 bis M 5; größte Balzaktivität M 4 bis A 5; Eiablage E 4 bis E 5, Hauptlegezeit: A 5 bis M 5; Jungvögel ab M/E 5.

Tagesperiodik: überwiegend tagaktiv.

Erfassung

Erfassung des Brutbestandes - Beobachtungen von einzelnen scheuen ♀ (ab Anfang Mai) und von einzelnen ♀ im potenziellen Bruthabitat, Beobachtungen von Junge führenden, verleitenden oder warnenden ♀, brütende bzw. Junge führende ♀ umfliegen die Störquelle in geringer Höhe und lassen leise, knurrende Warnrufe hören.

Erfassung des ♂ Bestandes - Zählung an Balzarena, individuelle Kennzeichen beachten!

Termine: Brutbestand/Küste 1. M 5 (Zählung einzelner ♀); 2. E 5 (Zählung einzelner, brutverdächtiger ♀); 3. A 6 (Zählung warnender bzw. verleitender ♀ bzw. ♀ mit Jungen); 4. M 6 (Zählung warnender bzw. verleitender ♀ bzw. ♀ mit Jungen); im Binnenland ggf. jeweils eine Dekade früher.

Bestand balzender ♂, Küste: 1. M 5 (Zählung von territorialen und Satelliten ♂); 2. E 5 (Zählung von territorialen und Satelliten ♂); 3. A 6 (Zählung von territorialen und Satelliten ♂); Binnenland: 1. M 4 bis E 4 (Zählung von territorialen und Satelliten ♂); 2. A 5 (Zählung von territorialen und Satelliten ♂); 3. M 5 (Zählung von territorialen und Satelliten ♂).

Günstige Tageszeit: bis 2 Std. nach Morgendämmerung.

Auswertung

Wertungsgrenzen: ♀: A 5 bis E 7; ♂: Küste M 5 bis A 6; Binnenland M 4 bis M 5.

Brutverdacht: • einmalige bzw. mehrmalige Beobachtung eines einzelnen ♀, das vom Nahrungshabitat zum potenziellen Brutplatz fliegt.

Brutnachweis: • Junge führendes, verleitendes oder warnendes ♀ (Umfliegen eines Feindes in geringer Höhe).

Erfassung des ♂-Bestandes: Bestand = maximal festgestellte Anzahl von ♂ an den Balzarenen.

Besondere Hinweise: Brütende ♀ suchen meist allein Nahrung. Sie fliegen i.d.R. zu Flächen, die für die Nahrungsaufnahme günstig sind (Blänken mit kurzer, lückiger Vegetation). Vom Nahrungshabitat fliegen sie in geringer Höhe zum potenziellen Brutplatz (höhere Vegetation), wobei dieser meist umflogen wird, um dann in einiger Entfernung zu landen. Der Rest der Strecke wird zu Fuß zurückgelegt. Dabei benutzen die ♀ meist denselben Weg, so dass „sichtbare" Trampelpfade entstehen. Durchziehende ♀ treten i.d.R. in Gruppen auf und fliegen von einer Nahrungsfläche zur nächsten und nicht in Flächen mit höherer Vegetation. Die Erfassung des ♂-Bestandes kann nicht für Brutbestandsangaben herangezogen werden, da der Bestand an balzenden ♂ nicht mit der Zahl der brütenden ♀ identisch ist. Durchzug von ♂, die auch Sexualverhalten zeigen, bis E 5/A 6. Wegzug adulter ♂ aus den Brutgebieten schon wieder ab M 5 bis M 6.

Literatur: Hälterlein et al. (1995, 2000); Scheufler & Stiefel (1985)

Wertungsgrenzen und Erfassungszeitraum

	Februar			März			April			Mai			Juni			Juli			August		
	A	M	E	A	M	E	A	M	E	A	M	E	A	M	E	A	M	E	A	M	E
Weibchen											1.	2.	3.	4.							
Männchen (Küste)											1.	2.	3.								
Männchen (Binnenland)								1.		2.	3.										

05180 Zwergschnepfe
Lymnocryptes minimus

RLD	---
EUV	---
SPEC	3

Lebensraum

Niederungen, Moore, sumpfige Bruchwälder, feuchte bis staunasse Wiesen, Überschwemmungsflächen, Verlandungszonen von Seen, Schachtelhalmfluren, auch Ruderalflächen; wichtig für die Ansiedlung sind offene, schlammige Böden in direktem Wechsel mit Deckung bietenden Strukturen wie Schilfbestände, Bülten, Zwergsträucher oder Gräben. Ehemaliger seltener Brutvogel; letzter sicherer Brutnachweis aus dem Jahr 1925 (im heutigen Niedersachsen). In jüngster Vergangenheit wiederholt Brutzeitfeststellungen in Niedersachsen und Brandenburg, aber bisher ohne Brutverdacht bzw. Brutnachweis (Übersommerer?); Brutvorkommen der nordosteuropäischen Vorkommen meist in intakten Hochmooren.

Brutbiologie

Bodenbrüter; Nest auf feuchtem bis nassen Untergrund, auf Bülten oder zwischen niedrigen Sträuchern, u.U. gegen Sicht von oben durch überhängende Vegetation geschützt; Einzelbrüter; wahrscheinlich saisonale Monogamie; 1 Jahresbrut; Gelege: (3)4 Eier, Brutdauer: mindestens 21-24 Tage; weiteres Brutverhalten noch weitgehend unbekannt.

Phänologie

Jahresperiodik: Kurz- bis Langstreckenzieher, vereinzelte, aber regelmäßige Überwinterungen in Deutschland; Balz und Paarbildung auf dem Zug und im Brutgebiet, balzt gelegentlich auch auf dem Heimzug; Ankunft in den heutigen Brutgebieten Skandinaviens und Osteuropas E 3 bis M 5; Heimzug ab E 2 bis A 5, Hauptdurchzug M 3 bis A 4; Eiablage in nordost-europäischen Brutgebieten M 5 bis E 7, in Mitteleuropa unbekannt; Wegzug in Deutschland ab E 8, verstärkt ab E 9.

Tagesperiodik: hauptsächlich dämmerungs-, aber auch tag- und nachtaktiv; balzt vor allem in der späten Abenddämmerung (nach SU) und (schwächer) in der frühen Morgendämmerung und nachts; zieht nachts.

Erfassung

Zählung balzender Altvögel; Zufallsbeobachtungen ab M 5 in potenziellen Bruthabitaten sollten durch gezieltes Verhören balzender Vögel bestätigt werden (mindestens zwei Kontrollen); über Eignung von Klangattrappen gibt es keine Erkenntnisse; möglicherweise ist der Einsatz einer Klangattrappe bei Brutzeitfeststellungen sinnvoll.

Termine: 1. E 4 bis A 5 (balzende Altvögel); 2. M 5 bis E 5 (balzende Altvögel); 3. A 6 bis E 6 (balzende Altvögel) – nach Möglichkeit zur Absicherung von Brutverdacht die Zahl der Termine erhöhen.

Günstige Tageszeit: frühe Morgen- und späte Abend- sowie frühe Nachtstunden.

Auswertung

Wertungsgrenzen: E 4 bis M 8.

Brutverdacht: • zweimalige Feststellung eines balzenden Altvogels im Abstand von mindestens 7 Tagen, davon eine E 5 bis E 6 im potenziellen Bruthabitat.

Brutnachweis: insbesondere • Junge führende Altvögel bzw. nicht flügge Jungvögel.

Besondere Hinweise: Da direkte Brutnachweise aufgrund der heimlichen Lebensweise schwer zu erbringen sind und eine Störung im Brutgebiet vermieden werden sollte, beschränkt sich die Erfassung auf die (längere) Anwesenheit balzender Vögel in potenziellen Brutgebieten. Der Versuch eines Nachweises durch „Heraustreten" ist in potenziellen Bruthabitaten unbedingt zu unterlassen. Brutnachweise sind bei der Deutschen Seltenheitenkommission zu dokumentieren. Auch durchziehende Vögel können von A 4 bis A 5 Balzflüge zeigen. Bei Beobachtungen zwischen E 5 und A 7 kann es sich um (sehr seltene) Übersommerer handeln. Balzflüge sind eine komplizierte Folge von Sturzgleitflügen und Steiggleitflügen; während der Gleitphasen wird leise eine klappernde Balzstrophe geäußert. Weiterhin gehören Horizontalgleiten und Wellenflüge zum Repertoire, das mehrfach wiederholt wird. Am Ende der Balzhandlungen stürzt sich der Vogel mit steif gehaltenen Flügeln herab und landet auf dem Boden; Balz vor allem bei windstillem Wetter. Bruten sollen der Deutschen Seltenheitenkommission mit Dokumentation gemeldet werden.

Literatur: Haase & Ryslavy (1997)

Wertungsgrenzen und Erfassungszeitraum

Februar			März			April			Mai			Juni			Juli			August		
A	M	E	A	M	E	A	M	E	A	M	E	A	M	E	A	M	E	A	M	E
								1.		2.		3.								

05190 Bekassine
Gallinago gallinago

RLD	1
EUV	---
SPEC	3

Lebensraum

Offene bis halboffene Niederungslandschaften von unterschiedlicher Ausprägung: Niedermoore, Hoch- und Übergangsmoore, Marschen, Feuchtwiesen, Streuwiesen, nasse Brachen, Verlandungszonen stehender Gewässer (Seggen- und Binsenrieder sowie lockere Röhrichte), auch am Rand lichter Bruchwälder; von besonderer Bedeutung für die Ansiedlung sind hoch anstehende Grundwasserstände, Schlammflächen und eine hohe, Deckung bietende und nicht zu dichte Vegetation.

Brutbiologie

Bodenbrüter; Nest auf nassem bis feuchten Untergrund u.a. zwischen Seggen, Gräsern, und Zwergsträuchern, meist sehr gut versteckt, z.B. in Bülten; Einzelbrüter, aber auch in geringem Nestabstand; ♂ und ♀ (seltener) zeigen Balzflug; i.d.R. saisonale Monogamie; 1-2 Jahresbrut(en), Nachgelege; Gelege: (2)4(5), Brutdauer: 18-20 Tage; Junge mit 28-35 Tagen flügge.

Phänologie

Jahresperiodik: Teilzieher, Kurzstreckenzieher; Ankunft im Brutgebiet i.d.R. zwischen E 2/A 3 bis M 5, Heimzug A 3 bis M 5, Hauptdurchzug M 3 bis M 4; Reviergründung und Paarbildung ab E 3, größte Balzaktivität von M 4 bis M 5; Eiablage ab A 4 bis A 7, Hauptlegezeit M 4 bis M 5, Jungvögel ab E 4 bis A 5; Abzug aus den Brutgebieten ab M 7.

Tagesperiodik: tag- und nachtaktiv, hauptsächlich in der Morgen- und Abenddämmerung, zu Beginn der Paarbildungs- und Brutzeit den ganzen Tag über und auch in windstillen Mondnächten.

Erfassung

Zählung balzender Altvögel (Meckerflug, tückende Erregungsrufe vom Boden oder in der Luft), Registrierung von Verfolgungsflügen, Zählung sichernder Altvögel (auf Sitzwarten, häufig Weidezaunpfähle), Zählung von Junge führenden Altvögeln; bei isolierten Vorkommen ist der Einsatz einer Klangattrappe sinnvoll.

Termine: 1. M 4 bis E 4 (Zählung balzender Individuen); 2. A 5 (Zählung balzender Individuen bzw. warnender Altvögel); 3. M 5 (Zählung balzender Individuen bzw. warnender Altvögel); 4. E 5 (Zählung sichernder/warnender Altvögel und ggf. von Familienverbänden).

Günstige Tageszeit: von der Morgendämmerung bis 1 Std. nach SA und ab 1 Std. vor SU bis zur Abenddämmerung.

Auswertung

Wertungsgrenzen: A 4 bis M 7.

Brutverdacht: • zweimalige Feststellung balzender Altvögel im Abstand von mindestens 7 Tagen, davon eine M 4 bis E 5; • einmalige Feststellung balzender Altvögel und eine weitere Feststellung eines Altvogels im Abstand von mindestens 7 Tagen, davon eine M 4 bis E 5; • einmalige Feststellung warnender Altvögel.

Brutnachweis: insbesondere • Junge führende Altvögel.

Besondere Hinweise: Bei hohen Bestandsdichten (ab 10 Paare/km^2) Erfassungshäufigkeit erhöhen (mindestens 5 Kontrollen); hohe Balzaktivität nach Regenschauern oder während warmen und feuchten Wetterlagen (Nieselregen) am späten Nachmittag. Die Mecker- sowie Verfolgungsflüge sind häufig sehr weiträumig und deshalb nur bedingt zur Lokalisierung der Reviere verwendbar. Durchzügler können balzen (Durchzug bis M 5).

Literatur: Boschert (2002 b); Green (1985); Hielscher & Rudolph (2001); Kroymann (1969); Nijland (2000); Smith (1981); Sudmann et al. (2002)

Wertungsgrenzen und Erfassungszeitraum

Februar			März			April			Mai			Juni			Juli			August		
A	M	E	A	M	E	A	M	E	A	M	E	A	M	E	A	M	E	A	M	E
							1.		2.	3.	4.									

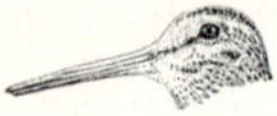

05200 Doppelschnepfe
Gallinago media

RLD	0
EUV	X
SPEC	1

Lebensraum

Überschwemmungswiesen, Durchströmungsmoore und Verlandungszonen; großflächig offene, bültenreiche Seggenwiesen, seltener auch in Binsenbeständen; Brutplätze i.d.R. zumindest im Frühjahr mit hohen Wasserständen, seltener in trockenen Bereichen; einzelne Vorkommen auch in feuchten Wäldern. Aktuell in Deutschland keine Brutvorkommen, ehemaliger Brutvogel in der norddeutschen Tiefebene (zuletzt in Schleswig-Holstein); vereinzelte Brutzeitfeststellungen balzender Vögel in Brandenburg und Niedersachsen.

Brutbiologie

Bodenbrüter; Nest in Vegetation versteckt, bei hohen Wasserständen auf Bülten, meist nicht sehr weit von Balzplätzen entfernt; Arenenbalz, keine Paarbindung; 1 Jahresbrut, Gelege: (3)4 Eier; Brutdauer: etwa 20 Tage, Jungvögel nach 3-4 Wochen flügge; ♀ brüten und führen die Jungvögel allein.

Phänologie

Jahresperiodik: Langstreckenzieher; Heimzug M 4 bis E 5, Ankunft im Brutgebiet ab E 4; Balz vor allem A 5 bis A 7 (im Juni jedoch nachlassende Balzaktivität); Legeperiode von M 5 bis A 7; flügge Junge ab E 6; Wegzug ab A 8.

Tagesperiodik: überwiegend dämmerungsaktiv; Balz in der späten Abenddämmerung (am intensivsten in der Stunde nach Sonnenuntergang), schwächer auch am frühen Morgen vor Sonnenaufgang.

Erfassung

Vornehmlich akustische Erfassung balzender ♂ in der späten Abenddämmerung; Zufallsbeobachtungen in potenziellen Brutgebieten E 4 bis A 5 (und später) sollten durch gezielte Kontrollen auf Brutvorkommen (balzende Vögel) überprüft werden.

<u>*Termine*</u>: 1. M 5 (Einzelbeobachtung, Zählung balzender Vögel); 2. E 5 (Zählung balzender Vögel); 3. A 6 (Zählung balzender Vögel) – nach Möglichkeit zur Absicherung von Brutverdacht die Zahl der Termine erhöhen.

<u>*Günstige Tageszeit*</u>: von SA bis späte Abenddämmerung.

Auswertung

Wertungsgrenzen: M 5 bis A 8.

<u>*Brutverdacht*</u>: • zweimalige Feststellung balzender Individuen von M 5 bis A 7 im Abstand von mindestens 7 Tagen im potenziellen Bruthabitat.

<u>*Brutnachweis*</u>: insbesondere • Junge führende Altvögel bzw. nicht flügge Jungvögel.

Besondere Hinweise: Nord- bzw. nordostdeutsche Niederungsgebiete mit geeigneten Lebensräumen sollten gezielt auf Brutvorkommen kontrolliert werden. Balz vor allem bei gutem, windstillen Wetter; der Balzgesang ist nicht sehr laut (nur wenige 100 m weit hörbar); auch durchziehende Vögel balzen (Durchzug bis E 5), daher sind mehrmalige Kontrollen notwendig. Da sich die Balzarenen meist im Bereich höherer Grasvegetation befinden, sind sie unter Umständen nur begrenzt einsehbar und die Zahl der balzenden Altvögel ist nicht immer genau zu ermitteln; Störungen an Balzplätzen sind unbedingt zu vermeiden, der Versuch eines Nachweises durch „Heraustreten“ ist zu unterlassen.

Literatur: Brandt & Schäfer (2001); Haase & Ryslavy (1997); Müller & Königstedt (1989); Mundt (2002); Steiof (1993)

Wertungsgrenzen und Erfassungszeitraum

Februar			März			April			Mai			Juni			Juli			August		
A	M	E	A	M	E	A	M	E	A	M	E	A	M	E	A	M	E	A	M	E
										1.	2.	3.								

05290 Waldschnepfe
Scolopax rusticola

RLD	---
EUV	---
SPEC	3

Lebensraum

Ausgedehnte, reich gegliederte Waldbestände in Niederungen und bis in die Hochlagen der Mittelgebirge; bevorzugt Auwälder, Eichenhainbuchenwälder, teilentwässerte Hochmoore mit Birkenaufwuchs (Niederungen), Laubmischwälder und Erlenbrüche (Geest, mittlere Lagen der Mittelgebirge), Erlenbrüche und feuchte Fichtenwälder (Hochlagen); von besonderer Bedeutung mehrstufige Waldbestände mit lückigem Kronenschluss und strukturreichen Strauch- und Krautschichten sowie Waldlichtungen (z.B. Wiesen, Moore, Bäche, Waldwege).

Brutbiologie

Bodenbrüter; Nest meist am Rande eines geschlossenen Baumbestandes (z.B. an Waldlichtungen, Wegrändern – freier Anflug), zu Anfang der Brutzeit meist ohne Deckung; Einzelbrüter; wahrscheinlich keine Paarbindung; 1-2 Jahresbrut(en), Zweitbrut möglich; Gelege: 4 Eier, Brutdauer: 21-24 Tage, Junge mit ca. 30 Tagen flügge, Führungszeit 5-6 Wochen; Nistplatzwahl, Brut und Führung der Jungen durch das ♀.

Phänologie

Jahresperiodik: Kurzstreckenzieher; Ankunft im Brutgebiet von (E 2) A 3 bis A 5, i.d.R. E 3 bis A 4; Heimzug E 2 bis E 4; Hauptdurchzug E 3 bis M 4; Balz ab (E 2) E 3 bis E 7; Eiablage ab M 3 bis M 8, Hauptlegezeit E 3 bis M 4, Zweitbrut ab A 6; Junge ab M/E 4; Abzug ab A 9.

Tagesperiodik: dämmerungs- und nachtaktiv; Balzflug der ♂ beginnt im März/April mit der Abenddämmerung (Dauer 0,5 Stunden), Verlängerung der Balz bis 2 Std. im Juni; morgendliche Balz im März 10 Min. und im Juni 1 Std. vor Morgendämmerung (endet fast immer vor der Morgendämmerung).

Erfassung

Zählung balzender ♂ (Balzflug, Flugrufe) an potenziellen Balzstrecken (Lichtungen, Waldränder etc.).

Termine: 1. A 5 bis M 5 (Zählung von Beobachtungen balzender ♂); 2. E 5 bis A 6 (Zählung von Beobachtungen balzender ♂); 3. M 6 bis E 6 (Zählung von Beobachtungen balzender ♂).

Günstige Tageszeit: 1 Stunde vor SU bis Dunkelheit.

Auswertung

Wertungsgrenzen: M 4 bis A 7.

Brutverdacht (qualitativ): • zweimalige Feststellung eines balzenden ♂, davon eine A 5 bis E 6 (besetzte Teilfläche, s.u.).

Brutnachweis: insbesondere • Gelegefund und Junge führende ♀ (sehr selten – Zufallsfunde).

Bestandsangabe: Erfassungseinheiten sind besetzte Teilflächen.

Besondere Hinweise: Eine Bestandserfassung der Waldschnepfe ist aufgrund des großen Aktionsradius balzender ♂ (20-150 ha) mit den herkömmlichen Methoden nicht möglich! Deshalb sollte die Art nur qualitativ auf definierten Flächeneinheiten erfasst werden. Untersuchungsgebiete werden in Teilflächen von 1 km² Größe eingeteilt. In jeder Teilfläche liegt ein Beobachtungspunkt, dessen Lage so gewählt wird, dass er sich im Bereich von potenziellen Balzstrecken (Lichtungen, Waldränder) befindet. Bei größeren Waldgebieten synchron mehrere Zählpersonen einsetzen (pro km² 1 Person). Quantitative Bestandserfassungen lassen sich nur durch die synchrone Erfassung aller Beobachtungen mit genauer Angabe von Uhrzeit (sekundengenau) und Flugrichtung in einem dichten Beobachtungsraster (1 Beobachtungspunkt/10 ha) ermitteln. Vor dem Beginn der Erfassung Uhrzeit-Synchronisation durchführen! Erfassungsmethode eignet sich nur für kleinere Waldgebiete (bis ca. 100 ha) und ist sehr personalintensiv. Durchzügler sind von lokalen Brutpopulationen nicht zu unterscheiden, da diese auch balzen. Erfassung möglichst während windstiller, klarer Nächte. Besonders günstig für die Erfassung sind Vollmondnächte.

Literatur: ANDRIS & WESTERMANN (2002); HOLZ & SELLIN (1981); MÜNCH & WESTERMANN (2002)

Wertungsgrenzen und Erfassungszeitraum

Februar			März			April			Mai			Juni			Juli			August		
A	M	E	A	M	E	A	M	E	A	M	E	A	M	E	A	M	E	A	M	E
									1.		2.		3.							

05320 Uferschnepfe
Limosa limosa

RLD	1
EUV	---
SPEC	2

Lebensraum

Weitgehend offene Niederungslandschaften, insbesondere Kleinseggensümpfe in Niedermooren, baumlose Hochmoore und Ästuare; aktuelle Brutverbreitung überwiegend im Feuchtgrünland auf Nieder- und Hochmoorböden und in Marschen, an der Nordseeküste in Salzwiesen (ungenutzt oder mit geringer Nutzungsintensität); von besonderer Bedeutung für die Ansiedlung sind hoch anstehende Grundwasserstände, lückige Pflanzenbestände, „stocherfähige" Böden und Kleingewässer (Blänken) mit offenen, schlammigen Uferpartien; selten auch auf Ackerflächen (ehemaliges Grünland).

Brutbiologie

Bodenbrüter; Nest auf feuchtem Untergrund, sowohl in niedriger als auch höherer Vegetation (präferierte Höhe 20–30 cm); Einzelbrüter, in günstigen Habitaten lockere Kolonien; saisonale Monogamie; 1 Jahresbrut, Nachgelege, Gelege: 3-4 Eier, Brutdauer: 22-24 Tage, Junge mit 30-35 Tagen flügge; Balz und Paarbildung i.d.R. am Brutplatz, Nistplatzwahl durch ♀, ♂ und ♀ brüten und führen die Jungen.

Phänologie

Jahresperiodik: Langstreckenzieher; Ankunft im Brutgebiet i.d.R. zwischen E 2/A 3 und M 4; Heimzug bis E 4, Hauptdurchzug A 3 bis A 4; Reviergründung und Paarbildung ab M 3 bis E 4, größte Balzaktivität von M 3 bis E 4; Eiablage ab A 4 bis E 5, Hauptlegezeit M 4 bis E 4, Jungvögel ab A 5; Abzug aus den Brutgebieten ab A 7 (Bildung von Schlafplatzgemeinschaften ab E 5).

Tagesperiodik: tagaktiv.

Erfassung

Zählung territorialer, balzender, kopulierender, brütender, warnender, verpaarter, aber auch Nahrung suchender und ruhender Altvögel; Zählung sichernder Altvögel (häufig auf Weidezaunpfählen), Zählung von Familienverbänden.

Termine: Binnenland: 1. A 4 bis M 4 (Kartierung verpaarter Individuen, brütender Altvögel); 2. E 4 (Kartierung verpaarter Individuen, brütender Altvögel); 3. A 5 (Zählung balzender, verpaarter, etc. Individuen, brütender bzw. warnender Altvögel und von Familienverbänden).

Nordseeküste: zweimalige Erfassung Revier anzeigender Paare, 1. M 4 bis E 4; 2. A 5 bis M 5.

Günstige Tageszeit: vormittags und später Nachmittag.

Auswertung

Wertungsgrenzen: Binnenland/Ostseeküste: E 3 bis A 6; Nordseeküste: M 4 bis M 5.

Brutverdacht: Binnenland: • einmalige Beobachtung intensiv warnender Altvögel; • zweimalige Feststellung eines Paares im Abstand von mindestens 7 Tagen, davon eine A 4 bis A 5; • einmalige Feststellung eines Paares und weitere Beobachtung eines Altvogels im Abstand von mindestens 7 Tagen, davon eine A 4 bis A 5; • zweimalige Feststellung eines sichernden Altvogels, davon eine A 4 bis A 5; • einmalige Feststellung eines kopulierenden Paares. Nordseeküste: • zweimalige Beobachtung eines Paares mit Reviermarkierungsflügen M 4 bis M 5.

Brutnachweis: insbesondere • brütende Altvögel; • Junge führende Altvögel.

Besondere Hinweise: Nach Möglichkeit sollte der Bestand anhand von brütenden Altvögeln ermittelt werden (häufig ist nur der Kopf sichtbar). Paarbildungsrevier nicht immer mit Nistrevier identisch – es kann zu nicht unerheblichen Verlagerungen kommen; bei Zählung der Altvögel nach Möglichkeit Geschlechtertrennung vornehmen; Balzflüge, insbesondere Gruppenbalz häufig sehr weiträumig, deshalb nur bedingt zur Lokalisierung des Reviers verwendbar; Junge führende Altvögel: nur Daten von Paaren verwenden, die frisch geschlüpfte Junge führen (Bestandsüberschätzung durch Doppelzählung aufgrund hoher Mobilität der Jungvögel).

Literatur: Gall et al. (1995); Hälterlein (1995, 2000); Jacob et al. (2004); Sudmann et al. (2002), Struwe-Juhl (1999)

Wertungsgrenzen und Erfassungszeitraum

	Februar			März			April			Mai			Juni			Juli			August		
	A	M	E	A	M	E	A	M	E	A	M	E	A	M	E	A	M	E	A	M	E
Binnenland							1.		2.	3.											
Nordseeküste								1.		2.											

05410 Großer Brachvogel
Numenius arquata

RLD	2
EUV	---
SPEC	2

Lebensraum

Weitgehend offene Niederungslandschaften, insbesondere Kleinseggensümpfe in Niedermooren, baumlose Hochmoore und feuchte Dünentäler im Küstenbereich; aktuelle Brutverbreitung überwiegend im Grünland auf Nieder- und Hochmoorböden, auch in Ackerbaugebieten und Abtorfungsflächen; von besonderer Bedeutung für die Ansiedlung sind hoch anstehende Grundwasserstände, kurzrasige und lückige Pflanzenbestände, „stocherfähige" Böden und Kleingewässer (Blänken) mit offenen, schlammigen Uferpartien.

Brutbiologie

Bodenbrüter; Nest vornehmlich auf trockenem, aber auch auf feuchtem Untergrund, meist in niedriger und/oder krautiger Vegetation; Balz und Paarbildung im Brutgebiet; Einzelbrüter; saisonale Monogamie; 1 Jahresbrut, Nachgelege möglich; Gelege: 3-4 Eier, Brutdauer: 30 Tage; Junge mit ca. 35 Tagen flügge; ♂ und ♀ brüten und führen die Jungen.

Phänologie

Jahresperiodik: Kurzstreckenzieher; Heimzug von (M/)E 2/A 3 bis E 4(A 5), Hauptdurchzug A 3 bis E 3; Reviergründung und Paarbildung ab A 3 bis A/M 4, größte Balzaktivität von M 3 bis M 4; Eiablage ab E 3 bis E 5, Hauptlegezeit M 4, Jungvögel frühestens ab E 4; Abzug ab M 5.

Tagesperiodik: tagaktiv.

Erfassung

Zählung territorialer, kopulierender, brütender, verpaarter, sichernder und warnender, aber auch Nahrung suchender und ruhender Altvögel, Kartierung von Altvögeln, die Reviermarkierungsflüge zeigen; warnende Altvögel umfliegen Störquellen, Verfolgung von potenziellen Beutegreifern (Greife, Krähenvögel), Dokumentation von Revierstreitigkeiten (Drohverhalten), Zählung von Familienverbänden.

Termine: 1. E 3 bis A 4 (Zählung territorialer Paare, Reviermarkierungsflüge); 2. M 4 (Kartierung territorialer Paare, Reviermarkierungsflüge, brütender Altvögel); 3. E 4 bis A 5 (Zählung territorialer Paare, Reviermarkierungsflüge, brütender bzw. sichernder oder warnender Altvögel, Zählung von Familienverbänden).

Günstige Tageszeit: Registrierung der Reviermarkierungsflüge - Dämmerung bis 1 Std. nach SA, warnende Individuen bzw. Familienverbände - vormittags bis später Nachmittag.

Auswertung

Wertungsgrenzen: M 3 bis M 6.

Brutverdacht: • einmalige Feststellung intensiv warnender Altvögel; • einmalige Feststellung eines kopulierenden Paares; • zweimalige Beobachtung eines Paares im Abstand von mindestens 7 Tagen, davon eine E 3 bis A 5; • einmalige Beobachtung eines Paares und weitere Feststellung eines Altvogels im Abstand von mindestens 7 Tagen, davon eine Feststellung E 3 bis A 5; • zweimalige Beobachtung von Reviermarkierungsflügen im Abstand von mindestens 7 Tagen, davon eine E 3 bis A 5; • zweimalige Beobachtung von Altvögeln, die potenzielle Beutegreifer verfolgen.

Brutnachweis: insbesondere • Junge führende Altvögel, • verleitende Altvögel.

Besondere Hinweise: Der wichtigste Termin zur Erfassung liegt zu Beginn der Brutzeit (E 3 bis A 4). Während dieser Kontrolle können bis zu 90 % des Bestandes erfasst werden. Spätere Kontrollen (M 4 bis A 5) ergeben aufgrund der hohen Gelegeverluste geringere Bestandsgrößen. Erfolglos brütende Paare verlassen ihre Reviere und erscheinen in Gebieten, in denen sie nicht brüten. Reviermarkierungsflüge häufig sehr weiträumig, deshalb nur eingeschränkt zur Lokalisierung des Reviers verwendbar; brütende Altvögel sind nur sehr schwer zu entdecken; Junge führende Altvögel: nur Daten von Paaren verwenden, die frisch geschlüpfte Junge führen (Doppelzählungen aufgrund hoher Mobilität der Jungvögel möglich). Zur Erfassung von isolierten Vorkommen ist der Einsatz von Klangattrappen sinnvoll (A 4 bis M 4). An der Nordseeküste zweimalige Erfassung Revier anzeigender Paare von A 5 bis E 5; Brutverdacht: zweimalige Beobachtung eines Paares mit Reviermarkierungsflügen von A 5 bis E 5; im Wattenmeer zahlreiche Nichtbrüter, die Trillerrufe hören lassen.

Literatur: Boschert (2004); Hälterlein et al. (1995, 2000); Kipp (2003); Sudmann et al. (2002)

Wertungsgrenzen und Erfassungszeitraum

Februar			März			April			Mai			Juni			Juli			August		
A	M	E	A	M	E	A	M	E	A	M	E	A	M	E	A	M	E	A	M	E
					1.		2.	3.												

05460 Rotschenkel
Tringa totanus

RLD	2
EUV	---
SPEC	2

Lebensraum

Küstengebiete an Nord- und Ostsee (über 80 % des deutschen Bestandes); unbeweidete Salzwiesen der Nordsee (teilweise >10 Paare/10 ha), Dünentäler und Küstenmarschen, ab ca. 5–10 km Entfernung von der Küste in deutlich abnehmenden Dichten; an der Ostseeküste im extensiv genutzten Feuchtgrünland insbesondere auf Boddeninseln; im Bereich von Flussmarschen bis weit ins Binnenland, offene gewässerreiche Hoch- und Niedermoore (auch wiedervernässte Torfabbauflächen); im Süden nur vereinzelte Brutplätze; Nahrungsgebiete an der Nordsee überwiegend im Watt, im Binnenland feuchte Wiesen und Weiden am Brutplatz.

Brutbiologie

Bodenbrüter; Nest in etwa 15(-30) cm hoher Vegetation, meist in Wassernähe; gut getarnt, indem die Vegetation über dem Nest zu einer Haube zusammengezogen wird, sehr fest auf dem Gelege sitzend und oft in dichter Nachbarschaft zu anderen Limikolen, geringe Reviergröße (Markierung u.a. durch Schwirrflüge; i.d.R. saisonale Monogamie; 1 Jahresbrut, Gelege: (3)4(5) Eier, Brutdauer: 22-24(29) Tage, flügge mit 23-27 Tagen; nach dem Schlupf oft Wechsel in geeignetere Aufzuchtsgebiete, z.B. von Binnendeichsbrutplätzen in Vorlandgebiete.

Phänologie

Jahresperiodik: Teilzieher, Mittelstreckenzieher; Heimzug M 3 bis M 5 (hochnordische Unterarten im Wattenmeer auch während der Brutzeit), Hauptdurchzug E 3 bis E 4; Revierbesetzung ab M 3, meist E 3 bis M 4, intensive Balz/Revierabgrenzung A 4 bis E 4, Legeperiode von E 4 bis A 7, meist E 4 bis M 5; Schlupf M 5 bis E 6; flügge Jungvögel ab M 6, Außendeichsbruten deutlich später; Durchzügler nordischer Populationen ab A 7.

Tagesperiodik: tagaktiv, an der Nordsee tideabhängiger Aktivitätsrhythmus.

Erfassung

Zählung territorialer (Reviermarkierungsflüge), balzender, kopulierender, brütender, warnender, verpaarter, aber auch Nahrung suchender und ruhender Altvögel; Zählung sichernder Altvögel (häufig auf Weidezaunpfählen), Zählung von Familienverbänden; unbeweidete Salzwiesen müssen i.d.R. kleinräumig begangen werden.

Termine: Küste/Vorland: zweimalig von E 4 bis A 5 (Kartierung territorialer, verpaarter oder balzender Altvögel, Individuenzählung);

Binnenland: 1. M 4 (Kartierung territorialer, verpaarter bzw. balzender Altvögel); 2. E 4 (Kartierung territorialer, verpaarter oder balzender Altvögel); 3. A 5 bis M 5 (Kartierung territorialer, sichernder bzw. warnender Altvögel).

Günstige Tageszeit: Morgenstunden und später Nachmittag; Nordseeküste von 3 Std. vor bis 3 Std. nach Niedrigwasser.

Auswertung

Wertungsgrenzen: A 4 bis E 6.

Brutverdacht: Küste: • intensiv warnende Altvögel von E 4 bis A 5; • einmalige Feststellung eines Paares (Balz, Revierflug oder starke Revierbindung) von E 4 bis A 5; • einmalig sichernder Altvogel; • kopulierendes Paar von E 4 bis A 5.

Binnenland: • einmalige Beobachtung intensiv warnender Altvögel; • zweimalige Feststellung eines Paares im Abstand von mindestens 7 Tagen, davon eine ab E 4; • einmalige Feststellung eines Paares und eine weitere Beobachtung eines Altvogels im Abstand von mindestens 7 Tagen, davon eine Feststellung ab E 4; • einmalige Feststellung eines sichernden Altvogels.

Brutnachweis: insbesondere • Junge führende Altvögel.

Nordseeküste/Vorland: Brutbestand (Paare) = Maximalzahl festgestellter Paare bzw. brutverdächtiger Individuen; bei hohen Dichten = Maximalzahl festgestellter Individuen und Multiplikation mit Faktor 0,7.

Besondere Hinweise: Individuen bzw. Paare, die nach Störungen wieder an denselben Ort zurückkehren, können als territorial gewertet werden. Die Siedlungsdichte im Küstenvorland kann so hoch sein, dass eine Revierkartierung nicht möglich ist. In Bereichen mit sehr dichter Besiedlung werden alle Individuen (balzende, warnende, Nahrung suchende und fliegende Vögel) gezählt und das Zählergebnis mit dem Faktor 0,7 multipliziert (i.d.R. 20-30 % der Altvögel außerhalb des Brutgebietes auf Nahrungssuche). Die realen Bestandszahlen liegen wahrscheinlich wesentlich höher als der so ermittelte Ergebniswert; die Methode findet seit 1995 an der Nordseeküste in einem trilateral abgestimmten Monitoring Anwendung. An der Ostsee kann sich nach strengen, lang anhaltenden Wintern (Vereisung von ruhigen Buchten und Boddengewässern) der Brutbeginn erheblich verschieben (mindestens zwei, aber auch bis zu vier Wochen später).

Literatur: Dallinga (1993); Hälterlein et al. (1995, 2000); Meltofte et al. (1994); Sudmann et al. (2002); Wilkens (1999)

Wertungsgrenzen und Erfassungszeitraum

	Februar			März			April			Mai			Juni			Juli			August		
	A	M	E	A	M	E	A	M	E	A	M	E	A	M	E	A	M	E	A	M	E
Küste									1.	2.											
Binnenland								1.	2.	3.											

05480 Grünschenkel
Tringa nebularia

RLD	---
EUV	---
SPEC	---

Lebensraum

Offene Moore und Heiden, meist mit Zugang zu offenem Wasser und erhöhten Sitzwarten (Einzelbäume, Wurzelstöcke, Zaunpfähle o.ä.), auch Brandflächen oder Sandabbaugruben in Waldumgebung, Nahrungsreviere können 500 m entfernt liegen; meidet allzu hohe Vegetation; im Gebirge bis etwa 1200 m ü. NN; typische Rasthabitate auf dem Durchzug sind schlickreiche Verlandungszonen, überwiegend an der Küste, und Schlammflächen verschiedenster Art auch im Binnenland (Flachwasserbuchten an Flüssen und Seen, Süßwasserwatten, wiedervernässte Abtorfungsgebiete, feuchte Äcker); Hauptbrutgebiet im nördlichen Skandinavien und Nordosteuropa; 'hängen gebliebene' Durchzügler können in Mitteleuropa brüten, Brutnachweis zuletzt in Bayern 1997 (Sandgrube in Kiefernwald, 400 m ü. NN).

Brutbiologie

Bodenbrüter; Nest meist in der Nähe von leichten Erhöhungen auf trockenen Flächen mit niedriger Vegetation, in Bayern Nestmulde aus Kiefernnadeln; Nestbau durch ♀; Revierverteidigung auch durch einjährige ♂, aber Brut meist erst ab dem 3. KJ; monogame Saisonehe, Polygynie nachgewiesen; 1 Jahresbrut, Nachgelege, Gelege: (3)4 Eier, bei Zusammenlegen bis 8 Eier, Brutdauer: 23-26 Tage, Jungvögel nach vier Wochen flügge; ♀ und ♂ brüten und führen die Jungvögel.

Phänologie

Jahresperiodik: überwiegend Langstreckenzieher; Heimzug A 4 bis A 6, Hauptdurchzug E 4 bis A 5, Ankunft im Brutgebiet ab E 4; Balz vor allem während der Reviergründung und der Bebrütungsphase; Legeperiode A/M 5 bis E 6; flügge Jungvögel ab E 6 möglich, in D eher im Juli zu erwarten; Eintreffen nordischer Wegzügler an der Küste ab E 6, im Binnenland ab A 7.

Tagesperiodik: tag- und dämmerungsaktiv; Balz vor allem in der Morgendämmerung, zweiter Gipfel am Nachmittag/frühen Abend; zieht meist nachts.

Erfassung

Optische und akustische Erfassung von Paaren bei Balz, Revier(flug-)gesang, Warnverhalten und Führen der Jungen; auch „heimliche" Einzelvögel zwischen E 5 und E 6 abseits der typischen Durchzugshabitate (schlickreiche Verlandungszonen) sollten auf eine mögliche Verpaarung hin überprüft werden; nach einer Beobachtung brutverdächtiger Individuen ab M 5 sollten sich wenigstens 2 Kontrollen anschließen, um ein möglicherweise besetztes Revier zu bestätigen.

Termine: 1. A 6 (Balz, Reviergesang); 2. M 6 (Balz, Reviergesang, Nestbau, warnende Altvögel); 3. E 6 bis A 7 (warnende oder Junge führende Altvögel).

Günstige Tageszeit: kurz vor SA bis frühen Vormittag.

Auswertung

Wertungsgrenzen: M 5 bis M 7.

Brutverdacht: • zweimalige Feststellung eines Paares im Abstand von mindestens 7 Tagen, davon eine ab A 6; • einmalige Feststellung von Reviermarkierung und Beobachtung eines Paares im Abstand von mindestens 7 Tagen, davon eine Feststellung ab A 6; • zweimalige Feststellung von Reviermarkierung im Abstand von mindestens 7 Tagen, davon eine Feststellung ab A 6; • intensiv warnende Altvögel.

Brutnachweis: insbesondere • brütende, verleitende oder Junge führende Altvögel.

Besondere Hinweise: Während der gesamten Brutzeit können späte Heim-, frühe Wegzügler oder Nichtbrüter auftreten. Von nordischen Durchzüglern auf dem Heimzug ist gelegentlich Gesang zu hören (selten auch während des Wegzuges). Wiederholtes Anfliegen einer Warte deutet auf mögliches Brutrevier hin. Zu beachten ist die unterschiedliche Habitatwahl von Durchzüglern und potenziellen Brutvögeln. Aufgrund der Seltenheit als Brutvogel in Deutschland sollte ein Brutverdacht nicht nur über das Kriterium Balz oder Verpaarung, sondern durch Beobachten zumindest von Verpaarung oder Nestbauverhalten belegt werden. Möglichst sollte auch ein Brutnachweis (jedoch nicht zwingend ein Gelegefoto) erbracht werden; Meldungen von Brutversuchen und Bruten bitte sowohl an die Deutsche Seltenheitenkommission als auch an die avifaunistischen Kommissionen der zuständigen Bundesländer bzw. Freistaaten.

Literatur: Ranftl & Dornberger (1998)

Wertungsgrenzen und Erfassungszeitraum

Februar			März			April			Mai			Juni			Juli			August		
A	M	E	A	M	E	A	M	E	A	M	E	A	M	E	A	M	E	A	M	E
												1.	2.	3.						

05530 Waldwasserläufer
Tringa ochropus

RLD	---
EUV	---
SPEC	---

Lebensraum

Feuchte bis nasse Bruch- und Auenwälder, Baum bestandene Hoch- und Übergangsmoore, Wald- bzw. Kleinstmoore, von Wald bestandene Uferpartien von Still- und Fließgewässern, Wasser führende Erlenbruchwälder mit angrenzendem jungen Fichtenbestand (Neststandort). Brut- und Nahrungsrevier sind meist räumlich getrennt.

Brutbiologie

Baumbrüter, Nachnutzung vor allem von Drosselnestern, ♂ sucht potenzielle Brutnester; monogame Saisonehe; 1 Jahresbrut; Gelege: (3)4 Eier, Brutdauer: 22-25 Tage, Bebrütung nachts ♂, tags ♀; Pulli verlassen am Schlupftag bis spätestens 2 Tage danach das Nest; ♂ und ♀ führen meist getrennt einen Jungenanteil, selten kann ♀ Brut nach Ablage des Geleges oder Familie bis zum Flüggewerden verlassen; Junge mit 25-26 Tagen flügge.

Phänologie

Jahresperiodik: Kurz- bis Langstreckenzieher, Heimzug, wenn mild, ab E 2, sonst ab M/E 3 bis M 5, Hauptdurchzug A 4 bis A 5; Besetzung der Reviere E 3 bis M 4; mittlerer Legebeginn E 4; erste Familien mit Pulli ab M 5; flügge Junge ab M 6; Abzug aus Brutgebiet spätestens A 7.

Tagesperiodik: tagaktiv, Singflug und Bodenbalz kurz vor SA bis ca. 3 Std. danach; Brutablösungen zwischen 7.45 und 9.15 Uhr bzw. 18.30 und 20 Uhr (MESZ), zieht nachts.

Erfassung

Optische und akustische Erfassung von Paaren/Altvögeln bei Balz (Einsatz einer Klangattrappe während der kurzen Balzphase sinnvoll), Nistplatzsuche, Brutablösungen, Warnen, Führen der Jungen, aber auch bei Nahrungssuche im Bereich des Nestreviers.

Termine: 1. A 4 bis M 4 (Balzphase, Nistplatzsuche der Altvögel); 2. E 4 bis A 5 (noch Balz, Rufe bei Brutablösungen); 3. E 5 bis A 6 (Junge führende oder warnende Altvögel).

Günstige Tageszeit: ab SA bis frühen Vormittag.

Auswertung

Wertungsgrenzen: E 3 bis E 6.

Brutverdacht: • zweimalige Feststellung von Reviermarkierung im Abstand von mindestens 7 Tagen, eine davon E 4 bis A 6; • einmalige Feststellung von Reviermarkierung und Beobachtung eines Paares im Abstand von mindestens 7 Tagen, davon eine Feststellung von E 4 bis A 6; • intensiv warnende, meist aufgebaumte Altvögel (anhaltende Rufreihen).

Brutnachweis: insbesondere • aufgebaumte Vögel und Rufe bei der Brutablösung; • brütender Altvogel; • Junge führende Altvögel.

Besondere Hinweise: Einsatz von Klangattrappen vor allem im April aber auch noch bis A 6 sinnvoll, mindestens 10 Min. nach kurzem Abspielen der Klangattrappe warten, jedoch erfolgt nicht immer eine Reaktion, so dass aus Negativkontrolle nicht zwangsläufig auf Abwesenheit der Art geschlossen werden kann. In geeigneten Lebensräumen geben zur Brutzeit an Gewässern Nahrung suchende Altvögel einen Hinweis auf mögliche nahe Neststandorte. Auch Durchzügler können balzen, dann aber in der Regel außerhalb potenzieller Brutreviere. Alleinige Beobachtung von bereits (älteren) flugfähigen Jungen ist kein Brutnachweis für ein Gebiet. Varianten der Jungenführung (ggf. von ♂/♀ getrennt) beachten. In milden Wintern ggf. Überwinterungen möglich (Feststellungen von November bis Februar).

Literatur: Bönisch et al. (1991); Kissling (2001); Kraatz & Beyer (2002); Steiof (2003)

Wertungsgrenzen und Erfassungszeitraum

Februar			März			April			Mai			Juni			Juli			August		
A	M	E	A	M	E	A	M	E	A	M	E	A	M	E	A	M	E	A	M	E
						1.		2.			3.									

05540 Bruchwasserläufer
Tringa glareola

RLD	0
EUV	X
SPEC	3

Lebensraum

Mitteleuropäische Brutgebiete sind/waren Hochmoore mit geringem Baumbestand oder Zwergsträuchern und offenen, meist flachen Wasserflächen (Blänken, Mooraugen oder Torfstiche), oft mit schlammigen Ufern; sofern offene Gewässer vorhanden, auch Moorgebiete mit Gagelstrauch und Heidekraut; außerhalb der Brutzeit sehr vielseitig, bevorzugt jedoch am Süßwasser in binnenländischen Feuchtgebieten.

Brutbiologie

Bodenbrüter; Nest meist gut versteckt in der Vegetation, in Bult oder kleinem Strauch, gewöhnlich auf nassem Untergrund, aber auch auf trockenem Torf- oder Flechtenboden, in Nord- und Osteuropa auch Benutzung von Baumnestern von Drosseln und anderen Singvögeln; wohl monogame Saisonehe; 1 Jahresbrut; Gelege: (3)4 Eier; Brutdauer: 22-23 Tage, beide Partner brüten und führen zunächst gemeinsam, ♀ kann Familie bereits vor Flüggewerden der Jungen (nach ca. 30 Tagen) verlassen.

Phänologie

Jahresperiodik: Langstreckenzieher; Heimzug ab A 4, meist E 4 bis A/M 6, Hauptdurchzug A/M 5, Balz und Paarbildung wohl unmittelbar nach Ankunft am Brutplatz ab E 4; Eiablage zwischen E 4 und E 5; Jungvögel ab A 6; Nachweise flügger Junge in Niedersachsen zwischen M 6 und M 7; Abzug vom Brutplatz wohl unmittelbar nach Flüggewerden der Jungen.

Tagesperiodik: überwiegend tagaktiv.

Erfassung

Optische und akustische Erfassung von Paaren/Altvögeln bei Balz, Revier(flug-)gesang, Nistplatzsuche, Warnen, Führen der Jungen, aber auch bei Nahrungssuche im Bereich des Nestreviers.

Termine: 1. A 5 bis M 5 (Balz, Reviergesang); 2. E 5 bis A 6 (Balz, Reviergesang, warnende Altvögel); 3. M 6 bis E 6 (warnende oder Junge führende Altvögel).

Günstige Tageszeit: ab SA bis frühen Vormittag.

Auswertung

Wertungsgrenzen: A 5 bis E 6.

Brutverdacht: • zweimalige Feststellung von Reviermarkierung im Abstand von mindestens 7 Tagen, davon eine ab E 5; • einmalige Feststellung von Reviermarkierung und Beobachtung eines Paares im Abstand von mindestens 7 Tagen, davon eine Feststellung ab E 5; • zweimalige Feststellung eines Paares im Abstand von mindestens 7 Tagen, davon eine ab E 5; • intensiv warnende Altvögel ab E 5.

Brutnachweis: insbesondere • brütende, verleitende oder Junge führende Altvögel.

Besondere Hinweise: Auch Durchzügler können balzen. Bodennester weisen eine mit Halmen und Blattstückchen ausgelegte Mulde von 8-10 cm Durchmesser und ca. 4 cm Tiefe auf. Überschneidung von Heim- und Wegzug möglich, Brutvögel eher abseits von Durchzüglern und heimlicher. Bei Brutverdacht (Kriterium Balz, Verpaarung) sollte durch intensives Beobachten zumindest Nestbauverhalten, möglichst auch ein Brutnachweis dokumentiert werden. Erfahrungen mit dem Einsatz von Klangattrappen liegen nicht vor.

Literatur: Brandt (1999); Kirchner (1963); Kooiker (1995)

Wertungsgrenzen und Erfassungszeitraum

Februar			März			April			Mai			Juni			Juli			August		
A	M	E	A	M	E	A	M	E	A	M	E	A	M	E	A	M	E	A	M	E
									1.		2.		3.							

05560 Flussuferläufer
Tringa hypoleucos

RLD	1
EUV	---
SPEC	3

Lebensraum

Sandig-kiesige, vegetationsarme, aber auch mit Gehölzen bewachsene Flussufer, oft auf Flussinseln, seltener an Stillgewässern (Baggerseen), vom Flachland bis in Gebirgstäler; in verschiedenen Gegenden Deutschlands seltener und/oder sporadischer Brutvogel; auf dem Durchzug an Gewässern verschiedenster Art, Größe und Höhenlage; vorzugsweise solche mit ähnlichen Strukturen wie Bruthabitat, jedoch auch felsige Küsten, Flusswatten, Bäche, Fischteiche, Pfützen auf Äckern und in Sandgruben.

Brutbiologie

Bodenbrüter; Nest auf kiesigem oder sandigem Grund, gut versteckt an höher liegenden, durch höhere, krautige Vegetation, Treibholz oder Baumstümpfe geschützten Bereichen; Nistmaterial aus der Umgebung, u.a. Schwemmmaterial; oft in einiger Entfernung zum Gewässerrand (max. 50 m); Nahrungssuche direkt am Gewässer; monogame Saisonehe, Paartreue und Umpaarung nachgewiesen; 1 Jahresbrut, Nachgelege möglich; Gelege: (3)4 Eier, Brutdauer: 21-22 Tage, Junge mit 35-40 Tagen flügge, Familienverband entfernt sich von Brutplatz (bis zu mehreren Kilometern); ♂ und ♀ brüten und führen.

Phänologie

<u>Jahresperiodik</u>: Mittel- und Langstreckenzieher, Heimzug im Süden ab (M/E 3) sonst ab A/M 4 bis A/M 6, Hauptdurchzug E 4 bis E 5, zusätzlich übersommernde Vögel; Ankunft Brutvögel frühestens (im Süden E 3) A/M 4, Revierbesetzung ab E 4; Legebeginn im Süden früh ab E 4, sonst ab A 5 bis M 6, Hauptlegeperiode Mai bis A 6 (vollständig vom Zug überlagert), Hauptschlupfperiode E 5 bis M 6, flügge Junge ab E 6 bis M 7 (E 7); Wegzug bereits ab (E 6) A 7.

<u>Tagesperiodik</u>: überwiegend tagaktiv; Balz auch in den Abendstunden, Zug nachts.

Erfassung

Kartierung von Paaren/Altvögeln bei Balz, Revier(flug-)gesang, Revierstreit, Warnverhalten und Führen der Jungen.

Termine: 1. M 5 bis E 5 (Balz, Reviergesang); 2. A 6 (Balz, Reviergesang, warnende Altvögel); 3. M 6 bis E 6 (warnende oder Junge führende Altvögel); 4. A 7 bis M 7 (warnende oder Junge führende Altvögel).

Günstige Tageszeit: tagsüber, ggf. auch in Abendstunden vor SU.

Auswertung

Wertungsgrenzen: E 4 bis M 7.

Brutverdacht: • zweimalige Feststellung von Reviermarkierung/Balz (Singflug) im Abstand von mindestens 7 Tagen, davon eine Feststellung A 6 bis E 6; • einmalige Feststellung von Reviermarkierung/Balz (Singflug) und einmalige Beobachtung eines Paares im Abstand von mindestens 7 Tagen, davon eine Feststellung A 6 bis E 6; • Nestbau.

Brutnachweis: insbesondere • Familienverband mit flüggen Jungen nur, wenn vorher mindestens einmal Balz festgestellt worden ist (Gebiet ansonsten nur als Aufzuchtsgebiet zu werten) • brütender Altvogel, • nicht flügge Junge führende Altvögel; • intensiv warnende oder verleitende Altvögel.

Besondere Hinweise: Brutverdacht erfordert Feststellung dauerhafter Anwesenheit und anhaltender Gesangsaktivität im Mai und Juni. Brutvögel können sehr heimlich sein, auffällig hingegen ist das Revierverhalten (Balz und Singflug). Bei balzenden Einzelvögeln/Paaren kann es sich auch noch um Durchzügler handeln. Das Brutgeschehen wird vollständig vom Durchzug (Heim- und Wegzug) überlagert. Eindeutig als Brutvögel zu erkennen sind jedoch die auffällig warnenden Altvögel, wenn bereits länger bebrütete Gelege oder Küken vorhanden sind, besonders im Juni. Beobachtung von flüggen Jungvögeln (auch im Familienverband) rechtfertigt allein noch keine Wertung als Brutnachweis für das betreffende Gebiet, es ist dann aber als Aufzuchtsgebiet besonders zu bewerten.

Literatur: Sudmann et al. (2002)

Wertungsgrenzen und Erfassungszeitraum

Februar			März			April			Mai			Juni			Juli			August		
A	M	E	A	M	E	A	M	E	A	M	E	A	M	E	A	M	E	A	M	E
										1.		2.	3.		4.					

05610 Steinwälzer
Arenaria interpres

RLD	R
EUV	---
SPEC	---

Lebensraum

Schütter bewachsene Flächen an der Küste, besonders Sandinseln, Primärdünenbereiche, Strandwiesen, Vorland-Abbruchkanten; meist in Nachbarschaft zu Sandwatten mit Steinen und Muschelschill; Nahrungsgebiete auch in kurzrasigen Salzwiesen mit Spülsäumen, Kothaufen etc.; zur Rastzeit auch an von Menschen verunstalteten Küstenabschnitten (betonierte Deiche, Granit- oder Tetrapodenwälle); seltener, aber regelmäßiger Brutvogel an der Nordseeküste Schleswig-Holsteins.

Brutbiologie

Bodenbrüter; Nest meist geschützt von Grasbüscheln und nah am Wasser; Nestflüchter; Brutreife im 3. KJ; Paarbildung am Brutplatz; monogame Saisonehe; 1 Jahresbrut, Nachgelege selten; Gelege: (3)4 Eier, Brutdauer: 22-24 Tage, Jungvögel nach 19-21 Tagen flügge; ♀ und ♂ brüten und führen Jungvögel zunächst gemeinsam, meist verlässt das ♀ die Brut vor dem Flüggewerden; Junge führende Vögel verleiten häufig stark.

Phänologie

Jahresperiodik: Langstreckenzieher; Heimzug in Mitteleuropa A 4 bis A 6, Heimzuggipfel im Mai; verspätete Heim- oder frühe Wegzügler und Übersommerer im Juni möglich, auch mit Balzverhalten; Hauptlegeperiode im Süden des Verbreitungsgebietes M 5 bis A 6, Jungvögel werden ab E 6 flügge; Wegzug ab A 7.

Tagesperiodik: tagaktiv; zieht meist nachts.

Erfassung

Optische Erfassung einzelner und verpaarter Vögel abseits von Rastvogeltrupps; Beobachtung balzender, warnender und/oder verleitender Altvögel, nicht flügger Jungvögel.

Termine: 1. M 5 bis E 5 (Balz, Paarbindung); 2. A 6 bis M 6 (Balz, Paarbindung, Brut).

Günstige Tageszeit: tagsüber.

Auswertung

Wertungsgrenzen: A 5 bis A 7.

Brutverdacht: • zweimalige Feststellung eines Paares oder Einzelvogels mit Balzverhalten im Abstand von mindestens 7 Tagen, davon eine ab A 6; • zweimalige Feststellung eines isolierten Paares im Abstand von mindestens 7 Tagen, davon eine ab A 6; • insbesondere warnende Altvögel.

Brutnachweis: insbesondere • Nest mit brütendem Altvogel, Eiern oder Jungvögeln • verleitender Altvogel; • nicht flügge Jungvögel.

Besondere Hinweise: Bei Brutverdacht und Brutnachweis sollten die Umstände möglichst genau dokumentiert werden.

Literatur: Hälterlein et al. (1995, 2000); Struwe (1983)

Wertungsgrenzen und Erfassungszeitraum

Februar			März			April			Mai			Juni			Juli			August		
A	M	E	A	M	E	A	M	E	A	M	E	A	M	E	A	M	E	A	M	E
										1.		2.								

05750 Schwarzkopfmöwe
Larus melanocephalus

RLD	R
EUV	X
SPEC	---

Lebensraum

Küsten, Ästuare und Flussniederungen sowie an Seen und Teichen des Binnenlandes; Bruthabitate können stark variieren; an der Küste auf Inseln und Sanden sowie in Dünen und Vorländereien; im Binnenland Vorkommen an Verlandungsgesellschaften unterschiedlicher Ausprägung, Überschwemmungsflächen, Kies- und Sandbänken im Bereich natürlicher Gewässer sowie an Bagger- und Stauseen, Braunkohlenrestseen und Fischteichen.

Brutbiologie

Bodenbrüter; Nest an leicht erhöhten, flachen, trockenen Stellen mit niedriger bis mäßig hoher spärlicher Vegetation (Vegetation kann aber während der Brutperiode schnell aufwachsen), Meidung dicht bewachsener Stellen sowie vegetationsfreier Sandflächen; Koloniebrüter, am Rande, aber auch in der Mitte von Möwenkolonien (Lach- und Sturmmöwe), teilweise selbst Kolonien bildend; saisonale Monogamie; 1 Jahresbrut, Nachgelege; Gelege: (2)3 Eier, Brutdauer: 23-26 Tage; mit 35-40 Tagen flügge, Junge verlassen den engeren Nestbereich erst nach 3 Wochen; ♂ und ♀ brüten.

Phänologie

Jahresperiodik: Kurzstreckenzieher; Heimzug E 3 bis E 5; Hauptdurchzug A 5 bis M 5; Balz ab A 4; Eiablage ab A 5, Hauptlegezeit M/E 5; Jungvögel ab E 5, meist A 6; Abzug von den Brutplätzen ab M 7.

Tagesperiodik: dämmerungs- und tagaktiv; am Brutplatz können die Nahrungsflüge bereits 2 bis 3 Stunden vor SA beginnen.

Erfassung

Zählung balzender, Nest bauender, kopulierender, brütender, Warn- und Alarm rufender sowie fütternder Altvögel; Aggressionsverhalten gegenüber Lachmöwen, Zählung von Jungvögeln;

in Kolonien mit mehr als 5 Paaren oder nicht einsehbaren Brutplätzen: Nesterzählung.

Termine: 1. A 5 (Zählung balzender, brütender, kopulierender bzw. Nest bauender Individuen); 2. M 5 (Zählung brütender bzw. warnender Altvögel); 3. E 5 bis A 6 (Zählung brütender bzw. warnender Altvögel).

Termin/Nesterzählung: M 5 (möglichst gleichzeitig mit der Erfassung der Lachmöwe).

Günstige Tageszeit: ab SA bis späten Vormittag; Nesterzählung tagsüber.

Auswertung

Wertungsgrenzen: E 4 bis E 6.

Brutverdacht: • einmalig intensiv warnende Altvögel; • einmalig Nest bauende Altvögel; • einmalige Feststellung balzender Paare von A 5 bis A 6.

Brutnachweis: insbesondere • brütende Altvögel; • fütternde Altvögel, • Jungvögel.

Brutbestand = maximale Anzahl festgestellter Paare mit Brutverdacht bzw. Brutnachweis

Besondere Hinweise: Brutbestandserfassung ohne Nesterzählung durch intensive Beobachtung von außerhalb der Kolonie (Spektiveinsatz empfehlenswert). Trotz gründlicher Beobachtung ist eine Unterschätzung des Bestandes wahrscheinlich. Nesterzählungen in Möwenkolonien (Begehung der Kolonie) sollten nur von Kennern der Art durchgeführt werden; Eier von denen der Lachmöwe i.d.R eindeutig unterscheidbar (Eier der Schwarzkopfmöwe hellere Grundfarbe, oft schwächere Fleckung, mehr Linien und Schnörkel, meist am stumpfen Pol); Nester ähneln Sturmmöwen-Nestern; Küken haben struppig-stacheliges Aussehen; während Nesterzählungen die unter Erfassung aufgezählten Verhaltensweisen registrieren und dokumentieren! Diese Beobachtungen bei der Auswertung der Nesterzählung als zusätzliche Informationen zum Brutbestand berücksichtigen. Störungen so gering bzw. so kurz wie möglich halten (Nesterzählung nicht bei starker Sonneneinstrahlung oder nasskaltem Wetter, max. 1 Std. Aufenthalt); nur in Abstimmung mit zuständigen Naturschutzbehörden durchführen. Vor der ersten Brut in einer Möwenkolonie können Paare oft in den Jahren zuvor über einen längeren Zeitraum anwesend sein. 1-2jährige Individuen finden sich meist im Brutgebiet ein und beteiligen sich an der Balz; daher bei jeder Kolonie Nichtbrüter anwesend. Bei Fehlen artgleicher Partner bilden paarungswillige Schwarzkopfmöwen mit Lach- oder Sturmmöwen Mischpaare.

Literatur: Boschert (2002 a); Hadasch et al. (2002); Hälterlein et al. (1995, 2000); Mauersberger (1977); Sudmann et al. (2001); van Dijk & Hustings (1996)

Wertungsgrenzen und Erfassungszeitraum

Februar			März			April			Mai			Juni			Juli			August		
A	M	E	A	M	E	A	M	E	A	M	E	A	M	E	A	M	E	A	M	E
									1.	2.	3.									

05780 Zwergmöwe
Hydrocoloeus minutus

RLD	R
EUV	---
SPEC	3

Lebensraum

Flache, meist eutrophe Seen, gelegentlich brackige Lagunen und Hochmoorgewässer; Brutplatz häufig auf Inseln oder Halbinseln, gelegentlich in Schwimmblattzonen, stets schwer zugänglich für Bodenprädatoren, oft im Anschluss an Kolonien von Trauerseeschwalben oder Möwenarten (v.a. Lachmöwen); Nahrungssuche oft mehrere Kilometer von Nistplätzen entfernt. Sporadische Brutvorkommen in Nord- und Nordostdeutschland.

Brutbiologie

Bodenbrüter; Nest weitgehend von Wasser umgeben, auch Schwimmnester aus Wasserpflanzen, seltener an trockenen Standorten; Koloniebrüter; Brutreife mit 2-3 Jahren; monogame Saisonehe; 1 Jahresbrut, Nachgelege möglich, Gelege: (1)2-3 Eier, durch Zusammenlegen max. 7 Eier, Brutdauer: 21-25 Tage, Jungvögel verlassen nach etwa 1 Woche den engeren Nestbereich, Junge nach 21-24 Tagen flügge, kurz darauf selbstständig; ♀ und ♂ brüten.

Phänologie

Jahresperiodik: Kurz- und Mittelstreckenzieher; Heimzug M 3 bis E 5, Hauptdurchzug E 4 bis A 5; Ankunft im Brutgebiet E 4 bis M 5; Hauptlegeperiode von M 5 bis M 6; Jungvögel ab A 6; Abzug vom Brutplatz ab M 7.

Tagesperiodik: tagaktiv.

Erfassung

Zählung balzender, Nest bauender, kopulierender, brütender und warnender Altvögel, Zählung von Jungvögeln; in der Umgebung von Möwenkolonien zwischen E 5 und E 6 anwesende adulte Paare sollten besonders beobachtet werden, nach Möglichkeit Brutnachweis erbringen.

Termine: 1. M 5 bis E 5 (Erfassung balzender, kopulierender bzw. Nest bauender Individuen); 2. A 6 (Erfassung balzender, kopulierender bzw. Nest bauender Individuen sowie Erfassung brütender bzw. warnender Altvögel); 3. M 6 bis E 6 (Erfassung brütender bzw. warnender Altvögel sowie von Jungvögeln).

Günstige Tagezeit: v.a. Morgenstunden, tagsüber.

Auswertung

Wertungsgrenzen: A 5 bis A 7.

Brutverdacht: • einmalig Nestbau; • einmalige Beobachtung eines balzenden Paares und eine weitere Beobachtung eines Altvogels im Abstand von mindestens 7 Tagen von M 5 bis E 6; • zweimalige Feststellung eines balzenden Paares von M 5 bis E 6; • einmalig intensiv warnende Altvögel.

Brutnachweis: insbesondere • brütende Altvögel; • fütternde Altvögel; • nicht flügge Jungvögel.

Besondere Hinweise: Auch übersommernde Nichtbrüter können Balzverhalten zeigen. Eine vermutete Ansiedlung muss daher durch weitere Beobachtungen bestätigt werden. Am Nistplatz störungsempfindlich, Beobachtung mit entsprechender Vorsicht.

Literatur: Hälterlein et al. (1995, 2000)

Wertungsgrenzen und Erfassungszeitraum

Februar			März			April			Mai			Juni			Juli			August		
A	M	E	A	M	E	A	M	E	A	M	E	A	M	E	A	M	E	A	M	E
										1.		2.	3.							

05820 Lachmöwe
Larus ridibundus

RLD	---
EUV	---
SPEC	---

Lebensraum

Offene Feuchtgebietslandschaften; im Binnenland Brutplätze in Verlandungszonen oder auf Inseln von Binnenseen, Altwässern, Weihern und künstlichen Stillgewässern (z.B. Bagger-, Braunkohlerestseen, Fischteiche, wiedervernässte Moore), aber auch in Rieselfeldern und überflutetem Grünland; an der Küste Salzwiesen, Speicherbecken, Bodden und andere küstennahe Feuchtgebiete (Festland sowie Inseln); Ansiedlung oft im Zusammenhang mit Landschaftsveränderungen (Polderung, Wiedervernässung); Nahrungsgebiete im Binnenland hauptsächlich in Grünland- und Ackergebieten, an der Küste meist im Wattenmeer (Küste bis 5 km, im Binnenland bis 20 km vom Brutplatz entfernt).

Brutbiologie

Bodenbrüter, teils auf kahlem Boden, meist aber in Vegetation; Nest auf fester trockener Unterlage, teils mit grobem Nistmaterial hochgebaut; auf Kiesinseln, über Wasser auf niedergedrücktem Schilf, auf Seggen-Bulten, Baumstümpfen; Koloniebrüter, ausnahmsweise Einzelbruten; Brutreife mit 1-2 Jahren; monogame Saisonehe; 1 Jahresbrut, Gelege: 2-3 Eier, Brutdauer 21-25 Tage, Nestlingsdauer: 26-28 Tage, bei Brutverlust häufig Umsiedlungen; ♂ und ♀ brüten.

Phänologie

Jahresperiodik: Teil- und Kurzstreckenzieher; Heimzug von M 2 bis M 5, Hauptdurchzug von M 3 bis M 4 (S: A 3 bis E 3); Ankunft im Brutgebiet und Koloniebesetzung ab (E 2) A 3, an der Küste M 3, Balz und Nestbau bald danach; Legeperiode E 4 bis M 6, hauptsächlich M 5 (S: E 4 bis A 5), insbesondere in Großkolonien stark synchronisiert (Spanne ca. 14 Tage; nach Teilverlusten flügge Jungvögel neben frischen Gelegen möglich); Schlupf ab E 5 (S: ab A 5), flügge Jungvögel ab E 6 (S: A 6); Verlassen der Kolonien ab A 7.

Tagesperiodik: tagaktiv, in den Brutkolonien auch nachtaktiv.

Erfassung

Unzugängliche, aber einsehbare Kolonien: Paarzählung (Zählung balzender, Nest bauender, kopulierender, brütender, warnender Altvögel, auch einzelne Individuen); Zählung von erhöhtem Standort.

Unzugängliche und nicht einsehbare Kolonien: Zählung auffliegender Individuen nach Störungen (möglichst dreimal wiederholen, evtl. Luftbildzählungen als Hilfsmittel).

Zugängliche und nicht einsehbare Kolonien: Nesterzählung (auch leere Nester) oder Individuenzählung (auffliegende Altvögel) während einmalig kurzer Begehung der Kolonie bzw. nach auftretenden Störungen. Zählung während des Auffliegens der Vögel dreimal wiederholen, dabei möglichst Zählung der Individuen durch eine zusätzliche Person außerhalb der Kolonie (mit Gesamtüberblick); Fotos hilfreich.

Termine: Binnenland: 1. A 5/M 5 (Paarzählung oder Zählung auffliegender Individuen); 2. E 5/A 6 (Paarzählung oder Zählung auffliegender Individuen) oder Nesterzählung M/E 5 (im Süden: A 5).

Küste: 2 bis 3 Termine von A 5 bis E 5 (zwei- bis dreimalig Paarzählung); alternativ 1 Termin M 5 bis E 5 (Zählung auffliegender Individuen bzw. Nesterzählung).

Günstige Tageszeit: bevorzugt vormittags; Nordseeküste: 1,5 Std. vor bis 1,5 Std. nach Hochwasser.

Auswertung

Wertungsgrenzen: Binnenland: A 5 bis A 6, Küste: A 5 bis E 5.

Brutverdacht: • zweimalige Feststellung eines intensiv warnenden Paares oder Individuums im potenziellen Brutgebiet; • in eindeutigen Kolonien: Anwesenheit als Kriterium ausreichend.

Brutnachweis: insbesondere • brütende Altvögel; • fütternde Altvögel; • Nest mit Gelege; • nicht flügge Jungvögel.

Brutbestand (Paare) bei Paarzählung = maximal festgestellte Anzahl von Paaren. Brutbestand (Paare) bei Individuenzählungen = maximal festgestellte Individuenzahl und Multiplikation mit Faktor 0,7 (i.d.R. 30 % der Altvögel außerhalb des Brutgebietes auf Nahrungssuche).

Besondere Hinweise: Die gewählte Methode (Nester-, Paar- oder Individuenzählung) muss zur Gewährleistung der Vergleichbarkeit der Daten auch bei Folgeuntersuchungen angewendet werden; Nesterzählungen in Großkolonien mit mehreren Personen durchführen (Seile zur Abgrenzung von Zähleinheiten einsetzen, Vermeidung von Doppelzählungen); bei Nesterzählung bereits gezählte Nester mit Gegenständen (z.B. Muscheln) markieren; Zählungen nicht bei Hitze oder nasskaltem Wetter (max. 1 Stunde Aufenthalt) und nicht in Mischkolonien mit Seeschwalben und Säbelschnäblern sowie nur in Abstimmung mit zuständigen Naturschutzbehörden durchführen; die Methoden finden seit 1995 an der Nordseeküste in einem trilateral abgestimmten Monitoring Anwendung; in dichter und höherer Vegetation, z.B. Röhricht, Neststandorte nur bei Brutablösung mit großem Zeitaufwand zu lokalisieren; zur Erfassung von Großkolonien auch Luftbildzählungen möglich (in breiten Verlandungszonen notwendig).

Literatur: Bellebaum (2002); Brandl et al. (1982); Gorke (1990); Grünkorn (1998); Hälterlein et al. (1995, 2000); Sudmann et al. (2002)

Wertungsgrenzen und Erfassungszeitraum

Februar			März			April			Mai			Juni			Juli			August		
A	M	E	A	M	E	A	M	E	A	M	E	A	M	E	A	M	E	A	M	E
Küste										2 - 3x										
Binnenland									1.		2.									

05900 Sturmmöwe
Larus canus

RLD	---
EUV	---
SPEC	2

Lebensraum

Dünengebiete und Salzwiesen an der Nord- und Ostseeküste; Hauptvorkommen auf Inseln und Nehrungen; häufig am Rande von Silber-/Heringsmöwenkolonien; Binnenlandbrutplätze hauptsächlich auf den Inseln der norddeutschen Seen und Flüsse; auch in Hochmooren und in naturfernen Lebensräumen (Kiesgruben, Hafengebiete), südlich bis Nordrhein-Westfalen bzw. Brandenburg und Sachsen-Anhalt; vereinzelte Bruten in Süddeutschland; Nahrungsgebiete u.a. im Watt, auf Grünland und Ackerland, Aktionsradius max. 15–20 km.

Brutbiologie

Bodenbrüter; Nest auf trockenem Untergrund, meist an prädationssicheren Standorten, meidet dichte hohe Vegetation und kahle Stellen, auch auf Kopfbäumen, Büschen, Dalben und zunehmend Flachdächern; Kolonie- und Einzelbrüter (Großkolonien mit mehreren tausend Paaren bes. an der Ostsee); monogame Saisonehe, Nistplatztreue; 1 Jahresbrut, Gelege: (1)3(4) Eier, Brutdauer: 24-26 Tage, Jungvögel ab dem 4. Tag in Nestumgebung sitzend, flügge mit 28-33 Tagen; ♂ und ♀ brüten.

Phänologie

Jahresperiodik: Teilzieher, Kurzstreckenzieher; Heimzug A 3 bis E 4, Koloniebesetzung und Balz (A)E 2 bis E 3; Nestbau ab E 3; Legeperiode E 4 bis E 6, hauptsächlich A/M 5 bis E 5, in Großkolonien weitgehend synchron; Jungvögel ab E 5; Verlassen der Brutgebiete M 7 bis A 8.

Tagesperiodik: überwiegend tagaktiv.

Erfassung

Unzugängliche, aber einsehbare Kolonien: Paarzählung (Zählung balzender, Nest bauender, kopulierender, brütender, warnender Altvögel, auch einzelne Individuen); Zählung von erhöhtem Standort.

Unzugängliche und nicht einsehbare Kolonien: Zählung auffliegender Individuen nach Störungen (möglichst dreimal wiederholen, evtl. Luftbildzählungen).

Zugängliche und nicht einsehbare Kolonien: Nesterzählung (auch leere Nester) oder Individuenzählung (auffliegende Altvögel) während einmalig kurzer Begehung der Kolonie bzw. nach auftretenden Störungen. Individuenzählung während des Auffliegens der Vögel dreimal wiederholen, dabei möglichst Zählung der Individuen durch eine zusätzliche Person außerhalb der Kolonie (mit Gesamtüberblick); Fotos hilfreich.

Termine: Küste: 2 bis 3 Termine von E 5 bis A 6 (Paarzählung oder Zählung auffliegender Individuen); alternativ einmalig Nesterzählung von E 5 bis A 6;

Binnenland: 1. A 5 (Zählung balzender, brütender, kopulierender bzw. Nest bauender Individuen); 2. M 5 (Zählung brütender bzw. warnender Altvögel); 3. E 5 bis A 6 (Zählung brütender bzw. warnender Altvögel) oder einmalig Nesterzählung E 5.

Günstige Tageszeit: tagsüber, Nordseeküste: 1,5 Std. vor bis 1,5 Std. nach Hochwasser, Binnenland Paar- und Individuenzählung von 1 Std. nach SA bis 1 Std. vor SU.

Auswertung

Wertungsgrenzen: Küste: E 5 bis A 6; Binnenland: E 4 bis E 6.

Brutverdacht: • bei Einzelpaaren zweimalige Feststellung eines Paares oder Individuums im potenziellen Brutgebiet innerhalb des Erfassungszeitraumes mit Warnverhalten; • in eindeutigen Kolonien Anwesenheit als Kriterium ausreichend.

Brutnachweis: insbesondere • brütende Altvögel; • fütternde Altvögel; • Nest mit Gelege; • nicht flügge Jungvögel, • angreifende Altvögel.

Brutbestand (Paare) bei Paarzählung = maximal festgestellte Anzahl von Paaren. Brutbestand (Paare) bei Individuenzählungen = maximal festgestellte Individuenzahl und Multiplikation mit Faktor 0,7 (i.d.R. 30 % der Altvögel außerhalb des Brutgebietes auf Nahrungssuche).

Besondere Hinweise: Die gewählte Methode (Nester-, Paar- oder Individuenzählung) muss zur Gewährleistung der Vergleichbarkeit der Daten auch bei Folgeuntersuchungen angewendet werden; Nesterzählungen in Großkolonien mit mehreren Personen durchführen (Seile zur Abgrenzung von Zähleinheiten einsetzen, Vermeidung von Doppelzählungen); Zählungen nicht bei Hitze oder nasskaltem Wetter (max. 1 Std. Aufenthalt) und nicht in Mischkolonien mit Seeschwalben und Säbelschnäblern sowie nur in Abstimmung mit zuständigen Naturschutzbehörden durchführen; die Methoden finden seit 1995 an der Nordseeküste in einem trilateral abgestimmten Monitoring Anwendung; zur Erfassung von Großkolonien auch Luftbildzählungen möglich; Warnverhalten ist oft nicht sehr ausgeprägt, im Zweifelsfall längere Beobachtung und Brutnachweise erforderlich.

Literatur: Hälterlein et al. (1995, 2000); Sudmann et al. (2002)

Wertungsgrenzen und Erfassungszeitraum

	Februar			März			April			Mai			Juni			Juli			August		
	A	M	E	A	M	E	A	M	E	A	M	E	A	M	E	A	M	E	A	M	E
Küste												2 - 3x									
Binnenland										1.	2.	3.									

05910 Heringsmöwe
Larus fuscus

RLD	---
EUV	---
SPEC	---

Lebensraum

Dünengebiete von Inseln, aber in geringer Zahl auch Salzwiesen auf Halligen und am Festland als Brutplatz; Hauptvorkommen an der Wattenmeerküste, an der Ostseeküste nur Einzelpaare; häufig am Rande von Silbermöwenkolonien; Nahrungsgebiete an der Nordseeküste überwiegend die offene See 50-80 km von den Brutkolonien entfernt (Ernährung u.a. Fischerei-Beifang), in geringerem Maße die freifallenden Wattbereiche.

Brutbiologie

Bodenbrüter; Nest auf trockenem Untergrund, bevorzugt im Schutz von Dünen- oder Salzwiesenvegetation oder von Strandgut, brütet in dichter sowie in schütterer Vegetation; Koloniebrüter, Großkolonien mit mehreren tausend Paaren an der Nordsee; monogame Saisonehe; 1 Jahresbrut, Gelege: 2-3 Eier, Brutdauer: 26-31 Tage, flügge mit 35-40 Tagen; ♂ und ♀ brüten.

Phänologie

<u>*Jahresperiodik*</u>: Mittel- und Langstreckenzieher; Heimzug M 3 bis E 5, Hauptdurchzug E 3 bis A 5; Legeperiode M 4 bis E 5, hauptsächlich M 5, in Großkolonien weitgehend synchron; Jungvögel ab E 5, Verlassen der Brutgebiete ab A/M 7.

<u>*Tagesperiodik*</u>: überwiegend tagaktiv.

Erfassung

Einsehbare Kolonien: Paarzählung (Zählung balzender, Nest bauender, kopulierender, brütender, warnender Altvögel, auch einzelne Individuen); Zählung von erhöhtem Standort.

Unzugängliche und nicht einsehbare Kolonien: Zählung auffliegender Individuen nach Störungen (möglichst dreimal wiederholen, evtl. Luftbildzählungen als Hilfsmittel).

Zugängliche und nicht einsehbare Kolonien: Nesterzählung (auch leere Nester) oder Individuenzählung (auffliegende Altvögel) während einmalig kurzer Begehung der Kolonie bzw. nach auftretenden Störungen. Zählung während des Auffliegens der Vögel dreimal wiederholen, dabei möglichst Zählung der Individuen durch eine zusätzliche Person außerhalb der Kolonie (mit Gesamtüberblick); Fotos hilfreich.

Termine: 2 bis 3 Termine von E 5 bis A 6 (Paarzählung oder Zählung auffliegender Individuen); alternativ einmalig Nesterzählung von E 5 bis A 6.

Günstige Tageszeit: tagsüber, Nordseeküste: 1,5 Std. vor bis 1,5 Std. nach Hochwasser.

Auswertung

Wertungsgrenzen: E 5 bis A 6.

Brutverdacht: • bei Einzelpaaren zweimalige Feststellung eines Paares oder Individuums im potenziellen Brutgebiet mit Warnverhalten; • in eindeutigen Kolonien Anwesenheit als Kriterium ausreichend.

Brutnachweis: insbesondere • brütende Altvögel; • fütternde Altvögel; • Nest mit Gelege; • nicht flügge Jungvögel, • angreifende Altvögel.

Brutbestand (Paare) bei Paarzählung = maximal festgestellte Anzahl von Paaren.

Brutbestand (Paare) bei Individuenzählungen = maximal festgestellte Individuenzahl und Multiplikation mit Faktor 0,7 (i.d.R. 30 % der Altvögel außerhalb des Brutgebietes auf Nahrungssuche).

Besondere Hinweise: Die gewählte Methode (Nester-, Paar- oder Individuenzählung) muss zur Gewährleistung der Vergleichbarkeit der Daten auch bei Folgeuntersuchungen angewendet werden; Nesterzählungen in Großkolonien mit mehreren (mind. 5) Personen durchführen (Seile zur Abgrenzung von Zähleinheiten einsetzen, Vermeidung von Doppelzählungen); Zeitbedarf: mit 5 Zählpersonen 60-80 Min./ha. Die Gelege sind in der Regel nicht sicher von denen der Silbermöwe zu unterscheiden, so dass die Nesterzählung nur bei reinen Heringsmöwenkolonien angewendet werden kann; Zählungen nicht bei Hitze oder nasskaltem Wetter (max. 1 Std. Aufenthalt) und nicht in Mischkolonien mit Seeschwalben und Säbelschnäblern sowie nur in Abstimmung mit zuständigen Naturschutzbehörden durchführen; die Methoden finden seit 1995 an der Nordseeküste in einem trilateral abgestimmten Monitoring Anwendung; zur Erfassung von Großkolonien auch Luftbildzählungen möglich. Die an der deutschen Nordseeküste brütenden Heringsmöwen sind überwiegend der südskandinavischen Unterart *L. f. intermedius* zuzurechnen. Diese Unterart hat häufig so helle Flügeldecken, dass sie unter ungünstigen Lichtverhältnissen mit Silber- oder „Weißkopf"möwen verwechselt werden kann.

Literatur: Hälterlein et al. (1995, 2000)

Wertungsgrenzen und Erfassungszeitraum

Februar			März			April			Mai			Juni			Juli			August		
A	M	E	A	M	E	A	M	E	A	M	E	A	M	E	A	M	E	A	M	E
											2 - 3x									

05920 Silbermöwe
Larus argentatus

RLD	---
EUV	---
SPEC	---

Lebensraum

Dünengebiete und Salzwiesen an der Nord- und Ostseeküste; Hauptvorkommen auf Inseln und Nehrungen; Binnenlandbrutplätze hauptsächlich auf Inseln in Seen und Flüssen; auch in naturfernen bzw. künstlichen Lebensräumen (Kiesgruben, Tagebaugewässer, Fischteiche und Hafengebiete), südlich bis Nordrhein-Westfalen bzw. Sachsen-Anhalt und Sachsen; Nahrungsgebiete an der Küste im Watt (im Gegensatz zur Heringsmöwe) und in seichten Küstengewässern (Ostsee) sowie im Binnenland u.a. auf Äckern, Grünland und Mülldeponien.

Brutbiologie

Bodenbrüter; Nest auf trockenem Untergrund, in schütterer sowie in dichter, teilweise hoher Grasvegetation, aber auch an vegetationslosen Stellen, auf Dalben, Baumstümpfen und zunehmend auch auf Flachdächern, Nistmaterial unterschiedlich umfangreich; Koloniebrüter (Großkolonien mit über 10.000 Paaren), häufig mit anderen Möwenarten und Seeschwalben vergesellschaftet, auch in bodenbrütenden Kormorankolonien; monogame Saisonehe, Nistplatztreue; 1 Jahresbrut, Gelege: 2-3 Eier, Brutdauer: 26-32 Tage, flügge mit 35-49 Tagen; ♂ und ♀ brüten.

Phänologie

Jahresperiodik: Teilzieher, Kurzstreckenzieher; Heimzug E 2 bis A 4; Nestbau ab E 3/A 4, Legeperiode M 4 bis A 7, Maximum Küste: A 5 bis M 5, in Großkolonien weitgehend synchron, Maximum Binnenland E 4 bis A 5; Jungvögel ab E 5; Verlassen der Brutgebiete ab M 7.

Tagesperiodik: überwiegend tagaktiv.

Erfassung

Unzugängliche, aber einsehbare Kolonien: Paarzählung (Zählung balzender, Nest bauender, kopulierender, brütender, warnender Altvögel, auch einzelne Individuen); Zählung von erhöhtem Standort.

Unzugängliche und nicht einsehbare Kolonien: Zählung auffliegender Individuen nach Störungen (möglichst dreimal wiederholen, evtl. Luftbildzählungen als Hilfsmittel).

Zugängliche und nicht einsehbare Kolonien: Nesterzählung (auch leere Nester) oder Individuenzählung (auffliegende Altvögel) während einmalig kurzer Begehung der Kolonie bzw. nach auftretenden Störungen. Zählung während des Auffliegens der Vögel dreimal wiederholen, dabei möglichst Zählung der Individuen durch eine zusätzliche Person außerhalb der Kolonie (mit Gesamtüberblick); Fotos hilfreich.

Termine: Küste: 2 bis 3 Termine von E 5 bis A 6 (Paarzählung oder Zählung auffliegender Individuen); alternativ einmalig Nesterzählung von E 5 bis A 6;

Binnenland: 1. A 5 (Zählung balzender, brütender, kopulierender bzw. Nest bauender Individuen); 2. M 5 (Zählung brütender bzw. warnender Altvögel); 3. E 5 bis A 6 (Zählung brütender bzw. warnender Altvögel) oder einmalig Nesterzählung M 5.

Günstige Tageszeit: tagsüber, Küste 1,5 Std. vor bis 1,5 Std. nach Hochwasser, Binnenland Paar- und Individuenzählung von 1 Std. nach SA bis 1 Std. vor SU.

Auswertung

Wertungsgrenzen: Küste E 5 bis A 6; Binnenland M 4 bis E 6.

Brutverdacht: • bei Einzelpaaren zweimalige Feststellung eines Paares oder Individuums im potenziellen Brutgebiet mit Warnverhalten; • in eindeutigen Kolonien Anwesenheit als Kriterium ausreichend.

Brutnachweis: insbesondere • brütende Altvögel; • fütternde Altvögel; • Nest mit Gelege; • nicht flügge Jungvögel; • angreifende Altvögel.

Brutbestand (Paare) bei Paarzählung = maximal festgestellte Anzahl von Paaren. Brutbestand (Paare) bei Individuenzählungen = maximal festgestellte Individuenzahl und Multiplikation mit Faktor 0,7 (i.d.R. 30 % der Altvögel außerhalb des Brutgebietes auf Nahrungssuche).

Besondere Hinweise: Die gewählte Methode (Nester-, Paar- oder Individuenzählung) muss zur Gewährleistung der Vergleichbarkeit der Daten auch bei Folgeuntersuchungen angewendet werden; Nesterzählungen in Großkolonien mit mehreren (mind. 5) Personen durchführen (Seile zur Abgrenzung von Zähleinheiten einsetzen, Vermeidung von Doppelzählungen); Zeitbedarf: mit 5 Zählpersonen 60-80 Min./ha. Die Gelege sind i.d.R. nicht sicher von denen der Heringsmöwe zu unterscheiden, so dass die Nesterzählung nur bei reinen Silbermöwenkolonien angewendet werden kann; Zählungen nicht bei Hitze oder nasskaltem Wetter (max. 1 Std. Aufenthalt) und nicht in Mischkolonien mit Seeschwalben und Säbelschnäblern sowie nur in Abstimmung mit zuständigen Naturschutzbehörden durchführen; die Methoden finden seit 1995 an der Nordseeküste in einem trilateral abgestimmten Monitoring Anwendung; zur Erfassung von Großkolonien auch Luftbildzählungen möglich. Warnverhalten ist oft nicht sehr ausgeprägt, im Zweifelsfall längere Beobachtung und Brutnachweise erforderlich.

Literatur: Becker & Nagel (1983); Exo et al. (1994); Grünkorn (1998); Hälterlein et al. (1995, 2000)

Wertungsgrenzen und Erfassungszeitraum

	Februar			März			April			Mai			Juni			Juli			August		
	A	M	E	A	M	E	A	M	E	A	M	E	A	M	E	A	M	E	A	M	E
Küste												2 - 3x									
Binnenland										1.	2.	3.									

05926 Mittelmeermöwe
Larus michahellis

RLD	R
EUV	---
SPEC	---

Lebensraum

Küsten, Ästuare und Flussniederungen sowie an Seen und Teichen des Binnenlandes; häufig anthropogen geprägte Lebensräume wie Hafenanlagen und Staustufen; Brutplätze in offenen, übersichtlichen und prädationsgeschützten Stellen (z.B. Inseln), Nahrungssuche an Küsten (Wattenmeer) und Ufern unterschiedlicher Gewässer bzw. auf Gewässern selbst, auf Grünländern und Mülldeponien. Bestand zunehmend, Ausbreitung vom Mittelmeer aus, inzwischen schon in Norddeutschland einzelne Brutvorkommen.

Brutbiologie

Bodenbrüter; typisches Großmöwennest mit Moos und Pflanzenteilen, Nest frei oder an Strukturen angelehnt (u.a. unter Bäumen und Büschen, in höherer Vegetation), auf baumfreien (Kies-)Inseln, auf Nistflößen, Pfählen, Seezeichen (Bojen), Brückenpfeilern, Staumauern; Einzelbruten, daneben in artreinen oder gemischten Kolonien (Lach- und Silbermöwe); monogame Saisonehe, auch Dauerehe; 1 Jahresbrut, regelmäßig Nachgelege; Gelege: (1)2-3(4) Eier, Brutdauer: 27-31 Tage; Jungvögel ab etwa 5 Wochen flügge, mit 6-8 Wochen selbstständig.

Phänologie

Jahresperiodik: in Deutschland (vor allem im Süden) Jahresvogel, z.T. Kurzstreckenzieher; Ankunft im Brutgebiet im Verlauf des Winters, hauptsächlich Februar/März, Altvögel z.T. auch ganzjährig am Brutplatz; Eiablage (E 3) A 4 bis A 6 (E 6), Hauptlegezeit Mai; Jungvögel ab A 5; Wegzug und Dispersal (u.a. Zuzug aus dem Mittelmeerraum) ab E 6.

Tagesperiodik: tagaktiv.

Erfassung

Zählung balzender, Nest bauender, warnender und vor allem brütender und fütternder Altvögel von M 4 bis E 6; Sexual- und antagonistisches Verhalten ähnlich Heringsmöwe, ausgeprägte Drohhaltung; in Kolonien mit mehr als 5 Paaren oder nicht einsehbaren Brutplätzen: Nesterzählung.

Termine: 1. A 5 (Zählung balzender, kopulierender bzw. Nest bauender, brütender, warnender Individuen); 2. M 5 bis E 5 (Zählung balzender, kopulierender bzw. Nest bauender, brütender, warnender Individuen und von Jungvögeln); 3. A 6 bis M 6 (brütende Altvögel, geschlüpfte Junge, fütternde Altvögel). Termin/Nesterzählung: A 5 bis M 5.

Günstige Tageszeit: tagsüber.

Auswertung

Wertungsgrenzen: A 4 bis E 6.

Brutverdacht: • einmalig intensiv warnende Altvögel; • einmalig Nest bauende Altvögel; • einmalige Feststellung balzender Paare von A 5 bis M 6.

Brutnachweis: insbesondere • brütende Altvögel; • fütternde Altvögel; • Jungvögel.

Besondere Hinweise: Der genaue Bestand in Kolonien ist nur durch das Zählen von Nestern zu ermitteln, da sich auch Nichtbrüter an den Brutplätzen aufhalten. Störungen bei der Nesterzählung so gering bzw. kurz wie möglich halten (Nesterzählung nicht bei großer Hitze oder nasskaltem Wetter, max. 1 Std. Aufenthalt); nur in Abstimmung mit zuständigen Naturschutzbehörden durchführen. Kolonien der Mittelmeermöwe sind in Deutschland selten. Flügge Jungvögel sind angesichts des Zuzuges ab E 6 kein definitiver Brutnachweis. Sichere Bestimmung der Vögel ist erforderlich, Verwechslungen vor allem mit Steppenmöwe. Hybridisierung mit Silbermöwe und Steppenmöwe kommt vor, auf Mischpaare achten!

Literatur: Hölzinger & Boschert (2001)

Wertungsgrenzen und Erfassungszeitraum

Februar			März			April			Mai			Juni			Juli			August		
A	M	E	A	M	E	A	M	E	A	M	E	A	M	E	A	M	E	A	M	E
									1.	2.		3.								

05927 Steppenmöwe
Larus cachinnans

RLD	---
EUV	---
SPEC	---

Lebensraum

Felsige oder sandige Inseln an Küsten und in Seen des Binnenlandes, künstliche Seen in Folge von Tagebergbau, Hafenanlagen, Strände; Ausbreitung erfolgt aus Südosteuropa. Aktuell Bruten in Brandenburg und Sachsen-Anhalt (Mischpaare) sowie Brutzeitfeststellungen aus Niedersachsen und Baden-Württemberg.

Brutbiologie

Hauptsächlich Bodenbrüter; typisches Großmöwennest aus unterschiedlichstem Material (z.B. Algen, Gräser, Zweige, Muscheln, Federn), bevorzugt ebenerdige, vor Bodenfeinden geschützte Brutplätze, oft auf relativ vegetationsarmen offenen Flächen; bildet lockere Kolonien, häufig mit anderen Möwenarten vergesellschaftet; saisonale Monogamie; 1 Jahresbrut, Nachgelege wahrscheinlich; Gelege: (1)2-3(4) Eier, Brutdauer: 27-31 Tage; Jungen mit etwa 6 Wochen flügge, mit ca. 8 Wochen selbstständig; beide Partner brüten.

Phänologie

Jahresperiodik: hauptsächlich Standvogel, Teilzieher; Ankunft im Brutgebiet E 2 bis A 3; Eiablage M 4 bis M 5; flügge Junge ab E 6; Abzug von den Brutplätzen E 6 bis E 7.

Tagesperiodik: tagaktiv.

Erfassung

Zählung balzender, Nest bauender, kopulierender, brütender sowie vor allem warnender und fütternder Altvögel, Zählung von Jungvögeln; in Kolonien mit mehr als 5 Paaren oder nicht einsehbaren Brutplätzen: Nesterzählung.

<u>Termine</u>: 1. E 4 (Zählung balzender, kopulierender bzw. Nest bauender, brütender, warnender Individuen); 2. A 5 bis M 5 (Zählung balzender, kopulierender bzw. Nest bauender, brütender, warnender Individuen und von Jungvögeln); 3. E 5 bis A 6 (Zählung brütender bzw. warnender sowie fütternder Altvögel und von Jungvögeln). Termin/Nesterzählung: A 5 bis M 5.

<u>Günstige Tageszeit</u>: tagsüber.

Auswertung

Wertungsgrenzen: M 4 bis E 6.

<u>Brutverdacht</u>: • einmalig intensiv warnende Altvögel; • einmalig Nest bauende Altvögel; • einmalige Feststellung balzender Paare von E 4 bis A 6 im zeitlichen Abstand von mindestens 7 Tagen.

<u>Brutnachweis</u>: insbesondere • brütende Altvögel; • fütternde Altvögel; • Jungvögel.

Besondere Hinweise: Der genaue Bestand in Kolonien ist nur durch das Zählen von Nestern zu ermitteln, da sich auch Nichtbrüter an den Brutplätzen aufhalten. Störungen bei der Nesterzählung so gering bzw. kurz wie möglich halten (Nesterzählung nicht bei sengender Hitze oder nasskaltem Wetter, max. 1 Std. Aufenthalt); nur in Abstimmung mit zuständigen Naturschutzbehörden durchführen (gesetzliche Bestimmungen beachten). Sichere Bestimmung der Vögel ist erforderlich, Verwechslungen mit Mittelmeermöwe ausschließen! Hybridisierung mit Silbermöwe und Mittelmeermöwe kommt häufig vor, besonders in gemeinsamen Kolonien auf Mischpaare achten! Balzverhalten ähnlich Heringsmöwe; Steppenmöwen verhalten sich häufig aggressiv gegenüber Silber- und Heringsmöwen und sind dabei dominanter als diese (eine häufige Drohgeste ist die „Albatrospose“: mit gestreckten Flügeln und senkrecht aufgeworfenem Kopf wird eine jauchzende Rufreihe geäußert).

Literatur: Haupt & Kaminski (1995); Klein & Gruber (1997)

Wertungsgrenzen und Erfassungszeitraum

Februar			März			April			Mai			Juni			Juli			August		
A	M	E	A	M	E	A	M	E	A	M	E	A	M	E	A	M	E	A	M	E
								1.	2.		3.									

06000 Mantelmöwe
Larus marinus

RLD	R
EUV	---
SPEC	---

Lebensraum

Dünengebiete und Salzwiesen an der Nord- und Ostseeküste; Hauptvorkommen auf Inseln, Halbinseln und Nehrungen; häufig in oder am Rand von Silber-/Heringsmöwenkolonien. Auch außerhalb der Brutzeit überwiegend in Küstenlebensräumen, jedoch auch in den Ästuaren der Flussunterläufe und im Bereich der Binnenbodden sowie in Häfen; fast immer in Wassernähe und kaum im Binnenland.

Brutbiologie

Bodenbrüter; Nest auf trockenem Untergrund, meist in hoher Grasvegetation, bevorzugt auf kleinen Erhebungen, aber auch exponiert auf spärlich oder nicht bewachsenen Stellen; Koloniebrüter, aber auch Einzelbrüter; monogame Saisonehe, Nistplatztreue häufig; 1 Jahresbrut, Gelege: (2)3 Eier, Brutdauer: 26-28 Tage, flügge mit 45-50 Tagen; ♂ und ♀ brüten.

Phänologie

Jahresperiodik: Teilzieher, Kurzstreckenzieher; Heimzug E 2 bis A 4, Legeperiode M 4 bis E 5, hauptsächlich E 4 bis A 5; Jungvögel ab M 5, meist um E 5 bis A 6; Verlassen der Brutgebiete M 7 bis A 8.

Tagesperiodik: überwiegend tagaktiv.

Erfassung

Zählung balzender, Nest bauender, kopulierender, brütender, warnender Altvögel; Zählung von erhöhtem Standort.

Termine: 3 Termine von E 5 bis A 6 (Zählung balzender, Nest bauender, kopulierender, brütender, warnender Altvögel).

Günstige Tageszeit: tagsüber, Nordseeküste: 1,5 Std. vor bis 1,5 Std. nach Hochwasser.

Auswertung

Wertungsgrenzen: M 4 bis E 6.

Brutverdacht: • Feststellung eines intensiv warnenden Paares oder Individuums im potenziellen Brutgebiet, • Feststellung eines balzenden Paares und eine weitere Beobachtung im Koloniebereich.

Brutnachweis: insbesondere • brütende Altvögel; • fütternde Altvögel; • nicht flügge Jungvögel; • angreifende Altvögel.

Besondere Hinweise: Die Mantelmöwe weitet ihr Brutareal aus, so dass die Besetzung neuer Brutplätze zu erwarten ist. E 5/A 6 insbesondere in Großmöwenkolonien auf Revierverhalten achten (Rufe); auch nicht vollständig ausgefärbte Tiere können bereits brüten; deshalb unausgefärbte, balzende Vögel zum Brutbestand gehörig werten.

Literatur: Hälterlein et al. (1995, 2000)

Wertungsgrenzen und Erfassungszeitraum

Februar			März			April			Mai			Juni			Juli			August		
A	M	E	A	M	E	A	M	E	A	M	E	A	M	E	A	M	E	A	M	E
											2 - 3x									

06020 Dreizehenmöwe
Rissa tridactyla

RLD	R
EUV	---
SPEC	---

Lebensraum

Meeresvogel, nur zur Fortpflanzungs- und Aufzuchtszeit an Land, Brutplätze auf Felsinseln in Küstennähe oder an Steilküsten, meist Klippen mit schmalen Felsbändern oder Vorsprüngen; in Deutschland ausschließlich in den Klippen der Insel Helgoland brütend; als Nahrungssuchgebiet gehört das umliegende Seegebiet im Umkreis von über 50 km (mit Schwerpunkt 10-35 Km) zum brutzeitlichen Lebensraum; außerhalb der Brutzeit auf der Hochsee, auch Schiffen folgend.

Brutbiologie

Nest auf kleinsten Felssimsen an steilen Felswänden (Gebäudebruten wären möglich, sie sind in Skandinavien üblich), Küken Nesthocker; Koloniebrüter; Erstbruten ab 3. bis 8. Lebensjahr, meist ab 4. bis 5. Lebensjahr, hohe Brutortstreue und Tendenz zur Partnertreue, monogame Saisonehe; 1 Jahresbrut, Nachgelege möglich; Gelege: 1-3 Eier, Brutdauer: 25-32 Tage; Nestlingsdauer: 41-43 Tage; Brut und Aufzucht durch ♂ und ♀.

Phänologie

Jahresperiodik: Teilzieher; Ankunft in Brutkolonie ab A 3; Balz und Paarbildung am Brutplatz; Legebeginn ab A 5 bis A 6, Nestlingszeit bis spätestens E 8.

Tagesperiodik: tag- und nachtaktiv.

Erfassung

Zählung besetzter Nester; Erfassung muss auf Helgoland mit mehreren Teams vom Felswatt aus an einem Nachmittag bei Niedrigwasser und ruhigem Wetter stattfinden, da der größte Teil der Kolonie vom Oberland aus nicht einsehbar ist.

Termin: 1. A 6 (Zählung besetzter Nester).

Günstige Tageszeit: auf Helgoland aus praktischen Gründen nachmittags bei Niedrigwasser vom Felswatt aus.

Auswertung

Wertungsgrenzen: E 5 bis M 6, jedoch einmaligen Zähltermin A 6 möglichst einhalten.

Brutverdacht: • Altvögel an oder auf Nest (Nest oft nicht einsehbar).

Brutnachweis: insbesondere • brütender Altvogel; • Eier im Nest oder Jungvogel im Nest bzw. am Brutplatz; • fütternder Altvogel.

Bestandsangabe: Anzahl besetzter Nester.

Besondere Hinweise: Da ein Großteil der Nester (auch auf Helgoland) nicht einsehbar ist, also Eiablage oder Küken nicht in allen Einzelfällen nachweisbar sind, wird die Anzahl besetzter Nester (Altvögel am Nest) als Einheit für Bestandsangaben verwendet.

Literatur: Dierschke et al. (2004); Lloyd et al. (1991)

Wertungsgrenzen und Erfassungszeitraum

Februar			März			April			Mai			Juni			Juli			August		
A	M	E	A	M	E	A	M	E	A	M	E	A	M	E	A	M	E	A	M	E
												1.								

06050 Lachseeschwalbe
Sterna nilotica

RLD	2
EUV	X
SPEC	3

Lebensraum

Küsten und Ästuare; bis Mitte der 1960er Jahre an Flachseen und in Heidemooren sowie in Dünen- und Heidegebieten der nordfriesischen Nordseeküste; aktuell in neu eingedeichten Kögen sowie im Vorland von Ästuaren; Jagdgebiete befinden sich ausschließlich in terrestrischen Lebensräumen (Heiden und Moore, nahrungsreiche Grünlandgebiete) und können bis zu 40 km vom Brutplatz entfernt sein. In Deutschland Brutvorkommen an der Nordseeküste Schleswig-Holsteins und in der Elbmündung (Schleswig-Holstein, Niedersachsen); auf kleinen Sandinseln und auf Strandwällen im Vorland.

Brutbiologie

Bodenbrüter; Nest auf sandigem oder vegetationsfreiem Boden, aber in schütterer Halophytenvegetation oder dichten, kurzrasigen Grasbeständen; Koloniebrüter, aber auch Einzelpaare, häufig mit Flussseeschwalben oder Lachmöwen vergesellschaftet; saisonale Monogamie; 1 Jahresbrut, Nachgelege, Gelege: 1-3(4) Eier, Brutdauer: 22-24 Tage, ab dem 1.-3. Tag werden die Jungen vom Nest zu einem deckungsreichen Aufzuchtplatz geführt, flugfähig mit etwa 30 Tagen; ♂ und ♀ brüten und füttern.

Phänologie

Jahresperiodik: Langstreckenzieher; Heimzug M 4 bis A 6, Hauptdurchzug E 4 bis A 5; Balz auf dem Heimzug, jedoch Paarbildung erst am Brutplatz; Legeperiode A 5 bis A 7, hauptsächlich A 5 bis A 6; Jungvögel ab A 6; Abzug aus Brutgebiet ab Juli.

Tagesperiodik: tagaktiv.

Erfassung

Einsehbare Kolonien: Paarzählung - Zählung von balzenden (Balzflüge und –rufe), kopulierenden oder warnenden Altvögeln, Beute tragender Altvögel, die zum möglichen Brutplatz fliegen, Beuteübergabe am Nistplatz, Rückkehr eines Altvogels zum möglichen Brutplatz nach einer Störung (durch Prädator, Flugzeug usw.), Angriffe auf potenziellen Beutegreifer (Säuger, Greifvögel, Krähenvögel), Zählung brütender Altvögel.

Nicht einsehbare Kolonien: Zählung auffliegender Individuen nach Störungen (möglichst dreimal wiederholen).

Termine: 1. M 5 (Balzflüge, -rufe, Altvögel mit Beute, Beuteübergabe); 2. E 5 (Warn- und Verteidigungsverhalten, Altvögel mit Beute, Beuteübergabe, brütende Altvögel); 3. A 6 bis M 6 (Warn- und Verteidigungsverhalten, brütende bzw. fütternde Altvögel, Altvögel mit Beute).

Günstige Tagezeit: v.a. Morgenstunden, tagsüber.

Auswertung

Wertungsgrenzen: A 5 bis A 7.

Brutverdacht: • einmalige Feststellung intensiv warnender bzw. Brut verteidigender Altvögel; • einmalige Beobachtung von balzenden Altvögeln (Balzflüge, -rufe, Kopulation, Beute tragend) und eine weitere Beobachtung, davon eine M 5 bis M 6; • zweimalige Feststellung eines Paares (Balzflüge, -rufe, Kopulation, Beute tragend oder Beuteübergabe), davon eine M 5 bis M 6; • einmalige Feststellung eines Paares (Balzflüge, -rufe, Kopulation, Beute tragend) und eine weitere Beobachtung eben flügger Jungvögel.

Brutnachweis: insbesondere • brütender Altvogel; • fütternder Altvogel; • nicht flügge Junge.

Brutbestand (Paare) = maximal festgestellte Anzahl von Paaren.

Besondere Hinweise: Mögliche Brutgebiete dürfen nicht betreten werden. Bei Erfassungen ausreichenden Abstand zu den Brutplätzen einhalten (Spektiv). Die Zählung bzw. Beobachtung mit Beute einfliegender Altvögel gibt wertvolle Hinweise auf die Brutpaarzahl. Die Vögel kommen meist von den landseitig gelegenen Nahrungshabitaten. Der nicht brütende Altvogel eines Paares hält sich meist in Nestnähe auf. Durchziehende Altvögel können balzen. Nahrungssuchende Altvögel können auch in großer Entfernung vom Brutplatz Warnverhalten zeigen und in seltenen Fällen Angriffe gegen potenzielle Feinde fliegen. Bei Neuansiedlungen muss eine genaue Dokumentation aller Beobachtungsumstände erfolgen, die zum Brutverdacht sowie Brutnachweis führen. Weiterhin sollten zusätzlich alle Brutzeitfeststellungen (Einzelindividuen, Paare, Trupps) dokumentiert werden.

Literatur: Hälterlein et al. (1995, 2000)

Wertungsgrenzen und Erfassungszeitraum

Februar			März			April			Mai			Juni			Juli			August		
A	M	E	A	M	E	A	M	E	A	M	E	A	M	E	A	M	E	A	M	E
										1.	2.	3.								

06060 Raubseeschwalbe
Sterna caspia

RLD	1
EUV	X
SPEC	3

Lebensraum

Küsten sowie Feuchtgebiete im Binnenland; brütet auf flachen Sandstränden an Meeresbuchten sowie auf Inseln von Ästuaren, Flüssen und Seen; an der Küste wichtige Nahrungshabitate im Seichtwasserbereich. In Deutschland Brutvorkommen von einzelnen Paaren an der Küste von Mecklenburg-Vorpommern; dort ausschließlich auf Inseln mit Seevogelkolonien; Brutplätze am Spülsaum bzw. weiter landeinwärts in Strandwiesen an Prielen.

Brutbiologie

Bodenbrüter; Nest auf Sand oder Kies, oft ohne Auspolsterung; Koloniebrüter, aber auch Einzelpaare; saisonale Monogamie; 1 Jahresbrut, Nachgelege; Gelege: 2-3 Eier, Brutdauer: 24-25 Tage; mit 25-28 Tagen können die Jungen die Nestumgebung verlassen, flugfähig mit etwa 37 Tagen, ab ca. 60. Lebenstag in der Lage zu fischen; ♂ und ♀ brüten und füttern.

Phänologie

Jahresperiodik: Mittel- bis Langstreckenzieher; Heimzug A 4 bis A 5, Hauptdurchzug M/E 4; Legebeginn A 5 bis A 6, Nachgelege bis M 7, Hauptlegezeit M 5; Jungvögel ab E 5; Abzug aus Brutgebiet etwa M 8.

Tagesperiodik: tagaktiv.

Erfassung

Zählung von Altvögeln, Zählung von balzenden (Balzflüge und –rufe), kopulierenden oder warnenden Altvögeln, Fisch tragende Altvögel, die zum möglichen Brutplatz fliegen, Rückkehr eines Altvogels zum möglichen Brutplatz nach einer Störung, Verfolgung von potenziellen Beutegreifern (Greife, Krähenvögel), Zählung brütender Altvögel.

Termine: 1. A 5 (Balzflüge, -rufe, Altvögel mit Fischen); 2. M 5 bis E 5 (Warn- und Verteidigungsverhalten, Altvögel mit Fischen); 3. A 6 bis M 6 (Warn- und Verteidigungsverhalten, fütternde Altvögel, Altvögel mit Fischen).

Günstige Tagezeit: Morgenstunden.

Auswertung

Wertungsgrenzen: E 4 bis M 8.

Brutverdacht: • einmalige Feststellung intensiv warnender bzw. Brut verteidigender Altvögel; • einmalige Beobachtung von balzenden Altvögeln (Balzflüge, -rufe, Kopulation, Fisch tragend) und eine weitere Beobachtung im Abstand von mindestens 7 Tagen, davon eine A 5 bis M 6; • zweimalige Feststellung eines Paares (Balzflüge, -rufe, Kopulation, Fisch tragend) im Abstand von mindestens 7 Tagen, davon eine A 5 bis M 6; • einmalige Feststellung eines Paares (Balzflüge, -rufe, Kopulation, Fisch tragend) und später eben flügge Junge.

Brutnachweis: insbesondere • brütender Altvogel; • fütternder Altvogel; • nicht flügge Junge.

Besondere Hinweise: Raubseeschwalben sind am Brutplatz sehr empfindlich gegen Störungen. Mögliche Brutgebiete dürfen nicht betreten werden! Bei Erfassungen ausreichenden Abstand zu den Brutplätzen einhalten (Spektiv). Bei Brutverdacht sowie Brutnachweis muss eine genaue Dokumentation aller Beobachtungsumstände erfolgen. Weiterhin sollten zusätzlich alle Brutzeitfeststellungen (Einzelindividuen, Paare, Trupps) dokumentiert werden.

Literatur: Dost (1963); Graumann et al. (1995); Hälterlein et al. (2000)

Wertungsgrenzen und Erfassungszeitraum

Februar			März			April			Mai			Juni			Juli			August		
A	M	E	A	M	E	A	M	E	A	M	E	A	M	E	A	M	E	A	M	E
									1.	2.		3.								

06110 Brandseeschwalbe
Sterna sandvicensis

RLD	V
EUV	X
SPEC	2

Lebensraum

An der Nordseeküste nur auf Inseln und Halligen, an der Ostseeküste auch auf Halbinsel ähnlichen Nehrungshaken und auf Boddeninseln; Strandlebensräume – Primärdünengebiete, Strandwälle, Nehrungen – und Salzwiesen mit lückiger und überwiegend kurzer Vegetation, kleinere Kolonien stets im Anschluss an Lachmöwenkolonien oder mit anderen Seeschwalbenarten vergesellschaftet; Nahrungsgebiete meist auf der offenen See, bis >50 km vom Brutplatz entfernt.

Brutbiologie

Bodenbrüter; Nest meist auf nicht bewachsenem Untergrund, der Mulden zulässt (Sand, Kies, Muschelschill); Koloniebrüter, häufig sehr große Kolonien (mehrere tausend Paare) mit sehr geringem Nestabstand; monogame Saisonehe; 1 Jahresbrut, Gelege: (1)2 Eier, Brutdauer: 22-26 Tage, flügge mit 25-35 Tagen, Junge ab dem 3.-4. Tag in Nestumgebung sitzend.

Phänologie

Jahresperiodik: Langstreckenzieher; Ankunft im Brutgebiet M 3/E 3 (bis A 5), Heimzug von E 4 bis A 6, Hauptdurchzug E 4 bis M 5, Koloniebesetzung und Balz entweder gleich nach Ankunft im Brutgebiet oder bis 2 Wochen später, Legeperiode ab E 4 bis M 6, hauptsächlich A 5 bis M 5 (in großen Kolonien synchronisierte Eiablage); Jungvögel ab E 5, die letzten E 6, Wegzug ab E 6.

Tagesperiodik: tagaktiv.

Erfassung

Einsehbare Kolonien: Paarzählung (Zählung balzender, Nest bauender, kopulierender, brütender, warnender Altvögel, auch einzelne Individuen); Zählung von erhöhtem Standort.

Zugängliche und nicht einsehbare Kolonien: Individuenzählung (auffliegende Altvögel) nach auftretenden Störungen; Zählung während des Auffliegens der Vögel dreimal wiederholen, dabei möglichst Zählung der Individuen durch eine zusätzliche Person außerhalb der Kolonie (mit Gesamtüberblick); Fotos hilfreich; Nesterzählung (ohne leere Nester).

Unzugängliche und nicht einsehbare Kolonien: Zählung auffliegender Individuen nach Störungen (Zählung möglichst dreimal wiederholen).

Termine: zwei Termine von E 5 bis A 6 im Abstand von einer Woche (Paarzählung oder Zählung auffliegender Individuen); Nesterzählung A 6.

Günstige Tageszeit: tagsüber, Nordseeküste 1,5 Std. vor bis 1,5 Std. nach Hochwasser.

Auswertung

Wertungsgrenzen: E 5 bis A 6.

Brutverdacht: • einmalige Feststellung eines intensiv warnenden Paares oder Individuums im potenziellen Brutgebiet; • einmalige Beobachtung eines balzenden Paares (Balzflüge, -rufe, Kopulation, Fisch tragend) im potenziellen Brutgebiet; • in eindeutigen Kolonien: einmalige Feststellung, auch ohne Warnverhalten.

Brutnachweis: insbesondere • brütende Altvögel; • fütternde Altvögel; • Nest mit Gelege; • nicht flügge Jungvögel.

Brutbestand (Paare) bei Paarzählung = maximal festgestellte Anzahl von Paaren. Brutbestand (Paare) bei Individuenzählungen = maximal festgestellte Individuenzahl und Multiplikation mit Faktor 0,7 (i.d.R. 30 % der Altvögel außerhalb des Brutgebietes auf Nahrungssuche).

Besondere Hinweise: Von Jahr zu Jahr häufiger Brutplatzwechsel (auch Verlassen von traditionellen Brutplätzen) in Abhängigkeit vom Nahrungsangebot, von Habitatveränderungen sowie von der Störungsintensität. Brandseeschwalben sind insbesondere während der Ansiedlungsphase sehr störempfindlich. Störungen an den Rastplätzen können zum Verlassen des Brutgebietes führen. Halbflügge Jungvögel können bei Störungen aus der Kolonie flüchten und sind dann einer erhöhten Prädation ausgesetzt. Nesterzählungen (ohne leere Nester) nur gegen Ende der Bebrütungsphase (meist A 6) durchführen; eine Abstimmung mit zuständigen Naturschutzbehörden ist notwendig! Die Eiablage in neugegründeten Kolonien kann später, erst am Ende der Hauptlegeperiode, erfolgen.

Literatur: Hälterlein et al. (1995, 2000)

Wertungsgrenzen und Erfassungszeitraum

Februar			März			April			Mai			Juni			Juli			August		
A	M	E	A	M	E	A	M	E	A	M	E	A	M	E	A	M	E	A	M	E
											2x									

06150 Flussseeschwalbe
Sterna hirundo

RLD	V
EUV	X
SPEC	---

Lebensraum

An der Küste Primärdünengebiete, Strandwälle, Nehrungen und Salzwiesen mit lückiger und überwiegend kurzer Vegetation, oft dicht an der Hochwasserlinie; Flussauen und Ästuare mit Sand- und Kiesbänken; Hauptvorkommen wegen des geringeren Prädationsdrucks auf Inseln; toleriert höhere Vegetation als die Küstenseeschwalbe; Nahrungsgebiete im Wattenmeer häufig in >10 km Entfernung; Binnenlandvorkommen in Schleswig-Holstein und Mecklenburg-Vorpommern meist auf kleinen extensiv beweideten Boddeninseln, in Ostdeutschland auch Tagebaugewässer; Restbestände in West- und Süddeutschland, nach Ausbau von Flussauen Verlust von Kies- und Sandbänken, meist auf künstlichen Brutflößen, Strombauwerken und künstlichen Inseln.

Brutbiologie

Bodenbrüter; Nest oft nahe auffälliger Strukturen, auf Kies oder Sand, auch zwischen Pflanzenbüscheln und Treibgut; Koloniebrüter, häufig Mischkolonien mit Küstenseeschwalben (auch Brandseeschwalben) und im Bereich von Lachmöwenkolonien; ausgeprägte Nistplatztreue; monogame Saisonehe; 1 Jahresbrut, Gelege: (1)2-3(4) Eier, Brutdauer: 21-24 Tage, flügge mit 23-27 Tagen.

Phänologie

Jahresperiodik: Langstreckenzieher; Heimzug E 3 bis A 6, Hauptdurchzug M 4 bis M 5, nach Ankunft im Brutgebiet sogleich Koloniebesetzung und Balz; Legeperiode Küste: A 5 bis E 5, Binnenland: E 4 bis A 6, Hauptlegezeit Küsten M 5 bis E 5, Binnenland A 5 bis E 5, Nachgelege bis A 7; flügge Jungvögel ab E 6, die letzten M/E 8, Abzug aus dem Wattenmeer bis E 9.

Tagesperiodik: tagaktiv.

Erfassung

Einsehbare Kolonien: Paarzählung (Zählung balzender, Nest bauender, kopulierender, brütender, warnender Altvögel, auch einzelne Individuen); Zählung von erhöhtem Standort. Zugängliche und nicht einsehbare Kolonien: Individuenzählung (auffliegende Altvögel) nach auftretenden Störungen bzw. während einmalig kurzer Begehung der Kolonie; Zählung während des Auffliegens der Vögel dreimal wiederholen, dabei möglichst Individuenzählung durch eine zusätzliche Person außerhalb der Kolonie (mit Gesamtüberblick); Fotos hilfreich.

Termine: Küste: zwei bis drei Termine von E 5 bis A 6 (Paarzählung oder Zählung auffliegender Individuen); Binnenland: 1. A 5 bis M 5 (Paarzählung oder Zählung auffliegender Individuen); 2. E 5 (Paarzählung oder Zählung auffliegender Individuen); alternativ einmalig Nesterzählung E 5.

Günstige Tageszeit: tagsüber, Nordseeküste 1,5 Std. vor bis 1,5 Std. nach

Hochwasser; Binnenland Paar- und Individuenzählung von 1 Std. nach SA bis 1 Std. vor SU.

Auswertung

Wertungsgrenzen: Küste: E 5 bis A 6; Binnenland: A 5 bis M 6.

Brutverdacht: • einmalige Feststellung eines intensiv warnenden Paares oder Individuums im potenziellen Brutgebiet; • einmalige Beobachtung eines balzenden Paares (Balzflüge, -rufe, Kopulation, Fisch tragend) im potenziellen Brutgebiet; • in eindeutigen Kolonien: einmalige Feststellung von Individuen ohne Warnverhalten.

Brutnachweis: insbesondere • brütende Altvögel; • fütternde Altvögel; • Nest mit Gelege; • nicht flügge Jungvögel.

Brutbestand (Paare) bei Paarzählung = maximal festgestellte Anzahl von Paaren. Brutbestand (Paare) bei Individuenzählungen = maximal festgestellte Individuenzahl und Multiplikation mit Faktor 0,7 (i.d.R. 30 % der Altvögel außerhalb des Brutgebietes auf Nahrungssuche). Brutbestand (Paare) bei Floßkolonien im Binnenland = Maximalzahl anfliegender Vögel (wegen Platzmangel kaum Partner und Nichtbrüter anwesend).

Besondere Hinweise: Bestimmungsmerkmale der Zwillingsarten Fluss- und Küstenseeschwalbe vor der Brutzeit gut verinnerlichen; sichere Bestimmung wichtig, aber bei größeren Kolonien i.d.R. nicht für jeden einzelnen Vogel möglich; in gemischten Kolonien Arten meist in unterschiedlichen Teilbereichen; bei gemischten Kolonien aus Stichprobe Art-Verhältnis ermitteln; die Stichprobe muss alle Kolonieteile berücksichtigen; bei Individuenzählungen darauf achten, dass sich alle Vögel der Kolonie einschließlich der der Randbereiche in der Luft befinden (bei Großkolonien mehrere Personen erforderlich); Paar- und Individuenzählungen von großen Kolonien auf Inseln in Binnenseen und Flüssen (insbesondere in oder am Rand von Möwenkolonien) führen zu Bestandsunterschätzungen, in diesen Fällen ergeben Nesterzählungen genauere Daten; Nesterzählung nicht bei Hitze oder nasskaltem Wetter (max. 1 Std. Aufenthalt); nur in Abstimmung mit zuständigen Naturschutzbehörden durchführen. Umsiedlungen von Paaren bzw. Kolonien durch Gelege- oder Kükenverlust (Überschwemmungen, Prädation) noch im Juni möglich; erstmalig brütende Paare siedeln sich meist erst später an und werden bei nur einer Kontrolle E 5 nicht unbedingt erfasst; (Unterschätzung des Brutbestandes); Balzfütterungen gelegentlich auch außerhalb des Brutplatzes. Auf sehr seltene Mischbruten mit Rosenseeschwalbe (*S. dougallii*) achten.

Literatur: BARTHEL (1991); BECKER & HELBIG (1998); HÄLTERLEIN et al. (1995); SÜDBECK et al. (1998)

Wertungsgrenzen und Erfassungszeitraum

	Februar			März			April			Mai			Juni			Juli			August		
	A	M	E	A	M	E	A	M	E	A	M	E	A	M	E	A	M	E	A	M	E
Küste												2 - 3x									
Binnenland										1.		2.									

06160 Küstenseeschwalbe
Sterna paradisaea

RLD	---
EUV	X
SPEC	---

Lebensraum

Strandlebensräume an Nord- und Ostseeküste – Primärdünengebiete, Strandwälle, Nehrungen – und Salzwiesen mit lückiger und überwiegend kurzer Vegetation, oft dicht an der Hochwasserlinie; Hauptvorkommen aufgrund des geringeren Prädationsdrucks durch Landraubtiere oft auf Inseln und Halligen; häufig Mischkolonien mit Flussseeschwalben und im Bereich von Möwenkolonien; meidet höhere Vegetation; Nahrungsgebiete hauptsächlich im Wattenmeer bzw. an Flachküsten der Ostsee und Boddengewässer, auch Schiffsfolger.

Brutbiologie

Bodenbrüter; Nest auf Grasinseln, Sandflächen oder kurzrasigem Grünland (Salzwiesen); Koloniebrüter; Brutreife mit 4 Jahren; monogame Saisonehe; 1 Jahresbrut, Gelege: (1)2(3) Eier, Brutdauer: 21-22 Tage, Junge flügge mit 21-24 Tagen, ab dem 2. Tag in Nestumgebung sitzend; ausgeprägtes Abwehr-/Angriffsverhalten der Altvögel am Brutplatz.

Phänologie

Jahresperiodik: Langstreckenzieher; Heimzug E 3 bis M 5, Hauptdurchzug E 4 bis M 5, dann sogleich Koloniebesetzung und Balz; Legeperiode E 4 bis M 5, meist A 5, Nachgelege bis A 7; flügge Jungvögel ab E 6, die letzten M/E 8, Abzug aus dem Wattenmeer bis E 9.

Tagesperiodik: tagaktiv.

Erfassung

Einsehbare Kolonien: Paarzählung (Zählung balzender, Nest bauender, kopulierender, brütender, warnender Altvögel, auch einzelne Individuen); Zählung von erhöhtem Standort.

Zugängliche und nicht einsehbare Kolonien: Individuenzählung (auffliegende Altvögel) nach auftretenden Störungen bzw. während einmalig kurzer Begehung der Kolonie; Zählung während des Auffliegens der Vögel dreimal wiederholen, dabei möglichst Zählung der Individuen durch eine zusätzliche Person außerhalb der Kolonie (mit Gesamtüberblick); Fotos hilfreich.

Unzugängliche und nicht einsehbare Kolonien: Zählung auffliegender Individuen nach Störungen (Zählung möglichst dreimal wiederholen).

Termine: zwei bis drei Termine von E 5 bis A 6 (Paarzählung oder Zählung auffliegender Individuen).

Günstige Tageszeit: tagsüber, Nordseeküste 1,5 Std. vor bis 1,5 Std. nach Hochwasser.

Auswertung

Wertungsgrenzen: E 5 bis A 6.

Brutverdacht: • einmalige Feststellung eines intensiv warnenden Paares oder Individuums im potenziellen Brutgebiet innerhalb der Erfassungszeit; • einmalige Beobachtung eines balzenden Paares (Balzflüge, -rufe, Kopulation, Fisch tragend) im potenziellen Brutgebiet innerhalb der Erfassungszeit; • in eindeutigen Kolonien: einmalige Feststellung, auch ohne Warnverhalten.

Brutnachweis: insbesondere • brütende Altvögel; • fütternde Altvögel; • nicht flügge Jungvögel.

Brutbestand (Paare) bei Paarzählung = maximal festgestellte Anzahl von Paaren;
Brutbestand (Paare) bei Individuenzählungen = maximal festgestellte Individuenzahl und Multiplikation mit Faktor 0,7 (i.d.R. 30 % der Altvögel außerhalb des Brutgebietes auf Nahrungssuche).

Besondere Hinweise: Bestimmungsmerkmale der Zwillingsarten Küsten- und Flussseeschwalbe vor der Brutzeit gut verinnerlichen; sichere Bestimmung wichtig, aber bei größeren Kolonien i.d.R. nicht für jeden einzelnen Vogel möglich; in gemischten Kolonien Arten meist in unterschiedlichen Teilbereichen; bei gemischten Kolonien aus Stichprobe Art-Verhältnis ermitteln; die Stichprobe muss alle Kolonieteile berücksichtigen; bei Individuenzählungen darauf achten, dass sich die gesamte Kolonie einschließlich der Randbereiche in der Luft befindet (bei Großkolonien mehrere Personen erforderlich).

Literatur: Barthel (1991); Hälterlein et al. (1995, 2000); Südbeck et al. (1998)

Wertungsgrenzen und Erfassungszeitraum

<table>
<tr><th colspan="3">Februar</th><th colspan="3">März</th><th colspan="3">April</th><th colspan="3">Mai</th><th colspan="3">Juni</th><th colspan="3">Juli</th><th colspan="3">August</th></tr>
<tr><td>A</td><td>M</td><td>E</td><td>A</td><td>M</td><td>E</td><td>A</td><td>M</td><td>E</td><td>A</td><td>M</td><td>E</td><td>A</td><td>M</td><td>E</td><td>A</td><td>M</td><td>E</td><td>A</td><td>M</td><td>E</td></tr>
<tr><td></td><td></td><td></td><td></td><td></td><td></td><td></td><td></td><td></td><td></td><td></td><td colspan="2">2 - 3x</td><td></td><td></td><td></td><td></td><td></td><td></td><td></td></tr>
</table>

06240 Zwergseeschwalbe
Sterna albifrons

RLD	2
EUV	X
SPEC	3

Lebensraum

Strandlebensräume mit hoher Dynamik an der Nord- und Ostseeküste – Primärdünengebiete, Strandwälle, Sände, Nehrungen – vegetationsarme Abbruchkantenbereiche der Salzwiesen; ursprünglich auch auf Sandplaten der Ästuare; Nistplätze oft unmittelbar an der Hochwasserlinie, vor allem vegetationsarme, steinige Muschelschill- oder Kiesflächen; Binnenlandvorkommen in Brandenburg; meist entlang von Flüssen, dort auf Sandbänken, Überflutungswiesen mit Schlamminseln, auch Sekundärlebensräume wie Spülflächen, Kiesgruben und neu eingedeichte Flächen, ausnahmsweise auf Äckern.

Brutbiologie

Bodenbrüter; Nest flache Mulde, ohne oder wenig Auskleidung, auf kahlem Untergrund, mitunter zwischen locker stehenden Vegetationsbüscheln, reine Sandflächen werden gemieden, Nest häufig im Schutz von Pflanzen, Steinen oder Strandgut; Koloniebrüter (kleinere, lockere Kolonien), häufig mit Fluss- bzw. Küstenseeschwalben oder See- bzw. Sandregenpfeifern vergesellschaftet; monogame Saisonehe; 1 Jahresbrut, Gelege: (1)2-3 Eier, Brutdauer: 20-22 Tage, Junge werden häufig vom Nest weggeführt, flügge mit 28 Tagen.

Phänologie

Jahresperiodik: Langstreckenzieher; Heimzug M 4 bis A 6; Hauptdurchzug Küste: E 4 bis A 5, Binnenland: A 5 bis A 6; Ankunft im Brutgebiet Küste: E 4 bis M 5, Binnenland: A 5 bis M 5, dann sogleich Koloniebesetzung und Balz; Legeperiode ab A 5 bis E 6, hauptsächlich M 5 bis E 5, Jungvögel ab E 5, Abzug aus dem Wattenmeer ab M 6.

Tagesperiodik: tagaktiv.

Erfassung

Einsehbare Kolonien: Paarzählung (Zählung balzender, Nest bauender, kopulierender, Fische tragender, brütender, warnender Altvögel, auch einzelne Individuen); Zählung nach Möglichkeit von erhöhtem Standort.

Nicht einsehbare Kolonien: Individuenzählung (auffliegende Altvögel) nach auftretenden Störungen; Zählung während des Auffliegens der Vögel dreimal wiederholen.

Termine: Küste: zwei- bis dreimalige Erfassung E 5 bis A 6 (Paarzählung oder Zählung auffliegender Individuen).

Binnenland: 1. M 5 (Zählung balzender, Nest bauender, kopulierender, Fische tragender, brütender, warnender Altvögel); 2. E 5 (Zählung balzender, Nest bauender, kopulierender, Fische tragender, brütender, warnender Altvögel); 3. A 6 bis M 6 (Zählung brütender, warnender und fütternder Altvögel).

Günstige Tageszeit: tagsüber, Nordseeküste 1,5 Std. vor bis 1,5 Std. nach Hochwasser.

Auswertung

Wertungsgrenzen: Küste: E 5 bis A 6, Binnenland: A 5 bis E 6.

Brutverdacht: • einmalige Feststellung eines intensiv warnenden Paares oder Individuums im potenziellen Brutgebiet; • einmalige Beobachtung eines balzenden Paares (Balzflüge, -rufe, Kopulation, Fisch tragend) im potenziellen Brutgebiet; • in eindeutigen Kolonien: einmalige Feststellung ohne Warnverhalten.

Brutnachweis: insbesondere • brütende Altvögel; • fütternde Altvögel; • nicht flügge Jungvögel.

Brutbestand (Paare) bei Paarzählung = maximal festgestellte Anzahl von Paaren. Brutbestand (Paare) bei Individuenzählungen = maximal festgestellte Individuenzahl und Multiplikation mit Faktor 0,7 (i.d.R. 30 % der Altvögel außerhalb des Brutgebietes auf Nahrungssuche).

Besondere Hinweise: Den Brutbestand möglichst durch intensives Beobachten von Verhaltensweisen bzw. Zählung brütender Vögel aus größerem Abstand ermitteln; keine Nesterzählung oder Individuenzählung mit Hilfe initiierter Störungen durch zählende Personen (Gelege sowie Jungvögel sind hohem Prädationsdruck ausgesetzt). Das Auffliegen aller Altvögel ist ein häufig auftretendes Ereignis; Umsiedlung aufgrund von Störungen oder Hochwasserereignissen häufig.

Literatur: FLORE (1997); HÄLTERLEIN et al. (1995, 2000), SIEFKE (1980)

Wertungsgrenzen und Erfassungszeitraum

	Februar			März			April			Mai			Juni			Juli			August		
	A	M	E	A	M	E	A	M	E	A	M	E	A	M	E	A	M	E	A	M	E
Küste												2 - 3x									
Binnenland											1.	2.	3.								

06260 Weißbart-Seeschwalbe
Chlidonias hybridus

RLD	---
EUV	X
SPEC	3

Lebensraum

Natürliche oder künstliche Seichtgewässer mit ausgeprägter Schwimmblattzone, stehende Süß- und Brackgewässer, Verlandungssümpfe, periodische Gewässer, Seeufersäume, Überschwemmungsgebiete entlang von Flüssen, Fischteiche; Brutbeginn und -erfolg stark von Wasserstand abhängig, Wassertiefe der Brutgewässer gewöhnlich 60-120 cm. Einzelne Brutvorkommen nach Einflügen in der Norddeutschen Tiefebene, z.B. in Brandenburg und Mecklenburg-Vorpommern.

Brutbiologie

Nest auf Schwimmblattdecke; Brutplätze oft von höheren Röhrichtbeständen umgeben, aber in direkter Umgebung nur schüttere Halmvegetation (Binsen, Simsen u.ä.); mit 2 Jahren brutreif; Nestflüchter; Koloniebrüter in artreinen oder gemischten Kolonien; monogame Saisonehe; 1 Jahresbrut, Ersatzgelege häufig; Gelege: (2)3 Eier, Brutdauer: 18-21 Tage; flügge mit 21-26 Tagen; Junge schlüpfen innerhalb von 24 Stunden, verlassen das Nest aber nicht immer sofort und werden noch 2-3 Wochen von beiden Partnern weiter gefüttert.

Phänologie

Jahresperiodik: Lang-, Mittel- und Kurzstreckenzieher, Masseneinflüge über den Arealrand hinaus durch Dürrefluchten aus dem osteuropäischen Verbreitungsschwerpunkt; Ankunft im Brutgebiet von E 4 bis M 5; Eiablage von A 6 bis M 7; beim Abzug ziehen Altvögel Jungen voraus, daher zwei Zuggipfel: E 8 und M 9.

Tagesperiodik: tagaktiv, zieht aber auch nachts.

Erfassung

In der Hauptsache Paarzählung/Zählung fliegender Altvögel über der Kolonie, bei von weitem einsehbaren Kolonien Zählung bebrüteter Nester, daneben Kartierung von Balzflügen (Hoch- und Fischflüge über potenziellen Bruthabitaten), Balzfütterung, Nistmaterial und Futter tragenden Altvögeln sowie nicht flüggen Jungen.

Termine: 1. A 6 bis M 6 (Balzflüge, Nestbau, brütende Vögel); 2. E 6 bis A 7 (Schlupf und Fütterungsaktivität).

Günstige Tageszeit: 4 Std. vor SU bis SU, gegen Abend höhere Fütterungsfrequenz.

Auswertung

Wertungsgrenzen: E 5 bis M 7.

Brutverdacht: • einmalige Beobachtung verpaarter Altvögel von A 6 bis A 7; • zweimalige Beobachtung einzelner Altvögel im Abstand von mindestens 7 Tagen, davon eine A 6 bis A 7; • Balzfütterung oder Nestbauaktivität; • aggressive Verteidigung potenzieller Brutplätze (aufrechte Drohgesten, Sturz- und Verfolgungsflüge).

Brutnachweis: insbesondere • Futter eintragende Altvögel am möglichen Brutplatz; • Beobachtung nicht flügger Jungvögel am Nest oder in Nestnähe (Schilfsaum, Schlammbank o.ä.).

Brutbestand (Paare) bei Gelegezählung = festgestellte Anzahl von Gelegen. Brutbestand (Paare) bei Individuenzählungen = maximal festgestellte Individuenzahl und Multiplikation mit Faktor 0,7 (i.d.R. 30 % der Altvögel außerhalb des Brutgebietes auf Nahrungssuche).

Besondere Hinweise: Bei den charakteristischen Balzflügen steigen die Vögel rufend auf, kreisen und lassen sich dann einzeln geradlinig oder spiralförmig absinken („Hochflug"). Seltener ist die Übergabe einer Balzgabe (v.a. Insekten) an das Weibchen nach flachem Beuteflug über der Wasserfläche („Fischflug"). Entsprechend der Wasserstandsveränderungen am Brutort variable und ausgedehnte Lege- und Brutzeiten; leere Nester müssen nicht automatisch eine erfolgreiche Brut anzeigen, da Nester wegen Wasserstandsschwankungen oft aufgegeben werden; flügge Junge werden noch wenige Wochen geführt, der Ort einer Futterübergabe muss daher nicht zwangsläufig mit dem Brutort identisch sein.

Literatur: Dittberner (1996); Kapocsy (1995)

Wertungsgrenzen und Erfassungszeitraum

Februar			März			April			Mai			Juni			Juli			August		
A	M	E	A	M	E	A	M	E	A	M	E	A	M	E	A	M	E	A	M	E
												1.		2.						

06270 Trauerseeschwalbe
Chlidonias niger

RLD	1
EUV	X
SPEC	3

Lebensraum

Breite, strukturreiche Talauen und Niederungen mit ± eutrophen Gewässern, ursprünglich auch in tiefen Marschen; Sekundärlebensräume in beweideten Grünlandarealen mit dichtem vorflutunabhängigen Gewässernetz; allgemein möglichst naturnahe Wasserstandsverhältnisse, dynamische Verlandungssukzession; Brutbiotope: Temporär- und Daueraltwässer sowie trockenfallende Sümpfe der Flussauen, strukturreiche Schilf- und andere Verlandungsröhrichte, Schwingrasen im Kontakt zu flottierenden Wasserpflanzen (z.B. Krebsscherenrasen) in der Verlandungszone von flachen Stillgewässern, auch Landseen und Feldpfuhle, ersatzweise wiedervernässte Torfstiche, Pütten, Teichanlagen, Klärteiche, breite, stark verlandende Gräben.

Brutbiologie

Schwimmnest auf Seggeninseln, bultigen, den geschlosseneren Röhrichtgürteln vorgelagerten Vegetationsinseln z.B. aus Teich- und Seerosenwurzeln/-blättern, Hornkraut- oder Schlammbänken, Treibsel u.ä. sowie stark zunehmend (regional ausschließlich) auf künstlichen Brutflößen; durchschwimmbare Ufervegetation als Deckung für die nestflüchtenden Jungvögel; Koloniebrüter, selten auch Einzelbruten; in Deutschland kleine bis mittelgroße Brutkolonien (meist 10-30 BP, selten bis 60 BP, dann Summe aus Teilkolonien eines Gewässers); Geschlechts-/Brutreife 2-3jährig; saisonale Monogamie; 1 Jahresbrut, Nachgelege möglich; Gelege: (2)3 Eier, Brutdauer: 20-22(23) Tage, Nestlingsdauer: 25-28 Tage; Junge verlassen aber bereits im Alter von 2-3 Wochen für längere Zeit das Nest.

Phänologie

Jahresperiodik: Langstreckenzieher; Heimzug ab E 4, konzentriert Maximum M/E 5 (von West nach Ost), E 5 ausklingend; Paarbildung vor Inbesitznahme des Brutplatzes; Nestbau und Eiablage von A 5 bis E 5, Nachgelege bis M 7 bebrütet; fütternde Altvögel in Nestnähe ab A 6, bei Nachgelegen bis E 8, flügge Jungvögel ab A 7; Wegzug von M 7 bis M 9.

Tagesperiodik: überwiegend tagaktiv, Dämmerung wird genutzt, Zug bei Tag und Nacht.

Erfassung

In der Hauptsache Zählung bebrüteter Nester bei von weitem einsehbaren Kolonien mit dem Spektiv, durch Abgehen von Grabenufern oder vom Boot bei nicht einsehbaren Kolonien, insbesondere bei Floßkolonien; Paarzählung/Zählung fliegender Altvögel über der Kolonie, bei nicht einsehbaren bzw. erreichbaren Kolonien; daneben Kartierung von Balzflügen (Hoch- und Fischflüge über potenziellen Bruthabitaten), Balzfütterung, Nistmaterial und Futter tragenden Altvögeln sowie nicht flüggen Jungen; Kontrolle bekannter Koloniestandorte (benachbarte Gewässer einbeziehen).

Termine: 1. E 5 bis A 6 (Altvögel auf Nestern oder in Nestnähe); 2. M 6 bis E 6 (Schlupf und Fütterungsaktivität); fakultativ A 7 bis M 7 (Fütterung fast flügger Jungvögel); Gelegezählung nur ein Termin E 5 bis A 6.

Günstige Tageszeit: 4 Std. vor SU bis SU, gegen Abend höhere Fütterungsfrequenz.

Auswertung

Wertungsgrenzen: M 5 bis M 7.

Brutverdacht: • einmalige Beobachtung verpaarter Altvögel von E 5 bis E 6; • zweimalige Beobachtung einzelner Altvögel im Abstand von mindestens 7 Tagen, davon eine von E 5 bis E 6; • einmalige Beobachtung von Balzfütterung oder Nestbauaktivität; • aggressive Verteidigung potenzieller Brutplätze (aufrechte Drohgesten, Sturz- und Verfolgungsflüge).

Brutnachweis: insbesondere • Futter eintragende Altvögel am möglichen Brutplatz; • Beobachtung nicht flügger Jungvögel am Nest oder in Nestnähe (Schilfsaum, Schlammbank o.ä.).

Brutbestand (Paare) bei Gelegezählung = festgestellte Anzahl von Gelegen. Brutbestand (Paare) bei Individuenzählungen = maximal festgestellte Individuenzahl und Multiplikation mit Faktor 0,7 (i.d.R. 30 % der Altvögel außerhalb des Brutgebietes auf Nahrungssuche).

Besondere Hinweise: Verlagerungen der Kolonien während der Brutzeit möglich; Reviergründung stark witterungsabhängig; brütende Altvögel reagieren im Gegensatz zu Durchzüglern auch bei Nahrungsflügen in größerer Entfernung zum Nest mit Warn- und Verteidigungsverhalten; flügge Junge werden noch wenige Wochen geführt, der Ort einer Futterübergabe muss daher nicht zwangsläufig mit dem Brutort identisch sein; keine direkte Nestersuche. Bei künstlichen Brutflößen Zusammenarbeit und Abstimmung mit Regionalbetreuern suchen.

Literatur: Beintema (1996); Kisch (1991); Körner (1993); Niehues & Schwöppe (2001); Schröder & Zöckler (1992)

Wertungsgrenzen und Erfassungszeitraum

Februar			März			April			Mai			Juni			Juli			August		
A	M	E	A	M	E	A	M	E	A	M	E	A	M	E	A	M	E	A	M	E
											1.		2.							

06280 Weißflügel-Seeschwalbe
Chlidonias leucopterus

RLD	---
EUV	---
SPEC	---

Lebensraum

Natürliche Gewässer, seichte Verlandungszonen, Sümpfe, temporär überflutete Wiesen- und Halophytengesellschaften mit ausgeprägter Schwimmblattzone; Wassertiefe der Brutgewässer 10-20 (50) cm. Größere unregelmäßige Brutvorkommen nach Einflügen, zuletzt in Brandenburg und Schleswig-Holstein.

Brutbiologie

Bodenbrüter; Nester ± freistehend auf Bülten, Pflanzeninseln oder Erdhöckern in überfluteter Umgebung, seltener auf Schwimmblattdecke oder in zusammengeschwemmtem Genist, Nester werden permanent ergänzt und repariert; Nestflüchter (Junge verlassen Nest 2-3 Tage nach Schlupf des ersten Jungen); Koloniebrüter in artreinen oder gemischten Kolonien; monogame Saisonehe; 1 Jahresbrut, Ersatzgelege häufig (z.T. 2x); Gelege: (2)3 Eier, Brutdauer: 18-22 Tage; Junge sind mit 24-25 Tagen flügge, werden noch ca. 10 Tage von beiden Altvögeln gefüttert; extreme jährliche Bestandsfluktuationen.

Phänologie

Jahresperiodik: Langstreckenzieher; Ankunft im Brutgebiet (E 4) A 5 bis M 5, Durchzug bis A 6; Eiablage von A 6 bis M 6; flügge Junge ab A 7; Wegzug ab M 7 bis M 9 (Altvögel ziehen Jungen voraus, daher zwei Zuggipfel: M 7 und M 8).

Tagesperiodik: tagaktiv, Flugjagd und Hochflüge bis in Dämmerung, zieht auch nachts.

Erfassung

In der Hauptsache Paarzählung/Zählung fliegender Altvögel über der Kolonie, bei von weitem einsehbaren Kolonien Zählung bebrüteter Nester, daneben Kartierung von Balzflügen (Hoch- und Fischflüge über potenziellen Bruthabitaten), Balzfütterung, Nistmaterial und Futter tragenden Altvögeln sowie nicht flüggen Jungen.

Termine: 1. A 6 bis M 6 (Altvögel auf Nestern oder in Nestnähe); 2. E 6 bis A 7 (Schlupf und Fütterungsaktivität).

Günstige Tageszeit: 4 Std. vor SU bis SU, gegen Abend höhere Fütterungsfrequenz.

Auswertung

Wertungsgrenzen: E 5 bis M 7.

Brutverdacht: • einmalige Beobachtung verpaarter Altvögel von A 6 bis A 7; • zweimalige Beobachtung einzelner Altvögel im Abstand von mindestens 7 Tagen, davon eine A 6 bis A 7; • Balzfütterung oder Nestbauaktivität; • aggressive Verteidigung potenzieller Brutplätze (aufrechte Drohgesten, Sturz- und Verfolgungsflüge).

Brutnachweis: insbesondere • Futter eintragende Altvögel am möglichen Brutplatz; • nicht flügge Jungvögel am Nest oder in Nestnähe (Schilfsaum, Schlammbank o.ä.).

Brutbestand (Paare) bei Gelegezählung = festgestellte Anzahl von Gelegen. Brutbestand (Paare) bei Individuenzählungen = maximal festgestellte Individuenzahl und Multiplikation mit Faktor 0,7 (i.d.R. 30 % der Altvögel außerhalb des Brutgebietes auf Nahrungssuche).

Besondere Hinweise: Brutbeginn und -erfolg stark von Wasserstand abhängig; Balzflug: die Vögel steigen rufend auf, kreisen und lassen sich dann geradlinig oder spiralförmig absinken („Hochflug"), seltener ist die Übergabe einer Balzgabe (v.a. Insekten) an das Weibchen nach flachem Beuteflug über der Wasserfläche („Fischflug"); am Brutplatz störempfindlich; leere Nester müssen keine erfolgreiche Brut anzeigen, da diese aufgrund von Wasserstandschwankungen oft aufgegeben werden. Flügge Junge werden noch einige Zeit gefüttert, der Ort der Futterübergabe muss nicht zwangsläufig mit dem Brutort identisch sein.

Literatur: Dittberner (1996); Kapocsy (1995)

Wertungsgrenzen und Erfassungszeitraum

Februar			März			April			Mai			Juni			Juli			August		
A	M	E	A	M	E	A	M	E	A	M	E	A	M	E	A	M	E	A	M	E
												1.		2.						

06340 Trottellumme
Uria aalge

RLD	R
EUV	---
SPEC	---

Lebensraum

Meeresvogel, nur zur Fortpflanzungs- und Aufzuchtszeit an Land, Brutplätze überwiegend steile Felsklippen mit schmalen Felsbändern oder Vorsprüngen; Kolonien meist in Nähe von Kontaktbereichen kalter und warmer Meeresströmungen oder Bereichen mit Turbulenzen und hohem Nahrungsangebot; in Deutschland ausschließlich in den Klippen der Insel Helgoland brütend; als Nahrungsgebiet gehört auch das Seegebiet im Umkreis von über 40 km (mit Schwerpunkt 15-20 Km) zum brutzeitlichen Lebensraum.

Brutbiologie

Felsbrüter ohne Nestbau; Koloniebrüter; hohe Brutorts- und Partnertreue, monogame Saison(Dauer)ehe; Brutreife ab 4. bis 5. Lebensjahr; 1 Jahresbrut, Nachgelege bei frühem Brutverlust möglich; Gelege: 1 Ei, Brutdauer: 30-35 Tage, 'Nestlingsdauer': 18-24 Tage, Jungvögel verlassen Brutplatz und Brutgebiet vor dem Flüggewerden (unter Führung eines Altvogels), flugfähig erst 10 Wochen nach Verlassen des Brutplatzes; ♂ und ♀ brüten, Aufzucht durch ♂ und ♀.

Phänologie

Jahresperiodik: lebt außerhalb der Brutzeit überwiegend im Nordseeraum, teilweise auch in der Ostsee verteilt; auf Helgoland Besuche des Brutfelsens ab E 10, aber ständige Anwesenheit erst ab A 3; Balz und Paarbildung am Brutplatz; Legebeginn M/E 4, "Nestlingszeit" bis E 6, spätestens bis A 7; Median des Lummensprungs M 6; Abzug von den Brutplätzen A 6 bis E 7.

Tagesperiodik: tagaktiv, Abwanderung der Jungvögel („Lummensprung") spät abends und nachts (unabhängig vom Gezeiteneinfluss).

Erfassung

Bei schlecht einsehbaren Brutplätzen (auch Helgoland) während der Nestlingsphase Zählung der anwesenden Altvögel und Ermittlung des Nichtbrüteranteils durch Auszählen von anwesenden Altvögeln in Teilbereichen der Kolonie. Die Erfassung muss auf Helgoland mit mehreren Teams vom Felswatt aus an einem Nachmittag bei Niedrigwasser und ruhigem Wetter stattfinden, da der größte Teil der Kolonie vom Oberland aus nicht einsehbar ist.

Termin: 1. E 5 (Zählung der Altvögel).

Günstige Tageszeit: auf Helgoland aus praktischen Gründen nachmittags bei Niedrigwasser vom Felswatt aus.

Auswertung

Wertungsgrenzen: M 5 bis A 6, jedoch einmaligen Zähltermin E 5 möglichst einhalten.

Brutverdacht: • Altvogel in Sitzhaltung (erinnert an Brüten); • Anflüge mit Fisch.

Brutnachweis: insbesondere • brütender Altvogel, Ei oder Jungvogel am Brutplatz; • fütternde Altvögel.

Bestandsangabe (Paare) bei Individuenzählung = Altvogelzahl multipliziert mit 0,64.

Besondere Hinweise: Da bei den Zählungen niemals alle Altvögel am Brutplatz anwesend sind, muss das Verhältnis von der mittleren Zahl anwesender Altvögel zu den tatsächlichen Brutpaaren auf Probeflächen bestimmt werden. Auf Helgoland wird ein mehrjähriger Mittelwert verwendet. Demzufolge ergibt sich die Brutpaarzahl aus der Altvogelzahl multipliziert mit 0,64. Innerhalb der am Brutfelsen dicht gedrängten Lummen auf Vorkommen der meist wenigen Tordalken achten. Auch auf mögliche Wiederbesiedlung bzw. Neuansiedlung von Papageitaucher (*Fratercula arctica*) und Gryllteiste (*Cepphus grylle*) achten.

Literatur: Dierschke et al. (2004); Grunsky-Schöneberg (1998); Hüppop (1997); Lloyd et al. (1991)

Wertungsgrenzen und Erfassungszeitraum

Februar			März			April			Mai			Juni			Juli			August		
A	M	E	A	M	E	A	M	E	A	M	E	A	M	E	A	M	E	A	M	E
											1.									

06360 Tordalk
Alca torda

RLD	R
EUV	---
SPEC	---

Lebensraum

Meeresvogel, nur zur Fortpflanzungs- und Aufzuchtszeit an Land, Brutplätze überwiegend steile Felsklippen mit schmalen Felsbändern oder Vorsprüngen; Kolonien meist in Nähe von Kontaktbereichen kalter und warmer Meeresströmungen oder Bereichen mit Turbulenzen und hohem Nahrungsangebot; Brutplätze gern in tieferen Bereichen, am Rande oder abseits größerer Seevogelkolonien; in Deutschland ausschließlich in den Klippen der Insel Helgoland brütend; als Nahrungssuchgebiet gehört das umliegende Seegebiet zum brutzeitlichen Lebensraum.

Brutbiologie

Felsbrüter ohne Nestbau (z.T. in Halbhöhlen), Koloniebrüter; Brutreife ab 4. bis 6. Lebensjahr, bereits 3-jährige erscheinen (meist gegen Ende der Brutperiode) an Kolonie; hohe Brutorts- und Partnertreue, monogame Saison(Dauer-)ehe; 1 Jahresbrut, Nachgelege bei frühem Brutverlust möglich; Gelege: 1 Ei, Brutdauer :28-43 Tage, 'Nestlingsdauer': 14-22 Tage, Jungvögel verlassen Brutplatz und Brutgebiet vor dem Flüggewerden (unter Führung eines Altvogels); Brut und Aufzucht durch ♂ und ♀.

Phänologie

Jahresperiodik: lebt außerhalb der Brutzeit überwiegend im Nordseeraum verteilt; auf Helgoland Besetzung der Brutplätze ab A 3, Balz und Paarbildung am Brutplatz; Legebeginn ab A 5, 'Nestlingszeit' bis E 6, spätestens bis A 7; Abzug A 6 bis E 7.

Tagesperiodik: tagaktiv, Abwanderung der Jungvögel („Alkensprung") spät abends und nachts.

Erfassung

Zählung brütender Altvögel bzw. besetzter Brutplätze.

Termin: 1. E 5 (Zählung von Brutpaaren bzw. besetzter Brutplätze).

Günstige Tageszeit: auf Helgoland aus praktischen Gründen nachmittags bei Niedrigwasser vom Felswatt aus.

Auswertung

Wertungsgrenzen: M 5 bis A 6, jedoch einmaligen Zähltermin E 5 möglichst einhalten.

Brutverdacht: • Altvogel in Sitzhaltung (erinnert an Brüten); • Anflüge mit Fisch.

Brutnachweis: insbesondere • brütender Altvogel, Ei oder Jungvogel am Brutplatz; • fütternde Altvögel.

Bestandsangabe: Anzahl besetzter Brutplätze.

Besondere Hinweise: Da Nichtbrüter von Brutvögeln nicht unterscheidbar sind, werden „besetzte Brutplätze“ als Einheit für Bestandsangaben verwendet.

Literatur: Lloyd et al. (1991)

Wertungsgrenzen und Erfassungszeitraum

Februar			März			April			Mai			Juni			Juli			August		
A	M	E	A	M	E	A	M	E	A	M	E	A	M	E	A	M	E	A	M	E
											1.									

06650 Straßentaube
Columba livia forma domestica

RLD	---
EUV	---
SPEC	---

Lebensraum

Städte und größere Ortschaften, in dörflichen Regionen freilebend meist fehlend; Brutplätze vorwiegend an Gebäuden, Wohngebäuden, Kirchtürmen, Rathäusern, Lager-, Markt-, Einkaufs-, Bahnhofshallen, Parkhäusern, Fabrik-, Hafenanlagen sowie unter Brücken; Erreichbarkeit von Futterquellen ist ein wesentlicher Faktor für die Ansiedlung.

Brutbiologie

Halbhöhlen(Gebäude-)brüter; an Gebäuden i.d.R. schwer zugängliche Stellen in hohen Lagen, wie halbdunklen Innenräumen, Dachkästen, Mauerlöchern, Nischen aller Art, Simsen, Balkonen, unbenutzten Außentreppen; Koloniebrüter, aber auch Einzelbruten; meist lebenslange Monogamie, Nistplatztreue; wohl meist 2-3, aber bis zu 6 Jahresbruten, Nachgelege; Gelege: 2 Eier, Brutdauer: 17-18 Tage, Nestlingsdauer: 23-25 Tage; Junge mit 30-35 Tagen voll flugfähig und selbstständig; Nestbau, Bebrütung des Geleges sowie Versorgung der Jungen durch ♂ und ♀.

Phänologie

Jahresperiodik: Standvogel; ganzjährige Brutperiode, Hauptbrutzeit M 3 bis M 8; der Nichtbrüterbestand wechselt täglich zwischen Nahrungs-, Ruhe- und Schlafplätzen, die sich im Laufe des Jahres örtlich ändern können.

Tagesperiodik: tagaktiv, bei Kunstlicht teilweise auch nachtaktiv.

Erfassung

Zählung rufender ♂, balzender Paare, Zählung von Paaren an potenziellen Nistplätzen, Nistmaterial tragender oder fütternder Altvögel, Verhören der Bettelrufe von Nestjungen; bei hohen Dichten bzw. kolonieartigem Vorkommen: Zählung von Individuen.

Termine: 1. A 4 bis M 4 (Balz, Nestbau, u.U. fütternde Altvögel, Bettelrufe der Jungvögel, bei hohen Dichten bzw. kolonieartigem Vorkommen: Zählung anwesender Individuen); 2. E 4 (Balz, fütternde Altvögel, Bettelrufe der Jungvögel, bei hohen Dichten bzw. kolonieartigem Vorkommen: Zählung anwesender Individuen); 3. A 5 bis M 5 (Balz, fütternde Altvögel, Bettelrufe der Jungvögel).

Günstige Tageszeit: tagsüber.

Auswertung

Wertungsgrenzen: M 3 bis E 5.

Brutverdacht: • einmalige Feststellung eines balzenden Paares Abstand von M 3 bis M 5; • zweimalige Feststellung eines rufenden ♂ im Abstand von mindestens 7 Tagen, davon eine A 4 bis M 5; • einmalige Feststellung eines rufenden ♂ und eine Beobachtung eines Altvogels im Abstand von mindestens 7 Tagen, davon eine Feststellung A 4 bis M 5; • Altvogel mit Nistmaterial einen potenziellen Nistplatz anfliegend.

Brutnachweis: insbesondere • fütternde Altvögel; • Bettelrufe von Jungvögeln.

Bei hohen Dichten bzw. kolonieartigem Vorkommen können Bestandsgrößen nicht mit Hilfe der Revierkartierung ermittelt werden: Brutbestand = maximale Anzahl festgestellter Altvögel und Multiplikation mit Faktor 0,7!

Besondere Hinweise: Die Methoden beziehen sich nicht auf die Erfassung der besonders im ländlichen Raum frei fliegenden Haustauben! An Kolonie-Brutplätzen im Bereich von günstigen Nahrungsquellen (z.B. Getreidespeicher) können Nahrungsgäste auftreten. Hier nach Möglichkeit Nesterzählung durchführen. Ergiebige Nahrungsquellen werden über größere Entfernung vom Nistplatz angeflogen.

Literatur: KLEMP (1996)

Wertungsgrenzen und Erfassungszeitraum

Februar			März			April			Mai			Juni			Juli			August		
A	M	E	A	M	E	A	M	E	A	M	E	A	M	E	A	M	E	A	M	E
						1.		2.	3.											

06680 Hohltaube
Columba oenas

RLD	---
EUV	---
SPEC	---

Lebensraum

Buchenalthölzer mit Angebot an Schwarzspechthöhlen, auch kleine inselartige Buchenbestände innerhalb großer zusammenhängender Nadelholzforste, meist Landwirtschaftsflächen zur Nahrungssuche in der Nähe (nicht mehr als 3-5 km entfernt); weiterhin in alten Laubmisch- und reinen Kiefernwäldern, lokal auch in Parkanlagen, Baumgruppen, Alleen, Feldgehölzen, Obstplantagen, aufgelassenen Steinbrüchen, in Felswänden, an der Küste im Dünengelände, selten in Dörfern.

Brutbiologie

Höhlenbrüter; Nutzung von Schwarzspecht- und anderen Baumhöhlen, Nistkästen, ausnahmsweise an der Küste Erd(Kaninchen-)höhlen, ♂ bietet Nistplatz an, sammelt Nistmaterial und übergibt es dem ♀; monogame Saisonehe; 3, gelegentlich 4(5) Jahresbruten, mitunter verschachtelt, i.d.R. alle Bruten in der gleichen Höhle; Gelege: 2 Eier, Brutdauer: 16-17 Tage, ♂ und ♀ brüten; Nestlingsdauer: je nach Jahreszeit 23-24 Tage im April/Mai; Junge mit 37-40 Tagen selbstständig; Aufzucht durch ♂ und ♀.

Phänologie

Jahresperiodik: Kurzstreckenzieher; nach Ankunft am Nistplatz Beginn der Balzrufe ab (M 1) M 2, Maximum E 2 bis M 3, Balz dauert bis M 8, Hauptdurchzug im März; Legeperiode (M) E 3 bis August, dabei i.d.R. 3 Brutphasen zeitlich trennbar, Maximum 1. Brut A 4 bis A 5; später Ausfliegetermin gegen Ende September, z.T. auch noch später.

Tagesperiodik: tagaktiv; Rufaktivität am Vormittag deutlich größer als am Nachmittag.

Erfassung

In der Hauptsache Kartierung von Lockrufen sowie Ausdrucksflügen der ♂, daneben Erfassung Nistmaterial sammelnder sowie Nistmaterial und Futter eintragender Altvögel.

Termine: 1. A 3 (Lockrufe, Ausdrucksflüge, Nestbau); 2. M 3 bis E 3 (Lockrufe, Ausdrucksflüge); 3. M 4 bis E 4 (Futter eintragende Altvögel).

Günstige Tageszeit: SA bis 4 Std. nach SA.

Auswertung

Wertungsgrenzen: E 2 bis M 5.

Brutverdacht: • zweimalige Feststellung eines rufenden ♂ im Abstand von mindestens 7 Tagen, davon eine A 3 bis E 4; • einmalige Feststellung eines rufenden ♂ und eine Beobachtung eines Altvogels im Abstand von mindestens 7 Tagen, davon eine A 3 bis E 4; • Anfliegen und Inspizieren einer potenziellen Bruthöhle, Nestbauaktivität.

Brutnachweis: insbesondere • zur Fütterung in Höhle einfliegender Altvogel.

Besondere Hinweise: Die Rufaktivität ist bei einzeln brütenden Paaren relativ gering. Neben den Rufern lassen sich auch ♂ beim Balzflug (dabei Flügelklatschen) als Brutzeitfeststellung werten. Bei Nistkasten- oder Höhlenkontrollen ergeben sich im Allgemeinen höhere Brutpaarzahlen als aus der Revierkartierung der rufenden ♂ zu erwarten war. Zu beachten ist, dass während der langen Brutperiode ein Nistplatzwechsel stattfinden kann.

Literatur: Lang (1986); Möckel (1988); Nitsche (1993)

Wertungsgrenzen und Erfassungszeitraum

Februar			März			April			Mai			Juni			Juli			August		
A	M	E	A	M	E	A	M	E	A	M	E	A	M	E	A	M	E	A	M	E
			1.	2.			3.													

06700 Ringeltaube
Columba palumbus

RLD	---
EUV	---
SPEC	---

Lebensraum

Offene Kulturlandschaft mit Baumgruppen, Buschreihen, Knicks, Feldgehölzen, Alleen; aufgelockerte, mischwaldreiche Parklandschaften; Wälder aller Art, vor allem in den Randpartien, weniger häufig in ausgedehnten, dichten Beständen; zunehmende Verstädterung, besiedelt neben Friedhöfen, Parks, baumreichen Grünanlagen beim Vorhandensein von Bäumen auch alle Typen städtischer Bebauung.

Brutbiologie

Freibrüter; Nester in Laub- und Nadelbäumen, selten Gebäudebrüter, bei geringem Nistplatzangebot z.T. kolonieartig dicht; monogame Saisonehe; 2(3) Jahresbruten, Nachgelege; Gelege: 2 Eier, Brutdauer: 16-17 Tage, ♂ und ♀ brüten; Nestlingsdauer: 28-29 Tage; Junge mit ca. 35 Tagen voll flugfähig; Aufzucht durch ♂ und ♀.

Phänologie

Jahresperiodik: Teilzieher; vereinzelte Rufaktivität und Ausdrucksflüge bei Stadtvögeln bereits zu Jahresbeginn; Balz und Paarbildung sonst ab A 2, überwiegend März/April, Hauptdurchzug (in Trupps) von M 3 bis E 4; Legebeginn M/E 3, Maximum 1. Brut A/M 4, sehr hohe Anzahl von Brutanfängen noch im Juli; Brutperiode (Februar) März bis September (sogar Oktober, November).

Tagesperiodik: tagaktiv; Rufaktivität am Vormittag deutlich größer als am Nachmittag.

Erfassung

In der Hauptsache Kartierung verpaarter balzender Altvögel (Ausdrucksflug, Balzfüttern) sowie von besetzten Nestern (möglichst vor Belaubung), Nestrufen im April/Mai, daneben Erfassung von Nistmaterial tragenden Altvögeln, Nestbekotungen.

<u>Termine</u>: 1. A 3 bis M 3 (Balz, Ausdrucksflug, Nestbau); 2. E 3 bis A 4 (Balz, Ausdrucksflug, Nestbau); 3. M 4 bis E 4 (fütternde Altvögel, Nestbekotung).

<u>Günstige Tageszeit</u>: von SA bis 4 Std. nach SA.

Auswertung

Wertungsgrenzen: A 2 bis E 5.

<u>Brutverdacht</u>: • zweimalige Feststellung eines rufenden ♂ im Abstand von mindestens 7 Tagen, davon eine A 3 bis E 4; • Beobachtung paarsitzender Altvögel; • Altvogel mit Nistmaterial, Nestbau, Paar auf Nest (besonderer Nestruf).

<u>Brutnachweis</u>: insbesondere • Nest mit Jungen oder Ästlinge im Nestbaum; • Kotflecken oder Eierschalen unter bereits leerem Nest.

Besondere Hinweise: Bestandserfassung sollte sich auf einen möglichst kurzen Zeitraum beschränken, da besonders im städtischen Bereich mit ständigen Veränderungen der Brutsituation gerechnet werden muss (Nestbau, Prädation und Verlassen des Nestes, Nestabsturz); Nestrevier mitunter sehr klein (z.B. ein Baum), Nahrung wird überwiegend außerhalb gesucht; im Durchschnitt entfallen auf ein Paar 3,5 Nester in der vollen Brutsaison. Schon vor Legebeginn können Altvögel wie brütend auf Nestern sitzen; Wertung als Brutnachweis erst, wenn diese Beobachtung nach mindestens einer Woche bestätigt wird; Ansitz des Partners vor Bäumen (auch Wandberankungen) mit versteckten Nestern, Beobachtung an- und abfliegender Altvögel bei der Brutablösung.

Literatur: Mulsow (1996); Schulze (1981)

Wertungsgrenzen und Erfassungszeitraum

Februar			März			April			Mai			Juni			Juli			August		
A	M	E	A	M	E	A	M	E	A	M	E	A	M	E	A	M	E	A	M	E
			1.		2.		3.													

06840 Türkentaube
Streptopelia decaocto

RLD	V
EUV	---
SPEC	---

Lebensraum

In Europa fast ausnahmlos in Dörfern und Stadtgebieten; in Städten Brutvorkommen vorwiegend in Gartenstadt- und Wohnblockzonen mit lockeren Baumgruppen, auch in gehölzarmen Innenstädten und Industriegebieten, meidet alte und dichte Baumbestände.

Brutbiologie

Baumbrüter; Nester auf Bäumen und Sträuchern, auch an Gebäuden, z.B. auf Balkonen, unter Dächern, auf Fensterläden, in Dachrinnen und auf Fernsehantennen; saisonale Monogamie; 2-4 Jahresbruten, mehrere Nachgelege möglich; Gelege: (1)2(3) Eier; Brutdauer: 13-15 Tage, Nestlingsdauer: 16-19 Tage, Junge bleiben noch 5-7(10) Tage in Nestnähe; beide Partner brüten, ♂ i.d.R. vom Vormittag bis zu den Nachmittagsstunden; Aufzucht durch ♂ und ♀.

Phänologie

Jahresperiodik: Standvogel; Revierbesetzung teilweise im Winter, sonst ab M 2 bis M 3; Legebeginn E 2 bis M 10 (Winterbruten möglich), Hauptlegezeit M 3 bis M 4 (Zweitbrut ab M 5 witterungsabhängig bis M 8), Jungvögel ab E 3.

Tagesperiodik: tagaktiv.

Erfassung

Kartierung aller Revier anzeigenden Verhaltensweisen: Revierruf, Reviermarkierungsflug (Ausdrucksflug), Transportieren von Nistmaterial, Nestbau, Revierverteidigung, Kopula, Nestfund, aber auch Kartierung von Individuen, die kein Revier anzeigendes Verhalten zeigen.

Termine: 1. A 4 bis M 4 (Balz, Nestbau, u.U. fütternde Altvögel, Bettelrufe der Jungvögel, Zählung anwesender Individuen); 2. E 4 (Balz, Nestbau, u.U. fütternde Altvögel, Bettelrufe der Jungvögel, Zählung anwesender Individuen); 3. A 5 bis M 5 (Balz, Nestbau, u.U. fütternde Altvögel, Bettelrufe der Jungvögel, Zählung anwesender Individuen).

Günstige Tageszeit: von der Morgendämmerung bis 3 Std. nach SA.

Auswertung

Wertungsgrenzen: A 3 bis E 5.

Brutverdacht: • zweimalige Feststellung eines rufenden bzw. balzfliegenden ♂ im Abstand von mindestens 7 Tagen, davon eine A 4 bis M 5; • einmalige Feststellung eines rufenden bzw. balzfliegenden ♂ und eine Beobachtung eines Altvogels im Abstand von mindestens 7 Tagen, davon eine A 4 bis M 5; • einmalige Feststellung eines balzenden Paares von A 3 bis M 5; • Altvogel mit Nistmaterial; • Nestbau, • Paar am Nest.

Brutnachweis: insbesondere • brütender Altvogel.

Besondere Hinweise: Revierrufe fast ganzjährig (Hauptbalzzeit April/Mai); ♂ brütet mehrere Stunden am Tag, so dass zur Zeit der höchsten Rufaktivität nicht alle ♂ rufen. Das Nest ist wesentlich lockerer gebaut und kleiner als das der Ringeltaube. Nicht brütender Partner wacht meist in Nestnähe.

Literatur: GNIELKA (1975, 1990); SAEMANN (1975)

Wertungsgrenzen und Erfassungszeitraum

Februar			März			April			Mai			Juni			Juli			August		
A	M	E	A	M	E	A	M	E	A	M	E	A	M	E	A	M	E	A	M	E
						1.		2.	3.											

06870 Turteltaube
Streptopelia turtur

RLD	V
EUV	---
SPEC	---

Lebensraum

Im Tiefland und den angrenzenden Hügelländern relativ trockene Gebiete, ursprünglich lichte sommertrockene Wälder (frühe Sukzessionsstadien), auch in ehemaligen Hutungen und wiederbewaldenden Brandheiden, bevorzugt in Lebensräumen mit großem Anteil mittelhohen Busch- und Baumbestandes wie Flusstäler (Auwälder, Ufergehölze); heute in halboffener Kulturlandschaft in wärmebegünstigten Lagen im Bereich von Waldrändern/-lichtungen auch in Kiefernstangengehölzen, verbuschten Rändern von Hochmoorresten, Tagebaugelände, Bergbaufolgelandschaften, aufgelassenen Sandgruben, Knicks und Feldgehölzen, oft in Wassernähe; in Siedlungen, Parks, größeren aufgelassenen Gärten und Obstplantagen, seltener am Rand und innerhalb von (dörflichen) Siedlungen, selbst an verkehrsreichen Straßen.

Brutbiologie

Freibrüter; Nest auf Sträuchern oder Bäumen, selten am Boden oder an Felsen, Bodenabstand (0,8)1,5-5(12) m; flaches dünnes durchscheinendes Nest aus trockenem Reisig, fremde Nester gelegentlich als Unterlage; Nestbau nur ♀, ♂ trägt nur Nestmaterial heran; Einzelbrüter; monogame Saisonehe; 1-2 Jahresbrut(en) (Drittbruten?); Gelege: 2 Eier, Brutdauer: 13-16 Tage; Nestlingsdauer: 18-23 Tage, schon vorher Umherklettern in Nestnähe, voll flugfähig nach 25-30 Tagen.

Phänologie

Jahresperiodik: Langstreckenzieher; Ankunft im Brutgebiet E 4 bis M 5, oft erscheinen die ♂ zuerst, Hauptdurchzug A 5 bis M 6; Balz nach Rückkehr im Brutgebiet, Rufe Mai bis Juli (seltener bis August); Eiablage M 5 bis M 7, größtenteils ab Juni; flügge Jungvögel abgesehen von frühen Ausnahmen ab A 7; Brutgebiete werden ab M 8 verlassen.

Tagesperiodik: tag- und dämmerungsaktiv, ruft den ganzen Tag über, morgens höchste Gesangsaktivität.

Erfassung

In der Hauptsache Kartierung rufender Altvögel und balzender ♂ (Ausdrucksflug), daneben Erfassung von Nestbauaktivität, fütternden Altvögeln, nicht flüggen Ästlingen sowie verpaarter und frühmorgens in den Nahrungshabitaten vergesellschafteter Individuen.

Termine: 1. A 5 bis E 5 (Balzflüge, Revierrufe, Nestbau), 2. A 6 bis M 6 (Balzflüge Revierrufe), 3. A 7 bis M 7 (Revierrufe, fütternde Altvögel).

Günstige Tageszeit: SA bis 4 Std. nach SA.

Auswertung

Wertungsgrenzen: E 4 bis E 7.

Brutverdacht: • zweimalige Feststellung eines rufenden ♂ (oder ♀) im Abstand von mindestens 7 Tagen, davon eine A 6 bis M 7; • einmalige Feststellung balzender, verpaarter Individuen; • einmalige Beobachtung Nahrung suchender Altvögel im räumlichen Bezug zu weiterer Ruffeststellung im Abstand von mindestens 7 Tagen, davon eine Feststellung A 6 bis M 7.

Brutnachweis: insbesondere • brütender oder fütternder Altvogel; • nicht flügge Ästlinge am Nest.

Besondere Hinweise: auffällige Balzflüge, aber Revierruf oft versteckt vorgetragen, nur ein Teil der ♂ ruft, auch ♀ rufen, aber leiser; Turteltauben, die zur Tränke, Badestelle oder Kalk(dünger-)haufen fliegen, können auch hier anhaltend rufen (sofern Gehölze vorhanden), obwohl sich dort kein Brutplatz befindet. Bei Nahrungssuche auch in der Brutzeit vergesellschaftet (z.B. auf frisch gedrillten Maisfeldern); umherstreifende z.T. länger verweilende Nichtbrüter, Junibeobachtungen deshalb nicht unbedingt Bruthinweise; Mischbruten mit Türkentaube nachgewiesen.

Literatur: Folger (1997); Krüger (2003); Zang & Heckenroth (1986)

Wertungsgrenzen und Erfassungszeitraum

Februar			März			April			Mai			Juni			Juli			August		
A	M	E	A	M	E	A	M	E	A	M	E	A	M	E	A	M	E	A	M	E
									1.			2.			3.					

07120 Halsbandsittich
Psittacula krameri

RLD	---
EUV	---
SPEC	---

Lebensraum

Ursprünglich locker bewaldete Landschaften unterschiedlicher Savannentypen sowie halboffene Bergwälder Asiens und Afrikas, in Europa eingebürgert; hier v.a. Parks und Friedhöfe sowie Gärten mit altem, höhlenreichem Baumbestand. Brutvorkommen in Deutschland seit den Mitte 1960 Jahren, besonders in Nordrhein-Westfalen, Hessen, Rheinland-Pfalz; breitet sich weiter aus.

Brutbiologie

Höhlenbrüter; in natürlichen Baumhöhlen oder Spechtlöchern (Grün-, Grau- und Buntspecht) sowie Höhlungen in Gebäuden (Nistkästen) in 3-30 m Höhe, bevorzugt in Laubbäumen (v.a. Platanen), häufig in Baumgruppen, seltener in Solitärbäumen; brütet in lockeren Kolonien (z.T. vergesellschaftet mit Alexandersittich), Einzelbruten häufig; v.a. saisonale Monogamie; 1 Jahresbrut; Gelege: 3-4(6) Eier, Brutdauer: 22-24(28) Tage, das ♀ brütet; Nestlingsdauer: 49-50 Tage.

Phänologie

Jahresperiodik: Standvogel; Herbstbalz ab Oktober und an milden Wintertagen, Frühjahrsbalz A 2 bis E 6, Partnerfütterung v.a. E 4 bis A 5; Eiablage A 2 bis A 5, Hauptlegezeit M 3 bis A 4; Jungvögel meist ab M 4, Mehrzahl der Jungvögel E 6 ausgeflogen.

Tagesperiodik: tagaktiv, zur Dämmerung Schlafplatzflüge.

Erfassung

Zählung besetzter Höhlen (Ein- und Ausflüge, Höhlen „aus“bauende Altvögel, Fütterung von Jungvögeln am Höhleneingang), Zählung von balzenden Paaren und Beobachtung von partnerschaftlichen Verhaltensweisen (u.a. Kontaktsitzen, Kraulen, Partnerfüttern, Kopulation) in der Nähe potenzieller Bruthöhlen.

Termine: 1. A 2 bis A 3 (Höhlenanflüge, Balz, Kopulationen, Partnerfüttern); 2. E 4 bis M 5 (ein- und ausfliegende Altvögel); 3. E 5 bis A 6 (ein- und ausfliegende Altvögel, Fütterung der Jungvögel am Höhleneingang, ausfliegende Jungvögel).

Günstige Tageszeit: tagsüber.

Auswertung

Wertungsgrenzen: A 2 bis A 7.

<u>*Brutverdacht*</u>: • Höhlenausbau; • einmalige Beobachtung eines mit Holzstaub bedeckten Altvogels in der Nähe einer potenzieller Bruthöhle; • Kopulationen in der Nähe einer potenzieller Bruthöhle; • Ein- bzw. Ausflug in/aus potenzielle/r Bruthöhle; • einmalige Feststellung eines Paares in Nähe einer potenziellen Bruthöhle von A 2 bis A 6.

<u>*Brutnachweis*</u>: insbesondere • Fütterung von Jungvögeln am Höhleneingang; • gerade ausgeflogene Jungvögel.

Besondere Hinweise: Die Kontrolle besetzter Höhlen ist bei unbelaubten Bäumen am einfachsten. Es empfiehlt sich (besonders bei mehreren besetzten Höhlen in einem Baum), Skizzen von den Höhlenpositionen zu erstellen, um bei der zweiten Kontrolle die Höhlen leichter wieder zu finden. Die Höhlen werden nach dem Bezug von den Altvögeln gereinigt und z.T. erweitert. Mit Holzstaub bedeckte Vögel können als Hinweis auf angehende Bruten gewertet werden. Allerdings können mit Holzstaub bedeckte Altvögel in größerer Entfernung vom Neststandort auftreten. Gemeinschaftskolonien mit dem Alexandersittich kommen vor, in Gemeinschaftskolonien auf Mischpaare achten! Einzeln brütende Paare sind sehr schwer nachzuweisen, da sie sich am Brutbaum sehr unauffällig verhalten (Bestandsunterschätzung!). Der Anteil der Einzelbrüter einer Population kann höher sein als der der Koloniebrüter. Die Altvögel – ob Kolonie- oder Einzelbrüter - haben kein ausgeprägtes Territorialverhalten. Sie können sich zur Nahrungssuche bis über 3 km vom Neststandort entfernen. Durch synchrone Zählungen an traditionellen Schlafplätzen im Winter (A/M 1) kann der Gesamtbestand einer Population (Kolonie- und Einzelbrüter, Nichtbrüter und Jungvögel) ermittelt werden. An den Schlafplätzen versammeln sich Vögel aus einem Umkreis von bis zu 30 km.

Literatur: Ernst (1995); Franz et al. (2002); Kahl-Dunkel & Werner (2002); Zingel (1997)

Wertungsgrenzen und Erfassungszeitraum

Februar			März			April			Mai			Juni			Juli			August		
A	M	E	A	M	E	A	M	E	A	M	E	A	M	E	A	M	E	A	M	E
1.								2.			3.									

26610 Alexandersittich
Psittacula eupatria

RLD	---
EUV	---
SPEC	---

Lebensraum

Ursprünglich laubabwerfende Feucht- und Trockenwälder Asiens; in Europa (Großbritannien und Deutschland) eingebürgert; hier in Parks und städtischen Gehölzbeständen. Brutvorkommen in Hessen und Nordrhein-Westfalen seit Ende der 1980er Jahre; weniger häufig als Halsbandsittich.

Brutbiologie

Höhlenbrüter; Stammhöhlen von Laubbäumen (v.a. Platanen), Ast- und alte Spechthöhlen in 8-30 m Höhe; brütet in lockeren Kolonien (z.T. mehrere Brutpaare in einem Baum); 1 Jahresbrut; Gelege: 2-4 Eier, Brutdauer: 19-21 (28) Tage; Nestlingsdauer: 52-53 Tage.

Phänologie

Jahresperiodik: Standvogel, meist standorttreu; Balz ab A 2; Eiablage M 3 bis E 4; Jungvögel ab M 4.

Tagesperiodik: tagaktiv, zur Dämmerung Schlafplatzflüge.

Erfassung

Zählung besetzter Höhlen (Ein- und Ausflüge), Zählung von balzenden Paaren und Beobachtung von partnerschaftlichen Verhaltensweisen (u.a. Kontaktsitzen, Kraulen, Partnerfüttern, Kopulation) in der Nähe potenzieller Bruthöhlen, bettelnde Jungvögel.

Termine: 1. A 2 bis A 3 (Höhlenanflüge, Balz, Kopulationen, Partnerfüttern), 2. E 4 bis M 5 (ein- und ausfliegende Altvögel); 3. E 5 bis A 6 (ein- und ausfliegende Altvögel, Fütterung der Jungvögel am Höhleneingang, ausfliegende Jungvögel).

Günstige Tageszeit: tagsüber.

Auswertung

Wertungsgrenzen: A 2 bis E 6.

Brutverdacht: • Höhlenausbau; • Kopulationen in der Nähe einer potenzieller Bruthöhle; • Ein- bzw. Ausflug in/aus potenzielle/r Bruthöhle, • einmalige Feststellung eines Paares in Nähe einer potenziellen Bruthöhle.

Brutnachweis: insbesondere • Fütterung von Jungvögeln am Höhleneingang; • gerade ausgeflogene Jungvögel.

Besondere Hinweise: Die Kontrolle besetzter Höhlen ist bei unbelaubten Bäumen am einfachsten. Skizzierung der Höhlenpositionen empfiehlt sich besonders bei mehreren besetzten Höhlen in einem Baum. Verwechslungen mit ähnlichem Halsbandsittich ausschließen, Hybridisierung ist nachgewiesen, in gemeinsamen Kolonien auf Mischpaare achten.

Literatur: Ernst (1995); Zingel (1997)

Wertungsgrenzen und Erfassungszeitraum

Februar			März			April			Mai			Juni			Juli			August		
A	M	E	A	M	E	A	M	E	A	M	E	A	M	E	A	M	E	A	M	E
1.								2.			3.									

07240 Kuckuck
Cuculus canorus

RLD	V
EUV	---
SPEC	---

Lebensraum

Verschiedene Lebensraumtypen von halboffenen Waldlandschaften über halboffene Hoch- und Niedermoore bis zu offenen Küstenlandschaften, zur Eiablage bevorzugt in offenen Teilflächen (Röhrichte, Moorheiden u.a.) mit geeigneten Sitzwarten; fehlt in der Kulturlandschaft nur in ausgeräumten Agrarlandschaften; im Siedlungsbereich dörfliche Siedlungen, selten in Gartenstädten, Städte nur randlich im Bereich von Industrie- oder Agrarbrachen, in geringer Dichte auch in Parks.

Brutbiologie

Brutschmarotzer; Eier werden auf Nester anderer Arten verteilt, Hauptwirtsvogelarten sind Teich- und Sumpfrohrsänger, Bachstelze, Wiesenpieper, Rotkehlchen, darüber hinaus 28 verschiedene Wirte nachgewiesen; Geschlechtsreife im 2. Kalenderjahr; Parasitierungserfolg von Wirt zu Wirt verschieden; Promiskuität; Eier: 4-22, Eizahl steigt mit Angebot der Wirtsnester, Brutdauer: 11 bis 13 Tage, Embryonalentwicklung bereits vor der Eiablage im Ovidukt des ♀ beginnend; Nestlingsdauer wirtsspezifisch 19-24 Tage.

Phänologie

Jahresperiodik: Langstreckenzieher; Ankunft im Brutgebiet M 4 bis A 5 (meist nach dem Wirt), ♂ treffen früher ein als ♀, Hauptdurchzug unauffällig A 5 bis E 5; Balz und Besetzung von Rufgebieten gleich nach Ankunft, Rufe bis M 7 (selten später); Legeperiode 7½ bis 9 Wochen, Eiablage v.a. A 5 bis M 7; flügge Jungvögel ab M 6 bis E 8; Brutgebiete werden ab A 8 verlassen.

Tagesperiodik: überwiegend tagaktiv, hohe (Ruf-)Aktivität kurz vor und in der Morgendämmerung, ♂ rufen (selten) auch nachts bei völliger Dunkelheit.

Erfassung

Kartierung von Balzrufen der ♂ sowie auf Sitzwarten beobachtender und umherfliegender Altvögel; zur Abgrenzung von Rufgebieten tageszeitlich sehr frühe Beobachtungen (vor SA) und gleichzeitige Registrierung mehrerer Balzrufe besonders berücksichtigen.

Termine: 1. A 5 bis M 5 (rufende/balzende Individuen); 2. E 5 bis A 6 (rufende/ansitzende Individuen); 3. M 6 bis A 7 (rufende/ansitzende Individuen).

Günstige Tageszeit: tagsüber und abends, wegen der großen Streifgebiete wenigstens eine Zählung 1 Std. vor SA.

Auswertung

Wertungsgrenzen: E 4 bis E 7.

Brutverdacht: • zweimalige Feststellung von Balz, Balzflügen, Balzrufen oder auf Beobachtungswarten ansitzenden Altvögeln im Abstand von mindestens 7 Tagen, davon eine A 5 bis A 7; • einmalige Feststellung von Balz bzw. Balzrufen und eine weitere Feststellung von Altvögeln im Abstand von mindestens 7 Tagen, davon eine A 5 bis A 7.

Brutnachweis: insbesondere • Beobachtung von ♀ bei der Eiablage; • Zufallsfund eines nicht flüggen Jungvogels.

Besondere Hinweise: Rufgebiete (Streifgebiete) sehr groß, Entfernungen zwischen einzelnen Rufplätzen mehrere km, bis zu 20 km; kurz vor der Dämmerungsphase ausgeprägte Immobilität der ♂ und günstigste Erfassungszeit; frühmorgendliche Rufaktivität konzentriert sich auf potenzielle Wirtsgebiete; Überschneidungen von Legegebieten der ♀ möglich, ♂-Territorien deutlicher abgegrenzt; braune Morphe nicht zwingend ♀.

Literatur: Busche (2003 a); Dröscher (1990); Garthe (1996); Hölzinger & Mahler (2001); van Dijk & Hustings (1996); Zang & Heckenroth (1986)

Wertungsgrenzen und Erfassungszeitraum

Februar			März			April			Mai			Juni			Juli			August		
A	M	E	A	M	E	A	M	E	A	M	E	A	M	E	A	M	E	A	M	E
									1.		2.		3.							

07350 Schleiereule
Tyto alba

RLD	---
EUV	---
SPEC	3

Lebensraum

Kulturfolger: mehr oder weniger offene Grünland- und Grünland-Ackergebiete, mit eingestreuten Baumgruppen, Einzelbäumen, Hecken, Feldgehölzen und Gewässern; enger Anschluss an Siedlungsraum (einzeln stehende Gehöfte, Dörfer, Ränder von Kleinstädten); Brutplätze meist in Gebäuden (Dachböden von Bauernhäusern, Scheunen, Trafohäuschen, Kirchtürme); ungestörte Tagesruheplätze (überwiegend Scheunen, die v.a. in schneereichen Wintern als Jagdhabitat genutzt werden) gehören als wichtige Requisiten zum Aktionsraum; meidet waldreiche und gebirgige (schneereiche) Gegenden, bereits >300 m über NN selten.

Brutbiologie

Halbhöhlenbrüter, Nistplatz in geräumigen, dunklen, störungsarmen Nischen mit freiem Anflug, auf unterschiedlichsten Unterlagen, nimmt gern Nisthilfen an, selten in Deutschland auch in Felshöhlen; monogame Saison- bzw. Dauerehe, auch Polygamie möglich; abhängig vom Nahrungsangebot 1- 2(3) Jahresbrut(en) oder gänzlicher Brutausfall; Gelege: 4-7 Eier, in guten Mäusejahren auch bei Zweitbruten bis zu 12 Eier oder mehr; Brutdauer: 30-34 Tage, ♀ brütet, ♂ übergibt Beute an ♀; Nestlingsdauer: ca. 40 Tage, mit ca. 60 Tagen flügge.

Phänologie

Jahresperiodik: Standvogel; Balz am Brutplatz gewöhnlich ab März; Legebeginn - stark vom Nahrungsangebot abhängig – ausnahmsweise ab A 3, eher E 3/A 4 bis A 5, bei Zweit- oder Spätbruten Juli/August; auch Bruten im Oktober/Dezember möglich; Jungvögel ziehen im Herbst gelegentlich über große Entfernungen ab.

Tagesperiodik: dämmerungs- und nachtaktiv, tagsüber ruhend.

Erfassung

Überwiegend Kartierung rufender ♂ (lang gezogenes, lauter werdendes Kreischen bei der Reviermarkierung im Fluge bzw. am Sitzplatz in Brutplatznähe) vor allem zu Beginn der Brutphase; weitere Beobachtungen.

Termine: 1. E 3 bis A 4 (Rufe des ♂); 2. M 4 bis E 4 (Rufe des ♂); 3. A 5 bis M 5 (Rufe des ♂, ggf. Futterflüge und bettelnde Junge (Nistplatznähe)).

Günstige Tageszeit: ab SU bis 3 Std. nach SU in möglichst windarmen, trockenen Nächten.

Auswertung

Wertungsgrenzen: A 2 bis A 7.

Brutverdacht: • zweimalige Feststellung von Reviermarkierung im Abstand von mindestens 7 Tagen, davon möglichst eine ab E 3; • einmalige Feststellung von Reviermarkierung und eine weitere Feststellung eines Altvogels im Abstand von mindestens 7 Tagen, davon möglichst eine ab E 3; • einmalige Feststellung von ♂ und ♀ im vermuteten Revier.

Brutnachweis: insbesondere • Einflug in Niststätte mit Beute; • Niststätte mit brütendem ♀, Gelege oder Jungen; • bettelrufende Junge am Nistplatz.

Besondere Hinweise: Befragung von Anwohnern potenzieller Niststandorte, Kirchenbediensteten sowie örtlichen/regionalen Naturschutzgruppen kann nützliche Hinweise ergeben. Kontrollen am Nistplatz mögen weitgehend Artbetreuern/betreuerinnen vorbehalten bleiben. Indirekte Nachweise von Tagesruheplätzen oder Brutplätzen vor allem in Gebäuden durch Auffinden von Gewöllansammlungen. Selten zwei Brutpaare innerhalb eines Gebäudes.

Literatur: Brandt & Seebass (1994); Mebs & Scherzinger (2000); Schneider (1977)

Wertungsgrenzen und Erfassungszeitraum

Februar			März			April			Mai			Juni			Juli			August		
A	M	E	A	M	E	A	M	E	A	M	E	A	M	E	A	M	E	A	M	E
					1.		2.		3.											

07390 Zwergohreule
Otus scops

RLD	---
EUV	---
SPEC	2

Lebensraum

Wärmebegünstigte, trockene, offene bis halboffene Landschaften mit extensiver Nutzung; südexponierte Talhänge mit lichtem Laubbaumbestand (Parks, Alleen, Gärten, Streuobstflächen, Feldgehölze, Wiesen, Obst-und Weinbaugebiete), Auwaldrandzonen, brütet auch siedlungsnah; günstig für den Beuteerwerb (Großinsekten) ist eine niedrige Bodenvegetation (z.B. beweidete Flächen). Einzelne Brutzeitfeststellungen in Baden-Württemberg, Hessen, Bayern, Rheinland-Pfalz, Nordrhein-Westfalen und Thüringen, Brutnachweis zuletzt aus Rheinland-Pfalz im Jahr 2003.

Brutbiologie

Höhlen- und Halbhöhlenbrüter; in Laubbäumen in 1-10 m Höhe (u.a. in Spechthöhlen), gelegentlich in Nistkästen, Mauerlöchern, selten in Krähen- bzw. Greifvogelnestern; monogame Saisonehe; 1 Jahresbrut; Gelege: (2)3-5(6) Eier, Brutdauer: 20-31 Tage (Bebrütung ab 1.-3. Ei), nur ♀ brütet; Nestlingsdauer: 20-32 Tage, Junge mit 33 Tagen voll flugfähig, Führungszeit 4-5,5 Wochen.

Phänologie

Jahresperiodik: Langstreckenzieher; durch Zugverlängerung auf dem Heimzug kann es (begünstigt durch Wärmejahre) zum Auftreten und zur Ansiedlung nördlich des zusammenhängenden Brutgebietes kommen; Ankunft im potenziellen Brutgebiet ab E 4; Eiablage M 5 bis M 6; Aufzuchtsperiode bis E 7; Wegzug ab E 7/A 8.

Tagesperiodik: nachtaktiv, zweiphasige Aktivität mit größter Intensität vor Mitternacht und Pause zwischen 0 und 2 Uhr; nur zur Aufzuchtszeit dämmerungsaktiv.

Erfassung

Kartierung von Revier- bzw. Duettgesang; nach einer Feststellung brutverdächtiger Individuen zwischen E 4 und E 6 sollten sich wenigstens 2 Kontrollen anschließen, um ein möglicherweise besetztes Revier zu bestätigen; Verwendung einer Klangattrappe dann sinnvoll.

Termine: 1. E 5 bis A 6 (Reviergesang); 2. M 6 bis E 6 (Reviergesang); 3. A 7 bis E 7 (Reviergesang/bettelnde Jungvögel).

Günstige Tageszeit: Dunkelphase bis Mitternacht.

Auswertung

Wertungsgrenzen: E 4 bis E 7.

Brutverdacht: • zweimalige Feststellung von Reviergesang im Abstand von mindestens 7 Tagen (möglichst längerer Abstand), davon eine ab E 5; • einmalige Feststellung von Reviergesang und eine weitere Feststellung eines Altvogels im Abstand von mindestens 7 Tagen, davon eine ab E 5; • einmalige Feststellung von ♂ und ♀ (Duettgesang).

Brutnachweis: insbesondere • fütternde Altvögel; • bettelnde Jungvögel.

Besondere Hinweise: Verhält sich zur Brutzeit territorial, Reviergesang kann nach Eiablage nachlassen, Revierrufe können bis E 7 geäußert werden. Besetzt nur relativ kleine Reviere (wenige 100 m²), und ist zumeist ortstreu, eine Kontrolle einmal besetzter Nistplätze ist daher sinnvoll. Äußert monotone Rufreihen als Reviergesang (auch im Duett mit dem Partner, v.a. M 5 bis M 6), diese sind bis 300 m hörbar. Der Gesang wird in der Höhle, im Einflugloch oder auf einer Singwarte vorgetragen, daher ist die Lokalisation des Brutplatzes möglich. Verwechslungsgefahr des Gesanges mit ähnlichen Rufen der Geburtshelferkröte. Nach der Brut findet man zerknabberte Eischalen im Nest. Da zum Brutgeschehen in Deutschland kaum verwertbare Daten vorliegen, sollten bei Brutverdacht (Kriterium singende ♂) durch intensive Kontrollen zumindest Duettgesang, Verpaarung, Höhlenbesuche, möglichst auch ein Brutnachweis dokumentiert und der Deutschen Seltenheitenkommission gemeldet werden.

Literatur: Mebs & Scherzinger (2000); Niehuis et al. (2003)

Wertungsgrenzen und Erfassungszeitraum

Februar			März			April			Mai			Juni			Juli			August		
A	M	E	A	M	E	A	M	E	A	M	E	A	M	E	A	M	E	A	M	E
											1.		2.		3.					

07440 Uhu
Bubo bubo

RLD	3
EUV	X
SPEC	3

Lebensraum

Optimalbiotop umfasst Felsen, Wälder, Freiflächen und Gewässer; benötigt zum Brüten Felsen, mit Geröll bedeckte Steilwände, Steinbrüche, Kies- und Sandgruben mit Nischen bzw. Höhlen, die durch ungehinderten Anflug erreichbar sind, alte Nester von Greif- oder anderen Großvögeln auf Bäumen, seltener am Boden (mit Deckung durch Stämme, Wurzelteller oder Steine) oder in Gebäuden (Kirchtürme); auch Müllplätze können als Jagdgebiet zum Lebensraum gehören; das Innere größerer zusammenhängender Wälder, enge bewaldete Täler und Hochlagen der Mittelgebirge werden gemieden.

Brutbiologie

Halbhöhlen- oder Freibrüter, Brutplatzstandort s.o., kein Nestbau; monogame Saison- bzw. Dauerehe; 1 Jahresbrut, Nachgelege selten; Gelege: (1)2-3(4-5) Eier, Legeabstand 3-4 Tage, nur ♀ brütet, legt Brutpausen ein; Brutdauer: 33-35 Tage, Bebrütung ab 1. Ei; Nestlingsdauer: ca. 30-50 Tage (hängt stark von den Gegebenheiten an den Brutplätzen ab), danach klettern Junge umher, sind etwa mit 60-70 Tagen flugfähig; Familienverband besteht noch weitere 2-3 Monate, mitunter bis M 12.

Phänologie

Jahresperiodik: Standvogel; Herbstbalz kommt vor; Frühjahrsbalz ab Januar, verstärkt Februar bis März (April), Rufaktivität bei vielen Paaren (und unverpaarten) auch in Folgemonaten; Legebeginn selten ab E 1, sonst ab E 2 bis M 3 bzw. A 4, bei Nachgelege wohl bis A 5; flügge Junge frühestens ab A/M 5 möglich, meist ab E 5 bis M 6; Bettelrufe von flüggen Jungen noch im September.

Tagesperiodik: dämmerungs- und nachtaktiv; um Mitternacht Aktivitätsminimum; ältere Junge werden gelegentlich auch am Tage gefüttert.

Erfassung

Kartierung singender ♂ (und rufender ♀); Verwendung einer Klangattrappe (Balzruf ♂) ist zur Kontrolle der Anwesenheit bzw. zum Erstnachweis sinnvoll; Abfolge: bis zu dreimal je 1 Min. locken, 3 Min warten; sofortiger Abbruch bei Reaktion; optische Kontrolle potenzieller Nistplätze aus Distanz am Tage.

Termine: 1. M 2 bis E 2 (Gesang); 2. A 3 bis M 3 (Gesang); 3. M 4 bis M 6 (optische Kontrolle potenzieller Nistplätze aus Distanz; Bettelrufe von Jungen).

Günstige Tageszeit: ab SU bis 3 Std. nach SU.

Auswertung

Wertungsgrenzen: M 1 bis E 7.

Brutverdacht: • zweimalige Feststellung von Reviergesang im Abstand von mindestens 7 Tagen (möglichst längerer Abstand), eine davon M 2 bis M 6; • einmalige Feststellung von Reviergesang und eine weitere Feststellung eines Altvogels im Abstand von mindestens 7 Tagen, eine davon M 2 bis M 6; • einmalige Feststellung von ♂ und ♀ (Duettgesang); • Nistplatzbesuche durch Altvögel (jeweils Februar bis April); • charakteristische Rupfungsfunde und Kotflecken während der Brutperiode in aus Vorjahren bekanntem Revier.

Brutnachweis: insbesondere • Nistplatz mit brütendem ♀ oder Jungen; • fütternde Altvögel; • bettelnde Jungvögel.

Besondere Hinweise: Große Aktionsräume erschweren oft die Zuordnung von Rufaktivität zu Nestbereich/Revierzentrum, daher hohe Beobachtungskapazität erforderlich. Tagesruheplätze befinden sich oft in Sichtkontakt zum Nistplatz. Oft weisen „gedüngte“ Stellen in Felswänden auf langjährig genutzte Nistplätze hin (saftiges Gras im spärlich bewachsenen Umfeld); Funde von Gewöllen, Nahrungsresten (exponierte Rupfungen, Igelhäute), Mauserfedern und auffällig großen Kotflecken geben Hinweise auf Vorkommen. An besetzten Brutplätzen kann - besonders bei eingespielten Paaren – Reviergesang ausbleiben; fehlende Reaktion bei Klangattrappeneinsatz bedeutet nicht zwangsläufig Fehlen des Uhus; Rufrepertoire muss bekannt sein. Reagiert empfindlich auf Störung in Nistplatznähe, vor allem während Eiablage und Bebrütung. Nistplätze werden oft von Personen „betreut“; um unnötige Erfassungen zu vermeiden ist eine Befragung dieser und weiterer Personen (aus Forstverwaltung, Naturschutzverbänden etc.) bzw. eine Absprache mit Genehmigungsbehörden sinnvoll bzw. erforderlich.

Literatur: Bergerhausen & Willems (1988); Bezzel & Schöpf (1986); Brandt (2003); Piechocki & März (1985); Wadewitz (1997)

Wertungsgrenzen und Erfassungszeitraum

Februar			März			April			Mai			Juni			Juli			August		
A	M	E	A	M	E	A	M	E	A	M	E	A	M	E	A	M	E	A	M	E
	1.		2.				3.													

07510 Sperlingskauz
Glaucidium passerinum

RLD	---
EUV	X
SPEC	---

Lebensraum

Reich strukturierte Wälder, vor allem im Gebirge (bis Waldgrenze) aber auch (zunehmend?) im Tiefland mit folgenden Requisiten: Hoher Anteil an Nadelbäumen, deckungsreiche Tagesruheplätze, Alt- und Totholz mit zahlreichen Höhlen und freien Warten, offene Jagdflächen wie Lichtungen und Hochmoore; v.a. im Winter im Bereich von Nadelwald, da hier das Nahrungsangebot (Kleinvögel) höher ist. Im Sommer Nutzung von nahezu reinen mehrschichtigen alten Laubwäldern mit gutem Höhlenangebot möglich.

Brutbiologie

Höhlenbrüter (v.a. Bunt- und Dreizehenspechthöhlen); monogame Saisonehe, Paarbildung und Revierbesetzung bisweilen ab Herbst; 1 Jahresbrut, Nachgelege; Gelege: (4)5-7(9) Eier; Brutdauer: 28-29 Tage, Bebrütung durch ♀ kurz vor bzw. ab Vollendung des Geleges, Junge schlüpfen meist synchron; Nestlingsdauer: 28-32(34) Tage, Junge werden ca. 4 bis 5 (bis 7) Wochen geführt.

Phänologie

Jahresperiodik: Standvogel; Schwerpunkt territorialer Aktivität ab (E 8) A 9 bis M 10 (M 11) (Revierabgrenzung) und wieder ab E 2 bis A/M 4 (Balz); Legebeginn in nahrungsreichen Jahren ab E 3, sonst ab A 4 bis A 5 (in schneereichen Gebieten mit Beginn der Schneeschmelze), bei kalter Witterung bis E 5, Nachgelege bis Juni; Ästlinge ab E 5, meist ab A 6 und bis E 7 (A 8).

Tagesperiodik: frühe Abenddämmerung und Morgendämmerung, tagsüber v.a. in den ersten Morgenstunden und ab spätem Nachmittag; ruht in eigentlicher Dunkelphase, jedoch in hellen Mondnächten auch intensiver Gesang möglich; im Verlauf der Brutzeit verstärkt tagsüber aktiv.

Erfassung

Kartierung singender ♂ (und ♀); Verwendung einer Klangattrappe (monotoner und tremolierender Reviergesang) ist notwendig; Abfolge: 15 Sek. locken, 1 min warten; 30 Sek. locken, 1 Min. warten; 1 Min. locken, 3 Min. warten; sofortiger Abbruch bei Reaktion; auch auf stumme Annäherung achten.

Termine: 1. M 3 bis E 3; 2. A 4 bis M 4 (Gesang); 3. E 4 bis A 5 (Gesang, Fütterungen); ggf. 4. M 6 bis M 7 (Kontrolle zur fortgeschrittenen Brut- bzw. Ästlingszeit (tagsüber).

Günstige Tageszeit: ab 2 Std. vor SU bis 1 Std. nach SU und ab ca. 1 Std. vor SA bis 2 Std. nach SA; nicht bei Niederschlägen, heftigem Wind und Nebel.

Auswertung

Wertungsgrenzen: E 2 bis E 7.

Brutverdacht: • zweimalige Feststellung von Reviergesang im Abstand von mindestens 7 Tagen, eine davon M 3 bis A 5; • einmalige Feststellung von Reviergesang und eine weitere Feststellung eines Altvogels im Abstand von mindestens 7 Tagen, eine davon M 3 bis A 5.

Brutnachweis: insbesondere • Fund der Bruthöhle (Nestauswürfe); • fütternde Altvögel an Höhle; • Beobachtung von Ästlingen.

Besondere Hinweise: Nach Ausfliegen füttert nur ♀ die Ästlinge, doch zieht es sich sobald Junge fliegen können zur Mauser zurück, dann zieht ♂ mit Jungen durchs Revier. Unterschiedliche Rufe der Geschlechter müssen bekannt sein. Bei Klangattrappeneinsatz keine Verlängerung der Aktivitätszeit in die Nachtstunden provozieren (nur bis SU einsetzen), da ansonsten erhöhter Feinddruck durch andere Eulen besteht; möglichst nur bis E 3 verwenden, ab dann erhöhte Störanfälligkeit (Paarfindungsphase, frühe Eiablagezeit); Feststellung von Warnreaktion bei Kleinvögeln nach Vorspielen der ♂- bzw. ♀-Rufe (auch tagsüber) lässt sich als Indiz auf ein Revier werten, eine Nachkontrolle muss in der Dämmerung erfolgen. Gesang etwa 500 m (max. 1000 m) hörbar. Bewölkung, Nebel und Niederschläge hemmen die Aktivität. Legt Nahrungsdepots in Höhlen an, typisch sind Nestauswürfe (Eischalen, Gewölle, Kotballen, Rupfungsreste) am Grund des Bruthöhlenbaumes (vor allem Mai/Juni doch bis September/Oktober möglich). Ästlinge ab A 6, dann ist die Art auch tagaktiv. Wenig scheu gegenüber Menschen. Auch Jungvögel und ♀ reagieren auf Klangattrappe; Überprüfung eines Vorkommens auch gut von A 9 bis M 11 möglich. Meidet mitunter Gebiete, die vom Waldkauz besiedelt sind.

Literatur: FRIEDRICH (1997); HORMANN & MENNING (1997); MEBS & SCHERZINGER (2000)

Wertungsgrenzen und Erfassungszeitraum

Februar			März			April			Mai			Juni			Juli			August		
A	M	E	A	M	E	A	M	E	A	M	E	A	M	E	A	M	E	A	M	E
				1.		2.		3.					4.							

07570 Steinkauz
Athene noctua

RLD	2
EUV	---
SPEC	3

Lebensraum

Kulturfolger: mehr oder weniger offene, reich strukturierte Wiesen- und v.a. Weidelandschaften (ganzjährig kurzgrasige Jagdgebiete) mit ausreichendem Angebot an Höhlen und Rufwarten in Form von Kopfweiden, Hecken, Obstbäumen, Mauer- und Dachnischen bzw. Spezialnistkästen; dann auch in Heide- und Moorgebieten; eher selten in Steinbrüchen und lichten Parks, regional häufig in Dörfern mit Altbaumbestand; fehlt in Wäldern oder weithin offenen Mooren sowie in strukturarmen Grünland- bzw. Ackerbaugebieten.

Brutbiologie

Höhlen- bzw. Halbhöhlenbrüter; ausgeprägte Brutplatztreue, daher oft monogame Dauerehe; 1 Jahresbrut, Nachgelege bei frühem Gelegeverlust; Gelege: 3-5(7) Eier, Brutdauer: (nur ♀) 24-28 Tage (abhängig von Gelegestärke); Nestlingsdauer: 30-35 Tage, mit 38-46 Tagen flugfähig, anschließend noch ca. 5 Wochen Versorgung durch die Altvögel.

Phänologie

Jahresperiodik: Standvogel; Territorialverhalten auch außerhalb der Fortpflanzungszeit (Reviergesang ♂); Herbstbalz kommt vor; Revierrufe besonders ab E 2 bis M 4 (A 5), Legebeginn selten ab E 3, überwiegend ab M/E 4 bis M 5, Nachgelege bis Juni; Ausfliegen ab M 6.

Tagesperiodik: Hauptaktivität in Dämmerungsphasen, in der Brutzeit auch schon ab 2 Std. vor SU bzw. bis 2 Std. nach SA; Rufe vor allem nach SU bis Mitternacht und in frühen Morgenstunden.

Erfassung

Kartierung singender ♂; Verwendung einer Klangattrappe („*Guhk*“-Rufreihe mit Frequenz von ca. 16 Rufen/Minute) ist notwendig; Abfolge: 15 Sek. locken, 1 Min. warten; 30 Sek. locken, 1 Min. warten; 1 Min. locken, 3 Min. warten; sofortiger Abbruch bei Reaktion.

Termine: 1. E 2 bis A 3 (Gesang); 2. M 3 bis E 3 (Gesang); 3. A 4 bis M 4 (Gesang); 4. E 5 bis M 6 (ggf. gezieltes Beobachten von Fütterungen am Brutplatz aus der Distanz).

Günstige Tageszeit: ab halbe Stunde nach SU bis Mitternacht und ab 2.00 Uhr nachts bis SA, nicht bei Niederschlägen und nicht bei Wind über Windstärke 3 (Blätter und dünne Zweige in ständiger Bewegung).

Auswertung

Wertungsgrenzen: A 2 bis E 7.

Brutverdacht: • einmalige Feststellung von Duettgesang; • einmalige Feststellung von Reviergesang eines ♂ (A 2 bis M 5), möglichst jedoch Bestätigung; • einmalige Beobachtung eines Altvogels im potenziellen Lebensraum, möglichst jedoch Bestätigung.

Brutnachweis: insbesondere • Feststellung fütternder Altvögel.

Besondere Hinweise: Duettgesang von ♂ und ♀ mit ineinander greifenden Lock-, Bettel- und Erregungsrufen. Reviergesang mindestens 600 m hörbar. Minimalabstand für Klangattrappeneinsatz 300-400 m, dabei Nachzieheffekt beachten bzw. das Nachziehen vermeiden. Von sich aus rufende Käuze nicht zusätzlich beschallen. Zur Unterscheidung von Revieren in dicht besiedelten Gebieten (mehrere Käuze stehen in Rufkontakt zueinander) auf gleichzeitige Feststellungen achten. Reaktion auf Klangattrappe bei geringer Siedlungsdichte schwächer ausgeprägt; da nicht unbedingt alle Steinkäuze auf Klangattrappe reagieren, muss bereits eine Feststellung als Brutverdacht gewertet werden, da sonst Bestand sicher unterschätzt wird. Tagesruheplätze in Dachböden (u.a. Scheunen, Viehställe, seltener in Kirchen), Mauer- und Dachnischen, Bäumen. Tagsüber auch gerne frei sitzend an exponierten Stellen (Sonnenbad, meist in Nähe eines Versteckes). Befragung von Kirchenbediensteten und regionalen/örtlichen Naturschutzgruppen kann nützliche Hinweise ergeben. Im Falle von Bruthöhlenbetreuung grundsätzlich keine Kontrollen der Höhlen zwischen A 2 und M 5! Reinigung von Nistkästen ab September/Oktober, dabei auf möglicherweise noch brütende Untermieter (z.B. Feldsperlinge) achten.

Literatur: Exo (1983); Exo & Hennes (1977, 1978); Mebs & Scherzinger (2000)

Wertungsgrenzen und Erfassungszeitraum

Februar			März			April			Mai			Juni			Juli			August		
A	M	E	A	M	E	A	M	E	A	M	E	A	M	E	A	M	E	A	M	E
		1.		2.		3.					4.									

07610 Waldkauz
Strix aluco

RLD	---
EUV	---
SPEC	---

Lebensraum

Lichte Laub- und Mischwälder mit altem höhlenreichen Baumbestand vom Tiefland bis ins Gebirge; Feld- und Hofgehölze, immer häufiger auch im Siedlungsbereich (selbst in Großstädten), dort in Parks, Alleen, Gärten mit altem Baumbestand, auf Friedhöfen; fehlt nur in weitgehend baumfreien Landschaften.

Brutbiologie

Überwiegend Höhlenbrüter, bevorzugt Baumhöhlen, auch Dachböden und Jagdkanzeln sowie großräumige Kästen, diese auch an oder in Gebäuden, ausnahmsweise Bruten in Nestern anderer Vögel bzw. am Boden; monogame Dauerehe; 1 Jahresbrut, selten Nachgelege; Gelege: (2)3-5(6) Eier, ♀ brütet und hudert, wird vom ♂ versorgt; Brutdauer: 28-29 Tage/Ei; Nestlingsdauer: 29-35 Tage, dann verlassen Junge nicht flugfähig die Höhle; flügge erst im Alter von 6-7 Wochen; Aufzucht durch ♀ und ♂ (♂ füttert nach der Huderphase auch selbst).

Phänologie

Jahresperiodik: Standvogel; Herbstbalz (Revierabgrenzung, Paarbildung) ab September bis Dezember, Balz sonst ab E 12, regelmäßig ab E 1/A 2 bis E 3; Legebeginn ab E 1/A 2 v.a. ab A 3 bis E 3, auch späterer Legebeginn möglich; entsprechend der langen Legezeit auch sehr langer Zeitraum mit bettelnden Jungen, Ästlinge frühestens ab A/M 4, überwiegend ab M 5 bzw. A 6; Familienauflösung im Normalfall wohl erst ab Ende Juli.

Tagesperiodik: dämmerungs- und nachtaktiv, Beginn der Gesangsaktivität in später Dämmerung bis in Dunkelphase.

Erfassung

Kartierung singender ♂ (und rufender ♀); Verwendung einer Klangattrappe (heulende Balzrufe des ♂) sinnvoll; Abfolge: bis zu dreimal je 30 Sek. abspielen, 2 Min. warten, bei Antwort sofort Abbruch; Abspielen der Klangattrappe etwa alle 2 km.

Termine: 1. M 2 bis E 2 (Reviergesang, ♀-Rufe); 2. A 3 bis M 3 (Reviergesang, ♀-Rufe); 3. E 5 bis E 6 (mindestens eine Kontrolle zur Zeit bettelrufender Jungvögel).

Günstige Tageszeit: nach SU bis Mitternacht in möglichst windarmen, trockenen Nächten.

Auswertung

Wertungsgrenzen: M 1 bis E 7.

Brutverdacht: • zweimalige Feststellung von Reviergesang im Abstand von mindestens 7 Tagen, eine davon M 2 bis E 6; • einmalige Feststellung von Reviergesang und eine weitere Feststellung eines Altvogels im Abstand von mindestens 7 Tagen, eine davon M 2 bis E 6; • einmalige Feststellung von ♂ und ♀.

Brutnachweis: insbesondere • fütternde Altvögel; • bettelrufende Ästlinge; • flügge Junge im vorher festgestellten Revier.

Besondere Hinweise: Die Erfassung der weithin hörbaren bettelrufenden Ästlinge (v.a. E 5 bis E 6) ist zwar auf erfolgreiche Paare beschränkt, stellt aber eine effiziente Methode dar und ergibt für die Bestandsermittlung zusätzliche wichtige Hinweise zu vorher nicht festgestellten bzw. nicht bestätigten Revieren. Bereits flügge Jungen geben keinen Hinweis mehr auf genaue Lage des Nistplatzes. Nach dem Ausfliegen der Jungen werden deren Ruheplätze häufig von warnenden Kleinvögeln angezeigt. Wegen unnötiger Störung für Reviererfassung keine Kratzproben an Bäumen vornehmen. ♀ sind am Brutplatz sehr wehrhaft. Indirekte Nachweise aufgrund von Gewöllen unter potenziellen Brutbäumen.

Literatur: Mebs & Scherzinger (2000); Melde (1984); Schuster (1971); Ziesemer (1979)

Wertungsgrenzen und Erfassungszeitraum

Februar			März			April			Mai			Juni			Juli			August		
A	M	E	A	M	E	A	M	E	A	M	E	A	M	E	A	M	E	A	M	E
	1.		2.								3.									

07650 Habichtskauz
Strix uralensis

RLD	R
EUV	---
SPEC	---

Lebensraum

Meist alte Mischwälder im Hügel- und Bergland, auch lichte Buchenhallenwälder oder lückiger Kiefernwald; benötigt offene Flächen (Windwurfflächen, Waldwiesen, Lichtungen, Kahlschläge) als Jagdgebiet, dichten Jungwuchs, bodennahes Bruchholz als Tagesruheplatz und vor allem Altholz als Brutplatz; brütet in großen Baumhöhlen, Nestern von Mäusebussard, Habicht, Schwarzstorch, seltener auch auf Stümpfen abgebrochener Bäume bzw. in Nistkästen.

Brutbiologie

Höhlen- und/oder Baumbrüter; Brutplatztreue, monogame Dauerehe; 1 Jahresbrut, bei Brut-Störungen 2 bis 3 Nachgelege möglich; Gelege: (2) 3-4 (6) Eier, Brutdauer: (nur ♀) je Ei = 28 Tage, Bebrütung ab 1. Ei; Nestlingsdauer: 31-35 Tage; Junge verlassen noch nicht flugfähig den Nistplatz, hocken dann auf dem Waldboden bzw. klettern in Gebüsch oder niedere Äste, werden von den Eltern noch 8 Wochen versorgt.

Phänologie

Jahresperiodik: verpaarte Vögel überwiegend reviertreue Standvögel; Beginn der Reviermarkierung durch lautstarken „Herbstgesang“ E 9/A 10; Frühjahrsbalz – je nach Witterung – ab E 1/M 2, ♂ und ♀ rufaktiv; Balzrufe bis Brutbeginn auch tagsüber, bis zum Ende der Eiablage nur noch zu den Brutpausen des ♀; Legebeginn je nach Höhenlage bis M/E 3 (Bayerischer Wald).

Tagesperiodik: dämmerungs- und nachtaktiv; mit Aktivitätspause um Mitternacht; zur Zeit der Jungenaufzucht auch tagaktiv.

Erfassung

Überwiegend Kartierung singender ♂ sowie Feststellung bettelnder Jungvögel und warnender ♀.

Termine: 1. M 2 bis A 3 (Reviergesang); 2. M 3 bis A 4 (Reviergesang); 3. A 5 bis E 5 (bettelnde Jungvögel, warnende ♀); empfohlene Vorkontrolle im Vorjahr: 4. E 9 bis M 10. (Revierabgrenzung / Paarbildung).

Günstige Tageszeit: ab 30 Min. nach SU bis 2 Std. nach SU bzw. ab 1,5 Std. vor SA bis 1 Std. nach SA.

Auswertung

Wertungsgrenzen: M 1 bis A 8.

Brutverdacht: • zweimalige Feststellung von Reviergesang im Abstand von mindestens 7 Tagen, eine davon M 2 bis E 5; • einmalige Feststellung von Reviergesang und eine weitere Feststellung eines Altvogels im Abstand von mindestens 7 Tagen, eine davon M 2 bis E 5; • einmalige Feststellung von ♂ und ♀.

Brutnachweis: insbesondere • Beuteübergaben und fütternde Altvögel; • Feststellung von Ästlingen bzw. flüggen Jungvögeln bis Anfang August.

Besondere Hinweise: Näherer Niststandort wegen der mitunter mehrere Quadratkilometer großen Reviere und meist nur 20-30 Min. anhaltenden Balzaktivität schwierig zu lokalisieren. Der dumpf-verhallende Reviergesang ist nur 100-500 m, das Nestlocken sogar nur bis 100 m weit zu hören. In Gebieten mit geringer Siedlungsdichte bleibt Reaktion auf Klangattrappen oft aus. Brutgeschehen von Fluktuation der Hauptbeutetiere geprägt: z.B. Brutausfall in Mangeljahren bzw. große Gelege in guten Mäusejahren. Obwohl keineswegs scheu, sind Habichtskäuze im Allgemeinen sehr schweigsam und leicht zu übersehen. Auffälliger bei Schneelage, wenn die Eule exponiert auf deckungsfreien Warten sitzt. Singvogel-Alarm bei Auftauchen einer Eule meist nur außerhalb des engeren Brutgebietes. Erhebliche Verletzungsgefahr bei energischer Brutplatzverteidigung durch die Altvögel. Störungen während der Bebrütung und frühen Nestlingszeit können das ♀ zu erregtem Feindverhalten veranlassen und damit zu totalem Brutverlust führen (z.B. Verkrallen in Eier oder Nestlinge). Suche nach Gewöllen und Mauserfedern verrät den Tagesruheplatz. Bruten außerhalb des Bayerischen Waldes sollen der Deutschen Seltenheitenkommission mit Dokumentation gemeldet werden.

Literatur: Mebs & Scherzinger (2000); Scherzinger (1980); Stürzer (1998)

Wertungsgrenzen und Erfassungszeitraum

Februar			März			April			Mai			Juni			Juli			August		
A	M	E	A	M	E	A	M	E	A	M	E	A	M	E	A	M	E	A	M	E
	1.			2.					3.											

07670 Waldohreule
Asio otus

RLD	---
EUV	---
SPEC	---

Lebensraum

Bevorzugt Nistplätze in Feldgehölzen und an strukturierten Waldrändern mit ausreichend Deckung bietenden Nadelbäumen (Kiefern, Fichten), weiterhin in Baumgruppen oder Hecken, auch zunehmend innerhalb von Siedlungen mit älterem Nadelbaumbestand, kaum im Inneren größerer, geschlossener Waldbestände; zur Jagd im offenen Gelände mit niedrigem Pflanzenwuchs (Felder, Wiesen, Dauergrünland), in lichten Wäldern auf Wegen und Schneisen.

Brutbiologie

Überwiegend Baumbrüter, kein Nestbau; Brut in alten Krähen-, Elstern-, Greifvogel-, Graureiher- oder Ringeltaubennestern, Nistkörben, selten in Baumhöhlen, Falkenkästen bzw. am Boden; monogame Saisonehe; 1 Jahresbrut, ausnahmsweise Zweitbruten, Nachgelege; Gelege: 4-5(8) Eier, Brutdauer: 27-28 Tage; Nestlingsdauer: mindestens 20 Tage, dann verlassen Junge als Ästlinge Nest und Nistbaum, mit 33-35 Tagen flügge, aber erst später selbstständig; ♀ brütet und betreut Junge bis zum Flüggewerden, ♂ bewacht und sorgt für Futter.

Phänologie

Jahresperiodik: Altvögel überwiegend Standvögel, diesjährige ziehen, daneben nordische Durchzügler und Wintergäste; Auflösung der Wintergesellschaften im Süden ab M 2 sonst E 2/M 3 bis A/M 4; Durchzug A 3 bis E 5, Median Helgoland A 4; Revierbesetzung ab M 1 bis M 3; Legebeginn in guten Mäusejahren ab E 2, sonst überwiegend ab M 3 bis M 4, Reviergesang und Flügelklatschen bis zum Schlupf der Jungen; Auftreten von Ästlingen A 5 bis M 8.

Tagesperiodik: dämmerungs- und nachtaktiv; Gesangsaktivität um Mitternacht ggf. etwas geringer.

Erfassung

Kartierung der beim Balzflug oder in Bäumen singenden ♂ (und der nur aus geringer Entfernung hörbaren ♀) oder Altvögel beim Flügelklatschen; Verwendung einer Klangattrappe (Balzrufe des ♂) sinnvoll, bei Antwort sofort Abbruch.

<u>Termine</u>: 1. E 2 bis A 3 (Reviergesang, Balz); 2. M 3 bis A 4 (Reviergesang, Balz); 3. E 5 bis E 6 (mindestens eine Kontrolle zur Zeit bettelrufender Jungvögel).

<u>Günstige Tageszeit</u>: ab 0,5 Std. nach SU bis 3 Std. nach SU in möglichst windarmen, trockenen Nächten; im Siedlungsbereich nach Beruhigung des „Feierabendlärms“, ca. ab 20.30/21.00 Uhr.

Auswertung

Wertungsgrenzen: A 2 bis M 8.

<u>Brutverdacht</u>: • zweimalige Feststellung von Reviermarkierung/Balz im Abstand von mindestens 7 Tagen, eine davon E 2 bis E 6; • einmalige Feststellung von Reviermarkierung/Balz und eine weitere Feststellung eines Altvogels im Abstand von mindestens 7 Tagen, eine davon E 2 bis E 6; • einmalige Feststellung von ♂ und ♀; • Nester mit Kotspuren und ebenda frische Eulengewölle bzw. Mauserfedern (auch wenn keine Eule in der Nähe zu sehen ist).

<u>Brutnachweis</u>: insbesondere • bettelrufende Ästlinge bis Anfang August.

Besondere Hinweise: Vor der Belaubung sollten potenzielle Brutnester am Tage vorsichtig mit dem Fernglas kontrolliert werden. Auf Gewölle (mehrere unter einem Baum) von Altvögeln achten; Beobachtungen am Schlafplatz im Spätwinter und frühen Frühjahr dürfen auch innerhalb der Wertungsgrenzen nicht gewertet werden, während Beobachtungen am Tagesschlafplatz ab Juni bis Mitte August auf eine erfolgreiche Brut in der Nähe schließen lassen und in die Auswertung einbezogen werden dürfen. Die Erfassung der weithin hörbaren bettelrufenden Ästlinge (v.a. M 5 bis E 7) ist zwar auf erfolgreiche Paare beschränkt, stellt aber eine effiziente Methode dar und ergibt für die Bestandsermittlung zusätzliche wichtige Hinweise zu vorher nicht festgestellten bzw. nicht bestätigten Revieren. Hinweise auf spätere Reviere auch durch Feststellung von Rufaktivität ab November möglich (in milden Wintern in guten Mäusejahren möglicherweise Bruten im Zeitraum Dezember-Januar).

Literatur: Block & Block (1991); Busche (2003 b); Mebs & Scherzinger (2000)

Wertungsgrenzen und Erfassungszeitraum

Februar			März			April			Mai			Juni			Juli			August		
A	M	E	A	M	E	A	M	E	A	M	E	A	M	E	A	M	E	A	M	E
		1.		2.							3.									

07680 Sumpfohreule
Asio flammeus

RLD	1
EUV	X
SPEC	3

Lebensraum

Großräumige, offene bis halboffene Küsten- und Niederungslandschaften; Ästuare, Niedermoore, Hoch- und Übergangsmoore, Marschen, Dünentäler und Heiden im Küstenbereich; Neststandort in hochwüchsigen Landröhrichten, Riedern und Hochstauden, Brachen, Feuchtwiesen und Getreideäckern; i.d.R. offene Jagdgebiete wie Moore, Grünland, Felder, Dünengebiete und Vorländer; der größte Teil des deutschen Bestandes konzentriert sich außerhalb von Jahren der Massenvermehrung von Feldmauspopulationen auf die Ostfriesischen Inseln.

Brutbiologie

Bodenbrüter; Nest bevorzugt an trockenen Stellen mit mindestens 15-50 cm hoher, lückiger Vegetation, meist in der Nähe von Erhebungen (Ansitz für das wachende ♂); Einzelbrüter; saisonale Monogamie; 1 Jahresbrut, Zweitbrut nachgewiesen; Gelege: (4)7-10(14) Eier, Brutdauer: 24-28 Tage; die Jungen verlassen ab dem 15. Tag das Nest, mit 30-48 Tagen flügge; ♂ und ♀ brüten, führen und füttern.

Phänologie

Jahresperiodik: Teilzieher, aufgrund fehlender Brutplatztreue witterungsabhängig weit reichende Wanderungen bzw. große Umsiedlungsdistanzen; Paarbildung schon ab E 1 am Überwinterungsplatz, meist ab M 3 bis E 4; Revierbesetzung ab E 3; Heimzug A 3 bis M 5, Hauptdurchzug A 3 bis A 4; Eiablage bei sehr milder Witterung ab M 3 bis M 6, Hauptlegezeit ab A 4 bis E 6 (S: E 3 bis E 4); Jungvögel in Ausnahmefällen ab A 4; Abzug von den Brutplätzen ab Juli; im Familienverband bis 2 Monate nach Flüggewerden.

Tagesperiodik: dämmerungs- und tagaktiv; balzt hauptsächlich am Spätnachmittag und am Abend sowie in den frühen Morgenstunden.

Erfassung

Beobachtungen balzender Altvögel (oft lang anhaltende Imponierflüge, bei denen lange Gleitstrecken mit Sturzflügen und lautem Flügelklatschen abwechseln), Beobachtung Nahrung suchender, Beute eintragender sowie warnender bzw. verleitender Altvögel, Beobachtung sichernder ♂, (Zählung von Familienverbänden).

Termine: 1. M 4 bis E 4 (Balz, sichernde ♂, jagende Altvögel); 2. A 5 (Balz, sichernde ♂, jagende Altvögel); 3. M 5 (sichernde ♂, jagende Altvögel, warnende bzw. verleitende Altvögel, Fütterung von Jungvögeln); 4. A 6 bis M 6, (sichernde ♂, jagende Altvögel, warnende bzw. verleitende Altvögel, Fütterung von Jungvögeln).

Günstige Tageszeit: SA bis 4 Std. nach SA und ab 2 Std. vor SU bis SU.

Auswertung

Wertungsgrenzen: E 3 bis E 8.

Brutverdacht: • einmalige Beobachtung eines balzenden Paares bzw. balzenden Einzelvogels im potenziellen Brutgebiet ab A 5; • zweimalige Beobachtung eines Paares im Abstand von mindestens 7 Tagen von M 4 bis M 6; • einmalige Beobachtung eines Paares und einmalige Beobachtung eines sichernden ♂ im Abstand von mindestens 7 Tagen, davon eine M 4 bis M 6; • eine Beobachtung eines Altvogels und bettelfliegende Jungvögel im Abstand von mindestens 7 Tagen.

Brutnachweis: insbesondere • Beute eintragende Vögel; • warnende bzw. verleitende Altvögel.

Besondere Hinweise: Überwinternde Vögel bleiben bis M 4 in potenziellen Brutgebieten. Aus Balzflügen von März bis M 4 können noch keine Reviere abgeleitet werden, wenn nach M 4 keine weiteren Nachweise vorliegen! Größere Umsiedlung bzw. starke Bestandsschwankungen sowie Brutvorkommen im Binnenland in Abhängigkeit von Feldmausgradationen möglich.

Literatur: GILBERT et al. (1998)

Wertungsgrenzen und Erfassungszeitraum

Februar			März			April			Mai			Juni			Juli			August		
A	M	E	A	M	E	A	M	E	A	M	E	A	M	E	A	M	E	A	M	E
							1.		2.	3.		4.								

07700 Raufußkauz
Aegolius funereus

RLD	---
EUV	X
SPEC	---

Lebensraum

Überwiegend alte, reich strukturierte Nadelwälder und Mischwälder, auch Buchenwälder mit gutem Höhlenangebot (Schwarzspechthöhlen), vor allem im Gebirge aber (zunehmend?) auch im Tiefland; im Norden häufig Kiefernbestände, wichtig sind deckungsreiche Tagesruheplätze, Lichtungen, Schneisen und Bereiche mit wenig Unterholz (für Jagd auf Kleinsäuger); auch in bewaldeten Moorgebieten; bei Nistkastenangebot auch in Fichten- oder jüngeren Kiefernforsten.

Brutbiologie

Höhlenbrüter; monogame Saisonehe, oft nur Brutehe, ebenso Bigynie und Biandrie nachgewiesen, Neuverpaarungen bei verschachtelten Bruten möglich; 1 Jahresbrut, bei günstigem Nahrungsangebot Zweitbrut als Schachtelbrut; Gelege: (2)3-6(8) Eier, Brutdauer: abhängig von Gelegestärke je Ei 26-28 Tage, Bebrütung nur durch ♀ ab 1. Ei; Nestlingsdauer: 29-36 Tage; Junge werden (3)4-6(7) Wochen geführt.

Phänologie

Jahresperiodik: ♂ überwiegend reviertreue Standvögel, ♀ suchen günstige Nahrungshabitate und wechseln regelmäßig das Brutgebiet, z.T. über mehrere 100 km; herbstlicher Reviergesang A/M 9 bis A/M 11; Frühjahrsbalz in milden Wintern ab M 1, sonst ab E 2 bis A 3; verpaarte ♂ singen nur bis Brutbeginn, unverpaarte bis in den Juni (auch tagsüber); Legebeginn abhängig von Witterung und Nahrung ab (E 2) A/M 3 bis A 4, in Hochlagen auch bis A 5, Nachgelege bis E 5, Zweitbruten ab E 5 bis E 6; Ästlinge ab A 5, meist ab M 5.

Tagesperiodik: nachtaktiv mit Schwerpunkt in Dämmerungsphasen; sitzt in Tagesruheplätzen dicht am Stamm bzw. in dichten Nadelbaumkronen; tagsüber singende ♂ sind oft unverpaart.

Erfassung

Kartierung singender ♂; Verwendung einer Klangattrappe vor allem in schlechten Mäusejahren notwendig (wegen geringer Rufaktivität), Abfolge: alle 1-2 km bis zu dreimal je 30 Sek. abspielen, 2 Min. warten; sofortiger Abbruch bei Reaktion.

<u>Termine</u>: 1. E 2 bis A 3 (Reviergesang); 2. M 3 bis E 3 (Reviergesang); 3. A 4 bis M 4 (Reviergesang); 4. E 5 bis M 6 (ggf. weitere Kontrolle zur Zeit bettelrufender Jungvögel).

<u>Günstige Tageszeit</u>: ab SU bis 3 Std. nach SU in möglichst windarmen, trockenen Nächten.

Auswertung

Wertungsgrenzen: A 2 bis A 8.

<u>Brutverdacht</u>: • zweimalige Feststellung von Reviergesang im Abstand von mindestens 7 Tagen, eine davon E 2 bis M 6; • einmalige Feststellung von Reviergesang und eine weitere Feststellung eines Altvogels im Abstand von mindestens 7 Tagen, eine davon E 2 bis M 6; • einmalige Feststellung von ♂ und ♀.

<u>Brutnachweis</u>: insbesondere • bettelrufende Ästlinge (bis Anfang August).

Besondere Hinweise: Klangattrappeneinsatz in sehr guten Mäusejahren kann aufgrund einer dann örtlichen/regionalen hohen Ruferdichte eher von Nachteil sein. Singende ♂ können nur 40-250 m entfernt voneinander sein, dann bis zu 6 Sänger von einem Standort aus zu hören; andererseits können verschiedene Singplätze desselben ♂ bis zu 1 km voneinander entfernt liegen, daher auf gleichzeitige Sänger achten. Bisweilen inselartig geklumpte Brutplatzverteilung (abhängig von Paarungssystem), z.B. in 8 ha Buchenaltholz 3 Bruten nachgewiesen. Unverpaarte ♂ singen bis Juni und oft am Tage. Erfassung von bettelrufenden Ästlingen (v.a. E 5 bis M 6, doch bis A 8) ergibt für die Bestandsermittlung zusätzliche Hinweise zu vorher nicht festgestellten bzw. nicht bestätigten Revieren. Kommt mehr im Inneren von Wäldern vor, meidet die Randzonen (und somit den Waldkauz). Nahrungsversorgung der Jungen aus dem Depot auch tagsüber möglich.

Literatur: FRIEDRICH (1997); MEBS & SCHERZINGER (2000); SCHWERDTFEGER (1997, 1999, 2001)

Wertungsgrenzen und Erfassungszeitraum

Februar			März			April			Mai			Juni			Juli			August		
A	M	E	A	M	E	A	M	E	A	M	E	A	M	E	A	M	E	A	M	E
		1.		2.		3.					4.									

07780 Ziegenmelker
Caprimulgus europaeus

RLD	2
EUV	X
SPEC	2

Lebensraum

Heide- und lichte Waldbiotope auf vorzugsweise trockenen Böden (meist Sand, im Hügelland auch lehmige Böden und Buntsandstein); überwiegend in offener-halboffener Sandheide (Ginster- und Wacholderheiden), auch in lichtem Kiefernwald oder Stieleichen-Birkenwald; wenigstens teilweise mit Moorbirken oder/und Kiefern verbuschte Hochmoore bzw. Moorheiden (degenerierte und wiedervernässte Moore, meist außerhalb von Flussniederungen); junge (Kiefern-)Schonungen, Kahlschläge, Windwurfflächen, Brandflächen (z.B. auf Truppenübungsplätzen), Sandabbaugebiete.

Brutbiologie

Bodenbrüter; kein Nest, Nistplatz oft vegetationslos, trocken und der Sonne ausgesetzt; monogame Saisonehe; meist 1 Jahresbrut, Zweitbrut als Schachtelbrut möglich; Gelege: 2 Eier, Brutdauer: 16-21 Tage, Bebrütung überwiegend durch ♀; Junge am Nistplatz ab 15. Tag Flugversuche, mit 30-35 Tagen selbstständig.

Phänologie

Jahresperiodik: Langstreckenzieher; Heimzug im Süden ausnahmsweise ab A/M 3, sonst ab E 4 bis A 6, Hauptdurchzug A 5 bis E 5; Legebeginn selten ab M 5 meist ab A 6, Brutperiode bis A 8; Abzug M/E 8 bis September, einzelne bis Oktober.

Tagesperiodik: dämmerungs- und nachtaktiv; Gesang oft erst ab 0,5-1 Std. nach SU, Höhepunkt in Abend- und Morgendämmerung, gegen Mitternacht oft schwächer, besonders in hellen Mondnächsten auch die ganze Nacht hindurch; ab E 6 nachlassende Gesangsaktivität.

Erfassung

Überwiegend Kartierung singender ♂, auch Rufe und Flügelklatschen beachten; Verwendung einer Klangattrappe („Schnurren") sinnvoll, v.a. bei Einzelvorkommen; Abfolge: 2-3x je 30 Sek. locken, 2 Min. warten, sofortiger Abbruch bei Reaktion.

Termine: 1. E 5 bis A 6 (Zählung singender ♂); 2. M 6 (Zählung singender ♂); 3. E 6 bis A 7 (Zählung singender ♂).

Günstige Tageszeit: ab 0,5 bis 1 Std. nach SU bis Mitternacht und ab 2 Std. vor SA bis SA; nur in trockenen, warmen und möglichst windarmen Nächten.

Auswertung

Wertungsgrenzen: A 5 bis E 7.

Brutverdacht: • zweimalige Feststellung von Gesang im Abstand von mindestens 7 Tagen, eine davon E 5 bis A 7; • einmalige Feststellung von Gesang und weitere Feststellung im Abstand von mindestens 7 Tagen, eine davon E 5 bis A 7; • einmalige Gesangsfeststellung erst ab M 6, möglichst jedoch Bestätigung im Abstand von mindestens 7 Tagen.

Brutnachweis: insbesondere • Fund von Gelege oder Jungen (z.B. bei Kartierungen anderer Arten tagsüber).

Besondere Hinweise: Optimale Gesangsaktivität oft nur für 1-1,5 Std. nach Gesangsbeginn, v.a. in weniger günstigen Nächten; bei Erfassungen mit weniger als 3 Begehungen auf jeden Fall den zweiten Termin wahrnehmen; möglichst von Wegen aus, nicht über potenzielle Brutplätze gehen (Gefahr für Gelege, Jungvögel). Neben Gesang auf Flugrufe, Flügelklatschen und Beobachtungen achten. Rufplatzwechsel kann mehrere Vögel vortäuschen; günstig ist Erfassung mit mehreren Personen (bei Beständen > 5 singender ♂ oder großer Flächen) unter Ausnutzung von erhöhten Beobachtungspunkten und klarer, aber milder Mondnächte (Sichtbedingungen); Funk- und Handykontakt ggf. von Vorteil; Einsatz von Klangattrappe je nach Geländebeschaffenheit alle 200-400 m, dann auf Nachzieheffekt achten, bereits kartierte Vögel können der Klangattrappe folgen (Gefahr Doppelzählung); ab Mitternacht oft Gesangspause, dann auch geringere Reaktion auf Klangattrappe. Gesang wird mit beginnender Morgendämmerung zunehmend durch Gesang anderer Arten überdeckt.

Literatur: Blüml (2003, 2004); Jöbges & Conrad (1999)

Wertungsgrenzen und Erfassungszeitraum

Februar			März			April			Mai			Juni			Juli			August		
A	M	E	A	M	E	A	M	E	A	M	E	A	M	E	A	M	E	A	M	E
											1.		2.	3.						

07950 Mauersegler
Apus apus

RLD	V
EUV	---
SPEC	---

Lebensraum

Ursprünglich Bewohner von Felslandschaften und lichten höhlenreichen Altholzbeständen von Laubwäldern; heute Baumbruten in Deutschland selten, ausgesprochener Kulturfolger in Stadt und Dorflebensräumen; Brutplätze an hohen Steinbauten, meist auf Innenstädte, Blockrandbebauung, Industrie- und Hafenareale beschränkt, seltener im Bereich von moderner Wohnblockbebauung; Kirchtürme bzw. Bahnhofsgebäude in Kleinstädten oftmals die einzigen Nistplätze; von Bedeutung sind horizontale Hohlräume mit kleiner Öffnung; Nahrungssuche 0,5 bis mehrere 100 km um den Brutplatz.

Brutbiologie

Höhlenbrüter; Nest meist in horizontalen Hohlräumen mit direktem Anflug, in Gebäuden häufig im Dachbereich (unter Dachziegeln, Regenrinnen, Traufen) sowie in Jalousiekästen, Balkenköpfen, Mauerlöchern und Stuckelementen, auch in Nistkästen; im Wald Specht- und andere Baumhöhlen; meist Koloniebrüter; saisonale Monogamie, Partnertreue aufgrund ausgeprägter Brutplatzbindung; 1 Jahresbrut, Ersatzbruten möglich; Gelege: (1)2-3(4) Eier, Brutdauer: 18-22 Tage; Nestlingsdauer: 37-56 Tage (im Mittel 42 Tage); Nestbau, Brut sowie Fütterung der Jungen durch beide Partner.

Phänologie

Jahresperiodik: Langstreckenzieher; Ankunft im Brutgebiet E 4 bis M 5; Balzflüge ab A 5; Rückkehr zum Vorjahresnest und sofortige Besetzung, Erstbrüter besetzen im Vorjahr ausgesuchte Nistplätze; Eiablage (A/)M 5 bis M 6, Nachgelege (bis E 7), Schlupf ab (E 5) A 6; flügge Jungvögel frühestens ab A 7; Abzug vom Brutplatz direkt nach Ausflug der Jungen, meist ab M 7 bis A 8 (E 9).

Tagesperiodik: tagaktiv, Aktivität von SA bis SU, stark witterungsabhängig, Beuteflüge während des ganzen Tages; morgens häufiger und besonders abends vor SU in Nistplatznähe.

Erfassung

Zur Lokalisierung von Kolonienstandorten Beobachtung von Balzflügen (Flugspiele mit lauten Rufen, niedriges Kreisen mit Anfliegen des potenziellen Brutplatzes), Zählung fliegender Vögel im potenziellen Brutgebiet, Zählung bewohnter Nisthöhlen: ein- und ausfliegende Altvögel, rufende bzw. bettelnde Jungvögel.

Termine: 1. 15. bis 25.5. (Lokalisierung der Kolonien anhand fliegender Altvögel, nach Möglichkeit Zählung bewohnter Nisthöhlen); 2. 25.5. bis 31.5. (Zählung am Standort fliegender Individuen, nach Möglichkeit Zählung bewohnter Nisthöhlen); 3. 1.6. bis 10.6. (Zählung am Standort fliegender Individuen, nach Möglichkeit Zählung bewohnter Nisthöhlen).

Günstige Tageszeit: für die Erfassungsmethode zwingend in den Abendstunden bis SU.

Auswertung

Wertungsgrenzen: M 5 bis A 6.

Brutverdacht: • ein-/ausfliegende Altvögel.

Brutnachweis: insbesondere • Jungvögel am Nisthöhleneingang; • rufende/bettelnde Jungvögel.

Da in den Abendstunden immer ein Altvogel eines Paares brütet ergibt die Zählung fliegender Altvögel den Brutbestand (Brutbestand = maximale festgestellte Anzahl von Altvögeln zwischen dem 25.5. – 10.6.)

Besondere Hinweise: Bestandsschätzungen anhand fliegender Vögel problematisch, da kein Revierverhalten; Zählungen größerer Trupps sehr ungenau; in unzugänglichen Lebensräumen Gefahr der Doppelzählungen; genaue Erfassungen der Brutbestände sollten über Beobachtung ein- und ausfliegender Individuen ermittelt werden (zeitaufwändig, nur für besondere Fragestellung zu empfehlen.). Ein- und Ausflüge relativ selten. Deshalb muss die Beobachtungsdauer einer Kolonie mindestens 30 Min. pro Kontrolltermin betragen! Achtung ein- und ausfliegende Individuen von „an"fliegenden Nichtbrütern trennen. Kotspuren können Hinweise auf das Vorhandensein von Bruthöhlen geben (Kotspuren können allerdings an Regen geschützten Stellen lange erhalten bleiben, Verwechslungsgefahr mit Kotspuren anderer Gebäudebrüter). Während Schlechtwetterperioden kehren die Altvögel manchmal tagelang nicht zum Nest zurück. Erfassung nur während windarmer, warmer sowie trockener Witterungsperioden. Innenhöfe und Betriebsgelände häufig unzugänglich, daraus resultierende Erfassungslücken bei der Ergebnisdokumentation darstellen. In alten, lichten höhlenreichen Laubwäldern (insbesondere Eichen) auf Baumbruten achten.

Literatur: FLORE & HOLLÄNDER (in Vorb.); GÜNTHER & HELLMANN (2004)

Wertungsgrenzen und Erfassungszeitraum

Februar			März			April			Mai			Juni			Juli			August		
A	M	E	A	M	E	A	M	E	A	M	E	A	M	E	A	M	E	A	M	E
										1.	2.	3.								

07980 Alpensegler
Apus melba

RLD	R
EUV	---
SPEC	---

Lebensraum

Felslandschaften; brütet in Deutschland ausschließlich in Städten; Nistplätze in/an hohen Gebäuden unterschiedlicher Gestaltung (u.a. Kirchtürme, Wohnhäuser, Schulen); Nistplätze werden teilweise auch zum Schlafen genutzt; Nahrungssuche auch sehr weit entfernt. Ausbreitung nach Norden, aktuell nur Vorkommen im südlichen Baden-Württemberg (seit 1955 in Freiburg im Breisgau und seit Ende der 1980er Jahre in weiteren Städten).

Brutbiologie

Höhlen-, Nischen- und Spaltenbrüter, meist kleines Einflugsloch bzw. Spalte, Nest auf/an horizontaler/schräger/vertikaler Struktur, kann einige Meter vom Einflugloch entfernt sein; Nestbau oft schon im Vorjahr-/Wiederbesetzung/Ausbesserung/Übernahme durch andere Individuen; Koloniebrüter, hohe Brutplatztreue, dadurch jahrelange Partnertreue, saisonale Monogamie; 1 Jahresbrut, Nachgelege bei Brutverlust und sehr späte Brut möglich; Gelege: (1)2-3(4) Eier, Brutdauer: 17-23 Tage, Nestlingsdauer: 8-9 Wochen; Nestbau, Brut und Aufzucht durch beide Partner.

Phänologie

Jahresperiodik: Langstreckenzieher; Erstankunft im Brutgebiet abhängig von geographischer Lage und Höhe E 3 bis M 4, Heimzug bis E 6, Hauptdurchzug A 4 bis A 5; Eiablage A 5 bis E 6 (M 9), Hauptlegezeit M 5; Nestlingszeit bis E 7, spätestens bis A 10; Abzug E 9 bis A 10.

Tagesperiodik: tagaktiv, teilweise dämmerungs- und nachtaktiv, tägliche Aktivitätsperiode witterungsabhängig (von 1 bis 18 Stunden), nachts überwiegend an Schlafplätzen.

Erfassung

Zählung besetzter Nester an bekannten Nistplätzen, bei nicht erreichbaren/ einsehbaren Brutplätzen: Zählung der Individuen bei Einflügen, Verhören von Begrüßungs- und Bettelrufen; Suche nach unbekannten Nistplätzen im Mai und Juni (Lokalisierung neuer Brut- und Schlafplätze durch Beobachtung sozialer Flugspiele).

Termine: 1. A 5 bis M 5 (Lokalisierung der Brutplätze anhand fliegender Altvögel, Zählung von abendlichen Einflügen; Feststellen von Begrüßungsrufen); 2. A 6 bis E 6 (Zählung am Standort fliegender Individuen, Zählung von abendlichen Einflügen; Feststellung von Begrüßungsrufen); 3. M 7 (Zählung besetzter Nester, Zählung von abendlichen Einflügen, Feststellen von Begrüßungs- und Bettelrufen).

Günstige Tageszeit: Nesterzählung tagsüber frei wählbar, Flugbeobachtungen: von SA bis 2 bis 3 Std. nach SA sowie 1 Std. vor SU bis SU.

Auswertung

Wertungsgrenzen: E 4 bis M 7.

Brutverdacht: • Ein- bzw. Ausflug eines Altvogels am potenziellen Brutplatz von E 4 bis M 7; • einmalig Begrüßungsrufe an einem potenziellen Brutplatz; • deutliche Kotverschmutzung unter einem potenziellen Brutplatz.

Brutnachweis: insbesondere • Fütterungseinflug; • Bettelrufe von Jungen; • in Einflugöffnung sichtbarer Jungvogel.

Brutbestand (Paare) = Anzahl besetzter Nester + Anzahl der Paare mit Brutverdacht.

Besondere Hinweise: Alpensegler können auch während der Brutzeit größere Schwärme bilden und sich weit von ihren angestammten Brutplätzen entfernen. Dabei treten sie u.U. auch in der Nähe anderer Brutplätze auf. Dem Nachweis einer Neuansiedlung gehen meist Brutzeitfeststellungen in den Vorjahren voraus. Mehrere Paare und auch übernachtende 1-2 jährige Nichtbrüter können denselben Platz bzw. dasselbe Einflugloch benutzen. Erfassungen nur während warmer und trockener Witterungsperioden. Bruterfolgskontrollen lassen sich mit geringem methodischen Aufwand durchführen: Zählung der Individuen eines Brutplatzes (bei sozialen Flugspielen und im Tiefflug) vor und nach dem Ausflug der Jungvögel; Termine: 1. A 7 und 2. E 8.

Literatur: Schmidt (2000)

Wertungsgrenzen und Erfassungszeitraum

Februar			März			April			Mai			Juni			Juli			August		
A	M	E	A	M	E	A	M	E	A	M	E	A	M	E	A	M	E	A	M	E
									1.			2.				3.				

08310 Eisvogel
Alcedo atthis

RLD	V
EUV	X
SPEC	3

Lebensraum

Langsam fließende und stehende, möglichst klare Gewässer mit Angebot an kleinen Fischen, ausreichend Sitzwarten (in < 3 m Höhe das Gewässer überragende Äste und andere Strukturen) und mindestens 50 cm hohen, möglichst krautfreien Bodenabbruchkanten, die das Graben einer Niströhre erlauben; Brutwände meist Steilufer (auch an Brücken und Gräben), doch auch Bodenabbrüche, Sand- und Kiesgruben, Wurzelteller (auch im Wald) in mehreren 100 m Entfernung vom Gewässer; in unterschiedlichsten Lebensräumen (inkl. Städten) vorkommend; in seltenen Fällen werden auch Rohre (z.B. in Mauern) als Nistplatz genutzt.

Brutbiologie

Höhlenbrüter (selbstgegrabene Niströhre); Röhrenbau durch ♂ und ♀; meist monogame Saisonehe, doch Partnerwechsel, Bigynie und Biandrie möglich; meist 2 Jahresbruten, Dritt- und sogar Viertbrut (als Schachtelbrut) möglich; Gelege: (5)6-7(8) Eier, Brutdauer: 18-21 Tage; Nestlingsdauer: 22-28 Tage, abhängig von Fütterungsaktivität (diese wiederum abhängig vom Nahrungsangebot), Brut und Aufzucht durch ♂ und ♀, bei Verlust eines Partners durch verbleibenden Altvogel.

Phänologie

Jahresperiodik: Teilzieher, (Kurzstreckenzieher), abhängig vom Zufrieren der Gewässer, am ehesten harren ♂ aus; Paarbildung ab Januar/Februar; Revierbesetzung meist im März, überwiegend bis A 4; vor Erstbrut Balz am stärksten ausgeprägt; Brutperiode März-September (Oktober), Legebeginne mit bis zu drei Gipfeln M 4, M 6 und A 7; Wanderneigung v.a. ab August/Oktober, aber auch monatelanges Ausharren von Alt- und Jungvögeln in Brutplatznähe.

Tagesperiodik: tagaktiv.

Erfassung

Feststellung anhand von Rufen und Beobachtungen; Absuchen von Steilwänden nach besetzten Niströhren (dort Geruchsprobe, Suche nach Kot- und Grabspuren, Gewölle, und Nahrungsresten); hierzu Ablaufen der Gewässerufer oder Befahrung der Gewässerstrecken mit einem Boot. In besonders geeignet erscheinenden Gebieten, in denen kein Nachweis gelingt, ist der Einsatz einer Klangattrappe (Erregungsruf) zur Überprüfung der Anwesenheit sinnvoll.

<u>Termine</u>: 1. E 3 bis A 4 (Balz mit größerer Rufaktivität, Höhlengraben, Kotflecke an Steilwänden); 2. M 4 bis A 5 (oft schon Fütterungen der Erstbrut); 3. M 5 bis A 6 (weitere zusätzliche Kontrolle); bei Absuchen aller Gewässerufer (am 2. oder 3. Termin) genügt meist eine Kontrolle.

<u>Günstige Tageszeit</u>: für Feststellung von Balz eher vormittags, für Beobachtungen zu Fütterungen nicht unbedingt die Mittagszeit, für Bruthöhlensuche ganztags.

Auswertung

Wertungsgrenzen: M 3 bis M 6.

<u>Brutverdacht</u>: • zweimalige Feststellung eines Altvogels im Abstand von mindestens 7 Tagen, davon eine E 3 bis A 6; • einmalige Feststellung eines Paares; • Niströhrenbau.

<u>Brutnachweis</u>: insbesondere • Fund einer besetzten Niströhre; • fütternde Altvögel; • eben flügge Jungvögel.

Besondere Hinweise: Unterscheidung ♂/♀ ist nützlich, wegen Fluchtdistanz jedoch meist schwierig zu erkennen; auf Futter tragende Altvögel (Fisch im Schnabel mit Kopf nach vorn) sowie weitere Verhaltensweisen (Balzflüge, Verfolgung, Revierstreit) achten; Rufaktivität bei Balz vor Erstbrut höher als vor Folgebruten. Rufende Altvögel E 5 bis E 6 lassen Brutplatznähe vermuten, doch ist bereits Zweitbrut möglich. Folgebrut häufig in anderer Röhre derselben Steilwand oder bis zu 3 km entfernt. Umherstreifende Jungvögel ab E 5 möglich, diese regelmäßig auch in Gebieten ohne Brutplätze. Voneinander entfernt gelegene Gewässer können zum selben Revier gehören. Reviergröße unterschiedlich, abhängig von Nahrungs- und Strukturangebot, von 500 m bis 2 (3-5) km entlang eines Gewässers. In harten Wintern starke Verluste, daher besonders hohe Bestandsschwankungen. Hinweise zum Vorkommen können bei angelnden Personen nachgefragt werden, dies kann aber keinesfalls eine Kartierung ersetzen.

Literatur: Boag (1984); Bunzel (1987); Bunzel-Drüke et al. (1996); Westermann & Westermann (1998)

Wertungsgrenzen und Erfassungszeitraum

Februar			März			April			Mai			Juni			Juli			August		
A	M	E	A	M	E	A	M	E	A	M	E	A	M	E	A	M	E	A	M	E
					1.		2.			3.										

08400 Bienenfresser
Merops apiaster

RLD	R
EUV	---
SPEC	3

Lebensraum

Offene und halboffene Landschaften in meist klimabegünstigter Lage (warm und sonnig) mit reichhaltigem Insektenangebot, Ansitzwarten in Form von Leitungen, Zäunen, Rebpfählen, (trockenen) Ästen o.ä. sowie Bodenabbruchkanten, die das Graben einer Niströhre erlauben; Brutplätze meist in Kies-, Ton- und Sandgruben (sogar in kleinen Anstichen), weiterhin in Abbrüchen von Ufern und Trockenhängen, in Lösswänden, Hohlwegen und Weinbergböschungen.

Brutbiologie

Höhlenbrüter, ♂ und ♀ bauen, Benutzung vorjähriger Höhlen kommt regelmäßig vor; Einzel- und Koloniebrüter; monogame Saisonehe; 1 Jahresbrut, Ersatzgelege nach Gelegeverlust möglich; Gelege: (4)5-7(8) Eier, Brutdauer: (19)20-22(25) Tage, ♂ und ♀ brüten; Nestlingsdauer: 31-33 Tage, Aufzucht durch ♂ und ♀ und ggf. Aufzuchthelfer (z.B. Artgenossen, die ihre Brut verloren haben bzw. unverpaarte Vögel).

Phänologie

Jahresperiodik: Langstreckenzieher; Heimzug ab E 4 bis E 6, Hauptdurchzug M 5 bis A 6; Legebeginn E 5 bis E 6, in Kolonien häufig synchroner Brutablauf; im Juni/Juli Altvögel an Brutplätze gebunden; flügge Junge ab (M 7) E 7 bis M 8 (E 8), danach Kolonie i.d.R. nach kurzer Zeit verlassen und Truppbildung (bis 200 Individuen) im weiteren Umfeld der Brutplätze (bis zu 40 km belegt).

Tagesperiodik: tagaktiv.

Erfassung

Akustische und optische Erfassung rufender und fliegender Altvögel, Vögel auf Ansitz oder bei Balzhandlungen; Absuchen potenzieller Brutplätze, Zählung besetzter Höhlen.

<u>*Termine*</u>: 1. E 5 (Beobachtungen, Balz, Rufduette, Höhlengraben); 2. A 6 bis M 6 (Beobachtungen, Balz, Rufduette, Höhlengraben, Höhlenanflüge); 3. E 6 bis M 7 (Beobachtungen, Höhlenanflüge, Futter tragend).

<u>*Günstige Tageszeit*</u>: ab ca. 7.00 Uhr bis 11.00 Uhr bei sonnigem bzw. leicht bewölktem (trockenem) Wetter

Auswertung

Wertungsgrenzen: A 5 bis E 7.

<u>*Brutverdacht*</u>: • zweimalige Feststellung eines Paares/Altvogels im Abstand von mindestens 7 Tagen, davon eine A 6 bis M 7; • einmalige Beobachtung eines Paares und eine Beobachtung eines balzenden, wachenden oder warnenden Altvogels im Abstand von mindestens 7 Tagen, davon eine A 6 bis M 7; • Altvögel beim Höhlengraben.

<u>*Brutnachweis*</u>: insbesondere • Altvogel trägt Futter ein; • Jungvogel im Höhleneingang (ab Alter von ca. 22 Tagen); • Paar mit flüggen Jungen in Nähe eines potenziellen Brutplatzes.

Bestandsangabe = Maximalzahl der als besetzt gewerteten Brutröhren.

Besondere Hinweise: Vögel werden meist eher gehört als gesehen; bei jagenden Vögeln sollte die Abflugrichtung verfolgt werden. Eine Kontrolle von bekannten Bodenabbaugruben sollte im Juni erfolgen, um eventuell Neuansiedlungen festzustellen. Der genaue Brutbestand ist nur durch Zählung besetzter Höhlen ermittelbar, die Suche nach Höhlen ist dabei sehr zeitaufwendig. Das Fliegen in Gruppen ist auch mehrere km von einer Kolonie entfernt zu beobachten. Besetzte Röhren lassen sich gut während der Phase der Jungenfütterung ermitteln. Beobachtungen am Brutplatz wegen der Störungen stets mit Fernglas aus Entfernung, nicht im Böschungsbereich oder von der Kante darüber (Abbruchgefahr, Zerstörung der Brutwand). Höhlen erfolgreicher Bruten lassen sich auch nach Brutzeit im August/September an typischen Spuren erkennen, sie weisen meist zwei deutliche Laufrillen und Insektenreste in bzw. vor der Röhre auf. Aufzuchthelfer in Kolonien gehören nicht zum Brutbestand, sind aber zu erfassen.

Literatur: Rupp & Saumer (1996); Todte (1998); Todte et al. (1999)

Wertungsgrenzen und Erfassungszeitraum

Februar			März			April			Mai			Juni			Juli			August		
A	M	E	A	M	E	A	M	E	A	M	E	A	M	E	A	M	E	A	M	E
											1.	2.		3.						

08410 Blauracke
Coracias garrulus

RLD	1
EUV	X
SPEC	2

Lebensraum

Aufgelockerte altholzreiche Eichen- und Kiefernbestände, Waldränder sowie halboffene Landschaften mit Feldgehölzen, alten Parkanlagen und Obstbaumbeständen, Alleen und Baumreihen; Brutbäume häufig in der Nähe oder unmittelbar an Gräben, Teichen, auch in Ortsrandlagen, an Einzelgehöften; frei stehende Äste, Pfähle, Leitungsdrähte gehören zu den Requisiten des Jagdrevieres. Früher stärker verbreitet, inzwischen alle regelmäßigen Brutvorkommen erloschen; zuletzt Einzelbruten in Brandenburg (1990) und Baden-Württemberg (1994).

Brutbiologie

Höhlenbrüter, Nutzung unterschiedlichster Höhlungen nicht nur in Bäumen, auch Nistkästen, kein Eintragen von Nistmaterial; monogame Saisonehe, Brutplatztreue; 1 Jahresbrut, Nachgelege; Gelege: (3)4-6(7) Eier, ♂ füttert ♀ während Legeperiode; Brutdauer: 18-19 Tage, ♂ und ♀ brüten und füttern; Nestlingsdauer: 26-28 Tage; Fütterung der Jungen noch einige Tage nach dem Ausfliegen.

Phänologie

Jahresperiodik: Langstreckenzieher, Heimzug im Süden ab E 3, in Sachsen ab A/M 4, sonst im Osten ab E 4 bis E 6, "Hauptdurchzug" (nur noch wenige Vögel) A 5 bis A 6; Legebeginn frühestens E 5, Hauptlegezeit A 6; flügge Junge ab M 7; Abzug ab A 8 bis A 9.

Tagesperiodik: tagaktiv, Aktivitätsgipfel am Morgen und späteren Nachmittag, dazwischen oft stundenlanges Sitzen auf einer Warte.

Erfassung

Überwiegend Erfassung von Einzelvögeln und Paaren insbesondere von Territorialflügen (Ausdrucksflügen) des ♂ im Bereich des Brutplatzes, wachenden oder Futter tragenden Altvögeln.

Termine: 1. M 5 bis E 5 (Beobachtung von Altvögeln); 2. A 6 bis M 6 (ggf. wachende, warnende oder fütternde Altvögel); 3. E 6 bis M 7 (ggf. wachende, warnende oder fütternde Altvögel bzw. in Höhle bettelnde Junge).

Günstige Tageszeit: ab SA bis Vormittag bzw. am späten Nachmittag.

Auswertung

Wertungsgrenzen: A 5 bis A 8.

Brutverdacht: • zweimalige Feststellung eines territorialen ♂ im Abstand von mindestens 7 Tagen, davon eine A 6 bis M 7; • einmalige Feststellung eines territorialen ♂ und eine Beobachtung eines Altvogels im Abstand von mindestens 7 Tagen, davon eine A 6 bis M 7; • einmalige Beobachtung eines (möglichst balzenden) Paares; • intensiv warnender Altvogel.

Brutnachweis: insbesondere • in Nisthöhle einfliegender und dort verbleibender Altvogel; • fütternder Altvogel (ohne Balzfüttern, s.u.); • bettelnde oder aus Höhle guckende Junge; • unausgefärbte, fast flügge Junge im Bereich des Brutplatzes (am Boden, in Sträuchern/Bäumen).

Besondere Hinweise: Reviermarkierung durch Ausdrucksflüge. Heimliches Verhalten an der Bruthöhle, brutfreier Partner wacht und warnt; verteidigt während der Jungenaufzucht sein Revier auch gegen andere Arten. Balzfütterungen bei Nichtbrüterpaaren vereinzelt bis E 6, dadurch Verwechslung mit Fütterung sehr früher Junger gegeben; Brutvögel können tage- und wochenlang an ganz bestimmten Jagdgebieten und Warten festhalten, die bis zu 2 km von Bruthöhle entfernt sein können. Bei Brutverdacht (Kriterium territoriale ♂) sollte durch intensives Beobachten zumindest Verpaarung, Höhlenbesetzung, möglichst auch ein Brutnachweis dokumentiert und der Deutschen Seltenheitenkommission gemeldet werden.

Literatur: Hamsch (2003); Robel (1986, 1991); Zörner (1987)

Wertungsgrenzen und Erfassungszeitraum

Februar			März			April			Mai			Juni			Juli			August		
A	M	E	A	M	E	A	M	E	A	M	E	A	M	E	A	M	E	A	M	E
										1.		2.		3.						

08460 Wiedehopf
Upupa epops

RLD	1
EUV	---
SPEC	3

Lebensraum

Offene, vorwiegend extensiv genutzte Kulturlandschaft mit vegetationsarmen Flächen zur Nahrungssuche und einem Angebot geeigneter Bruthöhlen; Ränder von Kiefernheiden bzw. Kahlschläge; bei entsprechender Strukturierung vielfach im Bereich ehemaliger bzw. noch genutzter Truppenübungsplätze in der Übergangszone von Trockenrasen und Sandheiden zu Vorwäldern; des weiteren aufgelassene Sandgruben, Tagebauvorfelder, Streuobstwiesen, offene Parklandschaften, extensiv bewirtschaftete Weinberge, auch im Randbereich von lückigen Frischwiesen mit Trockenrasen und beweideten Flächen.

Brutbiologie

Höhlenbrüter, entweder in Bäumen (z.B. ältere Grünspechthöhlen) oder in anthropogenen Strukturen wie Steinhaufen, Mauerlöchern, Materialstapeln, Nistkästen, Blechtonnen; monogame Saisonehe; 1-2 Jahresbrut(en); Gelege: (2)5-8(10) Eier, Brutdauer: 14-16 Tage, ♂ füttert das allein brütende und später für 7-9 Tage hudernde ♀; Nestlingsdauer: 26-30 Tage, Aufzucht der größeren Jungen durch ♂ und ♀; Junge nach dem Ausfliegen in wenigen Tagen selbstständig.

Phänologie

<u>*Jahresperiodik*</u>: Kurz- bis Langstreckenzieher; Heimzug vor allem im Süden ab E 3, sonst A/M 4 bis M 6 (im Süden bis M 5), Hauptdurchzug M/E 4 bis A 5; Legebeginn Erstbrut ab M/E 4 vor allem A 5 bis M 5 (späte bis E 6), Zweitbrut M 6 bis M 7 (späte bis M 8); Abzug aus dem Brutgebiet im Juli, bei Zweitbruten August/September; flügge Junge ab A 6 (Erstbrut) bzw. E 7 (Zweitbrut).

<u>*Tagesperiodik*</u>: tagaktiv.

Erfassung

Überwiegend Zählung rufender ♂, daneben Beobachtungen Futter tragender Altvögel, Feststellung von bettelnden Jungen in Bruthöhle.

Termine: 1. M 4 bis E 4 (Zählung rufender ♂); 2. M 5 bis E 5 (Zählung rufender ♂, Futter tragender Altvögel); 3. M 6 bis E 6 (Futter tragende Altvögel).

Günstige Tageszeit: ab SA bis Mittag.

Auswertung

Wertungsgrenzen: A 4 bis A 7.

Brutverdacht: • zweimalige Feststellung eines rufenden ♂ im Abstand von mindestens 7 Tagen, davon eine M 5 bis E 6; • einmalige Feststellung eines rufenden ♂ und eine Beobachtung eines Altvogels im Abstand von mindestens 7 Tagen, davon eine Feststellung M 5 bis E 6; • einmalige Feststellung eines Paares mit Balz.

Brutnachweis: insbesondere • Futter tragender Altvogel bzw. Fütterung an Höhle; • sicht- oder hörbare Junge in Höhle.

Besondere Hinweise: Rufe der ♂ können nach Strophenlänge und Rufart (z.B. Doppel-, Dreier-, Viererrufe, heisere oder krächzende Rufe) individuell differieren, was bei der Revierkartierung zur Vermeidung von Doppelzählungen umherstreifender, unverpaarter ♂ berücksichtigt werden kann. Frühe Ankunftszeit und kurze Rufperiode sind Indiz für wahrscheinliche Brut, da ♂ nach Brutbeginn ihre Rufaktivität reduzieren, während unverpaarte ♂ kontinuierlich weiterrufen können (oder weiterziehen). Ein hoher Anteil unverpaarter ♂ kommt vor, in Brandenburg im Durchschnitt 25 %, in Einzeljahren erheblich höher. An potenzieller Bruthöhle ggf. Geruchsprüfung vornehmen. Flügge Junge sind von Altvögeln am kürzeren Schnabel zu erkennen.

Literatur: Oehlschlaeger & Ryslavy (2002); Stange & Havelka (2003)

Wertungsgrenzen und Erfassungszeitraum

Februar			März			April			Mai			Juni			Juli			August		
A	M	E	A	M	E	A	M	E	A	M	E	A	M	E	A	M	E	A	M	E
							1.			2.			3.							

08480 Wendehals
Jynx torquilla

RLD	3
EUV	---
SPEC	3

Lebensraum

Aufgelockerte Laub-, Misch- und Nadelwälder, lichte Auwälder, in Nachbarschaft zu offenen Flächen für Nahrungssuche (Felder, Wiesen, Lichtungen, Kahlschläge, Windwurf- und Brandflächen, Heiden, Ränder degenerierter Hochmoore); auch locker mit Bäumen bestandene Landschaften wie Dorfränder, Streuobstwiesen, Feldgehölze, Pappelpflanzungen, Parks, Gärten und Alleen; vorzugsweise auf trockneren Standorten; bei entsprechender Strukturierung vielfach im Bereich ehemaliger bzw. noch genutzter Truppenübungsplätze; meidet sehr feuchte bzw. nasse Gebiete, das Innere geschlossener Wälder und höhere Gebirgslagen (selten über 500 m).

Brutbiologie

Höhlenbrüter, baut nicht selbst, nutzt Spechthöhlen, andere Baumhöhlen, Nistkästen; monogame Saisonehe; 1-2 Jahresbrut(en), Nachgelege, Anteil Zweitbruten jährlich schwankend, bis 25% nachgewiesen; Gelege: (5)6-10(12) Eier, Brutdauer: 11-14 Tage; Nestlingsdauer: (19)20-22(25) Tage; Brut und Aufzucht durch ♂ und ♀.

Phänologie

Jahresperiodik: Langstreckenzieher; Heimzug im Süden ausnahmsweise ab A/M 3, sonst ab E 3/A 4 bis E 5, Hauptdurchzug M 4 bis M 5; Legebeginn Erstbrut selten E 4/A 5, meist ab M 5 bis A 6; Ausfliegen frühestens A/M 6 (bei Zweitbrut bis A 8); Nistplatz wird oft schon im Juli verlassen sofern keine Zweitbrut erfolgt; Abzug M 8 bis E 9; Nach(Durch-)zügler auch später (bis 11).
Tagesperiodik: tagaktiv, zieht überwiegend nachts.

Erfassung

Überwiegend durch Feststellung der Balzrufe (des Gesangs); Verwendung einer Klangattrappe in dünner besiedelten Gebieten notwendig, diese an Beobachtungspunkten 2-3x abspielen und jeweils 3 Min. auf Reaktion warten, erst wieder in ca. 300 m Entfernung abspielen, auf Nachzieheffekt achten, bei positiver Reaktion abbrechen; Beobachtung von Verhalten und Richtungsbewegungen.

Termine: 1. A 5 bis M 5 (Gesang, Rufe); 2. E 5 bis A 6 (Gesang, Rufe, Nestbau); 3. M 6 bis E 6 (Gesang, Rufe, Brutnachweis).

Günstige Tageszeit: ab ca. 1 Std. nach SA bis mittags; nicht bei Windstärke > 4, stärkeren Niederschlägen oder Spätfrost, möglichst bei Sonnenschein.

Auswertung

Wertungsgrenzen: M 4 bis M 7.

Brutverdacht: • zweimalige Feststellung von Reviermarkierung im Abstand von mindestens 7 Tagen, davon eine E 5 bis E 6; • einmalige Feststellung von Reviermarkierung und Beobachtung eines Altvogels im Abstand von mindestens 7 Tagen, davon eine Feststellung E 5 bis E 6; • einmalige Feststellung eines Paares (auf Duettgesang achten).

Brutnachweis: insbesondere • fütternde Altvögel.

Besondere Hinweise: Reviermarkierung durch Balzruf (Gesang ♂ und ♀) bzw. Duettrufen (wichtiger Hinweis für Paarbildung). Ruft z.T. aus dem Inneren der Höhle, was sich dann „weiter weg" anhört. Die Art reagiert gut auf Klangattrappe. Nachzieheffekt: bereits kartierte Vögel können der Klangattrappe folgen (Gefahr der Doppelzählung). Zur Zeit der Revierbesetzung sehr großes Streifgebiet bis > 1 km Radius und getrennte Aktionsräume von ♂ und ♀, daher ebenfalls Gefahr der Doppelzählung. Rufaktive Durchzügler beachten. Häufig am Boden zur Nahrungssuche (Wegameisen), im Lebensraum ist verfügbare Ameisennahrung eine Voraussetzung für das Vorkommen.

Wertungsgrenzen und Erfassungszeitraum

Februar			März			April			Mai			Juni			Juli			August		
A	M	E	A	M	E	A	M	E	A	M	E	A	M	E	A	M	E	A	M	E
									1.		2.		3.							

08550 Grauspecht
Picus canus

RLD	V
EUV	X
SPEC	3

Lebensraum

Mittelalte und alte (lichte), strukturreiche Laub- und Mischwälder, im Gebirge bis an Waldgrenze; gern Buchen(misch)wälder, Auwälder, Ufergehölze, alte Moorbirken- bzw. Erlenbruchwälder, Gehölzgruppen aus Weiden- und Pappeln, Eichen- bzw. Kiefernwälder; auch im Inneren von meist lichten Beständen; auch reich gegliederte Landschaften mit Altbäumen und hohem Anteil an offenen Flächen, dann auch in Feldgehölzen, Streuobstwiesen, Parks, Alleen, Gärten, auf Friedhöfen; nicht in dichten Forsten.

Brutbiologie

Höhlenbrüter; monogame Saisonehe; 1 Jahresbrut, (Nachgelege ?); Gelege: (4)7-9(11) Eier, Brutdauer: 14-17 Tage, Nestlingsdauer: 23-26 Tage; Brut und Aufzucht durch ♂ und ♀; Altvögel führen einen Teil der Jungen oft unabhängig voneinander (Teilfamilien).

Phänologie

Jahresperiodik: Standvogel, außerhalb der Brutzeit jedoch erhebliches Umherstreifen; Reviermarkierung (Rufreihen und Trommeln) bei milder Witterung ab M 1, meist ab E 2 bis M 4; Legebeginn ab E 4, meist A/M 5, noch bis A 6; Ausfliegen der Jungen frühestens M 6 (bis M 7).

Tagesperiodik: tagaktiv, hohe Rufaktivität nach SA bis späten Vormittag.

Erfassung

Überwiegend Feststellung von „*kü*"-Rufreihen der ♂; Verwendung einer Klangattrappe (nur „*kü*"-Rufreihe) notwendig; an Beobachtungspunkten Klangattrappe (3-4x Rufreihe/Min.) abspielen, Reaktion 3 Min. abwarten, ggf. erneut versuchen, bei Reaktion abbrechen; Beobachtung von ♂/♀, Verhalten und Richtungsbewegungen für Zuordnung zu Revieren wichtig; dann erst wieder in ca. 300 m Entfernung abspielen, auf Nachzieheffekt achten.

Termine: 1. A 3 bis M 3 (Rufe); 2. E 3 bis A 4 (Rufe); 3. M 4 bis E 4 (Rufe, Höhlenbau).

Günstige Tageszeit: ab SA bis Mittag; nicht bei Frost < -5°C, Windstärke > 4 oder stärkeren Niederschlägen.

Auswertung

Wertungsgrenzen: A 2 bis M 6.

Brutverdacht: • zweimalige Feststellung von Reviermarkierung im Abstand von mindestens 7 Tagen, eine davon A 3 bis E 4; • einmalige Feststellung von Reviermarkierung und Beobachtung eines Altvogels im Abstand von mindestens 7 Tagen, eine davon A 3 bis E 4; • einmalige Beobachtung eines Paares; • Höhlenbau.

Brutnachweis: insbesondere • fütternde Altvögel; • Junge führende Altvögel im vorher festgestellten Revier.

Besondere Hinweise: Wenig scheu; reagiert gut auf Klangattrappe (auch ♀ nähern sich ggf. allein). Breitet sich regional aus, daher auch in bisher nicht besiedelten Gebieten (z.B. in älteren Moorbirkenwäldern) kontrollieren. Hauptsächlich ♂ trommeln, Trommeln ist jedoch ohne optische Kontrolle nicht immer gut der Art zuzuordnen; ♀ rufen auch, in Partnernähe eher heiser und kürzer als ♂. Bei milder Witterung sind bereits Kontrollen ab E 2 Erfolg versprechend. Nachzieheffekt: bereits kartierte Vögel können der Klangattrappe folgen (Doppelzählung). Auch unverpaarte Vögel können Höhlenbauaktivität zeigen. Bei Beobachtung Verwechslung mit Grünspecht ausschließen; Hybridisierung mit Grünspecht ist möglich.

Literatur: Blume (1996); Brandt & Südbeck (1998); Spitznagel (1993); Südbeck (1993); Südbeck & Brandt (2004); Weiss (2004)

Wertungsgrenzen und Erfassungszeitraum

Februar			März			April			Mai			Juni			Juli			August		
A	M	E	A	M	E	A	M	E	A	M	E	A	M	E	A	M	E	A	M	E
			1.		2.		3.													

08560 Grünspecht
Picus viridis

RLD	V
EUV	---
SPEC	2

Lebensraum

Randzonen von mittelalten und alten Laub- und Mischwäldern bzw. Auwälder; in ausgedehnten Wäldern nur, wenn große Lichtungen, Wiesen oder Kahlschläge vorhanden sind; überwiegend in reich gegliederten Kulturlandschaften mit hohem Anteil an offenen Flächen und Feldgehölzen, Hecken mit Überhältern (gern alte Eichen), Streuobstwiesen, Hofgehölze; im Siedlungsbereich in Parks, Alleen, Villenvierteln und auf Friedhöfen mit Altbaumbestand. Zur Nahrungssuche (vor allem Ameisen) auch auf Scherrasen, Industriebrachen, Deichen und Gleisanlagen.

Brutbiologie

Höhlenbrüter; monogame Saisonehe; 1 Jahresbrut (1-2 Nachgelege); Gelege: (4)5-8(9) Eier, Brutdauer: 14-15(17) Tage, Nestlingsdauer: 23-27 Tage; Brut und Aufzucht durch ♂ und ♀; Familien halten 3-7 Wochen zusammen; Altvögel können auch einen Teil der Jungen unabhängig voneinander führen.

Phänologie

Jahresperiodik: Standvogel; Reviermarkierung (überwiegend Rufreihen, Trommeln sehr selten) ab (E 12) M 1 möglich, meist jedoch erst ab M/E 2 bis in den Mai; Reviergründung und Paarbildung überwiegend M 3 bis A 4; Legebeginn ab A 4, meist E 4 bis M 5; Ausfliegen der Jungen frühestens (E 5)A 6, meist im Laufe des Juni (bis M 7, ausnahmsweise A 8).

Tagesperiodik: tagaktiv, hohe Rufaktivität nach SA bis späten Vormittag.

Erfassung

Überwiegend Feststellung von Rufreihen und Flugrufen; Verwendung einer Klangattrappe („Lachstrophe“) zur Überprüfung der Anwesenheit sinnvoll; Beobachtung von ♂/♀, Verhalten und Richtungsbewegungen.

<u>*Termine*</u>: 1. A 3 bis M 3 (Rufe); 2. E 3 bis A 4 (Rufe); 3. M 4 bis E 4 (Rufe, Höhlenbau); in höheren Lagen ggf. jeweils 1-2 Dekaden später.

<u>*Günstige Tageszeit*</u>: ab SA bis Mittag; nicht bei Frost < -5°C, Windstärke > 4 oder stärkeren Niederschlägen.

Auswertung

Wertungsgrenzen: A 2 bis M 6.

<u>*Brutverdacht*</u>: • zweimalige Feststellung von Reviermarkierung im Abstand von mindestens 7 Tagen, eine davon A 3 bis E 4; • einmalige Feststellung von Reviermarkierung und Beobachtung eines Altvogels im Abstand von mindestens 7 Tagen, eine Feststellung davon A 3 bis E 4; • einmalige Beobachtung eines Paares; • Höhlenbau.

<u>*Brutnachweis*</u>: insbesondere • fütternde Altvögel; • Junge führende Altvögel im vorher festgestellten Revier.

Besondere Hinweise: Die Art reagiert gut auf Klangattrappe; Methode ist jedoch zur Erfassung nicht notwendig, da im Allgemeinen gute Rufaktivität. Oft am Boden zur Nahrungssuche. Im zeitigen Frühjahr teilweise sehr große Rufreviere; grundsätzlich auf weiträumige Überflüge (Gefahr der Doppelzählung) achten. Im Sommer sind Familien bzw. flügge Jungspechte durch Ruffreudigkeit recht auffällig; sie streifen dann viel umher, so dass eine Zuordnung zum Brutrevier nicht immer möglich ist. Bei Beobachtung Verwechslung mit Grauspecht ausschließen; Hybridisierung mit Grauspecht ist möglich.

Literatur: Blume (1996); Spitznagel (1993); Südbeck & Brandt (2004); Weiss (2004); Wübbenhorst (2001)

Wertungsgrenzen und Erfassungszeitraum

Februar			März			April			Mai			Juni			Juli			August		
A	M	E	A	M	E	A	M	E	A	M	E	A	M	E	A	M	E	A	M	E
			1.		2.		3.													

08630 Schwarzspecht
Dryocopus martius

RLD	---
EUV	X
SPEC	---

Lebensraum

Ausgedehnte Misch- und Nadelwälder vom Gebirge bis ins Tiefland mit Altholzanteil zur Anlage von Brut- und Schlafhöhlen (z.B. mindestens 80 bis 100-jährige Buchen bzw. 80-jährige Kiefern), Nadelholz ist wohl stets im Revier vorhanden, die Bruthöhle wird aber häufig in Buchenaltholz angelegt; besiedelt jedoch bei ausreichender Größe und Struktur (Alt- und Totholz, modernde Baumstümpfe, Nadelholzanteil) nahezu alle Waldgesellschaften; Aktionsraum kann sich jedoch auch auf über mehrere, z.T. kilometerweit auseinander liegende Kleinwälder erstrecken.

Brutbiologie

Höhlenbrüter; monogame Saisonehe; 1 Jahresbrut, 1-2 Nachgelege möglich; Gelege: (2)3-5(6) Eier, Brutdauer: 12-14 Tage, Nestlingsdauer: (24)27-28(31) Tage, Brut und Aufzucht durch ♂ und ♀; Junge werden bisweilen noch ca. 1 Monat nach Ausfliegen gefüttert.

Phänologie

Jahresperiodik: Standvogel; Reviermarkierung (Lachstrophe und Trommeln) bei milder Witterung ab M 1, Höhepunkt meist ab E 2 bis M 4, danach weniger; Legebeginn ab (M 3)E 3 meist ab bis A/M 4 und bis A 5 (in Höhenlagen noch bis E 5); Ausfliegen der Jungen frühestens E 5, meist erst ab Juni.

Tagesperiodik: tagaktiv.

Erfassung

Überwiegend Feststellung der Rufe (Lachstrophe „*kwihk*-Rufreihe" sog. Revierruf, Flugruf „*krü*-Rufreihe" und Sitzrufe „*kliööh*") sowie lautes, lang anhaltendes Trommeln; Beobachtung von ♂/♀, Verhalten und Richtungsbewegungen für Zuordnung zu Revieren wichtig; in übersichtlichen (kleinen) Gebieten ist Suche der Nisthöhlen bzw. der Höhlenzentren empfehlenswert.

Termine: 1. A 3 bis M 3 (Trommeln, Rufe); 2. E 3 bis A 4 (Trommeln, Rufen, Höhlenbau); 3. M 4 bis E 4 (Trommeln, Rufe, Höhlenbau).

Günstige Tageszeit: ab SA bis Mittag; nicht bei Frost < -5°C, Windstärke > 4 oder stärkeren Niederschlägen.

Auswertung

Wertungsgrenzen: A 2 bis M 6.

Brutverdacht: • zweimalige Feststellung von Reviermarkierung im Abstand von mindestens 7 Tagen, eine davon A 3 bis E 4; • einmalige Feststellung von Reviermarkierung und Beobachtung eines Altvogels im Abstand von mindestens 7 Tagen, eine davon A 3 bis E 4; • einmalige Beobachtung eines Paares; • Höhlenbau.

Brutnachweis: insbesondere • fütternde Altvögel; • Junge führende Altvögel im vorher festgestellten Revier.

Besondere Hinweise: Reagiert gut auf Klangattrappe, Methode ist zur Revierkartierung aber nicht geeignet, da sich der Nachzieheffekt aufgrund der großen Reviere besonders stark auswirken kann; Klangattrappe zur Überprüfung eines Vorkommens jedoch sinnvoll, wenn sonst keine Hinweise erbracht werden. Auffällige große Höhlen und Spuren der Nahrungssuche (zerhackte morsche Baumstrünke, insektenbefallene und deshalb entrindete Bäume, Einschläge in Baumnester der Rossameise) zeigen das Vorkommen der Art an. Rindenabschilferungen an den Nebenbäumen der Höhlenbäume sind auffällig. Buche und Kiefer sind fast überall Haupthöhlenbaumart, Höhlen meist an langschäftigen Bäumen unterhalb des untersten Astes. Aufsuchen der Schlafhöhlen immer kurz vor bis kurz nach SU; dabei Annäherung mit lautem Flugruf („*krükrükrü*“) und in Nähe der Höhle dann Sitzrufe („*kliööh*“), ♂ meist ca. 20 Min. vor ♀, ♂ bezieht meist die bessere Höhle, die auch meist die Bruthöhle wird. Auf die im Allgemeinen recht pünktlichen Brutablösungen (morgens zwischen 6.00 und 7.00 Uhr bzw. gegen 9.00 Uhr, abends gegen 19.00 Uhr) sollte geachtet werden.

Literatur: Blume (1996); Scherzinger (2004); Spitznagel (1993); Uphues (2004); Weiss (2004); Wübbenhorst (2001)

Wertungsgrenzen und Erfassungszeitraum

Februar			März			April			Mai			Juni			Juli			August		
A	M	E	A	M	E	A	M	E	A	M	E	A	M	E	A	M	E	A	M	E
			1.		2.		3.													

08760 Buntspecht
Dendrocopos major

RLD	---
EUV	---
SPEC	---

Lebensraum

Laub-, Misch-, und Nadelwälder unterschiedlichster Zusammensetzung; nicht so sehr an alte Baumbestände gebunden, doch sollten die Bäume bereits Früchte hervorbringen; auch in Au- und Bergwäldern bzw. Moorbirkenwäldern; sowohl im Inneren als auch am Rand von Wäldern, auch in Landschaften mit kleinflächigen Baumbeständen wie Feldgehölzen, Streuobstwiesen, Parks, Alleen, Friedhöfen bzw. Hofgehölzen, bisweilen sogar in Gärten.

Brutbiologie

Höhlenbrüter; monogame Saisonehe; 1 Jahresbrut, Nachgelege möglich; Gelege: (4)5-7(8) Eier, Brutdauer: 10-12, Nestlingsdauer: 20-23 Tage; Brut und Aufzucht durch ♂ und ♀; Junge werden noch bis 10 Tage nach dem Ausfliegen geführt.

Phänologie

Jahresperiodik: überwiegend Standvogel, jedoch auch (abhängig vom Nahrungsangebot) Kurzstreckenzieher; Reviermarkierung (♂ und ♀ trommeln) bei milder Witterung unregelmäßig ab E 11/A 12, sonst ab Januar, Maximum M 3, doch bis April; Legebeginn ab M 4, in Höhenlagen meist ab M 5 bis A 6; Ausfliegen der Jungen frühestens E 5, meist ab A 6.

Tagesperiodik: tagaktiv, höhere Trommelaktivität nach SA bis späten Vormittag.

Erfassung

Überwiegend Kartierung von trommelnden und rufenden Vögeln; Beobachtung von ♂/♀, Verhalten und Richtungsbewegungen für Zuordnung zu Revieren wichtig.

Termine: 1. A 3 bis M 3 (Trommeln); 2. E 3 bis A 4 (Trommeln, Höhlenbau); 3. M 4 bis E 4 (Trommeln, Höhlenbau).

Günstige Tageszeit: ab SA bis Mittag; nicht bei Frost < -5°C, Windstärke > 4 oder stärkeren Niederschlägen.

Auswertung

Wertungsgrenzen: A 2 bis M 6.

Brutverdacht: • zweimalige Feststellung von Trommeln im Abstand von mindestens 7 Tagen, eine davon A 3 bis E 4; • einmalige Feststellung von Trommeln und Feststellung eines Altvogels im Abstand von mindestens 7 Tagen, eine Feststellung davon A 3 bis E 4; • einmalige Beobachtung eines Paares; • Höhlenbau.

Brutnachweis: insbesondere • fütternde Altvögel; • laut bettelrufende Jungvögel (sicherheitshalber Fütterung abwarten).

Besondere Hinweise: Klangattrappe ist nicht erforderlich. Da ♂ und ♀ trommeln, können so als benachbart festgestellte Vögel ohne optische Kontrolle nicht als zwei Reviere interpretiert werden. Vielfältiges Rufspektrum; Spuren der Nahrungssuche (Spechtschmieden, vor allem mit Koniferenzapfen) zeigen die Anwesenheit im Gebiet an. Brutnachweise über laut bettelnde Jungvögel und Fütterungen sind ab E 5 bis M 6 gut möglich, zeigen jedoch nur Bruten mit erfolgreichem Schlupf an. In dicht besiedelten Gebieten können Bruthöhlen nahe beieinander liegen und sich die Revieraktivitäten überlagern. In solchen Fällen ist das Auffinden von besetzten Bruthöhlen (s.o.) allerdings eine wichtige Zusatzinformation zur Revierabgrenzung bzw. Bestandsermittlung. Spechtartiges Klopfen mit Stock gegen Baum oder mit Stift gegen Fernglas kann Spechte anlocken bzw. zur Reaktion mit Warnrufen veranlassen (gilt auch für andere Spechtarten).

Literatur: Spitznagel (1993); Weiss (2004); Wübbenhorst (2001)

Wertungsgrenzen und Erfassungszeitraum

Februar			März			April			Mai			Juni			Juli			August		
A	M	E	A	M	E	A	M	E	A	M	E	A	M	E	A	M	E	A	M	E
			1.		2.		3.													

08830 Mittelspecht
Dendrocopos medius

RLD	V
EUV	X
SPEC	---

Lebensraum

Mittelalte und alte, lichte, baumartenreiche Laub- und Mischwälder vom Tiefland bis ins Mittelgebirge; benötigt Bäume mit grobrissiger Rinde (Eiche/Linde/Erle/Weide), besiedelt gern von Eichen geprägte Bestände (Höhlen dann auch in glattborkigen Bäumen), Hartholz-Auwälder, Erlenbruchwälder, Buchenwälder hohen Alters bzw. in Zerfallsphase (200-250 Jahre); wichtige Struktur ist hoher Anteil von stehendem Totholz; im Anschluss an derartige Wälder auch in Streuobstwiesen, Parks und Gärten mit altem Baumbestand; auch in entsprechend strukturierten kleinflächigeren Laubwaldparzellen (2-3 ha), die durch Grünland, Hecken oder Gewässer voneinander getrennt einen Lebensraumkomplex bilden, z.B. in Fluss- und Bachauen, oder die innerhalb von Nadelwald liegen.

Brutbiologie

Höhlenbrüter; monogame Saisonehe; 1 Jahresbrut, Nachgelege möglich; Gelege: (4)5-6(8) Eier, Brutdauer: 11-14 Tage; Nestlingsdauer: 20-23 Tage; Brut und Aufzucht durch ♂ und ♀.

Phänologie

Jahresperiodik: Standvogel; Reviermarkierung (Rufreihen) bei milder Witterung ab M 1, meist ab E 2 bis M 4, höchste Rufaktivität im März; Legebeginn ab E 4, meist A 5, noch bis A 6; Ausfliegen der Jungen frühestens A/M 6 (bis M 7).

Tagesperiodik: tagaktiv, höhere Rufaktivität nach SA bis späten Vormittag.

Erfassung

Überwiegend Kartierung rufender Vögel; Verwendung einer Klangattrappe (Quäkstrophe und „*kik*“-Rufreihe) notwendig; an Beobachtungspunkten Klangattrappe (3-4 Sequenzen) abspielen, 3 Min. abwarten, ggf. erneut versuchen, bei Reaktion abbrechen; Beobachtung von ♂/♀, Verhalten und Richtungsbewegungen für Zuordnung zu Revieren wichtig; dann erst wieder in ca. 300 m Entfernung abspielen, auf Nachzieheffekt achten; bei ausbleibender Reaktion bereits nach 150 m erneuter Versuch (ggf. früher, wenn Lärmquellen wie z.B. Straßen die Kartierung beeinträchtigen).

Termine: 1. A 3 bis M 3 (Rufe); 2. E 3 bis A 4 (Rufe); 3. M 4 bis E 4 (Rufe, Höhlenbau).

Günstige Tageszeit: ab SA bis Mittag; nicht bei Frost < -5°C, Windstärke > 4 oder stärkeren Niederschlägen.

Auswertung

Wertungsgrenzen: A 2 bis M 6.

Brutverdacht: • zweimalige Feststellung von Reviermarkierung im Abstand von mindestens 7 Tagen, eine davon A 3 bis E 4; • einmalige Feststellung von Reviermarkierung und Feststellung eines Altvogels im Abstand von mindestens 7 Tagen, eine davon A 3 bis E 4; • einmalige Beobachtung eines Paares; • Höhlenbau.

Brutnachweis: • insbesondere • fütternde Altvögel.

Besondere Hinweise: Wenig scheu; reagiert allgemein gut auf Klangattrappe, oft durch Schimpfrufe, welche daher bekannt sein müssen. Anzahl ermittelter Reviere liegt meist über Anzahl gefundener Bruthöhlen. Unverpaarte ♂ quäken noch nach E 4 anhaltend. Revierlose ♂ beeinflussen Ergebnis der Erfassung. Auf Unterscheidungsmerkmale von ♂ und ♀ achten. Nachzieheffekt: bereits kartierte Vögel können der Klangattrappe folgen (Doppelzählung). Verwechslungsgefahr mit jungen Buntspechten (rote Kappe) beachten.

Literatur: Denz (1999); Flade et al. (2004); Heinze (1994); Jöbges & König (2001); Randler (2000); Spitznagel (1993); Südbeck & Gall (1993); Weiss (2004)

Wertungsgrenzen und Erfassungszeitraum

Februar			März			April			Mai			Juni			Juli			August		
A	M	E	A	M	E	A	M	E	A	M	E	A	M	E	A	M	E	A	M	E
			1.		2.		3.													

08840 Weißrückenspecht
Dendrocopos leucotos

RLD	R
EUV	---
SPEC	---

Lebensraum

Naturnahe Laub- und Mischwälder mit hohem Totholzangebot in allen „Verfallsstadien“ (in Deutschland überwiegend in Höhenlagen von 600 – 1500 m über NN; gelegentlich auch höher), in Bergwäldern bevorzugt sonnenexponierte Bestände; neuerdings auch einzelne Brutvorkommen in tieferer Lage in flussbegleitenden alt- und totholzreichen Wäldern; Bruten in der Regel nicht in Beständen, die jünger als 100 Jahre alt sind, zur Nahrungssuche jedoch auch in Stangenholz; Brutvogel im südlichen Bayern, neuerdings (seit 2004) auch Brutnachweise aus Baden-Württemberg. Einzelfeststellungen auch in Brandenburg.

Brutbiologie

Höhlenbrüter; Höhle fast immer in ganz oder teilweise abgestorbenen Bäumen bzw. starken Seitenästen, überwiegend in Laubholz (oft Buche); wohl monogame (Saison?)Ehe; 1 Jahresbrut; Gelege: 3–5 Eier, Brutdauer: 14-16 Tage, Nestlingsdauer: 27-28 Tage; Brut und Aufzucht durch ♂ und ♀, ♂ hudert und brütet nachts.

Phänologie

Jahresperiodik: Standvogel, selten weiter umherstreifend; Reviermarkierung (durch Trommeln) bei milder Witterung ab M 2; meist und regelmäßig ab M 3 bis E 4; Legebeginn ab M 4 bis A 5, Ausfliegen der Jungen ab E 5/A 6 möglich.

Tagesperiodik: tagaktiv, höchste Rufaktivität von 1 Std. nach SA bis ca. 10 Uhr.

Erfassung

Überwiegend Kartierung trommelnder Vögel sowie Beobachtung von ♂/♀ und Feststellung der Rufe; Einsatz von Klangattrappen zur Überprüfung von Vorkommen sinnvoll; es genügt kurzes Vorspiel (2-3 Trommelwirbel während 1 Minute) mit längerer Pause (3 Min.); Kontrollpunkte je nach Gelände und Waldstruktur (offen/dicht) zwischen 300 und 600 m Abstand legen; sofortiger Abbruch bei Reaktion.

Termine: 1. M 3 bis E 3 (Trommeln, Beobachtungen); 2. A 4 (Trommeln, Beobachtungen); 3. M 4 bis E 4 (Trommeln, Beobachtungen); ggf. 4. M 5 bis A 6 (Bruthöhlen mit bettelnden Jungen).

Günstige Tageszeit: ab SA bis Vormittag; nicht bei Windstärke >4 oder stärkeren Niederschlägen.

Auswertung

Wertungsgrenzen: A 2 bis E 6.

Brutverdacht: • zweimalige Feststellung von Trommeln im Abstand von mindestens 7 Tagen, davon eine ab M 3; • einmalige Feststellung von Trommeln und Feststellung eines Altvogels im Abstand von mindestens 7 Tagen, davon eine Feststellung ab M 3; • einmalige Beobachtung eines Paares; • Höhlenbau.

Brutnachweis: insbesondere • fütternde Altvögel; • bettelrufende Jungvögel (sicherheitshalber zur Artbestimmung Fütterung abwarten).

Besondere Hinweise: Da ♂ und ♀ trommeln (♂ länger als ♀), können auf diese Weise benachbart festgestellte Vögel ohne optische Kontrolle nicht als zwei Reviere interpretiert werden. Trommelwirbel deutlich länger als bei Buntspecht, zu Beginn oft einige abgesetzte Schläge, am Schluss leicht beschleunigt; Brutgeschäft beginnt oft sehr früh im Jahr. Häufig geräusch- und rufarme Lebensweise, meidet Flug über weitere offene Strecken; auch Höhlenkartierung über bettelnde Junge möglich. Adulte äußern leise weiches „*güg*", was kaum 50 m weit zu hören ist, Art wird daher oft nicht entdeckt. Ausgeprägter Hackspecht, charakteristische Arbeitsmuster mit oft wabenförmigen Vertiefungen entstehen durch seitliches Wegschlagen von bis zu handflächengroßen Holzstücken vor allem an liegenden Stämmen, morschen Baumstrünken und unteren Stammabschnitten. Auch Aufenthalt in dünnen Zweigen der Kronenregion und Luftjagd nach Insekten zu beobachten. Bei Klangattrappeneinsatz auf Nachzieheffekt achten, bereits kartierte Vögel können der Klangattrappe folgen (Doppelzählung). Bruten außerhalb Bayerns sollten der Deutschen Seltenheitenkommission gemeldet werden.

Literatur: Frank (2002); Scherzinger (1982); Weiss (2004)

Wertungsgrenzen und Erfassungszeitraum

Februar			März			April			Mai			Juni			Juli			August		
A	M	E	A	M	E	A	M	E	A	M	E	A	M	E	A	M	E	A	M	E
				1.		2.	3.			4.										

08870 Kleinspecht
Dryobates minor

RLD	---
EUV	---
SPEC	---

Lebensraum

Lichte Laub- und Mischwälder vom Tiefland bis ins Mittelgebirge, bevorzugt Weichhölzer (Pappeln, Weiden); Galeriewälder in Hart- und Weichholzauen, Erlenbruch-, (Eichen-)Hainbuchen- und Moorbirkenwälder; auch kleinere Gehölzgruppen, Streuobstwiesen (Hochstammbäume), ältere Parks und Gärten, Hofgehölze; außerhalb der Brutzeit auch in reinen Nadelwäldern bis in Gebirgslagen; zur Nahrungssuche auch in Schilfgebieten.

Brutbiologie

Höhlenbrüter; oft in morschem/totem Holz; monogame Saisonehe, doch auch Biandrie nachgewiesen (1 ♀ legt Eier in Höhlen von 2 ♂); 1 Jahresbrut, Nachgelege möglich; Gelege: (4)5-6 Eier, Brutdauer: (9)10-11(12) Tage, Nestlingsdauer: (19)21-25 Tage; Brut und Aufzucht durch ♂ und ♀, bei Biandrie Anteil des ♂ besonders hoch; Führungszeit: 14-28 Tage, dabei Aufteilung auf Eltern.

Phänologie

Jahresperiodik: Standvogel, nach Brutperiode größerer Aktionsradius, auch Durchzügler (Jungvögel? nordische?) bis E 3(M 4) bemerkbar; Reviermarkierung (Trommeln) wenn mild, bereits ab E 1 bis M/E 2, überwiegend ab A 3 bis E 4, abnehmend bis M 5; Rufreihen im Frühjahr am häufigsten M 3 bis M 4; Legebeginn im Süden ab M 3, überwiegend E 4 bis M 5; Ausfliegen der Jungen frühestens E 5, meist ab A/M 6; Herbstbalz ist möglich.

Tagesperiodik: tagaktiv, höhere Rufaktivität vor allem in frühen Morgenstunden bis gegen Mittag; Trommelaktivität (in Nestnähe) A/M 5 abends (1 bis 2 Std. vor SU bis SU).

Erfassung

Überwiegend Kartierung trommelnder und rufender Vögel; Verwendung einer Klangattrappe sinnvoll, da ggf. geringe Trommel- bzw. Rufaktivität; Trommeln und Rufe ca. 40 Sek. an Beobachtungspunkten 1-5x abspielen und auf Reaktion achten, bei positiver Reaktion abbrechen. Beobachtung von ♂/♀, Verhalten und Richtungsbewegungen für Zuordnung zu Revieren wichtig; erst wieder nach ca. 300 m abspielen, auf Nachzieheffekt achten; bei ausbleibender Reaktion bereits nach 150 m erneuter Versuch.

Termine: 1. A 3 bis M 3 (Trommeln, Rufe); 2. E 3 bis A 4 (Trommeln, Rufe); 3. M 4 bis E 4 (Trommeln, Rufe, Höhlenbau).

Günstige Tageszeit: ab SA bis Mittag; nicht bei Frost < -5°C, Windstärke > 4 oder stärkeren Niederschlägen; am besten an milden Märztagen.

Auswertung

Wertungsgrenzen: M 2 bis M 6.

Brutverdacht: • zweimalige Feststellung von Reviermarkierung im Abstand von mindestens 7 Tagen, eine davon A 3 bis E 4; • einmalige Feststellung von Reviermarkierung und Feststellung eines Altvogels im Abstand von mindestens 7 Tagen, eine davon A 3 bis E 4; • einmalige Beobachtung eines Paares bis E 5; • Höhlenbau.

Brutnachweis: insbesondere • fütternde Altvögel; • Junge führende Altvögel im vorher festgestellten Revier.

Besondere Hinweise: Wird bisweilen übersehen/überhört, da Reviermarkierung nicht so auffällig ist. Da ♂ und ♀ für menschliches Ohr ununterscheidbar trommeln bzw. rufen, können benachbart festgestellte Vögel ohne optische Kontrolle nicht als zwei Reviere interpretiert werden. ♂ und ♀ trommeln gleichermaßen, nach Eiablage trommeln wohl überwiegend ♂ (bis Schlupf der Jungen). Trommelplätze eher in Nistplatznähe als Rufplätze, sollten von daher für Zuordnung stärker gewichtet werden. ♀ sind (ohne Provokation) ruffreudiger als ♂. Aktionsräume außerhalb Brutzeit können erstaunlich groß sein (bis 400 ha), in Balzzeit noch bis 300 ha; zur Brutzeit durchschnittlich 30 ha, somit im Vergleich mit Bunt- und Mittelspecht sehr groß. Nachzieheffekt: bereits kartierte Vögel können der Klangattrappe folgen (Doppelzählung). Flügge Junge schwer von Altvögeln zu unterscheiden, Unterscheidung ♂/♀ bei Jungen möglich, diese rufen bereits bald wie Altvögel. Verwechslungsgefahr der Rufreihe mit Rufen von Wendehals, Sperber oder Baumfalke beachten.

Literatur: Campolattano & Höntsch (2002); Höntsch (2001, 2004); Spitznagel (1993); Weiss (2004); Wübbenhorst (2001); www.kleinspecht.de

Wertungsgrenzen und Erfassungszeitraum

Februar			März			April			Mai			Juni			Juli			August		
A	M	E	A	M	E	A	M	E	A	M	E	A	M	E	A	M	E	A	M	E
			1.		2.		3.													

08980 Dreizehenspecht
Picoides tridactylus

RLD	R
EUV	---
SPEC	3

Lebensraum

An Nadelholz gebunden, bevorzugt natürliche alte Fichtenwälder (auch durchmischt mit Bergkiefer, Tanne, Arve und Laubholz) mit hohem Anteil dürrer Bäume bzw. stehendem und liegendem Totholz sowie frisch vom Borkenkäfer besiedelte Bestände; in Deutschland wohl nur in subalpiner Höhenstufe vorkommend mit einer Häufung zwischen 1200-1800 m über NN. Bisher bekannte Vorkommen: Alpen, Bayerischer Wald, Erzgebirge und Schwarzwald.

Brutbiologie

Höhlenbrüter, Höhle meist in absterbenden (dürren) Bäumen (Fichten), selten in gesundem Baum; monogame Dauerehe; 1 Jahresbrut, Nachgelege möglich, Gelege: 3-6(7) Eier, Brutdauer: 11 Tage, Nestlingsdauer: 22-24(26) Tage, Führungszeit bis über 2 Monate; beide Partner bauen Höhle, ♀ und ♂ brüten (♂ nachts) und füttern.

Phänologie

Jahresperiodik: ausgesprochener Standvogel, Teilzug wohl nur selten bei nordischen Populationen; Reviermarkierung durch Trommeln von ♂ und ♀ selten ab M 1, im Schwarzwald Höhepunkt der Balz ab M/E 3, in Alpen eher ab A/M 4 bis M 5; Legebeginn ab A/M 5; Ausfliegen der Jungen ab E 6 (bis E 7).

Tagesperiodik: tagaktiv; höchste Trommelaktivität nach Sonnenaufgang bis in den frühen Vormittag; nach Eiablage ist Trommeln deutlich seltener.

Erfassung

Überwiegend Kartierung trommelnder und rufender Vögel; Beobachtung von ♂/♀, Verhalten und Richtungsbewegungen für Zuordnung zu Revieren wichtig; Einsatz von Klangattrappen zur Überprüfung von Vorkommen sinnvoll; es genügt kurzes Vorspiel (2-3 Trommelwirbel) mit langen Pausen (3-4 Min.) in Abständen von ca. 500 m, sofortiger Abbruch bei Reaktion; zusätzlich Höhlenkartierung über bettelnde Junge.

Termine: 1. M 3 bis E 3 (Trommeln); 2. A 4 bis M 4 (Trommeln, Höhlenbau); 3. E 4 bis A 5 (Trommeln, Höhlenbau); 4. A 6 bis M 6 (Bruthöhlen mit bettelnden Jungen).

Günstige Tageszeit: ab SA bis Mittag; nicht bei Windstärke >4 oder stärkeren Niederschlägen.

Auswertung

Wertungsgrenzen: A 3 bis E 7.

Brutverdacht: • zweimalige Feststellung von Trommeln im Abstand von mindestens 7 Tagen, davon eine M 3 bis E 5; • einmalige Feststellung von Trommeln und Feststellung eines Altvogels im Abstand von mindestens 7 Tagen, davon eine Feststellung M 3 bis E 5; • einmalige Beobachtung eines Paares; • Höhlenbau.

Brutnachweis: insbesondere • fütternde Altvögel; • laut bettelrufende Jungvögel (zur Artbestimmung Fütterung abwarten).

Besondere Hinweise: Da ♂ und ♀ trommeln, können auf diese Weise benachbart festgestellte Vögel ohne optische Kontrolle nicht als zwei Reviere interpretiert werden. Trommelwirbel länger und langsamer als bei Buntspecht, am Schluss leicht beschleunigt, kürzer als bei Weißrückenspecht. Jedes Jahr Bau bzw. Ausbau einer neuen Bruthöhle, Bauaktivität jedoch an mehreren Höhlen im Revier. Verhalten wenig scheu, aufgrund ihrer versteckten und unauffälligen Lebensweise im Nadelwald wird Art oft nicht entdeckt; dies führt leicht zur Fehleinschätzung des Bestandes. Daher sind Brutnachweise über laut bettelnde Jungvögel und Fütterungen ab A 6 eine wichtige Zusatzinformation zur Abgrenzung von kartierten Revieren. Bei Klangattrappeneinsatz auf Nachzieheffekt achten, bereits kartierte Vögel können der Klangattrappe folgen (Doppelzählung). Ringelt vor allem im Frühsommer Bäume zur Gewinnung von Baumsaft, sogenannte Ringelbäume sind daher Hinweis auf Vorkommen; Ringelspuren können aber auch vom Buntspecht stammen. Weitere Suche nach noch nicht bekannten Vorkommen ist (in besonders geeigneten Lebensräumen) sowohl in Süddeutschland, als auch im Fichtelgebirge lohnend. Bruten außerhalb Baden-Württembergs und Bayerns sollten der Deutschen Seltenheitenkommission mit Dokumentation gemeldet werden.

Literatur: Dorka (1996); Hering et al. (2003 a); Pechacek (2003, 2004)

Wertungsgrenzen und Erfassungszeitraum

Februar			März			April			Mai			Juni			Juli			August		
A	M	E	A	M	E	A	M	E	A	M	E	A	M	E	A	M	E	A	M	E
				1.		2.		3.				4.								

09720 Haubenlerche
Galerida cristata

RLD	2
EUV	---
SPEC	3

Lebensraum

Trockene vegetationsarme Standorte wie Brachen und Ödländereien; heute hauptsächlich im städtischen Bereich in aufgelockerten Wohngebieten, Gewerbe-, Industriegebieten, Sportplätzen, an Schulhöfen, Verkehrsflächen, Einkaufszentren mit teilweise brachliegenden, wenig bewachsenen Rohböden; daneben auf Truppenübungsplätzen, ehemaligen Deponien, Tagebaugelände, Großbaustellen, an Dorfrändern nahe großer Stallanlagen.

Brutbiologie

Bodenbrüter, Nest auf ebenem Boden (auch an Böschungen) meist durch Pflanzen geschützt, mitunter auf Flachdächern, ♀ baut Nest; saisonale Monogamie; 2-3 Jahresbruten, Nachgelege möglich; Gelege: (2)3-5(6) Eier, Brutdauer: 12-13(14) Tage, ♀ brütet allein; Nestlingsdauer: 9-11 Tage, flugfähig ab 14-16 Tagen; beide Partner füttern, Fütterung bis etwa zum 20. Tag.

Phänologie

Jahresperiodik: Standvogel; Überwinterung teilweise im künftigen Brutgebiet, Verpaarung und Reviergründung im März; Hauptlegezeit der Erstbrut A 4 bis A 5, der Zweitbrut A 6 bis A 7; Schlupftermine hauptsächlich von E 4 bis M 5 bzw. M 6 bis M 7; Brutperiode endet i.d.R. im Juli.

Tagesperiodik: tagaktiv.

Erfassung

Kartierung von Revier anzeigendem Verhalten (Gesang am Boden, auf Sitzwarten oder in der Luft, Flugtreibjagden des ♂ gegenüber dem ♀ während der Balz), von Brutverhalten und Brutnachweisen (Tragen von Nistmaterial, Futter oder Kot).

Termine: 1. E 3 bis A 4 (Gesang, Revier anzeigende Verhaltensweisen); 2. M 4 (Gesang, Revier anzeigende Verhaltensweisen); 3. E 4 bis A 5 (Gesang, Revier anzeigende Verhaltensweisen, Brutnachweis).

Günstige Tageszeit: in den Morgenstunden.

Auswertung

Wertungsgrenzen: M 3 bis A 6.

Brutverdacht: • zweimalige Feststellung eines singenden ♂ im Abstand von mindestens 7 Tagen, davon eine E 3 bis A 5; • einmalige Feststellung eines singenden ♂ und eine Beobachtung eines Altvogels im Abstand von mindestens 7 Tagen, davon eine E 3 bis A 5; • einmalige Feststellung eines Paares von M 3 bis A 6; • Nistmaterial tragender Altvogel.

Brutnachweis: insbesondere • fütternder Altvogel.

Besondere Hinweise: Sehr unauffälliges Verhalten, häufig unbeeindruckt durch Passanten und Verkehr; Fluggesang ist selten zu hören, eher noch leiser Gesang am Boden. Zu den auffallendsten Aktivitäten Suche von Futter und Nistmaterial auf dem Erdboden und Flüge mit diesen zum Nest.

Literatur: Zang & Südbeck (2000)

Wertungsgrenzen und Erfassungszeitraum

Februar			März			April			Mai			Juni			Juli			August		
A	M	E	A	M	E	A	M	E	A	M	E	A	M	E	A	M	E	A	M	E
					1.		2.	3.												

09740 Heidelerche
Lullula arborea

RLD	3
EUV	X
SPEC	2

Lebensraum

Lichte Waldgebiete auf Sandböden mit schütterer Gras- bzw. Krautvegetation und einzelnen Bäumen sowie Büschen und/oder an reich strukturierten Waldrändern, z.B. kleinflächige Heiden, Binnendünen, Hochmoorränder, Waldlichtungen, Rodungen, Brand- und Windwurfflächen, Feuerschutzschneisen, Hochspannungskorridore, Sekundärlebensräume wie Sand- und Kiesgruben, Truppenübungsplätze, Grünland- und Ackerflächen, Weinberge, Baumschulen und Obstbaukulturen in unmittelbarer Waldnähe; meidet offene Landschaften sowie dicht bewaldete Gebiete; von besonderer Bedeutung für die Ansiedlung sind vegetationslose bzw. spärlich bewachsene Areale, das Vorhandensein von Singwarten (kleine Büsche) und Sandbadeplätze.

Brutbiologie

Bodenbrüter; Neststandort meist im Bereich schütterer Gras- und niedriger Krautvegetation; Revierbesetzung durch das ♂ (Gesang im Flug, auf Sitzwarten und vom Boden); Einzelbrüter; überwiegend saisonale Monogamie; i.d.R. 1(2) Jahresbrut(en); Gelege: (2)3-6(7) Eier, Brutdauer: 13-15 Tage, Nestlingsdauer: 10-13 Tage; ♀ brütet und hudert, wobei das ♂ in der Nähe von einer Sitzwarte sichert, ♂ und ♀ füttern.

Phänologie

Jahresperiodik: Kurzstreckenzieher; Ankunft im Brutgebiet von M/E 2 bis A 4, i.d.R. M 3, Heimzug A 2 bis A 5, Hauptdurchzug A 3 bis E 3; Reviergründung direkt nach Ankunft im Brutgebiet, größte Balzaktivität von A 3 bis M 4; Eiablage ab E 3 bis M 6, Hauptlegezeit E 3 bis A 4; Jungvögel ab A 4; Abzug aus den Brutgebieten ab E 7.

Tagesperiodik: tag- und nachtaktiv, ♂ singen während des ganzen Tages, Fluggesangsaktivität in den frühen Morgenstunden am stärksten, ♂ singen auch nachts regelmäßig.

Erfassung

Zählung singender ♂ (Gesang im Flug, von Sitzwarten und vom Boden), fütternde und warnende Altvögel; in kleinflächigen, isolierten potenziellen Lebensräumen und in großflächigen Gebieten mit geringer Siedlungsdichte Einsatz von Klangattrappe sinnvoll.

Termine: 1. M 3 bis E 3 (Gesang); 2. A 4 (Gesang, fütternde Altvögel); 3. M 4 bis E 4 (Gesang, fütternde Altvögel).

Günstige Tageszeit: von SA bis zu 4 Std. nach SA, zu Beginn der Brutperiode auch tagsüber (nicht in den Mittagsstunden).

Auswertung

Wertungsgrenzen: A 3 bis M 5.

Brutverdacht: • zweimalig singendes ♂ im Abstand von mindestens 7 Tagen, davon eine M 3 bis E 4; • einmalig intensiv warnender Altvogel.

Brutnachweis: insbesondere • fütternde Altvögel.

Besondere Hinweise: Erfassung bei windarmen, trockenen und warmen Witterungsbedingungen. Fütternde Altvögel warnen sehr leise und verhalten sich unauffällig. Spät im April unermüdlich singende ♂ sind nicht verpaart.

Literatur: Daunicht (1985); Eisengrein (1995)

Wertungsgrenzen und Erfassungszeitraum

Februar			März			April			Mai			Juni			Juli			August		
A	M	E	A	M	E	A	M	E	A	M	E	A	M	E	A	M	E	A	M	E
				1.		2.	3.													

09760 Feldlerche
Alauda arvensis

RLD	V
EUV	---
SPEC	3

Lebensraum

Weitgehend offene Landschaften unterschiedlicher Ausprägung; hauptsächlich in Kulturlebensräumen wie Grünland- und Ackergebiete, aber auch Hochmoore, Heidegebiete, Salzwiesen, feuchte Dünentäler sowie größere Waldlichtungen; von Bedeutung für die Ansiedlung sind trockene bis wechselfeuchte Böden mit einer kargen und vergleichsweise niedrigen Gras- und Krautvegetation. Die Art meidet auch feuchte bis nasse Areale nicht, wenn diese an trockene Bereiche angrenzen oder mit ihnen durchsetzt sind.

Brutbiologie

Bodenbrüter; Neststandort in Gras- und niedriger Krautvegetation, bevorzugte Vegetationshöhe 15-20 cm; Revierbesetzung durch das ♂ (Singflug/Bodengesang); Einzelbrüter; überwiegend saisonale Monogamie, häufig 2 Jahresbruten, bei Gelegeverlust Nachgelege möglich; Gelege: 2-5 Eier, Brutdauer: 12-13 Tage, Nestlingsdauer: ca. 11 Tage; ♀ brütet und hudert, wird vom ♂ nicht gefüttert.

Phänologie

Jahresperiodik: Kurzstreckenzieher; Ankunft im Brutgebiet von E 1 bis M 3, i.d.R. ab M 2; Reviergründung ab A/M 2 bis M 3, Paarbildung etwa 10 Tage nach Ankunft, Heimzug bis A 5, Hauptdurchzug A 3 bis E 3; größte Balzaktivität von M 3 bis E 4; Eiablage der Erstbrut ab (A 4)M 4 bis M 5, Eiablage der Zweitbrut ab Juni.

Tagesperiodik: tagaktiv, ♂ singen während des ganzen Tages, Fluggesangsaktivität in den frühen Morgenstunden am stärksten.

Erfassung

Zählung singender ♂ (Flug- und Bodengesang), fütternder Altvögel.

Termine: 1. A 4 bis M 4 (Gesang); 2. E 4 (Gesang); 3. A 5 (Gesang, fütternde Altvögel).

Günstige Tageszeit: von SA bis zu 4 Std. nach SA, zu Beginn der Brutperiode auch tagsüber bis etwa 18 Uhr (nicht in den Mittagstunden).

Auswertung

Wertungsgrenzen: E 3 bis E 5, [im Hochgebirge bis M 7].

Brutverdacht: • zweimalig singendes ♂ im Abstand von mindestens 7 Tagen, davon eine Feststellung A 4 bis A 5; • einmalige Feststellung intensiv warnender Altvögel.

Brutnachweis: insbesondere • fütternder Altvogel.

Besondere Hinweise: Die Reviergrenzen sind im Grünland während der Brutzeit vergleichsweise konstant, hingegen kann es in Ackergebieten (auch in intensiv genutzten Grünlandgebieten) durch landwirtschaftliche Nutzungen zu nicht unerheblichen Revierverschiebungen kommen. Revierverschiebungen treten auch zwischen der 1. und 2. Brut auf. Bestandserhebungen in Ackergebieten mit großflächigem und hohem Anbauanteil von Sommerfrüchten (Sommergetreide, Zuckerrüben, Erbsen) sollten später begonnen werden (E 4). Wegen der Revierverschiebungen sollte sich die Erfassung nicht über einen längeren Zeitraum als den eines Monats erstrecken. Erfassung bei windarmen, trockenen Witterungsbedingungen. Auch unter optimalen Bedingungen mitunter geringe Gesangsaktivität.

Literatur: GEORGE (2003); SCHLÄPFER (1988); VOWINKEL & DIERSCHKE (1990)

Wertungsgrenzen und Erfassungszeitraum

Februar			März			April			Mai			Juni			Juli			August		
A	M	E	A	M	E	A	M	E	A	M	E	A	M	E	A	M	E	A	M	E
						1.		2.	3.			G.				G.				

09810 Uferschwalbe
Riparia riparia

RLD	V
EUV	---
SPEC	3

Lebensraum

Landschaften mit glazialen und fluvialen Ablagerungen; Brutplätze ursprünglich in frisch angerissenen Steilwänden von Fließgewässern und an Steilküsten (Ostsee); durch Fließgewässerregulierung aktuell kaum Flussuferkolonien vorhanden; Brutkolonien im Binnenland heute fast ausschließlich in Sand- und Kiesgruben, während oder kurz nach dem Abbau; auch andere Standorte z.B. Torfstiche, Lößwände, Dünenabbrüche, Mauerlöcher, Steinbrüche, Baugruben, Spülfelder.

Brutbiologie

Höhlenbrüter; Höhlen in nahezu senkrechten sandig-lehmigen und sandig-tonigen Steilwänden mit freier An- und Abflugmöglichkeit, Röhren konzentrieren sich meist im oberen Drittel der Wand, selten weniger als 1,5 m über Boden (Schutz vor Hochwasser und Bodenfeinden), Röhrenbau durch ♂; Koloniebrüter; Brutehe, sukzessive Polyandrie; 1-2 Jahresbrut(en); Gelege: (3)4-8 Eier, Brutdauer: 14-17 Tage, während Schlechtwetterperioden länger; Nestlingsdauer: 20-24 Tage; ♂ und ♀ brüten (nachts ♀) und füttern.

Phänologie

Jahresperiodik: Langstreckenzieher; Ankunft im Brutgebiet ab E 3 (Süden: M 3), meist M 4 bis M 5 (Süden: M 3 bis M 4) ständig anwachsender Bestand bis E 7/A 8, Heimzug E 3 (Süden: M 3) bis A 6, Hauptdurchzug E 4 bis M 5 (Süden: E 4 bis A 5); Eiablage: Erstgelege ab (E 4)M 5 bis Juni, Hauptlegezeit E 5, Zweitgelege bis M 8(A 10); Jungvögel ab (M 5)A 6; Abzug von den Brutplätzen ab Juni (erfolglose Brutvögel), meist ab Juli/August; Herbstdurchzug ab August.

Tagesperiodik: tag- und dämmerungsaktiv; stark witterungsabhängig, Regen, Kälte und Nebel verursachen eine erhebliche Verzögerung des Aktivitätsbeginns.

Erfassung

Großräumig systematische Suche nach besiedelten Nistwänden (Juni); zwei unterschiedliche Erfassungsmethoden möglich: Röhrenzählung: Zählung aller potenziellen Brutröhren (als potenzielle Röhre gilt jede von Uferschwalben gegrabene Vertiefung von > 5 cm Tiefe); Zählung nur bei beflogenen Kolonien. Zählung besetzter Brutröhren: (Ein- und Ausflug, frische Krallen- und Kotspuren, rufende bzw. Fütterung, bettelnde Jungvögel) nur für Kolonien bis 100 Paare.

Termine: Zählung besetzter Brutröhren: 1 a. E 6 bis A 7 (Ein- und Ausflug, frische Krallen- und Kotspuren, rufende bzw. Fütterung, bettelnde Jungvögel); Röhrenzählung: 1 b. E 7 bis M 8 (Zählung aller potenziellen Brutröhren).

Günstige Tageszeit: ganztägig bei windarmer, trockener Witterung.

Auswertung

Wertungsgrenzen: M 6 bis M 8.

Brutverdacht: • beflogene Brutröhren; • Röhren mit frischen Grab- und Kotspuren.

Brutnachweis: insbesondere • fütternde Altvögel; • Jungvögel am Brutröhrenausgang.

Brutbestand Röhrenzählung = Anzahl festgestellter Röhren und Multiplikation mit Korrekturfaktoren (1-50 Röhren mit 0,5, 51-120 Röhren mit 0,42 und mehr als 120 Röhren mit 0,36).

Brutbestand Zählung besetzter Röhren = Summe der Anzahl beflogener Röhren, Röhren mit frischen Grab- und Kotspuren, Röhren mit fütternden Altvögeln oder Jungvögeln am Brutröhrenausgang.

Besondere Hinweise: Die gewählte Methode (Röhrenzählung oder Zählung besetzter Röhren) muss zur Gewährleistung der Vergleichbarkeit der Daten auch bei Folgeuntersuchungen angewendet werden; Zähltermine in Auswertung immer angeben. Nach Möglichkeit die Methode der Röhrenzählung anwenden; maximale Röhrenzahl wird meist ab E 7 erreicht, daher den Erfassungstermin grundsätzlich einhalten; räumliche Ausdehnung von Großkolonien auf Karten dokumentieren; für Kolonien an der Ostseeküste abweichender Korrekturfaktor (0,6) und Erfassungstermin E 7. Im Rahmen von Standardkartierungen kann auch die Methode der Zählung besetzter Röhren angewendet werden (allerdings zeitaufwändig, ab 30 Paaren über 1 Std. pro Kolonie). Nicht alle Röhren einer Kolonie werden genutzt. ♂ bauen mehrere Anfänge (Teil der Balz). Brutröhren, aus denen Pflanzen wachsen, deren Eingang mit Spinnweben verbaut sind oder deren Röhrenenden sichtbar sind, als unbesetzt werten (nicht mitzählen). Für die Zählung der Röhren empfiehlt es sich, Koloniewände anhand von markanten Geländemerkmalen (z.B. Büsche, Erosionsrinnen) in Zählabschnitte einzuteilen. Nahrungssuche bevorzugt über Gewässern und Feuchtgebieten. Insbesondere während Perioden nasskalter Witterung können sich Uferschwalben bis zu 10 km vom Brutplatz entfernen. Deshalb Erfassung nur während windarmer, trockener Witterungsperioden. Bruterfassung in größeren Gebieten in engem Zeitfenster (E 7) durchführen (hohe Umsiedlungsraten).

Literatur: Berndt et al. 1994; Fischer (1990); Gilbert et al. (1998); Glutz von Blotzheim (1985); Kuhnen (1978); Loske & Laumeier (1999); Loske et al. (1999); van Dijk & Hustings (1996); Wiebe (1997)

Wertungsgrenzen und Erfassungszeitraum

Februar			März			April			Mai			Juni			Juli			August		
A	M	E	A	M	E	A	M	E	A	M	E	A	M	E	A	M	E	A	M	E
														1a.			1b.			

09910 Felsenschwalbe
Hirundo rupestris

RLD	R
EUV	---
SPEC	---

Lebensraum

In den Nordalpen bevorzugt an windgeschützten, trockenen, südexponierten Felswänden in Talnähe; Nischen, Spalten und besonders Überhänge sind wichtige Strukturen der sonst steilen Wände; kann auch in Steinbrüchen und bei Höhlenangebot auch an kleineren Felsen siedeln; neuerdings auch Einzelbruten im Siedlungsbereich, z.B. an exponierten Stellen wie Türmen, Gebäuden und Brücken.

Brutbiologie

Fels- und selten Gebäudebrüter, Neststandorte immer unter Überhängen oder an Höhlenüberdachungen, an Gebäuden unter Dachvorsprüngen oder Simsen; Nestbauzeit witterungsabhängig, eine bis mehrere Wochen, ♀ und ♂ bauen, Einzelbruten oder auch in lockeren Kolonien von bis zu 5 Paaren; vermutlich saisonale Monogamie; am Alpennordrand nur 1 Jahresbrut, auch sonst Zweitbruten selten, Gelege: (3)4-5 Eier, Brutdauer: 14-15 Tage, Nestlingsdauer: 24-28 Tage; überwiegend brütet ♀, nach Ausfliegen werden die Jungen noch ca. 14 Tage von ♂ und ♀ gefüttert.

Phänologie

Jahresperiodik: in Deutschland Zugvogel, vermutlich Kurzstreckenzieher; Ankunft im Brutgebiet ab M 3 bis A 4, am Brutplatz A 5 bis A 6; Legebeginn M 5 bis M 6; Ausfliegen der Jungen von E 6 bis August; Verlassen der Brutplätze ab E 8 bis M 9.

Tagesperiodik: stark witterungsabhängig; oft erst bei Sonneneinstrahlung an der Brutwand flugaktiv, dann meist in der Nähe der Brutwand.

Erfassung

Kartierung von Nestanflügen (auch alter Nester), Bau neuer Nester sowie Fütterungen von Jungvögeln im Nest; Beobachtungszeit bis zu 1 Std.; Beobachtung oft nur mit Spektiv möglich.

Termine: 1. E 5 bis A 6 (Nestanflüge, Nestbau); 2. M 6 bis E 6 (Nestanflüge, Fütterungen).

Günstige Tageszeit: ab dem späten Vormittag bei gutem Wetter, möglichst bei Sonnenschein.

Auswertung

Wertungsgrenzen: A 5 bis E 8.

Brutverdacht: • Nestanflüge; • Einflüge in Höhlen.

Brutnachweis: insbesondere • fütternde Altvögel.

Brutbestand (Paare) bei Nesterzählung = maximal festgestellte Zahl angeflogener Nester.

Besondere Hinweise: Felsenschwalben halten sich bis zu zwei Monate vor Brutbeginn im Brutgebiet auf, oft dann auch in Ortschaften, über Gewässern und an Felswänden, die nicht zur Brut genutzt werden; zur Brutkontrolle ist meist ein Spektiv notwendig. Regen und Kälte wirken aktivitätshemmend, führen aber auch zu Nahrungsflügen an geschützteren Stellen abseits der Brutwände. Bruten außerhalb von Bayern sollen der Deutschen Seltenheitenkommission mit Dokumentation gemeldet werden.

Literatur: Hauri (2003)

Wertungsgrenzen und Erfassungszeitraum

Februar			März			April			Mai			Juni			Juli			August		
A	M	E	A	M	E	A	M	E	A	M	E	A	M	E	A	M	E	A	M	E
											1.		2.							

09920 Rauchschwalbe
Hirundo rustica

RLD	---
EUV	---
SPEC	3

Lebensraum

In Mitteleuropa ausgesprochener Kulturfolger; brütet in Dörfern, aber auch in städtischen Lebensräumen (u.a. Gartenstadt, Kleingärten, Blockrandbebauung, Innenstadt), wobei mit zunehmender Verstädterung die Siedlungsdichte stark abnimmt; vereinzelt auch im siedlungsfernen Offenland unter Gewässer überspannenden kleinen Brücken; größte Dichten an Einzelgehöften und in stark bäuerlich geprägten Dörfern mit lockerer Bebauung; von besonderer Bedeutung sind offene Viehställe; Nahrungshabitate über reich strukturierten, offenen Grünflächen (Feldflur, Grünland, Grünanlagen) und über Gewässern im Umkreis von 500 m um den Neststandort.

Brutbiologie

Nischenbrüter; Neststandort in Mitteleuropa meist in frei zugänglichen Gebäuden (u.a. Ställe, Scheunen, Schuppen, Lagerräume, Hauseingänge, Vorbauten, unter Brücken und in Schleusen) aber auch Außennester (z.B. unter Dachvorsprüngen), Nest auf kleinen Mauervorsprüngen oder in Nischen, Nestbau durch ♂ und ♀, Dauer des Nestbaus: 8-10 Tage; Einzelbrüter, aber auch lockere Kolonien; saisonale Monogamie; 1-3 Jahresbrut(en); Gelege: 2-6 Eier, Brutdauer: 12-16 Tage, ♀ brütet, während der Brut bleibt ♂ in unmittelbarer Nestnähe; Nestlingszeit stark witterungsabhängig: 20-24 Tag, ♂ und ♀ füttern.

Phänologie

Jahresperiodik: Langstreckenzieher; Ankunft im Brutgebiet ab E 3, meist A 4, Heimzug M 3 bis A 5, Hauptdurchzug A 4 bis E 4; Balz und Nestbau ab M 4; Eiablage stark witterungsabhängig, Erstgelege ab A 5 (Süden: E 4) bis A 6 (in Mittelgebirgslagen bis zu 10 Tage später), Zweitgelege ab E 6, Drittgelege bis A 9; Jungvögel ab M/E 5; Abzug von den Brutplätzen ab E 6.

Tagesperiodik: tagaktiv; stark witterungsabhängig; Regen, Kälte und Nebel verursachen eine erhebliche Aktivitätsverringerung.

Erfassung

Zählung singender ♂, Nest bauender Altvögel, Zählung in Gebäude ein- bzw. ausfliegender Altvögel; nach Möglichkeit Zählung besetzter Nester; bei hoher Bestandsdichte bzw. kolonieartigen Brutbeständen ist eine Zählung besetzter Nester (Nest bauende Altvögel, fütternde Altvögel, Jungvögel im Nest, frische Kotspuren am Nest) unabdingbar.

Termine: 1. A 5 (Zählung singender ♂ und Nest bauender Altvögel); 2. M 5 bis E 5 (Zählung singender ♂ und Nest bauender Altvögel, nach Möglichkeit Zählung besetzter Nester); 3. A 6 (Zählung fütternder bzw. Kotballen tragender Altvögel, nach Möglichkeit Zählung besetzter Nester).

Günstige Tageszeit: ganztägig bei milder, sonniger Witterung.

Auswertung

Wertungsgrenzen: E 4 bis E 6.

Brutverdacht: • einmalig Nestbau; • zweimalige Beobachtung eines singenden ♂ am potenziellen Brutplatz im Abstand von mindestens 7 Tagen, davon eine A 5 bis A 6; • einmalige Beobachtung eines singenden ♂ und mindestens einmalige Beobachtung eines Paares am potenziellen Brutplatz im Abstand von mindestens 7 Tagen, davon eine A 5 bis A 6; • zweimalige Beobachtung eines Paares am potenziellen Brutplatz im Abstand von mindestens 7 Tagen, davon eine A 5 bis A 6; • bettelfliegende Jungvögel sowie eine weitere Beobachtung mindestens 7 Tage vorher.

Brutnachweis: insbesondere • Jungvögel am Nest; • fütternde Altvögel.

Besondere Hinweise: Ergebnisse der Befragungen von Gebäudenutzern bezüglich Zahl besetzter Nester sehr unsicher! Möglichst eigene Zählungen durchführen, die allerdings i.d.R. einen hohen Zeitaufwand erfordern (lange Gespräche mit Grundbesitzern meist unvermeidbar). In offenen Landschaften auf Einzelvorkommen achten (z.B. unter Brücken, in/an Scheunen und in/an anderen Einzelgebäuden). Niederschlags- und windgeschützte Nester können jahrelang erhalten bleiben.

Literatur: Conrad & Steinhoff (1999)

Wertungsgrenzen und Erfassungszeitraum

Februar			März			April			Mai			Juni			Juli			August		
A	M	E	A	M	E	A	M	E	A	M	E	A	M	E	A	M	E	A	M	E
									1.	2.		3.								

10010 Mehlschwalbe
Delichon urbicum

RLD	V
EUV	---
SPEC	3

Lebensraum

Ursprünglich Felslandschaften in Gebirgen und an Küsten (z.B. Kreidefelsen Rügen), heute in Mitteleuropa ausgesprochener Kulturfolger; in allen Formen menschlicher Siedlungen wie Dörfer (auch Einzelgehöfte) und Städte; im Stadtbereich werden Wohnblockzonen und Industriegebiete bevorzugt, aber auch Innen- und Gartenstädte besiedelt; ebenso weitab menschlicher Siedlungen z.B. an Brücken, Schöpfwerken oder Leuchttürmen (sogar auf Fähren); von Bedeutung für die Ansiedlung sind Gewässernähe (Nistmaterial, Nahrungshabitate) bzw. schlammige, lehmige bodenoffene Ufer oder Pfützen (Nistmaterial); Nahrungshabitate über reich strukturierten, offenen Grünflächen (Feldflur, Grünland, Grünanlagen) und über Gewässern im Umkreis von 1000 m um den Neststandort.

Brutbiologie

Fels- bzw. Gebäudebrüter; Nester unter Vorsprüngen (z.B. Dachtraufen, Balkone, Hauseingänge, Durchfahrten) an Bauwerken jeder Art, raue Oberflächenstruktur der Bauwerke sowie freier Anflug von Bedeutung, brütet auch in Kunstnestern; Kolonie- und Einzelbrüter, Dauer des Nestbaus: 8-18 Tage; saisonale Monogamie, Umpaarungen während der Brutzeit nicht ungewöhnlich; 1-2 Jahresbrut(en); Gelege: (2)4-5(7) Eier, Brutdauer: 13-16 Tage; Nestlingsdauer: abhängig von Witterungsverlauf und Brutgröße 23-30(40) Tage; Nestbau, Brut und Aufzucht der Jungen durch ♂ und ♀.

Phänologie

Jahresperiodik: Langstreckenzieher; Ankunft am Brutplatz ab E 4/A 5, Heimzug E 3 bis A 6, Hauptdurchzug A 4 bis A 5 (Nordosten: Mai); Paarbildung am Nistplatz unmittelbar nach Ankunft; Eiablage 1-10 Tage nach Fertigstellung des Nestes, selten ab A 5, i.d.R. M 5 bis M 7, Zweitgelege ab (M 6) E 6 bis E 8, meist M/E 7; Ausfliegen der Jungvögel ab M 6, meist ab E 6 bis August; Abzug von den Brutplätzen ab Juli, meist im August und September.

Tagesperiodik: tagaktiv; stark witterungsabhängig, Regen, starker Wind, Kälte und Nebel verursachen eine erhebliche Aktivitätsverringerung.

Erfassung

Zählung besetzter Nester: Nest bauende Altvögel, ein- und ausfliegende Altvögel, Nester mit rufenden bzw. bettelnden Jungvögeln, frisch gebaute Nester und Nester mit frischen Kotspuren.

Termin: 1. M 6 bis E 6 (Zählung besetzter Nester).

Günstige Tageszeit: ganztägig bei milder, sonniger Witterung.

Auswertung

Wertungsgrenzen: M 6 bis M 8.

Brutverdacht: • Nest bauende Altvögel; • Nester mit frischen Kotspuren; • ein- und ausfliegende Altvögel.

Brutnachweis: insbesondere • Jungvögel im Nest; • fütternde Altvögel.

Brutbestand = festgestellte Anzahl besetzter Nester M 6 bis E 6.

Besondere Hinweise: Alte Nester ohne Spuren einer Besiedlung bei der Bestandsbestimmung unberücksichtigt lassen! Zählungen vor M 6 führen zu Unterschätzungen der Bestandsgrößen, da häufig erst gegen E 6 die Koloniebildung abgeschlossen ist. Zähltermin bei Auswertung immer angeben.

Literatur: VAN DIJK & HUSTINGS (1996)

Wertungsgrenzen und Erfassungszeitraum

Februar			März			April			Mai			Juni			Juli			August		
A	M	E	A	M	E	A	M	E	A	M	E	A	M	E	A	M	E	A	M	E
													1.							

10050 Brachpieper
Anthus campestris

RLD	2
EUV	X
SPEC	3

Lebensraum

Offene bis halboffene Landschaften mit steppenartigem Charakter auf Sandböden; trocken-warme Standorte mit vegetationslosen Stellen oder schütterer Gras- bzw. Krautvegetation und einzelnen Bäumen sowie Büschen, z.B. kleinflächige Heiden, Binnendünen, Brachflächen, Rodungen, Brand- und Windwurfflächen, Feuerschutzschneisen, Truppenübungsplätze, Bahndämme, Sandgruben, Folgelandschaften des Braunkohlebergbaues sowie Ackerflächen und Weiden (trockene Böden) in unmittelbarer Waldnähe.

Brutbiologie

Bodenbrüter; Neststandort meist gut getarnt in dichter Gras- und niedriger Krautvegetation; Revierbesetzung durch das ♂ (Singflug); Einzelbrüter; überwiegend saisonale Monogamie; i.d.R. 1-2 Jahresbrut(en); Gelege: (3)4-5(6) Eier, Brutdauer: 12-13 Tage, Nestlingsdauer: 12-15 Tage; ♀ brütet, wobei es vom ♂ gefüttert wird, ♀ fliegt meist rufend zum und vom Nest, vor allem das ♀ füttert.

Phänologie

Jahresperiodik: Langstreckenzieher; Ankunft im Brutgebiet von M 4 bis M 5, i.d.R. E 4 bis A 5, Heimzug A 4 bis A 6, Hauptdurchzug E 4 bis A 5; Reviergründung direkt nach Ankunft im Brutgebiet; größte Balzaktivität von M 5 bis A 6 (witterungsabhängig); Eiablage der Erstbrut ab M/E 5 bis A 6, Zweitbruten ab E 6 bis M 7 (selten auch E 7 bis A 8), Jungvögel ab A 6; Abzug aus den Brutgebieten E 7.

Tagesperiodik: tagaktiv, ♂ singen während des ganzen Tages, vorrangig ab dem zeitigen Vormittag, auch in der Abenddämmerung.

Erfassung

Zählung singender ♂ (Singflug), Revierverteidigung (Revierkämpfe) der ♂, "Nestruf" des ♀ beim An- und Abflug an/vom Nest; fütternde Altvögel; in kleinflächigen, isolierten Lebensräumen Einsatz von Klangattrappe notwendig.

Termine: 1. M 5 (Gesang, Revierverteidigung); 2. E 5 (Gesang, Revierverteidigung); 3. A 6 (Gesang, fütternde Altvögel).

Günstige Tageszeit: ca. 2 Std. nach SA bis mittags, ab nachmittags bis in die Abenddämmerung.

Auswertung

Wertungsgrenzen: A 5 bis E 6.

Brutverdacht: • zweimalig singendes ♂ im Abstand von mindestens 7 Tagen, davon eine M 5 bis A 6; • einmalige Feststellung von intensiv warnenden Altvögeln.

Brutnachweis: insbesondere • fütternde Altvögel; • „Nestruf" des ♀.

Besondere Hinweise: Erfassung bei windarmen, trockenen und warmen Witterungsbedingungen! Insbesondere zu Beginn der Revierbesetzung sind die ♂ sehr auffällig. Die Revierverteidigung (Flugkämpfe, Verfolgungsflüge) findet an den Reviergrenzen statt und kann mehrere Minuten andauern. ♂, die Reviere besetzen, die räumlich von denen anderer ♂ isoliert liegen, singen in der Regel sehr wenig. Sie verstummen fast ganz, wenn sie verpaart sind (Klangattrappe einsetzen). Der Ruf, mit dem sich das ♀ dem Nest nähert, ist dem Gesang des ♂ identisch. Nest wird meist zu Fuß aufgesucht und verlassen. Ruf der fast flüggen Jungvögel ähnelt dem Sperlingstschilpen.

Literatur: KRÜGER (1989, 2001)

Wertungsgrenzen und Erfassungszeitraum

Februar			März			April			Mai			Juni			Juli			August		
A	M	E	A	M	E	A	M	E	A	M	E	A	M	E	A	M	E	A	M	E
										1.	2.	3.								

10090 Baumpieper
Anthus trivialis

RLD	V
EUV	---
SPEC	---

Lebensraum

Offene bis halboffene Landschaften mit nicht zu dichter Krautschicht (Neststand und Nahrungssuche) sowie mit einzelnen oder locker stehenden Bäumen oder Sträuchern (Singwarten); bevorzugt sonnenexponierte Waldränder und Lichtungen, frühe Sukzessionsstadien der (Wieder-) Bewaldung insbesondere von Mooren und Heiden; vereinzelt in größeren Dünentälern mit Buschwerk; in der Feldflur auch Feldgehölze und Baumgruppen sowie baumbestandene Wege und Böschungen an Kanälen und Verkehrstrassen; selten in Siedlungen am Rande von Obstbaumkulturen und in Parklandschaften.

Brutbiologie

Bodenbrüter; Nest unter niederliegendem Gras, im Heidekraut oder anderer Bodenvegetation, in Mooren in Pfeifengras-, Seggen- oder Wollgrasbulten; Nistplatzwahl und Nestbau durch das ♀; Einzelbrüter; saisonale Monogamie, Wiederverpaarung und Bigynie nachgewiesen; 1-2 Jahresbrut(en) (auch 3 Bruten nachgewiesen), Gelege: (3)5(6) Eier, Brutdauer: 12-14 Tage, Nestlingsdauer: 10-12(13) Tage, Jungvögel verlassen noch nicht voll flugfähig das Nest, erst mit 18-19 Tagen flügge; nur das ♀ brütet, wird vom ♂ nicht gefüttert aber bewacht, bei der Jungenaufzucht füttern beide Partner; Altvögel betreuen bis zum Alter von 32 Tagen.

Phänologie

<u>Jahresperiodik</u>: Langstreckenzieher; Heimzug von M/E 3 bis A 6, Hauptdurchzug von A 4 bis M 5, ♂ treffen etwa 1 Woche vor den ♀ ein; Paarbildung am Brutplatz, Hauptgesangszeit ab M 4 bis Eiablage und während der Bebrütung; Eiablage von E 4 bis M 7, Erstbrut im Mittel M 5, Zweitbrut M 6; flügge Junge (der Erstbrut) ab M 6; Brutreviere werden im August verlassen, eigentlicher Wegzug ab E 8 bis A 9, bis M 10 abgeschlossen.

<u>Tagesperiodik</u>: tagaktiv; bei regnerischem und windigem Wetter im Brutgebiet unauffällig, höchste Gesangsaktivität in den frühen Morgenstunden.

Erfassung

In der Hauptsache Kartierung auf exponierten Warten singender ♂ oder von auffälligen Singflügen sowie balzenden Individuen, daneben Warnen in Nestnähe, Futter tragenden Altvögeln und Familien.

Termine: 1. E 4 bis A 5 (Gesang, Nestbau), 2. M 5 (Gesang, Nestbau), 3. E 5 bis A 6 (Gesang, fütternde Altvögel).

Günstige Tageszeit: von SA bis 4 Std. nach SA, nicht bei Regen und Wind.

Auswertung

Wertungsgrenzen: M 4 bis E 6.

Brutverdacht: • zweimalige Feststellung eines singenden ♂ im Abstand von mindestens 7 Tagen, davon eine M 5 bis A 6; • einmalige Feststellung eines singenden ♂ und weitere Beobachtung einzelner Altvögel im Abstand von mindestens 7 Tagen, davon eine M 5 bis A 6; • Altvögel mit Nistmaterial • warnende Altvögel.

Brutnachweis: insbesondere: • verleitendes ♂; • Altvögel mit Futter oder Kotballen; • Familie mit gerade flüggen Jungvögeln.

Besondere Hinweise: Typischer Singflug: ♂ startet stumm, steil und geradlinig, kurz vor dem Erreichen des Gipfels beginnt der Gesang und wird nach Drehung im absteigenden Gleitflug bis zur Singwarte fortgesetzt; wachendes ♂ verleitet bei Gefahr; Nest wird nicht direkt angeflogen, die letzte kurze Strecke wird laufend zurückgelegt, ebenso beim Verlassen des Nestes nach Störung. Insbesondere im Übergangsbereich offener zu halboffener Landschaften kann die Art auch aufgrund des ähnlichen Gesanges mit dem Wiesenpieper verwechselt werden.

Literatur: VAN DIJK & HUSTINGS (1996)

Wertungsgrenzen und Erfassungszeitraum

Februar			März			April			Mai			Juni			Juli			August		
A	M	E	A	M	E	A	M	E	A	M	E	A	M	E	A	M	E	A	M	E
								1.		2.	3.									

10110 Wiesenpieper
Anthus pratensis

RLD	---
EUV	---
SPEC	---

Lebensraum

Weitgehend offene, gehölzarme Landschaften unterschiedlicher Ausprägung; hauptsächlich in Kulturlebensräumen wie Grünland und Ackergebiete, aber auch Hochmoore, feuchte Heidegebiete, Wiesentäler der Mittelgebirge, Salzwiesen, Dünentäler sowie größere Kahlschläge, seltener Ruderalflächen, Straßen- und Eisenbahnböschungen, Industriegelände, Großbaustellen und abgetorfte Hochmoore; am häufigsten und flächendeckend verbreitet in den norddeutschen Niederungen und auf den Inseln; trockene Sand- und Heidegebiete werden gemieden; von Bedeutung für die Ansiedlung sind feuchte Böden mit schütterer, aber stark strukturierter, deckungsreicher Gras- und Krautvegetation, ein unebenes Bodenrelief sowie Ansitzwarten (z.B. kleine Gebüsche, Weidezäune, Hochstaudenfluren).

Brutbiologie

Bodenbrüter; Nest mindestens von einer Seite gut geschützt, meist in dichter Kraut- und Grasvegetation versteckt, Zugang zum Nest ein kurzer Laufgang (bis zu 1 m); Revierbesetzung durch das ♂ (Singflug), Nistplatzwahl durch das ♀; Einzelbrüter; saisonale Monogamie, Bigynie nachgewiesen; 1-3 Jahresbrut(en); Gelege: (3)4-6(7) Eier; Brutdauer: 11-15 Tage; Nestlingsdauer: 10-14 Tage; Nestbau und Bebrütung des Geleges durch ♀, ♂ und ♀ füttern; nach dem Verlassen des Nestes werden die Jungen 2-3 Wochen, maximal 40 Tage von den Eltern betreut.

Phänologie

Jahresperiodik: Kurz- und Mittelstreckenzieher; Ankunft im Brutgebiet ab E 2/A 3 meist E 3 bis M 4, in Mittelgebirgslagen M/E 4; Heimzug E 2 bis E 5, Hauptdurchzug E 3 bis M 4 (Süden: E 3 bis A 4), ♂ kommen zuerst an; Paarbildung mehrere Tage bzw. Wochen nach Ankunft im Brutgebiet, Gesang von A 3 bis August, Gesangsmaximum im März/April in den ersten 10 Tagen nach Revierbesetzung (bis 35 Singflüge/Stunde), nur noch sporadisch während des Nestbaus, der Bebrütung und Jungenaufzucht; Eiablage M 4 bis A 8, meist ab E 4, in Mittelgebirgslagen 14 Tage später; Jungvögel ab M/E 4; Herbstdurchzug ab E 7.

Tagesperiodik: tagaktiv; Gesangsmaximum in der Morgendämmerung, aber auch während des ganzen Tages.

Erfassung

Zählung singender ♂ (Flug- und Bodengesang), Vögel auf Sitzwarten, warnende und fütternde Altvögel.

Termine: 1. A 4 bis M 4 (Gesang); 2. E 4 (Gesang); 3. A 5 (Gesang, warnende und fütternde Altvögel); 4. M 5 (Gesang, warnende und fütternde Altvögel).

Günstige Tageszeit: bis zu 4 Std. nach SA, zu Beginn der Brutperiode auch tagsüber (nicht in den Mittagstunden).

Auswertung

Wertungsgrenzen: A 4 bis M 6.

Brutverdacht: • zweimalig singendes ♂ im Abstand von mindestens 7 Tagen, davon eine Feststellung E 4 bis M 5; • einmalig singendes ♂ und zusätzlich eine Beobachtung eines Altvogels auf Sitzwarte im Abstand von mindestens 7 Tagen, davon eine Feststellung E 4 bis M 5; • einmalige Feststellung intensiv warnender Altvögel.

Brutnachweis: insbesondere • fütternder bzw. Kotballen tragender Altvogel; • Nest mit Jungvögeln.

Besondere Hinweise: Durchziehende Wiesenpieper sind bis A 5 in potenziellen Brutgebieten anwesend, wobei die ♂ singen können. Erfassung bei windarmen, trockenen Witterungsbedingungen.

Literatur: Gnielka (1990)

Wertungsgrenzen und Erfassungszeitraum

Februar			März			April			Mai			Juni			Juli			August		
A	M	E	A	M	E	A	M	E	A	M	E	A	M	E	A	M	E	A	M	E
						1.		2.	3.	4.										

10141 Bergpieper
Anthus spinoletta

RLD	---
EUV	---
SPEC	---

Lebensraum

Häufigster Vogel der subalpinen und alpinen Rasengesellschaften; meist in feuchteren, lang mit kleinen Schneefeldern durchsetzten mäßig steilen Nordwest- bis Nordost-Lagen, besiedelt bevorzugt früh ausapernde Flächen mit Deckung bietenden Nistmöglichkeiten (Zwergsträucher, kleine Felsblöcke) sowie feuchte Muldenlagen; wichtige Strukturparameter sind großes Wartenangebot (Einzelbäume, große Steine, Geländestufen, Zäune, Liftstützen); im Alpenraum höchste Dichten zwischen 1500-2000 m; schuttreiche und blockige Bereiche werden ebenso gemieden wie hohe Vegetation, dichte Büsche oder gar geschlossener Baumbestand.

Brutbiologie

Bodenbrüter; Nest in kleinen Erdmulden, meist am Fuß von kleinen Steilstufen oder Grasbulten; Nesteingang immer hangabwärts, oft von überhängenden Grasbüscheln oder Zwergsträuchern verdeckt; Nistplatzwahl, Nestbau und Brut nur durch ♀; Einzelbrüter, saisonale Monogamie, Bigynie nachgewiesen; 1, selten 2 Jahresbrut(en), Ersatzbruten häufig (abhängig von Witterung), Gelege: (3)4-5(6) Eier, Brutdauer: (12)14-15(17) Tage, Nestlingszeit: 14-15 Tage; Führungszeit: 10-14 Tage; manche ♂ füttern das ♀ während der Brut, beide Elternteile füttern und führen die Jungen.

Phänologie

Jahresperiodik: Kurz- und Mittelstreckenzieher, (wenige Standvögel), Ankunft im Brutgebiet ab A 4 (je nach Höhenlage), gerade zu Beginn werden Reviere oft nur für einige Stunden besetzt, Übernachtung noch in tieferen Lagen, ab E 4 bis A 5 Reviere ständig besetzt, Nestbau ab A 5 bis M 5, je nach Höhenlage des Gebietes und Frühjahrsverlauf; Legebeginn ab M 5 bis M 6, Ersatzbruten bis M 7; flügge Junge ab M 6 bis E 7; Mauser ab M 7 bis A 8, Abzug recht variabel, nach Ende der Mauser ab A 9 bis M 10.

Tagesperiodik: tagaktiv; intensivste Gesangsaktivität in den frühen Morgenstunden, M 5 bis M 6, aber auch tagsüber recht sangesfreudig.

Erfassung

Überwiegend Kartierung singender ♂ (Fluggesang und Gesang von Sitzwarten aus) sowie von warnenden und fütternden Altvögeln.

Termine: 1. A 5 bis M 5 (Gesang); 2. E 5 bis A 6 (Gesang, Nestbau); 3. M 6 bis E 6 (Gesang, Nestbau, fütternde Altvögel); ggf. 4. A 7 bis M 7 (fütternde und warnende Altvögel).

Günstige Tageszeit: von SA bis 5 Std. nach SA, von A 5 bis M 6 Gesangsaktivität den ganzen Tag gut, je nach Witterung.

Auswertung

Wertungsgrenzen: E 4 bis E 7.

Brutverdacht: • zweimalige Feststellung eines singenden ♂ im Abstand von mindestens 7 Tagen, davon eine ab A 5; • einmalige Feststellung eines singenden ♂ und weitere Beobachtung eines Altvogels im Abstand von mindestens 7 Tagen, davon eine Feststellung ab A 5; • Kurzgesang vortragende und warnende ♂ (vor allem M 5 bis A 6); • Nestbau; • intensiv warnende Altvögel.

Brutnachweis: insbesondere • verleitender Altvogel, der vom Boden abfliegt (♀); • Kotballen oder Futter tragende Altvögel.

Besondere Hinweise: Typischer Singflug, unverpaarte und verpaarte ♂ singen sehr intensiv A 5 bis M 6, nur verpaarte ♂ tragen häufiger Kurzgesang von Sitzwarten aus vor, ohne einen Singflug zu starten (auch während der Bebrütungsphase); ♂ „bewachen" Nest mit brütendem ♀ und warnen, falls man sich dem Nest nähert (kurzes „*zit*"), ♀ fliegen bei Störung vom Nest ab und verleiten; Nest wird nie direkt angeflogen, letzte Strecke wird immer laufend zurückgelegt; bei flüggen Jungen überfliegen die Altvögel den „Feind"; Warnrufe klingen schrill (lange „*zit-zit-zit*" Reihe).

Literatur: Böhm (1986); Böhm & Landmann (1995); Winding (1990)

Wertungsgrenzen und Erfassungszeitraum

Februar			März			April			Mai			Juni			Juli			August		
A	M	E	A	M	E	A	M	E	A	M	E	A	M	E	A	M	E	A	M	E
									1.		2.		3.		4.					

10142 Strandpieper
Anthus petrosus

RLD	---
EUV	---
SPEC	---

Lebensraum

Felsige Küsten oder Inseln; bevorzugt windgeschützte Bereiche (kleine Buchten, Einschnitte); auf exponierten Inseln auch im Inneren, selten weiter als 500 m vom Meer entfernt, auch in Gebieten, in denen der Felsküste große Wattflächen vorgelagert sind, gelegentlich in Steinbrüchen, Häfen und an Kaianlagen, auch innerhalb von Dünen, Heiden und Salzwiesen auf felsigem Grund. Bisher sehr unstet an der deutschen Nord- (Helgoland) und Ostseeküste (Rügen).

Brutbiologie

Hauptsächlich Bodenbrüter auch in Halbhöhlen; Neststand in und unter Vegetation oder in Felsspalten, unter Felsbrocken und Steinen, in Kaninchenbauten, auch an Böschungen und Gräben, selten Gebäudebruten; Einzelbrüter; saisonale Monogamie; 2 Jahresbruten; Gelege: (2)3-6 Eier, Brutdauer: 11-15 Tage, das ♀ brütet; Junge mit 12-15 Tagen flügge.

Phänologie

Jahresperiodik: Standvogel und Teilzieher; Ankunft im Brutgebiet M 3 bis M 4; Legebeginn A 5 bis E 6; Jungvögel ab M/E 5; Wegzug ab E 8.

Tagesperiodik: tagaktiv.

Erfassung

Zählung singender ♂ (Flug- und Bodengesang), warnende und fütternde Altvögel.

Termine: 1. M 4 bis E 4 (Territorialverhalten, Gesang, Nestbau); 2. A 5 bis M 5 (Territorialverhalten, Gesang), 3. E 5 bis M 6 (Gesang, fütternde Altvögel) - nach Möglichkeit zur Absicherung von Brutverdacht die Zahl der Termine erhöhen.

Günstige Tageszeit: von SA bis in die späten Morgenstunden.

Auswertung

Wertungsgrenzen: A 4 bis E 7.

Brutverdacht: • zweimalige Feststellung eines Revier anzeigenden ♂ (Singflüge, Territorialverteidigung), davon eine A 5 bis M 6; • Nest bauende Altvögel.

Brutnachweis: insbesondere • fütternde Altvögel.

Besondere Hinweise: Ist im Allgemeinen wenig scheu. Von Gesang begleiteter Balzflug kann vom Zeitpunkt der Paarbildung an bis E 8 vorgetragen werden. Altvögel mit Nachwuchs können schwach ausgeprägtes Verleiteverhalten zeigen. Aufgrund der Seltenheit des Strandpiepers sind die Kenntnisse zur Brutphänologie in Deutschland gering. Bruten sollen der Deutschen Seltenheitenkommission mit Dokumentation gemeldet werden.

Literatur: Alström & Mild (1997); Dittberner (2001)

Wertungsgrenzen und Erfassungszeitraum

Februar			März			April			Mai			Juni			Juli			August		
A	M	E	A	M	E	A	M	E	A	M	E	A	M	E	A	M	E	A	M	E
							1.		2.		3.									

10170 Schafstelze
Motacilla flava

RLD	V
EUV	---
SPEC	---

Lebensraum

Weitgehend offene, gehölzarme Landschaften; ursprüngliche Habitate sind Salzwiesen, Hochmoorrandbereiche, Seggenfluren sowie Verlandungsgesellschaften; heute in Mitteleuropa hauptsächlich in Kulturlebensräumen - bevorzugt im Grünland extensiv genutzte Weiden, besiedelt aber auch von Wiesen geprägte Niederungen; stark zunehmend in Ackergebieten (u.a. Hackfrüchte, Getreide, Klee und Raps), seltener auf Ruderal- und Brachflächen; günstig sind kurzrasige Vegetationsausprägungen, in denen einzelne horstbildende Pflanzen wachsen und unbewachsene bzw. schütter bewachsene Bodenstellen sowie Ansitzwarten (z.B. Weidezaunpfähle, Hecken, Ruderalfluren) vorhanden sind.

Brutbiologie

Bodenbrüter; Nest fast immer auf dem Boden (selten in Zwergsträuchern), meist in dichter Kraut- und Grasvegetation versteckt, in nassem Gelände auf Erdhügeln oder Torfbulten; Einzelbrüter, aber auch kolonieartige Häufung von Brutvorkommen; Revierbesetzung durch das ♂, Nistplatzwahl durch ♀; Brut- oder Saisonehe; 1-2 Jahresbrut(en); Gelege: (4)5-6(7) Eier; Brutdauer: 12-14 Tage; Nestlingsdauer: 10-13 Tage, Junge mit 14-16 Tagen flügge; Nestbau und Brut meist durch ♀, ♂ und ♀ füttern; nach dem Verlassen des Nestes werden die Jungen einige Tage gefüttert.

Phänologie

Jahresperiodik: Langstreckenzieher; Ankunft im Brutgebiet ab A/M 4, ♂ kommen ca. 14 Tage vor ♀ an und besetzen die Reviere, Heimzug E 3 bis A 6, Hauptdurchzug M 4 bis A 5; Gesang von M 4 bis A 7, Zeit höchster Gesangsintensität E 4 bis E 5, Maximum A 5; Eiablage E 4 (meist M 5) bis E 5, Zweitbrut ab M 6 bis A 7; flügge Jungvögel ab E 5 Weg-/Durchzug ab E 7.

Tagesperiodik: tagaktiv, Gesangsmaximum am Morgen bis in den Vormittag, sowie ein weiterer, aber schwächerer Aktivitätsgipfel nachmittags.

Erfassung

Zählung singender ♂ (Fluggesang sowie vom Boden bzw. von Singwarten), Vögel auf Sitzwarten, warnende und fütternde Altvögel.

Termine: 1. E 4 bis A 5 (Gesang); 2. M 5 (Gesang, Nestbau); 3. E 5 (Gesang, warnende Altvögel); 4. A 6 (Gesang, warnende und fütternde Altvögel).

Günstige Tageszeit: bis zu 4 Std. nach SA, zu Beginn der Brutperiode auch tagsüber (nicht in den Mittagstunden).

Auswertung

Wertungsgrenzen: M 4 bis M 6.

Brutverdacht: • zweimalig singendes ♂ im Abstand von mindestens 7 Tagen, davon eine A 5 bis A 6; • einmalig singendes ♂ und eine weitere Feststellung eines Altvogels auf Sitzwarte im Abstand von mindestens 7 Tagen, davon eine A 5 bis A 6; • einmalige Feststellung intensiv warnender Altvögel.

Brutnachweis: insbesondere • fütternde Altvögel.

Besondere Hinweise: Nach Verpaarung kaum noch Gesang. Frühjahrsdurchzug bis A 6. Während des Nestbaus und der Nestlingsfütterung können sich die Altvögel bis zu 1000 m vom Neststandort entfernen. Zur Nahrungssuche werden dann bevorzugt beweidete bzw. frisch gemähte Flächen aufgesucht (Achtung Bestandsüberschätzung!). Koloniеartiges Brüten kann zur Unterschätzung von Beständen führen! Nähere Umgebung singender ♂ bzw. fütternder Paare gründlich nach weiteren Altvögeln absuchen! Nach dem Schlupf der Jungen sitzen Altvögel häufig auf exponierten Warten und lassen sich so leicht erfassen. Erfassung bei windarmen, trockenen Witterungsbedingungen.

Literatur: Gilbert et al. (1998); Gnielka (1990)

Wertungsgrenzen und Erfassungszeitraum

Februar			März			April			Mai			Juni			Juli			August		
A	M	E	A	M	E	A	M	E	A	M	E	A	M	E	A	M	E	A	M	E
								1.		2.	3.	4.								

10180 Zitronenstelze
Motacilla citreola

RLD	---
EUV	---
SPEC	---

Lebensraum

Offene, fast immer feuchte Lebensräume mit vegetationsarmen Flächen; Niederungen mit Mosaik aus stehendem Röhricht, Altschilf und Schlammflächen, Seggenriede, Sümpfe, Feuchtgrünländer, Überschwemmungsbereiche und Vegetationszonen flacher Seen; ganzjährig mehr an Gewässer und Feuchtgebiete gebunden als Schafstelze. Hauptverbreitungsgebiet in Osteuropa, Russland und im nördlichen Asien; gegenwärtig Westausbreitung, inzwischen regelmäßiger Brutvogel im östlichen Polen; mehrere Nachweise Revier besetzender Männchen und von Brutversuchen in Mecklenburg-Vorpommern und Brandenburg.

Brutbiologie

Bodenbrüter; Neststand in lockerem vorjährigen Schilf oder Seggen, fast immer auf sehr feuchtem, morastigen oder staunassen Boden; Einzelbruten oder lockere Kolonien; Saisonehe; 1(2) Jahresbrut(en), Gelege: (4)5-6(7) Eier, Brutdauer: 11-15 Tage, v.a. ♀ brütet; Nestlingsdauer: 10-15 Tage, ♂ und ♀ füttern, nach dem Ausfliegen werden Jungvögel noch einige Tage geführt.

Phänologie

Jahresperiodik: Langstreckenzieher; Heimzug in Mitteleuropa ab A/M 4; Durchzügler bis E 5 zu erwarten; Legezeit A 5 bis M 6; Wegzug ab M/E 8;

Tagesperiodik: tagaktiv, größte Aktivität in den Vormittagsstunden, zweiter (schwächerer) Aktivitätsgipfel am späten Nachmittag; Gesang vor allem am Vormittag.

Erfassung

Zählung singender ♂ (Fluggesang und Gesang von am Boden oder von erhöhten Warten singenden ♂) und von Paaren, warnender und fütternder Altvögel; nach Erstbeobachtung eines Revier anzeigenden Vogels im potenziellen Bruthabitat sollten sich mindestens zwei Kontrollen anschließen, um das Revier zu bestätigen.

Termine: 1. A 5 bis M 5 (Gesang, Revierverhalten); 2. E 5 bis A 6 (Gesang, Revierverhalten, Nestbau); 3. M 6 bis E 6 (warnende und fütternde Altvögel) - nach Möglichkeit zur Absicherung von Brutverdacht die Zahl der Termine erhöhen.

Günstige Tageszeit: nach SA bis später Vormittag

Auswertung

Wertungsgrenzen: E 4 bis M 7.

Brutverdacht: • zweimalige Feststellung eines Revier anzeigenden ♂ (Gesang, Revierverteidigung) im Abstand von mindestens 7 Tagen, davon eine E 5 bis E 6; • Nestbau.

Brutnachweis: insbesondere • fütternder bzw. Kotballen tragender Altvogel.

Besondere Hinweise: (Brut-)Ansiedlungen durch mehrmalige Kontrollen und eindeutige Brutnachweise absichern! Besondere Beachtung sollte auch der Anwesenheit eines ♀ geschenkt werden, da Vögel westlich des Hauptverbreitungsgebietes oft unverpaart sind. Mischpaare mit Schafstelze sind belegt und westlich des Hauptverbreitungsgebietes überdurchschnittlich oft zu erwarten. Deshalb Artbestimmung der ♀ absichern! Das ♂ balzt mit schafstelzenartigem Singflug (Aufflattern, Rüttelflug und Fallschirmgleitflug auf eine erhöhte Sitzwarte); territoriale ♂ verteidigen Brutreviere; Nahrungshabitate können recht weit vom Nistplatz entfernt sein (100-200 m); Flugrichtung Futter tragender Altvögel ermöglicht die Lokalisation des Neststandortes. Brutnachweise sind bei der Deutschen Seltenheitenkommission zu dokumentieren.

Literatur: Hampe et al. (1996); Sciborska (2004)

Wertungsgrenzen und Erfassungszeitraum

Februar			März			April			Mai			Juni			Juli			August		
A	M	E	A	M	E	A	M	E	A	M	E	A	M	E	A	M	E	A	M	E
									1.		2.		3.							

10190 Gebirgsstelze
Motacilla cinerea

RLD	---
EUV	---
SPEC	---

Lebensraum

Meist von Laubwald oder Gehölzsäumen umgebene, schattenreiche, mehr oder weniger schnell fließende Bäche und Flüsse mit Geröllufern, Geschiebe- oder Geröllinseln, die bestenfalls von Hochwässern überflutet werden, vom Gebirge bis ins Tiefland; günstig sind unterschiedliche Strömungsverhältnisse, seichte und zeitweise trockenfallende Schlamm- oder Sandbänke sowie Steilufer mit Nischen für die Nestanlage; im Tiefland häufig bei Wehren, Mühlen und Brücken; bei entsprechender Strukturierung auch an Bächen und Flüssen im Siedlungsbereich oder in mit Gräben durchzogenen Parks; gelegentlich auch an stehenden Gewässern und bis zu 500 m von Gewässern entfernt in Kiesgruben, Steinbrüchen, Bergbauhalden.

Brutbiologie

Nischen- bzw. Höhlenbrüter; Nest meist an Uferböschung, auch in Mauernischen und Nistkästen; monogame Saisonehe; meist 2 Jahresbruten, Drittbrut möglich; Gelege: (3)4-6(7) Eier, Brutdauer: 11-14 Tage, Nestlingsdauer: (11)12-13(16) Tage; Brut und Aufzucht der Nestlinge durch ♂ und ♀; anschließend überwiegende (bzw. bei Folgebrut ausschließliche) Betreuung durch ♂ bis zu 3 Wochen, anfangs in Nestnähe.

Phänologie

Jahresperiodik: Teilzieher (Mittel- bis Kurzstreckenzieher); Heimzug (M 2) E 2 bis E 4 (A 5), Hauptdurchzug im Süden ab A 3 bis E 3, im Norden ab M 3 bis M 4; Eiablage Erstbrut ab M 3, meist im April bis A 5; spätere Bruten bis Juli; flügge Junge ab E 4/A 5; Abzug der Brutvögel ab M 8 bis Oktober; manche Individuen harren im Winter aus.

Tagesperiodik: tagaktiv.

Erfassung

Kartierung singender oder balzfliegender ♂ bzw. im Bruthabitat anwesender Altvögel (Unterscheidung ♂, ♀).

Termine: 1. M 3 bis E 3 (balzende ♂, Nestbau); 2. A 4 bis M 4 (balzende ♂, Nestbau); 3. E 4 bis A 5 (balzende ♂, fütternde Altvögel, ggf. Familienverbände); 4. M 5 bis E 5 Kontrolle zur Bestätigung späterer Reviere/Erstbruten z.B. in Hochlagen.

Günstige Tageszeit: ab SA bis späten Vormittag.

Auswertung

Wertungsgrenzen: A 3 bis E 6.

Brutverdacht: • zweimalige Feststellung eines singenden/rufenden ♂ oder anwesenden Altvogels im Abstand von mindestens 7 Tagen, eine davon A 4 bis E 5; • einmalige Feststellung eines singenden ♂ und eine weitere Feststellung eines Altvogels im Abstand von mindestens 7 Tagen, eine davon A 4 bis E 5; • einmalig Nest bauender Altvogel; • einmalige Beobachtung eines Paares im geeigneten Habitat.

Brutnachweis: insbesondere • fütternde Altvögel bzw. Nachweis eines Familienverbandes mit (auffällig kurzschwänzigen) Jungvögeln (deutet auf Nestnähe).

Besondere Hinweise: Nach Möglichkeit sollten mindestens 2 Kontrollen vor dem Laubaustrieb durchgeführt werden, da dann auch die Beobachtung nicht singender Vögel besser möglich ist; oft sind nur Nahrung suchende Vögel zu sehen. Raumbedarf zur Brutzeit ca. 250 bis 600 m Gewässerabschnitt. Auf Nester kann v.a. bei den genannten Strukturen und an überhängenden Uferbereichen geachtet werden. Sing- und Revierverteidigungsflüge (ggf. unter Beteiligung von ♀) sind auffällige Verhaltensweisen. Singwarten im Siedlungsbereich auch auf Dachfirsten, Giebeln, Regenrinnen und Antennen.

Literatur: VAN DIJK & HUSTINGS (1996)

Wertungsgrenzen und Erfassungszeitraum

Februar			März			April			Mai			Juni			Juli			August		
A	M	E	A	M	E	A	M	E	A	M	E	A	M	E	A	M	E	A	M	E
				1.		2.		3.		4.										

10200 Bachstelze
Motacilla alba

RLD	---
EUV	---
SPEC	---

Lebensraum

Breites Habitatspektrum, sofern Nistgelegenheiten und Flächen mit spärlicher Vegetation vorhanden sind, oft in Wassernähe; regelmäßig an Flüssen mit Brücken und anderen Bauwerken; in der naturnahen, offenen und halboffenen, aber auch agrarisch genutzten Landschaft bis hin zu Lichtungen und Kahlschlägen in Wäldern; an der Küste an Sandstränden und Steilhängen; in Dörfern, Wochenendsiedlungen, Gartenstädten, auf industriell oder gewerblich genutzten Sonderstandorten sowie auf Abbauflächen (Sand, Kies, Kohle, Torf etc.).

Brutbiologie

Halbhöhlen- und Nischenbrüter, Nest bevorzugt an Gebäuden und anderen Bauwerken, auch am Boden, auf Bäumen (z.B. Halbhöhlen in Kopfbäumen), in Materialstapeln; saisonale Monogamie; Nestbau überwiegend durch ♀; Einzelbrüter, aber zuweilen kolonieartig verdichtete Vorkommen; 2-3 Jahresbruten, Nachgelege; Gelege (3)4-6(7) Eier, Brutdauer: (11)12-14(16) Tage, ♀ brütet nachts, ♂ beteiligt sich tags; Nestlingsdauer: 13-14 Tage, beide Partner füttern, Fütterung nach dem Ausfliegen der Jungen noch 4-7 Tage.

Phänologie

Jahresperiodik: Kurzstreckenzieher; Ankunft im Brutgebiet ab E 2 (Süden: A 2), meist A 3 bis E 3; Heimzug bis A 5, Hauptdurchzug M 3 bis M 4 (Süden: A 3 bis E 3); Legebeginn der Erstbrut ab A 4, meist E 4 bis A 5, Zweitbrut ab M 6; Schlupftermine hauptsächlich von M 5 bis M 6; Brutperiode bis E 8.

Tagesperiodik: tag- und dämmerungsaktiv.

Erfassung

Erfassung aller Sichtnachweise zur Eingrenzung eines Reviers, soweit möglich auch von Revier anzeigendem Verhalten (Reviermarkierungsrufe), von Brutverhalten und Brutnachweisen (Paarungsbalz, Tragen von Nistmaterial, Futter oder Kot), Verfolgung von potenziellen Feinden (Greifvögel, Krähen).

Termine: 1. M 4 (Beobachtungen aller Individuen, Revier anzeigendes Verhalten, Nestbau); 2. E 4 bis A 5 (Beobachtungen aller Individuen, Revier anzeigendes Verhalten); 3. M 5 bis E 5 (Beobachtungen aller Individuen, Revier anzeigendes Verhalten, Brutnachweise).

Günstige Tageszeit: nach SA bis später Vormittag.

Auswertung

Wertungsgrenzen: E 3 bis M 6.

Brutverdacht: • zweimalige Feststellung eines rufenden (singenden) ♂ im Abstand von mindestens 7 Tagen, davon eine E 4 bis E 5; • einmalige Feststellung eines rufenden (singenden) ♂ und eine Beobachtung eines Altvogels/Paares im Abstand von mindestens 7 Tagen, davon eine E 4 bis E 5; • Nistmaterial tragender Altvogel; • intensiv warnende Altvögel.

Brutnachweis: insbesondere • Junge fütternde Altvögel.

Besondere Hinweise: Zählung nur der singenden ♂ als Erfassungsmethode ungeeignet, daher grundsätzlich alle Sichtnachweise kartieren. Am ehesten zeigen sich Revier besitzende ♂ auf exponierten Sitzwarten (in menschlichen Siedlungen häufig auf Dächern). Einzelvorkommen fern menschlicher Siedlungen lassen sich mitunter erst nach mehreren Kontrollgängen als Revier erkennen. Grundsätzlich sollte die Abflugrichtung z.B. Futter tragender Altvögel verfolgt werden, um Zuordnung zu einem Revier abzusichern. Familien mit gerade flüggen Jungen halten sich wohl meist im Revier auf. Benachbarte Paare verfolgen gemeinsam überfliegende Greifvögel oder Krähen.

Literatur: ÖLSCHLEGEL (1985)

Wertungsgrenzen und Erfassungszeitraum

Februar			März			April			Mai			Juni			Juli			August		
A	M	E	A	M	E	A	M	E	A	M	E	A	M	E	A	M	E	A	M	E
							1.	2.		3.										

10500 Wasseramsel
Cinclus cinclus

RLD	---
EUV	---
SPEC	---

Lebensraum

Überwiegend Oberläufe von Bächen und Flüssen der Hoch- und Mittelgebirge, bevorzugt Gewässerabschnitte mit stärkerer Strömung, natürlichen Stromschnellen oder eingebauten Schwellen, steinig-kiesigem Gewässergrund, großen Steinen im Flussbett, Kiesufer und Pestwurzbeständen am Ufer; seltener an Mittel- und Unterläufen in der Ebene; auch an Bergseen; Siedlungsbereiche bzw. angrenzende belebte Straßen werden oft toleriert; am Oberlauf endet Besiedlung bei ca. 1 m Bachbreite, am Unterlauf bei zunehmend ruhigeren und daher eher versandeten Fließstrecken.

Brutbiologie

Halbhöhlenbrüter, Nest ist kompakter, kugelartiger Bau, meist über, an oder hinter stark strömendem Wasser auf fester Unterlage (oft an Bauwerken und Nisthilfen, doch auch in Uferböschung); ♀ und ♂ bauen; i.d.R. monogame Saisonehe, Bigynie nachgewiesen; meistens 2 Jahresbruten, Nachgelege; Gelege: 3-6 Eier, Brutdauer: 16-17 Tage, ♀ brütet allein; Nestlingsdauer: 20-24 Tage, Verlassen des Nestes jedoch ab 15. Tag möglich (Abhängig von Störungsintensität und Wachstumsfortschritt der Jungen); beide Partner füttern; Junge können vor Erreichen der Flugfähigkeit schwimmen, sind mit 31-34 Tagen selbstständig.

Phänologie

Jahresperiodik: überwiegend Standvogel, auch Kurzstreckenzieher (bei Vereisung der Gewässer, vor allem in höheren Lagen); nordische Wintergäste bis E 3, teils bis A 5; Paarbildung ab Herbst möglich, dann nicht an Brutrevier gebunden; Besetzung der Brutgebiete ab Januar; Nestbau vereinzelt ab M 2; Legebeginn schwankt stark in Abhängigkeit von Witterung und Höhenlage; Legebeginn der Erstbrut ab A 3, meist E 3 bis A 4, der Zweitbrut mit Höhepunkt M 5; Ende der Brutperiode E 7.

Tagesperiodik: tag- und dämmerungsaktiv.

Erfassung

Kartierung von Revier anzeigendem Verhalten (Gesang von ♂ und ♀) und aller Sichtnachweise.

Termine: 1. E 2 bis A 3 (Gesang, Anwesenheit, Nestbau); 2. M 3 bis E 3 (Gesang, Anwesenheit, Nestbau, Brutnachweis); 3. A 4 bis M 4 (Gesang, Anwesenheit, Brutnachweis); 4. ggf. spätere Kontrolle zur Bestätigung von Befunden in höheren Lagen E 4 bis A 5.

Günstige Tageszeit: ab SA bis späten Vormittag.

Auswertung

Wertungsgrenzen: A 2 bis M 5, [im Hochgebirge bis M 6].

Brutverdacht: • zweimalige Feststellung eines singenden (rufenden) Vogels im Abstand von mindestens 7 Tagen, davon eine E 2 bis A 5; • einmalige Feststellung eines singenden (rufenden) Vogels und eine weitere Feststellung eines Altvogels im Abstand von mindestens 7 Tagen, davon eine E 2 bis A 5; • einmalige Feststellung eines Paares; • Nistmaterial tragender Altvogel.

Brutnachweis: insbesondere • Nestfund aus aktueller Brutperiode; • Futter oder Kot tragender bzw. Junge führender Altvogel.

Besondere Hinweise: Erfassung durch vorsichtige, ufernahe Begehung entlang der Fließgewässer, dabei auch Beobachtung des Flugverhaltens; an Reviergrenzen oft Umkehr und Rückflug. Revierlänge an Flussabschnitten 600 bis 1000 m, häufig aber einige km; zwischen Revieren auch unbesetzte Strecken. Gesang und Kottragen meist in Nestnähe (bis 15 m). Gesang durch Wassergeräusche schwer zu hören. Kotflecke auf Steinen deuten auf Anwesenheit hin, Verwechslungsgefahr mit (kleineren) Flecken der Gebirgsstelze. Kontrolle potenzieller Neststandorte an Brücken bzw. ähnlichen Bauwerken. Das Auftreten von Wintergästen (skandinavische Unterart *C. c. cinclus* mit schwarzbraunem Bauchgefieder) auch in sonst unbesiedelten Regionen bis E 3 ist zu berücksichtigen; mitteleuropäische Unterart *C. c. aquaticus* mit rotbraunem Bauchgefieder.

Literatur: Creutz (1986)

Wertungsgrenzen und Erfassungszeitraum

Februar			März			April			Mai			Juni			Juli			August		
A	M	E	A	M	E	A	M	E	A	M	E	A	M	E	A	M	E	A	M	E
		1.		2.		3.		4.			G.		G.							

10660 Zaunkönig
Troglodytes troglodytes

RLD	---
EUV	---
SPEC	---

Lebensraum

Waldgesellschaften unterschiedlichster Ausprägung, im Gebirge über der Baumgrenze auch noch in der Krummholzzone, ansonsten überwiegend unterholzreiche Laub- und Mischwälder mit hoher Bodenfeuchtigkeit, Fichten- oder Kiefern-Altbestände mit dichtem Unterholz, teilweise in Stangenhölzern beim Vorhandensein von Schlagreisighaufen; totholzreiche Bruchwälder, Ufergehölze, Bachtäler; in der halboffenen Landschaft in Feldgehölzen, Hecken; im Siedlungsbereich in Parkanlagen, auf Friedhöfen und in Gärten mit ausgeprägter Gebüschstruktur.

Brutbiologie

Frei- bzw. Nischenbrüter, Nest geschlossener Bau mit ovalem Flugloch, Neststand vielfältig, z.B. Wurzelwerk am Bachufer, Wurzelteller umgestürzter Bäume, Stammausschläge, zwischen Rankenpflanzen; ♂ baut mehrere Wahlnester, ♀ wählt aus; monogame Brut- und seltener Saisonehe, öfters Polygynie; 2 Jahresbruten, Nachgelege; Gelege: (4)5-7(8) Eier, Brutdauer: 13-15(19) Tage, nur ♀ brütet und hudert; Nestlingsdauer: 15-19 Tage, Aufzucht durch ♂ und ♀, Führungszeit der Jungen bis 18 Tage.

Phänologie

Jahresperiodik: Teilzieher; dann Kurzstreckenzieher; Heimzug (A 2) M 2 bis M 5, Hauptdurchzug M 3 bis A 5; Nestbau ab M 3, meist im April; Legebeginn ab A 4, meist M 4 bis A 5; bei Zweitbruten ab A 6 bis A 7; E 7 geht normalerweise die Brutperiode zu Ende.

Tagesperiodik: tag- und dämmerungsaktiv.

Erfassung

Überwiegend Kartierung singender ♂, daneben Zufallsbeobachtungen zum Nestbau sowie Futter oder Kotballen tragender bzw. warnender Altvögel.

Termine: 1. A 4 bis M 4 (Gesang); 2. E 4 (Gesang); 3. A 5 bis M 5 (Gesang, Brutnachweis); in höheren Lagen ggf. je 1-2 Dekaden später, im Hochgebirge ab M/E 5.

Günstige Tageszeit: ab SA bis späten Vormittag.

Auswertung

Wertungsgrenzen: M 3 bis E 5 [im Hochgebirge bis E 7].

Brutverdacht: • zweimalige Feststellung eines singenden ♂ im Abstand vom mindestens 7 Tagen, davon eine E 4 bis M 5; • einmalige Feststellung eines singenden ♂ und eine weitere Feststellung eines Altvogels im Abstand vom mindestens 7 Tagen, davon eine E 4 bis M 5; • Nestbau.

Brutnachweis: insbesondere • Futter oder Kot tragender Altvogel.

Besondere Hinweise: Infolge der polygynen Lebensweise kann die Zahl der brütenden ♀ die Zahl der erfassten singenden ♂ übersteigen. Starke Populationsschwankungen (bis >50 %) als Folge kalter Winter möglich. Regelmäßig auch Wintergesang.

Literatur: DALLMANN (1987); DEPPE (1990); STEIOF (1991)

Wertungsgrenzen und Erfassungszeitraum

Februar			März			April			Mai			Juni			Juli			August		
A	M	E	A	M	E	A	M	E	A	M	E	A	M	E	A	M	E	A	M	E
						1.		2.	3.			G.					G.			

10840 Heckenbraunelle
Prunella modularis

RLD	---
EUV	---
SPEC	---

Lebensraum

Wälder aller Art mit reichlich Unterwuchs; im Gebirge über der Waldgrenze in Krummholzzone und Zwergstrauchbeständen; ansonsten Auwälder, verbuschte Verlandungszonen, Weidendickichte an Gewässern, unterholzreiche Feldgehölze, Heckenlandschaften (Knicks), dichte, oft junge Laub- und Nadelholzkulturen, Küstenschutzpflanzungen; im Siedlungsbereich Hofgehölze, von Hecken umstandene Kleingärten, koniferenreiche Friedhöfe und Parkanlagen sowie gebüschreiche Gärten, lokal bis in die Wohnblockzone von Städten.

Brutbiologie

Freibrüter, Nest in geringer Höhe (< 2 m) in Koniferen, dichtem Gebüsch, Reisighaufen; monogame Saisonehe, aber auch Polygynie oder Polyandrie; ♀ baut; 2(3) Jahresbruten, Nachgelege; Gelege: (3)4-6(7) Eier, Brutdauer: 11-13 Tage, nur ♀ brütet und hudert; Nestlingsdauer: 11-13(15) Tage, ♂ und ♀ füttern; Führungszeit der Jungen 14-17 Tage.

Phänologie

Jahresperiodik: Teilzieher, Kurzstreckenzieher; Heimzug (E 2)A 3 bis A/M 5; Hauptdurchzug im Süden von A 3 bis M 3, im Norden von M/E 3 bis A 4; Legebeginn im Süden ab A 4 sonst überwiegend M/E 4 bis A 5; bei Zweitbruten A 6 bis E 6; Legebeginn ab A 7 deutet auf gelegentliche Drittbruten hin; Anfang Juli geht normalerweise die Brutperiode zu Ende.

Tagesperiodik: tagaktiv.

Erfassung

Überwiegend Kartierung singender ♂; daneben Zufallsbeobachtungen zum Nestbau sowie Futter oder Kotballen tragender bzw. warnender Altvögel.

Termine: 1. E 3 bis A 4 (Gesang); 2. M 4 (Gesang); 3. E 4 bis A 5 (Gesang, Brutnachweis); in höheren Lagen jeweils 1-2 Dekaden später, im Hochgebirge ab M 5/ E 5.

Günstige Tageszeit: ab SA bis Vormittag.

Auswertung

Wertungsgrenzen: A 3 bis E 5 [im Hochgebirge bis E 7].

Brutverdacht: • zweimalige Feststellung eines singenden ♂ im Abstand von mindestens 7 Tagen, davon eine E 3 bis A 5; • einmalige Feststellung eines singenden ♂ und eine weitere Feststellung eines Altvogels im Abstand von mindestens 7 Tagen; davon eine E 3 bis A 5; • Nestbau.

Brutnachweis: insbesondere • Futter oder Kot tragender Altvogel.

Besondere Hinweise: Das komplexe Paarungssystem erlaubt eigentlich kaum eine Bestandsangabe von Brutpaaren. Auch größere Distanz zwischen zwei verschiedenen Gesangsplätzen kann von einem ♂ in schnellem Flug überwunden werden und dann zwei Reviere vortäuschen. Deshalb ist bei dieser Art das Registrieren gleichzeitig singender ♂ zur Bestimmung der Reviere besonders wichtig. Gesang ist in milden Wintern unregelmäßig bereits ab E 1 zu hören.

Wertungsgrenzen und Erfassungszeitraum

Februar			März			April			Mai			Juni			Juli			August		
A	M	E	A	M	E	A	M	E	A	M	E	A	M	E	A	M	E	A	M	E
					1.		2.	3.				G.					G.			

10940 Alpenbraunelle
Prunella collaris

RLD	R
EUV	---
SPEC	---

Lebensraum

Felsgelände mit alpinen Rasen, in der Regel oberhalb der Baum- bzw. Waldgrenze; Krummholzzone oder alpine Rasen mit Unterbrechung durch Schotterflächen und Felsköpfe, gelegentlich auch unterhalb der Waldgrenze; Felsen ohne Vegetation werden nicht besiedelt; Brutvorkommen auf Hochlagen der Alpen beschränkt; Feststellungen (wohl nicht Brutvögel) jedoch auch in Mittelgebirgen anderer Länder, im Norden bis zum Harz.

Brutbiologie

Nest in Felsspalten bzw. -nischen, aber auch im Zwischenraum von Steingeröll, Gras- und Erdsoden und an Hütten bzw. Mauern; regelmäßig Polygynie und Polyandrie; Anzahl der ♂ ist in den Brutgruppen in der Regel höher als die der ♀; 1-2 Jahresbrut(en), Gelege: 3-5 (6) Eier, Brutdauer: 13-14 (15) Tage, Nestlingsdauer 10-16 Tage, Führungszeit 2-3 Wochen; ♀ baut Nest, brütet und füttert, bei Fütterung beteiligt sich ♂, ggf. mehrere ♂ (Helfer).

Phänologie

Jahresperiodik: Teilzieher, bei Zug Kurzstreckenzieher, z.T. nur Vertikalwanderungen bis in Täler, selten bis ins Alpenvorland; Ankunft am Brutplatz ab M 3 bis E 4, in Abhängigkeit von der Schneeschmelze auch später; Nestbau oft bis zu 4 Wochen nach Ankunft im Brutgebiet; Legebeginn frühestens M 5, meist E 5 bis E 6; flügge Junge ab E 6 bis A 9.

Tagesperiodik: tagaktiv; ♂-Territorien bis zu 10 ha und größer, dort ♂ sehr mobil.

Erfassung

Überwiegend Kartierung singender ♂ auf Singwarten, Beobachtung aller anwesenden Altvögel mit Verhalten, insbesondere Fütterungen und Führen der Jungen.

Termine: abhängig von Schnee- und Höhenlage bzw. Lawinengefahr, Termine sind aufgrund der kaum vorherzusagenden Bedingungen als Orientierung zu sehen und jeweils entsprechend anzupassen: 1. E 4 bis A 5 und 2. M 5 bis E 5 (singende ♂); 3. E 6 bis A 7 fütternde Altvögel (nur in übersichtlichen Habitaten möglich); 4. E 7 bis A 8 Brutnachweise über flügge Jungvögel.

Günstige Tageszeit: in den frühen Morgenstunden.

Auswertung

Wertungsgrenzen: M 4 bis A 8.

Brutverdacht: • zweimalige Feststellung eines singenden ♂ im Abstand von mindestens 7 Tagen, davon eine E 4 bis A 7; • einmalige Feststellung eines singenden ♂ und eine weitere Feststellung eines Altvogels im Abstand von mindestens 7 Tagen, davon eine E 4 bis A 7; • Verfolgungsflüge mehrerer Individuen; • Altvogel mit Nistmaterial.

Brutnachweis: insbesondere • fütternde oder führende Altvögel.

Besondere Hinweise: Polygynandrie lässt ohne genaue Beobachtung keinen Schluss auf die Anzahl brütender ♀ zu. Singende ♂ in Brutgruppenarealen zügig kartieren; ab dem Legebeginn sind die ♂ innerhalb der Gruppenterritorien hoch mobil. Aufzuchtshelfer können vorkommen (dies können Junge früherer Bruten sein). Auch zur Brutzeit gemeinsame Nahrungssuche mehrerer Altvögel möglich; nach der Brutzeit auch in anderen Habitaten anzutreffen, vor allem in höheren Lagen; Brutgebiete für Menschen oft schwer zugänglich; daher quantitative Bestandserfassung in vielen Gebieten nicht möglich, qualitative Angaben zum Status der Art sind jedoch leistbar.

Literatur: Heer (1996); Hering et al. (2003 b)

Wertungsgrenzen und Erfassungszeitraum

Februar			März			April			Mai			Juni			Juli			August		
A	M	E	A	M	E	A	M	E	A	M	E	A	M	E	A	M	E	A	M	E
								1.		2.				3.			4.			

10990 Rotkehlchen
Erithacus rubecula

RLD	---
EUV	---
SPEC	---

Lebensraum

Laub-, Misch- oder Nadelwälder vom Tiefland bis ins Gebirge; meist mit reichlich Unterholz und dichter Laub- oder Humusschicht, bevorzugt in extensiv bewirtschafteten, vielstufigen älteren Beständen; in geringerer Dichte auch in monotonen Fichten- und Kiefernforsten; bei entsprechendem Strukturangebot auch Heckenlandschaften und im Siedlungsraum (Gärten, Parks, Friedhöfe); fehlt nur in der baum- und strauchlosen Agrarlandschaft sowie in vegetationsfreien Innenstädten.

Brutbiologie

Meist Bodenbrüter, Nest häufig in Bodenmulden unter Grasbüscheln, Laub, Wurzeln, Reisig, daneben viele außergewöhnliche Standorte im Siedlungsbereich, ♀ baut; monogame Saisonehe, mitunter Bigynie; 2 Jahresbruten, 3 nachgewiesen, Nachgelege; Gelege: (3)5-7(8) Eier, Brutdauer: 12-15 Tage, nur ♀ brütet und hudert, wird vom ♂ gefüttert; Nestlingsdauer: 13-15 Tage, ♂ und ♀ füttern; Führungszeit der Jungen 2-3 Wochen.

Phänologie

Jahresperiodik: Teilzieher, dann Kurzstreckenzieher; Heimzug (M 2)E 2 bis E 5, Hauptdurchzug im Süden ab A 3 sonst ab E 3 bis E 4; Legebeginn im Süden ab A 4 sonst ab M/E 4, in höheren Lagen ab A 5; bei Zweitbruten A 6 bis M 6; Mehrzahl der Bruten enden im Juli.

Tagesperiodik: tagaktiv; intensivster Gesang bereits in früher Morgendämmerung, auch in Abenddämmerung.

Erfassung

Überwiegend Kartierung singender ♂, daneben Zufallsbeobachtungen zum Nestbau sowie Futter oder Kotballen tragender bzw. warnender Altvögel.

Termine: 1. A 4 bis M 4 (Gesang); 2. E 4 (Gesang); 3. A 5 bis M 5 (Gesang, Fütterungen, Warnverhalten); in höheren Lagen ggf. zusätzliche Kontrolle E 5/ A 6, im Hochgebirge Kartierung ab M/ E 5.

Günstige Tageszeit: 1 Std. vor bis 1 Std. nach SA.

Auswertung

Wertungsgrenzen: E 3 bis E 5 [im Hochgebirge bis E 7].

Brutverdacht: • zweimalige Feststellung eines singenden ♂ im Abstand von mindestens 7 Tagen, davon eine E 4 bis M 5; • einmalige Feststellung eines singenden ♂ und eine weitere Feststellung eines Altvogels im Abstand von mindestens 7 Tagen; davon eine E 4 bis M 5; • Nestbau; • warnende Altvögel („*Tixen*" - Bodenfeind-Warnruf).

Brutnachweis: insbesondere • Futter oder Kot tragender Altvogel.

Besondere Hinweise: Bei hoher Siedlungsdichte sind bei den Kontrollen möglichst viele gleichzeitig singende ♂ zu kartieren. Durchzügler können auch kurzzeitig Reviere gründen. Reviergrenzen werden durch Gesang i.d.R. deutlich markiert und sind während Kartierung oft erkennbar. Aufgrund bereits 1 Std. nach SA stark nachlassender Gesangsaktivität sollte möglichst der günstige Zeitrahmen (s.o.) ausgenutzt werden. Zusätzliche Hinweise lassen sich durch den Gesang in der Abenddämmerung gewinnen.

Literatur: Gnielka (1990); Grajetzky (2000); Pätzold (1982)

Wertungsgrenzen und Erfassungszeitraum

Februar			März			April			Mai			Juni			Juli			August		
A	M	E	A	M	E	A	M	E	A	M	E	A	M	E	A	M	E	A	M	E
						1.		2.	3.			G.					G.			

11030 Sprosser
Luscinia luscinia

RLD	V
EUV	---
SPEC	---

Lebensraum

Gebüschzonen, auch unter lückiger Baumschicht, auf feuchtem Untergrund mit krautiger Bodenvegetation; besiedelt landseitige Verlandungsgürtel von Seen und Altarmen mit Weidengebüsch, Flussauen mit Ufergehölzen, Ränder und lichte Bereiche von Erlenbrüchen und anderen Feuchtwäldern, feuchte Feldgehölze (sogar Fichtendickichte), Sölle; mitunter Knicks oder Feldhecken an trockeneren Standorten, Gebüsche an Trockenrasenhängen; bei entsprechender Struktur auch Gärten an Seeufern.

Brutbiologie

Freibrüter; Nest direkt am Boden oder dicht darüber auf einer Unterlage, bevorzugt in Kraut- oder Hochstaudenvegetation (gern in Brennnesseln) oft in der Nähe von Weidengebüsch; ♀ baut Nest; monogame Saisonehe, doch auch Polygynie möglich; 1 Jahresbrut, Nachgelege; Gelege: (3)4-5(6) Eier, Brutdauer: 13-14 Tage, nur ♀ brütet und hudert; Nestlingsdauer: 10-11(12) Tage, ♂ und ♀ füttern; nach dem Ausfliegen hält Familie 2-3 Wochen zusammen, wobei ♂ und ♀ an unterschiedlichen Orten, aber meist in Sichtweite zueinander, Junge führen können.

Phänologie

Jahresperiodik: Langstreckenzieher; Heimzug ab (M 4)E 4, hauptsächlich A 5 bis M 5, Hauptdurchzug M 5 bis E 5; Legebeginn ab A 5 meist M/E 5; Schlupfbeginn ab E 5, in Einzelfällen noch A 7; zu diesem Zeitpunkt setzt bereits Wegzug ein.

Tagesperiodik: tag- und nachtaktiv; Gesang zu allen Tages- und Nachtzeiten, bei Revierbesetzung Gesangsaktivität abends bis Mitternacht sehr hoch, zumindest bis zum Legebeginn bzw. Frühstadium der Bebrütung.

Erfassung

Überwiegend Kartierung singender ♂, daneben Erfassung Nest bauender, Futter oder Kotballen tragender sowie warnender Altvögel. Einsatz einer Klangattrappe sinnvoll, insbesondere in dünn oder unregelmäßig besiedelten Gebieten.

Termine: 1. M 5 (Gesang, Nestbau); 2. E 5 (Gesang, Nestbau); 3. A 6 bis M 6 (Gesang, Nestbau, Brutnachweis).

Günstige Tageszeit: vor SA bis frühen Vormittag, im Mai sollte ein Termin zwischen Abenddämmerung und Mitternacht stattfinden.

Auswertung

Wertungsgrenzen: A 5 bis M 7.

Brutverdacht: • zweimalige Feststellung eines singenden ♂ im Abstand von mindestens 7 Tagen, davon eine E 5 bis M 6; • einmalige Feststellung eines singenden ♂ und eine weitere Feststellung eines Altvogels im Abstand von mindestens 7 Tagen, davon eine E 5 bis M 6; • Nestbau; • warnende Altvögel;

Brutnachweis: insbesondere • Futter oder Kot tragender Altvogel.

Besondere Hinweise: Reagiert gut auf Klangattrappe (auch auf Nachtigallgesang). Besonders bei isolierten Revieren (ohne Gesangskonkurrenten) oder eingespielten Paaren (Brutplatztreue) kann Brutgeschehen ziemlich lautlos und zügig ablaufen. Oft auch umherstreifende singende ♂ (Überschuss?), doch spät singende ♂ müssen nicht unverpaart sein. In Gebieten gemeinsamen Vorkommens mit Nachtigall können Sprosser neben dem arteigenen Gesang fast reinen Nachtigallengesang („Mischgesang“) äußern, daher sind Fehlbestimmungen möglich. Nachtigallen sind nur ausnahmsweise Mischsänger. Grundsätzlich Verwechslungsmöglichkeit von Gesang und Rufen mit Lautäußerungen der Nachtigall beachten. Mischbruten mit Nachtigall und Rückkreuzungen der Hybride sind möglich. Im Nordwesten (Niedersachsen/Bremen) bislang noch keine Brutnachweise, dort oft späteres Auftreten ab M 5 durch vorjährige ♂ bekannt, daher für Brutverdacht möglichst Paarbindung nachweisen. Brutnachweise wären hier besonders gut zu dokumentieren.

Literatur: Becker (1995, in Vorber.); Moritz (2001)

Wertungsgrenzen und Erfassungszeitraum

Februar			März			April			Mai			Juni			Juli			August		
A	M	E	A	M	E	A	M	E	A	M	E	A	M	E	A	M	E	A	M	E
										1.	2.	3.								

11040 Nachtigall
Luscinia megarhynchos

RLD	---
EUV	---
SPEC	---

Lebensraum

Randbereiche unterholzreicher Laub- und Mischwälder (auch Au- und Bruchwälder), gebüschreiche Verlandungszonen stehender Gewässer, gehölzreiche halboffene Kulturlandschaften in Niederungen (z.B. Dammkulturen), Ufergehölze, Waldränder, dichte Feldgehölze und Heckenlandschaften; bevorzugte Bruthabitate sind gekennzeichnet durch eine ausgeprägte Falllaubdecke am Boden als Nahrungssuchraum, verbunden mit Bereichen einer dichten und hohen Krautschicht aus Hochstauden, Brennnesseln und Rankenpflanzen als Neststandort; bei entsprechender Strukturierung auch Parks, Friedhöfe, Gärten und Ränder von Bahnstrecken bzw. Straßen; meist in Höhenlagen < 500 m, bereits > 300 m über NN selten.

Brutbiologie

Freibrüter; Nest versteckt in bodennaher dichter Vegetation; meist monogame Saisonehe; 1 Jahresbrut, Nachgelege/Ersatzbrut möglich; Gelege: (3)4-5(6) Eier, Brutdauer: 13-14 Tage, Brut nur durch ♀; Nestlingsdauer: (10)12-13(14) Tage, voll flügge nach weiteren 5-6 Tagen, danach noch Betreuung bis 2 Wochen nach dem Ausfliegen; Aufzucht der Jungen durch ♂ und ♀.

Phänologie

Jahresperiodik: Langstreckenzieher; Heimzug im Süden ab (E 3)A 4, sonst M/E 4 bis E 5(A 6), Hauptdurchzug E 4 bis A/M 5; Legebeginn (im Südwesten) ab M 4 sonst E 4 bis M 5, Nachgelege bis M 6; Abzug der Brutvögel ab A 8 bis September.

Tagesperiodik: tag-, dämmerungs- und nachtaktiv; intensiver Morgen- und Abendgesang, anhaltender Nachtgesang nach Revierbesetzung (ab Juni) wohl überwiegend nur noch von unverpaarten ♂.

Erfassung

Überwiegend Kartierung singender ♂, daneben Erfassung Nest bauender, Futter oder Kotballen tragender oder warnender Altvögel.

Termine: 1. E 4 bis A 5 (Gesang, Nestbau); 2. M 5 (Gesang, Nestbau); 3. E 5 bis A 6 (Gesang, Warnrufe, Brutnachweis).

Günstige Tageszeit: ab 1 Std. vor bis 4 Std. nach SA und ab 1 Std. vor SU bis Mitternacht; bei milden, windarmen Bedingungen kartieren; leichter Nieselregen stört nicht; im Mai sollte ein Termin in der Zeit ab Abenddämmerung bis Mitternacht stattfinden.

Auswertung

Wertungsgrenzen: A 4 bis E 7.

Brutverdacht: • zweimalige Feststellung eines singenden ♂ im Abstand von mindestens 7 Tagen, davon eine E 4 bis A 6; • einmalige Feststellung eines singenden ♂ und eine weitere Feststellung eines Altvogels im Abstand von mindestens 7 Tagen, davon eine E 4 bis A 6; • intensiv warnende Altvögel.

Brutnachweis: insbesondere • Futter oder Kot tragende Altvögel.

Besondere Hinweise: Vor allem ab Juni auf Alarmrufe (Warnen) achten. Vorkommen auch in unmittelbarer Nachbarschaft zu stark befahrenen Straßen (sogar Autobahnen) möglich. Nachtigallen sind nur ausnahmsweise Mischsänger. Verwechslungsmöglichkeit von Gesang und Rufen mit Lautäußerungen des Sprossers beachten. Mischbruten mit Sprosser und Rückkreuzungen der Hybride sind möglich.

Literatur: Becker (1995, in Vorber.); Gilbert et al. (1998)

Wertungsgrenzen und Erfassungszeitraum

Februar			März			April			Mai			Juni			Juli			August		
A	M	E	A	M	E	A	M	E	A	M	E	A	M	E	A	M	E	A	M	E
								1.		2.	3.									

11060 Blaukehlchen
Luscinia svecica

RLD	---
EUV	X
SPEC	---

Lebensraum

Weißsterniges B. (Unterart *L. s. cyanecula*): Flussufer, Altwässer und Seen mit Verlandungszonen (Schilf-, Rohrglanzgras-, Rohrkolben-, Weidenröschenbestände); Erlen- oder Weiden-Weichholzauen, Nieder- und Übergangsmoore, Hochmoore mit Gagelgebüsch; an Küste neuerdings vereinzelt auch Salzwiesen mit vorjährigen Strandasterbeständen; wichtige Strukturen: dichte Vegetation als Nistplatz, erhöhte Singwarten, schütter bewachsene oder vegetationslose Bereiche zur Nahrungssuche (primäre Sukzessionsstadien); bei entsprechender Strukturierung auch im Bereich von Abbaugewässern, Spülfeldern oder Teichen sowie in Ackerlandschaften (z.B. Getreide- und Rapsanbau), die oft (in Marschen), aber nicht zwangsläufig (z.B. Rheinebene), mit verschilften Gräben durchzogen sind. Rotsterniges Blaukehlchen (Unterart *L. s. svecica*): mögliche Vorkommen in Hochlagen von Alpen bzw. Erzgebirge in Bereichen von mit Quellfluren, Felsblöcken und Viehpfaden durchsetzten Latschenkiefern, Grünerlen-, Lorbeerweiden- oder Zwergstrauchbeständen bzw. in Mooren.

Brutbiologie

Freibrüter; Nest bodennah in dichter Vegetation; Nestbau ♀; monogame Saisonehe, evtl. Helfer-♂ (♀?) möglich; 1-2 Jahresbrut(en); Gelege: 4-7 Eier, Brutdauer: 12-14 Tage, Brut nur ♀; Nestlingsdauer: 13-14 Tage; Aufzucht durch ♂ und ♀.

Phänologie

Jahresperiodik: Mittel- und Langstreckenzieher; Heimzug (A 3)M 3 bis E 5, Hauptdurchzug A/M 4, Rotsterniges Blaukehlchen auf Helgoland (E 4)A 5 bis A 6 (M 6); Hauptlegezeit E 4 bis A 5, im Gebirge ab Juni; flügge Junge ab E 5, im Gebirge ab Juli und bis A/M 8; Zweitbruten im Flachland bereits ab A 6, geführte flügge Junge dann bis A 8; Abzug ab M 7 bis August/September (Oktober).

Tagesperiodik: tag- und dämmerungsaktiv; Gesang v.a. in Dämmerungsphasen; im Gebirge hohe Gesangsaktivität eher um die Mittagszeit.

Erfassung

Überwiegend Kartierung singender (schaufliegender) ♂, daneben Erfassung Nest bauender, Futter oder Kotballen tragender sowie warnender Altvögel; Einsatz von Klangattrappe zur Überprüfung der Anwesenheit bei geringen Beständen sinnvoll.

Termine: 1. M 4 (Gesang); 2. E 4 (Gesang, Nestbau); 3. A 5 bis M 5 (Gesang, Nestbau, Fütterungen); im Gebirge Kontrollen nicht vor E 5, im Juni und bis E 7.

Günstige Tageszeit: 1 Std. vor bis 3 Std. nach SA, insbesondere auch 30 Min. vor bis 1 Std. nach SU bei warmer Witterung; leichter Wind und leichter Nieselregen stören nicht; im Gebirge eher um die Mittagszeit.

Auswertung

Wertungsgrenzen: E 3 bis M 6 [im Hochgebirge bis M 8].

Brutverdacht: • zweimalige Feststellung eines singenden (schaufliegenden) ♂ im Abstand von mindestens 7 Tagen, davon eine E 4 bis M 5; • einmalige Gesangsfeststellung und weitere Feststellung eines Altvogels im Abstand von mindestens 7 Tagen, davon eine E 4 bis M 5.

Brutnachweis: insbesondere • fütternde Altvögel.

Besondere Hinweise: Mit Beginn der Zweitbruten steigt die Gesangsaktivität ab A 6 wieder an. Auffällige Schauflüge gelegentlich ohne Gesang; reagiert v.a. zu Anfang der Brutzeit gut auf Klangattrappe (mitunter auch auf im Rhythmus ähnliches Nachpfeifen). Teilweise weit verteilte Singwarten in einem Revier, ♂ insbesondere bei Einsatz von Klangattrappen hoch mobil. Gebietsweise auch dichte Besiedlung, daher auf gleichzeitige akustische und optische Feststellungen achten. Nicht besonders scheu, daher sind Brutnachweise (z.B. über fütternde Altvögel) oft möglich. Im Gebirge im Juni/Juli auf mögliche Brutvorkommen der rotsternigen Unterart achten.

Literatur: FLORE (2000); FRANZ (1998); KRÜGER (2002); VOWINKEL (1986)

Wertungsgrenzen und Erfassungszeitraum

Februar			März			April			Mai			Juni			Juli			August		
A	M	E	A	M	E	A	M	E	A	M	E	A	M	E	A	M	E	A	M	E
							1.	2.	3.					G.					G.	

11210 Hausrotschwanz *Phoenicurus ochruros*

RLD	---
EUV	---
SPEC	---

Lebensraum

Ursprünglich Bewohner von offenen, baumlosen Felsformationen (in Mittelgebirgen und hochalpinen Lebensräumen); heute in Mitteleuropa überall in menschlichen Siedlungen; Wohngebiete sowie Industrie- und Lagergelände aller Art, insbesondere Neubaugebiete, auch an Einzelgebäuden außerhalb menschlicher Siedlungen (z.B. Feldscheunen) sowie in Steinbrüchen und Kiesgruben; höchste Dichten in Industriegebieten und Dörfern; als Brutplätze werden Stein-, Holz- und Stahlbauten genutzt; Nahrungssuche auf Rohböden, vegetationslosen Flächen und in kurzrasiger Vegetation (Baustellen, Schotter- und Sandplätze, Bahnanlagen etc.); in Innenstädten oder anderen stark versiegelten Stadtlebensräumen Nahrungssuche an Straßenrändern und an Gebäuden oder auf Hausdächern.

Brutbiologie

Nischenbrüter; Nest in Nischen, Halbhöhlen oder auf gedeckten Simsen (z. B. Felswände, Gebäude, Brücken, Industriekonstruktionen, etc.), Nistplatzhöhe überwiegend 1-6 m, (aber auch Kellerräume und > 30 m); Balz und Paarbildung am Brutplatz; Revierbesetzung durch das ♂, Nistplatzwahl, Nestbau durch das ♀; Einzelbrüter; saisonale Monogamie, Bigynie regelmäßig; 1-2(3) Jahresbrut(en); Gelege: (3)4-6(7) Eier; Brutdauer: 12-14(20) Tage, ♀ brütet; Nestlingsdauer: (13)15-17(19) Tage, ♂ und ♀ füttern; Jungvögel werden bis zu 10 Tagen nach Verlassen des Nestes gefüttert.

Phänologie

Jahresperiodik: Kurz- und Mittelstreckenzieher; Ankunft im Brutgebiet ab M 3/A 4 bis spätestens E 4/A 5; ♂ treffen vor den ♀ am Brutplatz ein, Heimzug A 3 bis M 5, Hauptdurchzug E 3 bis A 4; Gesang M 3 bis E 7 und A 9 bis E 10, Gesang bei oder wenige Tage nach Ankunft im Brutrevier am intensivsten, Gesangsaktivität wird während der Jungenaufzucht schwächer und setzt dann mit Ausfliegen der Erstbrut wieder ein; Eiablage von M 4 bis E 5, letzte Brut bis E 7, Hauptlegezeit A 5; Jungvögel ab A 5; Abzug bzw. Dispersion der Jungvögel ab M 6.

Tagesperiodik: tag-, aber auch dämmerungsaktiv; Gesangsbeginn vor dem Hellwerden (1 bis 2 Stunden vor SA), größte Gesangsaktivität von 1 Std. vor SA bis 1,5 Std. nach SA sowie in den Abendstunden bis 1 Std. vor SU; Gesang in hellen Nächten.

Erfassung

Zählung singender ♂ (Gesang von exponierten Warten), Nest bauender, warnender und fütternder Altvögel sowie bettelnder Jungvögel.

<u>*Termine*</u>: 1. M 4 (Gesang); 2. E 4 (Gesang, Nestbau); 3. A 5 bis M 5 (Gesang, Nestbau, warnende und fütternde Altvögel).

<u>*Günstige Tageszeit*</u>: 1 Std. vor bis 2 Std. nach SA sowie 1-2 Std. vor SU, zu Beginn der Brutperiode auch tagsüber (möglichst nicht in den Mittagstunden).

Auswertung

Wertungsgrenzen: A 4 bis M 6 [im Hochgebirge bis A 8].

<u>*Brutverdacht*</u>: • zweimalig Feststellung eines singendes ♂ im Abstand von mindestens 7 Tagen, davon eine E 4 bis M 5; • zweimalige Feststellung eines Paares im Abstand von mindestens 7 Tagen, davon eine E 4 bis M 5; • einmalige Feststellung eines Paares und einmalige Feststellung eines Revier anzeigenden ♂ bzw. eines Altvogels in Nestnähe im Abstand von mindestens 7 Tagen, davon eine E 4 bis M 5; • einmalige Feststellung Nest bauender Altvögel, • einmalige Feststellung intensiv warnender Altvögel.

<u>*Brutnachweis*</u>: insbesondere • fütternde Altvögel; • Nest mit Jungvögeln.

Besondere Hinweise: Frühjahrsdurchzug nordischer Hausrotschwänze bis E 5! Erfassung bei windarmen, trockenen Witterungsbedingungen. Ca. 85-90 % der einjährigen ♂ tragen ein ähnliches Gefieder wie die ♀, was bedeutet das ca. 45 % aller Revier anzeigenden ♂ optisch nicht von ♀ zu unterscheiden sind. Vorsicht, größere Junge verlassen bei Störung das Nest. Hybridisierung mit Gartenrotschwanz möglich.

Literatur: Böhner et al. (1999); Gilbert et al. (1998); Nicolai (1990, 2002)

Wertungsgrenzen und Erfassungszeitraum

Februar			März			April			Mai			Juni			Juli			August		
A	M	E	A	M	E	A	M	E	A	M	E	A	M	E	A	M	E	A	M	E
							1.	2.	3.					G.				G.		

11220 Gartenrotschwanz
Phoenicurus phoenicurus

RLD	V
EUV	---
SPEC	2

Lebensraum

Lichte aufgelockerte Altholzbestände, hohe Dichte in alten Weidenauwäldern; Hecken mit alten Überhältern in halboffenen Agrarlandschaften, Feldgehölze, Hofgehölze, Streuobstwiesen, Alleen und Kopfweidenreihen in Grünlandbereichen, Altkiefernbestände auf sandigen Standorten, gehölzreiche Einfamilienhaus-Siedlungen, Parks und Grünanlagen mit altem Baumbestand, Kleingartengebiete und Obstgärten.

Brutbiologie

Halbhöhlen-, auch Freibrüter in Bäumen, ersatzweise Gebäudenischen und Nistkästen, in trockeneren Waldpartien auch Bodenbruten möglich; i.d.R. saisonale Monogamie, aber auch Umpaarungen nach der 1. Brut, regelmäßig Bigynie; 1 Jahresbrut, Zweitbruten möglich, regional regelmäßig, Schachtelbruten nachgewiesen; Gelege: (3)6-7(9) Eier; Brutdauer: (11)12-14(16) Tage; Nestlingsdauer: (12)13-15(17) Tage.

Phänologie

Jahresperiodik: Langstreckenzieher; Ankunft im Brutgebiet E 3 bis A 5, Hauptdurchzug A 4 bis E 4 (Nordosten: v.a. A/M 5); Hauptgesangsperiode M 4 bis E 6(M 7); Legebeginn M 4, Maximum E 4 bis M 5, Legeperiode bis M 7; flügge Junge ab M 5 bis A 8; ab A 7 Abwanderung der Jungvögel, Wegzug ab A 8, Maximum E 8 bis A 9, letzte Durchzügler A 10.

Tagesperiodik: tagaktiv, Gesang beginnt z.T. lange vor Sonnenaufgang.

Erfassung

In der Hauptsache Kartierung singender ♂, verpaarter, balzender, Nest bauender sowie fütternder Individuen.

<u>*Termine*</u>: 1. A 5 (Gesang, Balz, Nestbau); 2. M 5 (Gesang, Balz, Nestbau); 3. E 5 bis A 6 (Gesang, fütternde Altvögel).

<u>*Günstige Tageszeit*</u>: 2 Std. vor SA bis 3 Std. nach SA, ab E 5 vor SA.

Auswertung

Wertungsgrenzen: M 4 bis M 6.

<u>*Brutverdacht*</u>: • zweimalige Registrierung eines singenden ♂ oder balzender Individuen im Abstand von mindestens 7 Tagen, davon eine A 5 bis A 6; • einmalige Beobachtung eines singenden ♂ und weitere Feststellung eines Altvogels im Abstand von mindestens 7 Tagen, davon eine A 5 bis A 6; • einmalige Feststellung eines singenden ♂ und weitere Feststellung von Familie mit gerade flüggen Jungvögeln; • Altvögel mit Nistmaterial • intensiv warnende Altvögel.

<u>*Brutnachweis*</u>: insbesondere • fütternde Altvögel.

Besondere Hinweise: Gesang versteckt von hohen Warten, Paarbildung mit Verfolgungsflügen und Balzfüttern, Imponierhaltung hochgestellte Flügel, gefächerter Schwanz; nordische Populationen können bis E 5 durchziehen; nach der Verpaarung deutliche Abnahme der Gesangsaktivität. Hybridisierung mit Hausrotschwanz möglich.

Wertungsgrenzen und Erfassungszeitraum

Februar			März			April			Mai			Juni			Juli			August		
A	M	E	A	M	E	A	M	E	A	M	E	A	M	E	A	M	E	A	M	E
									1.	2.	3.									

11370 Braunkehlchen
Saxicola rubetra

RLD	3
EUV	---
SPEC	---

Lebensraum

Offene Landschaften mit vertikal strukturierter Vegetation, ersatzweise Weidezäune (Jagd- und Singwarten) und bodennaher Deckung (Nestbau), z.B. Niedermoore, Übergangsmoore, Uferstaudenfluren und trockene Altschilfbestände mit Weiden in Flussauen, auch in Hochmooren – dann meist mit Jungbirkenverbuschung; in der Kulturlandschaft brachliegende Gras-Kraut-Fluren, Ackerbrachen, Grabensysteme mit saumartigen Hochstaudenfluren, Staudensäume in Grünland- und Ackerkomplexen, sporadisch in Heiden, Streuwiesen und jungen Aufforstungen.

Brutbiologie

Bodenbrüter; Nest dem Boden aufgesetzt oder in kleiner Vertiefung, gut versteckt in dichter Vegetation in direkter Umgebung einer Sitzwarte (z.B. Staude); i.d.R. saisonale Monogamie, aber auch regelmäßig Umpaarungen v.a. bei erfolgloser Brut; Geschlechtsreife im 1. Lebensjahr; 1 Jahresbrut, bei Verlust regelmäßig Ersatzgelege, selten Zweitbruten; Gelege: (4)5-7(8) Eier, Brutdauer: 11-13(15) Tage, ♀ brütet allein; Nestlingsdauer: 11-15 Tage; ♂ und ♀ füttern.

Phänologie

Jahresperiodik: Langstreckenzieher; Heimzug von (selten M/E 3)A/M 4 bis E 5, Hauptdurchzug E 4 bis M 5, meist in kleinen Trupps; Hauptgesangsperiode M 4 bis A 6; Legebeginn E 4 bis A 5, Maximum M/E 5; Legeperiode von (E 4)A 5 bis E 5 (spätestens M 7), flügge Jungvögel ab E 5 bis M 8, verlassen das Nest oft 4-6 Tage vor Flüggewerden, Familien räumen das Revier meist rasch; ab A 7 Dismigration der Jungvögel, Wegzug ab A 8, Hauptdurchzug E 8 bis A 9, letzte Durchzügler A 10.

Tagesperiodik: tagaktiv; Gesang auch vor und nach SU, intensiv nach SA und früh abends.

Erfassung

In der Hauptsache Kartierung singender ♂, einzelner und verpaarter Individuen, daneben Warnen in Nestnähe, Futter tragende Altvögel und Familien.

Termine: 1. M 5 (Gesang, Nestbau); 2. E 5 (Gesang, Nestbau, warnende und fütternde Altvögel); 3. A 6 bis M 6 (Gesang, warnende und fütternde Altvögel).

Günstige Tageszeit: ab SA bis 3 Std. nach SA und von 3 Std. vor SU bis SU.

Auswertung

Wertungsgrenzen: E 4 bis A 7.

Brutverdacht: • zweimalige Feststellung eines singenden ♂, einzelner oder verpaarter Individuen im Abstand von mindestens 7 Tagen, davon eine Feststellung E 5 bis M 6; • Altvögel mit Nistmaterial; • warnende Altvögel.

Brutnachweis: insbesondere • fütternde Altvögel; • Familie mit flüggen Jungvögeln im vorher erfassten Revier.

Besondere Hinweise: zeitlich versetztes, z.T. verspätetes Eintreffen der einzelnen Paare im Brutgebiet beachten, aber auch starke zeitliche Überlappung von Durchzug und Brut; Durchzügler oft in kleinen Trupps vergesellschaftet bis E 5; schon während des Heimzuges paarweise zusammen, deshalb abweichend von den EOAC-Kriterien keine Wertung als Brutverdacht bei einmaliger Beobachtung eines Paares.

Literatur: Bastian & Bastian (1996); Jöbges et al. (1997); Oppermann (1999)

Wertungsgrenzen und Erfassungszeitraum

Februar			März			April			Mai			Juni			Juli			August		
A	M	E	A	M	E	A	M	E	A	M	E	A	M	E	A	M	E	A	M	E
										1.	2.	3.								

11390 Schwarzkehlchen
Saxicola rubicola

RLD	---
EUV	---
SPEC	---

Lebensraum

Offene bis halboffene, sommertrockene Lebensräume; Randzonen von natürlichen Regenmooren, aufgelassene Abtorfungsflächen, Heiden, Brandflächen, sandige Geesthänge, sommertrockene Sukzessions- und Ruderalflächen, Waldlichtungen, Kahlschläge, Weinberge/-brachen, Hackfruchtschläge, in Acker-Komplexen Saumbiotope in der Nähe von Rapsfeldern, Graben- und Wegränder in (Weide-)Grünland auf Hochmoor- und Sandböden, auch in tiefgründig entwässerten Marschen und Niederungsgebieten von Flüssen.

Brutbiologie

Bodenbrüter; Nest in kleinen Vertiefungen am Boden nach oben abgeschirmt, bevorzugt in Hanglagen von Dämmen oder Böschungen, im Gras führt kurzer Tunnel zum Nest; Geschlechtsreife im 1. Lebensjahr; Paarbildung beginnt mit Hetzjagden; i.d.R. saisonale Monogamie, aber auch regelmäßig Umpaarungen nach der 1. Brut; mindestens 2, witterungsabhängig bis zu 4 Jahresbruten, selten auch Verschachtelung v.a. zwischen 2. und 3. Brut; Gelege: (2)3-6(7) Eier, Brutdauer: 12-14(15) Tage, Nestlingsdauer: (13)14-16 Tage.

Phänologie

Jahresperiodik: Teil- und Kurzstreckenzieher; Heimzug von (Süden und Nordwesten: E 2)A/M 3 bis M 5, Hauptdurchzug von A/M 3 bis M 4; Hauptgesangsperiode E 3 bis A 7; Legebeginn (A)M 3, Maximum A 4 bis M 5 (A 6), Legebeginn Zweitruten ab E 5, Legeperiode bis E 7; flügge Jungvögel ab (A)M 4 bis A 9; Wegzug ab E 8, Maximum M 9 bis E 9, einzelne auch später, zunehmend auch einzelne Überwinterer.

Tagesperiodik: tagaktiv, zu Beginn der Brutperiode Aktivität bis in die Nacht hinein.

Erfassung

In der Hauptsache Kartierung singender ♂ und balzender Individuen (Hetzjagden bei Paarbildung), daneben Warnen in Nestnähe, Futter tragende Altvögel.

Termine: 1. A 4 bis M 4 (Gesang, Balz, Nestbau); 2. E 4 (Gesang, Balz, Nestbau, fütternde, warnende Altvögel); 3. A 5 bis M 5 (Gesang, fütternde, warnende Altvögel).

Günstige Tageszeit: von 1 Std. vor SA bis 3 Std. nach SA.

Auswertung

Wertungsgrenzen: M 3 bis A 6.

Brutverdacht: • zweimalige Feststellung eines singenden ♂, einzelner oder verpaarter Altvögel im Abstand von mindestens 7 Tagen, davon eine Feststellung A 4 bis M 5; • Altvögel mit Nistmaterial; • warnende Altvögel.

Brutnachweis: insbesondere • fütternde Altvögel; • Feststellung von Familie mit gerade flüggen Jungvögeln.

Besondere Hinweise: Gesang von erhöhten Warten, manchmal im senkrecht nach oben steigenden Singflug; auffälliges Warnen vor Bodenfeinden und vor dem Beobachter; lange Brutperiode und sehr frühe Eiablage beachten; insbesondere in Agrarlandschaften Verlagerungen des Brutplatzes bei Folgebruten um mehrere hundert Meter bis zu einem Kilometer möglich (Doppelwertung von Revieren vermeiden); schon während des Heimzuges paarweise zusammen, deshalb abweichend von den EOAC-Kriterien keine Wertung als Brutverdacht bei einmaliger Beobachtung eines Paares.

Wertungsgrenzen und Erfassungszeitraum

Februar			März			April			Mai			Juni			Juli			August		
A	M	E	A	M	E	A	M	E	A	M	E	A	M	E	A	M	E	A	M	E
						1.		2.	3.											

11460 Steinschmätzer
Oenanthe oenanthe

RLD	2
EUV	---
SPEC	3

Lebensraum

Offene bis halboffene Landschaften mit steppenartigem Charakter auf Sandböden; trockene Standorte mit vegetationslosen Stellen oder schütterer Gras- bzw. Krautvegetation, z.B. kleinflächige Heiden, Küsten- und Binnendünen, hochalpine Matten oberhalb der Baumgrenze, Brachflächen im Bereich von Siedlungen und Industrieanlagen, Abtorfungsflächen in Hochmooren, Rodungen, Brand- und Windwurfflächen, Feuerschutzschneisen, Truppenübungsplätze, Bahndämme, Sandgruben, Weinberge sowie Ackerflächen mit geeigneten Brutplätzen (z.B. Lesesteinhaufen).

Brutbiologie

Bodenbrüter; Nest in Spalten und Höhlungen im Boden oder in Vertikalstrukturen (z.B. Steinblöcke, Wurzelstöcke, Mauerreste, Lesesteinhaufen, Trockenmauern, in zum Trocknen aufgestellten Torfsoden industrieller Abtorfungen, Kaninchenbauten); Revierbesetzung durch das ♂; überwiegend saisonale Monogamie; i.d.R. 1-2 Jahresbrut(en); Gelege: 4-6 Eier, Brutdauer: 13-14 Tage, ♀ brütet und hudert, während das ♀ brütet ist das ♂ in Nestnähe; Nestlingsdauer: 13-15 Tage; ♂ und ♀ füttern die Brut.

Phänologie

Jahresperiodik: Langstreckenzieher; Ankunft im Brutgebiet von E 3 bis E 4, Heimzug M 3 bis E 5, Hauptdurchzug A 4 bis A 5, ♂ treffen häufig eher ein als ♀; Reviergründung nach Ankunft der ♂, Paarbildung direkt nach Ankunft der ♀, größte Balzaktivität von A 4 bis A 5; Eiablage der Erstbrut ab (M 4)E 4 bis M 5 (Nordwesten und Osten: ab A 5, Süden: ab E 4), Eiablage der Zweitbrut ab E 5 bis E 6; Jungvögel i.d.R. ab M 5, Abzug von den Brutplätzen M 8.

Tagesperiodik: tagaktiv, ♂ singen nach SA den ganzen Tag.

Erfassung

Zählung singender, standorttreuer ♂ (Schauflüge), Registrierung von Paaren, Nestbau, warnenden bzw. fütternden Altvögeln.

Termine: Nordwesten und Osten: 1. M 5 (ortstreue Altvögel, insbesondere ♂, Gesang, Nestbau); 2. E 5 (ortstreue Altvögel, insbesondere ♂, Gesang); 3. A 6 bis M 6 (warnende bzw. fütternde Altvögel).

Süden: 1. M 4 bis E 4 (ortstreue Altvögel, insbesondere ♂, Gesang, Nestbau); 2. A 5 (ortstreue Altvögel, insbesondere ♂, Gesang); 3. M 5 bis E 5 (warnende bzw. fütternde Altvögel).

Günstige Tageszeit: von SA bis 4 bis 5 Stunden nach SA.

Auswertung

Wertungsgrenzen: im Süden M 4, sonst E 4 bis E 6 [im Hochgebirge bis A 8].

Brutverdacht: • zweimalig singendes, ortstreues ♂ im Abstand von mindestens 7 Tagen von M 5 bis M 6 (im Süden: M 4 bis E 5); • einmalig singendes ♂ und zusätzlich eine Beobachtung eines ♂ oder ♀ im Abstand von mindestens 7 Tagen von M 5 bis M 6 (im Süden: M 4 bis E 5); • zweimalige Feststellung eines Paares im Abstand von mindestens 7 Tagen von M 5 bis M 6 (im Süden: M 4 bis E 5); • einmalige Feststellung von intensiv warnenden Altvögeln.

Brutnachweis: insbesondere • fütternde Altvögel.

Besondere Hinweise: Durchziehende Steinschmätzer bis E 5 sind nur schwer von Brutvögeln zu unterscheiden (Durchzugsmaximum A 5); Brutvögel sind im Gegensatz zu durchziehenden Individuen wesentlich ortstreuer. Schauflüge können bis 300 m weit reichen. Vögel sitzen oft exponiert und singen, was bei isolierten Vorkommen einzelner Paare eine räumliche Zuordnung der Reviere ermöglicht. In Brutgebieten mit hoher Siedlungsdichte ist die Zuordnung der Reviere aufgrund singender ♂ problematisch, da die Nester nur wenige Meter voneinander entfernt liegen können. Unverpaarte ♂ verhalten sich auffällig. Sie zeigen häufig Singflug und fliegen zwischen mehreren Sitzwarten hin und her. Hingegen sitzen verpaarte ♂ meist über längere Zeit auf einer Sitzwarte und lassen sich von dieser kaum vertreiben. Singflüge sind seltener zu beobachten, meist wenn ein anderes ♂ in die Nähe kommt. Im Juni intensiv singende ♂ sind meist unverpaart. Während der Brutphase sowie nach dem Schlupf der Jungvögel verhalten sich die Altvögel sehr heimlich und sind leicht zu übersehen. In den Hochalpen Erfassungstermine in Abhängigkeit von den Witterungsbedingungen (Schneeschmelze) ab M 5 i.d.R. von M 6 bis M 7.

Literatur: BUCHMANN (2001)

Wertungsgrenzen und Erfassungszeitraum

Februar			März			April			Mai			Juni			Juli			August		
A	M	E	A	M	E	A	M	E	A	M	E	A	M	E	A	M	E	A	M	E
Nordwest+Ost-D										1.	2.	3.								
Süd-D							1.		2.	3.					G.			G.		

11620 Steinrötel
Monticola saxatilis

RLD	0
EUV	---
SPEC	3

Lebensraum

Im Alpenraum vor allem sonnenexponierte, steile kurzrasige Fels- oder Geröllhänge oberhalb 1500 m über NN, meist in Süd- oder Südost-Hanglage; wichtige Strukturen Abbruchkanten oder hochragende Felsformationen im oberen Bereich bzw. durch Steinschlag gehölzfreie tiefere Abschnitte, steile, durch Exposition früh schneefreie Bereiche mit Felsklüften für die Nestanlage; Block-, Geröll- und Steinhalden bzw. Steinbrüche und Ruinen mit zahlreichen Versteckmöglichkeiten (wichtig zur Führungszeit) und exponierten Ansitz- und Singwarten; magere, kurzgrasige, beweidete, oft steindurchsetzte Flächen zur Nahrungssuche.

Brutbiologie

Nest am Boden in Steilhang, versteckt in Klüften, Halbhöhlen oder unter Grasbulten und im Wurzelwerk; Einzelbrüter; monogame Saisonehe; 1 Jahresbrut (in Südeuropa auch 2), Nachgelege und Ersatzbruten häufig (viele Brutverluste); Gelege: 4-5(6) Eier, Eiablage in eintägigem Intervall, Brutdauer: 12-14 Tage, Nestlingsdauer: 13-14 Tage; nur ♀ brütet und hudert, ♀ und ♂ füttern und führen (♂ aber nur 1-2 Wochen); Führungszeit 2-3 Wochen.

Phänologie

Jahresperiodik: Langstreckenzieher; Ankunft im Brutgebiet bei günstiger Schneelage E 4, sonst A 5 bis M 5, in Hochlagen > 2000 m oft erst M 6 bis A 7; Balzphase und Nestbau oft rasch nach Ankunft; Legebeginn ab (E 4) A 5 möglich, meist ab M 5, in Hochlagen bis A 7, bis August belegt; Jungvögel ab E 5, in Lagen > 2000 m ab M 7; Abzug von Brutplätzen variabel: Nichtbrüter, Jungvögel, auch ♀ z.T. schon M 7 bis E 7, ♂ nach Mauser ab August/September.

Tagesperiodik: tagaktiv, Gesangsaktivität unregelmäßig, nur in früher Brutphase ausgiebig; meist sehr früher Beginn, aber viele Ruhephasen; oft in Abenddämmerung.

Erfassung

Akustische Erfassung nur zu Anfang der Brutphase sinnvoll, besser optisch: Aufsuchen geeigneter Habitate und Absuchen von Sitzwarten mit dem Fernrohr; anfangs oft Singflüge (zur Nestlingszeit selten); systematischer Einsatz von Klangattrappen zu wenig erforscht; zur Führungszeit lokal leicht zu beobachten; in Geröllfeldern dagegen kaum auffällig, dann auf Warnrufe achten (weiches aber lautes „*djü*“ oder „*hüt*“, erinnert an Gimpel und Braunkehlchen).

Termine: abhängig von Schnee- und Höhenlage bzw. Lawinengefahr, Termine sind aufgrund der kaum vorherzusagenden Bedingungen als Orientierung zu sehen und jeweils entsprechend anzupassen: 1. (A 5, in sehr günstigen Jahren) M 5 bis E 5; 2. A 6 bis M 6 (jeweils singende ♂); 3. E 6 bis A 7 (fütternde Altvögel); gebietsweise (vor allem in Hochlagen): 1. und 2. Termin ab E 6 bis E 7; 3. A 8 bis M 8.

Günstige Tageszeit: nach SA bis Abenddämmerung (vor allem für Gesang).

Auswertung

Wertungsgrenzen: E 4 bis E 8.

Brutverdacht: • zweimalige Feststellung eines singenden ♂ im Abstand von mindestens 7 Tagen, davon eine ab M 5; • einmalige Feststellung eines singenden ♂ und weitere Beobachtung eines Altvogels im Abstand von mindestens 7 Tagen, davon eine Feststellung ab M 5; • einmalige Feststellung eines Paares; • Nestbau.

Brutnachweis: insbesondere • mehrfach Futter eintragende Altvögel; • eben flügge Jungvögel (auf Standortlaute „*zréii*“ oder „*zri zrih*“ achten), • Familienverband mit ♂ (wenn nur noch ♀ führt, dann zuweilen schon außerhalb des Reviers).

Besondere Hinweise: Nach Schneeeinbruch können Individuen/Paare zuweilen außerhalb des Brutreviers in tieferen Lagen erscheinen. Zur Nestlings- und Ausfliegezeit individuell extrem störanfällig und scheu, daher Beobachtungen nur aus sicherem Abstand zum potenziellen Neststandort (>200 m, Fernrohr). Während Bebrütung oft sehr unauffällig; aufgrund der extrem schwierigen Erfassung mindestens 2 Std. Beobachtungsdauer im potenziellen Brutgebiet - von verdecktem Standort, da sich Vögel sonst verstecken. Nach Selbstständigwerden der Jungvögel mausern und singen viele ♂ wieder im Revierzentrum; Familienverbände bis August/September. Alle Beobachtungen sollten der Deutschen Seltenheitenkommission mit Dokumentation gemeldet werden.

Literatur: Schönenberger & Bauer (2002)

Wertungsgrenzen und Erfassungszeitraum

Februar			März			April			Mai			Juni			Juli			August		
A	M	E	A	M	E	A	M	E	A	M	E	A	M	E	A	M	E	A	M	E
										1.		2.		3.		x.		x.		

11860 Ringdrossel
Turdus torquatus

RLD	---
EUV	---
SPEC	---

Lebensraum

Alpine und subalpine Gehölzflächen, v.a. in Fichten- und Legföhrenbeständen, auch in Beständen von Kiefern, Zirben (Arven), Spirken, Lärchen; im Schwarzwald Bergregionen oberhalb 750 m mit Schwerpunkt um 1100 m; bevorzugt hier die Randbereiche subalpiner, stufiger, lichter Fichten-Wälder sowie Fichten-Tannen-, Fichten-Tannen-Kiefern- und Fichten-Tannen-Buchen-Mischwälder; in anderen besetzten Mittelgebirgen stets in den Kammlagen oberhalb 800-900 m in stufig ausgeprägten Fichtenwäldern mit Bestandslücken und kleinen Freiflächen.

Brutbiologie

Freibrüter, Nest vorwiegend in jungen Fichten; ♀ baut; 1(2) Jahresbrut(en), (Nachgelege ?); Gelege: (3)4-5(6) Eier, Brutdauer: 12-14 Tage, ♀ brütet; Nestlingsdauer: 12-16 Tage, ♂ und ♀ füttern; Führungszeit der Jungen 2-3 Wochen.

Phänologie

Jahresperiodik: Mittelstreckenzieher; Heimzug im Süden ab (M 3)E 3 bis A 4, nordische Durchzügler bis A 5, im Norden Durchzug ab E 3, überwiegend A 4 bis E 4(A/M 5); Hauptlegezeit A 5 bis E 5, bei Zweitbruten ab (A 6)M 6 bis E 6; Hauptschlupfzeit Erstbrut M 5 bis M 6; spätere Bruten mit Ausfliegeterminen E 7 bis M 8 sind bekannt; Abzug ab (E 8) A 9 bis Oktober.

Tagesperiodik: tagaktiv; intensiver Gesang in der Morgendämmerung, Gesangsaktivität tagsüber im Verlaufe der Brutsaison schwankend, bis Mai auch später Abendgesang.

Erfassung

Überwiegend Kartierung singender ♂; daneben Erfassung Nest bauender, warnender, Futter oder Kotballen tragender bzw. Junge führender Altvögel.

Termine: 1. M 4 bis E 4 (Gesang); 2. A 5 bis M 5 (Gesang, Nestbau); 3. E 5 bis A 6 (Gesang, Brutnachweis); ggf. 4. Kontrolle für zusätzliche Bestätigungen über fütternde Altvögel M 6 bis E 6.

Günstige Tageszeit: ab 1 Std. vor SA bis Vormittag.

Auswertung

Wertungsgrenzen: A 4 bis M 7 [im Hochgebirge bis M 8].

Brutverdacht: • zweimalige Feststellung eines singenden ♂ im Abstand von mindestens 7 Tagen, davon eine A 5 bis E 6; • einmalige Gesangsfeststellung und eine weitere Feststellung eines Altvogels im Abstand von mindestens 7 Tagen, davon eine A 5 bis E 6; • Nestbau; • intensiv warnender Altvogel.

Brutnachweis: insbesondere • Futter oder Kot tragende bzw. Junge führende Altvögel.

Besondere Hinweise: Keine Territorien mit festen Grenzen um das Nest, fremde Individuen können sich in Nestnähe aufhalten. Nahrungsflüge sind in den Morgenstunden während der Nestlingszeit am auffälligsten. In den Alpen im Bergwald größte Dichte zwischen 1.400 und 1.800 m über NN. Durchzügler nordischer Populationen treten noch bis A 5 (M 5) auf und singen gelegentlich auch in den hiesigen Brutgebieten.

Literatur: Hellmann et al. (1997)

Wertungsgrenzen und Erfassungszeitraum

Februar			März			April			Mai			Juni			Juli			August		
A	M	E	A	M	E	A	M	E	A	M	E	A	M	E	A	M	E	A	M	E
							1.		2.		3.		4.				G.		G.	

11870 Amsel
Turdus merula

RLD	---
EUV	---
SPEC	---

Lebensraum

Wälder der unterschiedlichsten Ausprägung, auch Berg- und Auwälder, als Kulturfolger überall verbreitet, über Feldgehölze, Hecken, Ufergehölze, Strauchgruppen in der offenen Feldflur bis zu ländlichen und städtischen Siedlungen, sogar in Industriegebieten; in gehölzreichen Siedlungsbereichen mit Gärten, Parks, Friedhöfen und Scherrasenflächen häufiger als in naturnahen Waldhabitaten; kaum in monotonen Kiefernforsten, fehlt in baum- und strauchlosen Agrargebieten.

Brutbiologie

Freibrüter, Nest meist auf fester Unterlage, in Bäumen und Sträuchern sowie an und in Gebäuden bzw. anderen anthropogenen Strukturen; ♀ baut allein 2-5 Tage; monogame Saisonehe, Bigynie in Einzelfällen; Paarbildung von Standvögeln im Winter; 2(3) Jahresbruten, in Städten bis zu 4, Nachgelege; Gelege: (3)4-5(6) Eier, Brutdauer: 11-15 Tage, ♀ brütet und versorgt sich mit Nahrung; Nestlingsdauer: 12-15 Tage, ♂ und ♀ füttern; Junge sind mit ca. 35 Tagen selbstständig.

Phänologie

Jahresperiodik: Teilzieher, jedoch größerer Standvogelanteil, „Stadtamseln" neigen eher zur Überwinterung als „Waldamseln"; Standvögel besetzen Brutreviere z.T. bereits im Januar/Februar (bekannt sind Winterbruten), Balz/Gesang oft erst ab März bis Mai; Heimzug (E 1)A 2 bis M 4(E 4), Hauptdurchzug im Süden ab E 2 bis M 3 sonst M 3 bis A 4; Legebeginn im Südwesten ab A 3 sonst überwiegend E 3 bis M 4; Zweitbruten ab M 5, im Falle von Winterbruten sogar ab A 4 möglich; Hauptschlupfzeit Erstbrut E 4/A 5; Ausklang der Brutperiode M 7 bis A 8 (dann noch regelmäßig geführte Junge), doch auch noch Septemberbruten.

Tagesperiodik: tag- und dämmerungsaktiv; neben besonders intensivem Morgen- und Abendgesang zur Brutzeit auch tagsüber öfters Gesang.

Erfassung

Überwiegend Kartierung singender ♂, daneben Erfassung Nest bauender, Futter oder Kotballen tragender oder warnender Altvögel.

Termine: 1. E 3 bis A 4 (Gesang, Nestbau); 2. M 4 (Gesang, Nestbau, Fütterungen); 3. E 4 bis A 5 (Gesang, Fütterungen), in höheren Lagen ggf. 1-2 Dekaden später.

Günstige Tageszeit: unbedingt ab 1 Std. vor SA, bis frühen Vormittag.

Auswertung

Wertungsgrenzen: A 3 bis E 5.

Brutverdacht: • zweimalige Feststellung eines singenden ♂ im Abstand von mindestens 7 Tagen, davon eine E 3 bis A 5; • einmalige Feststellung eines singenden ♂ und eine weitere Feststellung eines Altvogels im Abstand von mindestens 7 Tagen, davon eine E 3 bis A 5; • Altvogel trägt/sucht Nistmaterial.

Brutnachweis: insbesondere • Nest mit brütendem Altvogel, Eiern oder Jungen; • Futter oder Kot tragender Altvogel; • Rufe noch nicht oder eben flügger Junge aus Deckung.

Besondere Hinweise: Bestandserfassung sollte sich vor allem bei hoher Siedlungsdichte auf einen Zeitraum von maximal 4-6 Wochen beschränken und M 5 beendet sein, da mit ständigen Veränderungen der Brutsituation gerechnet werden muss (Beginn von Zweitbruten, Umsiedler, Prädation). In Städten/ Dörfern erscheint zumindest bei Erstbruten (März/April) die Gesangsaktivität bereits verpaarter ♂ reduziert zu sein. Zusätzliche Kartierung von (möglichst gleichzeitigen) Beobachtungen vor allem von ♂, aber auch von ♀, präzisiert Revierabgrenzungen.

Literatur: LANDMANN (1991); STEPHAN (1985)

Wertungsgrenzen und Erfassungszeitraum

Februar			März			April			Mai			Juni			Juli			August		
A	M	E	A	M	E	A	M	E	A	M	E	A	M	E	A	M	E	A	M	E
					1.		2.	3.												

11980 Wacholderdrossel
Turdus pilaris

RLD	---
EUV	---
SPEC	---

Lebensraum

Im Hochgebirge von der alpinen Krummholzzone bis in Tallagen, ansonsten halboffene Landschaft mit feuchten kurzrasigen Wiesen oder Weiden, vor allem in Bach- und Flussauen mit angrenzenden Waldrändern, Feldgehölzen, Baumhecken, Einzelbäumen, Alleen, Ufergehölzen; weiterhin Streuobstwiesen, Baumbestände in Ortschaften (oft randlich), Parklandschaften; lokal, aber nicht generell, in Parks und auf Friedhöfen innerhalb von Städten.

Brutbiologie

Freibrüter, Nest in Laub- und Nadelbäumen, auch in hohen Sträuchern, meist exponiert in Stammgabelungen oder auf starken Ästen am Stamm (gern Pappeln), Nesthöhe im Mittel bei 7,5 m; ♀ baut allein; Kolonie- und Einzelbrüter; monogame Saisonehe; 1-2 Jahresbrut(en), Nachgelege; Gelege: (2)4-6(8) Eier, Brutdauer: 10-13(14) Tage, ♀ brütet und versorgt sich mit Nahrung; Nestlingsdauer: 12-16 Tage, ♂ und ♀ füttern; Junge sind mit ca. 30 Tagen selbstständig.

Phänologie

Jahresperiodik: Kurzstreckenzieher, im Süden auch Standvogelanteil, also Teilzieher; Heimzug im Süden ab A 2 bis M 4, im Gebirge bis E 4, im Norden ab E 2 bis A 5, Hauptdurchzug im Süden von A 3 bis E 3, im Norden von M 3 bis A 4, regelmäßig Wintergäste; Legebeginn Erstbrut ab (E 3)A 4, überwiegend M/E 4, in Hochlagen später bis A/M 5; Hauptschlupfzeit E 4/A 5.

Tagesperiodik: tagaktiv.

Erfassung

Optische und akustische Erfassung anwesender Individuen verbunden mit Nestersuche (bei kolonieartiger Besiedlung), daneben Erfassung Nest bauender, Futter oder Kotballen tragender oder warnender Altvögel.

Termine: 1. M 4 bis E 4 (Gesang, Warnen, Nestbau); 2. A 5 (Gesang, Warnen, Brutnachweis); 3. M 5 bis E 5 (Gesang, Warnen, Brutnachweis); im Bergland verschieben sich die Termine jeweils um eine Dekade.

Günstige Tageszeit: ab SA bis Vormittag.

Auswertung

Wertungsgrenzen: A 4 bis E 6 [im Hochgebirge bis E 7].

Brutverdacht: • zweimalige Feststellung eines singenden ♂ im Abstand von mindestens 7 Tagen, davon eine M 4 bis E 5; • einmalige Feststellung eines singenden ♂ und eine weitere Feststellung eines Altvogels im Abstand von mindestens 7 Tagen, davon eine M 4 bis E 5; • Nestbau; • energisches Verhalten von Altvögeln bei Feindabwehr (Anfliegen, Warnen und Bekoten).

Brutnachweis: insbesondere • Nest mit brütendem Altvogel; • Futter suchender/tragender Altvogel bzw. führende Altvögel.

Besondere Hinweise: Erschwerende Faktoren der Bestandserfassung sind: schwach entwickeltes Territorialverhalten, teilweise kolonieartiges Brüten und größere Mobilität der Paare nach Brutverlust (Umsiedlung). Schackernde Vögel (Warn- und Erregungsrufe) geben oft ersten Hinweis auf die Anwesenheit der Art; zu Beginn der Fortpflanzungszeit auch Fluggesang. Sofern Brutpaare in einer Kolonie brüten (Koloniegröße im Mittel ca. 5 Paare), kann Bestand nur durch (optische) Nestersuche (bei möglichst geringer Laubausbildung) erfasst werden. Der Schwanz ragt beim Brüten oft über den Nestrand. Nistplätze zwar i.d.R. nahe Nahrungsflächen, trotzdem sind lange Nahrungsflüge (> 250 m) möglich, deshalb Flugrichtungen kartieren. Keine Befunde werten von Vögeln im Trupp, die offensichtlich noch durchziehen.

Literatur: FURRER (1978); GNIELKA (1990); LÜBCKE & FURRER (1985)

Wertungsgrenzen und Erfassungszeitraum

Februar			März			April			Mai			Juni			Juli			August		
A	M	E	A	M	E	A	M	E	A	M	E	A	M	E	A	M	E	A	M	E
							1.		2.	3.					G.		G.			

12000 Singdrossel
Turdus philomelos

RLD	---
EUV	---
SPEC	---

Lebensraum

Verschiedenste Waldtypen mit Unterholz, auch in der Weidenaue; nicht an Waldränder gebunden, eher in altersmäßig gemischten als in einförmigen Beständen; im Mittelgebirge in den mehr oder weniger geschlossenen feuchten und unterholzreichen Fichten- und Tannenwäldern; Verstädterung regional sehr unterschiedlich ausgeprägt, v.a. Gartenstädte, Parkanlagen und Friedhöfe.

Brutbiologie

Freibrüter, Nest in Bäumen (im Mittel etwa in 2 m Höhe) und Sträuchern, oft in Fichten; ♀ baut i.d.R. allein 3-5 Tage; monogame Saisonehe; 2 Jahresbruten, Drittbruten belegt, Nachgelege; Gelege: (3)4-5 Eier, Brutdauer: 12-14 Tage, ♀ brütet; Nestlingsdauer: 13-14 Tage, ♂ und ♀ füttern auch flügge Junge noch ca. 2 Wochen.

Phänologie

Jahresperiodik: Kurzstreckenzieher; Heimzug im Süden ab A/M 2, sonst ab E 2/A 3 bis E 4 (im Süden) bzw. bis A/M 5 (im Norden), Hauptdurchzug im Süden von M 2 bis M 3, im Norden von E 3 bis E 4; Hauptlegezeit von A 4 bis A 5; M 5 bis A 6 erneuter Anstieg des Legebeginns infolge Zweit- und Ersatzbruten; Hauptschlupfzeit A/M 5 und zweiter Gipfel M 6; Brutperiode normalerweise Mitte Juli beendet.

Tagesperiodik: tag- und dämmerungsaktiv; intensiver Morgengesang (bis M 7) und Abendgesang (bis M 6).

Erfassung

Überwiegend Kartierung singender ♂, daneben Erfassung Nest bauender, Futter oder Kotballen tragender bzw. warnender Altvögel.

Termine: 1. E 3 bis A 4 (Gesang, Nestbau); 2. M 4 (Gesang, Nestbau); 3. E 4 bis A 5 (Gesang, Brutnachweis).

Günstige Tageszeit: ab 1 Std. vor SA bis zum frühen Vormittag und in der Abenddämmerung bis zum Dunkelwerden.

Auswertung

Wertungsgrenzen: M 3 bis E 5.

Brutverdacht: • zweimalige Feststellung eines singenden ♂ im Abstand von mindestens 7 Tagen, davon eine E 3 bis A 5; • einmalige Feststellung eines singenden ♂ und eine weitere Feststellung eines Altvogels im Abstand von mindestens 7 Tagen, davon eine E 3 bis A 5; • Nestbau.

Brutnachweis: insbesondere • Nest mit brütendem Altvogel, Eiern oder Jungen; • Futter oder Kot tragender Altvogel.

Besondere Hinweise: Da die Gesangsaktivität nach der Verpaarung stark nachlassen kann, sind auch alle Sichtnachweise insbesondere im Mai zu kartieren. Vor allem bei Erfassung über Abendgesang größere Ortswechsel (bis 200 m) von einzelnen Individuen beachten, die so ein weiteres Revier vortäuschen können.

Literatur: MELDE & MELDE (1991)

Wertungsgrenzen und Erfassungszeitraum

Februar			März			April			Mai			Juni			Juli			August		
A	M	E	A	M	E	A	M	E	A	M	E	A	M	E	A	M	E	A	M	E
					1.		2.	3.												

12010 Rotdrossel
Turdus iliacus

RLD	---
EUV	---
SPEC	---

Lebensraum

Wälder unterschiedlichster Art, bevorzugt Laub- und Mischwälder mit reichlich Unterwuchs, jungen Waldstadien, hohem Anteil von Waldrandlagen, Lichtungen, Kahlschlägen; in Mitteleuropa besonders in Moor(-birken)- und Bruchwäldern, in den Alpen auch in der Krummholzzone; oft in der Nähe von Wacholderdrosselkolonien; in Deutschland unregelmäßig Bruten im Norden und Osten sowie im Alpenvorland und den bayerischen Alpen.

Brutbiologie

Freibrüter; Nest meist niedrig in (Jung-)Bäumen (vor allem Fichten) mit gutem Sichtschutz besonders nach oben, gelegentlich auch am Boden; ♀ baut allein; monogame Saisonehe; 1 bis (2) Jahresbrut(en) (in Deutschland?), Nachgelege, Gelege: (3)5-6(8) Eier, Brutdauer: 10-13 Tage, Nestlingsdauer: 9-13 Tage; ♀ brütet allein, ♂ und ♀ hudern und füttern; flügge Jungvögel werden noch 2-3 Wochen betreut (vor allem durch ♂).

Phänologie

Jahresperiodik: Kurz- und Mittelstreckenzieher; Heimzug ab M/E 2 bis A/M 5, Hauptdurchzug E 3 bis M 4 (Median auf Helgoland A 4); Ankunft am Brutplatz E 3 bis M 4, Legeperiode M/E 4 bis A 6, selten bis Juli; flügge Jungvögel ab E 5; Beginn des Wegzuges nordischer Durchzügler ausnahmsweise E 8, sonst ab E 9, Durchzug hauptsächlich A 10 bis M 11.

Tagesperiodik: tag- und dämmerungsaktiv; zieht tags und nachts; Gesang in der Frühdämmerung und am Vormittag, zweiter Gesangsgipfel am Abend, auch Nachtgesang mit Minimum in den Stunden um Mitternacht.

Erfassung

Überwiegend Kartierung singender ♂ bzw. von Paaren; Beobachtungen ab Mai, die auf ein Brutvorkommen hindeuten, sollten weiter verfolgt und abgesichert werden.

Termine: 1. A 5 bis M 5 (Gesang, Nestbau); 2. E 5 bis A 6 (Gesang, Warnen, Nestbau); 3. M 6 bis E 6 (Gesang, Warnen, Brutnachweis).

Günstige Tageszeit: ab SA bis Vormittag.

Auswertung

Wertungsgrenzen: E 4 bis E 7.

Brutverdacht: • zweimalige Feststellung eines einzeln singenden ♂ (nicht im Trupp!) im Abstand von mindestens 7 Tagen, davon eine Feststellung ab E 5; • einmalige Feststellung eines einzeln singenden ♂ und eine weitere Feststellung eines Altvogels im Abstand von mindestens 7 Tagen, davon eine Feststellung ab E 5; • zweimalige Feststellung eines Altvogels im Abstand von mindestens 7 Tagen, davon eine ab E 5; • Paarbindung; • Nestbau; • intensiv warnender Altvogel.

Brutnachweis: insbesondere • brütender Altvogel; • Futter suchender, fütternder bzw. führender Altvogel.

Besondere Hinweise: Gesangsaktivität bei isolierten Vorkommen in Mitteleuropa oft sehr gering, daher sollte auch Beobachtungen nach Abschluss des regulären Durchzuges Beachtung geschenkt werden. Bereits späte Durchzügler (E 4 bis A/M 5) können singen, diese werden durchaus in geeigneten Habitaten angetroffen, sind aber meistens noch im Trupp. Aufgrund der Seltenheit der Art als Brutvogel in Deutschland kann ein Brutverdacht nicht nur über das Kriterium Gesang abgeleitet werden, sondern nur durch zusätzliche Beobachtung von Verpaarung oder Nestbauverhalten. Möglichst sollte auch ein Brutnachweis erbracht werden.

Wertungsgrenzen und Erfassungszeitraum

Februar			März			April			Mai			Juni			Juli			August		
A	M	E	A	M	E	A	M	E	A	M	E	A	M	E	A	M	E	A	M	E
									1.		2.		3.							

12020 Misteldrossel
Turdus viscivorus

RLD	---
EUV	---
SPEC	---

Lebensraum

Kiefern- und Fichtenhochwald (Bergwald), seltener in Mischwäldern und reinen Laubholzbeständen; besiedelt die an Grünländereien angrenzenden Waldränder, auch Randzonen von Schneisen, Lichtungen, Kahlschlägen und jungen Kulturen; in Bergwäldern bis zur Baumgrenze; regional in der Parklandschaft mit Feldgehölzen, Hofgehölze, Knicks sowie in Obstbaugebieten; Verstädterung in größerem Umfang nur im nordwestdeutschen Raum; fehlt in Auwäldern.

Brutbiologie

Freibrüter, Nest in Bäumen überwiegend hoch, im Bergland oft in Fichten, in den Niederungen überwiegend Laubbäume, auch gern in Kiefern; ♀ baut wahrscheinlich allein; monogame Saisonehe; 1-2 Jahresbrut(en), Nachgelege; Gelege: (3)4(6) Eier, Brutdauer: 13-15 Tage, ♀ brütet, kann vom ♂ gefüttert und abgelöst werden; Nestlingsdauer: 12-15 Tage, ♂ und ♀ füttern; Betreuung flügger Junge noch 12-15 Tage.

Phänologie

<u>*Jahresperiodik*</u>: Teilzieher, dann Kurzstreckenzieher, Überwinterung teilweise am Brutplatz; Heimzug (E 1)A/M 2 bis M 4, nordische bis E 5, Hauptdurchzug (E 2)A 3 bis E 3; Legebeginn ab M/E 3, überwiegend April; Gesangsaktivität nimmt zwischen M 5 und M 6 stark ab, danach nur noch sporadischer Gesang; Beginn von Zweitbruten bis in den Juli möglich.

<u>*Tagesperiodik*</u>: tagaktiv.

Erfassung

Überwiegend Kartierung singender ♂ (Revier- und Fluggesang), daneben Erfassung Nest bauender, Futter oder Kotballen tragender sowie warnender Altvögel.

Termine: 1. A 3 bis M 3 (Gesang); 2. E 3 bis A 4 (Gesang, Nestbau); 3. M 4 bis A 5 (Gesang, Brutnachweis); in höheren Lagen (Bergwald) ggf. 1 Dekade später.

Günstige Tageszeit: ab SA bis vormittags.

Auswertung

Wertungsgrenzen: E 2 bis E 5.

Brutverdacht: • zweimalige Feststellung eines singenden ♂ im Abstand von mindestens 7 Tagen, eine davon A 3 bis A 5; • einmalige Feststellung eines singenden ♂ und eine weitere Feststellung eines Altvogels im Abstand von mindestens 7 Tagen, eine davon A 3 bis A 5; • Altvogel trägt Nistmaterial; • warnender Altvogel.

Brutnachweis: insbesondere • Futter oder Kotballen tragender Altvogel.

Besondere Hinweise: Zu Beginn der Fortpflanzungsperiode tagsüber fast ununterbrochener Gesang. Verwechslung mit Amselgesang ausschließen. Nahrungsflüge in größerer Entfernung zum Brutplatz.

Wertungsgrenzen und Erfassungszeitraum

Februar			März			April			Mai			Juni			Juli			August		
A	M	E	A	M	E	A	M	E	A	M	E	A	M	E	A	M	E	A	M	E
			1.		2.		3.													

12200 Seidensänger
Cettia cetti

RLD	---
EUV	---
SPEC	---

Lebensraum

Dichte, meist niedrige Vegetation in Wassernähe; Verlandungsgesellschaften, dichte Sträucher und Hochstaudenfluren an feuchten Standorten (z.B. Holunder, Brombeere, Schilf, Brennnessel); bevorzugt Vegetationsmosaik, meidet jedoch reine Röhrichtbestände; oft an Gräben oder Teichen; ausnahmsweise auch in trockenen Gebüschbeständen; Hauptbrutgebiet in Süd- und Westeuropa, gelegentliche Brutvorstöße und vorübergehende Ansiedlungen in Mitteleuropa, besonders infolge warmer Jahre; einzelne Brutzeitfeststellungen z.B. Saarland, Baden-Württemberg, Bayern, Nordrhein-Westfalen und Niedersachsen (dort Brutnachweis 1975).

Brutbiologie

Nest in dichtem Gestrüpp (Sträuchern, Hochstauden, Röhricht), meist < 0,5 m über dem Boden, nicht unmittelbar am Wasser, oft an kleinen Schneisen (Wildwechsel); polygyne Brut- oder Saisonehe (1-5 ♀ pro ♂); 1-2 Jahresbrut(en), Nachgelege, Gelege: (3)4-5 Eier, Brutdauer: 13-17 Tage, Nestlingsdauer: 14-16 Tage; ♀ brütet und füttert nicht flügge Jungvögel meist allein; flügge Junge werden noch 2-3 Wochen durch ♂ und ♀ betreut.

Phänologie

Jahresperiodik: im südlichen Brutareal Standvogel (ganzjährige Territorialität), in kontinentaleren nördlichen Breiten Kurzstreckenzieher bzw. Teilzieher (vor allem ♀); Beobachtungen in Mitteleuropa vor allem zwischen März und September; Gesang ab März, Hauptgesangsperiode Mai bis Juni, abgeschwächt im Juli bis August; Legeperiode M/E 4 bis M/E 6, gelegentlich noch bis Juli; Ausfliegen der Jungvögel ab M 6 bis M 8.

Tagesperiodik: tag- und dämmerungsaktiv; zieht nachts; Gesang insbesondere in den frühen Morgenstunden, unverpaarte ♂ und ♂ mit brütendem ♀ singen auch nachts.

Erfassung

Überwiegend Kartierung singender ♂; nach Erstnachweis eines singenden ♂ im Frühjahr (April bis Juni) sollten sich wenigstens 2 Kontrollen anschließen, um ein möglicherweise besetztes Revier zu bestätigen; prüfen, ob sich ein zweiter Vogel (♀) im Revier aufhält.

Termine: 1. A 5 bis M 5 (Gesang); 2. E 5 bis A 6 (Gesang, Anwesenheit von zweitem Vogel (♀), Warnen, Nestbau); 3. M 6 bis E 6 (Gesang, Warnen, Brutnachweis).

Günstige Tageszeit: ab SA bis Vormittag.

Auswertung

Wertungsgrenzen: E 4 bis E 7.

Brutverdacht: • zweimalige Feststellung eines singenden ♂ im Abstand von mindestens 7 Tagen, davon eine Feststellung ab E 5 (Revierverdacht) und Beobachtung eines zweiten Vogels; • einmalige Feststellung eines singenden ♂ und eine weitere Feststellung eines Altvogels im Abstand von mindestens 7 Tagen, davon eine Feststellung ab E 5, dabei Beobachtung eines zweiten Vogels im vermuteten Revier; • Paarbindung; • Nestbau; • intensiv warnender Altvogel.

Brutnachweis: insbesondere • Futter tragender bzw. fütternder oder führender Altvogel.

Besondere Hinweise: Singende ♂ in Mitteleuropa sind häufig unverpaart. Daher kann auch bei mehrmaliger Gesangsfeststellung (vermutetes Revier) noch nicht auf ein Brutvorkommen geschlossen werden. Art ist extrem schwer zu beobachten, Nestfunde sind im Rahmen von Kartierungen so gut wie unmöglich. Aufgrund der Seltenheit der Art als Brutvogel in Deutschland kann ein Brutverdacht nicht nur über das Kriterium Gesang abgeleitet werden, sondern nur über zusätzliche Beobachtung eines zweiten Vogels, von Verpaarung oder Nestbauverhalten. Möglichst sollte auch ein Brutnachweis erbracht werden. Nachweis von erfolgreicher Erst- und Zweitbrut aus dem Jahr 1975 in Flusstal bei Hildesheim. Alle Beobachtungen sollten der Deutschen Seltenheitenkommission mit Dokumentation gemeldet werden.

Literatur: Becker (1975)

Wertungsgrenzen und Erfassungszeitraum

Februar			März			April			Mai			Juni			Juli			August		
A	M	E	A	M	E	A	M	E	A	M	E	A	M	E	A	M	E	A	M	E
									1.		2.		3.							

12260 Zistensänger
Cisticola juncidis

RLD	---
EUV	---
SPEC	---

Lebensraum

Dichte Gras-, Seggen- und Binsenbestände, Feucht- und Trockenbrachen mit Hochstauden und höchstens einzelnen Büschen, Verlandungszonen, gelegentlich auch Getreidefelder, meidet reine Schilfbestände; Hauptbrutgebiet in Südeuropa, zeitweise Ausbreitung nach Norden, allerdings Rückschläge nach kalten Wintern; unregelmäßige Vorkommen in Mitteleuropa (z.B. Brut in Niederlanden), bislang noch kein Brutnachweis für Deutschland.

Brutbiologie

Freibrüter; Nest niedrig (ca. 20-100 cm) in Gräsern, Seggen, Binsen oder Hochstauden, Nestbau durch ♂ (Grundgerüst) und ♀ (Ausbau); Geschlechtsreife noch im Geburtsjahr und Bruten diesjähriger Vögel möglich; monogame oder polygyne Brut- oder Saisonehe; 2-3 Jahresbruten, Nachgelege, Gelege: 3-7 Eier, Brutdauer: 12-14 Tage, Nestlingsdauer: 11-15 Tage; ♀ brütet, füttert meist allein; flügge Junge werden noch 2-3 Wochen vom ♀ betreut.

Phänologie

Jahresperiodik: im eigentlichen Brutareal Standvogel, in Deutschland wohl Kurzstreckenzieher (Zugstatus unbekannt); Beobachtungen in Mitteleuropa ganzjährig, leicht gehäuft im Sommerhalbjahr; Gesangsaktivität in Südeuropa März bis September, gelegentlich auch im Winter; Legeperiode April bis August/September, Gipfel A 5 bis A 6, Spätbruten gehen möglicherweise auf Jungvögel des Jahres zurück (Geschlechtsreife bereits nach wenigen Wochen); flügge Junge ab A 6 möglich.

Tagesperiodik: tagaktiv; maximale Gesangsaktivität in den Vormittagsstunden, insbesondere unverpaarte ♂ singen aber auch ganztägig.

Erfassung

Überwiegend Kartierung singender ♂ mit Singflug; nach Erstnachweis eines singenden ♂ im Frühjahr und Sommer sollten sich wenigstens 2 Kontrollen anschließen, um ein möglicherweise besetztes Revier zu bestätigen; prüfen, ob sich ein zweiter Vogel (♀) im Revier aufhält.

Termine: 1. E 4 bis A 5 (Gesang); 2. M 5 bis E 5 (Gesang, Anwesenheit von ♀, Warnen, Nestbau); 3. A 6 bis E 6 (Gesang, Warnen, Brutnachweis).

Günstige Tageszeit: ab frühen Morgenstunden bis Nachmittag.

Auswertung

Wertungsgrenzen: M 4 bis E 8.

Brutverdacht: • zweimalige Feststellung eines singenden ♂ im Abstand von mindestens 7 Tagen, davon eine ab M 5 (Revierverdacht) und Beobachtung eines zweiten Vogels; • einmalige Feststellung eines singenden ♂ und eine weitere Feststellung eines Altvogels im Abstand von mindestens 7 Tagen, davon eine Feststellung ab M 5 und Beobachtung eines zweiten Vogels im vermuteten Revier; • Paarbindung; • Nestbau; • intensiv warnender Altvogel.

Brutnachweis: insbesondere • Futter tragender bzw. fütternder oder führender Altvogel.

Besondere Hinweise: Auf weit kreisende Singflüge mit wellenartigem Flug achten; nutzt gelegentlich auch Stauden, Büsche und Leitungen als (Sing-)Warten. Singende ♂ in Mitteleuropa sind häufig unverpaart. Daher kann auch bei mehrmaliger Gesangsfeststellung (vermutetes Revier) noch nicht auf ein Brutvorkommen geschlossen werden. Andererseits können Sommerbeobachtungen auf Brutgeschehen hindeuten, daher auch im August/September auf mögliche Bruten achten (zuletzt in Vorarlberg 1995), die durch sehr frühe Geschlechtsreife der Jungvögel des Jahres bedingt sein können. Aufgrund der Seltenheit der Art als Brutvogel in Deutschland kann ein Brutverdacht nicht nur über das Kriterium Gesang abgeleitet werden, sondern nur über zusätzliche Beobachtung eines zweiten Vogels, von Verpaarung oder Nestbauverhalten. Möglichst sollte auch ein Brutnachweis erbracht werden. Alle Beobachtungen sollten der Deutschen Seltenheitenkommission mit Dokumentation gemeldet werden.

Wertungsgrenzen und Erfassungszeitraum

Februar			März			April			Mai			Juni			Juli			August		
A	M	E	A	M	E	A	M	E	A	M	E	A	M	E	A	M	E	A	M	E
								1.		2.		3.								

12360 Feldschwirl
Locustella naevia

RLD	---
EUV	---
SPEC	---

Lebensraum

Offenes bis halboffenes Gelände mit mindestens 20-30 cm hoher Krautschicht, bevorzugt aus schmalblättrigen Halmen, Stauden, Gebüsch, oft Schilfhalme als Singwarte; landseitige Verlandungszonen, Großseggensümpfe, extensiv genutzte Feuchtwiesen (oder Weiden), Pfeifengraswiesen, Hochstaudenflächen, Brachen, Brombeergebüsch, aber auch trocknere Flächen wie vergraste Heiden, stark verkrautete Waldränder(-lichtungen), selbst entsprechend strukturierte Kahlschläge und Nadelholzschonungen sowie Ruderalfluren und verkrautete Felder. Nicht in reinen Schilfgebieten.

Brutbiologie

Freibrüter; Nest bodennah versteckt in Krautschicht; monogame Saisonehe; i.d.R. 1 Jahresbrut, Nachgelege möglich, wohl regelmäßig Zweitbruten, v.a. in warmen Sommern; Gelege: (3)4-6(7) Eier, Brutdauer: 12-15 Tage, Nestlingsdauer: 12-13 Tage; Brut und Aufzucht ♂ und ♀; Auflösung der Familienverbände ca. 10 Tage nach Ausfliegen.

Phänologie

Jahresperiodik: Langstreckenzieher; Heimzug im Süden ausnahmsweise ab (M 3)A 4, sonst M 4 bis A 6, Hauptdurchzug im Süden von M 4 bis M 5, sonst überwiegend A 5 bis M 5(E 5); Hauptgesangsperiode (M 5 bis E 6); Legeperiode ab A 5, Hauptlegeperiode E 5 bis M 6; bei Zweitbruten bis A 8; Abzug der Brutvögel ab Juli, vor allem im August und September.

Tagesperiodik: tag- und dämmerungsaktiv; hohe Gesangsaktivität kurz vor SA bis frühen Vormittag auch in Abenddämmerung und nachts.

Erfassung

Überwiegend Kartierung singender ♂.

Termine: 1. M 5 bis E 5 (Gesang); 2. A 6 (Gesang); 3. M 6 bis E 6 (Gesang, Brutnachweis).

Günstige Tageszeit: möglichst 0,5 Std. vor bis 3 Std. nach SA, ggf. auch Nachtkontrolle ab 1 Std. vor bis 2 Std. nach SU.

Auswertung

Wertungsgrenzen: E 4 bis E 7.

Brutverdacht: • zweimalige Feststellung eines singenden ♂ im Abstand von mindestens 7 Tagen, davon eine E 5 bis E 6; • einmalige Gesangsfeststellung und mindestens eine weitere Beobachtung eines Altvogels im Abstand von mindestens 7 Tagen, davon eine Feststellung E 5 bis E 6.

Brutnachweis: insbesondere • fütternde Altvögel.

Besondere Hinweise: Reviere sind oft geklumpt verteilt (in Hörweite zueinander). Bis M 5 ist verstärkt mit Durchzüglern zu rechnen, die auch singen. Möglichst bis M 6 auch einen Nachttermin wahrnehmen.

Literatur: VAN DIJK & HUSTINGS (1996)

Wertungsgrenzen und Erfassungszeitraum

Februar			März			April			Mai			Juni			Juli			August		
A	M	E	A	M	E	A	M	E	A	M	E	A	M	E	A	M	E	A	M	E
										1.		2.	3.							

12370 Schlagschwirl
Locustella fluviatilis

RLD	---
EUV	---
SPEC	---

Lebensraum

Ufergebüsch, hohe Krautbestände am Rande bzw. auf Lichtungen von Bruch- und Feuchtwäldern, Sümpfen oder Wiesen; dichte gebüschreiche Verlandungszonen nährstoffreicher Binnengewässer (Niedermoore), Weich- und Hartholzauen an Flüssen und Bächen, jüngere Waldstadien, verkrautete Kahlschläge mit Stockausschlag, nasse Pappelforste; bevorzugte Struktur: üppige Krautschicht (Weidenröschen, Himbeere, Brennnessel, Labkraut, Großseggen, Schilf), Sträucher und ggf. Bäume mit schrägen Verzweigungen als Sitzwarte und mit dichter oberer bzw. lockerer bodennaher Pflanzendecke; dann auch in Ruderalflächen und Parkanlagen.

Brutbiologie

Freibrüter; Nest bodennah in Krautschicht/Gestrüpp; monogame Saisonehe; 1 Jahresbrut, Nachgelege möglich; Gelege: (3)4-6 Eier, Brutdauer: 13-15 Tage; Nestlingsdauer: 11-13 Tage, flügge mit 18 Tagen; Brut und Aufzucht ♂ und ♀; (♀ brütet nachts); Auflösung der Familienverbände nach 22-23 Tagen.

Phänologie

Jahresperiodik: Langstreckenzieher; Heimzug (E 4)A 5 bis M 6, Hauptdurchzug im Südosten von A 5 bis E 5, im Nordwesten von M 5 bis A 6; Legebeginn (M 5)E 5 bis M 6; Neuansiedlung bis A 7 möglich; Abzug ab Juli/August, bis September (Oktober).

Tagesperiodik: tag- und dämmerungsaktiv; kurz vor SA bis 3 Std. nach SA und Abenddämmerung bis Nacht, auch bei voller Dunkelheit.

Erfassung

Überwiegend Kartierung singender ♂, Einsatz einer Klangattrappe zur Überprüfung der Anwesenheit sinnvoll.

Termine: 1. E 5 bis A 6 (Gesang); 2. M 6 (Gesang); 3. E 6 bis A 7 (Gesang, Brutnachweis, Spätansiedlungen).

Günstige Tageszeit: möglichst 0,5 Std. vor bis 3 Std. nach SA und ab Abenddämmerung bis 3 Std. nach SU, möglichst einen Nachttermin wahrnehmen.

Auswertung

Wertungsgrenzen: M 5 bis E 7.

Brutverdacht: • zweimalige Feststellung eines singenden ♂ im Abstand von mindestens 7 Tagen, davon eine M 6 bis A 7; • einmalige Gesangsfeststellung und eine weitere Beobachtung eines Altvogels im Abstand von mindestens 7 Tagen, davon eine Feststellung M 6 bis A 7.

Brutnachweis: insbesondere • fütternde Altvögel.

Besondere Hinweise: ♂ bevorzugen über längere Zeit bestimmte Singwarten, meist schräge/waagerechte Zweige oder Stängel in 0,8 bis 3 m Höhe. Brutnachweise sind besonders zu dokumentieren. ♂ wechseln bis M 6 oft die Reviere. An denselben Plätzen können unterschiedliche ♂ (dann meist unverpaart) singen. Bis zu 50 % unverpaarte ♂ (z.B. Mittelelbe) sind bekannt. Da zum Brutgeschehen in vielen Regionen nur wenige Daten vorliegen, sollte bei Brutverdacht (Kriterium singende ♂) durch intensives Beobachten zumindest Nestbauverhalten, möglichst ein Brutnachweis dokumentiert werden.

Literatur: Todte (2001); van Dijk & Hustings (1996)

Wertungsgrenzen und Erfassungszeitraum

Februar			März			April			Mai			Juni			Juli			August		
A	M	E	A	M	E	A	M	E	A	M	E	A	M	E	A	M	E	A	M	E
											1.		2.	3.						

12380 Rohrschwirl
Locustella luscinioides

RLD	V
EUV	---
SPEC	---

Lebensraum

Röhrichtzonen von Seen, Teichen, Flüssen und Boddengewässern mit zweischichtigem Aufbau: vorjähriges Schilf als Singwarte, Seggen, Schneide, Binsen, breitblättrige Stauden, Streu- bzw. Knickschilfschicht als Neststandort, Bindung an zumindest schwach wasserdurchflutete Röhrichte; einzelne Gehölze werden gern angenommen, sind aber nicht Voraussetzung für Vorkommen; überwiegend größere zusammenhängende Altschilfbestände, mit Schilf oder Rohrkolben durchwachsene Großseggenriede bzw. Wasserschwadenröhrichte; bei entsprechender Strukturierung auch extensiv genutzte Fisch- und Klärteiche bzw. Abgrabungsgewässer.

Brutbiologie

Röhrichtbrüter; Nest meist versteckt in Knickschicht der Röhrichtvegetation; monogame Saisonehe, doch Bigamie nachgewiesen; Zweitbrut häufig, Drittbrut möglich; Gelege: 3-6 Eier, Brutdauer: 12-14 Tage, Nestlingsdauer: 11-15 Tage; Brut und Aufzucht durch ♂ und ♀.

Phänologie

Jahresperiodik: Langstreckenzieher; Heimzug im Süden ab E 3, sonst ab A 4 bis E 6, Hauptdurchzug im Süden von A 4 bis A 5, sonst von M 4 bis M 5; Legebeginn ab E 4, meist ab A 5, Brutperiode bis Juli; Abzug ab M 8 bis M 9.

Tagesperiodik: tag- und dämmerungsaktiv; hohe Gesangsaktivität v.a. nachts und um SA; unverpaarte ♂ singen zu allen Tageszeiten, auch mittags.

Erfassung

Überwiegend Kartierung singender ♂, Einsatz von Klangattrappe sinnvoll, v.a. in wenig untersuchten oder weitläufigen, unzugänglichen Gebieten und bei Einzelvorkommen.

<u>*Termine*</u>: 1. E 4 bis A 5 (Gesang); 2. M 5 (Gesang, Nestbau); 3. E 5 bis A 6 (Gesang, Brutnachweis).

<u>*Günstige Tageszeit*</u>: kurz vor bis 3 Std. nach SA und 1 Std. vor bis 3 Std. nach SU.

Auswertung

Wertungsgrenzen: M 4 bis A 7.

<u>*Brutverdacht*</u>: • zweimalige Feststellung eines singenden ♂ im Abstand von mindestens 7 Tagen, davon eine M 5 bis A 6; • einmalige Gesangsfeststellung und eine weitere Feststellung eines Altvogels im Abstand von mindestens 7 Tagen, davon eine M 5 bis A 6; • warnende Altvögel.

<u>*Brutnachweis*</u>: insbesondere • fütternde Altvögel.

Besondere Hinweise: Gesang etwa 200-300 m hörbar, Reaktion auf Klangattrappe gut; für Interpretation Uhrzeit des festgestellten Gesangs notieren (intensiver Gesang am Mittag deutet auf unverpaarte ♂ hin); bei Mehrfachbruten sind Umsiedlungen möglich (Gefahr der Doppelzählung während der gesamten Brutzeit). Bei kühlem regnerischen Wetter können dann tiefer und kürzer singende Feldschwirle mit Rohrschwirlen verwechselt werden.

Literatur: Aebischer & Meyer (1998); Dvorak et al. (1997)

Wertungsgrenzen und Erfassungszeitraum

Februar			März			April			Mai			Juni			Juli			August		
A	M	E	A	M	E	A	M	E	A	M	E	A	M	E	A	M	E	A	M	E
								1.		2.	3.									

12410 Mariskenrohrsänger
Acrocephalus melanopogon

RLD	---
EUV	X
SPEC	---

Lebensraum

Überschwemmte oder stark vernässte mehrjährige, zweischichtige Mischbestände von Schilf, Rohrkolben, Simsen, Binsen und einzelnen Weiden im Süß- und Brackwasser mit viel Pflanzenmasse in unterer Schicht; meidet größere homogene Schilfbestände und bevorzugt dichte Röhrichte mit kleinen offenen Wasserflächen und ausgeprägter, verfilzter Knickschicht, Schilfhorsten oder breitblättrigem Unterwuchs. Brutzeitfeststellungen in Baden-Württemberg und Bayern, unregelmäßiger Brutvogel in Bayern (Nachweis 1984).

Brutbiologie

Röhrichtbrüter; Nest zwischen Pflanzenstängeln in dichter Röhricht-Knickschicht, 30-120 cm über Wasseroberfläche, oft blickgeschützt durch überhängende Pflanzen; Einzelbrüter; monogame Saisonehe; 2 Jahresbruten (in Deutschland fraglich); Gelege: 3-6 Eier, Brutdauer: 13-15 Tage, beide Partner brüten; Nestlingsdauer: 12 Tage, Jungvögel ca. 20 Tage nach Ausfliegen selbstständig.

Phänologie

Jahresperiodik: in Deutschland Kurzstreckenzieher, im übrigen Areal Teilzieher, überwintert im Mittelmeerraum; Beobachtungen im Brutgebiet in Süddeutschland selten ab M 4, meist ab A 5 bis A/M 7; Datenlage zur Phänologie in Deutschland aufgrund des unregelmäßigen geringen Bestandes unzureichend.

Tagesperiodik: tagaktiv, ausgeprägtes morgendliches Aktivitätshoch und schwächerer Abendgipfel.

Erfassung

Erfassung singender ♂ sowie Nest bauender, Futter oder Kotballen tragender sowie warnender Altvögel; in ausgedehnten Röhrichten Kartierung von erhöhten Punkten aus (ca. 1 m über Röhrichtniveau, z.B. Deiche, Beobachtungstürme, Stelleitern) bzw. vom Boot aus.

Termine: 1. A 5 bis M 5 (Gesang); 2. E 5 bis A 6 (Gesang); 3. M 6 bis E 6 (Gesang, Brutnachweis).

Günstige Tageszeit: ab SA bis mittags.

Auswertung

Wertungsgrenzen: E 4 bis E 7.

Brutverdacht: • zweimalige Feststellung eines singenden ♂ im Abstand von mindestens 7 Tagen, davon eine E 5 bis E 6; • einmalige Gesangsfeststellung und eine weitere Feststellung eines Altvogels im Abstand von mindestens 7 Tagen, davon eine E 5 bis E 6; • warnende Altvögel.

Brutnachweis: insbesondere • fütternde Altvögel.

Besondere Hinweise: Besitzt starke Bindung an Singwarten, diese bieten sich als Revierkennzeichen an. Die Revierabgrenzung wird durch Fliegen knapp über der Vegetation markiert. Wegen zurückgezogener Lebensweise und versteckter Neststandorte hauptsächlich akustische Erfassung. Reviergesang laut, führt keinen Singflug aus, sitzt meist schwer sichtbar knapp über unterer Vegetationsschicht, aber auch auf Schilfspitzen. Da zum Brutgeschehen in Deutschland kaum verwertbare Daten vorliegen, sollte bei Brutverdacht (Kriterium singende ♂) durch intensives Beobachten zumindest Nestbauverhalten, möglichst ein Brutnachweis dokumentiert werden und der Deutschen Seltenheitenkommission gemeldet werden.

Wertungsgrenzen und Erfassungszeitraum

Februar			März			April			Mai			Juni			Juli			August		
A	M	E	A	M	E	A	M	E	A	M	E	A	M	E	A	M	E	A	M	E
									1.		2.		3.							

12420 Seggenrohrsänger
Acrocephalus paludicola

RLD	1
EUV	X
SPEC	1

Lebensraum

Von regelmäßigen Überschwemmungsperioden geprägte Landschaften der Tiefebene; meist Flussniederungen mit weiträumigen Großseggenrieden, aber auch Seggen-Süßgras- und reine Süßgrasbestände auf bewirtschafteten Wiesen; mit Schilf durchsetzte Salzgraswiesen mit extensiver Beweidung; Nutzung vereinzelter Hochstauden, Rohrkolben sowie kleinerer Weiden- und Erlenbüsche als Singwarten. Früher in Norddeutscher Tiefebene weiter verbreitet, heutzutage in Brandenburg nur noch ein regelmäßig besetztes Brutgebiet im Unteren Odertal; in Mecklenburg-Vorpommern unregelmäßig einige Brutzeitfeststellungen.

Brutbiologie

Freibrüter; Nest meist in Vegetation über wasserdurchflutetem Grund, ausnahmsweise auf trockenem Grund, meist auf Bulten aufgesetzter und überdachter Napf aus locker zusammengefügten Seggenblättern; ♀ baut wahrscheinlich allein; kein Paarzusammenhalt, Polygynie in lockerer Bindung möglich, aber Promiskuität wahrscheinlicher; 1-2 Jahresbrut(en), Nachgelege; Gelege: (3)4-6 Eier, Brutdauer: ca. (12)14(16) Tage, Nestlingsdauer: 14-16 Tage; flügge Junge mit 19-23 Tagen selbstständig; nur ♀ brütet, hudert und füttert.

Phänologie

<u>*Jahresperiodik*</u>: Langstreckenzieher; Heimzug und somit Ankunft im Brutgebiet (nur im Osten) ab (M/E 4) überwiegend A/M 5, Durchzug bis M 6 möglich; Singflüge häufig M 5 bis M 7; Legebeginn der Erstbruten M 5 bis M 6, der Zweitbruten E 6 bis E 7; flügge Junge der Erstbrut M 6 bis M 7, der Zweitbrut E 7 bis E 8; Abzug ♂ ab E 6, sonst meist M/E 7 bis A 8, ♀ mit erfolgreicher Zweitbrut bis E 8.

<u>*Tagesperiodik*</u>: tagaktiv; Höhepunkt der Gesangsaktivität vor und nach SU zwischen 18.00 und 22.00 Uhr, regelmäßig Nachtgesang.

Erfassung

Optische und akustische Erfassung der ♂ (Gesang, Singflüge), sowie von Nistmaterial, Futter oder Kotballen tragenden ♀).

Termine: 1. M 5 bis E 5 (Gesang, Singflüge); 2. A 6 bis M 6 (Gesang, Singflüge); 3. E 6 bis A 7 (Gesang, Singflüge, Brutnachweis bei ♀).

Günstige Tageszeit: Abend- bzw. Nachtkontrollen (i.d.R. 18.00-22.00 Uhr) bei höchstens schwachem Wind.

Auswertung

Wertungsgrenzen: A 5 bis A 7.

Brutverdacht: • zweimalige Feststellung eines singenden ♂ im Abstand von mindestens 7 Tagen, davon eine A 6 bis A 7; • einmalige Gesangsfeststellung und eine weitere Feststellung eines Altvogels im Abstand von mindestens 7 Tagen, davon eine A 6 bis A 7; • ♀ trägt Nistmaterial.

Brutnachweis: insbesondere • ♀ trägt Futter oder Kotballen.

Besondere Hinweise: Aktionsräume der ♂ sind bis zu 8 ha groß, überlappen sich oft und wechseln häufig, was die Bestandserfassung erschwert. Wegen wechselnder Aktionsräume und Singwarten sind in größeren Gebieten Synchronerfassungen angebracht. Wertung einzelner singender ♂ als Brutverdacht ist bei den geringen Beständen heutzutage sehr gewagt. Verwechslungsgefahr mit Schilfrohrsänger (vor allem auch bei Rufen) beachten. Da zum Brutgeschehen meist nur wenige Daten vorliegen, sollte bei Brutverdacht (Kriterium singende ♂ mit Singflug) durch intensives Beobachten zumindest Nestbauverhalten, möglichst ein Brutnachweis dokumentiert werden. Bruten außerhalb Brandenburgs sollen der Deutschen Seltenheitenkommission gemeldet werden.

Literatur: Helmecke et al. (2003); Schulze-Hagen (1995); Schulze-Hagen et al. (1999)

Wertungsgrenzen und Erfassungszeitraum

Februar			März			April			Mai			Juni			Juli			August		
A	M	E	A	M	E	A	M	E	A	M	E	A	M	E	A	M	E	A	M	E
										1.		2		3.						

12430 Schilfrohrsänger
Acrocephalus schoenobaenus

RLD	2
EUV	---
SPEC	---

Lebensraum

Mäßig nasse, landseitige, zweischichtige Verlandungsvegetation mit oder ohne Gehölzsukzession in Niedermooren, an Still- und Fließgewässern, bzw. in Flussauen bis in Brackwasserbereich, überwiegend im Tiefland; z.B. lichte Schilfröhrichte mit dichter Krautschicht aus Seggen, hohen Gräsern, Rohrkolben und einzelnen die Krautschicht überragenden Büschen; Seggenriede, Rohrglanzgrasröhrichte oder -wiesen, Nassbrachen, schilfbestandene Bruchwaldränder; bei entsprechender Struktur dicht bewachsene Gräben und Priele in Grünland- und Ackermarsch, verlandete Torfstiche im Niedermoor, Spülfelder, Staupolder, Fischteichgebiete, Absetzbecken und Klärteiche.

Brutbiologie

Freibrüter, Nest bodennah im Röhricht, an Hochstauden, oft an Seggenbulten; monogame Saisonehe, doch Bigamie nachgewiesen; 1 Jahresbrut, Zweitbrut möglich; Gelege: 4-6 Eier, Brutdauer: 12-15 Tage, nur ♀ brütet; Nestlingsdauer: 10-14 Tage, Aufzucht durch ♂ und ♀.

Phänologie

Jahresperiodik: Langstreckenzieher; Heimzug im Osten ausnahmsweise ab E 3, sonst ab A 4 bis E 6(A 7), Hauptdurchzug im Südosten ab M 4 bis A 5, im Norden von E 4 bis E 5; Legebeginn ab A 5 bis A 6; Erstbrut überwiegend Mai bis A/M 6, Spät- und Zweitbruten E 6 bis Juli; Abzug ab M 7 bis August/ September (Oktober).

Tagesperiodik: überwiegend tagaktiv; Gesang hauptsächlich in Morgendämmerung bis frühen Vormittag, insbesondere im Mai auch in Abenddämmerung und nachts.

Erfassung

Überwiegend Kartierung singender ♂, daneben Erfassung Nest bauender, Futter oder Kotballen tragender sowie warnender Altvögel.

Termine: 1. A 5 (Gesang); 2. M 5 (Gesang); 3. E 5 bis A 6 (Gesang, Fütterungen).

Günstige Tageszeit: ab 1 Std. vor bis 3 Std. nach SA und 1 Std. vor bis 2 Std. nach SU; Wetter: möglichst windstill bis windarm, mild, ggf. eher trüb als sonnig.

Auswertung

Wertungsgrenzen: E 4 bis M 6.

Brutverdacht: • zweimalige Feststellung eines singenden ♂ im Abstand von mindestens 7 Tagen, davon eine M 5 bis A 6; • einmalige Gesangsfeststellung und eine weitere Feststellung eines Altvogels, davon eine M 5 bis A 6; • warnende Altvögel.

Brutnachweis: insbesondere • fütternde und führende Altvögel.

Besondere Hinweise: Auf auffällige Singflüge achten. Bei verpaarten Individuen lässt Gesangsaktivität nach; unverpaarte ♂ singen weiter. Leichter Nieselregen und Nebel beeinträchtigen die Gesangsaktivität nicht. Ab E 6 ist mit Zweitbruten und damit verstärkt mit Umsiedlungen zu rechnen. Aufteilung der flüggen Jungen auf Eltern beachten (zwei führende Altvögel entsprechen also nicht unbedingt zwei Bruten).

Literatur: Hielscher (2001); Lange (1964)

Wertungsgrenzen und Erfassungszeitraum

Februar			März			April			Mai			Juni			Juli			August		
A	M	E	A	M	E	A	M	E	A	M	E	A	M	E	A	M	E	A	M	E
									1.	2.	3.									

12500 Sumpfrohrsänger
Acrocephalus palustris

RLD	---
EUV	---
SPEC	---

Lebensraum

Offene bis halboffene Landschaft mit dicht stehender Deckung aus Hochstauden mit hohem Anteil vertikaler Elemente mit seitlich abgehenden Blättern; häufig Mischbestände (Brennnessel, Doldenblütler, Mädesüß, Beifuß, Rainfarn, Wasserdost, Weidenröschen, Brombeere, Heckenrose, Pestwurz) mit hohen Gräsern und lockerem Schilf in Fluss- und Bachauen (Ufer), landseitigen Verlandungszonen, Waldrändern oder Waldlichtungen; Sekundärhabitate bei entsprechender Strukturierung auch Extensivwiesen, Rieselfelder, Ruderalfluren, Spülflächen, Schonungen, Brachen, Rapsfelder, verwilderte Gärten, Feld-, Graben- oder Straßenränder; nicht in wasserdurchfluteten Beständen oder reinen Schilfgebieten bzw. Getreidefeldern.

Brutbiologie

Freibrüter; Nest in dichter Krautschicht; Nistplatzwahl und Nestbau durch ♀; monogame Saisonehe, Bigynie möglich; 1 Jahresbrut, Nachgelege möglich, Zweitbrut eher die Ausnahme; Gelege: 3-5(6) Eier, Brutdauer: 12-14 Tage; Nestlingsdauer: 10-12 (15) Tage, flügge mit 16-17 Tagen; Brut und Aufzucht ♂ und ♀; Auflösung der Familienverbände nach 26-31 Tagen; ein Partner kann die Familie frühzeitig (vor dem Ausfliegen) verlassen.

Phänologie

<u>Jahresperiodik</u>: Langstreckenzieher; Heimzug (M 4)E 4 bis M 6 (spät v.a. im Küstenraum/Inseln oder im Gebirge), Hauptdurchzug M 5 bis A 6; Hauptgesangsperiode M 5 bis M 6; Legeperiode (M 5)E 5 bis M 6(A 7); Abzug ab M 7 bis September (Oktober).

<u>Tagesperiodik</u>: tag-, dämmerungs- und nachtaktiv; höchste Gesangsaktivität vor und nach Morgendämmerung; Nachtgesang erlischt nach Paarbildung.

Erfassung

Überwiegend Kartierung singender ♂, daneben Erfassung Nest bauender, fütternder oder warnender Altvögel.

Termine: 1. E 5 (Gesang); 2. A 6 (Gesang); 3. M 6 bis E 6 (Gesang/Brutnachweis).

Günstige Tageszeit: 1 Std. vor bis 1 Std. nach SA; bei windarmen, (trockenen), milden äußeren Bedingungen, doch auch nach warmem Regen.

Auswertung

Wertungsgrenzen: M 5 bis M 7.

Brutverdacht: • zweimalige Feststellung eines singenden ♂ im Abstand von mindestens 7 Tagen, davon eine A 6 bis E 6; • einmalige Gesangsfeststellung und mindestens eine weitere Feststellung eines Altvogels im Abstand von mindestens 7 Tagen, davon eine A 6 bis E 6.

Brutnachweis: insbesondere • fütternde Altvögel und Familienverband, auch wenn vorher kein Gesang festgestellt wurde.

Besondere Hinweise: Durchzug mitunter noch sehr spät, (z.B. im Küstenraum/Gebirge bis E 5/A 6), dann kurzzeitig Gesang auch in Gebüschen, die sicher nicht als Bruthabitat genutzt werden. Futter tragende Altvögel können vor allem bei dichter Besiedlung keinem bestimmten Revier zugeordnet werden, da Reviergrenzen während der Jungenaufzucht nicht mehr bestehen. Zusätzliche Feststellungen lassen sich bei Abend- und Nachtkartierungen anderer Arten im selben Lebensraum gewinnen. Bei Wertung eines Familienverbandes zum Brutbestand die Möglichkeit der Einwanderung von außerhalb des Untersuchungsgebietes berücksichtigen. In extensiv genutzten Wiesen, die nach dem 15.6. gemäht werden, möglichst zwei Begehungen vor der Mahd durchführen. Auf mögliches Auftreten des Buschrohrsängers (*A. dumetorum*) achten, dessen Gesang ähnlich ist.

Literatur: Dierschke (1990)

Wertungsgrenzen und Erfassungszeitraum

Februar			März			April			Mai			Juni			Juli			August		
A	M	E	A	M	E	A	M	E	A	M	E	A	M	E	A	M	E	A	M	E
											1.	2.	3.							

12510 Teichrohrsänger
Acrocephalus scirpaceus

RLD	---
EUV	---
SPEC	---

Lebensraum

Überwiegend in mindestens vorjährigen Schilfröhrichten bzw. Schilf-Rohrkolbenbeständen an Fluss- und Seeufern, Altwässern, Sümpfen; in der Kulturlandschaft auch an schilfgesäumten Teichen und Gräben aller Art; enge Bindung an Vertikalstrukturen; toleriert Buschwerk, jedoch nicht in zu lückigem Röhricht mit überwiegender Krautschicht; bei größeren Gewässern weniger an der unmittelbaren Wasserseite des Schilfes. Auch in sehr kleinen Röhrichten bzw. schmalen Röhrichtsäumen (2-3 m) sowie in Weidengebüsch mit Unterwuchs aus Rohrkolben und Großseggen (ohne Schilf); seltener und in geringerer Dichte in Jungschilfbeständen.

Brutbiologie

Freibrüter; Nest zwischen Röhrichthalmen aufgehängt; Nistplatzwahl und Nestbau durch ♀; monogame Saisonehe, Bigynie möglich; Umpaarungen bei hoher Siedlungsdichte; 1-2 Jahresbrut(en), Nachgelege regelmäßig, da hohe Verluste, Zweitbruten unterschiedlich häufig; Gelege: 3-6 Eier, Brutdauer: 11-14 Tage, überwiegend brütet ♀; Nestlingsdauer: 9-13 Tage, Aufzucht durch ♂ und ♀.

Phänologie

<u>*Jahresperiodik*</u>: Langstreckenzieher; Heimzug (im Süden ausnahmsweise E 3/A 4) sonst M/E 4 bis M 6 (späte v.a. an Küste und in Hochlagen), Hauptdurchzug im Süden von A 5 bis E 5, sonst M 5 bis A 6; Legebeginn ab M 5 möglich, vor allem E 5 bis A 6, Zweitbruten ab Juli (A 8), auch noch Nestlinge im September möglich; Abzug ab E 7 vor allem im August/September, Wegzug noch bis M 10.

<u>*Tagesperiodik*</u>: tagaktiv; Gesang v.a. ab SA bis Vormittag; Abend und Nachtgesang seltener.

Erfassung

Überwiegend Kartierung singender ♂, daneben Erfassung Nest bauender oder fütternder Altvögel; Kartierung in ausgedehnten Röhrichten von erhöhten Punkten aus (ca. 1 m über Schilfniveau, z.B. Deiche, Beobachtungstürme, Stehleitern).

Termine: 1. E 5 (Gesang); 2. A 6 (Gesang); 3. M 6 bis E 6 (Gesang, Brutnachweis).

Günstige Tageszeit: ab SA bis 4 Std. nach SA; bei windarmen, (trockenen), milden äußeren Bedingungen, doch auch nach warmem Regen.

Auswertung

Wertungsgrenzen: M 5 bis A 7.

Brutverdacht: • zweimalige Feststellung eines singenden ♂ im Abstand von mindestens 7 Tagen, davon eine A 6 bis E 6; • einmalige Gesangsfeststellung und mindestens eine weitere Feststellung eines Altvogels im Abstand von mindestens 7 Tagen, davon eine A 6 bis E 6; • einmalige Feststellung eines singenden ♂ erst M 6 bis E 6.

Brutnachweis: insbesondere • fütternde Altvögel.

Besondere Hinweise: Bei dichter Besiedlung (auch auf kleinen Flächen < 1 ha) wird bei der Revierkartierung der Bestand meist deutlich unterschätzt (40-80 % sind belegt). Standardisierter Netzfang, Farbberingung und Nestersuche als alternative Methoden sind jedoch nur bei speziellen Studien leistbar. Daher wird die Wertung bereits einer Gesangsfeststellung ab M 6 als Revier empfohlen. Spontane Gesangsaktivität ist nach Paarbildung reduziert, Teichrohrsänger lassen sich jedoch durch Störgeräusche (Knicken von Ästchen, Rascheln, Stimmenimitation, Klangattrappe) leicht zum Singen animieren. Auch ♀ können bei Erregung singen. In unzugänglichen, weitläufigen Röhrichten sind singende ♂ zu Anfang der Revierbesetzung oft noch im vorjährigen Schilf zu sehen (ggf. aber nicht mehr herauszuhören), daher möglichst nicht bei schlechten Sichtverhältnissen (Nebel) kartieren. Nahrungssuche auch außerhalb des Reviers. In Röhrichten >100 m Breite sollte nach Möglichkeit eine Bootsbefahrung nahe der wasserseitigen Schilfzone erfolgen. Zusätzliche Feststellungen lassen sich bei Abend- und Nachtkartierungen anderer Arten gewinnen.

Literatur: Schulze-Hagen (1993); Westphal (1980)

Wertungsgrenzen und Erfassungszeitraum

Februar			März			April			Mai			Juni			Juli			August		
A	M	E	A	M	E	A	M	E	A	M	E	A	M	E	A	M	E	A	M	E
											1.	2.	3.							

12530 Drosselrohrsänger
Acrocephalus arundinaceus

RLD	2
EUV	---
SPEC	---

Lebensraum

Ufer von Seen und Flüssen mit ins offene Wasser vordringenden, buchtenreichen Altschilf- bzw. Schilf-Rohrkolbenbeständen, Bindung an hohe vertikale Strukturen, zumindest an vorjähriges, wasserseitig lockeres Schilf mit hohen dicken Halmen; Verlandungszonen kleiner Waldseen und schilfgesäumte Randbereiche von (Erlenbruch-)Wäldern; kleinflächige Schilfbestände, die in der Umgebung Nahrung bieten und geeignete Habitatstrukturen aufweisen, können ausreichen; in der Kulturlandschaft dann auch z.T. sehr schmale Röhrichtsäume an Gräben und Teichen.

Brutbiologie

Freibrüter; Nest zwischen Röhrichthalmen aufgehängt; Nestbau nur durch ♀; monogame Saisonehe doch regelmäßig auch Polygamie; 1 Jahresbrut, Zweitbrut eher selten, Nachgelege möglich; Gelege: 4-7 Eier, Brutdauer: 13-15 Tage, nur ♀ brütet; Nestlingsdauer: 10-15 Tage, Aufzucht durch ♂ und ♀.

Phänologie

<u>*Jahresperiodik*</u>: Langstreckenzieher; Heimzug im Süden ab A 4 sonst M/E 4 bis A/M 6(E 6), Hauptdurchzug im Osten ab E 4, im Süden ab A 5, im Norden ab M 5, jeweils bis E 5; Hauptbrutzeit M 5 bis E 6 (Spät- und Zweitbruten bis Juli); Abzug August-Oktober.

<u>*Tagesperiodik*</u>: tagaktiv, Nachtgesang eher selten.

Erfassung

Überwiegend Kartierung singender ♂; daneben Erfassung Nest bauender, Futter oder Kotballen tragender sowie warnender Altvögel; Kartierung in ausgedehnten Röhrichten ggf. von erhöhten Punkten aus (ca. 1 m über Schilfniveau, z.B. Deiche, Beobachtungstürme, Stehleitern). Einsatz von Klangattrappe zur Überprüfung der Anwesenheit ist vor allem bei isolierten (unregelmäßigen) Vorkommen sinnvoll.

Termine: 1. M 5 bis E 5 (Gesang, Nestbau); 2. A 6 (Gesang, Nestbau, Brutnachweis); 3. M 6 bis E 6 (Gesang, Brutnachweis).

Günstige Tageszeit: ab Morgendämmerung bis 4 Std. nach SA; bei windarmen, trockenen, (milden) äußeren Bedingungen.

Auswertung

Wertungsgrenzen: A 5 bis E 7.

Brutverdacht: • zweimalige Feststellung eines singenden ♂ im Abstand von mindestens 7 Tagen, davon eine A 6 bis E 6; • einmalige Gesangsfeststellung und eine weitere Feststellung eines Altvogels im Abstand von mindestens 7 Tagen, davon eine A 6 bis E 6; • Nest bauendes ♀; • warnende Altvögel (sehr auffälliges Schnarren).

Brutnachweis: insbesondere • brütende oder fütternde Altvögel.

Besondere Hinweise: Singwarte auf Schilfhalm oft in Rispenhöhe. Die Gesangsaktivität klingt nach Verpaarung stark ab, dann ist auch kaum mehr eine Reaktion auf Klangattrappe zu verzeichnen. Nester in schmalen Röhrichtsäumen und Nest bauende ♀ sind oft gut zu beobachten. Nicht selten kommt Polygamie vor. Nahrungssuche auch außerhalb des Brutreviers. Bei breiten Röhrichten ist ggf. eine Kontrolle des wasserseitigen Röhrichts per Boot erforderlich.

Literatur: Dvorak et al. (1997); Fischer (1993)

Wertungsgrenzen und Erfassungszeitraum

Februar			März			April			Mai			Juni			Juli			August		
A	M	E	A	M	E	A	M	E	A	M	E	A	M	E	A	M	E	A	M	E
										1.		2.	3.							

12590 Gelbspötter
Hippolais icterina

RLD	---
EUV	---
SPEC	---

Lebensraum

Mehrschichtige Waldlandschaften mit hohen Gebüschen und stark aufgelockertem durchsonnten Baumbestand, bevorzugt im Bereich reicher Böden wie z.B. in Weiden-Auwäldern und feuchten Eichen-Hainbuchen-Mischwäldern, außerdem in Laubholz-Aufforstungen mittleren Alters; fehlt in Wirtschaftswäldern weitgehend, in Nadelforsten ganz; insbesondere in Niedermooren und von Hecken gegliederten Feuchtgrünlandgebieten, Rieselfeldlandschaften, seltener werden auch in der Feldflur hohe Knicks, Buschsäume entlang von Wegen und Gräben, Feldgehölze und Pappelpflanzungen besiedelt; Siedlungen mit Grünanlagen, Friedhöfe, Parklandschaften, v.a. die Gartenstadtzone, aber auch die Innenstadt, Marschsiedlungen, Hofgehölze mit Eichenbestand und verwilderte Obstgärten; i.d.R. < 300 m, selten höher im Gefolge von Ortschaften.

Brutbiologie

Freibrüter; Nest in höheren Sträuchern und Laubbäumen oft in Astquirlen aufgehängt; Reviergründung durch das ♂, Nistplatzwahl und Nestbau durch das ♀; Einzelbrüter; monogame Brut- oder Saisonehe; 1(v.a. im Süden und Westen 2) Jahresbrut(en); Gelege: (3)4-5(7) Eier, Brutdauer: 12-14 Tage; Nestlingsdauer: 13-15(16) Tage; nur das ♀ brütet, wird vom ♂ mitunter am Nest gefüttert; ♀ hudert mindestens die ersten 6 Tage, Fütterung anfangs allein durch das ♂, nach Huderzeit durch beide Partner.

Phänologie

Jahresperiodik: Langstreckenzieher; Ankunft im Brutgebiet ab (Süden: M 4) E 4 bis A 5, Hauptdurchzug: (Süden: E 4)A 5 bis E 5(Osten: A 6), Besiedlung der meisten Brutplätze bis E 5; Gesang bereits auf dem Heimzug, gleich nach Ankunft (M/E 5) am intensivsten, mit der Paarbildung Abklingen der Gesangsintensität; Legebeginn M 5 witterungsabhängig bis A 6, Maximum E 5 bis A 6, spätester Legebeginn bis E 7; flügge Junge ab M 6; Dismigration der Jungvögel ab M 7, unauffälliger Wegzug E 7 bis September.

Tagesperiodik: tagaktiv; beginnt vor SA zu singen, selten Nachtgesang, höchste Gesangsaktivität in den frühen Morgenstunden.

Erfassung

In der Hauptsache Kartierung singender ♂, daneben Nest bauender und Futter eintragender Altvögel, Warnrufe in Nestnähe, Familien.

Termine: 1. M 5 (Gesang, Nestbau); 2. E 5 (Gesang, Warnrufe); 3. A 6 (Gesang, Warnrufe, fütternde Altvögel).

Günstige Tageszeit: 1 Std. vor SA bis 4 Std. nach SA.

Auswertung

Wertungsgrenzen: E 4 bis A 7.

Brutverdacht: • zweimalige Feststellung eines singenden ♂ im Abstand von mindestens 7 Tagen, davon eine M 5 bis A 6; • Altvögel mit Nistmaterial; • warnende Altvögel.

Brutnachweis: insbesondere • fütternde oder Kotballen tragende Altvögel; • Familie mit gerade flüggen Jungen.

Besondere Hinweise: Verwechslungsmöglichkeit mit Orpheusspötter beachten; frühe Vorkommen in untypischen Lebensräumen (Durchzug); lang gezogener, stark von Witterungseinflüssen geprägter Brutbeginn; da ♂ bald nach der Paarungsphase den Gesang einstellen, singen nicht alle Revierinhaber gleichzeitig; über Wochen hin singende ♂ sind unverpaart; typische Warnrufe („*diteroit*") in Nestnähe.

Literatur: GNIELKA (1990)

Wertungsgrenzen und Erfassungszeitraum

Februar			März			April			Mai			Juni			Juli			August		
A	M	E	A	M	E	A	M	E	A	M	E	A	M	E	A	M	E	A	M	E
										1.	2.	3.								

12600 Orpheusspötter
Hippolais polyglotta

RLD	R
EUV	---
SPEC	---

Lebensraum

Trockene sonnenexponierte Hänge, vornehmlich mit Ginster und eingestreuten Brombeer-Weißdorn-Gebüschen bewachsen, mit ausgedehnter Krautschicht zwischen den Sträuchern, Büsche und kleine Bäume dienen als Singwarten; weiterhin in Randbereichen von Sand- und Kiesgruben, in Brachen im Bereich von Gleisanlagen, an Straßenböschungen und Bahndämmen; Brutgebiete häufig Sukzessionsflächen, auf denen landwirtschaftliche Nutzung eingestellt wurde. Ausbreitung von Frankreich aus, bisher vor allem im Saarland, in Baden-Württemberg und Rheinland-Pfalz, vereinzelt aber schon bis Nordrhein-Westfalen und Hessen.

Brutbiologie

Freibrüter; Nest in verschiedensten Sträuchern, Jungwuchs oder Dornengestrüpp; saisonale Monogamie; 1 Jahresbrut, Nachgelege; ♀ baut allein 4-6 Tage; Gelege: (2)4-5(6) Eier, Brutdauer 12-14 Tage, ♀ brütet und hudert; Nestlingsdauer: 11-13 Tage, Aufzucht durch ♂ und ♀; Eltern führen flügge Junge mindestens 2 Wochen.

Phänologie

Jahresperiodik: Langstreckenzieher; Besetzung der Brutgebiete (Süden: A 5)M/E 5; Legebeginn ca. 14 Tage nach Reviergründung; Mehrzahl der Schlupftermine im Juni, weitere im Juli (Nachgelege); Gesang nach Ankunft am intensivsten, Gesang insbesondere unverpaarter ♂ bis M 7; Dismigration der Jungvögel ab M 7, unauffälliger Wegzug ab E 7.

Tagesperiodik: tagaktiv; Gesang vormittags am intensivsten.

Erfassung

In der Hauptsache Kartierung singender ♂, daneben Nest bauende und Futter tragende Altvögel, Warnen in Nestnähe, Familien.

Termine: 1. M 5 (Gesang, Nestbau); 2. E 5 (Gesang, Warnverhalten); 3. A 6 (Gesang, Warnverhalten, fütternde Altvögel).

Günstige Tageszeit: v.a. früher Vormittag, auch am Spätnachmittag.

Auswertung

Wertungsgrenzen: A 5 bis M 7.

Brutverdacht: • zweimalige Feststellung eines singenden ♂ im Abstand von mindestens 7 Tagen, davon eine M 5 bis A 6; • Warnrufe von Altvögeln; • Nestbau.

Brutnachweis: insbesondere • Futter oder Kotballen tragender Altvogel; • Familie mit gerade flüggen Jungvögeln.

Besondere Hinweise: Gesang auch auf dem Heimzug; in den südwestlichen Regionen Deutschlands auf Verwechslungsmöglichkeit mit Gelbspötter achten; warnt besonders intensiv vor Neuntöter, brütet in enger Nachbarschaft zu diesem sehr versteckt; Hybriden mit Gelbspötter möglich. Habitate von Orpheusspötter und Gelbspötter können sich überlappen; Rückzug des Gelbspötters an der Arealgrenze im Bereich der Überlappungszone. Bruten außerhalb des Saarlandes und Rheinland-Pfalz sollen der Deutschen Seltenheitenkommission mit Dokumentation gemeldet werden.

Literatur: Hölzinger (1999); Irsch (1994, 1996)

Wertungsgrenzen und Erfassungszeitraum

Februar			März			April			Mai			Juni			Juli			August		
A	M	E	A	M	E	A	M	E	A	M	E	A	M	E	A	M	E	A	M	E
										1.	2.	3.								

12720 Westliche Orpheusgrasmücke
Sylvia hortensis

RLD	---
EUV	---
SPEC	3

Lebensraum

Strukturreiche Gebüschkomplexe mit Überhältern, Waldränder, lichte, gebüschreiche Wälder (gern Eichen- und Kiefernwälder), Flussufervegetation, Straßen begleitende Gebüsche; vor allem in wärmebegünstigter Lage, daher oft an steinigen Südhängen mit Halbtrockenrasen; Brutvogel Südwesteuropas, neuerdings Brutzeitfeststellungen in Baden-Württemberg; eine (vorübergehende) Ansiedlung in wärmebegünstigten Regionen Südwestdeutschlands erscheint möglich; möglicherweise wird die relativ unbekannte (scheue) Art auch gelegentlich übersehen.

Brutbiologie

Nest mittelhoch (in ca. 0,5-3,5 m Höhe) und gut versteckt, meist im Außenbereich von Bäumen oder Sträuchern; wohl monogame Saisonehe; in D wohl nur 1 Jahresbrut möglich; Gelege: 3-6 Eier, Brutdauer: 11-13 Tage, Nestlingsdauer: 12-14 Tage; ♀ brütet allein; ♀ und ♂ füttern; flügge Junge werden noch einige Zeit von den Altvögeln betreut.

Phänologie

Jahresperiodik: Langstreckenzieher; Ankunft am Brutplatz E 4 bis A 5; Hauptlegeperiode Mai/Juni; flügge Jungvögel ab Juni; Wegzug ab Juli.

Tagesperiodik: tagaktiv; zieht nachts; stärkste Gesangsaktivität am frühen Morgen (besonders zur fortgeschrittenen Brutzeit).

Erfassung

Überwiegend Kartierung singender ♂; nach Erstnachweis eines singenden ♂ im Frühjahr und Sommer sollten sich wenigstens 2 Kontrollen anschließen, um ein möglicherweise besetztes Revier zu bestätigen; prüfen, ob sich ein zweiter Vogel (♀) im Revier aufhält.

Termine: 1. A 5 bis M 5 (Gesang); 2. E 5 bis A 6 (Gesang, Anwesenheit von ♀, Warnen, Nestbau); 3. M 6 bis A 7 (Gesang, Warnen, Brutnachweis).

Günstige Tageszeit: ab SA bis Vormittag.

Auswertung

Wertungsgrenzen: E 4 bis E 7.

Brutverdacht: • zweimalige Feststellung eines singenden ♂ im Abstand von mindestens 7 Tagen, davon eine Feststellung E 5 bis A 7 (Revierverdacht) und Beobachtung eines ♀ im vermuteten Revier; • einmalige Feststellung eines singenden ♂ sowie eine weitere Feststellung eines Altvogels im Abstand von mindestens 7 Tagen, davon eine Feststellung E 5 bis A 7 und Beobachtung eines ♀ • Paarbindung; • Nestbau; • intensiv warnender Altvogel.

Brutnachweis: insbesondere • fütternder bzw. führender Altvogel.

Besondere Hinweise: Die Artbestimmung ist gegen die Östliche Orpheusgrasmücke (*Sylvia [h.] crassirostris*) abzusichern, die sich in Details von Färbung und Gesang unterscheidet. Die Art gilt als ausgesprochen scheu. Aufgrund der Seltenheit des Auftretens in Deutschland kann ein Brutverdacht nicht nur über das Kriterium Gesang abgeleitet werden, sondern nur über zusätzliche Beobachtung eines ♀, von Verpaarung oder Nestbauverhalten. Möglichst sollte auch ein Brutnachweis erbracht werden. Alle Beobachtungen sollten der Deutschen Seltenheitenkommission mit Dokumentation gemeldet werden.

Literatur: Conzemius & Barthel (2003)

Wertungsgrenzen und Erfassungszeitraum

Februar			März			April			Mai			Juni			Juli			August		
A	M	E	A	M	E	A	M	E	A	M	E	A	M	E	A	M	E	A	M	E
									1.		2.		3.							

12730 Sperbergrasmücke
Sylvia nisoria

RLD	---
EUV	X
SPEC	---

Lebensraum

Reich strukturierte Kleingehölze, Hecken oder Waldränder, die häufig an extensiv genutzte landwirtschaftliche Flächen (z.B. Feuchtgrünland), Halbtrockenrasen oder Brachen angrenzen, auch an Moorrändern und auf Waldlichtungen mit jungem Gehölzbewuchs innerhalb von Waldgebieten; Gehölzstrukturen i.d.R. mit dreischichtigem Aufbau aus niedrigen, meist bedornten Büschen sowie 2-4 m hohen Sträuchern, die punktuell von einzelnen Bäumen überragt werden; präferiert deutlich warme Standorte, deshalb Verbreitungsschwerpunkt in kontinental beeinflussten Landesteilen.

Brutbiologie

Buschbrüter; Neststand bodennah (0,1–1,5 m), bevorzugt in dornigen oder stacheligen Sträuchern; Revierbesetzung und Nestbau ♂ (1-3 Nestanlagen); Einzelbrüter, überwiegend saisonale Monogamie; 1 Jahresbrut, Nachgelege i.d.R. bei Verlust vor dem 5. Bebrütungstag; Gelege: 3-6(7) Eier, Brutdauer: 12-13 Tage, ♂ und ♀ brüten, ♀ hudert und wird vom ♂ gefüttert; Nestlingsdauer: ca. 11 Tage, Junge werden 17-20 Tage nach dem Ausfliegen geführt.

Phänologie

Jahresperiodik: Langstreckenzieher; Ankunft im Brutgebiet i.d.R. M 5; Reviergründung und Balz sofort nach der Ankunft, Heimzug A 5 bis A 6, Hauptdurchzug A/M 5; größte Balzaktivität von M 5 bis A 6; Eiablage ab A 5 bis A 7, Hauptlegezeit M/E 5; Jungvögel ab E 5; Abzug aus den Brutgebieten ab M 7.

Tagesperiodik: tagaktiv, ♂ singen nach der Ankunft während des ganzen Tages.

Erfassung

Zählung balzender ♂ (Singflug), warnender Individuen, fütternder Altvögel; insbesondere zur Revierabgrenzung bei hoher Siedlungsdichte und isolierten Vorkommen einzelner Paare Einsatz von Klangattrappe notwendig.

Termine: 1. M 5, möglichst ab 15.5. (Gesang); 2. E 5 (Gesang, warnende Altvögel); 3. A 6 (Gesang, warnende Altvögel).

Günstige Tageszeit: zu Beginn der Brutperiode den ganzen Tag, später 1 bis 2 Std. nach SA bis späten Vormittag und am späten Nachmittag.

Auswertung

Wertungsgrenzen: A 5 bis A 7.

Brutverdacht: • zweimalige Feststellung eines singendes ♂ im Abstand von mindestens 7 Tagen, davon eine von M 5 bis A 6; • einmalig singendes ♂ und eine Beobachtung eines Individuums im Abstand von mindestens 7 Tagen, davon eine Feststellung von M 5 bis A 6; • zweimalige Beobachtung eines Paares im Abstand von mindestens 7 Tagen, davon eine M 5 bis A 6; • einmalig intensives Warnverhalten.

Brutnachweis: insbesondere • fütternde Altvögel.

Besondere Hinweise: Die Reviere von früh ankommenden ♂ (10.-15. Mai) sind vergleichsweise groß und verkleinern sich durch die Ankunft konkurrierender ♂. Am Brutplatz sehr häufig mit Neuntöterpaaren vergesellschaftet.

Literatur: Klein & Sandkühler (2004)

Wertungsgrenzen und Erfassungszeitraum

Februar			März			April			Mai			Juni			Juli			August		
A	M	E	A	M	E	A	M	E	A	M	E	A	M	E	A	M	E	A	M	E
										1.	2.	3.								

12740 Klappergrasmücke
Sylvia curruca

RLD	---
EUV	---
SPEC	---

Lebensraum

Halboffenes bis offenes Gelände mit Feldgehölzen, Buschgruppen, Knicks; ferner Böschungen, Dämme, Trockenhänge, aufgelassene Weinberge, Waldränder, Kahlschläge, junge Fichten- und Kiefernschonungen, Wacholderheiden; in den Alpen in der Krummholzregion und im Zwergstrauchgürtel der oberen Subalpinzone; hohe Präsenz in Siedlungen, dort in Parks, Kleingärten, Gartenstädten, in Grünanlagen auch inmitten von Wohnblockzonen.

Brutbiologie

Freibrüter; Nester in niedrigen Büschen, Dornsträuchern, kleinen Koniferen; ♂ beginnt Nestbau, ♀ vollendet; saisonale Monogamie; 1 Jahresbrut, Nachgelege; Gelege: (3)4-5(6) Eier; Brutdauer: 11-14 Tage; ♂ und ♀ brüten, hudern und füttern; Nestlingsdauer: 11-13 Tage; Eltern betreuen die Jungen nach dem Ausfliegen noch mindestens 3 Wochen.

Phänologie

Jahresperiodik: Langstreckenzieher; Heimzug von (E 3)A 4 bis E 5, Hauptdurchzug von M 4 bis M 5; Vollgesang bereits auf dem Heimzug, Hauptgesangsperiode von E 4 bis E 6; Legebeginn frühestens E 4 (im Südosten), hauptsächlich ab A 5, zieht sich bis M 7 hin, flügge Jungvögel ab E 5; Dismigration der Jungvögel ab M 6, eigentlicher Wegzug ab August.

Tagesperiodik: tagaktiv, zieht auch nachts.

Erfassung

In der Hauptsache Kartierung singender ♂ sowie einzelner Individuen, daneben warnende, Nistmaterial und Futter tragende Altvögel sowie Familien.

Termine: 1. A 5 bis M 5 (Gesang, Nestbau); 2. E 5 (Gesang, Nestbau, fütternde Altvögel), 3. A 6 (Gesang, fütternde Altvögel); im Gebirge später, jeweils um 1-2 Dekaden versetzt.

Günstige Tageszeit: ab SA in den frühen Morgenstunden.

Auswertung

Wertungsgrenzen: E 4 bis A 7, [im Hochgebirge bis E 7].

Brutverdacht: • zweimalige Feststellung eines singenden ♂ im Abstand von mindestens 7 Tagen, davon eine A 5 bis A 6; • einmalige Feststellung eines singenden ♂ und eine Beobachtung eines Altvogels/Paares im Abstand von mindestens 7 Tagen, davon eine Feststellung ab A 5 bis A 6; • Altvogel trägt Nistmaterial; • warnender Altvogel.

Brutnachweis: insbesondere • Futter oder Kotballen tragender Altvogel; • Altvogel verleitet; • Familie mit gerade flüggen Jungvögeln im vorher erfassten Revier.

Besondere Hinweise: Klapperstrophe dient der Reviermarkierung, bei Anwesenheit eines ♀ wird nur der Vorgesang vorgetragen. Verpaarte ♂ werden regelmäßig während der Bebrütung und Jungenaufzucht still, danach kann Gesang wieder einsetzen. In der Ansiedlungsphase z.T. sehr weit reichende Streifgebiete der ♂ (bis zu 1 km).

Literatur: van Dijk & Hustings (1996)

Wertungsgrenzen und Erfassungszeitraum

Februar			März			April			Mai			Juni			Juli			August		
A	M	E	A	M	E	A	M	E	A	M	E	A	M	E	A	M	E	A	M	E
									1.		2.	3.				G.	G.			

12750 Dorngrasmücke
Sylvia communis

RLD	---
EUV	---
SPEC	---

Lebensraum

Gebüsch- und Heckenlandschaften (optimal in trockenen Ausprägungen), auch in reinen Agrarflächen (z.B. Raps), häufig in ruderalen Kleinstflächen in der offenen Landschaft; besiedelt Feldraine, Grabenränder, Böschungen an Verkehrswegen, Trockenhänge, frühe Sukzessionsstadien von Halden, Abgrabungsflächen, Industriebrachen, Schonungen mit Gräsern und üppiger Krautschicht, gebüschreiche Verlandungsflächen und Moore, bebuschte Streuwiesen; fehlt in geschlossenen Wäldern und in Städten.

Brutbiologie

Freibrüter; Nestanlage variabel, in niedrigen Dornsträuchern, Stauden, Brennnesseln, in Gras durchsetztem Gestrüpp; ♂ baut Wahlnester, ♀ vollendet; monogame Brut- oder Saisonehe; Bigamie bekannt; 1 Jahresbrut, Nachgelege, Zweitbruten kommen (im Süden) vor; Gelege: (3)4-5(6) Eier; Brutdauer: 10-13 Tage; ♂ und ♀ brüten, hudern und füttern; Nestlingsdauer: 10-14 Tage; Eltern betreuen die Jungen nach dem Ausfliegen noch ca. 3 Wochen.

Phänologie

Jahresperiodik: Langstreckenzieher; Heimzug (im Süden frühestens ab E 3) von M 4 bis A 6, Hauptdurchzug im Süden von M 4 sonst von E 4 bis M 5, maximale Revierzahl um M 5, teilweise erst im Juni erreicht; Hauptgesangsperiode M 4 bis Juli; Legebeginn frühestens E 4, hauptsächlich A/M 5 (Osten: im Mittel 26.5.), über 500 m nicht vor M 5, zieht sich bis M 7 hin; flügge Jungvögel ab E 5; Dismigration ab Juni, eigentlicher Wegzug ab E 7.

Tagesperiodik: tagaktiv.

Erfassung

In der Hauptsache Kartierung der singenden ♂ (Reviergesang, Singflüge) sowie einzelner und verpaarter Individuen; daneben Erfassung von Altvögeln beim Tragen von Nistmaterial, Futter oder Kotballen.

Termine: 1. A 5 bis M 5 (Balz, Gesang, Nestbau); 2. E 5 (Balz, Gesang, Nestbau, fütternde Altvögel); 3. A 6 (Gesang, fütternde Altvögel).

Günstige Tageszeit: in den frühen Morgenstunden.

Auswertung

Wertungsgrenzen: M 4 bis A 7.

Brutverdacht: • zweimalige Feststellung eines singenden ♂ im Abstand von mindestens 7 Tagen, davon eine E 5 bis A 6; • einmalige Feststellung eines singenden ♂ und eine Beobachtung eines Altvogels/Paares im Abstand von mindestens 7 Tagen, davon eine Feststellung E 5 bis A 6; • Altvogel trägt Nistmaterial; • Warnrufe von Altvögeln.

Brutnachweis: insbesondere • Futter oder Kotballen tragender Altvogel.

Besondere Hinweise: Gesangsaktivität der ♂ in der Hauptgesangszeit tageweise unterschiedlich; Verfolgungsflüge bei der Balz; die gesamte Brutzeit über intensiv singende ♂ sind meist unverpaart.

Literatur: ELLE (2003); VAN DIJK & HUSTINGS (1996)

Wertungsgrenzen und Erfassungszeitraum

Februar			März			April			Mai			Juni			Juli			August		
A	M	E	A	M	E	A	M	E	A	M	E	A	M	E	A	M	E	A	M	E
									1.		2.	3.								

12760 Gartengrasmücke
Sylvia borin

RLD	---
EUV	---
SPEC	---

Lebensraum

Gebüschreiches offenes Gelände, üppig gewachsene Doppelknicks, lückige unterholzreiche Laub- und Mischwälder, Ufergehölze, Bruchwälder mit Unterwuchs und ausgedehnten Brennnesselbeständen, Strauchgürtel von Verlandungszonen; in Auwald- und Gebüschstreifen entlang von Bächen und Flüssen; in alpinen Hochlagen v.a. in reich strukturiertem Weiden- und Erlengebüsch in Gewässernähe; meidet geschlossene dichte Wälder, kommt allenfalls in Randhecken vor; entgegen der Namensgebung meist nur in den Außenbereichen der Siedlungen.

Brutbiologie

Freibrüter; Nester vorwiegend niedrig in Laubhölzern, dornigen Sträuchern, aber auch in krautiger Vegetation (Brennnesseln); ♂ bietet Wahlnester an, Ausbau vornehmlich vom ♀; saisonale Monogamie; 1 Jahresbrut, selten Zweitbrut, Nachgelege; Gelege (2)3-5(6) Eier; Brutdauer: 11-15 Tage; ♂ und ♀ brüten, hudern und füttern; Nestlingsdauer: 9-14 Tage; Eltern betreuen die Jungen nach dem Ausfliegen noch 3 Wochen.

Phänologie

Jahresperiodik: Langstreckenzieher; Heimzug von (A)M 4 bis A 6, in Hochlagen nicht vor M/E 5, Hauptdurchzug von A 5 bis E 5; Hauptgesangsperiode von E 4 bis E 5; Legebeginn (im Süden: ab E 4) hauptsächlich M 5 bis A 6, zieht sich bis M 7 hin, Median aller Legebeginne in Süden in letzter Maipentade; flügge Junge ab A 6; Beginn Wegzug in der 2. Julihälfte.

Tagesperiodik: tagaktiv.

Erfassung

In der Hauptsache Kartierung der singenden ♂ und einzelner Individuen; daneben Erfassung von Warnrufen, Nistmaterial, Futter oder Kotballen tragenden Altvögeln.

Termine: 1. A 5 bis M 5 (Gesang, Nestbau); 2. E 5 (Gesang, Nestbau, Warnrufe); 3. A 6 (Gesang, Warnrufe, fütternde Altvögel); im Gebirge später, jeweils um 1-2 Dekaden versetzt, in alpinen Hochlagen 1. Kontrolle A 6 bis M 6.

Günstige Tageszeit: in den frühen Morgenstunden, im Gebirge mittags.

Auswertung

Wertungsgrenzen: M 4 bis A 7, [im Hochgebirge bis E 7].

Brutverdacht: • zweimalige Feststellung eines singenden ♂ im Abstand von mindestens 7 Tagen, davon eine Feststellung A 5 bis A 6; • einmalige Feststellung eines singenden ♂ und eine Beobachtung eines Altvogels/Paares im Abstand von mindestens 7 Tagen, davon eine Feststellung A 5 bis A 6; • Altvogel trägt Nistmaterial; • Warnrufe von Altvögeln.

Brutnachweis: insbesondere • Futter oder Kotballen tragender Altvogel.

Besondere Hinweise: Mit dem Beginn der Bebrütung singt ♂ weniger intensiv, da es am Brüten beteiligt ist; Gesang mitunter nicht sofort von Mönchsgrasmücke zu unterscheiden; abweichend von anderen Grasmücken rhythmischer Warnruf „*wät-wät-wät*“.

Literatur: ELLE (2002); VAN DIJK & HUSTINGS (1996)

Wertungsgrenzen und Erfassungszeitraum

Februar			März			April			Mai			Juni			Juli			August		
A	M	E	A	M	E	A	M	E	A	M	E	A	M	E	A	M	E	A	M	E
									1.		2.	3.				G.	G.			

12770 Mönchsgrasmücke
Sylvia atricapilla

RLD	---
EUV	---
SPEC	---

Lebensraum

Unterholzreiche Laub- und Mischwälder, selten Nadelwälder und Fichtenschonungen; höchste Dichten in Auwäldern, feuchten Mischwäldern, busch- und baumreichen Gewässersäumen; bevorzugt in Gärten und Parkanlagen oft in Beständen von Efeu, Brombeere und Brennnessel; zunehmend Besiedlung städtischer Bereiche, dort neben schattigen Parkanlagen und Friedhöfen auch in der Wohnblockzone mit dichtem Busch- und Baumbestand, sogar in Stadtzentren.

Brutbiologie

Freibrüter; Nester in der Strauchschicht, selten in der Kraut- oder unteren Baumschicht; ♂ baut lockere Balznester, Brutnest später von beiden Partnern gebaut; monogame Saisonehe; meist 1 Jahresbrut, zunehmend Zweitbruten, Ersatzgelege häufig; Gelege: (2)4-5(6) Eier; Brutdauer: 12-16 Tage; ♂ und ♀ brüten, hudern und füttern; Nestlingsdauer: (10)11-12(15) Tage; Führen der Jungen nach dem Ausfliegen 2-3 Wochen.

Phänologie

Jahresperiodik: Kurz-, Mittel- und Langstreckenzieher; Heimzug ab (A 3 im Süden) E 3 bis A 6, Hauptdurchzug M 4 bis A 5; Legebeginn (Süden: ab A 4) hauptsächlich E 4 bis A 5, zieht sich bei Zweit- und Ersatzbruten bis A 8 hin; flügge Junge ab M 5; ab M 6 bis A 7 Wechsel in Gebiete mit gutem Beerenangebot; Beginn des Wegzuges ab E 8.

Tagesperiodik: tagaktiv.

Erfassung

In der Hauptsache Kartierung der singenden ♂ und einzelner Individuen, daneben Erfassung von Altvögeln beim Tragen von Nistmaterial, Futter oder Kotballen.

Termine: 1. M 4 bis E 4 (Gesang, Nestbau); 2. A 5 (Gesang, warnende, fütternde Altvögel); 3. M 5 (Gesang, warnende, fütternde Altvögel).

Günstige Tageszeit: in den frühen Morgenstunden.

Auswertung

Wertungsgrenzen: E 3 bis M 6.

Brutverdacht: • zweimalige Feststellung eines singenden ♂ im Abstand von mindestens 7 Tagen, davon eine M 4 bis M 5; • einmalige Feststellung eines singenden ♂ und eine Beobachtung eines Altvogels/Paares im Abstand von mindestens 7 Tagen, davon eine Feststellung M 4 bis M 5; • Altvogel trägt Nistmaterial.

Brutnachweis: insbesondere • Futter oder Kotballen tragender Altvogel.

Besondere Hinweise: Während der Jungenaufzucht (E 5 bis A 6) singen ♂ deutlich weniger und beginnen erst vor Zweit- und Ersatzbruten (M 6) erneut zu singen.

Literatur: Berthold et al. (1990); Elle (2002, 2003); Gnielka (1987)

Wertungsgrenzen und Erfassungszeitraum

Februar			März			April			Mai			Juni			Juli			August		
A	M	E	A	M	E	A	M	E	A	M	E	A	M	E	A	M	E	A	M	E
							1.		2.	3.										

12930 Grünlaubsänger
Phylloscopus trochiloides

RLD	R
EUV	---
SPEC	---

Lebensraum

Nadel- (vor allem Fichten-), Misch- und Laubwald mit Starkholz, gestuftem Kronendach oder zumindest Gruppen höherer Baumkronen; an der Ostsee Laubwälder und Gebüsche vor allem an Steilküsten und in Gebieten mit ausgeprägtem Bodenrelief, im Harz Fichtenwald (oberhalb 700 m) mit Beständen aus jungem bis mittlerem Baumholz, in der Sächsischen Schweiz Sandsteintal begrenzt von ca. 40 m hohen, Fels durchsetzten Steilhängen mit einem Nadel-Laubmischwald; hat 1990 (ausnahmsweise) auf Helgoland gebrütet, seit längerem Brutverdacht für Rügen. Ausbreitung von Ost-Europa aus; mehrere kleine oft unstete Ansiedlungen u.a. in Schleswig-Holstein, Sachsen-Anhalt, Sachsen, Bayern und Mecklenburg-Vorpommern.

Brutbiologie

Bodenbrüter; Nest in Nische oder Höhlung einer Geländestufe oder Abbruchkante, selten direkt am Boden, im Wurzelbereich eines Baumes; ♀ baut; saisonale Monogamie; 1 Jahresbrut, gelegentlich Nachgelege; Gelege: (3)4-6(7) Eier; Brutdauer: 12-13 Tage, nur ♀ brütet und hudert; Nestlingsdauer: 12-14 Tage, Aufzucht durch ♂ und ♀.

Phänologie

<u>*Jahresperiodik*</u>: Langstreckenzieher; Heimzug A/M 5 bis A 6, Hauptdurchzug von E 5 bis M 6; Legebeginn M/E 6; flügge Junge ab M 7 (in 3 deutschen Bruten der 1990er Jahre 17.-21.7.), Dispersion und Beginn des Wegzuges ab E 7.

<u>*Tagesperiodik*</u>: tagaktiv.

Erfassung

Schwerpunkt bildet die Kartierung der singenden ♂, daneben Nistmaterial und Futter tragende Altvögel, Warnrufe und eben flügge Junge.

<u>*Termine*</u>: 1. E 5 (Gesang, Nestbau); 2. A 6 bis M 6 (Gesang, warnende, fütternde Altvögel); 3. E 6 (Gesang, warnende, fütternde Altvögel).

<u>*Günstige Tageszeit*</u>: in den frühen Morgenstunden.

Auswertung

Wertungsgrenzen: A 5 bis E 7.

<u>*Brutverdacht*</u>: • zweimalige Feststellung eines singenden ♂ im Abstand von mindestens 7 Tagen, davon eine A 6 bis E 6; • einmalige Feststellung eines singenden ♂ und weitere Beobachtung eines Altvogels im Abstand von mindestens 7 Tagen, davon eine Feststellung A 6 bis E 6; • ♀ trägt Nistmaterial; • warnender Altvogel.

<u>*Brutnachweis*</u>: insbesondere • Futter oder Kotballen tragender Altvogel.

Besondere Hinweise: Aufgrund der Seltenheit bzw. des lokal begrenzten Vorkommens sind Brutverdacht bzw. Brutnachweis besonders zu dokumentieren und der Deutschen Seltenheitenkommission zu melden. Am Westrand des Verbreitungsgebietes ist ein Großteil der beobachteten Individuen wohl nur Durchzügler. Von den singenden ♂ bleiben die meisten sicher unverpaart, daher insbesondere auf ♀ bzw. verpaarte Individuen achten.

Literatur: AUGST (1999); WADEWITZ (1998)

Wertungsgrenzen und Erfassungszeitraum

Februar			März			April			Mai			Juni			Juli			August		
A	M	E	A	M	E	A	M	E	A	M	E	A	M	E	A	M	E	A	M	E
											1.	2.		3.						

13070 Berglaubsänger
Phylloscopus bonelli

RLD	---
EUV	---
SPEC	2

Lebensraum

Bevorzugt in lichten Laub- und Nadelwäldern mit schwach ausgeprägter Strauchschicht, im bayerischen Alpenraum trockene, mit Kiefern bewachsene Steilhänge in südexponierter Lage, in der Talsohle in lichten Wäldern (z.B. Lärchen) an leicht geneigten Hängen; in Baden-Württemberg ebenfalls sonnenseitige Steilhänge mit lichtem Kiefernwald, Kiefern-Buchen-Fichtenmischwald oder Eichen-Buchenwald (warme, meist südexponierte, felsige Steilabfälle mit lichten Beständen, reicher Strauch- und ausreichender Krautschicht), zumeist in den Oberkanten von mehr oder weniger felsigen Bereichen; im Alpenvorland im württembergischen und bayerischen Allgäu mit Bergkiefern, Fichten und Birken durchsetzte Hochmoore mit geringer Kraut- und geschlossener Strauchschicht; kleinere Vorkommen auch in Westdeutschland im Anschluss an belgische Population.

Brutbiologie

Bodenbrüter; Nest unter Grasbülten, Ästen, Wurzeln, Erdüberhängen, selten frei; ♀ baut; monogame Saisonehe; 1 Jahresbrut, gelegentlich Nachgelege; Gelege: (2)4-6(7) Eier; Brutdauer: 12-13 Tage, nur ♀ brütet und hudert; Nestlingsdauer: 12-13 Tage, Aufzucht durch ♂ und ♀; beide Eltern betreuen jeweils einen Teil der ausgeflogenen Jungen.

Phänologie

Jahresperiodik: Langstreckenzieher; Heimzug von M 4 bis E 5, Hauptdurchzug von E 4 bis M 5; Hauptgesangsperiode A 5 bis A 6; Legebeginn M/E 5 (in Baden-Württemberg 86 % aller Legebeginne im Mai); Schlupftermin ab E 5, hauptsächlich A/M 6; flügge Junge ab E 6; Abzug aus Brutgebiet beginnt M 7, hält den August über an.

Tagesperiodik: tagaktiv.

Erfassung

Schwerpunkt bildet die Kartierung singender ♂, daneben Nistmaterial und Futter tragende Altvögel, Warnrufe, Revierverteidigung, eben flügge Junge; zur Erfassung isolierter Vorkommen oder einzelner Brutpaare Einsatz von Klangattrappe sinnvoll, besonders ab M 6 nach der Hauptgesangsperiode.

Termine: 1. A 5 bis M 5 (Gesang, Nestbau); 2. E 5 (Gesang, Warnrufe, Futter und Kotballen tragende Altvögel); 3. A 6 (Warnrufe, Futter und Kotballen tragende Altvögel); in höheren Lagen später, Termine jeweils 1-2 Dekaden versetzt.

Günstige Tageszeit: in den frühen Morgenstunden, im Gebirge mittags.

Auswertung

Wertungsgrenzen: M 4 bis A 7.

Brutverdacht: • zweimalige Feststellung eines singenden ♂ im Abstand von mindestens 7 Tagen, davon eine E 5 bis A 6; • einmalige Feststellung eines singenden ♂ und weitere Beobachtung eines Altvogels/Paares im Abstand von mindestens 7 Tagen, davon eine E 5 bis A 6; • ♀ trägt Nistmaterial; • warnender Altvogel.

Brutnachweis: insbesondere • Futter oder Kotballen tragender Altvogel.

Besondere Hinweise: Ausgeprägter Kronenbewohner, der nur zur Brut den Boden aufsucht; verpaarte Individuen warnen im Brutrevier heftig vor Eichelhäher und Elster; am Arealrand Hybriden mit Waldlaubsänger. Bruten außerhalb von Bayern und Baden-Württemberg sollen der Deutschen Seltenheitenkommission mit Dokumentation gemeldet werden.

Literatur: Gatter (1969); Riedinger (1974)

Wertungsgrenzen und Erfassungszeitraum

Februar			März			April			Mai			Juni			Juli			August		
A	M	E	A	M	E	A	M	E	A	M	E	A	M	E	A	M	E	A	M	E
									1.		2.	3.								

13080 Waldlaubsänger
Phylloscopus sibilatrix

RLD	---
EUV	---
SPEC	2

Lebensraum

Das Innere älterer Hoch- oder Niederwälder mit geschlossenem Kronendach und wenig Krautvegetation (Frühjahrsgeophyten, Gräser), weitgehend freiem Stammraum mit tief sitzenden Ästen als Singwarten; v.a. Naturwälder oder naturnahe Wirtschaftswälder mit Stiel- und Traubeneiche, Rot- und Hainbuche, in höheren Lagen bevorzugt in Rotbuchenbeständen, im östlichen Verbreitungsgebiet auch andere Waldtypen, z.B. Kiefern-Moorbirken-Bruchwälder; im Wirtschaftswald werden auch Nadelbestände mit einzelnen eingesprengten Laubbäumen besiedelt; in Siedlungen parkartige Habitate; Reviere konzentrieren sich entlang von Taleinschnitten und Geländestufen.

Brutbiologie

Bodenbrüter; ofenförmiges Nest in Bodenvertiefung unter altem Gras, Wurzeln, Laubstreu, Zwergsträuchern oder Rankenpflanzen; Nestbau durch das ♀; monogame Brut- oder Saisonehe, als Folge von Polyterritorialität Bigynie (s.u.); 1 (ausnahmsweise 2) Jahresbrut(en), Gelege: (2)5-8(10) Eier, Brutdauer: 12-13(14) Tage, nur das ♀ brütet, ♀ hudert die ersten 6 Tage; Nestlingsdauer: 11-12 Tage, ♂ und ♀ füttern; Familienzusammenhalt bis zu 4 Wochen (Führungszeit: 12-14 Tage), verlassen jedoch frühzeitig das Brutrevier.

Phänologie

Jahresperiodik: Langstreckenzieher; Heimzug von (E 3)A/M 4 bis M 6, Hauptdurchzug E 4 bis M 5; Hauptgesangsperiode A 5 bis E 6, nach der Paarbildung ab M 5 keine Singflüge mehr, nur noch „Schwirrer"; Legebeginn ab (E 4)A 5, in höheren Lagen ab M 5; flügge Junge ab E 5/A 6; Beginn des Wegzugs von Nichtbrütern, Paaren erfolgloser Bruten sowie von Jungvögeln ab E 7.

Tagesperiodik: tagaktiv; höchste Gesangsaktivität in den frühen Morgenstunden.

Erfassung

Hauptsächlich Kartierung singender ♂ sowie einzelner und verpaarter Altvögel, daneben warnende, Nistmaterial und Futter eintragende Altvögel sowie Familien.

Termine: 1. A 5 (Gesang, Nestbau); 2. M 5 (Gesang, Warnrufe); 3. E 5 bis A 6 (Gesang, Warnrufe, fütternde Altvögel).

Günstige Tageszeit: von SA bis 4 Std. nach SA.

Auswertung

Wertungsgrenzen: A 4 bis M 7.

Brutverdacht: • zweimalige Feststellung eines singenden ♂ im Abstand von mindestens 7 Tagen, davon eine A 5 bis A 6; • einmalige Feststellung eines singenden ♂ und eine Beobachtung eines Altvogels/Paares im Abstand von mindestens 7 Tagen, davon eine A 5 bis A 6; • Altvögel mit Nistmaterial; • warnende Altvögel.

Brutnachweis: insbesondere • Altvögel mit Futter oder Kotballen.

Besondere Hinweise: Revierbesetzung bei Kälteeinbrüchen mitunter erst A 5; größeres Gesangsrevier nach Gründungsphase auf kleineres Kernrevier reduziert, hier typischer zweiteiliger Reviergesang, einleitende Strophe in typischem, in Bogen oder Schleifen durch den Stammraum führenden Singflug; bis zu 30 % der ♂ einer Population begründen nach Verpaarung und einsetzender Bebrütung ein meist an das Erstrevier angrenzendes, kleineres Zweitrevier; typische Warnrufe („*düüü*") insbesondere der ♀ beachten.

Literatur: Gnielka (1990)

Wertungsgrenzen und Erfassungszeitraum

Februar			März			April			Mai			Juni			Juli			August		
A	M	E	A	M	E	A	M	E	A	M	E	A	M	E	A	M	E	A	M	E
									1.	2.	3.									

13110 Zilpzalp
Phylloscopus collybita

RLD	---
EUV	---
SPEC	---

Lebensraum

Mittelalte Nadel-, Laub- und Mischwälder mit lückigem bis offenem Kronendach, mit viel Anflug und jüngerem Stangenholz, zumindest teilweise ausgeprägter Kraut-, aber stets gut ausgebildeter Strauchschicht auf frischen bis trockenen Standorten, gern in der Weidenaue; im Gebirge bis an die Waldgrenze (Zwergstrauchgürtel); nicht in nassen Erlenbrüchen, im Rotbuchenhallenwald und anderen einschichtigen Starkholzwäldern; weiterhin in Siedlungsbereichen, Gartenstädten, Parks und Friedhöfen beim Vorhandensein hoher Baumbestände und Bodenvegetation.

Brutbiologie

Bodenbrüter, Nest in krautiger Vegetation am Boden oder dicht darüber (in urbanen Biotopen oft 30-50 cm, bis 1 m in immergrüner Vegetation); ♀ baut 5-12 Tage; saisonale Monogamie, Polygynie kommt oft vor; 2 Jahresbruten, Nachgelege; Gelege: (3)4-6(7) Eier; Brutdauer: (13)14-15 Tage; nur ♀ brütet, ♂ hat eine Singwarte in unmittelbarer Nestnähe; Nestlingsdauer: 14-16 Tage, ♀ füttert - aber nicht alle ♂; Führungszeit der Jungen 10-14 Tage, bei Zweitbruten bis zu 18-19 Tage.

Phänologie

Jahresperiodik: Kurz- und Mittelstreckenzieher, am Bodensee regelmäßig Überwinterungen; Heimzug von (im Süden: E 2)A/M 3 bis E 5, Hauptdurchzug E 3 bis E 4, ♀ treffen einige Tage bis zu 2 Wochen später ein; Legebeginn ab A 4, hauptsächlich E 4 bis M 5; Schlupftermin der Erstbruten M 5 bis M 6, der Zweitbruten ca. M 7 aber auch noch A 8; flügge Junge ab (M 5 im Süden)E 5; Ende der Brutperiode mit dem Selbstständigwerden der Jungen von Zweit- und Nachbruten M 8; anschließend Abzug aus den Brutgebieten.

Tagesperiodik: tagaktiv.

Erfassung

Hauptsächlich Kartierung singender ♂, daneben Nistmaterial, Futter oder Kotballen tragende Altvögel, Warnrufe und Familien.

Termine: 1. E 4 (Gesang, Nestbau); 2. A 5 (Gesang, Nestbau); 3. M 5 bis E 5 (Gesang, Futter oder Kotballen tragende Altvögel); Termine im Süden früher, jeweils eine Dekade; im Gebirge Termine später, jeweils 1-2 Dekaden versetzt.

Günstige Tageszeit: in den frühen Morgenstunden, im Gebirge mittags.

Auswertung

Wertungsgrenzen: E 3 bis E 6 [im Hochgebirge bis E 7].

Brutverdacht: • zweimalige Feststellung eines singenden ♂ im Abstand von mindestens 7 Tagen, davon eine A 5 bis E 5; • ♀ trägt Nistmaterial; • warnender Altvogel.

Brutnachweis: insbesondere • Futter oder Kotballen tragender Altvogel.

Besondere Hinweise: Interspezifische Territorialität mit Fitis möglich; im Freiland nicht sicher vom Fitis zu unterscheiden, deshalb fast ausschließlich über Gesangsbeobachtung zu erfassen; singt auf Warten oder in Bewegung.

Literatur: SCHÖNFELD (1978)

Wertungsgrenzen und Erfassungszeitraum

Februar			März			April			Mai			Juni			Juli			August		
A	M	E	A	M	E	A	M	E	A	M	E	A	M	E	A	M	E	A	M	E
								1.	2.	3.					G.		G.			

13120 Fitis
Phylloscopus trochilus

RLD	---
EUV	---
SPEC	---

Lebensraum

Trockene Wälder bis zu feuchten oder regelrecht nassen Standorten mit ausgeprägter, flächendeckender Krautschicht, gut ausgebildeter Strauchschicht und lichtem, weitgehend einschichtigen Baumbestand; Niederwälder, Weich- und Hartholzauen, Bruchwälder, Hochmoore, lichte Birken-Kiefernwälder im Stangenholzalter, wirtschaftlich ungenutzte Weichholzbestände, Vorwälder, alte Sukzessionsbrachen mit Laubholzaufwuchs, Gebüschregionen, nicht im geschlossenen Hochwald, fast gar nicht in Siedlungsbereichen.

Brutbiologie

Bodenbrüter, Nest fast ausnahmslos direkt am Boden in dichtem Bewuchs; ♀ baut; monogame Saisonehe, öfters Polyandrie und Polygynie nachgewiesen; 1 Jahresbrut, Nachgelege; Gelege: (4)5-7(8) Eier; Brutdauer: 12-14 Tage; nur ♀ brütet und hudert; Nestlingsdauer: 12-16 Tage, mit 13 Tagen einigermaßen flugfähig; Aufzucht durch ♂ und ♀; Familien bleiben 2-3 Wochen zusammen.

Phänologie

Jahresperiodik: Langstreckenzieher; Heimzug von (A/M 3, im Süden z. T. noch früher) E 3 bis A 6, Brutgebiete M 4 zu 50 % besetzt, Hauptdurchzug von M 4 bis M 5; Hauptgesangsperiode von E 4 bis E 6; Legebeginn A/M 5, kleiner Gipfel von Nach- oder Spätbruten noch M 6; Höhepunkt der Schlupftermine E 5/A 6; flügge Junge ab (A/)M 6, A 7 ist normalerweise das Brutgeschäft beendet; Dismigration der Jungvögel M/E 6, Abzug ab Juli.

Tagesperiodik: tagaktiv.

Erfassung

In der Hauptsache Kartierung singender ♂, daneben Nistmaterial, Futter oder Kotballen tragende Altvögel, Warnrufe und Familien.

Termine: 1. E 4 bis A 5 (Gesang, Nestbau); 2. M 5 (Gesang, Futter oder Kotballen tragende Altvögel); 3. E 5 bis A 6 (Gesang, Futter oder Kotballen tragende Altvögel).

Günstige Tageszeit: in den frühen Morgenstunden.

Auswertung

Wertungsgrenzen: E 3 bis A 7.

Brutverdacht: • zweimalige Feststellung eines singenden ♂ im Abstand von mindestens 7 Tagen, davon eine M 5 bis A 6; • ♀ trägt Nistmaterial; • warnender Altvogel.

Brutnachweis: insbesondere • Futter oder Kotballen tragender Altvogel.

Besondere Hinweise: Im Freiland nicht sicher vom Zilpzalp zu unterscheiden, deshalb fast ausschließlich über Gesangsbeobachtung zu erfassen; verpaarte ♂ singen ab A/M 5 nur noch selten, jedoch in der 1. Prägungsphase der Nestlinge A/M 6 nochmals intensiv; wegen der hohen Zahl von Durchzüglern zu Beginn der Brutperiode noch bis M 5 ist bei Sängern im eher ungewöhnlichen Lebensraum (z.B. in Siedlungen) unbedingt eine spätere Revierbestätigung erforderlich.

Literatur: Schönfeld (1982)

Wertungsgrenzen und Erfassungszeitraum

Februar			März			April			Mai			Juni			Juli			August		
A	M	E	A	M	E	A	M	E	A	M	E	A	M	E	A	M	E	A	M	E
								1.		2.	3.									

13140 Wintergoldhähnchen
Regulus regulus

RLD	---
EUV	---
SPEC	---

Lebensraum

Nadelwald, besonders ausgeprägte Bindung an Vorkommen von Fichte und anderen kurznadeligen Baumarten, daher vor allem im Bergwald; in Laubwäldern nur beim Vorhandensein wenigstens kleinerer Fichtengruppen; in reinen Kiefernwäldern seltener und in geringerer Dichte; vereinzelt in Ortschaften in Fichtengruppen auf Friedhöfen, in Parks und in der Gartenstadt.

Brutbiologie

Freibrüter, Nest in den äußeren Bereichen hoher Fichten (vor allem an vertikalen Flechtenbüscheln), seltener in anderen Nadelbäumen; monogame Saisonehe; 2 Jahresbruten; Gelege: 5-13 Eier, Brutdauer: 14-17 Tage, nur ♀ brütet und hudert, danach bereits erneut Nestbau möglich, ♂ füttert dann allein weiter; Nestlingsdauer 18-22 Tage.

Phänologie

Jahresperiodik: Teilzieher, bei Zug Kurzstreckenzieher, daneben nordische Durchzügler bzw. Wintergäste; Heimzug E 2/A 3 bis A 5, Hauptdurchzug M 3 bis M 4 (im Norden bis A 5); Paarbildung ab März; regelmäßiger Reviergesang ab M 3; frühester Legebeginn E 3/A 4, überwiegend M 4 bis A 5, Zweitbruten ab E 6, Legeperiode bis E 7 (A 8); Schlupftermine von E 5 bis E 8; Wegzug bereits ab M 8, v.a. M 9 bis E 10.

Tagesperiodik: tagaktiv; Hauptgesangszeit morgens 1 Std. ab Dämmerungsbeginn, tagsüber nur sporadisch.

Erfassung

Überwiegend Kartierung singender ♂ sowie weiterer Beobachtungen.

Termine: 1. M 4 bis E 4 (Gesang); 2. A 5 bis M 5 (Gesang, Nestbau); 3. E 5 bis A 6 (Gesang, Fütterungen).

Günstige Tageszeit: Beginn der Morgendämmerung bis 1 Std. danach.

Auswertung

Wertungsgrenzen: E 3 bis M 6 [im Hochgebirge bis E 7].

Brutverdacht: • zweimalige Feststellung eines singenden ♂ im Abstand von mindestens 7 Tagen, davon eine A 5 bis A 6; • einmalige Feststellung eines singenden ♂ und eine Beobachtung eines Altvogels im Abstand von mindestens 7 Tagen, davon eine A 5 bis A 6; • Nestbau.

Brutnachweis: insbesondere • Futter oder Kot tragender Altvogel; • Familienverband mit eben flüggen Jungen.

Besondere Hinweise: Gesang während des Umherstreifens im Revier bei der Nahrungssuche und nicht von Singwarten. Simultanerfassung benachbarter territorialer ♂ gelingt bei der überwiegend in der Morgendämmerung intensiv singenden Art meist erst dann, wenn der nahezu alles übertönende Drosselgesang nachlässt. Frühkartierungen bis A 6 für Reviermittlung (Erstbrut) noch günstig. Das Brutgeschehen wird stark vom Durchzug überlagert; auf dem Zug rastende ♂ (oft im Trupp) singen auch, daher decken die drei empfohlenen Termine die für die Erfassung (bezogen auf die Erstbrut) immer noch günstige spätere Periode ab. Von Jahr zu Jahr stark schwankende Brutbestände.

Literatur: GEORGE (2002); THALER (1990)

Wertungsgrenzen und Erfassungszeitraum

Februar			März			April			Mai			Juni			Juli			August		
A	M	E	A	M	E	A	M	E	A	M	E	A	M	E	A	M	E	A	M	E
							1.		2.		3.			G.			G.			

13150 Sommergoldhähnchen
Regulus ignicapilla

RLD	---
EUV	---
SPEC	---

Lebensraum

Nadelwälder, bevorzugt Fichten (daher vor allem im Bergwald), regelmäßig auch in Mischwaldbeständen beim Vorhandensein weniger Fichten; bei der Nahrungssuche spielt Aufenthalt in Laubbäumen (gern Eichen) eine große Rolle; insgesamt breiteres Habitatspektrum als Wintergoldhähnchen; regelmäßiger auch im Siedlungsbereich, in Gartenstädten, Villenvierteln, Parks und auf Friedhöfen.

Brutbiologie

Freibrüter, Nest überwiegend in Fichten, seltener in anderen Nadelbäumen (Eibe, Weißtanne, Wacholder u.a.) und in Rankengewächsen; ♀ wählt Nistplatz und baut im Mittel 22 Tage (Zweitnester in kürzerer Zeit); monogame Saisonehe; 1-2 Jahresbrut(en), Zweitbrut immer Schachtelbrut; Gelege: (5)8-10(13) Eier, nur ♀ brütet und hudert, danach bereits erneut Nestbau möglich; Brutdauer 14-16 Tage; ♂ füttert brütendes ♀, versorgt vor Beginn der Zweitbrut die ersten Jungen fast allein; Nestlingsdauer 20-22 Tage.

Phänologie

Jahresperiodik: Kurzstreckenzieher; Heimzug ausnahmsweise im Osten ab M 2 bzw. im Süden ab E 2/A 3, sonst überwiegend ab M 3 bis M 5(E 5), ♀ meist erst ab M 4, Hauptdurchzug E 3 bis E 4, Median Helgoland M 4; Paarbildung und Gesang überwiegend ab M 4 bis A 5; Nestbau frühestens ab M 4; Hauptlegeperiode Erstbrut im Mai, für Zweitbrut ab M 6; Schlupftermine jedoch bis E 8 (M 9).

Tagesperiodik: tagaktiv; Gesang vor allem ab SA bis Vormittag, auch tagsüber.

Erfassung

Überwiegend Kartierung singender ♂, zusätzlich alle Beobachtungen.

Termine: 1. M 4 bis E 4 (Gesang); 2. A 5 bis M 5 (Gesang, Nestbau); 3. E 5 bis A 6 (Gesang, Fütterungen).

Günstige Tageszeit: Beginn ab SA bis 3 Std. danach.

Auswertung

Wertungsgrenzen: A 4 bis M 6.

Brutverdacht: • zweimalige Feststellung eines singenden ♂ im Abstand von mindestens 7 Tagen, davon eine A 5 bis A 6; • einmalige Feststellung eines singenden ♂ und eine weitere Feststellung eines Altvogels im Abstand von mindestens 7 Tagen, davon eine A 5 bis A 6; • Nestbau.

Brutnachweis: insbesondere • Futter oder Kot tragender Altvogel; • Familienverband mit eben flüggen Jungen.

Besondere Hinweise: Die hochfrequenten Reviergesänge und anderen Lautäußerungen erfordern ein gutes Hörvermögen. Mitunter sind Revierkämpfe zu beobachten.

Literatur: George (2002); Thaler (1990)

Wertungsgrenzen und Erfassungszeitraum

Februar			März			April			Mai			Juni			Juli			August		
A	M	E	A	M	E	A	M	E	A	M	E	A	M	E	A	M	E	A	M	E
							1.		2.		3.									

13350 Grauschnäpper
Muscicapa striata

RLD	---
EUV	---
SPEC	3

Lebensraum

Horizontal und vertikal stark gegliederte, lichte Misch-, Laub- und Nadelwälder mit hohen Bäumen und durchsonnten Kronen (Altholz), vorzugsweise an Rändern, in Schneisen und Lichtungen von Hartholzauen- und Eichen-Hainbuchenwäldern sowie in Erlenbruch- und Moorbirkenwäldern; in halboffenen Kulturlandschaften nur in Bereichen mit alten Bäumen; bedeutende Populationsanteile in Siedlungen des ländlichen Raumes mit vielfältigen exponierten Ansitzmöglichkeiten und ausreichendem Angebot größerer Fluginsekten; in Gartenstädten, Friedhöfen und Parkanlagen, nur sehr vereinzelt in Stadtkernen.

Brutbiologie

Halbhöhlen-/Nischenbrüter; Nest an Stammausschlägen, Astlöchern, Bruchstellen, Baumstümpfen und in Rankenpflanzen sowie in alten Nestern anderer Arten, in Felsnischen, in Mauerlöchern, auf Querbalken, Dachträgern, Fensterläden und an Grabsteinen sowie in Nistkästen; Nistplatzwahl und Nestbau durch das ♀; Einzelbrüter; monogame sukzessive Bigynie (Polyterritorialität eines kleinen Anteils der ♂ einer Population; s.u.); 1 bis 2 (geschachtelte) Jahresbrut(en), Gelege: (2)4-5(6) Eier, Brutdauer: 11-15 Tage; nur das ♀ brütet und wird mitunter vom ♂ gefüttert; Nestlingsdauer: 12-16(19) Tage; ♂ und ♀ füttern, Fütterung nach Ausfliegen der Jungen über 20(-33) Tage.

Phänologie

Jahresperiodik: Langstreckenzieher; Heimzug von M/E 4 bis A 6, Hauptdurchzug von A 5 bis E 5; Hauptgesangsperiode M 5 bis M 6; Legebeginn ausgeprägt witterungsabhängig, selten bereits ab M 5, meist ab E 5, Legebeginn Zweitbrut von E 6 bis E 7; flügge Junge ab M 6 bis M 8 (A 9); Beginn des Wegzugs von Nichtbrütern, erfolglosen Brütern sowie von Jungvögeln ab M 7.

Tagesperiodik: tagaktiv; höchste Gesangsaktivität in den frühen Morgenstunden.

Erfassung

In der Hauptsache Kartierung singender ♂, einzelner und verpaarter Altvögel, daneben Nistmaterial und Futter tragende oder warnende Altvögel sowie Bettel-/Kontaktrufe von gerade flüggen Jungen.

Termine: 1. M 5 bis E 5 (Gesang, Nestbau); 2. A 6 (Gesang, Warnrufe); 3. M 6 (Gesang, Warnrufe, fütternde Altvögel, Bettelrufe der Jungvögel); in höheren Lagen später, Termine jeweils um 1 Dekade versetzt.

Günstige Tageszeit: von SA bis 4 Std. nach SA.

Auswertung

Wertungsgrenzen: M 4 bis E 6.

Brutverdacht: • zweimalige Feststellung eines singenden ♂ im Abstand von 7 Tagen, davon eine Feststellung M 5 bis M 6; • einmalige Feststellung eines singenden ♂ und eine weitere Beobachtung einzelner oder verpaarter Altvögel im Abstand von 7 Tagen, davon eine Feststellung M 5 bis M 6; • Altvögel mit Nistmaterial; • Warnrufe.

Brutnachweis: insbesondere • Altvögel mit Futter oder Kotballen; • Familie mit gerade flüggen Jungen.

Besondere Hinweise: Ausgeprägte Brutortstreue; unauffälliger Gesang, gezielt potenzielle Singwarten absuchen! Typische Erregungsrufe (scharf „*zi-tk-tk*“) in Nestnähe bei Störungen; in der ersten Zeit nach der Reviergründung zeigen die ♂ potenzielle Brutplätze in einem Revier, das ein Vielfaches der späteren Bruttерritorien umfasst; kleiner Anteil der ♂ einer Population begründet nach Verpaarung und einsetzender Bebrütung ein Zweitrevier.

Literatur: VAN DIJK & HUSTINGS (1996)

Wertungsgrenzen und Erfassungszeitraum

Februar			März			April			Mai			Juni			Juli			August		
A	M	E	A	M	E	A	M	E	A	M	E	A	M	E	A	M	E	A	M	E
										1.		2.	3.							

13430 Zwergschnäpper
Ficedula parva

RLD	---
EUV	X
SPEC	---

Lebensraum

Natürlich strukturierte Buchen- und Buchenmischwälder (Dürrzweigzone, Freiraum zwischen Kraut-, lückiger Strauch- und Kronenschicht), bevorzugt in Bereichen mit bewegtem Relief z.B. in Bachtälern (Kleinklima mit hoher Luftfeuchtigkeit), größere Parkanlagen mit alten Buchen- und Hainbuchengruppen, auf dem Zug auch in offeneren und trockeneren Biotopen.

Brutbiologie

Halbhöhlen-, Nischenbrüter, selten Höhlenbrüter; Nest meist an Bäumen z.B. in tiefen Astgabeln, in dichten Sträuchern, selten in Nistkästen und an Gebäuden, ♀ baut; Geschlechtsreife i.d.R. im 1. Lebensjahr, Brutreife oft erst im 2. Jahr; saisonale Monogamie; 1 Jahresbrut, Ersatzgelege kommen vor; Gelege: 4-7 Eier, Brutdauer: 13-14 Tage, Nestlingsdauer: 13-15 Tage; nur ♀ brütet, kann vom ♂ gefüttert werden, beide Partner füttern.

Phänologie

Jahresperiodik: Langstreckenzieher; Heimzug von M/E 4(Osten: ab A 5) bis M 6, Hauptdurchzug M 5 bis A 6; Paarbildung nach Ankunft der ♀, Hauptgesangsperiode E 4 bis E 5; Legebeginn ab A 5, Maximum E 5 bis A 7, Legeperiode bis E 7, flügge Junge ab A 6 bis E 8, nach dem Ausfliegen Zusammenhalt der Familie nur für einige Tage; Abzug aus den Brutgebieten im Juli und August.

Tagesperiodik: tagaktiv; höchste Gesangsaktivität in den frühen Morgenstunden.

Erfassung

In der Hauptsache Kartierung singender ♂, einzelner und verpaarter Altvögel, daneben Nistmaterial und Futter eintragende sowie warnende Altvögel und Familien.

Termine: 1. A 5 bis M 5 (Gesang, Balz, Nestbau); 2. E 5 (Gesang, Warnrufe); 3. A 6 (warnende, fütternde Altvögel).

Günstige Tageszeit: von SA bis 4 Std. nach SA.

Auswertung

Wertungsgrenzen: E 4 bis E 7.

Brutverdacht: • zweimalige Feststellung eines singenden ♂ im Abstand von mindestens 7 Tagen, davon eine Feststellung A 5 bis A 6; • einmalige Feststellung eines singenden ♂ und zusätzlich eine Beobachtung einzelner oder verpaarter Altvögel im Abstand von 7 Tagen, davon eine Feststellung A 5 bis A 6; • einmalige Feststellung balzender verpaarter Altvögel; • Altvögel mit Nistmaterial; • warnende Altvögel.

Brutnachweis: insbesondere • Futter oder Kotballen tragende Altvögel; • Familie mit gerade flüggen Jungen.

Besondere Hinweise: Singwarten im Stammbereich auf kahlen Ästen oder in der Kronenschicht, charakteristische Balzflüge mit vor der Landung einsetzender Balzstrophe; auffällige Warnrufe („*ilü ilü ilü*"); oft nur sehr kurze Gesangsperiode (ca. 14 Tage); verpaarte ♂ singen bis A 6, unverpaarte ♂ den ganzen Juni hindurch, am Rand der Verbreitung starker ♂-Überschuss, diese oft vorjährig, unausgefärbt und nicht brutreif. Die Arealgrenze verläuft etwa in Höhe des 10. Längengrades mitten durch Deutschland. Die Unterscheidung von rot- und weißkehligen ♂ kann bei der Revierzuordnung hilfreich sein.

Wertungsgrenzen und Erfassungszeitraum

Februar			März			April			Mai			Juni			Juli			August		
A	M	E	A	M	E	A	M	E	A	M	E	A	M	E	A	M	E	A	M	E
									1.		2.	3.								

13480 Halsbandschnäpper
Ficedula albicollis

RLD	1
EUV	X
SPEC	---

Lebensraum

Urwaldbewohner; strukturreiche, höhlen- und nischenreiche Altholzbestände von Laubwäldern, bevorzugt Buchen-, Eichen- oder Mischbestände der beiden Arten, weiterhin Eichen-Ulmen-Auenwälder; in Deutschland hauptsächlich extensiv genutzte Streuobstwiesen mit Altbaumbeständen von Apfel, Birne, Kirsche, Zwetschge; im Bereich von Siedlungen beim Vorhandensein eines alten Baumbestandes auch in Parkanlagen, Gärten und Alleen.

Brutbiologie

Höhlenbrüter, ursprünglich in natürlichen Höhlen u.a. in Stieleichen, Eschen, Obstbäumen, gegenwärtig bei uns meistens in künstlichen Nisthilfen; ♀ baut Nest; saisonale Monogamie, oft Polygynie, seltener Polyandrie; 1 Jahresbrut, Nachgelege selten; Gelege: (3)4-7(8) Eier, Abnahme der Gelegegröße mit zunehmender Jahreszeit; Brutdauer: 12-14(15) Tage, nur ♀ brütet und hudert, wird z.T. vom ♂ während der Brutpausen gefüttert; Nestlingsdauer: 15-19 Tage, ♂ und ♀ füttern; Brutreviere in Streuobstwiesen werden unmittelbar nach dem Ausfliegen der Jungen verlassen.

Phänologie

Jahresperiodik: Langstreckenzieher; Heimzug von M 4 bis E 5, Gesang v.a. M 4 bis M 5, Hauptdurchzug E 4 bis M 5; Legebeginn ab E 4, Höhepunkt jedoch M 5, danach bereits starke Abnahme; Maximum der Schlupftermine E 5 bis A 6; flügge Junge ab M 6, Brutperiode endet in der Mehrzahl der Fälle bereits M 7, Brutgebiet wird dann verlassen.

Tagesperiodik: tagaktiv; Gesang am intensivsten während der Dämmerung und am Vormittag.

Erfassung

In der Hauptsache Kartierung singender ♂ und in Bruthöhle einfliegender Altvögel, daneben Erfassung von warnenden, Nistmaterial, Futter oder Kotballen tragenden Altvögeln.

Termine: 1. E 4 bis A 5 (Gesang, Nestbau); 2. M 5 (Gesang, Warnrufe, Futter oder Kotballen tragende Altvögel); 3. E 5 bis A 6 (Warnrufe, Futter oder Kotballen tragende Altvögel).

Günstige Tageszeit: Kartierung singender ♂ von 1 Std. vor SA bis 5 Std. nach SA.

Auswertung

Wertungsgrenzen: M 4 bis A 7.

Brutverdacht: • zweimalige Feststellung eines singenden ♂ im Abstand von mindestens 7 Tagen, davon eine Feststellung E 4 bis A 6; • einmalige Feststellung eines singenden ♂ und eine Beobachtung eines Altvogels/Paares im Abstand von mindestens 7 Tagen, davon eine Feststellung E 4 bis A 6; • Nestbau; • Warnverhalten.

Brutnachweis: insbesondere • Futter oder Kotballen tragender Altvogel; • Altvögel die eine mögliche Bruthöhle aufsuchen oder verlassen ab M 5.

Besondere Hinweise: Kurze Gesangsperiode, die ♂ singen intensiv bis zur erfolgten Paarbildung; Dauer des Dämmerungsgesangs (in unmittelbarer Nähe zur Bruthöhle) nimmt mit dem Schlüpfen der Jungen schlagartig ab, Gesang endet um den 10.-13. Juni. Die häufigste Lautäußerung ist der artkennzeichnende Lock- und Warnruf „*sieb*" (gutes Unterscheidungsmerkmal vom Trauerschnäpper), der auf eine Nisthöhle aufmerksam macht. Ein Revier lässt sich oft eher durch diesen Ruf als durch den Gesang auffinden. Es kommen regelmäßig Mischbruten und Hybriden mit Trauerschnäpper vor.

Literatur: HÖLZINGER (1997)

Wertungsgrenzen und Erfassungszeitraum

Februar			März			April			Mai			Juni			Juli			August		
A	M	E	A	M	E	A	M	E	A	M	E	A	M	E	A	M	E	A	M	E
								1.		2.	3.									

13490 Trauerschnäpper
Ficedula hypoleuca

RLD	---
EUV	---
SPEC	---

Lebensraum

Wälder mit alten Bäumen und einem ausreichenden Höhlenangebot; bei Vorhandensein eines größeren Nistkastenangebotes auch in jüngeren Laub- und Mischbeständen, in reinen Fichten- und Kiefernbeständen sowie in Kleingärten, Obstanlagen, Villenvierteln, Parks und Friedhöfen.

Brutbiologie

Höhlen- und Halbhöhlenbrüter, Nistkästen werden natürlichen Höhlen vorgezogen; ♀ wählt ♂ mit Nisthöhle und baut Nest; saisonale Monogamie am häufigsten, regelmäßig polyterritoriale Polygynie; 1 Jahresbrut, Nachgelege nach dem Schlüpfen der Jungen sind selten; Gelege: (3)6-7(9) Eier, Brutdauer: (11)12-17 Tage, nur ♀ brütet und hudert, wird z.T. vom ♂ gefüttert; Nestlingsdauer: 16(-18), ausnahmsweise 14-15 Tage, ♂ und ♀ füttern; nach dem Ausfliegen hält Familie 8 Tage zusammen, Junge jagen im Alter von 22-24 Tagen unabhängig von den Eltern.

Phänologie

Jahresperiodik: Langstreckenzieher; Heimzug von (E 3)A 4 bis A 6, Hauptdurchzug von (M 4)E 4 bis M 5; Hauptgesangsperiode E 4 bis M 5; Legebeginn ab E 4, Höhepunkt jedoch 1. Maihälfte; Maximum der Schlupftermine E 5/A 6; Brutperiode endet in der Mehrzahl der Fälle E 6, Brutgebiet wird bald darauf verlassen.

Tagesperiodik: tagaktiv; Gesangsaktivität morgens am höchsten, steigt nachmittags noch einmal an.

Erfassung

In der Hauptsache Kartierung singender ♂ und in Bruthöhle einfliegender Altvögel, daneben Erfassung von warnenden, Nistmaterial, Futter oder Kotballen tragenden Altvögeln.

Termine: 1. E 4 bis A 5 (Gesang, Nestbau); 2. M 5 (Gesang, Warnrufe, Futter und Kotballen tragende Altvögel); 3. E 5 bis A 6 (Gesang, Warnrufe, Futter und Kotballen tragende Altvögel); in höheren Lagen später, Termine jeweils 1 Dekade versetzt.

Günstige Tageszeit: Kartierung singender ♂ von SA bis 4 Std. nach SA und 4 Std. bis 1 Std. vor SU.

Auswertung

Wertungsgrenzen: A 4 bis E 6.

Brutverdacht: • zweimalige Feststellung eines singenden ♂ im Abstand von mindestens 7 Tagen, davon eine M 5 bis A 6; • einmalige Feststellung eines singenden ♂ und eine Beobachtung eines Altvogels/Paares im Abstand von mindestens 7 Tagen, davon eine Feststellung M 5 bis A 6; • Altvogel trägt Nistmaterial; • Warnverhalten.

Brutnachweis: insbesondere • Futter oder Kotballen tragender Altvogel; • Altvögel, die eine mögliche Bruthöhle aufsuchen oder verlassen ab M 5.

Besondere Hinweise: Noch A 5 nordeuropäische Durchzügler (i.d.R. sehr dunkle Phänotypen – gleiches Aussehen wie die Brutvögel in den Nordalpen), die sich für kurze Zeit mit Gesang und Höhleninspizieren wie einheimische Brutvögel verhalten. Dunkle Phänotypen brüten aber auch in Schleswig-Holstein. Zu beachten ist, dass ♂ vor mehreren Kästen singen können; warnende Altvögel mit arttypischen „*bitt*"- oder „*witt*"-Rufen. Mit dem Schlüpfen der Jungen verstummt Gesang meistens völlig.

Literatur: WINKEL et al. (1998)

Wertungsgrenzen und Erfassungszeitraum

Februar			März			April			Mai			Juni			Juli			August		
A	M	E	A	M	E	A	M	E	A	M	E	A	M	E	A	M	E	A	M	E
								1.		2.	3.									

13640 Bartmeise
Panurus biarmicus

RLD	V
EUV	---
SPEC	---

Lebensraum

Altschilfbestände (meist großflächig) in Verlandungszonen von Still- und Fließgewässern, Brackwasserlagunen bzw. Meeresbuchten; Schilfröhrichte, die inselartig aufgelockert sind mit Großseggen-, Rohrkolben-, Binsen- oder Wasserschwadengesellschaften bzw. locker verbuschte Röhrichte, die oft von Tümpeln, Gräben oder Prielen durchzogen sind und auch direkten Zugang zu sandig-kiesigem Substrat (Grit) bieten; wichtig ist jeweils eine ausgeprägte Knickschilfschicht, daher sind gemähte Jungsschilfflächen als Bruthabitat ungeeignet; auch außerhalb der Brutzeit fast nur in Schilfgebieten.

Brutbiologie

Freibrüter; Nest meist versteckt in Knickschilf/Rohrkolben/Seggen/Stauden; Nester einzeln, doch oft auch kolonieartig; monogame Saison- bzw. Dauerehe, doch Bigynie nachgewiesen; regelmäßig 2 Jahresbruten, Drittbrut seltener, Viertbrut möglich; Gelege: (3)4-7(8) Eier, Brutdauer: (11)12-13(14) Tage, Nestlingsdauer: 13-14 Tage; Brut und Aufzucht durch ♂ und ♀, Betreuung durch Altvögel bis 2 Wochen nach Ausfliegen; Jungenschwärme oft von adulten ♂ begleitet, da ♀ wieder brüten.

Phänologie

<u>*Jahresperiodik*</u>: Teilzieher, vielfach Kurzstreckenzug bzw. winterliches Umherstreifen; Besetzung der Brutgebiete im Süden teilweise bereits ab Herbst des Vorjahres, sonst ab (M 2)E 2, überwiegend ab M 3 bis M 4; Nestbau ab M 3 möglich; Legebeginn ab E 3, meist jedoch ab A 4, Legeperiode bis E 7, flügge Junge frühestens ab E 4, meist erst im Mai, Aufzuchtsperiode bis M 9; großräumiger Abzug aus Brutgebieten ab M 9, Maximum im Oktober, endet M 11.

<u>*Tagesperiodik*</u>: tagaktiv; Bildung gemeinschaftlicher Schlafplätze im Schilf.

Erfassung

Erfassung rufender oder über dem Schilf fliegender Altvögel, daneben Erfassung Nest bauender oder Futter tragender Altvögel; in ausgedehnten Röhrichten von erhöhten Punkten aus (ca. 1 m über Schilfniveau, z.B. Deiche, Beobachtungstürme, Stehleitern). Einsatz von Klangattrappe nur zur Überprüfung der Anwesenheit sinnvoll, vor allem in wenig untersuchten bzw. dünn besiedelten Gebieten.

Termine: 1. E 3 bis A 4 (Beobachtung/Rufe Altvögel); 2. M 4 bis E 4 (Beobachtung/Rufe Altvögel; ggf. Fütterungen); 3. A 5 bis M 5 (Beobachtung/Rufe Altvögel; ggf. Fütterungen).

Günstige Tageszeit: ab SA bis 5 Std. nach SA bei windarmer, trockener Witterung.

Auswertung

Wertungsgrenzen: M 3 bis A 6.

Brutverdacht: • zweimalige Feststellung rufender/über dem Schilf fliegender Vögel im Abstand von mindestens 7 Tagen, davon eine M 4 bis M 5.

Brutnachweis: insbesondere • fütternde bzw. Kotballen tragende Altvögel; • Familienverband in Bereichen, wo zuvor mind. 1x rufende/fliegende/Nahrung suchende Altvögel festgestellt wurden.

Besondere Hinweise: Schwierige Erfassung. Wegen hoher Mobilität der Art Gebiet möglichst an einem Tag vollständig erfassen. Möglichst Unterscheidung nach ♂ und ♀ vornehmen. Reviere werden nicht verteidigt, daher auch kein regelmäßiger Gesang. Verwechslungsgefahr mit gleichartigen Rufen bereits flügger Junge beachten. Größere Schilfbereiche längere Zeit beobachten, bisweilen geringe Rufaktivität. Flüge mit Futter zum Nest lautlos, Flüge vom Nest mit kurzen Rufen. Nester oft kolonieartig verteilt, dann oft gemeinsame Nahrungsgebiete (in 500 bis max. 800 m Entfernung, daher Vorsicht bei Interpretation von Flugbeobachtungen). Nach Möglichkeit Ort des Aufflugs bzw. Einflugs genau einzeichnen. Zuordnung der Befunde möglichst für einen näher umgrenzten Bereich (ca. 50 x 50 m) treffen. Bei unübersichtlichen Schilfgebieten per Luftbild Strukturen wie Büsche/Masten/Priele lagegetreu auf Kartierunterlagen einzeichnen. Bei > 250 m breiten Schilfgebieten ist i.d.R. Erfassung vom Boot aus notwendig. Bereits ab Mai Bildung von Jungvogelgruppen. Junge sind auffällig kurzschwänzig und ab E 8 durchgemausert. Statusangabe Brutvogel sollte möglichst abgesichert werden z.B. über Nachweise von Jungvögeln, ggf. auch aus späteren Bruten. Wegen des erheblichen Störpotentials dürfen weglose Schilfgebiete nicht durchquert werden.

Literatur: GILBERT et al. (1998); TODTE (2003); VAN DIJK & HUSTINGS (1996)

Wertungsgrenzen und Erfassungszeitraum

Februar			März			April			Mai			Juni			Juli			August		
A	M	E	A	M	E	A	M	E	A	M	E	A	M	E	A	M	E	A	M	E
					1.		2.		3.											

14370 Schwanzmeise
Aegithalos caudatus

RLD	---
EUV	---
SPEC	---

Lebensraum

Laub- und Mischwälder mit ausgebildeter Strauchschicht, ebenfalls vielstufige Nadelwälder sowie Wacholderheiden, Streuobstwiesen, Feldgehölze, unterholzreiche Feuchtwälder, Ufergehölze an Fließgewässern, Seen und Teichen, verbuschte Bereiche in Mooren; außerdem gebüschreiche Park- und Grünanlagen, Friedhöfe, Kleingärten, Gartenstädte.

Brutbiologie

Freibrüter; Nest vielfach in den Ästen von Fichten aber auch vieler anderer Baumarten, an feuchteren oder verwilderten Standorten vor allem in Rankenpflanzen an Sträuchern und Bäumen; beide Partner bauen Nest; monogame Saison-, auch Dauerehe; 1 Jahresbrut, Zweitgelege vermutet, Nachgelege; Gelege: (6)8-12(13) Eier; Brutdauer: 12-14 Tage; Nestlingsdauer: (14)18-19(22) Tage; beide Partner füttern, mitunter Helfer; Fütterung der Jungen noch mindestens 2 Wochen nach dem Ausfliegen.

Phänologie

Jahresperiodik: Standvogel; ab E 2 paarweises Auftreten, aber Durchzug nordischer Populationen bis M 4; Nestbautätigkeit vor allem im März bis A 4, witterungsabhängig auch früher; Legebeginn ab E 3, Median A 4 (Eiablage >14 Tage früher als alle Parus-Arten), ab E 4 wohl überwiegend Nachgelege; Schlupftermine hauptsächlich M 4 bis M 5, flügge Junge ab (E 4) A 5; Brutperiode i.d.R. M 6 abgeschlossen.

Tagesperiodik: tagaktiv.

Erfassung

In der Hauptsache Kartierung von Paarbindung und Nestbau, daneben Futter oder Kotballen tragende Altvögel, eben flügge (kurzschwänzige) Junge.

Termine: 1. A 3 bis M 3 (Paarbindung, Nestbau); 2. E 3 bis A 4 (Paarbindung, Nestbau,); 3. M 4 bis E 4 (fütternde Altvögel).

Günstige Tageszeit: den gesamten Vormittag auch abends.

Auswertung

Wertungsgrenzen: E 2 bis M 6.

Brutverdacht: • einmalige Feststellung verpaarter Altvögel im potenziellen Bruthabitat; • zweimalige Beobachtung einzelner Altvögel im Abstand von mindestens 7 Tagen, davon eine A 3 bis E 4; • Altvogel mit Nistmaterial.

Brutnachweis: insbesondere • Futter oder Kotballen tragender Altvogel; • Familienverband mit eben flüggen (kurzschwänzigen) Jungen.

Besondere Hinweise: Ein lauter Reviergesang fehlt. Der leise Stimmfühlungslaut ist nur bis etwa 30 m weit hörbar. Die Art ist am Brutplatz sehr heimlich. Auffällig sind Brutpaare oft erst durch den Nestbau. Brütende bzw. hudernde Altvögel haben gekrümmten Schwanz. Familienverband hält sich lange im Brutgebiet auf. Sofern überhaupt eine andere Beobachtung aus der Brutzeit vorliegt, besteht damit zumindest Brutverdacht für das jeweilige Untersuchungsgebiet.

Literatur: van Dijk & Hustings (1996); Zang & Heckenroth (1998)

Wertungsgrenzen und Erfassungszeitraum

Februar			März			April			Mai			Juni			Juli			August		
A	M	E	A	M	E	A	M	E	A	M	E	A	M	E	A	M	E	A	M	E
			1.		2.		3.													

14400 Sumpfmeise
Parus palustris

RLD	---
EUV	---
SPEC	3

Lebensraum

Größere lichte Laub- und Mischwald-Altholzbestände, Ufergehölze, fortgeschrittene Altersstadien von Moorbirkenwäldern; bevorzugt grenzlinienreiche, rauborkige und artenreiche Ausprägungen; erhöhte Dichte in feuchten Laubwäldern (Hartholzaue, Erlenbrüche); in der halboffenen Kulturlandschaft in Hecken und Feldgehölzen mit alten Bäumen, in größeren Parks und Obstgärten, auch in buschreichen Alleen.

Brutbiologie

Höhlenbrüter; natürliche Baumhöhlen, die gegebenenfalls erweitert werden, hinter abstehender Borke, in Nistkästen, vereinzelt auch in Mauer- und Felslöchern sowie in Uferschwalbenhöhlen, Erdhöhlen und Wurzeltellern, Nestbau durch das ♀; Einzelbrüter; i.d.R. monogame Dauerehe, Paarbildung von Jungvögeln ab Sommer; 1 Jahresbrut; Gelege: (5)7-10(12) Eier, Brutdauer: (12)13-14(15) Tage, Nestlingsdauer: (17)18-19(21) Tage; nur das ♀ brütet und wird vom ♂ auf dem Nest gefüttert, bei der Jungenaufzucht füttern beide Partner; ausgeflogene Junge bleiben bis zu 15 Tage bei den Eltern.

Phänologie

Jahresperiodik: Standvogel, auch Jungvögel verlassen das engere Heimatgebiet nur in Ausnahmefällen; ganzjährig territorial, Gesang v.a. ab Vorfrühling und in der 1. Frühjahrshälfte, höhere Aktivität E 2 bis E 3, Höhlensuche ab März, Herbstgesang selten; Eiablage ab E 3 meist M 4 bis E 4, in hohen Lagen um ca. 2 Tage/100 m später, Ersatzbruten bis Juni; flügge Junge ab M 5.

Tagesperiodik: tagaktiv; höchste Gesangsaktivität in den frühen Morgenstunden, im Tagesverlauf nachlassend.

Erfassung

Überwiegend Kartierung singender ♂ (und ♀) und verpaarter Altvögel, daneben Balzfütterung, Nestbau und Futter eintragende Altvögel.

Termine: 1. A 3 bis M 3 (Gesang, Balz, Nestbau); 2. E 3 (Gesang, Balz); 3. A 4 bis M 4 (futtersuchende, fütternde Altvögel); im Bergland Termine später, jeweils um 2 Dekaden versetzt.

Günstige Tageszeit: frühmorgens SA bis 3 Std. nach SA.

Auswertung

Wertungsgrenzen: E 2 bis M 6.

Brutverdacht: • zweimalige Gesangsfeststellung im Abstand von mindestens 7 Tagen, davon eine A 3 bis M 4; • einmalige Gesangsfeststellung und Beobachtung eines Altvogels im Abstand von mindestens 7 Tagen, davon eine Feststellung A 3 bis M 4; • Paarbindung, Balzfütterung des ♀; • warnende Altvögel.

Brutnachweis: insbesondere • Altvögel mit Futter oder Kotballen an der Bruthöhle; • Familie mit gerade flüggen Jungvögeln.

Besondere Hinweise: Balzfütterung des ♀ vor der Eiablage; selten singen auch ♀. Nahrungsaufnahme oft in der Kronenschicht bis zum unteren Stammbereich.

Literatur: Gnielka (1990); Zang & Heckenroth (1998)

Wertungsgrenzen und Erfassungszeitraum

Februar			März			April			Mai			Juni			Juli			August		
A	M	E	A	M	E	A	M	E	A	M	E	A	M	E	A	M	E	A	M	E
			1.		2.	3.														

14420 Weidenmeise
Parus montanus

RLD	---
EUV	---
SPEC	---

Lebensraum

Morschholzreiche naturbelassene, feuchte Wälder; bevorzugt in Bruchwäldern, halboffenen Auen (Bachtäler) und Moorbirkenwäldern, auch in Nadel- und Mischwäldern der Mittelgebirge bis in die Hochlagen sowie in extensiv bewirtschafteten Kieferndickungen und –stangenhölzern mit eingesprengten morschen Birken oder Erlen; in der halboffenen Kulturlandschaft auch in alten ungepflegten Knicks und verwilderten Feldgehölzen; in aufgelassenen alten Gärten, in Dörfern sowie Parks und auf Friedhöfen; ist in allen Lebensraumtypen auf stehendes Totholz zum Höhlenbau angewiesen.

Brutbiologie

Höhlenbrüter; nutzt selbst angelegte Bruthöhlen in zersetztem Holz, auch in morschen Zaunpfählen und Masten, (späte Bruten) in fertigen Spechthöhlen, ausnahmsweise auch in Nistkästen, in alten Nestern z.B. von Eichhörnchen und Zaunkönig, ♂ und ♀ am Höhlenbau beteiligt, Nestbau durch das ♀; monogame Dauerehe, Paarbildung von Jungvögeln ab Sommer; i.d.R. nur 1 Jahresbrut; Gelege: (5-6)7-9(10) Eier, Brutdauer: 13-15 Tage, Nestlingsdauer 17-20 Tage; nur das ♀ brütet und wird vom ♂ auf dem Nest gefüttert, bei der Jungenaufzucht füttern beide Partner.

Phänologie

Jahresperiodik: Standvogel, z.T. evasionsartige Ausbreitung; Höhlenbau M 3 bis A 5; Gesang v.a. in der 1. Jahreshälfte, in der zweiten Jahreshälfte selten, Hauptgesangszeit März und April, später nachlassend; Eiablage ab (im Süden E 3)A 4, meist E 4 bis A 5 in Bergwäldern noch später (bis A 6), schlüpft als letzte der Meisenarten im Mittel M 5, flügge Junge ab A 6; Verstreichen der Jungmeisen von Juli bis Oktober.

Tagesperiodik: tagaktiv; hohe frühmorgendliche Gesangsaktivität, später stark nachlassend.

Erfassung

Vorwiegend Kartierung singender ♂ (und ♀) oder einzelner/verpaarter Altvögel, daneben Nest-/Höhlen bauender, warnender, fütternder Altvögel.

Termine: 1. M 3 bis E 3 (Höhlenbau, Gesang); 2. A 4 (Höhlenbau, Gesang); 3. M 4 bis E 4 (Gesang, warnende, fütternde Altvögel); im Bergland Termine später, jeweils um 1-2 Dekaden versetzt.

Günstige Tageszeit: frühmorgens: von SA bis 3 Std. nach SA.

Auswertung

Wertungsgrenzen: A 3 bis A 6 [im Hochgebirge bis E 7].

Brutverdacht: • zweimalige Gesangsfeststellung im Abstand von mindestens 7 Tagen, davon eine Feststellung M 3 bis E 4; • einmalige Gesangsfeststellung und Beobachtung eines Altvogels im Abstand von mindestens 7 Tagen, davon eine Feststellung M 3 bis E 4; • Paarbindung, Balzfütterung des ♀; • Altvögel mit Nistmaterial, beim Höhlenbau; • Beobachtung auffällig warnender Altvögel.

Brutnachweis: insbesondere • fütternde Altvögel an der Bruthöhle; • Feststellung von Familie mit gerade flüggen Jungen.

Besondere Hinweise: Balzfütterung des ♀ vor der Eiablage; selten singen auch ♀; fremde Junge wandern mitunter bereits in Reviere ein, wenn die Jungen des Revierpaares noch nicht selbstständig sind; größere Streifgebiete als Sumpfmeise, mit der sie vielfach gemeinsam vorkommt; in Deutschland kommen 3 Subspezies (spezifische Gesangsunterschiede) z.T. räumlich getrennt vor: *P. m. salicarius* und *P. m. rhenanus* im Tiefland und den Mittelgebirgen sowie *P. m. montanus* in den Alpen und ihrem Vorland.

Literatur: GNIELKA (1990); ZANG & HECKENROTH (1998)

Wertungsgrenzen und Erfassungszeitraum

Februar			März			April			Mai			Juni			Juli			August		
A	M	E	A	M	E	A	M	E	A	M	E	A	M	E	A	M	E	A	M	E
				1.		2.	3.						G.				G.			

14540 Haubenmeise
Parus cristatus

RLD	---
EUV	---
SPEC	2

Lebensraum

Überwiegend Nadelwald, daher häufig im Bergwald; ansonsten bevorzugt Kiefernwald, häufiger in Wäldern mit deutlicher Altersstufung und höherem Anteil von morschem Holz und Totholz bzw. Weichholz (Birke, Weide); in monotonen Altersklassenwäldern deutlich seltener; besiedelt bei höherem Anteil älterer Nadelbäume auch Laubmischwälder (z.B. auch ältere Moorbirkenwälder mit Kiefern); bei ähnlicher Strukturierung auch in Parks, auf Friedhöfen und mitunter in Villenvierteln.

Brutbiologie

Höhlenbrüter, Nest in selbst gehackter Höhle in morschem oder toten Holz (gern Birke), in Nistkästen, Spechthöhlen, natürlichen Fäulnishöhlen; ♀ hackt Höhle und baut Nest; monogame Dauerehe; 1(2) Jahresbrut(en), Nachgelege möglich; Gelege: (4)5-8(9) Eier, Brutdauer: (14)15-17(18) Tage, ♀ brütet, wird vom ♂ gefüttert; Nestlingsdauer: (18)19-21(23) Tage; beide Partner füttern.

Phänologie

Jahresperiodik: Standvogel, ausgesprochene Reviertreue; Balz regelmäßig ab M 2, Bau der Nisthöhle ab März, frühester Legebeginn ab E 3, sonst überwiegend A 4 bis E 4 (in höheren Lagen A 5); Zweitbruten ab M 5 möglich, Median jedoch M 6; Schlupf frühestens M 4 möglich, meist von A 5 bis M 5, danach vor allem von Nach- oder Zweitgelegen; flügge Junge ab (A 5), meist M 5 bis A 6.

Tagesperiodik: tagaktiv; Aktivitätsmaximum am Morgen betrifft auch das Aushacken der Bruthöhle.

Erfassung

Kartierung singender/rufender Vögel, daneben Erfassung Nest bauender, Futter oder Kotballen tragender oder warnender Altvögel bzw. aller weiteren Beobachtungen.

Termine: 1. M 3 bis E 3 (Gesang, Rufe); 2. A 4 bis M 4 (Gesang, Rufe, Nestbau); 3. E 4 bis A 5 (Gesang, Rufe, Brutnachweis).

Günstige Tageszeit: ab SA bis Vormittag.

Auswertung

Wertungsgrenzen: M 2 bis A 6 [im Hochgebirge bis E 7].

Brutverdacht: • zweimalige Feststellung eines rufenden Vogels/singenden ♂ im Abstand von mindestens 7 Tagen, davon eine M 3 bis A 5; • einmalige Feststellung eines rufenden Vogels/singenden ♂ und zusätzlich eine Beobachtung eines Altvogels im Abstand von mindestens 7 Tagen, davon eine Feststellung M 3 bis A 5; • Höhlenbau bzw. Nistmaterial eintragender Altvogel.

Brutnachweis: insbesondere • Futter oder Kot tragender Altvogel bzw. Junge führende Altvögel.

Besondere Hinweise: Häufigste Lautäußerungen sind „*gürr*“-Rufe. Längere Folge von „*zi zi gürr*“-Lauten wird in bestimmten Situationen als „Gesang“ angesehen. Vorspiel einer Klangattrappe führt nicht immer zu einer Reaktion. Auf Balzfüttern achten. Zweitbruten sind eher selten (z.B. in Niedersachsen < 10%). Flügge Junge streifen ab Juni umher und können mit Revierinhabern verwechselt werden, daher dürfen Einzelbeobachtungen und Feststellungen über Rufe nur bis E 5 gewertet werden (außer im Hochgebirge).

Literatur: Löhrl (1991); Möckel (1990); Zang & Heckenroth (1998)

Wertungsgrenzen und Erfassungszeitraum

Februar			März			April			Mai			Juni			Juli			August		
A	M	E	A	M	E	A	M	E	A	M	E	A	M	E	A	M	E	A	M	E
				1.		2.		3.					G.				G.			

14610 Tannenmeise
Parus ater

RLD	---
EUV	---
SPEC	---

Lebensraum

Nadelwälder (mindestens 20-40jähriger Bestand) bis ins Hochgebirge, in höheren Stufen der Alpen in Zirbenbeständen; Nahrungssuche bevorzugt an Altfichten, bei Höhlenangebot auch in Mischwäldern mit ausreichendem Nadelbaumanteil, in Kiefernforsten/-heiden in Bereichen mit eingestreuten Laubgehölzen (z.B. Birken), auch in Laubwäldern mit einzelnen (alten) Fichten; in Siedlungen zunehmend Brutvorkommen in Parkanlagen, Gärten und auf Friedhöfen mit älteren Nadelbäumen.

Brutbiologie

Höhlenbrüter; Nest in ausgefaulten Baumhöhlen, Baumspalten, Stubben, Nistkästen, enge Einfluglöcher (z.B. von Kleinspechthöhlen) werden bevorzugt; Nester regelmäßig auch in Erdhöhlen oder Steinmauern, Nestbau durch das ♀; Einzelbrüter, in Abhängigkeit vom Höhlenangebot auch sehr dicht benachbart; monogame Saisonehe, aber oft auch Dauerehe; 1-2(3) Jahresbrut(en); Gelege: (4-6)7-10(12) Eier, Brutdauer: 13-15(16) Tage, Nestlingsdauer: (17)18-20(21) Tage; nur das ♀ brütet und wird vom ♂ am Nest gefüttert, bei der Jungenaufzucht füttern beide Partner.

Phänologie

Jahresperiodik: Standvogel, z.T. evasionsartige Ausbreitung von (Teil-)Populationen bei hoher Bestandsdichte meist im Oktober, Auflösung der Schwärme von E 2 bis A 3; Heimzug ziehender Populationen i.d.R. wenig auffällig von E 3 bis E 4, oft sehr verspätet bis in den Juni; Nestbau ab E 3; Reviergesang zaghaft ab E 1, im März deutlich zunehmend, Hauptgesangszeit von E 3 bis A 5, später deutlich nachlassend; Eiablage ab E 3 meist von E 4 bis E 5 (in höheren Lagen); flügge Junge ab E 5; Zweitbruten ab M 5; Dismigration ab E 8 bis A 11.

Tagesperiodik: tagaktiv; höchste Gesangsaktivität in den frühen Morgenstunden, tagsüber nachlassend.

Erfassung

In der Hauptsache Kartierung singender ♂ (und ♀), daneben Nest bauende und verpaarte, Futter und Kotballen tragende sowie warnende Altvögel.

Termine: 1. E 3 bis A 4 (Nestbau, Gesang); 2. M 4 (Gesang, einfliegende Altvögel); 3. E 4 bis A 5 (Gesang, Futter oder Kotballen tragende Altvögel); im Gebirge später, Termine jeweils 1-2 Dekaden versetzt.

Günstige Tageszeit: von SA bis 3 Std. nach SA.

Auswertung

Wertungsgrenzen: M 3 bis M 6 [im Hochgebirge bis E 7].

Brutverdacht: • zweimalige Gesangsfeststellung im Abstand von mindestens 7 Tagen, davon eine E 3 bis A 5; • einmalige Gesangsfeststellung und zusätzlich Beobachtung eines Altvogels im Abstand von mindestens 7 Tagen, davon eine Feststellung E 3 bis A 5; • Altvögel mit Nistmaterial; • warnende Altvögel.

Brutnachweis: insbesondere • fütternde Altvögel an der Bruthöhle • Familie mit gerade flüggen Jungvögeln.

Besondere Hinweise: Reviergesang außerhalb der Brutzeit eher selten zu hören, auch ♀ singen, aber seltener und leiser als Reviergesang der ♂; Tannenmeisen können sehr dicht, fast kolonieartig siedeln, Nestabstände 15-25 m, so dass der Bestand leicht unterschätzt wird.

Literatur: Gnielka (1990), Zang & Heckenroth (1998)

Wertungsgrenzen und Erfassungszeitraum

Februar			März			April			Mai			Juni			Juli			August		
A	M	E	A	M	E	A	M	E	A	M	E	A	M	E	A	M	E	A	M	E
					1.		2.	3.						G.			G.			

14620 Blaumeise
Parus caeruleus

RLD	---
EUV	---
SPEC	---

Lebensraum

Lichte, vertikal gut strukturierte Laub- und Mischwälder mit großem Höhlenangebot, besiedelt daher vor allem Alteichenbestände, Auwälder, Feldgehölze, Baum- und Gebüschstreifen im offenen Gelände und Hofgehölze; Nistkästen fördern die Ansiedlung, dann auch im Siedlungsbereich, vor allem in Parks, Kleingartengebieten, Gartenstädten und Gehölzgruppen bis in die Wohnblockzonen; nicht in einförmigen Nadelwäldern. Zur Nahrungssuche gern in Schilfröhrichten, vor allem außerhalb der Brutzeit, besonders im Winter.

Brutbiologie

Höhlenbrüter, Nest Baumhöhlen aller Art, in Nistkästen und Höhlen in unterschiedlichsten Strukturen (z.B. Holzverkleidungen an Dächern); ♀ baut Nest; monogame Saisonehe, oft auch Dauerehe, einzelne polygyne ♂; 1(2) Jahresbrut(en), Anteil Zweitbruten gering, Nachgelege; Gelege: (5)7-13(15) Eier, Brutdauer: 13-15(16) Tage, ♀ brütet, wird vom ♂ gefüttert; Nestlingsdauer: (17)18-21(22) Tage, beide Partner füttern; Führung der Jungen 2-3 Wochen.

Phänologie

<u>*Jahresperiodik*</u>: Standvogel, Neigung zu unregelmäßigen Abwanderungen (Emigration); nordische Durchzügler kaum abgrenzbar, daher Helgolanddaten wichtig: Durchzug E 1 bis E 4 (A 5) mit Median E 3; Paarbildung ab Herbst; Gesang ab (E 12)A 1, regelmäßiger ab Mittwinter mit Maximum Februar bis April; Nistplatzwahl und Nestbauphase ab A 3; Legebeginn frühestens A 4, meist M 4 bis A 5; Schlupftermine frühestens E 4, meist A/M 5, flügge Junge v.a. E 5 und A 6; Zweitbruten ab Juni.

<u>*Tagesperiodik*</u>: tagaktiv.

Erfassung

Überwiegend Kartierung singender ♂, daneben Erfassung Nest bauender, Futter oder Kotballen tragender oder warnender Altvögel bzw. aller weiteren Beobachtungen.

Termine: 1. M 3 bis E 3 (Gesang, Nestbau); 2. A 4 bis M 4 (Gesang, ggf. noch Nestbau); 3. E 4 bis A 5 (Gesang, Fütterungen).

Günstige Tageszeit: ab SA bis späten Vormittag.

Auswertung

Wertungsgrenzen: M 2 bis M 6.

Brutverdacht: • zweimalige Feststellung eines singenden ♂ im Abstand von mindestens 7 Tagen, davon eine M 3 bis A 5; • einmalige Feststellung eines singenden ♂ und zusätzlich eine Feststellung eines Altvogels im Abstand von mindestens 7 Tagen, davon eine M 3 bis A 5; • Nestbau (Höhlenausbau).

Brutnachweis: insbesondere • Futter oder Kot tragender Altvogel bzw. Junge führende Altvögel.

Besondere Hinweise: Bestand kann wegen des nicht so auffälligen Gesangs bzw. wegen des häufigen Aufenthalts in höheren Baumschichten leicht unterschätzt werden. Bei hoher Siedlungsdichte sind möglichst viele gleichzeitig singende ♂ zu erfassen. Auf Balzfüttern achten. Geführte Junge (vor allem E 5/A 6) sind sehr auffällig.

Literatur: Morozov (1994); Zang & Heckenroth (1998)

Wertungsgrenzen und Erfassungszeitraum

Februar			März			April			Mai			Juni			Juli			August		
A	M	E	A	M	E	A	M	E	A	M	E	A	M	E	A	M	E	A	M	E
				1.		2.		3.												

14640 Kohlmeise
Parus major

RLD	---
EUV	---
SPEC	---

Lebensraum

Fast alle Wälder mit genügend Nistgelegenheiten; bevorzugt Altholzbestände von Laub- und Mischwäldern; in reinen Forsten, sofern Höhlen oder zumindest Nistkästen vorhanden sind; außerhalb geschlossener Wälder in Feldgehölzen, Alleen; in städtischen Siedlungen zumeist flächendeckende Verbreitung, dort in Parks, Gärten und auf Friedhöfen, auch in Wohnblockzonen und Zentren.

Brutbiologie

Höhlenbrüter; Nest v.a. in Fäulnis-, Spechthöhlen, Spalten, Nistkästen, in unterschiedlichsten anthropogenen Strukturen; monogame Saison-, aber oft auch Dauerehe, ♀ baut Nest; 1-2 Jahresbrut(en), ausnahmsweise auch Drittbrut, Nachgelege; Gelege: (5)6-12(15) Eier, Brutdauer: (12)13-15(16) Tage, ♀ brütet, wird vom ♂ gefüttert; Nestlingsdauer: (17)18-21(22) Tage, beide Partner füttern; Führung der Jungen 2-3 Wochen, im Falle einer nachfolgenden Zweitbrut kürzer.

Phänologie

Jahresperiodik: Standvogel, Neigung zu unregelmäßigen Abwanderungen (Emigration); Revierverhalten und Paarbildung beginnt oft in den Wintermonaten; unauffälliger Heimzug nordischer Populationen von A 2 bis M 4; Hauptgesangsperiode M 2 bis A 6, im März am intensivsten; mittlerer Legebeginn schwankt jährlich stark, frühestens (im Süden E 3)A 4, Hauptlegezeit (M)E 4 bis A 5; Legetermin der Zweitbrut mit Maximum E 5 bis A 6; Schlupftermine hauptsächlich von E 4 bis A 5, von Zweitbruten verstärkt ab E 6; flügge Junge ab M/E 5; Brutperiode i.d.R. M 7 abgeschlossen.

Tagesperiodik: tagaktiv; frühmorgendliches Gesangsmaximum.

Erfassung

In der Hauptsache Kartierung singender ♂, einzelner und verpaarter Altvögel, daneben Balzfüttern, Einfliegen in die Bruthöhle, Tragen von Nistmaterial, Futter oder Kotballen, Warnverhalten.

Termine: 1. M 3 bis E 3 (Gesang, Balzfüttern, Nestbau); 2. A 4 (Gesang, einfliegende Altvögel); 3. M 4 bis E 4 (Gesang, Futter oder Kotballen tragende Altvögel).

Günstige Tageszeit: von SA bis 3 Std. nach SA.

Auswertung

Wertungsgrenzen: E 2 bis E 6.

Brutverdacht: • zweimalige Feststellung eines singenden ♂ im Abstand von mindestens 7 Tagen, davon eine M 3 bis E 4; • einmalige Gesangsfeststellung und zusätzlich Beobachtung eines Altvogels im Abstand von mindestens 7 Tagen, davon eine Feststellung M 3 bis E 4; • Nistmaterial eintragender Altvogel; • warnender Altvogel.

Brutnachweis: insbesondere • fütternde Altvögel an der Bruthöhle, • Familie mit gerade flüggen Jungen.

Besondere Hinweise: Obwohl bekannt ist, dass die aufwändigere Höhlensuche zu höheren Brutbeständen führt, wird der Revierkartierung singender ♂ Vorrang eingeräumt. Besonderer Wert ist stets auf das Erfassen aller gleichzeitig singenden ♂ zu richten, was selbst bei einer hohen Siedlungsdichte den Fehler gegenüber der Nestersuche verringert.

Literatur: MANNES & ALPERS (1975); SCHERNER (1983); ZANG & HECKENROTH (1998)

Wertungsgrenzen und Erfassungszeitraum

Februar			März			April			Mai			Juni			Juli			August		
A	M	E	A	M	E	A	M	E	A	M	E	A	M	E	A	M	E	A	M	E
				1.		2.	3.													

14790 Kleiber
Sitta europaea

RLD	---
EUV	---
SPEC	---

Lebensraum

Strukturreiche lichte Laub- und Mischwälder, v.a. in höhlenreichen Altholzbeständen mit hohem Eichenanteil, Charaktervogel der Eichen-Hainbuchen- und Buchenmischwälder fortgeschrittener Altersstadien (mindestens 75-jährig); höchste Dichte in Hartholzauen, eher selten in lichten Kiefern-Beständen (Altholz); im Bereich menschlicher Siedlungen in Hofgehölzen, Parkanlagen, Gärten und Alleen mit hohen Bäumen; Siedlungsdichte abhängig von Höhlenangebot.

Brutbiologie

Höhlenbrüter; Nest in Spechthöhlen, in ausgefaulten Baumhöhlen und Mauerlöchern sowie in Nistkästen, große Eingänge, scharfe Kanten und Hohlräume werden in arttypischer Weise zugemauert bzw. verklebt, Nestbau überwiegend durch das ♀, nach Legebeginn Eintragen von Material (Baumrinde) auch durch das ♂; Einzelbrüter; monogame Saisonehe, in konstanten Revieren auch längere Verpaarung; 1 Jahresbrut (ausnahmsweise bis zu 2 Ersatzbruten); Gelege: (5)6-7(10) Eier, Brutdauer: 15-19 Tage, Nestlingsdauer: 23-26 Tage; nur das ♀ brütet und wird vom ♂ am Nest gefüttert, bei der Jungenaufzucht füttern beide Partner, ♂ übergibt Futter oft an das ♀.

Phänologie

Jahresperiodik: Standvogel, z.T. evasionsartige Ausbreitung von Populationen bei hoher Bestandsdichte meist im Oktober; Revierbesetzungen und Paarbildung bereits im Spätsommer (bei Jugendpaaren) möglich, ganzjährig territorial, Gesangsperiode von Dezember bis Mai, hauptsächlich Februar bis April, Gesang nimmt mit Nestbau/Eiablage (ab E 3) stark ab, markant sind dann Lock- und Warnrufe; Eiablage ab E 3, meist M 4 bis M 5(E 5); Schwerpunkt Schlupf A/M 5, bei ungünstigem Nachwinterwetter verzögern sich die Schlupftermine bis etwa 2 Wochen, auch in höheren Lagen Schlupftermine später und über größeren Zeitraum verteilt; flügge Junge ab E 5, Jungvögel verlassen nach 14 Tagen das Brutrevier, Dismigration ab E 8 bis Oktober, zweite Phase von November bis April.

Tagesperiodik: tagaktiv; höchste Gesangsaktivität in den frühen Morgenstunden, im späten Frühjahr tagsüber nachlassend.

Erfassung

In der Hauptsache Kontrolle singender ♂ sowie von Lock- und Warnrufen, daneben Erfassung Nest bauender und verpaarter Altvögel.

Termine: 1. A 3 bis M 3 (Gesang, Nest bauende/verpaarte Individuen); 2. E 3 (Gesang, Lock- und Warnrufe, Nest bauende/einfliegende Individuen); 3. A 4 bis M 4 (Gesang, Lock- und Warnrufe, Nest bauende/einfliegende Individuen); fakultativ 4. M 5 bis E 5 (fütternde Altvögel); im Gebirge später, Termine jeweils 1-2 Dekaden versetzt.

Günstige Tageszeit: von SA bis 4 Std. nach SA.

Auswertung

Wertungsgrenzen: A 2 bis E 6.

Brutverdacht: • zweimalige Feststellung eines singenden ♂ im Abstand von mindestens 7 Tagen, davon eine A 3 bis E 5; • einmalige Gesangsfeststellung und zusätzlich Beobachtung eines Altvogels im Abstand von mindestens 7 Tagen, davon eine Feststellung A 3 bis E 5; • einmalige Feststellung eines Paares A 3 bis E 5; • Nistmaterial eintragender Altvogel; • warnender Altvogel.

Brutnachweis: • Altvögel mit Futter oder Kotballen an der Bruthöhle; • Feststellung von Familie mit gerade flüggen Jungen.

Besondere Hinweise: Außerhalb der Hauptgesangszeit (s.o.) nur selten zu hören; Reviergrenzen variieren im Jahresverlauf erheblich und sind in isolierten Biotopen (z.B. kleine Streuobstwiesen) nicht feststellbar.

Literatur: Löhrl (1958); Zang & Heckenroth (1998)

Wertungsgrenzen und Erfassungszeitraum

Februar			März			April			Mai			Juni			Juli			August		
A	M	E	A	M	E	A	M	E	A	M	E	A	M	E	A	M	E	A	M	E
			1.		2.	3.				4.										

14820 Mauerläufer
Tichodroma muraria

RLD	R
EUV	---
SPEC	---

Lebensraum

Senkrechte, reich gegliederte Felswände, in den Nordalpen in 600 bis 2300 m Höhe (meist 800 bis 2000 m); Wassernähe nicht zwingend notwendig, doch sind feuchte, nasse Schluchten, Spalten und schattige Felsbereiche ebenso wichtig wie sonnenexponierte Felspartien mit Grasbändern und anderem polsterartigen Pflanzenwuchs; gemieden werden i.d.R. isolierte kleine Felswände, klammartige Schluchten und Steilabbrüche im Bereich des Bergwaldes; Winterreviere vor allem in Tälern, dort in Steinbrüchen aber auch in Ortschaften an Gebäuden, sogar bis in Felslandschaften der Mittelgebirge.

Brutbiologie

Nest in oft tiefen, für Beutegreifer schwer zugänglichen Felsspalten, gelegentlich mit mehreren Zugängen, selbst Gebäudebruten möglich; monogame Saisonehe, Wiederverpaarung durch ausgeprägte Brutplatztreue wahrscheinlich; 1 Jahresbrut, Gelege: (3)4-5 Eier; Brutdauer 18-20 Tage, Nestlingsdauer: 28-30 Tage, Junge verlassen aber zu Fütterungen schon vorher das Nest; ♀ baut Nest und brütet alleine; Fütterungszeit nach dem Ausfliegen nicht sicher bekannt.

Phänologie

Jahresperiodik: Teilzieher mit ausgeprägten Vertikalwanderungen; Ankunft im Brutgebiet ab M/E 3, meist April/Mai, in sehr hohen Lagen bis A 6; Paarbildung je nach Höhenlage ab M 4 bis A 6; Hauptlegeperiode A 5 bis A 6; Fütterungen ab A 6, frühestes Ausfliegen E 6, sonst A 7 bis A 8.

Tagesperiodik: tagaktiv, aber auch tagsüber lange Ruhepausen.

Erfassung

Überwiegend optisch, durch Absuchen geeigneter Felshabitate aus größerer Entfernung (mit guter Übersicht); folgende Verhaltensweisen sind auffällig: Flügelzucken im Sitzen und bei Nahrungssuche (Farbsignale); Rüttelflug (Insektenfang), Verfolgungsflüge bzw. „Flugspiele"; Gesang nicht laut, wird leicht überhört.

Termine: abhängig von Schnee- und Höhenlage bzw. Lawinengefahr, Termine sind aufgrund der kaum vorherzusagenden Bedingungen als Orientierung zu verstehen und jeweils entsprechend anzupassen: 1. M 4 bis E 4 und 2. A 5 bis M 5 bzw. in höheren Lagen über 1500 m E 5 bis A 6 (jeweils Kontrolle auf Anwesenheit, Revierbesetzung, Verpaarung); 3. M 6 bis A 7 (Revierbesetzung, Fütterungen); 4. M 7 bis E 7 (Fütterungen; vor allem in Lagen über 1500 m).

Günstige Tageszeit: ab frühem Vormittag bis über Mittag, nur bei möglichst windarmen, niederschlagsfreien, sonnigen Bedingungen.

Auswertung

Wertungsgrenzen: A 4 bis A 8.

Brutverdacht: • bereits einmalig Balzflüge/Gesang; • Paarbeobachtung; • wiederholtes Anfliegen von Höhlen und Spalten; • Nestbau.

Brutnachweis: insbesondere • fütternde Altvögel.

Besondere Hinweise: Große Reviere, 500 bis >1000 m Revier-Abstand selbst in großräumig geeigneten Habitaten nicht selten; wenn Bruthöhlen am Rande von Revieren liegen, sind auch dichtere Abstände möglich. Beobachtung aus Entfernungen von 400-600 m sind wegen des besseren Beobachtungswinkels oft günstiger und weniger störend (auch für andere Felsbrüter) als in Wandnähe; optische Unterscheidung ♂ und ♀ beachten. Gesang ist über größere Distanz nur unvollständig zu hören. Bei Feststellung der Art möglichst lange beobachten, um entsprechende Verhaltensweisen zu registrieren. Individuen neigen zu ausgesprochener Reviertreue. Die Suche nach bisher nicht bekannten Brutgebieten/Brutplätzen darf nicht vernachlässigt werden. Brutgebiete für Menschen oft kaum zugänglich und Brutplätze nicht einsehbar; daher genaue quantitative Bestandserfassung in manchen Gebieten nicht möglich, die Angabe von Mindestbeständen bzw. qualitative Angaben zum Status der Art jedoch schon. Ab M 7 Abwanderung in höchste Lagen, die nicht als Bruthabitat genutzt werden (in der Schweiz bis 4500 m).

Literatur: Bezzel (1993); Saniga (2000)

Wertungsgrenzen und Erfassungszeitraum

Februar			März			April			Mai			Juni			Juli			August		
A	M	E	A	M	E	A	M	E	A	M	E	A	M	E	A	M	E	A	M	E
							1.		2.		x.		3.			4.				

14860 Waldbaumläufer
Certhia familiaris

RLD	---
EUV	---
SPEC	---

Lebensraum

Überwiegend geschlossene Wälder mit Altholzbeständen; in Gebirgen überwiegend in Nadel- und Mischwäldern, sonst auch Eichen-Buchen-Althölzer; im Norden vor allem in größeren zusammenhaängenden Wäldern mit hohem Nadelholz- und Buchenanteil; seltener in älteren Erlen-Eschenwäldern und Erlen- bzw. Birkenbruchwäldern (mitunter in nur 1 bis 2 ha großen Beständen); innerhalb von Ortschaften gelegentlich in großen Parkanlagen.

Brutbiologie

Höhlenbrüter, Nest in Ritzen und Spalten, hinter abgesprungener Rinde, in Baumhöhlen, auch in speziellen Nistkästen; ♀ baut eigentliches Nest allein; monogame Saisonehe, mitunter Bigynie; 1-2 Jahresbrut(en), Schachtelbruten möglich, Nachgelege; Gelege: (4)5-6(7) Eier, Brutdauer: 13-15(16) Tage, ♀ brütet, wird vom ♂ mitunter gefüttert; Nestlingsdauer: 17-18 Tage, beide Partner füttern; Führung der ausgeflogenen Jungen 8-10 Tage.

Phänologie

Jahresperiodik: Standvogel, bedingt auch nordische Durchzügler; Durchzugsbeobachtungen M 2 bis E 4; Brutplatzbesetzung M 2 bis M/E 3; Höhepunkt der Gesangsaktivität E 3 bis E 5; Nestbau A 4 bis M 5; Legebeginn frühestens E 3/A 4, Hauptlegezeit M/E 4 bis A 5; Legebeginn der Zweitbrut ab (M 5) E 5 bis M 7; Schlupftermine hauptsächlich E 4 bis A 5, von Zweitbruten verstärkt M 6; Brutperiode endet E 7/A 8.

Tagesperiodik: tagaktiv; Reviergesang ganztägig, frühmorgendlich etwas intensiver.

Erfassung

Überwiegend Kartierung singender ♂, daneben Erfassung Nest bauender oder fütternder Altvögel und aller weiteren Beobachtungen. Einsatz der Klangattrappe zur Überprüfung der Anwesenheit ist sinnvoll, vor allem in waldarmen, dünn besiedelten Gebieten.

Termine: 1. M 3 bis E 3 (Gesang); 2. A 4 bis M 4 (Gesang, Nestbau); 3. E 4 bis A 5 (Gesang, Brutnachweis).

Günstige Tageszeit: ab SA bis späten Vormittag.

Auswertung

Wertungsgrenzen: M 2 bis E 5 [im Hochgebirge bis E 7].

Brutverdacht: • zweimalige Feststellung eines singenden ♂ im Abstand von mindestens 7 Tagen, davon eine M 3 bis A 5; • einmalige Feststellung eines singenden ♂ und zusätzlich eine Feststellung eines Altvogels im Abstand von mindestens 7 Tagen, davon eine M 3 bis A 5; • Nistmaterial tragender Altvogel.

Brutnachweis: insbesondere • Futter oder Kotballen tragender Altvogel; • Junge führende Altvögel.

Besondere Hinweise: Bei guter Kenntnis des Gesanges ist Nachweis nicht schwieriger als beim Gartenbaumläufer; Gesang im Vergleich zu Gartenbaumläufer sehr leise; auch alle Beobachtungen sollten kartiert werden, Verwechslungen mit Gartenbaumläufer sind dabei auszuschließen. Waldbaumläufer bauen für Zweitbrut immer ein neues Nest, deshalb mögliche Doppelzählung vermeiden; nur Befunde zur Erstbrut werten. Besiedelt regional eher die höheren Lagen im Mittelgebirge als die Ebene, wo er regional auch fehlt. In vielen Gegenden unter 400 m kommt die Art gemeinsam mit dem Gartenbaumläufer vor, ist aber oft die seltenere Art; Mischsängerproblematik beachten. Verbreitung vor allem im Nordwesten nur unzureichend bekannt, weil Art hier seltener ist und Gesang kaum bekannt ist; daher sollte man sich den Gesang anhand von Tondokumenten gut einprägen. Wird bisweilen übersehen/überhört bzw. werden auch nur wenige Erfassungen in Wäldern durchgeführt; lokal in nadelholzreichen Wäldern häufiger als Gartenbaumläufer.

Literatur: SCHWERDTFEGER (1987)

Wertungsgrenzen und Erfassungszeitraum

Februar			März			April			Mai			Juni			Juli			August		
A	M	E	A	M	E	A	M	E	A	M	E	A	M	E	A	M	E	A	M	E
				1.		2.		3.				G.					G.			

14870 Gartenbaumläufer
Certhia brachydactyla

RLD	---
EUV	---
SPEC	---

Lebensraum

Lichte Laub- oder Mischwälder vor allem im Tiefland, mit grobborkigen Bäumen (Eichen, Pappeln, Ulmen), alte Kiefern- und Kiefernmischwälder, Erlenbrüche, Feldgehölze, Alleen, Baumreihen im ansonsten offenen Gelände, Gewässer begleitende Gehölze; im Siedlungsbereich auch Hofgehölze, Obstgärten, Friedhöfe, Parks; nicht in dichten Fichtenforsten und reinen Buchenbeständen.

Brutbiologie

Höhlenbrüter, Nest in Ritzen und Spalten, hinter abstehender Rinde, in Baumhöhlen, in speziellen Nistkästen, auch an Gebäuden; ♀ baut Nest allein; monogame Saisonehe; 1-2 Jahresbrut(en), Schachtelbruten möglich, Nachgelege; Gelege: (4)5-6(7) Eier, Brutdauer: (14)17-18 Tage, ♀ brütet; Nestlingsdauer: 16-18 Tage, beide Partner füttern; Führung der ausgeflogenen Jungen 1-3 Wochen.

Phänologie

Jahresperiodik: Standvogel; Durchzugbeobachtungen oft auf Vermutungen beruhend, Brutplatzbesetzung E 2 bis M 3; Höhepunkt der Gesangsaktivität März bis Mai; Nestbau A 4 bis M 4, bei Nach- und Zweitbruten bis Juni; Legebeginn frühestens (M 3 im Süden), sonst E 3/A 4, Hauptlegezeit M/E 4; Legebeginn der Zweitbrut ab M/E 5 bis E 6; Schlupftermine hauptsächlich E 4 bis A 5, von Zweitbruten verstärkt M 6; Brutperiode endet bis auf Ausnahmen E 7.

Tagesperiodik: tagaktiv; Reviergesang ganztägig, frühmorgendlich etwas intensiver.

Erfassung

Überwiegend Kartierung singender ♂ bzw. rufender Vögel, daneben Erfassung Nest bauender oder fütternder Altvögel und aller weiteren Beobachtungen.

Termine: 1. M 3 bis E 3 (Gesang); 2. A 4 bis M 4 (Gesang, Nestbau); 3. E 4 bis A 5 (Gesang, Brutnachweis).

Günstige Tageszeit: ab SA bis späten Vormittag.

Auswertung

Wertungsgrenzen: E 2 bis E 5.

Brutverdacht: • zweimalige Feststellung eines singenden ♂ im Abstand von mindestens 7 Tagen, davon eine M 3 bis A 5; • einmalige Feststellung eines singenden ♂ und zusätzlich eine Feststellung eines Altvogels im Abstand von mindestens 7 Tagen, davon eine M 3 bis A 5; • Nistmaterial tragender Altvogel.

Brutnachweis: insbesondere • Futter oder Kot tragender Altvogel; • Junge führende Altvögel.

Besondere Hinweise: Beobachtungen und Rufaktivitäten (vor allem laute „*tüt*" Rufreihen) müssen bei der Kartierung berücksichtigt werden. In größeren zusammenhängenden Wäldern gern am Rand der Bestände siedelnd.

Literatur: Schwerdtfeger (1987)

Wertungsgrenzen und Erfassungszeitraum

Februar			März			April			Mai			Juni			Juli			August		
A	M	E	A	M	E	A	M	E	A	M	E	A	M	E	A	M	E	A	M	E
				1.		2.		3.												

14900 Beutelmeise
Remiz pendulinus

RLD	---
EUV	---
SPEC	---

Lebensraum

Halboffene Feuchtgebiete überwiegend des Tieflandes, in Flussniederungen und Uferlandschaften mit gestufter Gehölzstruktur; bevorzugte Habitatstrukturen sind neben Wassernähe v.a. das Vorkommen von (Einzel-)Bäumen und Sträuchern mit elastischen Zweigen (v.a. Sandbirke, Baumweide, Erle) als Neststandort sowie das Vorhandensein von Weidengebüsch, Pappeln, Rohrkolben, Schilf, Großseggen, Brennnessel oder Hopfen als Nahrungssuchraum und Nistmaterialquelle; bei entsprechender Strukturierung in Niedermooren, Bruchwäldern, Galeriewäldern in Flussauen, Dammkulturen (Drömling), Teichgebieten, aufgelassenen Folgelandschaften von Bodenabbau (z.B. Kies- oder Braunkohleabbaustätten).

Brutbiologie

Freibrüter; Nest einzeln, oft im Baum über Wasser oder Röhricht hängend (in 1-8(18) m Höhe, meist jedoch nicht > 4 m), Paarzusammenhalt oft nur ab Fertigstellung des Nestes bis Eiablage, Polygynie und Polyandrie nachgewiesen; Nestbau: 13-19 Tage, Anfang durch ♂, später ♂ und ♀; ♂ und ♀ können an 1-2 (3) Bruten (mit unterschiedlichen Partnern) beteiligt sein; Gelege: 2-8(9) Eier, Brutdauer: 12-14 Tage, Nestlingsdauer: 20-22 Tage; Brut und Aufzucht oft nur durch 1 Partner, wohl überwiegend durch ♀, aber auch nur durch ♂ (oft bei Spätbruten) möglich.

Phänologie

Jahresperiodik: Kurzstreckenzieher; Besetzung der Brutgebiete ab (M 3)E 3 überwiegend A 4 bis M 4, kann sich jedoch bis A(M) 6 hinziehen (Umsiedler?); Legeperiode im Süden ab M 4, meist ab E 4 bis M 5, weitere Bruten bis Juni/ Juli, Nestlinge dann bis August; Zwischenzug der Jungvögel ab A 7 auffällig, eigentlicher Wegzug der Altvögel ab A 9 bis Oktober.

Tagesperiodik: tagaktiv; Bildung gemeinschaftlicher Schlafplätze im Schilf ab E 7.

Erfassung

Erfassung rufender, singender, Nest bauender oder fütternder Altvögel; gezielte Nestersuche (s.u.), Ausbauzustand notieren.

Termine: 1. M 4 bis E 4 (Ansiedlungsphase; Rufe, Gesang, Nestbau); 2. A 5 bis M 5 (Rufe, Gesang, Nestbau); 3. A 6 bis M 6 (Rufe, Brutnester, Fütterungen, flügge Junge).

Günstige Tageszeit: ab SA bis 6 Std. nach SA bei windarmer, trockener Witterung.

Auswertung

Wertungsgrenzen: A 4 bis E 6.

Brutverdacht: • zweimalige Feststellung (rufend/singend/Beobachtung) von Altvögeln im Abstand von mindestens 7 Tagen, davon eine M 4 bis M 6; • Nestbau; • fertiges Brutnest.

Brutnachweis: insbesondere • fütternde bzw. Kotballen tragende Altvögel; • Junge führender Altvogel.

Besondere Hinweise: Nestanfänge stammen meist von einzelnen ♂, daher nur Nester mit fertiger Röhre als Brutnester werten; polygame ♂ können pro Revier 2-4 Nester bauen, davon sind 1-(3) Brutnester; Maximum der nestgebundenen ♂ meist A 5, der nestgebundenen ♀ E 5 bis M 6; ♂ werden oft durch ♀ vertrieben; wegen des komplizierten Paarungssytems ist der lokal stark fluktuierende Brutbestand schwer ermittelbar. Wegen häufiger Umsiedlungen nur Befunde bis E 6 werten. Größere unbetretbare Röhrichtbereiche längere Zeit beobachten, bisweilen geringe Rufaktivität. Erfassung möglichst von erhöhten Punkten aus (1 m über Schilfniveau, z.B. Deiche, Kanzeln, Stehleitern); bei > 250 m breiten Verlandungszonen ist i.d.R. eine Erfassung vom Boot aus notwendig. Gesang unauffällig, oft in Nestnähe; auf Rufe achten (ähnlich Amsel/Rohrammer). Bestandsangabe wird meist nur Mindestanzahl der (brütenden) Paare (bzw. Individuen) angeben können. Nester können oft von „weitem" erkannt werden, ein gezieltes Absuchen potenzieller Neststandorte v.a. in der Nähe von ortstreu rufenden Beutelmeisen ist hilfreich, darf zur Brutzeit in unübersichtlichem/ unwegsamem Gelände jedoch nicht zu Störungen führen. Hinweise auf ein Brutgeschehen (aber keine Bestandszahl) liefern auch spätere Nestfunde aus dem zunehmend unbelaubten Zeitraum Oktober bis Dezember.

Literatur: Franz (1991); Todte (2004); van Dijk & Hustings (1996)

Wertungsgrenzen und Erfassungszeitraum

Februar			März			April			Mai			Juni			Juli			August		
A	M	E	A	M	E	A	M	E	A	M	E	A	M	E	A	M	E	A	M	E
							1.		2.			3.								

15080 Pirol
Oriolus oriolus

RLD	V
EUV	---
SPEC	---

Lebensraum

Feuchte und lichte sonnige (Bruch- und Au-)Wälder, auch in Kiefernwäldern mit lückiger Struktur und einzelnen alten Laubbäumen; in der Kulturlandschaft Flussniederungen mit Feldgehölzen oder Alleen sowie alte Hochstamm-Obstkulturen und Parkanlagen mit hohen Bäumen, Randlagen von Wäldern (Ufergehölze) werden bevorzugt; Randlagen dörflicher Siedlungen; Hofgehölze mit altem Baumbestand, besonders Eichen, Pappeln, Erlen, auch Buchen, Eschen, Weiden und Birken; Friedhöfe und Parks mit altem Laubholzbestand; i.d.R. < 300 m, Höhengrenzen des zusammenhängenden Areals 400-600 m.

Brutbiologie

Freibrüter; Nest meistens hoch in Laubbäumen, selten in Büschen, typische geflochtene Nester hängen an den äußersten Zweigen eines Baumes, Nestbau ausschließlich durch ♀; Einzelbrüter; meist monogame Saisonehe; 1 Jahresbrut, Ersatzgelege möglich, Gelege: (2)3-4(5-6) Eier, Brutdauer: 15-18(19) Tage, Nestlingsdauer: 14-20 Tage, Junge verlassen das Nest noch nicht voll flugfähig, dann bei Gefahr Verleiten durch das ♂; nur ♀ brüten, aber ♀ und ♂ füttern.

Phänologie

Jahresperiodik: Langstreckenzieher; Heimzug M 4 bis M 6, umherstreifende vorjährige Individuen im Juni auch außerhalb von Brutrevieren (verbleiben meist nur einzelne Tage), Hauptdurchzug von A 5 bis E 5; höchste Gesangsaktivität A 5 bis E 5; Hauptlegezeit E 5 bis A 6; flügge Junge ab A 7 (bis A 9), Wegzug ab E 7.

Tagesperiodik: tagaktiv, mit Schwerpunkt in der Dämmerung; ab 1 Std. vor SA, maximale Tagesgesangsaktivität (Mai) 1-2 Std. nach SA (meist nicht länger als bis 9 Uhr) sowie von 17-20 Uhr und kurz vor Einbruch der Dämmerung, manchmal auch kurzer Aktivitätsanstieg von 12.00-14.00 Uhr (alle Zeitangaben MESZ); morgens Patrouillenflug von Singwarte zu Singwarte an Grenzen des Gesangsterritoriums.

Erfassung

Kartierung singender, rufender ♂ und ♀, einzelner und verpaarter Individuen, des Weiteren Patrouillenflüge (Gesangsterritorium im Mittel 25 ha), fütternde Altvögel, nicht flügge Jungvögel, vor der 3. Kontrolle Eingrenzung des Nestterritoriums (im Mittel 1,5 ha); Einsatz einer Klangattrappe in dünn besiedelten Gebieten sinnvoll.

Termine: 1. A 5 bis M 5 (Gesang, Paarrufe, Patrouillenflüge, Nestbau); 2. E 5 (Gesang, Paarrufe, Patrouillenflüge); 3. A 6 bis M 6 (Suche des Nestreviers, Paarrufe); 4. E 6 bis A 7 (Paarrufe, fütternde Altvögel, nicht flügge Jungvögel).

Günstige Tageszeit: s.o., zudem oft kurz vor Gewittern.

Auswertung

Wertungsgrenzen: M 4 bis M 7.

Brutverdacht: • zweimalige Beobachtung eines singenden oder patrouillierenden Altvogels bzw. verpaarter Altvögel im Abstand von mindestens 7 Tagen, davon eine Feststellung E 5 bis A 7; • Nistmaterialsuche, Nestbau.

Brutnachweis: insbesondere • Altvogel mit Futter im Nestrevier; • Feststellung spezifischer Paarrufe im Nestterritorium in der Zeit von E 5 bis E 6; • Beobachtung von nicht flüggen Ästlingen, nur bei vorheriger Feststellung von Altvögeln im zugehörigen Revier im Abstand von mindestens 7 Tagen.

Besondere Hinweise: Große Aktionsräume, Streifgebiete (110-400 ha), Revier kann sich über mehrere weit voneinander entfernte Feldgehölze erstrecken, kleinere Nest- und Gesangsterritorien (s.o.); Paare besuchen sich gegenseitig; vorjährige ♂ und ♀ als Populationsreserve im Revier auch gesangsaktiv und werden auch in Nestnähe geduldet (Helfer?); nach Eiablage kaum Flötenstrophen in Nestnähe, hier spezielle Rufe im Paarkontakt, häufig einsilbiges „*hio*", ♂ bewacht leeres Nest, wenn ♀ auf Nahrungssuche, typisches lautes Rätschen (wie Eichelhäher) des ♀ (oft auch des ♂) im Nestterritorium sobald Eier im Nest.

Literatur: Baumann (1999, 2000); Bezzel (1989); Feige (1986); Gilbert et al. (1998); Wassmann (1997)

Wertungsgrenzen und Erfassungszeitraum

Februar			März			April			Mai			Juni			Juli			August		
A	M	E	A	M	E	A	M	E	A	M	E	A	M	E	A	M	E	A	M	E
									1.		2.	3.		4.						

15150 Neuntöter
Lanius collurio

RLD	---
EUV	X
SPEC	3

Lebensraum

Halboffene bis offene Landschaften mit lockerem, strukturreichem Gehölzbestand; hauptsächlich in extensiv genutztem Kulturland (Feldfluren, Obstanbau in der Marsch, Feuchtwiesen und –weiden, Mager- bzw. Trockenrasen), das mit Hecken bzw. Kleingehölzen und Brachen gegliedert ist; auch in Randbereichen von Niederungen, Hochmooren, Moorresten, Heiden, Dünentälern, an reich strukturierten Waldrändern, an Hecken gesäumten Feldwegen, Bahndämmen, auf Kahlschlägen, Aufforstungs-, Windwurf- und Brandflächen, Truppenübungsplätzen, Abbauflächen (Sand- und Kiesgruben, Kohletagebauflächen) sowie Industriebrachen; wichtig sind dornige Sträucher und kurzgrasige bzw. vegetationsarme Nahrungshabitate.

Brutbiologie

Freibrüter; Nest in Büschen aller Art (bevorzugt Dornenbüsche), auch in Bäumen (Neststand 0,5 - > 5 m), selten in Hochstaudenfluren und Reisighaufen; Revierbesetzung durch das ♂; Einzelbrüter, in Gebieten mit optimaler Habitatausprägung sehr hohe Brutdichten, überwiegend saisonale Monogamie; i.d.R. 1 Jahresbrut; Gelege: 4-7 Eier, Brutdauer: 14-16 Tage, ♀ brütet und hudert; Nestlingsdauer: 13-15 Tage, ♂ und ♀ füttern; Familien bleiben noch ca. 3 Wochen nachdem die Jungen das Nest verlassen haben im Verband.

Phänologie

Jahresperiodik: Langstreckenzieher; Ankunft im Brutgebiet ab (Süden: A/M 4) E 4, meist (Süden: E 4/A 5)A/M 5, ♂ treffen häufig eher ein als die ♀; Heimzug von (Süden: A 4)E 4 bis A 6, Hauptdurchzug A/M 5, Reviergründung nach Ankunft der ♂, Paarbildung direkt nach Ankunft der ♀; Eiablage ab M 5 bis M 6, Hauptlegezeit E 5 bis A 6; Jungvögel ab A/M 6; Abwanderung der Familien aus dem Brutrevieren ab M 7.

Tagesperiodik: tagaktiv.

Erfassung

Registrierung von Altvögeln (Brutpaaren), Nest bauenden, Revier verteidigenden, warnenden bzw. fütternden Altvögeln.

Termine: 1. E 5 (Zählung Revier verteidigender Paare/Altvögel, Nestbau, warnender Altvögel); 2. A 6 (Zählung Revier verteidigender Paare/Altvögel, fütternder Altvögel); 3. M 6 bis E 6 (warnende bzw. fütternde Altvögel). Im Süden alle Termine eine Dekade früher.

Günstige Tageszeit: ab 2 Std. nach SA, tagsüber bis in die späten Nachmittagsstunden, bei ungünstiger Witterung in den Mittagsstunden.

Auswertung

Wertungsgrenzen: M 5 bis M 7.

Brutverdacht: • einmalige Feststellung eines Nest bauenden oder warnenden Paares; • zweimalige Feststellung eines Paares im Abstand von mindestens 7 Tagen, davon eine E 5 bis E 6; • einmalige Feststellung eines Paares und einmalige Feststellung eines Altvogels im Abstand von mindestens 7 Tagen, davon eine E 5 bis E 6; • zweimalige Feststellung eines (singenden) ♂ im Abstand von mindestens 7 Tagen, beide Festellungen von E 5 bis E 6.

Brutnachweis: insbesondere • fütternde Altvögel.

Besondere Hinweise: Neuntöter verstecken sich oft, wenn Menschen in ihre Nähe kommen. Hecken, Einzelbüsche und andere potenzielle Ansitzwarten sollten deshalb vor der Annäherung mit dem Fernglas genau abgesucht werden. Auch der „Blick zurück" bringt häufig noch zusätzliche Ergebnisse. Während der Revierabgrenzung weite Flüge der ♂, was die räumliche Abgrenzung der Reviere erschwert. Während der Phase der Eiablage sehr störempfindlich; reagiert mit Gelegeaufgabe und Brutplatzwechsel.

Literatur: Jakober & Stauber (1988); Steiof & Ratzke (1990)

Wertungsgrenzen und Erfassungszeitraum

Februar			März			April			Mai			Juni			Juli			August		
A	M	E	A	M	E	A	M	E	A	M	E	A	M	E	A	M	E	A	M	E
											1.	2.	3.							

15200 Raubwürger
Lanius excubitor

RLD	1
EUV	---
SPEC	3

Lebensraum

Halboffene bis offene Landschaften verschiedenster Ausprägung mit Einzelbüschen und –bäumen sowie Gehölzgruppen, z.B. Randzonen von Hoch- und Übergangsmooren, Binnendünengebiete, große Brand- und Windwurfflächen in Wäldern, Wacholder- und Sandheiden, auf Truppenübungsplätzen sowie kleinflächig gegliederte, extensiv genutzte Agrarflächen (Acker und Grünland); aber auch in intensiv genutzten Agrarlandschaften an unverbauten Feldwegen mit Hecken (Obstbäume) oder im Bereich von Brachen; von Bedeutung für das Vorkommen sind reich strukturierte Gebüschzonen mit unterschiedlich hohem, lockeren Wuchs (1-5 m) und Baumgruppen zwischen 15-20 m Höhe. Im Grünland sind Einzelgebüsche und Weidezaunpfähle in der Nähe des Neststandortes besonders wichtig.

Brutbiologie

Freibrüter; Nest in hohen dichten (Dorn-)Büschen (ab 1,5 m Höhe), in Bäumen (solitäre Kiefern, Fichten, Pappeln, Birken, Eichen, ungepflegte Obstbäume, häufig abgestorbene Bäume) sowie in Krähennestern auf Stahlgittermasten; Revierbesetzung durch ♂ und ♀; Einzelbrüter, aber häufig Gruppierung von Revieren, saisonale Monogamie; i.d.R. 1 Jahresbrut, bei Verlust 1-2 Nachgelege; Gelege: 3-8 Eier, Brutdauer: 15-18 Tage, ♀ brütet und hudert und wird vom ♂ gefüttert; Nestlingsdauer: 19-20 Tage, ♂ und ♀ füttern die Brut.

Phänologie

<u>*Jahresperiodik*</u>: Kurzstreckenzieher bzw. Standvogel; Ankunft im Brutgebiet von E 2 bis M 4(E 5); Reviergründung und Paarbildung nach Ankunft im Brutgebiet, Gesang bei Standvögeln schon ab Januar, meist März/April; Heimzug im Süden M 2 bis E 3, sonst M 3 bis M 5; Nestbau mehrere Wochen nach der Revierbesetzung, i.d.R. ab A 4; Eiablage ab A 4 bis A 6, Hauptlegezeit E 4 bis M 5; Jungvögel ab E 4.

<u>*Tagesperiodik*</u>: tagaktiv

Erfassung

Registrierung von (singenden) ♂ bzw. Altvögeln (Brutpaaren), von Nest bauenden, Revier verteidigenden, warnenden bzw. fütternden Altvögeln; Verfolgung von potenziellen Beutegreifern (Greife, Krähenvögel), Gewöll- und Rupfplätze in Nestnähe; nach Möglichkeit Winterreviere erfassen.

Termine: 1. A 4 (Gesang, Nestbau, Zählung der Altvögel/Paare, brütende Altvögel); 2. E 4 (Gesang, Nestbau, Zählung der Altvögel/Paare, brütende Altvögel, Verfolgung potenzieller Feinde); 3. M 5 bis E 5 (Zählung der Paare/Altvögel, warnender bzw. fütternder Altvögel, Verfolgung potenzieller Feinde).

Günstige Tageszeit: ab 2 Std. nach SA, während der Bebrütung der Gelege ab SA bis eine Stunde nach SA, sonst tagsüber bis in die späten Nachmittagsstunden.

Auswertung

Wertungsgrenzen: E 3 bis M 7.

Brutverdacht: • einmalige Feststellung eines Nest bauenden, warnenden Paares/Altvogels; • zweimalige Feststellung eines Paares im Abstand von mindestens 7 Tagen, davon eine A 4 bis E 5; • einmalig Feststellung eines Paares und einmalige Feststellung eines Einzelvogels im Abstand von mindestens 7 Tagen, davon eine A 4 bis E 5; • zweimalige Feststellung eines singenden ♂ im Abstand von mindestens 7 Tagen, beide Festellungen von A 4 bis E 5.

Brutnachweis: insbesondere • fütternde Altvögel.

Besondere Hinweise: Von A 4 bis E 4 sind die auffälligen Nester in noch unbelaubten Gehölzen leicht zu finden. Raubwürgernester sind schon in einem frühen Stadium des Bauens unverkennbar (Nistmaterial kräftige Graswurzeln oder Halme, niemals Äste; Bau rundlich, sperrig mit abstehenden/heraushängenden Pflanzenteilen, häufig werden Papier, Bindfäden, Schafwolle oder ähnliches verbaut). Der Schwanz brütender Altvögel ragt über den Nestrand. Bettelrufe der Jungen im Juni weit hörbar. Bei der Erfassung möglichst Verpaarung bestätigen, da häufig auch Einzelvögel Revierverhalten zeigen. Brutreviere können sehr dicht beieinander liegen (Achtung Bestandsunterschätzung). Meist befinden sich die Neststandorte in der Nähe der Nahrungshabitate. Gesangsaktivität in der Regel gering. Raubwürger singen, um andere Vögel (Beute) anzulocken. Lautäußerungen im April und Mai deuten auf ein besetztes Revier hin und sind besonders häufig in der Phase des Nestbaues zu hören. „Singen" ist dabei kein Reviergesang wie bei vielen anderen Arten, sondern dient dann dem Kontakt zum Partner, der sich in der Nähe aufhält. Altvögel während der Bebrütung heimlich. Häufig ganzjähriger Aufenthalt eines Partners (♂) im weiteren Bereich des Brutreviers.

Wertungsgrenzen und Erfassungszeitraum

Februar			März			April			Mai			Juni			Juli			August		
A	M	E	A	M	E	A	M	E	A	M	E	A	M	E	A	M	E	A	M	E
						1.		2.		3.										

15230 Rotkopfwürger
Lanius senator

RLD	1
EUV	---
SPEC	2

Lebensraum

Sonnige, trockene Lagen offener bis halboffener Landschaften; in Deutschland extensiv bewirtschaftete Streuobstwiesengebiete mit altem Baumbestand häufig in ortsnaher Siedlungslage; nicht in intensiv gepflegten Jungbaumkulturen; wichtig sind Flächen mit niedriger Bodenvegetation (regelmäßig geschnittene Wiesen, Viehweiden, Hackfruchtfelder, Feldwege und Wegränder) mit einem hohen Angebot an Sitzwarten; auch Baumreihen an Straßen in offenen Landschaftsteilen, Pappelalleen in großen Flussniederungsgebieten, Randbereiche lichter Auenwälder. In Deutschland wohl nur noch Einzelbruten in Baden-Württemberg.

Brutbiologie

Freibrüter, Nest in 3-7 m Höhe vor allem in Apfel- und Birnbäumen, vorwiegend auf waagerecht auslaufenden dicken Ästen; beide Partner bauen 4-6 Tage; saisonale Monogamie; 1 Jahresbrut, Nachgelege; Gelege: (3)4-6(7) Eier, Brutdauer: 13-16 Tage, nur ♀ brütet und hudert, wird vom ♂ gefüttert, später an Aufzucht ♂ und ♀ beteiligt; Nestlingsdauer: 15-18 Tage; Junge mit 3-4 Wochen selbständig, im Familienverband bis zum Alter von 5-6 Wochen nach dem Verlassen des Nestes.

Phänologie

Jahresperiodik: Langstreckenzieher; i.d.R. Ankunft bereits verpaarter Individuen; Ankunft im Brutgebiet ab M 4, v.a. E 4 bis M 5, Heimzug E 3 bis E 5, Hauptdurchzug E 4 bis A 5; Revierbesetzung direkt nach der Ankunft; Eiablage E 4 bis A 7, meist M 5 bis A 6; Schlupftermin frühestens E 5, Legebeginn bei Nachgelegen E 5 bis A 7; flügge Junge frühesterns M 6; Abschluss der Brutperiode M/E 8.

Tagesperiodik: tagaktiv.

Erfassung

Kartierung der ♂ auf Sitzwarten und von Revier anzeigendem Verhalten (Gesang, Warn-, Lockrufe, Revierverteidigung), von Brutverhalten und Brutnachweisen (Balzfüttern, Kopulation, Tragen von Nistmaterial oder Futter, Nestfund, bettelnde eben flügge Junge).

Termine: 1. M 5 (Gesang, Balzfüttern, Nestbau, Revierverteidigung); 2. E 5 bis A 6 (Gesang, Balzfüttern, Nestbau, warnende Altvögel); 3. M 6 bis E 6 (warnende Altvögel, Brutnachweis).

Günstige Tageszeit: tagsüber bis in die späten Nachmittagstunden.

Auswertung

Wertungsgrenzen: E 4 bis A 7.

Brutverdacht: • zweimalige Feststellung eines ♂ im Abstand von mindestens 7 Tagen, davon eine M 5 bis E 6; • einmalige Feststellung eines ♂ und eine Beobachtung eines ♀ oder Paares im Abstand von mindestens 7 Tagen, davon eine M 5 bis E 6; • Nestbau; • intensiv warnender Altvogel.

Brutnachweis: insbesondere • fütternde Altvögel; • bettelnde, kurzschwänzige Junge außerhalb des Nestes.

Besondere Hinweise: Alle potenziellen Ansitzwarten von weitem mit Fernglas absuchen. Unverpaarte ♂ singen und rufen viele Stunden am Tag von exponierten Warten, häufig in der Nähe eines etablierten Paares. Bei Brutverlust durch Prädation kann Ersatzbrut in einem völlig anderen Revier beginnen. Bruten außerhalb von Bayern, Baden-Württemberg und Saarland sollen der Deutschen Seltenheitenkommission mit Dokumentation gemeldet werden.

Literatur: Schaub (1996 a, b); Ullrich (1971)

Wertungsgrenzen und Erfassungszeitraum

Februar			März			April			Mai			Juni			Juli			August		
A	M	E	A	M	E	A	M	E	A	M	E	A	M	E	A	M	E	A	M	E
										1.	2.		3.							

15390 Eichelhäher
Garrulus glandarius

RLD	---
EUV	---
SPEC	---

Lebensraum

Alle Waldtypen, bevorzugt lichte vielstufige Laubholz-, Mischwald- oder Nadelholz-Alterswälder mit Jungwuchs; Auwälder unterschiedlichster Ausprägung, Eichen-Hainbuchen-Mischwälder, auch monotone Forstkulturen des Altersklassenwaldes; in Bergfichtenwäldern und der Krummholzregion nur außerhalb der Brutzeit; selten in Feldgehölzen (Mindestgröße 1 ha); über waldartige Parks, Friedhöfe und baumreiche Gärten in die Ortschaften eingedrungen, neuerdings auch im Innenbereich von Städten, allgemeine Tendenz zur Verstädterung aber wieder abgeklungen.

Brutbiologie

Freibrüter; Nester in Bäumen, seltener in Sträuchern, in Höhlen, Eulennistkästen oder an Gebäuden; beide Partner bauen; monogame Saisonehe; 1 Jahresbrut; Nachgelege; Gelege: (3)4-6(7) Eier, Brutdauer: 16-21 Tage, ♀ brütet und hudert allein, wird vom ♂ gefüttert; Nestlingsdauer: 19-22 Tage, beide Partner füttern; Junge sind im Alter von 6-8 Wochen selbstständig.

Phänologie

Jahresperiodik: Standvogel, Teilzieher, in manchen Jahren starke Invasion aus Osteuropa; Revierbesetzung v.a. im März, Durchzug nord- und osteuropäischer Populationen ab M 3, hauptsächlich M 4 bis M 5; Gruppenbalz im Nordwesten ab M 2, sonst von A 3 bis A 5 insbesondere im März/April, während der Paarbildung und Balz findet die Abgrenzung der Brutterritorien statt; Legebeginn überwiegend M 4 bis M 5, Ersatzgelege bis M 6; Schlupf hauptsächlich im Mai; Brutperiode ist in 2. Julihälfte abgeschlossen.

Tagesperiodik: tagaktiv.

Erfassung

In der Hauptsache Kartierung aller Individuen und deren Verhaltensweisen; aus dem Aufenthaltsbereich auf Reviere schließen (Überschneidungen möglich).

Termine: 1. M 3 bis E 3 (Paarbildung, Nestbau); 2. A 4 bis M 4 (Paarbildung, Nestbau); 3. E 5 bis A 6 (Warnrufe, Familienverbände).

Günstige Tageszeit: frühmorgens besonders aktiv, aber auch tagsüber und abends zu beobachten.

Auswertung

Wertungsgrenzen: A 3 bis A 7.

Brutverdacht: • zweimalige Feststellung einzelner Individuen im Abstand von mindestens 7 Tagen, davon eine A 5 bis A 6; • einmalige Beobachtung verpaarter Altvögel im potenziellen Paarterritorium A 5 bis A 6; • Altvogel mit Nistmaterial; • warnende Altvögel.

Brutnachweis: insbesondere • Familienverband mit gerade flüggen Jungen.

Besondere Hinweise: Große winterliche Streifgebiete, die nach der Gruppenbalz in kleinere Paarterritorien übergehen; schon im Sommer bei der Nahrungssuche Lockerung territorialer Strukturen; Gesang hat keine Funktion als Reviermarkierung; zur Brutzeit sehr heimlich, daher ist jede Beobachtung sowie jedes rufende Individuum als Hinweis auf ein Paarterritorium zu notieren; laute typische Warnrufe „*rätch*", meist zweimal kurz hintereinander. Großes Imitationsvermögen beachten. Aus der Anzahl der Individuen bei der typischen Gruppenbalz kann nicht auf Anzahl der Paare geschlossen werden, da es keine Angaben zum Einzugsgebiet solcher Gruppierungen gibt und wohl häufig unverpaarte Individuen dazu gehören. Eichelhäher bilden keine Nichtbrütertrupps; offenes Gelände wird von ziehenden Gruppen in lockerer Reihung überflogen.

Literatur: Epple (1996); Grahn (1990); Keve (1969); Mäck & Jürgens (1999)

Wertungsgrenzen und Erfassungszeitraum

Februar			März			April			Mai			Juni			Juli			August		
A	M	E	A	M	E	A	M	E	A	M	E	A	M	E	A	M	E	A	M	E
				1.		2.					3.									

15490 Elster
Pica pica

RLD	---
EUV	---
SPEC	---

Lebensraum

Lichte Auwälder, halboffene, parkartige Landschaften bis zu offenen Landschaften mit einzelnen Gehölzen, geschlossene Waldgebiete und enge Taleinschnitte werden gemieden; heute in Deutschland bevorzugt in Siedlungen (z.B. Friedhöfe und Parkanlagen, Gartenstädte, Wohnblockzonen), nur noch selten in reich strukturierten Agrarlandschaften mit Baumreihen, Hecken und Feldgehölzen; von Bedeutung sind hohe Einzelbäume (auch in Koniferen) und dichtes Gebüsch als Neststandorte sowie kurzwüchsige Grasbestände bzw. bodenoffene Stellen für die Nahrungssuche (in Siedlungen auch organische Abfälle auf Komposthaufen und in Abfalleimern).

Brutbiologie

Freibrüter; Nest kugeliger Bau aus Zweigen und kleinen Ästen, in dichtem Astwerk hoher Bäume, und Büsche, in ausgeräumten Kulturlandschaften z.T. in Leitungsmasten; Nestbau: i.d.R. 2 Wochen, bei frühzeitigem Beginn mit Unterbrechungen 2 Monate; Einzelbrüter; monogame Jahresehe, in den meisten Fällen Dauerehe, Umpaarungen nachgewiesen; 1 Jahresbrut, bis zu 3 Ersatzbruten; Gelege: (2) 5-7 (14) Eier, Brutdauer: 17-24 Tage, Nestlingsdauer: 22-30 Tage, nur ♀ brütet und wird vom ♂ am Nest gefüttert, Nestbau und Fütterung der Jungen durch ♂ und ♀; Junge bleiben nach dem Ausfliegen noch etwa 6 Wochen mit den Altvögeln zusammen.

Phänologie

Jahresperiodik: Standvogel; Dauerreviere; Nestbau von A 2 bis A 6; Eiablage ab (M)E 3 bis A 6, Hauptlegezeit (A)M/E 4, in städtischen Lebensräumen früher als in ländlichen Gebieten; Schlupf ab (A)M 4, flügge Junge ab (A)M 5.

Tagesperiodik: tagaktiv, Nestbau den ganzen Tag, aber hauptsächlich während des Vormittages, am Nachmittag verringerte Nestbauaktivität.

Erfassung

In der Hauptsache Kartierung Nest bauender Altvögel bzw. einzelner/verpaarter Altvögel in Nestnähe, daneben Registrierung von warnenden, fütternden Altvögeln, Jungvögeln im Nest (Rufe).

<u>Termine</u>: 1. M 3 bis E 3 (Nestbau, Registrierung von warnenden Altvögeln in Nestnähe); 2. A 4 bis M 4 (Registrierung von warnenden Altvögeln in Nestnähe, fütternde Altvögel, Jungvögel im Nest); 3. E 4 bis A 5 (warnende Altvögel in Nestnähe, fütternde Altvögel, Jungvögel im Nest).

<u>Günstige Tageszeit</u>: vormittags.

Auswertung

Wertungsgrenzen: M 2 bis E 6.

<u>Brutverdacht</u>: • zweimalige Beobachtung von einzelnen oder verpaarten Altvögeln in Nestnähe im Abstand von mindestens 7 Tagen, davon eine Beobachtung ab M 3 bis A 5; • Feststellung eines warnenden Altvogels; • Nestbau in Anwesenheit beider Altvögel.

<u>Brutnachweis</u>: insbesondere • fütternde Altvögel; • bettelrufende Junge im Nest.

Besondere Hinweise: Schlafplätze teilweise bis April; andauerndes, exponiertes Sitzen auf Baumspitzen dient der Revieranzeige. In der Nähe von Nestern anderer Krähenvögel erfolgt der Nestbau oft erst nach der Belaubung. Elstern bauen jedes Jahr ein neues Nest oder bessern das vorjährige aus, so dass die Zahl der Nester nicht der Zahl der Brutpaare entspricht. Häufig bauen Brutpaare mehrere „Spielnester“ in einem Baum oder einer Baumgruppe, aber nur eins wird zur Brut genutzt. Intakte Nesthaube kann als Indiz gewertet werden, dass das Nest aktuell benutzt wird. Bei Störung können die Altvögel innerhalb einer Woche ein Ersatznest bauen, deshalb Doppelerfassung von Umsiedlern vermeiden. Die Brutstandorte zweier Brutpaare sind mitunter < 100 m voneinander entfernt. Suche nach Nestern ab Februar bis vor dem Blattaustrieb kann hilfreich sein. Nester in Nadelbäumen können leicht übersehen werden.

Literatur: Epple (1996); Kooiker & Buckow (1999); Lehmann (2002); Lehmann et al. (1986); Mäck & Jürgens (1999); Puchstein (1995)

Wertungsgrenzen und Erfassungszeitraum

Februar			März			April			Mai			Juni			Juli			August		
A	M	E	A	M	E	A	M	E	A	M	E	A	M	E	A	M	E	A	M	E
				1.		2.		3.												

15570 Tannenhäher
Nucifraga caryocatactes

RLD	---
EUV	---
SPEC	---

Lebensraum

Nadel- und Nadelmischwälder der Hoch- und Mittelgebirge mit unterschiedlicher Zusammensetzung, in denen oder in deren Nähe Zirbelkiefern (Arven) oder Haselsträucher wachsen; Nüsschen der Arve bzw. Haselnüsse werden gesammelt und in Vorratslagern häufig innerhalb von Stangenhölzern versteckt; außerhalb der Arvenvorkommen in den Alpen bevorzugt in Fichtenwäldern der Mittelgebirge mit Vorkommen des Haselnussstrauches; unregelmäßige Einzelbruten auch in größeren Waldgebieten nahe der Ostseeküste nachgewiesen.

Brutbiologie

Freibrüter, Nester in immergrünen Nadelbäumen fast immer am Stamm; beide Partner bauen; monogame Dauerehe; 1 Jahresbrut; Nachgelege (?); Gelege: (2)3-4(5) Eier, Brutdauer: 17-19 Tage, beide Partner brüten, hudern und füttern; Nestlingsdauer: 22-28 Tage; Führung der Jungen bis zum Alter von ca. 70 Tagen, völlige Selbständigkeit erst zwischen dem 105. und 120. Tag.

Phänologie

Jahresperiodik: vorwiegend Standvogel, meist ganzjährig reviertreu; nordische und östliche Durchzügler (Invasionsgäste) kommen vor, meist bis E 5 abgezogen; Nestbau ab März bis April; Legebeginn meist M 3/A 4, aber noch regelmäßig bis in den Mai; Schlupftermin hauptsächlich im Mai; Aufzuchtsperiode ist i.d.R. im August abgeschlossen.

Tagesperiodik: tagaktiv.

Erfassung

Optische und akustische Erfassung; Kartierung aller Individuen und ihrer Verhaltensweisen von März bis Juni; Einsatz von Klangattrappe („*gra*"-Rufreihe) notwendig: an verteilten Kontrollstellen (z.B. je eine pro halbem Minutenfeld) jeweils für ca. 5 Min. abspielen und 10 Min. warten, bei Reaktion Abbruch; der Kartierung sollten Herbstbeobachtungen vorgeschaltet werden, um Nahrungsdepots als Indiz für künftiges Brutrevier zu erfassen.

Termine: 1. M 3 bis A 4 (rufende/anwesende Altvögel, Nestbau); 2. A 5 bis E 5 (rufende Altvögel, Klangattrappeneinsatz); 3. A 6 bis M 6 (rufende Altvögel, Familienverbände, ggf. Klangattrappeneinsatz).

Günstige Tageszeit: ab SA bis zum Nachmittag.

Auswertung

Wertungsgrenzen: A 3 bis E 8.

Brutverdacht: • zweimalige Feststellung eines Altvogels, davon eine M 3 bis M 6; • einmalige Feststellung eines Paares; • einmalige Feststellung eines Altvogels wenn Herbst- bzw. Winterbeobachtungen der Vorsaison aus dem Revier vorliegen; • Nestbau.

Brutnachweis: insbesondere • Junge fütternde oder führende Altvögel.

Besondere Hinweise: Voraussetzung für die Durchführung einer Brut ist die Anlage von Vorratslagern mit (Hasel-)Nüssen im vorangegangenen Herbst. Zu diesem Zeitpunkt sollten bereits Flugrichtungen notiert werden. Zur Brutzeit dann sehr heimlich. Rufaktivität beginnt erst wieder mit dem Ausfliegen der Jungen. Diese sind beim Verlassen des Nestes wenig flugfähig und bleiben als Ästlinge in Nestnähe. Günstigste Zeit zum Nachweis ausgeflogener Junge aufgrund der Standortlaute sind die Morgenstunden von A 5 bis etwa M 6. Wegen beginnender Kleingefiedermauser sind danach Jung- und Altvögel nicht mehr eindeutig zu unterscheiden. Familienverbände sind ab A 7 mitunter nicht mehr dem eigentlichen Brutrevier zuzuordnen. Reviergrößen ca. 5-15 ha. Der Jugendgesang erlaubt beim Kartieren das Auffinden von Familien; bei Brutverdacht vor allem entlang der Wegränder, Waldränder und Lichtungen auf Ästlinge bzw. flügge Junge achten. Bei Statusangabe Situation von Invasionsjahren beachten.

Literatur: Brandt & Buschmann (2002); Epple (1996); Kunz (1998); Rudat (1984)

Wertungsgrenzen und Erfassungszeitraum

Februar			März			April			Mai			Juni			Juli			August		
A	M	E	A	M	E	A	M	E	A	M	E	A	M	E	A	M	E	A	M	E
				1.					2.			3.								

15580 Alpendohle
Pyrrhocorax graculus

RLD	---
EUV	---
SPEC	---

Lebensraum

Bevorzugt thermik- bzw. windreiche Felswände mit Höhlen in Verbindung mit alpinen Rasen und Geröllhalden meist oberhalb der Baumgrenze; hohe Mobilität der Art lässt schnelle Ortswechsel zwischen geeigneten Habitaten über große Entfernungen (mehrere km) zu, daher können geeignete Nahrungsressourcen an Berggasthöfen, Gipfelstationen von Seilbahnen und häufig begangenen Berggipfeln weitab der Brutgebiete in schneller Folge aufgesucht werden. Im Winter bis zu Beginn der Brutzeit Aufenthalt in Tallagen, bevorzugt in immer den gleichen Ortschaften (dort auch an Müllhalden); täglicher Rückflug in Übernachtungshöhlen im Gebirge.

Brutbiologie

Höhlenbrüter, Neststandorte meist einzeln in Höhlen von Steilwänden oder auch Karsteinbrüchen, auf Simsen sowie in Spalten und Nischen, Einzelbruten an Gebäuden und technischen Anlagen (Seilbahnstationen, -stützen, Tunnelbauten), sofern unzugängliche Neststandorte vorhanden sind; monogame Dauerehe, Umpaarungen kommen vor; 1 Jahresbrut; Gelege: 3-5(6) Eier; Brutdauer: 18-21 Tage, mit ca. 35 Tagen flügge, Familienverband bis Herbst; nur ♀ brüten, ♀ und ♂ füttern und führen.

Phänologie

Jahresperiodik: Standvogel, der (vor allem im Winter) täglich bis zu 20 km entfernte Tallagen aufsuchen kann, verlässt auch bis zum Brutbeginn bei Schlechtwettereinbrüchen den Brutplatz; "Gruppenbalz" in den Wintermonaten; Legebeginn frühestens M 4, meist M 5 bis M 6; flügge Jungvögel ab E 6; Zerstreuungswanderungen von Jungvögeln in Nachbarpopulationen ab Herbst.

Tagesperiodik: tagaktiv; regelmäßige Schlafplatzflüge im Schwarm bereits ab frühem Nachmittag.

Erfassung

Paar- und Individuenzählung in potenziellen Bruthabitaten; daneben Kartierung von Nestbau und Bettelrufen der Jungvögel (langgezogenes *„iüij iüif“*); aufgrund des extremen meist unübersichtlichen Geländes und der meist völligen Unerreichbarkeit der Bruthöhlen für Menschen (in die auch verpaarte Nichtbrüter regelmäßig einfliegen) werden nur wenige direkte Brutnachweise erbracht; meist nur in oder an Gebäuden; Beobachtungen an geeigneten Wänden aus großer Entfernung an Stellen mit guter Übersicht durchführen.

Termine: abhängig von Schnee- und Höhenlage bzw. Lawinengefahr, Termine sind aufgrund der kaum vorherzusagenden Bedingungen als Orientierung zu verstehen und jeweils entsprechend anzupassen: 1. A 5 bis M 5 und 2. E 5 bis A 6 (paarweise fliegende bzw. anwesende Altvögel in der Nähe eines potenziellen Nistplatzes); 3. E 6 bis M 7 (paarweise fliegende bzw. anwesende Altvögel in der Nähe eines potenziellen Nistplatzes; Fütterungen, bettelnde Jungvögel).

Günstige Tageszeit: ab SA bis Nachmittag.

Auswertung

Wertungsgrenzen: A 4 bis A 8.

Brutverdacht: • Paarbeobachtung in der Nähe eines potenziellen Brutplatzes; • mehrfaches Einfliegen in Höhlen, davon einmal ab A 5; • Eintragen von Nistmaterial in Höhlen.

Brutnachweis: insbesondere • Nestfunde (am ehesten an Gebäuden); • bettelnde Jungvögel in potenziellen Brutwänden.

Besondere Hinweise: Brutgebiete für Menschen oft nicht zugänglich und Brutplätze nicht einsehbar; Einfliegen mehrerer (auch verpaarter) Vögel in eine Höhle, ohne dort zu brüten. Daher quantitative Bestandserfassung in manchen Gebieten nicht möglich, die Angabe von Mindestbeständen bzw. qualitative Angaben zum Status der Art jedoch schon. Hinweise über Bestandsgröße und Jungvogelanteil im Winter bei Talflügen möglich, wenn aus bestimmten Bergstöcken alle Alpendohlen fast täglich gemeinsam erscheinen. Nest wird oft über viele Jahre genutzt und aus grobem Reisig aufgebaut.

Literatur: Brendel (1998); Epple (1996)

Wertungsgrenzen und Erfassungszeitraum

Februar			März			April			Mai			Juni			Juli			August		
A	M	E	A	M	E	A	M	E	A	M	E	A	M	E	A	M	E	A	M	E
									1.		2.			3.						

15600 Dohle
Corvus monedula

RLD	---
EUV	---
SPEC	---

Lebensraum

Brutvogel lichter Wälder (insbesondere alte Buchenwälder) mit angrenzenden offenen Nahrungsräumen; Brutplätze in Altholzbeständen oder Felswänden mit Höhlenangebot; besiedelt in Deutschland heute überwiegend Ersatzlebensräume im Siedlungsbereich bevorzugt in Gartenstädten, Hof- oder Dorfgehölzen, randlich in geringer Entfernung (max. bis 800 m) zu offenen, möglichst extensiv landwirtschaftlich genutzten Nahrungsräumen, aber auch in Großstadtkernen mit nischenreichen Gebäuden, Altbaublocks, Brückenkonstruktionen oder in Parkanlagen mit Altbaumbestand; Nahrungshabitate hier (Industrie-)Brachen, Scherrasen z.B. von Sportplätzen, Müllkippen, Hafenanlagen, Bahnhofsanlagen, große (auch stark versiegelte) Plätze, z.T. an anthropogene Fütterungen angepasst.

Brutbiologie

Höhlenbrüter, Gebäudebrüter, seltener Baum- und Felsbrüter; Nest in Spechthöhlen (i.d.R. Schwarzspechthöhlen), in Höhlenbildungen ausgefaulter Kronen- und Stammbrüche, selten in Offennestern (z.B. in Saatkrähenkolonien), gelegentlich auch in Bodenhöhlen (z.B. alte Kaninchenbaue auf den Ostfriesischen Inseln), in Felswänden und Steinbrüchen; im Siedlungsbereich in überdachten Nischen, Löchern, Vertiefungen, Schächten, Eulenkästen, häufig in Schornsteinen; Nestbau durch beide Partner; Einzel- und Koloniebrüter; monogame Dauerehe, Umpaarungen kommen vor; 1 Jahresbrut; Gelege: 4-7 Eier; Brutdauer: 16-19 Tage; nur das ♀ brütet und wird vom ♂ gefüttert, Fütterung der Jungen überwiegend durch das ♂; Nestlingsdauer: 30-35 Tage, Junge werden noch bis zu 4 Wochen nach dem Ausfliegen gefüttert.

Phänologie

Jahresperiodik: Standvogel, Teilzieher, Kurz- bis Mittelstreckenzieher, norddeutsche Brutvögel überwiegend Nichtzieher; Balz, stärkere Bindung zum Brutplatz und Nestbau ab E 2; Hauptlegezeit von E 3 bis A 4, meist M 4 bis E 5; flügge Junge ab A 6; Dismigration ab Juli.

Tagesperiodik: tagaktiv; höchste Aktivität in den frühen Morgenstunden, tagsüber meist zur Nahrungssuche von den Kolonien entfernt, abends Flug zu Gemeinschaftsschlafplätzen.

Erfassung

Hauptsächlich Kartierung balzender, verpaarter Individuen in der Vorbrutphase, daneben Nistmaterial und Futter eintragende Altvögel, wachende ♀ am Einflug und Familien mit gerade flüggen Jungen.

Termine: 1. Waldpopulationen: E 2 bis A 3; Populationen in Siedlungen: M 3 bis E 3 (Ermittlung der Kolonien: Rundflüge, Paarzählungen, Nestbau); 2. A 4 bis M 4 (Paarzählungen, Nestbau, einfliegende Altvögel); 3. M 5 bis A 6 (wachende ♀, bettelnde Jungvögel, Familien).

Günstige Tageszeit: von SA bis 4 Std. nach SA.

Auswertung

Wertungsgrenzen: E 2 bis E 6.

Brutverdacht: • einmalige Beobachtung von Paarbindung am potenziellen Nistplatz; • Altvögel mit Nistmaterial; • wachendes ♀ am Einflug.

Brutnachweis: • Futter eintragende Altvögel; • Bettelrufe der Jungvögel (gegen Ende der Fütterungszeit weit zu hören).

Besondere Hinweise: Einzelpaare verhalten sich oft sehr heimlich. Auch bei dichter Besiedlung und größeren Kolonien nur Paare und Einzelvögel zählen, da sich auch vergesellschaftete Nichtbrüter (im Sommer) in den Kolonien oder in der Nähe der Brutplätze aufhalten; für Kolonien in Blockbebauung mit zahlreichen Schornsteinen Lageskizzen anfertigen. Das ganze Jahr über gemeinschaftliche Schlafplätze, Brutvögel übernachten aber am Nistplatz; auffälliges Wach- und Abwehrverhalten des ♀ insbesondere in der 2. Hälfte der Nestlingsperiode. Formationsflüge in Altholzbeständen nur an Brutplätzen zu sehen, hier erste Hinweise auf Kolonie und deren Stärke ab Februar am besten morgens zwischen 7.30 und 9 Uhr (MEZ) nach Verlassen der Schlafplätze.

Literatur: EPPLE (1996); UNGER & PETER (2002)

Wertungsgrenzen und Erfassungszeitraum

	Februar			März			April			Mai			Juni			Juli			August		
	A	M	E	A	M	E	A	M	E	A	M	E	A	M	E	A	M	E	A	M	E
Wald			1.				2.				3.										
Siedlung					1.		2.				3.										

15630 Saatkrähe
Corvus frugilegus

RLD	---
EUV	---
SPEC	---

Lebensraum

Ehemals steppenartige, feuchte, überwiegend offene Weidelandschaften auf hochproduktiven Böden der Tiefländer (Marschen, Auen, bördeähnliche Böden, Jungmoränen); heute v.a. in Acker-Grünland-Komplexen mit Baumgruppen, Feldgehölzen, Alleen zur Nestanlage; von Bedeutung sind hoher Grundwasserstand, weiche humusreiche Böden, häufige Bodenbearbeitung; Aufgabe von Brutrevieren bei vermehrtem Anbau von Wintergetreide oder Hochleistungsgräsern; nach Verfolgung und auch tiefgreifenden Standortveränderungen der Niederungen Verlagerung von Kolonien in Randbereiche oder das Innere von Städten; mitunter in der Nähe kurzgrasiger Flächen wie Flughäfen, Parks, Sportanlagen, ebenso werden Industriebrachen, Bahngelände oder Mülldeponien als Nahrungshabitate genutzt.

Brutbiologie

Freibrüter; Nester vorzugsweise in Laubbäumen, Koloniebrüter, oft Nestergruppen auf einem Baum; Nestbau durch ♂ und ♀; monogame Mehrjahres- oder Dauerehe; 1 Jahresbrut; Gelege: (2)3-5(6) Eier, regelmäßig Nachgelege beim Verlust des Geleges; Brutdauer: 16-18 Tage, ♀ brütet allein, wird vom ♂ gefüttert; Nestlingsdauer: 32-35 Tage, Aufzucht zuerst durch ♂, ♀ beteiligt sich ab etwa 2 Wochen nach Schlupf der Jungen; Junge werden nach dem Ausfliegen noch mehrere Wochen gefüttert.

Phänologie

Jahresperiodik: Teilzieher, Kurz- und Mittelsteckenzieher; meist ab Februar an den Brutplätzen und Beginn des Nestbaues, Koloniebezug kann sich über 4 Wochen hinziehen; Heimzug ab E 2 bis M 4(A 5), Hauptdurchzug im März; Legebeginn überwiegend E 3 bis E 4, Maximum A/M 4; Schlupftermin in 1. Maihälfte; flügge Junge ab A 6; Wegzug und Eintreffen der Wintergäste ab M 9.

Tagesperiodik: tagaktiv; Schlafplatzflug bis in fortgeschrittene Dämmerung.

Erfassung

Zählung besetzter Nester (am Nest wachende, nestgebundene Altvögel, Nest bauende Paare, im Nest sitzende ♀) einer Kolonie; zur Erfassung des Brutbestandes einer Kolonie reicht eine Zählung an einem Termin (s.u.) am Ende der Nestbauperiode möglichst kurz vor Belaubung; je nach geografischer Lage ist der 1. oder der 2. Zähltermin vorzuziehen; bei Störungen oder ungünstigen Zählbedingungen beide Termine nutzen.

Bestandsangabe: Brutpaare, nach Möglichkeit als Ergebnis von Synchronzählungen (A 4 oder M 4) gleichzeitig besetzter Nester.

Termine: 1. A 4 (wachende, Nest bauende Altvögel, im Nest sitzende ♀); 2. M 4 (wachende, Nest bauende Altvögel, im Nest sitzende ♀);

Günstige Tageszeit: über den ganzen Tag mehr oder weniger gleichbleibend.

Auswertung

Wertungsgrenzen: A 4 bis E 5.

Brutverdacht: • wachende, oder Nest bauende Altvögel bzw. Altvögel mit Nestbindung; • einen möglichen Koloniestandort anfliegende Altvögel ab A 4.

Brutnachweis: insbesondere • Nest mit brütendem ♀; • auffallende Kotflecken unter bereits leerem Nest.

Besondere Hinweise: Bestandserfassung nur über Nesterzählung möglich; schon ab Beginn des Nestbaues bleibt ein Partner am Nest als Wache; während der Brutzeit übernachten Altvögel in der zugehörigen Kolonie; Umsiedlung, erneuter Nestbau und Nachgelege nach Zerstörung von Kolonien möglich; häufig teilen sich größere Kolonien nach Störungen; Synchronzählungen an Stichtagen in räumlich zusammenhängenden Gebieten erforderlich.

Literatur: ANDRIS (1996); EPPLE (1996)

Wertungsgrenzen und Erfassungszeitraum

Februar			März			April			Mai			Juni			Juli			August		
A	M	E	A	M	E	A	M	E	A	M	E	A	M	E	A	M	E	A	M	E
						1.	2.													

15670 Rabenkrähe *Corvus corone*
Nebelkrähe *Corvus cornix*

RLD	---
EUV	---
SPEC	---

Lebensraum

In der ehemaligen Naturlandschaft Waldränder und –lichtungen im Übergang zu offenen Mooren, Auen und Seen; heute offene Kulturlandschaft mit landwirtschaftlich genutzten Flächen: Äcker, Wiesen, Weiden; Nistplätze auf Einzelbäumen, in Windschutzstreifen, Knicks, Ufergehölzen, Alleen, Feldgehölzen, Waldrändern, ausnahmsweise in sehr lichten Wäldern; Nutzung von Nahrungsflächen (Grünland u.a.) nur, solange Vegetation niedrig ist; ferner in allen Siedlungsbereichen mit lockeren Baumbeständen bis in die Kernzonen von Großstädten.

Brutbiologie

Freibrüter, Nester hoch in Laub- oder Nadelbäumen, mitunter am Boden, an Felsen, Gebäuden oder auf Hochspannungsmasten; Brutbeginn i.d.R. erst mit 3 Jahren; monogame Dauerehe; 1 Jahresbrut; Nachgelege meist in neuen Nestern; Gelege: (2)3-6(7) Eier, Brutdauer: 17-22 Tage, ♀ brütet allein, wird vom ♂ gefüttert; Fütterung zuerst durch ♂ bzw. Übergabe an ♀, etwa 1 Woche nach Schlupf der Jungen beteiligt sich ♀ an der Futtersuche; Nestlingsdauer: 30-36 Tage; Junge werden nach dem Ausfliegen noch bis zu 5 Wochen gefüttert.

Phänologie

Jahresperiodik: Standvogel, Kurzstreckenzieher; Revierbesetzung Januar bis März; Nestbauaktivität ab A 3, insbesondere E 3/A 4; Legebeginn überwiegend A 4 bis E 4, Ersatzgelege bis E 5; Schlupftermin hauptsächlich E 4/A 5; im Laufe des Juni fliegen Junge aus.

Tagesperiodik: tagaktiv; Schlafplatzflug bis in fortgeschrittene Dämmerung.

Erfassung

Zählung besetzter Nester (wachende ♂, nestgebundene Altvögel, Nest bauende Paare, legende, brütende ♀); fortlaufende Kontrolle der Besetzung.

<u>*Termine*</u>: 1. E 3 bis A 4 (wachende, Nest bauende Altvögel, sitzende ♀); 2. M 4 (wachende, Nest bauende Altvögel, im Nest sitzende ♀); 3. E 4 bis A 5 (wachende oder warnende Altvögel).

<u>*Günstige Tageszeit*</u>: morgens und tagsüber.

Auswertung

Wertungsgrenzen: A 3 bis E 6.

<u>*Brutverdacht*</u>: • einmalige Feststellung eines Altvogels/Paares mit Nistmaterial, beim Nestbau, auf Nest stehend oder Revier markierend bzw. auf Wachtposten.

<u>*Brutnachweis*</u>: insbesondere • Nest mit brütendem ♀; • Familie mit gerade flüggen Jungen.

Besondere Hinweise: Ein Altvogel kann bereits mehrere Tage vor Eiablage beginnen, unterschiedlich häufig im Nest zu sitzen. Von Beginn der Bebrütung an hält das ♂, wenn es nicht gerade auf Nahrungssuche ist, in Nestnähe Wache. Ein Nest mit brütendem ♀ ist i.d.R. an dem über den Nestrand hinausragenden Schwanz erkennbar; Brutplätze gelegentlich in nur geringer Entfernung von einander (< 100 m). Neben den Brutpaaren kann sich eine große Zahl von Nichtbrütern (meist in Trupps) in einem Gebiet aufhalten.

Die nach der neuen Systematik vollzogene Trennung der Arten Rabenkrähe und Nebelkrähe konnte hier noch nicht in Form von zwei Steckbriefen berücksichtigt werden.

Literatur: Epple (1996); Lehmann (2002); Mäck & Jürgens (1999)

Wertungsgrenzen und Erfassungszeitraum

Februar			März			April			Mai			Juni			Juli			August		
A	M	E	A	M	E	A	M	E	A	M	E	A	M	E	A	M	E	A	M	E
					1.		2.	3.												

15720 Kolkrabe
Corvus corax

RLD	---
EUV	---
SPEC	---

Lebensraum

Strukturreiche, aufgelockerte Waldlandschaften, oft mit hohem Wildbestand (Fallwild, Wildaufbrüche, Aas, Nachgeburten), in der Kulturlandschaft in waldreichen Weidelandschaften (Hude, Ganzjahres-Weide), aber auch am Rande großflächig offener, ganzjährig nahrungsreicher Landschaften, hier zunehmend auch Bruten in kleinen inselartigen Gehölzen und Baumreihen sowie in z.T. weithin offenen Agrarlandschaften; im Alpenraum von der Talsohle bis in die alpine Zone.

Brutbiologie

Freibrüter; Nest meistens in den höchsten Bäumen des Bestandes (oft in Kiefern und Buchen) zunehmend auch auf Gittermasten fern von Wäldern, in Süddeutschland auch in Naturfelsen, Ruinen und Steinbrüchen, Nester in den Alpen fast ausschließlich in Felsen; beide Partner bauen; Einzelbrüter; enger Zusammenhalt der Paare, aber Fremdpaarungen kommen vor; 1 Jahresbrut, Ersatzgelege möglich, Gelege: 2-6 Eier, Brutdauer: 18-21 Tage, nur das ♀ brütet und wird vom ♂ am Nest gefüttert; ♀ hudert bis zu 18 Tage, später füttern beide Partner und bringen auch Wasser zum Nest; Nestlingsdauer: mindestens 40 Tage; Familien bleiben noch bis 3 Monate zusammen.

Phänologie

Jahresperiodik: Standvogel; i.d.R. ganzjährig am Brutplatz, nach Möglichkeit Dauerreviere, Balz im Januar und Februar; Hauptlegezeit (E 2)A 3, im Süden bis M 3, Nachgelege bis M 4; flügge Junge ab A 5, im Süden ab M 5 bis A 6; Familienzusammenhalt mindestens 2, meist 5-6 Monate.

Tagesperiodik: tagaktiv.

Erfassung

Neben Nestersuche in potenziellen oder traditionellen Brutrevieren im Winter, Kartierung von Flugbewegungen, Balz und Bautätigkeit in der Vorbrutzeit sowie von Nestbau, Warnrufen und Familien.

<u>*Termine*</u>: 1. A 2 bis M 2 (Flugspiele/Luftbalz, Synchronflüge, Nestbau); 2. E 2 bis A 3 (Flugspiele/Luftbalz, Synchronflüge, Nestbau); 3. E 4 bis A 5 vorsichtige Kontrolle im Brutrevier aus größerer Entfernung (warnende, Futter eintragende Altvögel); fakultativ 4. im (nestnahen) Nahrungsrevier E 5 bis A 6 (Familien mit gerade flüggen Jungen); im Gebirge später, Termine jeweils 1-2 Dekaden versetzt.

<u>*Günstige Tageszeit*</u>: ab Vormittag und mit beginnender Thermik.

Auswertung

Wertungsgrenzen: A 1 bis A 6.

<u>*Brutverdacht*</u>: • zweimalige Beobachtung einzelner Altvögel im potenziellen Bruthabitat im Abstand von mindestens 7 Tagen, davon eine A 2 bis A 5; • Beobachtung von Nestbautätigkeit; • Synchronflug eines Paares.

<u>*Brutnachweis*</u>: insbesondere • Beobachtung von gerade flüggen Jungen (im Familienverband); • v.a. bei Felsnestern Junge am Nestrand.

Besondere Hinweise: Flugspiele, Luftbalz im potenziellen und traditionellen Brutterritorium auch im Herbst und Winter (v.a. Oktober bis Dezember); verpaarte Nichtbrüter können 1 bis 2 Jahre vor dem Brüten Reviere ausbilden; Nestwechsel insbesondere nach Störungen; potenzielle Brutareale können von Nichtbrütern genutzt werden; auch regelmäßig Vergesellschaftungen von Nichtbrütern, die umherstreifend ausgedehnte Nahrungsflüge unternehmen.

Literatur: Epple (1996); Glandt (2003); Gnielka (1990); Grünkorn (2001); Havelka & Hepp (2001); Jöbges (2001)

Wertungsgrenzen und Erfassungszeitraum

Februar			März			April			Mai			Juni			Juli			August		
A	M	E	A	M	E	A	M	E	A	M	E	A	M	E	A	M	E	A	M	E
1.		2.						3.			4.									

15820 Star
Sturnus vulgaris

RLD	---
EUV	---
SPEC	3

Lebensraum

Auenwälder, sogar lockere Weidenbestände in Röhrichten; vorzugsweise Randlagen von Wäldern und Forsten, teilweise im Inneren von (Buchen-)Wäldern mit Ausnahme von Fichten-Altersklassenwäldern, v.a. in höhlenreichen Altholzinseln; in der Kulturlandschaft Streuobstwiesen, Feldgehölze, Alleen an Feld- und Grünlandflächen, Brutmöglichkeiten in Höhlen alter und auch toter Bäume; besiedelt alle Stadthabitate: Parks, Gartenstädte bis zu baumarmen Stadtzentren und Neubaugebieten; Nahrungssuche zur Brutzeit bevorzugt in benachbarten kurzgrasigen (beweideten) Grünlandflächen, in angeschwemmtem organischen Material, bei Massenauftreten auch Insekten in Bäumen.

Brutbiologie

Höhlenbrüter; Nest v.a. in ausgefaulten Astlöchern und Spechthöhlen, weiter in Nistkästen, in Mauerspalten (auch von Gebäuden), gern unter Dachziegeln; mitunter Koloniebrüter; monogame Saisonehe, Polygynie möglich; 1-2 Jahresbrut(en), Nachgelege; Gelege: (3)4-7(8) Eier, Brutdauer: 11-13 Tage, ♀ brütet hauptsächlich; Nestlingsdauer: (16)19-24 Tage; beide Partner füttern; Fütterung der ausgeflogenen Jungen nur 4-5 Tage.

Phänologie

Jahresperiodik: Teil- und Kurzstreckenzieher; Heimzug von E 1 bis M 4, Hauptdurchzug im März; Revierverhalten und Paarbildung bei Standvögeln schon in den Wintermonaten, sonst etwa Februar bis März; feste Revierbesetzung mit Bezug einer Höhle etwa 4-6 Wochen nach Ankunft; infolge der Spät-, Nach- und Zweitbruten kann Nestbauaktivität noch bis M 6 andauern; Legebeginn ab A 4 (in Städten), E 4 beginnt eine große Zahl der ♀ synchron mit dem Legen; danach weiterer Legebeginn bis M 6; Hauptschlupftermin A 5; flügge Junge ab (M 5) E 5; Brutperiode i.d.R. Mitte Juli abgeschlossen; Wegzug ab September.

Tagesperiodik: tagaktiv.

Erfassung

Hauptsächlich Kartierung singender ♂, daneben Nistmaterial oder Futter eintragende Altvögel sowie Warnverhalten und Bettelrufe der Nestlinge.

Termine: 1. A 4 bis M 4 (Gesang, Nestbau); 2. E 4 (Gesang, einfliegende Altvögel); 3. A 5 bis M 5 (fütternde Altvögel, Höhlen mit bettelnden Jungen).

Günstige Tageszeit: in den frühen Morgenstunden, tagsüber nachlassend

Auswertung

Wertungsgrenzen: E 2 bis A 6.

Brutverdacht: • zweimalige Feststellung eines singenden ♂ im Abstand von mindestens 7 Tagen, davon eine Feststellung A 4 bis M 5; • einmalige Feststellung eines singenden ♂ und eine Beobachtung eines Altvogels im Abstand von mindestens 7 Tagen (nur außerhalb kolonieartiger Besiedlung), davon eine Feststellung A 4 bis M 5; • Nistmaterial eintragender Altvogel; • warnende Altvögel.

Brutnachweis: insbesondere • Futter eintragende Altvögel; • Bettelrufe der Nestlinge oder Junge im Einflugloch; • auffallende Kotflecken an und unter benutzten Höhlen.

Besondere Hinweise: Typischer Teilsiedler, viele Aktivitäten spielen sich außerhalb des Brutreviers ab, so dass die Nistplätze u.U. schlecht erfasst werden können; Balzgesang vor mehreren potenziellen Bruthöhlen vor endgültiger Besetzung; Nistmaterial wird aus- und eingebaut; während der Bebrütung können Brutgebiete verlassen wirken; reger Flugverkehr dagegen in der Aufzuchtphase; konsequente Höhlensuche im Mai führt zu höheren Bestandszahlen.

Literatur: VAN DIJK & HUSTINGS (1996)

Wertungsgrenzen und Erfassungszeitraum

Februar			März			April			Mai			Juni			Juli			August		
A	M	E	A	M	E	A	M	E	A	M	E	A	M	E	A	M	E	A	M	E
						1.		2.	3.											

15910 Haussperling
Passer domesticus

RLD	V
EUV	---
SPEC	3

Lebensraum

Ausgesprochener Kulturfolger in dörflichen sowie städtischen Siedlungen; in allen durch Bebauung geprägten städtischen Lebensraumtypen (Innenstadt, Blockrandbebauung, Wohnblockzone, Gartenstadt, Gewerbe- und Industriegebiete) sowie Grünanlagen, sofern sie Gebäude oder andere Bauwerke aufweisen; auch an Einzelgebäuden in der freien Landschaft (z.B. Feldscheunen, Einzelgehöfte), Fels- sowie Erdwänden oder in Parks (Nistkästen); maximale Dichten in bäuerlich geprägten Dörfern mit lockerer Bebauung und Tierhaltung sowie Altbau-Blockrandbebauung; von Bedeutung ist die ganzjährige Verfügbarkeit von Nahrungsressourcen (Sämereien sowie Insektennahrung für die Jungen) sowie Nischen und Höhlen an Gebäuden als Brutplätze.

Brutbiologie

Höhlen-/Nischenbrüter, selten Freibrüter; Neststand vielseitig, Präferenz für Gebäude, dort in Höhlen, Spalten und tiefen Nischen (z.B. im Dachtraufbereich, in Gebäudeverzierungen, Nistkästen, Fassadenbegrünung, Efeu) im Inneren von Gebäuden (u.a. Stallanlagen, Bahnhöfe, Industriehallen) sowie an Sonderstandorten (z.B. Mehlschwalbennestern, Storchennestern, Straßenlampen, sich bewegenden Baumaschinen); Koloniebrüter und Einzelbrüter; meist monogame Dauerehe, Bigamie nicht selten; 2-4, meist 3 Jahresbruten; Gelege: (2)4-6(7) Eier, Brutdauer: 11-12 Tage; Nestlingsdauer: meist 17 Tage; Nestbau, Brut sowie Fütterung der Jungen durch ♂ und ♀.

Phänologie

Jahresperiodik: Standvogel; Paarbildung am Nistplatz ab Herbst bis zum Beginn der Brutzeit; Gesang ab Dezember mit zunehmender Intensität; Eiablage ab E 3 bis A 8, Erstbrut v.a. M/E 4, Früh- und Winterbruten nachgewiesen; Jungvögel i.d.R. ab M 5.

Tagesperiodik: tagaktiv; Gesangsaktivität beginnt ca. 20 Minuten vor SA, höchste Aktivität von SA bis späten Vormittag.

Erfassung

Zählung singender ♂, Nest bauender und fütternder Altvögel, Bettelrufe von Jungvögeln; bei kolonieartigem Vorkommen: nach Möglichkeit Nesterzählung, sonst Zählung der Individuen (Unterscheidung der Geschlechter sowie der Alt- und Jungvögel).

Termine: 1. A 4 (Gesang, Nestbau), 2. M 4 bis E 4 (Gesang, Nestbau); 3. A 5 bis M 5 (Gesang, fütternde Altvögel, Bettelrufe der Jungvögel); 4. E 5 (fütternde Altvögel, Bettelrufe der Jungvögel).

Günstige Tageszeit: von SA bis späten Vormittag.

Auswertung

Wertungsgrenzen: E 3 bis A 6.

Brutverdacht: • zweimalig singendes ♂ im Abstand von mindestens 7 Tagen; • zweimalige Feststellung eines Paares im Abstand von mindestens 7 Tagen; • einmalige Feststellung eines Paares und einmalige Feststellung eines Revier anzeigenden ♂ bzw. eines Altvogels in Nestnähe im Abstand von mindestens 7 Tagen; • Nestbau.

Brutnachweis: insbesondere • fütternde Altvögel; • Bettelrufe von Jungvögeln.

Bei kolonieartigem Vorkommen können Bestandsgrößen nicht mit Hilfe der Revierkartierung ermittelt werden: Brutbestand = maximale Anzahl festgestellter Altvögel und Multiplikation mit Faktor 0,7 oder Zahl besetzter Nester.

Besondere Hinweise: Erfassung in Städten nach Möglichkeit an Wochenenden, da geringere Geräuschintensität (Nachteil: Innenhöfe bzw. Betriebsgelände häufig verschlossen); wegen Unzugänglichkeit nicht erfasster Flächen bei der Ergebnisdokumentation darstellen. Auch während Brutzeit zeigt der Haussperling Schwarmbildung. An Brutplätzen in der Nähe von günstigen Nahrungsquellen (z.B. Stallungen, Getreidespeicher) können Nahrungsgäste auftreten. Hier nach Möglichkeit Nesterzählung durchführen. Ergiebige Nahrungsquellen werden bis über 1 km vom Nistplatz entfernt angeflogen. Bettelrufe von Jungvögeln in den letzten Tagen vor dem Ausfliegen deutlich zu hören.

Literatur: GNIELKA (1990)

Wertungsgrenzen und Erfassungszeitraum

Februar			März			April			Mai			Juni			Juli			August		
A	M	E	A	M	E	A	M	E	A	M	E	A	M	E	A	M	E	A	M	E
						1.	2.		3.		4.									

15980 Feldsperling
Passer montanus

RLD	V
EUV	---
SPEC	3

Lebensraum

Lichte Wälder und Waldränder aller Art (insbesondere Auwälder), bevorzugt mit Eichenanteil, sowie halboffene, gehölzreiche Landschaften; heute im Bereich menschlicher Siedlungen; in gehölzreichen Stadtlebensräumen (Parks, Friedhöfe, Kleingärten sowie Gartenstädte) sowie in strukturreichen Dörfern (Bauerngärten, Obstwiesen, Hofgehölze); von Bedeutung ist die ganzjährige Verfügbarkeit von Nahrungsressourcen (Sämereien sowie Insektennahrung für die Jungen, Nahrungssuche bevorzugt an Eichen und Obstbäumen) sowie Nischen und Höhlen in Bäumen und Gebäuden als Brutplätze.

Brutbiologie

Höhlenbrüter; Nest in Mitteleuropa vornehmlich in Baumhöhlen (u.a. Spechthöhlen, in Stadtlebensräumen fast ausnahmslos in Nistkästen), aber auch in Gebäuden (Dachtraufbereich) sowie Sonderstandorten (z.B. Uferschwalbenröhren, Greifvogel-, Storch- und Reihernestern, Betonmasten), selten auch Freibrüter (u.a. Koniferen, Weißdorn); Einzelbrüter, aber auch lockere Kolonien bzw. geringer Nestabstand; saisonale Monogamie, an störungsfreien Nistplätzen Dauerehe, Bigamie nachgewiesen; 1-3 Jahresbrut(en); Gelege: 3-7(8) Eier, Brutdauer: 11-14 Tage, Nestlingsdauer: 15-20 Tage; Nestbau, Bebrütung des Geleges sowie Fütterung der Jungen durch ♂ und ♀.

Phänologie

Jahresperiodik: Standvogel; Paarbildung ab Herbst bis zum Beginn der Brutzeit möglich, Auflösung der Wintertrupps E 2 bis E 3, Besetzung der Brutplätze durch die ♂ meist ab M 3; Eiablage ab A 4 bis A 8, meist M 4 bis A 5; Jungvögel i.d.R. ab A/M 5.

Tagesperiodik: tagaktiv, höchste Gesangsaktivität nach SA bis späten Vormittag.

Erfassung

Zählung singender ♂ bzw. balzender Altvögel (Gesang meist in der Nähe der Nesthöhle), Nest bauender, warnender und fütternder Altvögel.

Termine: 1. M 4 (Gesang, Balz, Nestbau); 2. E 4 (Gesang, Balz); 3. M 5 (Gesang, Nestbau, fütternde Altvögel, bettelnde Jungvögel).

Günstige Tageszeit: von SA bis späten Vormittag.

Auswertung

Wertungsgrenzen: E 3 bis A 6.

Brutverdacht: • zweimalig singendes ♂ im Abstand von mindestens 7 Tagen; • zweimalige Feststellung eines Paares im Abstand von mindestens 7 Tagen; • einmalige Feststellung eines Paares und einmalige Feststellung eines Revier anzeigenden ♂ (Altvogels) bzw. eines Altvogels im Abstand von mindestens 7 Tagen; • Nestbau; • einmalige Feststellung warnender Altvögel.

Brutnachweis: insbesondere • fütternder Altvogel; • Bettelrufe von Jungvögeln.

Besondere Hinweise: In Gebieten mit dichter Besiedlung kann Gruppenbalz vorkommen (Steigerung der Beobachtungsintensität erforderlich); auch ♀ singen mitunter! Brutvögel können mehrere hundert Meter weite Nahrungsflüge unternehmen (z.B. zu alten Eichenbeständen).

Wertungsgrenzen und Erfassungszeitraum

Februar			März			April			Mai			Juni			Juli			August		
A	M	E	A	M	E	A	M	E	A	M	E	A	M	E	A	M	E	A	M	E
							1.	2.		3.										

16110 Schneesperling
Montifringilla nivalis

RLD	R
EUV	---
SPEC	---

Lebensraum

Charakterart des Hochgebirges, ganzjährig oberhalb der Waldgrenze, im Sommerhalbjahr meist oberhalb der Baumgrenze; bevorzugt alpine Rasen, Schuttfelder und Blockhalden, steile Felswände mit Vegetationsbändern, reine Felsgebiete; im Winterhalbjahr auch bei Berghütten und nur ausnahmsweise in Tallagen.

Brutbiologie

„Felsbrüter", Nest in Höhlen, Spalten und Nischen von Felswänden (bis 300 m über Grund), auch in Hohlräumen zwischen großen Blockfelsen am Fuß der Wände (gelegentlich mit langen Zugängen) und auch an Hütten, Seilbahnstationen und technischen Anlagen (z.B. Skiliftmasten); Nester wegen der notwendigen Isolation auffallend groß; Einzelbrüter, häufig auch in lockeren Kolonien; monogam, Dauerehe?; 1(2) Jahresbrut(en), Nestbau (♀): 6 bis 14 Tage, Gelege: 3-5(6) Eier; Brutdauer: 13 Tage, Nestlingsdauer: 19-21 Tage; nur ♀ brütet; ♀ und ♂ füttern.

Phänologie

Jahresperiodik: Standvogel, Wanderungen über mehrere hundert Kilometer sind aber nachgewiesen; ab A 4 im eigentlichen Bruthabitat; Balz ab E 4; Legebeginn ab M 5 bis E 6; flügge Jungvögel ab E 6 bis A 8.

Tagesperiodik: tagaktiv.

Erfassung

Optische und akustische Erfassung; Gesang (eine Reihe von sperlingsähnlichen Rufen) wird oft in auffälligen Schleifenflügen vorgetragen; wegen langer Nestbauphase kann in den Territorien auch Nestbau beobachtet werden.

Termine: abhängig von Schnee- und Höhenlage bzw. Lawinengefahr, Termine sind aufgrund der kaum vorhersagbaren Bedingungen als Orientierung zu verstehen und jeweils entsprechend anzupassen: 1. A 5 bis M 5 (Gesang, Singflug, Nestbau); 2. A 6 bis M 6 (Gesang, Singflug, ggf. noch Nestbau bzw. bereits fütternde Altvögel); 3. A 7 bis E 7 (Fütterungen, flügge Junge).

Günstige Tageszeit: ab SA bis in den späten Vormittag, nur bei möglichst windarmen, niederschlagsfreien Bedingungen; Revierflüge auch abends.

Auswertung

Wertungsgrenzen: A 4 bis A 8.

Brutverdacht: • zweimalige Feststellung eines territorialen ♂ im Abstand von mindestens 7 Tagen, davon eine A 5 bis E 7; • einmalige Feststellung eines territorialen ♂ und zusätzlich Feststellung eines Altvogels im Abstand von mindestens 7 Tagen, davon eine A 5 bis E 7; • ♂ und ♀ im vermuteten Revier; • Nestbau.

Brutnachweis: insbesondere • fütternde oder führende Altvögel.

Besondere Hinweise: Verpaarte Vögel halten sich zur Nahrungssuche auch außerhalb der Territorien auf. Bildet außerhalb der Brutzeit große Trupps von 100-200 Vögeln. Diese Gruppen haben Schlafplätze in hohen Felswänden, schlafen dort im lockeren Verband, aber einzeln. Brutgebiete für Menschen oft nicht zugänglich und Brutplätze nicht einsehbar; daher sind quantitative Bestandsangaben für manche Gebiete nicht möglich, die Angabe von Mindestbeständen bzw. qualitative Angaben zum Status der Art jedoch schon.

Literatur: Heininger (1991 a, b)

Wertungsgrenzen und Erfassungszeitraum

Februar			März			April			Mai			Juni			Juli			August		
A	M	E	A	M	E	A	M	E	A	M	E	A	M	E	A	M	E	A	M	E
									1.			2.			3.					

16360 Buchfink
Fringilla coelebs

RLD	---
EUV	---
SPEC	---

Lebensraum

Wälder und Baumbestände aller Art; Laubwälder, Kiefern- und Fichtenhölzer, Feldgehölze, Baumgruppen in der freien Landschaft; im Gebirge teils über der Waldgrenze im Zwergstrauchgürtel, sofern einzelne Überhälter vorhanden; parkartiges Gelände, Obstkulturen, Baum bestandene Landstraßen, Aufforstungen; im Bereich der Siedlungen in Gärten, Parkanlagen, Friedhöfen, Wohnblockzonen, teilweise in vegetationsarmen Innenstädten.

Brutbiologie

Freibrüter; Neststand in Laub- und Nadelbäumen sowie Sträuchern; saisonale Monogamie; ♀ baut allein; 1-2 Jahresbrut(en), Nachgelege; Gelege: (3)4-5(6) Eier, Brutdauer: 10-14 Tage, nur ♀ brütet; Nestlingsdauer: 12-15 Tage; ♂ und ♀ füttern, Kot wird mit fortgeschrittener Nestlingszeit nicht mehr weggetragen; nach dem Ausfliegen bleibt Familie 20-35 Tage zusammen.

Phänologie

Jahresperiodik: Kurzstreckenzieher bzw. Teilzieher, auch Standvogel; Ankunft am Brutplatz M 2 bis A 4, ♀ treffen bis zu 4 Wochen später im Brutgebiet ein; Heimzug A 2 bis E 4, Hauptdurchzug M 3 bis M 4; Gesangsbeginn M/E 2 bis A 3, Gesangsaktivität vor der Paarbildung am höchsten; Legebeginn ab A 4 bis A 7, Hauptlegezeit E 4 bis A 5; ab A 6 Zweitbruten; Hauptschlupfzeit M 5; Brutperiode ist M/E 7 beendet.

Tagesperiodik: tagaktiv; zweigipfelige Gesangsaktivität im Tagesverlauf.

Erfassung

Hauptsächlich Kartierung singender ♂, einzelner und verpaarter Individuen, daneben Nistmaterial oder Futter eintragende Altvögel sowie Familien mit gerade flüggen Jungen.

Termine: 1. A 4 bis M 4 (Gesang); 2. E 4 (Gesang); 3. A 5 bis M 5 (Gesang, Brutnachweis).

Günstige Tageszeit: 0,5 Std. vor SA bis 1 Std. nach SA und in den frühen Vormittagstunden.

Auswertung

Wertungsgrenzen: A 3 bis A 6 [im Hochgebirge bis E 7].

Brutverdacht: • zweimalige Feststellung eines singenden ♂ im Abstand von mindestens 7 Tagen, davon eine E 4 bis M 5; • einmalige Feststellung eines singenden ♂ und eine Beobachtung eines Altvogels/Paares im Abstand von mindestens 7 Tagen, davon eine Feststellung E 4 bis M 5; • Nestbau.

Brutnachweis: insbesondere • Futter eintragende Altvögel.

Besondere Hinweise: Gesangsperiode beginnt bereits lange vor Nestbau, aber auch später noch intensive Gesangsaktivität; lange Überschneidungszeit von Durchzug und Revierbesetzung, insofern Erfassungstermine nicht vor A 4, um durchziehende Sänger möglichst auszuschließen; zieht tagsüber in Gruppen, oft mit Bergfink vergesellschaftet; in Schwärmen kein Paarzusammenhalt erkennbar; während Paarbildung Verfolgungsflüge, ♀ wird anfangs häufig von ♂ begleitet, z.B. in Nestbauphase.

Literatur: GEORGE (1999 a)

Wertungsgrenzen und Erfassungszeitraum

Februar			März			April			Mai			Juni			Juli			August		
A	M	E	A	M	E	A	M	E	A	M	E	A	M	E	A	M	E	A	M	E
						1.		2.	3.				G.				G.			

16380 Bergfink
Fringilla montifringilla

RLD	---
EUV	---
SPEC	---

Lebensraum

Wälder verschiedenster Art; bevorzugt reife, lichte und hochstämmige Wälder mit hohem Anteil an Nadelbäumen, aber auch in reinen Laubwäldern; häufig an Waldrändern; auch in Moorwäldern und nassen Waldkiefer-Fichtenwäldern mit Laubholzbeimischung; in Deutschland fast ausschließlich im Küstenbereich, dort meist auf Inseln; auf den Inseln Gehölze mit höheren Einzelbäumen (auch in Parks). Hauptbrutgebiet in Skandinavien und der russischen Taiga; in Deutschland einzelne Brutnachweise in Schleswig-Holstein, Niedersachsen und Mecklenburg-Vorpommern, Brutzeitbeobachtungen auch aus anderen Gegenden Mitteleuropas (z.B. Alpen).

Brutbiologie

Freibrüter; Neststand in Bäumen oder Sträuchern, besonders in Kiefern, Fichten, Birken, Erlen, meist in 1-15 m Höhe, selten Bodennester, ♀ baut; brütet einzeln oder in losen Aggregationen; saisonale Monogamie; 1-2 Jahresbrut(en), Nachgelege; Gelege: (3)5-7(8) Eier, Brutdauer: 11-14 Tage, das ♀ brütet; Nestlingsdauer: 12-14 Tage, ♀ und ♂ füttern; flügge Jungvögel werden noch einige Tage betreut.

Phänologie

Jahresperiodik: Kurz- und Mittelstreckenzieher, nahrungsabhängige Masseneinflüge; Heimzug A 3 bis M 5, Hauptdurchzug E 3 bis A 5; Hauptlegezeit A/M 5 bis M 6, flügge Jungvögel ab A 6; Wegzug in Mitteleuropa ab M/E 9.

Tagesperiodik: tagaktiv, zieht gelegentlich nachts.

Erfassung

Erfassung singender ♂ sowie von Paaren; nach der Beobachtung eines Revier anzeigenden Vogels ab M 5 bis E 5 im potenziellen Bruthabitat sollten sich mindestens zwei Kontrollen anschließen, um das Revier zu bestätigen.

Termine: 1. M 5 bis E 5 (Gesang); 2. A 6 (Gesang, Nestbau); 3. M 6 bis E 6 (Gesang, fütternde Altvögel).

Günstige Tageszeit: frühe Morgenstunden ab SA.

Auswertung

Wertungsgrenzen: A 5 bis M 7.

Brutverdacht: • zweimalige Feststellung eines singenden ♂ im Abstand von mindestens 7 Tagen und mindestens eine Beobachtung eines ♀ (Paarbindung), davon eine Feststellung M 5 bis E 6.

Brutnachweis: insbesondere • Junge fütternde Altvögel.

Besondere Hinweise: Größte Gesangsaktivität bis zur Legezeit, kann danach abnehmen. Verhält sich aber nach entstandener Paarbindung um den Neststandort territorial. Mischpaare mit Buchfinken nachgewiesen. Späte Durchzügler können ebenfalls singen. (Brut-)Ansiedlungen durch mehrmalige Kontrollen und eindeutige Brutnachweise absichern.

Wertungsgrenzen und Erfassungszeitraum

Februar			März			April			Mai			Juni			Juli			August		
A	M	E	A	M	E	A	M	E	A	M	E	A	M	E	A	M	E	A	M	E
										1.		2.	3.							

16400 Girlitz
Serinus serinus

RLD	---
EUV	---
SPEC	---

Lebensraum

Halboffene, mosaikartig gegliederte Landschaften (z.B. Auwälder) mit lockerem Baumbestand, Gebüschgruppen und Flächen mit niedriger Vegetation mit im Sommer Samen tragender Staudenschicht, bevorzugt in klimatisch begünstigten, geschützten Teilräumen, vielfach in der Nähe menschlicher (dörflicher) Siedlungen, heute bevorzugt im Bereich von Baumschulflächen, daneben in Kleingartengebieten, Obstanbaugebieten, Gärten oder Parks sowie auf Friedhöfen; Schlüsselfaktoren für die Besiedlung sind Anteile von Laub- und Nadelbäumen einer bestimmten Mindesthöhe (> 8 m) und gestörter, offener Böden.

Brutbiologie

Freibrüter; Nest in Sträuchern, auf Bäumen und in Rankenpflanzen mit Sichtschutz (< 1-10 m Bodenhöhe), bevorzugt in Obstbäumen und Zierkoniferen, Nestbau durch das ♀; Einzelbrüter; monogame Saisonehe; 2 Jahresbruten (unter günstigen klimatischen Bedingungen auch 3 Bruten), Gelege: 3-5 Eier, Brutdauer: 12-14 Tage, Nestlingsdauer: 14-16 Tage; nur das ♀ brütet und wird vom ♂ gefüttert, bei der Jungenaufzucht füttern beide Partner, ♂ übergibt Futter oft an das ♀.

Phänologie

Jahresperiodik: Kurzstreckenzieher, Teilzieher; Heimzug (im Süden E 2)A 3 bis M 5, Hauptdurchzug im April, sehr späte Revierbesetzungen bis E 5 (z.B. durch Erstbrüter); Gesang bei sonnigem Wetter vereinzelt bereits im Winter, sehr stark von A 4 bis E 6, A 7 nachlassend; Hauptlegezeit Erstbrut meist E 4 bis E 5, Zweitbrut E 6 bis M 7; flügge Junge ab E 5; Brutreviere werden im August verlassen, eigentlicher Wegzug ab M 9, M 10 bis auf einzelne Nachzügler abgeschlossen.

Tagesperiodik: tagaktiv, hohe Gesangsaktivität bei sonnigem Wetter in den späten Morgenstunden.

Erfassung

In der Hauptsache Kartierung auf exponierten Warten singender ♂ oder von auffälligen Singflügen, daneben Nistmaterial oder Futter eintragende Altvögel sowie Familien mit gerade flüggen Jungen.

Termine: 1. M 4 bis E 4 (Gesang, Balzflüge); 2. A 5 bis M 5 (Gesang, Paare, fütternde Altvögel); 3. E 5 bis A 6 (Gesang, Paare, fütternde Altvögel); im Süden früher, Termine jeweils um 1 Dekade versetzt.

Günstige Tageszeit: von SA bis 6 Std. nach SA.

Auswertung

Wertungsgrenzen: M 3 bis M 6.

Brutverdacht: • zweimalige Feststellung eines singenden ♂ im Abstand von mindestens 7 Tagen, davon eine A 5 bis A 6; • einmalige Feststellung eines singenden ♂ und eine Beobachtung eines Altvogels im Abstand von 7 Tagen, davon eine Feststellung A 5 bis A 6; • Altvögel mit Nistmaterial.

Brutnachweis: insbesondere • fütternde Altvögel; • Familie mit gerade flüggen Jungen.

Besondere Hinweise: Im April durchziehende größere Trupps oft auf Ruderalflächen und Staudenfluren; u.U. mehrwöchige Gesangspause; vergleichsweise großer Aktionsradius der Brutvögel, Nahrung suchende Altvögel können sich mehr als 100 m abseits vom Brutplatz aufhalten.

Literatur: Flade & Jebram (1995); Gnielka (1990)

Wertungsgrenzen und Erfassungszeitraum

Februar			März			April			Mai			Juni			Juli			August		
A	M	E	A	M	E	A	M	E	A	M	E	A	M	E	A	M	E	A	M	E
							1.		2.		3.									

16440 Zitronengirlitz
Serinus citrinella

RLD	---
EUV	---
SPEC	---

Lebensraum

Lichte subalpine bzw. montane Nadelwälder in Verbindung mit Lichtungen wie Almen, auch an Rändern von Skipisten; entscheidend sind lockere Waldränder oder auch einzelne Bäume auf Freiflächen, welche stets kurzrasig und samenreich sein müssen; im Schwarzwald auch mit Bergkiefern durchsetzte Pfeifengrasheiden; bis in die Brutzeit ab A 5 bei Spätwintereinbrüchen Vertikalwanderungen in tiefere Lagen (in Alpen bis unter 1200 m, im Schwarzwald von 1055-970 m bis auf 800-580 m).

Brutbiologie

Nest meist auf Nadelbäumen, v.a. Fichte, auch Bergkiefer und Tanne, meist dicht am Stamm, von Bodennähe bis über 10 m (max. 34 m) Höhe; nur ♀ baut Nest; monogame Saisonehe, 1(2) Jahresbrut(en) (in Alpen möglicherweise von 1. zu 2. Brut Vertikalwanderung in höhere Lagen); Gelege: 3-5 Eier, Brutdauer: (12)14(16) Tage, Nestlingsdauer: (15)18(21) Tage; nur ♀ brütet, wird vom ♂ am Nest gefüttert, ♂ und ♀ füttern aus dem Kropf; nach Ausfliegen werden die Jungen wohl noch mehrere Wochen geführt und > 10 Tage gefüttert.

Phänologie

Jahresperiodik: in Mitteleuropa Kurzstreckenzieher; Ankunft im Brutgebiet ab M 2, meist A/M 3, Beginn Nestbau nicht vor E 2, meist März bis M 4, Unterbrechung bei Spätwintereinbrüchen; Legebeginn (ausnahmsweise E 2), meist M 4 bis A 5, Legeperiode bis Juli; flügge Jungvögel ab M 5 möglich, meist später; nach der Brutzeit Alt- und Jungvögel bis in die Latschenregion oberhalb der eigentlichen Brutgebiete.

Tagesperiodik: tagaktiv.

Erfassung

Vornehmlich akustisch zu erfassen; Feststellung meist über den typischen Stimmfühlungs- und Flugruf; Kartierung der singenden ♂, Gesang von Warten und im girlitzartigen Singflug; nur bei günstigen Witterungsbedingungen, nicht unmittelbar nach späten Wintereinbrüchen.

Termine: abhängig von Schnee- und Höhenlage bzw. Lawinengefahr, Termine sind aufgrund der kaum vorherzusagenden Bedingungen als Orientierung zu verstehen und jeweils entsprechend anzupassen: 1. M 3 bis E 3 (Gesang, möglichst Singflug); 2. A 4 bis M 4 (Gesang, möglichst Singflug); 3. E 4 bis M 5 (Gesang, möglichst Singflug); in höheren Lagen der Alpen ggf. 4. E 5 bis M 6 (Gesang, möglichst Singflug).

Günstige Tageszeit: ab SA bis späten Vormittag.

Auswertung

Wertungsgrenzen: E 2 bis E 6.

Brutverdacht: • zweimalige Feststellung eines singenden ♂ im Abstand von mindestens 7 Tagen, davon eine A 4 bis M 6 und möglichst einmal mit Singflug; • einmalige Feststellung eines singenden ♂ und zusätzlich Beobachtung eines Altvogels im Abstand von mindestens 7 Tagen, davon eine Feststellung A 4 bis M 6; • einmalige Beobachtung eines Paares M 3 bis M 6; • Nestbau; • intensiv warnende Altvögel.

Brutnachweis: insbesondere • fütternde Altvögel; • eben flügge Junge mit nicht ausgewachsenem Großgefieder.

Besondere Hinweise: Altvögel machen bei Spätwintereinbrüchen (bis E 4/A 5) noch während der Revier-Besetzungsphase Vertikalflüge in Tallagen und sind dort in geeigneten Habitaten auch mehrere Tage hintereinander singend zu beobachten, allerdings meist in der Gruppe und ohne Singflug. Charakteristische nasale Bettelrufe der frisch ausgeflogenen Jungvögel eignen sich gut zum Brutnachweis. Nach der Brutzeit oft in höheren Lagen nahe der Baumgrenze, dort auch mit flüggen Jungvögeln anzutreffen. Bruten außerhalb von Baden-Württemberg und Bayern sollen der Deutschen Seltenheitenkommission mit Dokumentation gemeldet werden.

Literatur: Förschler (2000, 2002)

Wertungsgrenzen und Erfassungszeitraum

Februar			März			April			Mai			Juni			Juli			August		
A	M	E	A	M	E	A	M	E	A	M	E	A	M	E	A	M	E	A	M	E
				1.		2.		3.			4.									

16490 Grünfink
Carduelis chloris

RLD	---
EUV	---
SPEC	---

Lebensraum

Halboffene Landschaften mit Baumgruppen, Gebüsch oder aufgelockerten Baumbeständen und gehölzfreien Flächen; z.B. Feldgehölze, Waldränder und –lichtungen, lichte Mischwälder sowie Auwälder, seltener lückige Fichtenbestände; meidet das Innere geschlossener Wälder; in Deutschland Hauptvorkommen innerhalb menschlicher Siedlungen; dort in Gärten, Friedhöfen, Parks, Grünanlagen, Gartenstädten, selbst in Innenstädten; weiterhin in der reich strukturierten Agrarlandschaft mit Baumgruppen, Alleen, Feldgehölzen, Buschgelände sowie in Ufergehölzen von Teichen, Streuobstwiesen mit altem Baumbestand.

Brutbiologie

Freibrüter, Nester zu Beginn der Brutzeit vor allem in Koniferen und immergrünen Gewächsen (z.B. Ziersträucher, Efeu) später mehr sommergrüne Nestträger, vielfältige Standorte im Siedlungsbereich (z.B. an bewachsenen Häuserwänden), mitunter sehr geringe Nestabstände, ♀ baut allein; saisonale Monogamie; 2 Jahresbruten, Drittbruten nachgewiesen, Nachgelege; Gelege: (3)4-5(6) Eier, Brutdauer: 11-14 Tage, nur ♀ brütet, wird vom ♂ gefüttert; Nestlingsdauer: 14-17 Tage, ♂ und ♀ füttern ausschließlich aus dem Kropf; Kot älterer Nestlinge verbleibt auf Nestrand; nach dem Ausfliegen bleibt Familie 2-3 Wochen zusammen.

Phänologie

Jahresperiodik: Standvogel, Teilzieher; Revierbesetzung ab A/M 2, meist ab A 3 bis E 3, Heimzug E 2 bis A 5, Hauptdurchzug M 3 bis E 4; maximale Gesangsaktivität A 4, im Mai fällt die Gesangsaktivität stark ab; Legebeginn frühestens ab M 3, Hauptlegezeit von M 4 bis A 5; Zweit- bzw. Drittbruten und Ersatzbruten bis A 8; Schlupfzeit ab A 5; letzte Junge fliegen E 8/A 9 aus.

Tagesperiodik: tagaktiv.

Erfassung

Kartierung singender bzw. balzfliegender ♂, Kartierung von Einzelindividuen bzw. Paaren; Erfassung von Altvögeln beim Nestbau, Bettelrufe von Nestjungen.

Termine: 1. A 4 (Gesang, Balzflug); 2. M 4 (Gesang, Balzflug); 3. A 5 bis M 5 (Gesang, Balzflug, Brutnachweis).

Günstige Tageszeit: von SA bis 3 Std. nach SA, im März und April tagsüber.

Auswertung

Wertungsgrenzen: M 3 bis E 5.

Brutverdacht: • zweimalige Feststellung eines singenden bzw. balzfliegenden ♂ im Abstand von mindestens 7 Tagen, davon eine A 4 bis M 5; • zweimalige Feststellung eines Paares im Abstand von mindestens 7 Tagen, davon eine A 4 bis M 5; • einmalige Feststellung eines singenden bzw. balzfliegenden ♂ und eine Beobachtung eines Altvogels/Paares im Abstand von mindestens 7 Tagen, davon eine A 4 bis M 5; • Nestbau.

Brutnachweis: insbesondere • fütternde Altvögel; • Jungvögel im Nest (Bettelrufe).

Besondere Hinweise: Bei den Singflügen kann es zu Revierüberlagerungen kommen. Singflüge können auch bis in Nahrungsbiotope führen. Kontrollzeitraum sollte wegen der langen Brutperiode mit vielen Umsiedlungen besonders in dicht besiedelten Lebensräumen kurz gehalten werden, weil sich die vielen Nachweise aus einem längeren Zeitraum kaum sinnvoll zuordnen lassen.

Literatur: Gnielka (1990)

Wertungsgrenzen und Erfassungszeitraum

Februar			März			April			Mai			Juni			Juli			August		
A	M	E	A	M	E	A	M	E	A	M	E	A	M	E	A	M	E	A	M	E
						1.	2.		3.											

16530 Stieglitz
Carduelis carduelis

RLD	---
EUV	---
SPEC	---

Lebensraum

Halboffene strukturreiche Landschaften mit abwechslungsreichen bzw. mosaikartigen Strukturen, lockere Baumbestände oder Baum- und Gebüschgruppen bis zu lichten Wäldern, meidet aber das Innere geschlossener Wälder; Feld- und Ufergehölze, Alleen, Baumbestände von Einzelgehöften, Obstbaumgärten; besonders häufig im Bereich der Siedlungen an den Ortsrändern, auch in Kleingärten und Parks; wichtige Habitatstrukturen sind Hochstaudenfluren, Brachen und Ruderalstandorte.

Brutbiologie

Freibrüter, Nester i.d.R. auf äußersten Zweigen von Laubbäumen, auch in hohen Büschen, stets gut gedeckt, Bildung von Nestgruppen; ♀ baut allein; saisonale Monogamie; 2-(3) Jahresbruten, Nachgelege; Gelege: (3)4-5(6) Eier, Brutdauer: 11-13 Tage, nur ♀ brütet, wird vom ♂ gefüttert; Nestlingsdauer: 13-18 Tage, ♂ und ♀ füttern ausschließlich aus dem Kropf; Kot älterer Nestlinge verbleibt auf Nestrand; nach dem Ausfliegen sitzen Junge wenige Tage lang in der Nestumgebung und betteln laut, Familie bleibt bis zu 3 Wochen zusammen.

Phänologie

Jahresperiodik: Teil- und Kurzstreckenzieher; Revierbesetzung ab M 3, oft erst ab M 4 bis A 5, Heimzug A 3 bis M 5, Hauptdurchzug E 3 bis A 5; Nestbau bei Beginn des Laubaustriebes; Legebeginn ab E 4 bis A 8, Hauptlegezeit A/M 5; Jungvögel ab M/E 5, letzte Junge fliegen E 8/A 9 aus.

Tagesperiodik: tagaktiv.

Erfassung

Kartierung der singenden ♂ sowie von einzelnen Individuen und Paaren, Nestbau, Bettelrufe der eben flüggen Jungen.

Termine: 1. M 4 bis E 4 (Gesang, Individuen, Paare); 2. A 5 bis M 5 (Gesang, Individuen, Paare); 3. E 5 (Gesang, Individuen, Paare, Brutnachweis); in Mittelgebirgslagen alle Termine 1 Dekade später

Günstige Tageszeit: kurz vor SA bis 3 Std. nach SA.

Auswertung

Wertungsgrenzen: A 4 bis A 6.

Brutverdacht: • zweimalige Feststellung eines singenden ♂ im Abstand von mindestens 7 Tagen, davon eine M 4 bis E 5; • einmalige Feststellung eines singenden ♂ und eine Beobachtung eines Altvogels/Paares im Abstand von mindestens 7 Tagen, davon eine M 4 bis E 5; • einmalige Feststellung eines Paares und eine Beobachtung eines Altvogels im Abstand von mindestens 7 Tagen, davon eine M 4 bis E 5; • Nestbau.

Brutnachweis: insbesondere • laut bettelnde eben flügge Junge.

Besondere Hinweise: Gesang vergleichsweise leise, insbesondere während des Nestbaus und der Legephasen zu hören. Paarweises Fliegen während des Nestbaus auffällig; ♂ singt und begleitet ♀ bzw. warnt bei Störung; während der Bebrütung des Geleges sehr unauffällig; lebhaftes Betteln der Jungvögel ist sehr auffällig. Mitglieder von Nestergruppen können zur Brutzeit gemeinsam zu Nahrungsgebieten fliegen, was die Erfassung bzw. Zuordnung der Individuen/Paare erschwert. Die Nahrungshabitate können über 200 m vom Neststandort entfernt liegen. ♂ singen auch in Nahrungshabitaten. Deshalb nur Individuen zum Brutbestand rechnen, die sich in potenziellen Bruthabitaten aufhalten. Abflugrichtung von Schwärmen mit offensichtlich verpaarten Vögeln zur Lokalisierung der Brutplätze beobachten.

Literatur: GNIELKA (1990)

Wertungsgrenzen und Erfassungszeitraum

Februar			März			April			Mai			Juni			Juli			August		
A	M	E	A	M	E	A	M	E	A	M	E	A	M	E	A	M	E	A	M	E
							1.		2.		3.									

16540 Erlenzeisig
Carduelis spinus

RLD	---
EUV	---
SPEC	---

Lebensraum

Nadel- und Mischwälder; bevorzugt hohe Fichtenbestände, daneben in Tannen- und seltener in Kiefernbeständen, vor allem in Gebirgen aber auch im Flachland; Nistplätze in lichten Waldungen, an Lichtungen, Kahlschlägen, Bestandsrändern, häufig in der Nähe von Waldtümpeln; in Einzelfällen im Flachland auch koniferenreiche Gärten, Parks und Friedhöfe.

Brutbiologie

Freibrüter, Nester meist hoch in Außenzweigen von Nadelgehölzen; ♀ baut allein; monogame Saisonehe; 1-2 Jahresbrut(en), Nachgelege; Gelege: (3)4-5(6) Eier, Brutdauer: 11-14 Tage, nur ♀ brütet, wird vom ♂ gefüttert; Nestlingsdauer: 13-16(17) Tage; ♂ und ♀ füttern ausschließlich aus dem Kropf; nach dem Ausfliegen werden Junge wohl noch mehrere Wochen gefüttert.

Phänologie

Jahresperiodik: Teilzieher, Kurz- bis Mittelstreckenzieher; nordische Wintergäste (Einzug ab A 9 bis A 11) überlagern das Brutgeschehen, Heimzug auf Helgoland ab A 4, Median E 5 bis E 6; Nestbau kann M 2 einsetzen mit Unterbrechung bei Schlechtwetterperioden, überwiegend ab E 3; Legebeginn ab E 3, Hauptlegezeit wohl April bis E 5; Schlupf ab M 4; im Juli halten sich Altvögel und flügge Jungvögel bereits außerhalb der Brutgebiete auf.

Tagesperiodik: tagaktiv.

Erfassung

Überwiegend Kartierung der ♂ mit Singflug, daneben Erfassung Nest bauender oder fütternder Altvögel und Bettelrufe von Nestjungen.

Termine: 1. M 3 bis E 3 (Singflug, Nestbau); 2. A 4 bis M 4 (Singflug, Nestbau, Brutnachweis); 3. E 4 bis M 5 (Singflug, Gesang, Fütterungen).

Günstige Tageszeit: ab SA bis späten Vormittag.

Auswertung

Wertungsgrenzen: E 2 bis E 6.

Brutverdacht: • zweimalige Feststellung eines ♂ mit Singflug im Abstand von mindestens 7 Tagen, davon eine A 4 bis M 5; • einmalige Feststellung eines ♂ mit Singflug und eine Beobachtung eines Altvogels im Abstand von mindestens 7 Tagen, davon eine Feststellung A 4 bis M 5; • Altvogel trägt Nistmaterial.

Brutnachweis: insbesondere • fütternde Altvögel; • eben flügge Junge (mit nicht ausgewachsenem Großgefieder).

Besondere Hinweise: Zur Brutzeit sehr unauffällig; Gesang ohne Singflug kann nur bedingt als Revier anzeigendes Merkmal gelten (machen auch Durchzügler regelmäßig, dann jedoch oft Trupp in der Nähe); schmetterlingsartig vorgetragener Singflug (Februar bis Mai) weist aber auf Brutvorkommen hin. Dass die Art wegen ihrer Spezialisierung auf Samen der Fichte während der Brutzeit an das Vorkommen und Fruchten dieser Baumart gebunden sei, trifft für Vorkommen im Norden nicht so zu. Von Jahr zu Jahr können erhebliche Bestandsfluktuationen auftreten. Da zum Brutgeschehen in vielen Regionen nur wenige Daten vorliegen (vor allem im Norden), sollte bei Brutverdacht (Kriterium ♂ mit Singflug) durch intensives Beobachten zumindest Nestbauverhalten oder Verpaarung festgestellt werden, möglichst sollte auch ein Brutnachweis dokumentiert werden.

Literatur: George (2000); Thies (1999)

Wertungsgrenzen und Erfassungszeitraum

Februar			März			April			Mai			Juni			Juli			August		
A	M	E	A	M	E	A	M	E	A	M	E	A	M	E	A	M	E	A	M	E
				1.		2.		3.												

16600 Bluthänfling
Carduelis cannabina

RLD	V
EUV	---
SPEC	2

Lebensraum

Offene bis halboffene Landschaften mit Gebüschen, Hecken oder Einzelbäumen; Agrarlandschaften mit Hecken (Ackerbau und Grünland), Heiden, verbuschte Halbtrockenrasen; Zwergstrauchgürtel oberhalb der Waldgrenze (Alpen); auch Brachen, Kahlschläge, Baumschulen, dringt in Dörfer und Stadtrandbereiche vor (Gartenstadt, Parkanlagen, Industriegebiete und -brachen); von Bedeutung sind Hochstaudenfluren und andere Saumstrukturen (Nahrungshabitate) sowie strukturreiche Gebüsche oder junge Nadelbäume (Nisthabitate).

Brutbiologie

Freibrüter; Nest in dichten Hecken und Büschen aus Laub- und Nadelgehölzen (vor allem junge Nadelbäume, aber auch Dornsträucher und an Kletterpflanzen), selten Bodennester in Gras- bzw. Krautbeständen sowie Schilfröhrichten; Einzelbrüter, häufig auch in lockeren Kolonien; saisonale Monogamie; meist 2 Jahresbruten, Nachgelege möglich; Gelege: (3)4-6 Eier; Brutdauer: 12-13 Tage; Nestlingsdauer: 12-17 Tage; Nestbau und Bebrütung des Geleges durch das ♀, ♂ und ♀ füttern.

Phänologie

Jahresperiodik: Kurzstrecken- bzw. Teilzieher; Ankunft im Brutgebiet ab E 2, meist M 3 bis E 4; Heimzug bis M 5, Hauptdurchzug M 3 bis E 4; Paarbildung nach Ankunft im Brutgebiet, aber vor der Besetzung der Nestterritorien; Balz ab A 4; Eiablage ab A 4, meist ab A 5 bis A 8, Hauptlegezeit M/E 5; Jungvögel ab E 4, Jungvögel von Zweitbruten bis A 9; Abzug von den Brutplätzen ab E 6.

Tagesperiodik: tagaktiv.

Erfassung

Zählung singender ♂ (Gesang des ♂ erst nach Eiablage ortsgebunden!), Zählung Nest bauender Altvögel; zur Fütterung anfliegender bzw. fütternder Altvögel, bettelnder Jungvögel; bei kolonieartigem Vorkommen: Zählung von Individuen bzw. Paaren (Unterscheidung der Geschlechter).

Termine: 1. E 4 (Gesang, Nestbau); 2. A 5 (Gesang, Nestbau); 3. M 5 (Gesang); 4. E 5 bis A 6 (Gesang, Brutnachweis).

Günstige Tageszeit: von SA bis späten Morgen.

Auswertung

Wertungsgrenzen: M 4 bis E 6.

Brutverdacht: • einmalige Feststellung Nest bauender Altvögel; • zweimalige Feststellung eines singenden ♂ im Abstand von mindestens 7 Tagen, davon eine E 4 bis A 6; • zweimalige Beobachtung eines Paares im Abstand von mindestens 7 Tagen, davon eine E 4 bis A 6; • einmalige Feststellung eines Paares und einmalige Feststellung eines Revier anzeigenden ♂ im Abstand von mindestens 7 Tagen, davon eine Feststellung E 4 bis A 6; • intensives Warnen der Altvögel.

Brutnachweis: insbesondere • Bettelrufe von Jungvögeln; • fütternde Altvögel.

Bei kolonieartigem Vorkommen können Bestandsgrößen nicht mit Hilfe der Revierkartierung ermittelt werden! Brutbestand = maximale Anzahl festgestellter Paare und singender ♂ am potenziellen Brutplatz.

Besondere Hinweise: Nahrungshabitate können von Vögeln genutzt werden, deren Brutplätze in größerer Entfernung liegen (bis > 1000 m vom Neststandort). Koloniebrüter fliegen die Nahrungshabitate häufig im Trupp an! Abflugsrichtung von Schwärmen zur Lokalisierung der Brutplätze beobachten. Der Gesang der ♂ ist vor der Eiablage nicht an ein Territorium, sondern an das ♀ gebunden. Reviere nur dort abgrenzen, wo für die Brut geeignete Gehölze vorhanden sind. ♂ können auch in Nahrungshabitaten bzw. während des Heimzuges singen! Während der Bebrütung des Geleges sehr heimlich. Wenn das ♀ brütet oder hudert, ist das ♂ meist auf Futtersuche oder während der Jungenaufzucht sind beide Altvögel auf Futtersuche und am Brutort nur aufwändig erfassbar. Die Fütterung der Jungen erfolgt etwa halbstündig. Bei kolonieartigen Vorkommen nach Möglichkeit eine mindestens 30-minütige Erfassungszeit einhalten.

Literatur: Gilbert et al. (1998); Miera (1999)

Wertungsgrenzen und Erfassungszeitraum

Februar			März			April			Mai			Juni			Juli			August		
A	M	E	A	M	E	A	M	E	A	M	E	A	M	E	A	M	E	A	M	E
								1.	2.	3.	4.									

16630 Alpenbirkenzeisig
Carduelis cabaret

RLD	---
EUV	---
SPEC	---

Lebensraum

Montane Nadelwälder; insbesondere niedrigwüchsige Bestände entlang der Baumgrenze, lichte Nadelholzbestände im Übergang zu Lichtungen, Hochmooren, Weiden und Wiesen und durch Immissionen geschädigte, absterbende Nadelwälder; im Tiefland in halboffenen Agrarlandschaften mit lockeren Gehölzbeständen (z.B. Obstanbau), Hochmoorränder mit lichten Kiefern-, Birken- und Erlenbrüchen sowie Heiden mit lockerem Kiefernbewuchs; an der Nordseeküste auf Inseln hauptsächlich gehölzreiche Dünentäler und zunehmend gehölzbetonte städtische Lebensräume mit Laubbaum- und/oder Koniferenbeständen (Parks, Friedhöfe und andere Grünanlagen, Gartenstädte, Wohnblockzonen, Gewerbegebiete); in den meisten Bundesländern Vorkommensschwerpunkt innerhalb menschlicher Siedlungen.

Brutbiologie

Freibrüter; Nest meist in Nadelbäumen, im Siedlungsbereich in Laubbäumen, aber auch in Koniferen und Ziersträuchern, Nesthöhe < 1-20 m, Nestbau durch ♀; Einzelbrüter und lockere Kolonien; saisonale Monogamie; 1(2) Jahresbrut(en); Gelege: (3)4-6(7) Eier, Brutdauer: 11-13 Tage, ♀ brütet, wird währenddessen vom ♂ gefüttert; Nestlingsdauer: 9-13, meist 11 Tage; ♂ und ♀ füttern.

Phänologie

Jahresperiodik: Strich- und Invasionsvogel, auch Standvogel (in Abhängigkeit vom Nahrungsangebot); Paarbildung wahrscheinlich innerhalb von Trupps vor der Brutzeit; Besetzung der Reviere v.a. A 4 bis E 4; Heimzug M 2 bis M 5, Hauptdurchzug bis E 4; Gesang ab M 1, i.d.R. ab April bis A 8; Eiablage ab M 4 bis A 7, meist A 5 bis E 5; Jungvögel ab A 5, ausgeflogene Jungvögel ab M 5, Jungvögel werden nach Verlassen des Nestes 2-3 Wochen geführt; Abzug von den Brutplätzen im September, in Abhängigkeit vom Nahrungsangebot schon im Juni, dabei vermutlich regelmäßig Umsiedlungen.

Tagesperiodik: tagaktiv; höchste Gesangsaktivität der ♂ in den frühen Morgenstunden, Abnahme gegen späten Vormittag.

Erfassung

Zählung singender ♂ (Singflüge über dem Neststandort), von Verfolgungsflügen der ♂ und ♀, Zählung Nest bauender ♀, von Familienverbänden mit flüggen Jungvögeln; bei kolonieartigem Vorkommen: Zählung von Individuen bzw. Paaren (nach Möglichkeit Unterscheidung der Geschlechter).

Termine: 1. E 4 (Gesang, Nestbau); 2. A 5 (Gesang); 3. E 5 (Gesang, Familienverbände); 4. A 6 (Gesang, Familienverbände).

Günstige Tageszeit: frühe Morgenstunden ab SA.

Auswertung

Wertungsgrenzen: M 4 bis E 6 [im Hochgebirge bis E 7].

Brutverdacht: • einmalige Feststellung eines Nest bauenden ♀; • zweimalig singendes ♂ im Abstand von mindestens 7 Tagen, davon einmal E 4 bis A 6; • einmalige Feststellung eines Paares und einmalige Feststellung eines Revier anzeigenden ♂ im Abstand von mindestens 7 Tagen, davon eine Feststellung E 4 bis A 6; • einmalige Feststellung eines Paares oder einmalige Feststellung eines Revier anzeigenden ♂ und Beobachtung eines Familienverbandes mit flüggen Jungvögeln im Abstand von mindestens 7 Tagen.

Brutnachweis: insbesondere • fütternde Altvögel; • Ruf der ♀ vor der Fütterung.

Bei kolonieartigem Vorkommen die Ermittlung der Bestandsgrößen anhand der Revierkartierung meist nicht möglich! Brutbestand = maximale Anzahl festgestellter Paare und singender ♂ am potenziellen Brutplatz.

Besondere Hinweise: Die ♂ zeigen auffälliges Balzverhalten; z.T. 10-30-minütige Gemeinschaftsbalz von 2-5 ♂, die gemeinsam in Kolonienähe balzfliegen und dann z.B. in derselben Baumkrone landen. Zur Zeit der Bebrütung des Geleges sehr unauffällig! Weit hörbarer Ruf des ♀ vor der Fütterung („*ze ze ze*") eignet sich gut für die Erbringung von Brutnachweisen. Nahrungshabitate können weit entfernt vom Brutplatz liegen. Insbesondere in urbanen Lebensräumen mit geringen Siedlungsdichten scheinen die ♂ große Reviere zu besetzen. Achtung Bestandsüberschätzung durch Doppelzählung, nach Möglichkeit Dokumentation von Flugrichtung und -entfernung.

Wertungsgrenzen und Erfassungszeitraum

Februar			März			April			Mai			Juni			Juli			August		
A	M	E	A	M	E	A	M	E	A	M	E	A	M	E	A	M	E	A	M	E
								1.	2.		3.	4.			G.		G.			

16650 Bindenkreuzschnabel
Loxia bifasciata

RLD	---
EUV	---
SPEC	---

Lebensraum

Misch- und Nadelwälder; bevorzugt fruchtende Lärchen- und Fichtenbestände, seltener in Kiefernbeständen; Brutgebiet vom nordöstlichen Skandinavien durch die mittlere und südliche Taiga Russlands bis zum Pazifik; einzige Brut in Mitteleuropa (Berlin, 1991) auf städtischem Friedhof.

Brutbiologie

Freibrüter; Nest in Nadelbäumen (vor allem Lärchen und Fichten, auch Kiefern) von überhängenden Ästen gut gedeckt; ♀ baut allein; Geschlechtsreife wohl bereits nach ca. ½ Jahr; monogame Saisonehe; 0-2 Jahresbruten, abhängig von unregelmäßigem Nahrungsangebot, in günstigen Jahren 2 Jahresbruten (ggf. verschachtelt), Gelege: 3-5 Eier, Brutdauer: 14-16 Tage, Nestlingsdauer: 22-24 Tage; ♀ brütet allein, wird vom ♂ gefüttert; ♂ und ♀ füttern aus dem Kropf; nach dem Ausfliegen werden Junge noch einige Wochen betreut.

Phänologie

Jahresperiodik: Teilzieher, gelegentlich Evasionen; Brutzeit: Januar bis Juni (v.a. Februar bis Mai), Bruten außerhalb des regulären Verbreitungsgebietes erscheinen allerdings auch in anderen Jahreszeiten möglich.

Tagesperiodik: tagaktiv.

Erfassung

Überwiegend Kartierung der singenden und Revier anzeigenden ♂ und aller weiteren Beobachtungen; nach Erstnachweis eines singenden ♂ im Spätwinter oder Frühjahr sollten sich wenigstens 2 Kontrollen in zweiwöchigem Abstand anschließen, um ein möglicherweise besetztes Revier zu bestätigen (Brut in Berlin 1991 im Mai).

Termine: 1. Kontrolle (Revierbesetzung); 2. Kontrolle (Revierbestätigung, Brutnachweis); 3. Kontrolle (Revierbestätigung, Brutnachweis).

Günstige Tageszeit: tagsüber.

Auswertung

Wertungsgrenzen: ganzjährig.

Brutverdacht: • zweimalige Feststellung eines singenden ♂ (nicht im Trupp) im Abstand von mindestens 7 Tagen (Revierverdacht) und Beobachtung eines ♀; • einmalige Feststellung eines singenden ♂ und zusätzlich eine Beobachtung im Abstand von mindestens 7 Tagen, dabei Beobachtung eines ♀ im vermuteten Revier; • zweimalige Feststellung von Paarbindung im Abstand von mindestens 7 Tagen; • Altvogel trägt Nistmaterial.

Brutnachweis: insbesondere • fütternde Altvögel.

Besondere Hinweise: Bruten sind am ehesten von „hängen gebliebenen" Paaren in Folge stärkerer Einflüge zu erwarten. Aufgrund der Seltenheit des Auftretens in Deutschland kann ein Brutverdacht nicht nur über das Kriterium Gesang abgeleitet werden, sondern nur über zusätzliche Beobachtung eines ♀, von Verpaarung oder Nestbauverhalten. Möglichst sollte auch ein Brutnachweis erbracht werden. Alle Beobachtungen sollten der Deutschen Seltenheitenkommission mit Dokumentation gemeldet werden.

Literatur: Fischer et al. (1992); Münch (2003)

Wertungsgrenzen und Erfassungszeitraum

Keine Angaben möglich

16660 Fichtenkreuzschnabel
Loxia curvirostra

RLD	---
EUV	---
SPEC	---

Lebensraum

Als Nahrungsspezialist ganzjährig in Nadelwäldern; bevorzugt Fichten (vor allem im Bergwald), im Flachland auch in Kiefernwäldern; besiedelt stets die Wälder mit gerade fruchtenden Beständen; in geschlossenen Nadelwäldern und -forsten stehen Nistbäume häufig an Wegen, Forststraßen, Schneisen, Lichtungen, Schonungen und Kahlschlägen, seltener am äußeren Waldrand.

Brutbiologie

Freibrüter, Nester meist hoch in der Spitze oder den Außenzweigen von Nadelbäumen; ♀ baut allein; monogame Saisonehe; 0-2 Jahresbruten, abhängig vom unregelmäßigen Nahrungsangebot; Nachgelege; Gelege: (2)3-4(5) Eier, Brutdauer: 13-15 Tage, ♀ brütet allein, wird vom ♂ gefüttert; Nestlingsdauer: 14-16 Tage; ♂ und ♀ füttern aus dem Kropf; nach dem Ausfliegen werden Junge noch einige Wochen betreut.

Phänologie

Jahresperiodik: Teilzieher; ganzjährige Brutperiode mit Schwerpunkt in Winter- und Frühjahrsmonaten; Hauptlegeperiode Dezember bis April; Schlupfzeit wie Legebeginn über das Jahr verteilt; regionale Unterschiede erklären sich durch jahreszeitlich voneinander abweichende Samenreife der jeweils fruchtenden Nadelbäume.

Tagesperiodik: tagaktiv.

Erfassung

Überwiegend Kartierung der singenden und Revier anzeigenden ♂; daneben Erfassung aller weiteren Beobachtungen; nach einem Erstnachweis eines singenden ♂ sollten sich wenigstens 2 Kontrollen in zweiwöchigem Abstand anschließen, um ein möglicherweise besetztes Revier zu bestätigen.

Termine: 1. Januar (Gesang, Nestbau, Fütterungen); 2. Februar (Gesang, Nestbau, Fütterungen); 3. März (Gesang, Nestbau, Fütterungen); 4. April (Gesang, (Warn-)rufe, Fütterungen).

Günstige Tageszeit: ab SA bis mittags.

Auswertung

Wertungsgrenzen: ganzjährig.

Brutverdacht: • zweimalige Feststellung eines singenden ♂ im Abstand von mindestens 7 Tagen; • einmalige Feststellung eines singenden ♂ und eine Beobachtung eines Altvogels im Abstand von mindestens 7 Tagen; • Paarbindung; • Altvogel trägt Nistmaterial.

Brutnachweis: insbesondere • fütternde Altvögel.

Besondere Hinweise: Da zum Brutgeschehen in vielen Regionen nur wenige Daten vorliegen, sollte bei Brutverdacht durch intensives Beobachten zumindest Nestbauverhalten, möglichst ein Brutnachweis dokumentiert werden. Da Bruten ganzjährig stattfinden können, sind in jedem Falle alle Befunde aus einer Brutsaison anzugeben. Bei gutem Samenertrag der zum Nahrungserwerb bevorzugt aufgesuchten drei Nadelbaumarten (Fichte, Kiefer, Lärche) kann eine Brutansiedlung in sonst unbesiedelten Gebieten erfolgen. Von einem Jahr zum anderen können erhebliche Bestandsfluktuationen auftreten. Gesang wird gern von Baumspitzen aus vorgetragen. Man achte auf die typischen gereihten Bettelrufe der Jungen, die den Rufen der Altvögel ähneln, doch charakteristisch nasal klingen. Je nach Alter von ausgeflogenen Jungen ist der Brutort ggf. nicht mehr einzugrenzen. Keine Befunde von Vögeln im Trupp werten.

Literatur: MÜNCH (2003)

Wertungsgrenzen und Erfassungszeitraum

Februar			März			April			Mai			Juni			Juli			August		
A	M	E	A	M	E	A	M	E	A	M	E	A	M	E	A	M	E	A	M	E
2.			3.			4.														

16680 Kiefernkreuzschnabel
Loxia pytyopsittacus

RLD	---
EUV	---
SPEC	---

Lebensraum

Kieferdominierte Nadelwälder, seltener in Fichtenbeständen; bevorzugt fruchtende Bestände; regelmäßiges Brutgebiet in Skandinavien, nordwestlichem Russland und Estland; in Mitteleuropa seltener und unregelmäßiger Brutvogel in verschiedenen Regionen (im 19. Jh. häufiger); vereinzelte unregelmäßige Bruten, zuletzt in Schleswig-Holstein und Thüringen.

Brutbiologie

Freibrüter; Nest im Kronenbereich von Kiefern (seltener auch Fichten), gut gedeckt, meist im Außenbereich von Seitenästen; Nestbau durch ♀; monogame Saisonehe; 0-2 Jahresbruten, abhängig vom unregelmäßigen Nahrungsangebot, in günstigen Jahren 2 Jahresbruten (ggf. verschachtelt); Gelege: (2)3-5 Eier, Brutdauer: 14-16 Tage, Nestlingsdauer: 21-25 Tage, ♀ brütet allein, ♀ und ♂ füttern, nach dem Ausfliegen werden Junge noch einige Wochen betreut, Familienverbände können gemeinsam abwandern und dann außerhalb der Brutgebiete erscheinen.

Phänologie

<u>*Jahresperiodik*</u>: Teilzieher (Kurzstreckenzieher), gelegentlich Evasionen; Brutzeit: Januar bis Mai, gelegentlich bis Oktober; Bruten außerhalb des regulären Verbreitungsgebietes erscheinen allerdings auch in anderen Jahreszeiten möglich.

<u>*Tagesperiodik*</u>: tagaktiv.

Erfassung

Überwiegend Kartierung der singenden und Revier anzeigenden ♂ und aller weiteren Beobachtungen; nach Erstnachweis eines singenden ♂ im Spätwinter oder Frühjahr sollten sich wenigstens 2 Kontrollen in zweiwöchigem Abstand anschließen, um ein möglicherweise besetztes Revier zu bestätigen.

Termine: 1. Kontrolle (Revierbesetzung); 2. Kontrolle (Revierbestätigung, Brutnachweis); 3. Kontrolle (Revierbestätigung, Brutnachweis).

Günstige Tageszeit: tagsüber.

Auswertung

Wertungsgrenzen: ganzjährig.

Brutverdacht: • zweimalige Feststellung eines singenden ♂ (nicht im Trupp) im Abstand von mindestens 7 Tagen (Revierverdacht) und Beobachtung eines ♀; • einmalige Feststellung eines singenden ♂ und zusätzlich eine Beobachtung im Abstand von mindestens 7 Tagen, dabei Beobachtung eines ♀ im vermuteten Revier; • zweimalige Feststellung von Paarbindung im Abstand von mindestens 7 Tagen; • Altvogel trägt Nistmaterial.

Brutnachweis: insbesondere • fütternde Altvögel.

Besondere Hinweise: In Mitteleuropa sind Bruten am ehesten von „hängen gebliebenen" Paaren in Folge stärkerer Einflüge zu erwarten. Aufgrund der Seltenheit des Auftretens in Deutschland kann ein Brutverdacht nicht nur über das Kriterium Gesang abgeleitet werden, sondern nur über zusätzliche Beobachtung eines ♀, von Verpaarung oder Nestbauverhalten. Möglichst sollte auch ein Brutnachweis dokumentiert werden. Alle Beobachtungen sollten der Deutschen Seltenheitenkommission mit Dokumentation gemeldet werden.

Literatur: MÜNCH (2003)

Wertungsgrenzen und Erfassungszeitraum

Keine Angaben möglich

16790 Karmingimpel
Carpodacus erythrinus

RLD	R
EUV	---
SPEC	---

Lebensraum

Halboffene Landschaften oder lichte Baumbestände mit reichhaltiger Strauch- und üppiger Krautschicht; lichte Au- und Bruchwälder, Flusstäler und Verlandungszonen von Seen mit hohem Anteil an Büschen (Brombeer, Rosen, Holunder, Grauweide), Hochstauden und Röhricht (Schilf); Baum- und Buschgruppen in Mooren, Laub- und Mischwaldränder, Zwergstrauchheiden mit Wacholderbüschen, Heckenlandschaften in Feuchtgebieten (Küstenschutzhecken), Gebüschbrachen, unkultivierte Bodenentnahmestellen in fortgeschrittener Sukzession, verwilderte Gärten/Parks; an der Küste feuchte Dünengebüsche.

Brutbiologie

Freibrüter; Nest meist im dichten Buschwerk oder Schilf (0,5-2 m Höhe) versteckt; Nistplatzwahl durch ♀; überwiegend monogame Saisonehe, doch Bigynie nachgewiesen; i.d.R. 1 Jahresbrut, Nachgelege möglich, Zweitbrut wohl Ausnahme und nur bei früher Ankunft möglich; Gelege: (3)4-6(7) Eier, Brutdauer: 11-13(15) Tage, Nestlingsdauer: (9)10-13(14) Tage; Brut nur ♀, Aufzucht ♂ und ♀.

Phänologie

Jahresperiodik: Langstreckenzieher; Heimzug M 5 bis E 6, Hauptdurchzug E 5 bis A 6; Revierbesetzung ab M 5; Legebeginn (E 5)A 6 bis M 6(E 6); Nachgelege M 6 bis A 7; Abzug ab A 7 (v.a. unverpaarte und vorjährige ♂), sonst M 7 bis A 8; (Ausnahmebeobachtung aus 3, 4 und 11 aus Baden-Württemberg, wo die Art bislang nicht als Brutvogel nachgewiesen wurde).

Tagesperiodik: tagaktiv.

Erfassung

Akustische und optische Feststellung von ♂ (vorwiegend durch Gesang) und ♀, daneben Erfassung Nest bauender, fütternder oder warnender Altvögel. Klangattrappe (Nachpfeifen) sinnvoll, ggf. reicht es kurz zu überprüfen, ob die Art anwesend ist, bei Reaktion sofort beenden.

Termine: 1. E 5 (Gesang, Nestbau); 2. A 6 (Gesang, Nestbau); 3. M 6 bis E 6 (Gesang, Brutnachweis); ggf. 4. A 7 (für Bestätigung von Spätansiedlungen).

Günstige Tageszeit: ab SA bis späten Vormittag, nachmittags ab 4 Std. vor SU bis SU.

Auswertung

Wertungsgrenzen: M 5 bis E 7.

Brutverdacht: • zweimalige Feststellung eines singenden ♂ im Abstand von mindestens 7 Tagen, davon eine A 6 bis A 7; • einmalige Gesangsfeststellung und mindestens eine weitere Feststellung eines Altvogels im Abstand von mindestens 7 Tagen, davon eine A 6 bis A 7; • einmalige Feststellung eines Paares; • Feststellung von Nestbau (♀).

Brutnachweis: insbesondere • warnende Altvögel (wenn ♂ und ♀ erregt warnend umherfliegen); • fütternde Altvögel; • Junge führende Altvögel.

Besondere Hinweise: Neben Gesang alle Verhaltensweisen notieren und insbesondere auf Simultanbeobachtungen achten; ♂ nur in kurzer Zeit der Verpaarung (Nestbau bis Bebrütungsbeginn) und später bei Fütterung territorial, bewacht dann das ♀ dort, wo es sich aufhält; ♂ können auch mehrere km entfernt vom brütenden (legenden) ♀ singen und weiteres Revier vortäuschen; dieselbe Singwarte kann von verschiedenen ♂ genutzt werden; Bildung von Gesangsgruppen ist möglich; wegen hoher Mobilität Gebiete immer vollständig an einem Tag kartieren; in dicht besiedelten Gebieten sollte max. Anzahl singender ♂ A 6 als Revierzahl gewertet werden; Warnrufe (weiches grünfinkenartiges „*jääd*") liefern wichtige Hinweise auf nahe Brut. Fütternde Altvögel werden kaum bemerkt, da sie sich unauffällig dem Nest nähern; am Arealrand bleibt ein beträchtlicher Teil der festgestellten ♂ unverpaart, daher besonders auf Anwesenheit von ♀ achten; unausgefärbte einjährige ♂ können bereits singen, streifen dabei weit umher, bleiben jedoch meistens unverpaart; da einjährige ♂ in der Färbung den ♀ ähneln, führt dies gelegentlich zu Verwechslungen und falschen Annahmen von Paaren; zu Beginn der Brutsaison sind Partner meist dicht beisammen, während der Brutphase verhält sich das ♂ unauffällig und ist daher im Revier kaum zu bemerken.

Literatur: NOAH (2002); VAN DIJK & HUSTINGS (1996)

Wertungsgrenzen und Erfassungszeitraum

Februar			März			April			Mai			Juni			Juli			August		
A	M	E	A	M	E	A	M	E	A	M	E	A	M	E	A	M	E	A	M	E
											1.	2.	3.		4.					

17100 Gimpel
Pyrrhula pyrrhula

RLD	---
EUV	---
SPEC	---

Lebensraum

Nadel- und Mischwälder mit stufigem Aufbau der Baumbestände im Flachland und Gebirge, vor allem Fichtenaufforstungen; bevorzugt die Bestandsränder mit angrenzenden Kahlschlägen, Lichtungen, Pflanzgärten oder Heckenflächen; vereinzelt in reinen Laubwäldern mit viel Gebüsch, so auch in Moorbirkenwäldern; innerhalb der Städte meist in koniferen- und gebüschreichen Parks, Gärten, Villenvierteln und auf Friedhöfen.

Brutbiologie

Freibrüter, Nester meist in Außenzweigen von höheren Koniferen bzw. am Stamm in jungen dichten Koniferen, doch auch in Sträuchern; gelegentlich stehen Nester gruppenweise zusammen; ♀ baut allein; monogame Dauerehe; 2 Jahresbruten, Nachgelege; Gelege: (3)4-6(7) Eier, Brutdauer: 13-14 Tage, nur ♀ brütet, wird vom ♂ gefüttert; Nestlingsdauer: 16-18 Tage, ♂ und ♀ füttern aus Kropf und Kehltaschen; kurz nach dem Ausfliegen entfernen sich die Jungen bis zu 100 m vom Nistplatz, sie sind in 2-3 Wochen selbstständig.

Phänologie

Jahresperiodik: Teilzieher, dann Kurzstreckenzieher, Durchzug wird auf dem Festland von E 2 bis E 4 bemerkt, auf Helgoland Median A 4 doch bis A 6; hohe Brutortstreue, Besetzung der Brutreviere E 3 bis April; Legebeginn selten ab E 3/A 4, meist M 4 bis M 5, danach noch bis Juli und ausnahmsweise August; Schlupftermin vor allem M 5; letzte flügge Junge im August/September.

Tagesperiodik: tagaktiv.

Erfassung

Kartierung aller beobachteten Individuen, singender ♂, rufender Altvögel, Altvögel beim Balzfüttern, bei Halmbalz, Nestbau, gemeinsamer Nahrungs- bzw. Futtersuche (Abflugrichtung gibt Hinweis auf Neststandort).

Termine: 1. A 4 bis M 4 (Gesang, Altvögel); 2. E 4 bis A 5 (Gesang, Rufe, Altvögel, Nestbau); 3. E 5 bis A 6 (Gesang, Rufe, Altvögel, Fütterungen).

Günstige Tageszeit: ab SA bis mittags.

Auswertung

Wertungsgrenzen: E 3 bis E 6.

Brutverdacht: • zweimalige Feststellung eines Altvogels im Abstand von mindestens 7 Tagen, davon eine A 4 bis A 6; • einmalige Feststellung eines Paares ab A 4; • Altvogel trägt Nistmaterial oder Kotballen.

Brutnachweis: insbesondere • Futter transportierende Altvögel (Kehle macht geschwollenen Eindruck; wiederholte Flüge von Futterquelle in gleiche Richtung beachten); • Junge führende Altvögel.

Besondere Hinweise: Der Gimpel oder Dompaff gilt als schwer zu kartierende Art; zur Brutzeit sehr unauffällig, Territorialverhalten gering ausgeprägt, für Kartierung nahezu ohne Belang; großer Aktionsradius, Gesang noch in 400 m Entfernung vom Nest; bei Futterbeschaffung bis zu 600 m entfernt, was Brutplatz eines weiteren Paares vortäuschen kann. Keine Befunde von Altvögeln im Trupp werten.

Hiesige Brutvögel gehören zur Form *P. p. europoea*; zu achten ist bei der Brutvogelkartierung im Frühjahr zudem auf das Auftreten des sogenannten „Trompetergimpels" (auch Tröten-, Taiga- oder Komigimpel genannt), der zur nördlichen Nominatform des Gimpels (*P. p. pyrrhula*) gerechnet wird und dessen Brutheimat wahrscheinlich ein großes Gebiet um den nördlichen Ural ist. Diese Form fällt durch nasal-trötend klingende Rufe auf. Im Herbst 2004 erfolgte ein Einflug nach Mitteleuropa, der fast überall bemerkt wurde, auch noch Ende März 2005, also innerhalb der Wertungsgrenzen. Die mögliche Ansiedlung „hängen gebliebener" Durchzügler (vgl. Bindenkreuzschnabel) wäre entsprechend zu dokumentieren.

Literatur: Gnielka (1990); van Dijk (1996)

Wertungsgrenzen und Erfassungszeitraum

Februar			März			April			Mai			Juni			Juli			August		
A	M	E	A	M	E	A	M	E	A	M	E	A	M	E	A	M	E	A	M	E
						1.		2.			3.									

17170 Kernbeißer
Coccothraustes coccothraustes

RLD	---
EUV	---
SPEC	---

Lebensraum

Lichte Laub- und Mischwälder mit aufgelockertem Unterbewuchs, lokal Vorkommen in Nadelforsten mit Laubholzanteil; regelmäßig in Hart- und Weichholzauen, größeren Feldgehölzen oder Hecken mit Überhältern, gehölzreichen Parklandschaften, Aufforstungen, Streuobstwiesen, bevorzugt regional Pappelgehölze und Birkenbestände; sporadisch in Gärten, Parks und Friedhöfen mit altem Baumbestand.

Brutbiologie

Freibrüter, Nester in unterschiedlichen Höhen, oft jedoch hoch, meist in Laub- viel seltener in Nadelbäumen; lokal lockeres, kolonieartiges Brüten; monogame Saisonehe; 1 Jahresbrut, Nachgelege; Gelege: (2)3-6(7) Eier, Brutdauer: 11-13 Tage, nur ♀ brütet, wird vom ♂ gefüttert; Nestlingsdauer: 11-13 Tage, ♂ und ♀ füttern; Junge mit 16-19 Tagen voll flugfähig und bis maximal 2 Wochen in Nestnähe.

Phänologie

Jahresperiodik: überwiegend Teilzieher; Durchzug wird auf dem Festland im Süden von A 2 bis M 4 und im Nordosten von E 3 bis A 5 bemerkt, Median im Nord- und Ostseebereich A 5, auf Helgoland Durchzug bis E 6 anhaltend (wie stark ?); Balz und Paarbildung ab M 3 vor Revierbesetzung, aber Zug noch bis E 4; Legebeginn frühestens ab A/M 4, Legeperiode erstreckt sich regelmäßig bis M 6, ausnahmsweise bis M 7; Schlupf ab A 5; letzte Junge fliegen mitunter noch im August aus.

Tagesperiodik: tagaktiv.

Erfassung

Überwiegend Kartierung der singenden ♂ sowie aller Individuen aufgrund ihrer Stimmfühlungs- und Flugrufe oder Knackgeräusche beim Fressen in den Kronen Samen tragender Laubbäume, daneben Erfassung von Altvögeln beim Nestbau.

<u>*Termine*</u>: 1. E 3 bis A 4 (Gesang, Rufe, Altvögel); 2. M 4 bis E 4 (Gesang, Rufe, Altvögel, Nestbau); 3. A 5 bis M 5 (Gesang, Rufe, Brutnachweis).

<u>*Günstige Tageszeit*</u>: ab SA bis mittags.

Auswertung

Wertungsgrenzen: A 3 bis E 6.

<u>*Brutverdacht*</u>: • zweimalige Feststellung eines singenden/rufenden ♂ im Abstand von mindestens 7 Tagen, davon eine E 3 bis M 5; • einmalige Feststellung eines singenden/rufenden ♂ und eine Feststellung eines Altvogels im Abstand von mindestens 7 Tagen, davon eine E 3 bis M 5; • einmalige Feststellung eines Paares; • Nestbau.

<u>*Brutnachweis*</u>: insbesondere • brütendes ♀; • Junge führende Altvögel.

Besondere Hinweise: Die Erfassung wird durch die Lebensweise der Art erschwert (Aufenthalt im Kronenbereich der Bäume; wenig gesangsfreudig, leiser Gesang, keine verteidigten Territorien; umherstreifende Individuen während der gesamten Brutperiode, verstärktes und ggf. eng benachbartes Brüten in guten und Brutausfälle in schlechten Samenjahren spezieller Gehölze). Gesangsaktivität stark von Siedlungsdichte beeinflusst (höher bei großer Dichte). Isoliert brütende Paare rufen nur während der Balzperiode Ende März/April. Brutzeitliche Pendelflüge des ♂ zur Futterbeschaffung bis zu 2-3 km Entfernung vom Nest. Ab A 6 schon Familienverbände außerhalb der Brutgebiete. Auf die lauten und durchdringenden Futterbettelrufe des ♀ während der Bebrütungsphase achten. Keine Befunde von Altvögeln im Trupp werten.

Literatur: KRÜGER (1979); TOMIAŁOJC (1994)

Wertungsgrenzen und Erfassungszeitraum

Februar			März			April			Mai			Juni			Juli			August		
A	M	E	A	M	E	A	M	E	A	M	E	A	M	E	A	M	E	A	M	E
					1.		2.		3.											

18570 Goldammer
Emberiza citrinella

RLD	---
EUV	---
SPEC	---

Lebensraum

Frühe Sukzessionsstadien der Bewaldung sowie offene bis halboffene Landschaften mit strukturreichen Saumbiotopen; z.B. Acker-Grünland-Komplexe, Heiden, Hochmoorrandbereiche, Lichtungen, Kahlschläge und Aufforstungen sowie Ortsränder; hauptsächlich Agrarlandschaften mit Büschen, Hecken, Alleen und Feldgehölzen sowie Waldränder, Bahndämme, Böschungen, aufgelassene Sandgruben und ältere Brachflächen mit Gehölzaufwuchs; wichtige Habitatkomponenten sind Einzelbäume und Büsche als Singwarten sowie Grenzbereiche zwischen Kraut- bzw. Staudenfluren und Strauch- bzw. Baumvegetation.

Brutbiologie

Boden- bzw. Freibrüter; Nest am Boden unter Gras- oder Krautvegetation versteckt oder in kleinen Büschen (meist < 1 m), Nestbau durch ♀; Einzelbrüter; saisonale Monogamie; 2-3 Jahresbruten; Gelege: 2-6 Eier, Brutdauer: 11-14 Tage, ♀ brütet, wird währenddessen vom ♂ gefüttert; Nestlingsdauer: 9-14 Tage, ♂ und ♀ füttern.

Phänologie

Jahresperiodik: Kurzstrecken- bzw. Teilzieher und Standvogel; Revierbesetzung ab M 2 bis M 3; ♀ kommen kurz nach den ♂ am Brutplatz an, Paarbildung im Revier nach Ankunft der ♀, Heimzug bis E 4; Gesang ab A 3, höchste Gesangsaktivität Juni-August; Eiablage ab M 4 bis M 8, Hauptlegezeit E 4/A 5; Jungvögel ab A 5, meist ab E 5; Abzug von den Brutplätzen ab E 8.

Tagesperiodik: tagaktiv von SA bis 0,5 Std. nach SU; höchste Gesangsaktivität von SA bis in den späten Vormittag.

Erfassung

Vornehmlich Zählung singender ♂ (Gesang meist von erhöhter Singwarte), aber auch Zählung Nest bauender ♀, warnender sowie fütternder Altvögel.

Termine: 1. M 4 (Gesang, Nestbau); 2. E 4 (Gesang, warnende bzw. fütternde Altvögel); 3. A 5 bis M 5 (Gesang, warnende bzw. fütternde Altvögel).

Günstige Tageszeit: von SA bis 5 Std. nach SA.

Auswertung

Wertungsgrenzen: M 3 bis M 6.

Brutverdacht: • mindestens zweimalige Feststellung eines singenden ♂ im Abstand von mindestens 7 Tagen, davon eine E 4 bis M 5; • einmalige Feststellung eines singenden ♂ und einmalige Feststellung eines Einzelvogels bzw. Paares im Abstand von mindestens 7 Tagen, davon eine Feststellung E 4 bis M 5; • Nest bauendes ♀; • warnende Altvögel.

Brutnachweis: insbesondere • fütternde Altvögel.

Besondere Hinweise: Bei der Paarbildung Halmbalz und gemeinsames Scheinpicken; Paare halten eng zusammen und fliegen auch gemeinsam zur Nahrungssuche aus dem Revier und zurück.

Literatur: Gnielka (1990); Kreuziger (2001)

Wertungsgrenzen und Erfassungszeitraum

Februar			März			April			Mai			Juni			Juli			August		
A	M	E	A	M	E	A	M	E	A	M	E	A	M	E	A	M	E	A	M	E
							1.	2.	3.											

18580 Zaunammer
Emberiza cirlus

RLD	2
EUV	---
SPEC	---

Lebensraum

Sonnenexponierte Hänge mit eingestreuten alten Obstbäumen, Sträuchern und Gebüschgruppen; extensiv bewirtschaftete Weinberge, Bindung an Rebkultur selbst nur gering; reich strukturiertes Nutzgartengelände im Randbereich von Siedlungen; Nahrungssuche auf Flächen mit kurzer und lückiger Vegetation; exponierte Singwarten gehören zum Lebensraum ebenso wie Deckung und Schutz bietende Büsche.

Brutbiologie

Bodenbrüter, Nest am Boden (Böschungen, Nischen von Weinbergsmauern) oder bis ca. 2 m hoch in der Vegetation (Nadelsträucher, gestutzte Hecken); ♀ baut, ♂ macht nur Halmbalz; monogam, vielfach Dauerehe; 2(3) Jahresbruten, mitunter Schachtelbruten; Gelege: (2)3-4(5) Eier, Brutdauer: (11)12-13(14) Tage, nur ♀ brütet; Nestlingsdauer: (10)11-13(14) Tage, Aufzucht durch ♂ und ♀; regelmäßige Fütterung der Jungen bis zum Alter von 20 Tagen.

Phänologie

Jahresperiodik: Kurzstrecken- und Teilzieher; Revierbesetzung ab E 2 bis M 4, Hauptdurchzug M 3 bis E 4; Hauptgesangsperiode M 3 bis E 6; Legebeginn überwiegend von E 4 bis A 5, Zweitbruten ab A 6; flügge Junge ab E 5, letzter Ausfliegetermin M 8; Familienverbände bei Spätbruten bis E 9 möglich.

Tagesperiodik: tagaktiv.

Erfassung

In der Hauptsache Kartierung singender ♂, daneben Erfassung von Halmbalz, Transport von Nistmaterial, Nestbau, Revierverteidigung, Futter oder Kotballen tragenden Altvögeln, Familien; Einsatz von Klangattrappe in dünn besiedelten Gebieten notwendig.

Termine: 1. E 3 bis A 4 (Gesang, Balz, Nestbau); 2. M 4 bis E 4 (Gesang, Futter oder Kotballen tragende Altvögel); 3. A 5 bis M 5 (Gesang, Futter oder Kotballen tragende Altvögel).

Günstige Tageszeit: in den frühen Morgenstunden.

Auswertung

Wertungsgrenzen: A 3 bis A 6.

Brutverdacht: • zweimalige Feststellung eines singenden ♂ im Abstand von mindestens 7 Tagen, davon eine E 3 bis M 5; • einmalige Feststellung eines singenden ♂ und eine Beobachtung eines Altvogels/Paares im Abstand von 7 Tagen, davon eine Feststellung E 3 bis M 5; • ♀ trägt Nistmaterial.

Brutnachweis: insbesondere • Futter oder Kotballen tragender Altvogel; • Familie mit gerade flüggen Jungen.

Besondere Hinweise: Bei Einzelvorkommen kann die Gesangsaktivität schon M 5 deutlich abnehmen. Weithin hörbarer Gesang (mit wechselnder Intensität ganzjährig), der wegen des monotonen „Geklappers" aber leicht überhört wird; Aktionsradius der Paare übersteigt nur selten 200 m. Bruten außerhalb von Rheinland-Pfalz und Baden-Württemberg sollen der Deutschen Seltenheitenkommission mit Dokumentation gemeldet werden.

Literatur: Bergmann et al. (2004); Federschmidt (1988); Groh (1975)

Wertungsgrenzen und Erfassungszeitraum

Februar			März			April			Mai			Juni			Juli			August		
A	M	E	A	M	E	A	M	E	A	M	E	A	M	E	A	M	E	A	M	E
					1.		2.		3.											

18600 Zippammer
Emberiza cia

RLD	1
EUV	---
SPEC	3

Lebensraum

Trockenwarme, offene bis licht bewaldete oder mit Büschen bestandene, teilweise steile Hanglagen mit offenen Felspartien, Geröll, Steinhaufen, alten Trockenmauern; strukturreiche Bergweiden, regional unterschiedlich auch extensiv bewirtschaftete steile Weinberghänge, Geröllhalden in verlassenen Steinbrüchen, Felsrasen bzw. nicht landwirtschaftlich nutzbare Hanglagen, sonnenexponierte Kahlschläge bzw. junge Aufforstungsflächen mit vegetationsarmer, grasdominierter Krautschicht und anstehendem Fels.

Brutbiologie

Nischenbrüter, Bodenbrüter und Gebüschbrüter; Nest am Boden zwischen Geröll, in kleinen Felshöhlen verdeckt durch Grasbüschel oder in Bodennähe in dichtem Gestrüpp, niedrigen Büschen; ♀ baut, ♂ machen nur Halmbalz; monogam, Reviertreue führt mitunter zu Dauerehe; 2 (3) Jahresbruten; Gelege: 3-5 Eier, Brutdauer: 12-14 Tage, nur ♀ brütet; Nestlingsdauer: 10-13 Tage, Aufzucht durch ♂ und ♀; regelmäßige Fütterung der Jungen bis zum Alter von 19-22 Tagen.

Phänologie

Jahresperiodik: Teil- und Kurzstreckenzieher; Heimzug von M 2 bis E 5, Hauptdurchzug im März; Revierbesetzung und –gesang ab M 3 bis A 4, Hauptgesangsperiode M 4 bis E 6; Hauptlegezeit E 4 bis M 5(E 5) mit 2. kleineren Gipfel A/M 6 (Zweitbruten); flügge Junge ab E 5, aber vereinzelt Fütterung von Nestlingen und eben flüggen Jungen noch im August; Wegzug ab Oktober.

Tagesperiodik: tagaktiv; mit Brutbeginn singt ♂ nur noch in Morgendämmerung intensiv.

Erfassung

Überwiegend Kartierung singender, balzender ♂, daneben Erfassung von Futter oder Nistmaterial tragenden ♀ bzw. Altvögeln, Kopula, Revierverteidigung und Familien mit gerade flüggen Jungen. Einsatz von Klangattrappe in dünn besiedelten Gebieten bzw. bei isolierten Vorkommen notwendig.

Termine: 1. E 3 bis A 4 (Gesang, Balz); 2. M 4 bis E 4 (Gesang, Nestbau); 3. A 5 bis M 5 (Gesang, Futter oder Kotballen tragende Altvögel).

Günstige Tageszeit: in den frühen Morgenstunden.

Auswertung

Wertungsgrenzen: M 3 bis A 6.

Brutverdacht: • zweimalige Feststellung eines singenden ♂ im Abstand von mindestens 7 Tagen, davon eine Feststellung E 3 bis M 5; • einmalige Feststellung eines singenden ♂ und eine Beobachtung eines Altvogels im Abstand von 7 Tagen, davon eine Feststellung E 3 bis M 5; • ♀ trägt Nistmaterial.

Brutnachweis: insbesondere • Futter oder Kotballen tragender Altvogel; • Familie mit gerade flüggen Jungen.

Besondere Hinweise: Zur Brutzeit relativ großes Streifgebiet, lange Distanzflüge; der nicht weit tragende Reviergesang wird leicht überhört. Bruten außerhalb von Rheinland-Pfalz, Hessen, Nordrhein-Westfalen, Baden-Württemberg und Bayern sollen der Deutschen Seltenheitenkommission mit Dokumentation gemeldet werden.

Literatur: Groh (1988); Mann et al. (1990)

Wertungsgrenzen und Erfassungszeitraum

Februar			März			April			Mai			Juni			Juli			August		
A	M	E	A	M	E	A	M	E	A	M	E	A	M	E	A	M	E	A	M	E
					1.		2.		3.											

18660 Ortolan
Emberiza hortulana

RLD	2
EUV	X
SPEC	2

Lebensraum

Weithin offene, aber strukturreiche Landschaften in klimabegünstigten Regionen (regenarme, warme Sommer) und deren Randbereichen; sonnige, stark gegliederte kulissenartige Waldränder; Heidegebiete, auch inselartig in Moorlandschaften; von Einzelbäumen, Alleen, Feldgehölzen, Säumen und verschiedenen, leicht erwärmbaren Nutzungstypen möglichst abwechslungsreich gegliederte Ackerlandschaften auf wasserdurchlässigen Böden; Obstwiesen; aufgelassene Sandabbaugebiete, selten in entwässerten Moor- und Flussauenbereichen; für den Nahrungserwerb vegetationsfreie Stellen z.B. auf Hackfruchtäckern und unbefestigten Wegen.

Brutbiologie

Bodenbrüter; Nest im Getreide (meist Roggen oder Wintergerste) oder anderer nicht zu hoher Vegetation; Beginn des Nestbaus vorzugsweise bei Halmhöhe von ca. 15 cm, ♀ baut allein; Geschlechtsreife i.d.R. im 1. Lebensjahr; Brutehe; 1(2?) Jahresbrut(en), vereinzelt Nachgelege; Gelege: 3-6 Eier, Brutdauer: 11-12 Tage, Nestlingsdauer: 8-10 Tage, nach ca. 14 Tagen flügge.

Phänologie

Jahresperiodik: Langstreckenzieher; Heimzug (A)M 4 (im Osten ab E 4) bis E 5, Hauptdurchzug E 4 bis M 5, ♂ erscheinen bis >1 Woche früher als ♀; größte Gesangsaktivität M 5 bis E 5; Legebeginn selten vor M 5, Maximum M 5 bis E 5, Nachgelege bis M 7; flügge Junge ab A 6 bis A 8; Abzug aus den Brutgebieten ab M 8, Maximum A 9 bis M 9, letzte Durchzügler Anfang Oktober.

Tagesperiodik: tagaktiv, höchste Gesangsaktivität frühmorgens und in der Abenddämmerung, Gesang bis kurz nach Sonnenuntergang.

Erfassung

In der Hauptsache Kartierung singender ♂ sowie einzelner und verpaarter Individuen, daneben warnende, Nest bauende und Futter eintragende Altvögel, Familien mit gerade flüggen Jungen.

Termine: 1. A 5 bis M 5 (Gesang, Balz, Nestbau); 2. E 5 (Gesang, Balz, Umsiedlung); 3. A 6 bis M 6 (Gesang, Warnruf, fütternde Altvögel); 4. E 6 bis A 7 (Warnruf, fütternde Altvögel).

Günstige Tageszeit: von SA bis 5 Std. nach SA und von 2 Std. vor SU bis 1 Std. nach SA; Gesang v.a. an windarmen, lauen bis warmen Tagen, dann auch vormittags.

Auswertung

Wertungsgrenzen: M 4 bis E 7.

Brutverdacht: • zweimalige Feststellung eines singenden ♂ im Abstand von mindestens 7 Tagen, davon eine E 5 bis A 7; • einmalige Feststellung eines singenden ♂ und zusätzlich Beobachtung eines Altvogels im Abstand von mindestens 7 Tagen, davon eine Feststellung E 5 bis A 7; • Altvögel mit Nistmaterial.

Brutnachweis: insbesondere • fütternde Altvögel; • Familie mit gerade flüggen Jungen.

Besondere Hinweise: Lange Gesangsperiode vom Eintreffen im Brutgebiet bis zum Schlüpfen der Jungen; Umsiedlungen infolge Feldbearbeitung oder nach Aufwachsen der Vegetation bis E 5 möglich; Vollgesang von erhöhten Warten (auch Leitungsdrähten), mitunter vom Boden (Kartoffelfelder); Schauflüge zwischen verschiedenen Singwarten nach Revierbesetzung und Paarbildung mit Gesang in wellenförmiger, hüpfender Flugbahn.

Literatur: Grützmann (1999); Meier-Peithmann (1994)

Wertungsgrenzen und Erfassungszeitraum

Februar			März			April			Mai			Juni			Juli			August		
A	M	E	A	M	E	A	M	E	A	M	E	A	M	E	A	M	E	A	M	E
									1.		2.	3.		4.						

18770 Rohrammer
Emberiza schoeniclus

RLD	---
EUV	---
SPEC	---

Lebensraum

Stark verlandete, nasse Vegetationszonen mit dichter Krautschicht aus Schilf, Großseggen, hohen Gräsern, Rohrkolben sowie einzelnen, die Krautschicht überragenden Büschen; landseitiges Röhricht von Fluss- und Seeufern, verbuschte Schilfbestände, Niedermoore, schilfbestandene Bruchwaldränder, aber auch Gagelgebüsch in Übergangs- und Hochmooren, Besenginsterheiden; bei entsprechender Struktur auch Bereiche mit dicht bewachsenen, wasserführenden Gräben oder Prielen in Grünland- und Ackerbaugebieten, Extensivwiesen, Spülfelder, Staupolder, Klär- und Fischteichgebiete, Absetzbecken, Ton-, Sand- und Kiesgruben; auch trockene Ackerbrachen weitab von Gewässern; seltener auch in Raps- bzw. Getreidefeldern.

Brutbiologie

Röhrichtbrüter; Nest meist bodennah versteckt in Röhricht/Krautschicht; monogame Saisonehe, doch Bigynie nachgewiesen; 1-2 Jahresbrut(en), Drittbrut möglich; Gelege: (2)3-6 Eier, Brutdauer: 12-15 Tage, Brut wohl nur ♀; Nestlingsdauer: 8-12 Tage, Aufzucht durch ♂ und ♀; Familienverbände bis 20 Tage nach Ausfliegen.

Phänologie

Jahresperiodik: Kurz- und Mittelstreckenzieher; Heimzug (zuerst ♂) ab M 2/E 2 bis E 5(A 6), Hauptdurchzug E 3 bis M 4; Legebeginn ab E 4, überwiegend A 5 bis M 5, Spät- bzw. Zweitbrut bis Juli; Schlupf Erstbrut ab (E 5), meist A/M 6; Abzug ab September/Oktober (Wegzug noch im November).

Tagesperiodik: tagaktiv; Gesang hauptsächlich nach SA bis späten Vormittag.

Erfassung

Überwiegend Kartierung singender ♂, daneben Erfassung Nest bauender oder fütternder Altvögel; Erfassung in ausgedehnten Röhrichten von erhöhten Punkten aus (ca. 1 m über Schilfniveau, z.B. Deiche, Beobachtungstürme, Stehleitern).

<u>*Termine*</u>: 1. M 4 bis E 4 (Gesang); 2. A 5 bis M 5 (Gesang, Nestbau); 3. E 5 bis A 6 (Gesang, fütternde Altvögel).

<u>*Günstige Tageszeit*</u>: ab 0,5 Std. vor SA bis 4 Std. nach SA.

Auswertung

Wertungsgrenzen: A 4 bis E 6.

<u>*Brutverdacht*</u>: • zweimalige Feststellung eines singenden ♂ im Abstand von mindestens 7 Tagen, davon eine A 5 bis A 6; • einmalige Gesangsfeststellung und zusätzlich Feststellung eines Altvogels/Paares im Abstand von mindestens 7 Tagen, davon eine A 5 bis A 6; • Nestbau.

<u>*Brutnachweis*</u>: insbesondere • fütternde oder verleitende Altvögel.

Besondere Hinweise: In günstigen Brutgebieten können hohe Dichten erreicht werden (Revier an Revier), Nahrungsflüge führen aber auch dann bis zu mehreren hundert Meter weit. Auffällig ist zudem das Verleiten der Altvögel. Ab Juni ist mit Zweitbruten zu rechnen, da dieselben Paare/Individuen innerhalb eines Untersuchungsgebietes an verschiedenen Orten brüten können, müssen die zeitlichen Beschränkungen für die Wertung zum Brutbestand eingehalten werden.

Literatur: van Dijk & Hustings (1996)

Wertungsgrenzen und Erfassungszeitraum

Februar			März			April			Mai			Juni			Juli			August		
A	M	E	A	M	E	A	M	E	A	M	E	A	M	E	A	M	E	A	M	E
							1.		2.		3.									

18820 Grauammer
Emberiza calandra

RLD	2
EUV	---
SPEC	2

Lebensraum

Offene, ebene, gehölzarme Landschaften, z.B. Küstenstreifen, Sandplaten in Ästuaren, extensiv genutzte Acker-Grünland-Komplexe, Streu- und Riedwiesen, bevorzugt auf schweren, kalkhaltigen Böden mit mosaikförmiger, vielfältiger Nutzungsstruktur, Ruderalflächen, z.T. Ortsrandlagen; vielfältige Singwarten z.B. Einzelbäume, Büsche, hochstehende Ackerbrachen, auch Hoch-Leitungen; dichte Bodenvegetation als Nestdeckung, aber auch Flächen mit niedriger und lückiger Bodenvegetation zur Nahrungsaufnahme; bevorzugt in Klimaregionen mit geringen Niederschlagssummen in der Hauptvegetationsperiode.

Brutbiologie

Bodenbrüter; Nest in krautiger Vegetation versteckt meist direkt am Boden in kleinen Vertiefungen, aber auch bis 1 m hoch; Geschlechtsreife im 1. Lebensjahr, einjährige ♂ besetzen erst spät und oft ohne Bruterfolg Reviere; keine dauerhafte Bindung der Partner, Entstehung von Polyandrie und Polygynie; 1 Jahresbrut, selten 2 Jahresbruten in wechselnden Revieren, Ersatzgelege häufig; Gelege: (2)4-5(6) Eier, Brutdauer: 11-13 Tage, Nestlingsdauer: 9-12 Tage, bis ins Alter von 26 Tagen werden Junge noch von Altvögeln (meistens ♀) betreut.

Phänologie

Jahresperiodik: Teilzieher, Winterflucht; Heimzug (A)E 2 bis A 5, E 2 auch Revierbesetzung von ♂ bei Standvögeln, Hauptdurchzug M 3 bis A 4, ♀ treffen 2-3 Wochen später ein als ♂, meist erst ab April im Revier; Hauptgesangsperiode M 4 bis A 7; Legebeginn (im Süden) ab A 5, Maximum M 5 bis M 6, Legeperiode bis M 7, flügge Junge ab M 6 bis M 8; Abzug aus den Brutgebieten ab A 8, Maximum Dismigration A 9 bis M 9, eigentlicher Wegzug Oktober bis M 11.

Tagesperiodik: tagaktiv, Hauptgesangszeit frühmorgens und abends, singt aber spontan oft bis weit in den Vormittag hinein.

Erfassung

In der Hauptsache Kartierung singender ♂ sowie einzelner und verpaarter Individuen, daneben warnende, Nest bauende und Futter eintragende Individuen, Familien mit gerade flüggen Jungen.

Termine: 1. M 4 bis E 4 (Gesang, Balz, Nestbau); 2. A 5 (Gesang, Balz); 3. M 5 bis E 5 (Gesang, warnende, fütternde Altvögel).

Günstige Tageszeit: frühmorgens und abends; Gesangsaktivität über die gesamte Brutperiode anhaltend.

Auswertung

Wertungsgrenzen: A 3 bis M 6.

Brutverdacht: • zweimalige Feststellung eines singenden ♂ im Abstand von mindestens 7 Tagen, davon eine Feststellung M 4 bis E 5; • einmalige Feststellung eines singenden ♂ und zusätzlich Beobachtung eines Altvogels im Abstand von mindestens 7 Tagen, davon eine Feststellung M 4 bis E 5; • ♀ mit Nistmaterial; • warnende Altvögel.

Brutnachweis: insbesondere • fütternde Altvögel; • Familie mit gerade flüggen Jungen.

Besondere Hinweise: Standvögel oft auch im Winter im Revier singend, Gesang von erhöhten Warten; bei der Paarbildung Halmbalz; Schau- und Imponierflüge, Verfolgungsflüge; Revierwechsel während der Brutsaison auch über größere Distanzen möglich; auffällige Nestwarnrufe nur, wenn Gelege oder Junge vorhanden. Bis in den Mai werden noch gemeinsame Schlafplätze genutzt, auch wenn zu dieser Zeit ein Teil der Reviere bereits lange besetzt ist.

Literatur: Fischer & Schneider (1996); Hegelbach (1984); Tennhardt (1995)

Wertungsgrenzen und Erfassungszeitraum

Februar			März			April			Mai			Juni			Juli			August		
A	M	E	A	M	E	A	M	E	A	M	E	A	M	E	A	M	E	A	M	E
							1.		2.	3.										

6 Glossar

Stefan R. Sudmann, Hartmut Andretzke, Tasso Schikore und Peter Südbeck

Innerhalb der Artsteckbriefe werden einige Fachbegriffe benutzt, die nachfolgend so definiert werden, wie sie in diesem Buch verwandt werden. Manche Begriffe werden in der Fachliteratur mitunter in wechselnder Bedeutung benutzt, so dass die hier wiedergegebenen Definitionen nicht unbedingt auf andere Schriften übertragbar sind. Folgende Werke wurden als Grundlage der Definitionen berücksichtigt: Bergmann (1987), Bergmann & Helb (1982), Berndt & Winkel (1983), Hentschel & Wagner (2004), Bezzel & Prinzinger (1990), Flade (1994), Projektgruppe DO-G (1995), Bairlein (1996) und Wassmann (1999).

Kursiv gesetzte Begriffe verweisen auf ein anderes Stichwort.

A

Abundanz: s. *Bestandsdichte*

Artkarte: Karte, in der die Nachweise einer Vogelart an den einzelnen Begehungsterminen einer Revier- oder Linienkartierung (Kap. 2.3.1, 2.3.3) aus den *Tageskarte*n zusammengetragen werden. Dient zur Abgrenzung von *Papierrevier*en als Grundlage für die Bestandsermittlung der Art im Untersuchungsgebiet.

B

Balzverhalten: Mitunter stark ritualisierte und sehr auffällige Verhaltensweisen, die zur Paarfindung und -bindung dienen und in der Regel einen *Brutverdacht* begründen. Da Balzverhalten bei einigen Arten auch auf dem Zug gezeigt wird (z. B. Löffelente), kann dann aus der alleinigen und/oder einmaligen Beobachtung solcher Verhaltensweisen noch kein Brutvorkommen für das Beobachtungsgebiet abgeleitet werden.

Bestandsdichte (Siedlungsdichte, Abundanz): Zahl der Erfassungseinheit (u. a. Reviere, Paare, singende ♂) pro Flächeneinheit (z. B. ha). Für eine weitere Differenzierung wird häufig zwischen der Siedlungsdichte im Untersuchungsgebiet bzw. bezogen auf das besiedelbare Habitat unterschieden (z. B. Mittelspechtreviere in einem ganzen Waldgebiet oder nur bezogen auf den Flächenanteil alter Eichenbestände).

Betreuungszeit (Aufzuchtszeit): Zeitraum der Jungvogelaufzucht außerhalb des *Nest*es. Dieser variiert zwischen den Arten stark: bei vielen Arten endet er bereits mit dem *Flügge*werden der Jungen, während bei anderen (z. B. Gänsen, Schwänen) der Familienverband erst im folgenden Winter aufgelöst wird.

Biandrie: Verpaarung eines ♀ mit zwei ♂.

Bigynie: Verpaarung eines ♂ mit zwei ♀.

Brutbestand: Der Brutbestand eines Gebietes ergibt sich aus der Summe der Paare oder *Reviere* einer Art, die die jeweiligen in diesem Buch genannten Kriterien für *Brutnachweis* oder *Brutverdacht* erfüllen. Im Rahmen großräumiger Monitoringprogramme kann es für solche Arten, die zu häufigen *Umsiedlung*en neigen (z. B. Zwergseeschwalben), erforderlich sein, die Erfassungszeiten weiter einzuschränken, damit Umsiedlungen (auch für *Zweit-* oder *Nachbruten*) nicht zu Doppelzählungen führen (vgl. Hälterlein et al. 1995, Sudmann et al. 2002). Für die Ermittlung des lokalen Brutbestandes eines Gebietes gelten diese Einschränkungen nicht.

Bruthabitat: Lebensraum einer Vogelart während der Brutzeit. Er enthält u. a. Möglichkeiten zur Nestanlage und zur Nahrungsversorgung der Alt- und Jungvögel.

Brutnachweis: Beobachtungen, die den *EOAC-Kriterien* 10-16 entsprechen und somit den sicheren Nachweis einer Brut belegen. Dies kann z. B. durch die Beobachtung eines besetzten *Nest*es, von Futter tragenden Altvögeln oder nicht *flügge*n Jungvögeln geschehen (s. Tab. 6). Bei sehr seltenen Arten ist oft ein Brutnachweis erforderlich, um eine Verwechslung mit Revier bildenden *Nichtbrüter*n auszuschließen. In den Artsteckbriefen werden diejenigen Brutnachweis-Kriterien angegeben, für die eine hohe Beobachtungswahrscheinlichkeit besteht.

Brutpaar: ♂ und ♀, die ein Gelege bebrüten oder eine Brut versorgen. Je nach Art kann der Zusammenhalt eines Brutpaares ein Leben lang, eine Saison lang oder nur bis zum Ende der Bebrütungsphase reichen.

Brutpartner (Paarpartner): Männchen (♂) oder Weibchen (♀) eines *Brutpaares*.

Brutverdacht: Die Kriterien, die zur Annahme oder zum Verdacht führen, dass in einem Gebiet zur Brutzeit anwesende Vögel auch tatsächlich brüten können, sind international festgelegt (*EOAC-Kriterien 3-9*, Tab. 6). Als Hinweise für einen Brutverdacht gelten z. B. die bestätigte Feststellung von *Reviergesang*, *Balzverhalten* oder die Anwesenheit eines *Brutpaar*es zur *Brutzeit* in einem potenziell geeigneten *Bruthabitat*. Die Brutverdachts-Kriterien werden in den Steckbriefen artspezifisch definiert. Individuen bzw. Paare, bei denen Brutverdacht besteht, werden zum *Brutbestand* eines Gebietes gezählt.

Brutverhalten: Verhaltensweisen, die auf eine Brut hindeuten, z. B. der Eintrag von Nistmaterial oder Nahrungstransport zum Nest bzw. zu den Jungvögeln.

Brutversuch: Gescheiterter oder aufgegebener Versuch einer Brut. Zum Brutversuch gehört Nestbau und evtl. Eiablage ohne anschließende Bebrütung und Jungenaufzucht. Brutversuche werden ebenso wie die erfolgreichen Bruten gewertet, da im Rahmen der Kartierung meist nicht zwischen ihnen differenziert werden kann.

Brutzeit: Der Zeitraum innerhalb eines Jahres, in dem die jeweilige Art brüten kann. Die Brutzeit umfasst die *Erstbrut* sowie alle *Folgebruten*.

Brutzeitfeststellung (Bruthinweis): Vager Hinweis auf das Vorkommen einer Art in einem Gebiet durch die Feststellung einzelner *Individuen* oder nur einmaligen *Reviergesang* zur Brutzeit (*EOAC-Kriterien* 1-2; Tab. 6). Brutzeitfeststellungen allein reichen nicht aus, um diese Individuen oder Paare zum Brutbestand eines Gebietes rechnen zu können.

Dismigration: Ungerichtete Zerstreuungswanderung, meist von Jungvögeln, die zu einer weiteren räumlichen Verteilung der *Individuen* führt.

Duettgesang: Streng synchronisierte Lautäußerung zweier Partner, woraus ein einheitliches, gemeinschaftliches Lautmuster entsteht.

Emigration: Ab- oder Auswandern von *Individuen* aus einer *Population.*

EOAC-Kriterien: Kriterien zum Brutvogelstatus (Tab. 6) erstellt durch das **E**uropean **O**rnithological **A**tlas **C**ommittee (mögliches Brüten, wahrscheinliches Brüten, gesichertes Brüten; vgl. HAGEMEIJER & BLAIR 1997); siehe auch *Brutzeitfeststellung, Brutverdacht* und *Brutnachweis.*

Erfassungszeitraum: In den Artsteckbriefen werden für jede Art ein bis vier zeitlich optimale Erfassungstermine (Optimaltermine) empfohlen. Das Zeitfenster eines Optimaltermins kann sich über eine, aber auch über mehrere (Monats-)Dekaden erstrecken. Der Erfassungszeitraum umfasst die Zeitspanne vom Beginn des ersten Optimaltermins bis zum Ende des letzten Optimaltermins zur Erfassung einer Art. Die Termine wurden für Singvogelarten dahingehend optimiert, dass alle Reviere besetzt sein sollten, die Gesangsaktivität ausreichend hoch ist, aber Durchzügler kaum noch auftreten. Termine am Ende der Erfassungszeit wurden so gelegt, dass Junge führende Altvögel mit großer Wahrscheinlichkeit angetroffen oder bettelrufende Junge gehört werden können. Artspezifisch können

z. B. für Greifvögel oder Hühnervögel weitere, aus Phänologie und Verhalten abgeleitete Kriterien die Erfassungstermine bestimmt haben. Für Paar- oder Individuenzählungen von Koloniebrütern sind die Termine sehr eng gefasst, um u. a. die Möglichkeit der Doppelzählung durch Umsiedlung auszuschließen.

Erstbrut (-gelege): Erste Brut eines Paares bzw. ♀ in einer Saison und nicht im Sinne von der „ersten Brut im Leben eines Paares bzw. ♀".

Euring-Nummer (Euring-Code): Numerischer Zahlencode für alle europäischen Vogelarten (und ggf. -unterarten oder -gruppen) herausgegeben von EURING, der Europäischen Vereinigung für Vogelberingung (European Union for Bird Ringing), zur internationalen Standardisierung von Beringungsmeldungen. Der Euring-Code ist weitgehend unabhängig von Änderungen in der Bezeichnung und systematischen Zuordnung von Vogelarten und wird deshalb häufig in Datenbanken verwendet.

Evasion: Unregelmäßiges Auswandern von *Individuen* einer *Population* aus einem Gebiet (oft als Massenabwanderung), wobei viele dieser Vögel nicht mehr in das Ursprungsgebiet zurückkehren.

Familie(nverband): Verband aus Elterntieren und ihren Jungen. Bei den Enten z. B. sind dies das ♀ und die erbrüteten Jungen, bei anderen Arten gehören meist beide Elternteile (z. B. Gänse, Kranich) dazu.

flügge: Wenn ein Jungvogel fliegen kann, wird er als flügge bezeichnet. Er ist dann in der Lage größere Ortsveränderungen durchzuführen, so dass aus der alleinigen Beobachtung flügger Jungvögel nicht auf eine Brut im entsprechenden Gebiet geschlossen werden kann.

Folgebrut: Nach erfolgreicher Erstbrut beginnen einzelne Arten erneut mit einer Brut (s. *Folgegelege*).

Folgegelege: Gelege, das nach erfolgreicher Aufzucht (*flügge* Jungvögel!) gezeitigt wird (Zweit- und Dritt-, in Ausnahmefällen Viertgelege; im Unterschied zu *Nachgelege*). Viele Arten zeitigen Folgegelege, ungleich mehr jedoch *Nachgelege* (s. a. *Zweitbrut, Folgebrut, Schachtelbrut*).

Gesang: Meist aus vielen Untereinheiten zusammengesetzte, strophige oder kontinuierliche vokale Lautäußerung mit verschiedenen Funktionen (z. B. *Reviergesang*, Werbung, Partnersynchronisation).

Hektar = ha: 1 ha = 10.000 m² (1 km² = 100 ha).

Halmbalz: Ammer-♂ führen bei der Brutvorbereitung eine Halmbalz auf. Dabei fliegt das ♂ einige Meter vom ♀ entfernt auf eine freie Stelle am Boden, nimmt einen oder mehrere lange Halme auf oder rupft sie mit denselben Bewegungen wie das Nistmaterial sammelnde ♀ ab, läuft einige Sekunden bis etwa eine Minute mit den Halmen im Schnabel umher und lässt diese unvermittelt fallen. Manchmal singt es leise mit den Halmen im Schnabel. Diese Halmbalz tritt in voller Ausprägung oder nur andeutungsweise während des ganzen Brutzyklus gelegentlich auf (Glutz von Blotzheim & Bauer 1997).

Haremspolygynie: Ein ♂ ist gleichzeitig mit mehreren ♀ verpaart (s. auch *Polygynie*).

Heimzug: Wanderung vom Überwinterungsgebiet zum Brutgebiet.

Hudern: Das Schützen und/oder Wärmen von Jungvögeln durch einen Altvogel; der Altvogel sitzt dabei über den Jungvögeln und bedeckt sie mit seinem Brustgefieder bzw. nimmt sie unter die Flügel.

Imponierflug: Dieser wird von einigen Arten zum Anzeigen der Paarungsbereitschaft, des Revierbesitzes, aber auch als Drohverhalten gezeigt. In diesen Schauflügen können auffällige Flugweisen, Rufe, *Instrumentallaut*e oder Gesänge (*Singflug*) integriert sein.

Individuum, -en: Einzeltier, -e

Instrumentallaut: Lautäußerung, die nicht mit dem Stimmapparat, sondern mit einem anderen Körperteil (z. B. Flügel, Schnabel) erzeugt wird. Sie wird von einigen Arten zur *Reviermarkierung* (z. B. Balzflug der Bekassine) oder der Partnersynchronisation (Schnabelklappern beim Weißstorch, Trommeln der Spechte) verwendet.

Invasion: Einwanderung einer größeren Zahl von *Individuen* einer Art in ein Gebiet, das z. T. von der Art nicht oder nur unregelmäßig besiedelt sein kann.

Isolationsphase: Kurzer Zeitraum zu Beginn der *Brutzeit*, in dem sich die einzelnen *Brutpaar*e aus einem größeren Trupp lösen. In dieser Phase wird der *Nistplatz* gesucht und das Gelege vollendet. Insbesondere bei der Erfassung von Entenvögeln, die kein *Revierverhalten* zeigen und deren *Nest*er oft nicht gefunden werden können, werden isolierte Paare als *Brutpaare* gewertet.

Knick: (nordd.) Hecke; Doppelknick: doppelte Wallhecke beidseitig von Wegen und kleinen Landstraßen.

Kolonie: Ansammlung von Vögeln, die in einer Gruppe auf engem Raum brüten. Dabei ist die Dichte der *Nest*er in den Kolonien sehr unterschiedlich (Nestabstand wenige Zentimeter bis mehrere Meter). Eine Kolonie kann sich aus mehreren Paaren einer Art oder mehrerer Arten zusammensetzen (reine oder gemischte Kolonien).

Koloniebrüter: Gruppe von Vögeln, die in einer Gemeinschaft brüten (Nistgemeinschaft). Die Vorteile eines Brütens in der *Kolonie* bestehen in der Synchronisation der gemeinsamen Feinderkennung und -abwehr und damit in einem höheren Fortpflanzungserfolg.

Koog, Köge (Speicher-): (nordd.) dem Meer abgewonnenes, eingedeichtes Land.

Kurzstreckenzieher: Bezeichnung für alle Zugvögel, die auf ihrem Zug maximal wenige hundert Kilometer zurücklegen (z. B. Brutvögel aus Deutschland, die in Westfrankreich überwintern), oder die Vertikalwanderungen von mehreren hundert Höhenmetern unternehmen (z. B. Vögel der Alpen oder Mittelgebirge, die im Winter in die Tallagen abwandern).

Langstreckenzieher (Weitstreckenzieher): Bezeichnung für Zugvögel, die auf ihrem Zug mehrere tausend Kilometer zurücklegen (z. B. Brutvögel aus Deutschland, die in Afrika südlich der Sahara überwintern).

Linienkartierung (LK): s. Kap. 2.3.3

Mittelstreckenzieher: Bezeichnung für alle Zugvögel, die auf ihrem Zug mehrere hundert bis tausend Kilometer zurücklegen (z. B. Brutvögel aus Deutschland, die im Mittelmeerraum überwintern).

Monogamie: Die Paarbildung eines ♂ mit einem ♀ (im Unterschied zu *Polygamie*). Dabei wird zwischen einer lebenslangen und einer saisonalen Monogamie unterschieden. Letztere hält in der Regel nur eine Fortpflanzungsperiode lang.

Nachbrut (Ersatzbrut): Im Falle des Verlustes von Gelege bzw. Jungvögeln beginnen einzelne Arten u. U. erneut mit der Brut (*Nachgelege*).

Nachgelege (Ersatzgelege): Gelege, das nach Verlust des *Erstgelege*s (Eier, noch nicht *flügge* Jungvögel!) gezeitigt wird (im Unterschied zu *Folgegelege*).

Nest: Ort der Eiablage und der Bebrütung der Eier. Dabei gibt es sehr viele unterschiedliche Nesttypen, die von flachen Kiesmulden (Kiesbrüter) bis zu sackartigen Gebilden (Beutelmeise) reichen können.

Nestrevier, -territorium: Ein *Revier*, in dem sich ein *Nest* befindet.

Nichtbrüter: *Individuen* können aus verschiedenen Gründen nicht zur Brut schreiten. Hierzu gehören alle noch nicht geschlechtsreifen *Individuen* und diejenigen, die keinen Partner gefunden haben. Auch bei Vorliegen von Mangelsituationen (*Nistplatz*-, Nahrungsmangel) können bzw. müssen prinzipiell brutwillige Vögel mit der Brut aussetzen. Hinzu kommen Fälle, in denen Vögel aus nicht nachvollziehbaren Gründen nicht zur Brut schreiten.

In der Erfassungspraxis ist es oft schwierig bzw. unmöglich, Nichtbrüter sicher zu identifizieren. Das gelingt vor allem bei den noch nicht geschlechtsreifen Vögeln oder solchen, die sich in Gruppen zusammentun. Lassen sich Nichtbrüter nicht deutlich von den brütenden Vögeln trennen, werden sie beim Vorliegen der artspezifischen Erfassungskriterien (s. Artsteckbriefe) zum Brutbestand gezählt, weil Nichtbrüter dieselben Revier markierenden Verhaltensweisen zeigen können wie Brutvögel.

Nistplatz: Genauer Ort der *Nest*anlage (vgl. *Bruthabitat*).

Papierrevier: Räumliche Zuordnung der Nachweise einer Art an den einzelnen Begehungsterminen bei einer Revier- oder Linienkartierung zu einem *Revier*. Papierreviere sind Auswertungen, die in den *Artkarten* vorgenommen werden (vgl. Kap. 2.3.1, 2.3.3).

Polygamie: Bei polygamen Fortpflanzungs-Systemen paart sich ein *Individuum* mit mehreren des anderen Geschlechts. Dabei unterscheidet man:

> **Polyandrie**: Ein ♀ kopuliert mit mehreren ♂.
>
> **Polygynie**: Ein ♂ kopuliert mit mehreren ♀.

Population: Gesamtheit der an einem Ort vorhandenen *Individuen* einer Art oder Unterart. Durch den variablen Ortsbegriff kann es sich bei einer Population um alle Individuen einer Art handeln, die in einem kleinen Wald leben (z. B. der Mittelspechtbestand dieses Waldgebietes), oder um alle Individuen einer Art, die in einem bestimmten Areal brüten und in einer Region überwintern (z. B. alle Blässgänse, die in der Tundra brüten und in Nordwest-Europa überwintern, werden zu einer Population zusammengefasst).

Promiskuität: Paarungssystem, bei dem ♂ und ♀ mit verschiedenen *Individuen* des anderen Geschlechts kopulieren. Zu einer Ausbildung von Partnerbindungen kommt es in der Regel nicht (z. B. Raufußhühner, Kuckuck).

pullus, pulli: Jungvogel, -vögel im Dunenkleid.

Punkt-Stopp-Zählung (PS): s. Kap. 2.3.2

Revier (Territorium): Von *Individuen* gegenüber Artgenossen verteidigter Raum. Die hier betrachteten Brutreviere werden bei manchen Arten auch von beiden Partnern eines *Brutpaar*es gegenüber anderen *Brut paar*en oder *Individuen* verteidigt. Bei *Koloniebrüter*n beschränkt sich der verteidigte Bereich meist auf das eigene *Nest*.

Reviergesang: Gesang, mit dem eine Revierbesetzung angezeigt wird.

Revierkartierung (RK): s. Kap. 2.3.1

Reviermarkierung: Bezeichnung für alle Verhaltensweisen, die der akustischen oder optischen Kennzeichnung eines *Revier*s dienen, z. B. *Reviergesang*, *Imponierflüge*.

Revierpaar: ♂ und ♀, die ein *Revier* besetzen und gegenüber Artgenossen verteidigen.

Revierverhalten (Territorialverhalten): Verhaltensweisen, die zur Markierung und Abgrenzung eines *Revier*s gegenüber Artgenossen dienen. Hierzu gehören akustische (*Ruf*e, Gesang, Trommeln) wie auch optische Signale (Präsentation auffälliger Gefiedermerkmale, *Schauflüge* etc.) und das direkt gegen einen Eindringling gerichtete Aggressionsverhalten.

Ruf: Aus einem oder wenigen Elementen bestehende vokale Lautäußerung, die in bestimmten, mehr oder weniger spezifischen Situationen ausgelöst wird und meist nicht an die Fortpflanzungsphase gebunden ist. Jede Art verfügt über ein Repertoire an artspezifischen Rufen.

Satellitenmännchen: Geschlechtsreifes ♂ ohne eigenes *Revier*, das sich am Rand eines besetzten Reviers aufhält und vom Revierbesitzer mehr oder weniger geduldet wird (z. B. Kampfläufer).

Schachtelbrut: das ♀ eines Paares beginnt mit neuer Brut, während das ♂ die Jungenaufzucht der ersten Brut zu Ende führt. Das Paar betreut also parallel zwei Bruten in unterschiedlichen Stadien.

Schauflug: Visuell auffällige Art des Fliegens mit ausholenden, langsamen Flügelschlägen oder sonstigen Besonderheiten, häufig als Bestandteil artspezifischen *Balz*- und/oder *Revierverhaltens*.

Schof: Gruppe nicht-*flügge*r Jungvögel, v. a. bei Entenvögeln.

Siedlungsdichte (s. Bestandsdichte, Abundanz): Zahl der Erfassungseinheit (u. a. *Reviere*, Paare, singende ♂) pro Flächeneinheit (z. B. *ha*). Für eine weitere Differenzierung wird häufig zwischen der Siedlungsdichte im Untersuchungsgebiet bzw. bezogen auf das besiedelbare *Bruthabitat* unterschieden (z. B. Mittelspechtreviere in einem ganzen Waldgebiet oder nur bezogen auf den Flächenanteil alter Eichenbestände).

Singflug: Gesangsvortrag im Fluge, häufig mit auffälligem *Schauflug* kombiniert.

Sölle: Ackerhohlformen eiszeitlichen Ursprungs, die kleine Wasserflächen aufweisen oder zumindest versumpft sind (insbesondere in Mecklenburg-Vorpommern und Schleswig-Holstein). Wichtige Vogellebensräume in großräumigen Ackerlandschaften.

Standvogel (Jahresvogel): Bezeichnung für eine Vogelart, deren *Individuen* sich ganzjährig in einem bestimmten Raum aufhalten, also kein auffälliges Zugverhalten zeigen.

Tageskarte: Ergebniskarte einer einzelnen Begehung im Rahmen der Revier- oder Linienkartierung (Kap. 2.3.1, 2.3.3). Vogelarten werden spezifisch abgekürzt (s. Index 9.1), die festgestellten Verhaltensweisen werden symbolisch dokumentiert (s. Abb. 4).

Teilzieher, -zug: Beim Teilzug zieht nur ein Teil der *Individuen* einer Art bzw. *Population* weg, während der andere Teil im Brutgebiet verbleibt (vgl. *Standvogel*).

Umsiedler/Umsiedlung: Vögel, die sich in der gleichen Saison an einer neuen Stelle zur Brut niederlassen, nachdem sie zuvor bereits an anderer Stelle ein Revier, eine erfolgreiche Brut oder einen *Brutversuch* hatten. Es können sowohl Paare (z. B. Zwergtaucher), Einzelvögel (z. B. Wachtelkönig, Beutelmeise) als auch ganze *Kolonie*gemeinschaften (z. B. Zwergseeschwalbe, Uferschwalbe) umsiedeln. Die Ursachen für Umsiedlungen können vielfältig sein (Brutverluste, Störungen, Nahrungsmangel usw.). Damit Umsiedler bei großräumigen Erfassungen nicht doppelt erfasst werden, bedarf es bei einigen Arten einer weiteren zeitlichen Einschränkung des Erfassungszeitraumes.

Verleiten (Ablenkungsverhalten): Zum Schutz von Gelegen oder Jungvögeln stellen sich die *Brutpartner* mancher, v. a. nestflüchtender bodenbrütender Arten flügellahm und versuchen dadurch potenzielle Beutegreifer vom *Nest* wegzulocken. Dieses Verhalten kann als sicherer *Brutnachweis* gewertet werden.

Wegzug: Wanderung vom Brutgebiet zum Überwinterungsgebiet.

Wertungsgrenzen: Nur die Beobachtungen, die innerhalb eines definierten Zeitfensters (Wertungsgrenzen) erbracht werden, sollen in die Auswertung einfließen (z. B. zur Abgrenzung von *Revier*en bzw. *Brutpaar*en in Artkarten oder zum Werten einzelner Beobachtungen als *Brutverdacht*). Für jede Art wurden in den Artsteckbriefen artspezifische Wertungsgrenzen festgelegt. Die Wertungsgrenzen umfassen i. d. R. den Zeitraum zwischen der Hauptbalzperiode vor der ersten Eiablage bis zum Flüggewerden der Jungen der Erstbrut bzw. bis zum Beginn der Zweitbrut. Bei einigen Arten, insbesondere bei den Koloniebrütern, können die Wertungsgrenzen auf die Zeit des *Erfassungszeitraum*es beschränkt sein. Bei einzelnen Arten werden die Wertungsgrenzen bei deutlichen regionalen Unterschieden (z. B. Küste gegenüber Binnenland) oder bei Abweichungen in (alpinen) Hochlagen alternativ angegeben oder lebensraumspezifisch erweitert.

Zugvogel: Vogelarten, die ihr Brutgebiet verlassen, um im Winter zumeist in wärmere Regionen auszuweichen (s. *Heimzug*, *Wegzug*).

Zugprolongation: Zugbewegungen, die im Rahmen des *Heimzug*es über das regulär besiedelte Verbreitungsgebiet hinausgehen (z. B. Weißflügel-Seeschwalben in Norddeutschland). Ursachen hierfür können genetische Veränderungen der Individuen oder Witterungsbedingungen (z. B. anhaltende Ostwinde) sein.

Zweitbrut: Eine Zweitbrut findet in der Regel nach erfolgreichem Abschluss der *Erstbrut* statt (s. a. *Folgegelege*), mitunter kann es zu Überlagerungen kommen (♀ beginnt mit neuer Brut während das ♂ die Jungenaufzucht der ersten Brut zu Ende führt - *Schachtelbrut*). Voraussetzung ist die erfolgreiche Aufzucht einer vorangegangenen Brut (im Gegensatz zur *Nachbrut*). Analog können sich Dritt- und Viertbrut anschließen. Nur bei individueller Kenntnis der am Brutgeschäft beteiligten *Individuen* kann bei Freilanduntersuchungen zwischen Zweit- und Nachbrut unterschieden werden.

7. Literatur

Dieses Literaturverzeichnis gliedert sich in drei Teile: Der erste Teil umfasst Handbücher, Avifaunen, Atlaswerke sowie allgemeine Übersichtswerke, die v. a für die Grundlageninformationen bei der Erstellung der Steckbriefe und Texte herangezogen wurden, dort aber aus Platzgründen nicht immer aufgeführt werden konnten. Im zweiten Teil werden nur die in den Kapiteln 1 bis 5.2 sowie 6 zusätzlich zitierten Arbeiten genannt. Im dritten Teil werden neben den in den Artsteckbriefen zitierten Arbeiten auch solche aufgelistet, die darüber hinaus für einzelne Informationen bei der Erstellung der Steckbriefe und Beiträge genutzt wurden, auch ergänzende Hintergrundliteratur für einzelne Monitoringvorhaben wird hier aufgeführt. Durch diese Vorgehensweise werden einige Arbeiten sowohl in Teil 2 als auch in Teil 3 genannt. Arten und Hauptthemen der Arbeiten im Teil 3 sind – soweit im Titel erkennbar – durch Fettdruck hervorgehoben.

7.1 Handbücher, Avifaunen, Atlaswerke sowie allgemeine Übersichtswerke

Arbeitsgemeinschaft Berlin-Brandenburgischer Ornithologen (ABBO) (2001): Die Vogelwelt von Brandenburg und Berlin. Rangsdorf.

Bauer, H.-G. & P. Berthold (1996): Die Brutvögel Mitteleuropas. Bestand und Gefährdung. Wiesbaden.

Bauer, H.-G., E. Bezzel & W. Fiedler (2005): Kompendium der Vögel Mitteleuropas. Wiebelsheim (in Vorber.).

Bauer, K. M. & U. N. Glutz von Blotzheim (1987): Handbuch der Vögel Mitteleuropas. Bd. 1. Gaviiformes-Phoenicopteriformes. 2. durchges. Aufl. Wiesbaden.

Bauer, K. M. & U. N. Glutz von Blotzheim (1990): Handbuch der Vögel Mitteleuropas. Bd. 2. Anseriformes (1. Teil). 2. durchges. Aufl. Wiesbaden.

Bauer, K. M. & U. N. Glutz von Blotzheim (1992): Handbuch der Vögel Mitteleuropas. Bd. 3. Anseriformes (2. Teil). 2. durchges. Aufl.Wiesbaden.

Bergmann, H.-H. (1987): Die Biologie des Vogels. Wiesbaden.

Bergmann, H.-H. & H.-W. Helb (1982): Stimmen der Vögel Europas. München.

Berndt, R. & W. Winkel (1983): Öko-ornithologisches Glossarium. Vogelwelt, Beiheft 3. Berlin.

Berndt, R. K. & G. Busche (Bearb.; 1991): Die Vogelwelt Schleswig-Holsteins. Band. 3, Entenvögel I. Neumünster.

Berndt, R. K. & G. Busche (Bearb.; 1993): Die Vogelwelt Schleswig-Holsteins. Band. 4, Entenvögel II. Neumünster.

BERNDT, R. K. & D. DRENCKHAHN (Bearb.; 1974): Die Vogelwelt Schleswig-Holsteins. Band. 1, Seetaucher bis Flamingo. Kiel.

BERNDT, R. K., B. KOOP & B. STRUWE-JUHL (2002): Vogelwelt Schleswig-Holsteins. Bd. 5, Brutvogelatlas. Neumünster.

BERTHOLD, P. (2000): Vogelzug. Eine kurze, aktuelle Gesamtübersicht. 4. Aufl., Darmstadt.

BEZZEL, E. (1982): Vögel in der Kulturlandschaft. Stuttgart.

BEZZEL, E. (1985): Kompendium der Vögel Mitteleuropas. Nicht-Singvögel. Wiesbaden.

BEZZEL, E. (1993): Kompendium der Vögel Mitteleuropas. Singvögel. Wiesbaden.

BIRDLIFE INTERNATIONAL (2004): Birds in Europe: population estimates, trends and conservation status. BirdLife Conservation Ser. No. 12. Cambridge.

CRAMP, S. (Hrsg., 1985): Handbook of the Birds of Europe, the Middle East, and North Africa. The Birds of the Western Palearctic. Bd. 4. Terns to Woodpeckers. Oxford.

CRAMP, S. (Hrsg., 1988): Handbook of the Birds of Europe, the Middle East, and North Africa. The Birds of the Western Palearctic. Bd. 5. Tyrant Flycatchers to Thrushes. Oxford.

CRAMP, S. (Hrsg., 1992): Handbook of the Birds of Europe, the Middle East, and North Africa. The Birds of the Western Palearctic. Bd. 6. Warblers. Oxford.

CRAMP, S. & C. M. PERRINS (Hrsg., 1993): Handbook of the Birds of Europe, the Middle East, and North Africa. The Birds of the Western Palearctic. Bd. 7. Flycatchers to Shrikes. Oxford.

CRAMP, S. & C. M. PERRINS (Hrsg., 1994): Handbook of the Birds of Europe, the Middle East, and North Africa. The Birds of the Western Palearctic. Bd. 8. Crows to Finches. Oxford.

CRAMP, S. & C. M. PERRINS (Hrsg., 1994): Handbook of the Birds of Europe, the Middle East, and North Africa. The Birds of the Western Palearctic. Bd. 9. Buntings and New World Warblers. Oxford.

CRAMP, S. & K. E. L. SIMMONS (Hrsg., 1977): Handbook of the Birds of Europe, the Middle East, and North Africa. The Birds of the Western Palearctic. Bd. 1. Ostrich to Ducks. Oxford.

CRAMP, S. & K. E. L. SIMMONS (Hrsg., 1980): Handbook of the Birds of Europe, the Middle East, and North Africa. The Birds of the Western Palearctic. Bd. 2. Hawks to Bustards. Oxford.

CRAMP, S. & K. E. L. SIMMONS (Hrsg., 1983): Handbook of the Birds of Europe, the Middle East, and North Africa. The Birds of the Western Palearctic. Bd. 3. Waders to Gulls. Oxford.

DEL HOYO, J., A. ELLIOTT & D. A. CHRISTIE (Hrsg., 2003): Handbook of the Birds of the World. Bd. 8. Broadbills to Tapaculos. Barcelona.

del Hoyo, J., A. Elliott & D. A. Christie (Hrsg., 2004): Handbook of the Birds of the World. Bd. 9. Cotingas to Pipits and Wagtails. Barcelona.

del Hoyo, J., A. Elliott & J. Sargatal (Hrsg., 1992): Handbook of the Birds of the World. Bd. 1. Ostrich to Ducks. Barcelona.

del Hoyo, J., A. Elliott & J. Sargatal (Hrsg., 1994): Handbook of the Birds of the World. Bd. 2. New World Vultures to Guineafowl. Barcelona.

del Hoyo, J., A. Elliott & J. Sargatal (Hrsg., 1996): Handbook of the Birds of the World. Bd. 3. Hoatzin to Auks. Barcelona.

del Hoyo, J., A. Elliott & J. Sargatal (Hrsg., 1997): Handbook of the Birds of the World. Bd. 4. Sandgrouse to Cuckoos. Barcelona.

del Hoyo, J., A. Elliott & J. Sargatal (Hrsg., 1999): Handbook of the Birds of the World. Bd. 5. Barnowls to Hummingbirds. Barcelona.

del Hoyo, J., A. Elliott & J. Sargatal (Hrsg., 2001): Handbook of the Birds of the World. Bd. 6. Mousebirds to Hornbills. Barcelona.

del Hoyo, J., A. Elliott & J. Sargatal (Hrsg., 2002): Handbook of the Birds of the World. Bd. 7. Jacamars to Woodpeckers. Barcelona.

Flade, M. (1994): Die Brutvogelgemeinschaften Mittel- und Norddeutschlands. Grundlagen für den Gebrauch vogelkundlicher Daten in der Landschaftsplanung. Eching.

Garthe, S. (Hrsg.; 1996): Die Vogelwelt von Hamburg und Umgebung. Bd. 3. Neumünster.

Gatter, W. (2000): Vogelzug und Vogelbestände in Mitteleuropa. Wiebelsheim.

Gibbons, D. W., J. B. Reid & R. A. Chapman (1993): The New Atlas of Breeding Birds in Britain and Ireland: 1988-1991. London.

Glutz von Blotzheim, U. N. & K. M. Bauer (1980): Handbuch der Vögel Mitteleuropas. Bd. 9. Columbiformes-Piciformes. Wiesbaden.

Glutz von Blotzheim, U. N. & K. M. Bauer (1982): Handbuch der Vögel Mitteleuropas. Bd. 8. Charadriiformes (3. Teil), Stercorariidae-Laridae. Wiesbaden.

Glutz von Blotzheim, U. N. & K. M. Bauer (1985): Handbuch der Vögel Mitteleuropas. Bd. 10. Passeriformes (1. Teil). Wiesbaden.

Glutz von Blotzheim, U. N. & K. M. Bauer (1988): Handbuch der Vögel Mitteleuropas. Bd. 11. Passeriformes (2. Teil). Wiesbaden.

Glutz von Blotzheim, U. N. & K. M. Bauer (1991): Handbuch der Vögel Mitteleuropas. Bd. 12. Passeriformes (3. Teil). Wiesbaden.

Glutz von Blotzheim, U. N. & K. M. Bauer (1993): Handbuch der Vögel Mitteleuropas. Bd. 13. Passeriformes (4. Teil). Wiesbaden.

Glutz von Blotzheim, U. N. & K. M. Bauer (1997): Handbuch der Vögel Mitteleuropas. Bd. 14. Passeriformes (5. Teil).Wiesbaden.

Glutz von Blotzheim, U. N., K. M. Bauer & E. Bezzel (1973): Handbuch der Vögel Mitteleuropas. Bd. 5. Galliformes und Gruiformes. Frankfurt/Main.

Glutz von Blotzheim, U. N., K. M. Bauer & E. Bezzel (1984): Handbuch der Vögel Mitteleuropas. Bd. 6. Charadriiformes (1. Teil). 2. durchges. Aufl. Wiesbaden.

Glutz von Blotzheim, U. N., K. M. Bauer & E. Bezzel (1985): Handbuch der Vögel Mitteleuropas. Bd. 7. Charadriiformes (2. Teil). 2. durchges. Aufl. Wiesbaden.

Glutz von Blotzheim, U. N., K. M. Bauer & E. Bezzel (1989): Handbuch der Vögel Mitteleuropas. Bd. 4. Accipitriformes. 2. durchges. Aufl. Wiesbaden.

Goethe, F., H. Heckenroth & H. Schumann (1978): Die Vögel Niedersachsens und des Landes Bremen. Natursch. Landschaftspfl. Niedersachs. B, H. 2.1.

Goethe, F., H. Heckenroth & H. Schumann (1985): Die Vögel Niedersachsens und des Landes Bremen, Entenvögel. Natursch. Landschaftspfl. Niedersachs. B, H. 2.2.

Hagemeijer, W. J. M. & M. J. Blair (1997): The EBCC Atlas of European Breeding Birds: Their Distribution and Abundance. London.

Heckenroth, H. (1985): Atlas der Brutvögel Niedersachsens 1980. Natursch. Landschaftspfl. Niedersachs. H. 14.

Heckenroth, H. & V. Laske (1997): Atlas der Brutvögel Niedersachsens 1981-1995 und des Landes Bremen. Natursch. Landschaftspfl. Niedersachs. B, H. 37.

Heine, G., H. Jacoby, H. Leuzinger & H. Stark (1999): Die Vögel des Bodensee-gebietes. Ornithol. Jh. Bad.-Württ. 14/15: 1-847.

Hentschel, E. & G. Wagner (2004): Zoologisches Wörterbuch. Heidelberg.

Hessische Gesellschaft für Ornithologie und Naturschutz (Hrsg.; 1993): Avifauna von Hessen, Bd. 1. Echzell.

Hessische Gesellschaft für Ornithologie und Naturschutz (Hrsg.; 1995): Avifauna von Hessen, Bd. 2. Echzell.

Hessische Gesellschaft für Ornithologie und Naturschutz (Hrsg.; 1997): Avifauna von Hessen, Bd. 3. Echzell.

Hessische Gesellschaft für Ornithologie und Naturschutz (Hrsg.; 2000): Avifauna von Hessen, Bd. 4 Echzell.

Hölzinger, J. (1987): Die Vögel Baden-Württembergs. Bd. 1.2, Gefährdung und Schutz: Artenschutzprogramm Baden-Württemberg, Artenhilfsprogramme. Stuttgart.

Hölzinger, J. (1997): Die Vögel Baden-Württembergs. Bd. 3.2, Singvögel 2. Stuttgart.

Hölzinger, J. (1999): Die Vögel Baden-Württembergs. Bd. 3.1, Singvögel 1. Stuttgart.

Hölzinger, J. & H.-G. Bauer (im Druck): Die Vögel Baden-Württembergs. Bd. 2.1, Nicht-Singvögel 1. Stuttgart.

Hölzinger, J. & M. Boschert (2001): Die Vögel Baden-Württembergs. Bd. 2.2, Nicht-Singvögel 2. Stuttgart.

HÖLZINGER, J. & U. MAHLER (2001): Die Vögel Baden-Württembergs. Bd. 2.3, Nicht-Singvögel 3. Stuttgart.

HOLZAPFEL, C., O, HÜPPOP & R. MULSOW (Hrsg.; 1984): Die Vogelwelt von Hamburg und Umgebung. Band I. Neumünster.

HOLZAPFEL, C., O, HÜPPOP & R. MULSOW (Hrsg.; 1984): Die Vogelwelt von Hamburg und Umgebung. Band II. Neumünster.

JENNI, L. & R. WINKLER (1994): Moult and Aging of European Passerines. London.

KLAFS, G. & J. STÜBS (Hrsg.; 1987): Die Vogelwelt Mecklenburgs. Jena.

KNOLLE, F. & H. HECKENROTH (1985): Die Vögel Niedersachsens und des Landes Bremen, Hühner und Kranichvögel. Natursch. Landschaftspfl. Niedersachs. B, H. 2.4.

KNORRE, D. V., G. GRÜN, R. GÜNTHER & K. SCHMIDT (Hrsg.; 1986): Die Vogelwelt Thüringens. Jena.

LOOFT, H. & G. BUSCHE (1981): Die Vogelwelt Schleswig-Holsteins. Band 2, Greifvögel. Neumünster.

MEIER, C. (1992): Die Vögel Graubündens. Disentis.

MILDENBERGER, H. (1982): Die Vögel des Rheinlandes. Bd. I Seetaucher - Alkenvögel (*Gaviiformes - Alcidae*). Beitr. Avifauna Rheinland 16-18. Düsseldorf.

MILDENBERGER, H. (1984): Die Vögel des Rheinlandes. Bd. II Papageien – Rabenvögel (*Psittaculidae – Corvidae*). Beitr. Avifauna Rheinland 19-21. Düsseldorf.

MONROE, B. L. & C. G. SIBLEY (1993): A world Checklist of birds. Newhaven, London.

NICOLAI, B. (1993) Atlas der Brutvögel Ostdeutschlands. Jena.

NORDRHEIN-WESTFÄLISCHE ORNITHOLOGENGESELLSCHAFT (HRSG., 2002): Die Vögel Westfalens. Ein Atlas der Brutvögel von 1989 bis 1994. Beitr. Avifauna Nordrhein-Westfalens 37. Bonn.

OTTO, W. & K. WITT (2002): Verbreitung und Bestand Berliner Brutvögel. Berliner ornithol. Ber. 12, Sonderheft.

PEITZMEIER, J. (1979): Avifauna von Westfalen. 2. Aufl., Abhandlungen Landesmuseum Naturkunde Münster 41, Heft 3/4.

PUGACEWICZ, E. (1997): Ptaki Legowe Puszczy Bialowieskiej – die Brutvögel der Puszcza Bialowieska. – Polnocnopodlaskie Towarystwo Ochrony Ptakow, Bialowieza.

RHEINWALD, G. (1993): Atlas der Verbreitung und Häufigkeit der Brutvögel Deutschlands – Kartierung um 1985. Schriftenreihe des DDA 12.

SCHMID, H., R. LUDER, B. NAEF-DAENZER, R. GRAF & N. ZBINDEN (1998): Schweizer Brutvogelatlas. Sempach.

SEELIG, K.-J., H.-G. BENECKE, F. BRAUMANN & B. NICOLAI (1996): Die Vögel im Naturpark Drömling. Abh. Ber. Mus. Heineanum 3, Sonderheft.

SEITZ, J. & K. DALLMANN (1992): Die Vögel Bremens und der angrenzenden Flußniederungen. Bremen.

SEITZ, J., K. DALLMANN &. T. KUPPEL (2004): Die Vögel Bremens und der angrenzenden Flußniederungen - Fortsetzungsband 1992-2001. Bremen.

SOVON VOGELONDERZOEK NEDERLAND (2002): Atlas van de Nederlandse Broedvogels 1998-2000. Nederlandse Fauna 5. Nationaal Natuurhistorisch Museum Naturalis, KNNV Uitgeverij & European Invertebrate Survey - Nederland, Leiden.

STEFFENS, R., D. SAEMANN & K. GRÖSSLER (Hrsg.; 1998): Die Vogelwelt Sachsens. Jena, Stuttgart, Lübeck, Ulm.

SVENSSON, L. (1992): Identification Guide to European Passerines. Stockholm.

VAN DEN BERG, A. B. & C. A. W. BOSMAN (1999): Zeldzame vogels van Nederland. Avifauna van Nederland 1. Mountfield.

VAN DIJK, A. J., F. HUSTINGS, K. KOFFIJBERG, M. VAN DER WEIDE, D. ZOETBIER & C. PLATE (2003): Kolonievogels en zeldsame broedvogels in Nederland in 2002. Sovonmonitoringrapport 2002/03. Beek-Ubbergen.

WADEWITZ, M. (2000): Avifauna des Landes Sachsen-Anhalt – 1. Teil. Apus 10, Sonderheft: 5-54.

WASSMANN, R. (1999): Ornithologisches Taschenlexikon. Wiesbaden.

WÜST, W. (1979): Avifauna Bavariae. Die Vogelwelt Bayerns im Wandel der Zeit. Bd. 1. München.

WÜST, W. (1986): Avifauna Bavariae. Die Vogelwelt Bayerns im Wandel der Zeit. Bd. 2. München.

ZANG, H., G. GROSSKOPF & H. HECKENROTH (1991): Die Vögel Niedersachsens und des Landes Bremen, Raubmöwen bis Alken. Natursch. Landschaftspfl. Niedersachs. B, H. 2.6.

ZANG, H., G. GROSSKOPF & H. HECKENROTH (1995): Die Vögel Niedersachsens und des Landes Bremen, Austernfischer bis Schnepfen. Natursch. Landschaftspfl. Niedersachs. B, H. 2.5.

ZANG, H. & H. HECKENROTH (1986): Die Vögel Niedersachsens und des Landes Bremen, Tauben- bis Spechtvögel. Natursch. Landschaftspfl. Niedersachs. B, H. 2.7.

ZANG, H. & H. HECKENROTH (1998): Die Vögel Niedersachsens und des Landes Bremen, Bartmeise bis Würger. Natursch. Landschaftspfl. Niedersachs. B, H. 2.10.

ZANG, H. & H. HECKENROTH (2001): Die Vögel Niedersachsens und des Landes Bremen, Lerchen bis Braunellen. Natursch. Landschaftspfl. Niedersachs. B, H. 2.8.

ZANG, H., H. HECKENROTH & F. KNOLLE (1989): Die Vögel Niedersachsens und des Landes Bremen, Greifvögel. Natursch. Landschaftspfl Niedersachs. B, H. 2.3.

7.2 Allgemeiner Teil

ACHTZIGER, R., H. STICKROTH & R. ZIESCHANK (2004): Nachhaltigkeitsindikator für die Artenvielfalt – ein Indikator für den Zustand von Natur und Landschaft in Deutschland. Angew. Landsch.ökol. 63: 1-138.

BAIRLEIN, F. (1996): Ökologie der Vögel: Physiologische Ökologie - Populationsbiologie - Vogelgemeinschaften - Naturschutz. Stuttgart.

BAIRLEIN, F. (2001): Was erwartet die wissenschaftliche Biologie vom Naturschutz? Vogelkdl. Ber. Niedersachs. 33: 77-84.

BAIRLEIN, F., H.-G. BAUER & H. DORSCH (2000): Integriertes Monitoring von Singvogelpopulationen. Vogelwelt 121: 217-220.

BAIRLEIN, F. & R. PRINZINGER (2001): Ornithologie – Hobby oder Wissenschaft? J. Ornithol. 142, Sonderheft 1: 124-128.

BARTHEL, P. H. & A. J. HELBIG (2005): Artenliste der Vögel Deutschlands. Limicola 19 (im Druck).

BAUER, H.-G. (1989): „Spischen" und „Weißes Rauschen" als Reaktionsauslöser für Hassen bei Singvögeln im Freiland. Vogelwarte 35: 49-58.

BAUER, H.-G., P. BERTHOLD, P. BOYE, W. KNIEF, P. SÜDBECK & K. WITT (2002): Rote Liste der Brutvögel Deutschlands. Ber. Vogelschutz 39: 13-60.

BAUER, H.-G. & G. HEINE (1992): Die Entwicklung der Brutvogelbestände am Bodensee: Vergleich halbquantitativer Rasterkartierungen 1980/81 und 1990/91. J. Ornithol. 133: 1-22.

BECKER, P. H. & R. NAGEL (1983): Schätzung des Brutbestandes der Silbermöwe (*Larus argentatus*) auf Mellum, Langeoog und Memmert mit der Linientransekt-Methode. Vogelwelt 104: 25-39.

BERGMANN, H.-H., S. KLAUS, F. MÜLLER, W. SCHERZINGER, J. SWENSON & J. WIESNER (1996): Die Haselhühner. Neue Brehm-Bücherei 77. Magdeburg.

BERTHOLD, P. (1976): Methoden der Bestandserfassung in der Ornithologie: Übersicht und kritische Betrachtung. J. Ornithol. 117: 1-69.

BERTHOLD, P., E. BEZZEL & G. THIELCKE (Hrsg.; 1974): Praktische Vogelkunde. Greven.

BEZZEL, E. & R. PRINZINGER (1990): Ornithologie. 2. Aufl. Stuttgart.

BIBBY, C. J., N. D. BURGESS & D. A. HILL (1992): Bird Census Techniques. London.

BIBBY, C. J., N. D. BURGESS & D. A. HILL (1995): Methoden der Feldornithologie. Radebeul.

BIBBY, C. J., N. D. BURGESS, D. A. HILL & S. M. MUSTOE (2000): Bird Census Techniques. 2nd edition. London.

BIOS (2003): Methodische Vorgaben zur Erfassung ausgewählter Brutvogelarten in Niedersachsen. Unveröff. Bearbeitung i. A. des Niedersächs. Landesamtes f. Ökologie, Staatl. Vogelschutzwarte, Hannover.

Blew, J. (2003): New Ways to Test and Improve Methods - Quality Assurance Activities in Breeding Bird Monitoring. Wadden Sea Newsletter 2003 – No. 2: 18-23.

Brandl, R., W. & H. Dittrich & K. Schmidtke (1982): Die Erfassung von Lachmöwenkolonien durch Luftbilder. J. Ornithol. 123: 318-321.

Campolattano A. & K. Höntsch (2002): Reaktionsbereitschaft von Kleinspechten auf Klangattrappen. In: Pechacek, P. & W. d'Oleire-Oltmanns (Hrsg.): International Woodpecker Symposium. Nationalpark Berchtesgaden. Forschungsber. 48: 27-33.

Carson, R. (1962): Der stumme Frühling. München.

Conrads, K. & W. Conrads (1992): Der Mittelspecht (*Dendrocopos medius*) im Beller Holz (Kreis Lippe). Ber. Naturwiss. Verein Bielefeld 33: 5-46.

Doer, D., J. Melter & C. Sudfeldt (2002): Anwendung der ornithologischen Kriterien zur Auswahl von Important Bird Areas in Deutschland. Ber. Vogelschutz: 111 – 156. Dornbusch, M. (2001): Artenliste der Vögel im Land Sachsen-Anhalt (Stand 31.12.2000). Apus 11, Sonderheft: 1-46.

Dornbusch, M., G. Grün, H. König & B. Stephan (1968): Zur Methode der Ermittlung von Brutvogel-Siedlungsdichten auf Kontrollflächen. Mitt. IG Avifauna DDR 1: 7-16.

Eikhorst, W. & K. Handke (1996): Methodik der Brutvogel-Erfassung im Feuchtgrünlandgürtel um Bremen. Bremer Beitr. Naturkd. Natursch. 1: 27-35.

Eisengrein, W. von (1995): Die Heidelerche (*Lullula arborea*) im nördlichen Markgräflerland. Natursch. südl. Oberrhein 1: 33-35.

Erz, W., H. Mester, R. Mulsow, H. Oelke & K. Puchstein (1968): Empfehlungen für Untersuchungen der Siedlungsdichte von Sommervogelbeständen. Vogelwelt 89: 69-78.

Exo, K.-M., P. H. Becker & T. Clemens (1994): Der Silbermöwen- (*Larus argentatus*) Brutbestand Mellums 1979-1993 mit Anmerkungen zur Methodik der Erfassung von Seevogelbeständen in Großkolonien. Seevögel 15: 75-81.

Exo, K.-M., P. H. Becker, B. Hälterlein, H. Hötker, H. Scheufler, A. Stiefel, M. Stock, P. Südbeck & O. Thorup (1996): Bruterfolgsmonitoring bei Küstenvögeln. Vogelwelt 117: 287-293.

Exo, K.-M. & R. Hennes (1978): Empfehlungen zur Methodik von Siedlungsdichte-Untersuchungen am Steinkauz (*Athene noctua*). Vogelwelt 99: 137-141.

Falls, J.-B. (1981): Mapping Territories with Playback: An accurate Census Method for Songbirds. Stud. avian Biol. 6: 86-91.

Fischer, S. (2003): Überregionale Vogelmonitoringprogramme von Verbänden und Arbeitsgemeinschaften in Deutschland – Einführung und Übersicht. Ber. Landesamt Umweltschutz Sachsen-Anhalt, Sonderheft 1/2003: 27-29.

FLADE, M. & P. MIECH (1986): Brutbestand und Habitat der Spechte südlich von Wolfsburg unter besonderer Berücksichtigung des Mittelspechts (*Dendrocopos medius*) und des Grauspechts (*Picus canus*). Vogelkdl. Ber. Niedersachs. 18: 33-56.

FLADE, M. & J. SCHWARZ (1996): Stand und aktuelle Zwischenergebnisse des DDA-Monitoringprogramms. Vogelwelt 117: 235-248.

FLADE, M. & J. SCHWARZ (2003): Das DDA-Monitoringprogramm für häufigere Arten. Ber. Landesamt Umweltschutz Sachsen-Anhalt, Sonderheft 1/2003: 30-35.

FLADE, M. & J. SCHWARZ (2004): Ergebnisse des DDA-Monitoringprogrammes, Teil II: Bestandsentwicklung von Waldvögeln in Deutschland 1989-2003. Vogelwelt 125: i. Dr.

FLORE, B.-O. (1997): Brutbestand, Bruterfolg und Gefährdungen von Seeregenpfeifern (*Charadrius alexandrinus*) und Zwergseeschwalben (*Sterna albifrons*) im Wattenmeer von Niedersachsen. Vogelkdl. Ber. Niedersachs. 29: 85-102.

GEDEON, K., S. FISCHER & C. SUDFELDT (2003): Steckbyer Grundsätze und Ziele zum Vogel-Monitoring in Deutschland. Ber. Landesamt Umweltschutz Sachsen-Anhalt, Sonderheft 1/2003: 147-149.

GEDEON, K., A. MITSCHKE & C. SUDFELDT (2004a): Brutvögel in Deutschland. Hohenstein-Ernstthal.

GEDEON, K., A. MITSCHKE & C. SUDFELDT (2004b): Atlas Deutscher Brutvogelarten – Dessauer Tagung gab Startschuss für 2005. Vogelwelt 125: 123-135.

GILBERT, G., D. W. GIBBONS & J. EVANS (1998): Bird Monitoring Methods - a manual of techniques for key UK species. RSPB.

GNIELKA, R. (1990): Anleitung zur Brutvogelkartierung. Apus 7: 145-239.

GNIELKA, R. (1992): Möglichkeiten und Grenzen der Revierkartierungsmethode. Vogelwelt 113: 231-240.

GNIELKA, R. & L. KRATZSCH (2004): Methodische Erfahrungen aus Atlaskartierungen in Sachsen-Anhalt. Vogelwarte 42: 258.

GREENWOOD, J. J. D. & N. CARTER (2003): Organisation eines nationalen Vogelmonitorings durch den British Trust for Ornithology – Erfahrungsbericht aus Großbritannien. Ber. Landesamt Umweltschutz Sachsen-Anhalt, Sonderheft 1/2003: 14-26.

GRÜNKORN, T. (1998): Optimierung der Brutbestandserfassung von ausgewählten Koloniebrütern auf den Ostfriesischen Inseln unter besonderer Berücksichtigung von Luftbildzählungen. Seevögel 19, Sonderheft 1998 (1. Dt. See- und Küstenvogelkolloquium): 96-102.

HÄLTERLEIN, B., D. M. FLEET, H. R. HENNEBERG, T. MENNEBÄCK, L. M. RASMUSSEN, P. SÜDBECK, O. THORUP & R. VOGEL (1995): Anleitung zur Brutbestandserfassung von Küstenvögeln im Wattenmeerbereich. Seevögel 16: 3-24.

HÄLTERLEIN, B., P. SÜDBECK, W. KNIEF & U. KÖPPEN (2000): Brutbestandsentwicklung der Küstenvögel an Nord- und Ostsee unter besonderer Berücksichtigung der 1990er Jahre. Vogelwelt 121: 241-267.

HAHNKE, H. (1991): Großräumige Bestandsermittlungen häufiger Brutvogelarten Deutschlands – Aufbau und Nutzung einer Datenbank quantitativer avifaunistischer Untersuchungen von 1955-1990. Dissertation, Universität Greifswald.

HELBIG, A. J. & M. FLADE (Hrsg.) (1999): Bird Numbers 1998. Where Monitoring and Ecological Research Meet. Proc. 14th Int. Conf. EBCC, Cottbus (D). Vogelwelt 120, Sonderband.

HÖTKER, H., W. MÄDLOW, C. MARTI, H. MEYER, H. ZANG & N. ZBINDEN (2001): Amateure in der ornithologischen Grundlagenforschung: Viele Daten – wenige Veröffentlichungen? J. Ornithol. 142, Sonderheft 1: 129-138.

HUSTINGS, M. F. H., R. G. M. KWAK, P. F. M. OPDAM, M. J. S. M. REIJNEN (1989): Vogelinventarisatie: achtergronden, richtlijnen en verslaglegging. Natuurbeheer in Nederland, Deel 3. Pudoc, Wageningen.

JEDICKE, E. (1994): Ornithologische Punktaufnahmen und Erfassungen der Habitatstruktur im Wald - Untersuchung von Habitatbeziehungen und Planungsanwendung. Naturschutz und Landschaftsplanung 26: 53-59.

JOHNSON, R. R., B. T. BROWN, L. T. HAIGHT (1981): Playback recordings as a special avian census technique. Stud. avian Biol. 6: 68-75.

KAISER, A. & H.-G. BAUER (1994): Zur Bestimmung der Populationsgröße von Brutvögeln mit der Fang-Wiederfang-Methode und gängigen Kartierungsmethoden. Vogelwarte 37: 206-231.

KÉRY, M. & H. SCHMID (2004): Monitoring programs need to take into account imperfect species detectability. Basic and Applied Ecol. 5: 65-73.

KILIAN, D., J. HÖLZINGER, U. MAHLER & R. STEGMAYER (1993): Der Graureiher (*Ardea cinerea*) in Baden-Württemberg 1985-1991. Ökol. Vögel 15, Sonderheft 1993: 1-52.

KÖPPEN, U. (2001): Brutbestände der Küstenvögel in Schutzgebieten Mecklenburg-Vorpommerns in den Jahren 1999 und 2000. Seevögel 22: 104-105.

KÖPPEN, U. (2003): Das „Integrierte Monitoring Singvogelpopulationen" (IMS) – Potenzen für ein nationales Vogelmonitoringkonzept und aktueller Stand in Deutschland. Ber. Landesamt Umweltschutz Sachsen-Anhalt, Sonderheft 1/2003: 56-61.

KOSKIMIES, P. & R. A. VÄISÄNEN (1991): Monitoring bird populations. Helsinki.

LENZ, M. (1971) Zum Problem der Erfassung von Brutvogelbeständen in Stadtbiotopen. Vogelwelt 92: 41-52.

LIESEN, J. (1996): Aspekte der Verwendung des Mittelspechts (*Picoides medius*) als Leitart für die Bewertung ehemaliger Mittelwälder. Neunkirchen.

LUDWIG, J. (2004): Anleitung zur Erfassung und Darstellung von Brutvogelkartierungen mit Hilfe von ArcView. Handbuch zur ArcView-Extension „Tierartenerfassung.avx" für ArcView 3.x. Erhältlich über: ludwig@ornithologie-niedersachsen.de.

MACLURE, H. C. (1945): Comparison of census methods of pheasants in Nebraska. J. Wildlife Managem. 9: 38-45.

Mammen, U. & M. Stubbe (2002): Jahresbericht 2001 zum Monitoring Greifvögel und Eulen Europas. Jahresber. Monitoring Greifvögel Eulen Europas 14: 1-111.

Mammen, U. & M. Stubbe (2003): Monitoring Greifvögel und Eulen Europas. Ber. Landesamt Umweltschutz Sachsen-Anhalt, Sonderheft 1/2003: 50-55.

Marion, W. R., T. E. O'Meara & D. S. Maehr (1981): Use of playback recordings in sampling elusive or secretive birds. Stud. avian Biol. 6: 81-85.

McGregor, P. K. & P. Byle (1992): Individually distinctive Bittern booms: potential as a census tool. Bioacoustics 4: 93-109.

Mitschke, A. & J. Ludwig (2004): Monitoring häufiger Brutvögel in der Normallandschaft von Niedersachsen und Bremen. Vogelkdl. Ber. Niedersachs. 36: 69-78.

Müller, W. (1982): Die Besiedlung der Eichenwälder im Kanton Zürich durch den Mittelspecht *Dendrocopos medius*. Ornithol. Beob. 79: 105-119.

Oelke, H. (1968): Empfehlungen für Untersuchungen der Siedlungsdichte von Sommervogelbeständen. Vogelwelt 89: 69-78.

Oelke, H. (1974): Quantitative Untersuchungen, Siedlungsdichte. In: Berthold, P., E. Bezzel & G. Thielcke: Praktische Vogelkunde. Greven.

Oelke, H. (1975): Empfehlungen für Siedlungsdichte-Untersuchungen sog. schwieriger Arten. Vogelwelt 96: 148-158.

Ornithologische Arbeitsgemeinschaft Bodensee (Hrsg., 1983): Die Vögel des Bodenseegebietes. Stuttgart.

Parker, T. A. III (1991): On the use of tape recorders in avifaunal surveys. Auk 108: 443-444.

Potel, P., P. Südbeck & B. Hälterlein (1998): Wie kommen wir zu einem verbesserten Schutz der Strandvögel im Wattenmeer? Seevögel 19, Sonderheft 1998 (1. Dt. See- und Küstenvogelkolloquium): 75-80.

Pott, R. & J. Hüppe (1991): Die Hudelandschaften Nordwestdeutschlands. Münster.

Projektgruppe "Ornithologie und Landschaftsplanung" der Deutschen Ornithologen-Gesellschaft (1995): Qualitätsstandards für den Gebrauch vogelkundlicher Daten in raumbedeutsamen Planungen. Minden.

Randler, C. (2000): Verbreitung, Bestand und Siedlungsdichte des Mittelspechts *Dendrocopos medius* im Stromberg, Nordwürttemberg. Ornithol. Anz. 39: 197-206.

Rasmussen, L. M., D. M. Fleet, B. Hälterlein, B. J. Koks, P. Potel & P. Südbeck (2000). Breeding birds in the Wadden Sea in 1996 – Results of a total survey in 1996 and of numbers of colony breeding species between 1991 and 1996. Wadden Sea Ecosystem No. 10. Common Wadden Sea Secretariat, Trilateral Monitoring and Assessment Group, Joint Monitoring Group of Breeding Birds in the Wadden Sea. Wilhelmshaven, Germany.

RICHARZ, K., E. BEZZEL & T. HORMANN (HRSG.)(2001): Taschenbuch für Vogelschutz. Wiebelsheim

ROYLE, J. A. (2004): N-mixture models for estimating population size from spacially replicated counts. Biometrics 60: 108-115.

SCHERNER, E. R. (1977): Möglichkeiten und Grenzen ornithologischer Beiträge zur Landeskunde und Umweltforschung am Beispiel des Solling. Dissertation, Universität Göttingen.

SCHERNER, E. R. (1981): Die Flächengröße als Fehlerquelle bei Brutvogel-Bestandsaufnahmen. Ökol. Vögel 3: 145-175.

SCHERNER, E. R. (1983): Der Begriff des Brutbestandes am Beispiel der Kohlmeise (*Parus major*). Ökol. Vögel 5: 231-254.

SCHERNER, E. R. (1989): Welche Signifikanz haben Ergebnisse langfristiger Brutvogel-Bestandsaufnahmen? Limicola 3: 137-143.

SCHIERMANN, G. (1930): Studien über die Siedlungsdichte im Brutgebiet. J. Ornithol. 78: 137-180.

SCHIERMANN, G. (1934): Studien über die Siedlungsdichte im Brutgebiet II. Der brandenburgische Kiefernwald. J. Ornithol. 82: 455-486.

SCHIERMANN, G. (1943): Studien über die Siedlungsdichte im Brutgebiet III. Die brandenburgischen Brach- und Ödlandschaften. Beitr. Fortpfl.biol. Vögel 19: 13-18.

SCHLUMPRECHT, H. & P. SÜDBECK (2002): Indikatoren: Messzahlen zur Qualität einer nachhaltigen Entwicklung – Chance oder Gefahr? Ber. Vogelschutz 39: 61-75.

SCHLUMPRECHT, H. & P. SÜDBECK (2003): Naturschutzindikatoren für Niedersachsen auf der Basis artspezifischer Zielwerte – Zwei Indikatoren zur Bestandsentwicklung ausgewählter Vogelarten. NNA-Ber. 16, H. 2: 73-80.

SCHÖNBRODT, R. & T. SPRETKE (1989): Brutvogelatlas von Halle und Umgebung. Halle.

SCHULZ, H. (1947): Die Welt der Seevögel. Hamburg.

SCHUSTER, S. (1971): Der Bestand des Waldkauzes (*Strix aluco*) auf dem Bodanrück/Bodensee. Anz. ornithol. Ges. Bayern 10: 156-171.

SCHWARZ, J. & M. FLADE (2000): Ergebnisse des DDA-Monitoringprogramms. Teil I: Bestandsänderungen von Vogelarten der Siedlungen seit 1989. Vogelwelt 121: 87-106.

SCHWEIZERISCHE VOGELWARTE (1999): Monitoring Häufige Brutvögel - Anleitung für die Feldaufnahmen. Sempach.

SINNING, F. & A. THEILEN (1999): Empfehlungen zur Erfassungsmethodik und zur Darstellung von Ergebnissen ornithologischer Fachbeiträge im Rahmen der Landschaftsplanung. Bremer Beitr. Naturkd. Natursch. 4: 143-153.

SPEEK, G., J. A. CLARK, Z. ROHDE, R. D. WASSENAAR & A. J. VAN NOORDWIJK (2001): The EURING exchange-code 2000. Heteren.

SPITZNAGEL, A. (1993): Warum sind Spechte schwierig zu erfassende Arten? Beih. Veröff. Natursch. Landschaftspfl. Bad.-Württ. 67: 59-70.

SSYMANK, A., U. HAUKE, C. RÜCKRIEM, E. SCHRÖDER & D. MESSER (1998): Das europäische Schutzgebietssystem NATURA 2000. BfN-Handbuch zur Umsetzung der Fauna-Flora-Habitat-Richtlinie (92/43/EWG) und der Vogelschutzrichtlinie (79/409/EWG). Schriftenr. Landschaftspfl. Natursch. 53.

STEINBACHER, G. (1942): Die Siedlungsdichte in der Parklandschaft. J. Ornithol. 90: 342-360.

STEIOF, K. (1986): Brutvogel-Bestandserfassung und Durchzug von Kleinvögeln. Vogelwelt 107: 41-52.

STICKROTH, H., G. SCHMITT, R. ACHTZIGER, U. NIGMANN, E. RICHERT & H. HEILMEIER (2003): Konzept für ein naturschutzorientiertes Tierartenmonitoring - am Beispiel der Vogelfauna. Angew. Landschaftsökol. 50: 1-397.

SUDFELDT, C., A. MITSCHKE & J. WAHL (2003): Perspektiven des Monitorings von Vogelarten in Deutschland. Ber. Vogelschutz 40: 169 – 175.

SUDFELDT, C., D. DOER, H. HÖTKER, C. MAYR, C. UNSELT, A. V. LINDEINER & H.-G. BAUER (2002): Important Bird Areas (Bedeutende Vogelschutzgebiete) in Deutschland – überarbeitete und aktualisierte Gesamtliste (Stand 01.07.2002). Ber. Vogelschutz: 17 – 109.

SUDMANN, S. R., C. SUDFELDT, S. GLINKA, M. JÖBGES, A. MÜLLER & G. ZIEGLER (2002): Methodenanleitung zur Bestandserfassung von Wasservogelarten in Nordrhein-Westfalen. Charadrius 38: 26-92.

SÜDBECK, P. (2001): Europäische Vogelschutzgebiete. Natur und Landschaft 76: 218-219.

SÜDBECK, P. (2003): Laufende Programme und Konzeptionen der Bundesländer und des Bundes – Einführung und Übersicht. Ber. Landesamt Umweltschutz Sachsen-Anhalt, Sonderheft 1/2003: 83-86.

SÜDBECK, P., & T. GALL (1993): Der Mittelspecht (*Picoides medius*) in Schleswig-Holstein - Erfassungsprobleme und ihre Konsequenzen für Bestandsschätzungen. Corax 15: 211-221.

SZÉP, T., M. BLAIR & A. BÁLDI (Hrsg.) (1999): Bird Numbers 2001. Monitoring for Nature Conservation. Proc. 15th Int. Conf. EBCC, Nyíregiháza (H). Ornis Hungarica 12-13.

TERRY, A. M. R., P. K. MCGREGOR & T. M. PEAKE (2001): A comparison of some techniques used to assess vocal individuality. Bioacoustics 11: 169-188.

THYEN, S., P. H. BECKER, K.-M. EXO, B. HÄLTERLEIN, H. HÖTKER & P. SÜDBECK (1998): Monitoring Breeding Success of Coastal Birds. Final Report of the Pilot Study 1996-1997. Wadden Sea Ecosystem No. 8. Common Wadden Sea Secretariat, Wilhelmshaven, 7-55.

THYEN, S., P. H. BECKER, K.-M. EXO, B. HÄLTERLEIN, H. HÖTKER & P. SÜDBECK. (2000): Bruterfolgsmonitoring bei Küstenvögeln im Wattenmeer 1996 und 1997. Vogelwelt 121: 269-280.

VAN DIJK, A. J. (1996): Broedvogels inventariseren in proefvlakken – Handleiding Broedvogels Monitoring Project. SOVON, Beek-Ubbergen.

VAN DIJK, A. J. & F. HUSTINGS (1996): Broedvogelinventarisatie Kolonievogels en Zeldzame Soorten – Handleiding Landelijk Soortonderzoek Broedvogels. SOVON, Beek-Ubbergen.

VAN STRIEN, A. J., J. PANNEKOEK & D. W. GIBBONS (2001): Indexing European bird population trends using results of national monitoring schemes: a trial of a new method. Bird Study 48: 200-213.

VAN TURNHOUT, C. (1999): Evaluation of the monitoring scheme for common breeding birds in the entire Wadden Sea. SOVON 1999/07. SOVON & Common Wadden Sea Secretariat, Beek-Ubbergen.

VERGARA, P. & R. SCHLATTER (2004): Magellanic woodpecker (*Campephilus magellanicus*) abundance and foraging in Tierra del Fuego, Chile. J. Ornithol. 145: 343-351.

WONNEBERGER, G., & J. LOMME (2001): Erfahrungsbericht über die Erfassung von Wasserrallen (*Rallus aquaticus*) mit Klangattrappe im Naturschutzgebiet Fleuthkuhlen, Kreis Kleve. Charadrius 37: 168-175.

WÜSTNEI, C. & G. CLODIUS (1902): Der weiße Storch (*Ciconia alba* Bechst.) in Mecklenburg. Eine Statistik seiner Niststätten im Jahre 1901. Arch. Nat. Meckl. 56: 1-57.

7.3 Artenteil

AEBISCHER, A. & D. MEYER (1998): Brutbiologie des **Rohrschwirls** *Locustella luscinioides* am Neuenburgersee. Ornithol. Beob. 95: 177-202.

ALSTRÖM, P. & K. MILD (1997): Die Bestimmung des Wasserpieper-Komplexes: **Berg-** *Anthus spinoletta*, **Strand-** *A. petrosus*, **Pazifikpieper** *A. rubescens* und **Rosenpieper** *A. roseatus*. Limicola 11: 1-24.

ALTENKAMP, R. (2002): Bestandsentwicklung, Reproduktion und Brutbiologie einer urbanen Population des **Habicht**s *Accipiter gentilis* (Linné 1758). Dipl. Arb. Freie Univ. Berlin.

ANDREAS, U. (2000): Zum abendlichen Rufverhalten der **Wasserralle** (*Rallus aquaticus*) an einem Klärteich im südlichen Niedersachsen. Vogelkdl. Ber. Niedersachs. 32: 47-52.

ANDRIS, K. (1996): Brutverbreitung und Bestandsentwicklung der **Saatkrähe** (*Corvus frugilegus*) in der südbadischen Oberrheinebene. Natursch. südl. Oberrhein 1: 97-111.

ANDRIS, K. & K. WESTERMANN (2002): Brutverbreitung, Brutbestand und Aktionsraum-Größe der **Waldschnepfe** (*Scolopax rusticola*) in der südbadischen Oberrheinebene. Natursch. südl. Oberrhein 3: 113-128.

ASCH, T. & G. MÜLLER (1989): **Haselwild** in Baden-Württemberg. Schutzgem. Deutscher Wald, Landesverband Baden-Württemberg, Stuttgart.

AUGST, U. (1998): Die Ansiedlung des **Würgfalken** *Falco cherrug* als Brutvogel in Deutschland. Limicola 12: 297-313.

AUGST, U. (1999): Der **Grünlaubsänger** (*Phylloscopus trochiloides*) – Brutvogel in Sachsen. Mitt. Ver. Sächs. Ornithol. 8: 387-392.

AUGST, U. (2000): Zur Biologie des **Sakerfalke**n (*Falco cherrug*) am derzeit einzigen Brutplatz in Deutschland. Populationsökol. Greifvogel- u. Eulenarten 4: 313-322.

AUGST, U. (2001): Die ersten erfolgreichen Bruten des **Würgfalke**n *Falco cherrug* in Deutschland. Limicola 15: 137-146.

BALLHAUS, M. (1992): Bestandserfassung **schilfbrütende**r **Vögel** an sieben Ostfriesischen Binnenmeeren 1992, avifaunistische Röhrichtbewertung und Analyse des Einflusses der Schilfmahd auf die Brutvögel. Unveröff. Gutachten i. A. des Niedersächs. Landesverwaltungsamtes, Hannover.

BARRETT, J. & C. BARRETT (1984): Aspects of censusing breeding **Lapwing**s. Wader Study Group Bull. 42: 45-47.

BARTHEL, P. H. (1991): Die Unterscheidung von **Fluß-** *Sterna hirundo* und **Küstenseeschwalbe** *S. paradisaea* mit Anmerkungen zur Forster- *S. forsteri* und Rosenseeschwalbe *S. dougallii*. Limicola 5: 1-33.

BASTIAN, A. & H. V. BASTIAN (1996): Das **Braunkehlchen**. Wiesbaden.

BAUER, H.G. (1993a): Die Gefährdung der global gefährdeten Weißkopf-Ruderente *Oxyura leucopsis* durch die Ausbreitung der **Schwarzkopf-Ruderente** *O. jamaicensis* in Europa. Ber. Vogelschutz 31: 67-70.

BAUER, H.G. (1993b): Ergebnisse des internationalen **Schwarzkopf-Ruderente**n-Workshops in Arundel (UK). Ber. Vogelschutz 31: 70-74.

BAUER, U. (1991): Brutvorkommen der **Hohltaube** *Columba oenas* im Raum Augsburg. Ornithol. Anz. 30: 33-39.

BAUER, U. & H. ZINTL (1995): Brutbiologie und Entwicklung der Brutpopulation des **Gänsesäger**s *Mergus merganser* in Bayern seit 1970. Ornithol. Anz. 34: 1-38.

BAUMANIS, J. (1998): Hybridisation zwischen **Silberreiher** *Egretta alba* und **Graureiher** *Ardea cinerea* in Lettland. Limicola 12: 142-145.

BAUMANN, S. (1999): Telemetrische Untersuchungen zu Raumnutzung und Habitatpräferenz des **Pirol**s (*Oriolus oriolus*) in Schleswig-Holstein. Corax 18: 73-87.

BAUMANN, S. (2000): Vergleich von Habitatstruktur und Habitatnutzung in Brutgebiet und Winterareal des Europäischen **Pirol**s (*Oriolus o. oriolus*, L. 1758). J. Ornithol. 141: 142-151.

BAUMGART, W. (1991): Der **Sakerfalke**. Neue Brehm-Bücherei 514. Wittenberg.

BECKER, J. (1995): Sympatrisches Vorkommen und Hybridisierung von **Sprosser** *Luscinia luscinia* und **Nachtigall** *L. megarhynchos* bei Frankfurt (Oder), Brandenburg. Vogelwelt 116: 109-118.

BECKER, J. (in Vorb.) Von **Nachtigall**en, **Sprosser**n und ihren Hybriden. Weitere Ergebnisse einer Untersuchung mit Hilfe der Vogelberingung.

BECKER, P. (1975): Erster Brutnachweis des **Seidensänger**s, *Cettia cetti* (Temm.), für Deutschland. Vogelkdl. Ber. Niedersachs. 7: 73-76.

BECKER, P. H. & A. J. HELBIG (Hrsg.) (1998): Die **Flußseeschwalbe**. Vogelwelt 119, Themenheft (H. 3-5).

BECKER, P. H. & R. NAGEL (1983): Schätzung des Brutbestandes der **Silbermöwe** (*Larus argentatus*) auf Mellum, Langeoog und Memmert mit der Linientransekt-Methode. Vogelwelt 104: 25-39.

BEICHE, S. (1979): Studien zur Brutbiologie der **Zwergrohrdommel** (*Ixobrychus m. minutus* L.). Wiss. Hefte Pädagogische Hochschule „W. Ratke" Köthen. 6: 165-191.

BEINLICH, B. (1996): Die mitteleuropäische **Kulturlandschaft** als jeweiliges Abbild der Nutzungsansprüche des Menschen an seine Umwelt. In: GERKEN, B. & C. MEYER (1996): Wo lebten Pflanzen und Tiere in der Naturlandschaft und der frühen Kulturlandschaft Europas? Natur- und Kulturlandschaft 1: 120-124.

BEINTEMA, A. (1996): Vleugels in de dop gebroken. Vanellus 49: 39-42.

BEINTEMA, A. J. (1997): European Black Terns (***Chlidonias niger***) in trouble: examples of dietary problems. Colonial Waterbirds 20: 558-565.

BEINTEMA, A., O. MOEDT & D. ELLINGER (1995): Ecologische Atlas van de Nederlandse **Weidevogels**. Haarlem.

BELLEBAUM, J. (2002): Ein „Problemvogel" bekommt Probleme: Bestandsentwicklung der **Lachmöwe** *Larus ridibundus* in Deutschland 1963-1999. Vogelwelt 123: 189 - 201.

BERGERHAUSEN, W. & H. WILLEMS (1988): Methodik und Effizienz der Bestandskontrolle einer Population des **Uhus** (*Bubo bubo* L.). Charadrius 24: 171-187.

BERGMANN, F., W. VON EISENGREIN, E. GABLER, J. HÜTTL & F. SCHNEIDER (2004): Verbreitung und Bestand der **Zaunammer** (*Emberiza cirlus*) in Südbaden. Natursch. südl. Oberrhein 4: 1-10.

BERGMANN, H.-H. (1993): Der **Buchfink**. Wiesbaden.

BERGMANN, H.-H. & H.-W. HELB (1982): **Stimmen** der Vögel Europas. München.

BERGMANN, H.-H., S. KLAUS, F. MÜLLER & J. WIESNER (1982): Das **Haselhuhn**. Neue Brehm-Bücherei 77. 3. Aufl., Wittenberg.

BERGMANN, H.-H., S. KLAUS, F. MÜLLER, W. SCHERZINGER, J. E. SWENSON & J. WIESNER (1996): Die **Haselhühner**. Neue Brehm-Bücherei 77. 4. Aufl., Magdeburg.

BERGMANN, H.-H., J. KRAMER & V. TEEPE (1999): Erfassung einer Teilpopulation brütender **Brandente**n (*Tadorna tadorna*) auf der Ostfriesischen Insel Baltrum. Seevögel 20: 116-118.

BERNARD-LAURENT, A. (1994): Méthode de dénombrement des **perdrix bartavelles** mâles au chant et présentation des résultats. Notes techniques, Fiche no 79, Supplément Bulletin Mensuel no 193, Office national de la chasse, Paris.

BERNARD-LAURENT, A. & J. L. LAURENT (1984): Méthode de recensement des Perdrix bartavelles ***Alectoris graeca*** *saxatilis* au printemps. Gibier Faune sauv. 1984, 4: 69-85.

BERNDT, R. K., K. HEIN & T. GALL (1994): Stabile Brutbestände der **Uferschwalbe** *Riparia riparia* in Schleswig-Holstein zwischen 1979 und 1991. Vogelwelt 115: 29-37.

BERTHOLD, P., U. QUERNER & R. SCHLENKER (1990): Die **Mönchsgrasmücke**. Neue Brehm-Bücherei 603. Wittenberg.

BEZZEL, E. (1989): Der **Pirol**. Minden, München.

BEZZEL, E. (1993): Der **Mauerläufer** *Tichodroma muraria* im Werdenfelser Land, Oberbayern. Limicola 7: 35-48.

BEZZEL, E. (1994): Situation und Bestand des **Steinadlers** (*Aquila chrysaetos*) in Deutschland. J. Ornithol. 135: 113-115.

BEZZEL, E. & H. SCHÖPF (1986): Anmerkungen zur Bestandsentwicklung des **Uhus** (*Bubo bubo*) in Bayern. J. Ornithol. 127: 217-228.

BIBBY, C. J., M. JONES & S. MARSDEN (1998): Expedition **Field Techniques** - Bird Surveys. London.

BIJLSMA, R.G. (1997): Handleiding veldonderzoek **Roofvogels**. Utrecht.

Bios (2000): Artenhilfsprogramme für prioritär zu behandelnde Vogelarten in Niedersachsen - **Arten des Lebensraumes Röhricht**. Unveröff. Gutachten i. A. des Niedersächs. Landesamtes f. Ökologie, Staatl. Vogelschutzwarte. Hannover.

Bios (2003): Methodische Vorgaben zur Erfassung **ausgewählter Brutvogelarten** in Niedersachsen. Unveröff. Bearbeitung i. A. des Niedersächs. Landesamtes f. Ökologie, Staatl. Vogelschutzwarte. Hannover.

Block, B. (2000): 16 Jahre Untersuchung an der **Waldohreule** (*Asio otus*) im Landkreis Havelland – Brutbestand und Reproduktion in einem Untersuchungsgebiet von 50 km². Natursch. Landschaftspfl. Brandenburg 9: 57-61.

Block, B. & P. Block (1991): Zur Reproduktion und zum Fortpflanzungsverhalten der **Waldohreule** *Asio otus*. Populationsökol. Greifvogel- u. Eulenarten 2: 434-444.

Blume, D. (1996): **Schwarzspecht, Grauspecht, Grünspecht**. Neue Brehm-Bücherei 300. 5., überarb. Aufl., Magdeburg.

Blümel, H. (1983): Der **Grünling** in der Oberlausitz. Abh. Ber. Naturkundemus. Görlitz 56 (4): 1-8.

Blümel, H. & R. Krause (1990): Die **Schellente**. Neue Brehm-Bücherei 605. Wittenberg.

Blüml, V. (2003): Methodenvorgabe zur landesweiten Erfassung des **Ziegenmelker**s. NOV-Mitt. 9: 20-21.

Blüml, V. (2004): Verbreitung, Bestand und Habitatwahl des **Ziegenmelker**s (*Caprimulgus europaeus*) in Niedersachsen: Ergebnisse einer landesweiten Erfassung 2003. Vogelkdl. Ber. Niedersachs. 36: 131-162.

Boag, D. (1984): Der **Eisvogel**. Melsungen.

Böhm, C. (1986): Revierverhalten und Revierkriterien beim **Wasserpieper** (*Anthus spinoletta*). Ökol. Vögel 8: 145-156.

Böhm, C. & A. Landmann (1995): Nistplatzwahl, Neststandort und Nestbau beim **Wasserpieper** (*Anthus spinoletta*). J. Ornithol. 136: 1-16.

Böhner, J., W. Schulz & J. Scharon (1999): Wann singen **Hausrotschwänze** (*Phoenicurus ochruros*) frühmorgens? Berl. ornithol. Ber. 9: 136-141.

Bönisch, R., F. Leibl & E. Möhrlein (1991): Der **Waldwasserläufer** *Tringa ochropus* als Brutvogel in der Oberpfalz. Ornithol. Anz. 30: 11-20.

Boschert, M. (2002a): Bestandssituation der **Schwarzkopfmöwe** *Larus melanocephalus* in Deutschland unter Einbeziehung der Ergebnisse der ersten bundesweiten Zählung 1999. Vogelwelt 123: 241-252.

Boschert, M. (2002b): Brutverbreitung und Bestandssituation der **Bekassine** (*Gallinago gallinago*) in der südlichen und mittleren Oberrheinebene. Natursch. südl. Oberrhein 3: 153-166.

Boschert, M. (2004): Der Große **Brachvogel** (*Numenius arquata* [Linnaeus 1758]) am badischen Oberrhein - Wissenschaftliche Grundlagen für einen umfassenden und nachhaltigen Schutz. Dissertation, Universität Tübingen.

Bossert, A. (1977): Bestandesaufnahmen am **Alpenschneehuhn** *Lagopus mutus* im Aletschgebiet. Ornithol. Beob. 74: 95-98.

Bossert, A. (1990): Bestand und Wintermauser des **Alpenschneehuhn**s *Lagopus mutus helveticus* im Aletschgebiet, Wallis/Zentralalpen. Monticola 6: 150-154.

Brandl, R., W. & H. Dittrich & K. Schmidtke (1982): Die Erfassung von **Lachmöwe**nkolonien durch Luftbilder. J. Ornithol. 123: 318-321.

Brandt, T. (1999): **Bruchwasserläufer** (*Tringa glareola*)- Brutverdacht im Toten Moor bei Neustadt am Rbge. Vogelkdl. Ber. Niedersachs. 31: 119-122.

Brandt, T. (2003): Verbreitung, Bestand und Habitatwahl des **Uhu**s (*Bubo bubo*) in Niedersachsen: Ergebnisse einer landesweiten Erfassung 2002. Vogelkdl. Ber. Niedersachs. 35: 39-54.

Brandt, T. & H. Buschmann (2002): Brutvorkommen des **Tannenhäher**s (*Nucifraga c. caryocatactes*) in den Bückebergen im Landkreis Schaumburg. Vogelkdl. Ber. Niedersachs. 34: 61-67.

Brandt, T. & F. Schäfer (2001): Balzende **Doppelschnepfe**n (*Gallinago media*) am Steinhuder Meer. Vogelkdl. Ber. Niedersachs. 33: 59-62.

Brandt, T. & F. Schäfer (2004): Verbreitung, Bestand und Habitatwahl des **Schwarzmilan**s *Milvus migrans migrans* in Niedersachsen: Ergebnisse einer landesweiten Erfassung 2003. Vogelkdl. Ber. Niedersachs. 36: 1-17.

Brandt, T. & C. Seebass (1994): Die **Schleiereule**. Ökologie eines heimlichen Kulturfolgers. Wiesbaden.

Brandt, T. & P. Südbeck (1998): Zur ökologischen Flexibilität des **Grauspecht**s (*Picus canus*) - ein neuer Moorvogel am Steinhuder Meer. Vogelkdl. Ber. Niedersachs. 30: 1-14.

Brendel, U. (1998): **Vögel** der **Alpen**. Stuttgart.

Bruns, H. A. (1989): Brutbiologie der **Graugans** (*Anser anser* L.) am Dümmer – Untersuchungen an einer wiederangesiedelten Vogelart. Dipl.Arb. Univ. Osnabrück.

Buchmann, M. (2001): Die Brutbiologie des **Steinschmätzer**s (*Oenanthe oenanthe*) auf intensiv genutzten Flächen in Rheinland-Pfalz. Vogelwarte 41: 1-17.

Bühler, P. & W. Epple (1980): Die Lautäußerungen der **Schleiereule** (*Tyto alba*). J. Ornithol. 121: 36-70.

Bunzel, M. (1987): Der **Eisvogel** (*Alcedo atthis*) in Mittelwestfalen – Studien zu seiner Brutbiologie, Populationsbiologie, Nahrung und Siedlungsbiologie. Dissertation, Universität Münster.

Bunzel-Drüke, M., J. Drüke & H. Rastätter (1996): **Eisvögel**. Faszinierende Meisterfischer in bedrohten Lebensräumen. Karlsruhe.

Busche, G. (2003a): Zur Häufigkeit der braunen Färbungsvariante des **Kuckuck**s *Cuculus canorus* in Deutschland. Ornithol. Mitt. 55: 127-131.

BUSCHE, G. (2003b): Erhebungs- und Archivdaten der **Waldohreule** *Asio otus* – methodische Studie zur Bestandsschätzung seltener Brutvögel im Westen Schleswig-Holsteins. Vogelwelt 124: 143-149.

CAMPOLATTANO A. & K. HÖNTSCH (2002): Reaktionsbereitschaft von **Kleinspecht**en auf Klangattrappen. In: PECHACEK, P. & W. D'OLEIRE-OLTMANNS (Hrsg.): International Woodpecker Symposium. Nationalpark Berchtesgaden. Forschungsber. 48: 27-33.

CEMPULIK, P. (1994): Bestandsentwicklung, Brutbiologie und Ökologie der **Zwergdommel** *Ixobrychus minutus* an Fisch- und Industrieteichen Oberschlesiens. Vogelwelt 115: 19-27.

CLEMENS, C. & M. RISCH (1993): Schutzkonzept für die **Wiesenweihe** (*Circus pygargus*) in Niedersachsen. Gutachten i. A. des Niedersächs. Landesamtes f. Ökologie. Hannover.

CONRAD, B. & H. STEINHOFF (1999): **Rauchschwalbe**nkartierung 1996 im Kreis Wesel. LÖBF-Mitt. 24 (2): 41-44.

CONZEMIUS, T. & P. H. BARTHEL (2003): Rätselvogel 97: **Westliche Orpheusgrasmücke** *Sylvia* [*hortensis*] *hortensis*. Limicola 17: 268-271.

CREUTZ, G. (1986): Die **Wasseramsel**. Neue Brehm-Bücherei 364. 2. Aufl., Wittenberg.

DALBECK, L., W. BERGERHAUSEN & O. KRISCHER (1998): Telemetriestudie zur Orts- und Partnertreue beim **Uhu** *Bubo bubo*. Vogelwelt 119: 337-344.

DALLINGA, J. H. (1993): Verspreiding en nestplaatskeuze van de Tureluur (***Tringa totanus***) op twee landaanwinningsvakken in de Dollard. Stichting Het Groninger Landschap, Groningen, Intern rapport 93/3: 63 - 67.

DALLMANN, M. (1987): Der **Zaunkönig**. Neue Brehm-Bücherei 577. Wittenberg.

DAUNICHT, W. (1985): Das Vorkommen der **Heidelerche** (*Lullula arborea*) in Schleswig-Holstein. Corax 11: 1-44.

DENZ, O. (1999): Bestandsentwicklung des **Mittelspecht**es. LÖBF-Mitt. 24 (2): 59-66.

DEPPE, H.-J. (1990): Langfristige Brutbestandskontrollen beim **Zaunkönig** *Troglodytes troglodytes* im nördlichen Schleswig-Holstein. Vogelwelt 111: 238-244.

DEUTSCHE SELTENHEITENKOMMISSION (2005): Seltene Vogelarten in Deutschland 1999. (**Stelzenläufer** *Himantopus himantopus)* Limicola 19: 1- 72.

DEUTSCHMANN, H. (1997): Der **Singschwan** *Cygnus cygnus* als neuer deutscher Brutvogel. Limicola 11: 76-81.

DIERSCHKE, V. (1990): Zur Brutbestandserfassung des **Sumpfrohrsänger**s *Acrocephalus palustris* nach der Revierkartierungsmethode. Vogelwelt 111: 156-160.

DIERSCHKE, V. & K. VOWINKEL (1990): Großflächige Brutvogelbestandsaufnahme und Habitatwahl der **Feldlerche** (*Alauda arvensis*) auf Ackerland in Süd-Niedersachsen. Verh. Ges. Ökol. 19: 216-221.

DIERSCHKE, V., S. GARTHE & N. MARKONES (2004): Aktionsradien Helgoländer **Dreizehenmöwen** *Rissa tridactyla* und **Trottellummen** *Uria aalge* während der Aufzuchtphase. Vogelwelt 125: 11-19.

DITTBERNER, H. (2001): Der **Felsenpieper** *Anthus petrosus littoralis* – Brutvogel an der südlichen Ostseeküste auf der Insel Rügen. Ornithol. Mitt. 53: 404-409.

DITTBERNER, H. & W. DITTBERNER (1982): Die **Moorente** (*Aythya nyroca* Güld.) – Brutvogel des NSG Felchowsee (Kreis Angermünde). Naturschutzarb. Berlin Brandenburg 18: 61-65.

DITTBERNER, H. & W. DITTBERNER (1989): Alters- und Geschlechtskennzeichen beim **Sprosser**. Falke 36: 255-259, 314-317, 321.

DITTBERNER, H. & W. DITTBERNER (1990): Öko-ethologische Beobachtungen am Nest der **Kleinralle** (*Porzana parva*). Bonner Zool. Beitr. 41: 27-58.

DITTBERNER, H. & W. DITTBERNER (1993): Brut- und Rastplatzökologie der **Misteldrossel** *Turdus viscivorus* in märkischen Landschaften. Vogelwelt 114: 156-165.

DITTBERNER, W. (1996): Erste Bruten von **Zwergmöwe** *Larus minutus*, **Weißflügel-** *Chlidonias leucopterus* und **Weißbart-Seeschwalbe** *C. hybridus* in Brandenburg. Limicola 10: 258-266.

DITTBERNER, H. (2001): Bedeutender Einflug des **Wachtelkönig**s *Crex crex* auf Rügen. Berichte Vogelwarte Hiddensee 16: 151-156.

DONALD, P. F. & R. J. FULLER (1998): Ornithological **atlas** data: a review of uses and limitations. Bird Study 45: 129-145.

DORKA, U. (1996): Aktionsräume, Habitatnutzung sowie Gefährdung und Schutz des **Dreizehenspecht**es (*Picoides tridactylus*) im Bannwaldgebiet Hoher Ochsenkopf (Nordschwarzwald) nach der Wiederansiedlung der Art. Natursch. südl. Oberrhein 1: 159-168.

DOST, H. (1963): Zum Brutvorkommen der **Raubseeschwalbe**, *Hydroprogne caspia* (Pallas), an der deutschen Ostseeküste. Beitr. Vogelkd. 8: 361-365.

DRACHENFELS, O., H. MEY & P. MIOTK (1984): **Naturschutzatlas** Niedersachsen. Naturschutz Landsch.pfl. Niedersachs., H. 13.

DRÖSCHER, L. (1990): A Study on Radio-Tracking of the European Cuckoo (***Cuculus canorus*** *canorus*). Proc. Int. 100. DO-G Meeting, Current Topics Avian Biol. Bonn 1988: 187-193.

DUNN, E. H., M. D. CADMAN & J. B. FALLS (1997): **Monitoring bird populations**: the Canadian experience. Occasional Paper no 95, Canadian Wildlife Service.

DVORAK, M., E. NEMETH, S. TEBBICH, M. RÖSSLER & K. BUSSE (1997): Verbreitung, Bestand und Habitatwahl **schilfbewohnender Vogelarten** in der Naturschutzzone des Nationalparks Neusiedler See - Seewinkel. BFB-Bericht 86.

EIKHORST, R. (1988): Bestand und Bruterfolg der **Eiderente** (*Somateria mollissima*) auf Amrum in den Jahren 1984-86. Seevögel 9: 40-42.

EIKHORST, W. (2004): Bestand und Verbreitung des **Tüpfelsumpfhuhns** *(Porzana porzana)* in Niedersachsen und Bremen: Ergebnisse einer landesweiten Erfassung 2002. Vogelkdl. Ber. Niedersachs. 36: 19-34.

EISENGREIN, W. v. (1995): Die **Heidelerche** (*Lullula arborea*) im nördlichen Markgräflerland. Natursch. südl. Oberrhein 1: 33-35.

ELLE, O. (2002): Mikrohabitatwahl und Dispersion als Hinweis auf interspezifische Konkurrenz von **Mönchsgrasmücke** *Sylvia atricapilla* und **Gartengrasmücke** *S. borin* in einem Wald-Wiesen-Ökoton. Vogelwelt 123: 9-16.

ELLE, O. (2003): Quantifizierung der integrativen Wirkung von Ökotonen am Beispiel der Habitatwahl der **Mönchsgrasmücke** und der **Dorngrasmücke** (*Sylvia atricapilla* und *S. communis*, Sylviidae). J. Ornithol. 144: 271-283.

ENGLER, H. (2000): Die **Teichralle**. Neue Brehm-Bücherei 536. Hohenwarsleben.

EPPLE, W. (1996): **Rabenvögel**, Göttervögel – Galgenvögel. Karlsruhe.

ERNST, U. (1995): Afro-asiatische Sittiche in einer mitteleuropäischen Großstadt: Einnischung und Auswirkungen auf die Vogelfauna. Jahrb. Papageienkd. 1: 23-114.

EXO K.-M. (1983): Habitat, Siedlungsdichte und Brutbiologie einer niederrheinischen **Steinkauz**population (*Athene noctua*). Ökol. Vögel 5: 1-40.

EXO, K.-M., P. H. BECKER & T. CLEMENS (1994): Der **Silbermöwen**- (*Larus argentatus*) Brutbestand Mellums 1979-1983 mit Anmerkungen zur Methodik der Erfassung von Seevogelbeständen in Großkolonien. Seevögel 15: 75-81.

EXO, K.-M. & R. HENNES (1977): Empfehlungen zur Methodik von Siedlungsdichteuntersuchungen am **Steinkauz** (*Athene noctua*). In: Deutscher Bund für Vogelschutz e.V. - AG zum Schutz bedrohter Eulen (Hrsg.). Merkblatt Nr. 1.

EXO, K.-M. & R. HENNES (1978): Empfehlungen zur Methodik von Siedlungsdichteuntersuchungen am **Steinkauz** (*Athene noctua*). Vogelwelt 99: 137-141.

FABRIZIO, S., R. G. BIJLSMA & G. BOGLIANI (2001): Hobby ***Falco subbuteo***. The Complete Birds of the Western Palearctic. Update Vol. 3: 133-156.

FEDERSCHMIDT, A. (1988): Zu Verbreitung und Habitatwahl der **Zaunammer** (*Emberiza cirlus*) in Südbaden. Ökol. Vögel 10: 151-164.

FEIGE, K. D. (1986): **Der Pirol**. Neue Brehm-Bücherei 578. Wittenberg.

FIEDLER, B. & B. FREITAG (1989): Zum Brutvorkommen des **Rothalstaucher**s (*Podiceps griseigena*) im Stadt- und Landkreis Wismar. Ornithol. Rundbr. Mecklenb. 32: 3-10.

FISCHER, S. (1990): Eine sehr große Binnenlandkolonie der **Uferschwalbe** (*Riparia riparia*) bei Berlin. Pica 17:179-180.

FISCHER, S. (1993): Brut- und Gesangsphänologie des **Drosselrohrsänger**s (*Acrocephalus arundinaceus*): Hinweise zur besseren Erfassung der Art. Berl. ornithol. Ber. 3: 9-20.

Fischer, S., G. Mauersberger, H. Schielzeth & K. Witt (1992): Erster Brutnachweis des **Bindenkreuzschnabels** (*Loxia leucoptera*) in Mitteleuropa. J. Ornithol. 133: 197-202.

Fischer, S. & R. Schneider (1996): Die **Grauammer** *Emberiza calandra* als Leitart der Agrarlandschaft. Vogelwelt 117: 225-234.

Fischer, W. (1973): Der **Wanderfalke**. Neue Brehm-Bücherei 380. 3. Aufl., Wittenberg.

Fischer, W. (1982): Die **Seeadler**. Neue Brehm-Bücherei 221. 3. Aufl., Wittenberg.

Flade, M. (1996): Überlegungen zu **Brandheiden** und ihren Biozönosen im Lichte aktueller naturschutzstrategischer Fragen im Land Brandenburg. In: Gerken, B. & C. Meyer (1996): Wo lebten Pflanzen und Tiere in der Naturlandschaft und der frühen Kulturlandschaft Europas? Natur- und Kulturlandschaft 1: 149-152.

Flade, M., F. Hertel, H. Schumacher, S. Weiss (2004): Einer, der auch anders kann: Der **Mittelspecht** und seine bisher unbeachteten Lebensräume. Falke 51: 82-86.

Flade, M. & J. Jebram (1995): Die Vögel des Wolfsburger Raumes im Spannungsfeld zwischen Industriestadt und Natur. Wolfsburg.

Flore, B.-O. (1997): Brutbestand, Bruterfolg und Gefährdungen von **Seeregenpfeifern** (*Charadrius alexandrinus*) und **Zwergseeschwalben** (*Sterna albifrons*) im Wattenmeer von Niedersachsen. Vogelkdl. Ber. Niedersachs. 29: 85-102.

Flore, B.-O. (2000): **Rotsternige Blaukehlchen** *Luscinia s. svecica* als Brutvogel in den Elendtälern (Kärnten, Österreich). Monticola 8: 238-239.

Folger, J. (1997): Revierverhalten einer **Turteltaube** (*Streptopelia turtur*) inmitten eines Ortes bei Hildesheim. Vogelkdl. Ber. Niedersachs. 29: 186-187.

Förschler, M. (2000): Untersuchungen zur Brutphänologie, Nahrungswahl und Habitatwahl des **Zitronengirlitz**es *Serinus citrinella* im Nordschwarzwald. Dipl.arb. Univ. Tübingen.

Förschler, M. (2002): Brutbiologie des **Zitronengirlitz**es *Serinus citrinella* im Nordschwarzwald. Ornithol. Beob. 99: 19-32.

Förstel, A. (1995): Der **Uhu** *Bubo bubo* L. in Nordbayern. Ornithol. Anz. 34: 77-95.

Frädrich, J. (1992): Beitrag zur Brutphänologie und Bestandsänderung der **Wasserralle** (*Rallus aquaticus*) in Berlin. Berl. ornithol. Ber. 2: 16-26.

Frank, G. (2002): Brutzeitliche Einnischung des **Weißrückenspecht**es *Dendrocopos leucotos* im Vergleich zum **Buntspecht** *Dendrocopos major* in montanen Mischwäldern der nördlichen Kalkalpen. Vogelwelt 123: 225-239.

Franke, E. & T. Franke (2001): **Sperber**vorkommen im Landkreis Nordvorpommern. Ornithol. Rundbr. Mecklenb.-Vorp. 43: 49-61.

Franz, D. (1991): Paarungssystem und Fortpflanzungsstrategie der **Beutelmeise** (*Remiz p. pendulinus*). J. Ornithol. 132: 241-266.

Franz, D. (1998): Das **Blaukehlchen**. Wiesbaden.

Franz, D., T. Krause & L. Simon (2002): Zur Verbreitung und Biologie des **Halsbandsittichs** *Psittacula krameri* am Oberrhein (Rheinland-Pfalz). In: Ornithologischer Jahresbericht 2001 für Rheinland-Pfalz. Fauna Flora Rheinl.-Pfalz 28: 237-252.

Friedrich, B. (1997): Nachweismöglichkeiten für **Rauhfußkauz** und **Sperlingskauz**. Naturschutzreport (Jena) 13:110-121.

Fuller, R. J. (1981): Aspects of counting **Lapwings** and **Curlews** on lowland grasslands. Wader Study Group Bull. 33: 14-16.

Furrer, R. K. (1978): Zum Problem der Bestandeserfassung von **Wacholderdrosseln** *Turdus pilaris* während der Brutzeit. Ornithol. Beob. 75: 227-236.

Gall, T., B. Struwe-Juhl & R. Tiedemann (1995): Linientaxierung – eine geeignete Methode zur Erfassung von **Wiesenvogelbeständen**? Corax 16: 173-176.

Garthe, S., N. Ullrich, T. Weichler, V. Dierschke, U. Kubetzki, J. Kotzerka, T. Krüger, N. Sonntag & A. J. Helbig (2003): **See- und Wasservögel** der deutschen Ostsee. Verbreitung, Gefährdung und Schutz. Bonn.

Gatter, W. (1969): Zur Verbreitung, Ökologie und Siedlungsdichte des **Berglaubsängers** (*Phylloscopus bonelli*) in Baden-Württemberg. Jh. Ges. Naturkde. Württ. 124: 237-250.

Gauckler, A., M. Kraus & W. Krauss (1978): Die **Schellente** *Bucephala clangula* Brutvogel in Bayern. Anz. ornithol. Ges. Bayern 17: 161-175.

Gedeon, K. (1982): Zur Brutbiologie des **Sperbers**, *Accipiter nisus* (L.), im Bezirk Karl-Marx-Stadt. Faun. Abh. Mus. Tierk. Dresden 10: 141-149.

Gedeon, K. (1983): Daten zur Brutbiologie des **Habichts**, *Accipiter gentilis* (L.), im Bezirk Karl-Marx-Stadt. Faun. Abh. Mus. Tierk. Dresden 11: 157-160.

Gedeon, K. (1994): Monitoring **Greifvögel** und **Eulen**. Grundlagen und Möglichkeiten einer langfristigen Überwachung von Bestandsgrößen und Reproduktionsdaten. Jahresber. Monit. Greifvögel Eulen Europas. 1. Ergebnisband: 1-118.

Gedeon, K. & H. Meyer (1986): Studien zur Nistökologie des **Sperbers**, *Accipiter nisus*, im Erzgebirge. Hercynia, N.F. 23: 385-408.

Gedeon, K. & M. Stubbe (1991): Tagesrhythmik, Raumnutzung und Jagdverhalten des **Schreiadlers** *Aquila pomarina* BREHM. Populationsökol. Greifvogel- u. Eulenarten 2: 107-129.

Geiter, O., S. Homma & R. Kinzelbach (2002): Bestandsaufnahme und Bewertung von **Neozoen** in Deutschland. Umweltbundesamt Forschungsbericht 296 89 901/01, Texte des Umweltbundesamtes 25/02.

George, K. (1999a): Mehrjährige Studien am **Buchfink** *Fringilla coelebs* im Unterharz. Ber. Vogelwarte Hiddensee 15: 53-64.

George, K. (1999b): Sommerlebensräume der **Wachtel** *Coturnix coturnix* in der mitteleuropäischen Agrarlandschaft. NNA-Berichte 3/99: 88-92.

GEORGE, K. (2000): Zum Vorkommen des **Erlenzeisig**s *Carduelis spinus* im Unterharz. Ornithol. Jahresber. Mus. Heineanum 18: 83-92.

GEORGE, K. (2001): Langjährige Bestandsaufnahmen der **Wachtel**: Gute Aussichten in Ostdeutschland. Falke 48: 309-311.

GEORGE, K. (2002): Bestandsentwicklung des **Sommergoldhähnchen**s (*Regulus ignicapillus*) und des **Wintergoldhähnchen**s (*Regulus regulus*) im Harz. Vogelwarte 41: 284-287.

GEORGE, K. (2003): Siedlungsdichte und Habitatnutzung der **Feldlerche** *Alauda arvensis* im nördlichen Harzvorland. Apus 11: 403-409.

GILBERT, G., D. W. GIBBONS & J. EVANS (1998): **Bird Monitoring Methods** - a manual of techniques for key UK species. RSPB.

GLANDT, D. (2003): Der **Kolkrabe**. Wiesbaden.

GLOE, P. (1988): Zum Brutvorkommen der **Brandente** (*T. tadorna*) im Speicherkoog Dithmarschen und in dessen Hinterland im Sommer 1987. Corax 13: 67-81.

GLUTZ VON BLOTZHEIM, U. N. (2002): Zur Situation der **mitteleuropäischen Vogelwelt**. Vogelkdl. Ber. Niedersachs. 34: 113-128.

GNIELKA, R. (1975): Zur Brutbiologie der **Türkentaube** (*Streptopelia decaocto*). Ornithol. Mitt. 27: 71-83.

GNIELKA, R. (1978): Brutstatistik einer urbanen Population der **Ringeltaube** (*Columba palumbus*). Ornithol. Jahresber. Mus. Heineanum 3: 31-42.

GNIELKA, R. (1986): Daten zur Brutbiologie des **Grünfink**en (*Carduelis chloris*) nach Nestkarten aus dem Bezirk Halle. Beitr. Vogelkd. 32: 235-244.

GNIELKA, R. (1987): Daten zur Brutbiologie der **Mönchsgrasmücke** (*Sylvia atricapilla*) aus dem Bezirk Halle. Beitr. Vogelkd. 33: 103-113.

GNIELKA, R. (1990): Anleitung zur **Brutvogelkartierung**. Apus 7: 145-239.

GNIELKA, R. (1992): Einwanderung und Bestandsentwicklung der **Wacholderdrossel** in Sachsen-Anhalt. Apus 8: 12-19.

GORKE, M. (1990): Die **Lachmöwe** (*Larus ridibundus*) in Wattenmeer und Binnenland. Seevögel 11, Sonderheft 3: 1-48.

GRAF, R. & M. KESTENHOLZ (2002): **Vögel** in den **Alpen**. Bericht 2002 der Schweizerischen Vogelwarte für die „Gemeinschaft der Freunde der Vogelwarte“. Schweizerische Vogelwarte, Sempach. 32 S.

GRAHN, M. (1990): Seasonal changes in ranging behaviour and territoriality in the European Jay ***Garrulus g. glandarius***. Ornis. Scand. 21:195-201.

GRAJETZKY, B. (2000): Das **Rotkehlchen**. Wiebelsheim.

GRAUMANN, G., H.-W. NEHLS & U. KÖPPEN (1995): Anleitung zur Brutbestandserfassung von **Küstenvögel**n an der Ostseeküste. Unpubl. Arbeitsmat. AG Küstenvogelschutz Mecklenburg-Vorpommern.

Green, R. E. (1985): Estimating the abundance of breeding **Snipe**. Bird Study 32: 141-149.

Gregory, R. D. & P. Vorisek (2003): Report on the Pan-European **Common Bird Monitoring** Workshop. Bird Census News 16: 4-15.

Griesohn-Pflieger, T. (1995): Neues aus Zwillbrock: Jetzt brüten auch **Karibische Flamingos**! Falke 42: 278-279.

Groh, G. (1975): Zur Biologie der **Zaunammer** (*Emberiza cirlus* L.) in der Pfalz. Mitt. Pollichia 63: 72-139.

Groh, G. (1988): Zur Biologie der **Zippammer** im Pfälzerwald. Mitt. Pollichia 75: 261-287.

Gruber, D. (1995): Die Kennzeichen und das Vorkommen der **Weißkopfmöwe** *Larus cachinnans* in Europa. Limicola 9: 121-165.

Grüll, A. & E. Zwicker (1993): Zur Siedlungsdichte von **Schilfsingvögel**n (***Acrocephalus*** und ***Locustella***) am Neusiedler See in Abhängigkeit vom Alter der Röhrichtbestände. Beih. Veröff. Naturschutz Landschaftspfl. Bad.-Württ. 68: 159-171.

Grünkorn, T. (1998): Optimierung der Brutbestandserfassung von ausgewählten **Koloniebrüter**n auf den Ostfriesischen Inseln unter besonderer Berücksichtigung von Luftbildzählungen. Seevögel 19, Sonderheft 1998 (1. Dt. See- und Küstenvogelkolloquium): 96-102.

Grünkorn, T. (2001): Bestandsentwicklung des **Kolkrabe**n (*Corvus corax*) in Schleswig-Holstein von 1991 bis 2000. Charadrius 37: 77-80.

Grünkorn, T. & V. Looft (2000): Vergleich von Brutbestand und Bruterfolg des **Mäusebussard**s *Buteo buteo* 1998 auf einer 1.000 km^2 großen Probefläche um Schleswig mit einer Untersuchung zwischen 1967 und 1976. Populationsökol. Greifvogel- u. Eulenarten 4: 167-177.

Grunsky-Schöneberg, B. (1998): Brutbiologie und Nahrungsökologie der **Trottellumme** (*Uria aalge* Pont.) auf Helgoland. Ökol. Vögel 20: 217-274.

Grützmann, J. (1999): Der **Ortolan** *Emberiza hortulana* im Oldenburger Land sowie in Nord- und Westniedersachsen. Jahresber. Ornithol. Arb.gem. Oldenbg. 15: 117-134.

Günther, E. & M. Hellmann (2004): Ein Relikt aus früheren Zeiten? **Mauersegler** im Wald. Falke 51: 96-97.

Haas, V. (1982): Beitrag zur Biologie und Ökologie der **Wacholderdrossel** (*Turdus pilaris* L.). Ökol. Vögel 4: 17-58.

Haase, P. & T. Ryslavy (1997): Aktuelle Beobachtungen balzender **Doppelschnepfe**n *Gallinago media* und **Zwergschnepfe**n *Lymnocryptes minimus* in Brandenburg. Vogelwelt 118: 71-77.

Habermeier, A. (1997): Zur Situation der weltweit gefährdeten **Moorente** (*Aythya nyroca*) in Deutschland und Europa. Ber. Vogelschutz 35: 119-126.

HADASCH, J., A. DEUTSCH & T. BRANDT (2002): Eine neue Kolonie der **Schwarzkopfmöwe** (*Larus melanocephalus*) an der Weser bei Stolzenau, Südniedersachsen. Vogelkdl. Ber. Niedersachs. 34: 43-53.

HAFNER, F. (1994): Das **Steinhuhn** in Kärnten. Ökologie, Verhalten und Lebensraum. Carynthia II, Sonderheft 52.

HAHN, V. (1982): Rufduett des **Bienenfresser**s (*Merops apiaster*). J. Ornithol. 123: 55-62.

HÄLTERLEIN, B., D. FLEET, H. HENNEBERG, T. MENNEBÄCK, L. RASMUSSEN, P. SÜDBECK, O. THORUP & R. VOGEL (1995): Anleitungen zur Brutbestandserfassung von **Küstenvögel**n im Wattenmeerbereich. Wadden Sea Ecosystem No. 3, Common Wadden Sea Secretariat, Trilateral Monitoring and Assessment-Group for Breeding Birds in the Wadden Sea, Wilhelmshaven.

HÄLTERLEIN, B., P. SÜDBECK, W. KNIEF & U. KÖPPEN (2000): Brutbestandsentwicklung der **Küstenvögel** an Nord- und Ostsee unter besonderer Berücksichtigung der 1990er Jahre. Vogelwelt 121: 241-267.

HAMPE, A., T. HEINICKE & A. J. HELBIG (1996): Erste Brut der **Zitronenstelze** *Motacilla citreola* in Deutschland. Limicola 10: 311-316.

HAMSCH, S. (2003): Die **Racken** der Gattung *Coracias*. Band 2. Berlin.

HANDKE, K. & W. EIKHORST (1996): Ganzjährige **Erfassung** aller Vogelarten – Möglichkeiten und Grenzen am Beispiel von Bremer **Grünland**gebieten (Niedervieland/Wümmewiesen). Bremer Beitr. Naturkd. Natursch. 1: 37-50.

HASENCLEVER, H., A. KOSTRZEWA & R. KOSTRZEWA (1989): Brutbiologie des **Turmfalken** (*Falco tinnunculus*): 16jährige Untersuchung in Westfalen. J. Ornithol. 130: 229-237.

HAUFF, P. (1991): Horstbau und Horstbesetzung beim **Seeadler** *Haliaeetus albicilla* im Bezirk Schwerin. Populationsökol. Greifvogel- u. Eulenarten 2: 153-166.

HAUFF, P. (1998): Bestandsentwicklung des **Seeadler**s *Haliaeetus albicilla* in Deutschland seit 1980 mit einem Rückblick auf die vergangenen 100 Jahre. Vogelwelt 119: 47-63.

HAUFF, P. (2000): Neues vom **Seeadler** (*Haliaeetus albicilla*) in Mecklenburg-Vorpommern in der zweiten Hälfte des 20. Jahrhunderts. Populationsökol. Greifvogel- u. Eulenarten 4: 111-118.

HAUFF, P. & P. ILLMANN (1999): Langfristige Bestandsentwicklung der **Graugans** *Anser anser* im Naturschutzgebiet „Kuhlrader Moor und Röggeliner See", Mecklenburg-Vorpommern. Vogelwelt 120: 231-235.

HAUPT, H. & R. KAMINSKI (1995): Sind **Silbermöwe** und **Weißkopfmöwe** eigene Arten? Falke 42: 68-73.

HAURI, R. (2003): Über Zweitbruten bei der **Felsenschwalbe** *Ptyonoprogne rupestris*. Monticola 9: 132-140.

HAVELKA, P. & K. HEPP (2001): Der **Kolkrabe** (*Corvus corax*) im nördlichen Baden-Württemberg und den angrenzenden Gebieten. Charadrius 37: 116-122.

HECKENROTH, H. & H. ZANG (1995): **Goldregenpfeifer** – *Pluvialis apricaria*. In: ZANG., H., G. GROSSKOPF & H. HECKENROTH: Die Vögel Niedersachsens, Austernfischer bis Schnepfen. Naturschutz Landschaftspfl. Niedersachs. B, H. 2.5.

HEER, L. (1996): Cooperative Breeding by Alpine Accentors ***Prunella collaris***: Polygynandry, Territoriality and Multiple Paternity. J. Ornithol. 137: 35-51.

HEGELBACH, J. (1984): Untersuchungen an einer Population der **Grauammer** (*Emberiza calandra*): Territorialität, Brutbiologie, Paarbindungssystem, Populationsdynamik und Gesangsdialekt. Diss. Univ. Zürich.

HEIN, K. & K.-H. REISER (2000): Der **Flußregenpfeifer** (*Charadrius dubius*) in Schleswig-Holstein – Verbreitung, Brutbiologie, Wanderungen. Corax 18: 181-204.

HEININGER, P. H. (1991a): Zur Ökologie des **Schneefink**en (*Montifringilla nivalis*): Raumnutzung im Winter und Sommer mit besonderer Berücksichtigung der Winterschlafplätze. Rev. suisse Zool. 98: 897-924.

HEININGER, P. H. (1991b): Anpassungsstrategien des **Schneefink**en *Montifringilla nivalis* an die extremen Umweltbedingungen des Hochgebirges. Ornithol. Beob. 88: 193-207.

HEINZE, G.-M. (2004): Das Großgefieder der **Greifvögel** Niedersachsens - eine Bestimmungshilfe für Mauserfedern, Rupfungen und Totfunde. Teil 1 *Accipitridae* – Habichtartige. CD-Rom. Bezug: gerd-michael.heinze@t-online.de

HEINZE, J. (1994): Bemerkungen zu den Lautäußerungen und zum Verhalten des **Mittelspecht**s *Dendrocopos medius*. Limicola 8: 298-313.

HELLMANN, M., E. GÜNTHER & B. NICOLAI (1997): Bestandsentwicklung, Phänologie und Nahrungsverhalten der **Ringdrossel** *Turdus torquatus* am Brocken von 1990 bis 1997. Ornithol. Jahresber. Mus. Heineanum 15: 1-20.

HELMECKE, A., D. SELLIN, S. FISCHER, J. SADLIK & J. BELLEBAUM (2003): Die aktuelle Situation des **Seggenrohrsänger**s *Acrocephalus paludicola* in Deutschland. Ber. Vogelschutz 40: 81-89.

HENNES, R. (1990): Hinweise zur Methodik der Bestandserfassung des **Rebhuhn**s (*Perdix perdix*). Charadrius 26: 1-5.

HEPP, K., F. SCHILLING & P. WEGNER (Hrsg., 1995): Schutz dem **Wanderfalke**n – 30 Jahre Arbeitsgemeinschaft Wanderfalkenschutz (AGW) – eine Dokumentation. Beih. Veröff. Natursch. Landschaftspfl. Bad.-Württ. 82: 1-392.

HERING, J., E. FUCHS, O. BUŠEK & V. TEPLÝ (2003a): Aktuelle Nachweise des **Dreizehenspecht**es (*Picoides tridactylus*) im tschechischen Erzgebirge. Mitt. Ver. Sächs. Ornithol. 9: 201-208.

HERING, J., E. FUCHS, O. BUŠEK & V. TEPLÝ (2003b): Aktuelle Nachweise der **Alpenbraunelle** (*Prunella collaris*) im tschechischen Erzgebirge. Mitt. Ver. Sächs. Ornithol. 9: 209-213.

HIELSCHER, K. (2001): Brutvogelgemeinschaften in Niedermooren und Habitatwahl des **Schilfrohrsängers** (*Acrocephalus schoenobaenus*). Dissertation, Universität Potsdam.

HIELSCHER, K. & B. RUDOLPH (2001): **Bekassine** – *Gallinago gallinago*. In: ABBO: Die Vogelwelt von Brandenburg und Berlin. Rangsdorf.

HOFF, J. & K. KOFFIJBERG (1990): De roepactiviteit van **Kwartels**. De Grauwe Gors 18: 19-23.

HOLZ, R. & D. SELLIN (1981): Untersuchungen zur Verbreitung und Ökologie der **Waldschnepfe** (*Scolopax rusticola*) in Nordwestmecklenburg (DDR) mit Hilfe einer Rasterkartierung. Zool. Jb. Syst. 108: 36-50.

HOMMA, S. & O. GEITER (2004): Ökologie ausgewählter **Wasservogelarten** (**Gänse / Schwäne**) in Bayern (Bestand, Wanderung, Populationsbiologie, Problempotential, Managementvorschläge). Unveröff. Gutachten Bayer. Landesamt für Umweltschutz. Garmisch-Partenkirchen.

HÖNERT, W. (1780): Etwas vom Fange der wilden **Schwimm- und Sumpfvögel**, als einem besonderen Nahrungszweige im Sanct-Jürgenslande, im Herzogthum Bremen. Hannoverisches Magazin 26.-28. Stück: 401-446.

HÖNTSCH, K. (2001): Brut- und Schlafhöhlen des **Kleinspecht**s *Picoides minor*. Abh. Ber. Mus. Heineanum 5, Sonderheft: 107-120.

HÖNTSCH, K. (2004): **Kleinspecht**: Kleiner Heimlichtuer auf Abwegen. Falke 51: 98-101.

HORMANN, M. & K. MENNING (1997): Der **Sperlingskauz** (*Glaucidium passerinum*) in Hessen. Vogel und Umwelt 9: 33-43.

HUBOUX, R., P. LÉONARD & L.N. ELLISON (1994): Valeur de la méthode du rappel sur itinéraire pour le suivi des populations de mâles de gélinotte des bois (***Bonasa bonasia***). Gibier Faune Sauvage 11: 1-19.

HÜPPELER, S., H. KÖSTER & K.-H. CHRISTMANN (1998): Die **Weißwangengans** (*Branta leucopsis*) – ein neuer Brutvogel am Unteren Niederrhein. Charadrius 34: 54-56.

HÜPPOP, K. & O. HÜPPOP (2004): Atlas zur **Vogelberingung** auf Helgoland. Teil 2: Phänologie im Fanggarten von 1961 bis 2000. Vogelwarte 42: 285-343.

HÜPPOP, O. (1997): Langzeit-Veränderungen der Brutbestände Helgoländer **See- und Küstenvögel**. Seevögel 18: 38-44.

IKEMEYER, D. (2004): Das **Zwillbrocker Venn** – ein EU-Vogelschutzgebiet im westlichen Münsterland. Falke – Taschenkalender für Vogelbeobachter. Wiebelsheim. 173-183.

IRSCH, W. (1994): Zur Biologie des **Orpheusspötter**s (*Hippolais polyglotta* Vieill., 1817) unter besonderer Berücksichtigung der Arealausweitung an der nordöstlichen Verbreitungsgrenze. Abh. Delattinia 21: 5-57.

IRSCH, W. (1996): Der **Orpheusspötter** – Einwanderer aus dem Südwesten. Falke 43: 41-44.

KÖHLER, P., U. KÖHLER, J. PYKAL, E. VON KROSIGK & U. FIRSCHING (1995): Dauerpaare trotz Mauserzug? Paarbildung während der Familienauflösung bei **Schnatterenten** *Anas strepera*. J. Ornithol. 136:167-175.

KOLBE, H. (1999): Die **Entenvögel** der Welt. 5., überarb. Auflage. Stuttgart.

KOLLMANN, R., T. NEUMANN & B. STRUWE-JUHL (2002): Bestand und Schutz des **Seeadlers** (*Haliaeetus albicilla*) in Deutschland und seinen Nachbarländern. Corax 19, Sonderheft 1: 1-14.

KOOIKER, G. (1995): **Bruchwasserläufer** – *Tringa glareola*. In: ZANG., H., G. GROSSKOPF & H. HECKENROTH: Die Vögel Niedersachsens, Austernfischer bis Schnepfen. Naturschutz Landschaftspfl. Niedersachs. B, H. 2.5.

KOOIKER, G. (2000): Empfehlungen zur Methodik von Brutbestandsaufnahmen beim **Kiebitz** *Vanellus vanellus*: Was zählen, wann und wie oft? Ornithol. Jh. Bad.-Württ. 16: 203-207.

KOOIKER, G. & C. V. BUCKOW (1999): Die **Elster**. Wiebelsheim.

KÖPPEN, U. (2000): Zugtrieb oder Zugzwang? Über die saisonalen Wanderungen ostdeutscher **Mäusebussard**e *Buteo buteo*. Populationsökol. Greifvogel- u. Eulenarten 4: 179-195.

KÖRNER, F. (1993): Brutbestand und Bruterfolg der **Trauerseeschwalbe** (*Chlidonias niger*) am Dümmer 1993. Naturschutzring Dümmer e.V. (unveröff. Gutachten).

KÖRNER, F. & U. MARXMEIER (1998): Brutbestand und Bruterfolg der **Trauerseeschwalbe** am Dümmer 1998. Merkblatt 1/1998.

KORTLANDT, A. (1995): Patterns of pair-formation and nest-building in the European Cormorant ***Phalacrocorax carbo*** *sinensis*. Ardea 83: 11-25.

KÖSTER, R. & M. RENNER (1990): Erste erfolgreiche Brut eines **Grünlaubsänger**s *Phylloscopus trochiloides* in Deutschland. Limicola 4: 307-308.

KOSTRZEWA, A. (1985): Zur Biologie des **Wespenbussard**s (*Pernis apivorus*) in Teilen der Niederrheinischen Bucht mit besonderen Anmerkungen zur Methodik bei Greifvogeluntersuchungen. Ökol. Vögel 7: 113-134.

KOSTRZEWA, R. (1985): Arbeitsanleitung für Bestandsaufnahmen und Brutkontrollen beim **Turmfalke**n (*Falco tinnunculus*) als Voraussetzung für population ökologische Untersuchungen. Vogelwelt 106: 188-191.

KOSTRZEWA, R. (1988): Die Dichte des **Turmfalke**n (*Falco tinnunculus*) in Euro :: Übersicht und kritische Betrachtung. Vogelwarte 34: 216-224.

KOSTRZEWA, R. & A. KOSTRZEWA (1993): Der **Turmfalke**. Wiesbaden.

KOSTRZEWA, R. & A. KOSTRZEWA (1997): Der Bruterfolg des **Turmfalke**n *lco tinnunculus* in Deutschland: Ergebnisse 1985-1994. J. Ornithol. 138: 73- .

KRAATZ, S. & K.-H. BEYER (2002): Der **Waldwasserläufer** – Nachmieter in Drosselnestern. Falke 49: 132-138.

KRÄGENOW, P. (1986): Der **Buchfink**. Neue Brehm-Bücherei 527. Wittenberg.

KRAUS, M. & W. KRAUSS (1999): Die **Schellente** *Bucephala clangula* in der Oberpfalz: Bestandsentwicklung und Bemerkungen zur Brutbiologie. Ornithol. Anz. 38: 149-160.

KRAUS, M. & W. KRAUSS (2000): Vorkommen und Brutbestand der **Kolbenente** *Netta rufina* im „Fränkischen Weihergebiet" und weitere neue Brutplätze in Nordbayern. Ornithol. Anz. 39: 175-186.

KREUZIGER, J. (2001): Ergebnisse der **Goldammer**-Erfassung (*Emberiza citrinella*) in Hessen 1999. Vogel und Umwelt 12: 47-53.

KREUZIGER, J. & H. ZETTEL (1998): Zur Bestandsentwicklung und Phänologie der größten hessischen **Graureiher**kolonie (*Ardea cinerea*) im Europareservat Kühkopf-Knoblauchsaue (Kreis Groß-Gerau). Collurio 16: 47-55.

KROYMANN, B.(1969): Eine Brut der **Bekassine** bei Böblingen. Jh. Ver. Vaterl. Naturkde. Württ. 124: 278-280.

KRUCKENBERG, H. & T. HASSE (2004): **Nonnengänse** (*Branta leucopsis*) als Brutvögel an der Unterems. Vogelkdl. Ber. Niedersachs. 36: 83-87.

KRÜGER, S. (1979): Der **Kernbeißer**. Neue Brehm-Bücherei 525. Wittenberg.

KRÜGER, S. (1987): Die **Enten** der Oberlausitz. Abh. Ber. Naturkundemus. Görlitz 61 (6): 1-16.

KRÜGER, S. (1989): Der **Brachpieper**. Neue Brehm-Bücherei 598. Wittenberg.

KRÜGER, S. (1991): **Girlitz**, **Stieglitz** und **Kernbeißer** in der Oberlausitz. Abh. Ber. Naturkundemus. - Forsch.stelle - Görlitz 64 (9): 1-7.

KRÜGER, S. (2001): Die Vogelwelt des Altkreises **Hoyerswerda**. **Singvögel** - Passeres. Hoyerswerda.

KRÜGER, S. (2003): Die Vogelwelt des Altkreises **Hoyerswerda**. **Nicht-Singvögel** – Nonpasseriformes. Hoyerswerda.

KRÜGER, T. (2002): Verbreitung, Bestand und Habitatwahl des **Blaukehlchen**s (*Luscinia svecica cyanecula*) in Niedersachsen 2001: Ergebnisse einer landesweiten Erfassung. Vogelkdl. Ber. Niedersachs. 34: 1-21.

KRÜGER, T. (2004): Wegzugbestand des **Goldregenpfeifer**s *Pluvialis apricaria* in Niedersachsen: Ergebnisse einer landesweiten Synchronzählung am 11./12. Oktober 2003. Vogelkdl. Ber. Niedersachs. 36: 35-52.

KUHNEN, K. (1978): Zur Methodik der Erfassung von **Uferschwalbe**n (*Riparia riparia*) – Populationen. Vogelwelt 99: 161-176.

KUNZ, A. (1998): Die Brutzeitverbreitung des **Tannenhäher**s (*Nucifraga caryocatactes)* in Rheinland-Pfalz. Flora Fauna Rheinland-Pfalz 8: 1195-1205.

LAMBERT, K. (2001): Brut des **Stelzenläufers** *Himantopus himantopus* 1999 in Mecklenburg-Vorpommern. Berichte Vogelwarte Hiddensee 16: 171-174.

LANDMANN, A. (1991): Habitatpräferenzen, Dynamik der Raumnutzung und Bestandsstruktur bei **Dorfamseln** (*Turdus merula*). J. Ornithol. 132: 303-318.

LANG, E. (1986): Brutphänologie und Reproduktionsrate der **Hohltaube** (*Columba oenas* L.) auf der Schwäbischen Alb (Ostalb). Ökol. Vögel 8: 67-84.

LANGE, G. (1964): Kleine Populationsstudie am **Schilfrohrsänger** *(Acrocephalus schoenobaenus)* in der Hamme-Niederung bei Bremen. Mitt. Bremer Natursch.-Gesellsch. 1964: 35-45.

LANGGEMACH, T. & P. SÖMMER (1996): Zur Situation und zum Schutz der **Adlerarten** in Brandenburg. Otis 4: 78-143.

LANGGEMACH, T. (2001): Kaffeebraune Vögel mit gespreizten Handschwingen – über einige Defizite in der Kenntnis des **Schreiadler**s (*Aquila pomarina*) in Deutschland. Acta ornithoecol. 4: 279-286.

LANGGEMACH, T., T. BLOHM & T. FREY (2001): Zur Habitatstruktur des **Schreiadler**s (*Aquila pomarina*) an seinem westlichen Arealrand – Untersuchungen aus dem Land Brandenburg. Acta ornithoecol. 4: 237-267.

LANGGEMACH, T., P. SÖMMER, W. KIRMSE, CH. SAAR & G. KLEINSTÄUBER (1997): Erste Baumbrut des **Wanderfalke**n *Falco p. peregrinus* in Brandenburg zwanzig Jahre nach dem Aussterben der Baumbrüterpopulation. Vogelwelt 118: 79-94.

LANZ, U. (2002): 20 Jahre Artenhilfsprogramm **Wanderfalke**. Landesbund f. Vogelschutz e.V. und Bayerisches Landesamt f. Umweltschutz. Augsburg.

LEHMANN, R. (2002): Brutbestandsentwicklung, Habitatwahl und Interaktion von Elster *Pica pica* und **Nebelkrähe** *Corvus corone cornix* im Bezirk Prenzlauer Berg von Berlin. Vogelwelt 123: 213-221.

LEHMANN, R., G. DEGEN & G. JAESCHKE (1986): Bestandsuntersuchungen an der **Elster**, *Pica pica* (L.) in drei Berliner Innenstadtbezirken. Pica 11: 2-14.

LEIBL, F. (2001): Bestandsentwicklung und Brutbiologie des **Nachtreiher**s *Nycticorax nycticorax* in Ostbayern. Vogelwelt 122: 95-99.

LEIBL, F. & A. VIDAL (1991): Zur Situation des **Nachtreiher**s *Nycticorax nycticorax* im ostbayerischen Donautal zwischen Regensburg und Straubing. Ornithol. Anz. 30: 21-26.

LEISLER, B. (1985): Lebensraumansprüche und mögliche Gefährdungsursachen des **Drosselrohrsänger**s (*Acrocephalus arundinaceus*). Ber. Dtsch. Sekt. Int. Rat Vogelschutz 25: 127-136.

LEISLER, B. (1989): Grundlagen für den Artenschutz des **Drosselrohrsänger**s (*Acrocephalus arundinaceus*): Lebensraumansprüche und mögliche Gefährdungsursachen. Schriftenreihe Bayer. Landesamt für Umweltschutz 92: 29-36.

LEVER, C. (1990): The **Mandarin Duck**. Shire Natural History 53. Princes Risborough.

LIESER, M. (1994): Untersuchungen der Lebensraumansprüche des **Haselhuhn**s (*Bonasa bonasia* L. 1758) im Schwarzwald im Hinblick auf Maßnahmen zur Arterhaltung. Ökol. Vögel 16, Sonderheft: 1-117.

LILLE, R. (1988): Art- und Mischgesang von **Nachtigall** und **Sprosser** (*Luscinia megarhynchos, L. luscinia*). J. Ornithol. 129: 133-159.

LITZBARSKI, B. & H. LITZBARSKI (1999): Zur Fortpflanzungsbiologie der **Großtrappe** (*Otis tarda* L.) in Brandenburg. Otis 7: 122-133.

LITZBARSKI, B., H. LITZBARSKI & S. PETRICK (1987): Zur Ökologie und zum Schutz der **Großtrappe** (*Otis tarda* L.) im Bezirk Potsdam. Acta ornithoecol. 1: 199-244.

LLOYD, C., M. L. TASKER & K. PARTRIDGE (1991): The status of **seabirds** in Britain and Ireland. London.

LOHMANN, G. & D. SCHMIDT (2000): Die Ausbreitung der mitteleuropäischen Brutpopulation des **Fischadlers** *Pandion haliaetus* nach Westen – dargestellt am Beispiel des Havellandes. Populationsökol. Greifvogel- u. Eulenarten 4: 133-142.

LÖHRL, H. (1979): Zur Brutbiologie einer Population des **Waldbaumläufers** *Certhia familiaris*. Ökol. Vögel 1: 127-132.

LÖHRL, H. (1991): Die **Haubenmeise**. Neue Brehm-Bücherei 609. Wittenberg.

LORENZ, K. (1982): Das Jahr der **Graugans**. München.

LOSKE, K.-H., S. GLINKA & M. JÖBGES (1999): Bestandserfassung und Verbreitung der **Uferschwalbe** (*Riparia riparia)* 1998 in NRW. LÖBF-Mitt. 24 (2): 51-59.

LOSKE, K.-H. & T. LAUMEIER (1999): Bestandsentwicklung der **Uferschwalbe** *Riparia riparia* in Mittelwestfalen. Vogelwelt 120: 133-139.

LÜBCKE, W. (1975): Zur Ökologie und Brutbiologie der **Wacholderdrossel** (*Turdus pilaris*). J. Ornithol. 116: 281-296.

LÜBCKE, W. & R. FURRER (1985): Die **Wacholderdrossel**. Neue Brehm-Bücherei 569. Wittenberg.

LUDWICHOWSKI, I. & S. BRÄGER (2003): Der Brutbestand der **Weißwangengans** (*Branta leucopsis*) auf einer ostholsteinischen Möweninsel: Herkunft und Populationskontakte. Corax 19: 225-226.

MÄCK, U. & M.-E. JÜRGENS (1999): **Aaskrähe**, **Elster** und **Eichelhäher** in Deutschland. Bericht über den Kenntnisstand und die Diskussionen zur Rolle von Aaskrähe (*Corvus corone*), Elster (*Pica pica*) und Eichelhäher (*Garrulus glandarius*) im Naturhaushalt sowie die Notwendigkeit eines Bestandsmanagements. Bonn-Bad Godesberg.

MAMMEN, U. (1999): Monitoring von **Greifvogel**- und **Eulen**arten: Anspruch und Wirklichkeit. Egretta 42: 4-16.

MAMMEN, U., T. BAHNER, J. BELLEBAUM, W. EIKHORST, S. FISCHER, I. GEIERSBERGER, A. HELMECKE, J. HOFFMANN, G. KEMPF, O. KÜHNAST, S. PFÜTZKE & A. SCHOPPENHORST (in Vorber.): Grundlagen und Maßnahmen für die Erhaltung des **Wachtelkönigs** und anderer Wiesenvögel in Feuchtgrünlandgebieten. Ergebnisse eines Forschungs- und Entwicklungsvorhabens des Bundesamtes für Naturschutz, durchgeführt vom Landesbund für Vogelschutz in Bayern e.V. Angew. Landschaftsökologie, Bonn.

MANN, P., H. HERLYN & H. UNTHEIM (1990): Bestandssituation und Habitat der **Zippammer** *Emberiza cia* im Südschwarzwald. Vogelwelt 111: 142-155.

Mannes, P. & R. Alpers (1975): Über Fehlergrenzen bei **Siedlungsdichte**-Untersuchungen an **höhlenbrütenden Singvögel**n nach der Kartierungsmethode. J. Ornithol. 116: 308-314.

Marchant, J. (1994): The new **Breeding Bird Survey**. Brit. Birds 87: 26-28.

Marcström, V., R. Brittas & E. Engren (1982): Habitat use by **tetraonids** during summer – a pilot study. In: Proc. 2nd Int. Symp. on Grouse 1981, World Pheasant Association. T. Lovel (Ed.). Edinburgh: 148-153.

Marxmeier, U. (2001): Niedersachsenweite **Haubentaucher**kartierung. NOV-Mitteilungen Nr. 6: 8-11.

Mauersberger, G. (1977): Über die Nestbauweise der einheimischen **Möwenarten** (***Larus ridibundus, canus, argentatus*** und ***melanocephalus***). Ornithol. Jahresber. Mus. Heineanum 2: 47-95.

Mebs, T. & W. Scherzinger (2000): Die **Eulen** Europas. Biologie, Kennzeichen, Bestände. Stuttgart.

Meier-Peithmann, W. (1994): Der **Ortolan** (*Emberiza hortulana*) im Hannoverschen Wendland: Verbreitung, Siedlungsdichte, Habitat, Bestandsentwicklung. In: Steiner, H. M. (Hrsg.): 1. Ortolan-Symposium Wien 1992: 147-165.

Meinecke, H. (1997): Zur Flexibilität der Brutplatzwahl bei Greifvögeln – insbesondere des **Baumfalke**n *Falco subbuteo*. Jahresber. Ornithol. Arb.gem. Oldenbg. 14: 81-98.

Melde, M. (1971): Der **Mäusebussard**. Neue Brehm-Bücherei 185. 2. Aufl., Wittenberg.

Melde, M. (1984): Der **Waldkauz**. Neue Brehm-Bücherei 564. Wittenberg.

Melde, M. & F. Melde (1991): Die **Singdrossel**. Neue Brehm-Bücherei 611. Wittenberg.

Meltofte, H., J. Blew, J. Frikke, H.-U. Rösner & C. J. Smit (1994): Numbers and distribution of **waterbirds** in the **Wadden Sea**. Results and evaluation of 36 simultaneous counts in the Dutch-German-Danish Wadden Sea 1980-1991. IWRB-Publication 34/ Wader Study Group Bull. 74, Special issue; Hrsg.: Common Secretariat for the Cooperation on the Protection of the Wadden Sea, Wilhelmshaven.

Mewes, W. (1996): Bruthabitatnutzung des **Kranich**s in Deutschland. Vogelwelt 117: 111-118.

Mewes, W. (1999): Zur Reproduktion des **Kranich**s *Grus grus* in Deutschland. Vogelwelt 120: 251-260.

Miera, C. (1999): Zur Brutphänologie des **Bluthänfling**s (*Carduelis cannabina*) in der Uckermark. Otis 7: 185-187.

Mitschke, A. (1998): Schwerpunkte des **Brutvogelschutz**es unter besonderer Berücksichtigung europaweiter Bestandstrends und der besonderen **Verantwortung** Niedersachsens für einzelne Arten. Unveröff. Gutachten i. A. des Niedersächs. Landesamtes für Ökologie, Staatl. Vogelschutzwarte, Hannover.

MIZERA, T., R. UHLIG, M. KALISINSKI, J. MUNDT & R. CZERASZKIEWICZ (1994): Brutverbreitung, Mauser, Nichtbrüter- und Winterbestand des **Gänsesäger**s *Mergus merganser* im Einzugsgebiet der Oder. Vogelwelt 115: 155-162.

MÖCKEL, R. (1988): Die **Hohltaube**. Neue Brehm-Bücherei 590. Wittenberg.

MÖCKEL, R. (1990): Zur Brutbiologie der **Haubenmeise** (*Parus cristatus*) im Westerzgebirge. Acta ornithoecol. 2: 143-169.

MÖCKEL, R., F. BROZIO & H. KRAUT (1999): **Auerhuhn** (*Tetrao urogallus*) und Landschaftswandel im Flachland der Lausitz. Mitt. Ver. Sächs. Ornithol. 8: Sonderheft 1.

MÖLLER, A. P. (1982): Coloniality and colony structure in Gull-billed Terns ***Gelochelidon nilotica***. J. Ornithol. 123: 41-53.

MÖLLER, B. (2001): Bestandsentwicklung und Bruterfolg des **Baumfalke**n (*Falco subbuteo*) im Landkreis Hildesheim. Vogelkdl. Ber. Niedersachs. 33: 35-42.

MOOIJ, J. (1998): Die **Nilgans** – ein etablierter Neubürger in Westeuropa. Falke 45: 338-343.

MORITZ, V. (1997): **Wiesenweihe**n *Circus pygargus* in den Landkreisen Oldenburg und Diepholz. Jahresber. Ornithol. Arb.gem. Oldenbg. 14: 99-110.

MORITZ, V. (2001): Heute hier - morgen dort: **Sprosser** *Luscinia luscinia* in Westniedersachsen und Bremen. Jahresber. Ornithol. Arb.gem. Oldenbg. 16: 12-29.

MOROZOV, N. (1994): Reliability of the mapping methods for censusing Blue Tits ***Parus caeruleus***. Ornis Fennica 71: 102-108.

MÜLLER, A. & H. ILLNER (2001): Erfassung des **Wachtelkönig**s in Nordrhein-Westfalen 1998-2000. LÖBF-Mitteilungen 26 (2): 36-51

MÜLLER, H. E. J. & D. KÖNIGSTEDT (1989): Bemerkungen zu Balz, Brut und Bestimmung der **Doppelschnepfe** *Gallinago media*. Limicola 3: 197-216.

MÜLLER, J. & D. SCHMIDT (1998): **Fischadler** und Forstwirtschaft. Allg. Forst-Z. / Der Wald 17: 902-904.

MULSOW, R. (1996): **Ringeltaube** – *Columba palumbus*. In: GARTHE, S. (Hrsg.): Die Vogelwelt von Hamburg und Umgebung. Bd. 3, Neumünster.

MÜNCH, C. & K. WESTERMANN (2002): Der Männchenbestand der **Waldschnepfe** (*Scolopax rusticola*) im Waldkomplex Wellenbösche/Schildbretthurst (nördlicher Ortenaukreis) während der Brutzeit 2001. Natursch. südl. Oberrhein 3: 129-142.

MÜNCH, H. (2003): Die **Kreuzschnäbel**. Neue Brehm-Bücherei 634. Hohenwarsleben.

MUNDT, J. (2002): Anmerkungen zu Habitatwahl, Balz und Bestimmung der **Doppelschnepfe** *Gallinago media*. Limicola 16: 85-95.

NACHTIGALL, W. & O. ZINKE (2003): Die Brutplätze des **Eisvogel**s (*Alcedo atthis*) in der Oberlausitz. Charadrius 39: 58-64.

NICOLAI, B. (1990): Spätbruten des **Hausrotschwanz**es (*Phoenicurus ochruros*) und ihre Einordnung in die Brutphänologie. Ornithol. Rundbr. Mecklenb.-Vorp. 33: 38-43.

NICOLAI, B. (2002): Ökologie und Brutbiologie des **Hausrotschwanz**es *Phoenicurus ochruros gibraltariensis* (S.G. GMELIN 1774) in Halberstadt. Ornithol. Jahresber. Mus. Heineanum 20: 3-55.

NICOLAI, B. & A. KOSTRZEWA (2001): **Rotmilan**. In: KOSTRZEWA, A. & G. SPEER (Hrsg.): Greifvögel in Deutschland. Bestand, Situation, Schutz. 2. Aufl., Wiesbaden: 20-24.

NIEHAUS, G. (2001): Erste erfolgreiche Brut der **Schwarzkopf-Ruderente** *Oxyura jamaicensis* in Deutschland. Limicola 15: 259-261.

NIEHUES, F.-J. & M. SCHWÖPPE (2001): Die **Trauerseeschwalbe**: eine vom Aussterben bedrohte Art. LÖBF-Mitteilungen 26 (2): 28-35.

NIEHUIS, M., C. DIETZEN & G. FREUDLIEB (2003): Erster Brutnachweis der **Zwergohreule** (*Otus scops*) in Rheinland-Pfalz (Dritter Brutnachweis für Deutschland). Flora Fauna Rheinland-Pfalz 10: 149-156.

NIJLAND, F. (2000): Lammetjes in de lucht: territoriumkartering van Watersnippen ***Gallinago gallinago*** nader bekeken. Limosa 73: 1-6.

NITSCHE, G. (1993): Brutvorkommen der **Hohltaube** *Columba oenas* in den Schlierseer Bergen (Bayerische Alpen). Ornithol. Anz. 32: 129-139.

NOAH, T. (2002): Zweitbrut und Polygynie beim **Karmingimpel** *Carpodacus erythrinus*. Limicola 16: 70-84.

NORGALL, A. (1995): Revierkartierung als zielorientierte Methodik zur Erfassung der „Territorialen Saison-Population" beim **Rotmilan** (*Milvus milvus*). Vogel und Umwelt 8, Sonderheft: 147-164.

OEHLSCHLAEGER, S. & T. RYSLAVY (2002): Brutbiologie des **Wiedehopf**es *Upupa epops* auf den ehemaligen Truppenübungsplätzen bei Jüterbog, Brandenburg. Vogelwelt 123: 171-188.

OELKE, H., J. SCHIERER & W. WINKELMANN (1970): **Winter bird censuses** of an oakpine forest in Northwest Germany, a methodological study. In: SVENSSON, S. (Hrsg.): Bird Census Work and Environmental Monitoring. Bull. Ecol. Committee 9: 40-46.

ÖLSCHLEGEL, H. (1985): Die **Bachstelze**. Neue Brehm-Bücherei 571. Wittenberg.

OPPERMANN, R. (1999): Nahrungsökologische Grundlagen und Habitatansprüche des **Braunkehlchen**s *Saxicola rubetra*. Vogelwelt 120: 7-25.

ORTLIEB, R. (1987): Die **Sperber**. Neue Brehm-Bücherei 523. 3. Aufl., Wittenberg.

OTTO, W. (2003): Methodische Vorgaben zur Erfassung **ausgewählter Brutvogelarten**. Unveröff. Bearbeitung i. Auftr. Landesamt für Umweltschutz Sachsen-Anhalt.

OUWENEEL, G. L. (2001): Snelle groei van de broedpopulatie Brandganzen ***Branta leucopsis*** in het Deltagebied. Limosa 74: 137-146.

Pakkala, T., J. Tiainen, H. Lindén, J. Piiroinen, M. Vickholm & E. Virolainen (1983): A comparison of different methods in censusing the **hazel grouse**. Ann. Zool. Fennici 20: 25-29.

Pannach, G. (1999): Der **Schwarzschwan** *Cygnus atratus* in Europa. Teil 1: Nachweise aus West-, Nord- und Mitteleuropa. Ornithol. Mitt. 51: 202-211.

Pannach, G. (2000a): Der **Schwarzschwan** *Cygnus atratus* in Europa. Teil 2: Nachweise aus Mitteleuropa (Österreich und Schweiz). Ornithol. Mitt. 52: 96-102.

Pannach, G. (2000b): Der **Schwarzschwan** *Cygnus atratus* in Europa. Teil 3: Nachweise aus Mitteleuropa (Schleswig-Holstein und Hamburg). Ornithol. Mitt. 52: 265-273.

Pannach, G. (2001a): Der **Schwarzschwan** *Cygnus atratus* in Europa. Teil 4: Nachweise aus Mecklenburg-Vorpommern. Ornithol. Mitt. 53: 67-73.

Pannach, G. (2001b): Der **Schwarzschwan** (*Cygnus atratus*) in Europa. Teil 5: Nachweise aus Brandenburg (Berlin), Sachsen-Anhalt und Sachsen. Ornithol. Mitt. 53: 269-276.

Pannach, G. (2002): Der **Schwarzschwan** *Cygnus atratus* in Europa. Teil 6: Nachweise aus Niedersachsen. Ornithol. Mitt. 54: 143-148.

Pätzold, R. (1982): Das **Rotkehlchen**. Neue Brehm-Bücherei 520. 2. Aufl., Wittenberg.

Pätzold, R. (1986): **Heidelerche** und **Haubenlerche**. Neue Brehm-Bücherei 440. 2. Aufl., Wittenberg.

Pechacek, P. (2003): Ist der **Dreizehenspecht** (*Picoides tridactylus*) auf dem Vormarsch? Mitt. Ver. Sächs. Ornithol. 9: 193-200.

Pechacek, P. (2004): **Dreizehenspecht**: Aus dem Leben eines Bergwaldbewohners. Falke 51: 88-91.

Pechacek, P. & W. d´Oleire-Oltmanns (Hrsg., 2003): International **Woodpecker** Symposium. Nationalpark Berchtesgaden. Forschungsber. 48.

Pessner, K. & B. Hartung (1989): Zur Brutbiologie der **Waldohreule**. Teil 2. Falke 36: 194-200, 225-227.

Petrick, S. (1996): Zur Brutplatzwahl der **Großtrappe** (*Otis t. tarda* L., 1758). Natursch. Landschaftspfl. Brandenburg 5: 99-102.

Pfeifer G. (2003): Die **Vögel** der Insel **Sylt**. Husum.

Piechocki, R. (1991): Der **Turmfalke**. Neue Brehm-Bücherei 116. 7. Aufl., Wittenberg.

Piechocki, R. & R. März (1985): Der **Uhu**. Neue Brehm-Bücherei 108. 5. Aufl., Wittenberg.

Projektgruppe "Ornithologie und Landschaftsplanung" der Deutschen Ornithologen-Gesellschaft (1995): Qualitätsstandards für den Gebrauch vogelkundlicher Daten in raumbedeutsamen Planungen. Minden.

PUCHSTEIN, K. (1995): Besiedlungsdynamik und Habitatwahl der **Elster** in einem Kleinstadtbiotop Schleswig-Holsteins. Ber. Vogelschutz 33: 15-22.

QUEDENS, G. (1983): Die **Vogelwelt** der Insel **Amrum**. Hamburg.

RANDLER, C. (2000): Verbreitung, Bestand und Siedlungsdichte des **Mittelspecht**s *Dendrocopos medius* im Stromberg, Nordwürttemberg. Ornithol. Anz. 39: 197-206.

RANFTL, H. & W. DORNBERGER (1998): Erster mitteleuropäischer Brutnachweis des **Grünschenkel**s *Tringa nebularia* in Bayern. Limicola 12: 258-262.

REUSSE, P., M. WALTER, W. LUX & P. KNEIS (2001): Bruten der **Moorente** (*Aythya nyroca*) in zwei Teichgebieten an der unteren Röder in Südbrandenburg und Nordsachsen in den Jahren 1999 und 2000. Acta ornithoecol. 4: 405-409.

RIEDINGER, H.-J. (1974): Beobachtungen zur Brutbiologie und zum Verhalten des **Berglaubsänger**s *Phylloscopus bonelli* auf der Schwäbischen Alb. Anz. Ornithol. Ges. Bayern 13: 171-197.

ROBEL, D. (1986): Zur Ausfliegeperiode von jungen **Blauracke**n (*Coracias garrulus*). Beitr. Vogelkd. 32: 313-316.

ROBEL, D. (1991): Die bisher letzte Brut der **Blauracke** *Coracias garrulus* in Deutschland - gescheitert. Vogelwelt 112: 148-149.

ROCHLITZER, R. (1969): Der **Schreiadler** Brutvogel an der Mittelelbe. Apus 1: 277-281.

ROCKENBAUCH, D. (1998): Der **Wanderfalke** in Deutschland und umliegenden Gebieten. Band 1. Ludwigsburg.

ROCKENBAUCH, D. (2002): Der **Wanderfalke** in Deutschland und umliegenden Gebieten. Band 2. Ludwigsburg.

RÖHRS, U. & V. LASKE (2000): Artenhilfsprogramme für prioritär zu behandelnde Vogelarten in Niedersachsen - **Arten des Lebensraums Heide**. Unveröff. Gutachten i. A. des Niedersächs. Landesamtes f. Ökologie, Staatl. Vogelschutzwarte. Hannover.

RUDAT, V. (1984): Zur Erfassung von Vorkommen des **Tannenhäher**s (*Nucifraga c. caryocatactes*). Ornithol. Jahresber. Mus. Heineanum 8/9: 77-85.

RUPP, J. & F. SAUMER (1996): Die Wiederbesiedlung des Kaiserstuhls durch den **Bienenfresser** (*Merops apiaster*). Natursch. südl. Oberrhein 1: 83-92.

RUTSCHKE, E. & D. KNUTH (1977): Zur Brutverbreitung der **Moorente** (*Aythya nyroca*) in der DDR. Potsdamer Forschungen, Naturw. R. B, H. 9: 65-70.

RUTSCHKE, E. (1989): Die **Wildenten** Europas. Berlin.

RUTSCHKE, E. (1992): Die **Wildschwäne** Europas. Berlin.

SABATHY, E. (1998): Zum Vorkommen der **Zwergrohrdommel** (*Ixobrychus minutus*) in Wien unter Berücksichtigung methodischer Aspekte der Bestandserfassung. Egretta 41: 67-89.

SACKL, P. (1993): Beobachtungen zum Thermiksegeln und zur Flugbalz des **Schwarzstorch**s (*Ciconia nigra*). Ökol. Vögel 15: 1-16.

Saemann, D. (1975): Studien an einer Großstadtpopulation der **Türkentaube** *Streptopelia decaocto* im Süden der DDR. Hercynia 12: 361-388.

Saga, T. & J. Kear (1990): **Schwäne**. München.

Saniga, M. (2000): Characteristic types of flight and climbing and variability in coloration of the throat and breast of the Wallcreeper ***Tichodroma muraria***. Monticola 8: 225-233.

Schäffer, N. (1994): Methoden zum Nachweis von Bruten des **Wachtelkönig**s *Crex crex*. Vogelwelt 115: 69-73.

Schäffer, N. (1995): Rufverhalten und Funktion des Rufens beim **Wachtelkönig** *Crex crex*. Vogelwelt 116:141-151.

Schäffer, N. (1999): Habitatwahl und Partnerschaftssystem von **Tüpfelralle** *Porzana porzana* und **Wachtelkönig** *Crex crex*. Ökol. Vögel 21: 1-267.

Schäffer, N. & U. Lanz (1997): Aufruf zur Erfassung von **Wachtelkönig**-Vorkommen in Deutschland. Vogelwelt 118: 248-250.

Schaub, M. (1996a): Zum Ansiedlungsverhalten des **Rotkopfwürger**s *Lanius senator* in der Nordwestschweiz. Ornithol. Beob. 93: 163-168.

Schaub, M. (1996b): Jagdverhalten und Zeitbudget von **Rotkopfwürger**n *Lanius senator* in der Nordwestschweiz. J. Ornithol. 137: 93: 213-227.

Scheiffarth, G. (1989): Aktivitäts- und Verhaltensmuster des **Austernfischer**s (*Haematopus ostralegus* L.) zur Brutzeit, unter besonderer Berücksichtigung des Territorial- und Nahrungssucheverhaltens. Dipl.arb., Universität Köln.

Scheller, W., U. Bergmanis, B.-U. Meyburg, B. Furkert, A. Knack & S. Röper (2001): Raum-Zeit-Verhalten des **Schreiadler**s (*Aquila pomarina*). Acta ornithoecol. 4: 75-236.

Scheller, W., E. Franke, J. Matthes, M. Neubauer & Ch. Scharnweber (2001): Verbreitung, Bestandsentwicklung und Lebensraumsituation des **Schreiadler**s *Aquila pomarina* in Mecklenburg-Vorpommern. Vogelwelt 122: 233-246.

Scherner, E. R. (1983): Der Begriff des Brutbestandes am Beispiel der **Kohlmeise** (*Parus major*). Ökol. Vögel 5: 231-254.

Scherzinger, W. (1980): Zur Ethologie der Fortpflanzung und Jugendentwicklung des **Habichtskauz**es (*Strix uralensis*) mit Vergleichen zum **Waldkauz** (*Strix aluco*). Bonner Zool. Monogr. 15: 1-66.

Scherzinger, W. (1982): Die **Spechte** im Nationalpark Bayerischer Wald. Schriftenr. Bayer. Staatsmin. Ernährung, Landwirtsch. Forsten 9: 1-119.

Scherzinger, W. (1987): Der **Uhu** *Bubo bubo* L. im Inneren Bayerischen Wald. Anz. Ornithol. Ges. Bayern 26: 1-51.

Scherzinger, W. (2004): **Spechte** im Wald von heute: Altholz, Totholz, Waldlichtungen. Falke 51: 74-77.

Scheufler, H. & A. Stiefel (1985): Der **Kampfläufer**. Neue Brehm-Bücherei 574. Wittenberg.

SCHIFFERLI, L. & R. LUDER (1983): **Vögel im Alpenraum**. Bericht 1983 der Schweizerischen Vogelwarte Sempach zuhänden der „Gemeinschaft der Freunde der Vogelwarte".

SCHLÄPFER, A. (1988): Populationsökologie der **Feldlerche** *Alauda arvensis* in der intensiv genutzten Agrarlandschaft. Ornithol. Beob. 85: 309-371.

SCHMIDT, D. (2000): Der **Alpensegler** (*Tachymarptis melba*) in Freiburg im Breisgau – Dynamik einer Population. Natursch. südl. Oberrhein 3: 35-44.

SCHMIDT, D. & R. WAHL (2001): Horst- und Partnertreue beringter **Fischadler** *Pandion haliaetus* in Ostdeutschland und Zentralfrankreich. Vogelwelt 122: 129-140.

SCHMIDT, D., S. HEROLD, H. LANGE & P. REUSSE (i. Dr.): Zur Philopatrie des **Fischadler**s *Pandion haliaetus* in Deutschland – Zwischenergebnisse des Farbringprogrammes 1995-2004. Populationsökol. Greifvogel- und Eulenarten 5: im Druck.

SCHMIDT, M. & D. SCHMIDT (1996): Zur Situation des **Alpensegler**s *Apus melba* in Freiburg im Breisgau 1990-1995. Vogelwelt 117: 355-358.

SCHNEIDER, W. (1972): Der **Star**. Neue Brehm-Bücherei 248. 2. Aufl., Wittenberg Lutherstadt.

SCHNEIDER, W. (1977): **Schleiereule**n. Neue Brehm-Bücherei 340. 2. Aufl., Wittenberg Lutherstadt.

SCHÖNENBERGER, A. & H.-G. BAUER (2002): Bruthabitat und –phänologie des **Steinrötel**s *Monticola saxatilis* im Bregenzerwald (Vorarlberg, Österreich). Vogelwelt 123: 1-7.

SCHÖNFELD, M. (1978): Der **Weidenlaubsänger**. Neue Brehm-Bücherei 511. Wittenberg.

SCHÖNFELD, M. (1982): Der **Fitislaubsänger**. Neue Brehm-Bücherei 539. Wittenberg.

SCHÖNFELD, M. (1994): Die **Beutelmeise**. Neue Brehm-Bücherei 599. Magdeburg.

SCHÖNN, S. & W. SCHERZINGER (1980): Der **Sperlingskauz** *Glaucidium passerinum passerinum*. Neue Brehm-Bücherei 513. Wittenberg.

SCHÖNN, S., W. SCHERZINGER, K. EXO & R. ILLE (1991): Der **Steinkauz**. Neue Brehm-Bücherei 606. Wittenberg.

SCHÖPF, H. (1989): Der **Steinadler** in den Bayerischen Alpen. Laufener Seminarbeitr. 1/89: 57-59.

SCHOPPENHORST, A. (1996): Methodik zur Erfassung der Bruterfolge ausgewählter **Wiesenbrüter** im Bremer Raum im Rahmen eines integrierten Populationsmonitorings. Bremer Beitr. Naturkd. Natursch. 1: 19-25.

SCHOPPENHORST, A., W. EIKHORST & S. PFÜTZKE (1998): Populationsökologische Analyse der **Wachtelkönig**vorkommen in den Wümmewiesen (Bremer Becken). Gutachten i. A. des Landesbundes für Vogelschutz in Bayern e.V. (LBV).

SCHRÖDER, K. & T. SCHIKORE (2004): **Wiesenvögel** in der Naturlandschaft Niedersachsen: Überlegungen zu alternativen Schutzkonzepten. In: KRÜGER, T. & P. SÜDBECK (Hrsg.): Wiesenvogelschutz in Niedersachsen. Natursch. Landschaftspfl. Niedersachsen 41: 90-105.

SCHRÖDER, K., T. SCHIKORE, M. RICHTER, W. EIKHORST & K. KOFFIJBERG (in Vorber. 2005): Verbreitung, Bestand und Habitatwahl des **Wachtelkönig**s *Crex crex* in Niedersachsen und Bremen: Ergebnisse einer landesweiten Erfassung 2004. Vogelkdl. Ber. Niedersachs. 37.

SCHRÖDER, K. & C. ZÖCKLER (1992): Habitatwahl, Gefährdung und Schutz der **Trauerseeschwalbe** *Chlidonias niger* im Hadelner Sietland (Cuxhaven). Vogelwelt 113: 144-151.

SCHULZE, H. (1981): Das Brutbild der **Ringeltaube** (*Columba palumbus* L.) in Braunschweig als Beispiel einer Besiedlung eines „Sekundärbiotops". Braunschw. Naturk. Schr. 1: 261-298.

SCHULZE-HAGEN, K. (1993): Habitatansprüche und für den Schutz relevante Aspekte der Biologie des **Teichrohrsänger**s. Artenschutzsymposium Teichrohrsänger. Beih. Veröff. Natursch. Landschaftspfl. Bad.-Württ. 68: 15-40.

SCHULZE-HAGEN, K. (1995): Brutzeitliches Verhalten von **Seggenrohrsänger**n *Acrocephalus paludicola* in der Voliere. J. Ornithol. 136: 177-186.

SCHULZE-HAGEN, K., B. LEISLER, H.-M. SCHÄFER & V. SCHMIDT (1999): The breeding system of the Aquatic Warbler ***Acrocephalus paludicola*** – a review of new results. Vogelwelt 120: 87-96.

SCHUSTER, S. (1971): Der Bestand des **Waldkauz**es (*Strix aluco*) auf dem Bodanrück/Bodensee. Anz. orn. Ges. Bayern 10: 156-161.

SCHWERDTFEGER, O. (1987): Gesangsaktivität und Siedlungsdichte beim **Waldbaumläufer** und **Gartenbaumläufer** (*Certhia familiaris* u. *C. brachydactyla*). Beitr. Naturk. Niedersachs. 40: 222-226.

SCHWERDTFEGER, O. (1997): Höhlennutzung und lokale Dispersionsdynamik beim **Rauhfußkauz** (*Aegolius funereus*). Artenschutzreport 13: 50-60.

SCHWERDTFEGER, O. (1999): Geschlechterverhältnis und Balzaktivität beim **Rauhfußkauz** (*Aegolius funereus*). Eulen-Rundblick 48/49: 32-35.

SCHWERDTFEGER, O. (2001): Das Verhaltenssystem des **Rauhfußkauz**es (*Aegolius funereus*) und seine Bedeutung für den Artenschutz. In: GOTTSCHALK, E., A. BARKOW, M. MÜHLENBERG & J. SETTELE (Hrsg.): Naturschutz und Verhalten. UFZ-Bericht 2/2001: 73-79.

SCIBORSKA, M. (2004): Breeding biology of the citrine wagtail (***Motacilla citreola***) in the Gdansk region (N Poland). J. Ornithol. 145: 41-47.

SIEFKE, A. (1980): Zur Brutbestandsermittlung bei **Sandregenpfeifer**, **Zwergseeschwalbe** und **Austernfischer**. Falke 27: 304-309.

SMITH, K. W. (1981): **Snipe** censusing methods. Bird Study 28: 246-248.

SOMMERFELD, M. & E. HARTWIG (2004): Zur Brutbestandsentwicklung der **Singvögel** auf der ostfriesischen Insel Wangerooge. Natur- und Umweltschutz 3: 23-33.

SPITZNAGEL, A. (1993): Warum sind **Spechte** schwierig zu erfassende Arten? Beih. Veröff. Natursch. Landschaftspfl. Bad.-Württ. 67: 59-70.

STANGE, C. & P. HAVELKA (2003): Brutbestand, Höhlenkonkurrenz, Reproduktion und Nahrungsökologie des **Wiedehopf**es *Upupa epops* in Südbaden. Vogelwelt 124: 25-34.

STEIOF, K. (1991): Sehr hohe Siedlungsdichte des **Zaunkönig**s *Troglodytes troglodytes* in ungestörtem Naßwald. Vogelwelt 112: 242-246.

STEIOF, K. (1993): Balzende **Doppelschnepfe**n *Gallinago media* in Brandenburg. Limicola 7: 87-92.

STEIOF, K. (2003): Ergänzende Hinweise zur Bestandsaufnahme beim **Waldwasserläufer** *Tringa ochropus*. Vogelwelt 124: 53-56.

STEIOF, K. & B. RATZKE (1990): Hohe Siedlungsdichte des **Neuntöter**s (*Lanius collurio*) auf der Mülldeponie in Berlin-Wannsee und Hinweise zur Erfassung der Art. Ornithol. Ber. Berlin (West) 15: 39-48.

STEPHAN, B. (1985): Die **Amsel**. Neue Brehm-Bücherei 95. Wittenberg.

STEPHAN, T., U. BRENDEL & C. WISSEL (1995): Ein Modell zur Abschätzung des Auslöschungsrisikos von ***Alectoris graeca*** im Nationalpark Berchtesgaden. Verh. Ges. Ökol. 24: 161-167.

STIEFEL, A. & H. SCHEUFLER (1989): Der **Alpenstrandläufer**. Neue Brehm-Bücherei 592. Wittenberg.

STRUWE, B. (1983): Zum Brutvorkommen des **Steinwälzer**s (*Arenaria interpres*) an der Westküste Schleswig-Holsteins. Corax 9: 239-240.

STRUWE-JUHL, B. (2000): Funkgestützte Synchronbeobachtung – eine geeignete Methode zur Bestimmung der Aktionsräume von **Großvogelarten** (*Ciconiidae*, *Haliaeetus*) in der Brutzeit. Populationsökol. Greifvogel- u. Eulenarten 4: 101-110.

STUBBE, M., U. MAMMEN & K. GEDEON (1996): Das Monitoring Programm **Greifvögel** und **Eulen** Europas. Vogelwelt 117: 261-267.

STUBBE, M. & H. MATTHES (1981): Der **Schreiadler** (*Aquila pomarina*) nach 100 Jahren wieder Brutvogel im nördlichen Harzvorland. Ornithol. Jahresber. Mus. Heineanum 5/6: 49-58.

STUBBE, M., M. WEBER, T. HOFMANN & S. HERMANN (1996): Der **Zwergadler** *Hieraaetus pennatus* als neuer Brutvogel in Deutschland. Limicola 10: 171-177.

STUBBE, M., H. ZÖRNER, A. STUBBE, M. WEBER & S. HERRMANN (2000): Langzeitökologie des **Schreiadler**s *Aquila pomarina* im nordöstlichen Harzvorland. Populationsökol. Greifvogel- u. Eulenarten 4: 119-131.

STÜRZER, S. J. (1998): Habitatwahl des **Habichtskauz**es *Strix uralensis* im Nationalpark Bayerischer Wald. Ornithol. Anz. 37: 193-201.

SÜDBECK, P. (1993): Zur Territorialität beim **Grauspecht** (*Picus canus*). Beih. Veröff. Natursch. Landschaftspfl. Bad.-Württ. 67: 143-156.

SÜDBECK, P. & T. BRANDT (2004): **Grün-** und **Grauspecht** sind unterschiedlich – manchmal wissen sie es aber nicht. Falke 51: 78-81.

SÜDBECK, P. & T. GALL (1993): Der **Mittelspecht** (*Picoides medius*) in Schleswig-Holstein - Erfassungsprobleme und ihre Konsequenzen für Bestandsschätzungen. Corax 15: 211-221.

SÜDBECK, P., B. HÄLTERLEIN, W. KNIEF & U. KÖPPEN (1998): Bestandsentwicklung von **Fluß-** *Sterna hirundo* und **Küstenseeschwalbe** *S. paradisaea* an den deutschen Küsten. Vogelwelt 119: 147-163.

SÜDBECK, P. & W. OLDEKOP (1999): Zum Brutbestand des **Rothalstaucher**s *Podiceps grisegena* in Niedersachsen 1990-1998. Vogelkdl. Ber. Niedersachs. 31: 1-10.

SUDMANN, S. R., C. SUDFELDT, S. GLINKA, M. JÖBGES, A. MÜLLER & G. ZIEGLER (2002): Methodenanleitung zur Bestandserfassung von **Wasservogelarten** in Nordrhein-Westfalen. Teil 1: Brutbestände. Charadrius 38: 26-92.

SYNATSCHKE, W. & V. SYNATSCHKE (1999): Erster Brutnachweis des **Singschwan**es (*Cygnus cygnus* L. 1758) in Sachsen. Veröff. Mus. Westlausitz Kamenz 21: 91-92.

TENNHARDT, T. (1995): Siedlungsdichte und Bestandsentwicklung der **Grauammer** *Miliaria calandra* auf der Insel Poel, Mecklenburg-Vorpommern. Vogelwelt 116: 133-140.

THALER, E. (1990): Die **Goldhähnchen**. Neue Brehm-Bücherei 597. Wittenberg.

THIES, H. (1999): Zum Winter- und Brutvorkommen sowie zur Ökologie des **Erlenzeisig**s (*Carduelis spinus*) im südöstlichen Schleswig-Holstein, 1971-1998. Corax 18: 9-36.

THOMSEN, K.-M., K. DZIEWIATY & H. SCHULZ (2001): Zukunftsprogramm **Weißstorch -** Aktionsplan zum Schutze des Weißstorchs in Deutschland. Bonn.

TIAINEN, J. & H.-V. BASTIAN (1983): The accuracy and efficiency of territory mapping tested on Willow Warblers ***Phylloscopus trochilus*** and Chiffchaffs ***Ph. collybita***. Ornis Fennica 60: 112-116.

TILLMANNS, A. (2001): Januarbrut einer **Nilgans**. Falke 48: 80.

TODTE, I. (1998): Zum Vorkommen des **Bienenfresser**s in Sachsen-Anhalt. Apus 10: 9-21.

TODTE, I. (2001): Beringung und Wiederfang von **Schlagschwirl**en *Locustella fluviatilis* in Ostdeutschland. Berichte Vogelwarte Hiddensee 16: 63-70

TODTE, I. (2003): Brutzeitwanderung der **Bartmeise** *Panurus biarmicus*. Vogelwelt 124: 57-58.

TODTE, I. (2004): Einwanderer, die wieder auswandern? **Beutelmeise**n in Deutschland. Falke 51: 186-192.

TODTE, I., J. LUGE & M. HARZ (1999): Bestandsentwicklung, Brutbiologie und Ortstreue des **Bienenfresser**s *Merops apiaster* in Sachsen-Anhalt. Vogelwelt 120: 221-229.

TOMIAŁOJC, L. (1994): Accuracy of the mapping technique estimates for the **Hawfinch** – preliminary results. In: HAGEMEIJER, E. J. M. & T. J. VERSTRAEL (eds.): Bird numbers 1992. Distribution, monitoring and ecological aspects. Poster Appendix of the proceedings of the 12th International Conference of IBCC and EOAC, Nordwijkerhout, The Netherlands. Statistics Netherlands, Voorburg/Heerlen & SOVON, Beek-Ubbergen: 145-147.

TÖPFER, T. & B. KATZER (2003): Das Vorkommen der **Mandarinente** (*Aix galericulata*) in Dresden. Mitt. Ver. Sächs. Ornithol. 9: 235-241.

TREEB, J. M. (1995): Sind **Flamingos** (*Poenicopteridae*) in niederländischen Gewässern heimisch geworden? Ornithol. Mitt. 47: 208-214. (so falsch im Original!)

UHLIG, R. & J. MUNDT (1992): Zur Bestandsentwicklung des **Gänsesäger**s, *Mergus merganser*, an der Oder und ihren Nebenflüssen. Vogelkdl. Tagebuch Schleswig-Holstein 19 [1991]: 11-20.

ULLRICH, B. (1971): Untersuchungen zur Ethologie und Ökologie des **Rotkopfwürger**s (*Lanius senator*) in Südwestdeutschland im Vergleich zu **Raubwürger** (*L. excubitor*), **Schwarzstirnwürger** (*L. minor*) und **Neuntöter** (*L. collurio*). Vogelwarte 26: 1-77.

UNGER, C. & H.-U. PETER (2002): Elterliches Investment der **Dohle** *Corvus monedula* bei der Jungenaufzucht in der Kolonie Schulpforte (Sachsen-Anhalt). Vogelwelt 123: 55-64.

UPHUES, L. (2004): **Schwarzspecht** und **Raufußkauz**: Höhlenbauer und Nachbewohner. Falke 51: 92-95.

VAN DIJK, A. J. (1996): **Broedvogels inventariseren** in proefvlakken – Handleiding Broedvogels Monitoring Project. SOVON, Beek-Ubbergen.

VAN DIJK, A. J. & F. HUSTINGS (1996): **Broedvogelinventarisatie Kolonievogels** en **Zeldzame Soorten** – Handleiding Landelijk Soortonderzoek Broedvogels. SOVON, Beek-Ubbergen.

VLUG J. J. (2000): Zur Brutbestandsentwicklung und Ökologie des **Rothalstaucher**s (*Podiceps grisegena*) in Schleswig-Holstein und Hamburg 1969-1998 – mit ergänzenden Bemerkungen zur früheren Situation und zu den Verhältnissen in den Nachbarländern. Corax 18: 160-179.

VLUG J. J. (2002): ***Podiceps grisegena*** Red-necked Grebe. The Birds of the Western Paleartic Update. Vol. 4: 139-179.

VOSLAMBER, B., C. VAN TURNHOUT & F. WILLEMS (2000): Inventarisatieperikelen: hoeveel **Grauwe Ganzen** heb ik in mijn gebied? SOVON-Nieuws 13 (2): 6.

VOWINKEL, K. (1986): Zur Brutbiologie und Bestandsentwicklung des Weißsternigen **Blaukehlchen**s *(Luscinia svecica cyanecula)* in Hessen. Luscinia 45: 253-278.

VOWINKEL, K. & V. DIERSCHKE (1990): Beziehung zwischen Flächengröße und Abundanz der **Feldlerche** *Alauda arvensis* mit Anmerkungen zur Arten-Areal-Kurve auf Ackerland. Vogelwelt 110: 221-231.

WADEWITZ, M. (1997): Bestandsentwicklung und Reproduktion einer Population des **Uhu**s (*Bubo bubo*) am Harz. Jahresber. Monitoring Greifvögel Eulen Europas 9: 115-122.

WADEWITZ, M. (1998): Brutnachweis des **Grünlaubsänger**s *Phylloscopus trochiloides* im Harz 1998. Ornithol. Jahresber. Mus. Heineanum 16: 85-102.

WAGENER, M. (1998): Praktische Hinweise für brutbiologische Untersuchungen an der **Flußseeschwalbe** *Sterna hirundo*. Vogelwelt 119: 279-286.

WALTER, D. (1995): Verbreitung und Fortpflanzungsbiologie der Alpen-**Ringdrossel** *Turdus torquatus alpestris* im Oberallgäu (Bayern). Ornithol. Anz. 34: 115-123.

WASSMANN, R. (1997): Ökologische und ethologische Untersuchungen am **Pirol** (*Oriolus oriolus* L. 1758). Beitr. Naturkd. Niedersachs. 50, Sonderheft 1: 1-164.

WAWRZYNIAK, H. & G. SOHNS (1977): Der **Seggenrohrsänger**. Neue Brehm-Bücherei 504. Wittenberg.

WEGGE, J. (1992): Untersuchungen zur Brutbiologie der **Eiderente** (*Somateria m. mollissima*) auf Mellum. Dipl.Arb. Univ. Bielefeld.

WEGNER, P. (1994): Die Wiederkehr des **Wanderfalke**n (*Falco peregrinus*) in Nordrhein-Westfalen. Charadrius 30: 2-14.

WEISS, J. (2004): Heimische **Spechte** und ihr Lebensraum: Unterschiedliche Ansprüche an Wald und Bäume. Falke 51: 68-73.

WENDLAND, V. (1958): Der **Schreiadler**. Falke 5: 6-13.

WESTERMANN, K. & S. WESTERMANN (1998): Der Brutbestand des **Eisvogel**s (*Alcedo atthis)* in den Jahren 1990 bis 1996 in der südbadischen Rheinniederung. Natursch. südl. Oberrhein 2: 261-269.

WESTPHAL, D. (1980): Bestandsentwicklung und Brutbiologie des **Teich**- und **Drosselrohrsänger**s (*Acrocephalus scirpaceus* und *arundinaceus*) an der Berliner Havel. Ornithol. Ber. Berlin (West) 5: 3-36.

WIEBE, N. (1997): Zur Brutbiologie der **Uferschwalbe** *Riparia riparia* an der Ostseeküste. Dipl.arb. Univ. Kiel.

WILKENS, S. (1999): Brutbestandserfassung von **Küstenvögel**n auf **Mellum**: Kritische Überprüfung der vorgesehenen Methoden auf Durchführbarkeit und Eignung. Seevögel 20: 119-122.

WINDING, N. (1990): Habitatnutzung **alpine**r **Kleinvögel** im Spätsommer/Herbst (Hohe Tauern, Österreichische Zentralalpen): Autökologie und Gemeinschaftsmuster. Ökol. Vögel 12: 13-37.

WINKEL, W., J. BRÜNN & T. LUBJUHN (1998): Untersuchungen zur Paarungsstrategie des **Trauerschnäpper**s am Westrand seines mitteleuropäischen Verbreitungsareals. J. Ornithol. 139: 102-103.

WITT, K. (2003): **Mandarinente** *Aix galericulata*, ein etabliertes Neozoon in Deutschland. Vogelwelt 124: 17-24.

WONNEBERGER, G. & J. LOMME (2001): Erfahrungsbericht über die Erfassung von **Wasserrallen** (*Rallus aquaticus*) mit Klangattrappe im Naturschutzgebiet Fleuthkuhlen, Kreis Kleve. Charadrius 37: 168-175.

WÖSS, M. & M. ZOHMANN (2004): Bestandsaufnahme beim **Alpenschneehuhn** *Lagopus mutus* in einem Teilgebiet der Nationalparkregion Nockberge, Österreich. Ornithol. Beob. 101: 209-218.

WÜBBENHORST, J. (2001): **Spechte** als Indikatoren für eine nachhaltige Forstwirtschaft - Erfassung von Spechten im Solling und in der Lüneburger Heide. EU-Life Projekt „Demonstration of Methods to Monitor Sustainable Forestry". Unveröff. Bericht NNA Schneverdingen.

WULF, M. & H.-J. KELM (1994): Zur Bedeutung „historisch **alter Wälder**" für den Naturschutz – Untersuchungen naturnaher Wälder im Elbe-Weser-Dreieck. NNA Ber. 7 (3): 15-50.

ZANG, H. & P. SÜDBECK (2000): Zur Situation der **Haubenlerche** *Galerida cristata* in Niedersachsen. Vogelwelt 12: 173-181.

ZETTL, H. (2002): Greifvogeldichte als Weiser für die Biotopqualität – 50 Jahre **Greifvogeluntersuchungen**. In: REGIERUNGSPRÄSIDIUM DARMSTADT (Hrsg.): 50 Jahre Naturschutzgebiet Kühkopf-Knoblauchsaue. Darmstadt.

ZIEGLER, G. (1993): Die **Schwäne** der „Weserstaustufe Schlüsselburg". Charadrius 29: 137-144.

ZIESEMER, F. (1979): Zur Methodik von Bestandsaufnahmen am **Waldkauz** (*Strix aluco*) mit Hilfe von Klangattrappen. Corax 7: 106-108.

ZINGEL, D. (1997): Zum Verhalten von **Halsbandsittich** und **Alexandersittich** *Psittacula krameri* und *Psittacula eupatria* im Schlosspark Wiesbaden-Biebrich und in ihren Heimatländern. Ornithol. Mitt. 49: 143-165.

ZÖRNER, G.-J. (1987): Zum Vorkommen der **Blauracke** in der Colbitz-Letzlinger Heide 1950 bis 1986. Apus 6: 232-233.

8 Anhänge

Anhang A

Webadressen wichtiger bundes- und landesweit tätiger Verbände und Institutionen, die einen Bezug zum Monitoring von Vogelarten in Deutschland und angrenzenden Ländern haben.

Landesweite Organisationen

Baden-Württemberg
Arbeitsgemeinschaft Avifauna von Baden-Württemberg
e-mail: jochen.hoelzinger@web.de

Landesanstalt für Umweltschutz Baden-Württemberg
www.lfu.baden-wuerttemberg.de

Bayern
Ornithologische Gesellschaft in Bayern e. V.
www.og-bayern.de

Staatliche Vogelschutzwarte Bayern im Bayerischen Landesamt für Umweltschutz
www.bayern.de/lfu/natur/vogelschutzwarte/

Berlin
Berliner Ornithologische Arbeitsgemeinschaft (BOA) e. V.
www.orniberlin.de

Senatsverwaltung für Stadtentwicklung, Sachgebiet Artenschutz
www.stadtentwicklung.berlin.de/Umwelt/Naturschutz

Brandenburg
ABBO - Arbeitsgemeinschaft Berlin-Brandenburgischer Ornithologen im NABU
www.abbo-info.de

Staatliche Vogelschutzwarte im Landesumweltamt Brandenburg
www.mlur.brandenburg.de

Bremen
Ornithologische Arbeitsgemeinschaft Bremen im BUND
e-mail: limosa@t-online.de

Senator für Bau, Umwelt und Verkehr Bremen –
Oberste Naturschutzbehörde
www.bauumwelt.bremen.de

Hamburg
Arbeitskreis an der Staatlichen Vogelschutzwarte Hamburg
www.ornithologie-hamburg.de

Staatliche Vogelschutzwarte Hamburg in der Behörde für
Stadtentwicklung und Umwelt Hamburg
http://fhh.hamburg.de/stadt/Aktuell/behoerden/stadtentwicklung-umwelt/umwelt/natur/vogelschutzwarte/

Hessen
Hessische Gesellschaft für Ornithologie und Naturschutz e. V.
www.hgon.de

Staatliche Vogelschutzwarte für Hessen, Rheinland-Pfalz und Saarland
e-mail: info@vswffm.de

Mecklenburg-Vorpommern
Ornithologische Arbeitsgemeinschaft Mecklenburg-Vorpommern e. V.
www.oamv.de

Landesamt für Umwelt, Naturschutz und Geologie Mecklenburg-Vorpommern
www.lung.mv-regierung.de

Niedersachsen
Niedersächsische Ornithologische Vereinigung e. V.
www.ornithologie-niedersachsen.de

Staatliche Vogelschutzwarte Niedersachsen im Niedersächsischen
Landesbetrieb für Wasserwirtschaft, Küsten- und Naturschutz
www.nlwkn.niedersachsen.de

Nordrhein-Westfalen
Nordrhein-Westfälische Ornithologengesellschaft e. V.
www.nw-ornithologen.de

Staatliche Vogelschutzwarte Nordrhein-Westfalen in der Landesanstalt für Ökologie, Bodenordnung und Forsten (LÖBF)
www.loebf.nrw.de

Rheinland-Pfalz
Gesellschaft für Naturschutz und Ornithologie Rheinland-Pfalz e. V.
www.gnor.de

Landesamt für Umwelt, Wasserwirtschaft und Gewerbeaufsicht
e-mail: poststelle@luwg.rlp.de

Vogelschutzwarte: s. Hessen

Saarland
Ornithologischer Beobachterring Saar
www.ornithologie-saarland.de

Vogelschutzwarte: s. Hessen

Sachsen
Verein Sächsischer Ornithologen e. V.
www.vso-internet.de

Sächsische Vogelschutzwarte Neschwitz
www.vogelschutzwarte-neschwitz.de

Sächsisches Landesamt für Umwelt und Geologie
www.umwelt.sachsen.de/lfug

Sachsen-Anhalt
Ornithologenverband Sachsen-Anhalt e. V.
www.osa-internet.de

Staatliche Vogelschutzwarte Sachsen-Anhalt
www.lau-st.de

Schleswig-Holstein
Ornithologische Arbeitsgemeinschaft für Schleswig-Holstein und Hamburg e. V.
www.ornithologie-schleswig-holstein.de

Staatliche Vogelschutzwarte Schleswig-Holstein im Landesamt für Natur und Umwelt
www.umwelt.schleswig-holstein.de/?lanu

Thüringen
Verein Thüringer Ornithologen e. V.
www.ornithologen-thueringen.de

Staatliche Vogelschutzwarte Thüringen in der Thüringer Landesanstalt für Umwelt und Geologie
www.tlug-jena.de

Bundesweit tätige Organisationen

Dachverband Deutscher Avifaunisten e. V. (DDA)
www.dda-web.de

Deutsche Ornithologen Gesellschaft e. V. (DO-G)
www.do-g.de

NABU - Naturschutzbund Deutschland e. V.
www.nabu.de

LBV - Landesbund für Vogelschutz in Bayern e. V.
www.lbv.de

Bundesamt für Naturschutz
www.bfn.de

Deutscher Rat für Vogelschutz (DRV) e. V.
www.drv-web.de

Institut für Vogelforschung „Vogelwarte Helgoland“
www.vogelwarte-helgoland.de

Max-Planck-Institut für Ornithologie „Vogelwarte Radolfzell“
www.orn.mpg.de

Vogelwarte Hiddensee am Zoologischen Institut der Ernst-Moritz-Arndt-Universität Greifswald
www.vogelwarte.uni-greifswald.de

Beringungszentrale Hiddensee
www.lung.mv-regierung.de/beringung/

Bundesverband wissenschaftlicher Vogelschutz e. V. (BWV)
henrich.klugkist@umwelt.bremen.de

Förderverein für Ökologie und Monitoring von Greifvogel- und Eulenarten e.V.
www.greifvogelmonitoring.de

Deutsche Seltenheitenkommission (DSK)
- Dokumentationsstelle für seltene Vogelarten -
dsk@limicola.de

Arbeitsgemeinschaft Seevogelschutz
www.Seevogelschutz.de

ProRing - Verein der Freunde und Förderer der wissenschaftlichen Vogelberingung e. V.
www.proring.de

Stiftung Vogelmonitoring Deutschland
www.vogelmonitoring.de

Institutionen in Nachbarländern

Ala – Schweizerische Gesellschaft für Vogelkunde und Vogelschutz
www.ala-schweiz.ch

Schweizerische Vogelwarte, Sempach/Schweiz
www.vogelwarte.ch

BUWAL – Bundesamt für Umwelt, Wald und Landschaft, Bern/Schweiz
www.umwelt-schweiz.ch/buwal

BirdLife Österreich - Gesellschaft für Vogelkunde
www.birdlife.at

Umweltbundesamt Wien/Österreich
www.umweltbundesamt.at

Vogelbescherming Nederland
www.vogelbescherming.nl

Expertisecentrum van het Ministerie van Landbouw, Natuur & Voedselkwaliteit, Directie Natuur
www9.minlnv.nl

SOVON Vogelonderzoek Nederland
www.sovon.nl

Anhang B:

Adressen der Autoren

Hartmut Andretzke
BIOS
Gartenstraße 33
D-26548 Norderney
bios.norderney@t-online.de

Prof. Dr. Franz Bairlein
Institut für Vogelforschung
„Vogelwarte Helgoland"
An der Vogelwarte 21
D-26386 Wilhelmshaven
Franz.bairlein@ifv.terramare.de

Dr. Hans-Günther Bauer
Max-Planck-Institut für Ornithologie
Vogelwarte Radolfzell
Schlossallee 2
D-78315 Radolfzell
bauer@vowa.ornithol.mpg.de

Dr. Martin Boschert
Bioplan – Institut für angewandte Biologie und Planung GbR und
Dachverband Deutscher Avifaunisten e. V. (DDA)
Nelkenstraße 10
D-77815 Bühl/Baden
bioplan.buehl@t-online.de und boschert@dda-web.de

Dr. Wolfgang Fiedler
Max-Planck-Institut für Ornithologie
Vogelwarte Radolfzell
Schlossallee 2
D-78315 Radolfzell
fiedler@vowa.ornithol.mpg.de

Stefan Fischer
Dachverband Deutscher Avifaunisten e. V. (DDA)
Zerbster Straße 7
D-39264 Steckby
Fischer@dda-web.de

Dr. Martin Flade
Landesumweltamt Brandenburg
- Nachhaltige Raumentwicklung und Großschutzgebiete -
Tramper Chaussee 2
D-16225 Eberswalde
martin.flade@lua.brandenburg.de

Dr. Kai Gedeon
Landesamt für Umweltschutz Sachsen-Anhalt
FG Tierartenschutz und Staatliche Vogelschutzwarte
Reideburger Straße 47
D-06116 Halle (Saale)
gedeon@lau.mlu.lsa-net.de

Bernd Hälterlein
Landesamt für den Nationalpark Schleswig-Holsteinisches Wattenmeer
Schloßgarten 1
D-25832 Tönning
haelterlein@nationalparkamt.de

Dr. Ullrich Köppen
Landesamt für Umwelt, Naturschutz und Geologie Mecklenburg-Vorpommern - Beringungszentrale
Badenstraße 18
D-18439 Stralsund
Beringungszentrale@lung.mv-regierung.de

Ubbo Mammen
Förderverein für Ökologie und Monitoring von Greifvogel- und Eulenarten e.V.
Schülershof 12
D-06108 Halle
uk.mammen@t-online.de

Alexander Mitschke
Dachverband Deutscher Avifaunisten e. V. (DDA)
Hergartweg 11
D-22559 Hamburg
Alexander.Mitschke@hanse.net

Tasso Schikore
BIOS
Lindenstraße 40
D-27711 Osterholz-Scharmbeck
info@bios-ohz.de

Karsten Schröder
BIOS
Lindenstraße 40
D-27711 Osterholz-Scharmbeck
info@bios-ohz.de

Johannes Schwarz
Senatsverwaltung für Stadtentwicklung, Sachgebiet Artenschutz
Am Köllnischen Park 3
D-10173 Berlin
johannes.schwarz@senstadt.verwalt-berlin.de

Dr. Christoph Sudfeldt
Dachverband Deutscher Avifaunisten e. V. (DDA)
Am Diekamp 12
D-48157 Münster
sudfeldt@dda-web.de

Stefan R. Sudmann
Planungsbüro Sterna
Eickestall 5
D-47559 Kranenburg
Sterna.Sudmann@t-online.de

Peter Südbeck
Staatliche Vogelschutzwarte
Niedersächsischer Landesbetrieb für Wasserwirtschaft, Küsten- und Naturschutz
Göttinger Str. 14
D- 30449 Hannover
peter.suedbeck@nlwkn-h.niedersachsen.de

9 Index

9.1 Index deutscher Vogelnamen mit Abkürzungsvorschlag für die Feldkarten (s. Kap. 2.3)

18820	Grauammer	**Ga**	*Emberiza calandra*	**694**
01610	Graugans	**Gra**	*Anser anser*	**186**
01220	Graureiher	**Grr**	*Ardea cinerea*	**162**
13350	Grauschnäpper	**Gs**	*Muscicapa striata*	**588**
08550	Grauspecht	**Gsp**	*Picus canus*	**448**
05410	Großer Brachvogel	**Gbv**	*Numenius arquata*	**340**
04460	Großtrappe	**Gt**	*Otis tarda*	**308**
16490	Grünfink	**Gf**	*Carduelis chloris*	**662**
12930	Grünlaubsänger	**Grl**	*Phylloscopus trochiloides*	**574**
05480	Grünschenkel	**Güs**	*Tringa nebularia*	**344**
08560	Grünspecht	**Gü**	*Picus viridis*	**450**
02670	Habicht	**Ha**	*Accipiter gentilis*	**254**
07650	Habichtskauz	**Hz**	*Strix uralensis*	**424**
13480	Halsbandschnäpper	**Hb**	*Ficedula albicollis*	**592**
07120	Halsbandsittich	**Hbs**	*Psittacula krameri*	**406**
03260	Haselhuhn	**Has**	*Bonasa bonasia*	**278**
09720	Haubenlerche	**Hl**	*Galerida cristata*	**464**
14540	Haubenmeise	**Hm**	*Parus cristatus*	**604**
00090	Haubentaucher	**Ht**	*Podiceps cristatus*	**138**
11210	Hausrotschwanz	**Hr**	*Phoenicurus ochruros*	**512**
15910	Haussperling	**H**	*Passer domesticus*	**648**
10840	Heckenbraunelle	**He**	*Prunella modularis*	**500**
09740	Heidelerche	**Hei**	*Lullula arborea*	**466**
05910	Heringsmöwe	**Her**	*Larus fuscus*	**362**
01520	Höckerschwan	**Hö**	*Cygnus olor*	**176**
06680	Hohltaube	**Hot**	*Columba oenas*	**398**
03940	Jagdfasan	**Fa**	*Phasianus colchicus*	**292**
05170	Kampfläufer	**Ka**	*Philomachus pugnax*	**328**
01660	Kanadagans	**Kag**	*Branta canadensis*	**190**
16790	Karmingimpel	**Kar**	*Carpodacus erythrinus*	**678**
17170	Kernbeißer	**Kb**	*Coccothraustes coccothraustes*	**682**
04930	Kiebitz	**Ki**	*Vanellus vanellus*	**324**
16680	Kiefernkreuzschnabel	**Kks**	*Loxia pytyopsittacus*	**676**
12740	Klappergrasmücke	**Kg**	*Sylvia curruca*	**566**
14790	Kleiber	**Kl**	*Sitta europaea*	**612**
04100	Kleines Sumpfhuhn	**Ksh**	*Porzana parva*	**298**
08870	Kleinspecht	**Ks**	*Dryobates minor*	**460**
01910	Knäkente	**Kn**	*Anas querquedula*	**214**
14640	Kohlmeise	**K**	*Parus major*	**610**

01960	Kolbenente	**Koe**	*Netta rufina*	**218**
15720	Kolkrabe	**Kra**	*Corvus corax*	**644**
00720	Kormoran	**Ko**	*Phalacrocorax carbo*	**150**
02610	Kornweihe	**Kw**	*Circus cyaneus*	**250**
04330	Kranich	**Kch**	*Grus grus*	**306**
01840	Krickente	**Kr**	*Anas crecca*	**208**
07240	Kuckuck	**Ku**	*Cuculus canorus*	**410**
06160	Küstenseeschwalbe	**Kss**	*Sterna paradisaea*	**382**
05820	Lachmöwe	**Lm**	*Larus ridibundus*	**358**
06050	Lachseeschwalbe	**Lss**	*Sterna nilotica*	**374**
01940	Löffelente	**Lö**	*Anas clypeata*	**216**
01440	Löffler	**Lf**	*Platalea leucorodia*	**170**
01780	Mandarinente	**Mae**	*Aix galericulata*	**202**
06000	Mantelmöwe	**Mm**	*Larus marinus*	**370**
12410	Mariskenrohrsänger	**Mrs**	*Acrocephalus melanopogon*	**546**
14820	Mauerläufer	**Ml**	*Tichodroma muraria*	**614**
07950	Mauersegler	**Ms**	*Apus apus*	**434**
02870	Mäusebussard	**Mb**	*Buteo buteo*	**258**
10010	Mehlschwalbe	**M**	*Delichon urbicum*	**476**
12020	Misteldrossel	**Md**	*Turdus viscivorus*	**534**
05926	Mittelmeermöwe	**Mmm**	*Larus michahellis*	**366**
02210	Mittelsäger	**Mis**	*Mergus serrator*	**232**
08830	Mittelspecht	**Msp**	*Dendrocopos medius*	**456**
12770	Mönchsgrasmücke	**Mg**	*Sylvia atricapilla*	**572**
02020	Moorente	**Moe**	*Aythya nyroca*	**222**
11040	Nachtigall	**N**	*Luscinia megarhynchos*	**508**
01040	Nachtreiher	**Nr**	*Nycticorax nycticorax*	**156**
15670	Nebelkrähe	**Nk**	*Corvus cornix*	**642**
15150	Neuntöter	**Nt**	*Lanius collurio*	**624**
01700	Nilgans	**Nig**	*Alopochen aegyptiaca*	**194**
00110	Ohrentaucher	**Ot**	*Podiceps auritus*	**142**
12600	Orpheusspötter	**Os**	*Hippolais polyglotta*	**560**
18660	Ortolan	**O**	*Emberiza hortulana*	**690**
01790	Pfeifente	**Pfe**	*Anas penelope*	**204**
15080	Pirol	**P**	*Oriolus oriolus*	**622**
01240	Purpurreiher	**Pr**	*Ardea purpurea*	**164**
15670	Rabenkrähe	**Rk**	*Corvus corone*	**642**
06060	Raubseeschwalbe	**Rss**	*Sterna caspia*	**376**
15200	Raubwürger	**Rw**	*Lanius excubitor*	**626**

09920	Rauchschwalbe	**Rs**	*Hirundo rustica*	474
07700	Raufußkauz	**Rfk**	*Aegolius funereus*	430
03670	Rebhuhn	**Re**	*Perdix perdix*	288
02030	Reiherente	**Rei**	*Aythya fuligula*	224
11860	Ringdrossel	**Rdr**	*Turdus torquatus*	524
06700	Ringeltaube	**Rt**	*Columba palumbus*	400
18770	Rohrammer	**Ro**	*Emberiza schoeniclus*	692
00950	Rohrdommel	**Rod**	*Botaurus stellaris*	152
12380	Rohrschwirl	**Rsc**	*Locustella luscinioides*	544
02600	Rohrweihe	**Row**	*Circus aeruginosus*	248
01470	Rosaflamingo	**Rfl**	*Phoenicopterus roseus*	172
01710	Rostgans	**Rg**	*Tadorna ferruginea*	196
12010	Rotdrossel	**Rd**	*Turdus iliacus*	532
03070	Rotfußfalke	**Rff**	*Falco vespertinus*	270
00100	Rothalstaucher	**Rht**	*Podiceps grisegena*	140
10990	Rotkehlchen	**R**	*Erithacus rubecula*	504
15230	Rotkopfwürger	**Rkw**	*Lanius senator*	628
02390	Rotmilan	**Rm**	*Milvus milvus*	242
05460	Rotschenkel	**Ros**	*Tringa totanus*	342
01570	Saatgans	**Sag**	*Anser fabalis*	182
15630	Saatkrähe	**Sa**	*Corvus frugilegus*	640
04560	Säbelschnäbler	**Sb**	*Recurvirostra avosetta*	314
04700	Sandregenpfeifer	**Srp**	*Charadrius hiaticula*	318
10170	Schafstelze	**St**	*Motacilla flava*	488
02180	Schellente	**Sl**	*Bucephala clangula*	230
12430	Schilfrohrsänger	**Sr**	*Acrocephalus schoenobaenus*	550
12370	Schlagschwirl	**Ssc**	*Locustella fluviatilis*	542
02560	Schlangenadler	**Sla**	*Circaetus gallicus*	246
07350	Schleiereule	**Se**	*Tyto alba*	412
01820	Schnatterente	**Sn**	*Anas strepera*	206
16110	Schneesperling	**Sns**	*Montifringilla nivalis*	652
02920	Schreiadler	**Sra**	*Aquila pomarina*	260
14370	Schwanzmeise	**Sm**	*Aegithalos caudatus*	598
00120	Schwarzhalstaucher	**Sht**	*Podiceps nigricollis*	144
11390	Schwarzkehlchen	**Swk**	*Saxicola rubicola*	518
05750	Schwarzkopfmöwe	**Skm**	*Larus melanocephalus*	354
02250	Schwarzkopf-Ruderente	**Ske**	*Oxyura jamaicensis*	236
02380	Schwarzmilan	**Swm**	*Milvus migrans*	240

20800	Schwarzschwan	**Ssw**	*Cygnus atratus*	**180**
08630	Schwarzspecht	**Ssp**	*Dryocopus martius*	**452**
01310	Schwarzstorch	**Sst**	*Ciconia nigra*	**166**
02430	Seeadler	**Sea**	*Haliaeetus albicilla*	**244**
04770	Seeregenpfeifer	**Ser**	*Charadrius alexandrinus*	**320**
12420	Seggenrohrsänger	**Seg**	*Acrocephalus paludicola*	**548**
01190	Seidenreiher	**Sre**	*Egretta garzetta*	**158**
12200	Seidensänger	**Ssä**	*Cettia cetti*	**536**
05920	Silbermöwe	**Sim**	*Larus argentatus*	**364**
01210	Silberreiher	**Sir**	*Casmerodius albus*	**160**
12000	Singdrossel	**Sd**	*Turdus philomelos*	**530**
01540	Singschwan	**Sis**	*Cygnus cygnus*	**178**
13150	Sommergoldhähnchen	**Sg**	*Regulus ignicapilla*	**586**
02690	Sperber	**Sp**	*Accipiter nisus*	**256**
12730	Sperbergrasmücke	**Sgm**	*Sylvia nisoria*	**564**
07510	Sperlingskauz	**Spk**	*Glaucidium passerinum*	**418**
01890	Spießente	**Spe**	*Anas acuta*	**212**
11030	Sprosser	**Spr**	*Luscinia luscinia*	**506**
15820	Star	**S**	*Sturnus vulgaris*	**646**
02960	Steinadler	**Sta**	*Aquila chrysaetos*	**262**
03570	Steinhuhn	**Sth**	*Alectoris graeca*	**286**
07570	Steinkauz	**Stk**	*Athene noctua*	**420**
11620	Steinrötel	**Str**	*Monticola saxatilis*	**522**
11460	Steinschmätzer	**Sts**	*Oenanthe oenanthe*	**520**
05610	Steinwälzer	**Stw**	*Arenaria interpres*	**352**
04550	Stelzenläufer	**Stl**	*Himantopus himantopus*	**312**
05927	Steppenmöwe	**Spm**	*Larus cachinnans*	**368**
16530	Stieglitz	**Sti**	*Carduelis carduelis*	**664**
01860	Stockente	**Sto**	*Anas platyrhynchos*	**210**
10142	Strandpieper	**Stp**	*Anthus petrosus*	**486**
06650	Straßentaube	**Stt**	*Columba livia forma domestica*	**396**
01620	Streifengans	**Srg**	*Anser indicus*	**188**
05900	Sturmmöwe	**Stm**	*Larus canus*	**360**
14400	Sumpfmeise	**Sum**	*Parus palustris*	**600**
07680	Sumpfohreule	**So**	*Asio flammeus*	**428**
12500	Sumpfrohrsänger	**Su**	*Acrocephalus palustris*	**552**
01980	Tafelente	**Ta**	*Aythya ferina*	**220**
15570	Tannenhäher	**Th**	*Nucifraga caryocatactes*	**634**
14610	Tannenmeise	**Tm**	*Parus ater*	**606**

04240	Teichhuhn	**Tr**	*Gallinula chloropus*	302
12510	Teichrohrsänger	**T**	*Acrocephalus scirpaceus*	554
06360	Tordalk	**To**	*Alca torda*	394
13490	Trauerschnäpper	**Ts**	*Ficedula hypoleuca*	594
06270	Trauerseeschwalbe	**Tss**	*Chlidonias niger*	388
06340	Trottellumme	**Tl**	*Uria aalge*	392
04080	Tüpfelsumpfhuhn	**Tsh**	*Porzana porzana*	296
06840	Türkentaube	**Tt**	*Streptopelia decaocto*	402
03040	Turmfalke	**Tf**	*Falco tinnunculus*	268
06870	Turteltaube	**Tut**	*Streptopelia turtur*	404
05320	Uferschnepfe	**Us**	*Limosa limosa*	338
09810	Uferschwalbe	**U**	*Riparia riparia*	470
07440	Uhu	**Uh**	*Bubo bubo*	416
11980	Wacholderdrossel	**Wd**	*Turdus pilaris*	528
03700	Wachtel	**Wa**	*Coturnix coturnix*	290
04210	Wachtelkönig	**Wk**	*Crex crex*	300
14860	Waldbaumläufer	**Wb**	*Certhia familiaris*	616
07610	Waldkauz	**Wz**	*Strix aluco*	422
13080	Waldlaubsänger	**Wls**	*Phylloscopus sibilatrix*	578
07670	Waldohreule	**Wo**	*Asio otus*	426
05290	Waldschnepfe	**Was**	*Scolopax rusticola*	336
05530	Waldwasserläufer	**Waw**	*Tringa ochropus*	346
03200	Wanderfalke	**Wf**	*Falco peregrinus*	276
10500	Wasseramsel	**Waa**	*Cinclus cinclus*	496
04070	Wasserralle	**Wr**	*Rallus aquaticus*	294
14420	Weidenmeise	**Wm**	*Parus montanus*	602
06260	Weißbart-Seeschwalbe	**Wbs**	*Chlidonias hybridus*	386
06280	Weißflügel-Seeschwalbe	**Wfs**	*Chlidonias leucopterus*	390
08840	Weißrückenspecht	**Wrs**	*Dendrocopos leucotos*	458
01340	Weißstorch	**Ws**	*Ciconia ciconia*	168
01670	Weißwangengans	**Wwg**	*Branta leucopsis*	192
08480	Wendehals	**Wh**	*Jynx torquilla*	446
02310	Wespenbussard	**Wsb**	*Pernis apivorus*	238
12720	Westliche Orpheusgrasmücke	**Og**	*Sylvia hortensis*	562
08460	Wiedehopf	**Wi**	*Upupa epops*	444
10110	Wiesenpieper	**W**	*Anthus pratensis*	482
02630	Wiesenweihe	**Ww**	*Circus pygargus*	252
13140	Wintergoldhähnchen	**Wg**	*Regulus regulus*	584

9.2 Index wissenschaftlicher Vogelnamen

03700	*Coturnix coturnix*	Wachtel	290
04210	*Crex crex*	Wachtelkönig	300
07240	*Cuculus canorus*	Kuckuck	410
20800	*Cygnus atratus*	Schwarzschwan	180
01540	*Cygnus cygnus*	Singschwan	178
01520	*Cygnus olor*	Höckerschwan	176
10010	*Delichon urbicum*	Mehlschwalbe	476
08840	*Dendrocopos leucotos*	Weißrückenspecht	458
08760	*Dendrocopos major*	Buntspecht	454
08830	*Dendrocopos medius*	Mittelspecht	456
08870	*Dryobates minor*	Kleinspecht	460
08630	*Dryocopus martius*	Schwarzspecht	452
01190	*Egretta garzetta*	Seidenreiher	158
18820	*Emberiza calandra*	Grauammer	694
18600	*Emberiza cia*	Zippammer	688
18580	*Emberiza cirlus*	Zaunammer	686
18570	*Emberiza citrinella*	Goldammer	684
18660	*Emberiza hortulana*	Ortolan	690
18770	*Emberiza schoeniclus*	Rohrammer	692
10990	*Erithacus rubecula*	Rotkehlchen	504
03160	*Falco cherrug*	Würgfalke	274
03200	*Falco peregrinus*	Wanderfalke	276
03100	*Falco subbuteo*	Baumfalke	272
03040	*Falco tinnunculus*	Turmfalke	268
03070	*Falco vespertinus*	Rotfußfalke	270
13480	*Ficedula albicollis*	Halsbandschnäpper	592
13490	*Ficedula hypoleuca*	Trauerschnäpper	594
13430	*Ficedula parva*	Zwergschnäpper	590
16360	*Fringilla coelebs*	Buchfink	654
16380	*Fringilla montifringilla*	Bergfink	656
04290	*Fulica atra*	Blässhuhn	304
00220	*Fulmarus glacialis*	Eissturmvogel	146
09720	*Galerida cristata*	Haubenlerche	464
05190	*Gallinago gallinago*	Bekassine	332
05200	*Gallinago media*	Doppelschnepfe	334
04240	*Gallinula chloropus*	Teichhuhn	302
15390	*Garrulus glandarius*	Eichelhäher	630
07510	*Glaucidium passerinum*	Sperlingskauz	418
04330	*Grus grus*	Kranich	306
04500	*Haematopus ostralegus*	Austernfischer	310

10200	*Motacilla alba*	Bachstelze	494
10190	*Motacilla cinerea*	Gebirgsstelze	492
10180	*Motacilla citreola*	Zitronenstelze	490
10170	*Motacilla flava*	Schafstelze	488
13350	*Muscicapa striata*	Grauschnäpper	588
01960	*Netta rufina*	Kolbenente	218
15570	*Nucifraga caryocatactes*	Tannenhäher	634
05410	*Numenius arquata*	Großer Brachvogel	340
01040	*Nycticorax nycticorax*	Nachtreiher	156
11460	*Oenanthe oenanthe*	Steinschmätzer	520
15080	*Oriolus oriolus*	Pirol	622
04460	*Otis tarda*	Großtrappe	308
07390	*Otus scops*	Zwergohreule	414
02250	*Oxyura jamaicensis*	Schwarzkopf-Ruderente	236
03010	*Pandion haliaetus*	Fischadler	266
13640	*Panurus biarmicus*	Bartmeise	596
14610	*Parus ater*	Tannenmeise	606
14620	*Parus caeruleus*	Blaumeise	608
14540	*Parus cristatus*	Haubenmeise	604
14640	*Parus major*	Kohlmeise	610
14420	*Parus montanus*	Weidenmeise	602
14400	*Parus palustris*	Sumpfmeise	600
15910	*Passer domesticus*	Haussperling	648
15980	*Passer montanus*	Feldsperling	650
03670	*Perdix perdix*	Rebhuhn	288
02310	*Pernis apivorus*	Wespenbussard	238
00720	*Phalacrocorax carbo*	Kormoran	150
03940	*Phasianus colchicus*	Jagdfasan	292
05170	*Philomachus pugnax*	Kampfläufer	328
20230	*Phoenicopterus chilensis*	Chileflamingo	174
01470	*Phoenicopterus roseus*	Rosaflamingo	172
11210	*Phoenicurus ochruros*	Hausrotschwanz	512
11220	*Phoenicurus phoenicurus*	Gartenrotschwanz	514
13070	*Phylloscopus bonelli*	Berglaubsänger	576
13110	*Phylloscopus collybita*	Zilpzalp	580
13080	*Phylloscopus sibilatrix*	Waldlaubsänger	578
12930	*Phylloscopus trochiloides*	Grünlaubsänger	574
13120	*Phylloscopus trochilus*	Fitis	582
15490	*Pica pica*	Elster	632
08980	*Picoides tridactylus*	Dreizehenspecht	462

08550	*Picus canus*	Grauspecht	448
08560	*Picus viridis*	Grünspecht	450
01440	*Platalea leucorodia*	Löffler	170
04850	*Pluvialis apricaria*	Goldregenpfeifer	322
00110	*Podiceps auritus*	Ohrentaucher	142
00090	*Podiceps cristatus*	Haubentaucher	138
00100	*Podiceps grisegena*	Rothalstaucher	140
00120	*Podiceps nigricollis*	Schwarzhalstaucher	144
04100	*Porzana parva*	Kleines Sumpfhuhn	298
04080	*Porzana porzana*	Tüpfelsumpfhuhn	296
10940	*Prunella collaris*	Alpenbraunelle	502
10840	*Prunella modularis*	Heckenbraunelle	500
26610	*Psittacula eupatria*	Alexandersittich	408
07120	*Psittacula krameri*	Halsbandsittich	406
15580	*Pyrrhocorax graculus*	Alpendohle	636
17100	*Pyrrhula pyrrhula*	Gimpel	680
04070	*Rallus aquaticus*	Wasserralle	294
04560	*Recurvirostra avosetta*	Säbelschnäbler	314
13150	*Regulus ignicapilla*	Sommergoldhähnchen	586
13140	*Regulus regulus*	Wintergoldhähnchen	584
14900	*Remiz pendulinus*	Beutelmeise	620
09810	*Riparia riparia*	Uferschwalbe	470
06020	*Rissa tridactyla*	Dreizehenmöwe	372
11370	*Saxicola rubetra*	Braunkehlchen	516
11390	*Saxicola rubicola*	Schwarzkehlchen	518
05290	*Scolopax rusticola*	Waldschnepfe	336
16440	*Serinus citrinella*	Zitronengirlitz	660
16400	*Serinus serinus*	Girlitz	658
14790	*Sitta europaea*	Kleiber	612
02060	*Somateria mollissima*	Eiderente	228
06240	*Sterna albifrons*	Zwergseeschwalbe	384
06060	*Sterna caspia*	Raubseeschwalbe	376
06150	*Sterna hirundo*	Flussseeschwalbe	380
06050	*Sterna nilotica*	Lachseeschwalbe	374
06160	*Sterna paradisaea*	Küstenseeschwalbe	382
06110	*Sterna sandvicensis*	Brandseeschwalbe	378
06840	*Streptopelia decaocto*	Türkentaube	402
06870	*Streptopelia turtur*	Turteltaube	404
07610	*Strix aluco*	Waldkauz	422
07650	*Strix uralensis*	Habichtskauz	424

Notizen

Notizen

Notizen

Notizen

Notizen

Notizen

NEUERSCHEINUNG!

Pilotatlas „Brutvögel in Deutschland" der Stiftung Vogelmonitoring Deutschland, als Start für ein ehrgeiziges und zugleich einzigartiges Gemeinschaftswerk, einen Atlas deutscher Brutvogelarten (Kartierung ab 2005)!

Für 12 Beispielarten-Arten (z.B. Weiß- und Schwarzstorch, See- und Fischadler, Fluss- und Trauerseeschwalbe, Kranich und Steinkauz, Schwarzkopfmöwe, Wiedehopf und Bienenfresser), die im Interesse der Öffentlichkeit stehen, werden aktuelle Verbreitungskarten auf TK 25-Basis für Deutschland vorgestellt.

Auszug aus der **Frankfurter Allgemeinen Sonntagszeitung** am 2. Januar 2005, Wissenschaftsteil: ***„Wie viele Brutvögel in Deutschland nisten, weiß niemand. Ein Großprojekt mit Tausenden von Helfern soll Abhilfe schaffen ... Ornithologen sind eigenartige Menschen mit seltsamen Gewohnheiten. Jedes Jahr, wenn im März die Brutvogelsaison beginnt, schwärmen sie noch vor Sonnenaufgang aus – auf Felder, in Wälder und Feuchtgebiete. Stundenlang harren sie dort in Dunkelheit und Kälte aus. Eigentlich ein einsames Vergnügen. In diesem Jahr aber werden viele Vogelfreunde in gemeinsamer Sache durch die Landschaft pirschen: für das Vogelkartierungsprojekt ‚Adebar' – den Atlas deutscher Brutvogelarten ... Eine Vogelvolkszählung, die es für ganz Deutschland mit der jetzt angestrebten Genauigkeit noch nie gegeben hat ... Eine Mini-Ausgabe des Vogelatlanten gibt es schon: eine zwölfseitige Broschüre mit Karten seltener Arten ... Pünktlich zu Weihnachten wurde der Vorausdruck an die freiwilligen Zähler geschickt, als motivierende Beilage zu den Kartierungsvorschriften ...".***

Format 320 x 230 mm, 36 Seiten, durchgehend farbig. Für Mitarbeiter an der Kartierung Abgabe mit Kartierungsunterlagen über die Landeskoordinatoren kostenlos (siehe www.vogelmonitoring.de).

Sonstiger Bezug (Schutzgebühr 7,00 € zzgl. 2,00 Porto/Versand) über: DDA-Schriftenversand, Frau Regina Kronbach, Am Hohen Hain 4d, 09212 Limbach-Oberfrohna,
Tel. 03722 – 9 18 19, E-Mail: kronbach@vso-internet.de.